水文测验实用手册

朱晓原　张留柱　姚永熙　编著

中国水利水电出版社
www.waterpub.com.cn

内 容 提 要

本手册是水文测验技术方面的大型工具书，包括水文站网规划、水文测站的勘测与设立、断面和地形测量、水位观测、流量测验、泥沙测验、降水和蒸发观测、水文测验误差分析、冰情观测、水文调查与水文巡测等内容。全书涵盖了各水文要素测量的基本原理、技术方法、观测方案、仪器使用、操作技巧、计算公式、资料整理、分析检查、注意事项；参考并采纳了近年来水文测验方面的最新实验研究成果，国内现行与水文测验有关的技术规范、标准和相关政策法规，以及水文测验国际标准，具有较好的先进性、系统性和实用性。

本手册可供水文测验人员及相关工程技术人员参考，也可供大专院校师生阅读。

图书在版编目（CIP）数据

水文测验实用手册 / 朱晓原，张留柱，姚永熙编著
. -- 北京 ：中国水利水电出版社，2013.5（2021.4重印）
ISBN 978-7-5170-0872-9

Ⅰ．①水… Ⅱ．①朱… ②张… ③姚… Ⅲ．①水文测验－技术手册 Ⅳ．①P332-62

中国版本图书馆CIP数据核字（2013）第096349号

责任编辑：王志媛　李丽艳　刘　巍

书　　名	**水文测验实用手册**
作　　者	朱晓原　张留柱　姚永熙　编著
出版发行	中国水利水电出版社 （北京市海淀区玉渊潭南路 1 号 D 座　100038） 网址：www. waterpub. com. cn E - mail：sales@ waterpub. com. cn 电话：（010）68367658（营销中心）
经　　售	北京科水图书销售中心（零售） 电话：（010）88383994、63202643、68545874 全国各地新华书店和相关出版物销售网点
排　　版	中国水利水电出版社微机排版中心
印　　刷	北京印匠彩色印刷有限公司
规　　格	184mm×260mm　16 开本　34.75 印张　1177 千字
版　　次	2013 年 5 月第 1 版　2021 年 4 月第 3 次印刷
印　　数	8501—10500 册
定　　价	**220.00 元**

值此《水文测验实用手册》付梓之际，衷心感谢历任国家水文行政首长对水文测验工作的重视和支持。

培养造就更多水文测验方面的高手专家，
为中国和世界水利工作服务

胡宗培

2013.5.1

水文测验是水文信息之源。

王厥谋
二〇一三年四月十二日

水文测验是水文事业的基础

焦得生

2013.5.1

水文测验是水文工作的基石

陈法坤

2013.4.30

水文承载着责任和使命，水文人吃苦耐劳，甘于奉献，开拓创新，不断推进水文事业走向新的光辉灿煌：

刘雅鸣

2013.5.1

加强水文测验，夯实事业基础，支持水文服务，促进科学发展。

刘宁

2013.5.2

历任国家水文行政首长任职时间：

胡宗培	1985 年 1 月—1988 年 4 月	水利电力部水文局局长
	1988 年 4 月—1989 年 7 月	水利部水文司司长
王厥谋	1992 年 3 月—1996 年 5 月	水利部水文司司长
焦得生	1996 年 5 月—1998 年 9 月	水利部水文司司长
陈德坤	1996 年 4 月—1999 年 8 月	水利信息中心主任
	1999 年 8 月—2000 年 11 月	水利部水文局局长
刘雅鸣	2000 年 11 月—2005 年 7 月	水利部水文局局长
邓 坚	2005 年 7 月至今	水利部水文局局长

序

　　水是"生命之源、生产之要和生态之基"，是人类基础性的自然资源和战略性的经济资源，而水文学则是专门研究水在自然界中变化规律的科学。因此，水文工作既是一项专业性很强的基础性工作，又是一项与经济社会发展密切相关、应用量大面广的工作。近年来，由于全球气候变化十分明显和经济社会快速发展，水文环境发生了巨大变化，对水资源产生了严重影响，因而社会对水文的服务需求不断加大。水文测验是基础性的水文工作，包括从站网布设到收集、整理水文资料的全部技术过程，水文数据是探索自然界的变化规律和水利工程规划设计离不开的根本依据。

　　作为多年从事水文学研究的自然科学学者，自 20 世纪 50 年代末至 70 年代，我曾经担任过中国科学院科考队水文测量队队长和水文勘测组组长，亲历过水文测验工作的艰辛，也熟知水文测验工作的技术内涵和量测水在自然界变化的复杂性，更能够理解提高水文监测现代化技术水平对防洪抗旱、水资源评价和管理以及水生态与水环境保护的重要意义。我高兴地看到水文测验从来没有像今天这样受到社会各部门、各行业的关注和重视，说明物质生活变化和人类文明的发展必将带来人类对自然科学及其应用的重视和尊重。

　　我国幅员辽阔，江河众多，自古就是自有特色的水文大国。新中国成立以来，随着大规模的水利建设，水文工作更是取得了突飞猛进的发展，为全社会作出了巨大贡献，其中也包括了《水文测验实用手册》一书的出版。作为水文测验必不可少的技术手册，《水文测验实用手册》全面总结了我国水文测验的技术成果，系统完善地将传统与现代技术、方法和经验融合为一体，从理论分析到实际操作，涵盖了国内外最新的测验技术标准，内容丰富，理论基础扎实，实用性强，反映了当代水文测验的科学技术水平，是一部具有实用价值的工作手册，难能可贵。

　　本手册的作者朱晓原、张留柱、姚永熙，都是业内具有影响、从事水文测验工作 30 多年的资深水文专家，具有丰富的实践经验。他们曾负责水文测验技术顶层设计工作，主持或参加了多项水文测验技术国家标准、行业标准的制定，并代表国家参与了国际标准的编写。他们在多年工作积累的基础上，历时数载完成了本手册的编写，再续了《水文测验手册》不可替代的技术手杖作用。《水文测验实用手册》对促进我国水文测验技术发展具有重要意义。该书不仅是水文工作者的实用手册，也是从事水文教学、科研人员的重要参考书，对水利、交通以及自然科学等相关专业的技术人员也不失为值得参考的读本。我相信，该书的出版将为广大水文工作者及相关领域的科技人员提供重要的指导作用。我为这本书的出版感到由衷的高兴，并感谢各位作者所付出的辛勤劳动。

特撰此页，是为序。

中国科学院院士 刘昌明

2013 年 5 月 1 日

前言

　　水文工作是为国民经济建设、防汛抗旱、水资源开发利用和水环境保护等提供科学依据的重要基础工作，也是一项传统的专业性工作。水文测验则是水文计算、水文预报、水资源分析等各项水文工作的基础，认识水文现象，探索水文规律，其首要任务是开展水文测验。目前，在全国6万多名水文工作者中，约有65%的人员从事水文测验工作，是水文工作的主力军。随着国家经济建设的快速发展，水形势不断变化，对水文为社会服务的要求更高，水文工作者需要加强学习，掌握先进技术，努力创新，跟上时代步伐。

　　多年来，我国作为国际标准化组织水文测验技术委员会（ISO/TC113）的主要成员国，参与了多项水文测验国际标准的编制，在国际水文测验技术领域发挥了重要的作用。目前，国际标准化组织（ISO）颁布的水文规范有97部，其中68部是水文测验的内容；我国已颁布及正在编制的水文测验相关技术标准有近百部。随着科学技术的发展，广大水文工作者不断创新，积累经验，改进测验方式，水文测验国际标准不断修改与完善，推动着水文测验技术的进步，这些对水文测验工作者无疑也是一个挑战。

　　水文测验手册是指导水文测验工作者科学、快速、准确地开展水文测验工作的工具书。由原水利电力部水利司主编的《水文测验手册》自1975年出版至今已近40年，为适应社会经济发展需求，体现新技术在水文测验领域的应用，更加科学、规范地指导技术人员开展水文业务工作，应广大水文工作者的迫切要求，我们重新编著了《水文测验实用手册》。手册中汲取和采纳了几十年来我国水文测验技术的丰富经验和新技术成果，与新颁布的水文技术规范、标准紧密结合，并参考了国际标准的技术指标，内容涵盖了水文站网规划，勘测建设，地形测量，河流流量，泥沙测验及水位、降水、蒸发、冰情等水文要素的观测方法，水文巡测，暴雨洪水调查，以及水文实测资料处理等技术内容，还加入了开展水资源监测和中小河流水文测验的内容。手册从水文要素测量的基本原理、技术方案、观测方法、仪器使用、操作技巧、资料整理、分析检查等各个环节，告诉读者开展各类水文要素测验时应该做什么、如何做，浅显易懂，贯穿工作全过程，同时对水文测验技术的各项工作进行了系统、翔实的阐述，内容丰富，依据力求准确，便于查阅。

本手册作为水文测验技术的权威工具书，不仅对水文测验工作者有重要的指导作用，同时也是进行铁路、交通、航运、水利、电力等工程设计，以及开展流域规划、山洪地质灾害防治和中小河流水文监测系统建设等相关国家重点项目建设的技术用书，还可作为大专院校和工程技术人员的参考书。期待手册的出版会对促进水文技术进步、提高广大水文工作者的业务能力有所帮助。

手册承蒙扬州大学杨诚芳教授、河海大学谢悦波教授审阅。华北水利水电学院王铁生教授、黄河水利委员会水文局牛占教授级高级工程师对第4章、第7章提出了宝贵意见，特此致谢。

谨以本手册献给为我国水文测验技术发展作出重要贡献者：陈道弘、王锦生、龙毓骞、杨意诚、马秀峰、向治安、朱宗法、胡风彬、王本宸、陈宏藩、钱学伟、赵海瑞。

由于本手册内容多、涉及面广，加之编写时间仓促，难免存在疏漏和谬误之处，恳请广大读者批评指正。

编者

2013 年 5 月

目　　录

第1章 概　　述

1.1　水文测验的主要任务与内容

1.1.1　水文测验的主要任务

1. 开展站网规划

根据国民经济和社会发展需要，适时调整站网规划，论证部署站网调整计划。

2. 勘测与设立水文测站

根据站网规划和站网调整计划，设立、撤销、迁移水文测站。开展水文测站勘察、设计，以及测验设施、仪器设备新建或更新改造。

3. 进行定位测验

根据测站特性、人员编制状况、设施设备情况，采用驻测、巡测、遥测等方式进行定位观测。

4. 开展水文调查

当流域或区间发生特大暴雨、洪水、严重干旱、断流等异常水文现象，或水文测站不能监测的水文现象时，及时组织调查，收集有关资料。

5. 报送实时水情信息

测站将监测的各类水情信息，根据报汛任务书的要求，及时报送给各用户。

6. 整编刊印水文资料

分析、计算、整编、汇编、刊印水文资料，并建立水文资料数据库。

1.1.2　水文测验的主要工作内容

水文测验的主要内容是科学地进行水文站网规划和站网调整；勘测设立水文测站，设置水文观测设施，配置测验仪器设备，并对水文测验设施设备进行维护、保养和进行必要的校测、校核；观测地表水位、地下水位，测验流量、泥沙（悬移质、推移质、河床质），并进行泥沙颗粒分析；观测降水、蒸发、风速、风向等气象要素；观测水温、冰情、土壤含水量；开展水质监测；进行河道、水库、滨海等地形断面测量；开展水文调查，主要调查当流域或区间发生的暴雨、洪水、泥石流、漫滩、决堤、溃坝、分洪、改道、滞洪、蓄洪、蓄水、引水、退水、断流、冰塞、冰坝、淤塞、水体污染等情况，收集有关资料，必要时进行现场测量和写出调查报告；及时分析、计算、整编水文资料，并报送水文信息资料。

1.1.3　水文观测人员应具备的基本职业道德

水文观测人员应遵守国家政策、法令和法规，加强团结，搞好协作，遵守规范及规章制度；对工作极端负责，做到测报准确及时，资料完整可靠；刻苦钻研业务，苦练基本功，对技术精益求精；提高警惕，保守机密；爱护仪器设备，遵守安全操作制度，确保安全生产。

水文勘测人员要有高度的责任感，有良好的职业道德，忠于职守，热爱本职工作；不迟测、不早测、不迟报、不误测和漏测；严格操作，谨慎从事，严禁丢失、损坏、涂改和伪造水文资料；实事求是，提供客观数据资料。

1.2　水文测验记载的基本要求

进行现场观测时，观测人员必须至少提前 5min 到达观测现场，巡视周围情况，对影响观测的因素进行处理，对于有规定观测时间的项目，需保证正点准时观测。

坚持现场随测随记，不得事后追记，记载应用硬质铅笔记载（考虑到外业潮湿、被降水打湿，笔迹扩散，因此，要求不得使用钢笔或签字笔等）。对自动化仪器记录的磁介质资料应及时打印和转存。水文资料记录必须真实、准确、可靠，字体工整、清晰。每次观测数字在记载表中填记后，应就地复测一次，如发现第一次观测记录数字有错误，应用斜线（数字较多时可用横线）将原记录数字划去，但应能清楚地认出划去的数字，再在原记录值上方，记入更正数字，或在下一个相应栏中填写复测的数字。严禁在原记录数字上改字，不得采用橡皮或改正液擦拭、涂改，严禁挖补粘贴修改记录。

各项原始观测记载簿的整理和计算必须及时进行。原始观测记载簿应每月或数月装订成册，妥善保存，并及时上交有关部门保管。

1.3　水文测验中常用名称单位及符号

我国各类水文测验规范中经常采用的水文要素名称、单位、符号，取用数字的位数见表1.1。

表 1.1　　　　　　　　　　　水文测验规范常用名称、单位、符号一览表

名称	中文单位	英文单位	取 用 位 数	示　　例	符号
水位	米	m	记至 0.01m，必要时记至 0.005m	187.98	Z
水头	米	m	记至 0.01m，必要时记至 0.005m	187.98	h
总水头	米	m	记至 0.01m，必要时记至 0.005m	187.98	H
基面、水准点高程	米	m	保留三位小数，即记至 0.001m	187.982	Z
断面面积	平方米	m^2	取三位有效数字，小数不超过两位	234，1.23，0.98	A
集水面积	平方公里	km^2	大于等于 $100km^2$ 记至整数；小于 $100km^2$ 保留一位小数；小于 $10km^2$ 保留两位小数	9601，67.5，8.21	A
水面宽	米	m	取三位有效数字；大于或等于 5m，小数不超过一位；小于 5m，小数不超过两位	1870，674，4.17，0.36，675，5.9	B
起点距	米	m	宜记至 0.1m；水面宽 $B \geqslant 100m$，可记至整数；$5m \leqslant$ 水面宽 $B < 100m$，记至 0.1m；水面宽 $B < 5m$，可记至 0.01m	516，124，81.2，5.3，2.33，0.65	d
水深	米	m	大于等于 5m，记至 0.1m；小于 5m，记至 0.01m	10.2，5.3，0.98	d
流速	米每秒	m/s	大于或等于 1m/s，取三位有效数字；小于 1m/s，取两位有效数字，但小数不超过三位	2.67，0.67，0.56，0.005	v
流量	立方米每秒	m^3/s	取三位有效数字，小数不超过三位	12600，545，0.765，0.007	Q
径流量	万立方米 亿立方米	$10^4 m^3$ $10^8 m^3$	取四位有效数字，小数不超过四位	56420，67.92，0.8760	W
洪水量、蓄水量	万立方米 亿立方米	$10^4 m^3$ $10^8 m^3$	取四位有效数字，小数不超过四位	56420，67.92，0.8760	W
径流深	毫米	mm	记至 0.1mm	123.9，4.8	R
含沙量	千克每立方米 克每立方米	kg/m^3 g/m^3	取三位有效数字，小数不超过三位；取三位有效数字，小数不超过一位	675，0.076 23.7，176	C_s
输沙率	吨每秒 千克每秒	t/s kg/s	取三位有效数字，小数不超过三位	1230，0.871	Q_s
输沙量	吨，万吨，亿吨	t，$10^4 t$，$10^8 t$	取三位有效数字，小数不超过三位	54300，7.98	W_s
输沙模数	吨每平方公里	t/km^2	取三位有效数字，小数不超过两位	897，76.9	M_s
浮标系数			记至 0.01	0.85	K_r
流量系数			取三位有效数字，小数不超过两位	1.03，0.97	C
降雨量	毫米	mm	记至 0.1mm；翻斗式可选用 0.2mm，0.5mm，1mm	12.5，0.6	P
水面蒸发量	毫米	mm	记至 0.1mm	12.5，0.6	E
比降	万分率	10^{-4}	取三位有效数字，小数不超过三位	13.5，0.341	S
糙率			记至 0.001	0.023	n

续表

名称	中文单位	英文单位	取 用 位 数	示 例	符号
泥沙粒径	毫米	mm	取三位有效数字，小数不超过三位	0.655，0.078	D
中数粒径	毫米	mm	取三位有效数字，小数不超过三位	0.655，0.078	D_{50}
平均粒径	毫米	mm	取三位有效数字，小数不超过三位	0.655，0.078	D_m
历时	秒	s	记至 0.1s	100.2	t
闸门开启高度	米	m	记至 0.01m，需要时可记至 0.005mm	4.17，0.36 675，5.9	e
水温	摄氏度	℃	记至 0.1℃	23.6	T
气温	摄氏度	℃	记至 0.5℃	23.5	T
不确定度	百分数	%	记至 0.1	6.2	X

第2章 水文站网规划

2.1 水文站网的概念与分类

2.1.1 水文测站

2.1.1.1 水文测站的基本概念

水文测站是在河流、渠道、湖泊、水库上或流域内设立的，按一定技术标准经常收集和提供水位、流量、泥沙、降水等水文要素的各种水文观测现场的总称。水文测站常简称测站。

水文站是水文测站中最重要的一类，也称流量站，是指设在河流、渠道、湖泊、水库上，以测定水位和流量为主的水文测站。根据需要还可兼测降水、水面蒸发、泥沙、水质等有关项目。这些兼测的项目，在站网规划和计算站网密度时，可按独立的水文测站参加统计；在站网管理、刊布年鉴和建立数据库时，则按观测项目对待。

水文站最显著的特点是观测水位和流量，通常情况下也是观测项目最全的一类水文测站。有些情况下，人们并不严格区分水文测站和水文站概念的差别，也常统称为测站。

水文测站是水文要素的观测场所，这个场所可能是常年驻守有测验人员，有固定的观测河段，有围栏保护的庭院，也可能是巡测的断面或自动观测仪器安装的一个具体观测点。

2.1.1.2 水文测站的分类

1. 按设站的目的分类

水文测站按设站的目的分为基本站、辅助站、实验站、专用站。

（1）基本站是为综合需要的公用目的，经统一规划而设立，能获取基本水文要素值多年变化资料的水文测站。基本站应保持相对稳定，在规定的时期内连续进行观测，收集的资料应刊入水文年鉴或存入数据库长期保存。基本站也称为国家基本水文测站。

（2）辅助站是为帮助某些基本站正确控制水文情势变化或为补充基本站网不足而设立的一个或一组测站。辅助站是基本站的补充，弥补基本站观测资料的不足，在计算站网密度时辅助站一般不参加统计。

（3）实验站是在天然和人为特定实验条件下，为深入研究某些专门问题而设立的一个或一组水文外业试验场所。实验站也可兼作基本站。实验站又可分为国家基本水文实验站和专用水文实验站。

（4）专用站是为科学研究、工程建设、工程管理运用、专项技术服务等特定目的而设立的水文测站。它可兼作基本站或辅助站，其观测项目和年限依设站目的而定。这类站不具备或不完全具备基本站的特点。

2. 按观测项目分类

水文测站按观测项目可分为水位站、流量站、泥沙站、雨量站、水面蒸发站、水质、地下水观测站（井）、墒情站等。

（1）水位站是以观测水位为主的水文测站。水位站可仅观测水位，也可兼测降水量、水面蒸发量等项目。水位站又可分为河道水位站（设在河道上代表性的地方进行水位观测的水文测站）、潮水位站（设在感潮河段上记录潮位涨落变化的测站，潮水位站也称验潮站）、水库水位站（设在水库区有代表性的地方进行水位观测的水文测站）、湖泊水位站（设在湖泊区有代表性的地方进行水位观测的水文测站）。

（2）流量站通常称作水文站，设在河、渠、湖、库上以观测水位和测验流量为主的水文测站，根据需要有的还兼测泥沙、降水量、水面蒸发量与水质等。

（3）泥沙站是测验河流含沙量、输沙率或颗粒分析的水文测站。泥沙站一般同时观测水位和测验流量。

（4）雨量站是观测降水量为主的水文测站，也称降水量站。雨量站又分为面（或基本）雨量站和配套雨量站。

（5）水面蒸发站是观测水面蒸发量为主的水文测站，简称蒸发站。根据蒸发观测场地又分为陆上水面蒸发场（设在陆地上进行水面蒸发量观测的场地）和漂浮水面蒸发场（设在水体浮筏上进行水面蒸发量观测的场地）。

（6）水质站是为掌握水质动态变化，收集和积累水质基本资料而设置的水文测站，也称水质监测站。水质站又可分为基本站、辅助站和专用站。

（7）地下水观测站（井）是为探求地下水运动规律进行地下水动态观测的水文测站。

（8）墒情站是观测土壤含水量为主的水文测站。

3. 按测验方式分类

水文测站按测验方式分为驻测站、巡测站、自动观测站和委托观测站。

（1）水文专业人员驻站进行水文测报作业的测站称驻测站。驻测站需要一定的生产生活基础设施。

（2）水文专业人员以巡回流动的方式定期或不定期地对一个地区或流域内各观测站（点）的水文要素进行观测作业的水文测站称巡测站。

（3）自动观测站是采用自动观测仪器设备现场对水文要素进行自动观测的水文测站，自动观测站中采用有线或无线通信方式将采集的水文数据，自动传送至室内进行技术处理作业的测站称遥测站。遥测站的观测、记录、传送、存储等大多由仪器自动完成，因此遥测站一般是自动观测站的一种。

（4）委托测站附近群众进行观测的测站称为委托观测站，简称委托站。

4. 按测量水体的类型分类

水文测站按其测量水体的类型分为：河道站、渠道站、水库站、湖泊站和感潮站等。

（1）河道站是天然河道上设置的水文测站。河道站根据其所在河流级别又可分为干流站、支流站等；根据其所在位置又分为内陆河流站、国际河流站、省界断面站等。

（2）渠道站是在人工河渠上进行水文要素观测而设置的水文测站。

（3）水库站是在水库出口、进口或库区进行水文要素观测而设置的水文测站。水库站又分为入库站、出库站和库区观测站等。

（4）湖泊站是在湖泊出口、进口或湖区进行水文要素观测而设置的水文测站。

（5）感潮站是专门开展潮水位、潮流量等海洋水文要素测验的水文测站。

5. 按测站控制的面积分类

设在天然河道上的流量站，根据测站的控制面积分为：大河控制站、区域代表站和小河站。

（1）大河控制站是按规定控制面积，为探索大河及沿河长水文要素变化规律，而在这些河流上布设的水文测站。

（2）区域代表站是按规定控制面积，为探索中等河流地区水文要素变化规律，而在有代表性的中等河流上布设的水文测站。

（3）小河站是为探索不同下垫面条件下的小河径流变化规律，而在有代表性的小河流上按规定控制面积布设的水文测站。

6. 按测站的作用分类

水文测站按其作用分为国家基本水文测站和专用水文测站两类。其中，国家基本水文测站又分为国家重要水文测站和一般水文测站。国家基本水文测站，是指为公益目的统一规划设立的对江河、湖泊、渠道、水库和流域基本水文要素进行长期连续观测的水文测站，是水文站网的骨干。国家重要水文测站，是指对防灾减灾或者对流域和区域水资源管理等有重要作用的基本水文测站。

7. 按观测连续性分类

根据水文观测的连续性可将水文测站分为连续观测站和不连续观测站。

（1）连续观测站是对水文要素系统连续地进行观测。这类测站可能提供全年的逐日水位、流量或泥沙等系统连续的基本资料。

（2）不连续观测站是对部分或全部水文要素视其变化情况定时或不定时进行测验的水文测站。如只在汛期或洪水期观测，而在其他时间不进行观测，这些站不能提供全年的逐日水文资料。

8. 按观测精度分类

水文测站按观测精度分成一类站、二类站和三类站。

（1）《河流流量测验规范》（GB 50179）中，按流量测验精度，将国家基本水文测站又分为一类精度的水文站、二类精度的水文站和三类精度的水文站。

（2）《河流悬移质泥沙测验规范》（GB 50159）中，按悬移质泥沙测验精度，将国家基本泥沙站又分为一类站、二类站和三类站。

9. 按观测时间长短分类

根据观测时间长短分为基准站、长期站、短期站和临时站。

（1）基准站是为监测长周期气候演变引起的水文效应和分析人类活动对水文情势的影响，而设置的基本水文测站。基准站应选取观测条件好，具有区域代表性的测站，并无限期进行观测。为达到长期观测的目的，基准站要设立在自然地理景观长期保持相对稳定的流域内，并配备较好的仪器设备，应使其观测质量高于一般测站。

（2）长期站是指基本水文站网中为探索水文要素时序规律，而积累长系列资料的重要水文测站。这些站中个别测验条件太差或达不到设站目的者，均应长期观测甚至是无限期地给予保留。

（3）短期站是作为加密站网，探索水文要素空间分布规律的基本水文测站。当满足设站目的时，应及时撤销或停止一些已满足生产需要的观测项目，将人力物力转移到其他需要的地点设站观测，以便逐步解决无资料地区水文计算的困难，实现对基本水文要素时空变化的全面控制。

（4）临时站是为某一专门用途或目的而临时设立的水文测站。

10. 按观测的手段分类

根据观测手段可将水文测站分为人工观测站和自动观测站。

11. 根据渡河设施分类

根据水文测站的渡河设施可将水文站分为缆道站、船测站、桥测站、堰闸站等。

12. 按照是否报告水情分类

水文测站按照是否及时报告水情信息分为报汛站和非报汛。报汛站按报汛任务又分为中央报汛站、地方报汛、专用报汛 3 类。报汛站也称水情站。水情站是按一定的标准和要求，及时提供雨水情信息的水文测站的总称。水情站又分为常年水情站（全年提供水情信息的水文测站）、汛期水情站（只在汛期提供水情信息的水文测站）、辅助水情站（当水情达到一定标准时，或因临时需要按规定要求提供水情信息的水文测站）三种。

13. 按照管理部门分类

按照水文测站管理部门分为省级人民政府水行政主管部门设立管理的测站、流域机构设立管理的测站和其他部门设立管理的测站。

2.1.2 水文站网

2.1.2.1 水文站网的概念

1. 水文站网的基本概念

水文站网是水文测站在地理上的分布网，是在一定地区或流域内，按一定原则，用适当数量的各类水文测站构成的水文资料收集系统。由基本站组成的水文站网称基本水文站网，把收集某一项水文资料的水文测站组合在一起，则构成该项目的站网，如流量站网、水位站网、泥沙站网、雨量站网、水面蒸发网、水质站网、地下观测站（井）网等。通常所称的水文站网，就是这些单项观测站网的总称，有时也简称为"站网"。

2. 水文站网规划

水文站网规划是根据社会经济对水文业发展的需要，为满足各方面对水文资料的需求，根据科学、经济、合理的原则，对一个地区或流域的水文测站进行总体布局工作的总称。水文站网规划是水文工作的战略布局。水文站网规划应统一规划，统筹兼顾，布局科学，密度合理，适度超前。

国家对水文站网建设实行统一规划。水文站网建设应当坚持流域与区域相结合、区域服从流域，布局合理，防止重复，兼顾当前和长远需要的原则。

3. 水文站网优化

水文站网优化是指以系统的观点，采用优化的理论与技术进行站网规划和设计，达到在一个地区或流域内以较少的站点，能够控制基本水文要素在时间和空间上的变化，且投资少，效率高，整体功能强。

4. 水文站网调整

为使水文站网不断优化，使站网能适应水文、工程等情况的变化和社会发展的需要，对水文测站进行增设、撤销和迁址等工作称为水文站网的调整。

水利工程的建设、水资源的开发利用、下垫面变化等改变了原来的水文情势，随着经济的发展对水文资料的要求越来越高，水文资料的需求数量和质量上都是不断变化的，要求水文站网也需要调整变化。因此，水文站网也只能看成是一个不断发展和完善的动态系统，应及时对其进行分析、验证、调整、补充和完善。水文站网的调整是水文站网管理工作的主要内容之一。

2.1.2.2 中国水文站网发展情况简介

中国水文观测的历史可上溯到公元前 21 世纪，现代意义的水文测站设立始于 19 世纪中叶。清道光二十年（1840 年）鸦片战争后，帝国主义势力入侵，中国沦为半封建半殖民地国家。外国入侵者为了其航运业的安全与发展，从咸丰十年（1860 年）起，在其控制的沿江和沿海（上海、汉口、天津、广州等地）设立水尺观测水位，为其舰船航行服务。与此同时，入侵者在中国各地教堂设立测候所，收集降水量等气象资料，最早的有北京（1841 年）、香港（1853 年）、上海徐家汇（1873 年）等。从此，开始用近代科学方法系统观测收集水文资料。从清光绪八年（1882 年）起，在每 10 年一期的《最近十年各埠海关报告》上刊布雨量水位月年特征统计表。

到民国时期，中国政府也开始重视水文测站的设立，自行设置水文测站。1918 年 3 月在天津成立的顺直水利委员会就设立了流量测验处，同年在多条河流上开始设立水文测站。水利专家、第一任黄河水利委员会委员长李仪祉，早在 1922 年就明确提出了重视"水事测量"（即水文测验）的建议，1927 年他在主持陕西水利工作时，制定了陕西测水站规划及其设置组织大纲，后来在黄河水利委员会工作时，又以站网规划的观点提出了水文站、水标站（水位站）、气象站规划布设的地点，并提出了"水文测量包括流速、流量、水位、含沙量、雨量、蒸发、风向以及其他关于气候之记载事项"，明确规定了水文测站的观测内容。我国于 1934 年首次提出黄河流域布设水文站网的规划，并提出了至今仍有重要参考价值的布设水文站网的思想。20 世纪 30 年代，水文站网得到发展，水文部门整理和刊布了早期的水文和雨量资料。

1949 年后，水文站网发展加快，经过艰苦努力，在全国初步布设了较完善的水文站网。之后，我国进行了 4 次规模较大的水文站网规划、论证和调整工作。1955 年在学习苏联经验的基础上，对大、中、小河流，分别采用线的原则、面的原则和站群原则进行了规划；1964 年在原有水文站网已收集到一定数量水文资料的基础上，用概念性水文模型检验站网，发现问题，研究改进站网，规划由定性分析向定量分析迈进了一大步；1978 年根据站网中存在的问题，如小河站少、雨量站不足、西部站网过稀、受水工程影响后水账不清等问题，通过分析研究编制了近期（1985 年以前）水文站网调整充实规划；1983～1986 年为加强站网建设，逐步形成科学合理的站网布局，以满足国民经济及各行各业对水文资料的需求，编制了近期（1985～1990 年）和远期（1991～2000 年）水文站网调整发展规划。2003 年为了使水文事业发展适应当时经济、社会的发展，进行了水文站网普查与功能评价工作，为进一步对水文站网规划调整做好了准备。

到 2010 年底，全国共有各类水文测站 42682 处，其中国家基本水文 3193 处、水位站 1467 处、雨量站 17245 处、蒸发站 12 处、墒情站 1182 处、水质站 6535 处、地下水监测站（井）12991 处、实验站 57 处。另外，还有辅助断面及固定洪调点 2061 处。

2.1.2.3 站网密度与容许最稀站网

1. 站网密度

站网密度是反映一个地区或流域内的水文测站数量多少的指标，以每站平均控制面积或单位面积内站数来表示。把收集某一项资料的水文测站，组合在一起，则构成该项目的站网。站网密度反映了地区水文站网发展水平。表 2.1 给出了世界上部分地区及中国水文站网密度统计情况。

由于辅助站只起配套观测作用，并非独立，因此不能作为一个独立的水文站参加站网密度的统计。

水文站网密度，可以用现实密度与可用密度两种指标来衡量。

（1）现实密度是指单位面积上正在运行的站数。

（2）可用密度则是指测站数量包括正在运行和虽然停止观测，但已取得有代表性资料或可以延长系列的测站在内。通常情况下站网密度是指现实密度。

2. 容许最稀站网

容许最稀站网是指以满足水资源评价和开发利用的最低要求，在一个地区或流域内，布设的最低限度数量的水文测站组成的水文站网。世界气象组织（WMO）推荐的主要测站类容许最稀密度，见表 2.2。

表 2.1　　　　　　　世界上部分地区及中国水文站网密度统计表

地区	欧洲	北美洲	大洋洲	亚洲	全球	中国
密度 /（km²/站）	1750	1000	2600	3600	2650	3000

表 2.2　　　　　　世界气象组织（WMO）推荐的主要测站类容许最稀密度

地区类型	站网最小密度/（km²/站）		
	雨量站	水文站	蒸发站
温带、内陆和热带的平原区	600～900	1000～2500（困难条件下 3000～10000）	50000
温带、内陆和热带的山区	100～250	300～1000（困难条件下 1000～5000）	
干旱和极地区（不含大沙漠）	1500～10000	5000～20000	3000（干旱地区），100000（寒区）

一个流域在进行站网规划时首先要考虑应建成容许最稀站网，然后根据需要与可能逐步发展并优化完善站网，力求在适应当地经济发展水平的投入条件下，使站网的整体功能最强。

2.1.3 水文站网规划原则和内容

1. 水文站网规划的原则

水文站网规划的主要原则是根据需要和可能，着眼于依靠站网的结构，发挥站网的整体功能，提高站网的社会效益和经济效益。

制定水文站网规划或调整方案应根据具体情况，采用不同的方法，相互比较和综合论证。同时，要保持水文站网的相对稳定。

2. 水文站网规划的基本内容

水文站网规划的基本内容主要有：进行水文分

区；确定站网密度；选定布站位置；拟定设站年限；各类站网的协调配套；编制经费预算；制定实施方案和计划等。

3. 水文站网规划的意义

水文站网对整个水文工作起重大作用，因此站网如何布局常被看作是水文工作的战略问题，同时也是一个重要的技术经济问题。水文站网的规划与优化，关系到水文资料成果的质量，影响到水文工作的各个环节。水文站网规划是水文学的一个重要课题，也是涉及社会、经济、科技及水文学各方面较复杂的一个技术问题。

早期的水文测站多是独立设立，单独运行。水文测站位置是具体固定的，但需要水文资料的地点却是随机的，有时需要未设站地点的水文资料，这就需要在空间上对水文资料进行内插和移用。一方面，由于水文变量在空间上是变化的，站网密度过稀疏，难以控制水文变量在空间上的变化，内插和移用的误差会很大，为此，需要布设大量的测站。另一方面，有些水文变量的变化，在空间上有一定的规律可循，同时水文测验还存在着误差，过密的站网，不仅造成沉重的经济负担，也无益于提高水文资料内插和移用的精度，只会造成人力物力的浪费。因此，随着测站的增加，需要研究观测的水文要素之间的联系，需要用水文站网的概念统一规划布设各个测站（观测项目），将其作为一个有机联系着的网络，以能用所收集到的资料，较好地解决站网覆盖区域内任何地点的水文资料问题。

4. 水文站网规划的指导思想

水文站网规划的指导思想是优化站网的内部结构，发挥全部测站的集体作用，以有限站点和有限时间的观测资料，尽可能地满足流域内任何地点对水文资料的需求。

5. 水文站网规划的方法

理论上站网规划可采用系统工程中多目标优化的方法，通过确定目标函数、约束条件、建立数学模型、求其最优解的方法进行水文站网规划。实际应用中多依据长期在实践中积累的经验，总结成指导性文件作参考，按照一定的原则，结合实际需要进行规划，即采用理论与实践相结合的方法进行水文站网规划。

2.2　流量站网布设

2.2.1　一般规定与要求

1. 一般要求

按规划设立的流量站网必须达到以下要求：

（1）按规定的精度标准和技术要求收集设站地点的基本水文资料。

（2）为防汛抗旱、水资源管理提供实时水情资料。

（3）插补延长网内短系列资料。

（4）利用空间内插或资料移用技术，能为网内任何地点提供水资源的调查评价、开发和利用，涉水工程的规划、设计、施工，科学研究及其他公共所需的基本水文数据。

（5）满足其他项目站网定量计算的需要。

2. 流量站网的分类

由于河流有大小、干支流的区分，因此设在不同河流上的流量站网的布设原则也不相同。将天然河道上的流量站根据控制面积大小及作用，分为大河控制站、小河站和区域代表站。

（1）大河控制站。控制集水面积为 3000（湿润地区）～5000（干旱地区）km^2 以上大河干流的流量站，称为大河控制站。大河控制站的主要任务，是为江河治理、防汛抗旱、水资源管理、制定水资源开发规划以及编制重大工程兴建方案等系统地收集资料。在整个站网布局中，居首要地位。大河控制站按线的原则布设。

（2）小河站。干旱区集水面积在 $500km^2$ 以下，湿润区集水面积在 $300km^2$ 以下的河流上设立的流量站，称为小河站。小河站的主要任务是为研究暴雨洪水、产流、汇流，产沙、输沙的规律而收集资料。在大中河流水文站之间的空白地区，往往也需要小河站来补充，满足地理内插和资料移用的需要。因此，小河站是整个水文站网中不可缺少的组成部分。小河站按分类原则布设。

（3）区域代表站。其余天然河流上设立的流量站，称为区域代表站。区域代表站的主要作用，是控制流量特征值的空间分布，探索径流资料的移用技术，解决水文分区内任一地点流量特征值，或流量过程资料的内插与计算问题。区域代表站按照区域原则布设。

3. 站网最低要求

水文站网建设初期或在布站密度过稀的地区，按下列要求确定容许最少站数，也可参照世界气象组织编写的《水文实践指南》第一卷中有关容许最稀站网的要求确定站数，详见表 2.2。

（1）湿润平原区，单站平均面积宜小于 $2500km^2$，困难条件下可放宽到 $5000km^2$。

（2）湿润山区，单站平均面积宜小于 $1000km^2$，困难条件下可放宽到 $3000km^2$，极困难条件下可到

$5000km^2$；在降雨很不均匀，且有很密河网的山丘小岛屿，单站平均面积宜不大于 $300km^2$。

（3）干旱区和边远地区（不包括大沙漠），根据需要与可能，单站平均面积宜小于 $20000km^2$。

2.2.2 大河控制站

1. 布设原则

大河控制站即布设在大河干流上的水文站，也称大河干流站，是按规定控制集水面积为探索大河及沿河长水文要素变化规律，而在这些河流上布设的水文站。大河控制站是整个站网的骨架，居首要地位，规划的工作重点是确定布站数量和选定设站位置。

大河控制站网规划一般采用"线的原则"（也称直线原则）。在水文资料的应用中要求通过有限站点的实测流量，内插出河流上任意断面的流量值，要满足内插精度的需要，必须研究站网布设的密度问题。按照数学内插的概念，一般情况下，随着河流上布设的流量站网密度的增加，流量内插的精度会提高。然而，由于流量测验误差的存在，当流量站网密度达到一定程度后，再增加测站数量，插补流量的精度不能得到相应的提高。这是由于当相邻站流量值变化小于测验误差时，这个变化无法判断是由于区间水量增减引起或是由于测验误差引起的。因此，在一条河流的干流上布设站网，其相邻的两个测站应满足下列条件：

（1）在江河干流沿线，布站间距不宜过小，布站数量不宜过多，任何两个相邻测站之间流量特征值的变化，不应小于一定的递变率（流量递变率是指相邻的上、下游站某流量特征值之差，与上游站该特征值之比），以此确定布站数量的下限。

（2）布站间距也不能过大，布站数量不能过少，否则将难以保证按一定的精度标准，内插干流沿线任一地点的流量特征值，以此确定布站数量的上限。

把上述原则汇集在一起，称为线的原则。

2. 布站数目要求

（1）大河干流流量站任何两相邻测站之间，正常年径流量或相当于防汛标准的洪峰流量递变率，以不小于 $10\%\sim15\%$ 来估计布站数目的上限。河流上游条件困难的地区递变率可增大到 $100\%\sim200\%$。

（2）在干流沿线的任何地点，以内插年径流量或相当于防汛标准洪峰流量的误差不超过 $5\%\sim10\%$ 来估计布站数目的下限；条件困难的地区，内插允许误差可放宽到 15%。

（3）根据需要与可能，在上下限之间选定布站数目。

3. 大河控制站位置确定

当估计出布站数量的上限和下限之后，还应综合考虑重要城镇、行政区水资源管理、重要经济区防洪的需要，大支流的入汇，大型湖泊、水库的调蓄作用以及测验、通信、交通和生活条件等因素，选定布站位置。确定大河干流流量站位置应综合考虑如下因素：

（1）任何相邻测站之间的流量特征值应保持适当的递变率，缺乏水文资料的地区也可以采用流域面积递变率代替。

（2）满足重要城镇和重要经济区的防洪，水资源管理、开发利用及水工程规划、设计、施工的需要。

（3）出入国境处和入海处，省（自治区、直辖市）的交界处。

（4）大支流的入汇处及满足大型湖泊、水库的调蓄的需要。

（5）重要水功能区和重要水资源保护区。

（6）重点水土流失区和大型引退水工程上下游。

（7）三角洲河口区、主要出海水道及重要分流水道处。

（8）满足一定的通信、交通和生活条件。

4. 布站数目的计算

（1）测站数目上限。考虑到测站的测验误差，为满足下游站较上游相邻站径流特征值应保持一定的递增率，依据线的原则推导出的大河干流布设测站数目上限计算公式如下

$$n_{max} \leqslant 1 + \frac{\ln Q_n - \ln Q_1}{\ln(1+\lambda)} \tag{2.1}$$

$$\lambda = \frac{\ln P_1}{\ln P_0} \eta \tag{2.2}$$

式中　n_{max}——大河干流布设流量站数目上限；

$\quad\quad Q_1$——第1个流量站（最上游）的特征流量，m^3/s；

$\quad\quad Q_n$——第 n 个流量站（最下游）的特征流量，m^3/s；

$\quad\quad \lambda$——相邻测站特征流量的递变率；

$\quad\quad P_0$——上、下游相邻测站流量变化量正好等于测验误差时，将其判断为测验误差造成的概率，通常取 $P_0=0.5$；

$\quad\quad P_1$——某一允许的微小概率，它既保证相邻测站有显著的流量变化，又不致引起过大的内插误差，通常取 $P_1=10\%\sim20\%$；

$\quad\quad \eta$——流量的测验误差。

缺少资料的地区 P_1、η 可参照表 2.3 取值。

表 2.3　　参数 P_1、η 在不同地区的取值参考表

参数	困难地区	一般地区	重要河段
P_1	0.05~0.10	0.10~0.15	0.15~0.20
η	0.15~0.20	0.10~0.15	0.05~0.10

当流量特征值随集水面积呈直线变化时，也可采用式（2.3）计算布站数目的上限

$$n_{\max} \leqslant 1 + \frac{\ln A_n - \ln A_1}{\ln(1+\lambda)} \tag{2.3}$$

式中　　A_1——上游第 1 个流量站控制的集水面积，km^2；

$\quad\quad\ A_n$——第 n 个流量站控制的集水面积，km^2。

（2）测站数目下限。根据线性内插精度要求，可推导出测站数目的下限。在流量特征值呈线性相关情况下，可采用式（2.4）计算设站大河干流布设流量站数目下限

$$n_{\min} \geqslant 1 + \frac{L}{L_0 \ln\left|\dfrac{C_V^2 + \varepsilon^2}{C_V^2 - \varepsilon^2}\right|} \tag{2.4}$$

式中　　$n_{\min}$——大河干流布设流量站数目下限；

$\quad\quad\ L$——河道长度，km；

$\quad\quad\ L_0$——相关半径（描述同一条河流上流量特征值相关系数随距离变化灵敏程度的参数），km；

$\quad\quad\ C_V$——系列的变差系数，由于研究河段有多个流量站的径流系列，能够计算出各自的变差系数，此处可取较大者；

$\quad\quad\ \varepsilon$——内插允许相对误差。

相关半径可采用式（2.5）计算

$$L_0 = \frac{\sum\limits_{i=1}^{m}\sum\limits_{j=1}^{m}\Delta L_{ij}}{\sum\limits_{j=1}^{m}\sum\limits_{j=1}^{m}\ln r_{ij}} \tag{2.5}$$

且有

$$r_{ij} = \frac{\sum\limits_{t=1}^{T}\left\{\left[Q_i(t)-\overline{Q}_i\right]\left[Q_j(t)-\overline{Q}_j\right]\right\}}{\sqrt{\sum\limits_{t=1}^{T}\left[Q_i(t)-\overline{Q}_i\right]^2 \sum\limits_{t=1}^{T}\left[Q_j(t)\right]-\overline{Q}_j\right]^2}} \tag{2.6}$$

$$\overline{Q}_i = \frac{1}{T}\sum_{t=1}^{T}Q_i(t) \tag{2.7}$$

$$\overline{Q}_j = \frac{1}{T}\sum_{t=1}^{T}Q_j(t) \tag{2.8}$$

式中　　ΔL_{ij}——i、j 两相关点之间的距离，km；

$\quad\quad\ r_{ij}$——i、j 两相关点之间的相关系数；

$\quad\quad\ i$、j——同一条河流上的测站序号，且 $i \neq j$；

$\quad\quad\ m$——河流上已布设的测站数；

$\quad\quad\ Q_i$、Q_j——第 i、j 流量站的特征流量，m^3/s；

$\quad\quad\ \overline{Q}_i$、$\overline{Q}_j$——第 i、j 流量站的特征流量的均值，m^3/s；

$\quad\quad\ T$——流量站特征流量观测序列长度。

2.2.3　区域代表站

1. 布设原则

区域代表站的布设原则采用"区域原则"。布设区域代表站的目的在于控制流量特征值的空间分布，通过径流资料的移用技术提供分区内其他河流流量特征值或流量过程。中等河流众多，不可能也没有必要在每一条河流上布设测站，没有设站河流的流量特征是通过相邻流域内插获得。因为，不同水文分区，其径流特征变化很大，进行内插误差会很大，为此，需要分区布站。

（1）将一个大的流域，根据径流特征的空间变化特性，划分为若干个水文一致区，然后在水文一致区内，将中等河流的面积分为若干级，再从每个面积级的河流中选择有代表性的河流设站观测。这种布站原则称为"区域原则"（也有人称为"面的原则"），按照这种原则，一个水文分区内，其面积分级的个数就是布站的个数。

（2）在任一水文分区之内，沿径流深等值线的梯度方向，布站不宜过密，也不宜过稀。决定站网密度下限的年径流特征值内插允许相对误差采用 5%~10%。决定密度上限的年径流特征值递变率采用 10%~15%。

（3）对于分析计算较困难的地区，在水文分区内，可直接按流域面积分为 4~7 级，每级设 1~2 个代表站。

2. 水文分区

（1）水文分区目的与作用。在气候与下垫面长期作用下，形成的河流其水文要素必然受到双重影响，由于气候随地理坐标呈均匀连续变化，可以根据地区的气候、水文特征和自然地理条件的一致性和渐变性，划分成不同的水文区域，即水文分区。不同的水文要素如降水、水面蒸发、流量、泥沙等，可有不同的水文分区。另一方面，不同的下垫面，又使水文分区在交界处往往存在不均匀的突变。因此，依据气候、水文特性和自然条件划分的水文分区，在一个分区内，水文要素呈均匀渐变。在分区交界处则出现不均匀突变，水文分区与自然地理分区的边界，在大多数情况下是相吻合的。但有些自然分区边界处的水文要素的空间变化并没有显著差别，则这些相邻的分区应概化合并为一个水文分区。

水文分区是站网规划的基础，其目的在于从空间

上揭示水文特性的相似与差异，共性与个性，以便经济合理地布设水文站网。在同一水文分区进行水文要素的地理内插，可以获取精度较高的结果。但在不同分区之间不能进行内插，否则就会导致较大的内插误差，甚至导致出现严重错误。通常的水文分区主要是指在面上布设区域代表站，以满足内插径流特征值为目的的区划。

（2）划分水文分区的要求。

1）在水文站网的初建阶段，可根据气候与下垫面条件的相似和差异进行分区，高大的山脊，山地到平原的转折，湖泊、沼泽、水网、荒漠的边缘，地质、土壤、植被、地貌形态等发生显著变化的地点常可作为分区的边界。

2）当具有一定数量测站和一定实测年限的水文资料时，应以内插水文要素某一精度指标为依据，确定水文分区。

3）当实测资料不足以用某一精度指标确定水文分区时，可以用部分水文要素和气候因素的相似性进行综合性水文分区。包括采用主成分聚类分析方法和采用其他部门的分区成果，如水利区划水资源评价分区、暴雨洪水参数图集的分区等作为站网规划的水文分区。

4）当水文站网密度超过容许最稀站网，且实测年限超过15年时，应以内插水文要素某一精度指标为依据确定水文分区。

（3）划分水文分区的注意事项。

1）选定作分区分析的水文资料应不受人为活动的显著影响，否则必须进行还原处理。

2）分区应适当考虑河系的完整性，避免作局部零碎分割，造成布站困难。

3）分区应和站网密度分析相配合。

4）要注意地区水文特点自然地理条件和水资源开发利用情况。

（4）分区的方法。分区的方法主要有：地理景观法、等值线图法、产流特性法、暴雨洪水参数法、流域水文模型法、主成分聚类分析法、卡拉谢夫法、流域面积分级法等几种。

1）地理景观法。在缺乏资料的地区，依照自然地理景观如山地、高原、平原、沙漠、湖泊的边界，以及地质、土壤、植被等显著变化的地方，作为水文分区的边界进行水文分区。

2）等值线图法。在已有一定数量水文观测资料的地区，根据实测水文要素进行统计计算，分别绘制出其均值、离势系数等值线图，根据水文要素等值线的变化，确定水文分区。

3）产流特性法。根据区域产流特性，特别是降雨径流关系特性的变化，进行水文分区。凡降雨径流相关关系相同或接近者，可作为一个分区。

4）暴雨洪水参数法。根据计算的暴雨洪水参数的变化，进行水文分区。按产流和汇流参数相同的原则划分为一个分区。

5）流域水文模型法。根据流域水文模型的主要参数区域变化规律，进行定量分级以确定水文分区。其主要步骤如下：

a. 根据模型的主要参数与相应下垫面特征指标的相关关系，一般为流域蒸发参数与流域平均高程、地表水比重参数与流域植被率、枯季径流过程参数与地质指标、洪水过程计算参数与流域几何特征值等相关关系，将下垫面特征指标进行定量分级，一般面积级可分为3～6个级差。其他下垫面特征值指标，不少于3个级差。每个级差要设1～2个代表站。

b. 根据区域相关统计分析，确定允许空白范围。经济发达区站网宜密一些。反之，可稀一些。空白区一般应不超过3500～5000km²。

c. 大于1000km²的区域代表流域，其下垫面组合复杂，产、汇流计算一般要分块进行。分级的依据可和河道汇流特征相结合，如应用马司京根法参数与流量演算河段数相关关系进行分块等。

d. 根据分级要求及规划区的下垫面实际情况，用筛选法等进行优选。

6）主成分聚类分析法。聚类是将数据分类到不同的类或者簇的一个过程，所以同一个簇中的对象有很大的相似性，而不同簇间的对象有很大的相异性。从统计学的观点看，聚类分析是通过数据建模简化数据的一种方法。主成分聚类分析是在分区内选取部分样点，并求其水文特征值，以此组成因子矩阵，并经过线性变换与组合，求其主成分，根据主成分的聚类特性，同样点及其代表的范围就构成水文分区。

聚类分析法进行水文分区的地区，可采用卡拉谢夫法、递变率内插法等确定布站数目的上限与下限，综合考虑需要与可能在上下限之间决定每个分区的站数。决定站网密度下限的年径流特征值内插允许相对误差采用5%～10%；决定密度上限的年径流特征值递变率采用10%～15%。

7）卡拉谢夫法。卡拉谢夫法是依收集资料的重复程度最小化与内差精度之间的平衡关系，通过一定的假设确定流域内应布设的流量站数目。

8）流域面积分级法。对于分析计算较困难的地区，在水文分区内可简单地按流域面积进行分级，一般情况下，分为4～7级，每级设1～2个代表站。

（5）水文分区的合理性检验。对于有资料地区，应充分利用现有测站的主要水文特征资料对水文分区的合理性进行分析检验，检验的允许相对误差为：正常年径流深的 5%，年径流量的 10%，月径流量、次洪量、洪峰流量的 20%。检验的合格率至少为 70%。

3. 布设代表站位置要求

选择布设代表站的河流和河段位置应综合考虑以下因素：

1) 有较好的代表性和测验条件。

2) 能控制径流等值线明显的转折与走向，尽量不遗漏等值线的高低中心。

3) 测站控制集水面积内的水工程少。

4) 无过大的空白地区。

5) 综合考虑满足防汛抗旱、水资源管理、水工程规划、设计和管理运用等需要。

6) 湿润地区集水面积在 200～3000km²，干旱地区集水面积在 500～5000km²，且易发生洪水灾害和有防汛需要的山区河流。

7) 集水面积大于 1000km² 的跨省（自治区、直辖市）界河流，且省（自治区、直辖市）界以上集水面积超过该河流面积的 15%，有水资源管理、保护的需要；跨市、县界河流及小于 1000km² 的河流宜根据有水资源管理的需要。

8) 中小流域水环境、水资源保护的需要。

9) 农业灌区、工矿企业、大型居民区等的用水需求。

10) 尽量照顾交通和生活条件。

4. 按区域原则布站数目的计算

(1) 测站数目上限。考虑到测站的测验误差，为满足任何相邻级别的测站，其径流特征值应保持一定的递变率，才能使集水面积变化引起的径流量差别不为测验误差所淹没，以此，推导出布设测站数目上限。计算公式如下

$$n_{max} \leqslant \frac{F}{f_{min}} \tag{2.9}$$

其中 $$f_{min} \geqslant \frac{L^2 \ln(1+\lambda)}{\ln(1+\lambda) + \ln R_{max} - \ln R_{min}} \tag{2.10}$$

式中 n_{max}——研究区域内布设流量站网的数目上限；

F——研究区域内的面积，km²；

f_{min}——每站控制的最小面积，km²；

R_{min}——研究区域内最小年径流深，mm；

R_{max}——研究区域内最大年径流深，mm；

λ——特征流量的递变率；

L——研究区域内最小、最大径流深线间的平均距离，km。

(2) 测站数目下限。按区域原则布设流量站网的目的是根据站网内观测的资料，可内插出无测站河流的各种流量特征值。因此，布站时必须考虑地理内插的精度要求。根据区域原则内插精度要求，在概化流域形状和测站布设位置后，推导出的测站数目下限，可采用式 (2.11) 计算：

$$n_{min} \geqslant \frac{F}{f_{max}} \tag{2.11}$$

其中 $$f_{max} \leqslant \frac{1}{2}\sqrt{3}\tau_0^2 \ln^2 \left| \frac{C_V^2}{C_V^2 - \varepsilon^2} \right| \tag{2.12}$$

式中 n_{min}——研究区域内布设流量站网的数目下限；

f_{max}——每站控制的最大面积，km²；

C_V——系列的变差系数；

ε——内差允许相对误差；

τ_0——年径流相关函数与各流域中心之间的距离相关关系的一个参数。

τ_0 值可用经验公式 (2.13) 计算：

$$\rho = e^{-\frac{L}{\tau_0}} \tag{2.13}$$

式中 ρ——各站之间年径流相关函数，可通过实测资料计算。

5. 卡拉谢夫法布站数目的计算

卡拉谢夫法是苏联学者卡拉谢夫于 1968 年提出的一种布站方法。该法可确定流域内应布设的流量站数目范围，企图使收集资料的重复程度最小化与内差精度之间取得平衡。

(1) 卡拉谢夫法的基本假设。设某个研究区域能够满足以下条件：

1) 年径流深系列是一个连续的随机变量，在面上的分布具有准随机均匀场，可用一个均值和偏差表示。

2) 各点年径流深系列的方差可近似为常数。

3) 各点年径流深及其长期平均值，在各流域中心用线性内差是一个有效的方法（各点年径流深相关系数仅与距离有关）。

4) 用于内插的两个测站的径流深误差之间不存在相关。

(2) 卡拉谢夫法的 3 个准则。

1) 临界最小面积准则。随着流域面积的减小，非分区性的局部自然地理特性将增大，会削弱径流的区域规律。因此，测站控制的面积不能太小，否则布站变得无意义，即要求区域代表站控制的流域面积，应大于某临界最小面积。临界最小面积准则用公式表示为

$$F_m \leqslant F_0 \tag{2.14}$$

式中 F_0——最优站网密度确定的测站控制流域面积，km²；

F_m——梯度准则确定的单站控制的最小流域面积，km^2。

根据不同的自然分区，F_m 值不同，如我国《水文站网规划技术导则》规定，区域代表站湿润地区为 $200km^2$，干旱地区为 $500km^2$。也可采用回归分析确定。

2）梯度准则。由于测验存在误差，因此要求相邻的两个测站之间的正常年径流深变化要大于其测验误差，即相邻站实测的径流深要有显著的变化梯度。梯度准则的实质是要求测站控制的面积不能太小。梯度准则可用公式表示为

$$F_0 \geqslant F_\nabla = \frac{8\sigma_0^2 m_y^2}{\nabla^2} \tag{2.15}$$

式中　F_∇——梯度准则确定的测站控制的最小流域面积，km^2；

σ_0——年径流深的相对均方误差；

m_y——正常年径流深，mm；

∇——正常年径流深沿某一方向的梯度变化，mm/km。

3）相关准则。随着相邻测站间距离的增加，径流深的相关性会减弱，甚至会消失。为满足相关法插补年径流量的精度，要求相邻测站间距离也不能太大，即有一定的站网密度，相关准则要求测站控制的面积不能太大。

相关准则可用公式如下

$$F_0 \leqslant F_k = 4L_0^2 (\ln x)^2 \tag{2.16}$$

其中

$$x = e^{-\frac{L}{2L_0}} \tag{2.17}$$

式中　F_k——相关准则确定的测站控制最大流域面积，km^2；

L_0——相关半径，km；

L——相邻两流域中心点之间的距离，km。

（3）研究流域内区域代表站布设数目确定。由上述三准则可知，卡拉谢夫法确定的单站控制面积应满足

$$F_m < F_\nabla \leqslant F_0 \leqslant F_k \tag{2.18}$$

确定最优站网密度对应的单站控制的面积后，研究流域内区域代表站布设数目为

$$n_0 = \frac{F}{F_0} \tag{2.19}$$

式中　n_0——研究区域代表站最优站网密度对应的测站数目；

F——研究区域的流域面积，km^2。

2.2.4 小河站

1. 布设原则

小河站的布设采用"分类原则"。在大河和中等

河流区域代表站之间的空白地区，需要布设小河站。小河站是整个水文站网中不可缺少的组成部分，因其设施简易、投资低，可以灵活地在不同地区设站。布设小河站网的主要目的在于收集小面积暴雨洪水资料，探索产汇流参数在地区上和随下垫面变化的规律，为研制与使用流域水文数学模型提供不同地类的水文参数，以满足广大的无实测水文资料的小流域防洪、水资源管理、水利工程的规划、设计之需。

（1）小河站宜采用分区、分类、分级布设，分区、分级可以不受行政区划限制。

（2）小河站应在水文分区的基础上，参照影响其产、汇流的下垫面的植被、土壤、地质等因素进行分类，再按面积分级。定量指标可用植被率、地质特性指标（一般用基岩面积比）、土壤特性以及石山所占面积比等。其分类数目根据产流参数分析确定。

（3）小河站依据控制的流域面积进行分级，各分级的变幅范围见表 2.4。

表 2.4　　　　　流域面积进行分级表　　单位：km^2

湿润区	<10	$10\sim20$	$20\sim50$	$50\sim100$	$100\sim200$
干旱区	<50	$50\sim100$	$100\sim200$	$200\sim300$	$300\sim500$

（4）一个省（自治区、直辖市）至少有一套分类、分级小河站网。对于本省（自治区、直辖市）中某些范围不大，且对国民经济影响较小的下垫面类别，可与邻省（自治区、直辖市）协作按面积级差共同布设一套。

（5）小河站的分区，一般应根据气候分区，下垫面分类、面积分级等因素确定布站数量。

2. 位置要求

小河站站址的选择应符合下列要求：

（1）代表性和测验条件较好。

（2）人类活动影响程度小。

（3）面上分布均匀。

（4）按面积分级布站时，要兼顾到坡降和地势高程的代表性。

（5）尽量照顾交通和生活条件。

3. 卡拉谢夫法小河站布设数目

由于一个地区小河数目很多，如果下垫面变化复杂，可能会布设很多小河站。卡拉谢夫法认为，小河站的数目以区域代表站和大河控制站站数之和的 $15\%\sim30\%$ 为宜。

2.2.5　平原区水文站

1. 平原区水文站网的布设原则与水平衡区划分

平原区天然河流与人工水体相互贯通，用集水区域集总测量办法已不能有效地探清水文规律。经过多年的实践，探索出了以水平衡为观测对象，以水量平衡原理为基本工具，对进出水平衡区的水量进行观测，研究水平衡要素的变化规律的途径。因此，平原区水文站网的布设应按水量平衡和区域代表相结合的原则进行。平原区的水文测验对象应是水平衡区。水平衡区可分成大区、小区和代表片三级。大区是在统一规划下进行水利治理、水资源统一调度的区域；小区是在大区中按土壤植被和水利条件来划分的区域；代表片是由周界线封闭而成的一个面积较小的水平衡区，其产汇流特性可被一个或几个小区移用。一般可将水资源供需平衡区作为水量平衡大区。大区面积过大者可划分为若干中区或小区，均以能算清水账、可以进行三水（降水、地表水、地下水）转化分析研究为依据。对于某些进出口门很多，且观测困难的水平衡区，可在控制线、区界线上只布置单向（进或出）观测点（包括辅助站），通过移用邻区产汇流参数，或在区内设代表片探求有关参数，然后采用测算结合途径实现水量平衡计算。水平衡区的周界线，可按水平衡范围的大小分成大区控制线（简称控制线）、小区区界线（简称区界线）、代表片封闭线（简称封闭线）三种。

2. 周界线设置的主要技术要求

（1）路线的走向应沿水平衡区的周界形成封闭的外包线。

（2）不同种类的周界线尽可能综合布设。

（3）路线的走向充分结合原有的基本水文站，充分考虑公路、桥涵、堰闸、泵站等建筑物设施，进出口门最少。

3. 代表片的选择要求

1）代表片的地形、土壤、植被、水利设施等在水平衡区内要有代表性。

2）代表片内尽量避免有湖泊等大水体，封闭线不要切割大的河（渠）道。代表片的面积大小，一般情况下，当外来水量较小时，可为 $300\sim500km^2$；封闭条件差、外来水量较大时，可扩大到 $1000km^2$。

3）代表片内应设立配套的水位、雨量和水面蒸发站。

水平衡区划定后，要根据具体情况，在周界线上设立基本站和辅助站。对水平衡区的进出水量起控制作用的观测点作为基本站。一条周界线上可在主要河道口门上布设若干个基本站，它们的总进（出）水控制量约占全水平衡区进（出）水量的 $10\%\sim15\%$。在一些进出水量较小的口门上，设置仅对基本站网起配合作用的辅助站。辅助站可以利用已建的堰、闸、抽水站等，也可以借助于辅助站与基本站相关关系来简化测流。水平衡区内的基本水位站网应满足控制区内等水位线变化及估算河网蓄水变化。在平原坡水区，水文分区内的布站数确定办法为：对河渠网密度及机井密度进行分类，按流域面积进行分级，按分类分级方法布设代表片。还要考虑到面上分布的均匀性及代表的综合性。在被选定的研究三水（降水、地表水、地下水）转化关系的代表片或小区内，要布设配套的土壤含水量、灌溉回归水量等观测点网。

平原区水文站的布设应综合考虑暴雨洪水内涝易发区、大型灌区引退水口、行政区界、河网区重要水道及主要出海口治理、水资源、水生态保护等因素。

2.2.6　水库水文站

列入基本水文站网的水库水文站是长期观测，以提供水位、蓄水量、进出库水沙量和库容冲淤变量等水文资料的水文测站。水库基本水文站的任务是多目标的，既为工程管理、防汛抗旱、水文情报预报和水资源管理开发利用服务，又要能系统地积累水文资料，以研究水文规律和资料内插移用，发挥河道基本水文站网的作用。水库建成后对河流形势和水文状况都将带来不同程度的影响和变化，因此有条件的水库设立基本水文站十分必要。

大型水库应设立入出库站，重要的中型水库宜设入出库站，大型水库泥沙问题突出时可设水沙因子研究站，其他水库是否设站可根据防洪抗旱、水资源管理需要而定。在布设河道区域代表站有困难，且站网密度不足的水文分区内，应选择符合条件的水库水文站作为区域代表站。所选择建设水文站的水库，其坝址控制集水面积，湿润地区要求大于 $200km^2$，干旱地区要求大于 $500km^2$。作为区域代表站的水库水文站，所提供的洪水流量过程、次洪水总量和月径流、年径流资料，应能具有或可还原成代表河道站的资料。要求选择在入库洪峰变形小，库内坝前水位代表性好，库面比和库形系数小的水库上。具体可参照下列条件选择：

（1）库形系数小，库面为湖泊形，库区周边规则。对于库面形状不规则的水库，要求

$$\Omega/\sqrt{f} \leqslant 10\sim15 \qquad (2.20)$$

式中　　$\Omega/\sqrt{f}$——库形系数；

Ω、f——正常高水位时水库边线的长度，km，以及水库水面面积，km²。

（2）库面比较小时，要满足

$$f/F \leqslant 3\% \qquad (2.21)$$

式中 f/F——库面比；

F——水库集水面积，km²。

（3）水库集水区内水工程影响小。

（4）水库区地质条件和大坝施工质量较好，没有严重的漏水现象。

（5）库容曲线比较稳定，泥沙淤积量较小，年淤积量不大于兴利库容的 2%～3%。

2.2.7 流量站设站年限分析

1. 测站撤销的有关要求

按观测年限，流量站分为短期站和长期站。长期站应系统收集长系列样本，探索水文要素在时间上的变化规律；短期站能依靠与邻近长期站同步系列间的相关关系，或者依靠与长系列资料建立转换模型，展延自身的系列。通过有计划地转移短期站的位置，可逐步提高站网密度，实现对基本水文要素在时间和空间上的全面控制。

决定测站是否能够撤销，主要是审查它对站网整体功能的影响，要分析自身的资料系列是否达到要求，测站是否达到设站目的，或测站受工程影响不能满足防汛抗旱、水资源管理要求。同时，还要顾及其他观测项目的需要，如流量站必须考虑计算泥沙水质等输移量的需要，配套雨量站、蒸发站必须与相应的流量站并行观测等。

大河控制站、集水面积在 1000km² 以上的区域代表站，大（1）型水库的基本站、基准站，除个别达不到设站目的者，都必须列为长期站。有重要作用的小河站和集水面积在 1000km² 以下的区域代表站，也可列入长期站。集水面积在 1000km² 以下的区域代表站，若没有防汛、水资源管理任务而又达到了下列全部要求，可以撤站或转移到其他需要设站的地点进行观测。

（1）已测得 30～50 年一遇及以下各级洪水的系统资料，求得了稳定的产流、汇流参数。

（2）用统计检验方法确定设站年限，其多年平均值的抽样误差不超过 10%～15%，保证率不低于 70%。

（3）撤站后如出现较大空白区，则应有其他转移设站的替代方案。

用统计检验方法确定短期站的设站年限，可借用邻近长期站的资料系列进行估计。没有水情任务，单纯为收集暴雨洪水资料的小河站，在已测得 10～20

年一遇及以下各级洪水资料，并求得了比较稳定的产流、汇流参数，可以停测或转移设站位置。凡未达到容许最稀站网密度的地区，一般不宜撤销已有测站，如必须撤销时，应调整到新的站址观测。

2. 设站年限的计算公式

在实际工作中，设站年限可用式（2.22）计算。该式系根据水文样本统计中最常用的平均值、方差等，依据 t 检验原理推导出的公式。

$$N = 1 + \left(\frac{t_a C_V}{\varepsilon}\right)^2 \qquad (2.22)$$

式中 N——设站年限，a；

C_V——年径流变差系数；

t_a——相应于保证率为（$1-\alpha$）的置信系数；

ε——样本和总体均值的相对允许误差，一般取 0.05～0.2。

2.3 水位站网规划

1. 基本水位站

在大河干流、水库、湖泊等水域上布设水位站网，主要用以控制水位的转折变化。既要满足水位内插精度要求，也应使相邻站之间的水位落差不被观测误差所掩盖，以此为基本原则确定布站数目及其位置。水位站网的规划还应考虑防汛抗旱、分洪滞洪、引水排水、航运、木材浮运、河床演变、水工程或交通运输工程的管理运用等方面的需要。

水位站设站数量及位置，可在流量站网中的水位观测项目的基础上确定。基本水位站的设站位置，可按下述原则选择：

（1）满足防汛抗旱、分洪滞洪、引水排水、水利工程或交通运输工程的管理运用等需要。

（2）满足河流沿线任何地点推算水位的需要。

（3）尽量与流量站的基本水尺相结合。

2. 水库水位站

水库、湖泊水位站宜单独布设，水库水位站的布设，应能反映水库各级水位水面曲线的转折变化为原则，并符合下列规定：

（1）坝前水位站应设在坝前跌水线以上，水面平稳、受风浪影响较小、便于观测处；坝前水尺宜兼作泄（引）水建筑物的上游水尺；坝前水位站一经选定，不应变迁。

（2）库区水位站布设，应符合下列规定：

1）常年回水区除应观测坝前水位外，还应在水库最低运用水位与河床纵剖面交点下游附近布设水位站；如常年回水区较长，可在两站之间适当增设水位站。

2）变动回水区布站数，应能反映水库各级运用水位水面曲线的转折变化,宜设 3 个水位站,即上、中、下段各设一个,上段站宜设于正常蓄水位回水末端附近,下段站宜设于最低运行水位附近。如变动回水区河段较长,可适当加密水位站。

3) 水库主要支流入汇口处,应布设水位站。

4) 对于综合利用和有泥沙问题的大型水库,或大型水电站在运用上有特殊需要,库区水位站可适当增加。

5) 库区水位站应尽量与其他观测断面结合布置。其位置应选在岸边稳定、便于观测并避开对水位有局部影响的地方。

3. 湖泊水位站

湖泊水位站布设数量应能反映湖泊水面曲线折转变化为原则。湖泊代表水位站的水位应能代表湖泊的平均水位。湖泊较大支流汇入处应布设水位站。

4. 其他水位站

(1) 河口、沿海等潮位站宜独立布设。潮位站的布设应选择在潮流界、潮区界附近,汊道口,汇流口,分流口,以及能灵敏反映潮汐水面线变化过程的位置。布站数目应根据观测目的和控制潮位变化过程曲线确定。

(2) 对水资源配置有较大影响的闸坝工程应布设闸坝水位站。闸坝水位站的布设应以满足水量测算等水资源管理需求为原则,可在闸坝上(前)、下(后)分别布设。

(3) 对城镇居民区和工矿企业等重要防护目标存在洪水灾害威胁的河流,以及易发生内涝的城市建成区,应布设水位站,水位站的设立地点应满足防洪的需要。

(4) 处于国家重要粮食生产基地和大型牧区的河流,以及作为城镇生活、生产水源的河源,应规划布设水位站。

(5) 平原河网区内的水位站网应满足控制区内等水位线变化及估算河网蓄水变化需要。

2.4　雨量和水面蒸发站网规划

2.4.1　雨量站网规划

2.4.1.1　雨量站的分类

1. 按设站目的分

雨量站按设站目的分为面雨量站和配套雨量站两类。

(1) 面雨量站(也称基本雨量站)是为控制雨量特征值(如日、月、年降水量和暴雨特征值等)大范围内的分布规律而设立的测站,这类站应长期观测。

(2) 配套雨量站主要是为分析中小河流降雨径流关系,而与小河站及区域代表站相配套而设立的雨量站。要求配套雨量站应能较详细地反映暴雨的时空变化,求得足够精度的面平均雨量值,通过同步观测,以探索降水量与径流之间的转化规律。因此,配套雨量站还要求有较高的布站密度,并配备自记仪器,对降雨过程的记载要求更加详细。

2. 按观测时间分

雨量站按观测时间分为常年雨量站和汛期雨量站两类。

(1) 常年雨量站全年内观测降水量,基本雨量站一般为常年雨量站。

(2) 汛期雨量站大部分为防汛而设立,只在汛期观测,或为小河站配套而设立。在非汛期当小河站停止观测时,这些雨量站也停止观测。

2.4.1.2　雨量站网的布设密度

(1) 雨量站网的布设密度应根据现有资料条件,选择适宜的方法分析论证。在有足够稠密站网试验资料的地区,可用抽站法进行分析;在具有一般站网密度的地区,可用平均相关系数法、最小损失法、锥体法、流域水文模型法等进行分析。

(2) 用上述方法分析雨量站网密度所涉及的各种指标,可根据本地区的资料条件、生活条件、设站目的,按表 2.5 所规定的取值范围合理选定。

表 2.5　　　　　　　　　　　雨量站网密度分析指标选用表

项目	$(1-\alpha)$ /%	ε	Δx_0 /mm	x_B /mm	$\Delta t/h$		
					$F<500km^2$	$500km^2<F<1500km^2$	$1500km^2<F<3000km^2$
湿润区	80	0.10~0.15	2	5~20	3~6	6~12	6~12
干旱区	75	0.15~0.20	3	10	6~12	12~24	12~24

表 2.5 中,平均雨量的允许误差为

$$\Delta \bar{x} = \varepsilon \bar{x} + \Delta x_0 \qquad (2.23)$$

式中　Δx_0 和 ε——$\bar{x}$ 的标准误差与 $\bar{x}$ 的相关直线的截距和斜率,当 $\Delta x_0 = 0$ 时,ε 就是 $\bar{x}$ 的允许相对误差。

表 2.5 中 $(1-\alpha)$(%)是 $\bar{x}$ 的误差不超过 $\Delta \bar{x}$ 的保证率;F 为布站地区的面积;Δt 为统计雨量资料的时段长;x_B 是分析雨量站网密度而选用的雨量资料的下限标准,在 Δt 时段内,中心最大雨量小于 x_B 的降水资料不参加统计。

（3）在不具备分析条件的地区，可结合设站目的和地区特点，按照表 2.6 选定布站数目。面雨量站应在较大范围内均匀分布，平均单站面积宜不大于 $200km^2$，按每 $300km^2$ 一站（荒僻地区可放宽）的密度布设。观测困难的高山雨量站可以采用累积雨量器。平原水网区的大区、小区的面雨量站可以采用 $250km^2$/站，代表片内的雨量站数按表 2.6 选定。

表 2.6 面积和雨量站数目查算表

面积/km^2	10	20	50	100	200	500	1000	1500	2000	2500	3000
雨量站数	<2	2～3	3～4	4～5	5～7	7～9	8～12	9～13	10～14	11～15	12～16

2.4.1.3 几种雨量站网规划方法简介

1. 抽站法

当某一地区有足够密度的雨量站时，可利用所有雨量资料计算平均雨量，作为该地区"近似雨量真值"，再按不同的容量（站数）进行抽样，并计算抽样后的面平均雨量以及与它"近似雨量真值"的抽样误差，并建立雨量站密度和抽样误差之间的关系（可建立经验公式），当给定了允许误差，就可通过已建立的关系求得布站数量。

该法概念明确，计算简单，但该法计算结果可靠的前提是有足够的雨量站，如果研究的地区雨量站网达不到有"足够密度的雨量站"，计算结果可能会不可靠。

2. 平均相关法

根据等容量变组合重复抽样的概念，可导出使平均面雨量误差不超过一定允许值情况下最少的雨量站数量。该法的计算公式如下

$$n_{min} \geqslant \frac{m}{u^2(m-1)+1} \qquad (2.24)$$

其中

$$u = E/(C_v \sqrt{1-r_G})$$

式中　n_{min}——流域（或区域）内至少要布设的雨量站；

　　　m——流域内雨量站数（样本总体）；

　　　u——无因次组合变量；

　　　E——面平均雨量允许误差；

　　　r_G——面平均雨量相关系数的稳定值，与流域地形、流域现状、大小有关。

3. 最小损失法

在一定大小的面积内，雨量站密度越大，计算的面平均雨量或内插雨量的精度越高。同时，建设管理雨量站的费用支出也越高。反之，站网密度越低，管理运行费降低，但计算的面平均雨量或内插雨量的精度就降低。这样，就存在着一个最优布站数，使上述两项损失之和最小。按此原则导出的最优布站数计算公式为

$$n = \sqrt{\frac{F(1-r_G)}{F_C(1-r_{GC})}} \qquad (2.25)$$

式中　n——流域（或区域）最优布站数；

　　　F——研究的流域（或区域）面积，km^2；

　　　F_C——实验流域（或区域）面积，km^2；

　　　r_{GC}——实验流域的面平均雨量相关系数的稳定值。

2.4.1.4 雨量站的站址选择

1. 雨量站的站址要求

（1）面雨量站应在大范围内均匀分布，配套雨量站应在配套区域内均匀分布。

（2）应能控制与配套面积相应的时段雨量等值线的转折变化，不遗漏雨量等值线图经常出现极大或极小值的地点。

（3）在雨量等值线梯度大的地带，对防汛有重要作用的地区，应适当加密。

（4）暴雨区的站网应适当加密。

（5）区域代表站和小河站所控制的流域几何重心附近，应设立雨量站。

（6）站址应选在生活、交通和通信条件较好的地点。

2. 布设降水量站应考虑的其他因素

（1）为水资源管理和水量平衡计算服务的降水量站网应与相关站网同时规划，以满足降水量与径流之间转化规律分析需要。设站数目应在满足面降水量站密度要求的基础上适当加密。

（2）对城镇、企业等存在洪水威胁的河流，人口较密集的村镇上游，地质条件不稳定、下游有密集村镇的中小河流暴雨区，降水量站的布设应按配套降水量站的要求进行，并根据需要适当增加，以满足防洪减灾的需要。

（3）处于国家重要粮食生产基地和作为城镇生产、生活水源的河流，规划的降水量站应满足用于旱情监测和水文情势分析的要求。

（4）在城市防洪，牧区旱情监测，国家地质公园、自然风景区、生态环境保护区等科学研究方面有需求的地区，应布设降水量站。

（5）雷达测雨控制的区域内应布设一定数量的地面降水量校正站，布设数目应能满足准确推算区域内

面降水量精度的要求。

2.4.2　水面蒸发站网规划

蒸发的观测项目有陆上水面蒸发、湖泊和水库库面等大型水体蒸发、土壤蒸发、潜水蒸发等。本节仅介绍陆上水面蒸发站网规划。

布设水面蒸发站网应以能控制蒸发量的变化为原则，并满足面上流域蒸发计算的需要和研究水面蒸发的地带规律。在确定水面蒸发站网密度之前，应对蒸发进行水文分区。水面蒸发站网密度应根据本地区的分析成果确定。可用新安江流域模型或其他在当地经过验证适用的模型，移用不同距离的蒸发站资料所取得的不同计算精度与移用距离建立相关关系来确定蒸发站网密度。一般 2000~5000km² 设一站，平原水网区为水量平衡研究的需要可采用 1500km² 设一站。一般情况下水面蒸发站代表性较好，能被移用范围大。站址选择时主要考虑它在空间较大范围的代表性，代表性好的水面蒸发站，在某个范围内应具有地形平均梯度较小，面积高程关系变化连续均匀的条件。对于干旱、边远及高山区，根据水面蒸发等值线图及其他的有关分析成果和设站条件，确定适当的密度和进行代表性分析。

(1) 水面蒸发站的布设，应符合以下要求。

1) 水面蒸发站在高程、空间、气候、温度等方面代表性好，观测成果被移用范围大。

2) 水面蒸发站网应与相关站网相协调。

(2) 布设水面蒸发站应综合考虑以下功能需求。

1) 在已布设蒸发站的流域内有大型水库、湖泊时，应重点规划布设。

2) 干旱地区和重要引水区、粮食主产区、大型牧区、应适当加密。

2.5　泥沙站网规划

泥沙站与流量站的分类一致，即大河控制站、区域代表站和小河站。泥沙站网的布设可仿照流量站网的规划的方法进行。

1. 大河泥沙控制站

在大河干流上，可根据多年平均年输沙量的沿程变化，按直线原则估计布站数目的上限和下限，并根据需要从现有流量站中选定泥沙站。并满足如下要求：

(1) 以任何两相邻测站之间，多年平均年输沙量的递变率不小于 20%~40% 为原则，估计布站数目的上限。干流上游条件特别困难时，递变率可增加到 100%~200%。

(2) 在干流沿线的任何地点，以内插年输沙量的误差不超过 ±(10%~15%) 为原则，估计布站数目

的下限，在条件特别困难的地区，内插的允许误差可放宽到 ±20%。

2. 泥沙区域代表站和小河站

一个水文分区内泥沙区域代表站，以控制输沙模数的空间分布，按一定精度标准内插任一地点的输沙模数为主要目标，采用与流量站网布设相类似的区域原则，确定布站数量。并考虑河流代表性，面上分布均匀，不遗漏输沙模数高值区和低值区。可按下述要求估计布站数目，从相应的流量站网中选择泥沙站：

(1) 沿多年平均年输沙模数的梯度方向，任何两相邻测站之间输沙模数的递变率以不小于 15%~30% 为准则，估计分区内布站数目的上限。在输沙模数很小，但递变率很大的地区，递变率可增大到 40%~50%。

(2) 在分区内任何地点，以内插年输沙模数的误差不超 ±(15%~20%) 为准则，估计分区内布站数目的下限，在条件特别困难的地区内插的允许误差可放宽到 ±25%。

(3) 根据需要与可能，以控制输沙模数在面上的变化为准则，从现有流量站网中选定泥沙站。

(4) 为弥补区域代表站控制作用之不足，可以选择一部分小河流量站，作为小河泥沙站。

3. 特殊河段泥沙站

除按上述递变率和内插要求确定布站数外，对于重要河流上重要河段的流量站均应根据需要与可能观测泥沙。在不具备分析论证条件的地区，可按下述方法确定泥沙站的数目：

(1) 在强侵蚀地区，应选不少于 60% 的流量站作为泥沙站。

(2) 在中度侵蚀区，可选择 30%~60% 的流量站作为泥沙站。

(3) 在轻度、轻微侵蚀区，可选择流量站的 15%~30% 作泥沙站。

4. 泥沙站选择条件

下列流量站宜全部选作泥沙站。

(1) 流经中度侵蚀及以上地区，两岸及下游有重要城镇等防护目标的大江大河干流，自河流进入侵蚀地区以后的流量站。

(2) 流经地质条件不稳定的山区，下游有城镇、企业、居民集聚区分布的中小河流上的流量站。

(3) 位于国家确定的水土流失重点监测地区内的流量站。

(4) 作为城市生活、生产用水的主要水源河流，取水口附近及上游对取用水有影响的流量站。

(5) 位于水生态保护和修复范围内，年平均含沙

量大于 $1kg/m^3$（轻度和微度侵蚀地区可按 $0.5kg/m^3$）的流量站。

（6）水文空白区内新设的流量站。

（7）处在航运河流的流量站。

（8）主要水道及对出海口治理非常重要的流量站。

5. 泥沙颗粒分析站

（1）凡进行泥沙测验的大河控制站、中等以上支流控制站和位于拟建大型水利枢纽工程河段的站、重要灌区的出口站、水土流失严重地区的站，应进行泥沙颗粒级配分析。

（2）凡列入基本站网的水库站，均应按规定实测水库冲淤变量和出库沙量，并进行颗粒级配分析。

6. 河道测验断面布设

多沙河流的下游河道及有重要防汛任务的河段，应布设河道测验断面，断面密度应满足河床演变分析的需要。

2.6 水质站网规划

水质站根据设站目的分为基本站、辅助站和专用站。基本站必须长期监测水系的水质变化动态，收集和积累水质基本资料。辅助站应配合基本站进一步掌握水质污染状况。专用站是根据专门用途而设立，完成该项需求后可撤销。

经过统一规划在指定河流的上游或接近源头处未受人为直接污染的天然水域设立的水质站，称为本底值站，用来确定各该水系自然水质状况。

水质站网根据水源可分为地表水水质站网、地下水水质站网和降水水质站网。

水质站网规划前应充分调查并收集本流域或区域的有关基本资料和相关专业规划。水质站网规划应以水功能区划为基础，综合考虑与相关站网的协调。

（1）地表水水质站应布设在以下区域或位置。

1）重要或较大河流的上游或接近源头处，未受人为直接污染的天然水域。

2）重要江河的干支流控制河段、较大支流汇入口上游、大型或重要湖泊（水库）出入口处、入海河流的河口处。

3）重要或较大河流、湖泊（水库）的跨国境、省级行政区的分界处，重要水功能区及水生态保护区。有需要的市、县级行政区分界处。

4）跨流域（水系）或地区调水工程的重要区段及其省级行政区界处。有需要的市、县级行政区分界处。

5）重要供水水源地、国家级自然保护区、湿地

保护区与具有水生态功能的河流、湖泊（水库）。

6）重要入河（库、湖）排污口。

7）水土严重流失区、盐碱地区、泉水丰富区、地方病多发区。

8）在重要的饮用水水源地、滩涂湿地、自然保护区等地。

9）水质站应尽量与流量站结合。

（2）地下水水质站网规划应在地下水类型区划和开采利用程度分类的基础上进行，以浅层地下水为主。水质站应布设在以下区域或位置处。

1）不同水文地质区、植被区、土壤盐碱化区、泉水丰富区、地方病多发区、地球化学异常区、自然资源保护区。

2）建制市城市建成区、大型及特大型地下水水源地、超采区、次生盐渍化区和地下水污染区。

（3）降水水质站规划应重点监测以下地区。

1）不同水文气象条件、不同地形与地貌区。

2）大型城市区、工业集中区和大气污染严重区。

3）大型水库、湖泊区。

2.7 地下水站网规划

地下水站宜监测地下水水位、地下水开采量、泉流量、地下水水温和地下水水质等项目。地下水站分为基本站、专用站、实验站和辅助站。基本观测站组成基本观测站网，其任务是完整地掌握地下水位动态变化，探求地下水运行规律。专用站为特定目的而设立。实验站是为深入研究某些问题而设立的一个或一组地下水观测站。辅助站是为了弥补基本站网密度之不足，在基本站之间设立。

经规划而布设的地下水监测站网，应为国土整治、流域规划、生态环境保护、地下水动态预测、地下水资源的科学评价与合理开发利用提供基本资料；为防止因地下水持续升降而引起的咸水入侵、水质恶化、次生盐及地面沉降等不良后果，提供科学依据。

1. 地下水类型

地下水类型区可划分为基本类型区和特殊类型区，基本类型区和特殊类型区可相互包含或交叉。

（1）基本类型。基本类型区可分以下两级。

1）根据区域地形地貌特征，可分为山丘区和平原区两类，为一级基本类型区。

2）根据次级地形地貌特征及岩性特征，平原区可分为冲洪积平原区、内陆盆地平原区、山间平原区、黄土台塬区和荒漠区五类；山丘区可分为一般基岩山丘区、岩溶山丘区和黄土丘陵区三类，为二级基本类型区。

(2) 特殊类型。特殊类型区包括：建制市城市建成区、大型地下水供水水源地、地下水超采区、海（咸）水入侵区、次生盐渍化区、地下水污染区、地下水位漏斗区、地面沉降区、生态脆弱区以及地温异常区和矿泉水分布等需要重点监测的地区。

2. 地下水开发利用程度

地下水开发利用程度可分为超采区、高开采区、中等开采区和低开采区。

地下水开发利用程度是指地下水开采量与相应区域地下水可开采量之比，该比值大于 100% 的地区为超采区，70%～100% 的地区为高开采区，30%～70% 的地区为中等开采区，小于 30% 的地区为低开采区。

超采区和高开采区应重点布设地下水站。

3. 站网布设密度

地下水站网规划应首先考虑按规划图的比例尺进行。规划时，应在地下水类型区划和开采利用程度分类的基础上，根据规划目的和规划区经济发展水平，选定规划图的比例尺。

地下水监测站网规划图的比例尺，应按下述原则选定。

(1) 特殊类型区，超采区和高开采区，水文地质复杂且需要研究地表水与地下水转化关系的地区宜选用 1∶20 万比例尺的规划图。按该比例尺规划的站网，单站面积应不大于 50km²。

(2) 基本类型区中的平原区中的冲洪积平原区、内陆盆地平原区和山间平原区，中等开采区和低开采区、仅有一般需要的地区宜选用 1∶50 万比例尺的规划图。按该比例尺规划的站网，单站面积应不大于 100km²。

(3) 基本类型区中的山丘区及平原区中的黄土台塬区和荒漠区，为控制较长时段内地下水在大范围内的分布状况和变化规律地区宜选用 1∶100 万比例尺的规划图。按该比例尺规划的站网，单站面积应不大于 500km²。

(4) 当不能按规划图的比例尺规划地下水站网时，基本类型区地下水站网规划可参照表 2.7 最低密度指标布设。特殊类型区中的大中型城市建成区，地下水站网最低密度宜按每 100km² 布设 8 站，大型地下水水源地宜按每 100km² 布设 6 站，地下水超采区宜按每 100km² 布设 2 站，其他特殊类型区宜按每 100km² 布设 1 站。

表 2.7 　　　　　　　　地下水站布设最低密度表 　　　　　　　　单位：站/1000km²

基本类型区名称		开 采 强 度 分 区			
一级区	二级区	超采区	高开采区	中等开采区	低开采区
平原区	冲洪积平原区	8	6	4	2
	内陆盆地平原区	10	8	6	4
	山间平原区	12	10	8	6
	黄土台塬区	可选择典型代表区布设。参照冲洪积平原区开发利用程度低的密度布设			
	荒漠区				
山丘区	一般基岩山丘区				
	岩溶山区				
	黄土丘陵区				

4. 地下水站布设应遵循的原则

(1) 在各个类型区内，沿平行于水文地质条件变化最大的方向，应布设主观测线；在一般情况下应以能判断两个监测站之间水文地质条件为原则，确定布站间距。然后，应在垂直于主观测线的方向，设置辅助观测线，布站间距可适当放宽。

(2) 在各类型区内水文地质条件比较简单时，宜均匀布站；在不同类型区交界地带，地下水异常地带，应加密布站。

(3) 应在平面上，点、线、面相结合，在垂直方向上形成不同深度层面的立体观测网。

(4) 在国家粮食主产区、大型灌区、重要城镇供水水源地、大中型矿区、水源性地方病多发区、地下水漏斗区、次生盐渍化区应加密布设。

(5) 在每一类型区或不同开采水平的地区，应选择少量具有代表性的地下水站，进行地下水开采量的监测。

(6) 具有较大供水意义的泉和具有特殊观赏价值的名泉，宜布设泉流量监测站。

(7) 南方湿润区的地下水利用量很小的地区，可按上述有关规定适当降低布设密度。

2.8 实验站规划

1. 实验站分类

实验站按其研究的目的可分为以下 4 类：

(1) 为发展水文科学的基础理论和探索某些综合性问题而设立的实验基地。如为研究某些水文要素的形成与转化机制而设立的径流、蒸发、水平衡、三水转化、泥沙或泥石流等实验站。

(2) 为研究某水体的水文规律而设立的水库、湖泊、沼泽、河口、河床演变、冰川、冰情等实验站。

(3) 为研究人为活动对环境的定量水文效应而设立的森林、牧区、都市、灌区、水土保持等实验站。

(4) 为完善或改进某种仪器设备或测验方法而设立的水文测验方法实验站。

2. 实验站规划的基本方法

对各种实验站应进行统一规划，合理布局。规划的基本方法有两种：

(1) 分析影响实验结果的主要因素，进行分区或分类。

(2) 在每个分区或分类基础上，选择有代表性的河流、地点或对象设站实验，可先按温度与水文条件及自然景观的地带性变化划分大区，再于每个大区中选择有代表性的河流、地点设立径流、蒸发等实验站。

2.9 墒情站网规划

墒情站是监测土壤含水量的水文测站。规划的墒情监测站网应能完整收集土壤墒情信息，以满足抗旱减灾、水资源管理、国家粮食生产安全、水利建设规划、畜牧业发展等方面的需要为原则。

1. 站网密度

墒情站网的布设密度应根据历史上旱情和旱作农业、牧业的分布情况及耕作面积确定，或按行政区划确定。

(1) 按耕作面积规划的墒情站网，最低布设密度可按下列要求控制。

1) 山丘区，单站控制耕作面积不大于 30000hm²。

2) 丘陵区，单站控制耕作面积不大于 50000hm²。

3) 平原区，单站控制耕作面积不大于 90000hm²。

国家粮食主产区和易旱地区，墒情站网密度应在上述同类型地区墒情站网最低布设密度指标基础上适当加密。

(2) 按行政区划规划的墒情站网，最低布设密度为国家粮食主产区和易旱地区，3~5 站/县；一般地区，2~3 站/县。

2. 布设要求

墒情站应区别考虑灌溉耕地（或牧场）和非灌溉耕地（或牧场）的墒情监测。墒情站宜均匀分布，位置应相对稳定，以保持墒情监测资料的一致性和连续性。

进行墒情监测代表性地块的选择应考虑地貌、土壤、气象和水文地质条件，以及种植作物的代表性。

山丘区代表性地块应设在坡面比降较小而面积较大的地块中；平原区代表性地块应设在平整且不易积水的地块。

在墒情站出现脱墒及其他特殊情况下，可临时根据土壤、水文地质条件、作物种类代表性、旱情轻重等情况选定代表性地块进行监测。

墒情站网规划应综合考虑与相关水文站网的协调、配套。

2.10 专用站网规划

专用站按监测项目可分为流量站（通常称作水文站）、水位站、泥沙站、降水量站、地下水站、水质站、墒情站、水生态站等。

1. 布设要求

涉水工程规划设计阶段，规划设计单位应根据拟建工程的规模、作用、位置和运用方式，结合流域、区域防汛抗旱、水资源管理与水量调度的要求等，同步开展涉水工程区域内的专用站规划工作。在涉水工程建设和运行期间，应根据需要和可能，设立专用水文测站。

2. 设站条件

符合下列条件，宜设立专用水文测站。

(1) 大型水利枢纽建设期间，宜在枢纽上下游设站；建成运行期间，宜在入库、出库处设站。

(2) 跨流域调水工程宜在入口、出口处及重要控制节点设站。

(3) 大型灌区、重要或大型引水工程宜在引水、退水口门处设站。

(4) 其他涉水工程建设、运行期间，宜在水文情势或水环境发生重大变化或可能发生变化的区域设站。

专用水文测站不应与基本水文测站重合，其观测项目可根据实际情况确定。

为水利枢纽、交通、航运、环境保护等工程服务的专用水文测站应由工程运行管理单位负责建设。专用站应接受流域管理机构或省级水文机构的行业管理。

2.11　水文站网的调整

2.11.1　受水工程影响的流量站网调整

2.11.1.1　测站受水工程影响程度分级

对受水工程影响的站进行调整和充实是使其受水工程影响前后的水文资料连续一致，满足站网规划的要求，调整的依据是水量平衡原理。受水工程影响的中、小河流上的代表站，按影响程度可分成轻微影响、中等影响、显著影响、严重影响 4 级。

2.11.1.2　受水工程影响测站的调整

1. 受水工程轻微及显著影响测站的调整

测站受水工程轻微影响、中等影响、显著影响的判别指标和调整意见，见表 2.8。

表 2.8　　　　　　　　　　　　　受水工程影响测站调整指标

影响程度			判断指标种类及说明
轻　微	中　等	显　著	
$\sum f'/F < 15\%$，且无大型水库或无单个中小型水库的，$\sum f'/F \geqslant 10\%$	$15\% \leqslant \sum f'/F \leqslant 50\%$	$50\% < \sum f'/F \leqslant 80\%$	当 $\sum f_i/F \leqslant \sum V_i/W$ 时，则取 $\sum f'/F = \sum f_i/F$；否则，取 $\sum f' = F \times \sum V_i/W$ 其中：f_i——测站以上各库的集水面；F——测站以上流域面积；V_i——测站以上各库的有效库容；W——测站以上多年平均年径流量
$\sum V_{引}/W_{枯} < 10\%$，且无单个大型引水工程或无单个中、小型引水工程的，$\sum V_{引}/W_{枯} > 5\%$	$10\% \leqslant \sum V_{引}/W_{枯} \leqslant 50\%$	$\sum V_{引}/W_{枯} > 50\%$	$W_{枯}$——测站枯水年（保证率 95%）年径流量；$V_{引}$——相应枯水年引水量
$K_1 < 15\%$，$K_2 < 10\%$	$15\% \leqslant K_1 \leqslant 50\%$，$10\% \leqslant K_2 \leqslant 50\%$	$50\% < K_1 \leqslant 80\%$，$K_2 > 50\%$	受蓄水工程和引水工程混合影响。当 $\sum f'/F > \sum V_{引}/W_{枯}$ 时，$K_1 = \sum f'/F + \sum f'_{引}/F$；当 $\sum f'/F < \sum V_{引}/W_{枯}$ 时，$K_2 = \sum V_i/W + \sum V_{引}/W_{枯}$ 其中：$\sum f'_{引}$——引水工程相应集水面积
测站保留，一般情况下不作辅助观测及调查	测站保留，要作辅助观测及调查	若经辅助观测后，出现下列两种情况可以撤销：（1）失去代表站作用；（2）补充观测费用巨大，否则保留	

2. 受蓄水工程严重影响测站调整

（1）凡是 $\sum f'/F > 80\%$ 或 $K_1 > 80\%$，称为受蓄水工程严重影响站，对于单一水库 $\sum f'/F > 80\%$，其调整意见如下：

1）水库以上流域内水工程影响不大，水文站一般上迁并改为水库基本水文站继续观测。

2）水库以上流域内水工程有影响，但入库主干流或主要大支流的流域内水工程影响不大，且其相应集水面积的面积级与原测站属同一级，则测站上迁到库尾，保持原有代表性的属性；如果上迁至库尾站的集水面积小于原代表站所代表的面积级，则其属性应改变，可作为站网中新增站来处理。

3）不符合上款要求者，测站撤销。

（2）$\sum f'/F > 80\%$ 时，测站撤销。但在本区域内要补设与撤销站具有相同代表作用的新站。

3. 受引水工程严重影响测站调整

受引水工程严重影响的测站调整办法与表 2.6 中显著影响这一级相同。

4. 受下游水库回水淹没影响测站的调整

测站测流断面受下游水库回水淹没影响，其调整办法如下：

(1) 只受稀遇洪水影响，且在影响期间仍可测流和测沙，测站应保留。

(2) 测验河段长期受淹，失去了测流和测沙条件，则应根据站网规划的实际需要与可能，或下迁到水库坝址以下，或上移出淹没区，或撤销后另设新站。

(3) 对于需要进行补充观测的区域代表站和小河站，要求基本站和辅助站实测年径流量之和大于还原后年径流量的85%。

5. 干旱区受水工程影响的测站调整

干旱区受水工程影响的测站，原则上可以参考上述指标和办法，但应注意以下两点：

(1) 对于多沙河流，因泥沙淤积，判断指标宜采用流域内总的有效库容与多年平均年径流量之比替代 $\sum f'/F$。

(2) 表中的 $V_枯$ 保证率的要求可以适当放宽。

2.11.2　其他站网调整

1. 雨量站网调整

(1) 凡被撤销了的区域代表站或小河站，其相应的配套雨量站除尚有报汛任务或作为面雨量站者外可以撤销。

(2) 作为辅助站观测的大型水库站，在其控制的

流域内，应适当设置配套雨量站网。

(3) 由于气候变化和人类活动影响使得雨量站失去代表性时，应撤销。

2. 水面蒸发站网调整

通过代表性检验，对于代表性差的水面蒸发站，其调整办法如下：

(1) 条件许可，应迁到代表性好的地方。

(2) 当迁址有困难，但附近有代表性好的气象部门蒸发站，则取得气象领导部门支持和省级水文机构批准后，可以撤销。

(3) 如果撤销后造成大块空白区，则在寻得有效措施之前，仍继续观测。

3. 泥沙站网调整

受人类活动等因素影响，河道泥沙输移量改变使原泥沙站网不符合设站要求的，应对其进行相应调整。

(1) 基本水文站调整后迁移到水库观测者，则必须按规定进行水库淤积测验和出库沙量观测。

(2) 水库辅助站，为保证水库蓄水变量计算的正确性，是否实测库区淤积和出库沙量，可根据需要与可能，由各地自定。

4. 水质站网和地下水井网的调整

应随着地区和河流的开发，地下水利用程度和人为经济活动的增加，测站失去代表性或站网密度不能满足需要时，应适时调整水质站网和地下水站网。

第 3 章　水文测站的勘测与设立

3.1　水文测站设立的主要程序

1. 设立水文测站的主要程序

为更好地开展外业水文观测，首先要设立水文测站。设立测站前应按规定报有关部门审批，根据中华人民共和国水文条例规定，国家重要水文测站和流域管理机构管理的一般水文测站的设立和调整，由省、自治区、直辖市人民政府水行政主管部门或者流域管理机构报国务院水行政主管部门直属水文机构批准。其他一般水文测站的设立和调整，由省、自治区、直辖市人民政府水行政主管部门批准，报国务院水行政主管部门直属水文机构备案。设立专用水文测站，除不得与国家基本水文测站重复外，还应当按照管理权限报流域管理机构或者省、自治区、直辖市人民政府水行政主管部门直属水文机构批准。其中，因交通、航运、环境保护等需要设立专用水文测站的，有关主管部门批准前，应当征求流域管理机构或者省、自治区、直辖市人民政府水行政主管部门直属水文机构的意见。撤销专用水文测站，应当报原批准机关批准。

水文测站的设立或调整的主要依据是管理部门审批和已有的站网规划成果。站网规划只能给出测站的数量和概略位置等，故要把测站真正地设立起来，并开展观测，还必须经过测站查勘、勘测、选址、选择测验河段、布设观测断面等环节，并根据测站的任务、设站目的、测站特性等确定测站的测验方式和观测方案，进行基础设施设计、施工建设和配备测验仪器设备等工作。

2. 测验河段

一般情况下，水文站的水文测验是在测站附近的一段河道内开展的，这段河道被称为水文测验河段，简称测验河段。测验河段的优劣对水文测验现场的作业起重要的控制作用，直接关系到水文测验工作量的大小和测验成果的质量。因此，测站设立时测验河道的勘测选择十分重要，应慎重对待。

3. 设立水文测站应考虑的主要因素

水文测站设立的同时应考虑该站的测验方式，是驻测、巡测、自动观测（遥测）还是委托观测。测验方式的确定主要依据设站目的、测站类型、测站特性、测站任务、测验河段和交通生活条件等情况。因

此，测站查勘的同时应收集了解测站的特性、测量测站地形、测量河道纵横断面、确定测站的观测任务等，结合设站目的和测验任务确定测验方式。如果巡测、自动观测（遥测）能完成测验任务，满足设站目的，应首选巡测、自动观测（遥测），以减少测站设施，便于今后测站管理运行费用的控制。因此，测站的设立，除有大量的外业测量、勘测、调查等工作外，同时还需要收集大量的水文、气象等相关资料，研究确定测验方式、制定测验方案，这些工作往往是互相影响、互相制约的，需要慎重对待、统筹兼顾、同时开展。

3.2　水文站址勘测与选择

3.2.1　水文站址勘测

3.2.1.1　水文测站勘测前的准备

在进行测站勘测之前应做好以下准备工作：

（1）查阅站网规划或站网设计等有关文件资料，了解设站目的，确定勘测内容、查勘范围。

（2）收集了解拟设站附近的水准点、交通、通信、城镇、村庄等情况和有关资料。

（3）收集设站地区的地形图（比例尺以 1：1 万和 1：2000 为宜）。

（4）了解河流洪水、枯水、结冰、封河、开河、河床演变等情况，并收集有关资料。

（5）收集了解拟设站上下游已有水文站网情况和站网概况资料。

（6）了解设站断面附近河段支流汇入、分汊、引水、退水、分洪等情况。

（7）收集拟设站上游及附近的水文、地质、气象、滑坡、泥石流等资料。

（8）收集测站上游的水系、湖泊等资料。了解测站附近的水库、渠道、滞洪区、堤防等水利工程情况。

（9）准备查勘的工具仪器，如罗盘、测距仪、望远镜、经纬仪（或全站仪）、GPS 等。

（10）编写调查大纲，制定查勘工作计划。

3.2.1.2　外业勘测与调查

水文测站设立之前，应进行全面的勘测调查，其主要内容如下。

1. 流域面上情况调查

勘测工作一般在枯水期进行。现场勘测之前应收集流域的流域地质、地物、地貌、河流特性、工程措施等资料，了解测站所在流域的水资源开发规划等情况，并勘测地势，了解河道弯曲和顺直段长度，两岸和堤防控制洪水的能力，以及有无溢流缺口等。

2. 测站控制条件查勘

(1) 查勘调查测站控制情况，测验河段是否存在急滩、石梁、卡口、弯道、人工堰、闸坝等断面控制。

(2) 查清测验河段附近顺直河段的长度。

(3) 分析推断断面控制或河槽控制的作用情况，并鉴别测站控制的稳定程度。

3. 河流特性勘测

(1) 调查测验河段附近分流、串沟、回流、死水，调查勘测不同级别的洪水是否出现漫滩以及漫滩的宽度，初步拟定这些特殊水流现象测验的对策，在初步选定的河段内布测若干个河道断面，并测绘其中一个断面的流速分布。

(2) 了解河床组成、断面形状、沙洲消涨历史和河道变迁史，调查各级水位的主泓、流速、流向河势及其变化情况。

(3) 查勘河床上岩石、砾石、卵石、漂石、砂、壤土、黏土、淤泥等沿测验河段的分布情况，了解河床级配组成、河床冲淤变化情况。

(4) 收集了解水草生长的季节和范围，封冻、开河和流冰的时间，冰坝、冰塞的地点和壅水高度等情况。

4. 测验断面下游变动回水情况调查

(1) 测验河段下游有水工建筑物时，应参考下游最近地点水工建筑物设计校核洪水位相应的回水计算资料，判别是否受其影响，并向工程管理单位或有关人员询问目睹或观测到的回水影响距离。

(2) 测验河段下游一定距离内有河流或湖泊汇合时，应向当地群众了解回水发生概率、回水影响的极限距离等情况。通过调查掌握回水的起源、影响程度、范围、时间等情况。

一般情况下，非潮流站的测验河段应选在变动回水范围以外，避免变动回水的影响。

5. 洪水情况调查

(1) 了解洪水涨落缓急程度、洪水持续时间等洪水特性。

(2) 调查历史最高洪水位、洪水漫滩水位、漫滩流量及最大漫滩边界。

(3) 粗估最大洪峰流量、不同历时的洪量，调查洪水来源、洪水组成情况。调查洪水期波浪大小、含沙量、泥石流等情况。

(4) 调查收集或估算最大水深、最大流速、最大含沙量及最大水面宽度。

6. 枯水情况调查

(1) 调查了解历史上最枯水位、最小流量、最小水深和最小流速等情况。

(2) 了解是否发生断流现象及断流的时间、历时等情况。

7. 流域自然地理情况调查

(1) 收集流域地物、地貌、地形等资料，了解分水岭闭合情况，有无客水引入及内水分出。

(2) 勘察土壤分布、植被情况，了解水土流失及上游产沙情况。

(3) 了解地质及水文地质情况，对石灰岩地区要重点了解喀斯特发育程度及分布情况。

8. 流域内工程建设及河道航运情况调查

(1) 调查了解流域内已有水利工程规模、数量，蓄水、引水情况，调查流域内水利工程近期计划、长期规划。

(2) 了解农田水利、水土保持措施的类型及其可能对洪水、泥沙产生的影响。

(3) 调查河道通航、木材流放季节及其放运方式。

9. 测量控制调查及实地测量

(1) 实地查勘拟建测站附近的高程控制点、平面控制点的位置，收集平面高程控制点的数据资料及其等级。

(2) 在实地查看调查的基础上，进行拟设站附近的地形测量、大断面测量。

(3) 进行流向测量和比降观测。

10. 测站工作生活条件调查

(1) 了解拟设站附近城镇、居民点、交通、医疗、学校等情况。

(2) 了解拟设站址的供水、供电、通信等情况。

(3) 调查了解当地生活、生产、经济状况，了解土地、建筑等价格。

11. 勘测报告编写

查勘结束后应及时编写勘测报告，应包括下列主要内容：

(1) 本次勘测的目的、任务、主要工作人员的专业类别及技术水平，勘测时间和范围。

(2) 整理各项调查资料，分类归纳成简明成果。

(3) 推荐勘选的测验河段，阐述分析意见。

(4) 提出水文测验项目、测验方法和观测方案。

(5) 提出基本设施等布置的建议和仪器设备的配置。

（6）提出设站方案，编写设站概算。

3.2.2　测验河段的选择

测验河段的选择在测站设立中占有重要的地位，测验河段的优劣对测站今后的测验成果质量、管理运行影响重大。因此，在测验河段的选择中要认真分析、权衡利弊、多方对比、慎重比选，择优选定。选择的测验河段应满足设站目的，保证测验资料的精度，使观测方便，测验资料计算整理简便。

3.2.2.1　选择测验河段应考虑的主要因素

1. 满足设站目的

测站的具体位置首先应满足设站的目的和要求，根据这一标准，可确定测验河段大致范围。例如黄河下游伊洛河、沁河汇入后，为了满足黄河下游防汛的需要，必须掌握支流汇合后的洪峰流量数值，该河段的水力条件无论优劣，都应设立站；有些测站是为省级水资源分配和调度而设立的，必须设在省级分界线附近；有些测站具有多个设站目的，要统筹兼顾不同的目的和任务。

2. 满足水位流量关系稳定性

水文站的运行是建立在水位和流量具有某种关系的基础上。根据这一标准，选择的测验河段应尽可能有利于建立稳定、简单的水位流量关系。只要控制断面或河段是稳定的，并且无任何变动回水、死水、漫滩或其他水流反常情况影响，就可得到这种稳定的关系。满足关系稳定性标准这对于取得可靠的观测资料，减轻外业工作量和劳动强度，简化内业整理工作量，节约人力物力，具有重要作用。满足这一标准，实际上是要求测验河段有良好的测站控制。这一标准也要求同时兼顾单断沙关系的简单和稳定。

3. 能保证各级洪水作业安全

测站易于布设各种测验设施，特别是易于布设稳定、可靠、便于运行的渡河设施，确保发生各级洪水时测验安全。

4. 有灵敏度较高的水位流量关系

测站的水位流量关系应有较高灵敏度，即要求流量有稍微的变化，就能引起水位的显著变化。选择水位流量关系灵敏度较高的河段，有利于减小由于水位观读误差引起的流量推算误差。一般情况下，流速很急，水面很宽的河段水位流量关系的灵敏度较低，难以满足这一要求，而窄深河段的水位流量关系的灵敏度较高。

5. 兼顾遥测或巡测

尽可能地满足开展遥测或巡测的要求，便于遥测或巡测的开展。

6. 兼顾生活

在满足上述要求的前提下，尽量靠近城镇，尽可能照顾生活、交通、通信、医疗、文化娱乐、教育等方面的便利。

3.2.2.2　理想的测验河段标准

一般河道站，理想测验河段的标准如下：

（1）水流集中，河槽不应很宽，便于布设测验设施。

（2）测验断面应尽可能地接近测站控制。对于山区河流，在保证测验工作安全的前提下，尽可能选在石梁、急滩、卡口、弯道等断面控制的上游。

（3）河床稳定，无冲淤变化或冲淤变化较小。

（4）河道内无妨碍测验工作的地形、地物，无大的鹅卵石或巨砾，无大量的植物生长，测验河段内比降一致，无跌水、壅水现象。

（5）河道顺直，河岸线平行，河段的顺直长度一般应不小于洪水时主河槽宽的3～5倍（在国际标准中要求，行近河道的长度应当10倍于其河槽宽度）。

（6）河道内流线相互平行，流线的方向与测验断面垂直。

（7）水流相对均匀，无逆流、斜流、严重漫滩、回水、死水或强烈的紊流，要尽量避开有变动回水的影响。

（8）测验断面与水位断面之间无分流和支流加入。

（9）洪水时水流不漫溢出河槽。

（10）小水时流速水深不应太小，一般情况下流速要大于0.15m/s，水深要大于0.15m。

（11）结冰河段还应避开容易发生冰塞、冰坝的地点。

3.2.2.3　水文站选择测验河段的具体要求

测验河段的选择，除兼顾考虑各种影响测验因素，参考理想测站河段的标准外，还应根据设站的目的，在野外查勘基础上，根据河流特性，灵活掌握下列比选条件。

（1）水文测验河段应选在石梁、急滩、弯道、卡口和人工堰坝等易形成断面控制的上游河段。其中石梁、急滩、弯道、卡口的上游河段应离开断面控制的距离为河宽的5倍，或选在河槽的底坡、断面形状、糙率等因素比较稳定和易受河槽沿程阻力作用形成河槽控制的河段。河段内无巨大块石阻水，无巨大漩涡、乱流等现象。

（2）当断面控制和河槽控制发生在某河段的不同地址时，应选择断面控制的河段作为测验河段。在几处具有相同控制特性的河段上，应选择水深较大的窄深河段作为测验河段。

（3）测验河段宜顺直、稳定、水流集中，无分流岔流、斜流、回流、死水等现象。顺直河段长度应大于洪水时主河槽宽度的3～5倍。宜避开有较大支流汇入或湖泊、水库等大水体产生变动回水的影响。

（4）在平原区河流上，要求河段顺直匀整，全河段应有大体一致的河宽、水深和比降，单式河槽河床上宜无水草丛生。当必须在游荡型河段设站时，避免选在河岸易崩坍和变动沙洲附近。

（5）在潮汐河流上，宜选择河面较窄、通视条件好、横断面形态单一、受风浪影响较小的河段。有条件的测站可利用桥梁、堰闸布置测验。

（6）水库湖泊闸堰站测验河段的选择应符合下列要求：

1）设在水库湖泊闸堰站出口测站，测验河段一般首选建筑物的下游，当设在下游测验有困难，而建筑物上游又有较长的顺直河段时，可将测验河段选在建筑物上游。

2）设在建筑物下游的闸堰站或水库站，应避开水流有大的波动和强烈紊动的地方，并注意满足安全的要求。

3）设在水库和湖泊出口附近的测站，应设在因流速增加而引起水面线下降的区域上游。

4）设在库区内的测站和湖泊站，应注意选取在岸坡稳定，水位有代表性，便于观测，便于设立自动观测设备的地方。避免设在影响安全的滑坡区、可能造成破坏或歪曲测量数据的强风浪区。

（7）结冰河流的测验河段不宜选择在有冰凌堆积、冰塞、冰坝的地点。对有层冰层水的多冰层结构的河段，应经仔细访问、勘察，选取其结冰情况较简单的河段，对特殊地形地理条件，宜选择不冻河段为测验河段。

（8）当测站采用流速仪法以外的其他测流方法时，测验河段的选择应符合下列要求：

1）浮标法测流测验河段，要求顺直段的长度应大于上、下浮标断面间距的2倍。浮标中断面应有代表性，并无大的串沟、回流发生。各断面之间应有良好的通信和通视条件。

2）比降面积法测流测验河段，其顺直段应满足比降观测精度所需的长度，两岸斜坡的等高线接近平行，水面横比降甚小，纵比降均匀无明显转折点，并必须避开洲、滩、分汊河段和明显的扩散型河段。

3）量水建筑物法测流测验河段，其顺直河段长度应大于行近河槽最大水面宽度的5倍。行近河槽段应水流平顺，河槽断面规则，断面内流速分布对称均匀，河床和岸边无乱石、堆土、水草等阻水物。当天然河道达不到以上要求时，必须进行人工整治使其符合量水建筑物测流的水力条件，并应避开陡峻、水流湍急的河段。

4）稀释法测流的测验河段，可选在弯道、狭窄、浅滩、暗礁、跌水、无水草和死水区的河段上。测验河段内水量不得有增加或损失，并应避免支流汇入、分流或河岸溢流。测验河段长度，应使注入水流中的示踪剂能充分自然混匀。

（9）测验河段在有测量标志、测验设施的附近及最高洪水位以下河滩两岸上、下游的一定范围内，应经常保持良好的行洪与通视条件。

3.2.2.4　水位站址选择要求

水位站的站址选择应满足设站的目的和观测精度的要求，选择在观测方便和靠近城镇或居民点的地点，并应符合下列规定：

（1）河道水位站，宜选择在河道顺直、河床稳定和水流集中的河段。

（2）湖泊出口水位站应设在出流断面以上水流平稳处，堰闸水位站和湖泊、水库内的水位站宜选在岸坡稳定，水位有代表性的地点。

（3）河口潮水位站宜选在河床平坦、不易冲淤、河岸稳定、不易受风浪直接冲击的地点。

（4）水位站建设方案，必须根据查勘提供的河道地形、河床演变、水文特征、水力条件和水位站工作条件等情况，经过技术经济综合比较确定。

（5）若水位站根据水文站网规划发展成水文站时，则站址应根据水文站的要求进行选择。

3.2.2.5　测验河段的整治改善

当测站的主要必备条件无法满足要求时，可按如下说明考虑整治测验河段：

（1）当主河道会有溢出的水量损失时，可修建防洪堤，将水流限制在固定的洪水河槽内。

（2）当河岸或河床有一定的不规则性，引起局部漩涡时，可通过修整河岸使之具有规则的河岸线和稳定的坡度，也可清除河床中大石块或巨砾。

（3）对不稳定的河岸应尽可能地进行防护，这种防护建筑物应向测量断面的上、下游伸延，在每个方向伸延的距离，至少等于平槽水位时河道宽度的1/4。采用浮标测流情况下，整个测流河段都应防护。

（4）河床的不稳定性有时可采用人工控制来改善，这种控制也可用来改进水位流量关系（灵敏性）或为在测量断面中有效地使用仪器创造条件。有时可以采用人工控制以消除变动回水影响，但是，在大的冲积河流中人工控制没有实际价值。

（5）地形条件允许，必要时可修建人工堰或开凿人工河道（渠道），以简化流量测验，改善水位流量关系。

3.2.3　测站控制及选用

1. 测站控制的概念

大多数情况下，水文测站的流量主要是通过水位流量关系推求得到的，流量测验的主要目的是确定水位流量关系。因此，水位流量关系的稳定可靠与否，对测站外业的工作量影响很大，同时也影响着水文观测成果的质量。

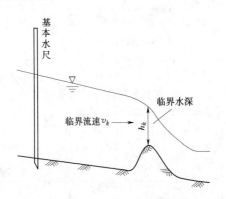

图 3.1　低水石梁控制示意图

天然河道中的水文现象十分复杂，水位流量的关系在许多情况下是不稳定的。这是因为流量不仅随水位的变化而变化，它还受比降、河床糙率等水力因素的影响。而同一水位下，这些水力因素往往又是在不断变化的。因此，天然河道中水位流量关系表现出复杂性、不稳定性。但是，在天然河道中还是能够找到一些河段，其水力要素在同一水位下保持不变或虽有变化，但可以相互补偿，或随水位的变化而呈现出规律性，从而保持水位流量关系的单一性。

假如在测站附近（通常在其下游）有一个断面或一段河槽，其水力要素能够使得测站的水位流量关系保持稳定单一关系，则这个断面或段河槽便称为测站控制。若测站控制作用发生在一个断面上，则称为断面控制；若测站控制作用靠一段河槽的底坡、糙率、断面形状等因素的共同作用来实现，则称为河槽控制。很显然，选择测站最好能设在形成测站控制的地点或其上游附近。

2. 断面控制

天然河道中，如有突起的石梁、急滩、卡口、人工堰坝等，可构成断面控制。这些地形地物的组成越坚固稳定，其控制效果越好。其原理在于，当水流通过这些地形地物时，水面线将发生明显转折，形成临界流，出现临界水深。

以如图 3.1 所示的石梁为例，当水流行近石梁处，水流被石梁抬升，过水断面显著缩小，石梁上游形成壅水。当水流通过石梁后，断面扩大，水流跌落。所以石梁处水面线由壅水曲线变为跌水曲线。从水力学知，在此产生临界流，出现临界水深，此时弗劳德数等于 1，临界水深满足式（3.1）

$$1 - \frac{\alpha Q^2}{g A_k^3} B_k = 0 \qquad (3.1)$$

式中　Q——断面流量，m^3/s；

A_k——发生临界水深时的断面面积，m^2；

B_k——发生临界水深时的水面宽，m；

g——重力加速度，m/s^2；

α——动能校正系数。

若 $\alpha = 1$，且当发生临界水深时，式（3.1）可写为

$$Q = B_k \sqrt{g} h_k^{\frac{3}{2}} \qquad (3.2)$$

$$h_k = \frac{A_k}{B_k}$$

式中　h_k——临界水深，m。

因面积和临界水深是水位和断面因素（Ω）的函数，即 $Q = f(Z, \Omega)$。在断面稳定、无冲淤变化的情况下，断面因素 Ω 是水位的单值函数，即 $\Omega = \phi(Z)$，则

$$Q = f(Z) \qquad (3.3)$$

式（3.3）表明，在石梁处，流量仅是水位的函数。因此，水位流量关系呈单一稳定的函数关系。

由于低水时石梁、急滩、人工堰等都可以靠河槽特殊地形产生临界流，能维持水位流量关系为单一关系，只要它们的形状不变，一定的流量，就有一个固定的水头与之对应，因此，若水尺在断面控制上游不远处，控制断面与水尺的落差很小，且变动不大，则水尺处的水位流量关系就可稳定。即使水尺处有一定的冲淤变化，只要断面控制不变，水位流量关系仍能维持基本不变，面积的变化可被流速的变化所抵消。但是，一旦产生临界流的条件消失，则它们的控制作用也随之消失。所以低水时能产生控制作用，高水时则可能失效。

在高水时，卡口、堰坝等能使水流形成跌落，造成水面曲线的转折，产生临界流，从而形成测站控制作用；弯道则造成水面纵坡降的转折，可以消除下游水位对上游的影响，维持比降的稳定，形成测站控制作用，使同一流量只对应一个水头。若水尺在它们的上游不远，且卡口、堰坝、弯道断面稳定，则该处的水位流量关系也是稳定的。

由此可见，选择水文测站，最理想的是选在高水、低水都有测站控制的河段上。由于在断面控制处水面突降，水面纵坡较陡，流速大，测深测速都不方便，且误差较大、不安全，而其下游则无控制作用，因此测验河段通常选在断面控制上游附近。

对式（3.2）进行微分，再两边同时除以式（3.2），可得：

$$\frac{\mathrm{d}Q}{Q} = \frac{3}{2}\frac{\mathrm{d}h_k}{h_k} \qquad (3.4)$$

式中　$\mathrm{d}Q$——断面上流量变化量，可看作由于水位观测误差引起的流量误差，m^3/s；

$\mathrm{d}h_k$——临界水深变化量，可看作代表断面的水位观测误差，m；

h_k——临界水深，可看作代表断面的水深，m。

式（3.4）左边可看作是流量的相对误差，等于1.5倍的水位观测误差与水深之比。由此可见，在水位观测误差相同的情况下，水深越大，引起的流量相对误差越小。因此，断面其他条件相同情况下，测验断面应选在水深较大处。

3. 河槽控制

一般情况下，天然河道的水流可近似看作恒定均匀流，其断面平均流速可由曼宁公式表示：

$$v = \frac{1}{n}R^{\frac{2}{3}}S^{\frac{1}{2}} \qquad (3.5)$$

式中　v——流速，m/s；

n——糙率；

R——水力半径，m；

S_e——总能面比降，可用水面比降S代替。

于是，曼宁公式可写为：

$$v = \frac{1}{n}R^{\frac{2}{3}}S^{\frac{1}{2}} \qquad (3.6)$$

通过断面的流量为：

$$Q = \frac{1}{n}AR^{\frac{2}{3}}S^{\frac{1}{2}} \qquad (3.7)$$

式中　A——断面面积，m^2。

式（3.7）可写成一般函数形式为：

$$Q = f(A, R, n, S)$$

式中，A、R决定于断面因素Ω和水位Z。

故上式又可写成：

$$Q = f(Z, \Omega, n, S) \qquad (3.8)$$

式（3.8）表明，决定天然河道流量大小的基本水力要素有4个：水位、断面因素、糙率、水面比降。因此，要使水位流量关系呈单一关系，必须具备下列条件之一：

（1）在同一水位下，Ω、n、S同时维持不变。

（2）在同一水位下，Ω、n、S虽有所变动，但它们对流量大小的影响恰好互相补偿。

符合上述条件的一段河槽，能够使水位流量关系稳定，称为具有河槽控制。一般而言，具备产生河槽

控制的河段必须有相当长的顺直段，河床稳定，不生水草，不受变动回水影响等条件。

如果在测验断面下游附近没有断面控制时，可选择河槽控制。一般情况下，水越浅，比降越大，控制河段就越短。

4. 不同水位下测站控制的选择

一般情况下，很难选择到各级水位都起控制作用的测验河段，同一测站水位不同，其测站控制可能也不同。因此，应注意系统分析，全面考察，综合评判测站控制的优劣，使高、中、低各级水位均有较好的测站控制。如某测验断面下游的低水时受石梁控制；中水时水位升高，石梁被淹没，其控制作用丧失，但此时河槽控制又起主要作用；高水位时，控制河段延长，其下游可能另有一个卡口又发生控制作用。这样各级水位都具有测站控制的河段是比较理想的测验河段。有时河段内没有石梁、卡口等地形，只有顺直均匀的河槽，这样的河段也可能在不同水位级存在有不同的河槽控制，也能使水位流量关系稳定，同样是理想的测站控制。

3.3　测站基础设施建设和仪器设备的配置

3.3.1　站类级别划分

水文测站根据观测的内容划分为不同的类型（表3.1），而相同类型的测站，由于重要性和规模不同，其基础设施建设和仪器设备的配置标准也不同，为了便于对于不同类型、不同级别规模的测站有区别地进行设施设备配备，需要将同类型的测站划分为不同的级别。

3.3.1.1　水文站级别划分

水文站级别划分的标准主要是根据其集水面积的大小、所处的地理位置及其作用。为了科学进行水文基础设施建设及仪器设备配置，将水文站分为大河重要控制站、一般控制站、区域代表站和小河站4级。具体划分标准如表3.1所示。

对防汛、水资源勘测评价、水资源调配、水质监测等有重大影响，符合下列条件之一的水文站，可按对应的水文站级别划分标准提高一级：

（1）库容大于1亿m^3且下游有重要城市、大型厂矿、铁路干线等对防汛有重要作用的水库站。

（2）作为省（自治区、直辖市）界水资源分配、调度依据的测站。

（3）承担国际水文水资源资料交换的水文站。

（4）位于城市重要水源地或重点产沙区的测站。

表 3.1　　　　　　　　　　　　　　　　　　水文站级别划分标准

等级	水文站级别	划 分 标 准	备　注
一	大河重要控制站	1. 湿润或半湿润地区流域集水面积大于 10000km²	凡符合 3 条中的任一条即为大河重要控制站
		2. 干旱或半干旱地区流域集水面积大于 20000km²	
		3. 水库库容大于 50 亿 m³ 以上的水库站	
二	一般控制站	1. 湿润或半湿润地区控制集水面积大于 3000km² 小于 10000km²	凡符合 4 条中的任一条即为大河一般控制站
		2. 干旱或半干旱地区控制集水面积大于 5000km² 小于 20000km²	
		3. 国际河流控制集水面积大于 1000km² 的出入境河流的把口站	
		4. 水库库容大于 10 亿 m³ 小于 50 亿 m³ 以上的水库站	
三	区域代表站	1. 湿润或半湿润地区流域集水面积大于 200km² 小于 3000km²	凡符合 3 条中的任一条即为区域代表站
		2. 干旱或半干旱地区流域集水面积大于 500km² 小于 5000km²	
		3. 水库库容大于 1 亿 m³ 小于 10 亿 m³ 的水库站	
四	小河站	1. 湿润或半湿润地区流域集水面积小于 200km²	凡符合 2 条中的任一条即为小河站
		2. 干旱或半干旱地区流域集水面积小于 500km²	

3. 3. 1. 2　其他测站级别的划分

1. **水位站级别划分**

（1）水位站级别划分的标准主要依据测站所在河流的级别以及其所承担的任务。

（2）根据水位站所在河流的级别不同，可比照水文站级别划分标准，分为大河水位站、中等河流水位站和小河水位站。潮水位站均划分到大河水位站一级。

（3）根据水位站所承担的任务不同，可分为报汛水位站和非报汛水位站。

2. **雨量站级别划分**

雨量站的级别主要是根据所承担的任务划分为面雨量站和配套雨量站，其中部分雨量站承担报汛任务的为报汛雨量站，其他为非报汛雨量站。

3. **水质站级别划分**

水质站级别划分标准主要依据是测站设立批准的单位和承担的任务，划分为国家级水质站和省级水质站。

国家级水质站是按照水质监测站网规划的标准，进行统一规划，并由水利部批准；省级水质站同样要按照水质监测站网规划的标准，进行统一规划，但是仅由省级水行政主管部门批准。

4. **地下水监测站（井）级别划分**

地下水监测站（井）主要依据是监测（井）设立批准的单位和承担的任务，划分为国家级地下水监测站（井）和省级地下水监测站（井）。根据监测作用和目的分为基本监测站（井）、统测站（井）和实

验站（井）。

5. **蒸发站级别划分**

蒸发站根据目的和作用分为陆上水面蒸发、水体水面蒸发站。

6. **墒情站级别划分**

墒情站按其目的和作用又可分为基本墒情站和临时墒情站。

3. 3. 2　水文测站基础设施建设

1. **水文站（水位站）的防洪标准与测洪标准**

水文站的建设必须满足防洪标准。防洪标准是指水文基础设施自身防御和抵抗的洪水标准。测洪标准是指水文设施设备能够施测的相应洪水标准。要求水文站（水位站）建设后，当出现相应的防洪标准洪水时，应能保证设施设备、建筑物不被淹没、冲毁，保障人身安全；当发生测洪标准相应洪水时，测验设施设备能正常运行，测站测报工作能正常开展。

根据站类划分标准和水文（位）站的重要性，将水文（位）站的防洪、测洪能力分为 4 个等级，各等级的防洪测洪建设标准按表 3.2 的规定确定。

2. **水文测站岸上观测设施和站房防洪基本要求**

（1）测站岸上观测设施和站房应建在相应防洪标准洪水水位 1.00m 以上，或新中国成立以来出现的最高洪水水位 1.00m 以上，测验河段有堤防的站，应高于堤顶高程，雨量、蒸发、气象要素观测场地高程要要设置在相应洪水水位以上。

表 3.2 水文 (位) 站防洪、测洪标准

等级	适 应 测 站	防 洪 标 准	测 洪 标 准
一	大河重要控制站（大河水位站）	高于100年一遇，或不低于近50年以来发生的最大洪水；站房防洪标准不低于当地和下游保护区防洪标准	50～100年一遇，或不低于当地和下游保护区防洪标准
二	大河一般控制站（一般河流水位站）	50～100年一遇，或不低于近30年以来发生的最大洪水	不低于30年一遇，或不低于当地和下游保护区防洪标准
三	区域代表站	50年一遇	30年一遇
四	小河站	30～50年一遇	20～30年一遇

（2）测站应建设高水观测道路，平原地区的重要测站应配有应急观测交通设备（如快艇、冲锋舟、小型机船等）。

（3）测站专用变压器、专用供电线路及通信天线应高于历年最高洪水位3.00～5.00m以上。

（4）测站河岸、码头应有保护措施，确保出现高洪水位时不因崩岸或流冰而导致岸边设施和观测道路被毁。

（5）沿海地区的水文基础设施应能抵御12级台风。

3．水文测站测洪能力与报汛要求

（1）水位监测能力（含水位站、潮水位站、水文站的水位观测项目）应能观测到历史最高最低水位。水位自记设施应能测记表3.2规定的标准洪水位。如测验河段有堤防，应能测记到高于堤防防洪标准的水位。

（2）由于水位观测的重要性，对二级、三级站水位测洪能力建设标准，可适当放宽，宜取同级建设标准的上限执行。

（3）各等级站流量监测（缆道、测船）的测洪能力应符合表3.2的规定，测验河段有堤防的站，应能测堤防防洪标准的洪水。对超出建设标准的特大洪水，应有应急设备、措施和方案。

（4）测洪能力要求达到50年一遇以上洪水的水文测站，为保证能实测到洪水，在条件许可情况下宜建比降水位平台，缆道测流站可建双缆道和船测设备。

（5）应急测流可采用浮标法、比降面积法、电波流速仪法、超声波等方法，各级水文站应选择其中一种或多种方法作为应急测流措施和方案，并进行相应设备配置和设施建设。

（6）有水情报汛任务的测站，应配置相应的通信设施、设备，确保雨情、水情按拍报任务书要求及时报出。

4．水文测站基础设施建设标准与主要内容

水文测站主要测验设施有断面设施、水位观测设施、渡河设施、生产生活用房、供电、供水、通信、防雷、防盗设施等。各站应根据测站的级别、任务、测站特性、测验方式、测验条件等确定，测站基础设施建设主要应根据测站的生产任务（测验项目内容）、相应规范的技术要求和人员配置多少确定。测站的建设规模要以测验规范的技术要求和测站等级及当地的实际情况进行土地征用和站房建设。测站岸上基础设施建设标准和内容可参照表3.3确定。

观测场、实验场及其他生产场地的面积及四周条件应达到有关技术标准的要求。断面标志、定位标志和测验河段保护标志应准确、牢固、清晰、规范。测站应有供水、供电、取暖、文化生活等基础设施，对不通电或供电不稳定的站配自备电源设备，生产用房应配置空调设备。测站可建在站职工公寓和必要的生产用房。测站站房、自记平台等设施应根据条件进行必要装修，测站院内外应根据实际情况进行绿化。对位于城市或风景区内的站房、自记平台等设施，在满足水文测验规范要求的前提下，应按城市（风景）规划要求进行设计、建设、装修。水文测站基础设施设备建设专业性强，安全性要求高，各河流地貌及周边环境不尽相同，各站可参考表3.3，因地制宜、有选择地建设。

3.3.3 水文测站测验仪器设备配置

测验仪器设备包括水位观测、通信、流量测验、悬移质泥沙测验、悬移质泥沙水样处理、推移质采样、床沙质采样、泥沙颗粒分析、降水量观测、蒸发观测、温度、湿度、风速、风向观测等气象观测、水质监测、地下水监测、墒情监测、冰情观测、数据传输等必需的设备、仪器和工具等。各类测站仪器设备的数量应根据测站的任务、测验项目、测站级别等情况，参考表3.4进行配置。

水文基础设施建设标准表与主要建设内容

表3.3

序号	工程建设项目及名称	单位	大河重要控制站	大河一般控制站	区域代表站	小河站	水位站	雨量站	水质站	地下水监测站	蒸发站	墒情站	备注
A.1	测验河段基础设施												
	断面标志												
A.1.1.1	断面桩	个	2~4	2~4	2~4	2~4							每个断面2~4个
A.1.1.2	断面标	个	4~8	4~6	2~4	2~4	1		1				
A.1.1.3	基线标	个	√	√	√	√							
A.1.1.4	断面索	座	√	√	√	√							
A.1.1.5	觇标	个	√	√	√	√							
A.1.2	水准点												
A.1.2.1	基本水准点	个	3	3	3	3	3			√			
A.1.2.2	校核水准点	个	3~5	3~5	3~5	3~5	3~5						
A.1.2.3	极坐标点	个	√	√	√	√	√						
A.1.2.4	GPS控制点	个	√	√	√	√							
A.1.3	断面界桩和保护标志	个	4~8	4~8	4~8								
A.1.4	测验码头	个	√	√	√	√	√		√				船测站按需建设
A.1.5	道路												
A.1.5.1	观测道路	m	√	√	√	√	√	√	√	√			按实际长度计，1~2m宽硬化
A.1.5.2	交通道路	m	√	√	√	√		√					
A.1.6	护坡、护岸	m	√	√	√	√		√	√				
A.2	水位观测设施												
A.2.1	水位观测平台	座	1~4	1~4	1~2	1~2	1~2						
A.2.2	地下水监测井	眼								√			
A.2.3	基本水尺	组	√	√	√	√	√		√				自记井内径大于0.6m
A.2.4	比降水尺	组	√	√	√	√							
A.2.5	自记仪器管道	m	√	√	√	√	√						压力式、接触式液介水位计管道铺设，按实际长度计
A.2.6	自记仪器支架	个	√	√	√	√	√			√			用于固定非接触式水位计

续表

序号	工程建设项目及名称	单位	大河重要控制站	大河一般控制站	区域代表站	小河站	水位站	雨量站	水质站	地下水监测站	蒸发站	墒情站	备注
A.3	流量测验设施												
A.3.1	水文缆道	座	√	√	√	√							含悬索、缆车、悬杆、吊船等缆道
A.3.2	浮标投放器（缆道）	座	1	1	1	1							
A.3.3	测流堰槽	座	√	√	√	√							
A.3.4	测桥	座											
A.3.5	自动在线监测仪器安装设施	座	√	√	√	√							
A.4	泥沙测验设施	座	√	√	√	√							专用泥沙测验设施
A.5	降水观测场	处	1	1	1	1		1					
A.6	蒸发观测场	处	√	√	√	√					√		有蒸发观测的测站应与蒸发观测场合建
A.7	墒情观测场	处	√	√	√	√					1	1	
A.8	生产生活用房												
A.8.1	办公室	m²/人	8~10	8~10	8~10	8~10							
A.8.2	生产用房	m²	370~580	290~470	220~305	115~135							总面积按人计
A.8.3	在站职工公寓	m²/人	30~50	30~50	30~50	30~50							总面积按人计
A.8.4	其他用房	m²	√	√	√	√							
A.9	供电、供水、取暖、通信设施												
A.9.1	外部供电	套	√	√	√	√	√	√	√	√			
A.9.2	自备电源系统	套	1	1	1	1							
A.9.3	给排水设施	套	1	1	1	1							
A.9.4	取暖设施	套	√	√	√	√							
A.9.5	通信设施	套	√	√	√	√	√	√	√	√			
A.10	其他设施												
A.10.1	测站标志	座	1	1	1	1	1						
A.10.2	院墙（门）	m²/m	√	√	√	√	√	√	√				按实际需要建设
A.10.3	交通道路	m²/m	√	√	√	√	√	√	√				
A.10.4	安全设施	套	√	√	√	√		√	√	√	√		按情况选用避雷针（带，网）架空避雷线等
A.10.5	测站及保护区用地	亩	≥3	≥2.5	≥2	≥1.5		√	√	√	√		按实际需要征地

表 3.4

水文主要仪器设备配置表

序号	仪器设备名称	单位	大河重要控制站	大河一般控制站	区域代表站	小河站	水位站	雨量站	水质监测站	地下水监测站	蒸发站	墒情站	备注
B.1	水位观测设备												
B.1.1	自记水位计	台	2~5	2~5	1~3	1~3	1~3			√			可选用浮子、雷达、压力、超声波、激光等
B.1.2	存储设备	套	√	√	√	√	√			√			
B.1.3	短距离传输设备	台	√	√	√	√	√			√			
B.2	流量测验设备												
B.2.1	缆道测验设备	套	√	√	√	√							按实际需要配置
B.2.2	测船	艘	√	√	√	√							
B.2.3	水文绞车	台	√	√	√	√							
B.2.4	浮标投掷器	套	1	1	1	1							
B.2.5	绞车及控制装置	套	√	√	√	√							
B.2.6	流速仪	架	5~10	4~6	3~5	3~5							按规范要求
B.2.7	流速测算仪	台	√	√	√	√							
B.2.8	视频监视系统	套	√	√	√	√							按规范要求
B.2.9	流向仪	架	√	√	√	√							
B.2.10	铅鱼	只	2~4	2~4	1~3	1~3							按需酌增
B.2.11	超声波测深仪	台	√	√	√	√							
B.2.12	测距仪	台	√	√	√	√							
B.2.13	GPS	套	√	√	√	√							即全球定位系统设备
B.2.14	声学多普勒流速剖面仪	套	√	√	√	√							含 ADCP，H-ADCP
B.2.15	测流控制系统	套	√	√	√	√							
B.2.16	控制台	台	1~2	1~2	1	1							
B.2.17	探照灯	盏	2	2	1	1							
B.2.18	岸标照明设备	套	√	√	√	√							
B.2.19	电波流速仪	套	√	√	√	√							

续表

序号	仪器设备名称	单位	大河重要控制站	大河一般控制站	区域代表站	小河站	水位站	雨量站	水质监测站	地下水监测站	蒸发站	墒情站	备注
B.2.19	水情观测设备	台	✓	✓	✓	✓							
B.2.20	其他流量测验设备	台	✓	✓	✓	✓							
B.3	泥沙测验、颗分设备												
B.3.1	悬移质采样器	台	3~6	3~5	2~4	1~3							
B.3.2	推移质采样器	台	✓	✓	✓	✓							
B.3.3	河床质采样器	台	✓	✓	✓	✓							
B.3.4	悬移质测沙仪	台	✓	✓	✓	✓							
B.3.5	天平	台	1~2	1~2	1	1							
B.3.6	标准筛	套	✓	✓	✓	✓							
B.3.7	粒径计	个	✓	✓	✓	✓							
B.3.8	振筛机	台	✓	✓	✓	✓							
B.3.9	比重计	个	✓	✓	✓	✓							
B.3.10	移液管	套	✓	✓	✓	✓							
B.3.11	光电颗分仪	台	✓	✓	✓	✓							
B.4	降水、蒸发等气象要素观测设备												
B.4.1	雨量筒	个	1~2	1~2	1~2	1~2	✓	1~2					
B.4.2	自记雨（雪）量计	台	1	1	1	1	✓	1			✓		水文、水位站可选
B.4.3	存储设备	套	✓	✓	✓	✓		1			✓		多参数数据存储器
B.4.4	蒸发器（皿、池）	套	✓	✓	✓	✓					1~2	✓	按测站监测任务配置
B.4.5	百叶箱、风向、风速等气象仪器	个	✓	✓	✓	✓					1	✓	按测站监测任务配置
B.5	水质监测仪器												

续表

序号	仪器设备名称	单位	大河重要控制站	大河一般控制站	区域代表站	小河站	水位站	雨量站	水质监测站	地下水监测站	蒸发站	墒情站	备注
B.5.1	等比例采样器	台							√				
B.5.2	水质在线监测仪器设备	套							√	√			
B.6	地下水监测设备												
B.6.1	自记水位计（浮子/压力/激光）	台								√			按需配置
B.6.2	悬锤式水尺等	个								1~2			
B.6.3	水温计	台							√	1~2			
B.6.4	自动水温监测设备	套								√			按需配置
B.7	墒情监测设备												
B.7.1	烘箱	个										1	
B.7.2	天平	架										1	
B.7.3	土样采样器	个										1~2	
B.7.4	土壤水分中子率定仪	台										√	按需配置
B.7.5	时域反射仪或土壤水分探测类仪器	只										√	按需配置
B.7.6	冰情观测设备	台	√	√	√	√							有冰情观测任务的测站，按需配备打冰机、冰钻、冰钎、卡尺等设备
B.8	测绘仪器												
B.8.1	经纬仪	架	√	√	√	√							
B.8.2	水准仪	架	2~4	2~3	2	1~2	1~2						
B.8.3	水准尺	支	4~8	4~6	4	2~4	2~4						
B.8.4	测距仪	部	√	√	√	√							
B.8.5	六分仪	台											船测站配置

续表

序号	仪器设备名称	单位	大河重要控制站	大河一般控制站	区域代表站	小河站	水位站	雨量站	水质监测站	地下水监测站	蒸发站	墒情站	备注
B.8.6	平板仪	台	√	√									
B.8.7	全站仪	台	√	√									
B.9	通信设备												
B.9.1	计算机及其外设	套	2~4	1~3	1	1							
B.9.2	程控电话、移动电话	套	2~4	1~3	1~2	√	√	√					
B.9.3	卫星传输	套	√	√	√	√	√	√	√	√	√	√	
B.9.4	无线对讲机	部	√	√	√	√							
B.9.5	短波电台（超短波）	台	√	√	√	√	√	√	√	√	√	√	报汛站配用
B.9.6	移动通信设备	套	√	√	√	√	√	√	√	√	√	√	报汛站配用
B.9.7	网络设备	套	√	√	√	√							
B.9.7.1	互联网网设备	套	√	√	√	√							
B.9.7.2	局域网网设备	套	√	√	√								
B.9.8	远程数据采集设备（含RTU）	套	√	√	√	√	√	√	√	√	√	√	遥测站配置
B.10	交通工具												
B.10.1	生产用车	辆	1~2	1	1								根据测站位置和任务、按需配置
B.10.2	摩托车	辆	√	√	√	√	√						
B.10.2	交通船	艘	√	√	√	√	√						
B.11	其他												
B.11.1	空调	台	√	√	√	√	√						
B.11.2	计算机、打印机	台	√	√	√	√	√						
B.11.3	传真机	台	√	√	√	√							
B.11.4	电视机	套	√	√	√	√	√	√	√	√	√	√	
B.11.5	卫星电视接收设备	套	√	√	√	√	√	√	√	√	√	√	
B.11.6	安全设备	台	√	√	√	√	√	√	√	√	√	√	

3.4 测验断面的设置

测站的设立包括在测验河段上合理确定测验断面，设立相应测量标志，设置水准点，引测其高程；设立水位观测设施设备、测流渡河设施、气象（雨量蒸发）观测场；建立供水、供电、通信设施，建设观测房、观测道路和必要的生活设施，配备生活生产必需的仪器设备等。

3.4.1 断面的布设

3.4.1.1 测站的断面

水文测站的测验断面根据不同的用途分为：基本水尺断面、流速仪测流断面、浮标测流断面、比降水尺断面等。基本水尺断面一般设在测验河段的中央，平行于测流断面（与流向基本垂直）。其他断面可以分别设立，也可以重合，如有些测站将浮标中断面和流速仪测流断面重合。从理论上讲，水位流量关系是指某个断面上的水位与通过该断面的流量之间的关系。但实践中，为了避免测流和观测水位工作相互干扰，一般不会将基本水尺断面和测流断面完全重合。

在测站勘测时初拟各种观测断面的位置，测站设立时首先应在地形图上布设各种观测断面，然后再进行实地测量布设。水文站断面布设情况见图 3.2。

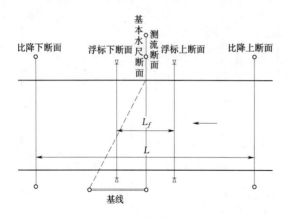

图 3.2 水文测站断面布设示意图

3.4.1.2 基本水尺断面

1. 作用

基本水尺断面是为经常观测水位而设置的断面。通过基本水尺断面长年观测水位，提供水位变化过程的信息资料，并依靠该断面水位来推求通过测站的流量等水文要素的变化过程。

2. 设置位置

设立基本水尺断面，应以是否有助于建立稳定、简单的水位流量关系为主要目标。因此，基本水尺断面应设置在具有断面控制地点上游附近的测验河段内，若改变基本水尺断面位置，对水位流量关系的改善无明显作用时，一般应将基本水尺断面设置在测验河段的中央位置。

3. 基本水尺断面设置要求

基本水尺断面的设置应符合下列要求：

（1）基本水尺断面应大致与流向垂直。

（2）断面处水流平顺、两岸水面无横比降，无漩涡、回流、死水等发生，地形条件便于观测及安装自记水位计和其他测验设备。

（3）河道的基本水尺断面，应在顺直河段的中间，尽量与测流断面靠近。当基本水尺断面与测流断面不重合时，它们之间不应有较大支流汇入、汊流出或有其他干扰水流的因素，以免造成水量的显著差异，应保持两断面的水位应有稳定的关系。

（4）堰闸站的上游基本水尺断面，应设在堰闸上游水流平稳处，与堰闸的距离不宜小于最大水头的 3～5 倍；下游基本水尺断面应设在闸下游水流平稳处，距消能设备末端的距离不宜小于消能设备总长的 3～5 倍。

（5）水库水位站的基本水尺，应设于坝上游水流平稳处，当坝上游水位不能代表闸上水位时，应另设闸上水尺。当需用闸坝下游水位推流时，应在邻近下游水流平稳处设置水尺断面。

（6）湖泊水位站基本水尺断面应设于有代表性的水流平稳处。

（7）基本水尺断面一经设置，不得轻易变动。当遇不可预见的特殊情况必须迁移断面位置时，应进行新旧断面水位比测，比测的水位级应达到平均年水位变幅的 75% 左右。

（8）当河段内有固定分流，其分流量超过断面总流量的 20%，且两者之间没有稳定关系时，宜分别设立水尺断面。

3.4.1.3 流速仪测流断面

1. 作用

流速仪测流断面是为用流速仪法施测流量而设置的断面。由于泥沙测验必须与流量测验同时进行，所以流速仪测流断面同时又用于输沙率测验。流速仪测流断面除用于流速仪进行流量测验外，其他测流仪器如 ADCP 等测验仪器测流时也多在此断面进行，测站的流速仪测流断面常简称测流断面。

2. 设置位置

设立流速仪测流断面，应以安全操作、保证质量、设备简单为主要目标，在满足这些要求的前提下，应使其与平均流向相垂直。应设在河岸顺直、等高线走向大致平顺、水流集中的测验河段中部。当需进行浮标法测流或比降水位观测时，可将浮标法测流断面、比降断面与流速仪法测流断面重叠布设，配合应用。

3. 布设要求

流速仪法测流断面的布设应符合下列要求：

（1）测流断面应垂直于断面平均流向，若测流断面与流向不垂直时，由于流向偏角会使测得的流量产生误差。当流向偏角为 $10°$ 时，其误差约为 1.5%，其值虽小，但这一误差为系统误差，会使测得成果系统偏大，因此其影响较大，不能忽视。

（2）若一个测流断面不能同时满足不同时期（高、中、低水）的测流，可设置不同时期的测流断面，且要求流速仪测流断面不同时期均应垂直于断面平均流向，偏角不得超过 $10°$。当超过 $10°$ 时，应根据不同时期的流向分别布设测流断面，不同时期各测流断面之间也不应有水量加入或分出。

（3）低水期河段内有分流、串沟存在，且流向与主流相差较大时，可设置不同方向的几个测流断面。

（4）若测流断面不与基本水尺断面重合，应尽量缩短两断面之间的距离，中间不能有支流汇入与水流分出，以满足两断面间的流量相等。

（5）当测流断面与基本水尺断面相距较远时，测流断面也应设立水尺，以便在测流期间观读水位，供计算面积、流量之用。

（6）在水库、堰闸等水利工程的下游布设流速仪测流断面，应避开水流异常紊动影响。

4. 水流平面图的绘制

布设断面首先要弄清测验河段的水流方向，即绘制水流平面图。水流平面图是反映测验河段水流流向的图，如图3.3所示。图中的流向是以某断面处若干个部分流量的矢量来表示的。各部分流量的矢量和就是断面流量的矢量，其方向代表水流通过该断面时的平均流向。这个流向是布设测站各个断面的依据。水流平面图的测绘方法步骤如下：

（1）布设断面。先拟设一个测流断面，在拟设测流断面位置的上下游各平行地布设几个断面，并设置断面桩，各断面之间的间距应基本相等，且最好不小于断面平均流速的20倍，如图3.3中共布设5个断面。

（2）施测流向。用全站仪或经纬仪（或平板仪）交会各个断面的断面桩、水边点，然后在上游向河流中均匀投放10～15个浮标，并测定每个浮标流经各个断面时的起点距和相应的时间。

（3）整理计算交会资料。整理计算各断面测角交会资料，绘制测验河段平面图，并在该平面图上将各

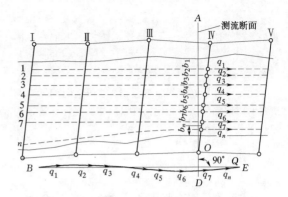

图 3.3 水流平面图

个浮标经过各断面的位置绘出，按顺序用虚线连成折线。虚线走向即代表水流的流向，选择虚线走向比较一致处的断面为初选的测流断面，称为"原断面"。

（4）绘制流速矢量线。在初选的测流断面上，计算各部分面积和部分虚流量，然后按比例绘制各部分虚流量的矢量线。

（5）确定断面方向。在图的下方将各部分虚流量的矢量值用推平行线的方法连成矢量多边形，定出矢量和的方向 BE，垂直于 BE 线的 AD 即为最后确定的测流断面线。从图3.3上求出原断面线与 BE 的夹角，根据两角之差用经纬仪将原断面校正到 AD 方向，并埋设断面桩。

3.4.1.4 浮标测流断面

1. 作用

浮标测流断面是为用浮标法施测流量而设置的断面。浮标测流断面有3个，即测定浮标位置和过水断面面积的浮标测流中断面，用于测定浮标漂流速度的浮标上断面和浮标下断面。

2. 位置

浮标测流中断面应尽可能与流速仪测流断面重合。在中断面的上、下游等距离处布设上、下浮标断面。上、下浮标断面之间的距离，主要考虑测验误差和用浮标测得的流速的代表性，尽可能缩短测流历时。所谓代表性是指浮标测得的流速应能够代表浮标中断面的瞬时流速。

3. 断面间距

（1）为了使浮标测得速度具有代表性，上、下浮标断面的间距应尽量缩短。

（2）另一方面，为了减少浮标测流时的计时误差和保证上、下游的联系，施测时又要有足够的时间，这就要求其间距有足够的长度。为了兼顾上述两方面的要求，可利用误差的概念加以分析说明。

浮标测速的相对误差可表示为：

$$S_v = \sqrt{S_{L_f}^2 + S_t^2} \qquad (3.9)$$

式中 S_v、S_{L_f}、S_t——测量浮标流速、上下浮标断面间距、浮标测速历时的相对误差。

上、下浮标断面间距测量误差要求小于 1‰，与测速时时间测量误差相比，可以忽略。则浮标流速的相对误差可写为：

$$S_v = \sqrt{S_t^2} = \frac{\Delta t}{t}$$

式中 t——浮标测速历时，s；

Δt——时间测量误差，s。

若时间测量最大误差为 1s，考虑到 $t = \dfrac{L_f}{v_f}$，则有：

$$S_v = \frac{1}{t} = \frac{v_f}{L_f} \qquad (3.10)$$

式中 L_f——上、下浮标断面之间的距离，m；

v_f——浮标流速，m/s。

因浮标流速的大小在测量前是未知的，并且随洪水大小及浮标在横断面位置的不同而变，故可用估算的最大断面平均流速代替，则

$$L_f = \frac{v_{max}}{S_v} \qquad (3.11)$$

式中 v_{max}——最大断面平均流速，m/s。

一般情况下，要求取 $S_v = 1.25\% \sim 2.0\%$ 作为允许误差，代入式（3.11）得：

$$L_f = \frac{v_{max}}{0.0125 \sim 0.02} = (80 \sim 50)v_{max} \qquad (3.12)$$

即浮标上下断面间距应为最大断面平均流速的 50～80 倍。具体应用时可根据河段情况而定。对于山区河流不易达到此要求，可适当缩短，但不得小于最大断面平均流速的 20 倍。世界气象组织（WMO）的《水文气象实践指南》建议浮标漂流历时宜大于 20s，以确定浮标上、下断面的间距。

（3）浮标测流断面间距应用钢尺或高精度的测距仪测量，往返不符值应小于 1/1000。

4. 布设要求

浮标法测流断面的布设除满足上述要求外，还应符合下列规定：

（1）浮标法测流的中断面宜与流速仪法测流断面、基本水尺断面重合。当有困难时，可分别设置，但两断面间不应有水量加入或分出。

（2）上、下浮标断面必须平行于浮标中断面并等距，且其间河道地形的变化小；上、下浮标断面的距离应大于最大断面平均流速的 50 倍，当条件困难时可适当缩短，但不得小于最大断面平均流速的 20 倍。

（3）当高、低水位的断面平均流速相差悬殊时，为了适应高低水时测流的需要，可按不同水位分别布设不同间距的上、下浮标断面。

3.4.1.5 比降断面

1. 作用

比降断面是设立比降水尺的断面。比降断面用于观测测验河段比降，测验河段的比降是重要的水文要素之一，可用于计算糙率、延长水位流量关系、比降面积法计算流量等。

2. 位置

在比降水位观测河段上应设置上、中、下 3 个比降断面。可取流速仪测流断面或基本水尺断面兼比降中断面。当断面上水面有明显的横比降时，应在两岸设立水尺观测水位。当有困难时，可在上、下比降断面两岸均设立水尺计算水面平均比降。

3. 布设要求

比降断面布设应符合下列规定：

（1）应尽可能选取基本水尺断面兼比降中断面。当受地形限制时，可用基本水尺断面兼作上比降断面或下比降断面。

（2）比降水尺断面应设在顺直河段上。上、下比降断面间不应有外水流入或内水分出，河底和水面比降不应有明显的转折。上、下比降断面的间距应使测得比降的综合不确定度不超过 15%（置信水平为 95%）。

（3）比降水尺断面间距的测量，往返不符值应小于 1/1000。

（4）上、下比降断面的间距，应使水面落差远大于落差观测误差。上、下比降断面间距可采用式（3.13）或式（3.14）估算。

当校核水准点在一个断面上时：

$$L = \frac{2}{\Delta Z^2 X_s^2}\left(S_m^2 + \sqrt{S_m^4 + 2\Delta Z^2 X_s^2 S_g^2}\right) \qquad (3.13)$$

式中 L——比降断面间距，km；

S_g——水尺水位观读的标准差，mm，无波浪或有静水设备时为 5mm；

S_m——水准测量 1km 线路上的标准，mm，三等水准为 6mm，四等水准为 10mm；

X_s——比降观测允许的综合不确定度，现行规范规定可取为 15%；

ΔZ——河道长 1km 的落差，mm，落差变幅较大时，应视比降观测的主要目的适当选用，一般测站可选用中水位时的落差值。

当上、下比降断面分别设有校核水准点，且其中一个校核水准点是由基本水准点经过另一个校核水准

点按三等水准连测时：

$$L = \frac{2}{\Delta Z X_s} \left[\sqrt{S_m^2 (L_u + L_l) + S_m'^2 L + 2S_g^2} \right]$$

(3.14)

式中　S_m'——三等水准测量 1km 线路上的标准差，mm，可取 6mm；

　　　　L_u——上断面水准点至上断面水尺的平均测距，km；

　　　　L_l——下断面水准点至下断面水尺的平均测距，km。

3.4.2　基线及测量标志的布设

3.4.2.1　测量标志的布设

1. 作用

当断面位置和基线确定后，应设立断面桩、基线桩、断面标志桩以及其他必要的测量标志。以永久确定断面和基线的位置，便于今后测量使用。

2. 布设要求

测量标志的布设应符合下列规定：

(1) 基线桩宜设在基线的起点和终点处，可采用基线起点桩兼作断面桩；高水位的基线桩应设在历年最高洪水位以上。

(2) 各种水尺断面和流速仪、浮标测流断面，应在两岸分别设立永久性的断面桩；高水位的断面桩应在历年最高洪水位以上 0.5～1.0m 处；漫滩较远的河流，可设在洪水边界以外；有堤防的河流，可设在堤防背侧的地面上。

(3) 流速仪、浮标测流断面的两岸均应设立坚固、醒目的断面标志桩。用缆道、桥梁等建筑物测流的测站可不设立。当河面较窄时，可在同一岸立两个断面标志桩，两桩的间距应为近岸标志桩到最远测点距离的 5%～10%，并不得小于 5m。

(4) 当测站河面较宽时，断面标志应高大、颜色鲜明。当河面特别采用六分仪测距时，宜在两岸设立醒目的基线标志。

(5) 水文测验河段应设立保护标志。在通航河道上，应根据需要设立安全标志。严重漫滩的河流，可在滩地固定垂线上设标志杆，其顶部应高出历年最高洪水位以上。用辐射线或方向线法固定测速、测深垂线的测站，当在岸上设置固定标志时，应使每一辐射线或方向线与测流断面的夹角不小于 30°，根据地形条件可按方向线法或辐射线法之一布设标志。同一视线内前后两标志的距离不得小于由近岸标志到固定测速、测深垂线距离的 5%～10%，并不得小于 5m。

3.4.2.2　基线的布设

1. 作用

基线是测验河段岸上设置的测量线段，在测验河

段进行水文测验和断面测量时，用于经纬仪、平板仪或六分仪等测角交会法推算测验垂线在断面上的位置（起点距）。

2. 布设要求

基线布设应符合下列要求：

(1) 测站使用经纬仪或平板仪交会法施测起点距时，基线应垂直于断面设置，基线的起点恰在断面上。当受地形条件限制时，基线可不垂直于断面。基线长度的选定，以使断面上最远一点的仪器视线与断面的夹角大于 30°，特殊情况下应大于 15° 为原则。

(2) 不同水位时水面宽度相差悬殊的测站，可在岸上和河滩下分别设置高、低水位的基线。

(3) 测站使用六分仪交会法施测起点距时，布置基线应使六分仪瞄向基线两端形成视线的夹角大于或等于 30°，小于或等于 120°。基线两端至近岸水边的距离，宜大于交会标志与枯水位高差的 7 倍。当一条基线不能满足上述要求时，可在两岸同时设置两条以上或分别设置高、低水位基线。

(4) 基线长度应取 10m 的整倍数，用钢尺或校正过的其他尺往返测量两次，往返测量不符值应不超过 1‰。

3.5　测验渡河设施

3.5.1　测验渡河设施的分类与配置原则

3.5.1.1　测验渡河设施的作用和分类

1. 测验渡河设施的作用

渡河设施是开展水文测验最重要的测验设施。进行流量测验和输沙率测验，一般情况下需要借助渡河设施设备才能完成。在使用流速仪测流时，借助渡河设施设备来测量水道断面面积和流速流向；在使用浮标测流时，也需要借助渡河设施设备测量水道断面面积；在进行泥沙测验时，则同时用其来测速、测断面和采取水样。

2. 测验渡河设施设备的分类

(1) 按渡河设施所处位置分。根据渡河设施在野外测验时所处位置，可划分为 4 类：水上测验设施设备、岸上测验设施设备、架空测验设施设备和涉水测验设施设备。以上每一类测验渡河设施设备又分为多种形式。如水上测验设施设备主要是指各种水文测船；架空测验设施设备主要有测验缆道、测桥等；岸上测验设施设备主要是各种断面标志、基线标志等仪器定位的附属设施；涉水测流用于较小的河流枯季测流，只需要一些简单设备，基本无需专门的测流渡河设施。

(2) 按渡河设施设备形式分。根据渡河设施设备

的形式又可分为测船、缆道、测桥等。

1) 测船是水文测验船的简称，是指从事水文测验、水下地形测量、水环境监测的专用测验、测量作业船。测船根据有无动力又分为机动船和非机动船两类。按船体的建造材料又分为钢质船、木船、铝合金船、玻璃钢船和橡皮船。根据测船渡河和测量时定位方式又分为抛锚机动测船、吊船和机吊两用船。根据测船的功能又分为水文测验专用船、水下地形测量专用船、水环境监测专用船、综合测船、辅助测船等。水文测验专用船主要在固定及巡测水文断面从事水文测验的测船，船上装有专用的水文测验设备；水下地形测量专用船配备有专用的地形测量设备，主要用于水道地形、水下地形测量，也称为水道测量船或河道测量船；水环境监测专用船配有专用水环境监测等设备，主要用于水环境监测水样采集与分析的测船，是一种水上水环境监测移动实验室；综合测船配有相应的专用测验（量）仪器和设备，集合水文测验、水下地形测量、水环境监测功能的测船；辅助测船主要用于浅滩、岸边配合测船进行水文测验、水道地形测量、水环境监测，以及交通用船。

2) 缆道是水文缆道的简称。水文缆道是为把水文测验仪器运送到测验断面内任一指定起点距和垂线测点位置，以进行测验作业而架设的可水平和铅直方向移动的水文测验专用跨河索道系统。根据其悬吊设备不同，水文缆道又分为悬索缆道（也称铅鱼缆道）、悬杆缆道、水文缆车缆道（简称缆车缆道，也称吊箱缆道）、浮标（投放）缆道和吊船缆道等；根据缆道的采用动力系统又分为机动缆道、手动缆道两种；根据缆道操作系统的自动化程度又分为人工操作、自动、半自动缆道；根据缆道跨数多少分为单跨缆道和多跨缆道。

用柔性悬索悬吊测量仪器设备的水文缆道称悬索缆道；用刚性悬杆悬吊测量仪器设备的水文缆道称悬杆缆道；悬吊水文缆车，行车上用来承载人员和仪器设备，在测量断面任一垂线水面附近进行测验作业的缆道称水文缆车缆道，水文缆车多为矩形箱子形状的设备，因此，也有人称吊箱缆道；吊船缆道是在测验断面上游架设，能牵引测船作横向运动，并使测船固定的缆道，由于这种缆道相对简单，主要设施设备是一条过河索，因此这种缆道也称吊船过河索。

建立水文缆道的步骤有查勘、设计、施工、验收、比测鉴定、投产使用等。

a. 悬索缆道是应用最普遍的水文缆道，其悬吊设备一般是铅鱼，因此，悬索缆道也称铅鱼缆道。铅鱼缆道根据是否采用拉偏索又分为无拉偏式和拉偏式两种。铅鱼缆道应用最广泛，铅鱼缆道常直接被称为水文缆道。因此，广义的水文缆道包括铅鱼缆道、水文缆车、吊船缆道等，而狭义的水文缆道常是指铅鱼缆道。

铅鱼缆道测验具有测验速度快，安全可靠，适应水深、流速范围广，便于实现测验半自动化或自动化，测验占用人员最少等优点。因此，测站条件允许情况下，应首先考虑设置悬索缆道。但悬索缆道也有泥沙取样不便，特别是输沙率测验困难，因此，泥沙测验任务大的测站，仅用铅鱼缆道难以完全满足测验要求，当河道太宽时，由于缆道的弹跳增大，具有定位测深误差增大等缺点。

铅鱼缆道需要多种设施设备，这些设施设备常构成一个系统，因此一般情况下，水文铅鱼缆道被称为铅鱼（悬索）缆道系统，常简称为缆道系统。铅鱼缆道的发展很快，计算机和电子技术的应用实现了缆道操作半自动化、自动化。能自动显示起点距、水深、流速等测量参数，水上水下多种信号传递的可靠性也有很大提高。少数水文站配备的全自动化的缆道测流装置，可以自动完成整个测流过程，并完成全部数据计算，直至将测验成果输出。

水面宽小于500m，流速较大的测站，可选用铅鱼缆道。在流速较大，河床变化大，且常年水深不大于12m，可采用拉偏式缆道，拉偏缆道铅鱼重量与其施测范围内水深、流速有关，其重量可参照无拉偏缆道的要求选用。

b. 悬杆缆道应用较少，适用于流速较小的河流。悬杆缆道与铅鱼缆道之别主要是悬吊设备不同，其他结构组成基本一致。因此，本书介绍的对铅鱼缆道的规定、要求等，对悬杆缆道基本都适用。

悬杆缆道一般适用于跨度不大于200m、水深小于6.0m、流速小于4.0m/s，且漂浮物较少的测站。悬杆宜采用强度较高的流线型合金钢杆，以减小水流阻力，增加抗弯强度。悬杆应有足够重量，必要时下端可悬吊重锤，以保证洪水时可以下放到河底。

c. 缆车缆道由于悬吊的缆车常制作成长方形箱状，俗称吊箱缆道。根据水文缆车运行情况，又有既可水平运行，又能垂直升降的缆车和仅能水平运行的缆车两种形式。缆车缆道与水文铅鱼缆道有一定差异，但缆车缆道的驱动、控制、信号等主要系统与水文悬索缆道基本一致。因此，本书介绍的对铅鱼缆道的规定、要求等对缆车缆道基本都适用。

测站水面宽度符合缆道设置要求，测站流速较大，泥沙测验任务很重的测站可选用缆车缆道。

浮标缆道是为专门投放浮标而建立的专用缆道，由于其荷载较小，结构相对简单。

吊船缆道是缆道和测船结合的一种测验设施，其主索的设计、建造、要求等和铅鱼缆道主索基本一致，一般情况下其主索的荷载要大于同类型河流上建造的铅鱼缆道。其测船部分与水文测船的要求一致。水面较宽，洪水时流速较大，机动测船定位测速困难的测站，可选用吊船缆道。

另外，流速较大，跨度一般不超过 500m，采用缆道设备比用测船等进行测验能提高测洪能力及测验精度的测站；测验河段下游有险滩、桥梁、水工建筑物等，冬季流冰严重、枯水期串沟洲滩较多的测站；用测船测验安全得不到保证的测站，也可选用悬索缆道和缆车缆道进行测验。

3）水文测桥又有为水文测验建立的专用测桥和借用交通桥梁进行水文测验的测桥。随着水文巡回测验工作的开展，利用水文巡测车在桥上测流将成为一种重要的测验方式。

3. 基本要求

对于各种测验渡河设施的基本要求是，准确方便、安全可靠、经济合理、操作简便、易于维护。

3.5.1.2 测站渡河设施的配置原则

渡河设施设备应能满足流量、泥沙、水质等测验的要求，特别是注意既能满足洪水期测流，又能满足枯水时测流的要求。对有些测站，为了满足洪水、平水、枯水等各种情况下的测流、测沙需要，往往需要几种渡河设施设备，或按洪水级别配置渡河设施设备。

测站的渡河设施设备主要受测站流量、泥沙测验方法的制约，而流量、泥沙的测验方法又受到流速、水面宽、水深、含沙量等测站特性的影响。因此，应根据测站特性及防洪、测洪标准的要求，综合考虑各种因素的影响选择测验方法，并根据选择的测验方法，选择一种或几种渡河形式，建立相应的渡河设施。对于不同类型的测站设施设备可参考下列具体配置原则。

1. 大河重要控制站

（1）根据测站特性选择缆道（铅鱼缆道、缆车缆道）、测桥、机动船、吊船等一种或多种测验方法，并建立相应的测验设施。只采用一种流量测验方法的测站应建设备用设施。当一套测验设施不能满足高、中、低水流量测验时，可分别建设高、中、低水流量测验设施。

（2）应建浮标测流设施和其他应急流量测验设施。

2. 大河一般控制站

（1）根据测站特性选择缆道（铅鱼缆道、缆车缆道）、测桥、机动船、吊船等一种或多种测验方法，并建立相应的测验设施。当一套测验设施不能满足高、中、低水流量测验时，可分别建设高、中、低水流量测验设施。

（2）应建浮标测流设施。

3. 区域代表站

（1）一般情况下选用铅鱼缆道、缆车缆道、测桥、机动船等方法中的一种测验方法作为常用测验方法，并根据选定的测验方法建相应的测验设施。

（2）应建浮标测流设施。

4. 小河站

可采用浮标、缆车、机动船、测桥、堰槽、水工建筑物等测验方法中的一种完成流量测验，并根据选择的测验方法建立相应的测验设施。

3.5.2 铅鱼缆道

3.5.2.1 铅鱼缆道的组成与形式

1. 铅鱼缆道的组成

铅鱼缆道与吊船缆道相比，能够实测到更高量级洪水，并且对改善工作条件，确保测验安全及节省人力等方面有很大的优越性，因此被测站广泛采用。

铅鱼缆道主要有承载部分、驱动部分、控制部分、信号部分、悬吊设备、拉偏部分、防雷系统等几部分组成。承载部分包括承载索（也称主索）、支架、拉线、锚碇、锚杆；驱动部分包括牵引索（循环索、起重索）、驱动绞车（简称绞车）、滑轮（导向、升降滑轮）、行车、平衡锤等；控制部分包括缆道房（包括操作室和机房）、控制台等；信号部分（也称信号系统）包括信号的发射、采集、传送、接收、处理等部分；悬吊设备（也称测验平台）包括悬吊索、铅鱼、流速仪、测沙仪器、测梁和起点距测量仪器；拉偏部分包括副索、拉偏索等。测站缆道类型及其组成根据测站地形、自然环境、断面状况、水位变幅、流速大小，以及测流、取沙方式等不同有一定差异，图3.4为典型的铅鱼缆道组成示意图。

2. 铅鱼缆道分类

铅鱼缆道按横过河槽的跨度分为单跨、双跨和多跨3种；按驱动情况分为人力驱动、电动和机动3种；铅鱼缆道根据是否拉偏又有不拉偏式和拉偏式两种；按控制方式分为人工、半自动化、自动化3种；按循环索是否闭合分为闭口式和开口式两大类。

3. 铅鱼缆道的结构型式

铅鱼缆道按环索绕线方式又分有开口游轮式和闭口游轮式两种。一般采用开口游轮式时，宜采用双游轮式或上（前）下（后）与游轮只数相等的多游轮式，不宜采用单游轮，以免成倍增加起重索的静拉力。为节省动力，有加平衡锤装置和动滑轮组两种方

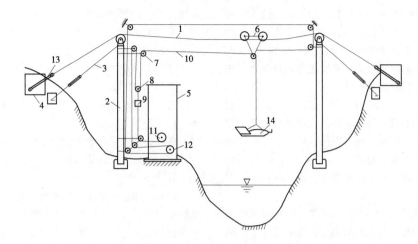

图 3.4　铅鱼缆道布设示意图

1—主索；2—支架（柱）；3—拉线；4—锚碇；5—缆道房；6—运载行车；
7—导向滑轮；8—升降滑轮；9—平衡锤；10—牵引索（循环索、起重索等）；
11—绞车升降驱动轮；12—绞车循环驱动轮；13—锚杆；14—铅鱼

式（或者兼用）。测站可按具体情况选用。

（1）闭口游轮式缆道。如图 3.5 所示，这种缆道的循环索为封闭式，它只能控制行车左右水平方向运行。至于仪器的提放则由起重索另行控制。

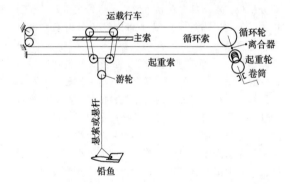

图 3.5　闭口游轮式缆道结构示意图

闭口游轮式缆道，由于在起重索上装有游轮，使得上提仪器时可省力一半。缺点是为了避免因游轮入水而增大悬索偏角，游轮至铅鱼之间悬索长度要根据测洪最大水深确定，因此主索支点要相应提高。地势平坦的测站采用此种缆道，支架高，造价大。所以闭口游轮式缆道，只适用于洪枯水位变幅不大及两岸地势较高的测站。

（2）开口游轮式缆道。图 3.6 所示是开口游轮式缆道的一种基本形式。它的特点是：牵引索兼有循环、起重、悬索三种作用；铅鱼和流速仪的升降，通过岸上支架附近游轮进退来操作。单纯的起重索被取消了，可节省钢丝绳长度。它是目前测站广泛采用的

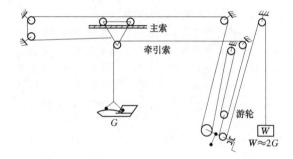

图 3.6　开口游轮式缆道平衡锤结构示意图

缆道形式。

为省力和减轻劳动强度，采用游轮加平衡锤的省力系统。对图 3.6 的形式，平衡锤重量略小于铅鱼重量的两倍。操作时，用离合器将升降轮刹住，开动循环轮，行车即可左右水平方向运行。待行车到达预定位置后，将循环轮刹住，开动升降轮，即可提放铅鱼。这种走线形式，平衡锤与铅鱼（仪器）的相对升降比例为 1：2。

在铅鱼缆道上采用悬索悬吊铅鱼测深，当主索跨度大于 300m 时，主索弹跳影响测深精度。当遇到较大洪水时，这些问题的处理尚未完全解决。

3.5.2.2　缆道布设要求

1. 使用铅鱼缆道对铅鱼造型的要求

铅鱼应尽量接近流线型，表面光滑，尾翼大小适宜，要求做到阻力小、定向灵敏，尽量降低悬吊点距铅鱼重心的高度，表面与水接触电阻要小，各种附属装置应尽量装入铅鱼体内。

2. 铅鱼缆道对铅鱼重量要求

为保证测距、测深的精度，按如下要求选择铅鱼重量。

不拉偏缆道铅鱼重量按深宽比大小分别选取。

窄深河道（深宽比大于 1/100）取：

$$G \geqslant 5q'L \qquad (3.15)$$

宽浅河道（深宽比小于 1/100～1/200）取：

$$G \geqslant (6 \sim 9)q'L \qquad (3.16)$$

式中　G——铅鱼重量，kg；

　　　q'——工作索单位长度重量，kg/m；

　　　L——跨度，m。

除上述要求外，应尽量使洪水测深最大偏角限制在 30°以下。当铅鱼重量不满足上述要求时，应考虑建立副索和拉偏索。

3. 缆道布设要求

（1）主索。主索是水文缆道系统中的铅鱼、仪器、行车等荷载的承载索，是缆道系统中受力最大、最重要的缆索，其布设要满足下列要求。

1）按照测站地形，尽量缩小跨度，两端点尽可能在同一水平线上；若受条件限制不能等高时，两端点连线与水平线的夹角一般不大于 3°。

2）在不被洪水冲毁，满足测验要求、缆道安全及不影响通航的原则下，尽量降低主索的高程。

3）主索的设计拉力（主索所承载的垂直集中荷载位于跨中间）应满足下式要求：

$$H = \left(\frac{qL^2}{8} + \frac{PL}{4} \right) / f_v \qquad (3.17)$$

$$KH \leqslant T_j \qquad (3.18)$$

式中　H——主索的设计拉力，N；

　　　q——主索钢丝绳单位长度自重，N/m；

　　　P——主索所承载荷载，N；

　　　L——缆道跨度（多跨缆道按最大的主槽一跨计算），m；

　　　f_v——主索加载垂度，m；

　　　T_j——主索破断拉力，N；

　　　K——安全系数。

4）主索所承载荷载可按下式计算：

$$P = \sqrt{P_v^2 + P_z^2} \qquad (3.19)$$

$$P_v = F + \frac{q'L}{2} + G\left(1 - 4\frac{f_{vmax}}{L} \right) \qquad (3.20)$$

式中　P_z——水流冲击力，N，$P_z = G\tan\theta$（θ 为最大偏角）；

　　　P_v——主索所承载的垂直集中荷载（含铅鱼、行车、仪器等重量），N；

　　　F——行车及附属物的重量，N；

　　　q'——单位长牵引索度重量，N/m；

　　　G——铅鱼包括流速仪、采样器的重量，N；

　　　f_{vmax}——主索最大加载垂度，m。

（2）牵引索（循环索、起重索）。牵引索是牵引荷载水平和垂直升降的悬索。在闭口游轮式缆道中牵引索又分为循环索和起重索。循环索只控制行车水平方向运行，铅鱼和仪器在垂直方向上的升降，则由起重索控制完成；在开口游轮式缆道中牵引索兼循环、起重于一索。牵引索布设应注意以下事项：

1）各索在平面上和立体上均应分开设置，避免交叉、钢丝绳与钢丝绳、钢丝绳与障碍物不允许有相互摩擦现象。

2）各索布设按最佳方案选用，应尽量减少导向滑轮个数和钢丝绳使用长度。

3）跨度过大时，可装设支索器，以减少循环索垂度，提高测距、测深精度。

4）牵引索拉力应满足式（3.21）要求：

$$KT_x \leqslant T_{xj} \qquad (3.21)$$

式中　T_x——牵引索的设计拉力，N；

　　　T_{xj}——牵引索的破断拉力，N。

（3）副索。采用拉偏索的站，要在主索上游架设与主索相平行、垂度尽可能一致的副索。在保证安全的前提下，应尽量降低副索高度；副索与主索的水平间距，应为副索最低点与测流断面最低点高差的 3～5 倍为宜（也可取最大水深的 1.3～1.8 倍）。

（4）拉偏索。拉偏索是连接副索和铅鱼的牵引钢索。其目的是为减小或消除水流对悬索和铅鱼的冲击力，确保悬索和铅鱼不偏离垂线和测点位置。拉偏索的破断拉力一般只取 1.1～1.5 倍工作的拉力。

1）拉偏索的长度可按下式计算：

$$L_i = \sqrt{\Delta \overline{Z}^2 + l^2} \qquad (3.22)$$

其中

$$\Delta \overline{Z} = \frac{1}{N} \sum_{i=1}^{N} \Delta Z_i \qquad (3.23)$$

式中　L_i——拉偏索的长度，m；

　　　l——主索与副索之间的水平距离，m；

　　　$\Delta \overline{Z}$——高差平均值，m；

　　　ΔZ_i——第 i 条垂线副索高程与河底高程之差，m；

　　　N——测速（深）垂线数。

2）拉偏条件下的铅鱼重量计算：

$$G = (2.58q_a + 0.5q_b)h_m \qquad (3.24)$$

$$q_a = \frac{1}{2} k_a \rho d_a v_m^2 \qquad (3.25)$$

$$q_b = \frac{1}{2} k_b \rho d_b v_m^2 \qquad (3.26)$$

式中　G——铅鱼重量，N；

　　　q_a——悬索上单位长度的水流冲（阻）力，N/m；

q_b——拉偏索上单位长度的水流冲（阻）力，N/m；

k_a——悬索阻水体型系数，$k_a \approx 0.8$；

k_b——拉偏索阻水体型系数，$k_b \approx 0.4$；

d_a——悬索直径，m；

d_b——拉偏索直径，m；

v_m——垂线平均流速，m/s；

h_m——最大水深，m；

ρ——水的密度（清水的密度，取 1000），kg/m^3。

3.5.2.3 缆道的建立

1. 缆道设计

（1）设计标准。缆道各项主要设施，一般应能保证在本站出现的历史最大洪水（包括调查洪水）时不被冲毁为标准；考虑到经济效果与使用条件，对水位变幅大、高洪水持续时间不长的河流，可适当放宽。通航河流应保证船只航行要求。

（2）测洪标准。根据测站的实际测洪确定，一般要求能测到本站 30～50 年一遇洪水水位变幅的 70%以上。

（3）垂度选择。加载垂度可取

$$f_v = \left(\frac{1}{50} \sim \frac{1}{20}\right)L \qquad (3.27)$$

式中 f_v——加载垂度，m；

L——跨度，m。

（4）荷载组合。荷载组合应根据实际情况，科学分析，合理取用，可选择其中最大的 2～3 种不利因素组合，作为设计依据。超载系数采用 1.1～1.2。

（5）主要构件安全系数。铅鱼缆道的主要构件安全系数要满足表 3.5 的要求。

表 3.5　铅鱼缆道的主要构件安全系数表

构件名称	主索	循环索	起重索	地锚、支架	拉线
安全系数	≥2.5	≥2.5	≥2.5	≥3	≥3

（6）支架。支架（塔、柱）布设与设计应符合下列要求：

1）通航河流支架（塔、柱）。

通航河流支架（塔、柱）的设计高度 ＝ 通航河流支架（塔、柱）的设计高程 － 支架（塔、柱）基础高程

其中

通航河流支架（塔、柱）的设计高度 ≥ 最高的通航水位 ＋ 船桅高度 ＋ 安全超高（2.5m） ＋ 行车悬吊点至吊载仪器底部高度（2.5m） ＋ 加载垂度 f_v

2）非通航河流支架（塔、柱）。

非通航河流支架（塔、柱）的设计高度 ＝ 非通航河流支架（塔、柱）的设计高程 － 支架（塔、柱）基础高程

其中

非通航河流支架（塔、柱）的设计高度 ≥ 设计测洪水位 ＋ 安全超高（2.5m） ＋ 行车悬吊点至吊载仪器底部高度（2.5m） ＋ 加载垂度 f_v

3）支架材料可采用钢结构或钢筋混凝土构件。其中钢结构应采用"容许应力法"设计，钢筋混凝土构件应采用"破损阶段法"设计。

4）钢筋混凝土结构按构件破坏时的应力状态计算，安全系数不小于 2.5～3.0，钢结构等按材料允许应力计算。

（7）支架基础和锚碇。支架基础和锚碇布设与设计应符合下列要求：

1）支架基础应根据测站所处位置的地质条件、支架材料构件、缆道承载力分布等因素确定基础方案和尺寸的设计。

2）缆道锚碇分钢筋混凝土桩锚和块锚两种，设计时应进行稳定与强度验算。

3）钢筋混凝土桩锚的稳定可按岩石抗剪强度验算：

$$\frac{K_p H}{2L_x h_y} \leqslant R'_p \qquad (3.28)$$

式中 K_p——安全系数，基础岩石坚硬时 $K_p = 2.0$，基础硬度一般取 $K_p = 3.0 \sim 4.0$；

L_x——桩锚锚杆边缘距边坡最短距离，m；

h_y——桩锚埋深，m；

R'_p——岩石抗剪强度，N/mm^2。

4）钢筋混凝土板锚稳定验算：

当锚杆入地角 $\beta < 45°$，水平方向拉力最大时，应采用立式板锚。其稳定性应满足下式：

水平稳定性：　$H_j \leqslant E_2 - E_1 \qquad (3.29)$

垂直稳定性：$V_j \leqslant G_k + (2E_1 + H_j)f \qquad (3.30)$

式中 H_j——板锚水平方向拉力（$H_j = KT\cos\beta$），N；

E_2——锚块前方被动土压力，N；

E_1——锚块后方主动土压力，N；

V_j——板锚垂直方向拉力（$V_j = KT\sin\beta$），N；

G_k——锚块自重，N；

f——土壤与混凝土的摩擦系数。

当锚杆入地角 $\beta > 45°$，垂直方向拉力最大时，应采用平式板锚，其稳定性应满足下式：

$$V_j \leqslant G_0 + G_k \qquad (3.31)$$

式中　G_0——板锚上方土锥体重，N。

5）锚杆直径的设计可按下式计算：

$$d = \sqrt{\frac{4T}{\pi \delta_p}} \qquad (3.32)$$

式中　d——锚杆直径，m；

　　　T——锚杆设计拉力，N；

　　　δ_p——钢材允许拉应力，N/m²。

当考虑腐蚀时，实际采用直径应比计算值大15%～20%。

2. 缆道施工

缆道建设应做到先设计后施工，未经设计不得施工。在施工过程中，遇到问题需要修改设计时，应报审批单位审批。竣工后应进行技术总结，写出竣工报告，绘制竣工图表。

3. 验收

由流域机构、省（自治区、直辖市）水文（水资源）（勘测）局（总站），根据设计与施工项目、图纸、技术要求、逐项检查工程质量，逐项进行验收，并填制工程验收单。未达到设计标准者，应采取措施进行改建，达到合格才验收。

4. 比测鉴定

水文缆道正式投产前应进行比测，并由上一级主管部门会同测站进行全面的技术鉴定，以检验缆道的可靠性和准确性。

鉴定内容包括：各种传输信号、计算器的稳定性和可靠性，以及起点距、水深测量精度等。未达到要求者，应采取措施，及时解决。

5. 投产使用

缆道建成，通过工程验收，比测鉴定，达到以下要求，报上级批准后方可投产，测验成果才作为正式记录。

（1）设备牢固，构件在受载变形稳定后无异常情况。

（2）运转正常，操作安全。

（3）信号清晰，计数准确。

（4）通过率定比测，水深、起点距测验精度符合要求。

3.5.2.4　缆道使用的一般规定

1. 率定比测

缆道在投产前，必须进行起点距、水深率定与比测工作。率定的目的是寻求计数器读数与实测值的关系。比测的目的是检验记录值与实测值的误差。比测总次数一般各不少于30点，且均匀分布在全断面。缆道投产后亦应进行此项工作，一般每年1～2次，分别在汛前、汛中进行。当主索垂度调整，更换铅

鱼、循环索、起重索、传感轮及改变信号装置时，应及时重新率定、比测。

流量比测工作，一般由流域机构、省（自治区、直辖市）水文（水资源）（勘测）局（总站）在指定的站进行。比测次数总共不少于30次，均匀分布在各级流量范围内，比测幅度不应小于全年最大流量变幅的75%。

含沙量比测由流域机构、省（自治区、直辖市）水文（水资源）（勘测）局（总站）在指定的站进行。比测范围可掌握在全年最大沙量变幅的75%以内，可以单线比测的方法进行，比测点数不少于30点，每点重复2～3次取样，用以建立积时式采样器及其他采样器与横式采样器所测含沙量的关系。

2. 测验精度

通过现场比测，缆道各项测验精度要求如下：

（1）起点距垂线定位误差不大于0.5%或绝对误差不超过1.0m，累计误差不大于河宽的1%。

（2）水深累计频率为75%的误差不大于水深的1%～3%，水深在3.0m以下及河底不平时，其误差不大于水深的3%～5%，系统误差不大于1%。水深小于1.0m时，绝对误差不大于0.05m。

（3）流量累计频率为75%的误差不大于5%，系统误差不大于1%。

（4）悬沙含沙量采用缆道积时式采样器时，进口流速系数75%以上测点在0.9～1.1之间。多沙河流含沙量大于30kg/m³时，进口流速系数可由流域机构、省（自治区、直辖市）水文（水资源）（勘测）局（总站）根据试验结果另定。

积时式采样器与横式采样器所测含沙量及颗粒级配应有一定的关系，以保证前后资料之间的衔接。

3. 操作规程与管理制度

（1）为保证安全生产和测验工作顺利进行，各缆道站必须根据本站缆道情况和运行要求，制定缆道操作规程，并注意包含操作步骤程序、操作人员的要求、运行规则（如严禁违章操作，严禁超负荷运行，严禁用测验缆道作交通工具等）、注意事项等。

（2）各缆道站，应根据本站实际情况建立操作人员责任制度、交接班制度、设备维修养护制度等。上级领导机关应对缆道操作人员定期进行培训和技术考核。

4. 缆道技术档案

各缆道站必须建立缆道技术档案，其主要内容有：

（1）填制水文缆道考证簿，作为测站考证簿的组成部分。

（2）设计书、设计图或竣工图纸。

（3）竣工报告或施工总结、工程验收报告。

（4）各项比测率定成果、试验资料及分析报告等。

3.5.2.5 缆道驱动设备

1. 类型选择

铅鱼缆道的驱动方式有电动、机动、人力 3 种。

（1）电动缆道一般适用于国家电网供电的站。无国家电网供电的站或供电无保证的站，在需要与条件许可的情况下，也可装置发电机供电，其输出功率应大于驱动缆道电动机功率的 2～3 倍。

（2）机动缆道一般适用于无外接电源，偏僻地区的测站，采用机械动力直接运行。

（3）人力缆道一般适用于跨度在 50m 以下，铅鱼重量小于 150kg，且有平衡锤装置的测站。

2. 功率计算

电动机（或柴油机）的功率应根据荷载及运行速度按下式计算：

$$N = \frac{t_p v}{1000\eta} \qquad (3.33)$$

式中　N——功率，kW；

　　　v——行车水平及垂直运行速度，m/s；水平运行速度一般取 0.5～1m/s，垂直运行速度一般取 0.17～0.5m/s；

　　　t_p——荷载（绞车按最大爬坡时拉力紧边与松边拉力差计算；起重绞车按悬吊铅鱼重量及平衡锤绕线方式确定），N；

　　　η——总效率系数。

一般情况下实际选用功率可取计算功率的 1.3 倍。

3. 缆道绞车

（1）型式选择。缆道绞车主要有 200kg、300kg、400kg、500kg、750kg 型及手摇型，在一个流域机构和省（自治区、直辖市）内，尽量做到定型设计、规格统一，以便管理维修。

（2）要求。

1）绞车要求结构牢固，安装紧凑，操作方便，运转灵活，无论是平面或立体布置都要求便于维修，设计负荷按不小于 2 倍铅鱼重量计算。

负荷较重的绞车，为防止循环索在驱动轮上滑动及磨损，可增加分线轮装置。但在增加分线轮的情况下，绞车的横轴负荷应增大。

2）绞车一般应有减速、调速装置。调速装置有变速箱、滑差离合器、调速电机及可控硅无级调速、变频调速等，可优先使用变频调速绞车。

3）各类型绞车一般应配有手摇装置。必须配有制动装置。离合、制动装置应灵活可靠。

4）绞车应附有测距、测深的传感计数装置。有条件时可设自动控制定位装置。

4. 钢丝绳和滑轮

（1）各缆道应选用抗锈蚀、强度高、柔性大的钢丝绳，抗拉强度一般应大于 1570N/mm²，对出厂无保证书的钢丝绳，一般应做拉力试验。

（2）导向滑轮、行车滑轮有单轴承和双轴承滑轮两种。受力大的宜采用双轴承的结构型式。导向滑轮直径应大于钢索直径的 20～40 倍，行车滑轮直径大于主索直径的 10～20 倍，动滑轮直径应大于循环索直径的 30～40 倍，并应有防止"跳槽"的装置。

3.5.2.6 缆道的记录设备

1. 传感装置

传感轮要求与工作索同步运转，其工作直径，按下式计算：

$$D = \frac{L_1}{\pi} - d \qquad (3.34)$$

式中　D——传感轮工作直径，mm；

　　　d——工作索直径，mm；

　　　L_1——传感轮旋转一周工作索的运行长度，mm。

传感轮投产前应进行率定，直径若发生变化，影响计数精度时应予校正或更换。工作索与传感轮之间的压力要调整适当，防止产生滑动现象。

2. 信号装置

（1）测距、测深、测速、测沙信号要反应灵敏，音响信号音质清晰，互不干扰，易于区别，准确可靠。尽量提高传输效率，保证仪器正常工作。

（2）铅鱼测深要有水面、河底信号装置。为消除铅鱼浮力影响，水面信号应装在铅鱼完全入水处，为减小铅鱼落入河床失重影响，应保证铅鱼在触床时发出信号，如铅鱼底部装设托板，托板式河底开关应有适当重量，转动灵活。信号开关可采用干簧管。跨度及流速不大的站，也可采用失重器作河底信号装置。

装在铅鱼上的电池、电子元件，要密封防水，以保证工作正常。

3. 计数器

（1）测距、测深计数器目前主要有转数表式、螺杆式、游标式、数字显示器及计算器式等几种，可根据需要选用。

（2）测速计数器主要有音响器、计数器、计时计数器及流速显示仪等几种，可根据需要选用。

（3）要求计数器计时、计数准确，不漏记多记，抗干扰性较强，性能稳定可靠。

（4）为便于操作，各种计数器或仪表尽可能装在综合操作台上。

4. 偏角观测设备

偏角观测设备有偏角器和偏角观测仪等，按测站具体情况选用。

偏角器应自由悬吊在行车上，平行于水流方向，其零点应与悬ջ支点重合，并不受行车偏转影响。水面较宽的站，应配备望远镜观读偏角，偏角器应能读至1°。

3.5.2.7 缆道房

缆道房是缆道驱动设备、控制设备、供电设备安装和测验人员的工作场所，一般设有操作室与机房。

1. 操作室

操作室要求结构牢固、视野开阔、通风良好、位于最高洪水位以上，并尽可能避免与缆道受力索、支架直接发生应力关系。

室内布设要合理，线路要安装整齐，便于检修，配电柜、操作台附近应垫放橡皮、输配电及电器设备应严格执行电力部门有关规定。有电子仪器且气温较高的站，应有通风散热降温设备。

2. 机房

机房与操作室一般宜分置两处，并保持一定距离。缆道房设计为两层楼房的测站，一般将机房设在一楼，操作室设置在二楼。对小跨度手摇绞车则可合并布设机房，将机器集中在操作室内。

机房应保持清洁、干燥，机房内的绞车、发电机组等应合理设置，并配有一定数量的维修工具。

3.5.2.8 缆道防雷

1. 一般规定

(1) 高出周围地形物较多的缆索、缆道支架，在一定条件下易成为雷击的目标。为确保安全，年平均可能雷击次数 $S \geq 0.06$ 次/a，或附近属雷害区的测站，应装置防雷设施。

(2) 缆道的年平均雷击次数计算

$$N_1 = 0.027T_d(L+10h)h \times 10^{-5} \quad (3.35)$$

式中 N_1——缆道塔架（柱）主索预计年平均雷击次数，次/a；

T_d——年平均雷电日，d/a；

L——主索跨度，m；

h——主索塔架（柱）高度，m。

(3) 不在上述范围内的测站，其支架、主索、副索、工作索等要求接地。为避免减弱测验信号，可加避雷器。雷电破坏较多时，应在缆道主索和支架上架设避雷线等感应接闪器，保证缆道设备在它们的保护范围内。

2. 设计标准

(1) 雷电流是毁坏缆道设施、电气设备的根源，

是兴建防雷设施必须考虑的重要因素，可由雷电流概率曲线查得，多雷区一般采用概率为5%的140kA作为设计标准。

(2) 土壤电阻率的确定可实测或根据土壤性质查有关参考书。

(3) 缆索接地电阻一般要求不大于10Ω（电子仪器较多的站还应小些），测控装置接地电阻应不大于4Ω。且要以夏季特别干燥（或雨后20d）时所测之值为准。

(4) 共用接地系统的等电位连接应采用S型星形结构和M型网形结构两种基本形式，并应符合下列要求：

1) 当采用S型等电位连接网络时，信息系统的所有金属组件，除等电位连接点外，应与共用接地系统的各组件有大于10kV、1.2/50μs的绝缘。

2) 当采用M型等电位连接网络时，系统的各金属组件不应与共用接地系统各组件绝缘。M型等电位连接网络应通过多点连接组合到共用接地系统中去，并形成 M_m 型等电位连接。

3. 缆索防雷

缆索防雷应符合下列要求：

(1) 水文站缆索架设宜采用非绝缘缆道架设方式，其塔架（柱）、主索、副索、工作索等要求防雷等电位接地，接地电阻不大于10Ω，接地点宜选在塔架下方。

(2) 对无法解决缆道信号传输，选用绝缘缆道架设方式的测站，宜在缆索的顶部上方1～3m处架设一条避雷线接地，接地电阻应不大于10Ω，接地点宜选在避雷线两端拉锚处。

(3) 缆道两岸的塔架（柱）及主、副索拉锚均应设置防雷接地装置，宜优先利用塔架（柱）钢筋混凝土基础及主索、副索锚碇的钢筋混凝土作为自然接地体，如自然接地体接地电阻大于10Ω时，应在基础和拉锚外1～2m处加设人工接地体。

(4) 有架空电源线的缆车缆道，应在架空电源线上方3m处架设避雷索，避雷索宜采用截面不小于35mm²的镀锌钢绞线。

(5) 吊船缆道的钢丝绳吊船索与吊船之间应串接2个以上的绝缘子。

4. 缆道房防雷

缆道房防雷应符合下列要求：

(1) 在缆道房顶上设置避雷带。避雷带应沿屋角、屋背、屋檐和檐角等易受雷击的部位敷设。

(2) 引下线不应少于2根，引下线应沿缆道房四周均匀或对称布置，其间距不应大于25m。当仅利用

缆道房四周的钢筋混凝土柱子中的主钢筋作为引下线时，按跨度设引下线，但引下线的平均间距应不大于 25m，接地电阻不大于 10Ω。

（3）塔架（柱）距离缆道房较远时，塔（柱）与缆道房的接地体应分开设置。

（4）缆道房的防雷接地装置宜与测控设备等接地装置共用。防雷的接地装置宜与埋地金属管道相连。当不共用、不连接时，两者间在地中的距离应不小于 2m。

（5）缆道房应设等电位连接，将钢筋混凝土屋面板、墙、梁、柱、基础的钢筋和阳台钢栏杆、停放铅鱼的架子等均以最短的距离与等电位连接网络的接地端子连接。

（6）当主索从缆道房顶上方跨过时，其主索与缆道房之间的最小垂直距离应大于 3m，支承主索的塔、柱距缆道房最小水平距离应大于 3m。

（7）避雷针的针尖上或避雷线不应悬挂收音机、电视机天线或晒衣服的铅丝（天线在雷雨时应该接地）。在装有防雷引下线的墙壁上，离引下线近的地方不应有架空进户线。

5. 电源防雷

电源防雷应符合下列要求：

（1）进出缆道房的电源线路宜采用屏蔽电缆，穿入钢管中埋地敷设；如条件限制，需采用架空线路的，应对管线进行屏蔽。

（2）当动力电源从总配电箱开始引出的配电线路和分支线路应采用一级防雷，宜选用 $60\sim100kA$ 电源保护器。

（3）在缆道房配电箱采用二级防雷，宜选用 $20\sim60kA$ 电源保护器。

（4）测控装置及其他电子测验设备采用三级防雷，宜选用 $5\sim20kA$ 电源保护器。

6. 缆道测控系统的防雷

缆道测控系统的防雷应符合下列要求：

（1）缆道测控系统的防雷包括测控装置的所有进出信号线，水雨情报汛系统进出信号线、电话线、网络、视频线等的防雷。

（2）所有进出建筑物的信号线缆，宜选用屏蔽电缆，穿入钢管中埋地敷设，其埋地长度宜不小于 15m。电缆屏蔽层应做等电位连接并接地，并安装适配的信号线路浪涌保护器，浪涌保护器的接地端及电缆内芯的空线对应接地。

（3）当电缆转换为架空线时，应在转换处装设浪涌保护器、避雷器；浪涌保护器、避雷器、电缆屏蔽层和绝缘子铁脚、金具等应连在一起接地。

（4）缆道测控装置及其他测验设备的公共地不得与金属外壳相连，金属外壳应与电源接地体连接。

（5）信号线路浪涌保护器的选择，应根据线路的工作频率、传输介质、传输速率、传输带宽、工作电压、接口型式、特性阻抗等参数，选用电压驻波比和插入损耗小的适配的浪涌保护器。

（6）动力电缆与信号电缆应分别屏蔽、铺设。

3.5.2.9　缆道养护与维修

1. 钢丝绳的养护维修

（1）养护要求。

1）主索一般每年上油一次；工作索每年上油不少于 $2\sim3$ 次，经常入水部分应适当增加上油次数，防止生锈；其他运行钢丝绳每年上油不少于 $2\sim3$ 次。

2）绳索与锚碇接头部分，要特别注意养护，可涂柏油或黄油，并每年至少检查一次。

3）锚杆与螺旋扣（即花兰螺丝）连接处，应高出地面，防止积水。缆索与锚杆连接处应加大型衬圈（俗名"牛眼"）。采用混凝土桩锚的，绕绳应齐全，不可挤压，并配用足够数量的钢丝夹头。绳夹压盖卡在主绳上，夹头的松紧，以压扁索径的 $1/5\sim1/3$ 为度。夹头的数量及间距可按表 3.6 的规定执行。

表 3.6　　钢丝绳夹头数目及间距表

钢丝索索直径 /mm	夹头数目 /只	夹头间距 /cm
10～15	≥3	8～10
15～20	4～5	12～14
20～30	5～6	15～20

4）钢丝绳局部损伤，如断股和扭坏不能解开时，可将扭坏部分截去，采用插股编结方法进行编结。编结最少长度见表 3.7 的规定。钢丝绳接头应尽量减少，接头之间的距离不得小于 5m。

表 3.7　　钢丝绳编结最少长度表

钢丝绳直径/mm	5～10	12～14	16～18	22～26
编结段长度/cm	60	90	120	150

（2）报废标准。钢丝绳报废标准见表 3.8，当缆道主索、工作索及起重滑轮组钢丝绳等，发现有下列情况之一者应予报废。

1）钢丝绳每一搓绕节距（钢丝绳拧一周的长度）长度内，断丝根数顺捻超过 5%，交捻超过 10% 时。

2）钢丝索中有一整股折断时。

3）钢丝绳疲劳现象严重，使用时断丝数目增多很快时。

4）使用达一定的年限时。使用年限由流域机构、省（自治区、直辖市）水文（水资源）（勘测）局（总站）按照实际情况具体规定。

每年对主索擦油时，结合检查并记录断丝、断股、锈蚀、直径变化，作为更换主索的参考。

表 3.8　　　　钢丝绳报废标准表

钢丝绳构造	搓绕型工式	一搓绕节距长度内断丝根数
6×19+1	交绕	12
	顺绕	6
6×37+1	交绕	22
	顺绕	11
6×61+1	交绕	36
	顺绕	18

2．支架、锚碇的养护维修

（1）支架。

1）支架应保证按设计结构不变形。每年汛前检查一次。凡有拉线的支架，必须经常检查调节拉线的松紧度，保证拉线处于紧张状态，使支架在各方向的拉力均衡。每年应全面检查调整 2～3 次，大洪水期应及时检查。

2）钢支架的测站，除镀锌钢架外，应每隔 1～2 年进行除锈、油漆养护。对混凝土支架的钢结构部分，也应照此处理。

3）钢筋混凝土支架每年应检查一次有无裂缝。

4）应定期检查支架基础有无沉陷，架柱有无位移变化，连贯螺栓是否有松动，混凝土基础有无裂缝等。

（2）锚碇。定期检查锚碇有无位移，锚碇附近土壤有无裂纹、崩坍、沉陷现象。钢丝绳夹头是否松动，锚杆是否生锈。锚碇周围应有排水措施，防止积水。

3．驱动设备的养护维修

（1）动力设备。

1）变压器应按供电部门规定，隔一定年限更换变压器油。

2）柴油机及发电机组按使用说明书的规定进行技术保养。

3）电动机应经常检查电动机发热情况，温升超过 60℃时，应采用降温措施，电动机应接地线。当发现电动机有异样声响时，应即停车，检查原因。每次测量完毕后均应切断电源。

4）凡经常与人和物体碰、触动的动力线，宜用管套保护，导线接头处必须用绝缘胶布包好。禁止用湿手接触电气设备。

（2）绞车。经常检查绞车运转情况，若发现不正常情况，应停车检修。经常保持绞车轴承、转动部件油润及表面清洁。尽量避免超负荷进行，为保证高水测验能正常工作，每年汛前应检修一次。

（3）滑轮、行车。经常检查各导向滑轮、游轮、行车等运转情况，发现运转不正常应及时检修。滑轮中的轴承要定期检查，若有损坏应及时更换，并保持油润，不允许钢丝绳在滑轮上滑动、擦边、跳槽，若有上述问题存在应采取措施及时排除。为保证各滑轮正常工作，汛前应全面检修一次，洪水测验时应随时监视各滑轮运动情况。

4．记录仪表的养护维修

各项记录仪表存放在干燥通风、清洁和不受腐蚀气体侵蚀的地方。主要电子、电器记录仪表应设有接地装置，防止雷电感应短路而烧坏仪器。

各缆道站应建立和认真执行必要的维修制度。贵重和比较复杂的仪器，应由熟悉此项仪器性能的人员负责使用和维修。

5．防雷设备的检查维修

为使防雷装置具有可靠的保护效果，在每年雷雨季节以前，应作定期检查养护，其检查养护事项如下：

（1）检查是否由于修建建筑物或其他活动，使防雷装置的保护情况发生改变，有无挖断接地装置现象。

（2）检查各处明装导体，有无因锈蚀或机械力的损伤而折断的情况。引下线距地 2m 一段的绝缘保护处理有无破坏情况。

（3）检查接闪器有无因接受雷击而熔化或折断情况，接闪器支架有无腐朽现象，断接卡子有无接触平庸情况，每次雷电后避雷器有无损坏。

（4）在缆道房内较大的金属设备，如绞车、滑轮等，应将这些金属连线后与接地体连接或加设避雷装置，以免在雷电期造成人身事故。

（5）检查保护间隙，当发现保护间隙的间距有变动时，应立即调整。

（6）接地体应埋设在人们少去的地方，并埋深 0.5m 以上。接地体不准涂绝缘防腐剂。

（7）测量全部接地装置的散流电阻，如发现接地装置的电阻值有很大变化时，应对接地系统进行全面检查。

（8）在装有防雷引下线的墙壁上，离引下线很近的地方不允许有架空进户线。

3.5.2.10　半自动化水文悬索缆道系统简介

目前国内已有多种全自动和半自动水文缆道系

统，其中半自动系统技术较成熟，应用较普遍。自动化水文悬索缆道系统与普通缆道主要差异在信号系统、记录和控制装置（缆道测流控制台）、铅鱼等部分。

1. 缆道信号系统

应用水文缆道测流时要产生和传输接收流速仪信号、用于测深的水面河底信号、用于垂线起点距测量的起点距信号。还可能有测沙、测深仪器的信号接收和控制。

（1）水下信号的产生。水下信号主要包括流速仪信号、水面信号、河底信号。缆道测流应用转子式流速仪，它们的信号都是机械触点的通断，见"流速仪"部分。水面、河底信号发生器一般安装在测流铅鱼上。产生信号的方式有两种，一种是机械触点，在进入水下或接触河底时导通；另一种是利用水电阻远小于空气绝缘电阻的方式，当靠得很近，但不接触的两个触点进入水体后，触点间电阻急剧减小而产生信号，这种方式大量用于水面信号。

（2）水下信号的传输。我国缆道测流水下信号的传输多应用"无线"方式，信号传输方式见"流速仪"部分。

（3）起点距信号的产生与传输。垂线起点距的测量首先要测出循环索运行（放出或收回）的长度，可采用计量缆道绞车卷筒的旋转（圈数）信号的方式，也可以在循环索某一滑轮上安装光电、霍尔等计数器，此计数器测量滑轮转数并发出计数信号。通过这些信号和"卷筒"或"滑轮"的周长计算循环索运行长度。由于所有水平悬挂的钢丝绳都有垂度，不能简单地将钢丝绳长当作水平距离（起点距）。还要对绳长进行垂度修正后才能得到起点距。

（4）测深信号的产生。测深信号和起点距信号产生的方法基本一致，但要由水面、河底信号来计算从水面下放到河底的悬索长度，再进行钢丝绳弧度修正，得到水深。

（5）其他信号。用缆道测沙时，可能要向水下的采样器发送开关进水口门的控制信号。用缆道回声测深仪测深时，测深仪装在测流铅鱼上，工作指令和测深数据需要用"无线"方式传输。

也可能用真正的无线电波传输方式传输一些仪器的信号。缆道的信号传输也有采用有线方式。

2. 缆道测流控制台

（1）组成。水文缆道已发展多年，各种缆道控制台差异很大，但都必须能够收到流速仪、水面、河底信号，都能测到起点距和水深。它们应用的仪器设备从简单到复杂，形式很多。一些系统比较简单，另一些自动化程度较高。对自动化程度较高的设施以 EKL—1 型半自动水文缆道测验系统为例来说明缆道测流控制系统各部分的情况。

该水文缆道测流控制台如图 3.7 所示。主要由水文绞车交流变频无级调速控制、缆道测距和无线测流等部分组成，可实现对测流铅鱼的出车、回车、下降、提升的无级变速控制，出车、回车位置测量、显示和下降提升的位置测量、显示，以及在全断面范围内的流速测量和计算等功能，设有测点自动停车功能和河底信号停车功能。

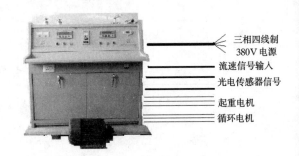

右侧标注：
三相四线制 380V 电源
流速信号输入
光电传感器信号
起重电机
循环电机

图 3.7　EKL—1 型水文缆道测流控制台

（2）系统的主要功能：

1）半自动测流功能。

2）手动测流功能。

3）人工录入数据功能。

4）测次流量报表计算功能。

5）断面流速分布图生成功能。

6）断面测量动态跟踪示图功能。

7）夜间遥控照明功能（可选）。

8）遥控变焦图像监视功能（可选）。

9）缆道泥沙采样器控制信号发生功能。

10）测量、计算常规河床和复式河床流量功能。

（3）主要技术指标。

1）供电电源：380V±10%，50Hz；或 220V±10%，50Hz。

2）驱动电机：0.5～20kW 普通三相交流电机。

3）行车速度：0～1.0m/s（特殊要求可达 2m/s）。

4）电机变频频率：0～50Hz，带显示。

5）减速止动时间：小于 1s。

6）限位控制：河底信号停车控制。

7）测点定位自动停车控制。

8）计数显示：-99.9～999.9m。

9）分辨率：0.1m。

3. 系统的结构和工作原理

整个缆道系统由水文缆索、水文绞车、测流铅鱼、流速仪、水文缆道测流控制台、通信转换接口、计算机、打印机和水文缆道自动测流软件等部分组成。若需夜间测流或大跨度缆道测流，还可加配遥控探照灯和遥控变焦图像监视系统。

测控主要由水文缆道测流控制台（含水文缆道测距定位仪、水文流速测算仪）、缆道综合信号仪、水文电动绞车、铅鱼、流速仪以及计算机及全自动系统软件等组成。测流控制台的工作原理框图见图3.8。每种仪器均可单独使用，又可组合成套使用，全部成套即构成全自动缆道测流系统。

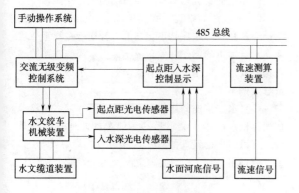

图 3.8 缆道控制台工作原理图

（1）缆道综合信号仪。缆道综合信号仪由水下交流综合信号源和水上缆道综合信号接收器两部分组成。其功能是可将水面信号、流速信号、河底信号变为频率不同的音频信号，由缆道"无线"发回，而接收器由于抗干扰能力强、灵敏度高，从而可在行车运动过程中将信号取出，可靠地完成缆道测流、测深。

1）水下交流综合信号源工作原理。当铅鱼入水后，触点间的空气绝缘电阻变成水阻，通过反相器输出信号控制后续电源接通，发出水面频率信号。由流速仪信号的通断控制产生流速频率信号。铅鱼沉到河底，腹部的托盘将被托起，发出一个开关信号，此信号被信号源采集，并发回河底频率信号。

由于流速信号、水面信号（或河底信号）可能同时接通，而同时发出，从而相互影响，一般采用了优先权电路，水面信号为最优，河底信号次之，流速信号再次之。

铅鱼入水时，可能因钢丝绳的弹跳而引起多次入水现象，采用了只选取第一次入水信号作为水面信号。河底信号也有以上情况，也采取了同样措施。

2）缆道综合信号接收器工作原理。接收器可将由缆道无线发回的信号放大、整形，并采用音频译码电路将水面信号、流速信号、河底信号分离出来，再去控制测量水深、测算流速、控制电机等。

3）水下交流综合信号源的安装。在水平尾翼上

按要求打孔，用来固定仪器配用的安装器具并固定信号源，在垂直尾翼上与流速仪水平的位置上打孔，用来固定水面信号板，保证流速仪和水面信号板同时入水。将电池、线路和水面信号按要求连接，和铅鱼鱼身连通；再分别将水面信号线接至水面信号板；将流速信号线接至流速仪；河底信号线接到河底信号源上；发送线到铅鱼绝缘子以上的起重索（钢丝绳）上。需要注意的是，要除去钢丝绳上的铁锈，保证接触良好。所有走线要尽量贴近铅鱼鱼身或钢丝绳，以免引出线挂住水草，参见图3.9。

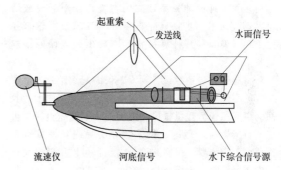

图 3.9 缆道水下信号安装图

4）水上信号接收器的安装。首先从起重钢丝绳滑轮上引一根导线作为信号接收线，以电源地线作为信号地线，构成输入回路，按前面接线指示接好电源、输入、输出各线。注意正、负极性要求，连接好线，并测试信号。如果信号质量差，可在水面下放置一金属极板作为信号地线。

接收器的输出分3种形式，对应于水面、河底信号的是继电器的开关信号，对应于流速仪信号的是光耦导通输出。

（2）水文缆道测距定位仪。水文缆道测距定位仪（以下简称测距仪）主要用于水文缆道行车过程中的起点距和入水深测量，具有自动修正缆道主索的垂弧度、入水后起重索的偏角和无回差等功能，同时具有起点距和测点深自动停车控制信号输出功能，可配接RS485通信输出口，与计算机直接联机运行。

1）工作原理。该测距仪由起点距测量和水深测量两部分组成，起点距、水深传感器均由光电增量编码传感器直接感测循环轮和起重轮的转数，为避免打滑，光电增量编码传感器输入轴与绞车转动轴直接相连，使传感器与绞车转动轴同步转动，每转产生一定信号。测得信号总数，根据绞车卷筒或滑轮上钢丝绳中心周长计算放出或收回的钢丝绳长。实际应用中，还应进行钢丝绳的弧度修正、偏角修正，用实际准确值确定修正系数。

2）主要技术指标。

a. 测量范围：起点距 $-99.9\sim999.9$m；水深 $-9.99\sim99.99$m；

b. 分辨率：起点距 0.1m，水深 0.01m；

c. 计数误差：小于 $\pm1\%$；

d. 绳长系数、起点距修正系数、水深修正系数：可设置；

e. 定点设置：起点距可设 $1\sim99$ 条垂线段；

f. 电源：DC12V，功率 <0.5W。

3）绳长系数的确定。绳长系数是指光电增量编码传感器每一信号代表的绳长。初次安装使用时，先初步算出理论绳长系数。用卷绕在绞车卷筒或滑轮上钢丝绳中心直径（此直径等于卷筒或滑轮直径加上钢丝绳直径）计算每转一圈放出或收回的钢丝绳长。

将理论绳长系数设置到测距仪的起点距或入水深对应的存储单元中，仪器就可直接测量计算放出或收回的钢丝绳长。受机械尺寸准确性、钢丝绳直径、可能的打滑影响，理论绳长系数和实际绳长系数有差别。由于肯定要通过实测进行修正，可以用理论绳长系数进行计算，再进行最后修正。起点距、入水深是两个独立的计数装置，基本原理相同。

4）起点距的修正系数确定原理。先算出绳长系数后，将测流铅鱼运行到各条垂线，计算出起点距，然后用经纬仪准确测量得到的起点距进行修正。由于横跨主索均有一定垂弧度，计算得到的绳长是弧线，必然大于应该是直线的起点距，须进行修正。

用经纬仪测出各垂线的起点距为 y_1，y_2，$\cdots$，y_i，用绳长系数和传感器信号计算测出的相应绳长是 x_1，x_2，$\cdots$，x_i。

各垂线的起点距修正系数为

$$k_i = \frac{y_i}{x_i} \tag{3.36}$$

将各垂线段起点距修正系数存在仪器的电脑中，实际使用时，仪器自动识别每段修正系数，根据计算得到的相应绳长进行修正，而精确测出起点距。

5）入水深的修正系数确定原理。放出或收回的钢丝绳长和实际水深是不相同的，受横跨主索垂弧度和受水流冲击的钢丝绳偏角影响。入水深修正系数确定比较复杂。偏角改正按有关测验规范进行，还应测量悬索偏角。

（3）水文流速测算仪。水文流速测算仪（简称流速测算仪）用于水文缆道和测船上的流速仪测流计数，可以根据已置入的流速仪参数自动计算出流速。基本原理和流速仪计数器相同，可参阅流速仪计数器。

（4）交流变频调速控制系统。交流变频调速控制系统工作框图如图 3.10 所示，主要功能有：系统总电源控制铅鱼（或缆车）实行出车、回车、下降、提升等方向的无级调速控制，能执行河底信号及各测点的停车信号，可同时控制两台电机的运行等。

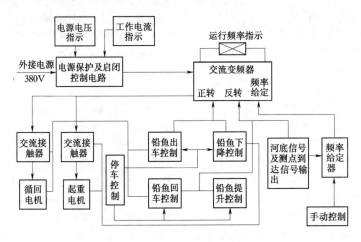

图 3.10 交流变频调速控制原理图

交流变频器是整个系统的核心，对循回电机和起重电机的各种动作控制，由交流变频器的输出来完成。

电源保护及启、闭控制电路对整个系统的安全运行提供一个可靠的电源保障，它不仅为人身安全提供保障，而且对设备的短路故障提供了断电保护。

控制台的出车、回车、下降、提升及停车控制，用来提供变频器的运行命令。出车和下降控制为变频器提供正转运行命令，停车控制则可以随时终止各个方向的运行命令，并使电机立即停止运转。

河底信号及测点到达信号是用来停止铅鱼下降运行的。当铅鱼到达河底时，由装在铅鱼上的信号发生器给出河底信号，该信号反馈至变频器，变频器接收到该信号即立刻停止铅鱼运行；测点到达信号是指当铅鱼运行到测流垂线上的测点时，由测深计数器给出的信号，该信号同样反馈给变频器，可使铅鱼迅速停止在该测点上。

频率给定器是用来控制变频器输出至电机的运行频率的，以达到控制电机转速。它可给出从速度0到变频器设定的最高运行速度。

3.5.3 水文缆车缆道

我国北方河流，洪水期流速大，漂浮物多，泥沙测验任务重，枯水期水深很浅，使用铅鱼缆道测验有一定困难。这些不宜使用铅鱼缆道的测站，设置水文缆车比较合适。人在缆车上操作，较为方便。但是，要特别注意安全问题。

水文缆车分为升降式缆车和水平式缆车两种型式。

1. 升降式缆车

对于水位变幅较大的山溪性河流，宜采用升降式缆车，如图3.11所示。测验员在缆车上操作。其总体布置是在主索行车上悬挂一个可乘坐测验人员的缆车车箱（也有人称吊箱），缆车在水平运行过程中，可根据水位涨落及承载索垂度变化而随时升降。悬吊仪器的悬杆或绞车装于缆车上，可以升降。这种缆车既能测流，又能测沙等，是一种使用效果较好的设备。

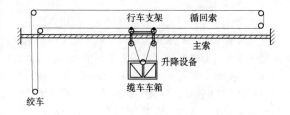

图3.11 缆车过河设备

2. 水平式缆车

在更小（窄）的河流，适宜使用水平式缆车。其特点是在两岸间固定两根平行而且绷紧的缆索，好像两根架在水上的轨道，载人缆车车箱只能在这两根轨道上水平横跨断面，完成测流。测验员在缆车上操作，缆车不能升降。悬吊仪器的悬杆或绞车装在缆车外，人工控制升降。这种缆车很稳定，设备简单，便于操作，有安全感，但不能用于水面较宽或水位变化大的河流。

3. 要求

水文缆车缆道的设计、施工、维护等要求与铅鱼缆道基本相同，但由于是载人缆道，安全要求更高，

设计时各种系数取用要求更加偏于安全。其主要构件安全系数（k）应符合下列要求：

(1) 承载索（主索、副索）不小于3.0。

(2) 牵引索（循环索、起重索、拉偏索）不小于3.0。

(3) 缆道支架基础、地锚等不小于3.5。

3.5.4 浮标缆道

1. 浮标缆道的组成

浮标缆道的作用是将浮标送到测流断面上空，当到达预定的起点距处，能方便地将浮标投放，使其自由降落至水面。浮标缆道主要有绞车、浮标缆索、浮标房等组成。浮标缆道相对铅鱼缆道更加简单可靠，一般只适用于中小河流，对断面较宽河流，难以设置和使用。

2. 缆索

浮标缆索多采用一条过河循环索，其一端绕在岸边支架（或锚定）上的定滑轮上，另一端绕在浮标测流房内的绞车的驱动轮上。浮标缆索需要建在浮标测流上断面上游一定距离。测流时将浮标用简单的勾子挂在缆索上，转动绞车驱动轮，循环缆索带着挂在缆索上的浮标运动，当浮标到达预定的位置时，拍击缆索，依靠缆索的弹跳使浮标勾脱离缆索，浮标自由落入河流中。由于缆索的荷载是浮标，其重量较轻，所以缆索直径一般较小。

3. 绞车

浮标投掷绞车与铅鱼绞车结构相似，但由于荷载小，这种绞车设计不仅体积小，而且更加简单。绞车一般采用人力驱动，当水面较宽时亦可采用电动机驱动。为了确定浮标投入位置，绞车驱动轮上需要安装计数器。

4. 浮标房

浮标房是测验人员操作场所，是浮标缆道附属设施。一般是一间简单但与河道通视较好的房屋。它可存储备用浮标，房内安装浮标绞车等设备。

3.5.5 吊船缆道

1. 组成

吊船缆道一般是架设在测流断面上游一定的距离水文缆道，通过吊船索将测船吊于吊船缆道主索上，以便满足测船的稳定、移动和定位。吊船缆道悬吊的测船有自带动力和无动力两类。

吊船缆道主要设施设备有主索、吊船索、测船、支架、锚碇、行车架及测船定位设施等组成，如图3.12所示。

吊船缆道设施设备较铅鱼缆道简单。吊船过河缆道只是一根过河钢索，两端固定在两岸的支架顶

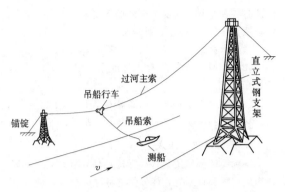

图 3.12 吊船缆道示意图

端，钢索高于最高洪水位以上一定高度。行车架可以在过河钢索上自由滑动，吊船索的一端固定在行车架上，另一端固定在测船的中前部。测船可以没有动力，依靠吊船索的拖曳，加上船舵、锚碇作用，使测船移动和定位在所需位置。吊船索和缆道主索可以作为一根信号传输通道，但要特别注意雷击破坏和影响。

2. 特点

吊船缆道设施（设备）的优点是能同时进行测速、测深、测沙、水质取样等多种项目的测验，操作方便可靠，无需很大的动力设备，运行费用较低。其缺点是仍然需要测船，测验人员仍然需要在水上进行作业，当遇到流速大、波浪高、漂浮物多时或遇到强风暴天气时，测船行驶和定位稳定困难，安全性降低。

3. 使用条件

吊船缆道主要适用于测站水面较宽、流速较大，仅用机动船稳定、定位困难，而流量测验和泥沙测验任务均较重的测站。一方面，这些测站水面宽，测验任务重，仅采用铅鱼缆道难以完成测验任务；另一方面，因洪水时流速很大，用机动测船测验难以进行快速移动，稳定和定位困难，这种情况下，可采用吊船缆道进行测验。

原则上吊船缆道主要使用于水流比较平稳、漂浮物不太严重的河流上。但对水面宽（如洪水时水面宽达到 600～1500m），超出悬索和水文缆车的使用范围，而洪水时流速大（如最大流速达到 4～7m/s），机动测船亦不适用的情况下，有时也采用吊船缆道渡河。

3.5.6 水文测船

3.5.6.1 水文测船的分类

1. 按有无动力分类

水文测船按有无动力又分为机动船和非机动船两类。

2. 按建造材料分类

水文测船按测船船体的建造材料又分为钢质船、木船、铝合金船、玻璃钢船和橡皮船。

3. 按定位方式分类

水文测船按测船渡河和测量时定位方式又分为抛锚机动测船、缆索吊船和机吊两用船。

4. 按船长分类

水文测船按测船长度分为大型、中型、小型、次小型 4 种。

5. 按功能分类

水文测船按测船的功能又分为水文测验专用船、水下地形测量专用船、水环境监测专用船、综合测船、辅助测船等。水文测验专用船主要在固定及巡测水文断面从事水文测验的测船，船上装有专用的水文测验设备；水下地形测量专用船配备有专用的地形测量设备，主要用于水道地形、水下地形测量的测船也称为水道测量船或河道测量船；水环境监测专用船配有专用水环境监测等设备，主要用于水环境监测水样采集与分析的测船，是一种水上水环境监测移动实验室；综合测船配有相应的专用测验（量）仪器和设备，集合水文测验、水下地形测量、水环境监测功能的测船；辅助测船主要用于浅滩、岸边配合测船进行水文测验、水道地形测量、水环境监测，以及交通用船。

3.5.6.2 测船的选择

1. 测船材料

水文测船是测站渡河的重要设施，按船体的建造材料主要有钢质船、木船、铝合金船、玻璃钢船和橡皮船等测船。测船船体材料应根据其用途、测船水流特性、测船大小等有关因素确定，专用测船与综合船的船体宜以钢质、合金铝、玻璃钢（纤维增强塑料）材质建造，或为其他混合材料建造；辅助测船可选择木质、橡皮等材料建造。

2. 测船船体骨架结构型式

（1）船长小于 30m 的测船，宜采用单层底结构。

（2）内河钢质测船宜采用横骨架式，沿海测船宜采用纵骨架式，河口及大型湖泊测船应采用混合骨架式。

（3）测船可采用单层底横骨架式双体船结构。

（4）玻璃钢材质的测船宜采用纵骨架式。

3. 测船动力选择

机动测船的动力宜优先选择柴油机，辅助测船和采用缆道牵引的测船，可选择汽油机或非机动测船。机动测船可按表 3.9 选择其动力。

表 3.9		机 动 测 船 分 类			
参数 船型	大 型	中 型		小 型	次 小 型
船长/m	>30	15~30		10~15	<10
主机功率/kW	>300	100~300		10~100	<10

4. 单机、双机选择

(1) 大型、中型和急流水域作业的测船宜选择双机船。

(2) 小型、次小型和非急流水域作业的测船宜选择单机船。

(3) 测验断面处于桥区、坝区等特殊水域的测船宜选择双机船测船。

3.5.6.3 测船船体参数和性能要求

1. 主要尺寸

(1) 测流船。测船船体应优化设计，宜选用稳定性能好、容易布置测验设备的船体，其主要尺寸宜满足以下要求：

1) 大江、大河干流测船船长宜在 15~30m，船宽宜在 4~5m，A 级航区最小干舷不小于 0.6m，B 级航区最小干舷不小于 0.5m，C 级航区最小干舷不小于 0.4m。

2) 其他河流测船船长可在 15m 以下，船宽宜在 3~4m，A 级航区最小干舷不小于 0.55m，B 级、C 级航区最小干舷不小于 0.4m。

(2) 地形测船。水下地形测船船体应根据水道地形特性优化设计，宜选用阻力小、推进效率高、操纵性能好的船体，主尺度宜满足以下要求：

1) 河口、A 级航区和特大型水库测船船长宜在 15m 以上，船宽宜选择在 5~6m，最小干舷不小于 0.6m。

2) B 级、C 级航区和一般水库测船船长宜 10~15m，船宽宜在 2~3m，最小干舷不小于 0.5m。

3) 一般河流地区及小型水库测船船长可在 12m 以下，船宽宜在 1.5~2m，最小干舷不小于 0.4m。

(3) 辅助测船。辅助测船船长不宜超过 8m，船宽宜为 2~3m，最小干舷不小于 0.4m，储备浮力不得小于排水量的 1.5 倍。

2. 测船舱室布置

(1) 大型测船上层建筑不应超过两层，中型、小型测船上层建筑不应超过一层半。

(2) 中型以上测船应设置专用测验设备舱，主甲板首部面积应满足测验要求。

(3) 中型以上测船或水下地形测船宜在驾驶室附近设置专用测验舱室，舱室面积应满足测验要求。

(4) 测船机舱应尽可能设置在尾部。

(5) 大型、中型、小型测船应分别按 12 人、6 人、3 人设置在船人员生活舱室，并配备相应的生活设施设备。

3. 测船航速

大型或综合测船最大航速宜不低于 20km/h；中型、小型测船最大航速不低于 15km/h，特殊情况下高速船最大航速不高于 70km/h。

4. 其他要求

(1) 测船稳性应充分考虑测验水域的水流、风浪、河道特性，以及悬挂测验设备等因素。测船稳性衡准系数不宜小于 1.8。

(2) 测船操纵性能应充分考虑测验水域的水流、风浪、河道特性，舵面积应按测船纵剖面吃水面积的 4%~7%选用。

(3) 冰区测船应充分考虑当地冰情特点，船首等部位强度应能保证航行和测验的需要。

3.5.6.4 测船机电设备配置要求

1. 主机和副机

测船主机和副机宜选用中国船级社（CCS）批准的定型船用柴油机。辅助测船可选用汽油机。

2. 供配电系统

(1) 大型测船应采用 380V 交流三相配电系统，配有 380V 或 220V 的岸电接入系统。测船电站功率大于 25kW，满足绞车、测船电力设备、测验设备、夜间测验照明、在船人员生活等用电需要。

(2) 中型测船宜采用 380V 交流三相配电系统，配有 380V 或 220V 的岸电接入系统。电站功率 10~25kW，满足绞车、测船电力设备、测验设备、夜间测验照明、在船人员生活等用电需要。

(3) 小型测船宜采用 380V 交流三相配电系统，配 220V 的岸电接入系统。电站功率 5~15kW，满足绞车、测船电力设备、测验设备、夜间测验照明、在船人员生活等用电需要。

(4) 测船宜采用蓄电池组作应急电源，有足够容量供应急照明、通信、信号等设备工作时间不小于 60min。

(5) 测船应配备在能见度不良时作业的灯光信号和照明设备。

(6) 测船应配备测验仪器使用的不间断稳压电源。

3. 测船舵设备

(1) 大型、中型测船宜选用液压舵机或人力液压舵机。

(2) 小型、次小型测船宜选用人力舵机。

4. 测船锚系设备

(1) 测船锚系设备应能满足抛锚、起锚和测船牵引要求。

(2) 测船牵引绞车宜与锚机一体化设计和配置。

(3) 大型、中型测船宜选配霍尔锚，其他测船可选配大抓力锚。

(4) 锚系船一般采用钢缆，河口地区的大型测船可采用有挡锚。

3.5.6.5　测船测验设备配置

1. 测船测验设备配置要求

(1) 测船应配备水文测验绞车设备，包括绞车、悬臂、钢缆、偏角指示仪等，大、中型测船可以配备船用测流控制台控制绞车运行，能将相关信号和参数同步输入计算机，其功能应满足测深、测流、采样要求。

(2) 大型、中型、小型测船宜配备电动（或液压）绞车，次小型测船可配备人力或机械式绞车。

(3) 测验绞车宜安装在测船中部之前的专用舱室。

(4) 测验绞车悬臂宜设在船舷甲板或测验舱室的两边距船舷 1/3～1/4 船长处，能自由伸出和收回，端点伸出测船舷外应不小于 0.5m。多浪涌地区测验绞车悬臂可设置在船尾 1/4～1/2 船长处。

(5) 测船设置悬挂式或伸缩测验仪器专用支架，其位置宜设置在距船舷 1/3～1/4 船长处。

(6) 使用全球定位系统（GPS）定位的测船，宜在驾驶室操纵台的左前方或右前方设置显示器。

(7) 水下地形测船 GPS 接收天线宜安装在测船顶篷甲板高度之上，其平面位置与测深垂线距离应小于 0.2m。

(8) 多波束测深仪、声学多普勒流速仪等接收处理装置宜安装在工作室。

2. 测流悬吊装置

测船可根据需要配备手摇或电动水文绞车，以满足悬吊铅鱼测速和测深之用。

(1) 手摇水文绞车。手摇水文绞车是常用的船用测流铅鱼等仪器的悬吊设备，型号很多，图 3.13 是一种类型。

手摇水文绞车由基座、悬臂、卷筒、钢丝绳及悬吊装置、手摇传动和制动装置、机械绳长计数器等组成。

利用绞车基座可以将手摇绞车固定安装在船身上。绞车整个机构可以在基座上水平转动，便于在水上测流时的应用。悬臂要保证将规定重量的铅鱼送到

图 3.13　手摇水文绞车

一定距离以外的水面上，悬臂可是固定的，也可是可以折叠收缩的。卷筒用以收卷和放出钢丝绳，卷筒外径尺度应准确，以便用以钢丝绳长计测。应设有相应的钢丝绳排线装置，以保证钢丝绳在卷筒上整齐排列。也可应用带芯钢丝绳，同时传输信号。手摇传动装置保证人力可以收放铅鱼，并配用手动控制的机械制动设施，可以防止铅鱼下滑。应用机械数字计数器计测钢丝绳收卷和放出长度，用来测量水深。

(2) 电动船用绞车。电动船用绞车和缆道用绞车基本相似，但只需有升降功能。其结构、驱动、控制、计数原理等和缆道绞车基本相同。电动船用绞车能适应较大的水深和吊重，但一般情况下，测船所用的铅鱼重量要小于缆道使用的铅鱼，因此，电动船用绞车功率也相对小些。

3. 测船测流的信号系统

测船测流时测船就在测点的水面上，可以应用有线传输、无线传输测流信号。

(1) 有线传输。如果水深、流速较小，可以直接用两根导线连接水下仪器和水上信号接收仪器。导线可以用适当方式依挂在钢丝绳悬索上，也可漂在水中。当使用带芯钢丝绳时，采用这种方法可同时很好地传输水下、水上信号。

(2) 无线传输。无线传输方式和缆道部分应用的方式相同，参见缆道的信号传输部分。

(3) 信号发送与接收仪器。信号发送与接收仪器和缆道测流基本相同，由于传输距离短，对仪器的要求较缆道要低些。

4. 测船测流控制设备

测船测流的控制设备一般称为船用测流控制台，其工作原理与结构和缆道测流控制台基本相同，只是更加简单，而且无起点距测控功能。较大的机动测船上可以安装半自动或以手动为主的测流控制台。流

速、水深信号可采用自动输入，起点距的数据通过人工输入，也可采用GPS实现自动输入。

5. 船用测流铅鱼

船用测流铅鱼的应用品种、性能、结构见测流铅鱼部分。船用测流铅鱼重量较轻，一般不超过200kg。

6. 测船采样设施设备配置

(1) 测船采样设备根据承担的任务可配置水质采样器、悬移质采样器、推移质采样器、床沙样本采样器等。

(2) 采样设备距测船船舷的水平距离应大于0.5m。

(3) 测船宜设置样品舱和清洗测沙设备的专用清水系统。

7. 测船消防与救生

(1) 大型、中型测船消防水系统应独立配置；小型测船消防水灭火系统水泵室与舱底水系统水泵合并设置。其他消防设施应按相关标准配备。

(2) 测船救生衣应按在船人员总数的120%配备，前甲板应配备2根安全救生带，每层甲板应配救生圈2个。

(3) 测船上层建筑内部装修宜用隔热燃材料，装修面板应为阻燃材料。机舱不宜装修。

(4) 消防救生设备应满足下列要求：

1) 消防栓应启闭灵活，消防栓、水龙带、喷嘴的啮合应紧密牢靠，消防枪喷水射程不应低于12m。

2) 手提式灭火机药物应有效，储气装置的压力正常。存放位置安全方便，便于拿取。

3) 消防管系外壁、接头应无裂纹、腐蚀、变形及其他机械损伤，无漏水或堵塞。

4) 救生衣、救生圈配备的数量应达到规定要求，无腐烂、破损、老化及其他引起浮力减小的缺陷。

3.5.6.6　测船定位

1. 设施设备

(1) 测船定位设施应根据测站条件和测验目的建设配备，常用的测船定位设施有过河缆道、船用锚设备、断面专用浮具、岸上地锚、水上建筑物等。对于非固定断面和特殊条件水文测验断面，宜因地制宜设置岸锚、抛掷锚牵引浮具等定位设施。

(2) 测船测验应根据测验方式、方法和目的配备相应的定位设备，测船常用定位设备宜选择GPS、经纬仪、六分仪、测距仪、全站仪、微波定位仪等。

(3) 测船定位的岸上设施可用标志索、断面标杆、辐射标杆、基线标杆等。

2. 定位方法

(1) 测船定位可采用断面标杆与辐射标杆交会法、前方交会法、后方交会法、极坐标法、微波定位法、标志索和GPS定位法。

(2) 断面标杆与辐射标杆测船定位交会法可与仪器交会法联合使用。

(3) 用GPS差分定位时，一般可利用广域差分系统，如信标网、星站差分；无广域差分系统的地区，可采用基准站、移动站与数据链自建差分系统。

3. 定位精度

(1) 测船测验直接定位，测船定位偏离断面不应超过5m。测船在垂线位置测验时，其摆动幅度不应超过10m或水面宽的2%。

(2) 采用经纬仪、平板仪前方交会法时，测点交会角应在20°~160°之间，个别交会角应不小于15°。用六分仪同时观测左右角，观测点与相应测深点的最大偏离宜小于1m。

(3) 采用经纬仪视距法、测距仪极坐标法定位时，最大视距不应大于450m；作为定位的照准目标，其中心位置与测深位置应在同一铅垂线上，最大偏差应小于0.2m。

(4) 采用棱镜反射、激光自动跟踪测距定位，棱镜应高于水面5m，且棱镜反射面与激光轴的交角应小于20°。

(5) 采用GPS定位，接收机应避开有强烈影响卫星信号和GPS接收信号的环境。不宜在峡谷中使用差分GPS定位。

3.5.6.7　测船测深

在测船上测深可选用测杆测深、悬索测深（包括测深铅鱼和测深锤）、超声波测深等测深方法。其选择应符合下列要求：

(1) 大江、大河干流宜选择以超声波测深为基本方法，以测杆测深和悬索测深为辅助方法。

(2) 当水深不能满足超声波测深要求时，或者因河流含沙量大或流速很大无法采用超声波测深仪时，宜选择测杆测深或悬索测深。

(3) 水深较小的测站，可选择测杆测深。

3.5.6.8　测船测流方法的选择及设备配置

1. 测船测流方法

测船测流常用流速仪选点测流（即定船流速仪选点法）、声学多普勒流速仪法定点测流或走航式声学多普勒流速仪（动船）测流。在无固定测验设施或测验设施被毁的河段，以及测船无法锚定的河段，可选择动船流速仪法测流。

2. 测船测流设备的配置

测船测流基本设备的配置可根据测船类型按表3.10要求配置。

表 3.10　　　　　　　　　　　　　　　　测船测流设备配置表

设备 \ 船型	大　型	中　型	小　型	次小型
铅鱼	每套水文绞车配 2～3 个	每套水文绞车配 1～3 个	每套水文绞车配 1～2 个	√
流速仪（含信号接收、计时仪器）	每套水文绞车配 3～5 架	每套水文绞车配 2～4 架	每套水文绞车配 2～3 架	2～3 架
测流控制系统	每套水文绞车配 1 套	每套水文绞车配 1 套	√	√
流速测算仪	每套水文绞车配 2 个	每套水文绞车配 1～2 个	每套水文绞车配 1～2 个	1
流向仪	√	√	√	√
测深设备	配超声波测深系统 1 套或超声波测深仪 1～2 台；配测深锤 2～4 个；测深杆根据需要配置	配超声波测深系统 1 套或超声波测深仪 1～2 台；配测深锤 2～4 个；测深杆根据需要配置	配超声波测深系统 1 套或超声波测深仪 1～2 台；配测深锤 2～4 个；测深杆根据需要配置	√
定位设备	测距仪、六分仪，根据需要可配置 GPS	测距仪、六分仪，根据需要可配置 GPS	测距仪、六分仪，根据需要可配置 GPS	√
通信设备	对讲机 2～3 对。多条测船测验时，可配备数据实时传输系统 1 套	对讲机 2～3 对。多条测船测验时，可配备数据实时传输系统 1 套	对讲机 1～2 对。多条测船测验时，可配备数据实时传输系统 1 套	√

注　表中"√"为可选项。

3.5.6.9　测船的管理

1. 测船建造

（1）测船建造应进行可行性技术调研分析。调研内容应包括测船的主要用途、所在水域的水道地形与水流特性，并充分考虑测验设备的安装要求。

（2）测船建造应编制项目建议书并上报审批与立项。项目建议书应明确测船船体主要尺度、主机功率、主要动力设备、主要性能指标等。

（3）测船建造前应编制初步设计报告，初步设计报告应在立项审批后及时组织测船技术设计，设计时应充分考虑满足测船特殊性能的要求，将可靠性、适用性与经济性统一。

（4）测船在建造时，应有驻厂代表和监理人员监造。竣工后应组织专家组对项目全面验收。

（5）测船应有明显的水文标识。

2. 测船维护与保养

（1）所有设备和器材都应明确专人负责管理，动力和电气设备应明确持证人员负责管理，测验设备应明确有测验知识的人员负责管理。

（2）设备应于每年汛前进行全面检查，且对运动件注油保养。对测船应定期进行油漆保养。

3. 测船维修

测船维修宜符合下列要求：

（1）一般应安排在汛后并结合船舶法定检验进行，测船检验间隔年限见表 3.11。

（2）应填写《测船维修项目申报表》，并报相应主管部门审批后方可实施。

（3）在船厂修理时应由该船主要船员驻厂配合进行，如涉及测验设备还应派测验人员配合。

（4）竣工后应组织有关船员、测员和相关专家对全部修理项目进行验收。

表 3.11　　　水文测船检修间隔年限表

序号	设备名称	检修间隔年限/a	
		小修	大修
1	钢质机动测船	2	6
2	缆道测验钢质船	2	6
3	玻璃钢船	1	3
4	木船	1	3
5	简易钢板船	1	3

4. 测船报废

测船报废处理，应经船舶专业鉴定机构鉴定，确认其不能满足测验和安全要求，且无修理价值，应予以报废。测船使用年限应符合表 3.12 的规定。

表 3.12　　水文测船使用年限表

序号	设备名称	使用年限/a
1	钢质机动船	25～35
2	玻璃钢船	8～12
3	木船	15～18

注　由于测验设备更新、换代，测船需要进行改建、更新或报废的，不受本表的约束。

3.5.7　水文测桥

水文测桥可专门建设或借用交通桥梁。当测验断面较窄，可建立专用的水文测桥，专用水文测桥多用于渠道站。天然河流上的测站多是利用交通桥梁进行测验。在测桥上可建立专用的测验设施或采用巡测车测验，也可利用桥梁投放浮标进行测验。我国采用桥梁测验的测站较少，而发达国家采用桥测较多，如美国 2002 年统计约有 60% 的测站采用桥梁测验。采用桥梁测验机动灵活，需要建设的测验设施较少，且便于开展巡测，是今后水文测验发展的方向。

测桥可作为渡河设施，用于承载桥上测流设备进行测流，可以在测桥上投放浮标、测沙和采集水样。在测桥上可直接标记起点距便于测验时使用。

3.5.7.1　一般要求

1. 河段与水流条件要求

（1）河段要求。选作桥上测流的河段应顺直、稳定，断面沿程变化均匀。顺直河段的长度宜大于洪水时主河槽宽的 3 倍，河段内无暗礁、深潭、跌水等阻碍正常水流的现象发生。

（2）水流条件要求。选作桥上测流的河势、水流条件应符合下列规定：

1）水流较集中，无分流、岔流、回流、死水等现象发生。

2）水流流向与桥轴线的垂直线夹角不宜超过10°，特殊情况不宜超过 18°。

3）桥墩上游 2～5m 范围内水流较平稳，无急剧的涌浪、漩涡，弗劳德数（Fr）最好小于 1。

4）桥梁过水断面与天然河道断面大小基本相应。

2. 桥梁要求

宜选择圆形（双柱形）、圆端（头）形墩的桥梁布置流量测验。不宜选择方形、矩形（长边与水流平行）墩的桥梁或拱式桥梁布置流量测验。有下列情况之一者，不宜布置桥上测流：

（1）采用流速仪法测流时，桥面离河底最低点距离超过 20m。

（2）过往车辆十分频繁的交通枢纽，高速公路桥或交通繁忙的渡口及码头，不能确保测验操作安全。

（3）桥面狭窄有碍来往车及布置桥测设备，或桥梁结构不牢固危及设备和人身安全。

3. 率定要求

桥上测流应经过率定检验，方能投产使用。率定办法按下列规定执行：

（1）现有水文站改为桥上测流时，应按高、中、低水同步比测流量，确定流量改正系数及测验误差。

（2）新建桥上测流站，有条件时应进行率定检验；当无条件进行率定检验时，可暂借用条件相似的桥上测流站的流量改正系数。

3.5.7.2　桥测河段的勘察与断面布设

1. 桥测河段的勘察

（1）勘察河段应包括桥梁上、下游一定距离的范围，对两岸及滩地的地形、地物及妨碍水流的建筑、工业、水工程设施等进行调查，了解永久设施或临时性设施及其远景规划。勘察桥梁结构、墩型、孔数、桥面宽度及其适用的桥测设备。

（2）调查了解设计洪水位与最大历史洪水水位，现有桥面高程，能否确保安全测到最大历史洪水的洪峰流量。

（3）调查桥面离河底最低点的高差及桥面至中水位的高差，桥栏边缘伸离桥墩端点的距离。

（4）测绘测验河段高、低水的水流平面图。勘察高水时水流通过桥孔前的涌浪、流态，并在桥上游 3～5m 处测量一个横断面的流速分布和计算弗劳德数（Fr）。

（5）调查河床组成、断面冲淤变化情况，洪水时测验河段两岸控制情况，有无溢洪、缺口情况。

（6）向交通部门了解过往车辆频次、交通流量及开展桥上测流的可行性。

2. 测流断面布设

（1）测流断面水尺一般宜布设在桥上测流断面上。因地形条件限制或其他特殊原因不能在桥上测流断面上游布设水尺时，可通过试验比较确定适宜的水尺断面位置。新建桥上测流站的测流断面水尺可兼作基本水尺。已设基本水尺的桥上测流站，需经过资料分析，确认测流断面的水位、流量关系较好时，可按《水位观测标准》（GB 50138）的有关规定将基本水尺迁移至测流断面处。

（2）选择桥测断面应力求减少桥墩阻水所造成的剧烈壅水和乱流紊动影响。宜选在墩上游 2～5m 处布设测流断面。具体位置应结合本站流速变幅、桥墩类型、桥梁孔数、流量改正系数、桥测设备等因素综合分析确定。

3. 计算压缩比

分析桥梁孔数与选择桥测断面位置的关系，应考虑压缩比的影响，以便正确计算流量。压缩比可按下式计算。

$$\lambda = \sum_{i=1}^{n} \delta_i / B \qquad (3.37)$$

式中　λ——压缩比；

　　　　δ_i——单个桥墩的厚度或直径，m；

　　　　n——桥墩个数；

　　　　B——桥梁设计洪水位的水面宽度，m。

3.5.7.3　桥上测流的主要设备

桥上测流的主要设备有桥上测验专用绞车、手动（电动）绞车、桥测车等几种。

1. 桥上测验专用绞车

桥上测验专用简易绞车可采用电动驱动升降，也可采用人力驱动升降。较小的绞车，一般无动力，多以人工推运和升降铅鱼，较大的绞车多采用蓄电池提供动力，因为是轻型绞车，适应的测速一般情况下难以超过3m/s。为了保持绞车平衡，一些绞车有平衡支脚，配重设施。由于这类绞车的臂较短，需要安放在桥边人行道上工作，以保证能伸出桥栏杆最大距离。目前，桥测简易起重机在我国尚无规范和定型产品，可根据测站情况因地制宜，自行设计制造，或利用其他设备改造的产品。图3.14和图3.15是美国地质调查局的桥上测验专用简易绞车，其结构简单，使用方便。

图 3.14　桥上电动简易绞车

2. 手动（电动）绞车

这类桥测水文绞车实际是一种简易桥测车，只有简单的行走设施，一般应用无动力的带轮子的基架安装桥测绞车，或应用带简单动力装置的自行式车身安装桥测绞车。这类桥测水文绞车类型较多，既有企业生产的，也有使用者自行设计制造的，图3.16是

具有电动升降和桥上行走功能的水文桥上专用绞车。这些桥测绞车大多有简单的行走设施，可以很方便地在桥栏边行走，也可以在一般道路上短距离行驶。它们的结构较简单，绞车臂伸出桥栏的距离较短，使用的铅鱼也较轻。

图 3.15　桥上手持简易绞车

图 3.16　具有桥上行走功能的水文绞车

3. 桥测车

桥测车既能用于定点测验，也可在巡测使用，在桥测站中应用较多，是桥测的主要设备。对桥测车的基本要求是设计合理，使用方便，控制系统可靠，越野性能良好。

（1）性能要求。桥测车的性能应满足下列要求：

1）桥测车的机械性能可靠，仪表信号传递误差在规定范围内。

2）悬臂伸长应能满足至桥测断面的要求，悬臂应力强度应能承受施测本站最大流速时所悬吊的配套铅鱼重量及水流的冲击力。

3）桥测车操作运行时，车身应具有足够的稳定性和安全系数。

（2）结构组成。机动桥测车将电动或液压绞车安装在不同种类的汽车上，通常就称为巡测车或桥测车。除了用于桥上测流外，还有其他巡测功能。

图 3.17 和图 3.18 是两种不同车型的巡测车，它们都由汽车和车载水文绞车组成。

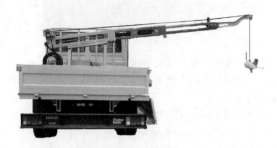

图 3.17　巡测车

图 3.18　巡测车

所用的汽车可以是车厢敞开的工具车、货车、双排座货车，也可以是较大的面包车。汽车必须能稳定地提供车载水文绞车的安装基座，保证提供绞车的运行动力，并使绞车臂能方便地伸缩运行。所用的汽车还应能搭载数名工作人员，提供较方便舒适的工作环境。

车载机动水文绞车的结构和水文绞车类似，由于装在汽车上，可使用汽车发动机的动力、电瓶、油压系统，故可以应用电动或液压绞车。因为绞车臂伸缩的需要，较多应用液压动力。

（3）技术指标。桥上测流车的型号较多，所用车型也不一样。主要技术指标如下：①伸出臂长：距车身 2.2～3m；②挂重（铅鱼）：大于 30kg；③动力：液压、电动、手动；④适用范围：最大流速：3～4m/s，最大水深：20m。

4. 桥用测流仪器

桥上测流要应用信号传输接收仪器、测流铅鱼、流速仪、测沙采样仪器等，和船测测流所用仪器基本

一致。有条件的测站，可配备使用于桥梁测验的非接触式水面流速测验仪器（电波流速仪）或 ADCP。

3.5.7.4　桥上测流的方案布置

除河床稳定的断面外，每次流量测验应同时进行水道断面测量。当出现特殊水情且测量水深有困难时，可在测流后水情较稳定的时期进行。测深垂线的布置，宜控制河床变化转折点并适当均匀分布。

1. 测速垂线布设

测速垂线布设应遵守下列要求：

（1）桥上测流断面应尽量避开或减小桥墩对测速的影响，桥上测流断面离桥墩端上游的距离，应根据试验资料分析确定，或参照类似水流条件和墩型的试验成果确定。

（2）根据本站桥梁类型、墩的现状、孔数及压缩比，分别按高、中、低水的流速和断面形状等因素，确定测速垂线布设方案。

（3）测速垂线的位置布设，宜在建站初期选取典型桥孔，加密布设测速垂线，经抽样计算分析后再确定垂线位置。

（4）孔数较多（大于 8 孔）的桥梁，可在桥测断面上按每孔对应于孔中央位置处布设一条测速垂线。孔数较少的桥梁，可每孔布设 2～3 条测速垂线，垂线位置宜对称于孔中央线。

（5）桥墩两侧水流漩涡强烈区（1m 范围内），不得布置测速垂线。需在离墩侧 1～4m 内布置测速垂线时，应根据实测资料分析确定布线位置。

（6）桥测断面形状复杂时，可于控制性位置增设测速垂线。

2. 垂线测速点布设要求

垂线测速点布设应遵守下列规定：

（1）正常情况下，在相对水深为 0.2、0.8 处采用两点法测速，未经试验不宜采用常规的水深一点法测速。

（2）遇有特殊原因不能用两点法测速时，可于相对水深 0.2 处采用一点法测速，但必须由实测资料分析垂线平均流速系数。

（3）当用于垂线平均流速系数的分析或有其他专门需要时，可根据具体要求采用多点法测速。

（4）可加重铅鱼重量，并选用优化铅鱼体形以减少偏角，当条件允许时可采用拉偏缆索校正测点位置。

3. 大洪水测验

（1）当发生稀遇洪水，河势、断面有重大变化时，对原测流方案应重新审查，以确定方案是否需作

调整。

（2）当出现特大洪水，超过桥梁设计高程或流速超出桥测设备测洪能力时，如人员可以上桥，可使用电波流速仪测量水面流速，也可选用比降面积法作为抢测洪水的补救措施，并注意比降上、下断面均应设在桥测断面的上游，且比降下断面宜设在避开上游壅水影响范围以外的地方。

3.6　测站考证簿的编制

3.6.1　测站考证簿编制的目的与意义

1. 目的意义

建立测站考证簿的目的是为详细了解测站沿革，建立完善系统的测站技术档案，以备日后查考。测站的考证簿是水文测站最基本的技术档案和历史档案。它系统地记载测站沿革，断面布设、河流形势以及集水面积内或至上游站区间的自然地理、流域或河道特征、水利化措施等各项基本资料，同时可反映设站以来随着人类活动引起的各种水文现象的变化，是重要参考资料。

2. 编制依据

测站考证簿编制的依据是测站查勘报告书，测量的各项成果图表，本站集水面积内或至上游站区间的各项水文调查资料，本站各项设施建设设计、施工、竣工报告，测站编写的各种技术报告，测验、校测成果资料等。

3. 编写要求

（1）测站设立后应及时编写竣工报告，各类精度的水文站必须在建站初期编制测站考证簿，认真考证，详细填写。

（2）测站考证簿编制后，以后凡遇有变动，例如补充或重测站地形图，迁移测验断面，改变水准点、高程基点等，变换基面，增、改建测验基本设施，测站区间新建水利工程，以及其他影响水文现象的情况，应及时对考证簿进行补充、修订。

（3）一般情况下，应在当年对变动部分及时补充修订，内容变动较多的站，应隔一定年份重新全面修订一次。

3.6.2　测站考证簿的内容

测站考证簿的主要内容包括测站位置、测站沿革、流域概况及自然地理情况、测验河段及附近河流情况、基面与水准点、测验基本设施情况、其他设施、附图等。

（1）测站位置，包括：

1）流域、水系、河（湖、库）名。

2）经纬度及至河口距离。

3）行政区划、电信、交通情况。

（2）测站沿革，包括：

1）设站目的和设立日期。

2）测站变动情况。

3）测站观测项目及其变动情况。

4）领导关系的转移、变动情况。

（3）流域概况及自然地理情况，包括：

1）流域集水面积、水系和地形、土壤、地质和植被等情况。

2）流域社会经济发展状况。

3）测站区间主要水利工程设施和水资源开发利用情况。

4）历年水文气象特征值。

（4）测验河段及附近河流情况，包括：

1）测验河段的特征：包括顺直情况，河槽宽度，开始漫滩水位及岔流、串沟、回流、死水等情况；河床冲淤变化情况，河底及河岸的土壤构造及其坍塌情况；水生植物和滩地、河岸的植物生长情况；漂浮物和波浪对测验精度的影响。

2）测站上下游邻近的干支流、弯道、浅滩、堤防、水工建筑物等对水流及测验工作的影响（堰闸或水库站应详细列出有关水工建筑物的各项基本特征）。

3）断面布设与变动情况。

（5）基面与水准点，包括：

1）引据水准点、基本水准点和校核水准点等高程控制点的型式、编号、高程、位置及测设机关、设置日期。

2）基本水准点高程的测定和复测记录。

3）本站所用基面与绝对基面的关系及变动情况。

（6）测验基本设施情况，包括：

1）自记水位计台、测流测沙缆道等基本设施的型式、结构、设置日期和使用情况。

2）自记雨量计、地下水观测井，以及其他测验设施、标志的型式、结构和使用情况。

3）测验设施布设变动情况。

（7）其他设施，包括：

1）站房、测站保护设施等。

2）通信、交通、供电、供水、排水设施等。

（8）附图，包括：

1）测站地形图、位置图、河势图。

2）降水量、蒸发量观测场仪器位置平面图。

3）堰闸、水库站的水工建筑物平面图。

4）本站测区内主要水利工程分布图。

5）大断面图、测验设施布设图。

考证簿的格式，应分别在各流域和各省（自治区、直辖市）范围内统一。

3.6.3 测站特性分析

测站应每隔一定时期分析测站控制特性，并应符合下列规定：

（1）点绘水位或水力因素与流量关系曲线图，将当年与前一年的水位或水力因素流量关系曲线点绘在一张图上，进行对照比较。从水位或水力因素与流量关系的偏离变化趋势，了解测站控制的变动转移情况，并分析其原因。

（2）点绘水位与流量测点偏离曲线百分数的关系图，从流量测点的偏离情况和趋势，了解测站控制的转移变化情况，并分析其原因。

（3）点绘流量测点正、负偏离百分数与时间关系图，了解测站控制随时间变化的情况，并分析其原因。

（4）将流量值按多年的实测相应水位依时间连绘曲线，从与指定流量对应的水位曲线的下降或上升趋势，了解测站控制发生转移变化的情况，并分析其原因。

（5）河床不稳定的站，每隔一定年份，应对测站测流断面的冲淤与水力因素及河势的关系进行分析。

（6）测站可采用多点法资料，分析其垂线流速分布型式。当断面上各条垂线的流速分布形式基本相似时，可点绘一条标准垂线流速分布曲线；当断面上各个部分的垂线流速分布形式不完全相同时，可分别点绘2～3条有代表性的垂线流速分布曲线。对水位变幅较大的测站，当在不同水位级垂线流速分布形式不同时，应对不同水位级点绘分布曲线。并可采用曲线拟合得出的流速分布公式，分析各种相对水深处测点流速与垂线平均流速的关系。

3.7 竣工报告的编写

测站设立后应进行仪器设备调试、比测试验、试运行等程序，并收集有关资料后，编写竣工报告，为工程竣工验收做好各项准备。

竣工报告的编写主要应包括以下内容。

1. 工程概况

写明工程名称、地址、建设或投资单位名称；参与工程勘察、设计、施工（含分包）、监理等单位的名称及专业资质等级，资质证书编号和备案合同编号；如果有可能应注明规划许可证号、施工许可证号；工程实际开工时间、竣工验收合格时间等。

如果是建筑工程，还要对工程本身的用途、功能、外观、结构类型、防洪（测洪）标准、抗震等级、建筑耐火等级、系统形式、主要设备、工程的主要工程量、投资额等进行简要描述；还要对设计使用年限、建筑面积、占地面积、地上及地下层数、外装修特点等进行简要说明。

2. 工程建设基本情况

（1）建设单位执行基本建设程序情况。如工程勘察、设计、施工、监理等参建单位招标、投标情况。

（2）设计情况。注明设计文件号、设计完成时间、项目和各专业设计负责人、图纸会审情况。施工过程中有无重大设计变更并说明情况（重大变更是否经图纸审查部门批准，主要说明影响结构、使用功能的变更和设备的变更）等。

（3）地质地形概况。注明地基勘察情况、实际地质基本情况、测站及附近河段地形情况、地形测量情况。

（4）监理基本情况和评价。说明监理机构情况、参与本工程的注册监理工程师、驻工地监理人员情况，隐蔽工程验收、施工试验进行中见证取样与送检等，重要部位是否实施了旁站监理等。

（5）施工单位基本情况和评价。分别说明总包单位项目部项目经理、技术负责人、专业负责人、施工现场管理负责人情况，施工工期定额规定的施工天数、实际施工天数，有无质量遗留问题等。

（6）主要建筑材料使用情况。用于主体结构建筑材料、门窗、防水、保温材料、特种设备等产品是否符合相关规定，生产厂家是否具有生产许可证，建筑材料、构配件设备是否有合格证明文件，是否按规定进行了复试，试验和检验的结果如何。

（7）工程资料管理情况。说明有关工程施工技术、施工管理、建筑材料、构配件和设备合格文件及试验检验资料归档情况。

3. 质量控制情况

施工中质量保证体系、制度、措施等，质量保证资料，各分工程设施的质量情况、评价，施工中是否发生过质量问题、质量和安全事故等。

4. 仪器设备调试

仪器采购、到货、验收情况，仪器的检验情况，主要技术指标、误差指标是否达到设计要求，标称精度和检测、使用情况是否相符等。复杂的系统、流速仪缆道、自记水位计还要说明其调试情况。

5. 比测试验

仪器比测包括自记水位计和人工观测水位的比测情况、不同自记水位计观测结果对比；不同测深、测宽方法测量资料对比分析；不同测流方法的对比，如ADCP试验情况及与流速仪测验对比情况、浮标测流与流速仪法测流对比情况等。

6. 试运行情况

测站基本建成后，设施设备使用是否可靠方便，试运行期间水位、流量、降水、泥沙等水文要素的观测精度是否满足规范要求,电力、通信、交通、生活情况,是否存在问题。

7. 各分工程验收情况

注明参加各分项工程竣工验收单位名单,人员名单及执业、身份证件号码,参加竣工验收的单位和人员是否符合有关规定,描述工程竣工验收组织形式,验收内容和验收过程,勘察、设计、施工、监理等单位分别提出的工程整改意见和竣工验收意见,整改和

复验情况,对未进行验收的分部工程给予说明,并提出处理意见等。

8. 综合评价

工程建设是否完成了合同约定的各项内容,设计是否合理,工程质量是否符合设计文件及施工合同的要求,工程质量是否合格,质量是否符合规范要求等,测验设施设备运行的可靠性,误差是否满足设计和规范要求等。

第4章 断面和地形测量

断面测量是流量测验工作的重要组成部分，河流某一断面的流量是通过测量过水断面面积和流速再进行计算而得到的，因此断面测量的精度直接关系到流量测验的精度；同时断面资料又为研究部署测流方案，选择资料整编方法提供依据；断面测量资料也为研究分析河道、水库、湖泊、海滨冲淤演变规律，制定整治规划，进行水利工程规划设计等提供重要依据。

地形测量不仅在测绘工作中占有重要地位，在水文外业观测中也需要经常开展，如水文测站设立时需要测绘测站地形图，测站设立后每5年或10年还需要对水文测站地形图更新修测一次，有些水库、河道、滨海需要定期开展地形测量，以了解其水下地形变化情况。在水文设施的规划、勘测、设计等各阶段也都需要各种比例尺的地形图，施工结束后有时也需要绘制地形图，以便验收、存档、评估和以后的维修改造之用。

无论在地形测量或是断面测量中都需要开展水准测量，水位观测中无论是水准点的引测、校测，或是水尺的引测校测，也都需要经常开展水准测量。水准测量是水文外业观测的一项重要工作，是每一位测验人员都必须熟悉掌握的基本工作。因此，本章详细地介绍了水准测量的原理、方法、注意事项和仪器使用等有关内容。

另外，在流量、泥沙观测中，也需要大量的工程测量知识和技术，为了全面地掌握水文外业测量知识，便于进行地形、断面测量，确保外业水准和其他水文要素观测的需要，需要了解和掌握测量学的基础知识。因此，本章介绍的内容也是其他章节的基础。

4.1 测量学基础知识

4.1.1 测量学研究的对象及其与水文测验的关系

1. 测量学研究对象

水文测站设立、测验断面测量、地形测量、水库库容测量、河道的冲淤变化监测、流量测验及水文调查等工作中，都需要大量的测量学知识。测量学是研究地球的形状和大小，测定地面（包含空中、地下和海底）点位（包括平面位置和高程）的科学，其内容包括测定和测设两个部分。测定是指使用测量仪器和

工具，通过测量和计算，得到一系列测量数据，或把地球表面的地形缩绘成地形图。测设是指把图纸上规划设计好的建筑物、构筑物的位置在地面上标定出来，作为施工的依据。可见测量学是面向普通点、线、面的测量，其重点是地球表面点位测定。

2. 测量学科分支

测量学按照研究范围和对象的不同，产生了许多分支学科。例如，研究整个地球的形状和大小，解决大范围控制测量和地球重力场问题的学科，属于大地测量学的范畴；测量小范围地球表面形状时，不顾及地球曲率的影响，把地球局部表面当作平面看待所进行的测量工作，属于地形测量学的范畴；以海洋和陆地水域为对象所进行的测量和海图编制工作，属于海洋测绘学的范畴；研究工程建设中所进行的各种测量工作，属于工程测量学的范畴；利用测量所得的成果资料，研究如何投影编绘和制印各种地图的工作，属于地图制图学的范畴。

3. 测量学与水文测验学的关系

水文测验中涉及到测量学的多个学科，但主要是地形测量学和工程测量学的内容。

从学科分，测量学属测绘科学的范畴，水文测验属水文学的范畴，实际上两个学科有着悠久而密切的历史渊源，测量学与水文测验同起源于对水的认识与对水的治理过程中。在我国，最早的测量活动可追溯到公元前21世纪，传说中的大禹治水时期，就以树木标志水位，观测河流的水文特性。在《史记·夏本纪》中就有"左准绳，右规矩"的记载，这是对当时测量工作的描述，也是测量学和水文测验学共同产生的萌芽时期。在我国，对测量和"测"之字的认识是从对水的观测开始的，早在东汉（约公元58～147年）建光元年，许慎完成的《说文解字》一书中，将"测"字释其为"深所至也"。据段玉裁（1735～1815年）注释，"深所至谓之测，度其深所至亦谓之测"。前一句指测水位，后一句指测水深。可见"测"字从水，则声。许慎解释"则"字为"等画物也"，"等画物者定其差等而各为介画也"。即刻画的间距相等的意思。嗣后观读水位的设备以"水则"命名。随着科技的发展与进步，测量学主要研究静态点位的测定，而水文测验则重点是水位、流量、含沙量等动态水

要素的观测，同时水位测验也需要进行高程等静态点位的测量。可见测量学和水文测验学同出一门，互有侧重，互为依赖与补充。

相对于地球，测量学研究观测的对象是相对静止的，或是虽有变化，这种变化也是缓慢的，因此可以进行多次的重复测量。而水文测验学研究的观测对象是时刻随时间变化着的，无法进行重复测量。受观测仪器设备的限制，大部分水文要素的测验需要一定的观测时间，因此有些水文要素甚至无法测到瞬时值。测量学中，测量长度、宽度、高度、角度的方法有些虽然可以直接在水文测验中应用，但测量学缺乏对水文要素（如水位、流量、含沙量）的测量的针对性研究，因此在测量学知识的基础上，结合水文学基本原理，产生了水文测验学。

4.1.2 地球的形状和大小

1. 地球的形状

测量工作是在地球表面进行的，测量工作的基础及一些重要的概念也与地球密切相关，因此首先要对地球的形状和大小有所认识。地球可近似看作一个椭球体，地球的自然表面复杂多变而很不规则，有高山、丘陵、盆地、平原，又有河流、湖泊和海洋，复杂的表面不便于用数学公式来表达。其中最高的珠穆朗玛峰高出海水面达 8844.43±0.21m（我国 2005 年 8 月公布），最低的马里亚纳海沟低于海平面达 11022m。尽管具有这样大的高低起伏，但相对于 6300 余 km 的地球半径来说，这些变化还是很小的，再考虑到海洋约占整个地球表面的 71%，因此人们把海水面所包围的地球形体看作地球的形状。

2. 水准面

由于地球的自转运动，地球上任一点都要受到离心力和地球引力的双重作用，这两个力的合力称为重力，重力的方向线称为铅垂线，或简称垂线，见图 4.1。测量是在地球的重力场中进行的，铅垂线是测量工作的基准线。静止的水面称为水准面，水准面是受地球重力影响而形成的，当液体处于静止状态时，其液面（即水准面）是处处与地面点的铅垂线正交，否则，液体就要流动。因此，水准面是与重力方向垂直的连续曲面，并且是一个重力场的等位面。

3. 大地水准面

与水准面相切的平面称为水平面。水面可高可低，因此符合上述特点的水准面有无数个，其中，将平均海水面（视为水准面）在向大陆、岛屿内延伸而形成的闭合曲面，称为大地水准面。大地水准面是高程的起算面，地面点高出大地水准面的高程称为海拔高或正高。

4. 地球椭球

由大地水准面所包围的地球形体，称为大地体。大地体接近于真实的地球，用大地体表示地球体形是比较恰当的，但由于地球内部质量分布不均匀，引起铅垂线的方向产生不规则的变化，致使大地水准面成为一个复杂的曲面（见图 4.1），无法在这个曲面上进行测量数据处理。为了使用方便，通常用一个非常接近于大地水准面，并可用数学公式表示的几何形体，即地球椭球来代替地球的形状作为测量计算工作的基准面，见图 4.2。地球椭球是一个椭圆绕其短轴旋转而成的形体，故地球椭球又称为旋转椭球。确定某一地球椭球后，仅仅是确定了椭球的形状和大小，如果进一步确定其与大地体的相关位置，即对其进行定位和定向，这样一个大小、形状、定位和定向都已确定的地球椭球才能作为处理大地测量结果的基准面。

5. 参考椭球

在测量学中，由于受到技术条件的限制，不能准确地勘测整个地球椭球的大小，大多数情况下，只能用个别国家和局部地区的大地测量资料推求椭球体的元素（长轴半径、扁率等）。这些根据地方数据推算得出的椭球有局限性，只能作为地球形状和大小的参考，所以这种局部定位的地球椭球体又称为参考椭球。参考椭球的大小及形状由长半径、短半径和扁率所决定，这三个要素也称为参考椭球的元素。我国曾采用过苏联的克拉索夫斯基椭球参数（建立北京 54 坐标）。

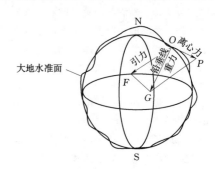

图 4.1 铅垂线、大地水准面示意图

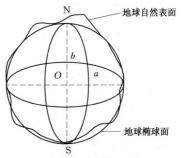

图 4.2 旋转椭球体示意图

扁率与地球半径的关系为

$$\alpha = (a-b)/a \qquad (4.1)$$

式中　a——地球长半径，m；

b——短半径，m；

α——扁率。

我国常用的坐标系、参考椭球名称与参考椭球元素见表 4.1。

目前，我国常用的 1980 西安坐标系采用的旋转

椭球体元素值是 1975 年 IAG［IAG 是国际大地测量与地球物理联合会（International Association of Geodesy）的英文简称］16 届推荐的参数，即长半径为 6378140m，扁率为 1/298.257。

由于地球椭球体的扁率很小，因此当测区范围不大时，可近似地把椭球体作为圆球看待，其半径取值为 6371km。

表 4.1　　　　　　　常用的坐标系与参考椭球元素

坐标系名称	年份	国 家	参考椭球名称	长半径/km	扁率
北京 54 坐标系	1954	中国	克拉索夫斯基	6378.245	1/298.3
1980 西安坐标系	1980	中国	IAG 16 届推荐参数	6378.140	1/298.257
WGS—84 坐标系	1984	美国（GPS 测量采用）	WGS—84 椭球	6378.137	1/298.25722356

4.1.3　测量中常用的坐标系统

4.1.3.1　坐标系分类

要想在广袤高低不平的地球自然表面上确定一点的空间位置，必须采用统一的坐标系统。目前，测绘领域中用到的坐标系统，既有可表示空间点位的三维坐标系统，也有采用将点位投影到某一参考面上（球面或平面）以确定其位置（以坐标表示），并利用其到大地水准面的垂直距离共同表示点位的空间位置。前者只需要一个空间坐标系统即可，后者需要一个坐标系统和一个高程基准共同描述点位的空间位置。测量中用到的坐标系统主要有：大地坐标系、天文坐标、空间直角坐标系、平面坐标系等。

4.1.3.2　大地坐标系

大地坐标系也称地理坐标系，是表示地面点在参考椭球面上的位置，用经度和纬度为参数表示地面点的位置的球面坐标系。大地坐标系是一种球面坐标系，它的基准是法线和参考椭球面，如图 4.3 所示，N 和 S 分别为地球北极和南极，NS 为地球的自转轴。设球面上有任一点 P，过 P 点和地球自转轴所构成的

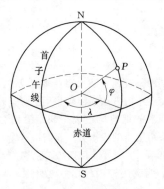

图 4.3　地理坐标示意图

平面，称为 P 点的子午面，子午面与地球表面的交线称为子午线，又称经线。按照国际天文学会规定，通过英国格林尼治天文台的子午面称为起始子午面，以它作为计算经度的起点，向东从 0°～180°称为东经，向西从 0°～180°称为西经。P 点的子午面与起始子午面之间的夹角为 P 点的经度。P 点的法线与赤道平面之间的夹角称为该点的纬度。P 点的法线至椭球面的距离称为大地高。赤道以北从 0°～90°称北纬，赤道以南从 0°～90°称南纬。若一点的经度和纬度已知，该点在地球椭球面上的投影位置即可确定。如北京市中心的地理坐标为北纬 39°54′20″，东经 116°25′29″。

实际使用中大地经纬度根据其起始大地原点（大地原点是国家水平控制网中推算大地坐标的起算点，亦称大地基准点）的大地坐标和参考椭球确定的，因此，同一点在不同的大地坐标系中的大地经纬度可能不同。我国以陕西省泾阳县永乐镇大地原点为起算点，由此建立的大地坐标系，称为"1980 年国家大地坐标系"或称"1980 西安坐标系"，简称 80 系或西安系。我国曾使用过的"1954 北京坐标系"是通过与苏联 1942 年普尔科沃坐标系联测，简称 54 北京坐标系，其大地原点位于苏联列宁格勒天文台。

4.1.3.3　天文坐标（天文地理坐标）

天文坐标又称天文地理坐标，表示地面点在大地水准面上的位置，它的基准是铅垂线和大地水准面，它用天文经度和天文纬度两个参数来表示地面点在球面上的位置。过地面上任一点的铅垂线与地球旋转轴 NS 所组成的平面称为该点的天文子午面，天文子午面与大地水准面的交线称为天文子午线，也称经线。通过英国格林尼治天文台的天文子午面为首子午面。

大地经纬度以参考椭球面为基准面（以法线为依

据），天文经纬度以大地水准面为基准面（以铅垂线为依据），由于两者依据的基准线不同，得出两种经纬度，但实际差异很小，只有高精度的大地测量才需要考虑两者的差别，在一般的地形测量中其差异可不考虑。

4.1.3.4 空间直角坐标系（地心坐标系）

空间直角坐标系也称地心坐标系，其坐标系的原点设在椭球的质心，用相互垂直的 X、Y、Z 三个轴表示。其中，Z 轴与地球旋转轴重合，X 轴通过起始子午面，Y 轴的指向使坐标系构成右手坐标系。

WGS—84 坐标系又称世界大地坐标系，是美国国防局为进行 GPS 导航定位于 1984 年建立的地心坐标系，1985 年投入使用。WGS—84 坐标系的几何意义是坐标系的原点位于地球质心，Z 轴指向国际时间局（BIH）1984.0 定义的协议地球极（CTP）方向，X 轴指向 BIH 1984.0 的零度子午面和 CTP 赤道的交点，Y 轴与 Z 轴、X 轴垂直构成右手坐标系，通过右手规则确定，如图 4.4 所示。

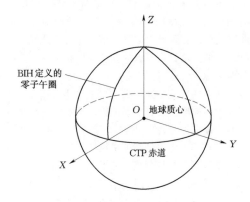

图 4.4　空间直角坐标系示意图

2000 中国大地坐标系也称 2000 国家大地坐标系，它是 2008 年 7 月 1 日启用的我国的地心坐标系，英文名称为 China Geodetic Coordinate System 2000，英文缩写为 CGCS 2000。其坐标系原点为包括海洋和大气的整个地球的质量中心，定向的初始值与 1984.0 时 BIH（国际时间局）的定向一致，Z 轴指向 IERS（International Earth Rotation Service 国际地球自转服务局）参考极方向；X 轴为 IERS 参考子午面与通过原点且同 Z 轴正交的赤道面的交线，Y 轴完成右手地心直角坐标系。长半轴 $a = 6378137$m，扁率 $f = 1/298.257222101$。

4.1.3.5 平面坐标系

1. 平面直角坐标系

地理坐标对局部测量工作来说是非常不方便的。例如，在赤道附近，$1''$ 的经度差或纬度差对应的地面

距离约为 30m。大地水准面虽然是曲面，但当测图的范围较小时（半径不大于 10km 的区域内），可把该部分的球面视为平面看待，因此，地面点的位置可用平面直角坐标系表示。

测量上使用的平面直角坐标系和数学中的迪卡尔坐标系不同，测量中使用的平面直角坐标系也是以 X 轴为纵轴，表示南北方向，向北为正，以 Y 轴为横轴，表示东西方向，向东为正，也是以相互垂直的纵横轴建立平面直角坐标系。坐标中角度方向为顺时针，$0° \sim 360°$，如图 4.5 所示。

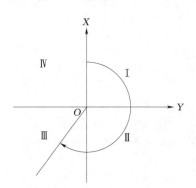

图 4.5　平面直角坐标示意图

平面上任一点的位置可以其纵横坐标 X、Y 表示，如坐标原点 O 是任意假定的，则为独立的平面直角坐标系。由于测量上所用的方向是从北方向（纵轴方向）起，按顺时针方向以角度计值（象限也按顺时针编号）。因此，将数学上平面直角坐标系（角值从横轴正方向起按逆时针方向计值）的 X 和 Y 轴互换后，数学上的三角函数计算公式可不加改变直接用于测量数据的计算。

当范围很大时，就不能将水准面看成平面，必须采用适当的方法建立全球性统一的平面直角坐标系。测量中通常采用高斯投影方法或高斯平面直角坐标系统。

2. 高斯平面直角坐标

地理坐标的优点是对于整个地球有一个统一的坐标系统，多用于天文大地测量、卫星大地测量，但它的观测和计算都比较复杂。在测绘地形图时，若测区范围较小，可把地球表面的一部分当作平面看待，所测得地面点的位置或一系列测点所构成的图形，可直接用相似而缩小的方法描绘到平面上去；若测区范围较大时，则不能把地球很大一块地表面当作平面看待，必须采用适当的投影方法来解决这个问题，即可采用高斯投影的方法。高斯投影是高斯在 1820 ~ 1830 年间，为解决德国汉诺威地区大地测量投影问题而提出的一种投影方法。1912 年起，德国学者克吕格将高斯投影公式加以整理和扩充并推导出了实用

计算公式，可将地面点直接沿铅垂线方向投影于水平面上。地图投影有多种方法，我国采用的是高斯—克吕格正形投影（Gauss - Kruger conformal projection），简称高斯投影。

高斯投影是将地球按经线划分成带，称为投影带，投影带是从首子午线起，每隔经度 6° 划分为一带（称为统一 6° 带），自西向东将整个地球划分为 60 个带。带号从首子午线开始，用阿拉伯数字表示。

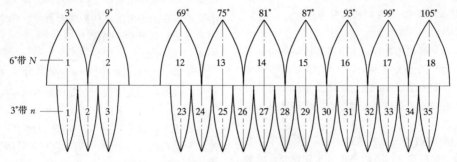

图 4.6　高斯投影分带示意图

为控制投影变形，这种投影方法把地球分成若干范围不大的带进行投影，带的宽度一般分为经差 6°、3° 和 1.5° 几种，简称 6° 带、3° 带和 1.5° 带，中心的子午线为中央子午线。每一投影带展开成平面，以中央子午线的投影为纵轴 X，赤道的投影为横轴 Y，建立全国统一的平面直角坐标系统。解决了地面点向椭球面投影而后展绘于平面上的投影变换问题，满足了全国范围内地形图测绘的要求。我国高斯投影坐标的表示方法是 X 坐标不变，Y 坐标先加 500km，再在其之前冠以该投影带的带号。

4.1.4　高程系统

4.1.4.1　高程

大地坐标系和平面直角坐标系都只能反映地面点在参考椭球面上或投影平面上的位置，不能反映地面点高低起伏情况，因此，要表示点位的空间位置还需要一个统一的高程系统。高程是地面点沿铅垂线到大地水准面（基准面）的距离。高程系是一维坐标系，它的基准面是大地水准面。由于海水面受潮汐、风浪等影响，它的高低时刻在变化。通常是在海边设立验潮站，进行长期观测，求得海水面的平均高度作为高程零点，以通过该点的大地水准面为高程基准面。由于基准面的选取不同，高程系统也不同。使用中又分为绝对高程、相对高程、高差等。

1. 绝对高程

在一般测量工作中，无特别指明情况下，均采用大地水准面作为高程基准面。地面点沿垂线方向至大地水准面的距离称为绝对高程（也称为正高或海拔），一般简称高程。在图 4.7 中，地面点 A 和 B 的绝对高程分别为 H_A 和 H_B。目前，我国水准原点设于青岛市观象山附近，是我国高程测量的依据。它的高程

值是以"1985 国家高程基准"所确定的平均海水面为零点测算而得。

水文测验中早期进行的水位观测，可能采用了多种的高程基准。如可能使用过大沽基面（也称大沽高程，下同）、吴淞口基面、大连（葫芦岛）基面、黄海基面（1954、1956、1985）等，这些也是绝对高程，只是采用的验潮站不同，因而高程基准也不同而已。

2. 相对高程

地面点沿铅垂线方向至任意假定的水准面的距离称为该点的相对高程，也称假定高程。在图 4.7 中，地面点 A 和 B 的相对高程分别为 H'_A 和 H'_B。水文测站使用的测站基面确定的高程，就是一种相对高程。

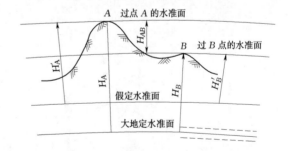

图 4.7　绝对高程和相对高程示意图

3. 高差

地面上任意两点的高程（绝对高程或相对高程）之差称为高差。如图 4.7 中，A、B 两点的高差为：

$$H_{AB} = H_B - H_A = H'_B - H'_A \qquad (4.2)$$

式中　H_A、H_B——A、B 两点的绝对高程，m；

H'_A、H'_B——A、B 两点的相对高程，m。

在测量工作中，一般采用绝对高程，只有在偏僻地区，附近没有已知的绝对高程点可引测时，才会采

用相对高程。

4.1.4.2　国家高程系统

高程系统简称高程系，也称高程基准。国家高程系统是一个国家规定的全国统一使用的高程系统。我国目前使用的国家高程系统主要有两种，分别是 1956 年黄海高程系和 1985 国家高程基准。

1. 1956 年黄海高程系

我国境内所测定的高程点是以青岛验潮站历年观测的黄海平均海水面为基准面，并于 1954 年在青岛市观象山建立了水准原点，通过水准测量的方法将验潮站确定的高程零点引测到水准原点，也即求出水准原点的高程。

1956 年我国采用青岛验潮站 1950～1956 年 7 年观测的潮汐记录资料，以黄海平均海水面作为高程的零点，推算出的水准原点的高程为 72.289m，以这个大地水准面为高程基准建立的高程系称为"1956 年黄海高程系"（Huanghai height system 1956），简称"56 黄海系"。

2. 1985 国家高程基准

1985 年我国又采用青岛验潮站 1953～1977 年这段时间观测的潮汐记录资料推算出大地水准面，以此基准引测出水准原点的高程为 72.260m，以这个大地水准面为高程基准建立的高程系称为"1985 国家高程基准"（Chinese height datum 1985），简称"85 高程基准"。

4.2　角度测量

4.2.1　角度测量原理

为求得地面点的位置和高程，常需要测量一些角度和边长，组成适当的几何图形，以便进行解算。本小节重点介绍角度测量的原理和方法，角度测量包括水平角测量和垂直角测量。

1. 水平角

水平角是空间两直线的夹角在水平面的投影，一般情况是指测站点至两个观测目标方向线垂直投影到水平面上的夹角，常用 β 表示。

如图 4.8 所示，A、O、B 是地面上不同平面位置、不同高程的 3 个点，OA 和 OB 两目标方向线所夹的水平角，就是通过 OA 和 OB 沿两个铅垂面投影到水平面 P 上的两条水平线 oa 和 ob 的夹角，即 $\beta=\angle aob$，而非空间斜面角 $\angle AOB$。

为了量出水平角的大小，现设想在铅垂面 I、II 的交线上一点 O_1，水平放置一个顺时针方向 $0°\sim360°$ 刻划的圆形度盘（水平度盘），过 OA 方向线沿铅垂面 I 投影在水平度盘上得一读数 a_1，过 OB 方向线沿铅垂面 II 投影在水平度盘上，得另一读数 b_1，由图可得水平角 $\beta=b_1-a_1$（即：从测站点到两目标方向线的水平角等于水平度盘右目标读数减左目标读数），这样就测得了水平角。

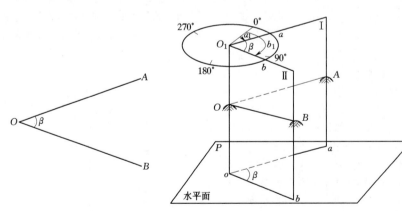

图 4.8　水平角测量原理图

2. 垂直角

垂直角也称竖直角（或称高度角），是在同一竖直面内，观测目标方向的倾斜视线与水平视线的夹角，如图 4.9 所示。因此，垂直角也是两个方向读数之差，测定垂直角时，水平视线方向的读数无需读取，它是一个固定的数值，在正确情况下，是 90° 的整倍数，如 0°、90°、180°、270° 等。所以测定垂直角

时，实际上只要视线对准目标后读一个数就行了。

垂直角又分为仰角和俯角。视线在水平线之上的垂直角称为仰角，数值为正；视线在水平线之下的垂直角称为俯角，数值为负。故垂直角变化范围为：$-90°\leqslant\alpha\leqslant+90°$。

另外，测点铅垂线的天顶方向与观测方向线之间的夹角称为天顶角，常用"Z"表示。其角值变化范

围为：$0° \leqslant Z \leqslant 180°$。垂直角与天顶角之间的关系为

$$Z = 90° - \alpha \qquad (4.3)$$

式中　α——垂直角；

　　　　Z——天顶角（也称天顶距）。

利用望远镜照准目标的方向线与水平线分别在垂直度盘上的读数可计算出垂直角。

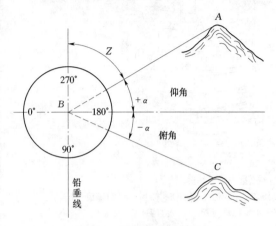

图 4.9　垂直角测量原理图

4.2.2　经纬仪简介

4.2.2.1　经纬仪及其分类

1. 经纬仪

测量角度的仪器称经纬仪。常用的经纬仪主要有游标经纬仪、光学经纬仪、激光经纬仪和电子经纬仪等。早期的经纬仪是用金属材料制成，使用游标读数，称为游标经纬仪。到 20 世纪 30 年代以后普遍采用玻璃度盘和光学机械部件制造，这种经纬仪称为光学经纬仪。随着计算机和微电子技术的迅速发展，自 20 世纪 80 年代以来，出现了用光电测角代替光学测角的电子经纬仪。

2. 经纬仪的分类

经纬仪按精度分为精密经纬仪和普通经纬仪；按读数设备可分为光学经纬仪、游标经纬仪和电子经纬仪；按轴系构造分为复测经纬仪和方向经纬仪。此外，有可自动按编码穿孔记录度盘读数的编码度盘经纬仪；可连续自动瞄准空中目标的自动跟踪经纬仪；利用陀螺定向原理迅速独立测定地面点方位的陀螺经纬仪和激光经纬仪；具有经纬仪、子午仪和天顶仪三种作用的供天文观测的全能经纬仪；将摄影机与经纬仪结合供地面摄影测量用的摄影经纬仪等。

3. 经纬仪等级

经纬仪通常按其观测精度指标（一测回方向值中误差）分为 0.7″、1″、2″、6″、15″ 等级别，称为 0.7″、1″、2″、6″、15″ 级，或 $J_{0.7}$、J_1、J_2、J_6、J_{15} 级。在其精度级别前再冠以大地测量仪器总代号

"D"与经纬仪代号"J"，连接起来可写为 $DJ_{0.5}$、DJ_1、DJ_2、DJ_6、DJ_{15} 型经纬仪。前三类属于精密经纬仪，用于各级控制测量和变形观测；后两类属于普通经纬仪用于地形测图和小型工程测量。水文测验中多采用 DJ_6 型光学经纬仪，因此，本小节重点介绍此种仪器的构造及操作使用方法。

4.2.2.2　光学经纬仪简介

由于生产厂家不同，每个等级的经纬仪的部件及结构不完全相同，但主要部分是相同的，它们均由照准部、水平度盘和基座 3 部分组成，如图 4.10 所示。现就国产 DJ_6 型经纬仪的构造与读数设备分述如下。

1. 照准部

照准部主要由以下几部分组成：

(1) 望远镜及其制动、微动螺旋。

(2) 竖直度盘（简称竖盘）、竖盘指标水准管及其微动螺旋。

(3) 照准部水准管与光学对中器。

(4) 照准部制动、微动螺旋。

(5) 读数显微镜及其光路系统等组成。

望远镜由物镜、目镜、十字丝环、调焦透镜组成。它安置在照准部两侧的支架上，由望远镜制动钮和望远镜微动螺旋控制可作上下转动。望远镜侧面装有竖直度盘，该盘的中心和望远镜的旋转轴（横轴）是一致的，是随望远镜的转动而转动，用以测量竖直角。

整个照准部又以其内轴与水平度盘的外轴相连，内轴是与竖轴一致的，照准部绕竖轴在水平方向上转动，是由图 4.10 中的照准部水平制动钮和水平微动螺旋控制的。

照准部水准管用以整平仪器。当照准部旋转至任意方向时，水准管气泡均保持居中位置，则竖轴在铅垂线方向，水平度盘处于水平位置。

读数设备如图 4.11 所示，外来光线由反光镜射入仪器内部，经棱镜折射 90°，再通过玻璃水平度盘，经过棱镜的几次折射，到达有分微尺的指标镜，通过棱镜，再经过一次折射，在读数显微镜内就能看到水平度盘的分划和分微尺的成像。同时，当光线穿过竖盘，经过棱镜的折射，到达分微尺指标镜，最后经过棱镜的折射，同样在读数显微镜内看到竖盘分划和另一分微尺的影像。

2. 水平度盘

水平度盘通过外轴装在基座中心的套轴内，并用基座锁紧螺旋使之锁紧。当照准部转动（即内轴转动）时，水平度盘并不随之转动。若需要将水平度盘安置在某一读数的位置时，可拨动专门机构，DJ_6 型仪器变动水平度盘的机构有以下两种形式：

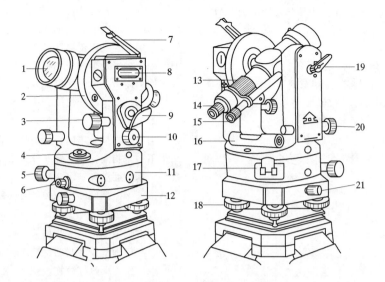

图 4.10　国内某厂生产的 DJ₆ 型光学经纬仪

1—物镜；2—竖直度盘；3—竖盘指标水准管微动螺旋；4—圆水准器；5—照准部微动螺旋；

6—照准部制动扳钮；7—水准管反光镜；8—竖盘指标水准管；9—度盘照明反光镜；

10—测微轮；11—水平度盘；12—基座；13—望远镜调焦筒；14—目镜；

15—读数显微镜目镜；16—照准部水准管；17—复测扳手；18—脚螺旋；

19—望远镜制动扳钮；20—望远镜微动螺旋；21—轴座固定螺旋

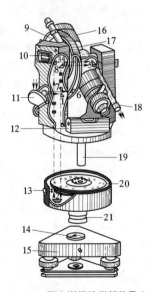

图 4.11　DJ₆ 型光学经纬仪部件及光路图

1、2、3、4、5、6、7、8—光学读数系统

棱镜；4—分微尺指标棱镜；9—竖直度盘；

10—竖盘指标水准管；11—反光镜；

12—照准部水准管；13—度盘变换手轮；

14—套轴；15—基座；16—望远镜；

17—竖直度盘；18—读数显微镜；

19—内轴；20—水平度盘；21—外轴

（1）度盘变换手轮。按下度盘手轮下的保险手柄，将度盘手轮推进并转动，就可以将度盘转到需要的读数上。有的仪器度盘变换轮与水平度盘直接相连，转动该轮度盘也随之转动，但照准部不动。

（2）复测扳手。有的 DJ₆ 型经纬仪装有复测扳手，将复测扳手扳下，则水平度盘与照准部结合在一起，二者一起转动，度盘读数不变。在观测时，将复测扳手扳上，度盘就与照准部脱开。

无论是使用度盘变换手轮或是复测扳手，目的是将水平度盘安置在任何需要的位置。

3. 基座

与水平度盘相连的外轴套插入基座的套轴内，并由中心锁紧螺旋固定。在基座下面用中心螺旋和三脚架顶板相连，基座上装有 3 个脚螺旋，调节脚螺旋使竖轴与铅垂线方向一致，以达到水平角测量原理所提出的要求。

4.2.2.3　激光经纬仪

激光经纬仪是在经纬仪望远镜上配置激光发生器而制造成的经纬仪。这样可使望远镜的视线变成一条可见光线。激光器与望远镜连接好以后，可整体绕横轴旋转，在支架一侧备有正、负电极插孔，用电缆与电源箱连通后，则将氦—氖激光器发出的激光导入经纬仪的望远镜筒内，并与视准轴相重合，而沿视准轴方向射出一束可见的红色激光，以示其视准轴。激光经纬仪除可进行测角和定线、放样角度等外，若与光电接收器配合，还能进行准直工作，可进行视准线观测。

4.2.2.4　电子经纬仪

电子经纬仪是用光电测角代替光学测角的测角仪器，具有光学经纬仪类似结构特征，测角的方法步骤与光学经纬仪基本相似，其不同点在于读数系统是采用的光电测角。电子经纬仪采用的光电测角方法有编码度盘测角、光栅度盘测角和动态测角系统 3 种。

4.2.3　经纬仪的使用

4.2.3.1　经纬仪的安置

安置经纬仪的目的是使仪器的旋转轴（竖轴）与地面点（测站点）在同一铅垂线上，并使水平度盘处于水平位置。对中安置工作包括对中和整平。

1. 对中

对中的目的是使仪器中心位于地面点（即所测角之顶点）的铅垂线上。首先张开三脚架，并调节脚架使其高度与观测者适宜，目估架头水平，使架头中心初步对准测站点标志。然后安上仪器，旋紧中心连接螺旋，挂上垂球。如垂球尖离标志较远，则平移脚架，使垂球尖对准标志，踩紧脚架。再稍松中心连接螺旋，在架头上移动经纬仪，使垂球尖准确对准标志中心，再拧紧中心螺旋。

目前生产的经纬仪大多带有光学对点器，一般可采用光学对中，它是一个小型外调焦望远镜。当照准部水平时，对中器的视线经棱镜折射后的一段成铅垂方向，且与竖轴中心重合。若地面标志中心与光学对中器分划板中心（小圆圈）相重合，则说明竖轴中心已位于角顶点的铅垂线上。由于仪器安置的高度不同，光学对中器也需调焦，多数仪器的对中分划板调焦是旋转目镜，即移动分划板位置。测绘目标清晰需通过光学对中器来完成。

2. 整平

整平的目的是使经纬仪的竖轴成铅垂位置，或者说使水平度盘处于水平位置。初步的整平用目估圆水准器居中情况，通过移动三脚架某个支脚来实现。精确的整平是调节基座的三个脚螺旋，首先使圆水准器居中实现初平，然后放松照准部水平制动钮，使水准管与一对脚螺旋的连线平行，两手同时内或向外旋转这一对脚螺旋，使气泡居中。气泡移动的方向和左手大拇指运动的方向一致，如图 4.12（a）所示。然后将照准部转 90°，再调节第三个脚螺旋使气泡居中，如图 4.12（b）所示。这样反复几次，直至水准管在任何位置时气泡居中为止。

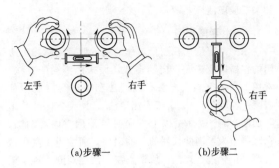

(a)步骤一　　　　(b)步骤二

图 4.12　经纬仪的整平方法示意图

3. 误差要求

仪器安置正确与否，直接影响测角的质量。对中误差一般不应大于 3mm。整平时气泡偏离中心的误差应不超过一格。

4.2.3.2　瞄准

瞄准目标前要松开照准部和望远镜的制动钮，将望远镜对向天空（或明亮的背影），调节目镜，使十字丝最清晰，消除视差。然后转动照准部和望远镜，先用望远镜的粗瞄准器对准目标，再在望远镜内找到目标，进行物镜调焦，使成像清晰。然后固定照准部和望远镜制动钮，用相应的微动螺旋使十字丝精确对准目标。观测水平角时用竖丝精确瞄准目标，且尽量瞄准目标的中心位置或底部；观测竖直角时用中横丝精确与目标顶相切，且尽量使目标靠近十字丝交点。

4.2.3.3　读数

光学经纬仪的读数系统包括水平和垂直度盘（图 4.13）、测微装置、读数显微镜等几个部分。水平度盘和垂直度盘上的度盘刻划的最小格值一般为 1°或 30′，在读取不足一个格值的角值时，必须借助测微装置，DJ$_6$ 型光学经纬仪的读数测微器装置有测微尺

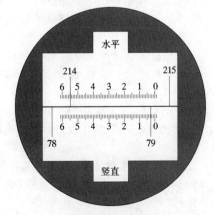

水平度盘读数 214°54′42″
竖直度盘读数 79°05′30″

图 4.13　经纬仪读数示意图

和平行玻璃测微器两种。

4.2.4　水平角测量

水平角观测应视测量工作的精度要求、施测时所用的仪器以及观测方向的多寡，而采用不同的方法。常用的水平角测量方法有测回法和方向观测法两种（又称全圆测回法或全组合测角法）。两个方向可采用测回法，3 个或 3 个以上方向时可采用方向观测法。在观测中为了消除仪器的某些误差，通常用盘左和盘右两个位置进行观测。所谓盘左，就是观测者对着望远镜的目镜时，竖盘在望远镜的左边，也称正镜；反

之，若竖盘在右边，则称为盘右，或称倒镜。

4.2.4.1　测回法

测回法即用盘左和盘右两个位置进行观测。用盘左观测时，分别照准左、右目标得到两个读数，两数之差为上半测回角值。为了消除部分仪器误差，倒转望远镜再用盘右观测，得到下半测回角值。取上、下两个半测回角值的平均值为一测回的角值。按精度要求可观测若干测回，取其平均值为最终的观测角值。如图 4.14 所示，设仪器置于 O 点，地面两目标为 A、B。欲测定 $\angle AOB$，具体操作如下。

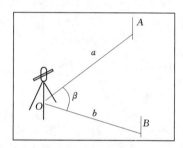

图 4.14　水平角测量示意图

1. **盘左位置**

（1）首先在 O 点安置好经纬仪（O 点称为测站点），瞄准左目标 A，得读数为 $a_左$。

（2）再顺时针方向旋转照准部照准 B 目标，得读数 $b_左$。这样便完成了盘左半个测回，或称上半测回的观测工作。

（3）计算盘左半测回测得的角值：

$$\beta_左 = b_左 - a_左 \tag{4.4}$$

式中　$\beta_左$——盘左半个测回测得的角值；

$a_左$——盘左半个测回照准部照准目标 A 的读数；

$b_左$——盘左半个测回照准部照准目标 B 的读数。

2. **盘右位置**

（1）倒转望远镜，变为盘右位置。

（2）按上述方法先瞄准右边目标 B，读记读数 $b_右$。

（3）逆时针方向转动照准部，瞄准左边目标 A，读记读数 $a_右$。完成上述的观测，称为盘右半测回或称下半测回观测。

（4）计算盘右半测回测得的角值

$$\beta_右 = b_右 - a_右 \tag{4.5}$$

式中　$\beta_右$——盘右半个测回测得的角值；

$a_右$——盘右半个测回照准部照准目标 A 的读数；

$b_右$——盘右半个测回照准部照准目标 B 的读数。

计算角值时，总是右目标的读数 b 减去左目标的读数 a；若 $b < a$，则应加 $360°$。

3. **一测回的观测值计算**

盘左和盘右两个半测回合在一起称为一测回。若两个半测回的角值互差不超过限差，则取平均值作为该角度一测回的观测值，即

$$\beta = (\beta_左 + \beta_右)/2 \tag{4.6}$$

式中　β——一测回测得的角值。

4. **各测回间变换度盘位置**

为了提高测角精度，往往需对某角观测几个测回。同时为了减少度盘刻划不均匀对测角的影响，在每一测回盘左的第一个方向应变换度盘位置，变换的数值按 $180°/n$ 来递增计算，其中 n 为测回数。如 $n=4$ 时，则各测回盘左起始方向（又称零方向）读数分别为：$0°$、$45°$、$90°$、$135°$。变换度盘是利用度盘变换手轮或复测扳手来实现的。各测回角值的互差应小于 $24''$，然后取其平均值作为各测回平均角值。两个半测回角值之差，对于 DJ_6 型经纬仪，应小于 $40''$。

4.2.4.2 方向观测法（全圆测回法）

方向观测法又称全圆测回法，是指以两个以上的方向为一组，从初始方向开始，依次进行水平方向观测，正镜半测回和倒镜半测回，照准各方向目标并读数的方法。当一个测站上要观测几个角度，即观测方向多于 3 个时，一般采用此法观测。

如图 4.15 所示，O 点为测站点，A、B、C、D 为 4 个目标点，在 O 点将仪器安置好以后的观测步骤如下。

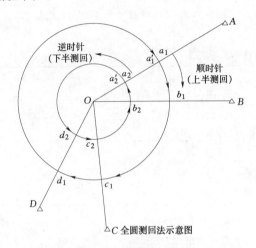

图 4.15　方向观测法示意图

1. 盘左位置

（1）先观测所选定的零方向 A，盘左照准起始方向（亦称为零方向）A，将水平度盘读数配置在 $0°00'$ 附近（一般在 $01'\sim05'$），读水平度盘读数 a_1。

（2）再顺时针转动照准部，依次照准目标 B、C、D，分别读得水平度盘读数 b_1、c_1、d_1。

（3）若方向数超过 3 个，则顺时针转动照准部一圈之后，照准起始方向 A，读水平度盘读数 a_1'，这一步称为归零。其目的是为了检查在观测过程中水平度盘的位置有无变动。上述盘左位置的观测称为盘左半测回或称上半测回。

2. 盘右位置

（1）置倒转望远镜成盘右状态，照准起始方向 A，观测零方向 A 的读数 a_2。

（2）再按逆时针方向依次观测 D、C、B，分别读得水平度盘读数 d_2、c_2、b_2。

（3）最后顺时针转动照准部一圈之后照准起始方向 A 归零，读水平度盘读数 a_2'。

这样就完成了盘右半测回或下半测回观测。上、下半测回合起来称为一测回。如果需要观测 n 个测回，各测回间水平度盘的变换数增值为 $180°/n$，与测回法相同。

3. 计算与限差

（1）半测回归零差计算。每半测回零方向有两个读数，它们之差称为归零差。《水电工程测量规范》（DL/T 5173—2003）规定此限差为 24″，《工程测量规划》（GB 5006—2007）规定 J_6 级经纬仪（也称 6″ 级仪器）不超过 18″。

（2）2C 值计算。

$$2C = L - R \pm 180° \qquad (4.7)$$

式中　L——盘左读数，（°）；

　　　R——盘右读数，（°）；

　　　C——表示视准轴误差，《工程测量规范》（GB 5006—2007）规定对于 DJ$_6$ 型经纬仪不必计算这一项，而 DJ$_2$ 型经纬仪则规定 2C 变动范围不得大于 18″。

（3）一测回平均方向值的计算。

$$\alpha_p = \frac{1}{2}[L + (R \pm 180°)] \qquad (4.8)$$

式中　α_p——一测回平均方向值。

（4）零方向平均值的计算。零方向有两个"一测回平均值"，应取二者平均值作为零方向一测回的平均值。

（5）计算归零后的方向值。即把零方向的方向值作为 $0°00'00''$，其他方向的"一测回平均值"依次减去该值即得各方向归零后的方向值。

（6）计算各测回平均方向值。如果观测了若干测回，还需比较同一方向各测回归零后方向值较差，若不超过限差（DJ$_6$ 型经纬仪规定为 24″），则取各测回方向值的平均值作为最后方向值。

（7）计算水平角。两方向值之差，即为该两方向之间的水平角。

4.2.4.3 测角中误差计算

一个平面三角形三内角之和的真值为 $180°$，当测量角度构成三角网，以同精度独立观测了各三角形之内角，水平角观测结束后，其测角中误差，可按下式计算：

$$m_\beta = \sqrt{\frac{\sum_{i=1}^{n} w_i^2}{3n}} \qquad (4.9)$$

式中　m_β——测角中误差，（″）；

　　　w_i——由观测角值计算的第 i 个三角形闭合差，（″）；

　　　n——三角形个数。

三角形闭合差可采用下式计算：

$$w_i = 180° - (\alpha_i + \beta_i + \gamma_i) \qquad (4.10)$$

式中　α_i、β_i、γ_i——第 i 个三角形的三个内角（$i = 1, 2, 3, \cdots, n$）。

4.2.4.4　水平角观测的有关规定与注意事项

1. 仪器检验与要求

水平角观测所用的光学经纬仪，在作业前应进行下列项目的检验，并满足相应的要求。

（1）照准部旋转轴正确，各位置气泡读数较差，DJ_1 型仪器不应超过 2 格，DJ_2 型仪器不应超过 1 格。

（2）光学测微器行差及隙动差 DJ_1 型仪器不应大于 $1''$，DJ_2 型仪器不应大于 $2''$。

（3）水平轴不垂直于垂直轴之差，DJ_1 型仪器不应超过 $10''$，DJ_2 型仪器不应超过 $15''$。

（4）垂直微动螺旋使用时，视准轴在水平方向上不产生偏移。

（5）仪器的底部在照准部旋转时，无明显位移。

（6）光学对点器的对中误差，不应大于 1mm。

2. 气泡中心位置偏离要求

水平角观测过程中，气泡中心位置偏离整置中心不宜超过 1 格。四等以上的水平角观测，当观测方向的垂直角超过 ±3° 时，宜在测回间重新整置气泡位置。

3. 观测的技术要求

水平角方向观测的技术要求应满足表 4.2 的规定。

表 4.2　　　　　　　　　　　　　　**水平角方向观测的技术要求**

等　　级	仪器型号	光学测微器两次重合读数之差 /（"）	半测回归零差 /（"）	一测回中 2 倍照准差变动范围 /（"）	同一方向值各测回较差 /（"）
四等及以上	DJ_1	1	6	9	6
	DJ_2	3	8	13	9
一级及以下	DJ_2	—	12	18	12
	DJ_6	—	18	—	24

4. 关于重测问题的若干规定

水平角观测误差超限时，应在原来度盘位置上进行重测，并应符合下列规定：

（1）2 倍照准差变动范围或各测回较差超限时，应重测超限方向，并联测零方向。

（2）下半测回归零差或零方向的 2 倍照准差变动范围超限时，应重测该测回。

（3）若一测回中重测方向数超过总方向数的 1/3 时，应重测该测回。当重测的测回数超过总测回数的 1/3 时，应重测该站。

5. 水平方向观测中的注意事项

（1）仪器整置的高度要适宜，做到操作方便。

（2）观测开始前要调好望远镜的焦距，一测回内保持不变，因为调焦会使视准轴发生变化，使 2 倍照准差（简称 2C）超限。

（3）观测应待仪器温度与外界温度充分一致时才开始，观测过程中，仪器不得受日光照射。

（4）整置仪器时，应尽可能使仪器旋转轴竖直。在观测过程中，对于 DJ_2 型仪器，气泡中心位置中心不得超过 1 格。每测回开始前都要整平仪器。

（5）观测过程中，如发现 2 倍照准差（2C）的绝对值大于 $30''$（对于 DJ_2 型仪器），应在测回之间进行视准轴校正。

（6）仪器的转动应平稳、匀称，照准目标时应按规定方向旋转，将目标置于十字丝交点附近。照准各方向目标时应在同样位置。使用微动手轮照准目标或使用测微手轮重合分划线时，其最后旋转方向均应为旋进。

4.2.5　竖直角测量

1. 竖盘结构

为了观测竖直角，必须安装一个有度数的竖直圆盘，即竖直度盘（也称垂直度盘），竖盘固定在横轴的一端，随望远镜的转动而转动。竖盘的正确位置是以竖盘指标水准管来确定的。水准管与转像棱镜、物镜组连接在一个微动架上。当转动竖盘水准管微动螺旋时，不仅能调节水准管，同时也带动物镜组和转像棱镜一起做微小转动，以调节光轴。此光轴就是竖盘读数的指标线。

当望远镜上下转动时，竖盘转动，此指标线不动，这与水平角测量不同。理想的情况是：当望远镜的视线为水平、指标水准管气泡居中时，盘左读数应该是 90°（$L_{水平}$）、盘右读数为 270°（$R_{水平}$），水平视线方向的读数是固定的数值。

2. 竖盘注记形式

不同工厂生产的光学经纬仪，其竖盘刻划的注记形式不尽相同。有顺时针注记的，也有逆时针注记的。因而 $L_{水平}$ 与 $R_{水平}$ 也各不相同。

3. 竖直角的计算

由于竖直角是倾斜视线与水平视线在竖盘上两读

数之差，而水平视线读数是某一固定的数值，无须将望远镜放成水平进行读数，但 $L_{水平}$ 或 $R_{水平}$ 是因竖盘注记而异。因此在计算竖直角时，必须根据竖盘注记的形式写出计算公式。

盘左时竖直角的计算公式为

$$\alpha_{左} = L_{水平} - L_{读} \qquad (4.11)$$

若 $\alpha_{左}$ 为 "+"，则为仰角；$\alpha_{左}$为 "-"，则为俯角。

盘右时竖直角计算公式为

$$\alpha_{右} = R_{读} - R_{水平} \qquad (4.12)$$

对于其他竖盘的注记形式，可用上述方法推求计算公式，并得出计算竖直角的普遍规律为：

（1）当望远镜视线慢慢上仰时，竖盘读数逐渐增加，则竖直角等于瞄准目标时的读数减去视线水平时的读数。

（2）当望远镜视线慢慢上仰时，竖盘读数逐渐减少，则竖直角等于视线水平时的读数减去瞄准目标时的读数。

在竖直角测量时，由于读数、照准等误差的影响，通常 $\alpha_{左} \neq \alpha_{右}$，故取平均值作为竖直角的最终结果，即：

$$\alpha = \frac{1}{2}(\alpha_{左} + \alpha_{右}) \qquad (4.13)$$

4. 竖直角观测步骤

观测竖直角时，应按以下步骤观测：

（1）安置仪器。

（2）观测前，先使望远镜大致水平，观察指标所指读数（起始读数）$L_{水平}$ 或 $R_{水平}$ 之值。

（3）将望远镜视准轴向上倾斜，观察竖盘注记是增加还是减少，以确定竖直角计算公式。

（4）盘左瞄准目标，使竖盘指标水准管气泡居中，读出竖盘读数 $L_{读}$，由式（4.11）计算 $\alpha_{左}$。

（5）倒转望远镜变为盘右位置，同盘左操作读得 $R_{读}$，由式（4.12）计算 $\alpha_{右}$。

（6）由式（4.13）计算 α。

5. 竖盘指标差的计算

当望远镜视线水平且竖盘指标水准管气泡居中时，竖盘读数不是理论上应有的读数（即 $90°$ 的整倍数），而是大了或小了一个角值，这个角值称为指标差，也就是说竖盘指标棱镜的光轴偏离了它正确位置一个小角度。现以图 4.16 所示的 DJ_6 型经纬仪的竖盘为例说明指标差的意义及计算公式。图 4.16 中盘左时 $L_{水平}$ 不是 $90°$，而是 $90° + x$。

盘右时 $R_{水平}$ 也不为 $270°$，而是 $270° + x$，所以当竖盘存在指标差时，正确的竖直角为：

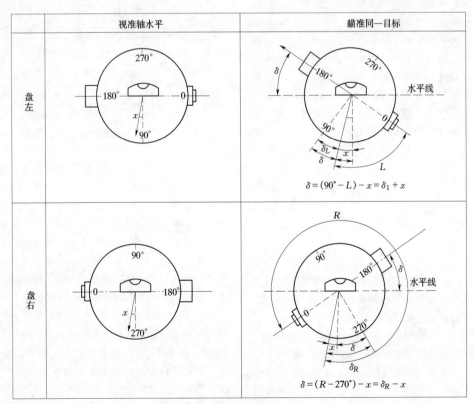

图 4.16　竖盘指标差示意图

$$\alpha = \alpha_左 + x = 90° - L_读 + x \quad (4.14)$$

或　　　$$\alpha = \alpha_右 - x = R_读 - 270° - x \quad (4.15)$$

取式（4.14）及式（4.15）的平均值得一测回竖直角：

$$\alpha = \frac{1}{2}\left[(R_读 - L_读) - 180°\right] \quad (4.16)$$

将式（4.14）及（4.15）两式相减，可得竖盘指标差 x 为：

$$x = \frac{1}{2}\left[(L_读 + R_读) - 360°\right] \quad (4.17)$$

可见用盘左和盘右观测目标的竖直角时，取其平均值可以消除指标差的影响。对于该竖盘注记，盘左和盘右观测目标读数之和的理论值应为 360°，盘左、盘右之和与 360° 之差就是指标差的 2 倍。指标差有"＋"、"－"之分，当指标线顺着注记方向移动时，指标差为"＋"，反之为"－"。如果测得的指标差太大时，可以通过校正指标水准管来削减。如果指标差的变化较大，则说明竖直角测量精度欠佳。观测手簿中一般都要求计算指标差，以便检查观测质量。

6. 竖盘自动归零补偿器简介

用水准管来安置竖盘以观测竖直角的方式，须在每次读数之前调节指标水准管的微动螺旋，使气泡居中，这给观测增添了麻烦。大部分光学经纬仪以及所有的电子经纬仪和全站仪都采用了竖盘自动归零补偿器来代替水准管。当经纬仪有微小倾斜时，这种装置的悬吊部件在重力作用下，会自动地调整光路使读数相当于水准管气泡居中时的数值，也即恒为 90° 的整倍数（指标差为零），称为自动归零。目前较先进的结构是长摆补偿器，它具有较好的防高频振动的能力，是用空气阻尼器作为减振设备。补偿器的工作范围为 ±2′，误差为 ±1″，从而提高了观测竖直角的精度。

4.3　距 离 测 量

4.3.1　距离测量法

1. 距离的定义

测量距离是指两点之间的水平直线长度。如果测量的是斜距，还必须换算为水平距离。在平面控制测量、地形测量中都需要进行距离测量。在断面测量、流量测验中的也需要进行距离测量。

2. 距离测量的主要方法

距离测量的方法主要有测尺（或测绳）直接丈量法、电磁波（光电）测距仪法、光学仪器交会法、光学仪器视距法和 GPS 定位法等。本节重点介绍测尺（或测绳）直接丈量法和光电测距仪法。

4.3.2　测尺直接丈量法

用具有标准长度的测尺直接量测地面两点间的距离，称测尺直接丈量法，又称为距离丈量。这种方法特点是：工具简单，经济适用，成果可靠。测尺量距时，根据不同的精度要求所用的工具和方法也不同。

4.3.2.1　使用的工具

直接丈量法使用的测尺主要有钢尺、皮尺、布尺和测绳。一般情况下，测尺直接丈量法的测量距离是除需要测尺外，还需要钢钎、花杆、拉力计等工具。

1. 普通钢尺

普通钢尺是钢制带尺，尺宽 10～15mm，长度有 20m、30m 和 50m 等几种。为了便于携带和保护，将钢尺卷放在圆形皮盒内或金属尺架上。

（1）钢尺的分划。钢尺的分划有钢尺基本分划为厘米、基本分划为厘米但在尺端 10cm 内分划为毫米、基本分划为毫米 3 种。

（2）钢尺的零分划位置。零分划位置有零点位于尺端［即拉环外沿，这种尺称为端点尺，见图 4.17（a）］和在钢尺前端有一条刻线作为尺长的零分划线［称为刻线尺，见图 4.17（b）］两种，端点尺的缺点是拉环易磨损。钢尺上在分米和米处都刻有注记，便于量距时读数。

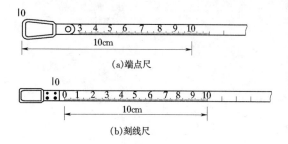

图 4.17　钢尺刻注示意图

2. 因瓦基线尺

由于钢尺受温度影响而使其长度发生变化。因此，在量距精度要求很高时，使用一种由镍铁合金制成的因瓦基线尺，其形状是线状，直径为 1.5mm，长度为 24m，尺身无分划和数字注记。在尺两端各连一个三棱形的分划尺，长 8cm，其上最小分划值为 1mm。因瓦基线尺全套由 4 根主尺、一根 8m 或 4m 长的辅尺组成。不用时安放在带有卷鼓的尺箱内。

3. 皮尺

外形同钢卷尺，基本分划为厘米，零点在尺端。皮尺精度低，只用于精度要求不高的距离丈量。钢尺量距最高精度可达到 1/1 万。由于其在短距离量距中使用方便，常在工程测量中使用。瓦尺因受温度变化引起的尺长伸缩变化小，量距精度高，可达到1/100万，但量距十分繁琐，常常只用于精度要求很高的基线丈量中。

4. 辅助工具

测尺量距中辅助工具还有测钎、花杆、垂球、弹簧秤和温度计。测钎是用直径5mm左右的粗铁丝制成，长约30cm。它的一端磨尖，便于插入土中。用来标志所量尺段的起、止点。另一端做成环状便于携带。测钎6根或11根为一组，它用于计算已量过的整尺段数。花杆长3m，杆上涂以20cm间隔的红、白漆，以便远处清晰可见，用于标定直线。弹簧秤和温度计，用以控制拉力和测定温度。

4.3.2.2 丈量方法

1. 直线定线

当测量的距离不超过尺子本身的长度时，可由两人拉尺直接量出，如果地面两点之间距离较长或地面起伏较大，需要分段进行丈量。为了使所量线段在一条直线上，需要在每一尺段首尾立标杆，标明直线的走向。将所量尺段标定在待测两点间一条直线上的工作称为直线定线。

量距时可用目测法进行定线，先在待测距离两个端点 A、B 上竖立标杆，见图4.18。甲作业员立于端点 A 后1～2m处，瞄 A、B，并指挥在2号点持杆的乙作业员左右移动标杆，直到三个标杆在一条直线上。然后将标杆竖直插下。直线定线一般由远到近进行。

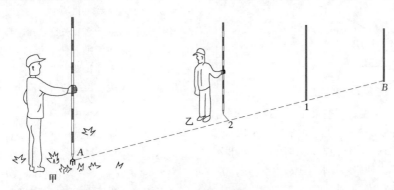

图 4.18 直线定线示意图

当量距精度要求较高时，应使用经纬仪定线，其方法同目测法，只是将经纬仪安置在 A 点，用望远镜瞄准 B 点进行定线。

2. 量距

在精度要求较低的距离测量中，可使用皮尺、布尺和测绳量距，在精度要求较高的距离测量中，需使用钢尺量距。下面主要以钢尺量距为例，说明距离的测量、改正、计算及误差来源等。

钢尺量距一般采用整尺法量距，在精密量距时用串尺法量距。根据不同地形可采用水平量距法和倾斜量距法。

(1) 平坦地段量距。平坦地段量距精度要求不高时，可采用整尺法量距。直接将钢尺沿地面丈量，不加温度改正、不用弹簧秤标定施加的拉力。量距前，先将待测距离的两个端点 A、B 用木桩（桩上钉一小钉）或直接在柏油或水泥路面上钉小钉作为标志。量距时，后司尺员持钢尺零端对准地面标志点，前司尺员拿一组测钎持钢尺末端，前、后司尺员按定线方向沿地面拉紧钢尺，前司尺员在尺末端分划处垂直插下一个测钎，这样就量定一个尺段。然后，前、后司尺员同时将钢尺抬起（悬空，勿在地面拖拉）前进。后

司尺员走到第一根测钎处，用零端对准测钎，前司尺员拉紧钢尺在整尺端处插下第二根测钎。

依此逐段丈量，每量完一尺段，后司尺员要收回测钎。最后一尺段不足一整尺时，前司尺员在 B 点标志处读取尺上刻划值。后司尺员手中测钎为整尺段数，不足一个整尺段距离为余长，则 A、B 间水平距离可按下式计算：

$$L_{AB} = nL + q \qquad (4.18)$$

式中　L_{AB}——A、B 间水平距离；

　　　n——整尺段数；

　　　L——钢尺长度；

　　　q——不足一整尺的余长。

(2) 倾斜地面距离丈量。在倾斜地面上量距，视地形情况可用平量法或斜量法。

1) 平量法。当地面起伏不大时，可将钢尺拉平丈量，称为平量法，见图4.19。后司尺员将零端点对准 A 点标志中心，前司尺员目测，使钢尺水平，拉紧钢尺。用垂球尖将尺端投于地面，并插上测钎。量第二段时，后司尺员用零端对准第一根测钎根部，前司尺员同法插上第二个测钎，依次类推直到 B 点。

2) 斜量法。当倾斜地面坡度均匀时，可以将钢

尺贴在地面上量斜距，用水准测量方法测出 A、B 两点间的高差，再将丈量的斜距换算成平距，见图 4.20，此种方法称为斜量法。

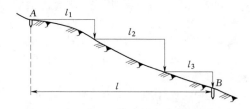

图 4.19　平量法

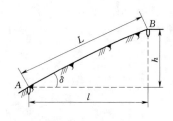

图 4.20　斜量法

为了提高量距精度，一般采用往、返丈量（往测为 $A{\to}B$；返测为 $B{\to}A$），返测时应重新定线。然后，取往、返距离的平均值作为丈量结果，并用相对误差衡量测量精度。即两点间水平距离为

$$L_{AB} = \frac{1}{2}(L_t + L_r) \qquad (4.19)$$

式中　L_t——往测（$A{\to}B$）测得的距离；
　　　L_r——返测（$B{\to}A$）测得的距离。

往、返测量的相对误差 k 为

$$k = \frac{|L_t - L_r|}{L_{AB}} \qquad (4.20)$$

一般情况下，平坦地区钢尺量距相对误差不应大于 1/3000，测量困难地区相对误差不应大于 1/1000。

3. 精密量距

当量距相对误差在 1:1 万以上时，要用精密量距法。精密量距前要先清理场地，将经纬仪安置在测线端点 A，瞄准 B 点，先用钢尺进行概量。在视线上依次定出比钢尺一整尺略短的尺段，并打上木桩，木桩要高出地面 2～3cm，桩上钉一白铁皮。若不打木桩则安置三脚架，三脚架上安装带有基座的轴杆头。利用经纬仪进行定线，在白铁皮上划一条线，使其与 AB 方向重合，并在其垂直方向上划线，形成"十"字，作为丈量标志。量距是用经过检定的钢尺或因瓦尺，丈量组由 5 人组成，两人拉尺，两人读数，一人指挥并读温度和记录。丈量时后司尺员要用弹簧秤控制施加给钢尺的拉力。这个力应是钢尺检定时施加的标准拉力（30m 钢尺，一般施加 100N）。前、后两读

数员应同时在钢尺上读数，估读到 0.5mm。每尺段要移动钢尺位置 3 次。3 次测得距离之差不应超过 2～3mm。同时记录现场温度，估读到 0.5℃。用水准仪测尺段木桩顶间高差，往返高差不应超过 ±10mm。这种量距法称为串尺法量距。

4.3.2.3　测量成果整理

钢尺量距时，由于钢尺长度有误差，并受量距时外界环境影响，量距结果应进行以下几项改正才能保证量距精度。

1. 尺长改正

钢尺的名义长度一般和实际长度不相等（每量一段都需加入尺长改正），其二者差值，即为整尺段的尺长改正值 ΔL，用公式表示为：

$$\Delta L = L' - L_0 \qquad (4.21)$$

式中　L_0——钢尺名义长度，m；
　　　L'——在标准拉力、标准温度下经过检定的实际长度，m。

任一尺段所量长度的尺长改正公式为：

$$\Delta L_d = \frac{\Delta L}{L_0}L'' \qquad (4.22)$$

式中　L''——任一尺段所量长度，m；
　　　ΔL_d——任一尺段所量长度的尺长改正值，m。

2. 温度改正

受温度变化影响，钢尺长度会产生伸缩。当野外量距时温度与检定钢尺时的温度不一致时，需要进行温度改正，其改正公式为：

$$\Delta L_t = \alpha(t - t_0)L'' \qquad (4.23)$$

式中　ΔL_t——温度改正值，m；
　　　α——钢尺膨胀系数，一般为 0.0000125/℃；
　　　t——野外量距时的温度，℃；
　　　t_0——检定钢尺时的温度，℃。

任一尺段实量长度经尺长改正和温度改正，得该尺段的斜距。即：

$$L = L'' + \Delta L_d + \Delta L_t \qquad (4.24)$$

式中　L——经改正的尺段的斜距，m。

3. 计算水平距离

若获得了某尺段的斜距、两端点高差，则参考图 4.20，该尺段的水平距离计算公式为：

$$l = \sqrt{L^2 - h^2} \qquad (4.25)$$

式中　l——某尺段的水平距离，m；
　　　L——某尺段的斜距，m；
　　　h——某尺段的两端点高差，m。

4.3.2.4　钢尺检定

由于钢尺制造误差，以及长期使用产生的变形，使得钢尺名义长度和实际长度不一致，因此在精密量

距前必须对钢尺进行检定。钢尺检定应由具备检定资格的计量单位进行。

4.3.2.5 钢尺量距误差及注意事项

钢尺量距误差主要来源于定线误差、尺长误差、温度测定误差、钢尺倾斜误差、拉力不均误差、钢尺对准误差、读数误差等。现对各项误差对量距的影响分析如下。

1. 定线误差

在量距时，由于钢尺没有准确地安放在待量距离的直线方向上，所量的是折线，而非直线，造成量距结果系统偏大，如图 4.21 所示。设定线误差与一尺段的量距误差关系为：

$$\Delta e = \sqrt{l^2 - (2e)^2} - l \qquad (4.26)$$

式中　e——定线误差，m；

　　　l——某尺段长，m；

　　　Δe——一尺段的量距误差，m。

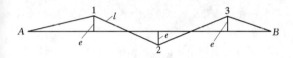

图 4.21　直线定线误差示意图

2. 尺长误差

钢尺名义长度与实际长度之差产生的尺长误差对量距的影响，是随着距离的增加而增加的。在高精度量距时应加尺长改正，并要求钢尺尺长检定误差小于 1mm。

3. 温度测定误差

根据钢尺温度改正公式，当温度引起的误差为 1/3000 时，温度测量误差不应超出 ±3℃。此外，在测试时温度计显示的是空气环境温度，不是钢尺本身的温度。在阳光暴晒下，钢尺与环境温度差可达 5℃，所以量距宜在阴天进行。量距时最好用半导体温度计测量钢尺的自身温度。

4. 拉力不均误差

钢尺具有弹性，受拉力影响会伸长，产生拉力不均误差与钢尺伸长误差。拉力不均误差与钢尺弹性模量、钢尺断面积、钢尺拉力误差等有关，可用下式计算：

$$\Delta \lambda_p = \frac{\Delta P l}{EA} \qquad (4.27)$$

式中　E——钢尺弹性模量；

　　　A——钢尺断面积；

　　　ΔP——钢尺拉力误差；

　　　l——钢尺长度；

　　　$\Delta \lambda_p$——拉力不均误差。

由式（4.27）可知，影响拉力不均误差的主要可控制因素为钢尺拉力误差，因此，在精密量距时应使用弹簧秤控制拉力。

5. 钢尺倾斜误差

在普通量距时，用目测法持平钢尺，经实验统计会产生的 $50'$ 的倾斜，对量距约产生 3mm 误差。因此，量距时要尽量使钢尺水平。

6. 高差测定误差

在精密量距时，若两端高差测定误差过大，对量距精度均会产生影响，使距离测量值偏大。从式（4.25）可知，高差及其测定误差的大小对测距误差将产生影响。对于 30m 的钢尺，当高差为 1m，高差测定误差为 ±5mm 时，则因高差测定误差而产生的量距误差为 ±0.17mm。所以在精密量距时，要求用水准仪测定高差。

7. 钢尺对准及读数误差

在量距时，由于钢尺对点误差、测钎安置误差及读数误差都会使量距产生误差。这些误差是偶然误差，量距时应仔细认真。并采用多次丈量取平均值的方法，以提高量距精度。

4.3.3　电磁波测距

4.3.3.1　电磁波测距简介

钢尺量距是一项十分繁重的工作，特别是在山区或沼泽地区使用钢尺更为困难，而视距测量精度又太低，为了提高测距速度和精度，在 20 世纪 40 年代末就研制成功了光电测距仪。此后，随着激光技术、电子技术和计算机技术的发展，出现了以激光、红外光和其他光源为载波的光电测距仪和以微波为载波的微波测距仪。因为光波和微波均属于电磁波，故它们又统称为电磁波测距仪（也有人称光电测距仪）。

电磁波测距仪按仪器测程可分为短程、中程和远程 3 种。

（1）短程电磁波测距仪。测程在 3km 以内，测距误差一般在 1cm 左右。

（2）中程电磁波测距仪。测程在 3～15km 左右的仪器。如我国的某型号的电磁波测距仪误差为 ±（10mm+1×10⁻⁶L），国外某型号的电磁波测距仪误差为 ±（0.2mm+0.2×10⁻⁶L）。

（3）远程电磁波测距仪。测程在 15km 以上的电磁波测距仪，误差为 ±（5mm+1×10⁻⁶L）。

短程电磁波测距仪，多采用砷化镓发光二极管作为光源（发出红外荧光）。中程、远程电磁波测距仪，多采用氦—氖气体激光器作为光源，也有其他如二氧化碳激光器等。

由于激光器发射激光具有方向性强、亮度高、单色性好等特点，测距仪中多用激光作载波，因此，也称为激光测距仪。

4.3.3.2　电磁波测距原理

1. 测距基本原理

电磁波测距是利用电磁波（微波、光波）作载波，在其上调制测距信号，进行测量两点间距离的一种方法。若测得电磁波在测线两端往返传播的时间，则可求出两点间距离为：

$$L = \frac{1}{2}ct \qquad (4.28)$$

式中　t——电磁波在测线两端往返传播的时间，s；

　　　c——电磁波在大气中的传播速度，m/s。

电磁波测距仪具有测量速度快、方便、受地形影响小、测量精度高等特点，已逐渐代替常规量距方法。

2. 分类

电磁波测距按采用的载波不同，可分为微波测距仪、激光测距仪和红外测距仪；按测距原理，可分为脉冲法测距仪和相位法电磁波测距仪两种。

3. 脉冲法测距

用红外测距仪测定 A、B 两点间的距离，在待测距离一端安置测距仪，另一端安放反光镜，见图 4.22。当测距仪发出光脉冲，经反光镜反射，回到测距仪。若能测定光在该距离上往返传播的时间，测定发射光脉冲与接收光脉冲的时间差，则测距公式为

$$L = \frac{1}{2}c\Delta t \qquad (4.29)$$

式中　c——光在真空中的传播速度，m/s；

　　　Δt——发射光脉冲与接收光脉冲的时间差，s。

脉冲法测定距离的精度取决于时间的量测精度。如果要求测距测量误差不大于 $\pm 1cm$，测定时间的误

差就要求不大于 $6.7 \times 10^{-11} s$，一般情况下，这个要求很难达到。目前使用的脉冲法测距仪器，即使使用了激光或微波，其测距误差一般为 $0.5 \sim 1.0m$。

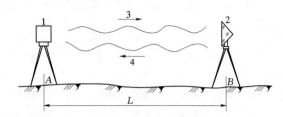

图 4.22　脉冲法测距示意图
1—光电测距仪；2—反射棱镜；
3—发射波；4—返回波

4. 相位法测距

目前在工程中使用的测距仪多采用相位法测距原理。它是将测量时间变成测量电磁波在测线中传播的载波相位差。通过测定相位差来测定距离，称为相位法测距。若在发光二极管中注入交变电流，使发光管发射的光强随着注入电流的大小发生变化，这种光称为调制光。

在 A 站上测距仪发射的调制光沿 AB 方向传播，到达 B 点后经反光镜反射又回到 A 点，被测距仪接收器接收，所经过的时间为 Δt。调制光往返经过了 $2L$ 的路程（图 4.23）。若调制光的频率已知，则调制光在测线上传播时的相位延迟为

$$\varphi = 2\pi f \Delta t \qquad (4.30)$$

式中　φ——相位延迟；

　　　f——调制光的频率。

相位延迟还可以用相位的整周数（2π）的个数和不足一个整周数的相位延迟来表示，则有

$$\varphi = 2\pi N + \Delta\varphi \qquad (4.31)$$

式中　N——相位的整周数（2π）的个数；

　　　$\Delta\varphi$——不足一个整周数的相位延迟。

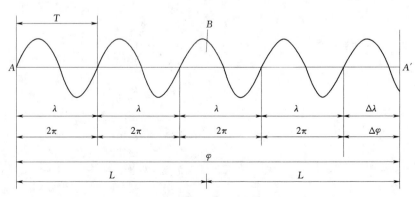

图 4.23　相位法测距原理示意图

将式 (4.31)、式 (4.30) 代入式 (4.29)，并考虑到 $c=\lambda f$，经整理，得相位法测距基本公式：

$$L = \frac{\lambda}{2}(N + \Delta N) \qquad (4.32)$$

其中

$$\Delta N = \frac{\Delta\varphi}{2\pi} < 1$$

式中　λ——调制光的波长，$\frac{\lambda}{2}$ 常称为"光尺"；

ΔN——不足整周期的比例数。

仪器在设计时，选定发射光源后，发射光源波长即定，然后确定一个标准温度和标准气压，这样可以求得仪器在该条件下的折射率（大气折射率为载波波长、大气温度、大气压力、大气湿度的函数）。而用测距仪测距时的温度、气压、湿度与仪器设计时选用的标准温度、气压、湿度均不相同。所以在测距时还要测定测线的温度、气压和湿度，对所测距离进行气象改正。

测距仪对于相位的测定是采用将接收测线上返回的载波相位与机内固定的参考相位在相位计中比相。一般情况下，相位计只能分辨 $0\sim 2\pi$ 之间的相位变化，即只能测出不足一个整周期的相位差（$\Delta\varphi$），而不能测出整周数（N）。例如，"光尺"为 10m，只能测出小于 10m 的距离；光尺 1000m 只能测出小于 1000m 的距离。因此，测尺越长、精度越低；为了兼顾测程和精度，在测距仪设计和制造时常采用多个调制频率（即 n 个光尺）进行测距。用短光尺（称为精尺）测定精确的小数，用长测尺（称为粗尺）测定距离的大数，这样就解决了长距离测距的精度问题。

5. 测距成果计算

一般情况下，测距仪测定的是一定气象条件下的斜距，因而测距完成后，还需要对所测成果进行仪器常数改正、气象改正、倾斜改正等，最后求得水平距离。

（1）仪器常数改正。仪器常数有加常数和乘常数两项。对于加常数，由于发光管的发射面、接收面与仪器中心不一致，反光镜的等效反射面与反光镜中心不一致，内光路产生相位延迟及电子元件的相位延迟等，使得测距仪测出的距离值与实际距离值不一致。此常数一般在仪器出厂时预置在仪器中，但是由于仪器在搬运过程中的振动、电子元件老化，常数还会变化。这个常数要经过仪器检测求定，并对所测距离加以改正。需要注意的是不同型号的测距仪，其反光镜常数是不一样的。若互换反光镜必须重新测试加常数，方可使用。

仪器的测尺（光尺）长度与仪器振荡频率有关。仪器经过一段时间使用，器件会老化，致使测距时仪器的频率与设计时的频率有偏移，因此产生与测试距离成正比的系统误差。其比例因子称为乘常数。此项误差也应通过检测求定，在所测距离中加以改正。

有的测距仪都具有设置仪器常数的功能，测距前预先设置常数，在仪器测距过程中自动改正。若测距前未设置常数，可按下式计算加常数和乘常数的改正值：

$$\Delta L_K = K + RL_0 \qquad (4.33)$$

式中　ΔL_K——仪器常数改正值，m；

K——仪器加常数；

R——仪器乘常数；

L_0——仪器测得的未经改正的距离。

（2）气象改正。仪器的测尺长度是在一定的气象条件下推算出来的。但是仪器在野外测量时气象参数与仪器标准气象元素不一致，因此使测距值产生系统误差。所以在测距时，应同时测定环境温度（读到 1℃）、气压（读到 1mmHg，即 133.3Pa）。利用仪器生产厂家提供的气象改正公式计算距离改正值，如某厂家测距仪气象改正公式为

$$\Delta L_0 = 28.2 - \frac{0.029P}{1 + 0.0037t} \qquad (4.34)$$

式中　P——观测时气压，mmHg；

t——观测时温度，℃；

ΔL_0——气象改正值，m。

目前测距仪大多具有设置气象参数的功能，在测距前设置气象参数，在测距过程中仪器自动进行气象改正。

（3）倾斜改正。测距仪测试结果经过前几项改正后的距离是测距仪几何中心到反光镜几何中心的斜距。要改算成平距还应进行倾斜改正。现代测距仪一般都与光学经纬仪或电子经纬仪组合，测距时可以同时测出竖直角。则可用下式计算平距：

$$L = (L_0 - \Delta L_k - \Delta L_0)\cos\alpha \qquad (4.35)$$

式中　L——经倾斜改正后的水平距离，m；

α——竖直角，（°）。

4.3.4 视距测量

1. 视距测量原理

视距测量是利用望远镜内的视距装置配合视距尺，根据几何光学和三角测量原理，同时测定距离和高差的方法。最简单的视距装置是在测量仪器（如经纬仪、水准仪）的望远镜十字丝分划板上，刻制上、下对称的两条短线，称为视距丝。视距测量中的视距尺可用普通水准尺，也可用专用视距尺。

一般视距测量精度为 1/200～1/300，精密视距测量可达 1/2000。由于视距测量用一台经纬仪即可同时完成两点间平距和高差的测量，操作简便，特别

是当地形起伏较大时，能够提高数倍工作效率，常用于模拟法测图中的碎部测量、图根控制网的加密、断面测量、断面标志索校测等。

2. 视线水平时距离公式

如图 4.24 所示，欲测定 A、B 两点间的水平距离，可在 A 点安置经纬仪，B 点立视距尺。设望远镜视线水平，瞄准 B 点视距尺，此时视线与视距尺垂直。若尺上 M、N 点成像在十字丝分划板上的两根视距丝 m、n 处，那么尺上 MN 的长度可由上、下视距丝读数之差求得。即

$$l = M - N \qquad (4.36)$$

则水平距离　　$$D = Kl + C \qquad (4.37)$$

式中　D——测定 A、B 两点间的水平距离；

　　　K、C——视距乘常数和视距加常数；

　　　l——上、下丝读数之差，也称为视距间隔或尺间隔。

常用的内对光望远镜的视距常数，设计时已使 $K = 100$，C 接近于零，所以式（4.37）可改写为：

$$D = Kl \qquad (4.38)$$

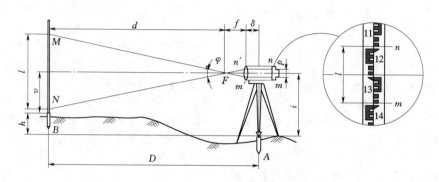

图 4.24　视距测量示意图

3. 视线倾斜时的距离公式

在地面起伏较大的地区进行视距测量时，必须使视线倾斜才能读取视距间隔，见图 4.25。由于视线不垂直于视距尺，故不能直接应用式（4.37）。首先需要将视距间隔 MN 换算为与视线垂直的视距间隔 $M'N'$，这样就可计算倾斜距离，再根据竖直角算出水平距离。

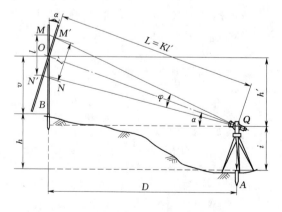

图 4.25　视线倾斜时视距测量示意图

在图 4.25 中，由于 φ 角很小，故可把 $\angle OM'M$ 和 $\angle ON'N$ 近似地视为直角，则 $\angle M'OM = \angle N'ON = \alpha$。因此，由图 4.25 可看出 MN 与 $M'N'$ 的关系如下：

$$
\begin{aligned}
M'N' &= M'O + ON' \\
&= MO\cos\alpha + ON\cos\alpha \\
&= (MO + ON)\cos\alpha \\
&= MN\cos\alpha
\end{aligned}
$$

设　$M'N' = l'$，则

$$l' = l\cos\alpha \qquad (4.39)$$

倾斜距离（L）为：

$$L = Kl' = Kl\cos\alpha \qquad (4.40)$$

所以，A、B 两点间的水平距离（D）为：

$$D = L\cos\alpha = Kl\cos^2\alpha \qquad (4.41)$$

式中　L——倾斜距离，m；

　　　α——竖直角，rad。

4. 视距测量的观测与计算

如图 4.25 所示，进行视距测量时，首先安置仪器于 A 点，然后转动照准部瞄准 B 点视距尺，分别读取上、下、中三丝的读数 M、N、v，计算视距间隔，再使竖盘指标水准管气泡居中（竖盘指标自动安平经纬仪则无此项操作），读取竖盘读数，并计算竖直角。然后按式（4.41）计算出水平距离。

5. 视距测量误差

（1）读数误差。用视距丝在视距尺上读数的误差，与尺子最小分划的宽度、距离的远近和望远镜放大倍率等因素有关。因此，读数误差的大小，视使用

的仪器、作业条件而定。在测绘地形图时为了保证视距的精度,通常要求限制最大视距。

(2)视距尺倾斜所引起的误差。视距尺倾斜误差的影响与竖直角有关,尺身倾斜对视距精度的影响也很大。

(3)乘常数不准确的误差。一般视距乘常数$K=100$,但由于视距丝间隔误差、视距尺分划误差、仪器检定误差,会使K值不为100。K值误差使视距测量产生系统误差。K值应在100 ± 0.1之内,否则应加以改正。

视距乘常数测定方法:在平坦地区选择一段直线,沿直线在距离为25m、50m、100m、150m、200m的地方分别打下木桩,编号为B_1、B_2、…、B_5,仪器安置在A点,在B_i桩上依次立视距尺,在视线水平时,以盘左、盘右分别用上、下丝在尺上读数得尺间隔,然后进行返测,将每一段尺间隔平均值除以该段距离,即可求出该段的乘常数;再取平均值,即为仪器乘常数K。

(4)视距尺分划误差。视距尺分划误差若是系统性增大或减小,对视距测量将产生系统性误差。这个误差在仪器常数检测时将会反映在乘常数K上。若视距尺分划误差是偶然误差,对视距测量影响也是偶然性的。视距尺分划误差一般为±0.5mm。

(5)竖直角测量误差。根据视距测量公式和误差理论,竖直角观测误差对视距测量影响为

$$m_d = Kl\sin2\alpha\frac{m_a}{\rho} \qquad (4.42)$$

式中 m_a——竖直角测量误差,(″);
  ρ——常数,206265″。

(6)外界气象条件对视距测量的影响:

1)大气折光的影响。视线穿过大气时会产生折射,其光程从直线变为曲线,造成误差。由于视线靠近地面,折光大,所以规定视线应高出地面1m以上。

2)大气湍流的影响。空气的湍流使视距尺成像不稳定,造成视距误差。当视线接近地面或水面时,这种现象更为严重。所以视线要高出地面1m以上。除此以外,风和大气能见度对视距测量也会产生影响。风力过大,尺子会抖动,空气中灰尘和水气会使视距尺成像不清晰,造成读数误差,所以应选择良好的天气进行测量。

6.视距测量注意事项

(1)为减少垂直折光的影响,观测时应尽可能使视线离地面1m以上。

(2)作业时,要将视距尺竖直,并尽量采用带有水准器的视距尺。

(3)要严格测定视距乘常数,K值应在100 ± 0.1之内,否则应加以改正。

(4)视距尺一般应是按厘米划的整体尺。如果使用塔尺,应注意检查各节尺的接头是否准确。

(5)要在成像稳定的情况下进行观测。

4.3.5 交会法测距

角度交会法是在两个或多个控制点上安置经纬仪,通过测设两个或多个已知水平角度,交会出待定点的平面位置(距离)。这种方法又称为方向交会法。交会法适用于待定点离控制点较远,且量距较难的测点。角度交会法根据测量角度不同又分为前方交会、侧方交会和后方交会等。

1.前方交会

如果已知A、B两点的坐标如图4.26所示,为了求P点坐标或求AP、BP的距离b、a,先测量出角α、β,根据已知A、B两点的距离可计算出距离b、a或P点坐标,这种交会方法称前方交会。距离b可用下式计算:

$$b = \frac{S\sin\beta}{\sin(\alpha+\beta)} \qquad (4.43)$$

式中 b——A、P两点间的距离,m;
  S——A、B两点间的距离(已知),m。
一般情况下要求交会角$30°<\gamma<150°$。

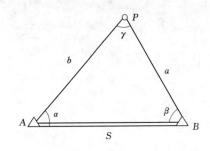

图 4.26 前方交会法、侧方交会法示意图

2.侧方交会

在图4.26中,如果观测的角度是α、γ,同样可以计算出距离b和P点坐标,则称侧方交会。则A、P两点间的距离b可用下式计算:

$$b = \frac{S\sin(\alpha+\gamma)}{\sin\gamma} \qquad (4.44)$$

3.后方交会

后方交会是仪器只在未知点上设立,测出其与已知点的角度,然后计算距离和未知点的坐标。由于水文测验中使用较少,不再做详细介绍。

4.3.6 六分仪测距

1. 仪器结构

用来测量远方两个目标之间夹角的一种光学仪器，因仪器上的刻度弧为圆周的 1/6，而得名六分仪。

六分仪有扇状外形，如图 4.27（a）所示，由一架小望远镜、一个半透明半反射的定镜、两个动镜、刻度盘、刻度盘旋钮、刻度滚筒等组成。

2. 测量原理

六分仪的结构和光学原理如图 4.27（b）所示，图中：

$$\triangle ABC \text{ 中} \qquad \omega = \beta - \alpha \qquad (4.45)$$
$$\triangle ABD \text{ 中} \qquad h = 2\beta - 2\alpha \qquad (4.46)$$
$$\text{所以} \qquad h = 2\omega \qquad (4.47)$$

六分仪的定镜又称地平镜，半边透明；动镜又称指标镜，随指标杆转动。观测角为两镜夹角的 2 倍，即弧长 60° 的刻度弧可用以观测 120° 的角度。观测地面目标之间的水平夹角时，观测者手持六分仪，转动

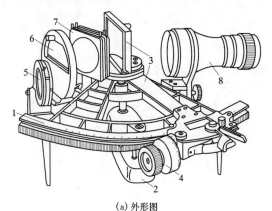

（a）外形图

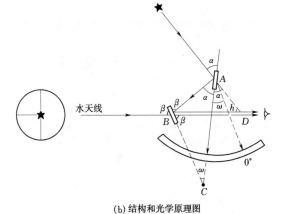

（b）结构和光学原理图

图 4.27 六分仪结构和原理图

1—刻度盘；2—刻度盘旋钮；3—定镜；4—刻度滚筒；
5—动镜；6—定镜；7—动镜；8—望远镜；
ω—两镜夹角；h—观测角

指标镜，把视线通过定镜透明部分对着其中之一目标为基准，再转动指标杆使另一目标影像经两镜反射垂直与第一个目标重合，在刻度弧上直接读出观测角。

3. 测量精度

有一定经验的观测者在正常条件下，白天单一观测的均方误差为 ±（$0.7' \sim 1.0'$）。

4. 仪器特点

六分仪的优点是轻便，可以在摆动着的物体（如船舶）上观测。缺点是受天气的影响较大，阴雨天不能使用。而制造过程中会无可避免地引入机械误差，这也成了限制六分仪精度的一个因素。

5. 应用

用六分仪测量角度后，可根据已知的基线上用三角公式计算求得的距离。随着各种测距仪、无线电定位仪、GPS 等定位仪器的出现，六分仪应用于测角在减少，但在一些特定的条件下，六分仪仍在应用，也可将六分仪作为测船定位的一种备用手段，以便特殊情况下用。

4.3.7 全站仪及其使用

1. 全站仪简介

全站仪是一种智能化的电子测量仪器，由电子经纬仪和测距仪两部分组成，是一种由机械、光学、电子元件、计算机组合而成的新型测量仪。只要在测站点上按要求安置好仪器，它就可以同时进行角度（水平角、竖直角）和距离（斜距、平距）测量，甚至直接给出测点坐标，即可以完成该测站的所有测量工作。

全站仪主要由电源、测角、测距、中央处理器（CPU）、输入、输出等部分组成。测角部分相当于电子经纬仪，可以测定水平角、竖直角和设置方位角。测距部分相当于电磁波测距仪，一般用红外光源，测定至目标点的斜距，并可根据所测竖直角计算平距及高差。中央处理器接受指令，分配各种观测作业，进行测量数据的运算。一般情况下，全站仪具有观测值的各种改正、取各次观测值的平均值、极坐标法或交会法的坐标计算功能。输入、输出部分包括键盘、显示屏和接口。从键盘可以输入操作指令、数据和设置参数；显示屏可以显示出仪器当前的工作模式、状态、观测数据和运算结果；接口使全站仪能与磁卡、磁盘、微机交互通信，传输数据。野外的测量数据可以直接传入计算机，进行计算、编辑和绘图；同时，测量作业所需要的已知数据也可以从计算机中输入全站仪。这样，不仅提高了野外测量的工作效率，而且可以实现整个测量作业的高度自动化。

2. 仪器的主要性能指标

不同型号仪器主要性能指标不同，如某一型号的

全站仪主要性能指标如下：

（1）精度：测角 1″，测距 1mm+2ppm。

（2）单次测量时间：3s。

（3）测程（在正常大气条件下）：2.5km（单棱镜），3.5km（三棱镜）。

（4）望远镜放大倍数：30 倍。

3. 测量模式

一般情况下全站仪测量模式有角度测量、距离测量、坐标、高程测量、特殊模式等。

4. 全站仪的操作

（1）仪器安装。全站仪安置在待测距离起点，反光镜安置在待测距离终点，对中和整平方法同普通光学经纬仪。

（2）开机。打开电源开关（按下 PWR 键），显示器显示当前的棱镜常数（棱镜常数是仪器出厂时规定的常数，或经过检定后的仪器常数）、气象改正参数（在精密测距时应测量气温和气压，可直接输入仪器进行自动改正或从随机带的气象改正表中查取改正参数，或者利用公式计算，然后再输入气象改正参数）、电池电量及测距信号强弱的显示。

（3）选择角度测量模式（水平角/竖直角）。瞄准第一个目标，设置起始方向值，然后瞄准第二个目标，显示器直接显示第二目标与第一目标两方向之间的水平角，并同时显示所测目标的竖直角。一测回的观测操作程序同普通光学经纬仪。

（4）选择距离测量模式。测距模式一般分为精密测距和普通测距（精密测距 MSR/普通测距 TRK），如某一型号的仪器，按 MSR 键则执行精密测距，按 TRK 键则执行普通测距（跟踪或快速测距）。

（5）测量完毕关机。

5. 全站仪使用注意事项

（1）在阳光下或雨天作业一定要撑伞遮阳、遮雨，防止阳光或其他强光直接射入物镜，以免烧坏光敏二极管。

（2）尽管有些仪器具有防水、防雨、防尘功能，

在使用中还应注意防雨、防水等。

（3）测线两侧或镜站背后应避开反射物体，以免障碍物反射信号进入接收系统产生干扰信号，主机也应尽可能避开高压线、高压变压器等强电场干扰源。

（4）测距结束要注意关机。

（5）测距仪在运输及保管过程中应注意防潮、防震和防高温。

4.4 高 程 测 量

测量地面点高程的工作称为高程测量。按使用仪器和施测方法的不同，高程测量分为水准测量、三角高程测量、GPS 高程测量和气压高程测量。水准测量是高程测量中精度最高和最常用的一种方法，被广泛应用于高程控制测量和各项工程施工测量中，水文测验中应用也最为广泛。

4.4.1 水准测量原理

4.4.1.1 高差计算

水准测量是利用水准仪提供一条水平视线，借助水准尺来测定地面两点间的高差，从而由已知点高程及测得的高差求出待测点高程。

如图 4.28 所示，欲测定 A、B 两点间的高差，可在 A、B 两点分别竖立水准尺，在 A、B 之间安置水准仪。利用水准仪的水平视线，分别读取 A 点水准尺上的读数和 B 点水准尺上的读数，则 A、B 两点高差为：

$$h_{AB} = a - b \qquad (4.48)$$

式中　h_{AB}——A、B 两点间的高差，m；

　　a、b——A 点和 B 点水准尺上的读数，m。

水准测量方向是由已知高程点开始向待测点方向前进的，即 A（后）→B（前）。在图 4.28 中，A 为已知高程点，B 为待测点，则 A 尺上的读数称为后视读数，B 尺上的读数称为前视读数。在式（4.48）中，若 $a > b$，高差为正，表明 B 点高于 A 点；若 $a < b$，则高差为负，表明 B 点低于 A 点。

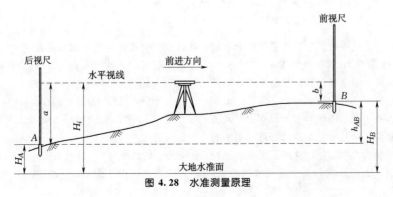

图 4.28　水准测量原理

4.4.1.2　高程计算

计算高程的方法有高差和仪高两种。

1. 高差法

由图 4.28 可知：

$$H_B = H_A + h_{AB} = H_A + (a - b) \qquad (4.49)$$

式中　H_A、H_B——A 点和 B 点的高程，m。

式（4.49）是直接用高差，计算 B 点高程，称为高差法。

2. 仪高法

由图 4.29 可知，A 点的高程加后视读数就是仪器的视线高程，即

$$H_i = H_A + a \qquad (4.50)$$

式中　a——后视（A 点）水准尺上的读数，m；

　　　　H_i——仪器的视线高程，m。

则 B 点的高程为：

$$H_B = H_i - b = H_A + a - b \qquad (4.51)$$

式（4.51）是利用仪器视线高程计算 B 点高程，称为仪高法。在工程测量中，经常根据一个后视点的高程同时测定多个前视点的高程，这时仪高法较高差法简便，故在工程测量中得到广泛应用。

4.4.2　水准仪及其使用

水准仪是为水准测量提供水平视线的仪器，我国水准仪按仪器精度分，有 DS_{05}、DS_1、DS_3、DS_{10} 等 4 种型号的仪器。D、S 分别为"大地测量"和"水准仪"的汉语拼音第一个字母，数字 05、1、3、10 表示该仪器的精度。如 DS_3 型水准仪，表示该型号仪器进行水准测量每千米往、返测高差可达 $\pm 3mm$。DS_{05}、DS_1 型适用于精密水准测量，也称精密水准仪；DS_3、DS_{10} 型适用于普通水准测量，也称普通水准仪。

4.4.2.1　普通水准仪简介

图 4.29 是国产 DS_3 型微倾式水准仪（又称气泡式水准仪），该仪器由望远镜、水准器及基座 3 个主要部分组成。仪器通过基座与三脚架连接，支承在三脚架上，基座装有 3 个脚螺旋，用以粗略整平仪器。望远镜旁装有一个管水准器，转动望远镜微倾螺旋，可使望远镜做微小的上仰下俯，管水准器也随之上仰下俯，当管水准器的气泡居中时，则望远镜视线水平。仪器在水平方向的转动，是由水平制动螺旋和水平微动螺旋控制的。

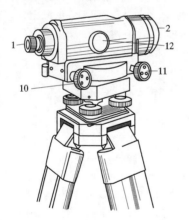
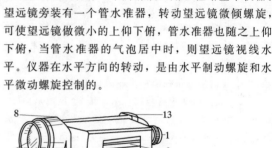
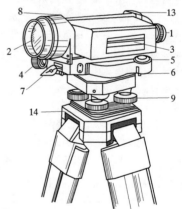

图 4.29　DS_3 型微倾式水准仪外形示意图
1—目镜；2—物镜；3—管水准器；4、11—微动螺旋；5—圆水准器；
6—圆水准器校正螺丝；7—制动扳钮；8—准星；9—脚螺旋；
10—微倾螺旋；12—对光螺旋；13—缺口；14—三脚架

（1）望远镜。望远镜由物镜、对光透镜、十字丝分划板、目镜和调焦螺旋等部分组成，如图 4.30（a）所示。根据几何光学原理可知，目标经过物镜及对光透镜的作用，在十字丝附近成一倒立实像。由于目标离望远镜的远近不同，借转动对光螺旋使对光透镜在镜筒内前后移动，即可使其实像恰好落在十字丝平面上，再经过目镜的作用，将倒立的实像和十字丝同时放大，这时倒立的实像成为倒立放大的虚像，

其放大的虚像与用眼睛直接看到目标大小的比值，称为望远镜的放大率。国产 DS_3 型水准仪望远镜的放大率一般约为 30 倍左右。

十字丝是用以瞄准目标和读数的，其形式一般如图 4.30（b）所示。其中十字丝的交点和物镜光心的连线，称为望远镜的视准轴，也是用以瞄准和读数的视线。因此望远镜的作用一方面是提供一条瞄准目标的视线，另一方面将远处的目标放大。提高瞄准和读数的精度。

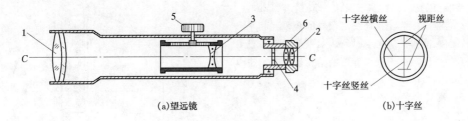

（a）望远镜　　　　　　　　　（b）十字丝

图 4.30　望远镜构造示意图

1—物镜；2—目镜；3—对光透镜；4—十字丝；5—物镜调焦螺旋；6—目镜调焦螺旋

上述望远镜是利用对光凹透镜的移动来对光的，称为内对光望远镜；另有一种老式的望远镜是借助物镜或目镜的前后移动来对光的，称为外对光望远镜。外对光望远镜密封性较差，灰尘湿气易进入镜筒内，镜筒要做得较长，仪器较重，而内对光望远镜恰好能克服这些缺点，所以目前测量仪器大多采用内对光望远镜。

（2）水准器。水准器是用以整平仪器的器具，分为管水准器和圆水准器两种。

1）管水准器。管水准器亦称水准管，是用一个内表面磨成圆弧的玻璃管制成，见图 4.31，一般规定以 2mm 圆弧长度所对圆心角表示水准管的分划值，分划值越小，灵敏度越高，DS₃ 型水准仪的水准管分划值一般为 20″/2mm。水准管内盛满酒精和乙醚的混合液，仅留一个气泡。管内圆弧中点处（圆弧最高点）的切线，称为水准管轴，当气泡两端与圆弧中点对称时，称为气泡居中，即表示水准管轴处于水平位置。水准仪上的水准管是与望远镜连在一起的，当水准管轴与望远镜视准轴互相平行时，水准管气泡居中，视线也就水平。因此，水准管和望远镜是水准仪的主要部件，水准管轴与视准轴互相平行是水准仪构造的主要条件。

为了提高水准管气泡居中的精度，目前生产的水准仪，一般在水准管上方设置一组棱镜，利用棱镜的折光作用，使气泡两端的影像反映在直角棱镜上，见图 4.32（a）。从望远镜旁的小孔中可观察到气泡两

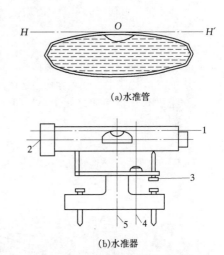

（a）水准管

（b）水准器

图 4.31　水准管构造示意图

1—水准管轴；2—视准轴；3—微斜螺旋；
4—圆水准器轴；5—仪器竖轴

端半边的影像，当两端半边气泡的影像错开时，表明气泡未居中，见图 4.32（b）。当两端半边气泡影像吻合时，则表示气泡居中，见图 4.32（c）。这种具有棱镜装置的水准管，称为符合水准器。

2）圆水准器。圆水准器是用一个玻璃圆盒制成，装在金属外壳内。玻璃的内表面磨成球面，中央刻有一小圆圈，圆圈中点与球心的连线叫做圆水准轴。当气泡位于小圆圈中央时，圆水准轴处于铅垂位置。

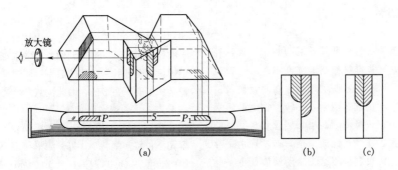

（a）　　　　　　　（b）　　　（c）

图 4.32　符合水准器示意图

普通水准仪的圆水准器分划值一般是 $8'/2mm$。圆水准器安装在托板上，其轴线与仪器的竖轴互相平行，所以当圆水准器气泡居中时，表示仪器的竖轴已基本处于铅垂位置。由于圆水准器的精度较低，它主要用于水准仪的粗略整平。

4.4.2.2 水准尺和尺垫

1. 水准尺

水准尺是水准测量中的重要工具，常用干燥而良好的木材制成。尺的形式有直尺、折尺和塔尺 3 种，见图 4.33。水准测量一般使用直尺，只有精度要求不高时才使用折尺或塔尺。

2. 尺垫

尺垫又称尺台，其形式有三角形、圆形等。测量时为了防止标尺下沉，常常将尺垫放在地上踏稳，然后把水准尺竖立在尺垫的半圆球顶上，见图 4.33 (d)。

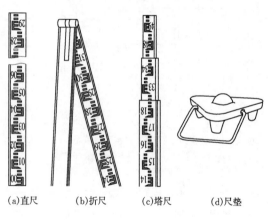

(a)直尺　(b)折尺　(c)塔尺　(d)尺垫

图 4.33　水准尺和尺垫

4.4.2.3　普通水准仪的使用

1. 仪器安置与粗略整平

支开三脚架，将三脚架插入土中，并使架头大致水平。利用连接螺旋使水准仪与三脚架固连，然后旋转脚螺旋使圆水准器的气泡居中，仪器的竖轴大致竖直，亦即仪器大致水平。

2. 瞄准

当仪器粗略整平后，松开望远镜的制动螺旋，利用望远镜筒上的缺口和准星概略地瞄准水准尺，在望远镜内看到水准尺后，关紧制动螺旋。然后转动目镜调节螺旋，使十字丝的成像清晰，再转动物镜调焦螺旋，使水准尺的分划成像清晰。当十字丝和水准尺的成像均清晰，调焦工作才算完成。这时如发现十字丝纵丝偏离水准尺，则可利用望远镜微动螺旋使十字丝纵丝对准水准尺，见图 4.34。

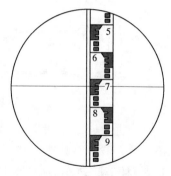

图 4.34　水准尺读数

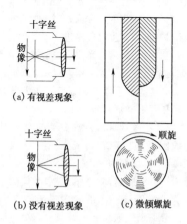

(a)有视差现象　　　(b)没有视差现象　　(c)微倾螺旋

图 4.35　十字丝视差示意图

3. 消除视差

瞄准标尺读数时，若调焦不好，则尺像没有落在十字丝平面上，如图 4.35 所示，当眼睛在目镜端上下微微移动时，则产生十字丝影像与水准尺影像有相对移动现象（即眼睛上下晃动，读数也随之变动），这种现象称为视差。视差将影响读数的正确性，必须予以消除。消除方法是转动目镜调节螺旋使十字丝成像清晰，再转动物镜调焦螺旋使尺像清晰，而且要反复调节上述两螺旋，直至十字丝和水准尺成像均清晰，当眼睛在目镜端上下晃动时读数稳定为止。

4. 精确整平和读数

转动微倾螺旋，使水准管的气泡精确居中，然后立即利用十字丝中横丝读取标尺上读数，见图 4.35。因为水准仪的望远镜一般是倒像，所以水准尺倒写的数字从望远镜中看到的是正写的数字，同时看到尺上刻划的注记是从上向下递增的，因此读数应由上向下读。

4.4.2.4　精密水准仪

我国目前常用的精密水准仪主要有 DS_{05} 型（如蔡司 Ni004，威特 N3 等）和国产 DS_1 型。精密水准仪每公里测量中误差小于 ±0.5mm 或 ±1mm。可用于国家一等、二等水准测量，大型工程建筑物施工及建筑物垂直位移（沉陷）监测等。

4.4.2.5 数字水准仪和条码水准尺

数字水准仪是在仪器望远镜光路中增加了分光镜和光电探测器等部件，采用条形码分划水准尺和图像处理电子系统，构成光、机、电及信息存储与处理的一体化水准测量系统。

数字水准仪采用自动电子读数代替人工读数，不存在读错、记错等问题，没有人为读数误差；精度高，多条码（等效为多分划）测量，削弱标尺分划误差，自动多次测量，削弱外界环境变化的影响；速度快、效率高，实现自动记录、检核、处理和存储，可实现水准测量从外业数据采集到最后成果计算的内外业一体化；数字水准仪一般是设置有补偿器的自动安平水准仪，当采用普通水准尺时，数字水准仪又可当作普通自动安平水准仪使用。

4.4.2.6 激光水准仪

激光水准仪是在原来水准仪结构的基础上，安装发射激光光束的发射器，以便提供一条水平光束，从而为在标尺上自动读数提供了可能。它不仅可沿线路测定高差，而且可以迅速扫描以测定一块地的高低起伏（又称面水准），提高了测量速度和精度。

激光水准仪在结构和制造上考虑了使激光射线长时间保持水平和稳定，形成可见光束，除了仪器定平稳定外，应注意尽量使激光发射器的谐振器不受温度影响，保证在不同视线长度时观测精度相同，并能实现激光光束中心探测及自动化的要求。

4.4.3 普通水准测量

4.4.3.1 水准点

1. 定义

为统一全国的高程系统和满足各种测量的需要，测绘部门在全国各地埋设并测定了很多高程点，这些点称为水准点（其英文名称为 bench mark，通常缩写为 BM）。在进行普通水准测量时，通常也是从水准点开始，即从已知高程点出发，测出待定点的高程。

采用某等级的水准测量方法测出其高程的水准点，称为该等级水准点；各等水准点均应埋设永久性标石或标志，水准点的等级应注记在水准点标石或标记面上。水准点标志的类型可分为基岩水准标石、基本水准标石、普通水准标石和墙脚水准标志 4 种。

2. 分类

水准点按使用和保存时间的长短，分为永久性水准点和临时性水准点两种。永久性的一般用混凝土或用整块的坚硬石料制成，上面嵌入一半球形的金属水准标志，见图 4.36 (a) 若测区内有多年坚固的建筑物（如房屋、桥基、纪念碑等），可埋入墙脚水准标志，见图 4.36 (b)。临时性水准点可用大木桩打入地下，桩顶钉一半球形铁钉，也可在房基石、桥台或固定石块上刻记号，作为临时性水准点使用，见图 4.36 (c)。

3. 设置注意事项

水准点应设在土质坚实、稳定、能长期保存，便于引测和寻找的地方。选定水准点后应进行编号、绘制点位草图，便于以后寻找。

4.4.3.2 水准路线

1. 定义

进行水准测量的路线称为水准路线。根据测区实际情况和需要，可布置成单一水准路线和水准网，见图 4.37。单一水准路线又分为闭合水准路线、附合水准路线和支水准路线三种形式。

2. 闭合水准路线

闭合水准路线图 4.37 (a) 是从一已知高程的水准点（BM）出发，沿一条水准路线进行水准测量，测出待定水准点（1，2，3，…）的高程，最后回到已知点（BM）。

3. 附合水准路线

附合水准路线图 4.37 (b) 是从已知高程的水准点（BM_1）出发，测定 1，2，3，…点的高程，最后附合到另一已知水准点（BM_2）上。

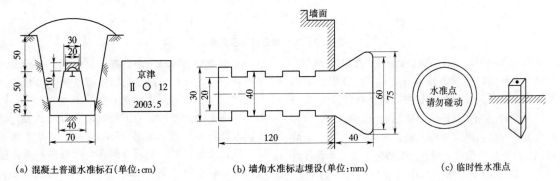

(a) 混凝土普通水准标石(单位:cm)　　　(b) 墙角水准标志埋设(单位:mm)　　　(c) 临时性水准点

图 4.36　水准点标志示意图

4. 支水准路线

支水准路线图 4.37 （c）则从一已知高程的水准点（BM_5）出发，测量各个待测点，既不闭合到原来的水准点上，又不附合到另外的已知水准点上，为了进行校核，应进行往返测量。

5. 水准网

两条以上单一水准路线相交于某一待定水准点，则称为水准网，其相交点称为节点。在图 4.37 （d）中，水准点 5 即为节点。本节根据水文测量的特点，主要介绍单一水准路线。

4.4.3.3　水准测量方法

水准测量分为一、二、三、四等，一、二等水准测量又称为精密水准测量，三、四等水准测量称为普通水准测量。

1. 测量步骤

当地面上 A、B 两点间的距离较远，超过水准仪到水准尺规定的视线长度（一般规定为 80m，100m）时，必须将 A、B 间的水准路线分成若干段，见图 4.38，连续设置仪器，依次测得各段高差。然后再根据 A 点高程，求得 B 点高程。

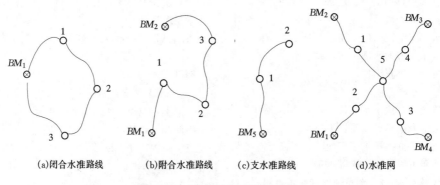

(a)闭合水准路线　　　(b)附合水准路线　　　(c)支水准路线　　　(d)水准网

图 4.37　水准路线布设形式示意图

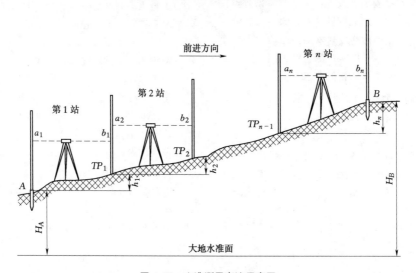

图 4.38　水准测量方法示意图

在图 4.39 中，已知 A 点高程（点号记为 BM_A），共设 5 个测站，欲求 B 点高程。首先将仪器安置在第 I 站，后视 A 点标尺并读数，再前视转点（TP_1）标尺并读数。当仪器迁到第 II 站时，转点 TP_1 的标尺变为后视尺，读其后视数值，再读转点 TP_2 上的前视标尺。然后依次完成各段的观测工作，并将读数记入水准测量手簿的相应栏中。

转点是临时的立尺点，其作为传递高程的过渡点，并不需要求得转点的高程，故在转点上放置尺垫即可（注意在相邻两站观测过程中转点尺垫不许有任何变动）。每安置一次仪器，称为一个测站。对于每一个测站来说，为了检核读数有无错误，可采用改变仪器高度，即重新安置一次仪器再测一次，或用两台仪器同时观测。将两次测得的高差进行比较，若不超过规定限差，则取其平均数作为该测站的高差值。

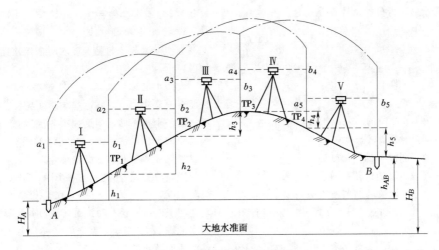

图 4.39   水准测量方法示意图

2. 高差计算

各站的高差计算可写成普遍公式为

$$h_i = a_i - b_i \qquad (4.52)$$

式中 h_i——第 i 站的高差，m；

　　　　a_i——第 i 站的后视读数，m；

　　　　b_i——第 i 站的前视读数，m。

则 A、B 两点间的高差通用公式为

$$h_{AB} = \sum_{i=1}^{n} a_i - \sum_{i=1}^{n} b_i \qquad (4.53)$$

式中 h_{AB}——A、B 两点间实测的高差，m；

　　　　n——A、B 两点测量的测站数，此例中 n = 5。

3. 高程计算

高差计算检核无误后，根据 A 点高程和 AB 路线上的高差，计算得 B 点的高程为

$$H_B = H_A + h_{AB} \qquad (4.54)$$

4.4.3.4　闭合差计算

1. 闭合水准路线

欲求得 1，2，3，…，n 点的高程，可从已知 BM_1 点起实施水准测量，经过 1，2，3，…，n 点再回到 BM_1 点，组成一个闭合水准路线。显然，如果观测过程中没有误差，高差总和在理论上应等于零。

由于测量中存在各种误差，实测高差总和不为零，它与理论高差总和的差数称为高差闭合差。用公式表示为

$$f_h = \sum_{i=1}^{n} h_i \qquad (4.55)$$

式中 h_i——实测各站高差，m；

　　　　f_h——高差闭合差，简称闭合差，m；

　　　　n——测段数。

2. 附合水准路线

从已知高程的水准点（BM_1）开始施测，经过 1，2，3，…，n 点后，附合到另一已知高程的水准点（BM_2），假设已知高程没有误差，观测过程也没有误差，则整个路线高差总和的理论值应满足：

$$\sum_{i=1}^{n} h_i' = H_a - H_u \qquad (4.56)$$

式中 H_u、H_a——路线上起始点和终点（已知点）的高程，m。

实际测量存在误差，导致闭合差的存在式（4.56）并不成立，对于任意的附合水准路线闭合差可用式（4.57）计算：

$$f_h = \sum_{i=1}^{n} h_i - (H_a - H_u) \qquad (4.57)$$

3. 支水准路线

从已知水准点测至 1，2，3，…，n，再返回到已知点，理论上往测与返测高差的绝对值应相等，否则有高差闭合差，计算如下：

$$f_h = \left| \sum_{i=1}^{n} h_{ti} \right| - \left| \sum_{i=1}^{n} h_{ri} \right| \qquad (4.58)$$

式中 h_{ti}——水准路线上第 i 个测段的往测高差，m；

　　　　h_{ri}——水准路线上第 i 个测段的返测高差，m。

4.4.3.5　闭合差的改正

当闭合差满足下式时，则成果符合要求，否则必须重测。

$$|f_h| \leqslant |f_{h允}| \qquad (4.59)$$

式中 $f_{h允}$——高差闭合差的允许值，mm。

对于复杂的水准线路的高程测量需要进行专门的平差计算消除闭合差。若线路较简单（如附合、闭合、支线水准路线），闭合差的改正数可按测段长度

或仪器站数的比例进行分配，计算公式为

$$V_i = -\frac{L_i}{\sum\limits_{i=1}^{n} L_i} f_h \qquad (4.60)$$

$$V_i = -\frac{n_i}{n} f_h \qquad (4.61)$$

式中　V_i——第 i 个测段的高差改正数，m；

L_i——第 i 个测段的长度，m；

n_i——某一测段中的仪器站数；

n——路线中总的仪器站数。

将计算的第 i 个测段的高差改正数，加于该测段的高差平均数中，得到改正后的高差，用于计算高程。

4.4.4　水准仪的检验与校正

在使用水准仪之前，应先进行检视，检查仪器的包装箱，仪器外表等有无损伤，转动是否灵活，水准器有无气味，光学系统有无霉点，螺旋有无松动，脚架是否牢固，有无过紧或过松现象。

对仪器进行检验，就是查明仪器的轴系是否满足应有的几何条件，如果不满足，且超出了规定要求，则应进行校正。仪器校正的目的，是使仪器的各轴系满足应有的几何条件。

4.4.4.1　水准仪轴系应满足的几何条件

根据水准测量原理，在进行水准测量时，要求水准仪能提供一条水平视线。为了使水准仪能提供一条水平视线，水准仪各轴线（见图 4.40）应满足以下几何条件：

（1）圆水准器轴应平行于仪器竖轴，即 $L_0 L_0$ // VV。

（2）水准管轴平行于视准轴，即 LL // CC。

（3）十字丝横丝垂直于竖轴。

下面以 DS_3 型微倾式水准仪为例介绍检验与校正的具体方法。

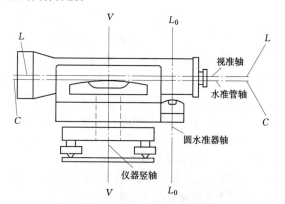

图 4.40　水准仪轴线关系示意图

4.4.4.2　圆水准轴与仪器旋转轴平行的检验与校正

1. 检验原理与方法

为使问题简单起见，现取两个脚螺旋的连线方向加以讨论。

设圆水准轴（$L_0 L_0$）与仪器旋转轴（VV）不平行而有一交角（α）。假定基准面（基座底板所在的平面）是一个水平面，则这种不平行是由于脚螺旋的不等高与圆水准气泡下面的校正螺丝不等长所引起的。所以当气泡居中时，水准轴是竖直的，而仪器旋转轴则与竖直位置偏差角为 α，见图 4.41（a）。将望远镜旋转 180°，见图 4.41（b），由于仪器是绕 VV 轴旋转，即 VV 轴位置不动，而气泡恒处于最高处，因此圆水准轴 $L_0 L_0$ 与竖直线之间的夹角为 2α，即气泡偏移的弧度所对的中心角等于 2α。

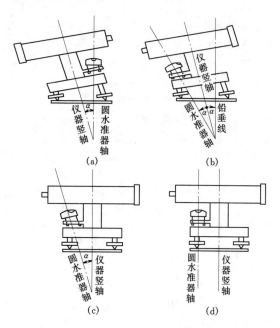

图 4.41　圆水准器检验与校正示意图

2. 校正方法

检验时若发现圆水准气泡出了圆圈，则用校正针分别拨动圆水准器下面的三个校正螺钉，见图 4.42，使气泡向居中位置移动偏离的一半。这时，如操作完全正确，圆水准轴将与仪器旋转轴平行，见图 4.41（c）。其余一半则用仪器的脚螺旋整平仪器，则仪器旋转轴处于竖直状态见图 4.41（d）。这项检验校正工作，需反复进行数次，直到仪器竖轴旋转到任何位置，气泡都居中为止。

4.4.4.3　水准管轴平行于视准轴的检验和校正

1. 检验方法

在比较平坦的地面上，相距约 40m 左右的地方

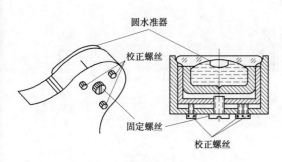

图 4.42　圆水准器校正螺钉示意图

打两个木桩或放两个尺垫作为固定点 A 和 B。检验时先将水准仪安置在距两点等距离处，见图 4.43，在符合气泡居中的情况下，分别读取 A、B 点上水准尺的读数 a_1 和 b_1，求得高差 $h_1 = a_1 - b_1$。然后将仪器搬至 B 点附近（相距 2～3m），在符合气泡居中的情况下，对远尺 A 和近尺 B，分别读得读数 a_2 和 b_2，求得第二次高差 $h_2 = a_2 - b_2$。若 $h_2 = h_1$，说明水准管

轴平行于视准轴，无需校正；若 $h_2 \neq h_1$，则说明水准管轴不平行于视准轴；若 h_2 与 h_1 的差值大于 3mm 时，需要校正。

2. 校正方法

当仪器安置于 B 点附近时，水准管轴（LL）不平行于视准轴（CC）的误差对近尺 B 读数 b_2 的影响很小，可以忽略不计，而远尺读数 a_2 则含有误差较大。在校正前应算出远尺的正确读数 a_2'，从图 4.43 可知，$a_2' = h_1 + b_2$。

转动微倾螺旋，使远尺 A 上的读数恰为 a_2'，此时视线已水平，而符合气泡不居中了，用校正针拨动水准管上、下两校正螺钉，使气泡居中，这时水准管轴就平行于视准轴。但为了检查校正是否完善，必须在 B 点附近重新安置仪器，分别读取远尺 A 及近尺 B 的读数 a_3 和 b_3，求得，$h_3 = a_3 - b_3$，若 $h_3 \neq h_1$，如相差在 3mm 以内时，表明已校正好，否则应再次校正。

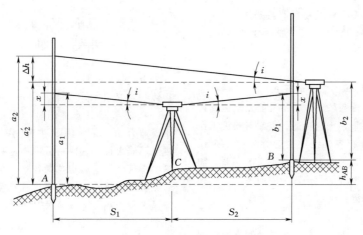

图 4.43　水准管轴检验示意图

水准管的校正螺钉上、下、左、右共 4 个。校正时，先稍微松开左、右两个中的任一个，然后利用上、下两螺钉进行校正。松上紧下，则把该处水准管支柱升高，气泡向目镜方向移动；松下紧上，则把水准管支柱降低，气泡向物镜方向移动。校正时，也应遵守先松后紧的原则，校正要细心，用力不能过猛，所用校正针的粗细要与校正孔的大小相适应。否则容易损坏校正螺钉。校正完毕，应使各校正螺钉与水准管的支柱处于顶紧状态。

4.4.4.4　十字丝横丝垂直于竖轴的检验和校正

水准测量是利用十字丝中横丝来读数的，当竖轴处于铅垂位置时，如果横丝不水平，如图 4.44（a）所示，这时按横丝的左侧或右侧读数将产生误差。

1. 检验方法

用望远镜中横丝一端对准某一固定标志 P，见图 4.44（a），旋紧制动螺旋，转动微动螺旋，使望远镜左右移动，检查 P 点是否在横丝上移动，若偏离横丝，如图 4.44（b），则需校正。

此外，也可采用挂垂球的方法进行检验，即将仪器整平后，观察十字丝纵丝是否与垂球线重合，如不重合，则需校正。

2. 校正方法

校正部件有两种形式。其一是松开十字丝分划板座四颗固定螺丝，轻轻转动分划板座，使横丝水平，然后拧紧四颗螺丝，盖上护盖；另一种，松开其中任意两颗目镜端镜筒上固定十字丝分划板座的埋头螺丝，轻轻转动分划板座，使横丝水平，再将埋头螺丝拧紧。

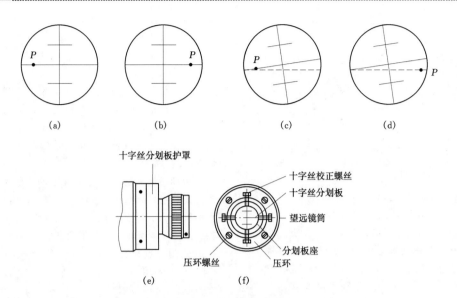

图 4.44 十字丝横丝的检验

4.4.5 水准测量误差的来源及其消减方法

水准测量的主要误差来源，一般可分仪器误差、观测误差和外界条件影响等 3 个方面。

4.4.5.1 仪器误差

1. 仪器制造与校正不完善的误差

仪器在制造、装配与校正中，不可能完全达到设计与其工作原理的要求，无论制造、装配与校正工作怎样仔细认真，水准仪各轴线还会存在一些残余误差，其中主要是水准管轴与视准轴不平行的误差。如前所述，观测时，只要将仪器安置于距前视尺、后视尺等距离处，就可消除这项误差。

2. 调焦误差

由于仪器制造加工不够完善，当转动调焦螺旋调焦时，调焦透镜产生非直线移动而改变视线位置，产生调焦误差。观测时，将仪器安置于距前视尺、后视尺等距离处，后视完毕转向前视，不必重新调焦，就可避免此项误差。

3. 水准尺误差

包括刻划和尺底零点不准确等误差。观测前应对水准尺进行检验；尺子的零点误差，使一测段的测站数为偶数时即可消除。

4.4.5.2 观测误差

1. 整平误差

利用符合水准器整平仪器的误差约为 $\pm 0.075\tau''$，若已知仪器至水准尺的距离，则在读数上引起的误差为：

$$m_p = \frac{0.75}{\rho}\tau L \tag{4.62}$$

式中 m_p——整平误差在读数上引起的误差，mm；

　　　τ——水准管分化值，$('')$ /mm；

　　　ρ——常数，$\rho = 206265''$；

　　　L——仪器至水准尺的距离，m。

由式（4.62）可知，整平误差与水准管分划值及视线长度成正比。若使用 DS_3 型水准仪（$\tau = 20''$ /2mm），进行等外水准测量，视线长为 100m 时，整平误差为 0.7mm。因此在观测时必须使气泡居中，视线不能太长，后视完毕转向前视，要注意重新转动微倾螺旋令气泡居中才能读数，但不能转动脚螺旋，否则将改变仪器视线的高度而产生较大误差。此外，在晴天观测，必须打伞保护仪器，特别要注意保护水准管。

2. 照准误差

人眼的分辨力，通常当视角小于 $60''$ 时就不能分辨尺上的两点，若用一定放大倍率的望远镜照准水准尺，若已知水准仪与水准尺的距离，则照准误差为：

$$m_z = \frac{60''}{V\rho}L \tag{4.63}$$

式中 m_z——照准误差，mm；

　　　L——水准仪与水准尺之间的距离，m；

　　　V——望远镜的放大倍率。

3. 估读误差

估读误差是水准尺上估读毫米时而产生的误差。它与十字丝的粗细、望远镜放大倍率和视线长度有关，经实验研究证明，在一般水准测量中，当视线长度为 100m 时，估读误差约为 ± 1.5mm。

若望远镜放大倍率较小或视线过长，尺子成像小，并显得不够清晰，照准误差和估读误差都将增大。故对各等级的水准测量，规定了仪器应具有的望远镜放大倍率及视线的极限长度。

4. 水准尺倾斜误差

如图 4.45 所示，若水准尺未竖直立于地面而倾斜时，其读数 a' 或 a'' 都比尺子竖直时的读数 a 要大，而且视线越高，误差越大。例如，当倾角 $\theta \approx 2°$ 时，若读数 $a' = 2.50\text{m}$，则产生的误差 $\Delta a = a'(1 - \cos\theta) = 1.5\text{mm}$。故作业时应切实将尺子竖直（应使用带水准器的标尺），并且尺上读数不能太大，一般应不大于 2.7m。

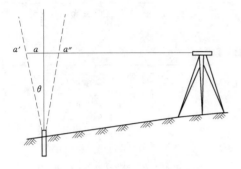

图 4.45 水准尺倾斜误差示意图

4.4.5.3 外界条件的影响

1. 仪器升降的误差

由于土壤的弹性及仪器的自重，可能引起仪器上升或下沉，从而产生误差。如果仪器随时间均匀下沉，当取两次所测高差的平均值时，这项误差就可得到有效地减弱。故在国家三等水准测量中，应按后、前、前、后的顺序观测。

2. 尺垫升降的误差

与仪器升降情况相类似。如转站时尺垫下沉，使所测高差增大，如上升则使高差减小。故对一条水准路线采用往返观测，取平均值，这项误差可以得到减弱。

3. 地球曲率影响

由于地球表面是曲面，而水准仪提供的是水平视线，因此，地球曲率对高程的影响是不能忽略的。若后视和前视读数中分别含有地球曲率误差，则 A、B 两点的高差应为

$$h_{AB} = (a - \delta_1) - (b - \delta_2) \qquad (4.64)$$

式中 a、b——后视和前视读数；

δ_1、δ_2——a、b 中分别含有地球曲率误差。

若将仪器安置于距 A 点和 B 点等距离处（即前、后视距相等），这时 $\delta_1 = \delta_2$，则可消除地球曲率对高差的影响。

4. 大气折光的影响

地面上空气存在密度梯度，光线通过不同密度的媒质时，将会发生折射，且总是由疏媒质折向密媒质，因而水准仪的视线往往不是一条理想的水平线。一般情况下，大气层的空气密度上疏下密。视线通过大气层时成一向下弯折的曲线，使尺上读数减小。它与水平线的差值即为折光差。在晴天，靠近地面的温度较高，致使下面的空气密度比上面小，这时视线成为一条向上弯折的曲线，使尺上读数增大。视线离地面越近，折射也越大，因此一般规定视线必须高出地面一定高度，就是为了减少这种影响。若在平坦地面，地面覆盖物基本相同，而且前、后视距离相等，这时前、后视读数的折光差方向相同。大小基本相等，折光差的影响即可大部分得到抵消或削弱。当在山地连续上坡或下坡时，前、后视离地面高度相差较大，折光差的影响将增大，而且带有一定的系统性，这时应尽量缩短视线长度，提高视线高度，以减小大气折光的影响。

4.4.6 工程测量中高程控制测量的有关规定与要求

4.4.6.1 一般规定

（1）测区的高程系统，宜采用 1985 国家高程基准。在已有高程控制网的地区进行测量时，可沿用原高程系统；当小测区联测有困难时，亦可采用假定高程系统。

（2）高程控制测量可采用水准测量和电磁波测距三角高程测量。

（3）高程控制测量等级的划分，应依次为二、三、四、五等。各等级视需要，均可作为测区的首级高程控制。

（4）首级网应布设成环形网。当加密时，宜布设成附合路线或节点网。

4.4.6.2 测量技术要求

水准测量的主要技术要求，应符合表 4.3 的规定。

4.4.6.3 仪器及水准尺要求

水准测量所使用的仪器及水准尺，应符合下列规定：

（1）水准仪视准轴与水准管轴的夹角，DS₁ 型不应超过 $15''$，DS₂ 型不应超过 $20''$。

（2）水准尺上的米间隔平均长与名义长之差，对于因瓦水准尺，不应超过 0.15mm；对于双面水准尺，不应超过 0.5mm。

（3）二等水准测量采用补偿式自动安平水准仪时，其补偿误差不应超过 $0.2''$。

4.4.6.4 观测技术要求

水准观测应在标石埋设稳定后进行，其主要技术要求，应符合表 4.4 的规定。

表 4.3　　　　　　　　　　　　　　　　　水准测量的主要技术要求

等级	每千米高差全中误差/mm	路线长度/km	水准仪的型号	水准尺	观测次数		往返较差、附合或环线闭合差	
					与已知点联测	附合或环线	平地/mm	山地/mm
二	2	—	DS₁	因瓦	往返各一次	往返各一次	$4\sqrt{L}$	—
三	6	≤50	DS₁	因瓦	往返各一次	往一次	$12\sqrt{L}$	$4\sqrt{n}$
			DS₃	双面		往返各一次		
四	10	≤16	DS₃	双面	往返各一次	往一次	$20\sqrt{L}$	$6\sqrt{n}$
五	15	—	DS₃	单面	往返各一次	往一次	$30\sqrt{L}$	—

注　L 为往返测段，附合或环线的水准路线长度（km），节点之间或节点与高级点之间，其路线的长度，不应大于表中规定的 0.7 倍；n 为测站数。

表 4.4　　　　　　　　　　　　　　　　　水准观测的主要技术要求

等级	水准仪型号	视线长度/m	前、后视较差/m	前、后视累积差/m	视线离地面最低高度/m	基本分划、辅助分划或黑面、红面、读数较差/mm	基本分划、辅助分划或黑面、红面所测高差较差/mm
二	DS₁	50	1	3	0.5	0.5	0.7
三	DS₁	100	3	6	0.3	1.0	1.5
	DS₃	75				2.0	3.0
四	DS₃	100	5	10	0.2	3.0	5.0
五	DS₃	100	大致相等	—	—	—	—

注　二等水准视线长度小于 20m 时，其视线高度不应低于 0.3m；三、四等水准采用变动仪器高度观测单面水准尺时，所测两次高差较差，应与黑面、红面所测高差之差的要求相同。

4.4.6.5　重测规定

两次观测高差较差超限时应重测。二等水准应选取两次异向合格的结果。当重测结果与原测结果分别比较，其较差均不超过限值时，应取 3 次结果的平均数。

4.4.6.6　水准测量的内业计算

1. 高差偶然中误差计算

平差前每条水准路线若分测段进行施测时，应按水准路线往返测段高差较差计算，每千米水准测量的高差偶然中误差可按下式计算：

$$M_\Delta = \sqrt{\frac{1}{4n}\sum_{i=1}^{n}\left(\frac{\Delta_i}{L_i}\right)^2} \qquad (4.65)$$

式中　M_Δ——高差偶然中误差，mm；

Δ_i——水准路线测段往返高差不符值，mm；

L_i——水准测段长度，km；

n——往返测的水准路线测段数。

M_Δ 的绝对值不应超过表 4.3 规定的各等级每千米高差全中误差的 1/2。

2. 高差全中误差计算

每条水准路线应按附合路线和环形闭合差计算，每千米水准测量高差全中误差，应按下式计算：

$$M_w = \sqrt{\frac{1}{N}\sum_{i=1}^{N}\left(\frac{f_i}{L_i}\right)^2} \qquad (4.66)$$

式中　M_w——高差全中误差，mm；

f_i——闭合差，mm；

L_i——计算 f_i 时，相应的路线长度，km；

N——附合路线或闭合路线环的个数。

4.4.6.7　其他规定

（1）当二、三等水准测量与国家水准点附合时，高山地区除应进行正常位水准面不平行修正外，尚应进行其重力异常的归算修正。

（2）各等水准网的计算，应按最小二乘法原理，采用条件观测平差或间接观测平差，并应计算每千米高差全中误差。

（3）内业计算最后成果的取值：二等水准应精确至 0.1mm，三、四、五等水准应精确至 1mm。

4.4.7　水文水准测量

4.4.7.1　水文水准测量的有关规定与要求

在水文站网建设、水文测验、水文调查、水尺零点高程测量、河道断面测量等水文工作中，经常采用的是三、四、五等水准测量。由于水文水准测量在水文测验中占有重要地位，水利部于 1993 年颁布了《水文普通测量规范》（SL 58—93），专门规范了水文水准测量。由于测绘新技术的使用，2012 年又重新进行了修订。

1. 水准线路的长度

（1）三等水准路线的支线长度，应不大于 45km。在两个二等水准点之间布设三等附合路线，其长度应不大于 80km；环线周长应不大于 300km；测站水准点联测和比降观测高程测量的路线长度应不大于 2.8km。

（2）四等水准路线的支线长度，应不大于 15km，在两高级点间布设的附合路线长度应不大于 65km；测站水准点联测和比降观测高程测量的路线长度应不大于 1km。

（3）五等水准路线的支线长度，应不大于 4km。在高级点间布设的附合路线长度应不大于 16km；当用于基本等高距为 0.2m 的高程控制测量时，支线长度应不大于 1km；附合路线长度应不大于 4km。

（4）当水准路线长度大于 20km 时，应每隔 10km 左右分一测段，在测段的端点设置或选定基本上相当于校核水准点标准的固定点。

2. 仪器测具

（1）三、四等水准测量，应采用不低于国内水准仪系列的 S_3 级水准仪，水尺零点高程的测量一般应使用 S_3 级水准仪；五等水准测量可使用 S_{10} 级水准仪。S_3、S_{10} 水准仪技术参数见表 4.5。

（2）水准标尺应采用双面水准尺。如因条件限制，可用单面水准尺按一镜双高法施测，不得使用塔尺或折尺。

（3）地形高程测量及长距离引测所用水准仪、水准尺，应在使用前进行相应等级的全面检验与校正，在使用中应经常进行水准仪圆水准气泡和 i 角的检验与校正，i 角不得大于 20″。水尺零点及一般高程测量等常用水准仪，每年应进行不少于 1 次的水准仪圆水准气泡和 i 角的检验与校正，水准尺的米间隔平均真长与名义长之差，线条式因瓦水准尺不得大于 0.15mm，木质标尺不得大于 0.5mm。

3. 限差

（1）水准测量在每仪器站的允许视线长度，前、后视距不等差，应符合表 4.6 规定，其视线高度要求三丝能读数。

（2）水准测量仪器站观测限差应符合表 4.7 的规定。

（3）往返测量高差不符值路线环闭合差限差应符合表 4.8 的规定。

（4）水准测量成果超限时，应重测。若在本站检查发现后应立即重测，若迁站后才检查发现，则应从水准点或符合限差要求的测段或间歇点开始重测。

4. 高程控制及长距离引测的水准测量

高程控制及长距离引测的水准测量应符合下列要求：

（1）安置水准仪三脚架时，应使其中两脚与水准路线的方向平行，第三脚轮换置于路线方向的左、右侧。

（2）除路线拐弯处外，每测点上仪器和前、后视标尺的三个位置，应接近于一条直线。

（3）同一仪器站上测量时，不得两次调焦，转动仪器的倾斜螺旋和测微鼓时，其最后旋转方向应为旋进。使用自动安平水准仪时，相邻站应交替对准前后视调平仪器。

（4）每一测段的往测和返测，其仪器站数应为偶数，若为奇数时应加入标尺零点差改正。由往测转向返测时，两标尺必须互换位置，而往测第一个测站上当作前视的水准尺，在返测第一个测站上它应该当作后视水准尺，并应重新安置仪器。

（5）工作间歇时，应选择两个坚实可靠的固定点，作为间歇点进行双测。在间歇点上做上标记，间歇后应进行检测。

表 4.5 S_3、S_{10} 级水准仪技术参数

项　目		S_3 级	S_{10} 级
1km 往返测偶然中误差/mm		≤3	≤10
望远镜放大倍数		≥30	≥25
望远镜有效孔径/mm		≥42	≥35
水准器角值	符合式管状水准器	20″/2mm	30″/2mm
	圆水准器	8′/2mm	8′/2mm
自动安平仪器	补偿范围	±8′	±10′
	安平精度	≤｜0.5″｜	≤｜2″｜

表 4.6   高程测量允许视线长度前、后视距不等差

等级	视线长度		前、后视距不等差/m	
	仪器级	视距/m	单站	测段累计
三	S_3	≤75	≤2	≤5
四	S_3	≤100	≤3	≤10
五	S_{10}	≤100	≤5	≤30

表 4.7   允 许 高 差 限 差

等　　　级		同尺黑、红面读数差 /mm	同站黑、红面所测高差之差 /mm	左、右路线转点差 /mm	检测间歇点高差之差 /mm
三	光学测微法	1	1.5	3	3
	中丝读数法	2	3		
四		3	5	5	5
五		4	6	6	6

表 4.8   往返测量高差不符值及路线环闭合差限差

等级	检测已测测段高差之差 /mm	路线、区段、测段往返测高差不符值、附合路线、环线闭合差 /mm	左、右路线高差不符值 /mm
三	$\pm 20\sqrt{L}$	$\pm 12\sqrt{L}$	$\pm 8\sqrt{L}$
四	$\pm 30\sqrt{L}$	$\pm 20\sqrt{L}$	$\pm 14\sqrt{L}$
五	$\pm 40\sqrt{L}$	$\pm 30\sqrt{L}$	$\pm 20\sqrt{L}$

5. 三、四、五等水准测量方法

(1) 三等水准测量采用中丝读数法，进行往返观测。当使用有光学测微器的水准仪和线条式因瓦水准尺进行观测时，也可采用光学测微法进行单程双转点观测。程序应为"后、前、前、后"。

(2) 四等水准测量采用中丝读数法。当两端点为已知高程点或自成闭合环时，可只进行单程测量。水准支线必须进行往返观测或单程双转点观测，观测程序应为"后、前、前、后"或"后、后、前、前"。

(3) 五等水准测量采用中丝读数法。附合或环形闭合路线用单程观测。水准支线应进行往返观测，在困难条件下也可进行单程双测。

(4) 采用双面水准尺时，中丝读数法要求仪器安平后，望远镜绕垂直轴旋转时，符合水准气泡两端影像分离不大于1cm。采用单面水准尺返测时，变换仪器的高度应不小于10cm。

(5) 光学测微法的仪器安平同上述要求，但照准水准尺基本分划时，符合水准气泡两端影像分离应不大于2mm，中丝读数应读至0.1mm。

(6) 采用补偿式自动安平水准仪进行水准测量时，先将水准仪概略整平，即可按一般水准仪观测顺序进行测量。

(7) 三、四等水准测量应读记至1mm，计算平均高差取至0.5mm；五等均记至毫米。用测微法时，中丝读数计算高程平均高差，均取至0.1mm。各等级水准测量的视距和视距差取至0.1m。

(8) 水准测量中应及时检查每一仪器站的观测结果，符合规定时方可迁至下一仪器站。

(9) 每测完一个测段，应计算往返测或单程双转点左、右路线测量的高差，其不符值应满足表4.8规定。当超出规定时，应按下列要求重测和计算高差结果。

1) 对可靠程度小的往测或返测进行单程重测。如果重测的单程高差与同一方向原测高差的不符值符合限差，且其平均数与反方向的原测高差亦符合限差，则取其平均数作为该单程的高差结果。

2) 若重测的高差与同方向的原测高差，不符值超出限差而重测的单程高差与反方向原测高差没有超出限差，则用重测的单程高差与反方向原测单程高差计算闭合差。

3) 若该单程重测后与原往、返测的单程高差计算结果均超出限差，则重测另一单程，至符合限差要求为止。

4) 用单程双转点左、右路线的测法时，可只重测一个单程单线，并与原测结果中符合限差的一个左或右单线取平均数值。

5) 如果重测结果与原测的左、右线结果比较均符合限差，则取3次单线的结果平均值。

6) 当重测的结果与原测两个单线结果均超限差，应分析原因再测一个单程单线，至符合限差要求为止。

4.4.7.2 跨河水准测量

1. 跨河水准测量的一般要求

(1) 宜在风力微弱和气温变化较小的阴天进行。风力在4级以上或风向平行跨河视线时，不宜观测。

(2) 晴天观测时，应在日出后一小时开始，至当地时区时上午9：30止；下午自当地时区时15：00后开始，至日落前一小时止，观测时仪器须用白色伞遮蔽阳光。

（3）仪器调岸时，不得碰动调焦螺旋和目镜筒。

（4）立水准尺时，应保持圆水准器的气泡居中。

（5）跨河水准测量前应进行临时水准点与水准尺的立尺点连测，在每日观测前用单程进行检测。当检测高差与连测高差比较，不超过限差时，即可进行跨河观测。若检测超限，则再检测另一个单程。

2. 直接跨河测量

（1）河宽小于允许视线长度可直接跨河测量；当河宽大于允许视线长度，但有桥梁可以利用时，可通过桥面进行水准测量。

（2）当冰层有足够厚度和表面高程日变化不大的时期，可使用冰上测量法。要求在冰面上的仪器支架、立尺点均设置木桩，两岸埋设临时水准点，并与路线上的其他水准点或固定点连测。测量限差与三、四等水准测量规定相同。

3. 视线长度小于300m跨河水准测量

（1）跨河两岸测点间的水平视线距水面的高度要大致相等，当跨河视线长度在300m以内时，视线高度至水面距离不得小于2m，视线长度大于300m时，视线高度至水面距离不得小于3m。

（2）跨河两岸安置仪器及标尺的位置，使其能构成平行四边形、等腰梯形或"Z"字形布置为宜。跨河视线长度力求相等，岸上视线长度不得短于10m，且两岸视线长度应相等。使用一台仪器观测时，宜采用"Z"字形式。按此条布设跨河测量场地时，应在距跨河点300m以内设立临时水准点。

（3）标尺点应牢固，必要时应设置木桩时，设置的木桩顶面直径宜大于10cm，入土长度应满足标尺点牢固的要求，桩顶高于地面10cm以上，并钉上圆帽钉。

（4）视线长度在300m以内，跨河水准测量应观测两个测回，两个测回的高差不符值，三等水准应不超出8mm，四等水准应不超出16mm，超出限差时，应分析原因并重测。

（5）当视线长度在300m以内，跨越水流平缓的河流、静水湖泊、池塘等的四等水准测量，可采用静水传递高程法进行二次观测，两结果不符值应不超过

$\pm 20\sqrt{L}$ mm（L 为两岸水准点间的水平距离，单位为km）。

4. 视线长度大于300m跨河水准测量

（1）当跨河水准测量的视线长度大于300m时，应采用经纬仪倾角法进行测量。

（2）经纬仪倾角法测量的测回数及每个测回中组数应满足表4.9的规定。

表4.9　　　经纬仪倾角法测回数、组数规定

跨河视线长度/m	<1000	1001~1500	1501~2000	>2000
测回数	4	8	8	12
组　数	2	2	3	3

（3）当用一台仪器进行跨河水准测量时，在一岸观测仅为半测回，进行两岸观测后，组成一测回。

（4）经纬仪倾角法各测回互差，应不大于下式计算的限差值：

三等水准　　$dH_c = 12\sqrt{NS}$　　　　（4.67）

四等水准　　$dH_c = 20\sqrt{NS}$　　　　（4.68）

式中　dH_c——限差值，mm；

N——测回数；

S——跨河视线长度，km。

（5）应用经纬仪倾角法进行三、四等跨河水准测量时，应采用两台垂直度盘指标差稳定的J_2型经纬仪，同时在两岸观测。观测本岸近标尺的盘左和盘右同一边缘的两次照准读数差应不大于3″；观测对岸远标尺时，同一标志的4次照准读数差应不大于3″；一测回的水平视线夹角互差应不大于4″。

4.4.7.3　水尺零点高程测量要求

（1）水尺零点高程的测量采用双面水准尺，如用单面水准尺，往、返测均应采用一镜双高法。一镜双高法变换仪器高度前、后所测两尺高差之差，与同站黑、红面所测高差之差限差相同。

（2）往返测量允许高差不符值和视线长度应符合表4.10的规定。

表4.10　　　　水尺零点高程测量视线长度高差不符值

地势	同尺黑、红面读数差/mm	同站黑、红面所测高差/mm	往返不符值/mm	视线长度/m S_3	视线长度/m S_{10}	单站前、后视距不等差/m
不平坦	≤3	≤5	$\pm 3\sqrt{n}$	5~50	5~40	≤5
平　坦	≤3	≤5	$\pm 4\sqrt{n}$	≤100	≤75	≤5

注　n 为单程仪器站数。

（3）需要校核的各支水尺，在往测和返测过程中都要逐个测读，推算往、返两次各测点高程均应由该校核或基本水准点开始。

（4）各支水尺往、返算出的零点高程不符值若不超出表 4.10 的限差，即以往、返两次高程的平均值作为新测的水尺零点高程。

（5）当新测的高程与原用的水尺零点高程相差不超过该次测量的允许不符值，或虽超过允许不符值，但一般水尺小于等于 10mm，或比降水尺小于等于 5mm 时，其水尺零点高程仍沿用原高程，否则，应采用新测高程。

4.4.7.4　水准点的引测和校测

（1）水文站的基本水准点，其高程应从国家一、二等水准点用不低于三等水准引测，条件不具备时，也可从国家三等水准点引测。引测水准点一经选用，无特殊情况不得更换。

（2）校核水准点从基本水准点用三等水准引测，条件不具备时可用四等水准引测。

（3）对水位精度要求较高的测站，基本水准点 5 年校测一次，其他测站 10 年校测一次。校核水准点每年校测一次。

（4）校核后的基本水准点高程的采用应符合以下规定：

1）当新测高程与原采用高程之差小于或等于允许限差时，仍采用原测定的高程。

2）当新测高程与原采用高程之差超过允许限差时，应通过高程自校系统与附近高程固定点联测，或用重复测量的办法判定。被校测的水准点发生变动时，可确定水准点新的高程。

（5）校核后的校核水准点高程的采用与基本水准点相同。

（6）高程自校系统每 2~3 年校测一次，若发现某一水准点发生变动，应及时校测。当高程自校系统经过校测未发现基本水准点有变动，则基本水准点可延长校测时间一倍。

4.5　断 面 测 量

4.5.1　概述

1. 断面测量的定义与分类

河流的断面分为纵断面及横断面。因此，断面测量也有横断面测量和纵断面测量。

垂直于河道或水流平均方向，以某一水位水面和湿周为界包围的剖面称之河道横断面（简称横断面或断面）。断面与河床的交线，称河床线，也称断面线。

河流纵断面是指河流从上游至下游沿中泓线所切取的河床和自由水面线间的剖面，也即河底高程沿河长的变化。河道纵断面是测出泓线上河底若干地形变化的转折点的高程与各点之间的距离后，以河长为横坐标，以河底高程为纵坐标，即可绘出纵断面图。河道的纵断面图可以表示河流的纵坡及落差的沿程分布，也是计算水能蕴藏量的主要依据。

纵断面测量的方法原理和横断面测量基本一致。因此，本章仅以横断面测量为例介绍断面测量。

水文测验中进行河流的纵断面测量较少，但经常进行横断面测量，横断面测量是流量测验工作的重要组成部分。因此，水文测验中横断面常简称断面，横断面测量一般简称断面测量。

横断面测量又分为大断面测量和水道断面测量。自由水面与湿周所包围的横断面称为水道断面，它随着水位的变化而变动；当水位达到历史最高洪水位以上 0.5~1m 时对应的河道横断面，称为大断面。一般情况下，大断面包括陆地和水下两部分。

2. 断面测量的目的与意义

断面流量要通过对过水断面面积及流速的测定来间接加以计算。因此，断面测量的精度直接关系到流量测验成果精度。同时，断面资料又为研究部署测流方案、选择资料整编方法提供依据；断面资料对于分析河势变化、河道冲淤、研究河床演变规律，航道或河道的整治，都是必不可少的。另外，洪水调查、站址勘查、水文测站设立、地形测绘时也常需要进行断面测量。

3. 断面测量内容

断面测量的内容是测定河床各点的起点距（即距断面起点桩的水平距离）及其高程。对陆地部分各点高程采用四等水准测量；水下部分则是测量各垂线水深，并观读测深时的水位。

4.5.2　横断面测量的基本要求

4.5.2.1　大断面测量

1. 测量范围

新设水文测站的基本水尺断面、流速仪测流断面、浮标中断面和比降断面等均应进行大断面测量，测量的范围应为水下部分的和岸上部分。水道断面的水深测量结果，应换算为河底高程。岸上部分应测至历年最高洪水位以上 0.5~1.0m。漫滩较远的河流，可测至最高洪水边界；有堤防的河流，应测至堤防背河侧的地面为止。

2. 测量时间

大断面测量宜在枯水水位平稳时期进行，此时水上部分所占比重大，易于测量，所测精度较高。

3. 测次

测流断面河床稳定的测站（水位与面积关系点偏离关系曲线在±3％范围内的），可在每年汛前或汛后施测一次大断面；对河床不稳定的站，除每年汛前、汛后施测外，并应在每次较大洪峰过后及时加测（汛后及较大洪峰过后，可只测量洪水淹没部分），以了解和掌握断面冲淤变化过程。

4. 精度要求

大断面和水道断面的起点距应以高水位时的断面桩作为起算零点。两岸始末断面桩之间总距离的往返测量不符值，不应超过1/500。大断面岸上部分的高程，应采用四等水准测量。地形比较复杂时，可低于四等水准测量，往、返测量的高差不符值应控制在±30$\sqrt{K}$mm（K为往、返测量或左、右路线所算得之测段路线长度的平均公里数）范围内；前、后视距不等差不应大于5m；累积差不应大于10m。当复测大断面时，可单程测量闭合于已知高程的固定点。

5. 测点的布设

（1）一般要求。测点应能控制地形的转折变化，测绘出断面的实际情况。一般可均匀布设测点，平缓处可适当减少测点，地形变化大的部位应增加测点，转折变化处应布设测点，当河道有明显的边滩时，主槽部分的测深垂线应较滩地为密。主槽、陡岸边及河底急剧转折处应适当加密。

（2）岸上部分测点布设。大断面测量前应清除断面上的障碍物，可在地形转折点处打入有编号的临时木桩作为高程的测量点，滩地很宽的断面可设置固定桩。

（3）水下部分测深垂线的布设应符合下列要求：

1）探测的测深垂线数，应能满足掌握水道断面形状的要求。新设测站、未经过分析的测站（断面）或测站增设大断面时，当水面宽度大于25m时，垂线数目不得小于50条；当水面宽度小于或等于25m时，垂线数目宜为30～40条，但最小间距宜不小于0.5m。经过若干次大断面测量后，可参照流量测验规范规定的分析方法，经过分析后可适当减少测深垂线数，但大断面测量水下测深垂线不能少于表4.11的规定。

表 4.11 大断面测量最少水下测深垂线规定

水面宽/m		<5	5	50	100	300	1000	>1000
垂线数	窄深河道	5	6	10	12	15	15	15
	宽浅河道		6	10	15	20	25	25

注 水面宽与平均水深的比较值小于100为窄深河道，大于100为宽浅河道。

2）测深垂线的布设宜均匀分布，并应能控制河床变化的转折点，使部分水道断面面积无大补大割情况。当河道有明显的边滩时，主槽部分的测深垂线应较滩地为密。

3）断面最低点应布设垂线。

4）串沟和独股水流，应按不少于表4.11的规定垂线的一半布设。断面内有回水、逆流、死水时，若需测定其边界，可在顺、逆流分界线及死水边界处布设垂线。

5）潮水河的测深垂线数，可参考上述规定执行，对设备条件不够或有其他困难的潮流站可减少测深垂线数。

6. 水位观测

进行水深测量时，应按下列要求同时进行水位观测。

（1）当水位变化小于等于5cm时，可在同一岸观测开始和终了的水位，以其算术平均值作为计算水位。

（2）当水位变化大于5cm时，应在各垂线测深时观测水位，各测点河底高程用相应观测的水位值作为计算水位。

（3）横比降超过5cm时应进行横比降改正。

（4）断面上有分流和串沟时，应对每个较大的分流和串沟至少在一岸观测一次水位，单独计算出各股水流的河底高程。

7. 特殊情况下的大断面测量

湖泊及河面较宽的水位站，可仅测半河或靠近水尺的局部大断面。

4.5.2.2 水文测站水道断面测量

1. 测深垂线的布设

水道断面测深垂线的布设原则应按"大断面测量"中的有关规定执行，当进行流量测验时，尽可能使测深垂线与测速垂线一致。对游荡型河流的测站，可在测速垂线以外适当增加测深垂线。

2. 测次

（1）新设水文站或河床有冲淤变化的水文站，每次测流应同时测量水道断面。当测站断面冲淤变化不大，且变化规律明显时，每次测流可不同时测量水道断面。当出现特殊水情，同时测量水道断面有困难时，可在测流前后的有利时机进行施测。

（2）河床稳定的测站，枯水期每隔两个月、汛期每一个月应全面测深一次，当遇较大洪水时适当增加测次。岩石河床的测站，断面施测的次数可适当减少。

3. 冰期测量

冰期测流应同时测量水深、冰面边、冰厚、水浸冰厚和冰花厚。当冰底不平整时，应采用探测的方法加测冰底边起点距；当冰底平整时，可用岸边冰孔的冰底高程的断面图上查得冰底边位置。

4.5.2.3 洪水痕迹和大断面的水准测量要求

（1）重要的洪水痕迹的高程采用四等水准测量，一般的可采用五等水准测量。

（2）大断面的两岸固定点高程可用四等水准测量，水边线上地形转折点的高程可用五等水准测量，大断面的水准测量中除转点外的各地形转折点高程一律读记至厘米，复测大断面时如能闭合于已知高程的固定点可只进行单程测量。

4.5.3 宽度（起点距）测量

4.5.3.1 宽度（起点距）测量方法

为了计算断面面积，需要在断面上布设若干测深垂线，并测量水深和各条测深垂线的宽度。在测验断面上，以一岸断面桩为起始点，沿断面方向至另一岸断面桩间任一点的水平距离，即为起点距。因此，水文测验中这种宽度测量多称为起点距测量。大断面和水道断面的起点距，一般以高水时的设在左岸的断面桩作断面起点桩（起算零点）。起点距的测定也就是测量各测深垂线距起点桩的水平距离。

起点距的测量可用建筑物标志法、地面标志法、直接量距、计数器测距法、断面索直接观读、经纬仪、平板仪、六分仪、极坐标等交会法，也可用测距仪、视距法、定位系统等装置测定。

1. 建筑物标志法

（1）在渡河建筑物（如桥梁、渡槽）上设立标志，一般宜采用等间距的尺度标志。测量时利用已做好的标记，可直接读出各测点（垂线）的起点距，因此该法也称直接观读法。

（2）河宽大于 50m 时，最小间距可取 1m；河宽小于 50m 时，最小间距可取 0.5m。每 5m 整倍数处，应采用不同颜色的标志加以区别。测深、测速垂线固定的测站，可只在固定垂线处设置标志。标志的编号必须与垂线的编号一致，并采用不同颜色或数码表示。第一个标志应正对断面起点桩，其读数为零；不能正对断面起点桩时，可调整至距断面起点桩一整米

数距离处，其读数为该处的起点距。

2. 地面标志法

地面标志法宜采用辐射线法、方向线法、相似三角形交会法、河中浮筒式标志法、河滩上固定标志法等。河滩上固定标志的顶端，应高出历年最高洪水位。采用此法确定测深、测速垂线的起点距时，应使测船上的定位点位于测流断面线上。每年应对标志进行一次检测。标志受到损坏时，应及时进行校正或补设。

3. 直接量距法

采用直接量距法测定桩点、垂线的起点距时，第一条垂线或第一个桩点应以断面的固定桩为始点，第二条垂线或第二个桩点以第一条垂线或第一个桩点为始点，依次量距。量距时应注意使钢尺或皮卷尺在两垂线或桩点间保持水平。

直接量距法适用于岸上测点及涉水测量。

4. 平面交会法

仪器交会法有经纬仪测角的水平交会法、平板仪交会法、六分仪交会法等。使用经纬仪和平板仪测定垂线和桩点的起点距时，应在观测最后一条垂线或一个桩点后，将仪器照准原后视点校核一次。当判定仪器确未发生变动时，方可结束测量工作。

交会法需要测角仪器和断面测量标志，每年应对测量标志进行一次检查。标志受到损坏时，应及时进行校正或重设。

（1）经纬仪（或全站仪）测角交会法。测量起点距时，把经纬仪架设在岸上基线的端点位置，测量与断面上各测深线的水平夹角，即可用三角公式计算起点距，基线的类型不同，计算公式也不同。

1）基线与断面线垂直，见图 4.46，则起点距按下式计算：

$$D = L\tan\varphi \tag{4.69}$$

式中 D ——起点距，m；

L ——基线长度，m；

φ ——基线端点与测点连线与基线间的夹角，(°)。

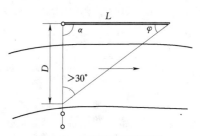

图 4.46 基线垂直于断面时经纬仪交会法

2）基线与断面线不垂直，见图 4.47。如果受地形限制在布设基线时无法使基线与断面线垂直，计算时可按三角形正弦定律计算起点距，起点距按下式计算：

$$D = L \frac{\sin\varphi}{\sin(\alpha + \varphi)} \quad (4.70)$$

式中　α——基线与断面的夹角，需要设置基线时测定，（°）。

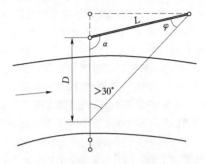

图 4.47　基线不垂直于断面时经纬仪交会法

（2）六分仪交会。六分仪交会法主要特点是借助于两平面镜的反射作用，由望远镜同时窥视两物体，并测其夹角。使用六分仪测定垂线的起点距时，应先对准测流断面线上一岸的两个标志，使测船上的定位点位于断面线上。一般用于测船上交会，在不断左右摆动的测船上，测量时无法使用支架，而是用手握六分仪进行测角。与经纬仪交会法不同的是，六分仪交会法测得的是测点至基线两端点构成的角度。

1）当基线垂直于断面时，有

$$\varphi = 90° - \beta \quad (4.71)$$

然后再用式（4.69）计算起点距。

2）当基线不垂直于断面时，见图 4.48，采用下式计算起点距：

$$D = L \frac{\sin(\alpha + \beta)}{\sin\beta} \quad (4.72)$$

式中　β——六分仪在测船上测得的测点至基线两端点构成的角度。

（3）平板仪（包括小平板仪）交会。平板仪（包括小平板仪）交会与经纬仪交会法不同之处是，起点

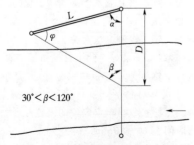

图 4.48　基线不垂直断面时六分仪交会法示意图

距一般用图解法确定。在交会点上绘出每个测深垂线的位置，用图解法确定其位置。注意的是所选比例尺，一般应使图上的基线长度不小于 20cm。

5．极坐标交会法

（1）测量方法。极坐标交会法是从三维空间概念出发，利用极坐标与直角坐标互换原理，以测定任何一地点位置。

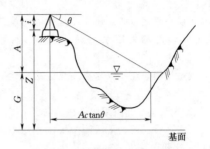

图 4.49　高程基点在断面基线上

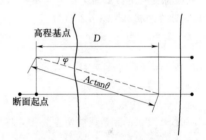

图 4.50　高程基点不在断面基线上

测量方法是将经纬仪架设在高程基点上，该基点可在断面线上，如图 4.49 所示，也可不在断面基线上，如图 4.50 所示。

若高程基点，在断面线上，且已知该基点高程，测量了仪器高，观读测深时水位。测量时瞄准测深垂线，测出水平角（极角）和俯角（当高程基点在断面线上时，只测俯角），然后用下式可计算垂线起点距

$$D = (Z + i - G)\cot\theta\cos\varphi \quad (4.73)$$

式中　D——起点距，m；

　　　　Z——高程基点的高程，m；

　　　　i——仪器高，m；

　　　　G——测深时水位，m；

　　　　θ——实测俯角，（°）；

　　　　φ——交会视线与断面线的方位角之差（极角），（°）。

若高程基点位于断面线上时，则 $\varphi = 0°$，式（4.73）可简化成：

$$D = (Z + i - G)\cot\theta \quad (4.74)$$

（2）极坐标交会法的特点与适用条件。该法的优点在于，能避免因测深时不注意瞄准断面线，而带来

的起点距测量误差，从而克服了前面所述平面交会法的缺陷，保证了测量精度。采用极坐标交会法测距应满足下列要求：

1）极坐标交会法设置的高程基点应保证在最高洪水位时，对最远一点视线的俯角不小于 4°（此时起点距相对误差 $\dfrac{\mathrm{d}D}{D}=0.42\%$），特殊情况下也不应小于 2°。

2）布设高程基点时，还应考虑仪器视线能否交会到最低水位时的近岸水边点，并采用四等水准测量。

3）测量使用的经纬仪垂直度盘的最小读数应小于 30″。

（3）影响交会法起点距测量精度的因素。

1）基线测量误差。基线测量要求往返不符值不大于 1‰，这一误差相对较小。

2）基线长度及交会角的大小。当不考虑基线测量误差时，起点距相对误差可表示为

$$\frac{\mathrm{d}D}{D}=\frac{2\mathrm{d}\varphi}{\rho\sin 2\varphi} \tag{4.75}$$

式中　$\mathrm{d}D$——起点距测量绝对误差，m；

　　　ρ——常数，取 206256″；

　　　$\mathrm{d}\varphi$——角度测量误差，(″)。

若经纬仪水度盘的测量误差精度为 1′，取不同 φ 值，计算相对误差 $\dfrac{\mathrm{d}D}{D}$，其值见表 4.12。

表 4.12　　起点距相对误差关系表

φ（°）	0	10	20	30	45	60	80	90
$\dfrac{\mathrm{d}D}{D}$	∞	$\dfrac{1}{600}$	$\dfrac{1}{1100}$	$\dfrac{1}{1500}$	$\dfrac{1}{1719}$	$\dfrac{1}{1500}$	$\dfrac{1}{600}$	∞

从表 4.12 可知，当 φ 角接近 0°或 90°时，起点距测定相对误差最大。但当 $\varphi=0°$ 时，无实用意义，只考虑 φ 角较大时的情况。当 $\varphi=60°$ 时（$\beta=30°$），起点距相对误差为 1/1500。也就是说，当经纬仪精度为 1′，要求起点距的误差（当测对岸水边点时）小于 ±1/1500 时，必须使 $\varphi<60°$，即 $\beta>30°$。其意义是基线的长度应使断面最远一点的仪器视线与断面线的夹角不小于 30°，特殊情况下，β 角也不应小于 15°。对于河面较宽的测站，如果一条基线不能满足要求，可分别在岸上和河滩设置高、低水基线。

3）测深工具偏离断面线。若测深工具（测船）不在断面线上而偏向断面的上游（或下游）时，对于起点距测量所带来的误差，也是不容忽视的。若偏向断面上游，所测 φ 角偏大，从而使起点距偏大。反之，若偏向下游，则起点距偏小。并且偏离断面线越

远，引起起点距的误差也越大。同时，误差值随着 $\tan\varphi$ 的增大而增大，故同样程度偏离，发生在远岸所造成误差比近岸要大，且与河宽成正比，当河面较宽时，尤应注意这一点。

6. 定位法

断面较宽的测站，或在水库滨海地区测量，可采用 GPS、电磁波定位系统确定断面距离。电磁波定位法目前已很少使用，只介绍 GPS 定位系统。

（1）GPS 的由来。GPS 是英文 Navigation Satellite Timing and Ranging/Global Positioning System 的字头缩写词 NAVSTAR/GPS 的简称。它的含义是利用卫星导航进行授时和测距/全球定位系统，通常简称为 GPS，即全球定位系统。它是美国国防部为军事目的建立的卫星导航系统，旨在解决海、陆、空快速高精度、实时定位导航问题。该系统自 1973 年底启动，经过方案论证、设计、研制、试验、试应用等阶段，历时 20 年，于 1994 年建成。

（2）GPS 组成。GPS 系统包括三大部分，即空间部分（GPS 卫星星座）、地面控制部分（地面监控系统）、用户设备部分（GPS 信号接收机）。

空间部分由 21 颗工作卫星和 3 颗在轨备用卫星组成。GPS 工作卫星的地面监控系统包括 1 个主控站、3 个注入站和 5 个监测站。GPS 信号接收机的任务是能够捕获到按一定卫星高度截止角所选择的待测卫星的信号，并跟踪这些卫星的运行，对所接收到的 GPS 信号进行变换、放大和处理，以便测量出 GPS 信号从卫星到接收机天线的传播时间，解译出 GPS 卫星所发送的导航电文，实时地计算出测站的三维位置，以及三维速度和时间。

（3）GPS 定位方法和误差。GPS 卫星播发有测距码、导航电文和波长很短的载波等三种信号。测距码或载波均可单独或联合被用于导航定位。根据 GPS 接收机定位采用的观测量（接收的信号）是测距码或载波，可将 GPS 接收机分为测码定位型接收机和测相定位型接收机。测码定位型接收机根据其型号不同，定位误差有米级和亚米级。测相定位的接收机误差可达到毫米级。GPS 定位误差除了和 GPS 接收机的类型有关，还与观测方法有关。

1）绝对定位。只有一台接收机用于接收 GPS 卫星信号进行定位称为单点定位（也称绝对定位）。一台接收机开机几秒钟后，就可实现定位。一般情况下，各种类型的接收机单点定位的误差和观测时间有关，观测时间在 10～20min，误差为 2～3m；观测时间在 1～2h，误差为 1～2m。另外采取特殊数据处理方法也可提高单点定位的精度。

2）测码相对定位。两台测码定位型接收机同时工作，其中一台接收机安置在已知坐标的固定参考点上连续观测，另一台移动接收机则依次移动到各待测点上测量，观测结束后经解算得到移动站接收机的定位坐标，这种测量方法称 GPS 差分测量。若 GPS 之间观测数据通过数传电台传输，实时解算出测量的坐标，这种观测方法称为实时差分定位。GPS 差分定位的误差达 $0.2 \sim 2m$。

3）测相相对定位。测相定位型接收机测量是用两台以上接收机同时观测相同的卫星，通过对观测数据组求差求解后，解算出两测点之间的基线向量，这种测量是相对定位测量。相对定位测量主要有静态（Static）、快速静态（Fast Static）、准动态（Go and Stop）、动态（Kinematic）、实时动态（Real Time Kinematic）等几种测量方法。前四种测量方法要求仪器静止观测时间从几个小时到几分钟不等，测量精度从毫米级到厘米级，作业精度完全能够满足水域测量定位的要求。但这四种方法均是建立在测后数据处理才能提供定位成果。实时动态测量也称 RTK 测量，是一种基于载波相位观测值的实时动态定位技术，它能够实时地提供测站点在指定坐标系中的三维定位成果，并达到厘米级精度。因此，它是水文测量定位较理想的一种测量方法。

4）GPS RTK 测量。在 RTK 测量模式下，参考站借助数据链将其观测值及测站坐标信息一起发给流动站。流动的 GPS 接收机在采集 GPS 卫星播发数据信号的同时，通过数据链接收来自参考站的数据，并通过 GPS 的数据处理系统实时组差解算，可每秒 $1 \sim 10$ 次地给出厘米级精度的点位坐标。

RTK 作业硬件配置为一对 GPS 接收机（最好为双频机），一对数传电台及相应的电源，同时还要有能够实时解算出流动站相对于参考站三维坐标成果并能完成相应的坐标变换、投影计算、数据记录、图形显示及导航等功能的软件系统。这种软件均由 GPS 接收机厂商开发提供，且不同软件的操作界面和使用方式有明显的差异，但主要功能上大同小异。一个参考站可以同时为其电波覆盖半径以内（一般不大于 20km）的多个流动站提供服务。

（4）GPS 定位的特点。

1）定位精度高。GPS 相对定位误差：在 50km 以内可达到 10^{-6}，$100 \sim 500km$ 可达 10^{-7}，1000km 以上可达 10^{-9}。实时测量的精度也达到厘米级。

2）观测时间短。随着 GPS 系统不断完善，软件的不断更新，目前，20km 以内相对静态定位仅需 15 $\sim 20min$；快速静态相对定位测量时，当每个流动站与基准站相距在 15km 以内时，流动站观测时间只需

$1 \sim 2min$；动态相对定位测量时，流动站出发时观测 $1 \sim 2min$，然后可随时定位，每站观测仅需几秒钟。

3）站间无需通视。GPS 测量不要求测站之间互相通视，只需测站上空开阔即可，因此可节省大量的造标费用。

4）可提供三维坐标。经典大地测量将平面与高程采用不同方法分别施测。GPS 可同时精确测定测站点的三维坐标。目前 GPS 水准可满足四等水准测量的精度。

5）操作简便。随着 GPS 接收机不断改进，自动化程度越来越高，有的已达"傻瓜化"的程度；接收机的体积越来越小，重量越来越轻，极大地减轻测量工作者的工作紧张程度和劳动强度，使野外工作变得轻松愉快。

6）全天候作业。目前 GPS 观测可在一天 24h 内的任何时间进行，不受阴天、黑夜、起雾、刮风、下雨、下雪等气候的影响。

7. 断面索法

（1）对于河面不太宽的测站，可利用架在横断面上的钢丝缆索，在缆索上系有起点距标志，可直接在断面索上读取垂线起点距。

（2）用断面索法测定起点距的误差，主要取决于断面缆索的垂度，当断面缆索的垂度小于断面索跨度的 6/100 时，起点距测读的相对误差小于 1/100。

（3）每年应采用经纬仪测交会法检验起点距标志 $1 \sim 2$ 次。当缆索伸缩或垂度改变时，原有标志应重新设置，或校正其起点距。跨度和垂度不固定（升降式）的过河缆索，不宜在缆索上设置标志。

8. 缆道测距

使用水文缆道测站，一般采用计数器法测定垂线起点距。该方法是利用安装在室内的计数器，测记循环索放出的长度。因此，缆道测距也称计数器法。由于循环索长度表示的是某一段的曲线长度，它与水平方向的起点距有一定的差异，因此室内计数器测记的数值并不能直接代表起点距。应通过比测率将计数长度转换成垂线的起点距，这种方法相当于作垂度影响的改正。

（1）测距方法。测量缆道垂线起点距方法有测定循环索运行长度法和测距索固定起点距法两种。一般采用前一种方法。

测定循环索运行长度法，一般是在循环索道通向绞车的钢丝绳上，装传感轮，借助循环索运行带动传感轮旋转，使计数器工作，测记循环索运行长度，河宽在 500m 以内记至 0.1m。

测距索固定起点距法，是在缆道外另架设一钢芯

铝线索（一般与缆道平行），按照垂线位置在铝线上做固定触点，行车带动一小钢滑轮在上运行，当行车到达预定位置接触点时即发出信号（或数字显示）。

（2）测距计数器的率定。测距计数器率定的目的，是建立计数器读数与实测值的关系，以消除计数误差。其方法是将运载行车悬吊常用的铅鱼开至断面不同位置处，用经纬仪交会法（或其他方法）测得其起点距，与计数器建立关系，以确定各测深（速）垂线位置的计数器读数。每年应对计数器进行一次比测检验，当主索垂度调整，更换铅鱼、循环索、起重索、传感轮及信号装置时，应及时进行比测率定。

（3）起点距比测。

1）各测速（深）垂线位置的计数器读数确定后，再将行车按顺序开往各垂线位置处，用经纬仪交会法测量行车的起点距与率定起点距比较，若误差超过了允许值，则应重新率定。比测点不应少于 30 个，并均匀分布于全断面。垂线的定位误差不得超过河宽的 0.5%，绝对误差不得超过 1m。超过上述误差范围时，应重新率定。每次测量完毕后，应将行车开回至断面起点距零点处，检查计算器是否回零。当回零误差超过河宽的 1% 时，应查明原因，并对测距结果进行改正。

2）凡采用测距索固定起点距法确定行车位置的缆道站，按上述方法校测起点距。若误差超过了允许范围，应调整测距索上固定起点距使其达到精度要求。

3）用测量循环索运行长度法确定起点距，可在缆道两岸高水部位，增设固定起点距标志桩作为经常性检验的依据。

（4）操作程序。缆道测距按以下程序进行：

1）测距前将行车开至断面起点为零处（用铅鱼对准 0 点），同时将测距计数器读数复零。

2）测距时铅鱼应在水上运行，并按测速垂线号顺序进行。在设有可逆计数器的站，可中途回车，但次数不宜过多，以免因回转差积累产生系统误差。

3）测量完毕应将行车开回至断面起点为零处，检查计数器是否复零。

4）装有自动定位装置的站，应在主索远端已知水平距离处安装止动点，以校验自动定位装置的可靠性。

9. 测距仪法

可采用电磁波测距仪或全站仪等电子仪器，直接测量测点（或测深垂线）的起点距。可在测点测距，也可在岸上测距，但应注意测距仪测量的是仪器至被测点的直线距离，若测量时存在俯角（或仰角）或仪

器不在断面线上，应予以改正。如果在测船上使用测距仪，最好是在岸上设置觇标，以便提高测量精度。

4.5.3.2　宽度测量的基本规定与要求

1. 一般规定

（1）大断面和水道断面的起点距，宜以左岸断面桩作为起算的零点。若自右岸断面桩作为起算零点的，则应注明。起点距以米计，正常水面宽在 5m 以下，记至 0.01m；水面宽在 5m 以上时，记至 0.1m。

（2）两岸断面桩之间或固定点间的距离，应进行往返测量，其不符值应不大于 1/500。以后单程测量与原测结果的不符值不大于 1/500 时，可只进行单程测量。

2. 平面交会法测距

使用平面交会法测定起点距时，所设基线应符合下列要求：

（1）基线长度的往、返测量不符值，应不大于 1/1000，基线长度应取 10m 的整数倍。

（2）采用经纬仪和平板仪交会时，基线长度应使断面上最远一点的仪器视线与断面夹角不小于 30°，在特殊情况下应不小于 15°。

（3）采用六分仪交会时，基线长度应使断面上任何位置的后视和前视基线的起点和终点视线夹角在 30°～120° 之间。基线两端至水边的距离应不小于基线端点处与枯水水位高差的 7 倍。

3. 极坐标交会测距

用极坐标交会法测定起点距时，应符合下列要求：

（1）高程基点的高度应使在该点测得的测验河段内各垂线的俯角均大于 40°，在特殊情况下应不小于 4°。

（2）高程基点的高程采用四等水准引测，当高程基点高出最高洪水位的高差小于 5m 时，应采用三等水准引测基点高程。

（3）使用经纬仪的垂直度盘的最小读数应不小于 30″。

4.5.4　水深测量

根据使用测深工具仪器，水深测量方法可分为测深杆测深、测深锤测深、铅鱼测深和超声波测深仪测深等几种。测深杆在船上、桥上、吊箱上都可应用，也可以涉水使用，测深杆便于流速较小、水深较小（小于 6m）的情况下使用；测深锤测深常在测船或测桥上使用，适用于水库或水深较大，但流速较小的河流；铅鱼测深适用于采用水文缆道、测船、桥测车测验的测站；超声波测深仪测深适用于水深较深，且含沙量较小的河流、湖泊或水库测深，多安装在测船上使用。

4.5.4.1　测深杆测深

1. 测深杆

测深杆测深适用于水深较浅、流速较小的河流。测深杆一般采用直径 3～5cm 的竹竿、木杆、玻璃钢或铝合金塑料等材料制成。应具有一定的强度及刚度，当受水流冲击时无明显的弯曲和抖动，底部应装有直径约 20cm 的带孔的圆底盘。当在不同水深读数时，测深杆上的尺寸标志应能准确至水深的 1%。

2. 测深方法

(1) 采用测深杆测深，若河底为比较平整的断面，每条垂线的水深应连测两次。当两次测得的水深差值不超过最小水深值的 2% 时，取两次水深读数的平均值，当两次测得的水深差值超过 2% 时，应增加测次，取符合限差 2% 的两次测深结果的平均值；当多次测量达不到限差 2% 的要求时，可取多次测深结果的平均值。

(2) 若河底为乱石或较大卵石、砾石组成的断面，应在测深垂线处和垂线上、下游及左、右侧共测 5 点。四周测点距中心点：小河宜为 0.2m，大河宜为 0.5m。并取 5 点水深读数的平均值为测点水深。

(3) 在测船上采用测深杆测深，可在距船头的 1/3 处作业，以减少波浪对读数的影响。测量时，测深杆应斜向测深垂线位置的上游插入水中，当测深杆到达测深垂线位置成垂直位置时，立即读得水深。

4.5.4.2　测深锤测深

1. 测深锤

测深锤测深是采用在测深锤（铁砣）上系有读数标志的测绳进行测深。测深垂可采用铅或铁制成，现状可做成塔形或截锥体，重量根据水深和流速情况选用，一般在 5～10kg。测绳直径 6～8mm 为宜，材质可采用麻绳、线绳或棕绳等材料，注意选用材质在干、湿情况下应没有明显的收缩或膨胀，绳长视水深而定。其刻度从锤底开始，每隔 0.2mm 或 0.5mm 做上标志，在整米处应采用不同颜色的标志加以区分。测绳上的尺寸标志，应将测绳浸水，在受测深锤重量自然拉直的状态下设置。

测站应有备用的系有测绳的测深锤 1～2 个。当断面为乱石组成，测深锤易被卡死损失时，备用的系有测绳的测深锤不宜少于两个。每年汛前和汛后，应对测绳的尺寸标志进行校对检查。当测绳的尺寸标志与校对尺的长度不符时，应根据实际情况，对测得的水深进行改正。当测绳磨损或标志不清时，应及时更换或补设。

2. 测深方法

在测船上采用测深锤测深，应将测深锤抛向测深垂线的上游，当到达垂线位置时，使测深锤正好触及河底且测绳成垂直状态，立即读得水深。

每条垂线的水深应连测两次。两次测得的水深差值，当河底比较平整的断面不超过最小水深值的 3%，河底不平整的断面不超过 5% 时，取两次水深读数的平均值作为实测水深；当两次测得的水深差值，超过上述限差范围时，应增加测次，取符合限差的两次测深结果的平均值作为实测水深；当多次测量达不到限差要求时，可取多次测深结果的平均值。

4.5.4.3　铅鱼测深

铅鱼测深是采用悬索（钢丝绳）悬吊铅鱼，测定铅鱼自水面下放至河底时，绳索放出的长度。该法适用于水深流急的河流，应用范围广泛，因此它是目前江河断面测深的主要测量方法。

1. 铅鱼要求

在水深流急时，水下部分的悬索和铅鱼受到水流的冲击而偏向下游，与铅垂线之间产生一个夹角，称为悬索偏角，为减小悬索偏角，铅鱼形状应尽量接近流线型、表面光滑，尾翼大小适宜，要求做到阻力小、定向灵敏，各种附属装置应尽量装入铅鱼体内。同时，要求铅鱼具有足够的重量，铅鱼重量应根据测深范围内水深、流速的大小而定。使用测船的站，还应注意在船舷一侧悬吊铅鱼对测船安全与稳定的影响，以及悬吊设备的承载能力等因素。

在缆道上使用铅鱼测深，应在铅鱼上安装水面和河底信号器；在船上使用铅鱼测深，可只安装河底信号器。

2. 悬索要求

悬吊铅鱼的钢丝索尺寸，应根据水深、流速的大小和铅鱼重量及过河、起重设备的荷重能力确定。采用不同重量的铅鱼测深时，悬索尺寸宜作相应的更换。

3. 水深读取

水深的测读方法宜采用直接读数法、游尺读数法、计数器计数法等。

直接读数法是在有分划标志的悬索上直接读取水深。游尺读数法是在绞车悬臂上安装游尺，游尺的刻度为 1cm，当铅鱼触及水面及河底时，分别读取悬索标志在游尺上的读数，其差值即为水深。计数器计数法是在绞车上安装计数器，当铅鱼触及水面及河底时，利用计数器测得水深。

4. 偏角测量

在测船或测桥、缆车上用铅鱼测深时，可采用扇形量角器直接量读偏角。当偏角大于 10° 时，应进行偏角改正。在缆道上用铅鱼测深时，对悬索偏角应采用经纬仪、望远镜或其他措施测记其偏角值。

5. 比测率定

当采用计数器测读水深时,应进行测深计数器的率定、测深改正数的率定、水深比测等工作。水深比测的允许误差为当河底比较平整或水深大于 3m 时,相对随机不确定度不得超过 2%;河底不平整或水深小于 3m 时,相对随机不确定度不得超过 4%;相对系统误差应控制在 ±1% 范围内,水深小于 1m 时,绝对误差不得超过 0.05m。不同水深的比测垂线数,不应少于 30 条,并应均匀分布。当比测结果超过上述限差范围时,应查明原因,予以校正。当采用多种铅鱼测深时,应分别进行率定。

6. 其他注意事项

每次测深之前,应仔细检查悬索(起重索)、铅鱼悬吊、导线、信号器等是否正常。当发现问题时,应及时排除。测深时应读记悬索偏角,并对水深测量结果进行偏角改正。每条垂线水深的测量次数及允许误差范围,与测深锤测深的规定相同。每年应对悬索上的标志或计数器进行一次比测检查。当主索垂度调整,更换铅鱼、循环索、起重索、传感轮及信号装置时,应及时对计数器进行率定、比测。

铅鱼的悬索可以是测船上的起重设备悬吊,也可以是利用缆道悬吊。测船悬索悬吊铅鱼的原理测量方法、偏角改正方法、注意事项等与缆道悬索悬吊铅鱼基本相同,只是悬索较短,各种影响较小,使用简单。

4.5.4.4 超声波测深

1. 测深原理

利用超声波在不同介质上具有定向反射的这一特性,从水面以下垂直向河底发射一束超声波,声波即通过水体传播至河底,由于河底的反射作用,以相同时间和路线返回水面,被发射传感器接收。根据声波在水中的速度,测定往返所需传播时间,便可计算出水深。其计算公式为

$$h = \frac{1}{2}ct \qquad (4.76)$$

式中　h——水深,m。

c——超声波在水中的传播速度,m/s;

t——传声波往返所需历时,s。

2. 仪器类型

水文上应用的产品有手持式超声波测深仪、船用超声波测深仪、缆道超声波测深仪、多波束超声波测深仪等。

1) 手持式超声波测深仪

手持式超声波测深仪是最简单的超声测深仪,可在测船上手持使用,也可以固定安装使用。仪器由测杆、超声传感器、测量显示器、连接电缆等组成。有的仪器还配有 RS232C 接口,可与任何具有 RS232C 接口的计算机联机运行,由计算机控制测深操作,并对测深数据进行后期处理。仪器可以在静水中测深,也可在具有一定速度的水中测深,但流速越大,测深距离越小。

测深时,手持测杆(或将其固定于船舷),将换能器全部没入水中,并垂直指向河底,打开电源开头,即可进行测深。一般仪器可进行单次测深(该方式仅适用于定点试测),也可以进行自动测深。

自动测深时,仪器定时测深和显示,如每秒测深 3 次,并显示一次读数。该方法适用于在行船中连续测深。有些仪器可以自动记录存储测深数据。

仪器将按照设定的水温值进行水温校正,一般不进行自动测温修正。

手持式超声测深仪器是一种最简单的超声测深仪,用于电池供电,应用方便。用于人工逐点测量水深。也可以扩充,连接便携式计算机实现半自动的测深记录。在水深较大的断面上,可以很快地测得水深。较大水深时,测深准确度优于测深铅鱼。具有价格低、操作使用简单的特点。由于其功率较小、单频且不可改变,对数据处理和防干扰功能较弱,使它不能用于较复杂水流环境中。

2) 船用超声波测深仪

这类测深仪是指固定安装在较大测船上使用的专用超声波测深仪。与手持式相比,它们的性能更好,能自动测量记录水下地形,结构也更复杂,价格较贵。船用超声波测深仪种类很多,较早的产品,用纸带记录水深,现代产品多为数字记录水深,并有单频、双频或多频之分。

仪器基本组成主要有测深传感器、测量显示记录器(主机),大多数测深仪主机可以单独使用,也可与计算机相连。传感器可多个频率进行工作,以适应不同的含沙量、流量、水深和河底状况,也可以同时以两种频率发射超声波,不同频率的超声波甚至可以从河底的反射测出河底淤积层状况。

船用超声测深仪不仅可用于水文测站断面测量,也可用于水下地形、航道等测量,使用时按要求固定安装在测船船底或船边水下。在实际测深过程中,仪器多可自动完成测量任务,测得数据可能需要人工处理,也可采用计算机自动处理。

3) 缆道超声波测深仪

缆道上多采用测深铅鱼测深,测深时要将测深铅鱼放到河底,根据河底信号来计测水深。在水深、流速都相当大时,要将测深铅鱼放到河底很困难。较大的悬索偏角会严重影响测深精度。有时河底信号很不

可靠。这些因素存在严重时，缆道测深也可采用专用的缆道超声波测深仪。

缆道超声波测深仪也由传感器和测量控制记录器组成。但是，由于不能简单地用一根电缆连接这两部分，所以主机中的超声波发射电路、信号接收和一部分处理电路要放到水下。岸上部分包括对水下的发射测量控制电路、水下部分发回的信号接收处理电路、数据处理记录显示部分。还需要有水上水下的信号通信电路，水上水下都需要电源等。

水下部分都装在测流铅鱼上，一般都安装在尾翼上，超声波换能器最好安装在鱼身的专用安装孔内，以避免流经超声振动面的水流有过分的扰动。或者在换能器外装有流线型导流罩，安装在水平尾翼上。各种连线和水下信号传输系统也安装在尾翼上。测深传感器必须进入水中才能测深，必然要知道仪器的入水深度，入水深度加上测得深度才能得到实际水深。入水深度可以从缆道绳长计数中得到，也可以使用两个超声波换能器，一个向下测下部水深，一个向上测上部水深。

缆道超声波测深仪能测到较大流速时的较大水深，能解决测深铅鱼可能放不到河底、悬索偏角太大时影响测深误差、河底信号不可靠等问题。

影响缆道超声波测深仪测深误差的因素较多，如在水中超声传感器摆动过大，超声波束就不垂直指向河底，会导致较大的测深误差。如果河岸较陡，河底很不平坦，超声波束测到的是波束传播时先碰到的反射物，也会导致测得非真实水深问题。

4) 多波束超声测深系统

多波束水下地形测量系统是一种多传感器的复杂组合测量系统，主要由换能器、数据处理系统、高精度的运动传感器、GPS 卫星定位系统、声速剖面仪以及数据处理软件构成。可以对水下地形地貌进行大范围全覆盖的测量及实时声呐图像显示。结合实时动态 GPS 定位，可以迅速获得各种比例尺的水下地形图、DTM 数字高程图，其测量成果可以精确地反映水下细微的地形变化和目标物情况，极大地提高了测量的精度和效率。

声速剖面仪也是一台超声波测深仪，它在测深时向水底发射多波束的超声波，以较大的扩散角覆盖水底的一个宽度。随着船的前进，对水底一个较宽的条带进行水深测量，得到这一条带内的水下地形数据。而上述的手持、船用超声波测深仪只能测到某一点或某一线的水深数据，因其发射的是单个波束。

多波束超声测深系统可以测到水底条带的宽度与多波束的扩散角（开角）有关，还与水深有关。常以多波束能横向覆盖水底的宽度与水深的倍数来表示，

一般在 5～10 倍。水深越大，覆盖的宽度越大。

使用时，所有设备都装在机动测船上，外接 GPS 定位系统。测船在测区中航行，每次测得一条宽带的水下地形。这些宽带应有一定的重叠度，并覆盖整个测区。在测量过程中对实时测量结果在线显示、采集，以保证对全测区的有效监控。

外业测量结束后，可进行测量数据处理，其结果可绘制出任意比例尺的水下地形图，生产等值线（等高线）图、可视化的水下地形图、三维动画形式的成果图等。声速剖面仪在发射和接收超声波脉冲时，有很高的指向性；用较小的换能器即可获得较大的声源级；具有非常高的旁瓣抑制性能，较低的误差率。它能够对水下地形进行全覆盖测量，具有测深点多、测量速度快、全覆盖等特点。由于多波束系统具有实时监测功能，可以现场监视水下地物地貌的细微变化，因而在堤防安全、溃口、崩岸监测、抛石护岸监测、港口及疏浚工程监测、工程监理监测水下物体摸探及打捞等测量中也有应用。

这种仪器主要适合于较大水深清水水域。在河流中应用时，如水深较浅，存在一定的盲区。当靠近河岸或者靠近浅滩、江心洲时，盲区影响较大。如果河流含沙量较大，也不能使用。

4.5.4.5 水深测量注意事项

在测量过程中，必须按照操作规定施测，控制或消除测量误差，并应符合下列规定：

(1) 当有波浪影响观测时，水深观测不应少于 3 次，并取其平均值。

(2) 对水深测量点必须控制在测流横断面线上。

(3) 当使用铅鱼测深时，偏角超过 10°时应作偏角改正；当偏角过大时，应更换较大铅鱼，或采用拉偏措施。

(4) 应选用合适的超声波测深仪，使其能准确地反映河床分界面。

(5) 对测宽、测深的仪器和测具应进行校正。

4.5.5 断面资料的整理与计算

断面测量工作结束后，应及时对断面资料加以整理与计算，内容包括：检查测深与起点距垂线数目及编号是否相符；测量时的水位及附属项目是否填写齐全；计算各垂线起点距；根据水位变化及偏角大小，确定是否需要进行水深改正、水位涨落改正及偏角改正；计算各点河底高程，绘制断面图；计算断面面积等。

4.5.5.1 水深改正

当悬索、铅鱼受到水流的冲击力作用而偏斜，使得所测水深系统偏大，其偏大值随着悬索偏角的增大

而增大，如图 4.51 所示。当产生悬索偏角时，必须对所测绳长测得的水深进行改正，求得真正的垂直水深，否则将引起水深误差。这种改正也有人称偏角改正。水深改正分为湿绳改正和干绳改正两部分。

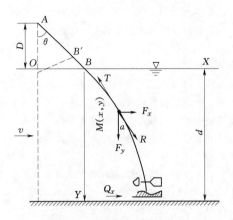

图 4.51　测深偏角改正示意图

1. 悬索湿绳改正公式

悬索湿绳改正值是一个比较复杂的函数，它取决于水深、偏角、流速分布形式、铅鱼的形状、铅鱼重量及悬索直径大小等诸因素。根据不同的假设，可推导出不同的改正的公式，我国现行规范采用的是按力学原理导演的公式，悬索测深在水下的受力情况如图 4.51 所示。

（1）湿绳改正值为：

$$\Delta_w = k_h L_h \qquad (4.77)$$

式中　L_h——湿绳总长，m；

　　　k_h——湿绳改正系数；

　　　Δ_w——湿绳改正值，m。

（2）湿绳总长可用下式计算：

$$L_h = d \int_0^1 \sqrt{1 + (\varphi_1 \tan\theta)^2}\, d\eta \qquad (4.78)$$

（3）计算改正系数可用下式计算：

$$k_h = \frac{L_h - d}{L_h} = 1 - \frac{1}{\int_0^1 \sqrt{1 + (\varphi_1 \tan\theta)^2}\, d\eta} \qquad (4.79)$$

其中

$$\varphi_1 = 1 - \frac{\eta\left(1 - \frac{\rho}{3}\eta^2\right)}{\left(1 - \frac{\rho}{3}\right) + \frac{\beta}{d}(1 - \rho)} \qquad (4.80)$$

$$\beta = 0.4\frac{G^{2/3}}{d'} \qquad (4.81)$$

上 4 式中　θ——水面处的悬索偏角，(°)；

　　　η——任意点 $M(x, y)$ 的相对水深；

　　　ρ——椭圆流速分布公式的参数；

　　　d——水面至河底的垂直水深，m；

　　　β——流速冲力分配系数，是反映悬索设备的尺寸及其配合方式的参数；

　　　G——铅鱼重量，kg；

　　　d'——测深时使用的悬索直径，mm。

2. 悬索干绳改正公式

当悬索支点距水面高差较大，并有偏角时，水上部分的悬索也同时向下游偏斜，近似于一段斜直线，详见图 4.51。

若采用计数器测记水深时，则需多放出的这段绳长被作为水深反映在计数器的读数上，因此需进行干绳改正。从图 4.51 中知，悬索偏角、支点距水面高差可通过测量得到，则干绳改正值可用下式计算：

$$\Delta_d = D(\sec\theta - 1) \qquad (4.82)$$

式中　Δ_d——干绳改正值，m；

　　　D——悬索支点与水面的高差，可直接量得，m。

3. 船上悬索测深偏角改正

根据船上悬索测深读数方式不同，分别采用以下两种改正方法。

（1）直接读数。直接读数时不进行干绳改正，当悬索偏角 $\theta > 10°$ 时，应作湿绳改正。根据铅鱼重量、悬索直径、悬索偏角、直接读得的湿绳长度，求得湿绳改正值，则垂直水深为：

$$d = L_h - \Delta_w \qquad (4.83)$$

式中　d——水面至河底的垂直水深，m；

　　　L_h——直接读得的湿绳长度，m；

　　　Δ_w——湿绳改正值，m。

（2）用计数器或游尺读数。若 $\theta < 10°$，可不作湿绳改正，但干绳改正数超过水深的 $1\% \sim 2\%$，需作干绳改正；若 $\theta > 10°$，且悬索支点距水面高差、与计数器读数值（测得水深）之比大于表 4.13 中的数值，均应作干绳和湿绳改正。改正步骤是先作干绳改正，然后再作湿绳改正。

表 4.13　　干绳长度改正条件

$\theta/(°)$	10	15	20	25	30	35	40
D/L_c	0.64	0.28	0.16	0.10	0.06	0.04	0.03

改正后的水深为：

$$d = L_c - \Delta_d - \Delta_w \qquad (4.84)$$

式中　L_c——铅鱼由水面下放至河底时计数器测记的水深，即测得水深，m。

4. 缆道悬索测深改正

（1）影响测深精度的因素。缆道悬索测深有偏角时，影响测深精度的因素远较船上悬索测深还要复杂，除干绳、湿绳改正外，还有如下一些因素：

1）铅鱼失重的影响。铅鱼入水后，及放至河底时失重，使主索负荷发生变化，可能会引起主索加载垂度的改变。

2）启动和刹车惯性的影响。由于铅鱼的启动和在运行中的突然刹车，或铅鱼到位进行刹车所产生惯性，都会使主索上下不断弹动。

3）悬索偏斜及支点变位抬升的影响。在水流冲击作用下，悬索支点变位，表现为围绕主轴线的旋转，从而导致一方面悬索支点向上抬升，另一方面向下游偏移。这两种情况是同时产生的，使得起重索及下循环索需多放出一段长度，而这段长被水深计数器记录作为水深值，使得测深系统偏大。

对于铅鱼失重及启动、刹车等带来的惯性力影响，可以通过改进操作、配备调速装置，铅鱼安装水面及河底指示器等加以解决，使其对水深的影响减小到最低程度。但对悬索支点的抬升和位移，使悬索多放出的这部分长度属于系统偏差，常需加以改正。

（2）缆道测深偏角改正方法。通过以上分析，缆道测深常用计数器测读，偏角改正应包括三部分内容，即干绳改正、湿绳改正、缆道位移及抬升改正。

一般在偏角大于5°时，应分别进行干绳改正、位移及抬升改正；当偏角大10°时，还需作湿绳改正。改正方法、步骤与船上计数器测深时大体相同，首先作悬索水上部分的改正，包括干绳改正、位移及抬升改正，求得湿绳长，再进行湿绳改正后，得垂直水深。

垂直水深计算公式为：

$$d = L_c - \Delta_d - \Delta_w - \Delta_t \qquad (4.85)$$

$$\Delta_t = \frac{1}{2} m f_x (\tan^2 \theta_h - \tan^2 \theta) \qquad (4.86)$$

$$m = \left(1 + 4 \frac{f_{max}}{L}\right) K^2 \qquad (4.87)$$

$$K = G \Big/ \left(\frac{qL}{2} + P_V\right) \qquad (4.88)$$

$$P_V = F + \frac{q'L}{2} + G\left(1 - 4 \frac{f_{max}}{L}\right) \qquad (4.89)$$

式中　Δ_t——悬索支点位移及抬升改正，m；

f_x——铅鱼在 x 点处的主索垂度，m；

θ_h、θ——铅鱼在河底及水面时的悬索偏角，（°）；

G——铅鱼重量，kg；

m——缆道参数；

f_{max}——主索最大垂度，m；

L——缆道主索跨度，m；

K——偏角系数，与铅鱼重量（G）、跨度（L）、主索单位长度重量（q）、集中荷载（P_V）等有关；

P_V——集中荷载，kg；

F——行车及附属物重量，kg；

q——主索单位长度重量，kg/m；

q'——工作索单位长度重量，kg/m。

缆道测深，干绳改正分为两种情况：

1）当水面偏角小于5°时，应采用式（4.82）。

2）当水面偏角大于5°时，需要考虑水面偏角的影响，干绳改正按下式计算：

$$\Delta_d = D(\sec\theta_h - \sec\theta) \qquad (4.90)$$

式中各符号意义同前。

4.5.5.2　断面面积计算及断面图绘制

1. 水道断面面积计算

以测深垂线为界，将测相邻深垂线、垂线间水面、河底构成的图形视为梯形，以相邻两条测深垂线上的水深作为梯形的底，以相邻垂线间水面作为梯形的高，分别算出每一部分的面积，其中两岸边的部分面积按三角形面积计算。各部分面积的总和即为水道断面面积。

2. 大断面计算

计算大断面是为了绘制水位—面积关系曲线，需要计算出各级水位对应的面积，并计算各级水位级的平均水深、湿周及水力半径等。大断面计算方法可按水平分层加以计算，具体计算步骤为：

（1）在已绘制的大断面图上，将断面按水位分成若干级（分级高度视整个水位变幅而定，一般按0.5或1.0m为一级）。

（2）根据水深及部分宽按梯形公式算，计算水位最低级以下的断面面积。

（3）量算各分级水位水面宽，再按梯形公式算出相邻分级水位面积，此称为所增面积。

（4）逐级累加所增面积，即得各级水位的断面面积，据此即可绘出水位—面积关系曲线。

3. 测深垂线河底高程的计算

为绘制水道断面及大断面图，首先要计算测深垂线的河底高程。测深过程中，水位变化不大时，以开始与终了水位的平均值减去各垂线水深，即得各测深点河底高程。水位变化较大时，应插补出各测深垂线的水位，用各垂线的水位减去各垂线的水深值，即得各垂线测深点的河底高程。

4. 绘制水道断面及大断面图

以垂线起点距为横坐标，河底高程为纵坐标，取适当的比例加以绘制。

4.5.6　纵断面测量

1. 测量要求

（1）水文测站地形测量、开展洪水调查时，常需要进行纵断面测量；当河流主槽的河底高程和水面线发生较大变化时，均应进行纵断面测量。

（2）测站纵断面测量范围应包括整个测验河段及其下游对测验河段起控制作用的石梁、跌水、桥梁、拦河坝等，一般情况下，应不小于测验河段长的2倍。

（3）纵断面测量的测点间距应不大于比降断面间距的1/2。在比降、浮标、基本水尺等水尺断面及河床转折点处应布设测点。

（4）施测各断面测点水深时，应同时进行相应断面的水位观测，以确定中泓最大水深处的河底高程。

2. 测量方法

纵断面测量利用的仪器、设备、方法同横断面。

3. 纵断面图的绘制

以垂线某点为起点，以河流方向的距离为横坐标，以水面高程、河底高程（断面上最低点、断面平均）为纵坐标，取适当的比例加以绘制，即得到纵断面图。

纵断面图的绘制应满足下列要求：

（1）注明水系、河名、站名及实测时间等信息。

（2）纵、横坐标比例尺宜采用1、2、5的倍数；高程比例尺宜为水平距离比例尺10的整倍数。

（3）在高程比例尺的左边注明采用基面名称。

（4）在相应位置用虚线标出各断面的位置，并注明断面编号或名称。

（5）连接相邻横断面上河底高程的最低点，绘出深泓河底线。

（6）根据各测点同时间的水面高程绘出瞬时水面线。洪水调查时应将各大水年的洪水水面线绘出，并注明相应水位和水面比降数值。

（7）绘出石梁、跌水、拦河坝及桥梁等工程的位置及关键部位的高程，洪水调查的洪痕及高程。

（8）绘出支流汇入口中心位置，注明支流名称。

（9）视需要绘制平均河底高程线等。

4.6　地形图测绘简介

4.6.1　地形图

1. 地图及分类

按一定法则，有选择地在平面上表示地球表面各种自然现象和社会现象的图通称地图。按内容分为普通地图和专题地图。专题地图是着重表示自然现象或社会现象中的某一种或几种要素的地图，如地籍图、水文站网图、地质图和旅游图等。本章主要介绍普通地图中的地形图。

地形图是按一定比例尺，用规定的符号表示地物、地貌平面位置和高程的正射投影图。

2. 地形图的比例尺

地形图上任意一线段的长度与地面上相应线段的实际长度之比，称为地形图的比例尺。常用的比例尺主要有数字比例尺和图示比例尺两种。

（1）数字比例尺。数字比例尺，一般用分子为1的分数形式表示。设图上某一线段的长度为1，地面上相应线段的长度为 L，则地形图的比例尺为 $1:L$。通常称 $1:1000000$、$1:500000$、$1:200000$ 的为小比例尺地形图；$1:100000$、$1:50000$、$1:25000$ 的为中比例尺地形图；$1:10000$、$1:5000$、$1:2000$、$1:1000$ 和 $1:500$ 的为大比例尺地形图。

（2）图示比例尺。图示比例尺，为了方便使用，以及减弱由于图纸伸缩而引起的误差，在绘制地形图时，常在图上绘制图示比例尺。

（3）比例尺精度。一般情况下，正常人的肉眼能分辨的图上最小的距离是 0.1mm，因此通常把图上0.1mm 所表示的实地水平长度，称为比例尺精度。根据比例尺精度，可以决定在测图时量距应准确到什么程度。

3. 地形图的图外注记

地形图的图外注记主要有图名、图号、图表、图廓等。

（1）图名。图名即本幅图的名称，是以所在图幅内最著名的地名、厂矿企业和村庄的名称来命名的。

（2）图号。为了区别各幅地形图所在的位置关系，每幅地形图都编有图号。它是根据地形图分幅和编号方法编定的，并把它标注在本图廓上方的中央。

（3）图表。说明本图幅与相邻图幅的关系，供索取相邻图幅时用。

（4）图廓。是地形图的边界，矩形图幅只有内外图廓之分。内图廓就是坐标格网线，也是图幅的边界线。外图廓是最外面的粗线。

4. 地物符号

（1）比例符号。有些地物的图廓较大，如房屋、稻田和湖泊等，它们的形状和大小可以按测图比例尺缩小，并用规定的符号绘在图纸上。

（2）非比例符号。有些地物，如三角点、水准点、独立树和里程碑等轮廓较小，无法将其形状和大小按比例绘到图上，所以就不考虑其实际大小，而采用规定的符号表示之。

（3）半比例符号。对于一些带状延伸地物（如道路、通信线），其长度可按比例尺缩绘，而宽度无法按比例尺表示的符号称为半比例符号。

（4）地物注记。用文字、数字或特有符号对地物加以说明者称为地物注记。

5. 等高线

（1）等高线是地面上高程相同的点连接而成的连续闭合曲线，见图4.52。

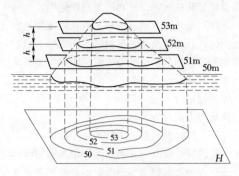

图 4.52 等高线绘制示意图

（2）等高距和等高线平距。相邻等高线之间的高差叫等高距。在同一幅图上，等高距是相同的；相邻等高线之间的水平距离叫等高线平距，它与地面坡度有关。

（3）典型地貌的等高线。山丘和洼地（盆地）、山脊和山谷、鞍部、陡崖等典型地貌的等高线如图4.53所示。

（4）等高线的分类。

1）首曲线。在同一幅图上，按规定的等高距描绘的等高线称首曲线，也称基本等高线。它是宽度为0.15mm的细实线。

2）计曲线。为了读图方便，凡是高程能被5倍基本等高距整除的等高线加粗描绘，称为计曲线。

3）间曲线和助曲线。当首曲线不能表示地貌的特征时，按1/2基本等高距描绘的等高线称为间曲线，在图上用长虚线表示；有时为了显示局部地物的需要，可以按1/4基本等高距描绘的等高线，称为助曲线，一般用短曲线表示。

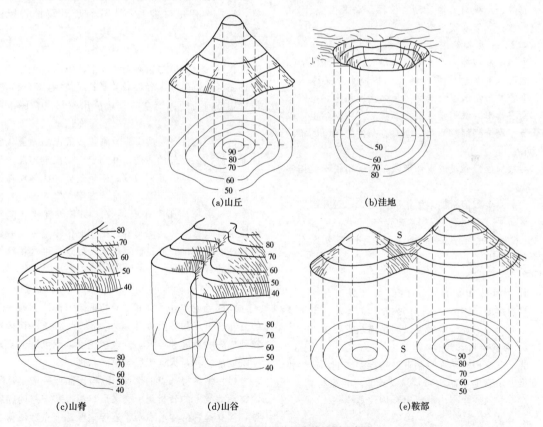

图 4.53 部分典型地貌的等高线绘制示意图

（5）等高线的特征。

1）同一条等高线各点的高程都相等。

2）等高线是闭合曲线，如不在本图幅内闭合，则必在图外闭合。

3）除在悬崖或绝壁处外，等高线在图上不能相交或重合。

4）等高线的平距小，表示坡度陡；平距大表示坡度缓；平距相等则表示坡度相等。

5）等高线与山脊线、山谷线正交。

4.6.2　大比例尺地形传统测绘法

大比例尺测图测绘，就是在局部地区根据工程建设的需要，将存在于地表的地物和地貌真实地测绘在图纸上。地形图的测绘主要有地面测图（野外实地测量）和航测法测图（包括近景摄影）。地面测图方法又分模拟法测图和地面数字化测图两种。

模拟法测图（传统的地面测图方法）是利用平板仪或经纬仪配合视距尺（水准标尺）、测距仪在野外测站上测量至地物点（或地貌点）间的方向、距离和高差，现场利用量角器、直尺等工具，将测量数据按测图比例尺及图式符号展绘到白纸（或聚酯薄膜）上，所以又俗称白纸测图，测绘出的地形图称为模拟法地图。这种测图方法的实质是图解法测图。

4.6.2.1　技术设计

测图前需要进行测图技术设计，其主要内容有任务概述、测区情况、已有资料及其分析、技术方案、财务预算、组织与劳动计划、仪器配备及供应计划、检查验收计划以及安全措施。

4.6.2.2　地形控制测量

测区的高级控制点不可能满足大比例尺测图的需要，这时应布置适当数量的地形控制点，又称图根点。布设的方法应根据测区的具体情况而定，可以布设中点多边形、线形锁或其他形状的三角网，也可以布设导线网或经纬仪测角交会，有条件的还可以布设GPS网。

导线应尽量布设成直伸形状，相邻边长不应相差过大。

控制点个数应根据地形情况而定，一般开阔平坦的地区每平方公里，对于 1∶2000 比例尺的不少于 5个，1∶1000 比例尺的不少于 50 个，1∶500 比例尺的不少于 150 个。

4.6.2.3　测图前准备

1. 图纸的准备

目前多采用聚酯薄膜测图。它伸缩性小、无色透明、牢固耐用，经打磨后可以满足描绘需要。

2. 坐标格网的绘制

为了准确地将图根控制点展绘在图纸上，首先要在图纸上精确地绘制 10cm×10cm 的直角坐标格网。一般用坐标仪或坐标格网尺等专用仪器绘制。

3. 展绘控制点

绘制好坐标格网后可以展绘所测控制点。再用比例尺量出各相邻控制点之间的距离，与相应的实地距离比较，其差值不应超过图上 0.3mm。

4.6.2.4　碎部测量

1. 碎部测定的方法

碎部测量是利用平板仪、全站仪、经纬仪或水准仪等仪器在某一测站上测绘各种地物、地貌的平面位置和高程的工作。

碎部测量的工作包括两个过程，一是测定碎部点的平面位置和高程，二是在图上描绘地物、地貌。

碎部点的选择，对于地物，应选在地物轮廓线的方向变化处，如房角点，道路转折点，对于地貌，应选择在能反映地貌特征的山脊线、山谷线上等坡度变化及方向变化处。

碎部测定的方法一般为极坐标法和方向交会法。根据仪器的不同可分为以下几种：

（1）经纬仪测绘法。是按极坐标的方法标定点的方法。先将经纬仪安置在测站上，用来测定碎部点方向与已知方向之间的夹角以及测站点与碎部点之间的距离和碎部点的高程。然后根据数据，利用量角器和比例尺在图上描绘出碎部点的位置，并标注高程。

（2）电磁波测距仪测绘法。与经纬仪测绘法一样，只是利用电磁波测距来代替经纬仪的视距法测距。

（3）小平板仪与经纬仪联合测绘法。将小平板仪安置在测站上，以描绘测站至碎部的方向，将经纬仪安置在旁边，以测定经纬仪至碎部点的距离和高差。最后用方向与距离交会的方法测出碎部点在图上的位置。

（4）全站仪测绘法。将全站仪安置在测站上，直接描绘测站至碎部的方向，并测定全站仪至碎部点的距离和高差。然后根据数据利用量角器和比例尺在图上描绘出碎部点的位置，并标注高程。实际上，目前测图的发展方向是利用全站仪、GPS 等现代化测绘仪器采集数据，并将测得的数据实时传输给安装有成图软件的计算机，通过计算机加工处理，可获得计算机绘制的数字地图。

2. 碎部点的选择

碎部点应选择地物和地貌特征点（即地物和地貌的方向转折点和坡度变化点）。碎部点选择将直接影响到成图的精度和速度。若选择正确，就可以逼真地反映地形现状，保证工程要求的精度。

（1）地物特征点的选择。地物特征点一般是选择地物轮廓线上的转折点、交叉点，河流和道路的拐弯点，独立地物的中心点等。连接这些特征点，便得到与实地相似的地物形状和位置。测绘地物必须根据规定的测图比例尺，按测量规范和地形图图式的要求，经过综合取舍，将各种地物恰当地表示在图上。

（2）地貌特征点的选择。最能反映地貌特征的是地性线（亦称地貌结构线，它是地貌形态变化的棱线，如山脊线、山谷线、倾斜变换线、方向变换线等），因此地貌特征点应选在地性线上。例如，山顶的最高点。鞍部、山脊、山谷的地形变换点等。

4.6.2.5　地形图的检查

为了确保质量，测图完成后应对成果进行依次全面检查。地形图的检查分为室内检查和外业检查。

室内检查主要是检查图上地物、地貌是否清晰易读，各种符号注记是否正确，等高线与地形点的高程是否相符，图幅拼接是否正确；外业检查主要检查地物、地貌有无遗漏，等高线是否逼真合理，符号注记是否正确。

4.6.2.6　地形图的整饰

完成拼接检查后，还应清绘和整饰。顺序是先图内后图外，先地物后地貌，先注记后符号，等高线不能通过注记和符号。最后按图示要求写出图名、图号、比例尺、坐标系统和高程系统、施测单位、测绘者和测绘日期等。

4.6.3　经纬仪测绘法

如图4.54所示，将经纬仪安置于测站点（例如导线点A）上，将测图板安置于测站旁，用经纬仪测定碎部点方向与已知（后视）方向之间的夹角，用视距测量方法测定测站到碎部点的水平距离和高差，然后根据测定数据按极坐标法，用量角器和比例尺把碎部点的平面位置展绘到图纸上，并在点位的右侧注明高程，再对照实地勾绘地形图。这个方法的特点是在野外边测边绘，优点是便于检查碎部有无遗漏及观测、记录、计算、绘图有无错误；就地勾绘等高线，地形更为逼真；此法操作简单灵活，适用于各类地区的测图工作。现将经纬仪测绘法在一个测站上的作业步骤简述如下。

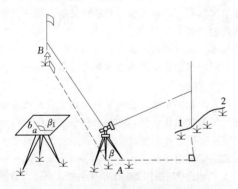

图4.54　经纬仪法测图

1.安置仪器

（1）安置经纬仪于控制点A上，对中、整平、量取仪器高，记入碎部测量手簿。

（2）定向。置盘左水平度盘读数为$0°00'00''$，后视另一个控制点，如图4.54中点B，方向AB称为零方向（或称后视方向）。

（3）测定竖盘指标差，记入手簿；或利用竖盘指标水准管一端的校正螺丝将竖盘指标差校正为0。若使用竖盘指标自动安平的经纬仪，应检查自动安平补偿器的正确性。

2.测定碎部点

（1）立尺。立尺员依次将视距尺立在选好的地物和地貌特征点上。

（2）观测。观测员先将经纬仪望远镜中丝大致瞄准视距尺上与仪器高等高之读数处，再用视距上丝对准尺上整分米处（设为a），然后读取下丝所截数值（设为b），并立即算出$a-b$值，或由观测员直接读出视距值，记入手簿。此时观测员再使中丝准确对准尺上之仪器高的读数处，并使竖盘指标水准管的气泡居中，读记竖盘读数及水平角读数。在观测竖直角时，如不能瞄准尺上对应仪器高的读数处，可改为将中丝对准标尺的适当高度。无论哪种方法，都必须将中丝读数（v）记入手簿。

3.计算水平距离、高差和高程

（1）按前述视距测量公式，计算相应的水平距离及高差值，并记入手簿。

（2）计算高程：
$$测点高程 = 测站高程 + 高差$$

4.展绘碎部点和勾绘地形图

（1）展绘碎部点。绘图员根据水平角和水平距离按极坐标法把碎部点展绘到图纸上。用细针将量角器的圆心插在图纸上的测站点a上，转动量角器，使在量角器上对应所测碎部点1的水平角度（$113°45'$）之分划线对准零方向线ab，再用量角器直径上的刻划尺或借助三棱比例尺，按测得的水平距离$D_{A1} = 37.9m$在图纸上展绘出点1的位置。

图4.55为测图中常用的半圆形量角器（通常称为半圆仪），在分划线上注记两圈度数，外圈为$0°\sim180°$，红色字；内圈为$180°\sim360°$，黑色字。展点时，凡水平角在$0°\sim180°$范围内，用外圈红色度数，并用该量角器直径上一端以红色字注记的长度刻划量取水平距离D；凡水平角在$180°\sim360°$范围内，则用内圈黑色度数，并用该量角器直径上另一端以黑色字注记的长度刻划量取水平距离D。

在绘图纸上展绘碎部点时，可用一种专用细针刺出点位，在聚酯薄膜上展绘碎部点时，可用5H或6H铅笔直接点出点位。并在点位右侧注记高程$H_1 = 241.47 \approx 241.5$。同法展绘其他各点。高程注记的数字，一般字头朝北，书写清楚整齐。

（2）绘制地形图。一边展绘碎部点，一边参照实

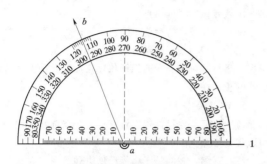

图 4.55　半圆形量角器示意图

地情况进行勾绘。所有的地物、地貌都应按地形图图式规定的符号绘制。城市建筑区和不便于绘等高线的地方，可不绘等高线。其他地区的地貌，则应根据碎部点的高程来勾绘等高线。由于地貌点是选在坡度变化和方向变化处，相邻两点的坡度可视为均匀坡度，所以通过该坡度的等高线之间的平距与高差成正比，这就是内插等高线依据的原理。内插等高线的方法一般有计算法、图解法和目估法三种。

实用时多是采用目估法内插等高线的。目估法内插等高线的步骤如下：

1）定有无，即确定两碎部点之间有无等高线通过。

2）定根数，即确定两碎部点之间有几根等高线通过。

3）定两端，如图 4.56（a）中的 a、g 点。

4）平分中间，如图 4.56（a）中的 b、c、d、e、f 点。

如图 4.56（a）、图 4.56（b）所示，设两点的高程分别为 201.60m 和 208.60m，根据目估法定出两点间有 7 根等高线通过，则 a、b、c、d、e、f、g 各点分别为 202～208m 共 7 条等高线通过的位置。用光滑的曲线将高程相等的相邻点连接起来即成等高线。

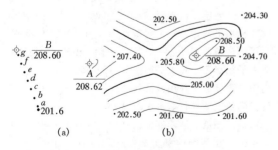

图 4.56　目估法勾绘等高线示意图

5. 测绘碎部点过程中应注意的事项

（1）全组人员要互相配合，协调一致。绘图时做到站站清、板板清、条条不紊。

（2）观测员读数时注意到记录者、绘图者是否听清楚，要随时把地面情况和图面点位联系起来。观测碎部点的精度要适当，测重要地物点的精度较地貌点要求高些。一般竖直角读到 $1'$，水平角读到 $5'$ 即可。

（3）立尺员选点要有计划，点子分布要均匀恰当，必要时勾绘草图，供绘图参考。

（4）记录、计算应正确、工整、清楚，重要地物在备注栏加以注明，碎部点水平距离和高程均计算到厘米，不要搞错高差的正负号。

（5）绘图员应随时保持图面整洁。抓紧在野外对照实际地形勾绘等高线，做到边测边绘，注意随时将图上点位与实地对照检查，根据距离、水平角和高程进行核对。

（6）检查定向。在一个测站上每测 20～30 个碎部点后或在结束本站工作之前均应检查后视方向（零方向）有无变动，若有变动应及时纠正，并应检查已测碎部点是否移位。

为了检查测图质量，仪器搬到下一测站时，应先观测前站所测的某些明显碎部点，以检查由两个测站所测同一点的平面位置和高程是否相符。如相差较大，则应查明原因，纠正错误，再继续进行测绘。

若测区面积较大，可分成若干图幅，分别测绘，最后拼接成全区地形图。为了相邻图幅的拼接，每幅图应测出图廓外 5～10mm。

4.6.4　数字化测图
4.6.4.1　数字化测图的特点

随着科学技术的进步，全站仪、微型计算机硬件和软件的迅猛发展与渗透，地形测量从白纸测图变革为数字化测图。数字化测图是以电子计算机为核心，以测绘仪器和打印机等输入、输出设备为硬件，在测绘软件的支持下，对地形空间数据进行采集、传输、处理编辑、入库管理和成图输出的一整套过程。它是一种全新的测绘地形图的方法，其实质是一种全解析机助测图方法。

广义的数字化测图包括利用全站仪或其他测量仪器进行地面数字化测图，利用手扶数字化仪或扫描数字化仪对纸质地形图的数字化，利用航摄、遥感像片进行数字化测图等技术。

水文测图多是指狭义的数字化测图，即地面数字化测图。地面数字化测图的成果是可供计算机处理、远距离传输、多方共享的以数字形式储存在计算机存储介质上的数字地形图，或通过数控绘图仪输出的以图纸为载体的地形图。工程上常用的存储在数据载体上的数字形式的大比例尺地形图就是大比例尺数字地图。

数字化测图使地形图测绘实现了数字化、自动化,改变了传统的手工作业模式。地面数字化测图与传统的模拟法测图相比,具有自动化程度高、精度高、不受图幅限制、便于使用管理等特点。地面数字化测图方法已成为获取大比例尺数字地形图、各类地理信息系统以及为保持现势性所进行的空间数据更新的主要方法。

模拟法测图前,应首先知道测图比例尺,而对于数字化测图,测图前只需知道地形图必须达到的精度即可,而图的比例尺及等高距可以在图形生成或图形输出时根据要求自由改变,这是数字化测图的优点之一。

由数字化测图野外测定的离散地形点的三维坐标(x, y, H),及由计算机运用某种插值算法求得待定点的地面高程所组成的模型,即通常所说的数字地面模型(Digital terrain model,简称DTM)。DTM的定义是描述地面诸特性空间分布的有序数值阵列,在最通常的情况下,所记的地面特性是地面点高程H,它的空间分布由地面点平面坐标(x, y)来描述。DTM还可以包括除高程以外的诸如地价、土地权属、土壤类别、岩层深度及土地利用等其他地面特性信息的数据。

4.6.4.2 数字化测图的工作流程

数字化测图工作流程包括野外数据采集、数据处理、图形编辑、成果输出和数据管理。一般在外业完成数据采集、数据编码工作,它是计算机绘图的基础。内业要进行数据的图形处理,在人机交互方式下进行图形编辑,生成绘图文件,由绘图仪绘制成图。图4.57为数字化测图的流程示意图。

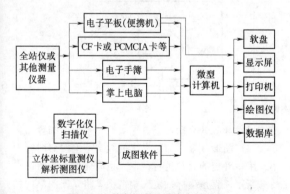

图 4.57 数字化测图系统流程示意

4.6.4.3 野外地面数据采集

1. 全站仪采集数据存储记录

利用全站仪同时测量距离和角度,计算三维坐标的功能采集测点数据,并将采集的全部数据自动地提供给内存、记录卡或电子手簿到室内成图,也可传输给便携机,在现场自动成图,再经过一定的编辑即可由计算机控制绘图仪出图。

目前不同厂家生产的全站仪配有各自设计的记录格式,数据采集时可将观测数据和其他信息存储于内存、规定的存储卡上或电子手簿,并加以处理,且通过标准接口与计算机进行数据传输。有些全站仪除提供固有的测量程序外,还提供高级语言模块,用户可根据需要自行编写测量程序,在测量时选择调用。

2. GPS测量

采用GPS载波相位差分技术,即实时动态定位(RTK)技术,能实时提供测点(流动站)的三维坐标。定位时要求基准站(测站)上的GPS接收机实时地把观测数据(如伪距或相位观测值)及基准点已知坐标传输给测点GPS接收机,测点(流动站)快速求解整周模糊度,在观测到4颗卫星后,可以实地求解出厘米级的流动站的动态位置。这种方法仅需一个人背GPS接收机在测站观测1～2min或更快即可求得测点坐标,通过电子手簿记录(配画草图、室内连码)或便携机记录(现场显示并连码),由大比例尺数字测图系统软件输出所测地图。采用RTK技术时,无需测点间通视,仅需一人操作,可大大提高工作效率,但在影响GPS卫星信号接收的遮蔽地带,还应与全站仪结合,更快更好地完成测图工作。

4.6.4.4 数字化测图的数据组织、图形生成及编辑

由于数字化测图通常不在现场直接绘图,而是依据电子手簿等所存储的数据,由计算机软件自动或半自动识别、检索、连接、调用图式符号等,并控制绘图仪自动完成地形图的绘制。这就存在着所采集的数据与实地或图形之间的对应关系问题。为使绘图者或计算机能识别所采集的数据,便于数据的编辑、处理,必须对数据进行组织,即对每一个碎部点给予一个确定的信息编码。地形信息编码应包含三类信息:位置、属性信息、连接信息。碎部点的位置用(x, y, H)三维坐标表示,并标明点号;属性信息用地形编码表示;连接信息用连接点点号和连接线形表示。

1. 地形编码

由于数字化测图采集的数据信息量较大,内容多、涉及面广,数据与图形应一一对应,构成一个有机的整体,它才有广泛的使用价值。编码一般由字符、数字或字符与数字组合而成,所设计的编码不仅要求能够被人识别,还应能被计算机很快识别。

编码的原则除易于识别外,还应遵循编码结构的充分灵活、适应多用途数字测绘的需要,注意它的唯一性,即唯一地确定一个点,并在绘图时符合图式规范。

目前国内数字测图系统一般采用 3 位整数或 4 位整数地形编码方案。在 3 位整数编码方案中,第一位表示地物的大分类,基本是按照《1∶500、1∶1000、1∶2000 地形图图式》(GB/T 7929—1995)的要求共分为十大类,即测量控制点、居民地、工矿企业建筑物和公共设施、独立地物、道路及附属设施、管线及坦栅、水系及附属设施、境界、地貌与土质、植被。第二、第三位表示地物的细分类,即具体某一地物在某大分类中的顺序号。如普通房屋的编号为 101,其中第一位 1 代表居民地类地物,第二、第三位 01 代表居民地类地物中的普通房屋。在四位整数编码方案中,一般采用《1∶500、1∶1000、1∶2000 地形图要素分类与代码》(GB 14804—93)四位整数编码方案,地物分为九大类,前三位含义不变,第四位表示某一地物的进一步细分。

2. 连接码与线型码

上述地形要素编码用于标识地形点的属性。但为了描述某测点与另一测点之间的相对关系,这时需用连接码,连接码由 4 位编码数字组成,其功能是控制地形要素的绘图动作。编码的设计有两种方式:第一种是设计成注记连接点号或断点号,以提供某两点之间相连或断开的信息。这种编码形式可以简化现场绘制草图的工作。第二种是在该信息码中注记分区号(或各类单一实地,如房屋、道路的顺序号)以及相应的测点号。分区号和测点号各占两位,共计四位。采用该编码形式要求在现场详细绘制地形草图,各分区和测点编号应与连接码中编号完全一致,不能遗漏,并能使草图被计算机识别,其为屏幕编辑、绘图仪绘图的重要依据。

线型码仅用 1 位数字表示,它是对绘图指令的进一步描述。常用不同的数字区分连接的形式,例如 0 表示非连线,1 表示直线连接,2 表示曲线连接,3 表示圆弧等。

实际工作中,可以输入点号、连接码及线型码等,若使用便携机或掌上电脑,也可用屏幕光标指示被连接的点及线型菜单,连接信息码和线型码可由软件自动搜索生成,不需人工输入。

现举例说明编码信息的具体应用,如图 4.58 所示,某建筑物要素码为 201,道路为 437。地物信息码 4 位数字中的前两位表示测点号,后两位表示连接点号,其中 00 表示断点。最后一位是线型码。

测点号	编号
1	201 0100 0
2	201 0201 1
3	201 0302 1
4	201 0403 1
5	201 0504 1
6	201 0601 1
⋮	⋮
10	437 1000 0
11	437 1110 1
12	437 1211 3
13	437 1312 1

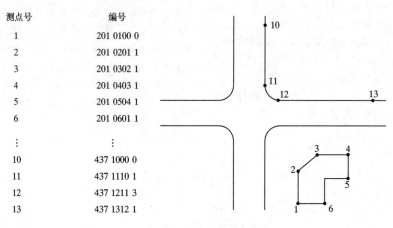

图 4.58　地形图信息的编码

3. 图形生成及编辑

图形生成及编辑是大比例测图的重要一环,它将根据图式规范要求,生成标准的数字地图(图件文件),供图形输出及应用。其内容有:

(1) 将不同方法所采集的数据转换成数字测图系统所能接受的数据格式。

(2) 由测点的平面坐标和地物(地籍)属性信息(地物编码或地籍编码、各点连接信息等)生成平面图。

(3) 根据测点的三维坐标和地形属性信息生成等高线等,并完成等高线遇到地物时自动断开、计曲线及地形点高程的自动注记、等高线与平面图的叠加。

(4) 图形截幅,即对采集的数据范围按照图幅大小或用户确定的尺寸进行截取。也即先按 4 个图廓点的高斯平面直角坐标确定图幅范围,将属于图幅内的数据,以及组成的图形或线段等,形成该图幅相应的图形数据文件,其余数据从相邻图幅提取。

(5) 图形生成完毕后,在输出前还要进行图形编辑,其内容包括对测错的或漏测的地物进行修改或增加;对图上有关道路、河流、村庄、单位等名称进行注记说明,对重要地物进行标注,对图廓进行整饰和整饰内容的自动注记。

4.6.4.5　图形输出

图形输出设备主要有图形显示器（计算机显示器）、绘图仪、打印机、计算机外存（包括磁盘、光盘、硬盘）等。

绘图仪又称数控绘图仪，其基本功能是将计算机绘制的数字地图实现数—图转换。绘图仪按其工作原理可分为矢量绘图仪和栅格绘图仪。

矢量绘图仪又有平台式和滚筒式两种。

平台绘图仪由绘图平台、绘图笔架、导轨、滑轨（横梁）、驱动装置和控制电路组成。绘图平台位于水平位置，以静电吸附或真空吸附固定图纸。横梁和笔架在控制系统的控制下，由各自的驱动电机在导轨上的 x、y 方向移动，并产生矢量绘图。绘图笔在绘图时落下接触图纸，它的起落也由控制电路控制。平台式绘图仪速度较慢，但精度较高。

滚筒式绘图仪结构较简单，图纸贴在滚筒上，工作时由滚筒带动图纸在 x 方向正、反旋转。绘图笔则在平行于滚筒轴线的滑轨上做 y 方向运动，x、y 两方向的移动组合产生矢量绘图。这种绘图仪速度快，但精度较低。

4.6.5　水文测站地形测绘

1. 测量时间

水文测站的地形测绘应在建站初期进行，以后地形有显著变化时，应重新测绘，或局部重测。地形变化不大时，重测时间应不超过20年。

2. 测量范围

（1）河道站方向的宽度，应测至历史最高洪水位以上 $0.5\sim1m$；漫滩大的河流应测至漫滩边界；有堤防的河段应测至堤防背河侧的地面。在顺水流方向的

长度，应包括对水位—流量关系起控制作用的全河段，同时应包含所有设施范围。

（2）水库、闸坝、渠道站应包括各观测地段。

3. 测绘内容

水文测站地形图除应有一般地形图测绘内容外，还应有下列测绘内容：

（1）水准点、平面控制点、断面标志、基线标志等。

（2）历年最高水位及其淹没范围。

（3）站房、观测道路、测验断面等各种水文观测设施。

4. 比例尺

水文测站地形图选用的比例尺，应使测验河段在正常水位时，图上水面宽不小于3cm。图幅尺寸可采用 40cm×40cm、50cm×50cm 或 40cm×50cm。

5. 坐标系

测站地形图应采用平面直角坐标系，有条件的测站应采用国家坐标系，无条件的测站可采用独立坐标系。

6. 平面高程控制测量

（1）测站地形图的平面控制测量，大测区可采用基本、图根、仪器站三级控制。

（2）测站地形图的高程控制测量，大测区首级控制点应采用四等水准测量，其余控制点可采用五等水准测量。

7. 水文专用制图符号

水文测站地形图、站网分布图等各种水文专用图，除采用国家测绘标准规定的地物、地貌符号外，还要应按表4.14规定的符号表示。

表 4.14　　　　　　　　　水文专用符号表

符号名称	符号式样	符号名称	符号式样
引据水准点	1.6 ⊗ 京石5／32.80	消失河段	1.0
基本水准点	⊡1.0／2.0		
校核水准点	⊕1.6	时令河（干河床）	3.0　1.0　a
卫星定位连续运行站点	2.6 ▲ 14／495.26		
卫星定位等级点	2.4 ▲ B14／495.26	运河	0.25
地面河流 a. 水涯线 b. 高水界 c. 滩地土质	0.5　3.0　1.0　b　c　a　清江	沟渠 a1. 干渠 a2. 支渠	a1　a1　0.2　a2　0.5

符号名称	符 号 式 样	符号名称	符 号 式 样
输水隧道		水井、机井	
倒虹吸		河流、渠道流向	
涵洞		潮汐流向 a. 涨潮流 b. 落潮流	
干沟		堤 a. 干堤 b. 一般堤	
湖泊		水闸 a. 依比例尺 b. 不依比例尺	
时令湖		行、蓄、滞洪区	
干涸湖		抽水站	
		水电站	
水库 a. 依比例尺 a1. 大型水库 a2. 中型水库 a3. 小型水库 b. 不依比例尺 b1. 中型水库 b2. 小型水库		滚水坝	
		拦水坝	
		房屋	
		窑洞	
泉		管道井 （油、气井）	

符号名称	符 号 式 样	符号名称	符 号 式 样
水塔	2.9 1.6 ⛉	渡口	90 1.0 0.5 0.4
学校	2.0 文	输电线（高压）	a 4.0
坟地、公墓	⊥ 1.3	配电线	a 8.0
纪念碑	1.0 1.0 2.6 1.6	电杆	1.0 ○
彩门、牌坊	2.0 1.0 1.5 （放大）	电线架	
庙宇	2.6 1.3	电线塔	4.0
土城墙、围墙	0.4 2.0 0.1	变电室符号	2.6 1.3
长城、砖石城墙	2.0 b1 16 1.1 1.3	变压器	2.0 1.2 1.0 （放大）
围栏、栅栏	4.0 1.0	管道	1.0 热
铁路	0.8 8.0 8.0	国界 a. 已定界 b. 未定界	b 1.6 1.0 2.4 a 6 3.5
高速公路	0.2 0.1 a	省级行政区界线	2.3 2.3 0.3 2.5
公路（国道、省道及其他公路）	1.2 ② （G131） 0.2	特别行政区界线	0.3 2.5 2.0 1.0 0.5
机耕路（大路）	0.3	地级行政区界线	2.3 1.8 0.5 0.3 1.5
小路	1.0 2.0 0.2	县级行政区界线	0.2 2.3 1.8
桥（钢、混凝土、木、浮桥、漫水桥等）	8 0.15	流域（卷）界线	2.4 0.35 2.4
码头	0.5 a2 a1	水系（区、册）界线	2.0 0.25 2.3
		等高线及注记 a. 首曲线 b. 计曲线	a 0.15 b 25 0.3

符号名称	符 号 式 样	符号名称	符 号 式 样
高程点及注记	0.5·1520.3　　　　　·−15.3	土质（地、滩）	沙地（滩） 石块地（滩） 沙泥地（滩）　3.0 沙砾地（滩）
示坡线	0.8		
特殊高程点及注记	1.6 ⊙　洪 113.5 1986.6	水文站站址	1. 注"水文（位）站"字样 2.
水下高程注记及等高线	b1　−3　0.15 b2　−5　0.3		
陡崖 a. 土质 b. 石质	a 18.6　300　b 22.5　700	水尺	⊕ 2.0
		自记水位计台	2.5 1.5 1.0
陡坎 a. 未加固 b. 加固	2.0　4.0 a b	混凝土支架	2.0
		钢支架	2.5 1.6
斜坡 a. 未加固 b. 加固	2.0　4.0 a b	木支架	木 2.0
		水文缆车	1.0 1.2 3.0
植物、果林	水田、稻田 0.2 a 2.5　10.0　10.0 旱地　1.3　2.5 水生作物地　高　草地 1.2　1.0 经济林 2.5　经济作物地 2.5 0.5　2.0 灌木林 1.0　草地 1.0	水文缆道	1.0 1.2 3.0
		吊船缆道	1.0 1.5 3.0
		浮标投放器	1.2 1.0 0.5 1.2
		缆道地锚	
独立树	a 1.6 2.0 ○ 3.0 阔叶 1.0 b 1.6 2.0 3.0 45° 针叶 1.0	水文测桥	1.0 1.2 3.0
		气象场	2.4 0.7 2.9 1.0

续表

符号名称	符号式样	符号名称	符号式样
百叶箱	3.0 / 2.0 / 1.0	地级政府驻地	1.0 ◎ 2.0
自记雨量计	1.6 / 2.0	县级政府驻地	⊙ 1.8
雨量筒	1.6 / 2.0	乡镇	○ 1.6
20cm 蒸发器	1.0 / 1.2 / 2.0	水文站	1.2 / 3.0
E601（80cm）蒸发器	1.0 / 1.6 / 3.0 E601(80cm)	水位站	1.2 / 3.0
断面桩	2.0	调查点	△ 1.6
基线桩点	⊘ 1.6	降水站	⊙ 1.6
基本水尺断面	1.0 ●	降水、蒸发站	⊖ 1.6
流速仪测流断面	1.0 ○	地下水监测井	3.0 / 2.0 / 1.6
浮标测流断面	1.0 ▽	国家名称	印度 魏碑简体
比降断面	1.0 ×	首都	北京市 粗等线体
基本水尺断面兼流速仪测流断面	1.0 ● 1.0 ○	省级政府驻地、外国首都政府驻地	成都市 粗等线体
流速仪测流断面兼浮标测流断面	1.0 ○ 1.0 ▽	地级政府驻地、外国一级行政中心政府驻地	唐山市 粗等线体
流速仪测流断面兼比降断面	1.0 ○ 1.0 ×	县级政府驻地、外国一般行政中心政府驻地	安吉县 粗等线体
流速仪测流断面兼浮标测流及比降断面	1.0 ○ 1.0 ▽ 1.0 ×	乡镇	南坪镇 中等线体
浮标测流断面兼比降断面	1.0 ▽ 1.0 ×	省级行政区域名称	河北 隶体
标志牌（杆）	1.5 / 2.0 / 0.8	水系名称	黄海 左斜宋体
地锚	1.2 / 2.0 / 3.0	沙漠、群岛、草地等名称	铜鼓角 南澎群岛 宋体
省级政府驻地、外国首都政府驻地	1.5 ◎ 2.5		

续表

符号名称	符号式样	符号名称	符号式样
水（位）文站站名	中等线体	图外框	线条宽度 0.5
		图内框	线条宽度 0.1
降水站站名	中等线体	指北针	北 5.0 8.0
地貌名称	长中等线体		
名称说明注记	细（中）等线体		
站次	中等线简体	经纬度线及经纬度注记	书宋简
等值线图等值线	中等线简体		

注　1. 符号旁以数字标注的尺寸，采用单位为 mm。一般情况下，线划粗为 0.12mm，点的直径为 0.2mm。

　　2. 符号旁只注一个尺寸的，表示圆或外接圆的直径、等边三角形或正方形的边长；两个尺寸并列的，第一个数字表示符号主要部分的高度，第二个数字表示符号主要部分的宽度；线状符号一端的数字，单线是指其粗度，两平行线是指含线划粗的宽度。符号上需要特别标出的尺寸，则用点线引示。

4.6.6　水下地形测量

在水文测量中，除测绘陆上地形外，常常还需测绘河道、湖泊或滨海的水下地形。水下地形有两种表示方法：一是以航运基准面为基准的等深线表示的航道图，用以显示河道的深浅、暗礁、浅滩等水下地形情况；二是以大地水准面为基准的、与陆地高程一致的等高线表示的水下地形图。显然两种表示方法只是形式差异，无本质区别。本小节主要介绍以等高线表示水下地形的测绘方法。

测量水面以下的河道地形，是根据陆上布设的控制点，利用船只在水面测出水底地形点的平面位置及该点水深来完成的。测量工作包括水位观测、水深测量及定位。

1. 水位观测

水下地形点的高程是以测深时的水面高程（水位）减去水深得到的。因此，在测深的同时，必须测定水面高程。测深时水位有变化的，应设置临时水尺进行水位观测。水尺的设置与水位观测方法将在第 5 章中叙述。

2. 水深测量

水深测量多采用测深杆、测深锤及回声测深仪，其方法和要求与 4.5 节断面测量中基本相同。

3. 水下地形点测量

因水下地形不可见，故只能按一定形式布置适当数量的地形点进行观测。水下地形测量可采用断面法或散点法施测。

（1）断面法。沿河道纵向每隔一定距离布设一个横断面。对每个断面，用船沿断面每隔一定距离施测一点，测量方法同 4.5 节断面测量。

（2）散点法。当在流速大、险滩礁石多、水位变化悬殊的河流测深时，很难使船只按照严格的断面航行，这时可采用边行船边测，形成散点，或在水深变化大的地方多测一些点，水深变化小的地方少测一些点，测得不同的散点，用于绘制水下地形。散点法测点的定位、测深方法与断面法相同。

4. 水下测点密度

水下测点密度应符合下列要求：

（1）垂直水流方向及水域边附近的测点布设，可按照大断面测量规定执行。

（2）散点法测点最大间距不得大于图上 3cm。

（3）断面法的断面间距应满足表 4.15 的要求。

表 4.15　　　水下地形断面布设间距

测图比例尺	1：500	1：1000	1：2000	1：5000
断面间距/m	≤20	20～40	40～80	80～150

5. 水面高程测量

水面高程应采用四等水准测量，有坡降水域应在水面每变化 0.1m 处布设高程测点。

采用交会法测定点位时，交会角应大于 20°小于 160°；交会方向线的长度，平板仪应不大于图上 30cm，经纬仪应不大于图上 45cm；当水面宽小于 1500m 时，可由一岸测定，否则宜由两岸分别测定。

水下地形测量获得的地形数据点经过数据编辑、数据格式转换、坐标系统转换、数据点分块排列及数据压缩后存储。必要时，在软件支持下，由数控绘图仪绘出水下等高线图或等深线图。随着科学技术的发展，水下地形测量已趋向自动化。

第5章 水 位 观 测

5.1 水位与水位观测断面

5.1.1 水位及其观测目的和意义

1. 水位的概念

水位是反映水体、水流变化的水力要素和重要标志，是水文测验中最基本的观测要素，是水文测站常规的观测项目。水位是指河流或其他水体（如湖泊、水库、人工河、渠道等）的自由水面相对于某一基面的高程，其单位以米（m）表示。

2. 水位观测的发展

在水文科学形成之前，人类文明的初期就有了水位观测的萌芽，开始了简单的水文观测。目前公认世界上最早的水位观测出现在埃及和中国。公元前约3500年埃及的法老通过连通尼罗河的测井观测河流水位，并在井壁上刻记水位。在我国公元前21世纪，传说中的大禹治水时期已"随山刊木"（即立木于河中）以观测水位，在《史记·夏本纪》中就有"左准绳，右规矩"的记载，这是对当时水文测验工作的描述。公元前251年，秦代李冰在岷江都江堰工程渠首上游设立三石人，立于水中"与江神要（约），水竭不至足，盛不没肩"，用以观测水位，以控制干渠引水量。这种石人水尺直到东汉建宁元年（168年）仍在采用。

实际上汉字中对测量的"测"字之认识也是从对水的观测开始的，早在东汉（约公元58～147年）于建光元年，许慎完成的《说文解字》一书中，将"测"字释其为"深所至也"。后人段玉裁曾作这样的注释，"深所至谓之测，度其深所至亦谓之测"。前一句指测水位，后一句指测水深。可见"测"字从水，则声。许慎解释"则"字为"等画物也"，"等画物者定其差等而各为介画也"。即刻画的间距相等的意思。嗣后观读水位的设备以"水则"命名。

我国隋代，用木桩、石碑或在岸上石崖上刻划成"水则"观测江河水位。曹魏黄初四年（公元223年）在黄河支流伊河龙门崖壁用石刻记录洪水位。隋朝（公元581～618年）开始在黄河等地设立"水则"观测水位；以后历代都有设立"水则"、"水志"、"志桩"等观测水位，对洪水、枯水位进行记载；1075年，中国在重要河流上已有记录每天水位的"水历"，

这种水位日志是较早的系统的水文记录，这种记载如今已成为非常宝贵的水文资料。另外，长江上游川江涪陵城下，江心水下岩盘上有石刻双鱼，双鱼位置约相当于一般最枯水位。岩盘长约1600m，宽15m，名白鹤梁。梁上双鱼侧有石刻题记："广德元年（据考证应为二年、公元764年）二月，大江水退，石鱼见，郡民相传丰年之兆。"746～1949年间，石上共刻有72年特枯水位题记。川江枯水石刻，除涪陵白鹤梁外，尚有江津莲花石、渝州灵石及云阳龙脊石等多处。灵石在重庆朝天门嘉陵江、川江汇口脊石上，有汉、晋以来17个枯水年石刻文字。龙脊石在云阳城下江心，有自宋至清题刻170余段，有53个特枯水位记录。这是我国也是世界上历时最长的实测枯水位记录。1746年黄河老坝口设立水志即水尺观测水位，这是我国第一个正规水位站，开始系统观测水位，并进行报汛。1856年长江汉口设立水位站，为中国现代水位观测的开始。

3. 水位观测的目的和意义

水位是水体的主要参数，通过水位观测可以了解水体的状态，观测的水位值可直接为工程建设、防汛抗旱等服务。水位观测资料可以直接应用于堤防、水库、电站、堰闸、浇灌、排涝、航道、桥梁等工程的规划、设计、施工等过程中。

水位是相对易于观测的重要的水文要素，不仅可以直接用于水文预报，通过观测的水位值可推求出其他水文观测项目，如流量、泥沙、水温、冰情、水库库容等，常需要通过水位推求。常用观测的水位过程，依据已建立的水位流量关系，可直接推求出流量过程，也可再通过推求的流量过程，进一步推算出输沙率过程；也可利用观测的水位计算水面比降，进而计算河道的糙率等。

水位是防汛、抗旱、水资源调度管理、水利工程管理运行等工作的重要依据和重要资料，水位是掌握水文情况和进行水文预报的依据。由于水位常用于推求其他水文要素，这样水位观测的漏测或观测误差，可能会引起其他有关水文要素推求的困难或误差。可见水位的观测十分重要，需要认真对待。水位观测尽管看似简单，但实际工作中还是有许多技术和经验。因此，应十分重视水位观测工作。

5.1.2　水位观测的主要内容与基本要求

1. 基本项目观测

(1) 采用水尺观测。采用水尺观测时，应该按要求的测次观读记录水尺读数、观测时间，计算观读时的水位与日平均水位，或统计每日出现的最高、最低水位。

(2) 采用自记水位计观测。采用自记水位计观测时，应定时校对观测值、换纸（若采用纸记录式仪器时）、读取记录资料、调整仪器，并对自记记录进行订正、摘录、计算日平均水位，或统计每日出现的最高、最低水位。

2. 附属观测项目

(1) 风向、风力（风速）。在水面较宽的河道、堰闸和水库、湖泊、潮水河站，因风的作用会使水面产生壅高或降低，影响水位观测成果，故均应观测之。水面较窄的河道、堰闸站水位不受风的影响时，也可不观测。一般潮水河站平时应每 2h 与潮水位同时观测风向、风力（风速），当风力在 5 级或风速在 8～10.7m/s 以上时，应随时加测风力的增减变化及其出现或起讫时间。

(2) 水面起伏度。水库、湖泊、潮水河站以及水面起伏度对水位观读精度有显著影响的河道、堰闸站均应观测，如有静水设备，水尺处水面起伏度很小，可不观测。有些测站，水面起伏度兼作岸边波浪资料，供防汛等工作参考时，虽有静水设备，仍应观测静水设备外面的水面起伏度。

(3) 流向。流向是流量正、负的标志，凡有顺、逆流现象的测站均应观测，潮水河站必须观测和记载，供分析水位、流量资料时参考。

(4) 水面漂浮物。根据需要当水面漂浮物较多或异常时应观测记载。

(5) 闸门开启关闭情况。堰闸、水库测站，除观测水位外，还要测记闸门开启与关闭时间、开启高度、孔数和流态等项目。

3. 水位观测的基本要求

水位观测的基本要求是可靠、连续、控制变化过程。在水位的观测过程中，发现问题应及时排除，使观测数据准确可靠。同时，还要保证水位资料的连续性，不漏测洪峰和洪水过程的涨、落和转折点水位。对于暴涨暴落的洪水，应更加注意适当加密观测次数，控制洪水过程中水位的变化。

4. 水位观测的精度要求

(1) 水位用某一基面以上米数表示，一般读记至 0.01m。

(2) 上、下比降断面的水位差小于 0.2m 时，比

降水尺水位可读记至 0.005m。

(3) 对基本、辅助水尺水位有特殊精度要求者，也可读记至 0.005m。

5. 影响水位变化的主要因素

水位的变化主要取决于水体自身水量的变化，约束水体条件的改变，以及水体受干扰的影响等因素。在水体自身水量的变化方面，河流、渠道来水量的变化，水库、湖泊进入、引出水量的变化，或蒸发、渗漏等损失量，也会使其总水量发生变化，使水位发生相应的涨落变化；在约束水体条件的改变方面，河道、水库、湖泊发生冲刷或淤积，改变河道、湖泊、水库底部的高程，也会导致其水位发生变化；闸门的开启与关闭能引起水位的变化；河道内水生植物生长、死亡使河道糙率发生显著变化，也能导致水位变化。另外，有些特殊情况，如堤防的溃决、大坝截流、分洪，以及河道结冰、冰塞、冰坝的产生与消亡，河流的封冻与开河等，都会导致水位的急剧变化。

水体的相互干扰影响也会使水位发生变化，如河口汇流处的水流之间会发生相互顶托，水库蓄水产生回水影响，使水库末端的水位抬升，潮汐、风浪的干扰同样影响水位的变化。水位观测不仅要完整地控制水位变化的过程（如起涨、回落、峰顶、谷底等转折），同时注意分析水位变化的原因和变化规律。

5.1.3　水尺断面布设

1. 基本水尺断面的布设

基本水尺断面的布设应符合下列规定：

(1) 基本水尺断面应避开涡流、回流等影响。

(2) 河道水位站的基本水尺断面，宜设在河床稳定、水流集中的顺直河段中间，并与流向垂直。

(3) 堰闸水位站的上游基本水尺断面应设在堰闸上游水流平稳处，与堰闸的距离不宜小于最大水头的 3～5 倍；下游基本水尺断面应设在堰闸下游水流平稳处，距消能设备末端的距离不宜小于消能设备总长的 3～5 倍。

(4) 水库库区水位站的基本水尺，应设在坝上游岸坡稳定、水流平稳，且水位有代表性的地点。当坝上水位不能代表闸上水位时，应另设闸上水尺。当需用坝下水位推流时，应在坝下游水流平稳处设置水尺断面。

(5) 湖泊水位站的基本水尺断面应设在有代表性的水流平稳处。

(6) 感潮河段水位站的基本水尺断面宜选在河岸稳定、不易冲淤、不易受风浪直接冲击的地点。

(7) 当发生地震、滑坡、溃坝、泥石流等突发性

灾害，造成河道堵塞需要观测水位时，基本水尺断面的布设视观测目的和现场具体情况而定。

2. 比降水尺断面的布设

比降水尺断面的布设应符合下列规定：

（1）要求进行比降观测的水文测站，应在基本水尺断面的上、下游分别设置比降水尺断面。当受地形限制时，可用基本水尺断面兼作上比降断面或下比降断面。

（2）上、下比降断面间不应有水量交换，且河底坡降和水面比降均无明显转折。上、下比降断面的间距应使测得比降的综合不确定度不超过 15%（置信水平 95%）。

（3）比降水尺断面的间距应使测量的往返不符值小于测段距离的 1/1000。

5.2 观 测 基 面

5.2.1 基面的概念与常用基面

5.2.1.1 基面的概念

水位的高低常用高程表示，高程是地面点至水准基面（也称基准面）的铅垂距离。因此，同一点，因选取的基准面不同，高程值也会不同。水文学中一般将测量学中的水准基面简称基面。

由水位的定义知，水位是以一个基本水准面作为起始面，这个基本水准面又简称为基面。即基面是计算水位和高程的起始面，它可取用海滨某地的多年平均海平面或假定平面。同一点由于基本水准面的选择不同，其高程也不同，在测量工作中一般均以大地水准面作为高程基准。大地水准面是平均海水面及其在全球延伸的水准面，在理论上讲，它是一个连续的闭合曲面。但在实际中无法获得这样一个全球统一的大地水准面，各国只能以某一海滨地点的特征海水位为准，这样的基准面也称绝对基面。另外，水文测验中除使用绝对基面外，还涉有假定基面、测站基面、冻结基面等。

5.2.1.2 水文测验中常用的基面

水文测站中常用的基面主要有绝对基面、假定基面、测站基面和冻结基面 4 种。

1. 绝对基面

一般是以某一海滨地点的平均海平面的高程定为零的水准基面，称为绝对基面。绝对基面也称标准基面、基准面或高程基准，目前我国采用的标准基面是1985 国家高程基准（也简称国家 85 高程基准、85 黄海基准、85 高程基准等）。1985 国家高程基准是根据青岛验潮站 1952～1979 年验潮资料计算确定的平均海水面作为中国的水准基面（即零高程面），于 1987

年由国家测绘局颁布，作为我国统一的测量高程基准。

将特征海水面的高程定为 0.00m，除 1985 国家高程基准外，我国曾使用和目前仍在使用的绝对基面有大连、大沽、黄海（以青岛验潮站 1950～1956 年 7 年间的潮汐资料推求的平均海水面作为高程基准面，以此高程基准面作为我国统一起算面的高程系统名谓"1956 年黄海高程系统"）、废黄河口、吴淞、珠江等基面。若将水文测站的基本水准点与国家水准网所设的水准点接测后，则该站的水准点高程就可以用某一绝对基面以上的高程数来表示。目前，大多数水文站采用绝对基面的高程数值。

2. 假定基面

假定基面是为计算水文测站水位或高程而假定的水准基面。若水文测站附近没有国家水准网，其水准点高程暂时无法与全流域统一引据的某一绝对基面高程相连接，只能暂时假定一个水准基面，作为本站水位或高程起算的基准面。如：暂时假定该水准点高程为 100.00m，则该站的假定基面就在该基本水准点垂直向下 100m 处的水准面上。尤其是 20 世纪 50 年代以前设立的测站，由于当时全国的水准网尚未建立，许多测站采用了假定基面。目前，西部地区还有一些水文站采用假定基面，一般情况下，假定基面的水位数值较小，也不受国家水准基点和水准网变动的影响，特别是在绝对基面采用不统一时或应急监测时仍采用。

3. 测站基面

测站基面是水文测站选在略低于历年最低水位或河床最低点的一种专用假定的固定基面。测站基面是假定基面的一种，一般将其确定在测站河床最低点以下 0.5～1.0m 的水平面上，对水深较大的河流，可选历年最低水位以下 0.5～1.0m 的水面作为测站基面，如图 5.1 所示。

同样，当与国家水准点接测后，即可算出测站基面与绝对基面的高差，从而可将测站基面表示的水位

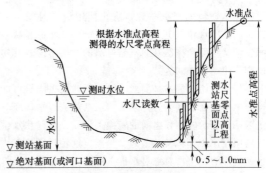

图 5.1 测站基面示意图

换算成以绝对基面表示的水位。使用测站基面的优点是水位数字比较简单，测站的水位资料连续，表示的水位可直接反映航道水深。但在冲淤河流，测站基面位置很难确定；而且不便于同一河流上、下游站的水位进行比较，这也是使用测站基面时应注意的问题。

4. 冻结基面

冻结基面是水文测站首次使用某种基面后，即将其高程固定下来的基面。冻结基面是水文测站专用的一种固定基面。

水位测站设立后，由于种种原因使用的基面可能会几经变动，同一水位在不同的时期，可采用冻结基面解决水位系列不一致问题。使用冻结基面的优点是使测站的水位资料与历史资料相连续，且与绝对基面表示的水位数字接近。有条件的测站应使用相同的基面，以便水位资料在防汛和水利建设、工程管理中使用。

5.2.2　基面的确定

1. 采用不同基面的优缺点

采用绝对基面的测站观测的水位与各种地形图和水利工程的高程基准相同，便于防汛抗旱和工程设计管理中直接应用水位数值。因此，有条件的测站应尽可能采用绝对基面。

测站采用绝对基面，首先要求测站附近有测绘部门设立的高程基点（水准点），否则无法采用。其次，采用绝对基面会带来因为引测的高程基点的变化，而引起测站使用基面改变的不利局面。这是因为任何一个水准点都有其高程真值，但由于测量误差的存在，无法获得其真值，只能测得近似值。海滨水准原点到某一水准点的测量路线可能有许多条，如果不同时期多次测量选用的水准路线不同，或采用的测量仪器、测量方法、平差方案等不同，即使水准点和水准原点之间高程没有任何变化，该水准点不同时期测量结果可能会得到几个不同高程值。如果观测的水位值也随之变化，会给使用造成不便或混乱。

为了解决上述问题，避免水位高程资料的混乱，保持历年资料的连续一致，防止使用资料时发生差错，测站的水位高程资料应采用冻结基面或测站基面。测站基面和冻结基面只是选取的方法不同，其实质和作用是一样的。

当测站使用测站基面或冻结基面时，也应尽可能地与绝对基面相接测。并求得冻结基面或测站基面与绝对基面表示的高程之间的转换关系，在高程和水位资料中应注明其转换关系式。当然，这种转换关系式也是近似的，每次对绝对水准点的重测、校测都会得到不同的高程数据，这样转换关系式也会发生变化。

一般来讲，后面的测量总比前面测量精度要高，因此新的转换关系式一般比旧式要精确。

由以上分析可知，采用测站基面或冻结基面，就把因水准点每次测量误差导致的高程不一致问题，放到了两种高程的转换关系式中，避免了直接使用绝对基面带来的的问题。

特别是在 20 世纪初，全国尚无统一的绝对基面系统，大多数测站附近也无绝对高程基点，采用假定基面使多年观测的水位自成体系，有一定的优点。假定基面虽然也存在着水位数值与工程部门不一致问题，但它长期不变，避免了引起混乱。但由于目前国家高程基准已经统一，测绘部门提供给公众的地形图一般采用统一的绝对基面，如仍采用假定基面提供水位数值，不便于防汛抗旱中直接使用（需要经转换计算才能应用）。因此，有条件的测站应尽可能将假定基面与国家高程接测。

2. 基面的采用

一个测站可能会有多种基面，有条件的测站应首选绝对基面；水位站已采用测站基面的可继续沿用；只有在无绝对基面的地区，才使用假定基面和测站基面；当发生地震、滑坡、溃坝、泥石流等大范围突发性地质灾害，需要紧急观测水位时，可采用假定基面。

测站一般是将第一次使用的基面（高程数据）固定下来，作为冻结基面。之后水位资料的观测刊印均应以此基面为准。有条件时应及时将冻结基面与现行的国家高程基面相联测，水位资料刊印时应同时刊印测站采用基面与绝对基面的差值（或高程之间的换算关系）。在进行水位统计分析和提供的有关成果报告中，可给出绝对基面的高程数据。

3. 基面采用应满足的规定

（1）已设水位站，应将原用的基面冻结下来，作为冻结基面。

（2）新设站应采用与上、下游测站相一致的基面，并作为本站冻结基面。

（3）水位站已采用测站基面的可继续沿用。

（4）水位站采用的冻结基面应尽快与我国现行的国家高程基面相连接，各项水位、高程资料中应写明本站采用的基面与国家高程基面之间的换算关系。

5.3　测站水准点的设置

5.3.1　水准点及其分类

1. 水准点

水准点是用水准测量方法测定达到一定精度的高程控制点。该点相对于某一采用基面的高程一般是已知的，并埋设有标石。测站水尺零点高程的测定，是从测站设立的水准点引测的。因此，每个测站都要设立一定数量的水准点。

2. 水准点的分类

(1) 按使用和保存时间分。水准点按使用和保存时间的长短分为永久性水准点和临时性水准点两种。

(2) 按设立单位和用途分。水准点按设立单位和用途分为国家水准点和测站水准点。

1) 国家水准点是国家测绘部门统一规划设置并引测高程的水准点。国家水准点根据高程测量的等级又分为一等、二等、三等水准点。

2) 测站水准点是水文测站为了便于进行水位观测而设立的水准点。

3. 测站水准点

测站水准点又分为基本水准点、校核水准点和临时水准点3种。

(1) 基本水准点是水文测站永久性的水准点，它应设在测站附近历年最高水位以上，不易损坏且便于引测的地点。基本水准点是测站最重要的水准点，是其他水准点的引测点。

(2) 校核水准点是用来引测和检查水文测站断面水尺和其他设备高程的水准点，根据需要设在便于引测的地点。

(3) 临时水准点是因水文勘测等工作需要，在特定地点临时设立的水准点。临时水准点的牢固程度和设置费用一般要低于基本水准点。

5.3.2 水准点的设置

1. 测站水准点设置的基本要求

测站水准点的设置，应符合下列规定：

(1) 基本水准点应设在测站附近历年最高水位以上、地形稳定、便于引测保护的地点。当测站附近设有国家水准点时（测站5km以内），可只设一个基本水准点；当测站与国家水准点连测困难时，应在不同的位置设置3个基本水准点，基本水准点相互间距宜为300～500m，并应选择其中一个为常用水准点。

(2) 当基本水准点离水尺断面较远时，应设校核水准点，并设在便于引测和稳定的地点。当基本水准点离水尺断面较近时，可不设置校核水准点。

(3) 测站水准点应统一编号，以后无论其高程是否变动，都不应改变其编号，必要时可加辅助编号。

(4) 水准点可直接浇筑在基岩或稳定的永久性建筑物上。在基岩上浇筑水准点时，应选择坚固稳定的岩石。当岩石表面有风化层时，应先予以清除；当基岩露出地面时，可在岩石上凿孔槽，将金属或陶瓷制成的标志浇筑在孔槽中。当基岩在距地面不深处，应先将带混凝土底座的铁管或钢轨固结在基岩上，再将

水准点标志浇筑在灌有水泥砂浆的铁管顶端；当采用钢轨时，应在其上端直接制作成半圆球形作为水准标志。

(5) 基本水准点的底层最小入土埋深：不冻地区宜为1.2～1.5m；冻土层厚度小于1.5m的地区宜为2.0m；冻土层厚度大于1.5m的地区宜在冻土层以下1.0m。

(6) 明标水准点的标石顶端露出地面埋设，无须设置指示碑，为加强水准点的保护，可用混凝土预制件或砖、石等设置水准点保护井，并盖上井盖。

(7) 校核水准点的设置可参照上述要求适当放宽。

2. 水准标石的形式

测站常用的水准标石主要有混凝土普通水准标石、岩层普通水准标石、混凝土柱普通水准标石、钢管普通水准标石、爆破型混凝土柱普通水准标石、螺旋钢管标石和墙脚水准标石等。

3. 水准标石的埋设

标石设置时应根据当地的实际条件，选择适合形式，并按下列要求设置埋设：

(1) 混凝土普通水准标石适用于土层不冻或最大冻土深度小于0.8m的地区。在翻浆、沼泽和盐碱地区使用时，需加涂沥青，以防腐蚀。规格如图5.2所示。

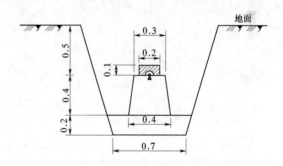

图 5.2 混凝土普通水准标石（单位：m）

(2) 岩层水准标石适用于坚硬岩石层露出地面或在地面以下小于1.5m的地点。埋设时应对基岩层外部覆盖物和风化层进行彻底清理，基岩层露出部分不应有裂缝或剥落现象。在基岩上开凿一个坑，须用水洗净，浇灌钢筋混凝土，其坑的深度应不小于0.5m。规格如图5.3所示。

(3) 冻土地区水准标石有3种类型：混凝土柱普通水准标石、钢管普通水准标石、爆破型混凝土柱普通水准标石，皆适用于冻土深度大于0.8m的地区。混凝土柱水准标石由横断面为0.2m×0.2m的方柱体或直径为0.2m的圆柱体与底盘组成；钢管水准标石

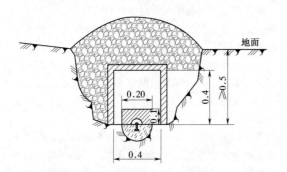

图 5.3　岩层普通水准标石（单位：m）

由外径不小于 0.06m、管壁厚度不小于 0.003m 的钢管与混凝土基座组成，钢管内灌满水泥砂浆，表面须涂抹沥青，并用布和麻线包扎，然后再涂一层沥青；在永久冻土地区埋设水准标石，允许用定向爆破技术将坑底扩成球形或其他规则形状，现场浇灌基座，插入钢管或利用土模浇灌柱石，基座至少在最大冻土深度以下 0.5m。规格如图 5.4～图 5.7 所示。

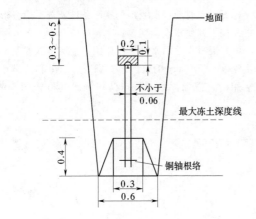

图 5.4　钢管普通水准标石（单位：m）

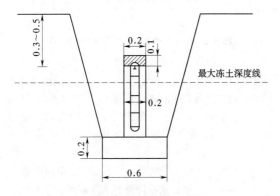

图 5.5　混凝土柱普通水准标石（单位：m）

（4）螺旋钢管标石，适用于沙漠或流沙地区。埋设时，将螺旋纹的钢管旋入流沙层以下的土壤中，使

水准标志露出地面。钢管在距地面以下 1.0m 处，用栓钉将木制根络固结在钢管上，以增加钢管的稳定性。标石埋设地点应选在植物丛生的地方，并在正北方 5m 处，埋设木桩作为指标位置。规格见图 5.8 所示。

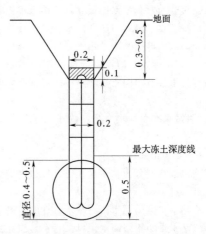

图 5.6　爆破型混凝土柱普通水准标石（单位：m）

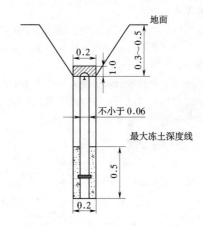

图 5.7　永冻地区钢管普通水准标石（单位：m）

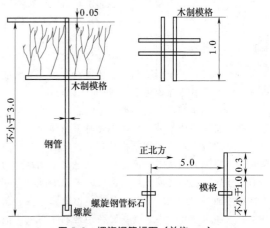

图 5.8　螺旋钢管标石（单位：m）

（5）墙脚水准标石，适用于坚固建筑物或直立石崖处，如房屋、纪念碑和桥基等。墙脚水准标石距地面约 0.4～0.6m 处。埋设时，需在墙壁上挖凿孔洞，洗净浸润放入标志后灌满水泥，使圆鼓部与墙齐平，在凝固前严防标志动摇。规格如图 5.9 所示。

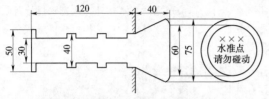

图 5.9 墙脚水准标志（单位：mm）

（6）坚硬石料标石，适用于有条件制作的地区，可以用整块花岗岩、青石等凿制成，其规格同混凝土标石。埋设时，其底盘应在现场浇灌。

（7）明标标石，除螺旋钢管标石和墙脚水准标石外，其余各种形式标石均应加长标身，埋设时，使标石顶端露出地面 0.1～0.2m。

4. 水准标志的制作

（1）1～4 类型的水准标石，均应在标石顶端中央镶嵌特制的水准标志，并使标志上端的半球突出部分高出标石的顶面。坚硬石料标石应在其顶端，参照水准标志凿成半球状突出部分。

（2）水准标志可用陶瓷、玻璃钢、坚硬岩石或者不易腐蚀的金属制作，标志形状如图 5.10 所示。

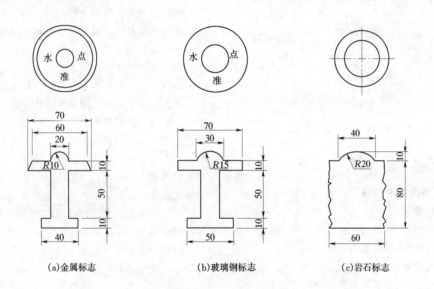

（a）金属标志　　　（b）玻璃钢标志　　　（c）岩石标志

图 5.10 水准标志（单位：mm）

5. 水准点的外部整饰

除螺旋钢管标石和外墙角水准标志外，其他形式的水准标石埋设时，均应在水准点外围挖防护沟，暗标应在水准点标石顶预设指示盘，在正北方向 1.4m 地面上埋设指示碑，具体埋设要求如图 5.11 所示。

5.3.3 水准点高程测量要求

1. 沉降要求

测站水准点设置后，一般需要经过一年左右的时间让其沉降稳定。水准点稳定后才能进行高程测量（也称高程引测）。

2. 测量要求

测站水准点高程测量应符合以下规定：

（1）基本水准点除列入国家一、二、三等水准网的以外，其高程应从国家二、三等水准点用不低于三等水准接测。据以引测的国家水准点一经选用，当无特殊情况时不得随意更换。

（2）校核水准点应从基本水准点采用三等水准接测。当条件不具备时，可采用四等水准接测。

（3）水准点稳定性较差的，或对水位精度要求较高的测站，基本水准点宜 3～5 年校测一次；其他测站宜 5～10 年校测一次；校核水准点宜每年校测一次。当有变动迹象时，应及时校测。

（4）当上下比降断面附近分别设有校核水准点，且基本上水准点向两个校核水准点分别引测的测距之和与两个校核点之间的测距相比相差较大时，应从基本水准点先引测其中一个，再连测另一个。当基本水准点处于上下比降断面校核水准点之间时，可分别引测。

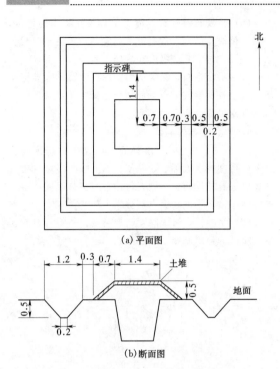

(a) 平面图

(b) 断面图

图 5.11　水准标石埋设示意图（单位：m）

5.4　水 位 观 测 设 备

5.4.1　水位观测设备概述

1. 观测设备分类

水位的观测设备可分为直接观测设备（也称人工观测设备）和间接观测设备两大类。

2. 直接观测设备

直接观测设备主要是指各种传统水尺。水尺是观测河流或其他水体水位的标尺。由人工直接观测水尺读数，加水尺零点高程即得水位。水尺是每个水位测量点必需的水位测量设备，是水位测量基准值的来源。一个水位测量点的水位约定真值都是依靠人工观读水尺取得的，所有其他水位仪器的水位校核都以水尺读数为依据。在一些不能安装自记式水位计的测量点，观读水尺更是唯一测量水位的方法。水尺设备简单，使用方便，但需要人工观读，工作量大。

目前世界上使用水尺主要有立式、倾斜式、矮桩式、悬锤式、测针水尺（测针水尺即水位测针，包括直针式测针和钩形测针两类）等几种。

3. 间接观测设备

间接观测设备是利用机械、电子、压力等传感器的感应作用，间接反映水位变化。间接观测设备构造复杂，技术要求高，但无须人员值守，工作量小，可以实现水位自动连续记录，是实现水位观测自动化的重要条件。间接观测设备也称为自记水位计。

目前世界上使用的自记水位计主要有浮子水位计、压力水位计、超声波水位计（又有液介式和气介式之分）、微波（雷达）水位计、电子水尺、激光水位计等。其中，浮子水位计、压力水位计、液介式超声水位计、电子水尺等仪器，在测量时仪器的采集器直接与水体接触，又称为接触式测量仪器。而气介式超声水位计、微波（雷达）水位计、激光水位计等仪器，测量时仪器不与水体接触，又称为非接触式测量仪器。

5.4.2　水位的直接观测设备——水尺

5.4.2.1　水尺的分类

1. 按性质和用途分

测站的水尺按性质和作用可分为基本水尺、辅助水尺、校核水尺、比降水尺、最高水位水尺（洪峰水尺）。

（1）基本水尺是水文测站用来经常观测水位，并以表达该测站水位的主要水尺，并设于基本断面。

（2）辅助水尺是当测验河段出现横比降或在利用堰闸、隧洞、涵洞等测流设施，有淹没出流时，在河流对岸或下游专门设立的水尺。又如基本断面与流量测验断面相距较远，水位变化剧烈时，常在测流断面设立辅助水尺，以便建立较稳定的水位流量关系，用于推求流量。这种辅助水尺也称测流断面水尺。

（3）校核水尺是为校订自记水位记录的水位数值而设置的水尺。

（4）比降水尺是为观测河流水面比降而在测验河段上、下游所设立的水尺。

（5）最高水位水尺（洪峰水尺）是汛期专用于测记洪峰水位的水尺。

2. 按形式分

测站的水尺按形式可分为直立式、倾斜式、矮桩式、悬锤式、测针式水尺（水位测针）等，也常分别称为直立水尺、倾斜水尺、矮桩水尺、悬锤水尺、测针水尺（水位测针等）。

（1）直立水尺是垂直于水平面的一种固定水尺，如图 5.12 所示。

（2）倾斜水尺（也称斜坡水尺）是沿稳定岸坡或水工建筑物边壁的斜面设置的一种水尺，其刻度直接指示相对于该水尺零点的竖直高度，如图 5.13 所示。

（3）悬锤水尺是由一条带有重（悬）锤的绳或链（或卷尺）所构成的水尺。它用于从水面以上某一已知高程的固定点测量距离水面的竖直高差来计算水位。

（4）矮桩水尺是由设置于观测断面上的一组永久

图 5.12 直立式水尺

图 5.13 倾斜式水尺

性基桩（即矮桩）和便携测尺组成的水尺。将测尺直立于水面以下某一桩顶，根据其已知桩顶高程和测尺上的水面读数来确定水位。

（5）测针水尺（水位测针）是由一根针形测杆所构成的水尺。测量时将它降低直到接触水面，根据其读数来确定水位，水位测针包括直针式测针和钩形测针两类。

3. 按耐用程度分

水尺按耐用程度可分为永久水尺和临时水尺两种。

（1）永久水尺是采用钢筋混凝土制作的灌注桩或其他钢材等坚固材料作为靠桩及尺面构成的水尺。这种水尺常设立在基本断面或比降断面，能长期使用，不易被洪水冲毁。

（2）临时水尺是因出现特殊水情或原水尺损坏而临时设立的水尺，其耐用程度较差。

5.4.2.2 水尺的选择与刻画要求

1. 水尺的选择

各类水尺中直立式水尺应用最普遍，选择水尺形式时，应优先选用直立式水尺。当直立式水尺设置或观读有困难，而断面附近有固定的岸坡或水工建筑物的护坡时，可选用倾斜式水尺。在易受流冰、航运、浮运或漂浮物等冲击以及岸坡十分平坦的断面，可选用矮桩式水尺。当水位变化范围比较小（最大 1m）以及水面稳定时可采用测针水尺。当不能安装直立式水尺和倾斜式水尺，若在水面以上有安装条件的建筑物时，可采用悬锤式水尺。

断面情况复杂、水位变化大的测站，可按不同的水位级分别设置不同形式的水尺。悬锤式水尺除用于明渠水流观测水位外，也多用于地下水位测量；测针水尺除少量室外水位观测外，主要用于蒸发观测、水工实验水位观测等水位变化小、观测精度要求高的水位观测中。

2. 水尺刻画要求

（1）水尺的刻度必须清晰、精确和持久耐用，刻度应直接刻画在光滑的表面上，数字必须清楚，大小适宜，数字的下边缘应靠近相应的刻度处。

（2）刻度、数字、底板的色彩对比应鲜明，且不易褪色和剥落。

（3）水尺刻度面宽不应小于 5cm。

（4）最小刻度为 1cm，误差不大于 0.5mm。当水尺长度在 0.5m 以下时，累积误差不得超过 0.5mm；当水尺长度在 0.5m 以上时，累积误差不得超过尺长的 1‰。

5.4.2.3 直立式水尺

1. 直立式水尺的结构及特点

直立式水尺通常是由水尺靠桩和水尺板（或称尺面）组成，见图 5.12。水尺生产厂提供的水尺是一块尺面，也称为水尺板。水尺板通常是长 1m，宽 8～10cm，分辨率是 1cm（国际上也有采用分辨率为 0.5cm）的搪瓷板、木板或合成材料制成。水尺板需要有一定的强度，不易变形，耐室外气候环境变化，耐水浸，野外自然环境条件下，水尺的伸缩率应尽可能小。水尺的刻度必须清晰、醒目，数字清楚，且数字的下边缘应放在靠近相应的刻度处。为了便于夜间观察，尺面表层可涂被动发光涂料，在受到光线照射时，比较醒目，便于夜间水位观读。

水尺靠桩可采用木桩、钢管、型钢或钢筋混凝土等材料，水尺靠桩要求牢固，垂直打入河底，避免发生下沉或倾斜。

直立式水尺结构简单，观测方便，测站普遍采用。一般在水位观测断面上设置一组水尺靠桩，使用时将水尺板固定在水尺靠桩上，构成一组直立水尺。

2. 直立式水尺的安装

直立式水尺的安装应符合下列规定：

（1）直立式水尺的水尺板应固定在垂直的靠桩上，靠桩宜做流线型，靠桩可用钢铁等材料做成，或可用直径 10～20cm 的木桩做成。当采用木质靠桩时，表面应做防腐处理。安装时，应将靠桩浇筑在稳固的岩石或水泥护坡上，或直接将靠桩打入，或埋设至河底。

（2）有条件的测站，可将水尺刻度直接刻画或将水尺板安装在阻水作用小的坚固岩石或混凝土护坡的河岸上，有合适的水边建筑可利用的情况下，也可以在建筑物的直立建筑面上直接刻画或安装上一定高度的水尺板，而不必再去设立直立式水尺。

（3）水尺靠桩入土深度应大于 1m（1.0～1.5m 宜为）；松软土层或冻土层地带，宜埋设至松土层或冻土层以下至少 0.5m；在淤泥河床上，入土深度不宜小于靠桩在河床以上高度的 1.5 倍。

（4）水尺应与水面垂直，安装时应吊垂线校正。

（5）相邻两水尺之间要有一定的重合，重合范围一般要求在 0.1～0.2m，当风浪较大时，重合部分应增大至 0.4m，以保证水位接续观读。

（6）水尺靠桩布设范围应高于测站历年最高水位、低于测站历年最低水位 0.5m。

（7）同一组的各支水尺应设置在同一断面线上。

3. 零点高程测量

水尺板安装后，按四等水准测量的要求测定每支水尺的零点高程。

5.4.2.4　倾斜式水尺

1. 使用条件及特点

当测验河段内岸边有规则平整的斜坡，岸坡又很稳定，可采用此种水尺。在设立倾斜式水尺时，需要将水位断面的岸坡加以整修，修建出一条（或分段的几条）规则的石质或水泥的斜坡面。此斜尺面要能覆盖大部分或整个水位变化范围。在此斜尺面上用水准测量方法测出各水位高程对应位置，直接刻画水尺刻度。观测水位时就可直接在斜尺面上观读。斜坡式水尺测读水位很方便，只是对岸坡和断面要求较高，整修时还要在斜尺面边修一条小路。

同直立式水尺相比，倾斜式水尺具有耐久、不易冲毁，水尺零点高程不易变动等优点，缺点是要求条件比较严格，多沙河流上，水尺刻度容易被淤泥遮盖。

2. 设置要求

倾斜式水尺应符合下列规定。

（1）倾斜式水尺的坡度大于 30°为宜。

（2）倾斜式水尺应将金属板固紧在岩石岸坡上或水工建筑物的斜坡上，按斜线与垂线长度的换算，在金属板上刻画尺度，或直接在水工建筑物的斜面上刻画，刻度面的坡度应均匀，刻度面应光滑。

（3）倾斜式水尺宜每间隔不大于 4m 设置零点高程校核点。

3. 水尺刻画

倾斜式水尺可采用下列两种方法刻画：

（1）用水尺零点高程的水准测量方法在水尺板或斜面上测定几条整分米数的高程控制线，然后按比例内插需要的分划刻度。

（2）先测出斜面与平面的夹角，然后按照斜面长度与垂直长度的换算关系绘制水尺。

倾斜式水尺的最小刻画长度采用下式计算：

$$\Delta Z' = \sqrt{1 + m^2} \Delta Z \qquad (5.1)$$

式中　$\Delta Z'$——倾斜式水尺最小刻画长度，m；

　　　ΔZ——直立水尺的最小刻画长度，m；

　　　m——边坡系数。

5.4.2.5　矮桩式水尺

1. 水尺的组成

矮桩水尺每个基桩略高出岸坡地面，桩面上有一圆形水准基点。测尺一般用硬质木料做成。为减少壅水，测尺截面可做成菱形。

测量水位时，将测尺直立于水面以下某一桩顶，观读水尺水位读数，加上矮桩顶的已知高程便得到实际水位。

2. 使用条件

当受航运、流冰、漂木、浮运等影响严重，不宜设立直立式水尺和倾斜式水尺的测站，可改用矮桩式水尺。淤积严重的地方，不宜设立矮桩式水尺。

3. 设置要求

（1）矮桩的入土深度与直立式水尺的靠桩相同，桩顶一般高出河床 5～20cm，木质矮桩顶面宜加直径为 2～3cm 的金属圆钉，以便放置测尺。

（2）两相邻桩顶高差宜在 0.4～0.8m 之间，平坦岸坡宜在 0.2～0.4m 之间。

（3）矮桩的布设应能覆盖整个水位变化范围。由于在测量水位时要有人员靠近水边将水尺垂直置于淹没在水下的矮桩上，这就要求矮桩的数量较多，使得观测人员在水边操作时可方便地将水尺放到不远的矮桩上。

5.4.2.6　悬锤式水尺

1. 水尺结构

悬锤式水尺也称为悬锤式水位计。在水位量程较大的地方，用刚性标尺测量十分困难。于是用柔性特殊卷尺作为悬索，下面挂有带触点的重锤，悬索内带有导线，导线的一头连接在触点上，另一头引出，接入音响或指针指示器，即为悬锤式水尺。测量时放下悬锤，当悬锤上的触点接触水面时，发出音响或指针偏转指示。这时可以从悬索或卷尺上读出水位。悬锤式水尺都必须带有接触水面的指示器。

2. 特点和使用范围

悬锤式水尺可以测量很大量程的水位，其测量精度取决于悬索或卷尺的刻度精度，测量精度较高。它适用于断面附近有坚固陡岸、桥梁或水工建筑物岸壁可以利用的测站。它结构简单，但用于天然水体的水位测量时，需要建静水井。它可以用来校测自记水位计的水位。实际上它大量被用于地下水位和大坝渗流水位的测量。国外用于测量水位测井内的水位，以此校核自记水位计。

3. 设置要求

悬锤式水尺的设置应符合下列规定：

（1）应能测到历年最高、最低水位，当利用坚固陡岸、桥梁或其他水工建筑物设置时，应选择水流平顺不受阻水物影响的地方。当受条件限制，测不到历年最高、最低水位时，应配置其他观测设备。

（2）安装时，支架应固紧在坚固的基础上，滚筒轴线应与水面平行，悬锤重量应能拉直悬索。

（3）悬索的伸缩性应当很小。安装后，应进行严格的率定，并定期检查悬索引出的有效长度与计数器或刻度盘读数的一致性，其误差应不超过±1cm。

4. 具有自动跟踪功能的悬锤水尺简介

这种悬锤水尺的原理是悬尺受控自动收放，使悬锤触点接触水面，然后读取和悬尺升降联动的编码器输出数据，显示记录水位。

5.4.2.7 测针式水尺

1. 原理和结构

测针式水尺也称水位测针（也有人称测针式水位计），有直式和钩式两种。

典型的水位测针如图5.14所示，一般有测针、手轮、游标尺、支架4部分组成。测量水位时，手动旋转手轮带动测针在支架竖孔内上下移动，用人工观察使测针针尖正好接触水面。在测针杆上有很准确的标尺，通过安装在支架上的游标可以精确地读出测针尖的位置。数字式测针自动显示读数。水位测针固定安装好后，即可投入使用，通过游标可以读到分辨力为0.2mm或0.1mm的水位值。除了仪器精度外，水位测量精度还取决于人工操作时针尖是否恰好和水面接触的程度。使用一般的直针尖，观测人员在水上观察不清针尖和水面的相对位置。所以，也可使用钩式针尖，使用时使针尖从水下向上升，易于人工观察，使针尖恰好接触露出水面。有些水位测针配用音响或指针指示，当直式针尖触到水面时发出音响或指针偏转，帮助观测人员判断。

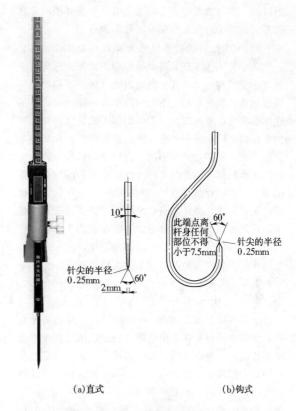

（a）直式　　　　　　（b）钩式

图5.14　测针式水尺

2. 特点和使用范围

测针式水尺采用测针测量水位精度很高，但所测水位的变化范围因受测针长度的限制，量程很小，一般不超过1m。所以测针式水尺主要用于小型量水建筑物、实验室、试验场或企业用水监测等，有时也用于水位测量精度要求较高的小河站和渠道站上设立的测流堰、测流槽等测流建筑物上。

3. 设置要求

测针式水尺的设置应符合下列规定：

（1）宜能测到历年最高和最低水位。测不到时，应配置其他观测设备。

（2）同一断面需要设置两个以上水位计时，水位计可设置在不同高程的一系列基准板或台座上，但应处在同一断面线上；当受条件限制达不到此要求时，各水位计偏离断面线的距离不宜超过1m。

（3）安装时，应将水位计支架紧固在用钢筋混凝土或水泥浇筑的台座上，测杆应垂直，可用吊垂线调整，并可加装简单的电器设备来判断和指示针尖是否恰好接触水面。

（4）测针式和悬锤式水位计的基准板或基准点的高程测量与水尺零点高程测量的要求相同，可每年汛前校测一次，当发现有变动迹象时，应及时校测。其编号方法可按水尺编号的有关规定执行。

4. 具有自动跟踪功能的测针式水尺

其主要工作原理是将水位测针上的测针升降由手动改为受控的电动方式，同时将测针的上下移动与编码器相连，使测针的上下位置数字能转换成编码器相应的数字或电量输出。典型的工作方式是此测针接收到工作指令后，首先由电动驱动装置驱使测针从空中接触水面。刚接触到水面时，测针控制机构得到针尖接触水面的信号。此时立即读取连接测杆的编码器输出信号，并将此信号送到显示记录器，显示记录水位值。测量完毕，测针尖退离水面，等待下一次测量指令。自动跟踪式水位测针可以安装在被测水体各水位测量点上，构成一个水位自动测量系统，由一个中心控制水位测量，自动取得同步的水位数据。

5.4.2.8　洪峰水尺

1. 水尺结构

洪峰水尺是国际标准（ISO1070）推荐的一种水尺。洪峰水尺目前在我国应用还较少，国外在中小测站采用较多。根据不同的设计其局部的制作可能存在差异，它们基本上是有一根内径约 50mm 的垂直放置的管子，管身设置圆孔，在其中心向下穿一根测杆，顶部设置盖帽，底部设置软木屑，其结构如图 5.15 所示。

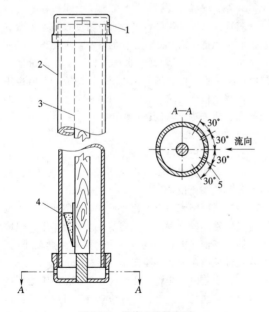

图 5.15　洪峰水尺示意图
1—管顶通气孔；2—内径 50mm 的透明管；
3—有刻度的中心水尺；4—盛软木屑的开口杯；
5—下部较大的进水孔

2. 原理

管身下部水孔可使上涨的水进入管内，孔眼位于防止水位降低或流速水头对静水水位造成影响的位置，管身上部气孔可使水在管内上升自由，管顶封闭以防止雨水进入，管底部的软木屑浮于洪水表面，当水退落时，附着于中心测杆上，保持在洪水位最高位置，这样就测得了洪峰水位。

3. 特点和使用范围

洪峰水尺结构简单，每次只能记录一个洪峰水位，无需人员值守、无需电源、记录可靠，能较长时间记录洪峰水位。巡测测站、洪水调查点、调查断面未设置自记水位计，洪水期间，当其他记录水位的方法不能使用时，可采用洪峰水尺获取洪峰水位记录。

洪峰水尺可得到洪峰水位，也可在无设站的河段，设置洪峰水尺，用于推算洪峰流量。如果两水尺之间的观测时间滞后可忽略不计的话，洪峰流量可从在某顺直河段相距若干距离内设置的两洪峰水尺的水位算出。

4. 设置要求

（1）洪峰水尺的设置位置要适中，设置太高测不到当年最高水位，太低经常被淹没，也无法记录洪峰水位。因此，应分析论证，设置在洪峰水位到达的位置。

（2）必要时同一断面可设置多个洪峰水尺，以便测到不同级别的洪水位。

（3）设置的洪峰水尺应坚固牢靠，不被洪水冲毁。

5.4.2.9　临时水尺

上述各种形式的水尺均可作为临时水尺，但多用直立式或矮桩式作为临时水尺。

1. 设置条件

发生下列情况之一时，应及时设置临时水尺。

（1）发生特大洪水或特枯水位，超出测站原设水尺的观读界限。

（2）原水尺损坏。

（3）断面出现分流，超出总流量的 20%。

（4）河道情况变动，原水尺处干涸。

（5）结冰的河流，原水尺冻实，需要在断面上其他位置另设水尺。

（6）分洪、溃口等特殊情况。

2. 设置时间

（1）当发生特大洪水、水尺处干涸或冻实时，临时水尺宜在原水尺失效前设置，并注意确保临时水尺在使用期间牢固可靠。

（2）当在观测时间才发现观测设备损坏时，可打一个木桩至水下，使桩顶与水面齐平或在附近的固定建筑物、岩石上刻上标记，用校测水尺零点高程的方法测得水位后，再设法恢复观测设备。

5.4.2.10　水尺的布置与编号

1. 水尺的布设

（1）水尺布设的基本要求。水尺类型选定后，应根据断面地形、历年水位变幅等情况进行布设。设置水尺的基本原则是保证观测精度，便于使用，经济安全。

（2）水尺布设的规定。水尺的布设应符合下列规定：

1）水尺要设置在容易到达的地方，以便于观测人员尽可能地接近，直接观读水位。

2）水尺要设置在岸边稳定，风浪较小的地方，并应避开涡流、回流、漂浮物等影响。在风浪较大的地区，必要时应采用静水设施。

3）水尺布设的范围，应高于测站历年最高、低于测站历年最低水位 0.5m。

4）同一组的各支基本水尺，应设置在同一断面线上。当因地形限制或其他原因必须离开同一断面线设置时，其最上游与最下游一支水尺之间的同时水位差不应超过 1cm。同一组的各支比降水尺，当不能设置在同一断面线上时，偏离断面线的距离不得超过 5m，同时任何两支水尺的顺流向距离不得超过上、下比降断面间距的 1/200。

5）相邻两支水尺的观测范围应有不小于 0.1m 的重合，当风浪经常较大时，重合部分可适当增大（如可重合 0.4m）。

6）水尺必须经久耐用，易于维护。材料膨胀系数必须小，能耐干湿交替的环境，并且标志不易磨损和褪色。

7）水尺应安装在与水位传感器同一横断面上，并尽可能地靠近。

2. 水尺的编号

（1）水尺编号的基本要求。一个测站可能设有多个水尺断面（如基本、流速议测流断面、比降断面

等），同一个断面也可能设有一组或多组水尺，每组水尺又有多支水尺组成。为了便于水尺的管理、保养、维护和使用，不至于引起混乱，每一支水尺都应有一个编号，这个编号应系统连续。为此，测站所有的水尺应有一个统一、科学的编号原测。

（2）水尺编号的规定。

1）设置的水尺必须统一编号，各种编号的排列顺序应为组号、脚号、支号、支号辅助号，如图 5.16 所示。组号代表水尺名称，脚号代表同类水尺的不同位置，支号代表同一组水尺中从岸上向河心依次排列的各支水尺的次序，支号辅助号应代表该支水尺零点高程的变动次数或在原处改设的次数。当在原设一组水尺中增加水尺时，应从原组水尺中最后排列的支号连续排列。当某支水尺被毁，新设水尺的相对位置不变时，应在支号后面加辅助号，并用连接符"—"与支号连接。

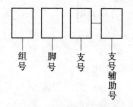

组号　脚号　支号　支号辅助号

图 5.16　水尺编号示意图

2）当设立临时水尺时，在组号前面应加一符号"T"，支号应按设置的先后次序排列，当校测后定为正式水尺时，应按正式水尺统一编号。

3）当水尺变动较大时，可经一定时期后将全组水尺重新编号，一般情况下可一年重编一次。

4）水尺编号的标识应清晰直观，并标在直立式水尺的靠桩上部，矮桩式水尺的桩顶上，或倾斜式水尺的斜面上的明显位置，以油漆或其他方式标明。各类水尺均用代号表示，详见表 5.1。

表 5.1　　　　　　　　　　水　尺　代　号

类　别	代　号	意　义	备　注
组号	P	基本水尺	设在重合断面上的水尺编号，按 P、C、S、B 顺序，选用前面一个。若基本水尺兼流速仪断面水尺，组号用"P"
	C	流速仪测流断面水尺	
	S	比降水尺	
	B	其他专用或辅助水尺	
脚号	U	设于上游的	堰闸上游基本水尺为 P_U，下游基本水尺 P_L
	L	设于下游的	
	a、b、c、…	一个断面上有多股水流时，自左岸开始的序号	

5) 特殊情况下, 也可另行规定其他组号。

5.4.2.11　水尺零点高程测量

水尺设立后, 立即测定其零点高程, 以便及时观测水位。

1. 零点高程测量要求

(1) 水尺零点高程的测量, 应按四等水准的要求进行。当受条件限制时, 可按表 5.2 的要求执行。

表 5.2　水尺零点高程测量允许高差限差和视线长度

同尺黑红面读数差/mm	同站黑红面所测高差之差/mm	往返不符值/mm		视线长度（视距）/m		单站前后视距不等差/m
		不平坦	平坦	不平坦	平坦	
3	5	$\pm 3\sqrt{n}$	$\pm 4\sqrt{n}$	5~50	50~100	≤5

注　1. 仪器类型可采用 S_3 或 S_{10}。
　　2. 采用单面尺时, 变换仪器高度前后所测两尺高差之差与同站黑红面所测高差之差限差相同。
　　3. n 为单程仪器站数, 当往返站数不等时, 取平均值计算。
　　4. 测量过程中应注意不使前后视距不等差累积增大。

(2) 往返两次水准测量应由校核水准点开始推算各测点高程。往返两次测量水尺零点高程之差, 在允许误差之内时, 以两次所测高程的平均值为水尺零点高程。当超出允许误差时, 应予重测。

(3) 水尺零点高程应记至 1mm。当对计算水位无特殊要求时, 水尺零点高程可取至 1cm。

2. 零点高程校测

水尺在使用过程中需要经常校测零点高程, 校测次数与时间应以能掌握水尺零点高程的变动情况, 取得准确连续的水位资料为原则, 并符合下列要求:

(1) 每年年初或汛前应将所有水尺全部校测一次, 汛后应将本年洪水到达过的水尺全部校测一次。

(2) 库区站应根据水库的蓄水过程选择适当的时机进行水尺校测。

(3) 有封冻的测站, 还应在每年封冻前和解冻后将全部水尺各校测一次。当汛后与封冻或汛前与解冻相隔时间很短时, 可以减少校测次数。

(4) 冲淤严重或漂浮物较多的测站, 在每次洪水后, 必须对洪水到达过的水尺校测一次。

(5) 当发现水尺变动或在整理水位观测结果时发现水尺零点高程有疑问, 应及时进行校测。

(6) 校测水尺零点高程时, 当校测前后高程相差不超过本次测量的允许不符值, 或虽超过允许不符值, 但对一般水尺小于等于 10mm 或对比降水尺小于等于 5mm 时, 可采用校测前的高程。当校测前后高程之差超过该次测量的允许不符值, 且对一般水尺大于 10mm 或对比降水尺大于 5mm 时, 应采用校测后的高程, 并应及时查明水尺变动的原因及日期, 以确定水位的改正方法。

5.4.3　水位的间接观测设备——自记水位计

5.4.3.1　自记水位计的分类

自记水位计是能自动连续测记水位变化过程的一种水位观测仪器。自记水位计的分类如下:

(1) 按感应水位方式分。自记水位计按感应水位的方式, 可分为浮子式、压力式 (有气泡式和投入式)、超声波式、微波 (雷达)、激光水位计及电子水尺等类型。

(2) 按传感距离分。自记水位计按传感距离, 可分为现场自记式与遥测远传自记式两种。

(3) 按水位记录形式分。自记水位计按水位记录形式, 可分为记录纸划线记录式、打字记录式、固态模块存储记录等。

(4) 根据记录模式分。自记水位计根据记录模式可分为模拟式和数字式两种。

(5) 按记录的时间分。自记水位计按记录的时间长短, 可分为日记式、周记式、月记式、季记式、半年记式、年记式等。

(6) 按传感器接触水面情况分。自记水位计根据其传感器是否接触水面, 分为接触式和非接触式两种。浮子式、压力式、液介式超声波水位计和电子水尺属接触式水位计, 而气介式超声波和微波 (雷达) 水位计属非接触式水位计。

5.4.3.2　测站配置自记水位计应满足的要求

1. 基本要求

(1) 选用的仪器首先应满足测量精度的要求, 要便于安装, 维修使用方便; 应是有资质的单位生产的产品, 并经过国家或行业有关部门检测合格, 符合现行国家标准的要求。

(2) 选用自记水位计应充分了解各种自记水位计的特点、使用条件、性能等情况。由于外业条件千差万别, 选择自记水位计时要根据气候条件、河流特性、河道地形、河床土质、断面形状、河岸地貌以及水位变幅、涨落率、泥沙等情况比选后确定。

(3) 设置自记水位计, 宜能测记到本站最高和最低水位。当受条件限制，一套自记水位计不能测记全变幅水位时，可同时配置多套自记水位计或其他水位观测设备。每两套设备之间的水位观测值应有不小于0.1m的重合，且处在同一断面线上。多套自记水位计或观测设备，可以是几种自记水位计或观测设备的组合。

2. 仪器主要技术指标与参数要求

（1）环境条件。一般情况下使用自记水位计应满足下列环境条件：

1）工作环境温度：−20～+50℃。

2）工作环境湿度：95%RH（RH是英文 Relative Humidity 相对湿度的缩写，下同）；温度：40℃。

（2）主要技术参数。

1）分辨力。根据水位精度要求不同，自记水位计的分辨力可采用0.1cm、1.0cm。

2）测量范围。根据水位的变幅，选择的测量范围：一般为0～10m、0～20m、0～40m等。

3）水位变率。能适应的水位变率一般情况下应不低于40cm/min，对有特殊要求的应不低于100cm/min。

4）电源适应性。宜采用直流供电，电源电压在额定电压的−15%～+20%间波动时，仪器应正常工作。

5）防雷电抗干扰性。传感器及输出信号线应有防雷电抗干扰措施。

6）抑制波浪情况。传感器的输出应稳定，必要时应采取波浪抑制措施。

7）可靠性。平均无故障工作时间（MTBF）浮子式水位计应不小于25000h，其他类型应不小于8000h。

3. 测量误差（测量精度）

测站选用的自记水位计的允许测量误差（也有人称测量精度）应符合表5.3的要求。

表5.3　　　　自记水位计允许测量误差表

水位量程 ΔZ/m	≤10	10<ΔZ≤15	>15
综合误差/cm	2	ΔZ×2‰	3
室内测定保证率/%	95	95	95

4. 走时误差

自记水位计仪器的走时误差（也称计时误差）应符合表5.4的规定。涨落急剧的小河站，应选择时间估读误差±2.5min的自记水位计。

表5.4　　　　　　　　　　　　自记水位计允许走时误差

记录周期	日记	周记	月记	季记	半年记	年记
精密级/min	0.5	2	4	9	12	15
普通级/min	3	10				

注　表中规定的误差包括正负值，即走时快慢仪器误差均应小于本表规定的数值。

5. 数据采集终端

自记水位计的数据采集终端应满足如下要求：

（1）具有现场存储1年以上水位数据的容量；存储的数据可进行现场下载，其格式满足水文资料的整编要求。

（2）计时误差每月应小于2min。

（3）具有低功耗和高可靠性，在正常维护条件下，数据采集终端的MTBF（平均故障间隔时间）应不小于25000h。

（4）具有扩展传感器接口。

（5）可工作在定时采集、事件采集等多种数据采集模式。

（6）具有人工置数功能，通过人工置数装置可在现场读取数据、设置参数、校准时钟。

（7）现场存储的水位值可记至1cm，有特殊要求的记至1mm；时间应记至1min。

（8）同时连接两种不同型号水位传感器时，在水位接头时应能自动切换至选择使用的传感器，并同时校验两传感器水位差是否在规定范围内。

（9）有人值守站应具有显示当前及以前不少于12个时段整点水位值和相应时间的功能。

（10）每一存储值宜是存储时刻前后多次采样的算术平均值，山溪性河流或水位涨落急剧时采样次数可适当减少。

6. 数据遥测终端

自记水位计的数据遥测终端除符合上述的技术要求外，还应满足如下要求：

（1）可工作在定时自报、事件自报或随机查询应答等多种工作模式；当水位变化1cm或达到设定的时间间隔时，自动采集、存储和发送水位数据；在定时间隔内，当水位变化超过设定值时，具有加密测次、加密发报的功能，并可响应中心站召测指令发送数据；具有发送人工观测水位、工作状态等信息功能。

（2）支持远程下载数据、远程参数设置、远程时钟校准。

（3）特别重要的测站，水位信息传输方式可采用两种不同的传输信道互为备份。主、备信道应具备自动切换功能。

（4）通信方式的选择可根据测站当地的通信资源和通信条件，通过信道测试后合理选择。

常用于水位信息传输的通信方式有移动通信（GPRS/GSM）、电话通信（PSTN）以及超短波通信（VHF）、卫星通信等。优先选择台网通信。

7. 水位传感器的安装

自记水位计安装前，应按其说明书的要求进行全面的检查和测试，水位传感器的安装应满足如下要求：

（1）安装应牢固，不易受水流冲击或风力冲击的影响。

（2）压力式水位传感器的探头感应面应与流向平行。

（3）超声波水位计、雷达水位计、激光水位计等以水面作为观测对象的传感器的安装，其发射方向应垂直于水面。

（4）波浪较大的测站，应采取波浪抑制措施。波浪抑制措施包括静水装置或二次仪表中增设的阻尼装置、数字滤波等。

（5）对采用设备固定点高程进行基值设置的测站，设备固定点高程的测量精度应不低于四等水准测量精度。

8. 基本参数设置

自记水位计安装测试完成后，应进行如下基本参数设置：

（1）时钟设置：以北京标准时间进行设置。

（2）水位基值设置：应根据人工观测水位与同时刻自记水位计观测值的差值确定水位基值。

（3）采集段次设置：可根据水位站的观测任务和报汛要求进行设置，其观测频次应不低于人工观测的要求。

5.4.4　浮子式水位计

5.4.4.1　浮子式水位计的工作原理与特点

1. 工作原理

浮子式水位计采用浮子感应水位，浮子漂浮在水位井内，随水位升降而升降。浮子上的悬索绕过水位轮悬挂一平衡锤，由平衡锤自动控制悬索的位移和张紧。悬索在水位升降时带动水位轮旋转，从而将水位的升降转换为水位轮的旋转。

用模拟划线记录水位过程的浮子式水位计，水位轮可带动一传统的水位划线记录装置记下水位过程。

用于自动化系统或数字记录的浮子式水位计，水位轮的旋转通过机械传动使水位编码器轴转动。其结果是一定的水位或水位变化使水位编码器处于一定的位置或位置发生一定的变化。水位编码器将对应于水位的位置转换成电信号输出，达到编码目的。此水位编码信号可以直接用于水位遥测。在此同时水位轮也可带动一传统的水位划线记录装置记下水位过程，或者就用数字式记录器（固态存储器）记下水位编码器的水位信号输出。

2. 优点

（1）仪器性能稳定可靠，水位测量准确性好。浮子式水位计的性能很稳定，现有产品的可靠性很高。这是因为浮子式水位感应部分的稳定可靠性和走纸机构稳定性所决定的。多年的定型生产也提高了日记型浮子式水位的可靠性。多年的使用经验证明，浮子式水位计是水位测量准确性好、很稳定的水位计。

（2）结构简单、容易掌握。浮子式水位计原理简单，机械结构直观，使用者很快就能了解其性能，能很快熟练应用。

（3）仪器型号多、价格较低。浮子式水位计类型较多，既有传统的划线记录的日记水位计，又有带编码器的浮子式遥测水位计。既可用于简单的水位自记，又可以用于先进的自动化系统。浮子感应系统测量水位准确、稳定，使用历史悠久，全世界普遍采用，产品产量大，质量稳定，产品价格较低廉。因此，凡有条件可以建造水位测井的地点，都会优先考虑使用浮子式水位计。

（4）自动削弱波浪影响。浮子水位计安装在测井内，受到环境变化影响小，可自动削弱水位波动的影响。

（5）有的型号仪器也可实现数字化。采用浮子式水位编码器的遥测水位计以及固态存储记录器，可以实现数字化、长期存储水位记录。

3. 缺点

影响浮子式水位计应用的主要问题有：

（1）模拟记录。普通常用的浮子式水位计多采用模拟记录，日记型浮子式水位计只能得到一天的水位记录过程线，不便于自动进行数据处理。而应用纸带记录水位的长期自记水位计，也只能在极少场合使用。

（2）需修建水位测井。修建水位测井需要较大的投资，在有些地方，修建测井很困难，甚至无法修建测井，影响了浮子式水位计的应用。

5.4.4.2　浮子式水位计的组成

浮子式水位计可以分为水位感应部分、水位传动部分、水位记录或水位编码器等部分组成。

1. 水位感应部分

水位感应部分的典型结构如图 5.17 所示，由浮子、水位轮、悬索和平衡锤组成。

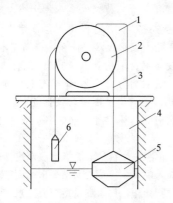

图 5.17 浮子式水位计的水位感应部分
1—水位计外壳；2—水位轮；3—悬索；
4—水位井；5—浮子；6—平衡锤

（1）浮子。浮子需要有一定的重量，安装在水位轮上后应能稳定地漂浮在水面上，随水面升降而升降。绝大多数的浮子都设计成空心状，有很好的密封性，能够单独浮在水面上。连接上平衡锤后，只是将浮子提起一定的浮起高度而已。但也有个别仪器将浮子设计为实心状，使用时，依靠平衡锤的重量将浮子的一部分拉出水面。实心浮子不存在漏水问题。浮子一般用金属和合成材料制成，扁平形状的较多。典型的浮子，不论其上、下部为何种圆锥体、圆弧形或平面，浮子的中段都有一圆柱形工作部位。正常工作时，水位基本上处于此工作部位的中间位置。国内水位计的浮子直径以 200mm 最为普遍。为了节约建井费用，一些水位计为提高灵敏度，也使用 150mm 和 120mm 直径的浮子。

（2）悬索。悬索由耐腐蚀的材料制成，现在普遍使用线胀系数小的不锈钢材料制作。悬索应能承受浮子和平衡锤的重量，并能自如地绕过水位轮而不发生永久变形。悬索要保证不因温度和受力变化而发生影响测量精度的伸缩和直径的变化。

悬索又有钢丝绳和钢带两种类型。有的水位计是将悬索和水位轮之间的带传动关系改为链传动关系，可以完全消除悬索和水位轮之间的滑动现象。

（3）水位轮。水位轮的外径尺寸是水位测量误差的主要影响因素，因此对其制作精度要求很高。水位轮的直径大小在一定程度上决定了水位井的直径，因此选择小一些的水位轮能节省基建费用。但小水位轮会增加水位测量误差，同时需要配用较大直径的浮子，较大直径的浮子又要求较大的水位井。这些影响因素相互关联，应综合分析确定。

（4）平衡锤。平衡锤的作用是平衡浮子的重量，张紧悬索，保证悬索正常带动水位轮旋转。在水位陡涨和波浪影响时，浮子会有短期失重现象，这时悬索可能和水位轮发生滑移。为了防止这种滑移的发生，一些水位计在浮子上部的悬索上挂一较轻的辅助平衡锤。当浮子被水位突然托起失重时，此辅助平衡锤和平衡锤仍能张紧悬索，保证不发生滑动。

2. 水位传动部分

水位传动部分的作用是将水位轮的转动传动到水位记录部分和水位编码器，使水位的变化能和记录部分的水位坐标或水位编码器的输入准确地对应起来。按此不同要求，可以分为水位划线记录和水位编码信号输出两种类型。

以日记水位计为代表的短周期自记水位计是将记录纸卷在一个水位滚筒的外侧，水位轮和水位滚筒同轴，水位轮和水位滚筒同步转动，没有水位传动环节。水位变化大时水位滚筒连续转动，记录纸展开后形成单向斜曲线，很容易判断水位的变化。

长期自记水位计的连续运行时间都在一个月以上，记录纸长达 10m，由自记钟控制着缓慢地走动。而水位坐标只有 10cm 或 20cm 宽，只代表 1m 或 2m 水位。所以水位记录装置要使用来复杆，将大变幅的水位往复记录在 10cm 或 20cm 宽的水位坐标上。来复杆上刻有两条交叉的来复槽，当来复杆向同一方向旋转（水位升或降）时，带动来复套和记录笔向某一方向运动。如水位连续上升（或下降），来复套移动到来复杆的某一尽头后，会自动沿着另一来复槽向反方向移动，继续反映水位的变化。水位的变化和记录不受来复杆长度和记录纸宽度的限制。

3. 水位编码器

（1）水位编码器的作用。采用编码器的浮子式水位计既可在站测量记录，又可实现遥测。

水位编码器的作用是将水位轮的旋转角度、位置转换成代表相应水位的数字信号或电信号。水位编码器的输出可以是一个模拟量，如电流、电压等，也可以是一组代表数字量的开关状态或电信号。水位轮的旋转角度通过齿轮组啮合到水位编码器输入轴，编码器又将其轴的角度转动变化转换成数字量输出。这类编码器称为轴角编码器。

编码器的内部有一组信号发生机构，可能是通断开关信号，也可能是光电脉冲信号。其外部有一输出接口，将这些信号脉冲输出。大多数编码器另附有一组机械式数字输出，显示编码器当前轴的位置所代表的水位数字，便于人工读出水位和安装调校编码水位计。

（2）水位编码器的分类。

1）水位编码器按编码方式可分为增量编码器和全量编码器两类。增量编码器是将水位的变化转换成相应的脉冲输出，再用接收器判别脉冲的性质以决定水位的升降变化，在原水位上加上此变化，得出变化后的水位。增量编码器可以做得非常简单，成本低廉，但对运行环境的要求也比较高，不能有较大的干扰存在。全量型编码器将水位数字的全量转换成一组编码，并以全量码输出，接收器再将这一组全量码转换成水位数字。由于水位有效数字可以长达 6 位，但水位变幅一般不会超过 4 位（99.99m），所以全量编码器的量程以 4 位为多数。

2）水位编码器按编码的码制分多种类型，最常用有格雷码（Gray Code）和二一十进制编码（BCD码，BCD 是 Binary Coded Decimal 的简写）两种方式。

3）按编码信号的产生方式可分为机械接触信号和光电信号两类。多数编码器使用机械接触信号，信号产生的方式有电刷和码道接触、码轮凸起推动微动开关和磁钢吸合干簧管等方式。

5.4.4.3　浮子式水位计的安装

浮子式水位计的水位感应系统（浮子）必须安装在水位观测平台的水位测井内，仪器主体安装在仪器房内。

1. 浮子式水位计对平台的基本要求

（1）测井的断面形状可以是圆形、方形或矩形、椭圆形等形状，测井应有足够大小的内空，用以安装所使用的浮子式水位计。

（2）测井垂直于水平面，保证在水位变化范围内，浮子能自由升降。测井底应低于被测最低水位0.5m 以上，井口高于被测最高水位 0.5m 以上。

（3）不论采用何种断面形状，均应保证安装在此水位观测井上的浮子式水位计的浮子距井壁距离在7.5cm 以上，平衡锤离井壁也应有 7.5cm 以上的距离。

（4）测井内安装两台或两台以上的浮子式水位计，所有浮子、平衡锤相互之间的距离应在 12cm以上。

（5）仪器房内应有安放仪器的工作台，台面平整水平。仪器房以及整个平台应有电源、信号通信电缆的架设及保护设施。仪器房内应通风干燥，并有相应的防尘、防虫措施。

（6）水位观测平台应符合防洪标准、测洪标准、抗震标准、防雷标准要求，其荷载设计应予充分考虑。

2. 浮子式水位计的安装

（1）仪器的固定位置。浮子式水位计一般都直接安放在测井上方的仪器安装平台上，多数仪器基座上都有固定螺丝孔，可以将水位计用固定螺丝固定在安装平台上，确保水位计在运行期间不会移动。悬索通过安装平台上的孔（缝）悬吊测井内的浮子和平衡锤。各种浮子式水位计都有其固定螺丝孔、悬索通过孔、浮子和平衡锤与仪器相对位置的详细说明，安装时按具体尺寸，确定各孔在安装平台上的位置。

（2）水位感应系统的安装。有些水位计的浮子在安装前要加入配重，应按说明书要求的配重重量和材料的要求进行操作，加入配重后，要注意浮子在水中的沉浮高度和倾斜稳定程度是否正常。放入水中后要观察浮子是否密封漏水。

安装水位感应部分时，重要的工作是确定悬索总长。悬索总长应大于水位轮轴到最低水位的距离。在水位计固定安装好后，计算水位轮轴到最低水位的距离，悬索长度应大于此距离 1～2m。当平衡锤将升至最高处时，不会碰到测井上口处任何阻挡；平衡锤将降到最低处时，不会碰到测井底部，也不会碰到下部任何阻挡。应能测到设计的最高水位和最低水位。

3. 特殊情况下的仪器安装

浮子水位计一般是安装于直立式测井内。但有些地点很难建直井，如坝上，有些地点新建井花费太大。为方便施工，也有应用斜井式浮子水位计的。斜井水位计的安装会与一般直井水位计的安装有较大不同。在水体和仪器房之间架两根斜度一致的圆'管，分别放入浮子（球）和平衡锤（球），二者都能在管内滚动。连接浮子（球）和平衡锤（球）的悬索绕过水位轮，带动水位轮转动，使水位计工作。斜井会产生水位升降和斜井斜长的转换问题，设计时应预考虑。

4. 检查

安装好的浮子式水位计应注意检查以下事项：

（1）水位计是否固定得很好，是否晃动和能轻易移动。

（2）水位计是否能保证在要求的水平或垂直状态。

（3）悬索不会碰擦到安装平台的悬索通过孔（缝）边缘。

（4）浮子和平衡锤和井壁距离是否符合要求，如果有两台浮子式水位计，它们的浮子、平衡锤相互间距离也要符合要求。

（5）如果悬索脱出水位轮槽，应保证悬索不会落入测井内。

（6）浮子和平衡锤与悬索的连接是否符合要求，是否牢固。

5.4.4.4 浮子式水位计的使用与维护

1. 浮子式水位计的使用

水位计的工作目的是取得准确的水位记录，在应用过程中需要及时进行水位、时间校对，才能得到正确的水位记录过程。

（1）校对水位。

1）校对水位的目的是要使水位计测得的水位数值与实际水位数值对应，它们可以是一致的或有一确定关系（如相差一固定数字）。

2）安装好浮子式水位计，浮子已漂浮在测井内水面上，平衡锤处于自然平衡的悬挂状态。首先在基本水尺上读取当前水位，作为水位计的水位调校基准。多数浮子式水位计可以按如下步骤进行水位校对：

①松开水位轮与水位轮轴的固定螺丝。

②用手转动水位记录纸筒使记录笔对准的记录纸上的水位和当前水位一致，或者转动水位输入轴使水位计显示的水位值和当前水位一致。

③让松开的水位轮以及浮子、平衡锤系统处于自然状态。

④再观察水位计的水位记录，水位显示是否和当前水位一致，如有相差，再重复前一步骤。

⑤固定水位轮，注意不要带动水位记录部分和悬索、水位轮。

⑥再检查水位计水位记录、显示值是否和当前水位一致。

3）不同水位计的松开水位轮方法会有所不同，有些仪器可能使用滑动调节方式，需要用手固定水位轮，再用另一手转动记录、显示机构，使水位记录、显示值和当前水位一致。也有水位计在校对水位时将悬索取下水位轮槽，直接转动水位轮，使水位记录、显示值与当前水位一致，再小心地在水位轮槽内挂上悬索，然后检查水位是否一致。

4）水位校对后，水位计的水位记录、显示值和当前水位差值应小于1cm。

5）有些遥测用的编码水位计没有水位显示值，需要用专门附属设备读取此遥测水位的水位输出值，用来和当前水位比较。而调校水位的方法和上述步骤原理是一致的。增量型编码器没有全量水位输出值，不进行上述的水位调校。

（2）校对时间。

1）水位计校对时间的目的是使水位计记录的时间和标准时间一致。此处只针对划线记录水位过程线的水位计介绍校对时间的方法。校对时间的目的是使记录笔指向记录纸上当时标准时间的坐标。对于固态存储或其他电子存储方式的水位记录，存在着时间的设置问题，可按具体仪器的说明书校对。

2）无论记录周期是否相同，记录纸上的时间坐标都和记录笔以恒定的速度作相对运动。此恒定的速度由水位计上的自记钟控制。如SW40型日记水位计用自记钟通过拉线（康铜丝）拉动记录笔左右行走，校对时间时旋动自记钟上的旋动轮，通过拉线拉动记录笔到达记录纸上的当前时间坐标点。长期自记水位计时间坐标在记录纸的走纸方向上，都用旋动走纸手轮的方法，使记录纸走动，让记录笔对到记录纸上的当前时间坐标。

3）为了校对时间，各种水位计上用以时间调整的手轮都有滑动机构，稍用力就可以和自记钟轴发生滑动，不影响对时和对时后的时间运行。

4）为了消除机械空程影响，校对时间时应该向时间运行（记录笔行走或记录走纸）的反方向进行。如果对时过了准确点，不能按时间运行方向直接调整退回到准确时间点，而是要退回较多距离，再向时间运行的反方向调整到准确时间点。机械传动空程影响时间准确性，受水位计加工、装配精度影响，也受时间比例影响，若校对时间的方法不正确，机械空程可能产生1～2mm的记录纸上误差，对于SW40型日记水位计将会产生5～10min的时间误差。

（3）更换记录纸。

1）用记录纸划线记录水位过程线的水位计，应按记录周期的规定，定期取下记录纸得到水位记录，再装上新的记录纸，开始下一周期的水位记录。

2）日记水位计应该每日更换一次记录纸。如果水位变化很小，且在有关规定许可情况下，为节约记录纸，可以不每日更换记录纸，但要改变每日水位坐标点，并在记录纸上标明。

3）长期自记水位计的记录纸更换要仔细阅读说明书后小心进行。

2. 读取水位记录

在水位计记录过程中，可直接在记录纸上读取某瞬时水位。在定期取下的记录纸上可读取完整的水位过程。采用固态存储的水位记录可按说明书要求读取其水位过程。

3. 浮子式水位计的维护

（1）水位感应系统维护。

1）浮子长期浸在水中，应注意检查浮子的气密性。对金属浮子，要注意它的锈蚀情况，需要时要涂油漆防蚀。

2）定期检查悬索与浮子、平衡锤的连接是否牢固。定期检查悬索的顺直情况，检查悬索有无相互缠绕情况。

3）定期检查水位轮的固定情况，检查水位轮槽是否洁净，且无油污。

4）使用穿孔钢带或带球细丝绳作为悬索的水位计，要经常检查水位轮槽内的销钉、凹孔和钢带上的穿孔、钢丝绳上小球的啮合情况。

（2）记录机构维护。

1）经常注意记录纸的安装状态。

2）经常检查记录笔拉线是否松紧适度，尤其要注意有无打滑现象。

3）使用的墨水记录笔要经常清洗，保证通畅。

4）水位和时间的各传动环节是否正常。

5）有清洗润滑要求的地方，按规定清洗润滑。

6）定期检查自记钟的走时准确性，有规律的时间误差可以自行按说明书调整。

（3）编码器维护。

1）定期检查水位编码器的信号输出是否和当时水位数值对应。发现差错时及时处理，如果是正常的少量误差，通过核对水位的方法解决。如果是编码器乱码，应检修编码器。

2）定期检查编码器输出电缆的接插连接可靠性。

3）如果水位长期变化不大，使水位编码器只在一个较小水位变化范围内工作。为保证在其他水位范围内工作的可靠性，应定期取下悬索或使水位轮与编码器轴脱开，人工转动编码器，检查在其他水位变化范围内，编码器输出信号的准确性。

（4）其他常规维护。

1）水位计外表应保证洁净。

2）常打开外壳的水位计，应及时准确关好，保证应有的密封性。

3）准确保管仪器的附件。记录纸要保存在干燥的箱柜内，记录墨水应盖紧盖子。

5.4.4.5 几种常用浮子式水位计简介

1. SW40 型日记水位计

这种仪器是我国内使用最多的日记水位计，使用年限也最长。改型的 SW40—1 型日记水位计使用石英自记钟，水位轮和浮筒也较小。

仪器外形见图 5.18。主要技术指标如下：

（1）记录时间：24h。

（2）日时间记录误差：机械钟 5min，石英钟 3min。

图 5.18 SW40 型日记水位计外形图

（3）水位变幅：不限，记录筒可循环连续记录。

（4）水位比例：1：1、1：2、1：5、1：10。

（5）误差（变幅8m）：水位比例 1：1、1：2 的为 ±1.5cm，水位比例 1：5、1：10 的为 ±2cm。

（6）水位灵敏阈：≤2mm。

（7）浮筒直径：200mm。

（8）环境温度：−10～40℃。

（9）水位轮周长：800mm、400mm。

（10）悬索：不锈钢丝绳，直径 1mm。

改型的 SW40—1 型日记水位计使用石英自记钟，浮筒直径为 70mm 和 100mm 两种，水位轮周长 400mm。

2. WFH—2 型全量机械编码水位传感器

这种仪器可用于各种遥测站，可数字显示记录水位。在水位数据收集、存储、处理系统中，可作为长期收集水位信息的水位传感器。仪器外形见图 5.19。主要技术指标如下：

图 5.19 WFH—2 型全量机械编码水位传感器

（1）浮子直径：$\phi15cm$（特殊 $\phi12cm$、$\phi10cm$）。

（2）水位轮工作周长：32cm。

（3）平衡锤直径：$\phi2cm$。

（4）测量范围：40m（特殊：10m、20m、80m）。

（5）分辨力：1cm。

（6）最大水位变率：100cm/min。

（7）误差准确度：量程小于 10m 时，不大于 ±0.2%FS（为满量程，下同）；量程大于 10m 时，不大于±0.3%FS。

（8）编码码制：格雷码。

（9）工作环境温度：－10～＋50℃（测井水体不结冰）。

（10）工作环境湿度：95%RH（40℃无凝露）。

5.4.5　压力式水位计

5.4.5.1　工作原理与特点

1. 主要类型

（1）根据测压方式分。根据测压方式分为直接感压式的投入式压力水位计、气泡式压力水位计和振弦式压力水位计。振弦式压力水位计水文测验基本不使用。

（2）根据引压方式分。气泡式水位计根据其引压方式不同又可分为恒流式和非恒流式两种。

2. 工作原理

相对于某一个压力传感器所在位置的测点而言，测点相对于水位基面的绝对高程，加上本测点以上实际水深，即为水位。

$$H_W = H_0 + H \qquad (5.2)$$

式中　H_0——测点处的高程，m；

　　　H_W——测点对应的水位，m；

　　　H——测点水深，即测点至水面距离，m。

测点水深可由下式计算：

$$H = p/\gamma \qquad (5.3)$$

式中　p——测点的静水压强，N/m²；

　　　γ——水体容重，N/m³。

当水体容重已知时，只要用压力传感器或压力变送器精确测量出测点的静水压强值，就可推算出对应的水位值。实际应用时，在水下测得的是水上大气压强加上测点静水压强的和。

3. 特点

（1）优点。压力式水位计是较早出现并应用的无测井水位计。它通过测量水下某固定点的静水压力，获得该点以上的水柱高度，即可测得水位。因此，可实现无测井安装，可以应用于不能建水位测井和不宜建井的水位测点，具有安装灵活，土建费用低，可测冰下水位等特点。

（2）缺点。压力水位计不适用于含沙量高的水体，不适用于河口等受海水影响水流密度变化大的地点。

5.4.5.2　投入式压力水位计

1. 工作原理

早期的压力式水位计常用的压力传感器多为固态压阻式压力传感器。它是采用集成电路的工艺，在硅晶片上扩散电阻条形成一组电阻，组成惠斯登电桥。

由于硅晶体的压阻效应，当硅应变体受到静水压力作用后，其中两个应变电阻变大，另两个应变电阻变小，惠斯登电桥失去平衡，输出一个对应于静水压力大小的电压信号。常用的压力变送器是将上述压力传感器受压而产生的相应的电压信号，经放大、调理和电压/电流转换，最后输出一个对应于静水压力大小的4～20mA的电流信号。这些电路和压力传感器组装在一起，称为压力变送器。压力传感器和压力变送器均为本产品的关键元器件。

水文计压仪器设计时，对影响水位测量精度的因素采取了一定的消除或削弱措施。如采用通气防水电缆克服了大气压力变化对水位测量的影响。此电缆的通气管将大气压力引入压力传感器的背水面，使得压力传感器的迎水面只测得测点静水压强。如果不用通气电缆，就要单独测量大气压强，再从传感器测得的总压强中减去大气压强，得到测点静水压强。采用机械阻尼和电气阻尼措施克服了波浪对水位测量的影响。选择合理安装位置和设置护罩结构加阻尼措施，减弱了流速对水位测量的影响，从而使仪器的精度性能满足使用要求。

先进的压力水位计多采用陶瓷电容压力传感器，在陶瓷基板上烧结一组集成电路，此传感器感应水压力产生变形，电路输出相应电信号，达到测量水压力的目的。陶瓷电容压力传感器稳定性、测量准确性较固态压阻式压力传感器高，漂移小。

2. 仪器结构

投入式压力水位计将压力传感器直接安放在水下测点进行测压，再将信号传回岸上进行处理。投入式压力水位计由水位传感器、通气防水电缆、传输电缆、水位显示器和选配的水位存储记录仪等5部分组成。其整机结构如图5.20所示。

图 5.20　投入式压力水位计整机结构图

考虑到一些影响水位测量准确度因素的变化，主要是温度变化，仪器设置了自校调试功能。定期进行人工调试，可以在很大程度上保证长期水位测量的准确性。在仪器上有电源接入、水位数据输出接口、压力传感器接入插座、电源开关等必备接口、按键，还有水位调校、零点水位调准按键。

3. 影响测量精度因素

（1）外部因素。影响测量精度的外部因素主要有大气压力、波浪、流速、含沙量、盐度等。其中外界因素例如大气压力、波浪、流速的影响，可以经适当处理后减少或消除。含沙量和盐度的影响，一般只能通过限制使用来避免和降低影响。虽然有些仪器具有密度的调整功能，但也不能很好解决含沙量和盐度变化大的问题。

（2）自身因素。压力传感器本身会有零点漂移，包括温度漂移和时间漂移，以及灵敏度漂移等。压力传感器还存在线性度、重复性、迟滞等误差。这些误差的大小，取决于压力传感器的品质及级别，压阻式压力传感器的具体参考数据见表 5.5。

表 5.5　　　　　　　　　　　　　　压阻式压力传感器主要指标

级别	非线性 / (%, FS)	迟滞 / (%, FS)	重复性 / (%, FS)	零点温度系数 / (%, FS)	灵敏度温度系数 / (%, FS)	零点时漂 /%
1	≤0.20	≤0.15	≤0.15	≤2.0×10^{-4}	≤2.0×10^{-4}	≤0.20
2	≤0.15	≤0.10	≤0.10	≤1.0×10^{-4}	≤1.0×10^{-4}	≤0.15
3	≤0.10	≤0.05	≤0.05	≤0.5×10^{-4}	≤0.5×10^{-4}	≤0.10

即便是准确度最高的 3 级压阻式传感器，在长期工作时，总误差也将达到 0.2%（加上数字转换误差）。水位误差会达到水位测验允许的上限，在 10m 水位变幅内，误差 2～3cm。压力传感器长期在水下受压工作，也影响了它的工作稳定性，增加了漂移和误差。在较先进的气泡式水位计中，这些问题得到了部分解决，根本解决问题的方法是采用陶瓷电容压力传感器，可以很好地提高水位测量准确性和稳定性。先进的压力水位计都采用陶瓷电容压力传感器，水位测量误差可以达到 0.05% 量程，并可以长期不进行调整。

4. 特点

（1）优点。

1）先进的投入式压力水位计是一体化结构，在细长的仪器内包括了压力传感器、控制电路板、数据存储器、电源（电池）、输出接口，全部密封在机壳内，可长期在水下自动工作。

2）压力水位计的输出是易于处理的电模拟量或数字量，适用于自动化测量和处理。

（2）缺点。

1）这种压力水位计不足之处是水位测量准确度不稳定，影响因素很多，要可靠地达到水位测验的准确度要求较为困难。传感器长期在水下处于受压工作状态，缩短了压力感应片的工作寿命，但应用陶瓷电容压力传感器的仪器稳定性很好。

2）受雷电影响较大。

5.4.5.3　气泡式压力水位计

1. 工作原理

气泡式水位计在工作过程中通过吹气管向水中吹放气泡，并通过吹气管将吹气管口的静水压强引到岸上，利用压力传感器感应（测量）到静水压强值。

气泡式水位计有一根吹气管进入水中，吹气管固定在水下某一测点处。吹气管另一端接入岸上仪器的吹气管腔（气包）。此吹气管腔连接高压气瓶或气泵。由于在一个密封的气体容器内，各点压强相等。也就是说，如果气水分界处正好在管口，而气体又不流动，或基本不流动（只冒气泡），那么吹气管出口处的气体压强和该点的静水压强相等，又和整个吹气管腔内的压强相等。将压力传感器的感压口置于吹气的管腔内，这样压力传感器就可直接感应到出气口的静水压强值，即可换算得到该测点位置对应的水位。

要使吹气管出口处的气体压强和该点的静水压强相等，可采用两种方法，一种是仪器内部装有自动调压恒流装置，自动适应静水压力的变化，只是慢慢均匀地放出气体，一般是 1min 冒 10 个左右（不同仪器有不同规定）气泡。这时可以认为气体压强等于出口的静水压强，这种方式称为恒流式气泡水位计。另一种方式是平时仪器不工作，要测量时，仪器启动泵，使气体压强超过出气口的静水压强，然后气泵停止工作，出气口的出气很快停止，表示管内压强等于静水压强，仪器快速自动测出此压力。这种方式称为非恒流式气泡水位计。

2. 特点

（1）优点。

1）气泡式水位计是将静水压强引入岸上进行测量，仪器与被测水体完全没有"电气"上的联系，只有一根气管进入水中，从而可以避免很多干扰、影响。仪器都在水上，所以仪器稳定性较好。

2）气泡水位计的水下部分简单，便于安装维护。

由于水下只是一根气管，在测冰下水位时，即使出现连底冻结，也不会损坏仪器。

3）气泡水位计由于无需传输电缆，所以它的防雷和抗干扰性好。

（2）缺点。

1）气泡式水位计的价格比压阻式压力水位计高，结构也较为复杂。

2）恒流式气泡式水位计由于其结构庞大，要有供气源，限制了它的应用。

3. 恒流式气泡水位计

（1）仪器结构。恒流式气泡水位计的典型组成见图 5.21。恒流式气泡水位计的组成较为庞大。由高压气瓶、仪器、吹气管、电源等部分组成。还可能有辅助气泵等设备。

1）高压气瓶可用普通工业氮气瓶（多数仪器使用氮气），使用完毕要更换一瓶，所以可能要两个气瓶轮换使用。一般不直接使用空气的原因是空气中有水分，且在水下管口长期冒出带有氧气的空气，会形成各种水生物的干扰。由于氮气无上述缺点，且易获得，被普遍采用。

2）仪器部分安装在岸上，它包括调压供气部分、恒流控制部分、压力测量部分、信号处理部分、显示记录输出部分等。各部分组成因各种仪器不同而不同。

3）吹气管是一根塑料或金属管，一端接在仪器主体通气口上，一端固定在水下，外径 5～10mm，内孔孔径 3～5mm。没有任何信号线和电源线。但入水管口会有相应的水下固定设施，方便在现场水下安装时的固定。

4）电源可采用交流供电，但目前多采用太阳能加蓄电池供电。

除仅使用高压气瓶供气外，也可以用高压气瓶加充气气泵供气。这种仪器压力钢瓶内的压力达到预定压力值时，自动将气泵的电源电路"接通"或"断开"，保证压力气瓶内始终有一定压力的高压气源。

（2）工作过程。仪器工作时，气体从高压气瓶内流出，经调压阀调整为所需压力。恒流阀和流量计测得和控制气体流量。如流量超过预定值，内部控制系统会调节调压阀的压力，保证有一恒定气体流量。此气体流量将会将吹气管内水体推出管外。由于这气体流量只是一分钟数十个气泡，可以认为水气界面就在管口，管内气体压强等于管口静水压强。也可解释为如果一个气泡也冒不出，那就说明管口水压强大于管内气体压强。相反，如果气体压强大于管口静水压强，气体将连续向外喷冒，不会形成断续的气泡。所

以当只是冒气泡的时候，可以认为吹气管内气体压强等于管口的静水压强。用压力传感器测量出吹气管腔内的气体压强，就得到水下测点的静水压强。在仪器内压力传感器的背面感受大气压力，排除了大气压力变化对测量精度的影响。

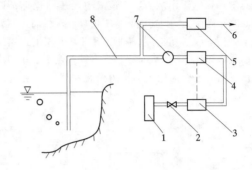

图 5.21 恒流式气泡水位计组成示意图
1—高压气瓶；2—阀；3—调压器；4—恒流阀；5—压力
传感器；6—测得压力值输出；7—流量计；8—吹气管

4. 非恒流式气泡水位计

恒流式气泡水位计存在着固有的"吹气"误差，其系统结构中调压阀、恒流阀等机械部件在野外长期运行，受季节温度的变化影响需经常调节，导致长期运行稳定性不好。又需要配用高压气瓶，使用不便。随着传感器技术的发展，研制出了非恒流式气泡水位计。

（1）仪器结构。非恒流式气泡水位计由仪器、吹气管、电源组成。仪器内有气泵、储气瓶、压力测量部分、控制及数据处理输出部分。气泵和储气瓶都可装在仪器箱内。

（2）工作过程。非恒流式气泡水位计与恒流式气泡水位计的测量原理基本相同，均是通过测量水体的静压来反映实际的水位。但最大的不同之处在于它省去了调压阀、恒流阀等机械部件，不用高压气瓶而用气泵直接压缩空气。非恒流式气泡水位计是间断地工作的。有预置的时间间隔，如 15min 一次。到时间时，仪器自动工作，气泵起动，压缩空气进入储气瓶，并直接吹入吹气管。在气泵出口处装单向阀，每次测量时，由单向阀使储气罐形成高压气室，吹入气管，当气管出口处水气交换面位于气管口时，测得水体静压，并转换为水位值。

根据静水力学原理分析，只有当气水交接面位于管口时，气室内的压力才恰好等于气管口的静水压力。对于以连续测量气泡水位计高压气室中压强的变化来确定测得的压强值恰好是气水交接面位于气管管口时的压强值。

假设单向阀及其以下的储气罐，压力传感器及气管均气密，不泄漏。测量水位时，气泵首先工作，它产生的高压气体"吹通"气管，在水体中形成气泡，此时测得的压强值应大于静水压。气泵自动停止工作后，单向阀关闭。储气罐和气管在水中形成高压气室。随着气泡逐渐减少，高压气室的压力也逐渐降低。直至高压气室内压力和气管口静水压相同，不冒气泡，气室内压力也不再降低。采用单片机的控制线路密集采样气室压力，可以得到自气泵停止工作到水气压平衡时整个时间内的压力变化曲线，如图 5.22 所示。

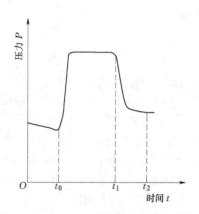

图 5.22　压力室压力变化曲线

图 5.22 中，t_0 为气泵开始工作的时刻，其压力为上次测量时气管中的保持压力，应小于或等于现在的静水压力；t_1 对应于气泵停止工作的时刻，而 t_2 则对应于气水交接面位于气管口处不再出气泡的时刻，此时测得的压力值经换算对应于水位值。t_2 以后短时间内气管内压力不会变化太大。即当压力基本不变时，可以判断此值为水位真值的压力值。

非恒流式气泡水位计的工作方式带来一些明显的优点。首先是间歇性工作提高了测压传感器的稳定和可靠性，会提高测量准确度。其次，经常高压吹通气管使吹气管不会淤塞，保证了工作可靠性。它不需要较大气瓶供气，也不需要更换高压气瓶，使用很方便。仪器自动化程度很高，具有高精度、可靠性高的特点。适用于绝大多数地区。

这类气泡式水位计使用空气，有些仪器需要对空气进行除湿过滤处理，就会多一个除湿容器。非恒流式气泡水位计的气管和恒流式气泡水位计基本相同，但所用气泵功耗很低，又是间歇短时工作，耗电少，因此可用蓄电池供电。

5.4.5.4　振弦式压力水位计

振弦式压力水位计是依靠一根钢弦来测量压力，

再计测水位，所以也称为钢弦式压力水位计。一根张紧的弦线，在外力作用下，会发生一个有规律的振动。一根弦线的材质、形状确定后，它的固有振动频率只和它受到的张力有关。振弦式压力传感器就是基于此工作原理而制作的，不过此弦索是一根特殊钢丝。水位变化造成水下压力的改变会直接改变钢丝上的应力，从而改变了钢丝的固有振动频率。测得此频率就能测得作用其上的水压力，从而测得水位。

传感器的核心压力感测元件是一根张紧的钢弦，以及钢弦边的激振和检振线圈。安装在水下后，检测仪表发出的激振信号通过电缆传到激振线圈，会对钢弦产生一个激振力。而钢弦只会按它此时的张紧程度所决定的频率而振动。此振动在检振线圈中产生了一个与钢弦振动频率相同的频率信号。通过电缆，检测仪表接收测量此频率，就测得了水位。

5.4.5.5　压力式水位计的安装

压力式水位计可安装在测井里，也可安装没有水位测井的地点，安装的主要工作是沿河岸铺设引压管路和电缆，并要将压力传感器或吹气管口正确地固定在最低水位以下，还要处理好引压管路和电缆、压力传感器的保护问题。岸上仪器应安装在仪器房或仪器棚内，应处于通风、干燥、防尘、防虫的环境内。岸上仪器可安放在工作桌面上，也可以固定在墙上，没有水平或垂直安放要求。

1. 投入式压力水位计的安装

（1）传感器或变送器的安装。压力传感器或压力变送器必须安装在被测水体最低水位以下。为消除波浪影响，可安装在被测水体最低水位以下一定深度。在沙质砾石河床，可埋于砂石之中；淤泥细沙质河床，可固定安装在水下矮桩上。必须保证压力传感器安装后，感压孔不被淤沙堵塞，不能受水流和人类活动影响而发生安装高程的变动。还必须注意，任何情况下传感器的埋深都不得超过其最大静水压力允许值，传感器不得碰撞、跌落、敲击。感应孔不应正对水流，以免受水流动压力影响。

（2）通气电缆的安装。通气电缆可埋于河床表面下，要穿入金属防护管，既可防雷电，又可免受水流及人类活动的破坏。电缆中的通气管直径很小，它的出口必须高出历年汛期最高水位。安装时最好将其出口管向下弯一下，使出口端口向下，以免灰尘水滴等杂物进入而堵塞。除此以外，通气电缆在整个长度内都要保证以向水体倾斜的角度铺设，避免中间积水。在安装过程中要保证电缆表面不被锋利物件划损，水下通气电缆与传感器的连接部位切不可承受拉力，安装后要确保通气电缆的通气口任何情况下都畅通。

（3）传输电缆的安装。以在金属管中穿越埋设为好，这样既防雷，又起到保护作用。

（4）水位显示器和存储记录装置的安装。水位显示器、存储记录和数字传输等装置必须安置在干燥、通气和具有良好防雨淋设施的仪器室内。

2. 气泡式水位计的安装

气泡式水位计进入水中的不是电缆和压力传感器，而只是一根吹气管。岸上传输的也不是信号电缆，是根通气管，它直接连接到仪器上。吹气管口要牢固地固定在水下某测点处，确保工作过程中其高程不变化。管口是感压口，在安装时和水流的关系要求如下：

（1）吹气管口最好安装杯式孔口（钟罩），安装必须牢固。

（2）吹气管要垂直于流速，以确保不受流速影响，管口不会发生泥沙淤积。

（3）吹气管在铺设时不得产生急转弯，沿途要保证不小于5°的向水面下斜度。

3. 振弦式压力水位计的安装

振弦式压力水位计的安装方法和投入式压力水位计基本一致。环境要求低于投入式压力水位计。

5.4.5.6 压力水位计的使用与维护

1. 现场检查

压力水位计安装完毕后，应检查各部分连接是否正常，并按仪器说明书提供的功能检查方法逐项检查。压力水位计安装或使用一段时间后，需要检测其水位测量误差。常用的现场检定方法有两种：

（1）与实际水位值对照比测。这种比测要在不同水位值分别进行。如有较大误差，视原因不同，调整方法也不同。如可采用修正基面水位预置值、重新调整参数、修正仪器线性等方法。

（2）仪器自检。不同水位计会有不同的自校检方法，通过仪器自检发现仪器的故障。

2. 参数设置

正式应用前，要检查已置入的水位基准值、水的密度等参数。

3. 水位记录

压力水位计可以只有水位显示及输出接口，按其输出接口的特点接上记录装置或遥测远传后才能得到水位记录。带有自动记录的压力水位计，基本上都是固态存储，可以自动传输或现场读取长期存储的水位记录。

4. 投入式压力水位计的维护

压力水位计使用中没有特别的维护，主要维护工作是检测调整水位准确度。使用者的注意事项如下：

（1）通气防水电缆在任何情况下都不可承受重压，不可接触锋利物体，严防防护层破损。现场安装后，不能有随水流、波浪产生移动的现象。通气电缆和压力传感器连接部位不可承受重拉力。通气管要始终畅通，且不能进水；弯曲通气防水电缆时，必须使拐角处呈圆弧状。

（2）岸上信号传输电缆不能重压、重拉。它要始终处于地屏蔽内或避雷装置的保护区域内。

（3）寒冷天水面结冰，已置于水面下的压力传感器可正常运行，但此时不要轻易将其提出水面。以防传感器冰冻造成损坏。

（4）如温度变化过大（气温变化±20℃，水温变化±10℃），要及时注意比测。

5. 气泡式水位计的维护

使用中最重要的维护是保证供气和吹气系统的正常运转，并注意以下事项：

（1）整个吹气引压系统中的阀门、接头、仪表等要定期检查是否有漏气。

（2）要始终保证高压气瓶的供气气压大于需测量的最大静水压强，至少大4～5m水头。

（3）使用空气去湿过滤装置的仪器，要定期更换或烘干干燥剂。

5.4.5.7 压力式水位计的误差来源及削减措施

投入式、气泡式压力水位计仪器本身的误差由两部分组成。一是压力传感器的误差，一是压力传感器输出信号转换成水位数字的误差。但是，影响压力水位计测量精度的因素多，涉及面广。大气压力变化、波浪、流速、含沙量的变化、水体容重变化、压力传感器的品质因素、恒流源的质量及测量电路品质等都会给压力水位计测量带来误差。

1. 大气压力

（1）自然界的大气压力是随时间和空间的变化而随之变化的。大气压随高度的上升而成指数关系降低。一般情况下，地面以上每上升8～10m，大气压力大约降低100Pa左右（约相当于1cm水柱压力）。

（2）自然界大气压力还随季节和天气的变化而变化。在压力水位计研制、生产和使用过程中都要充分考虑到这种因素。基本上所有的压力水位计都将其压力传感器的背压面用通气管接通大气。在使用中必须注意此连通管的畅通，不能被杂物、积水或人为地堵塞。这样，压力水位计采用的压力传感器正压面和背压面所感应到的大气压力就可即时相抵消，消除了大气压力变化给压力水位计测量精度所带来的影响。否则，会产生很大的测量误差。极少数压力水位计不使用通气管，而是同时单独用一传感器测量大气压力。

2. 波浪

波浪的产生会使水下压力发生波动变化，由于波浪的衰减作用，它不会使深水处的静水压力产生相应的波动。一般认为在 3 倍的平均浪高水深处的静水压力就不会产生波动。波浪会使浅水处静水压力值产生同步波动，使压力水位计的测量值产生同步波动。因此，在压力水位计的研制、安装和使用中要注意波浪的影响。要适当增加其阻尼，阻尼可以是机械阻尼，也可以是电气阻尼，也可是两者都有的混合阻尼。但要注意增加的阻尼如果太强，会影响压力水位计的灵敏度，也就降低了水位计对水位变率的适应程度。在实际使用中，若波浪较小，其压力传感器可以浅置；若波浪较大，其压力传感器要深置。深置是克服波浪影响的可靠方法。

3. 流速

动水头压力若被引入到压力水位计的压力传感器内的感压面，将会引起水位测量值偏大；若水流流线在压力传感器外表的引压口面处产生脱离现象，就可能出现负压，会引起水位测量值偏小。因此，必须采取适当措施减小流速对水位测量的影响。首先，选用的压力传感器的引压通道必须折弯两次或两次以上；其次，压力传感器外表的引压口面必须尽量平行于水流安装；第三是压力传感器的安装位置要避开流速较大的区域。

4. 含沙量

水流中含沙量的大小及变化直接影响到压力水位计的水位测量误差。由压力式水位计的工作原理可知，实测水位与静水压力呈线性关系，与水体的容重倒数呈线性关系，即实测水位与水体容重有关。含泥沙水体和含盐水溶液（海水，下同）不能由含沙量直接计算容重。也有观点认为，对于那些极细微粒径的泥沙，若将其视作可溶性物质来计算，则泥沙含量会使水体容重改变，测点的静水压力值也发生改变。含沙量对静水压力的影响可用下式表示：

$$P_s = H\gamma + 0.00062C_sH\gamma \qquad (5.4)$$

式中　P_s——考虑含沙量影响时的静水压力（压强），N/m²；

　　　H——压力传感器安置处水深，m；

　　　C_s——含沙量，N/m³；

　　　γ——水体容重，N/m³。

式（5.4）是悬移质泥沙比重取 2.65g/cm³ 得出的。由于泥沙并非可溶性物质，所以实际上含沙量对静水压力的影响比计算值会小些。其中 $0.00062C_sH\gamma$ 可视为由含沙量引起的静水压力的附加值。从式

（5.4）可得出下述结论：

（1）当含沙量为零时，$P_s = \gamma H$，说明测量值不存在含沙量影响。

（2）当含沙量相同，压力传感器置深越大时，测得静水压力的附加值就越大，说明含沙量对水位测量影响越大。

（3）当置深相同时，含沙量越大，测得静水压力附加值也就越大，说明含沙量对水位测量影响也越大。

在实际安装使用中就可依据上述分析，采用相关措施削弱含沙量对水位测量误差的影响。同时，当含沙量大时，还需要对压力水位计实测水位值进行含沙量修正。

5. 压力传感器的零点漂移

压力传感器的零点漂移是指零点温度漂移和时间漂移之和。零点漂移将直接转化为水位测量误差叠加到水位值上，所以必须认真处理。首先应选用零点漂移尽可能小的压力传感器，并采用有效的温度补偿措施。其次，可以通过适当的定期比测，人工修正"零点安置高程"，以削弱压力传感器的零点时漂和零点温漂带来的测量误差。

6. 压力传感器的灵敏度漂移

压力传感器在"恒流"供电的情况下灵敏度漂移量较小，所以应尽量采用恒流供电。在选用灵敏度漂移尽可能小的压力传感器的前提下，还可采取上述通过现场比测的方法，来适当修正"零点安置高程"，解决灵敏度漂移的问题。

7. 信号传输距离

信号传输距离的变化对水位测量也会带来测量误差，可采用"恒流"供电，尽量提高信号接收端输入阻抗，尽量加大导线间绝缘电阻等三项措施来克服和解决这种影响。若采用输出信号的数字化，可完全消除此类误差。

8. 水体含盐

被测水体含盐或含有其他可溶性物质将引起水体密度变化，从而直接影响到水位测量误差。被测水体密度虽大但比较稳定时，压力水位计仍可使用，可通过密度修正实现削弱此类误差。当水体密度在大范围内无常变化的特殊情况下，压力水位计应慎重使用。

9. 信号转换误差

压阻式压力传感器或变送器送出的是电流电压信号，通过 A/D 转换为水位数字。转换中会产生一些误差，与上述一些误差因素相比较，信号转换误差较小。

5.4.6　超声波水位计

5.4.6.1　超声波水位计的工作原理与特点

1. 工作原理

声波在介质中以一定的速度传播，当遇到不同密度的介质分界面时，则产生反射。超声波水位计通过安装在空气或水中的超声换能器，将具有一定频率的声脉冲波，定向朝水面发射。此声波束到达水面后被反射回来，测得了声波从传感器发射经水面反射，再由换能器接收所经过的历时，历时乘以波速，即可得到换能器到水面的距离。换能器离水面的距离可采用下式计算：

$$H = \frac{1}{2}vt \tag{5.5}$$

式中　H——换能器离水面的距离，m；

　　　t——测得的声波在介质中往返传播历时，s；

　　　v——声波在测量介质中的传播速度，m/s。

由测得的换能器离水面的距离加上换能器安装高程，可以得到水位值。测量控制、计算以及必须的修正、显示、记录传输等工作由测量控制仪完成。

2. 分类

超声波水位计按照声波的传播介质可分为液介式和气介式两大类。液介式超声波水位计换能器安装在水中，以水为超声波的传导介质；而气介式超声波水位计换能器安装在水面以上，以空气为超声波的传导介质。后者因仪器不接触测量水体，也称为非接触式水位计。

3. 仪器的特点

无论是液介式或气介式超声波水位计，有无测井均可使用。气介式超声波水位计实现了非接触式测量，测量时水位计不接触水体，所有仪器部分放在空气中。

（1）优点（气介式）。

1）非接触测量，不受流速、水深、含沙量、水质影响，不破坏水流结构，避开了水下环境的影响。既没有水下安装的麻烦，又可不考虑水下环境对仪器使用的影响。

2）降低了对仪器的适用性要求。如密封耐压性要求、形状要求，设置参照反射体进行自动修正的限制等。

3）有利于提高仪器性能。在空气中安放，有利于仪器将换能器和发收控制部分制作成一整体。空气中的环境也有利于提高仪器功能和准确性。

4）气介式超声波水位计主要用于不宜建测井，也很难架设电缆、气管到水下的场合，例如河滩、浅水等地区。特别是对于流速较大、含沙量变化大的水体，非接触式水位计有一定的优势。

（2）缺点。

1）超声测量仪器存在有盲区，这是因为超声发射脉冲具有一定的脉宽，而换能器一旦受迫振动，其机械惯性将使发射波再持续一段时间才逐渐消失，即发射波束必定有一定的时间宽度。只要回波落在发射波尚未完全消失的时间区间，并且又无明显的幅度优势时，接收电路就无法将其检测出来。通常称这一测量死区为盲区，即测量范围的下限。对于液介式仪器，盲区一般小于0.5m；对于气介式仪器，盲区一般小于0.8m。仪器的超声工作频率越高，其盲区越小。但频率越高，超声波的穿透能力越差，能测得的水位（水深）范围会越小。

2）超声波水位计测量精度不高，一般情况下，液介式仪器在10m量程内其误差难以小于2cm；气介式仪器在10m量程内其误差难以小于3cm。

5.4.6.2　超声波水位计的组成

不论是气介式还是液介式，超声波水位计都应包括换能器、超声发射（接受）控制部分、显示记录部分和电源等。

1. 换能器

液介式超声波水位计一般采用压电陶瓷型超声换能器，其频率一般在40～200kHz之间选择；而气介式超声波水位计一般采用静电式超声换能器，其频率一般在数十千赫兹。两者的功能均是作为水位感应器件，完成声能和电能之间的相互转换。通常发射与接收共用一只超声换能器。

2. 超声发射（接受）控制部分

发射部分主要功能包括产生一定脉宽的发射脉冲，从而控制超声频率信号发生器输出信号。实现将一定频率、一定持续时间的大能量信号加至换能器。其接收部分主要功能包括从换能器两端获取回波信号，将微弱的回波信号放大，实现把回波信号处理成一定幅度的脉冲信号。高性能的超声发收控制部分具备自动增益控制电路，使近程、远程回波信号经处理后取得较为一致的幅度。

3. 超声传感器

超声传感器是将换能器、超声发收控制部分和数据处理的一部分组合在一起的部件。它既可以作为超声波水位计的传感器部件，与该水位计的显示记录仪相连；又可以作为一种传感器与通用型数传（有线或无线）设备相连。

典型的超声传感器除了具备超声发收及控制部分的功能外，还具备声速自动补偿功能，取多次测量平均值功能，将处理后的数据传送给二次仪表（显示记录仪或通用型数传设备）的功能等。为了实现以上功能，超声传感器应是带微处理器的一种智能型传感器，使得此传感器可以接受设置、自动工作、取得水位数据。也可以受自动化系统控制，接受到遥测终端机命令信号后，即开机工作。

4. 显示记录部分

显示记录仪部分包含水位计的数据显示、存储或打印终端等。对于液介式仪器来说，由于只有换能器安装在水下，通过信号电缆与室内部分相连，所以该类仪器一般把其余部分均组合在显示记录仪中。由于换能器与其发收电路部分之间的信号电缆不宜过长（100m 之内为宜），因此常常把发收部分也并入传感器部分，这样可把传感器和显示记录仪放置在不同处，以便用于站房离水体较远的测量。

5.4.6.3　超声波水位计的安装

1. 气介式超声波水位计的安装

（1）气介式超声波水位计的安装地点应选择在最低水位时仍有一定水深的水面上方。传感器的发射接收面高出最高水位的距离应大于仪器的盲区。

（2）如在陡岸边，有水工建筑物可利用时，可以在岸上建立支架，在伸出的横臂上安装换能器或整个仪器。

（3）如在河滩上安装，可在河滩上建一牢固的支架（塔），在上部横梁上安装。安装在滩地上的气介式超声水位计，它的安装支架（塔）会直接受到洪水的冲击，其基础和强度要充分考虑到这些因素。

（4）发射接收面必须保证稳定且水平。

（5）仪器无论安装在何处，由于高出地面的安装支架易受雷击影响，必须考虑好防雷措施。如果条件允许，还应有遮阳挡雨的设施。

（6）超声换能器发射的声波束会有一定的散射角度，称为波束角。波束角可能在约 2°～10°左右的范围内变化，由工作频率和换能器性能而定。要从产品说明上了解波束角的数值。安装时，要保证换能器发射方向上此波束角范围内的圆锥空间内没有任何阻挡反射体。

2. 液介式超声波水位计的安装

（1）液介式超声波水位计的传感器要安装在水下。应该按相应产品的要求，在水底修建符合要求的带有底脚螺丝的水泥平台或者打下符合要求的安装桩。传感器安装在底脚螺丝上，或者用专用夹具固定安装在安装桩上。

（2）传感器的发射接收面必须保证水平，倾斜度不能超过规定（一般规定是 3°～5°）。

（3）发射接收面低于最低水位的距离应该大于仪

器的盲区（一般是 0.5m 左右），以保证测量的水位不受仪器的盲区影响。

（4）传感器应安装在水流集中、不发生淤积的地方。

5.4.6.4　超声波水位计的使用与维护

1. 超声波水位计的使用

（1）现场检查与测试。

1）现场安装完毕后，应检查所有连接是否正确、安装是否牢固。按照仪器说明书提供的功能检查方法进行检查。

2）用仪器测量水位，并与实际水位（人工观测或其他仪器观测的水位）比较，确定超声波水位计的水位测量准确性，同时确定超声波水位计传感器的基准高程。

3）超声波水位计受温度影响较大，虽然采取了一定的温度自动修正功能，但其水位误差仍较大，在使用中还要定期进行水位校测。

（2）参数设置。在超声波水位计工作前要设置系列参数，如测量时间间隔、传感器基准高程、某些修正系数、工作状态、站号等。有些系数要在检查仪器功能和水位测量准确性前就输入。

（3）水位记录。从仪器的显示可以看到当前水位，从配有的固态存储记录可以得到水位记录过程。从遥测中心控制机，或配用的计算机中也可得到和存储水位记录。

2. 超声波水位计的维护

（1）经常检查换能器和天线（如有的话）的安装牢固性和方向准确性，检查其他部件的安装是否牢固，注意保证仪器的使用环境符合要求。

（2）检查电缆的工作状况和保护状况，检查连接处是否连接可靠。

（3）水下的换能器发射面向上，易被沉积物覆盖。气介式的仪器装在高架上，它们还会受水草、鸟类、昆虫的遮盖、附着、筑巢影响。冬季的冰霜附着会严重影响气介式超声水位计的工作。针对这些问题，使用中要经常维护。

5.4.6.5　超声波水位计的误差来源及削减措施

影响超声波水位计水位测量准确度的最重要原因是温度对声速的影响，其他原因有测量电路影响、波浪影响等。

由超声波水位计的工作原理知，声速的变化将直接影响测量准确度。

1. 温度

对于液介式超声波水位计来说，水中声速主要随水温、水压、含盐度及水中悬浮粒子的浓度等因素而变化。在含沙量不大（30kg/m³ 以下）的江河水库中应用时，如果采用的超声波工作频率较高（200kHz 及以上），那么主要应考虑的是声速随水温的变化。对于 4～35℃ 的水温变化范围，声速的变化量约 6%，温度变化 1℃，声速变化约 0.2%。

对于气介式超声波水位计来说，空气中声速主要取决于气温、相对湿度和大气压力。根据有关资料，对于 0～40℃ 的气温变化范围，声速的变化量约为 7%。空气中的声速可用下式估算：

$$v = 331.45 + 0.61t \qquad (5.6)$$

式中　v——空气中的声速，m/s；

　　　t——空气的温度，℃。

对于 10m 水位量程的测量，如果温度测量误差达 1℃，引起的水位误差可达 2cm。对于 0～100%（25℃标准大气压下）相对湿度的变化范围，声速的变化量约 0.3%；对于 0～2km 的海拔高程变化范围，声速约变化 0.89%。这些数据说明影响空气中声速变化的主要因素是气温。

从以上分析可以看出，必须实时测量出超声波水位计测水位时的声速，用于计算水位。仅以仪器中预设的固定声速来计算水位值，会带来较大的测量误差。因此，超声波水位计的测量准确度主要取决于其温度、声速自动修正措施的完善程度。而且要每变化 1℃ 以下就要进行一次补偿。

可见，用超声波测量，尤其是温度影响很大，而通常情况下野外温度变化又非常剧烈，尽管仪器制造已采取了一系列措施，也难以完全消除温度变化带来的影响，因此超声波水位计一般不能达到较高的测量精度。

2. 测量电路

超声传感器中的测量电路本身引入误差包括时钟频率、计时电路信号计数、回波脉冲前沿的滞后等。仪器设计时一般已控制这些因素对水位误差的影响小于 0.5cm，一般情况下，这些误差远小于声速变化引起的误差。

3. 波浪

由于超声波水位计不需建造水位测井，直接在自然水面上测量水位。但自然水面有一定的波浪，测得的瞬时水位是无消浪的水位，该水位受波浪大小的影响严重。一般要求仪器要有防浪测量功能，通常是采用施测水位时进行多次测量，取平均值作为水位值，以削弱波浪的影响。为便于处理，常将所有测次的数据按大小进行排列，去除若干个最大的和若干个最小的数据，再将留下的数据取平均值，这样处理后取得的数据应能较好地代表实际的水位，称为中值平均法。

5.4.7　雷达（微波）水位计

1. 雷达水位计测量原理

雷达水位计也称微波水位计，其工作原理与气介式超声波水位计基本一致，也是采用发射、反射、接收的工作模式，只是不再使用超声波，而是向水面发射和接收微波。雷达水位计的天线发射出电磁波，这些波经被测对象表面反射后，再被天线接收，电磁波从发射到接收的时间与到液面的距离成正比，关系式同式（5.6），只是要采用电磁波在空气中的传播速度计算距离。

目前市场常见的微波水位计采用的工作原理主要有连续调频（FMCW）和脉冲两种。

采用调频连续波技术的水位计，功耗大，电子电路复杂。这种水位计采用线性的调制的高频信号，一般都是采用 10GHz 或 24GHz 微波信号。天线发射出被线性调制的连续高频微波信号，并进行扫描，同时接收返回信号。发射微波信号和返回的微波信号之间的频率差与到介质表面的距离成一定比例关系。

脉冲雷达水位计也是利用时差原理计算到介质表面的距离。设备传输固定频率的脉冲，然后接收并建立回波图形。雷达水位计记录脉冲微波经历的时间，而电磁波的传输速度为常数，则可算出水面到雷达水位计的雷达天线的距离，即可测得水位。采用雷达脉冲波技术的水位计，功耗低，可用 24VDC 供电，精确度高，适用范围更广。

雷达水位计的典型波段为 5.8GHz、10GHz、24GHz。通常 5.8GHz（或 6.3GHz）的频率被称为 C 波段微波；10GHz 的频率为 X 波段微波；24GHz（或 26GHz）的频率为 K 波段微波。

2. 雷达水位计的特点

（1）优点。

1）雷达水位计采用一体化设计，无可动部件，不存在机械磨损，使用寿命长。

2）雷达水位计测量时发出的电磁波可在空气和真空中传播，不受温度、湿度、蒸汽、风、雾等环境变化的影响。

3）采用非接触式测量，不受水体的密度、浓度（含沙量）等物理特性变化的影响。

4）测量范围大，且基本没有盲区，最大的测量范围可达 0～35m。

5）微波在空气中的传播速度基本上是不变的，雷达水位计无需温度修正，与超声波水位计相比较，由电子电路形成的误差的估算方法也是一样的，但微波的波长远远短于超声波，所以其误差完全可以忽略。水位测量准确度较高，量程 10～20m 中误差一般为 1cm。

（2）缺点。仪器发射面的凝露、空中的雨滴、雪花会影响它的测量。波浪影响、分辨力误差仍然存在。

3. 安装与维护

微波水位计的安装和气介式超声波水位计基本相同。只要将换能器安装在水面上的支架上就可以了。安装注意事项也基本相同，要考虑装在最高水位以上，但没有盲区的问题。也需要严格垂直安装，保证微波波束角范围内无阻挡。一般要同时安装太阳能电池板等供电系统和数据传输系统。此外，仪器上应有遮阳、挡雨措施，并要考虑防雷问题。

除了按仪器要求进行的定期检查维护外，还要保证微波发射处不受昆虫、鸟类影响。

5.4.8　激光水位计简介

1. 工作原理

激光水位计的工作原理和气介式超声水位计、微波水位计完全相同。但发射接收的是激光光波。工作时，安装在水面上方的仪器定时向水面发射激光脉冲，通过接收水面对激光的反射，测出激光的传输时间，即可测得水位。

2. 特点

激光水位计也是一种无测井非接触式水位计，具有量程大，准确性好的优点。比气介式超声波水位计精度高。与微波水位计相比较，激光水位计利用激光测量仪器到水面的距离。激光光速极为稳定，光的频率更高，传播的直线性也很好，激光水位计测量水位的准确性、稳定性都很好。

激光水位计对水面要求较高。激光发射到水面后，很容易被水体吸收，反射信号很弱，使多数激光水位计很难简单地安装在水面上方测量水位。有些仪器明确要求最好在水面上设一反射物体，才能增强激光反射信号，测得水位。此反射体可以是漂浮在水面上的任何具有反射平面的固体。在突然河流中设置反射物体，并要使它固定地漂浮在仪器下方水面上是很困难的。激光水位计使用中易受雨、雪影响。如果有水位测井，激光水位计很容易在井内安放漂浮物，会提高其使用的稳定性和精度。

3. 结构与组成

激光水位计基本上是一体化结构。激光发送接收部分、控制部分、信号处理部分、输出部分都可能是一个整体结构。

4. 安装与使用

安装使用维护要求和微波水位计基本相同。安装

时要特别注意此产品对反射水面的要求。大部分产品对反射水面有一些限制，那就要注意是否能满足仪器工作要求。很多产品会提出设置漂浮反射物体的必要，在选用该产品时，就要充分考虑到实际应用时能否做到。

激光的直线性、聚焦性能很好，在安装时要按仪器的要求安装垂直。也因为此特点，它可以用在小口径、大量程的水位测井内。

5.4.9　电子水尺

电子水尺的主要形式有触点式电子水尺、磁致伸缩线性位移（液位）传感器等。

5.4.9.1　电子水尺的工作原理

1. 触点式电子水尺的工作原理

如果将普通尺上的刻度改为等距离设置的导电触点，一定水位淹到某一触点位置，相应的电路扫描到接触水的最高触点位置，就可判读出水位。这样的水尺称为触点式电子水尺。

触点式电子水尺由绝缘材料制作水尺尺体，尺体上每隔一定距离（一般是 1cm）出露一个金属触点。触点间相互绝缘，每一触点都接入内部电路。电子水尺尺体和普通水尺一样一般采用固定垂直安装在水中。被水淹到的触点和大地（水体）之间的电阻或与水尺上水中某一特定触点的电阻将大大减小。由此可由内部电路检测到所有被水淹到的触点，其中最高的就是当时的水位所在位置。

另一种触点式电子水尺的尺体是一直径较大的中空圆筒，筒壁内等间隔（一般是 1cm）安装有多个干簧管。尺体中间是空心的，而且和水体相通。当此尺体垂直安装在水中时，尺体中间构成一个小直径的水位测井。在此尺体中的水位测井内装有一浮体，在浮体上安装一磁钢。水位变化时，此浮体连同磁钢升降，使相应位置的干簧管导通。用检测电路检测到最高位置的导通干簧管，就可测得水位。

2. 触点式电子水尺的特点

电子水尺测量水位准确度高，测量不受水位变化范围的影响，也基本不受水质、含沙量以及水的流态影响。适用于大量程水位测量和复杂水流处。可以用于很多特殊场合，如坝面、涵洞内、一些工业水体等。

电子水尺需要安装在水中，而且一部分露出水面，也可能全部露出水面。相互之间要用电缆相连接。这样就限制了它的使用范围。它虽然适用于大量程水位测量，但大量程的水位测量会有较多水尺分布在较大范围的岸坡上，很难避免不受各种因素的干扰，防护也很困难。

信号传输线的防干扰、抗雷击也是其弱点之处，水体中的电磁场也会影响仪器的正常工作，电子水尺也存在水位感应和波浪造成的误差。

3. 磁致伸缩液位传感器的工作原理

磁致伸缩液位传感器是应用"磁致伸缩"技术研制而成。磁致伸缩线性位移（液位）传感器由测杆、电子仓和套在测杆上的非接触的磁环（环状浮球）组成。测杆内装有磁致伸缩线（波导线），测杆由不导磁的不锈钢管制成，可靠地保护波导丝。工作时，环状浮球浮在水面，沿着测杆随水面升降。由电子仓内电子电路产生一起始脉冲，此起始脉冲在波导丝中传输时，同时产生了一沿波导丝方向前进的旋转磁场，当这个磁场与磁环状浮球中的永久磁场相遇时，产生磁致伸缩效应，使波导丝发生扭动，这一扭动被安装在电子仓内的拾能机构所感知，并转换成相应的电流脉冲，通过电子电路计算出两个脉冲之间的时间差，即可精确测出被测的环状浮球位移和液位。

4. 磁致伸缩液位传感器的特点

磁致伸缩液位传感器是新型水位测量仪器，主要用于工业上的液位、位移测量。它具有精度高、重复性好、稳定可靠、非接触式测量、寿命长、安装方便、环境适应性强等特点。它的输出信号是一个真正的绝对位置输出，所以不存在信号漂移或变值的情况，因此不必像其他液位传感器一样需要定期重标定和维护。由于采用非接触测量方式，不会由于摩擦、磨损等原因造成传感器的使用寿命降低。有的仪器测量准确性可以达到 mm 级，相对误差可以达到 0.01%FS。

这种仪器应用时需要有静水井，将传感器垂直固定安装，环状浮球应能随水面升降。电子仓的引出电缆接到显示记录仪，或数传设备。

磁致伸缩液位传感器的水位量程难以超过 3m，这是影响推广应用的主要原因。

5.4.9.2 电子水尺的结构与组成

1. 触点式电子水尺

触点式电子水尺由一根或若干根水尺尺体、检测仪、信号电缆、电源组成，如图 5.23 所示。

水尺尺体可以是圆形或矩形断面的尺体，一般长为 1m 或更长一些。尺体都由合成材料制作，达到既

有一定强度，又能防水、防腐蚀、绝缘的目的。触点由不锈钢制作，每隔 1cm 一个，镶嵌在水尺内，表面出露。每一触点均联入电路，每根尺体的触点检测电路封装在尺体内部，有一信号电缆引出。一根尺体只能测量此尺体长度的水位变幅。实际应用时，可能要设置多根水尺尺体才能测得整个水位变化。这多根尺体要用信号电缆连接，或分别连入检测仪。检测仪安装在室内，通过信号电缆与电子水尺尺体相连，可以自动定时检测水位，具有水位显示功能，并会有输出标准接口。

在特殊地点使用时，尺体可以制作成特殊形状，如斜坡式（安装在坝、岸坡面上）、圆弧式（安装在圆形涵洞的壁上）。这些特殊形状的尺体上所有相邻触点的垂直高度距离仍必须是恒定的水位分辨力（如 1cm）。

2. 磁致伸缩液位传感器

磁致伸缩液位传感器主要由测杆、电子仓和套在测杆上的非接触的磁环（环状浮球）组成，如图 5.24 所示。

5.4.9.3 电子水尺的安装使用与维护

1. 安装

电子水尺的安装包括各尺体安装、信号电缆安装、检测仪安装。水尺尺体安装的方法和要求与一般水尺相似。尺体可以用任何方式固定安装在水尺靠桩和各种牢固的附着物上。对安装地点和水尺靠桩、附着物的形状要求与普通水尺基本相同。电子水尺尺体是一种仪器，安装时要更小心些，不能造成损坏，要注意保护引出信号线的密封性。

信号电缆的安装和其他仪器类似，以穿入金属管、埋地安装为最好。信号电缆与水尺尺体间的密封连接，水下部分信号电缆的相互密封连接，都必须有充分的防水耐压保证。检测仪安装在岸上，其安装要求与常规仪器相同。

图 5.24 磁致伸缩液位传感器

2. 使用维护

电子水尺在长期应用中，其尺面和触点上会有各种附着物，影响各触点与水的接触。需要经常清洗。水尺尺体是不可拆卸的密封结构，平时不需要特殊维护。

图 5.23 触点式电子水尺

使用中要经常检查信号电缆与水尺的连接处，这里的密封结构较易发生问题。水尺尺体也需要和普通水尺一样，检查它的垂直度等安装状态。

5.5　水位观测平台

5.5.1　概述

5.5.1.1　水位观测平台的分类

1. 水位观测平台

水位观测设施中最重要的是水位观测平台，水位观测平台是自记水位计的安装保护设施，也是水文测站的基础设施，主要包括测井、仪器房、栈桥以及支架等附属设施。自记水位观测平台测井和附属设施也称为自记台。

2. 分类

水位观测平台按其结构和工作方式可分为直立式（进水管可以是水平连通管式、虹吸式、虹连式）、悬臂式、双斜管式和斜坡式等。

水位观测平台按其建筑的材料分为金属管材、钢筋混凝土、砖石砌体等。

3. 实用性

（1）直立式。直立式水位观测平台按其在断面上的位置，布置形式可分为岛式、岸式、岛岸结合式。

1）岛式适用于河床稳定，不易受冰凌、船只和漂浮物撞击的测站。

2）岸式适用于岸边稳定、岸坡较陡、淤积较少的测站，也适用于断面附近经常有船舶停靠、河流漂浮物、流冰较多的测站。

3）岛岸结合式适用于中低水位、易受冰凌、漂浮物、船只碰撞的测站。水平进水管适用于岸坡较稳定、滩地较低、河流含沙量较小的测站；虹吸式及虹连式适用于河床较稳定、滩地较高、河流含沙量较大的测站；多级传感式适用于河床不稳定，主流位置随高、中、低水位不同而变化的测站。

（2）悬臂式主要适用于各种主流摆动、冲淤变化较大、遥测、无人值守的非接触式水位计。

（3）双斜管式适用于岸坡较稳定、冲淤变化不大、水位变幅较大的测站，适用于浮子式水位计。

（4）斜坡式主要适用于多泥沙、结冰、水位变幅较大、岸坡较长的水位观测处，适用于接触、非接触和遥测水位计。

5.5.1.2　水位观测平台位置选择要求

水位观测平台设计应考虑观测仪器及传感器对观测平台的要求，同时应根据地形、地貌、地质、河床演变、水文与气象特征、水力条件、航运和冰情等情况，经过技术、经济综合论证确定方案。其位置选择应满足建站目的和观测精度的要求，且要选择建设条件适宜的地方，并注意应满足下列要求：

（1）河道的水位观测平台应选择在岸边顺直、稳定、水位代表性好、不易冲淤、主流不易改道的位置，并应避开回水和受水工建筑物影响的地方。

（2）湖泊及水库内的水位观测平台宜选择在岸坡稳定、水位有代表性的地点。

（3）受风暴潮影响地区的水位观测平台宜选择在岸坡稳定、不易受风浪直接冲击的地点。

（4）水位观测平台应靠近基本水尺断面，两者间距宜小于 3m；采用水文缆道测流的站，其水位观测平台与缆道测流断面宜保持 3～5m 的水平距离。

5.5.1.3　水位观测平台建设规模与选择

水文观测平台建设规模应从观测要求、测站特性、测站级（类）别、经济效益等多方面进行综合比较、优选方案后确定。水位观测平台建设规模可参考表 5.6 进行选择。

表 5.6　　水位观测平台建设规模选择表

等级	建设规模			
	大　型	中　型	小　型	简　易
水位变幅/m	>15	10～15	5～10	<5

大、中型规模的地表水水位观测平台宜选择直立式的钢筋混凝土或砖石砌体。小型、简易规模的水位观测平台，既可选择直立式的钢筋混凝土、砖石砌体和其他类型，也可选择悬臂式、斜坡式和其他类型。

5.5.1.4　浮子式水位计对水位观测平台的要求

水位观测平台安装浮子式水位计，其测井应符合下列要求：

（1）测井的截面可建成圆形、椭圆形、方形或矩形，应有足够大小的尺寸安装所使用的浮子式水位计。

（2）测井井壁应垂直，测井底应低于实测最低水位 0.5m 以上，测井口应高于实测最高水位 0.5m 以上。

（3）测井不论采用何种截面，均应使安装在其中的浮子式水位计的浮子、平衡锤距井壁有不小于 7.5cm 的间隙。

（4）一个测井内安装两台或更多的浮子式水位计，所有浮子、平衡锤相互之间的距离应不小于 12cm。

5.5.1.5　其他形式水位计对水位观测平台的要求

水位观测平台安装其他形式水位计时，其测井应符合下列要求：

（1）压力式水位计适合圆形、方形或矩形、椭圆形等多种截面的测井。测井中应有牢固安装传感器的设施，并不会出现淤积和冰冻。

（2）声学水位计和雷达水位计应安装在较大口径的测井内，井壁应平整。

（3）激光水位计宜安装在小口径测井内，井壁应平整，并安装水面反射器。

5.5.1.6 仪器房设计要求

对仪器房的设计，应满足以下要求：

（1）结构牢固，满足使用要求。

（2）房内干燥、通风、明亮。

（3）有防潮、防盗、防虫、防鼠、防雷设施。

（4）有安放仪器的工作台，台面平整水平，工作台面积大小应方便测报人员工作，高度宜为85cm左右，并带有贮放常用工作物品的抽屉或柜子。

（5）仪器房及整个平台应有架设和保护电源、通风、信号通信电缆的设施。

5.5.2 水位观测平台的设计标准

1. 防洪标准与测洪标准

水位观测平台的设计除满足规定的防洪标准与测洪标准外（参见3.3.2小节），湖泊站的水位观测平台防洪标准和测洪标准应高于历史最高洪水位或堤顶高程；水库、闸坝站的水位观测平台，其测洪标准应高于水库、闸坝最高蓄水位。当漫滩滩宽、边坡较缓时，应根据漫滩、边坡和造价等情况，经综合分析后，可分级设置水位观测平台。

2. 抗震标准

根据《建筑抗震设防分类标准》（GB 50223—1995），大河重要控制站、大河一般控制站和大型水库（湖泊）站应按甲类建筑抗震设防，区域代表站和中小型水库（湖泊）站应按乙类建筑抗震设防，小河站应按丙类建筑抗震设防。

3. 防雷标准

水位观测平台应按照《建筑物防雷设计规范》（GB 50057—1994）的第三类防雷建筑物要求设计。水位观测平台接地体电阻应小于10Ω。

5.5.3 水位观测平台的荷载计算

1. 荷载分类

作用于水位观测平台及附属物上的荷载，可分为永久荷载、可变荷载、偶然荷载3类。其中，永久荷载（恒荷载）又有自重、土重、固定的仪器设备重等；可变荷载（活荷载）可包括平台面活荷载、栈桥面活荷载、风荷载、雪荷载、水冲击荷载等；偶然荷载主要有撞击力、地震作用等。

2. 荷载代表值

平台设计时，不同荷载应采用不同的代表值：

（1）永久荷载，应采用标准值作为代表值。

（2）可变荷载，可根据设计要求采用标准值、组合值或准永久值作为代表值。

（3）偶然荷载，应根据试验资料，结合实践经验确定或按有关规范计算其代表值。

3. 均布活荷载计算

平台及各部分均布活荷载的标准值，应按表5.7的规定采用。

表 5.7　　　平台各部分均布活荷载标准值

项　次	类　别	标准值/（kN/m²）
1	平台仪器房	2.0
2	平台挑出部分	2.5
3	平台屋面	1.5
4	栈桥桥面	3.5

注　1. 第1项包括工作人员、仪器设备。

2. 第2项，当人群有可能密集时，宜按3.5kN/m²采用。

4. 雪荷载计算

平台台面和栈桥桥面上的雪荷载标准值，应按下式计算：

$$S_k = U_r S_0 \tag{5.7}$$

式中　S_k——雪荷载标准值，kN/m²；

S_0——基本雪压，kN/m²；

U_r——平台平面积雪分布系数。

基本雪压（S_0）可按《建筑结构荷载规范》（GB 50009—2001）给出的50年一遇的雪压采用。有雪地区，当城市或建设地点的基本雪压值在GB 50009—2001中未给出时，可根据附近地区规定的基本雪压或长期资料，通过气象和地形条件的对比分析确定；也可按GB 50009—2001中全国基本雪压分布图近似确定。山区的基本雪压，可按当地空旷平坦地区的基本雪压值乘以系数1.2采用。平台平面积雪分布系数可按GB 50009—2001中的有关规定采用。

5. 风荷载计算

（1）计算公式。垂直作用于平台单位面积上的风荷载标准值，应按下式计算：

$$w_k = \beta_z u_s u_z w_0 \tag{5.8}$$

式中　w_k——风荷载标准值，kN/m²；

β_z——z高度处的风振系数；

u_s——风荷载体型系数；

u_z——风压高度变化系数；

w_0——基本风压，kN/m^2。

（2）基本风压的采用。基本风压（w_0）可按 GB 50009—2001 给出的 50 年一遇的风压采用，但不应小于 $0.30kN/m^2$。当所在城市或建设地点的基本风压值在全国基本风压分布图上未给出时，可通过对气象和地形条件的分析，参照全国基本风压分布图上的等值线用插入法确定。山区的基本风压，可按相邻地区的基本风压值乘以下列调整系数采用：

1）山间盆地、谷地等闭塞地形取 $0.75\sim0.85$。

2）与大风方向一致的山谷口、山口取 $1.20\sim1.50$。

（3）风压高度变化系数的确定。风压高度变化系数（u_z），可根据地面粗糙度类别按表 5.8 确定。地面粗糙度可分为下列二类：

表 5.8　　　风压高度变化系数 u_z

离地面或海平面高度/m	5	10	15	20	30	40
A 类	1.17	1.38	1.52	1.63	1.80	1.92
B 类	0.80	1.00	1.14	1.25	1.42	1.56

表 5.9　　　　　　　脉动增大系数 ζ

$w_0 T_1^2/$ （kNs^2/m^2）	0.01	0.02	0.04	0.06	0.08	0.10	0.20	0.40	0.60	0.80	1.00	2.00
钢筋混凝土及砌体结构	1.11	1.14	1.17	1.19	1.21	1.23	1.28	1.34	1.38	1.42	1.44	1.54

表 5.10　　　脉动影响系数 v

总高度 H/m	10	20	30	40
A 类	0.78	0.83	0.86	0.87
B 类	0.72	0.79	0.83	0.85

6．水冲击荷载计算

作用于平台测井和栈桥桥墩上的水冲击荷载的标准值，可按下式计算：

$$p_0 = 0.4 K_w \rho F v_0^2 h \qquad (5.10)$$

式中　p_0——水冲击荷载标准值，kN；

　　　K_w——水阻力系数，圆形截面取 0.8，多边形截面取 0.9，方形截面取 1.0；

　　　ρ——水的密度，t/m^3，淡水清水情况下可取 1.0，浑水密度系数可根据含沙量计算；

　　　v_0——台身或桥墩处最大水面流速，m/s；

　　　F——台身或桥墩每米高度的阻水面积，m^2；

　　　h——测井出土面至水面的高度，m。

如可能发生比设计荷载还要大的荷载（漂浮物、流冰、波浪等），在设计时，可用水冲击荷载乘以综合工作条件系数确定，计算时应根据考虑因素的多

1）A 类指湖岸、沙漠地区等。

2）B 类指乡村、丘陵以及房屋比较稀疏的中、小城镇和大城市郊区。

（4）风荷载体型系数的确定。风荷载体型系数（u_s）可按 GB 50009—2001 的有关规定采用。

（5）平台 z 高度处的风振系数 β_z 可按下式计算：

$$\beta_z = 1 + \frac{\zeta v \varphi_z}{u_z} \qquad (5.9)$$

式中　ζ——脉动增大系数；

　　　v——脉动影响系数；

　　　φ_z——振型系数（取 1.00）；

　　　u_z——风压高度变化系数。

1）脉动增大系数可按表 5.9 确定。首先计算出 $w_0 T_1^2$ 值，再根据此值查得脉动增大系数。其中，T_1 为平台结构的基本自振周期，可按 GB 50009—2001 附录 E 计算。w_0 为基本风压。

计算 $w_0 T_1^2$ 时，A 类地区用当地基本风压乘以 1.38 代入，B 类地区可直接代入基本风压。

2）脉动影响系数，可按表 5.10 确定。

少，该系数可按 $3.0\sim5.0$ 取用。

7．地震荷载计算

抗震设防烈度为 6～9 度的地区，建设水位观测平台时，应考虑地震荷载作用。计算地震荷载作用时，可仅考虑水平方向的地震荷载作用。水平地震作用标准值可按底部剪力法计算。作用于平台台身的水平地震标准值，可按下式计算：

$$F_{EK} = \alpha G \qquad (5.11)$$

式中　F_{EK}——水平地震作用标准值，kN；

　　　α——地震影响系数；

　　　G——平台重力荷载，kN。

计算时地震影响系数取最大值 α_{max}，不同基本烈度的最大值按表 5.11 采用。

表 5.11　　水平地震影响系数最大值（α_{max}）与基本烈度关系

基本烈度	6	7	8	9
α_{max}	0.04	0.08	0.16	0.32

8．荷载组合与校核

计算平台支承结构和基础时，应根据使用过程中

可能同时作用的荷载进行组合，并取其最不利组合进行设计。荷载组合可分为以下3种，设计时应根据荷载实际情况选用。

（1）永久恒荷载、水冲击荷载与其他活荷载。

（2）永久恒荷载、风荷载、雪荷载和撞击力。

（3）永久恒荷载、风荷载和潮（啸）撞击力。

抗震设防烈度为6度以上的地区，计算时应将地震荷载纳入相应的荷载组合，对设计进行校核。

5.5.4 直立式水位观测平台设计

直立式水位观测平台主要由进水管、检修孔、沉沙池、淘沙廊道、测井、仪器室、栈桥、桥墩等组成，如图5.25所示。

5.5.4.1 一般规定与要求

1. 测井截面

测井截面形式设计应依据仪器对平台的要求确定。测井截面大小应满足下列要求：

（1）圆形截面的测井。

1）现浇混凝土或砌体结构的测井，放置一台仪器测井内径不应小于800mm，放置两台仪器测井内径不应小于1000mm，放置3台仪器测井内径不应小于1200mm。

2）框架式或悬吊式测井，内径不应小于600mm。

3）钢管式测井内径不应小于250mm。

（2）椭圆形或方形截面的测井。椭圆形或方形截面的测井，截面面积不应小于$0.5m^2$。

2. 测井底部

多沙河流测井底部宜悬空，悬空高度不宜小于300mm，可设为漏斗状，并在测井靠河流一侧全高范围内设蜂窝状小孔。

3. 测井身支承形式

测井井身的支承可选择以下形式：

（1）基础式。测井井身直接位于河床基础上。

（2）框架式。适合多沙河流，测井井身连接于多桩（4或6支撑）的框架上，底部悬空。

（3）悬吊式。测井井身宜支承在陡岩或桥墩上，以及其他建（构）筑物上，底部悬空。

4. 测井安全系数

对于承受动水荷载的直立式测井，不管采用何种支承方式，其稳定安全系数应满足下式：

$$K_w = \frac{M_w}{M_q} \geqslant 2.5 \tag{5.12}$$

式中 M_w——稳定力矩；

M_q——倾覆力矩。

5. 平台基础底面压力确定

平台基础底面压力的确定，应符合下列要求：

（1）仅考虑轴心荷载作用时，应符合下式要求：

$$p \leqslant f \tag{5.13}$$

式中 p——基础底面处的平均压力设计值；

f——地基承载力设计值。

（2）考虑偏心荷载作用时，除符合式（5.13）的要求外，尚应符合下式要求：

$$p_{max} \leqslant 1.2f \tag{5.14}$$

式中 p_{max}——基础底面边缘的最大压力设计值。

6. 测井防冻

需要防冻的测井，应采取下列措施：

（1）对浮筒实行电器加热。

（2）加大测井井壁厚度。

（3）防止测井内结冻的其他措施。

7. 测井防腐

需要防腐的测井，应采取下列措施：

（1）测井井身及基础水下部分采用水工混凝土或大坝混凝土。

（2）钢管测井应刷防锈漆或采用不锈钢管、工程塑料管等。

（3）测井水下部分的钢筋，其混凝土保护层厚度不应小于40~60mm。

8. 测井防寄生物

测井井壁应采取特殊塑胶涂层，防止贝类水生动物附着寄生物。

5.5.4.2 测井设计

圆形截面测井如图5.25所示，不同材料的其内径设计应符合下列要求。

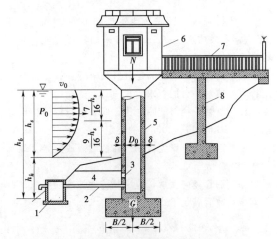

图 5.25 直立式水位观测平台（测井）示意图

1—沉沙池；2—进水管；3—检修孔；4—淘沙廊道；
5—测井；6—仪器室；7—栈桥；8—桥墩

1. 钢筋混凝土测井圆形截面井径

对于钢筋混凝土测井圆形截面内径、外径分别可按下式计算：

$$D_0 = \frac{\alpha_0}{0.5f_c + 0.94f_y\rho} \times \frac{v_0^2 h_s^2}{\delta} \qquad (5.15)$$

$$D = D_0 + 2\delta \qquad (5.16)$$

式中　D——测井外径，mm；

　　　D_0——测井内径，mm，取 100 整倍数；

　　　δ——井壁厚度，mm，可取 150～300mm；

　　　v_0——设计水面流速，m/s；

　　　α_0——调整系数，平原河流取 0.55，山溪河流取 0.9；

　　　h_s——测井地面以上水深，m；

　　　f_c——混凝土抗压强度设计值，MPa；

　　　f_y——钢筋抗拉强度设计值，MPa；

　　　ρ——井筒截面配筋率，取 $\rho = 0.006～0.012$。

2. 砖砌体测井圆形截面井径

对于砖砌体圆形截面测井的内径设计应符合下列要求：

沿周边均匀布设有 6 根构造柱的砖砌体测井，按下式计算其内径：

$$D_0 = \frac{\alpha_0}{0.5f + 0.94f_y\rho} \times \frac{v_0^2 h_s^2}{\delta} \qquad (5.17)$$

式中　f——砌体的抗压强度设计值，MPa；

　　　ρ——为 6 根构造柱中全部纵筋在整个环形截面中的配筋率，取 $\rho = 0.002～0.004$；

　　　δ——壁厚，取 250mm；

其余符号意义同前。

3. 钢管测井

置于桥墩、陡岩或其他建筑物上的悬吊式测井（下端伸入最枯水位 0.5m），可采用钢管构成，并应符合下列规定：

（1）钢管内径应能满足放置仪器浮筒，预留空间应符合仪器对平台的要求。

（2）钢管外径与壁厚之比，应符合《钢结构设计规范》（GB 50017—2003）的规定。

（3）钢管在所属建筑物（如桥墩）或陡岩上的支承间距不应大于 3m。

（4）钢管竖向支承，应满足抗剪强度的要求。抗剪安全系数应满足下式：

$$K_v = \frac{W_t}{\sum V_i} \geqslant 8 \qquad (5.18)$$

式中　K_v——抗剪安全系数；

　　　W_t——井筒及上部仪器、人员等全部重量；

　　　$\sum V_i$——各支承抗剪力总和。

5.5.4.3　仪器房设计

1. 一般要求

（1）仪器房设计除满足防洪要求外，还应适宜测报人员进行水位观测。

（2）仪器房外形设计、装饰应与当地城市建设环境相适应，并应与平台整体结构相协调。

（3）地处城市或需要观测平台附近水面情况的观测平台，仪器房外可设带防护栏杆的外走廊。

（4）水位观测平台的仪器房建造面积应符合《水文基础设施建设及技术装备标准》的规定，室内空间高度应满足使用要求，并配置照明设备。仪器房带外走廊时，走廊净宽不应小于 60cm。

（5）仪器房墙体可采用钢筋混凝土现浇或砖砌体。采用砖砌体时，宜设置钢筋混凝土构造柱和顶圈梁。

（6）仪器房门宜采用防盗门。墙体上宜安装百叶窗或固定窗。采用固定窗时，窗扇上部墙体处应开设安有密孔钢丝网的通风孔。窗框上是否安置防盗网，可根据当地环境确定。

（7）仪器房室内墙体上应预留好电缆、电源线、引线、挂钩或导管等设施的安装位置。

（8）仪器房室内地坪应进行防滑、防潮处理。室内地面应适当高出室外地面。

2. 仪器房顶

仪器房顶可采用平顶、亭式或半球壳等结构，其设计应满足下列要求：

（1）地处城市测站的水位观测平台或与缆道房（值班室）邻近的水位观测平台的仪器房，房顶宜采用正多边形的亭式结构。

（2）仪器房顶檐边至少应伸出墙体外 30cm；平台带外走廊时，亭式屋顶檐边至少应伸出走廊外边缘 15cm。

（3）采用平顶式房顶，其平板的厚度不宜小于 10cm，并应采用带隔热层的双层结构；房顶需设排水孔时，应面对河流一侧设置。

3. 防雷

仪器房应安置防雷设施，其设计应满足下列要求：

（1）仪器房应有外部防雷保护（建筑物防雷）和内部防雷保护（防雷电电磁脉冲），观测平台周围无其他防雷系统覆盖时，应单独设置外部防雷系统，接地电阻应在 10Ω 以内。

（2）进入仪器房内的电缆、电源线、信号线的屏蔽层以及金属导管等均应连接防雷地网及过电压保护器，并实施等电位连接。

（3）对有水位自动采集、传输、发送要求的观测平台，防雷系统应结合自动测报仪器的要求统筹设计。

5.5.4.4 栈桥设计

1. 栈桥设计的一般要求

栈桥由桥墩、连接梁、桥面板和防护栏杆 4 部分组成。栈桥设计应根据使用要求，可分别采用钢筋混凝土结构、钢结构、砖石结构或其混合结构等不同的结构型式。栈桥入水桥墩的设计，除满足一般设计要求外，应考虑漂浮物偶然撞击的因素；桥墩基础部分还应考虑是否有水流冲刷的影响。栈桥桥面板两侧应设置安全防护栏杆，其高度宜为 1.0～1.1m。桥墩可采用砖（块石）砌体或钢筋混凝土结构，入水的桥墩应尽可能采用钢筋混凝土结构。不入水的桥墩基础埋置深度可参照一般房屋基础埋置深度确定。

2. 入水的桥墩基础埋置深度要求

入水的桥墩基础埋置深度应满足以下要求：

（1）满足地基土壤的承载力。

（2）满足基础自身的结构要求。

（3）满足冲刷深度的要求。

（4）有冲刷处，非岩石河床桥墩基础底面埋深安全值可参考《公路工程水文勘测设计规范》（JTG C30—2002），按表 5.12 的规定选取。

表 5.12　　　　　　基底埋深安全值

总冲刷深度/m	0	5	10	15
埋深/m	1.5	2.0	2.5	3.0

注　总冲刷深度为自河床面算起的河床自然演变冲刷、一般冲刷与局部冲刷之和。

（5）对于不受集中冲刷的墩台，可置于一般冲刷线以下再加适当的安全值。受淤积影响的墩台，可不考虑冲刷作用。

3. 入水桥墩横截面形式

入水桥墩横截面应采用减小水流阻力的结构形状，可选择圆形、腰子形、尖劈形等几种截面形式，见图 5.26。

（a）圆形　　　（b）腰子形　　　（c）尖劈形

图 5.26　栈桥桥墩截面形式示意图

4. 栈桥梁板设计

栈桥梁板设计应符合下列要求：

（1）栈桥桥面宽宜取 1.0～1.5m，单跨桥长宜在 6m 左右。

（2）桥面板可采用整体式现浇或装配式面板，现浇桥板厚度不宜小于 10cm，装配式面板厚度不宜小于 12cm。

（3）现浇可采用矩形梁板或 T 形梁板，见图 5.27。采用矩形梁板时，梁的高宽比 $\dfrac{h}{b}$，一般取 2.0～2.5；采用 T 形梁板时，高跨比 $\dfrac{h}{l}$，一般为 $\dfrac{1}{10}$～$\dfrac{1}{14}$，跨度较大时选用小比值，梁肋宽 b 取 35～40cm，梁翼边缘厚度 c 不宜小于 6cm。

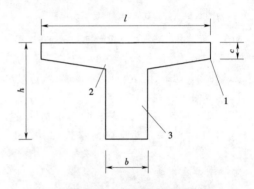

图 5.27　T 形梁板示意图
1—梁翼悬挑板边缘；2—梁悬挑板根部；
3—梁肋（腹板）

（4）钢结构桥面板可由木板、钢板或钢丝网水泥板制成。

（5）桥面应采用防滑设计地面，并应预埋防护栏杆的固接铁件。

5.5.4.5　基础设计

1. 基础形式

平台基础可根据地形地质条件、测井结构等采取井筒式嵌岩基础、墩式嵌岩基础、板式基础、大直径桩基础和群桩基础等形式。

2. 井筒式嵌岩基础

在岩质地基上建岛岸式平台时，可采用井筒式嵌岩基础，并应符合下列要求：

（1）嵌岩深度计算示意图见图 5.28，井筒嵌入岩石中的深度为

$$h_k = \frac{p_0 + \sqrt{p_0^2 + 0.66 b_0 f_{cb} p_0 h_s}}{0.33 b_0 f_{cb}} \tag{5.19}$$

式中　h_k——井筒嵌入岩石中深度，m；

　　　　f_{cb}——岩石侧壁容许应力，kN/m^2；

p_0——水冲击荷载，kN；

h_s——基础以上水深，m；

b_0——测井计算宽度，m。

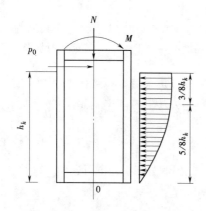

图 5.28　井筒式嵌岩深度计算示意图

对于圆形测井，当直径 $d \leqslant 1\text{m}$ 时，$b_0 = 0.9(1.5d + 0.5)$；当直径 $d > 1\text{m}$ 时，$b_0 = 0.9(d+1)$。对于方形测井，当边宽 $b \leqslant 1\text{m}$ 时，$b_0 = 1.5b + 0.5$；当边宽 $b > 1\text{m}$ 时，$b_0 = b + 1$。

（2）当拟建测井位置基础埋深不能满足式（5.19）计算的 h_k 时，井位应向岸边移动，使之满足。

3. 墩式嵌岩基础

在岩质地基上建岛式平台，可采用墩式嵌岩基础（见图 5.29），其嵌岩深度可按下式计算：

$$h_k = \frac{p_0 + \sqrt{p_0^2 + 0.66 b_0 f_{cb}\{M - B/[3(G+N)]\}}}{0.33 b_0 f_{cb}}$$

（5.20）

式中　B——墩或板宽度，m；

$G + N$——测井及基础自重，kN。

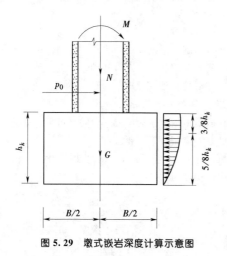

图 5.29　墩式嵌岩深度计算示意图

4. 板式基础

在较坚硬土质地基上建岛式平台，可采用板式基础，并应符合下列要求：

（1）测井抗倾覆安全稳定系数应满足稳定安全系数的要求，并满足：

$$K_w = \frac{M_w}{M_q} \geqslant 2.5$$

（5.21）

式中　M_w——稳定力矩；

M_q——倾覆力矩。

（2）板宽可按下式计算：

$$B = \sqrt{\frac{5 p_0 h_0}{h_{0b}(\gamma_c - \gamma_w) + h_t(\gamma_s - \gamma_w)}}$$

（5.22）

式中　h_{0b}——测井基板厚度，m；

h_t——板上填土厚度，m；

γ_c、γ_w、γ_s——混凝土、上部填土及水的容重，kN/m^3。

（3）板厚应满足抗弯、抗冲切以及最粗竖向钢筋锚固长度要求，并应满足抗倾覆安全稳定的要求。

5. 大直径桩基础

在较密实砂土地或砂质黏土的地基建平台，可采用大直径桩基础，并应符合下列要求：

（1）应采用混凝土桩，直径不应小于 800mm。

（2）采用单桩时，桩直径宜与上部测井外径一致，否则应设桩帽。

（3）桩直径可按下式计算：

$$D_z \geqslant 2 \sqrt[3]{\frac{M}{0.661 \alpha_1 f_c + 1.67 f_y \rho}}$$

（5.23）

式中　M——$0.45 p_0$；

D_z——桩直径，mm；

α_1——调整系数，混凝土强度低于 C50 时取 1.0。

式（5.23）计算的桩直径可小于上部测井外径，但不应小于 1300mm。

（4）当计算的桩直径小于上部测井外径时，应在桩与井筒衔接 1200～1500mm 范围内设置桩帽，并应符合下列要求：

1）桩帽厚度应不小于 1200mm，宽度应大于测井外径 300mm。

2）桩帽布筋（上、下、左、右、前、后）：六方向均为 φ12@150，中间设竖向拉筋 φ12 纵横@600。

3）桩帽混凝土强度等级应与桩或上部测井混凝土强度等级相同。

（5）单桩埋土深度可按下式计算：

1）砂质黏土或黏土

$$h_k = \frac{p_0 + \sqrt{p_0^2 + 0.5 b_0 f_{cb} p_0 h_{0s}}}{0.25 b_0 f_{cb}}$$

（5.24）

2）纯砂土

$$h_k = \frac{p_0 + \sqrt{p_0^2 + 0.45 b_0 f_{cb} p_0 h_{0s}}}{0.225 b_0 f_{cb}} \quad (5.25)$$

岩质地基按式（5.19）计算。对 h_{0s}、h_k 的计算起点为：自然土，去掉表层 $0.6 \sim 0.9 \text{m}$ 耕作层处；开挖土，开挖深度超过 0.6m 的土，在开挖层地表处。

（6）桩配筋率 ρ 不应小于 0.006，钢筋的混凝保护层厚度不应小于 $40 \sim 60 \text{mm}$。箍筋不小于 $\phi 8$，间距不大于 200。

（7）桩混凝土强度不应小于 C20，水下浇筑不应低于 C50。

6．群桩基础

当采用单桩因埋置过深，引发地下水施工困难时，可采用群桩基础，如四肢桩基础见图 5.30，并应符合下列要求：

（1）单桩桩径可按式 5.23 计算，但其桩径不应小于 800mm。

（2）桩的间距 B 应保持 $5 \sim 6$ 倍的外径。

（3）当采用 4 肢单桩组成的群桩时，埋置深度可按下式计算：

$$h_k = \frac{p_0 + \sqrt{p_0^2 + 0.5 b_0 f_{cb} p_0 h_{0s}}}{0.25 b_0 f_{cb}} \quad (5.26)$$

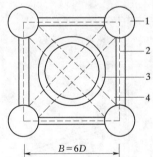

图 5.30 群桩布置示意图
1—桩；2—拉梁；3—井筒；4—承台

采用式（5.26）计算时，不计群桩间相互影响，也不计承台摩阻作用。

（4）桩间拉梁截面应不小于 $300 \text{mm} \times 800 \text{mm}$，上、下配筋各不小于 $3 \phi 25$，箍筋 $\phi 8@100$。

（5）桩上承台应符合下列要求：

1）承台厚度不宜小于 800mm，并与拉梁一起现浇。承台配筋上下双层、双向 $\phi 16@150$。对角线设计 "十" 字形暗梁，暗梁高度与承台相同，宽度取 $400 \sim 600 \text{mm}$，其主筋不小于 $5 \phi 25$。两端直接锚入桩内 $40d$，暗梁箍筋 4 肢 $\phi 10@150$。

2）当测井高于 16m，且桩距大于 $6D$ 时，应对暗梁做抗弯、抗剪校核。

3）平台上、下层设拉筋 $\phi 14$，纵横间距不应大于 600mm（弯钩或电焊在上、下层网筋上端）。

7．松软及淤泥质地基

在松软及淤泥质地基上建平台，应根据勘测的地质资料确定基础的持力层；并应按式（5.24）、式（5.25）计算基础埋置深度，取其中较大的值。

5.5.4.6 进水管与沉沙设施

1．进水管基本要求

（1）水平式进水管横截面宜为圆形或方形，可采用钢管、混凝土管、工程塑料管等材料，也可用砖、石砌成暗渠等形式。

（2）当进水管过长时，可根据需要分段设置沉沙池。

（3）虹吸式进水管应采用成型管材，其管材、管头连接应密封性能好，工作状态时不漏气。

（4）进水管入水口应高于测井底部以上 0.3m，设置坡度应大于 1/100。对于河床不稳定、主流位置随高、中、低水位不同而变化的测站，根据需要可以设置多个不同的高程的进水管。

（5）进水管和沉沙池应密封不漏水，沉沙池的进水管应高于河床以上 0.3m。

（6）结冰的河流或有封冻的地区，进水管应低于冰冻线。

（7）测井及进水管横截面积应根据测井截面计算确定，测井内水位滞后（测井内外水位水同点差）不宜超过 2cm，测井内外含沙量差异引起的水位差不宜超过 2cm。

2．进水管形式

设计平台应根据地形和施工条件选择适宜的进水管形式，并符合下列要求：

（1）在河岸稳定、边坡较缓、进水管路较短、易于开挖的地方建平台，宜选择水平式进水管，管头处应设置沉沙池。布置形式见图 5.31。

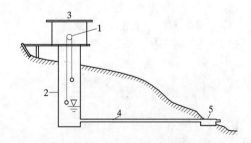

图 5.31 岛岸结合式平台进水管布置形式示意图
1—水位计；2—测井；3—仪器房；
4—进水管；5—沉沙池

（2）在水位变差不大，进水管较长，在堤、路外等不易开挖的地方建平台，宜选择虹吸式（1）进水管，管径宜为 5cm，布置形式见图 5.32。

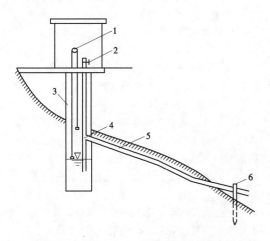

图 5.32　虹吸式（1）进水管布置形式示意图
1—水位计；2—阀门；3—测井；4—三通；
5—虹吸进水管；6—支柱

（3）在水位变差不大，进水管较长，进水管路不易深开挖的堤、路内建平台，宜选择虹吸式（2）进水管，管径宜为 5～10cm，布置形式见图 5.33。

（4）在进水管较长，进水管路不宜开挖的地方建平台，宜选择虹连式进水管，布置形式见图 5.34。

（5）虹吸式进水管的最大虹吸高度不宜超过 7m。

3. 沉沙池

沉沙池宜为矩形或圆形等形式，多沙河流宜设多级沉沙池。沉沙池可采用钢筋混凝土预制件，也可采用砖、石等其他材料砌筑。

4. 防淤和清淤设施

（1）测井底及进水管应设计防淤和清淤设施，多沙河流的测井可根据需要设置排沙廊道。廊道形式有平顶廊道、拱顶廊道及混凝土管形廊道（见图 5.35），排沙廊道的材料可采用石料、混凝土等。

（2）排沙廊道应与进水管走向一致，检修孔宜设置在测井底以上 1.2m，并正对排沙廊道。

（3）平顶廊道及拱顶廊道内空高度应为 1600～

1800mm，宽度应为 800～1000mm。管形廊道的混凝土预制管，内径应不小于 1200mm。

（4）当采用廊道长于 30m 以上时，宜在测井外侧设置一检修竖井。检修竖井内径应大于 1000mm，内设爬梯，见图 5.36。

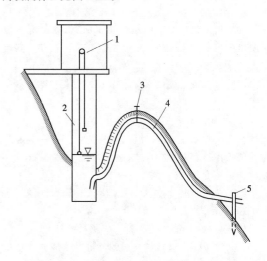

图 5.33　虹吸式（2）进水管布置形式示意图
1—水位计；2—测井；3—阀门；
4—虹吸进水管；5—支柱

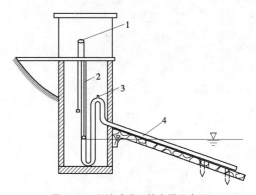

图 5.34　虹连式进水管布置示意图
1—水位计；2—自记仪器浮子升降管；
3—排气管；4—进水管

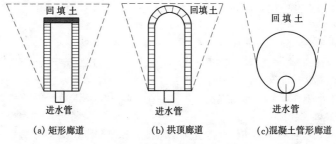

（a）矩形廊道　　　（b）拱顶廊道　　　（c）混凝土管形廊道

图 5.35　排沙廊道形式图

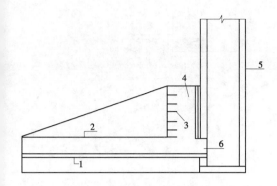

图 5.36 测井、检修竖井、廊道、进水管布置示意图
1—进水管；2—廊道；3—爬梯；4—检修竖井；
5—测井；6—检修孔

5. 其他要求

（1）当测井高于 10m 时，宜设置检修孔，检修孔位置可设在测井出土处或设在廊道与测井相连处。检修孔内外应设置人员便于进入测井内检修的设施。

（2）结冰河流应对测井、进水管和沉沙池采取防冻保温措施；结冰严重的季节，对停止观测的测井，应排除测井、进水管和沉沙池内的余水。

（3）通航河流应在测井进水管口与被水淹没的测井四周加设防护桩或设立防撞墩、浮桶等标志。

（4）虹吸式或虹连式进水管应经常检查管路、管道接头处有无漏气现象，并应定期进行排气检查。

5.5.4.7 测井水位滞后量的计算

设计测井和进水管，应进行测井水位滞后量和测井内外水体密度差异引起的水位差的计算，其值应满足测井内水位滞后不宜超过 2cm，测井内外含沙量差异引起的水位差不超过 2cm 的要求。

1. 测井水位滞后量

测井水位滞后量应按下式计算：

$$\Delta Z_1 = \frac{1}{2gw^2}\left(\frac{A_w}{A_p}\right)^2\left(\frac{\mathrm{d}Z}{\mathrm{d}t}\right)^2 \qquad (5.27)$$

$$\frac{1}{w^2} = \sum_1^n \xi_i + \lambda\frac{l}{d} \qquad (5.28)$$

式中 ΔZ_1——测井水位滞后量，m；

g——重力加速度，m/s^2；

A_w——测井的横截面面积，m^2；

A_p——进水管的横截面面积，m^2；

$\frac{\mathrm{d}Z}{\mathrm{d}t}$——水位变化率，m/s，当设计测井和进水管时，$\frac{\mathrm{d}Z}{\mathrm{d}t}$ 取河流最大水位变率，当计算测井滞后量时，$\frac{\mathrm{d}Z}{\mathrm{d}t}$ 取测井中实际水位变率；

w——进水管内水头总损失系数；

d——进水管直径，m；

l——进水管长度，m；

ξ_i——局部水头损失系数，不同的边界变化情况有不同的 ξ_i 值，可查阅有关水力学计算方面的手册；

λ——沿程水头损失系数，与雷诺数（Re）有关，可查阅有关水力学计算方面的手册。

2. 测井内外水体密度差异引起的水位差

测井内外水体密度差异引起的水位差应按下式计算：

$$\Delta Z_2 = \left(\frac{1}{\rho_0} - \frac{1}{\rho}\right)hC_S/1000 \qquad (5.29)$$

式中 ΔZ_2——测井内外水位差，m；

ρ_0——清水密度，t/m^3，一般取 $\rho_0 = 1.0t/m^3$；

ρ——泥沙密度，t/m^3，可实验分析确定，或采用 $2.65t/m^3$；

h——进水管的水头，m；

C_S——含沙量，kg/m^3。

5.5.5 其他类型水位观测平台设计

5.5.5.1 悬臂型平台

1. 组成

悬臂型水位观测平台由支架、维修平台、仪器箱立柱、仪器箱、悬臂、斜拉杆和水位传感器等组成。悬臂型平台结构见图 5.37。

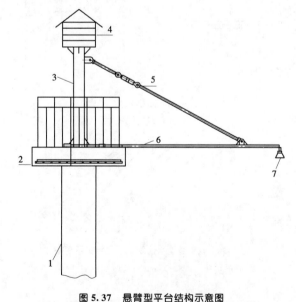

图 5.37 悬臂型平台结构示意图
1—支架；2—维修平台；3—仪器箱立柱；4—仪器箱；
5—斜拉杆；6—悬臂；7—水位传感器

2. 设计要求

悬臂型平台设计应符合下列要求：

（1）支架可采用混凝土、钢结构等，支架可加脚梯。

（2）仪器箱立柱可根据当地水文气象条件设计，立柱高度以便于检修和仪器安装为宜。

（3）维护平台宜高出设计水位 1.50~2.00m。

（4）维护平台尺寸应根据维护时使用设备和人员数量确定，并应加防护栏和人员入口。

（5）悬臂设计可根据河流的主流摆动情况选择其长度尺寸，宜采用钢质材料；如设在主流位置，臂长不宜大于 4.5m。

（6）仪器箱和斜拉杆可根据当地的施工条件选取合适材料制作。

5.5.5.2　双斜管型平台

1. 组成

（1）双斜管型水位观测平台由浮子式水位平衡装置和仪器房组成。双斜管型水位观测平台结构见图 5.38。

（2）双斜管浮子式水位平衡装置由两根并列的斜管、滚动式球型浮子和滚动式球型平衡锤组成，浮子重量应大于平衡锤（铁球）；滚动式球型浮子和滚动式球型平衡锤均由牵引环及内置气室的浮球组成。双斜管浮子式水位平衡装置、球型浮子和平衡锤结构见图 5.39 和图 5.40。

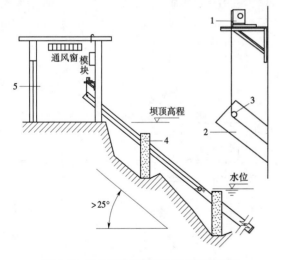

图 5.38　双斜管型水位观测平台结构示意图

1—水位计；2—斜管；3—导向轮；4—固定
支座；5—仪器房

2. 水位轮直径计算

水位轮直径应使水位传感器准确地反映水位变化的量值为宜。水位轮直径可按下式计算：

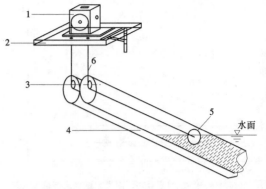

图 5.39　双斜管浮子式水位平衡装置结构示意图

1—水位计；2—支架；3—导向轮；4—斜管；
5—浮球；6—钢索

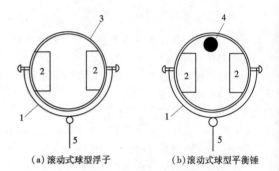

（a）滚动式球型浮子　　　　（b）滚动式球型平衡锤

图 5.40　球形浮子式及平衡锤结构示意图

1—牵引环；2—气室；3—球型浮子；
4—平衡锤（铁球）；5—钢索

$$D_x = D_z / \sin\alpha \qquad (5.30)$$

式中　D_x——斜管观测水位轮直径，cm；

　　　　D_z——直立式测井观测水位轮直径，cm；

　　　　α——斜管与水平面的倾角，(°) 或 rad。

3. 设计要求

双斜管型平台设计主要技术指标应符合下列要求：

（1）水位观测平台设计应结合地形查勘确定斜面角度范围，α 应不小于 25°。

（2）迟滞误差小于等于 2cm。

（3）分辨力为 1cm。

（4）滚动浮子直径不大于 210mm。

（5）斜管直径不大于 250mm。

（6）测量范围：0~40m。

（7）滚动型平衡锤直径不大于 100mm。

4. 安装

双斜管安装应符合下列要求：

（1）双斜管应分主管、副管，主管放置浮球，副管放置平衡锤。

（2）主管、副管应接入仪器房内，管口伸出墙面不应小于15cm。

（3）主管、副管应顺直安装，倾斜角度应上下一致；副管安装应与主管上下并列或左右平行。

（4）主管、副管宜采用直径不小于250mm的钢管或工程塑料管，管壁厚度均宜大于6mm。

（5）主管、副管内壁应光滑无异物，管子接口处应采用接口连接，连接处不应有大的缝隙、突起；应使用混凝土或扁铁等方式固定，并防止混凝土进入管内。

（6）主管、副管上端口应高于地面0.5～1.0mm，下端口接至设计最低水位。主管、副管下端口应采用钢筋或铁栅栏封堵，主管、副管铁栅栏间隙应小于5.0cm。

5.5.5.3 斜坡型平台

1. 组成

斜坡型水位观测平台由活动测井、测井运行轨道和测井拖动绞车3部分组成。斜坡型平台结构见图5.41。

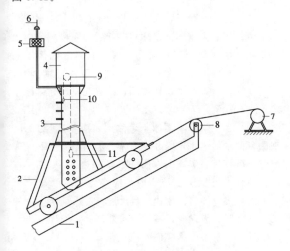

图5.41 斜坡型平台结构示意图
1—轨道；2—行车；3—活动测井；4—仪器室；
5—太阳能电池；6—发射天线；7—绞车；
8—转向轮；9—传感器传动轮；
10—平衡锤；11—电热浮子

2. 设计要求

（1）活动测井。

1）测井高度宜为3～4m，根据水位观测要求和设计条件，宜增加单次移动行车的有效水位观测范围，单次移动行车的有效水位观测范围宜为3m。

2）测井对水流及波浪应有滤波作用，并应能阻隔汛期漂浮物及冰期流冰。

3）测井水上部分应密封，且留有可调通气孔。观测井底部上、下游侧应设置多个冲沙孔。

4）测井顶部应设置仪器室，仪器室宜采用筒状

结构，分上、下两室，隔层设置通风孔。上室放室外端机，下室放传感器。仪器室壁应设百叶通风防雨孔。

5）测井内浮子应安装电热浮子，浮子用电应与市电隔离。并安装自动温控装置，自动调节浮子发热量。

（2）电热浮子。电热浮子应采用一次成形不锈钢筒，内部加装适当功率的电热环，并用绝缘导热材料填充。电热环供电应采用与其功率相适应的低压电路供电，浮子应具有自动温控功能。

（3）行车。支撑测井的行车应用角钢和钢板焊接而成，设计行车重量应不小于0.5t；行车与轨道之间应加装防脱板。

（4）轨道。观测井行车轨道应采用防腐蚀钢制作，采用其他钢材时应做防腐处理；轨道坡度宜小于1：2，轨道净宽宜为1.0～1.5m，轨道长度根据岸坡实际确定；两轨之间采用槽钢焊接固结，并用地脚螺栓将轨道固定在基础上。

5.6 使用水尺观测水位

5.6.1 水位观测的一般规定

5.6.1.1 观测时间

我国规定水位观测的时制采用北京标准时。水位基本定时观测时间为8时，在西部地区，冬季8时观测有困难或枯水期8时代表性不好的测站，可根据具体情况，经实测资料分析，主管领导机关批准，可改在其他代表性好的时间定时观测。

观测员应每天将使用的时钟与北京标准时间核对一次，时间误差不应超过表5.4的规定。

5.6.1.2 精度要求

水位应读记至1cm，当上、下比降断面的水位差小于0.20m或有其他要求时，比降水位应读记至0.5cm。观测时间应记录至1min。

5.6.1.3 观测频次

水位观测频次应根据河流特性及水位涨落变化情况合理分布。应能测到完整的水位变化过程，满足日平均水位计算、各项特征值统计、水文资料整编和水情拍报的要求。在峰顶、峰谷、水位过程转折处应布有测次；水位涨落急剧时，应加密测次。

5.6.1.4 水位（水尺）比测

1. 换水尺观测时的比测

当水位的涨落需要换水尺观测时，应对两支相邻水尺同时比测一次。换尺频繁时期，当能确定水尺零点高程无变动时，可不必每次换尺都比测。当比测的水位差不超过2cm时，以平均值作为观测的水位。

当比测的水位差超过 2cm 时，应查明原因或校测水尺零点高程。当能判明是某种原因使某支水尺观测不准确时，可选用较准确的那支水尺读数计算水位，并应在未选用的记录数值上加一圆括号，并应详细记录选用水位数值的根据，并将记录结果填入水位记载表的备注栏内。

2. 迁移基本水尺断面时的水位比测

（1）基本水尺断面不宜轻易迁移，当河岸崩裂、淘刷致使不能进行观测，或当河道发生较大变动，受到回水及其他影响，使原断面水位失去代表性时，经上级主管部门批准后，可迁移基本水尺断面。

（2）迁移的新断面应设在原断面附近，并应与原断面水位进行一段时间的比测。比测的水位变幅应达到平均年水位变幅的 75％以上，并应包括涨落过程的各级水位，且能满足绘制的同时水位相关线的需要。

（3）当新旧断面水位变化规律不一致或比测困难时，可不进行比测，作为新设站处理。

5.6.1.5　其他要求

观测人员必须携带观测记载簿准时测记水位，严禁提前、追记、涂改、套改、擦改和伪造。

5.6.2　水位观测

5.6.2.1　河道站的水位观测

1. 基本水尺水位的观测次数

（1）水位平稳时，每日 8 时观测 1 次。稳定封冻期没有冰塞现象且水位平稳时，可每 2～5 日观测 1 次，但月初月末 2 天必须观测。

（2）水位变化缓慢时，每日 8 时、20 时观测 2 次，枯水期 20 时观测确有困难的站，可提前至其他时间观测。

（3）水位变化较大或出现涨落较缓慢的峰谷时，每日 2 时、8 时、14 时、20 时观测 4 次。

（4）洪水期或水位变化急剧时期，可每 1～6h 观测 1 次；暴涨暴落时，应根据需要增为每半小时或若干分钟观测 1 次，应测得各次峰、谷和完整的水位变化过程。

（5）结冰、流冰和发生冰凌堆积、冰塞的时期应增加测次，应测得完整的水位变化过程。

（6）某些结冰河流在封冻和解冻初期，出现冰凌堵塞，且堵、溃变化频繁的测站，应按本条第（4）款的要求观测。

（7）冰雪融水补给的河流，水位出现日周期变化时，在测得完整变化过程的基础上，经过分析可精简测次，每隔一定时期应观测一次全过程进行验证。

（8）枯水期使用临时断面水位推算流量的小河站，当基本水尺水位无独立使用价值时，可在此期间停测。

（9）当上下游受人类活动影响或分洪、决口而造成水位有变化时，应及时增加观测次数。

2. 畅流期水位观测

（1）水面平稳时，直接读取水面截于水尺上的读数；有波浪时，应读记波浪峰谷两个读数的均值。

（2）采用矮桩式水尺时，测尺应垂直放在桩顶固定点上观读。当水面低于桩顶且下部未设水尺时，应将测尺底部触及水面，读取与桩固定点齐平的读数，并应在记录的数字前加负号。

（3）采用悬锤式或测针式水位计时，应使悬锤或测针恰抵水面，读取固定点至水面的高度，并应在记录的数字前加负号。

3. 冰期水位观测

（1）封冻期观测水位，应将水尺周围的冰层打开，捞除碎冰，待水面平静后观读自由水面的水位。

（2）打开冰孔后，当水面起伏不息时，应测记平均水位；当自由水面低于冰层底面时，应按畅流期水位观测方法观测。当水从孔中冒出向冰上四面溢流时，应待水面回落平稳后观测；当水面不能回落时，可筑冰堰，待水面平稳再观测，或避开流水处另设新水尺进行观测。

（3）当发生全断面冰上流水时，应将冰层打开，观测自由水面的水位，并量取冰上水深；当水下已冻实时，可直接观读冰上水位。

（4）当发生层冰层水时，应将各个冰层逐一打开，然后再观测自由水面。当上述情况只是断面上的局部现象时，应避开这些地点重新凿孔，设尺观测。

（5）当水尺处冻实时，应向河心方向另打冰孔，找出流水位置，增设水尺进行观测；当全断面冻实时，可停测，记录冻实时间。

（6）当出现本条（2）～（5）款所述冰情时，应在水位记载簿中注明。

5.6.2.2　水库、湖泊、堰闸站的水位观测

1. 观测次数

（1）水库站基本水尺水位的观测次数，应按河道站的要求布置测次，并应在水库涵闸放水和洪水入库以及水库泄洪时，根据水位变化情况加密测次。水库坝下基本水尺水位的测次，应按河道站的要求布置，并应在水库泄洪开始和泄洪终止前后加密测次。

（2）湖泊水位站的测次可按河道站的规定布置。

（3）堰闸上下游基本水尺水位的测次，应按河道站的要求布置，并应在每次闸门变动前后加密测次。闸上、下游水位应同时观测。

2. 闸门开启情况及流态观测

用堰闸测流的测站，在观测水位的同时应观测闸门的开启高度、孔数及流态，并应符合下列规定：

（1）应分别记载各闸孔的编号及垂直开启高度。当各孔流态一致而开启高度不一致时，可计算其平均开启高度。各孔宽度相同的，应采用算术平均法；各孔宽度不相同的，应采用宽度加权平均法。弧形闸门的开启高度应换算成垂直高度。叠梁式闸门应测记堰顶高程，当有多个闸孔时，应计算平均堰顶高程。

（2）闸门开启高度读记至厘米，当闸门提出水面后，仅记"提出水面"。

（3）堰闸出流的流态分为自由式堰流、淹没式堰流、淹没式孔流和半淹没式孔流。流态记载可用"自堰"、"自孔"、"淹堰"、"淹孔"、"半淹孔"或依次分别以符号"○y"、"○k"、"●y"、"●k"、"◐k"分别代表自由式堰流、自由式孔流、淹没式堰流、淹没式孔流和半淹没式孔流。

（4）流态可用目测，不易识别时，可按水力学方法计算确定。

5.6.2.3　潮水位观测

1. 潮汐现象

潮汐是海水受日、月等天体引力作用而产生的周期性水面升降现象，气象因子和河川径流等也会影响潮汐的变化。在潮汐涨落变化过程中，水位上升的过程称涨潮，水位下降的过程称落潮。涨潮至最高水位称为高潮，落潮至最低水位为低潮。在高潮和低潮时，水面有短时间停止涨落的现象称为平潮。相邻的高潮和低潮之差称为潮差，从高潮至前一相邻低潮的潮差成为涨潮落差。从高潮至下一相邻的低潮的潮差称为落潮落差。前后连续两次高潮或低潮的间隔时间为潮期，从高潮至前一相邻低潮的间隔时间称为涨潮历时，从高潮至下一相邻低潮的间隔时间称为落潮历时。

潮汐使得水面不断地反复升降变化。但一般逐次出现的高潮和低潮的潮位不会完全相等，沿海一些半日周期的潮汐，在一个潮日（平均为 24h 50min）内发生的两次潮汐变化常有较明显的差异，前后相邻两次高潮或低潮的潮位都不相等，潮期历时亦不相同。这种一日之间所发生的两潮不规则现象称为日潮不等。

2. 观测要求

使用水尺观测潮水位应符合下列规定：

（1）潮水位应记录至厘米，时间应记录至分钟。

（2）潮水位观测的次数应能测到潮汐变化的全过程，并应满足水情拍报的要求。

（3）一般站应在半点或整点时每隔 1h 或 30min 观测一次，在高、低潮前后，应每隔 5～15min 观测一

次，应能测到高、低潮水位及出现时间。当受台风影响使潮汐变化规律遭到破坏时，应在台风影响期间加密测次，当受混合潮或副振动影响，高、低潮过后，潮水位出现 1～2 次小的涨落起伏时，应加密测次。

（4）已有多年连续观测资料，基本掌握潮汐变化规律且无显著的日潮不等现象的测站，白天可按本条第（3）款的要求进行观测，夜间可只在高、低潮出现前 1h 至高、低潮位确定这段时间内观测。对夜间缺测部分，可根据情况用直线或比例插补。

（5）对临时测站，当资料的应用不需要掌握潮位的全部变化过程时，可仅在高、低潮前后一段时间加密测次，但应测出高、低潮前后一段潮位涨落变化。

（6）封冻期应破冰观测高、低潮水位。

（7）测站不受潮汐影响时期，可按河道站的要求布置测次。

（8）观测潮水位时，应同时观测流向、风向、风力、水面起伏度。如果测站附近有闸门控制的河流汇入或流出而影响水位变化时，应在备注栏注明闸门的开关情况。

5.6.2.4　枯水与高洪位观测

1. 枯水位观测

（1）枯水期的水位资料对航运、灌溉、发电、供水、抗旱等非常重要，尤其是某些特征水位及其出现时间，更为重要，因此应对各个观测环节严格要求，以保证枯水期的水位观测精度和满足各项需要。

（2）当水边即将退出最后一支水尺时，应及时向河心方向增设水尺。河道水位站在水面接近最低水位时，应根据需要增加测次以测得最低水位及其出现时间。

（3）河道干涸或断流时，应密切注视水情变化，并应记录干涸或断流起讫时间。

（4）有的测站设有最低警戒水位，当水位接近警戒水位时，应加强观测，及时报告警戒水位出现的时间。

2. 高洪水位观测

（1）在高洪期间，应测得最高水位及其过程。对未设置自记水位计的测站，可设置洪峰水位计。

（2）当漏测洪峰水位时，应在断面附近找出两个以上的可靠洪痕，以四等水准测定其高程，取其均值作为峰顶水位，并应判断出现的时间和在水位观测记载簿的备注栏中说明情况。

（3）当遇特大洪水或洪水漫滩漫堤时，应在断面附近另选适当地点设置临时水尺，当附近有稳固的建筑物或粗壮的大树、电线杆时，可以此为依托安装水尺板进行观测，或在高于水面的建筑物上找一个固定

点向下测定水位，其零点高程可待水位退下后再进行
测量。

5.6.3　附属项目的观测

1. 风向、风力观测

风向、风力观测应符合下列规定：

（1）风向、风力观测宜采用器测法（可用风向
仪、风速计观测）；无条件采用器测法的测站，可采
用目测。

（2）河道、堰闸站及水库坝下游断面的风向记法
应以河流流向为准，面向下游，从上游吹来的风为
"顺风"，从下游吹来的风为"逆风"，从左岸吹来的
风为"左岸风"，从右岸吹来的风为"右岸风"，记载
以箭头表示，如图 5.42 所示。

（3）风向应以磁方位表示，记录符号应按表
5.13 的规定采用。

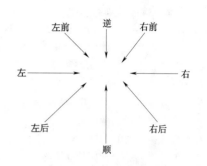

图 5.42　风向记法示意图

表 5.13　　　　　　　　　　风向方位符号表

方位	北	东北	东	东南	南	西南	西	西北
号符	N	NE	E	SE	S	SW	W	NW

（4）目测时风力可按表 5.14 估测。

表 5.14　　　　　　　　　　　　　　　　　风 力 等 级 表

风力等级	名称	陆 上 地 物 征 象	相当于平地 10m 高处的风速/（m/s）	
			范围	中数
0	无风	静、烟直上	0.0～0.2	0
1	软风	烟能表示风向，树叶略有摇动	0.3～1.5	1
2	轻风	人面感觉有风，树叶有微响，旗子开始飘动，高的草开始摇动	1.6～3.3	2
3	微风	树叶及小枝摇动不息，旗子展开，高的草摇动不息	3.4～5.4	4
4	和风	能吹起地面灰尘和纸张，树枝动摇，高的草呈波浪起伏	5.5～7.9	7
5	清劲风	有叶的小树摇摆，内陆的水面有小波，高的草波浪起伏明显	8.0～10.7	9
6	强风	大树枝摇动，电线呼呼有声，撑伞困难，高的草不时倾伏于地	10.8～13.8	12
7	疾风	全树摇动，大树枝弯下来，迎风步行感觉不便	13.9～17.1	16
8	大风	可折毁小树枝，人迎风前行感觉阻力甚大	17.2～20.7	19
9	烈风	草房遭受破坏，屋瓦被掀起，大树枝可折断	20.8～24.4	23
10	狂风	树木可被吹倒，一般建筑物遭破坏	24.5～28.4	26
11	暴风	大树可被吹倒，一般建筑物遭严重破坏	28.5～32.6	31
12	飓风	陆上少见，其摧毁力极大	＞32.6	＞33

2. 水面起伏度观测

水面起伏度观测应符合下列规定：

（1）水面起伏度应以水尺处的波浪变幅为准，按
表 5.15 的规定分级记载。对水库、湖泊和潮水位站，

当起伏度达到 4 级时，应加测波高，并应记在记载簿
的备注栏内。

（2）当水尺设有静水设备时，水面起伏度应由静
水设备内实际发生的变幅确定，并在编制的水位观测

记载表的备注栏中加以说明。

表 5.15　　　水面起伏度分级表

水面起伏度级别	0	1	2	3	4
波浪变幅/cm	≤2	3～10	11～30	31～60	＞60

（3）风向、风力和水面起伏度的观测，可根据需要及河流特性确定。

3. 特殊水流现象的观测

对于逆流、停滞（僵河或滞流）、顺溜、回水、漫滩、决堤、溃坝、分洪、断流、流冰、冰塞、冰坝等特殊水流现象也应观测记载，发生塌岸、滑坡、泥石流、堰塞湖等对防汛有影响的情况时，也要及时观测和报告。

（1）流向观测应符合下列规定：

1）对有顺流、逆流的测站，应测记流向。

2）流向采用浮标或漂浮物测定，当岸边与中泓流向不一致时，应以中泓为准。

3）顺流、逆流、停滞分别应以 ∧、∨、× 符号记载。

（2）特殊水流现象的记载及报告。当发生下列特殊水流现象时，应在水位记载簿备注栏中予以详细记载，并及时报告主管机关。

1）风暴潮、漫滩、分流串沟、回水顶托、干涸断流、流冰、冰塞、浮运木材和航运对水流阻塞等。

2）水库、堤防、闸坝、桥梁等建筑物的修建或损坏，人工改道、引水开渠或引洪疏洪、分洪决口、河岸坍塌、滑坡、泥石流等。

5.6.4　水位订正方法

当发现水尺零点高程变动时，应及时对观测的水位进行订正，具体方法如下：

（1）当水尺零点高程发生大于 1cm 的变动时，应查明变动原因及时间，并应对有关的水位记录进行改正。

（2）水尺零点高程变动的时间，可根据绘制的本站与上、下游站的逐时水位过程线或相关线比较分析确定。

（3）当能确定水尺零点高程突变的原因和日期时，在变动前应采用原测高程，校测后采用新测高程，变动开始至校测期间应加一改正数，见图 5.43。

（4）当已确定水尺零点高程在某一段期间内发生渐变时，应在变动前采用原测高程，校测后采用新测高程，渐变期间的水位按时间比例改正，渐变终止至校测期间的水位应加同一改正数。订正示意图见图 5.44。

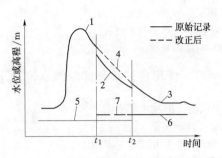

图 5.43　水尺零点高程突变时水位订正示意图

1、2、3—原始记录水位过程线；4—改正后水位过程线；
5—校测前水尺零点高程；6—校测后水尺零点高程；
7—改正后水尺零点高程；t_1—水尺突变时间；
t_2—校测水尺零点高程时间

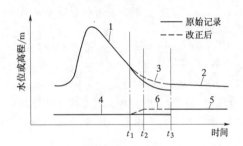

图 5.44　水尺零点高程渐变时水位订正示意图

1、2—原始记录水位过程线；3—改正后水位过程线；
4—校测前水尺零点高程；5—校测后水尺零点高程；
6—改正后水尺零点高程；t_1、t_2—水尺逐渐上拔的
起讫时间；t_3—校测水尺零点高程时间

5.6.5　人工观读水位误差来源与控制

1. 水尺水位观读的主要误差来源

（1）观测员视线与水面不平行时所产生的折光影响。

（2）波浪影响。

（3）水尺附近停靠船只或有其他障碍物的阻水、壅水影响。

（4）时钟不准。

（5）在有风浪、回流、假潮影响时，观察时间过短，读数缺乏代表性。

2. 消除或控制误差

在人工观测水位时，应按下列要求消除或控制误差：

（1）观测员观测水位时，身体应蹲下，使视线尽量与水面平行，避免产生折光。

（2）有波浪时，可利用水面的暂时平静进行观读或者取峰顶、峰谷水位，取其平均值。波浪较大时，可先套好静水箱再进行观测。

（3）当水尺水位受到阻水影响时，应尽可能先排

除阻水因素，再进行观测。

（4）随时校对观测的时钟。

（5）采取多次观读，取平均值。

5.7　使用自记水位计观测水位

5.7.1　水位计的检查和使用

5.7.1.1　参数设置

应根据季节变化或测站观测任务的变化，及时对自记水位计下列参数进行设置调整：

（1）定时采集段次。

（2）加密采集测次的条件。由于测站在汛期、枯水期、高洪时期的观测要求可能不同，应根据需要对观测段次、加密采集测次的条件进行重新设置。

5.7.1.2　水位自动监测设备的检查和维护

1. 定期检查

一般应在汛前、汛中、汛后系统地进行 3 次全面检查维护。定期检查时，应对系统的运行状态进行全面的检查和测试。定期检查要注意如下事项：

（1）检查遥测设备与各种电缆的连接是否完好，是否存在因漏水或沿电缆、电源线入口进水造成故障。

（2）检查蓄电池的密封性是否保持完好。

（3）测量太阳能电池的开路电压、短路电流是否满足要求，并检查接线是否正常。

（4）注意检查天线馈线设施，保证接头紧固，天线和馈线安装牢固，防水措施可靠，输出功率及系统驻波系数符合设计要求，避雷针、同轴避雷器等防雷装置的安装正确。

（5）完成一个站点的设备安装后，有条件时应使用多功能测试仪等辅助设备，对测站设备做一次全面的检查。主要包括各项参数的正确设置；模拟传感器参数变化、数据遥测终端发送数据、固态存储数据、中心站接收数据、中心站读出固态存储数据均应一致。

2. 不定期检查

可结合日常维护情况或根据远程监控信息进行不定期检查。主要是专项检查和检修，也可做全面检查，视具体情况而定。

3. 日常维护

主要是保持机房和测验环境的整洁，保持系统始终处于良好的工作环境和工作状态。

4. 维修

驻测站一般应配备维修技术人员和常用的备品备件，常见故障应能自行维修。不具备维修条件的测站，一旦出现故障由中心站或勘测队派人排除。为缩短维修时间，中心站应储备必要的备品备件，以便尽

快更换部件、排除故障。现场维护时，应下载数据作为备份。若条件许可，也可远程下载数据。

5.7.1.3　采用纸介质模拟记录的自记水位计检查与使用注意事项

（1）在安装自记水位计之前或换记录纸时，应检查水位轮感应水位的灵敏性和走时机构的正常情况。电源要充足，记录笔、墨水应适度。换纸后，应上紧自记钟，将自记笔尖调整到当时的准确时间和水位坐标上，观察 1～5min，待一切正常后方可离开，当出现故障时应及时排除。

（2）自记水位计应按记录周期定时换纸，并应注明换纸时间与校核水位。当换纸恰逢水位急剧变化或高、低潮时，可适当延迟换纸时间。

（3）对自记水位计应定时进行校测和检查。使用日记式自记水位计时，每日 8 时定时校测一次；资料用于潮汐预报的潮水位站应每日 8 时、20 时校测 2 次；当一日内水位变化较大时，应根据水位变化情况增加校测次数。使用长周期自记水位计时，对周记和双周记式自记水位计应每 7 日校测一次，对其他长期自记水位计应在使用初期根据需要加强校测，待运行稳定后，可根据情况适当减少校测次数。

（4）纸介质模拟自记水位计计时误差应符合表5.4 的要求。涨落急剧的小河站，应选择时间估读误差在 ±2min 内的自记仪器。

5.7.2　自记水位计的比测

1. 比测要求

（1）新安装的自记水位计或改变仪器类型时应进行比测。比测合格后，方可正式使用。

（2）比测时，可按水位变幅分几个测段分别进行，每段比测次数应在 30 次以上。测次应在涨落水段均匀分布，并应获得水位平稳、变化急剧等情况下的比测值。长期自记水位计应取得一个月以上连续完整的比测记录。

（3）不具备比测条件的无人值守站可只进行校测。

2. 比测结果规定

比测结果应符合下列规定：

（1）一般水位站，置信水平 95% 的综合不确定度不应超过 3cm，系统误差不应超过 ±1cm；波浪问题突出的近海地区水位站，综合不确定度可放宽至 5cm。

（2）机械钟的走时误差不应超过表5.4 普通级的规定；石英钟走时误差不应超过表5.4 精密级的规定。

（3）在比测合格的水位变幅内，自记水位计可正

式使用，比测资料可作为正式资料。

5.7.3 自记水位计的校测

1. 校测要求

自记水位计的校测应定期或不定期进行，校测频次可根据仪器稳定程度、水位涨落率和巡测条件等确定。每次校测应记录校测时间、校测水位值、自记水位值、是否重新设置水位基值等信息，作为水位资料整编的依据。采用纸记录的自记水位计的水位校测应符合下列有关规定：

（1）使用日记式自记水位计时，每日 8 时定时校测 1 次；资料用于潮汐预报的潮水位站应每日 8 时、20 时校测 2 次。当一日水位变化较大时，应根据水位变化情况适当增加校测次数。

（2）使用长周期自记水位计时，对周记和双周记式自记水位计应每 7 日校测 1 次，对其他长期自记水位计应在使用初期根据需要加强校测，当运行稳定后，可根据情况适当减少校测次数。

（3）校测水位时，应在自记纸的时间坐标上划一短线。需要测记附属项目的站，应在观测校核水位的同时观测附属项目。

2. 校测方法

自记水位计的校测可选用下列方法：

（1）设有水尺的测站，可采用水尺观测值进行校测。

（2）未设置水尺的自动监测站，可采用水准测量的方法进行校测，也可采用悬锤式水位计、测针式水位计进行校测。

3. 校测误差超限处理

当校测水位与自记水位系统偏差超过±2cm 时，经确认后重新设置水位计。

5.7.4 自记水位计记录的订正

1. 订正要求

（1）自记水位记录的订正包括时间订正和水位订正两部分。

（2）自记水位的订正，应以校核水尺水位为准。水位变化不大或水位变化虽大，而水位变率变化不大者，一般用直线比例法订正即可；水位变率变化较大者，应分析原因，分段处理，各段分别采用合适的方法订正。

2. 水位值和时间订正

自记水位计的自记水位值和时间与校核值之差超过下列误差范围时，应进行订正：

（1）河道站，自记水位与校核水位系统偏差超过±2cm，时间误差超过±2min；采用纸介质模拟自记水位计的，计时误差超过表 5.4 的规定的。

（2）资料用于潮汐预报的潮水位站，当使用精度较高的自记水位计时，水位误差超过 1cm，时间误差超过 1min。

（3）当堰闸站采用闸上、下游同时水位推流且水位差很小时，可按推流精度的要求确定时间和水位误差的订正界限。

3. 订正方法

当时间和水位误差同时超过规定时，应先作时间订正，再作水位订正。订正方法如下：

（1）基值订正应按基值设置的时间点确定各订正时段后，根据基值设置误差按时间先后逐时段订正。订正后的水位为：

$$Z = Z_0 + \Delta Z \qquad (5.31)$$

式中　Z——订正后的水位，m；

$\quad Z_0$——订正前的水位，m；

$\quad \Delta Z$——订正值，m，基值设置偏大时为负值，偏小时为正值。

（2）时间订正可采用直线比例法，按下式计算：

$$t = t_0 + (t_2 - t_3) \times \frac{t_0 - t_1}{t_3 - t_1} \qquad (5.32)$$

式中　t——订正后的时刻，h；

$\quad t_0$——订正前的时刻，h；

$\quad t_1$——前一次校对的准确时刻，h；

$\quad t_2$——相邻后一次校对的准确时刻，h；

$\quad t_3$——相邻后一次校对的自记时刻，h。

（3）水位订正也可采用直线比例法和曲线趋势法，直线比例法的算式如下：

$$Z = Z_0 + (Z' - Z'') \times \frac{t - t_1}{t_2 - t_1} \qquad (5.33)$$

式中　Z——订正后的水位，m；

$\quad Z_0$——订正前的水位，m；

$\quad Z'$——t_2 时刻校正水尺水位，m；

$\quad Z''$——t_2 时刻自记记录的水位，m；

$\quad t$——订正水位所对应的时刻，h；

$\quad t_1$——上次校测水位的时刻，h；

$\quad t_2$——相邻下一次校测水位的时刻，h。

（4）对于因测井滞后产生的水位差进行订正时，可按下式计算：

$$\Delta Z_1 = \frac{1}{2gc^2}\left(\frac{A_w}{A_p}\right)^2 \left[\alpha\left(\frac{\mathrm{d}z}{\mathrm{d}t}\right)^2 - \beta\left(\frac{\mathrm{d}z}{\mathrm{d}t}\Big|_{t=0}\right)^2\right]$$

$$(5.34)$$

式中　ΔZ_1——订正值，m；

$\quad c$——流量系数；

$\quad g$——重力加速度，9.81m/s^2；

$\quad A_w$——测井截面积，m^2；

$\quad A_p$——进水管截面积，m^2；

$\dfrac{\mathrm{d}z}{\mathrm{d}t}$——订正时刻测井内的水位变率，m/s；

$\dfrac{\mathrm{d}z}{\mathrm{d}t}\Big|_{t=0}$——换纸时刻测井内的水位变率，m/s；

α、β——$\dfrac{\mathrm{d}z}{\mathrm{d}t}$、$\dfrac{\mathrm{d}z}{\mathrm{d}t}\Big|_{t=0}$ 的系数。当 $\dfrac{\mathrm{d}z}{\mathrm{d}t}>0$ 时，$\alpha=+1$，$\dfrac{\mathrm{d}z}{\mathrm{d}t}<0$ 时，$\alpha=-1$；当 $\dfrac{\mathrm{d}z}{\mathrm{d}t}\Big|_{t=0}>0$ 时，$\beta=+1$，当 $\dfrac{\mathrm{d}z}{\mathrm{d}t}\Big|_{t=0}<0$ 时，$\beta=-1$。

（5）对测井内外含沙量不同而产生的水位差进行订正时，可用下式计算：

$$\Delta Z_2 = \left(\frac{1}{\rho_0}-\frac{1}{\rho}\right)(h_0 C_{s_0} - h_i C_{s_i})/1000 \tag{5.35}$$

式中 ΔZ_2——订正值，m；

ρ_0——清水密度，1.00t/m³；

ρ——泥沙密度，t/m³；

h_0、h_i——换纸时刻、订正时刻进水管的水头，m；

C_{s_0}、C_{s_i}——换纸时刻、订正时刻测井外的含沙量，kg/m³。

5.7.5 水位记录处理与摘录

1. 一般规定与要求

（1）当水位过程出现中断时，应进行插补。无法插补时，做缺测处理。

（2）当水位自动监测值为瞬时值，且水位过程呈锯齿状时，可采用中心线平滑方法进行处理。

（3）自记水位计的数据摘录应在订正后进行，摘录的成果应能反应水位变化的完整过程，并满足计算日平均水位、统计特征值和推算流量的需要。

（4）水位摘录转折点的时刻，应尽量选择在 6min 的整数倍处，以便计算。8 时水位之所以应摘录，是因为 8 时是水位的基本定时观测时间。当水位基本定时观测时间改在其他时间时，应摘录相应时间的水位。

2. 纸介质模拟记录自记水位计水位摘录

（1）取回记录纸后，应检查记录纸上有无漏填或错写项目，如有应补填或纠正。当记录曲线呈锯齿形时，应用红色铅笔通过中心位置划一细线，作为水位过程线；当记录曲线呈阶梯状时，应用红色铅笔按形成原因加以订正。

（2）当记录曲线中断不超过 3h，且不是水位转折时期时，一般测站可按曲线的趋势用红色铅笔以虚线插补描绘；潮水位站可按曲线的趋势并参考前一天的自记曲线，用红色铅笔以虚线插补描绘。当中断时间较长或跨越峰、谷时，不宜描绘；中断时间的水

位，可采用曲线趋势法或相关曲线法插补计算，并在水位摘录表的备注栏中注明。

（3）当水位变化不大且变率均匀时，可按等时距摘录；水位变化急剧且变率不均匀时，应加摘转折点。摘录的时刻宜选在 6min 的整数倍之处。8 时水位和特征水位必须摘录。当需要用面积包围法计算日平均水位时，0 时和 24 时的水位必须摘录。摘录点应在记录线上逐一表出，并注明水位值，以备校核。

（4）潮水位站应摘录高、低潮水位及其出现时刻。对具有代表性的大潮以及受洪水影响的最大洪峰，在较大转折点处应选点摘录。观测憩流时，应摘录断面平均憩流时刻的相应水位。沿海及河口附近测站，当有需要时，应加摘每小时的潮水位。

3. 固态存储器水位计水位摘录

水位计的比测方法和用记录纸记录的水位计相同，但水位记录要从固态存储器的内存或显示读出。固态存储器的水位记录的摘录和处理、整编都多用专用软件自动进行，很少需要人工处理。为保证软件的处理、整编结果准确，应做一些人工检查。

5.7.6 自记水位计观测水位的误差控制

1. 水位传感器的误差控制

水位传感器的误差可采用如下措施进行控制：

（1）安装使用前可采用室内标定的方式进行参数率定。

（2）运行期间应按有关规定进行人工校测。

2. 水位基值误差控制

水位基值误差可采用如下方法进行控制：

（1）对采用人工观测水位进行基值设置的测站，宜选择水位较为平稳、波浪较小等情况时进行人工观测，并采用多次观测的平均值进行基值设置。

（2）对采用设备固定点高程进行基值设置的测站，应定期校测。

（3）对水位基值误差超出规定范围的水位监测过程，应进行基值订正。

3. 环境因素变化引起的误差控制

温度、含沙量、含盐度等环境因素变化引起的误差可采用如下方法进行控制：

（1）对支持温度、含沙量、含盐度等环境因素设置，并具有自动调整参数的设备，可根据环境因素变化情况进行设置，以减少因环境因素变化引起的水位监测误差。

（2）对不支持温度、含沙量、含盐度等环境因素设置的设备，可采用人工观测水位重新标定参数，以减少环境因素变化引起的水位监测误差。

4. 时钟引起的误差控制

时钟不准引起的误差可采用如下方法进行控制：

（1）定期与标准时对时校正。

（2）时钟误差超出规定时，应按前面介绍的方法进行时间订正。

5. 水位波动引起的误差控制

水位波动引起的误差可采用如下方法进行控制：

（1）采用短时段内多次采样的平均值作为水位值。

（2）对不支持短时段内多次采样平均值的水位计，可对水位过程进行适当平滑、滤波。

（3）必要时建设水位测井，将水位计安装在测井内，以减少水位波动幅度。

6. 测井水位误差控制

水位涨率及含沙量引起的测井水位误差，可采用如下方法进行控制：

（1）在水位测井设计时应予以考虑，采用适当的测井进出水口。

（2）对有条件的测站可通过试验确定水位涨率及含沙量引起的测井水位误差变化规律，据以订正水位涨率引起的水位观测误差。

7. 校核水尺水位误差控制

校核水尺水位的不确定度应控制在 1.0cm 以内。

5.8　平　均　水　位　计　算

5.8.1　概念与要求

5.8.1.1　概念

1. 平均水位

水位观测结果除需要挑选最高水位和最低水位外，还需要计算平均水位。平均水位是某观测点不同时段水位的均值或同一水体各观测点同时水位的均值。前者一般要求需要计算日、旬、月、年平均水位。

2. 日平均水位

日平均水位是指某一水位观测点一日内水位的平均值。其推求原理是以观测的瞬时水位值为函数，以时间为自变量，通过积分求得（积分区间是 0～24 时）。实际工作中是将一日内变化的水位值与时间组成的不规则图形，概化为若干个矩形或梯形，求其面积，再除以时间，即得日平均水位。

日平均水位可被直接使用，一般情况下日平均水位是旬、月、年水位计算的基础。日平均水位一般需要在观测过程中及时计算。

5.8.1.2　计算方法分类

日平均水位的计算方法主要有直接采用法、直线

插补法、图解法、算术平均法和面积包围法等几种。直接采用法和直线插补只是在特殊情况下使用，图解法目前很少使用。一般情况下日平均水位计算主要采用算术平均法和面积包围法两种。

一日内观测一次以上水位时，应采用算术平均法或面积包围法计算日平均水位。算术平均法适用于一日内水位变化平缓，或变化虽较大，但观测或摘录时距相等的情况；面积包围法适用于任何情况。

5.8.1.3　日平均水位计算的一般要求

计算日平均水位时，按以下要求进行：

（1）一日内水位变化平稳，只观测一次水位时，该次水位观测值即为当日的日平均水位值。

（2）当一日内水位变化缓慢，且系等时距观测或摘录时，可采用算术平均法计算日平均水位。

（3）当采用算术平均法或其他方法计算的结果与面积包围法相比超过 2cm 时，应采用面积包围法计算；当一日内水位变化较大，且不等时距观测或摘录时，应采用面积包围法计算日平均水位。

（4）当无自记记录和零时或 24 时实测水位时，应根据前后相邻水位按直线插补。

（5）在每 2～5 日观测一次水位的，其未观测水位各日的日平均水位可按直线插补计算。当一日内部分时间河干或连底冻结，其余时间有水时，不宜计算日平均水位，应在水位记载簿注明情况。

（6）日平均水位无使用价值的测站，可不计算日平均水位。

5.8.2　日平均水位的计算方法

1. 面积包围法

面积包围法，实质上是利用时间加权计算日平均水位的方法，又称 48 加权法。它适用于水位变化剧烈且不是等时距观测的时期。计算时可将一日内 0～24 时的折线水位过程线下之面积除以一日内的时数得之，如图 5.45 所示。

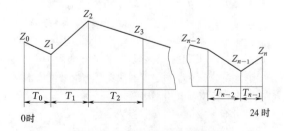

图 5.45　面积包围法示意图

面积包围法计算日平均水位可按下式计算：

$$\overline{Z} = \frac{1}{48}[Z_0 T_0 + Z_1(T_0 + T_1) + Z_2(T_1 + T_2)$$

$$+\cdots+Z_{n-1}(T_{n-2}+T_{n-1})+Z_n T_{n-1}]$$

$$\text{(5.36)}$$

式中　　　$\bar{Z}$——日平均水位，m；

$\begin{pmatrix} Z_0 、 Z_1 、 Z_2 、 \cdots 、 \\ Z_{n-1} 、 Z_n \end{pmatrix}$——日中 0 时、观测时刻 1、

2、$\cdots$、$n-1$ 和 24 时的水
位，m；

$\begin{pmatrix} T_0 、 T_1 、 T_2 、 \cdots 、 \\ T_{n-2} 、 T_{n-1} \end{pmatrix}$——一日中 0 时至观测时刻 1、

观测时刻 1 至观测时刻 2、
观测时刻 2 至观测时刻
3、$\cdots$、观测时刻 $n-2$ 至观测
时刻 $n-1$、观测时刻 $n-1$ 至
观测时刻 n（24 时）的时
距，h。

使用式（5.36）时，若零时或 24 时未观测水位，
应根据前后两日相邻水位直线内插法求出。

若时距相等，可采用如下简易面积包围法来计算
（该法同样要求有 0 时、24 时水位值）：

$$\bar{Z} = \frac{1}{n}\left(\frac{Z_0}{2} + Z_1 + Z_2 + \cdots + Z_{n-1} + \frac{Z_n}{2}\right)$$

$$\text{(5.37)}$$

式中　n——一日内等时距观测的时段数。

2. 算术平均法

当一日内水位变化不大，或虽变化较大但系等时
距观测或摘录时，可用此法：

$$\bar{Z} = \frac{1}{n}\sum_{i=1}^{n} Z_i \qquad \text{(5.38)}$$

式中　n——一日内观测水位的次数。

5.9　比降的观测与计算

5.9.1　比降的概念与分类

1. 比降的概念

沿水流方向单位水平距离内铅直方向的落差称为
比降，即比降是水流铅直方向的落差与水平距离之
比。比降常用万分率表示，比降特别大的山区河流也
可用千分率表示。比降是表示水流的重要水力要素，
在今后介绍的流量计算、糙率计算、水位流量关系延
长等有关内容中都要用到比降。

2. 比降的分类

在水文学中常用到的比降有水面比降、能面比
降、摩阻比降、附加比降、河道比降或河床比降、水
面横比降、倒比降等。

（1）水面比降是沿水流方向，单位水平距离水面
的高程差。

（2）能面比降是沿水流方向，单位水平距离的总
能量水头差。

（3）摩阻比降是由于水流和流经的河、渠、管道
或多孔介质周边的摩擦阻力，单位水平距离总能量损
失的水头差。

（4）附加比降是洪水期洪水波水面比降与同水位
下恒定流水面比降之差。

（5）河道比降或河床比降是沿水流方向，单位水
平距离河床高程差。

（6）水面横比降是在河流弯道处，由于水流受到
离心力作用而形成的垂直于纵向水流的水面比降。

（7）倒比降是沿水流方向，单位水平距离的负高
程差。

水位测验中无特殊说明，仅提及"比降"，一般
是指水流的水面比降。本节也仅介绍河流水面比降的
观测和计算方法。其他比降的观测可参照水面比降观
测方法，其比降可依据定义进行计算。

5.9.2　比降观测的要求与规定

1. 比降观测规定

比降水尺水位的观测应符合下列规定：

（1）受变动回水影响，需要比降资料作为推算流
量辅助资料的测站，应在测流和定时观测基本水尺水
位的同时，观测比降水尺水位。

（2）需要取得河床糙率资料时，应在测流的开始
和终了观测比降水位。

（3）采用比降面积法推流的测站，应按流量测次的
要求观测比降水尺水位，并同时观测基本水尺水位。

（4）当比降资料是用于其他目的时，其测次应根
据收集资料的目的合理安排。

2. 比降观测的要求

人工观测比降水尺水位时，一般应由两名观测员同
时观测上、下游比降水尺。水位变化缓慢时，可由一人
观测，观测步骤为先观读上（或下）比降水尺，后观读
下（或上）比降水尺，再返回观读一次上（或下）比降水
尺，取上（或下）比降水尺的均值作为与下（或上）
比降水尺的同时水位，两次往返的时间应基本相等。

5.9.3　水面比降的计算

水面比降以万分率表示时，可按下式计算：

$$S = \frac{Z_u - Z_l}{L} \times 10000 \qquad \text{(5.39)}$$

式中　S——水面比降，‰；

Z_u——上比降断面水位，m；

Z_l——下比降断面水位，m；

L——上、下比降断面间距，m。

5.10 潮水位特征值的统计与计算

1. 高、低潮水位的挑选

高、低潮水位和对应潮时的挑选应符合下列规定：

（1）高、低潮水位及其对应的潮时应从实测的潮水位或订正后的自记潮水位中挑选。

（2）选取潮汐涨落一周期内潮位的最高值为高潮潮高，其对应的时间为高潮潮时。

（3）选取潮汐涨落一周期内潮位的最低值为低潮潮高，其对应的时间为低潮潮时。

（4）当高（低）潮发生平潮或停潮现象但未超过60min时，可将平潮或停潮中间位置作为高（低）潮潮高，其对应的时间为高（低）潮潮时；若超过60min时，应根据涨落潮历时分析确定高（低）潮潮时，或参考相邻站的相应水位加以确定。

（5）潮汐过程线出现超常规的波动现象时，当波动的幅度超过10cm，且时间超过2h者，应作为一个高潮或低潮来挑选。

（6）当一个潮期内出现两个峰（谷）时，应对照前后涨落潮历时及上、下游潮水位，选取出现时刻较合理的高、低潮水位：一般情况下应选取较高（较低）的峰（谷）作为高（低）潮潮高与潮时。当两个峰（谷）的高度相等即平行峰（谷）时，当两峰（谷）宽度不一样，选宽度较大的峰（谷）为潮高与潮时；若两个峰（谷）的宽度一样，可选取先出现的峰（谷）为潮高和潮时，另一个峰（谷）可在编制的潮水位逐日统计表的备注栏内注明高度和时刻；当为月、年最高或最低值时，可在编制的月、年统计表的备注栏内注明。

（7）当高（低）潮出现多峰（谷）型时，若有多个峰（谷），则高（低）潮潮高与潮时可挑选在与最高（低）峰（谷）高度差不大于1cm，且比最高（低）潮峰（谷）更靠近中间位置的峰（谷）处。

（8）当各次高、低潮的出现时间有超前或滞后现象时，应以实测为准，并应在潮水位逐日统计表的备注栏内说明原因。

（9）在半日潮型河口地区，当高潮或低潮不明显时，可根据潮差大小来确定是否挑选高、低潮，如果潮差小于0.02m，可以不挑选高、低潮，即作为假潮处理。

2. 高、低潮间隙的统计计算

高、低潮间隙的统计计算应符合下列规定：

（1）一个太阴日出现两次潮的测站，高、低潮间隙可将高潮和低潮出现时刻分别减去相应的月上中天或月下中天时刻求得。一个太阴日只有一次潮的测站，高、低潮间隙可将高潮和低潮出现时刻分别减去相应的月上中天时刻求得。

（2）河口附近的测站，算出的月潮间隙应为正值。当高潮提早出现在相应的月中天以前时，算出的月潮间隙应为负值；当这种情况很少，且对月平均高间隙计算的影响不大时，可作为月潮间隙处理；当对月平均高潮间隙计算影响较大时，不宜计算月潮间隙或计算而不作月平均统计。

（3）离河口较远的测站，当月上（下）中天所产生的高潮，推迟到相邻的月下（上）中天前或后的附近一段时间出现时，月潮间隙不宜计算；当需要计算时，该站的月潮间隙应按照河口附近测站计算月潮间隙所对应的月上中天或月下中天来计算。

（4）月内无涨潮流出现的测站，月潮间隙不宜作统计。

（5）月上（下）中天可根据国家海洋局有关资料查算或根据格林尼治的月上（下）中天时推算。当采用格林尼治的月上（下）中天推算时，可按下列各式计算：

1）采用格林尼治的月上中天及月下中天计算时：

$$t_c = t_n - \frac{t_n - t'_n - 12}{12} \times \frac{l_c}{15} - \frac{l_c - l_n}{15} \quad (5.40)$$

式中　t_c——某地某日的月上（下）中天出现时间，h；

　　t_n——格林尼治同日相应的月上（下）中天出现时间，h；

　　t'_n——格林尼治相应的前一个月下（上）中天出现时间，h；

　　l_c——某站所在地的经度，(°)；

　　l_n——某站所根据的标准时区经度，(°)。

2）采用格林尼治的前后两个月上（下）中天计算时：

$$t_c = t_n - \frac{t_n - t''_n}{24} \times \frac{l_c}{15} - \frac{l_c - l_n}{15} \quad (5.41)$$

式中　t''_n——格林尼治相应的前一日的月上（下）中天时间，h；

其余符号意义与式（5.40）相同。

天文年的历时换算为世界时减去换算值。

第6章 流 量 测 验

6.1 流量及流量测验方法

6.1.1 流量测验的意义和目的

流量是指流动的物体在单位时间内通过某一截面的数量，在水文学中流量是单位时间内流过江河（或渠道、管道等）某一过水断面的水体体积，常用单位是立方米每秒（m³/s）。流量是反映江河的水资源状况及水库、湖泊等水量变化的基本资料，也是河流最重要的水文要素之一。观测流量的测站一般称为流量站，既观测水位又观测流量的测站才称为水文站。无论是防洪抗旱，还是水资源的开发、利用、配置、管理、流域规划、工程设计、水利工程管理运用、航运、灌溉、供水等，都必须掌握江河的径流资料，及时了解流量的大小和变化情况。只有通过流量测验才能准确获得江河流量的大小，流量测验是泛指通过实测或其他水力要素间接推求流量的过程，一般情况下是指实测流量。实测流量（也常简称测流）是通过采用专用的仪器设备进行流速和断面面积测量，并计算出断面流量的作业过程。

流量测验的目的是要获得江河径流和流量的瞬时变化资料，但由于目前实测流量的测验方法比较复杂，单次实测流量的工作量很大，不仅需要花费较大的人力物力，而且需要一定的历时；加之江河的流量有时变化十分剧烈，仅通过大量的实测流量达到掌握江河流量的变化过程难以实现。一般情况下，河道（或渠道）水位与流量都存在相应的关系，水位的升降反映的是流量的增加或减小。水位与流量存在的这种对应关系，在水文测验中简称"水位流量关系"；若建立了测站的水位流量关系，就可使测站在一定时期内，仅需通过水位观测，便可推求出任何时刻的流量。但由于受到糙率、比降、过水断面冲淤等因素变化的影响，水位与流量的关系大多数情况下并非严格意义上的函数关系，而是一种相关关系，这种相关关系有时还会发生一定的变化。因此，大多数水文测站需要经常进行实测流量，建立或及时修正水位流量关系，并通过水位观测值，利用建立的水位流量关系推求逐时流量值，进一步计算逐日流量、各种流量特征值和径流资料。因此，流量测验的主要目的是用来建立水位流量关系。同时，实测流量也可以用来分析水

深、流速、水面宽度、河道冲淤等变化情况，也可直接为涉水工程设计、防汛、航运、水利科学研究服务。

6.1.2 江河的流量及其变化

1. 河流的运动及其能量

自然形成的河流总是上游高下游低，使河流存在一定的落差，单位长度的落差称为河道比降。落差使河水的重力在沿河长的方向存在有分力，在该重力分力作用下，河水沿河槽不断地向下游流动，形成水流。重力是决定河水纵向运动的基本动力。河水在运动过程中，同时还受到地转偏转力、惯性离心力和机械摩擦力等力的作用，在它们的影响下，河水除了沿河槽做纵向运动以外，还会产生横流、斜流、环流、回流等运动形式。运动着的河水具有质量和速度，因此，具有一定的能量。在自然状态下，这种能量多消耗于冲刷河槽、挟带泥沙和克服各种摩阻力等方面做功。河水具有做功能力的大小（具有的能量）决定于流量及河段的落差，即

$$W = Q \Delta H \gamma \qquad (6.1)$$

式中　W——功率，kg·m/s；

　　　Q——流量，m³/s；

　　　γ——水的密度，kg/m³；

　　　ΔH——落差，m。

2. 江河流量的变化

由于气候条件和下垫面条件的差异，不同地区的河流，其径流情势也千差万别，江河的流量在不同的地区差异很大，表6.1是国内外部分河流流量资料。同一条河流不同断面变化也很大，即使同一断面，不同的季节其流量也会有一定的差异。实际上，江河的流量在每时每刻都在发生变化，这种变化有时平缓，有时十分剧烈。由表6.2可清楚地看出流量随季节的变化情况。

实际上同一测站不同时刻的流量差异十分大。我国北方地区的旱季，大多数河流中只有涓涓细流，甚至出现断流现象，而汛期受暴雨的影响，又会出现很大的洪水。因此，受自然条件和其他因素的影响，使得江河的流量变化错综复杂。由于江河流量变化的剧烈性和复杂性，要想获得地区和流域的径流量、水资源量、掌握河流的流量变化规律，需要收集大量的观测资料，需要进行长期、系统、连续的流量测验。

表 6.1　　　　　　　　　　　　　国内外部分河流流量资料

河名	地点	流域面积/万 km²	最大流量/(m³/s)	最小流量/(m³/s)	多年平均流量/(m³/s)
密西西比河	美国	322	76500	3500	19100
长江	湖北宜昌	101	70600	2770	14000
伏尔加河	俄罗斯	146	67000	1400	8000
多瑙河	欧洲	117	10000	780	6350
黄河	河南郑州	68.0	22300	145	1300
淮河	安徽蚌埠	12.1	26500	0	852
新安江	浙江罗桐埠	1.05	18000	10.7	370
永定河	北京卢沟桥	44	2450		28.2

表 6.2　　黄河花园口站流量变化资料

日期	流量/(m³/s)	日期	流量/(m³/s)
1949-01-15	620	1960-06-01	0
1949-09-14	12300	1968-06-17	4.25
1954-01-01	362	1968-10-14	7340
1954-08-05	15000	1977-01-26	224
1958-05-31	67.8	1977-08-08	10800
1958-07-17	22300	1979-06-27	45.3

为了研究掌握江河流量变化的规律，为国民经济发展服务，必须积累各个地区、不同时间的流量资料。同时，由于流量在时空上变化剧烈，使得流量测验困难复杂，测验方法、手段多种多样。因此，对不同的水文站，根据河流水情变化的特点，应采用各种经济、有效、具有一定精度的方法进行流量测验。

如前所述，流量随时间的变化过程十分复杂，特别在汛期，变化十分剧烈，为了比较全面地掌握流量变化过程，必须获得一系列特殊时刻的流量，如起涨时刻的起涨流量，洪峰出现时刻的洪峰流量，洪水降落至谷底时刻的流量等。在一次洪峰过程中科学地安排几次包括特征时刻在内的实测流量，不仅可以完整地描述洪水流量过程，而且有助于建立有效的水位流量关系。因此，流量测验不仅要研究流量测验方法，还要研究流量的测验次数、时机以及流量测验过程中水位的观测等问题。

6.1.3　流量测验方法简介

6.1.3.1　流量测验方法分类

由于流量测验在水文测验中占有重要地位，因此国内外采用的流量测验方法和手段很多，主要分为以下几类。

（1）根据测验时河流流量的大小，分为洪水流量测验、平水流量测验、枯水流量测验。

（2）根据测验时水流是否有冰情，分为畅流期流量测验、流冰期流量测验、封冻期流量测验。

（3）按流量测验原理，分为流速面积法、水力学法、化学（稀释）法、直接法等。

6.1.3.2　流速面积法

流速面积法（也称面积流速法）是通过实测断面上的流速和过水断面面积来推求流量的一种方法，此法应用最为广泛。根据测定流速的方法不同，又分为流速仪法、测量表面流速的流速面积法、测量剖面流速的流速面积法、测量整个断面平均流速的流速面积法。

其中，流速仪法是指用流速仪测量断面上一定测点流速，推算断面流速分布。使用最多的是机械流速仪，也可以使用电磁流速仪、多普勒点流速仪。

1. 流速仪法

根据流速仪法测定平均流速的方法不同，又分为选点法（也称积点法）和积分法等。

（1）选点法是将流速仪停留在测速垂线的预定点即所谓测点上，测定各测点流速，计算垂线平均流速，进而推求断面流量的方法。目前，普遍用它作为检验其他方法测验精度的基本方法。

（2）积分法是流速仪以运动的方式测取垂线或断面平均流速的测速方法。根据流速仪运动形式的不同，积分法又可分为积深法和积宽法。

1）积深法是流速仪沿测速垂线匀速提放测定各垂线平均流速推求流量的方法。积深法具有快速、简便，并可达到一定精度等优点。

2）积宽法是利用桥测车、测船或缆道等渡河设施设备拖带流速仪，并将其置于一定水深处，渡河设施设备沿选定垂直于水流方向的断面线匀速横渡，边横渡边测量，连续施测不同水层的平均流速，并结合实测或借用的测断面资料来推求流量的方法，该法可连续进行全断面测速。积宽法又根据使用积宽设备仪器的不同分为动车、动船和缆道积宽法等。

积宽法适用于大江大河（河宽大于 300m、水深大于 2m）的流量测验，特别适用于不稳定流的河口河段、洪水泛滥期，以及巡测或间测、水资源调查、河床演变观测中汉道河段的分流比的流量测验。积分法过去在流量测验中有少量使用，由于 ADCP 的出现，目前使用更少。

2. 测量表面流速的流速面积法

测量表面流速的流速面积法有水面浮标测流法（简称浮标法）、电波流速仪法、光学流速仪法、航空摄影法等。这些方法都是通过先测量水面流速，再推算断面流速，结合断面资料获得流量成果。

（1）浮标法是通过测定水中的天然或人工漂浮物随水流运动的速度，结合断面资料及浮标系数来推求流量的方法。

一般情况下，认为浮标法测验精度稍差，但它简单、快速、易实施，只要断面和流速系数选取得当，仍是一种有效可靠的方法，特别是在一些特殊情况下（如暴涨、暴落、水流湍急、漂浮物多），该法有时是唯一可选的方法，也有些测站把它作为应急测验方法。

（2）电波流速仪法是利用电波流速仪测得水面流速，然后用实测或借用断面资料计算流量的一种方法。电波流速仪是一种利用多普勒原理的测速仪器，也称为微波（多普勒）测速仪。由于电波流速仪使用电磁波，频率高，可达 10GHz，属微波段，可以很好地在空气中传播，衰减较小，因此其仪器可以架在岸上或桥上，仪器不必接触水体，即可测得水面流速，属非接触式测量，适合桥测、巡测和大洪水时其他机械流速仪无法实测时使用。

（3）光学流速仪法测流有两种类型仪器，一种是利用频闪效应，另一种是用激光多普勒效应。

1）频闪效应原理制成的仪器是在高处用特制望远镜观测水的流动，调节电机转速，使反光镜移动速度趋于同步，镜中观测的水面波动逐渐减弱；当水面呈静止状态时，即在转速计上读出摆动镜的角度。如仪器光学轴至水面的垂直距离已知，用三角关系即可算得水面流速。

2）激光多普勒测速仪器是将激光射向所测范围，经水中细弱质点散射形成低强信号，通过光学系统装置来检测散射光，通过得到的多普勒信号，可推算出水面流速。

（4）航空摄影法测流是利用航空摄影的方法对投入河流中的专用浮标、浮标组或染料等连续摄像，根据不同时间航测照片位置，推算出水面流速，进而确定断面流量的方法。

3. 测量剖面流速的流速面积法

测量剖面流速的流速面积法又有声学时差法、声学多普勒流速剖面仪法等。

（1）声学时差法是通过测量横跨断面的一个或几个水层的平均流速流向，利用这些水层平均流速和断面平均流速建立关系，求出断面平均流速。配有水位计测量水位，以求出断面面积，计算流量。国际上时差法仪器较成熟可靠，精度较高，较为常用。时差法有数字化数据、无人值守、常年自动运行、提供连续的流量数据、适应双向流等特点。

（2）声学多普勒流速剖面仪法也称 ADCP 法（Acoustic Doppler Current Profiler），ADCP 是自 20 世纪 80 年代初开始发展和应用的新的流量测验仪器。按 ADCP 进行流量测验的方式可分为走航式和固定式。固定式按安装位置不同可以分为水平式、垂直式。垂直式根据安装方式又分为坐底式和水面式。

1）走航式 ADCP 也常简称 ADCP，是一种利用声学多普勒原理测验水流速度剖面的仪器，它具有测深、测速、定位的功能。一般配备有 4 个（或 3 个）换能器，换能器与 ADCP 轴线成一定夹角。每个换能器，既是发射器，又是接收器。换能器发射的声波具有指向性，即声波能量集中于较窄的方向范围内（称为声束）。换能器发射某一固定频率的声波，然后接收被水体中颗粒物散射回来的声波。假定颗粒物的运动速度与水体流速相同。当颗粒物的运动方向是近换能器时，换能器接收到的回波频率比发射波频率高。当颗粒物的运动方向是背离换能器时，换能器接收到的回波频率比发射波频率低。通过声学多普勒频移，可计算出水流的速度，同时根据回波可计算水深。当装备有走航式 ADCP 的测船从测流断面一侧航行至另一侧时，即刻测出河流流量。故 ADCP 流量测验方法的发明被认为是河流流量测验技术的一次革命。

2）水平式 ADCP 也称 H - ADCP。它是根据超声波测速换能器在水中向垂直于流向的水平方向发射固定频率的超声波，然后分时接收回波信号，解算多普勒频移来计算水平方向一定距离内多达 128 个单元的流速，与此同时用走航式 ADCP 或旋桨流速仪测出过水断面的平均流速，积累一定的资料后，利用回归分析或数理统计的其他方法建立水平 ADCP 所测的这一层流速和过水面积内平均流速的数学模型，即可得到断面流速。再用水位计测出水位，算出过水面积，即可获得瞬时流量。

3）垂直式 ADCP 又称 V－ADCP，它配有多个测速换能器，安装在某一垂线的河底或水面，测量此垂线上多个点的流速分布。流量算法有两种：其一是和 H－ADCP 一样利用测得的垂线流速和断面平均流速建立关系来求出断面平均流速，同时仪器配有水位计，可方便地求断面面积，流量的算法和 H－AD-CP 相同；其二是利用测到的断面上各垂线的流速，结合流速分布理论算出断面流速，再乘以面积就得到流量，这种算法比较适合于管道或宽深比较小的渠道、河流。

4．测量整个断面平均流速的流速面积法

这类方法主要是指电磁法。电磁法测流是在河底安设若干个线圈，线圈通入电流后即产生磁场。磁力线与水流方向垂直，当河水流过线圈，就是运动着的导体切割与之垂直的磁力线，便产生电动势，其值与水流速度成正比。只要测得两极的电位差，就可求得断面平均流速，计算出断面流量。该法可测得瞬时流量。但该法技术尚不够成熟，测站采用很少，目前国外有少量使用，且只用于较小的河流和一些特殊场合。

5．其他面积流速法

采用深水浮标、浮杆等方法测得垂线流速，根据断面资料也可计算出流量。

6.1.3.3 水力学法

测量水力因素，选用适当的水力学公式计算出流量的方法，叫水力学法。水力学法又分为量水建筑物测流、水工建筑测流和比降面积法 3 类。其中，量水建筑物测流又包括量水堰、量水槽、量水池等方法，水工建筑物又分为堰、闸、洞（涵）、水电站和泵站等。

1．量水建筑物测流法

在明渠或天然河道上专门修建的测量流量的水工建筑物叫量水建筑物。它是通过实验按水力学原理设计的，建筑尺寸要求准确，工艺要求严格，因此系数稳定的建筑物，测量精度较高。

根据水力学原理知，通过建筑物控制断面的流量是水头和率定系数的函数。率定系数又与控制断面形状、大小及行近水槽的水力特性有关。系数一般是通过模型实验给出，特殊情况下也可由现场试验，通过对比分析求出。因此，只要测得水头，即可求得相应的流量（当出现淹没或半淹没流时除需要测量水头外，还需要测量其下游水位）。

量水建筑物的形式很多，外业测验常用的主要有

两大类：一类为测流堰，包括薄壁堰、三角形剖面堰、宽顶堰等；另一类为测流槽，包括文德里槽、驻波水槽、自由溢流槽、巴歇尔槽和孙奈利槽等。

2．水工建筑物测流法

河流上修建的各种形式的水工建筑物，如堰、闸、洞（涵）、水电站和抽水站等，不但是控制与调节江河、湖、库水量的水工建筑物，也可用作水文测验的测流建筑物。只要合理选择有关水力学公式和系数，通过观测水位就可以计算求得流量（当利用水电站和抽水站时，除了观测水位，还常需要记录水力机械的工作参数等）。利用水工建筑物测流，其系数一般情况下需要通过现场试验、对比分析获得，有时也可通过模型实验获得。

3．比降面积法

比降面积法是指通过实测或调查测验河段的水面比降、糙率和断面面积等水力要素，用水力学公式来推求流量的方法。此法是洪水调查估算洪峰流量的重要方法。

6.1.3.4 化学法

化学法又称为稀释法、溶液法、示踪法等。该法是根据物质不灭原理，选择一种合适于该水流的示踪剂，在测验河段的上断面将已知一定浓度量的指示剂注入河水中，在下游取样断面测定稀释后的示踪剂浓度或稀释比，由于经水流扩散充分混合后稀释的浓度与水流的流量成反比，由此可推算出流量。

化学法根据注入示踪剂的方法方式不同，又分为连续注入法和瞬时注入法（也称突然注入法）两种。稀释法所用的示踪剂，可分为化学示踪剂、放射性示踪剂和荧光示踪剂。因此，稀释法又可分为化学示踪剂稀释法、放射性示踪剂稀释法、荧光示踪剂法等。使用较多的是荧光染料稀释法。

化学法具有不需要测量断面和流速、外业工作量小、测验历时短等优点。但测验精度受河流溶质的影响较大，有些化学示踪剂会污染水流。

6.1.3.5 直接法

直接法是指直接测量流过某断面水体的容积（体积）或重量的方法，又可分为容积法（体积法）和重量法。直接法原理简单，精度较高，但不适用于较大的流量测验，只适用于流量极小的山涧小沟和实验室测流。

在以上介绍的多种流量测验方法中，目前全世界最常用的方法是流速面积法，其中流速仪法被认为是精度较高的方法，是各种流量测验方法的基准方法，应用也最广泛。当水深、流速、测验设施设备等条件

满足，测流时机允许时，应尽可能首选流速仪法。在必要时，也可以多种方法联合使用，以适应不同河床和水流的条件。本章重点介绍流速仪法、浮标法、比降面积法、水力学法、声学时差法、声学多普勒流速剖面仪法等。

6.2 流量测验的原理

6.2.1 河道的流速分布和特征

6.2.1.1 河水的运动状态

1. 层流与紊流

按水流内在结构的差异，可将水流的运动状态分为层流和紊流两种类型。层流的水流状态是全部水流呈平行流束运动，即水质点运动的轨迹线（流线）平行，在水流中运动方向一致，流速均匀；而紊流的流态则是水流中每个水质点运动速度与方向均随时随地都在变化，而且其变化是围绕一个平均值上下跳动的。从层流转变为紊流的判别数，称雷诺数，其计算式为

$$Re = \frac{Rv}{\mu} \tag{6.2}$$

式中 Re——雷诺数；

R——水力半径，m；

μ——液体运动粘滞系数，m^2/s；

v——平均流速，m/s。

在明渠流中，$Re<300$ 为层流。天然河道的水流一般均呈紊流状态。紊流有一个最基本的特征：即使在流量不变的情况下，水流中任一点的流速和压力也随时间呈不规则的脉动。

紊流的另一个特性是具有扩散性，通过在管道中的流态观察实验可清晰地看到，紊流能把带色的溶液扩散到全管，使其与管中不带色的水体充分混合，紊流的这种扩散作用，也称紊动扩散作用，它能够在水层之间传送动量、热量和质量。

2. 流速脉动

（1）流速脉动现象。水体在河槽中运动，受到许多因素影响，如河道断面形状、坡度、糙率、水深、弯道以及风、气压和潮汐等，使天然河流中的水流大多呈紊流状态。从水力学知，紊流中水质点的流速，不论其大小、方向都是随时间不断地变化着，这种现象称为流速脉动现象。

研究流速脉动现象及流速分布的目的是为了掌握流速随时间和空间分布的规律，以便在流量测验中合理布置测速点及控制测速历时。设一空间流场中任一点的瞬时流速的 3 个分量分别为

$$\overline{v} = v + \Delta v \tag{6.3}$$

$$\overline{u} = u + \Delta u \tag{6.4}$$

$$\overline{w} = w + \Delta w \tag{6.5}$$

式中 $\overline{v}$、$\overline{u}$、$\overline{w}$——X、Y、Z 方向的时均流速，m/s；

v、u、w——X、Y、Z 方向的瞬时流速，m/s；

Δv、Δu、Δw——X、Y、Z 方向的脉动流速，m/s。

图 6.1 是沿水流方向的时均流速、瞬时流速和脉动流速示意图。

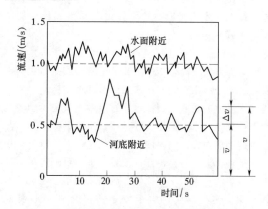

图 6.1 渭河某站实测水面、河底瞬时流速变化图

脉动流速有大有小，出现频率高低不一，脉动流速大的其出现频率低，脉动流速小的其出现频率高。紊流中通常满布着紊动漩涡，紊动漩涡与脉动流速是密切相关的。脉动流速大处，紊动漩涡尺度也大。相反，漩涡尺度也小。通常大尺度紊动漩涡的脉动频率低，小尺度漩涡的脉动频率高。大尺度漩涡从时均水流中取得了紊动能量，然后向次一级漩涡发送能量，最低级的小漩涡取得能量后，通过粘性作用，又把这些能量转化为热能而消耗掉，因此紊动漩涡起了传递能量的作用。而大尺度漩涡挟带泥沙离开河底进入高流速（主流）区，是泥沙悬浮的主要动力。

（2）平均流速。一般情况下，对流量测验影响最大的是沿水流方向的流速变化，以下不加特别说明就是指该方向流速。水流中某一点的瞬时流速是时间的函数，即 $v=f(t)$，流速随时间不断变化着，但它的时段平均值是稳定的，这是流速脉动的重要特性。即在足够长的时间内有一个固定的平均值，称为时段平均流速或时均流速，简称平均流速，可用式（6.6）表示：

$$\overline{v} = \frac{1}{T} \int_0^T v \, dt \tag{6.6}$$

由以上分析知，当时段足够长时，对某一点的脉动流速，其平均值可用式（6.7）计算：

$$\Delta \bar{v} = \frac{1}{T}\int_0^T \Delta v \mathrm{d}t = 0 \qquad (6.7)$$

式中　v、$\bar{v}$——瞬时流速和时均流速，m/s；

　　　　T——时段长，s；

　　　　Δv——脉动流速，m/s；

　　　　$\Delta \bar{v}$——脉动流速平均值，m/s。

脉动流速随时间不断变化，时大时小，时正时负，在较长的时段中各瞬时的脉动流速的代数和趋近于零。

（3）流速脉动强度。脉动流速有大有小，有正有负，为了比较不同点水流脉动的强弱，常用脉动流速的均方根来表示，称为流速脉动强度。把瞬时脉动流速 Δv、Δu、Δw 分别平方、求和、平均、再开方，就得出各自的脉动强度，以用于表示流速脉动的强弱。

流速脉动强度可用相对值表示，其表达式为：

$$y = \frac{1}{\bar{v}^2}(\bar{v}_{max}^2 - \bar{v}_{min}^2) \qquad (6.8)$$

式中　y——流速脉动强度；

　　　　$\bar{v}$——测点的时均流速，m/s；

　　$\bar{v}_{max}$、$\bar{v}_{min}$——测点的瞬时最大、最小流速，m/s。

根据实测资料分析，一般情况下，河流中脉动强度河底大于水面，岸边大于中泓。山区河流的脉动强度大于平原河流，封冻时冰面下的流速脉动也很强烈，都反映河床粗糙程度对脉动的影响。

实际上，在河流中进行的流速脉动试验，因受流速仪灵敏度的限制，测得的流速都不是真正的瞬时流速，仍然是时段平均值，只不过时段较短。所以测得的流速脉动变化过程仅是近似的。

6.2.1.2　河流中的流速分布

研究河流中某一横断面上的流速分布，主要是研究流速沿水深的变化，即垂线上的流速分布，以及横断面上不同位置的垂线流速分布的变化。同时，研究流速分布对深入了解泥沙运动、河床演变等都有很重要的意义。

1. 垂线上的流速分布

天然河道中常见的垂线流速分布曲线见图 6.2，从图 6.2 中可见，一般水面的流速大于河底，且曲线呈一定形状。只有封冻的河流或受潮汐影响的河流，其曲线呈特殊的形状。由于影响流速分布曲线形状的因素很多，如糙率、冰冻、水草、风、水深、上下游河道形势等，致使垂线流速分布曲线的形状多种多样。

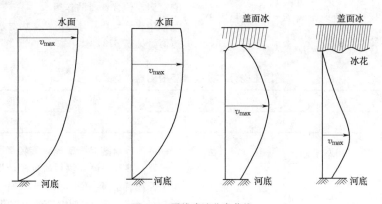

图 6.2　垂线流速分布曲线

许多学者经过实验研究导出一些经验、半经验性的垂线流速分布模型，如抛物线模型、指数模型、双曲线模型、椭圆模型及对数模型等。但这些模型在使用时都有一定的局限性，其结果多为近似值，许多的观测、研究表明，以下几种模型与实际流速分布情况比较接近。

（1）抛物线型流速分布曲线。图 6.3（a）所示为抛物线型流速分布曲线。A 点为抛物线的原点，抛物线上任意一点的坐标为：$y = h_x - h_m$，$x = v_{max} - v$，将其代入抛物线方程式 $y^2 = 2Px$，并加以整理得

$$v = v_{max} - \frac{1}{2P}(h_x - h_m)^2 \qquad (6.9)$$

式中　v——曲线上任意一点的流速，m/s；

　　v_{max}——垂线上最大测点流速，m/s；

　　　h_x——任意一点上的水深，m；

　　　h_m——最大测点流速处的水深，m；

　　　P——常数，表示抛物线的焦点在 x 轴的坐标。

在垂线上 v_{max}、h_m 及 P 皆为常数项。

（2）对数流速分布曲线。图 6.3（b）所示，按普朗德的紊流假定，给出动力流速，对动力流速积分整理可得出

$$v = v_{max} + \frac{v_*}{K}\ln\eta \qquad (6.10)$$

式中　η——由河底向上起算的相对水深，即 $\eta =$

y/h;

y——垂线上某点由河底向上起算的深度，m；

h——垂线上自水面至河底的水深，m；

v_*——摩阻流速，m/s；

v_{max}——当 $y=h$ 时的流速，m/s；

K——卡曼常数。在管流中，$K=0.40$。在河流中，苏联热烈兹拿柯夫研究认为 K 可近似取 0.54，但实际变化很大，有人建议卵石河床 $K=0.65$，沙质床 $K=0.50$。

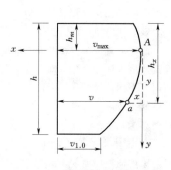

(a) 抛物线型流速分布

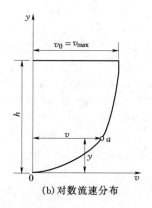

(b) 对数流速分布

图 6.3　抛物线和对数流速分布曲线示意图

（3）椭圆流速分布曲线。明渠垂线上的流速分布也可用椭圆流速分布公式表示，即

$$v = v_0 \sqrt{1 - P\eta^2} = \sqrt{P} v_0 \sqrt{\frac{1}{P} - \eta^2} \quad (6.11)$$

式中　v_0——水面流速（$\eta=0$），m/s；

P——流速分布参数，如取 $P=0.6$，相当于谢才系数 $C=40\sim60$；

η——由水面向下起算的相对水深；

v——相对于水深为 η 时的点流速，m/s。

（4）水面流速与垂线上某点流速的关系。以上仅介绍 3 种垂线流速分布的公式。水面流速与垂线上某点流速的关系，可以椭圆流速分布公式为例，来说明它对测点位置选择的作用。

按式（6.11）计算的几个相对水深 η 处的测点流速值，见表 6.3，其中取 $P=0.6$。

表 6.3　　　　　　　　　椭圆流速分布公式计算的测点流速值

相对水深 η	0	0.2	0.4	0.6	0.8	1.0
测点流速 $v_0 \sqrt{1-0.6\eta^2}$	$1.0v_0$	$0.988v_0$	$0.951v_0$	$0.885v_0$	$0.785v_0$	$0.633v_0$

（5）垂线平均流速。由式（6.11）按积分法计算垂线平均流速为

$$v_m = \int_0^1 v \mathrm{d}\eta = \sqrt{P} v_0 \int_0^1 \sqrt{\frac{1}{P} - \eta^2} \mathrm{d}\eta = 0.897 v_0$$

根据表 6.3 的测点流速值，按面积包围计算得垂线平均流速为 $v_m = 0.885 v_0$，两点法（相对水深 0.2、0.8）计算得 $v_m = 0.887 v_0$，一点法（相对水深 0.6）计算得 $v_m = 0.885 v_0$。

可见，通常采用计算垂线平均流速的方法，其计算结果都接近于积分法，相差约 $1.1\%\sim1.3\%$，说明流速分布的研究对测速点位置的选择有很大的实用价值。

由于近河底的流速分布很少有仪器可以实测，所以不易量化。但由流体力学边界层理论研究与精密观测得知，固定边界的流速必为零，在边界层及其附近的流速梯度很大。因边界层很薄（例如约 1cm），所以不致影响垂线平均流速计算的结果。通常河流水文测验的河底流速是指流速仪旋转部分边缘离河底 2～5cm 处，甚至更高处得到的流速，并不是真正的河底流速。或者由 $\eta=0.6$ 及 $\eta=0.8$ 等处的流速，按趋势延长至河底的流速，也不是真正的河底流速。

2. 横断面上的流速分布

横断面上流速的分布受到断面形状、糙率、冰冻、水草、河流弯曲形势、水深及风等因素的影响。可通过绘制等流速曲线的方法来研究横断面流速分布的规律，图 6.4、图 6.5 分别为畅流期及封冻期的某站等流速曲线示意图。

从图 6.4 和图 6.5 中及大量观测资料分析结果表明：河底与岸边附近流速最小；对水面而言，近两岸边的流速小于中泓的，在最深处水面流速最大；垂线上最大流速，畅流期出现在水面至 0.2h 范围，封冻期则由于盖面冰的影响，对水流阻力增大，最大流速从水面移向半深处，等流速曲线形成闭合状。

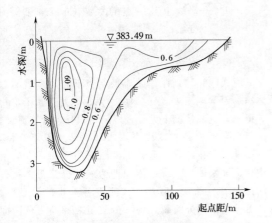

图 6.4 某站畅流期等流速曲线

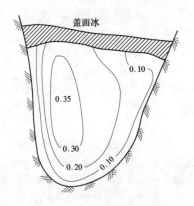

图 6.5 封冻期的等流速曲线

垂线平均流速沿河宽的分布曲线见图 6.6。从图 6.6 中可见流速沿河宽的变化与断面形状有关。在窄深河道上，垂线平均流速分布曲线的形状与断面形状相似，水深的地方流速也大，水浅的地方流速也小。

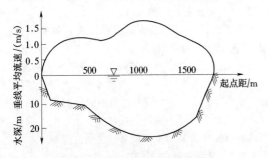

图 6.6 垂线平均流速沿河宽分布图

6.2.2 流量的概念

6.2.2.1 流量模

为描述流量在断面内的形态，可采用流量模型的概念，见图 6.7，通过某一过水断面的流量是以过水断面为垂直面、水流表面为水平面、断面内各点流速

矢量为曲面所包围的体积，表示单位时间内通过水道横断面水流的体积，即流量。该立体图形称为流量模型，简称流量模，它形象地表示了流量的定义。

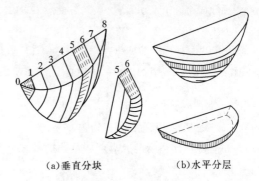

(a)垂直分块　　　　(b)水平分层

图 6.7 流量模型

用流速仪测流时，假设将断面流量垂直切割成许多平行的小块，见图 6.7（a），每一块称为一个部分流量，所有部分流量累加，即得到全断面的流量。用超声波分层积宽测流时，假设将断面流量水平切割成许多层部分流量，见图 6.7（b），各层部分流量之和即为全断面流量。

6.2.2.2 常用流量名称

在过水断面内，对于不同部位的流量又有不同的称谓，常用的专用名称有以下几种。

1. 单位流量

单位流量是指单位时间内水流通过某一单位过水面积上的水流体积。从物理意义上讲，它是垂直于断面的单点流速与单位面积的乘积。其表达式为

$$q_d = \Delta A v_d \qquad (6.12)$$

式中　q_d——单位流量，m^3/s；

　　　ΔA——单位面积，根据定义 $\Delta A = 1m^2$；

　　　v_d——垂直于单位面积（ΔA）的流速，m/s。

2. 单宽流量

单位时间内，水流通过以某一水深垂线为中心的单位河宽过水面积上的水流体积，称单宽流量。其表达式为

$$q_m = \int_0^h v_y \mathrm{d}y \qquad (6.13)$$

或将式（6.13）写为有限求和形式，即

$$q_m = h v_m \qquad (6.14)$$

式中　q_m——单宽流量，$m^3/（s \cdot m）$；

　　　h——垂线水深，m；

　　　y——垂线上某一点的水深，水深积分变量；

　　　v_y——垂线上某一点 y 处垂直于单位面积（ΔA）的流速，m/s；

　　　v_m——垂线平均流速，m/s。

3. 单深流量

单位时间内，水流通过水面下某一深度为中心的单位水深（如 1m）过水面积上的水流体积，称单深流量。可用式（6.15）表示：

$$q_y = \int_0^{b_i} v_x \mathrm{d}x \qquad (6.15)$$

或将式（6.15）写为有限求和形式，即

$$q_y = b_i v_{mb} \qquad (6.16)$$

式中　q_y——单深流量，$\mathrm{m^3/(s \cdot m)}$；

$\quad\quad b_i$——所在水层的断面平均宽，m；

$\quad\quad x$——所在水层某一点的起点距，宽度积分变量；

$\quad\quad v_x$——所在水层某一点 x 处的流速，m/s；

$\quad\quad v_{mb}$——所在水层沿断面线的平均流速，m/s。

4. 部分流量

将过水断面划分为若干部分，单位时间内，水流通过某一部分面积上的水流体积，称为部分流量。实践中通常是沿水面宽度划分成许多部分，这样水流通过部分河宽的部分流量可用公式表示为

$$q_i = \int_{b_i}^{b_{i+1}} q_{mx} \mathrm{d}x \qquad (6.17)$$

或将式（6.17）写为有限求和形式，即

$$q_i = H_{mx} B_x v_{mx} \qquad (6.18)$$
$$B_x = b_{i+1} - b_i$$

式中　　q_i——部分流量，$\mathrm{m^3/s}$；

$\quad b_i \text{、} b_{i+1}$——断面上第 i、$i+1$ 点的起点距，m；

$\quad\quad x$——断面上某一点的起点距，宽度积分变量；

$\quad\quad q_{mx}$——断面上 x 点的单宽流量，$\mathrm{m^3/(s \cdot m)}$；

$\quad\quad H_{mx}$——部分平均水深，m；

$\quad\quad v_{mx}$——部分平均流速，m/s；

$\quad\quad B_x$——部分河宽，m。

5. 全断面流量

河流横断面上的流速分布是不均匀的，横断面上任意点的流速与该点在断面上的位置有关，即它是水深和水面宽的函数，故可表达为

$$v = f(h, b) \qquad (6.19)$$

则通过全断面的流量可用积分法求得，用公式表示为

$$Q = \iint_0^{B} \int_0^{H} v \mathrm{d}h \mathrm{d}b \qquad (6.20)$$

式中　Q——全断面流量，$\mathrm{m^3/s}$；

$\quad\quad v$——断面上一点的流速，m/s；

$\quad\quad b$——断面上一点的起点距，m，宽度积分变量；

h——垂线上某一点的水深，m，水深积分变量；

H——垂线水深，m；

B——全断面宽度，m。

用式（6.20）计算的流量相当于流量模型的总体积。因 $v = f(h, b)$ 的函数关系比较复杂，很难精确得到，一般情况下无法直接采用积分式计算流量。实际上是把积分式变成有限求和的形式推算流量，见图 6.7。用若干个垂直于横断面的平面，将流量横切成 n 块体积，每一体积即为一部分流量，在各测速垂线上测深、测速，并测定各垂线的起点距，即可计算出部分流量，各部分流量之和即为全断面的流量。式（6.20）的积分，可用其近似解有限求和表示为

$$Q = \sum_{i=1}^{n} B_i H_i \bar{v}_i = \sum_{i=1}^{n} q_i \qquad (6.21)$$

式中　B_i——第 i 条垂线所代表的部分水面宽度，m；

$\quad\quad H_i$——第 i 条垂线的水深，m；

$\quad\quad \bar{v}_i$——第 i 条垂线的平均流速，m/s；

$\quad\quad q_i$——第 i 部分的部分流量，$\mathrm{m^3/s}$；

$\quad\quad n$——所有部分的个数。

式（6.21）是流速仪法测流量所用的基本公式，实际测流量时不可能将部分面积分成无限多，而是分成有限个部分，所以实测的流量只是实际流量的近似值。每一次测量河道流量都需要一定的时间，不能瞬时完成，因此实测得到的流量是时段的平均值，并非瞬时流量值。

6.3　流量测验的一般规定与要求

6.3.1　流量测验的精度和方式

6.3.1.1　流量测验的精度

为便于对不同类型的测站进行流量测验误差控制，《河流流量测验规范》将国家基本水文站按流量测验精度分为 3 类，测站精度类别根据其控制面积、资料用途、服务需求、测验条件等因素确定。其划分标准也可参见表 6.4。但水文测站因受测站控制和测验条件限制而需要调整时，可降低一个精度类别；个别站若有特殊需要，也可提高一个精度类别。

6.3.1.2　流量测验的方式

流量测验的方式有多种，大致可以按其运行管理和渡河设施分类。

1. 根据测站的运行管理分类

根据测站的运行管理情况，水文测站的测验方式主要有驻测、巡测、遥测、间测、检测、校测、委托观测等方式。

表 6.4　　　　　　　　　　　各类精度的水文站的划分标准参考表

项目　　　类别	测验精度要求	测站主要任务	集水面积/km²	
			湿润地区	干旱、半干旱地区
一类精度的水文站	应达到按现有测验手段和方法能取得的可能精度	收集探索水文特征值在时间上和沿河长的变化规律所需长系列样本和防汛需要的资料	≥3000	≥5000
二类精度的水文站	可按测验条件拟定	收集探索水文特征值沿河长和区域的变化规律所需具有代表性的系列样本资料	<10000 ≥200	<10000 ≥500
三类精度的水文站	应达到设站任务对使用精度的要求	收集探索小河在各种下垫面条件下的产、汇流规律和径流变化规律，以及水文分析计算对系列代表性要求所需资料	<200	<500

（1）驻测。驻测是水文专业人员驻站进行水文测报的作业方式。驻测是目前我国采用的主要测验方式，而发达国家几乎不采用驻测，以巡测和遥测为主。

（2）巡测。巡测是水文专业人员以巡回流动的方式定期或不定期地对一个地区或流域内各观测点的流量等水文要素进行的观测作业。

（3）遥测。遥测是以有线或无线通信方式，将现场的水文要素的自动观测值传送至室内的技术和作业。

（4）间测。间测是水文测站资料经分析证明两水文要素（如水位流量）间历年关系稳定或其变化在允许误差范围内，对其中一要素（如流量）停测一段时期后再行施测的测停相间的测验方式。

（5）检测。检测是在间测期间对两水文要素稳定关系所进行的检验测验。

（6）校测。校测是按一定技术要求对水文测站基本设施的位置高程控制点及水位流量关系等所进行的校正测量作业。

（7）委托观测。委托观测是为收集水文要素资料委托当地具有一定业务素质的兼职人员所进行的观测作业。

2. 根据测站的渡河设施分类

根据测站的渡河设施情况，流量测验方式可分为缆道测验、测船测验、测桥测验、吊船测验、涉水测验。

（1）缆道测验。缆道测验是利用专门架设水文缆道进行的测验。水文缆道是为把水文测验仪器运送到测验断面内任一指定起点距和垂线测点，以进行测验作业而架设的可水平和铅直方向移动的跨河索道系统。水文缆道又分为悬索缆道、悬杆缆道、水文缆车

和浮标缆道（也称浮标投掷器）。悬索缆道是用柔性悬索悬吊测量仪器设备的水文缆道。悬杆缆道是用刚性悬杆悬吊测量仪器设备的水文缆道。水文缆车是悬吊在水文缆道行车上，用来承载人员设备并能在测量断面任一垂线水面附近进行测验作业的设备。水文缆道根据其采用的驱动力，又分为电动缆道、机动缆道和手动缆道。

（2）测船测验。测船测验利用测船为主要渡河和运载工具进行的测验，简称船测。水文测船是配备水文测验设备用来进行水文测验作业的专用船。水文测船根据是否使用动力又分为机动测船和无动力测船。

（3）测桥测验。测桥测验是利用水文桥梁开展的水文测验，简称桥测。水文测桥是进行水文测验作业的工作桥，可利用已建立的交通桥梁，或为水文测验专门建立的测桥。桥测可使用桥测车或专用的桥测设备。

（4）吊船测验。吊船测验是由吊船过河索和测船组成的综合测验设施。这种吊船过河较缆道测验悬索简单，是架设在测验断面上能牵引测船做横向运动，并使测船固定在沿测验断面上的跨河钢索。

（5）涉水测验。涉水测验是测验人员在防水衣的保护下直接涉水开展测验。

6.3.2　流量测验方式的选择

6.3.2.1　一般原则

不同类型的测站应根据具体情况分别选用合适的流量测验方式。流量测验方式选择的原则是因地制宜，在满足精度的条件下，应尽可能采用巡测和遥测等方式，以便提高工作效率，减少人力物力的消耗。水文缆道适用于水面较窄、流速较大的河流，悬索缆道使用较多，便于实现自动化和半自动化，而悬杆缆道采

用较少。当泥沙取样任务较重的测站可以考虑采用水文缆车。浮标缆道通常是作为大洪水期测验的一种备用手段。有条件的测站应首选考虑利用已有的交通桥梁进行测验，以减少投资和增强测验的机动性。船测实用于河道宽浅流速较小的河流，河道较宽但洪水时流速又较大的河流，可采用吊船测验。当水深较小，或枯水季节可采用涉水测验。对于河道宽广、流量、水深、河宽等变化大的河流，可选用机船测验。

水文测验位于偏僻交通不便的地区，测站的防汛任务很小，水文测验项目简单，水位流量关系稳定，流量测验方式方法简单固定，对测验人员要求不高的测站，可采用委托观测。

6.3.2.2 具体规定

1. 驻测

集水面积不小于 $10000km^2$ 的一类精度的水文站和集水面积小于 $10000km^2$，且不符合巡测、间测条件的各类精度的水文站，流量测验均应实行常年驻测或汛期驻测。

2. 巡测

集水面积小于 $10000km^2$ 的各类精度的水文站，符合以下条件之一者，流量测验可实行巡测：

（1）水位流量关系呈单一线，流量定线可达到规定精度，并不需要施测洪峰流量和洪水流量过程者。

（2）实行间测的测站，在停测期间实行检测者。

（3）枯水、冰期水位流量关系比较稳定或流量变化平缓，采用巡测资料推算流量，年径流量的误差在允许范围以内者。

（4）枯水期采用定期测流者。

（5）水位流量关系不呈单一线的测站，当距离巡测基地较近，交通通信方便，能按水情变化及时施测流量者。

3. 间测

集水面积小于 $10000km^2$ 的各类精度的水文站，有 10 年以上资料证明实测流量的水位变幅已控制历年（包括大水、枯水年份）水位变幅 80% 以上，历年水位流量关系为单一线，并符合以下条件之一者，可实行间测。

（1）每年的水位流量关系曲线与历年综合关系曲线之间的最大偏离不超过允许误差范围者。

（2）各相邻年份的曲线之间的最大偏离不超过允许误差范围者，可停一年测一年。

（3）在年水位变幅的部分范围内，当水位流量关系是单一线并符合本条第（1）款所规定的条件时，可在一年的部分水位级内实行间测。

（4）水位流量关系呈复式绳套，通过水位流量关系单值化处理，可达到本条第（1）款所规定的条件者。

（5）在枯水期，流量变化不大，枯水径流总量占年径流总量的 5% 以内，且对这一时期不需要施测流量过程，经根据多年资料分析证明，月径流量与其前期径流量或降水量等因素能建立关系，并达到规定精度者。

（6）对潮流站，当有多年资料证明潮汐要素与潮流量关系比较稳定者。

（7）在间测期间，当发生稀遇洪水或枯水，或发现水利工程措施等人类活动对测站控制条件有明显影响时，应恢复正常测流工作。在间测期间实行检测者，当检测结果超出允许误差范围时，应随即检查原因，增加检测次数或恢复正常测流。

6.3.3 流量测验次数确定

流量测验次数的多少，与测站水位流量关系的稳定性、流量的变幅、测站特性、用户对实测流量的要求等因素有密切的关系。

1. 流量测验规范对流量测验次数布置的要求

根据《河流流量测验规范》（GB 50179—1993）的规定，流量测验次数的布置，应符合以下要求。

（1）水文站一年中的测流次数，必须根据高、中、低各级水位的水流特性、测站控制情况和测验精度要求，掌握各个时期的水情变化，合理地分布于各级水位和水情变化过程的转折点处。水位流量关系稳定的测站测次，每年不应少于 15 次。水位流量关系不稳定的测站，其测次应满足推算逐日流量和各项特征值的要求。当发生洪水、枯水超出历年实测流量的水位时，应对超出部分增加测次。

（2）潮流量测验应根据试验资料确定的各代表潮期布置测次。每个潮流期内潮流量的测速次数，应根据各测站流速变化的大小、缓急适当分布，以能准确掌握全潮过程中流速变化的转折点为原则。

（3）结冰河流测流次数的分布，应以控制流量变化过程或冰期改正系数变化过程为原则。流冰期小于 5 天者，应 1～2 天施测一次；超过 5 天者，应 2～3 天施测一次。稳定封冻期测次可较流冰期适当减少。封冻前和解冻后可酌情加测。对流量日变化较大的测站，应通过加密测次的试验分析确定一日内的代表性测次时间。

（4）对新设测站初期的测流次数，应适当增加。

2. 受冲淤和洪水涨落等因素影响测站流量测次的布设

《河流流量测验规范》对受冲淤、洪水涨落、变动回水、水生植物等因素影响测站的流量测验次数布置未作明确规定。这种情况下，实测次数以控制流量变化过程和水位流量的变化为原则，正常情况下可参考表 6.5 布设流量测次，遇特殊情况要及时加测。

表 6.5 受冲淤、洪水涨落、变动回水、水生植物等因素影响下的流量测次布设

水情变化	对水位流量关系影响因素条件情况	测次
平水期	水情平稳或水生植物生长平稳	每间隔 10～15 天施测 1 次
	水生植物生长变化快	每间隔 5～10 天施测 1 次
	河床不稳定，冲淤变化较大	每间隔 3～5 天施测 1 次
洪水期	每次较大洪水过程	不少于 5 次
	洪水暴涨暴落的山溪性小河站，每次洪水过程	至少 3 次（涨水、落水、峰顶附近各 1 次）
受变动回水影响	只受变动回水影响时，当回水位有明显变化时	加测 1 次
	变动回水影响和其他因素混合影响时	适当增加测次，控制流量变化过程
其他	测验河段附近发生堤防决口、漫滩、分流等情况时	加测流量，直至水情恢复正常

6.4 断面测量

断面测量的主要工作是测量宽度和测量深度，断面测量的具体方法已在第 4 章中作了详细介绍，本节主要介绍流量测验中断面测量的注意事项和有关要求。

6.4.1 测宽和测深方法

6.4.1.1 断面宽度的测量方法

1. 建筑物标志法

在渡河建筑物上设立标志，一般宜采用等间距的尺度标志。河宽大于 50m 时，最小间距可取 1m；河宽小于 50m 时，最小间距可取 0.5m。每 5m 整倍数处，应采用不同颜色的标志加以区别。

测深、测速垂线固定的测站，可只在固定垂线处设置标志。标志的编号必须与垂线的编号一致，并采用不同颜色或数码表示。

第一个标志应正对断面起点桩，其读数为零；不能正对断面起点桩时，可调整至距断面起点桩整米数距离处，其读数为该处的起点距。

每年应在符合现场使用的条件下，采用经纬仪测角交会法检验 1～2 次。当缆索伸缩或垂度改变时，原有标志应重新设置，或校正其起点距。

跨度和垂度不固定（升降式）的过河缆索，不宜在缆索上设置标志。

2. 地面标志法

地面标志法宜采用辐射线法、方向线法、相似三角形交会法、河中浮筒式标志法、河滩上固定标志法等。河滩上固定标志的顶端，应高出历年最高洪水位。

采用此法确定测深、测速垂线的起点距时，应使测船上的定位点位于测流断面线上。

每年应对标志进行一次检测。标志受到损坏时，应及时进行校正或补设。

3. 计数器测距法

使用计数器测距，应对计数器进行率定，并应与经纬仪测角交会法测得的起点距比测检验。比测点不应少于 30 个，并均匀分布于全断面。

垂线的定位误差不得超过河宽的 0.5%，绝对误差不得超过 1m。超过上述误差范围时，应重新率定。

每次测量完毕后，应将行车开回至断面起点距零点处，检查计算器是否回零。当回零误差超过河宽的 1% 时，应查明原因，并对测距结果进行改正。

每年应对计数器进行一次比测检验，当主索垂度调整，更换铅鱼、循环索、起重索、传感轮及信号装置时，应及时进行比测率定。

4. 仪器交会法

仪器交会法有经纬仪测角的水平交会法和极坐标法、平板仪交会法、六分仪交会法等。

使用经纬仪和平板仪测定垂线和桩点的起点距时，应在观测最后一条垂线或一个桩点后，将仪器照准原后视点校核一次。当判定仪器确未发生变动时，方可结束测量工作。

使用六分仪测定垂线的起点距时，应先对准测流断面线上一岸的两个标志，使测船上的定位点位于断面线上。

每年应对测量标志进行一次检查。标志受到损坏时，应及时进行校正或重设。

5. 直接量距法

采用直接量距法测定桩点、垂线的起点距时，第一条垂线或第一个桩点应以断面的固定桩为始点，第二条垂线或第二个桩点以第一条垂线或第一个桩点为始点，依次量距。

量距时应注意使钢尺或皮卷尺在两垂线或桩点间保持水平。

6.4.1.2 水深测量方法

1. 测深杆测深

测深杆上的尺寸标志时，应保证在不同水深读数时能准确至水深的1%。河底比较平整的断面，每条垂线的水深应连测2次。当两次测得的水深差值不超过其中较小的水深值2%时，取两次水深读数的平均值，当两次测得的水深差值超过2%时，应增加测次，取符合限差2%的两次测深结果的平均值；当多次测量达不到限差2%的要求时，可取多次测深结果的平均值。河底为乱石或较大卵石、砾石组成的断面，应在测深垂线处和垂线上、下游及左、右侧共测5点。四周测点距中心点，小河宜为0.2m，大河宜为0.5m。并取5点水深读数的平均值为测点水深。

2. 测深锤测深

测绳上的尺寸标志时，应将测绳浸水，在受测深锤重量自然拉直的状态下设置。每条垂线的水深应连测2次。两次测得的水深差值，当河底比较平整的断面不超过其中较小的水深值3%，河底不平整的断面不超过5%时，取两次水深读数的平均值；当两次测得的水深差值，超过上述限差范围时，应增加测次，取符合限差的两次测深结果的平均值；当多次测量达不到限差要求时，可取多次测深结果的平均值。

测站应有备用的系有测绳的测深锤1～2个。当断面为乱石组成，测深锤易被卡死损失时，备用的系有测绳的测深锤不宜少于2个。

每年汛前和汛后，应对测绳的尺寸标志进行校对检查。当测绳的尺寸标志与校对尺的长度不符时，应根据实际情况，对测得的水深进行改正。当测绳磨损或标志不清时，应及时更换或补设。

3. 铅鱼测深

在缆道上使用铅鱼测深，应在铅鱼上安装水面和河底信号器。在船上使用铅鱼测深，可只安装河底信号器。悬吊铅鱼的钢丝索尺寸，应根据水深、流速的大小和铅鱼重量及过河、起重设备的荷重能力确定。采用不同重量的铅鱼测深时，悬索尺寸宜做相应的更换。

水深的测读方法宜采用直接读数法、计数器计数法等。当采用计数器测读水深时，应进行测深计数器的率定、测深改正数的率定、水深比测等工作。水深比测的允许误差：当河底比较平整或水深大于3m时，相对随机不确定度不得超过2%；河底不平整或水深小于3m时，相对随机不确定度不得超过4%；相对系统误差应控制在±1%范围内，水深小于1m时，绝对误差不得超过0.05m，不同水深的比测垂线数，不应少于30条，并应均匀分布。当比测结果超过上述限差范围时，应查明原因，予以校正。当采用

多种铅鱼测深时，应分别进行率定。

每次测深之前，应仔细检查悬索（起重索）、铅鱼悬吊、导线、信号器等是否正常。当发现问题时，应及时排除。测深时应读记悬索偏角，并对水深测量结果进行偏角改正。

每年应对悬索上的标志或计数器进行一次比测检查。当主索垂度调整，更换铅鱼、循环索、起重索、传感轮及信号装置时，应及时对计数器进行率定、比测。

4. 超声波测深仪测深

超声波测深仪的使用，应按仪器说明书进行。新仪器正式使用前应进行现场比测。比测点不宜少于30个，并宜均匀分布于各级水位不同水深的垂线处。当比测的相对随机不确定度不超过2%，相对系统误差能控制在±1%范围内时，方可投产使用。

超声波测深仪在使用过程中应进行定期比测，每年不宜少于2～3次。经过一次大检修或测深记录明显不合理时，应及时进行比测检查。

当测深换能器离水面有一段距离时，应对测读或记录的水深做换能器入水深度的改正。当发射换能器与接收换能器之间有较大水平距离，使得超声波传播的距离与垂直距离之差超过垂直距离的2%时，应作斜距改正。

施测前应在流水处水深不小于1m的深度上观测水温，并根据水温做声速校正。

当采用无数据处理功能的数字显示测深仪时，每次测深应连续读取5次以上读数，取其平均值。

6.4.2 断面测量的基本要求

6.4.2.1 大断面测量

1. 测量范围

新设测站的基本水尺断面、流速仪测流断面、浮标中断面和比降断面均应进行大断面测量，测量的范围应包括水下部分的水道断面测量和岸上部分的水准测量。水道断面的水深测量结果，应换算为河底高程；岸上部分应测至历年最高洪水位以上0.5～1.0m；漫滩较远的河流，可测至历时最高洪水边界；有堤防的河流，应测至堤防背河侧的地面为止；无堤防而洪水漫溢至与河流平行的铁路、公路、围圩时，则测至其外侧；湖泊及河面较宽的水位站，可仅测半河或靠近水尺的局部大断面。

2. 测量时间

测流断面河床稳定的测站，且实测点偏离水位与面积关系曲线在±3%范围内者，可在每年汛前或汛后施测一次大断面。河床不稳定的测站，除在每年汛前或汛后施测一次大断面外，还要在当次洪水后及时施测过水断面。大断面测量宜在枯水期单独进行，此时水上部分所占比重大，易于测量，所测精度高。水

道断面测量一般与流量测验同时进行。

3. 测量次数

对于河床稳定的新设测站（水位与面积关系点偏离曲线小于±3％），每年汛期前复测一次；对河床不稳定的新设站，除每年汛前、汛后施测外，并应在每次较大洪峰后加测（汛后及较大洪峰后，可只测量洪水淹没部分），以了解和掌握断面冲淤变化过程。

4. 精度要求

大断面和水道断面的起点距应以高水位时的断面桩作为起算零点。两岸始末断面桩之间总距离的往返测量不符值，不应超过 1/500。

大断面岸上部分的高程，应采用四等水准测量。施测前应清除杂草及障碍物，可在地形转折点处打入有编号的木桩作为高程的测量点。地形比较复杂时，可低于四等水准测量，往返测量的高差不符值应控制在 $\pm 30\sqrt{K}$ mm 范围内（K 为往返测量或左右路线所算得之测段路线长度的平均公里数）；前后视距不符差应不大于 5m；累积视距差应不大于 10m。当复测大断面时，可单程测量闭合于已知高程的固定点。

5. 大断面测深垂线的布设要求

(1) 新设测站或增设大断面时，应在水位平稳时期，沿河宽进行水深连续施测。当水面宽度大于 25m 时，垂线数目不少于 50 条；当水面宽度小于或等于 25m 时，垂线数目宜为 30～40 条，但最小间距不宜小于 0.5m。探测的测深垂线数，应能满足掌握水道断面形状的要求。

(2) 测深垂线的布设宜均匀分布，并应能控制河床变化的转折点，使部分水道断面面积无大补大割情况。当河道有明显的边滩时，主槽部分的测深垂线应较滩地为密。

(3) 潮水河的测深垂线数，可参考上述规定执行。

6. 水位观测

在水深测量施测开始和终了时刻，均应观测或摘录水位。

6.4.2.2 水道断面测量

水道断面的测量，应符合下列规定：

(1) 水道断面测深垂线的布设原则应按"大断面测量"中的规定执行，并使测深垂线与测速垂线一致。对游荡型河流的测站，可在测速垂线以外适当增加测深垂线。

(2) 新设水文站或河床有冲淤变化的水文站，每次测流应同时测量水深。当测站断面冲淤变化不大且变化规律明显时，每次测流可以不同时测量水深。当出现特殊水情，同时测量水深有困难时，水道断面的测量可在测流前后的有利时机进行。

(3) 河床稳定的测站，枯水期每隔 2 个月、汛期每 1 个月应全面测深 1 次。当遇较大洪水时适当增加测次。岩石河床的测站，断面施测的次数可减少。

(4) 冰期测流应同时测量水深、冰面边、冰厚、水浸冰厚和冰花厚。当冰底不平整时，应采用探测的方法加测冰底边起点距；当冰底平整时，可在岸边冰孔的冰底高程的断面图上查得冰底边位置。

(5) 水道断面测宽、测深的方法应根据河宽、水深、设备情况和精度要求确定。

6.4.2.3 水道断面测量误差的控制

为了控制或消除测量误差，断面测量必须按照操作规定施测，并应符合以下规定：

(1) 当有波浪影响观测时，每个测深点的水深观测不应少于 3 次，取其平均值。

(2) 对水深测量点必须控制在测流横断面线上。

(3) 使用铅鱼测深，偏角超过 10°时应作偏角改正；当偏角过大时，应换用更重的铅鱼。

(4) 使用超声波测深仪时，必须以使其能准确地反映河床分界面为选型原则。

(5) 对测宽、测深的仪器和测具应进行校正。

6.4.2.4 垂线数及布设位置对断面测量精度影响分析

水道断面测量的精度，直接影响流量成果的精度。假设断面平均流速无误差，断面测量误差所引起的计算流量的相对误差可用式（6.22）表示：

$$\frac{Q'-Q}{Q} = \frac{F'-F}{F} \qquad (6.22)$$

式中　Q、Q'——正确和含有误差的流量；

　　　F、F'——正确和含有误差的断面面积。

由式（6.22）可知，当断面平均流速已知时，水道断面的相对误差将引起等量的流量相对误差。为了测得精确的断面资料，一定数量的测深垂线及选择合理的垂线位置是保证断面流量成果精度的前提。根据实测资料分析可知，测深垂线数量与断面面积误差有以下关系。

(1) 断面面积的相对误差随着平均水深的增大而减小。在相同断面平均水深下，相对误差随着测深垂线的增加而逐渐减少。

(2) 从测深垂线数与误差关系线知，在垂线较少时，若再减少垂线，误差将增加很快。反之，若一定数量的垂线，再增加垂线对提高断面精度意义不大。

(3) 垂线位置对断面面积误差的影响很大，测深垂线的布设控制河床变化转折点是十分重要的，如布置不当会造成很大的误差。

(4) 一般情况下，断面测深垂线位置应经分析后应予以固定。但当冲淤较大、河床断面显著变形时，应及时调整、补充测深垂线，以减少断面测量误差。

6.5　流速仪法流量测验

6.5.1　流速仪法流量测验的主要内容

1. 流速仪法流量测验的定义

流速仪法主要是用流速仪实测断面上一系列测点流速，并施测断面面积，推求断面流量的一种方法。由于目前我国大部分测站经常是使用转子式流速仪，所以通常情况下，人们称谓"流速仪"多是指转子式流速仪。流速仪法是流速面积法中最重要的方法，是江河流量测验应用最为普遍，被认为精度较高、测量成果较可靠的一种流量测验方法，其测量成果可作为率定或校核其他测流方法的标准。

2. 流速仪法测流的主要工作内容

（1）测前准备。确定测深垂线、测速垂线、测速历时、检查仪器设备等。

（2）水道断面测量（测宽和测深）。

（3）在各测速垂线上施测各测点的流速。

（4）必要时在测速同时进行流向测量。

（5）观测水位。

（6）观测比降（根据需要）。

（7）观测天气等附属项目。

（8）计算实测流量。

（9）检查分析流量测验成果。

6.5.2　流速仪法流量测验的一般规定与要求

1. 流速仪法流量测验的适用条件

（1）断面内大多数测点的流速不超过流速仪的测速范围，在特殊情况下超出了适用范围时，应在资料中说明；当高流速超出仪器测速范围 30% 时，应在使用后将仪器封存，重新检定。

（2）垂线水深不应小于流速仪用一点法测速的必要水深。

（3）在一次测流的起讫时间内，水位涨落差不大于平均水深的 10%；水深较小而涨落急剧的河流不大于平均水深的 20%。

（4）流经测流断面的漂浮物不致频繁影响流速仪正常运转。

2. 流速仪法测流应满足的要求

（1）当测流断面内另设有辅助水尺时，观测基本水尺水位时，两者须同时观测。要求观测比降的测站，应同时观测比降水尺水位。

（2）水道断面的施测方法须按本书第 4 章及有关内容执行。

（3）在各测速垂线上必须测量各点的流速，必要时还要测量流向偏角。

（4）观测天气现象及附近河流情况。

（5）应计算、检查和分析流量测验数据及计算成果。

3. 流速仪法单次流量测验允许误差

（1）允许误差。流速仪法单次流量测验允许误差与测站精度类别、水位、测流断面的宽深比等有关，各类精度水文站的允许误差见表 6.6。

（2）潮流量测验。潮流量测验总随机不确定度应控制在 10%～15% 以内。系统误差应控制在 ±3% 范围内。

表 6.6　　　　　　　　　　　　流速仪法单次流量测验允许误差

项目 站类	水位级	$\dfrac{B}{\overline{d}}$	$\overline{\left(\dfrac{1}{n_{11}}\right)}$	总随机不确定度 /%	系统误差 /%
一类精度 的水文站	高	20～130	0.11～0.20	5	−2～1
	中	25～190	0.13～0.18	6	
	低	80～320	0.13～0.18	9	
二类精度 的水文站	高	30～45	0.13～0.19	6	−2～1
	中	45～90	0.12～0.18	7	
	低	85～150	0.14～0.17	10	
三类精度 的水文站	高	15～25	0.12～0.19	8	−2.5～1
	中	20～50	0.13～0.18	9	
	低	30～90	0.14～0.17	12	

注　1. $\overline{\left(\dfrac{1}{n_{11}}\right)}$ 为十一点法断面概化垂线流速分布形式参数，可按《河流流量测验规范》（GB 50179—1993）附录四附表 4.4 的规定采用。

　　2. $\dfrac{B}{\overline{d}}$ 为宽深比，B 为水面宽，$\overline{d}$ 为断面平均水深。

　　3. 总随机不确定度的置信水平为 95%。

（3）测流方案的选择，在满足误差要求的情况下，宜选择多线、多点和较长的测点测速历时的方案。

4. 枯水期流量测验

（1）枯水期进行流量测验，为保证测验精度，对于存在河道水草丛生或河底石块堆积影响正常测流时，应随时清除水草，必要时可平整河底。

（2）当断面内水深小于流速仪一点法测速所必须的水深或流速低于仪器的正常运转范围时，可采用以下措施：

1）整治长度宜大于枯水河宽的 5 倍，对宽浅河流，宜大于 20m。

2）当整治后仍不能保证测流精度时，可将河段束狭或采用壅水措施。

3）水深大流速小时，可将河段束狭。束狭的长度为其宽度的 1.0 倍。测流断面应布设在束狭河段的下游段内。

4）水浅而流速足够大时，可建立渠化的束狭河段，并应使多数垂线上的水深在 0.2m 以上。束狭后河段的边坡可取 1：2～1：4，渠化长度应大于宽度的 4 倍；测流断面应设在渠化河段内的下游，距进口的长度宜为渠化段全长的 0.6 倍。

5）整治河段宜离开基本水尺断面一段距离。当枯水期基本水尺水位与整治断面的流量关系较好时，可不设立临时水尺。当基本水尺水位与整治断面的流量没有固定关系时，应在整治河段设立临时水尺。

（3）断面内水深太小或流速太低，不能使用流速仪测速又不能采取人工整治措施时，可迁移至临时断面，但要保证它和原断面之间的河段既无外水流入，也无内水分出，并按规定在临时断面上设立临时水尺。

5. 洪水时期测流过程中水位变化大时流量测验

（1）河床冲淤变化不大的测站，山溪性河流洪水涨、落急剧，过程很短，若按常规方法测流时，测次布置很难控制洪水过程，或因水位涨落急剧使得测次分布不能满足有关要求时，可采用连续测流法。连续测流法是指在测流断面上由一岸逐线测至对岸，返回后，立即按原来的顺序再测至对岸。这样反复测至洪峰过后或已满足洪水过程测次分布的要求为止。

（2）河床比较稳定，垂线上的水位与垂线平均流速关系稳定的测站。当水位暴涨暴落，按常规方法测流时，使得一次测流过程中水位涨落差可能超过上述允许的变幅，这样就降低了实测流量成果精度。为了缩短测流历时控制水位涨落差，可采用分线测流法。分线测流法是指在断面上选好固定垂线测流时，一次测验可只测几条垂线的水深、流速，其他垂线的水深、流速在各垂线的水位与垂线平均流速（或水深）关系曲线上查得。在下一次测流量，可选择另外几条垂线测深、测速，以便积累各条固定垂线的实测资料，使各级水位都有均匀分布的实测流速点据。

6. 缆道比测率定的有关要求

使用缆道测流的测站，在缆道正式使用之前，应进行比测率定，并符合以下规定。

（1）流量比测率定的随机不确定度应不超过 5%，系统误差应控制在 ±1% 范围内。

（2）测宽、测深比测率定结果符合 6.4.1 节 "测宽和测深方法" 中的要求。

6.5.3 测速垂线的布设

1. 以前我国测速垂线布设简介

以前我国规范流速仪法流量测验分为精测法和常测法。精测法是在断面上用较多的垂线，并在垂线上用较多的测点，较长的测速历时测验流量的方法。该法并为其他测流方法提供参考依据。常测法是以精测资料为依据，经过精简分析，在保证一定精度的前提下，用较少的垂线、测点和较短的测速历时进行流量测验的一种方法。不同方法所要求的测速垂线数目见表 6.7，它主要是根据河宽和水深而定的。宽浅河道测速垂线数目多一些，窄深河道则可少一些。

表 6.7 我国曾采用的精测法、常测法最少测速垂线数目

	水面宽/m	<5	5	50	100	300	1000	>1000
精测法	窄深河道	5	6	10	12	15	15	15
	宽浅河道			10	15	20	25	>25
常测法	窄深河道	3～5	5	6	7	8	8	8
	宽浅河道			8	9	11	13	>13

2. 我国河流流量测验规范对测速垂线的布设规定

根据《河流流量测验规范》规定，测速垂线的布设应满足以下要求。

（1）测速垂线宜均匀分布，并能控制断面地形和流速沿河宽分布的主要转折点，无大补大割。

（2）主槽垂线较河滩为密。

（3）对测流断面内，大于总流量 1% 的独股分流、串沟，需布设测速垂线。

（4）随水位级的不同，断面形状或流速横向分布有较明显变化的，可分高、中、低水位级分别布设测速垂线。

（5）测速垂线的位置宜固定，当发生以下情况之一时，要随时调整或补充测速垂线。

1）水位涨落或河岸冲淤，使靠岸边的垂线离岸边太远或太近。

2）断面上出现死水、回流，需确定死水、回流边界或回流量。

3）河底地形或测点流速沿河宽分布有较明显的变化。

4）冰期的冰花分布不均匀或测速垂线上冻实。

5）冰期在靠近岸冰与敞露河面分界处出现岸冰。

（6）使用缆道测流的测站，启用前应对测深测宽的仪器、工具及缆索尺寸标志进行率定，并按规定进行检查。

（7）测站测速垂线的数目应在满足"流速仪单次流量测验允许误差"情况下，根据选用的测流方案确定。主流摆动剧烈或河床不稳定以及漫滩严重的测站，宜选取测速垂线较多的方案。

（8）潮水河的测速垂直线数目，可适当少于无潮河流。用船施测时宜为 5～7 条，用缆道施测时宜为 7～9 条，特别宽阔或狭窄的河道可酌情增减。但不得少于 3 条。当高潮与低潮水位的水面宽以及水深相差悬殊时，应在每个潮流期内根据潮水位涨落变化情况，调整测速垂线数目及岸边测速垂线的位置。

3. 国际标准中对测速垂线的要求

国际上一般多采用多线少点测速。国际标准建议测速垂线不少于 20 条，任一部分流量不超过总流量的 10%。

美国曾在 127 条不同河流的测站，以每站在断面上布设 100 条以上的测速垂线，对不同测速垂线数目所求得的流量，进行流量误差的统计分析，其结果见表 6.8。表中标准差的变化范围从 8 条垂线的 4.2% 到 104 条垂线的假定值零。即垂线数越多，流量的误差越小，当测速垂线在 20～35 条时，标准差变化不大，但测速垂线少于 16 条时，标准差突然增大。

表 6.8　　　　　　　　　　　测速垂线数对流量标准差的影响

测速垂线数/条	8～11	12～15	16～20	21～25	26～30	31～35	104
标准差/%	4.2	4.1	2.1	2.0	1.6	1.6	0

另外，测速垂线布置要尽量固定，以便于测流成果的比较，了解断面冲淤与流速变化情况，研究测速垂线与测速点数目的精简分析等。

6.5.4　流速测量的要求

转子式流速仪是目前主要使用的点流速仪，本节的内容主要针对转子式流速仪。如果使用多普勒点流速仪、电磁点流速仪，除参照本节规定外，还应按照仪器说明书的要求使用。

1. 流速测点的分布

流速测点的分布应符合以下规定。

（1）一条垂线上相邻两测点的最小间距不宜小于流速仪旋桨或旋杯的直径。

（2）测水面流速时，流速仪转子旋转部分不得露出水面。

（3）测河底流速时，流速仪必须置于 0.9 水深以下，但仪器旋转部分的边缘应离开河底 2～5cm。测冰底或冰花底时，流速仪旋转部分的边缘离开冰底或冰花底 5cm。

2. 流速仪测点的定位

流速仪测点的定位应符合以下规定。

（1）流速仪可采用悬杆悬吊或悬索悬吊。不论何种悬吊方式都要使流速仪在水下呈现水平状态。当多数垂线的水深或流速较小时，宜采用悬杆悬吊。

（2）流速仪离船边的距离不小于 1.0m；小船也不应小于 0.5m。

（3）采用悬杆悬吊时，流速仪应平行于测点上当时的流向，并应使仪器装在悬杆上能在水平面内的一定范围内自由转动。当采用固定悬杆时，悬杆一端应装有底盘，盘下应有尖头。

（4）采用悬索悬吊测速时，应使流速仪平行于测点上当时的流向。悬挂铅鱼的方法，可采用单点悬吊或可采用能调整重心的"八字形"悬吊。用悬索测速时的偏角改正及确定测点位置的方法，应按《河流流量测验规范》中的规定选择。当不能采用铅鱼实测水深，借用上一次断面成果查读水深，且悬索偏角大于 10° 时，水面以下各测点的位置应采用"试错法"确定。

3. 测速垂线上流速测点的数目

测站测速垂线上流速测点的数目除按上述规定选用外，垂线的流速测点的位置分布应符合表 6.9 的规定。

表 6.9　垂线的测点流速位置分布表

测点数	相对水深位置	
	畅流期	冰期
一点	0.6 或 0.5、0.0、0.2	0.5
二点	0.2、0.8	0.2、0.8
三点	0.2、0.6、0.8	0.15、0.5、0.85
五点	0.0、0.2、0.6、0.8、1.0	
六点	0.0、0.2、0.4、0.6、0.8、1.0	
十一点	0.0、0.1、0.2、0.3、0.4、0.5、0.6、0.7、0.8、0.9、1.0	

注　1. 相对水深为仪器入水深与垂线水深之比。在冰期，相对水深应为有效相对水深；

2. 表中所列五、六、十一点法供特殊要求时选用；

3. 潮水河在未经资料分析前，当垂线水深足够时，应采用六点法。

4. 测速历时

(1) 测速历时引起的偶然误差分析。由于流速脉动的影响，流速仪在某测点上测速历时越大，实测时均流速越接近真值。但历时太长不仅不经济，而且水位有变化时所测流量会失去代表性。我国曾进行了大量的试验，经综合分析结果，得出以下结论。

1) 流速脉动的强弱与测速的相对误差成正比。

2) 流速脉动产生的误差，随着测速历时的减少而逐渐加大，历时越短，其误差的递增率也越大。如以测速历时 300s 为准，累积频率 75% 的相对误差，在水面时，测速历时 100s 误差为 ±1.9%，50s 误差为 ±2.5%，30s 为 ±3.6%。若测速历时为 20s，测点流速的累积频率 75% 的相对误差已达 ±7%，加上测流条件恶劣等，偶然误差还可能增大。因此，控制一定的测速历时对于减少流速脉动的误差十分必要。

3) 流速脉动影响的测速误差是偶然误差。如测点较多，它们之间能相互抵消一部分。

(2) 我国旧规范规定的测速历时简介。我国旧的流量测验规范规定：测站通常用常测法测流，要求每一测速点的测速历时一般不短于 100s，在特殊水情时，为缩短测流历时，或需要在一天内增加测流次数时，采用简测法测流。简测法的测速历时可缩短至 50s，但无论如何不应短于 20s。

在流量随时间变化剧烈时，无论用哪种方法测流，都应缩短测流历时。在一次测流过程中的水位涨落差，一般应小于平均水深的 20%。因此，只能通过减少测速垂线、测点和测速历时来达到上述要求。如还不能满足要求，可在几条测速垂线上分组同时测流。

这个规定在我国使用几十年，其特点是规定以试验资料为基础，具有一定的科学性，比较明确，便于应用。缺点是没有考虑测站流速脉动的差异。

(3) 现行流量测验规范对测流历时的规定。我国现行《河流流量测验规范》对测流历时的规定为：测站单个流速测点上的测速历时，应在满足"流速仪单次流量测验允许误差"情况下，通过选用的测流方案确定。潮流站单个测点上的测速历时宜为 60~100s。当流速变率较大或垂线上测点较多时，可采用 30~60s。

5. 测流断面出现死水区或回流区时的流量测验

当测流断面出现死水区或回流区时，应测定死水边界或回流量，并应符合以下规定。

(1) 死水区的断面面积不超过断面总面积的 3% 时，死水区可作流水处理。死水区的断面面积超过断面总面积的 3% 时，应根据以往的测验资料分析确定或目测决定死水边界。

(2) 死水区较大时，应用低流速仪或深水浮标测定死水边界。

(3) 断面回流量未超过断面顺流量的 1%，且在不同时间内顺逆不定时，可只在顺逆流交界两侧布置测速垂线测定其边界，回流可作死水处理。

(4) 当回流量超过断面顺流量的 1% 时，除测定其边界外，还应在回流区内布设适当的测速垂线，并施测回流流量。

6. 潮水河垂线流速测验

(1) 潮水河垂线流速可采用多架流速仪在垂线各测点上同时施测，或采用一架流速仪在垂线上依次施测各测点流速再改正为同时流速。

(2) 当同一架流速仪依次施测各测点的流速时，流速的施测和改正方法应符合以下规定。

1) 图解改正法，宜测 5~7 点，水面测点以外的其他测点按等距离分布，并与河底的距离固定不变。当潮水位涨落，引起水面测点与相邻测点距离过大或过小时，应按均匀等距的原则增减或调整测点。将每一次测点的实测流速按时序点绘流速过程线图 6.8，根据这组曲线可查得施测潮流期内任何时间垂线上各个测点的同时流速。

测量顺序，自河底测向水面；每次施测的时距宜短，测次宜多。

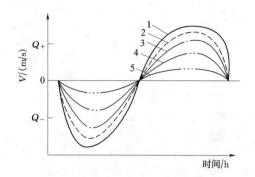

图 6.8　涨落潮流垂线上各测点流速过程线

1—水面测点；2—距河底第 3 测点；3—距河底
第 2 测点；4—距河底第 1 测点；5—河底测点

2）流速过程线改正法，宜采用六点法施测，测点位置按相对水深计算。测量顺序应自河底测向水面，并记下每点的施测时间。每次施测时距宜短，测次宜多。

3）等深点流速平均改正法，可采用 2～6 点法施测。测量顺序应从水面向下依次测至水深最大的测点，再向上逐点测回至水面。除水深最大的测点外，其余各测点应往返施测两次。各测点间的测速时距宜短并应大致相等。除河底流速外，其余各测点的流速取两次施测的平均值。并以水深最大测点的施测时间作为垂线流速的平均时间。

4）水面流速改正法，可采用 3～6 点法施测。测量顺序应从水面向下依次测至河底，并记下水面测点的开始测量时间作为该垂线的测速时间。各测点施测的时距宜短并应大致相等。测完河底一点后，应立即再测一次水面流速。各测点流速的改正值可按式（6.23）计算：

$$\Delta V_i = \frac{V'_{0.0} - V''_{0.0}}{V''_{0.0}} \cdot \frac{i-1}{n} V_i \qquad (6.23)$$

式中　ΔV_i——第 i 个测点流速的改正值，m/s；

　　　$V'_{0.0}$——第一次测量的水面流速，m/s；

　　　$V''_{0.0}$——第二次测量的水面流速，m/s；

　　　i——垂线上测点的顺序号；

　　　n——垂线上测点的总数；

　　　V_i——要改正的测点流速，m/s。

（3）潮流站的断面流速可采用多船同时测流法，一船多线法或多船多线法施测，并符合以下规定。

1）多船同时测流法，可在断面上每条垂线分别固定一只测船，同时施测流速。

2）一船多线法，当每条垂线用二点法或三点法施测时，应在一岸测往对岸后，再由对岸测回原岸，以往返两次测得的各个测点的流速平均值作为最后施

测的一个测点的同时流速，见图 6.9。

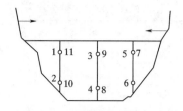

图 6.9　一船多线法施测点次顺序

注：1、2、3…代表各测点施测的先后次序，第 6 点只测 1 次，其他各点均测 2 次。

当各条垂线上的测点数目在六点以上时，可从一岸开始依次测往对岸后不再返测。全断面各条垂线的同时流速可用点绘测点流速过程的方法算出。

3）多船多线法，每条测船各施测 1～3 条垂线，每条垂线和测点流速的施测方法，与一船多线法相同。

7．憩流时间的确定

（1）用流速仪等候施测涨、落潮憩流出现时间的垂线和测点位置，宜经过试验分析后确定。如未经试验，垂线上的憩流平均出现时间，可将仪器放在 0.4 水深附近候测；全断面憩流平均出现时间，当采用一船多线法施测时，可将仪器放在岸边与中泓之间的一条垂线上候测；当采用多船同时施测时，应按各条垂线憩流时间的算术平均值确定。

当流速仪持续 180s 不出现讯号时，可视作憩流。当仪器测出的憩流有一段持续时间时，按持续开始和终了的平均时间确定。

（2）不用流速仪实测时，可点绘涨、落潮流转向前后时段的断面平均流速过程线插补全断面憩流平均时间。

8．冰期流量测验

我国北方以及西南高原地区冬季河流常出现结冰，给流量测验带来了新的问题。冰期测流应符合以下规定。

（1）凿冰孔测流时，先将碎冰或流动冰花排除再行施测。

（2）当测流断面冰上冒水严重或断面内冰下冰花所占面积超过流水面积的 25% 以上时，可将测流断面迁移到无冰上冒水和冰花较少的河段上。

（3）封冻冰层较厚时，宜采用专用冰钻钻孔测流。

（4）测定冰下死水边界时，可将系有红、白两色轻质纤维布的测杆伸入有效水深处进行观察，或将长吸管伸入有效水深处，向管内注入与水比重相近的有色溶液观察是否流动。

（5）严寒天气，可在仪器表面涂煤油或加上保温

防冻罩等方法防止流速仪出水后表面结冰。当仪器结冰时,可用热水融化,严禁强行扭动或敲打来消除表面冰层。

(6)在初封与解冻时期,冰层不够坚固时,宜在早上气温较低时施测流量。

(7)测流断面发生层冰层水时,可采取以下措施。

1)改在临时断面测流。

2)当断面狭窄时,可将测流断面及附近一小段河段内的所有冰层全部清除。按畅流期方法施测。

3)对于较大河流,可分层施测。当分层施测有困难时,可在测流断面上钻平行于流向的长槽冰孔。冰槽长度应根据流速和水浸冰厚而定,以保证在拟定的测流断面位置上不出现明显层间涡流和死水为原则。

4)当各冰层之间水道断面未被水流充满时,可在测流断面上游一定距离处,钻若干穿透各冰层的冰孔,使水流经过冰孔集中至最下层,待水位平稳后,再在测流断面上按正常方法施测流量。

6.5.5 流速仪

6.5.5.1 转子式流速仪

1. 转子式流速仪简介

转子式流速仪是水文测验中最常用的流速测验仪

器,早在1790年,德国研制了世界上用于河渠测速的首架旋桨式流速仪。1863年设计了旋杯式流速仪。1882年,普莱斯(Price)加以改进,成为美国常规水文测验中使用的流速仪。之后,又不断改进,沿用至今。

我国在1943年仿制了美国普莱斯旋杯式流速仪,经过多年的使用和不断改进,于1961年定型为LS68型旋杯式流速仪。LS为流速的汉语拼音缩写,68为流速仪转子特征参数水力螺距$K(b)$。在此基础上,又研制了LS78型旋杯式低流速仪和LS45型旋杯式浅水低流速仪。这三种仪器组成我国水文测验中的旋杯式系列流速仪,主要用于中、低流速测量。

为适应我国河流流速高、含沙量大,水草飘浮物多的水情,1956年仿制前苏联旋桨式流速仪,研制出LS25-1型旋桨式流速仪;后又研制了适应高流速、高含沙量的水流的LS25-3型、LS20B型旋桨式流速仪;为满足水利调查、农田灌溉、小型泵站、大型水电站的装机效率试验,以及环保污水监测的需要,研制出了LS10型、LS1206型旋桨式流速仪。

转子式流速仪中还有一类称旋叶式流速仪,因陆地水文仪器中几乎不使用,故不在此介绍。国产转子式流速仪简要性能见表6.10。由于各类流速仪会有不同的改进,表中有符号"＊"的两列数据仅供参考。

表 6.10　国产转子式流速仪简要性能表

系列类型	仪器型号	转子直径 D /mm	最小水深 H /m	起转速 v_0 /(m/s)	测速范围 v /(m·s)	倍常数 K /m
旋杯式	LS68	128	0.15	0.08	0.2～3.5	0.670～0.690
	LS78	128	0.15	0.018	0.02～0.5	0.760～0.800
	LS45	60	0.05	0.015	0.015～0.5	0.432～0.468
旋桨式	LS25-1	120	0.2	0.05	0.06～5.0	0.240～0.260
	LS25-3	120	0.2	0.04	0.04～10.0	0.243～0.257
	LS20B	120	0.2	0.04	0.03～15.0	0.195～0.205
	LS10	60	0.1	0.08	0.10～4.0	0.095～0.105
	LS1206B	60	0.1	0.05	0.07～7.0	0.115～0.125

2. 转子式流速仪的工作原理

转子式流速仪是根据水流对流速仪转子的动量传递而进行工作的。当水流流过流速仪转子时,水流直线运动能量产生转子转矩。此转矩克服转子的惯量、轴承等内摩阻,以及水流与转子之间相对运动引起的流体阻力等,使转子转动。从流体力学理论分析,上述各力作用下的运动机理十分复杂,而其综合作用结果使复杂程度深化,难以具体分析,但其作用结果却比较简单:即在一定的速度范围内,流速仪转子的转速与水流速度呈简单的近似线性关系。因此,国内外都应用传统的水槽实验方法,建立转子转速与水流速

度之间的经验公式为

$$V = Kn + C \tag{6.24}$$

式(6.24)是以前的公式,由生产厂家提供,现标准规定的公式为

$$V = a + bn \tag{6.25}$$

式中　K、b——流速仪转子的水力螺距;

C、a——常数;

n——流速仪转子的转率。

尽管使用上述公式即可简单地计算出水流速度,但并不意味着v和n间存在着数学上的线性关系。而仅说明在一定流速范围内,n和v呈近似的线性关

系。故该公式仅仅是一个经验公式。经验公式是根据流速仪检定试验得到一组实验点据，经数据处理，求得 $K(b)$ 和 $C(a)$，从而得到该经验公式。当流速超出规定范围时，此经验公式不成立或误差很大。国内大部分流速仪只提供一个直线公式，用于全量程。国外某些流速仪还另外提供或只提供一张 $n—v$ 关系表格，测得 n 后，可在表格上查找 v。个别仪器如 LS25-1 型，需要扩大低速使用范围时，也可给出低速的 $v—n$ 曲线，通过 n 在曲线上查找相应的低速。国外有些仪器提供 2～3 个直线公式，用于不同的速度范围。

3. 转子式流速仪的组成

转子式流速仪主要由转子、旋转支承、发信、尾翼和机身（身架、轭架）等部分的组成。

4. 转子式流速仪的类型

转子式流速仪根据转子的不同又分为旋桨式流速仪和旋杯式流速仪两种。

（1）旋桨式流速仪。旋桨式流速仪工作时，旋转轴呈水平状态，所以也称为水平轴式流速仪。它的感应部件是一个二叶或三叶的螺旋桨叶。螺旋桨叶的机械导程和它的 $K(b)$ 值基本相等。支承系统都采用 2 个球轴承。信号产生机构多采用机械接触丝或干簧管，个别产品采用光电信号和霍尔元件。

旋桨式流速仪是我国测速的主要仪器，可以在高流速、高含沙量、有水草等漂浮物的恶劣条件下应用。

（2）旋杯式流速仪。旋杯式流速仪工作时，旋转轴呈垂直状态，所以称为垂直轴式流速仪。它的感应部件是包括 6 个（或 3 个）锥形杯子的旋杯部件。支承系统都采用顶针顶窝结构和轴颈轴套结构。信号产生结构种类较多，有接触丝、干簧管、水（电）阻式、霍尔元件、光电等方式。

旋杯流速仪用于水流条件较好的中、低速测验，使用、维护较方便。

5. 旋桨式流速仪结构

（1）LS25-1 型旋桨流速仪。LS25-1 型旋桨式流速仪是我国使用普遍的旋桨流速仪，仪器外形见图 6.10。

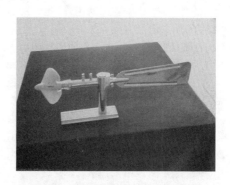

图 6.10　LS25-1 旋桨式流速仪外形图

LS25-1 型旋桨流速仪的结构见图 6.11。旋桨流速仪工作时，水流冲击旋桨，旋桨支承在两个球轴承上，绕固定的旋桨轴转动。轴套、反牙螺丝套等零件和旋桨一起转动，带动压合在轴套内的螺丝套一起旋转。螺丝套内部加工有内螺丝，带动安装在旋轴上的齿轮转动。其传动比是旋桨和轴套一起转动 20 圈，齿轮转 1 圈。在齿轮圆周上有一接触销。齿轮每转一圈，此接触销和接触丝接触一次。接触丝与仪器本身绝缘，通过同样与仪器本身绝缘的接线柱甲接出。另一接线柱乙与仪器自身连接。这样就达到了旋桨每转 20 圈，接线柱甲、乙导通 1 次的目的。如果将齿轮上的接触销增加到 2 根或 4 根（均匀分布），就代表着旋桨每转 10 圈或 5 圈产生一次接触信号。

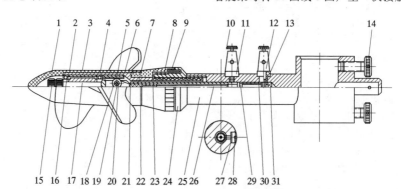

图 6.11　LS25-1 型旋桨流速仪结构图

1—旋桨；2—轴套；3—接触销；4—接触轮；5—齿轮轴；6—接触轴套；7—绝缘座；8—正牙螺丝套；9—导线杆；10—绝缘管；11—衬管架；12—身架；13—固轴螺丝；14—垫圈；15—插孔；16—插孔套；17—固尾螺丝；18—尾翼；19—固定螺丝；20—压线螺丝；21—接线柱甲；22—衬管；23—接线柱乙；24—固定螺丝；25—接触丝；26—齿轮；27—螺丝套；28—旋桨轴；29—内隔套；30—外隔套；31—球轴承

身架中部有一竖孔，用以悬挂或固定流速仪。其后部安装有单片垂直尾翼。LS25-1 型旋桨流速仪一般用以固定安装使用，它自己不能俯仰迎合水流，使用转轴时可以水平左右旋转，但旋转灵敏度较差。

早期生产的旋桨是铜铝合金材料，后期改为 PC（聚碳酸酯）材料的旋桨。

（2）LS25-3A 型旋桨式流速仪。LS25-3A 型旋桨式流速仪的部分技术指标优于 LS25-1 型旋桨式流速仪。仪器外形见图 6.12。

图 6.12 LS25-3A 型旋桨式流速仪

该仪器的特点是在继承 LS25-1 型旋桨式流速仪优点的基础上做了进一步的改进，使其结构紧凑，转动灵活，测速范围扩大，防水防沙性能较好。

从桨叶转动到接触丝的接触信号产生，其传动机构和 LS25-1 型旋桨流速仪基本相同。但该流速仪的

旋转密封机构较好，旋转支承结构也较为合理，所以能适用于较高含沙量和较高流速的河流。

身架上只有一个接线挂，中部有一竖孔，用于悬挂和固定流速仪，后部装有十字尾翼。使用转轴和非固定安装时，可以水平和俯仰对准流向。但由于身架悬挂孔和安装方法的限制，该流速仪本身仍难以灵敏地迎合水流流向。

（3）LS20B 型旋桨式流速仪。LS20B 型旋桨式流速仪是一种大量程的江河水文测速仪器。仪器外形见图 6.13。

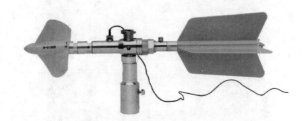

图 6.13 LS20B 型旋桨式流速仪外形

该流速仪结构合理，密封性能很好，可以用于高含沙量的高速水流测量。LS20B 型旋桨式流速仪的结构见图 6.14。

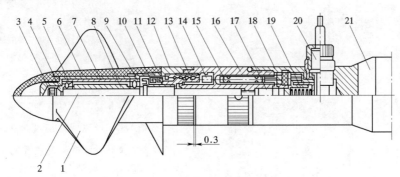

图 6.14 LS20B 型旋桨式流速仪结构图

1—旋桨；2—旋桨轴；3—锁定螺钉；4—轴承垫圈；5—轴承；6—轴承套；7—定位套；
8—轴承隔套；9—隔套；10—外挡圈；11—轴承油室密封装置；12—补偿垫圈；
13—旋转套部件；14—磁钢；15—干簧管支部件；16—发信座部件；
17—圆柱头螺钉；18—导电套；19—接触套；20—插头
支部件；21—身架

旋桨转动，带动旋转套部件转动。在旋转套部件后端装有对称的两块（或一块磁钢），水流冲击使旋桨每转一圈，磁钢的磁极经过一次水平安装的干簧管端部，使干簧管导通两次（或一次）。干簧管的一端与流速仪绝缘，连接到身架上的接线插头。干簧管的另一端与流速仪身架相连，直接通过安装、悬挂流速仪的金属悬杆、索缆连到流速仪信号接收处理仪器上。所以该流速仪只有一个信号接出插座。

身架中部有一垂直孔，孔径 $\phi 20\text{mm}$，用以安装和悬挂流速仪。后部装有十字尾翼。使用转轴和非固定安装时，可以水平和俯仰对准流向。

改进后的 LS20B 型旋桨式流速仪，旋桨一转只产生一个信号，提高了发信可靠性。

与 LS20B 型同时成型的还有 LS20A 型旋桨流速仪，主要差别是 LS20A 型的旋桨每转 20 转才产生一个信号，信号由接触丝接触产生。

6. 旋杯式流速仪结构

（1）LS68 型旋杯式流速仪。LS68 型旋杯式流速仪是采用旋杯测流速的水文仪器，适用于测量流速不太大且漂流物较少的河流测流。LS68 型旋杯流速仪是生产历史最长，应用最普遍的旋杯流速仪。仪器外形见图 6.15。

LS68 型旋杯式流速仪的特点是结构简单、使用维修方便、受流向影响小。LS68 型旋杯式流速仪的结构见图 6.16。

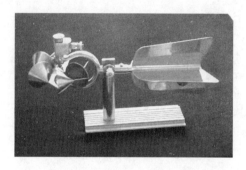

图 6.15　LS68 型旋杯式流速仪

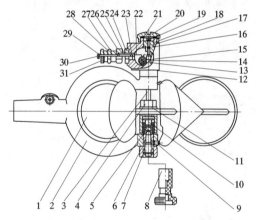

图 6.16　LS68 型旋杯式流速仪的结构

1—旋杯部件；2—轭架；3—旋轴；4—旋盘固定帽；
5—顶针支件；6—顶头；7—并帽；8—旋盘固定器；9—轭架顶螺丝；10—顶窝；11—固定帽垫圈；12—偏心筒；13—侧盖；14—齿轮；15—齿轮轴螺丝；16—钢珠；17—钢珠座；18—轴套座；19—弹簧垫圈；20—顶盖；21—顶盖垫圈；22—接触丝；23—固定螺丝；24—连接螺丝；25—绝缘套；26—紧压螺帽；27—绝缘垫圈；28—小六角螺帽；29—接线螺丝；30—防脱螺丝；31—压线螺帽

装有 6 个旋杯的旋杯部件感应水流，带动旋轴一起转动。旋轴上部的螺杆带动齿轮转动，和齿轮连在

一起的接触轮有均布的 4 个凸起。旋轴每转 20 转，齿轮转一圈，固定的接触丝和接触轮上的 4 个凸起各接触一次，达到旋杯部件（旋轴）每转 5 圈产生 1 个接触信号的目的。接触丝的一端与流速仪绝缘，用偏心筒上的绝缘接线柱引出，信号另一端用固定在轭架上的接线柱引出。

旋轴下部用钢质顶针顶窝支承，上部用轴颈轴套径向支承，顶端用钢珠限位和支承。

轭架中部有扁孔，用来使用扁形悬杆安装、悬挂流速仪。后部装有十字尾翼。

旋杯流速仪在水平面上不需要完全对准流向，只需能适当俯仰对准流向。

（2）LS78 型旋杯式低流速仪。LS78 型旋杯式速仪是一种适合测量低流速的水文仪器。它是在 LS68 型旋杯式流速仪的基础上，按照低速测量的要求研制的。其外形见图 6.17，结构见图 6.18。

LS78 型旋杯式低流速仪的特点是结构简单、使用方便，所采用的旋转支系统、传讯机构和悬挂机构使仪器起转速低，定向灵敏。

图 6.17　LS78 型旋杯式低流速仪外形图

LS78 型仪器发信机构的主要元器件是磁钢和干簧管。磁钢安装在旋轴上，干簧管安装在传信座的孔中，下端借助导电簧与仪器轭架相通，上端接绝缘的接线柱。旋杯转子旋转时，带动旋轴上的磁钢一起转，每转一圈，干簧管中两簧片受到磁钢的磁场激励而导通，输出一个导能信号。

这种发信机构去掉了减速传动付部分，并用磁场激励的方式使接点导通，故仪器整机结构大为简化，内摩阻小，工作中接点也无需调整，使用十分方便。

旋轴的上下支承都采用钢质顶尖和锥形刚玉顶窝支承，减小了旋转阻力，适用于低速测量。旋杯部件改为工程塑料，入水后转动惯量很小，有利于灵敏度的提高。

轭架和尾翼与 LS68 型相仿，但增加了装有球轴承的转轴和接尾杆，使该流速仪可以在极低流速时，仍能基本对准流向。

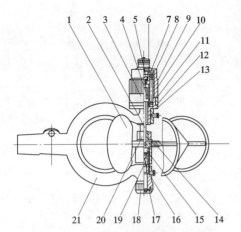

图 6.18　LS78 型旋杯式低流速仪结构图

1—旋杯部件；2—旋轴部件；3—防护罩；4—磁钢；5—玛
瑙座；6—接线柱；7—止动垫圈；8—压板；9—绝缘套；
10—干簧管；11—导电簧；12—防水垫；13—传讯座；
14—固定帽垫圈；15—宝石轴承；16—轭架顶螺丝；
17—并帽；18—顶头；19—顶针；20—旋盘固
定帽；21—轭架

7. 转子式流速仪的信号产生机构

转子式流速仪的信号产生机构有机械接触丝方式、干簧管方式和其他方式如水电阻或霍尔元件等。

（1）机械接触丝。较早定型生产的旋杯、旋桨流速仪都采用这种方式。结构原理可以参阅 LS68 型旋杯流速仪。应用齿轮、蜗杆减速原理使得转子部件转动 5、10、20 圈后，接触丝才和接触触点接触一次。接触丝常采用导电性能较好，又比较有弹性的合金材料制造，旋桨流速仪用银铜合金制造接触丝、接触销。

这种信号接触方式简单、直观。易于调节，很容易排除故障，使用很方便。接触丝可以耐受较高电压，通过较大电流。可以适用于各种计数器，早期常用电铃灯光计数器，通过流速仪触点的电流很大，还有电感性负载，故只有接触丝可以适应电铃计数器。

机械接触的触点没有任何保护，触点压力、相互位置常会发生变化，要经常调整。触点暴露在空气中，有时直接与水接触，腐蚀、污物都会影响接触电阻，也需经常维护。因为很容易掌握调节方法，所以上述因素并不影响使用。

机械接触丝的接触过程是一接触丝和触点的滑动过程，并且有一历时。在这一过程中，接触电阻会发生变化，有时还会发生瞬间的中断。这可能会使接触信号很不平滑，还有可能使一个信号中断为 2 个以上的信号脉冲。信号的这种中断是很短暂的，人工听音响计数时不会误判成 2 个或 2 个以上的信号数。但

是，如果使用电子计数器，就会发生多记信号的现象。所有电子流速仪计数器都会设计一延时电路来解决此问题。接触信号不平滑，可能有中断，是接触丝接触方式又能避免的问题。

（2）干簧管、磁钢。这种信号产生方式是利用舌簧管和磁钢配合的方式，也常被称为磁敏开关。舌簧管分为湿簧管与干簧管两种，当接点需通过大电流时，舌簧管内应充满油，保护触点，此为湿簧管。水文仪器中应用的舌簧管，由于通过接点电流不大，舌簧管内只需充以氮气来保护触点，故称为干式舌簧管，简称干簧管。

干簧管由在一空心玻璃管内密封着一对导磁簧片（接点）组成。当外磁场足够大时（磁钢接近），簧片被磁化，接点处的两簧片端磁极正好是相反，因而相互吸合，接点导通；外磁场撤去（磁钢远离），簧片磁性消失或减弱，簧片的弹性使接点分离，接点断开。为防止接点氧化，接触电阻增大或接点常粘，在簧片上要镀上铑等稀有金属。

干簧管可以用通电线圈产生的磁场来使它导通断开。水文仪器上一般使用永磁磁钢来吸合干簧管。常用的吸合方式有图 6.19 所示的 3 种。

1）A 方式的磁钢 N—S 方向和干簧管轴线平行，且应位于干簧管的接点处。当磁钢靠近干簧管，激励磁场强度足够大时，干簧管簧片的磁感应极性见图 6.19 中 A 方式，簧片吸合；磁钢远离干簧管，簧片磁性消失，接点弹开。安装时对磁钢的极性方向没有要求。

2）B 方式的磁钢一极正对干簧管某一端。不论是沿轴线从远到近接近干簧管，还是旋转接近到此位置，磁钢将使簧片感应出足够的磁性，使接点吸合。磁钢离去时，信号断开。

3）C 方式比较复杂，磁钢 N—S 极和干簧管平行并很接近。磁钢装在旋桨轴一端，在原地垂直干簧管轴线转动。当磁钢 N—S 极连线转动到与干簧管轴线平行时，和 A 方式相同，干簧管簧片被磁化，接点接通；当转动到两者轴线互相垂直时，接点处两簧片的对应点被磁化成相同极性，两簧片相斥，接点断开。这样，旋桨轴转一圈，干簧管导通两次，又断开两次，形成旋桨转一圈产生两个信号。

用干簧管作为信号接点的优点是接点密封、不易氧化、没有磨损、接触可靠、信号波形光滑，有利于信号接收处理。对于电子计数器尤为合适。但磁钢和干簧管的配合性能要求比较严格。磁钢的磁性能、稳定性、干簧管的疲劳、两者配合距离的变化都会影响到信号的可靠性。用干簧管和磁钢发送信号的流速仪，其信号频率都比较高。除了低流速仪外，其信号

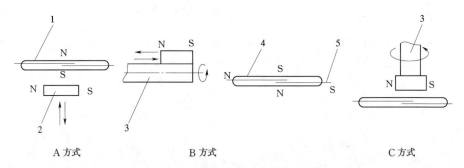

A 方式   B 方式   C 方式

图 6.19　干簧管结构及与磁钢配合工作方式

频率都只能用自动计数器记录，不能用人工计数。干簧管、磁钢产生信号的方式还被广泛用于翻斗式雨量计。

（3）其他方式。为了减少转子旋转阻力，LS45型旋杯式浅水低流速仪采用了电桥原理，感应因旋杯转动而引起的水电阻变化。有些产品可能应用霍尔器件产生信号，利用磁钢对霍尔器件的感应（霍尔效应）产生电信号。

这两种方式都没有或几乎不产生转子旋转阻力，但是都要用多根信号线接出信号，还要配用专用流速仪计数器。

8. 转子式流速仪的安装要求

（1）固定位置。转子式流速仪测量的是水流中某一固定位置的测点测速，这一测点可能在测流断面中的任意位置。流速仪应该安装在这一测点，在测速工作历时中，流速仪应该能稳定（固定安装）或较稳定地（悬挂）处在此指定位置。

（2）对准流向。测流速时要求流速仪能对准流向，以能测到最大的真正流速值。除了特殊需要外，在测速时，转子式流速仪应该能对准流速方向。为此，流速仪可以固定安装，人为对准水流方向，也可以悬挂或活动安装，使流速仪在水平和俯仰方向上可以自己转动，自动对准流向。这种转动可以依靠流速仪的尾翼作用，也可以依靠测流设备，如铅鱼尾翼的作用。

（3）符合信号传输。几乎所有的转子式流速仪产生的流速信号都由岸上或船上的流速仪计数器接收，信号从水下传到水上有不同方式，但都要受一定限制。有的需要导线，有的要用专用水下信号发生装置，有的受一定的水深流速等水文条件限制，都会影响转子式流速仪的工作安装位置和安装方式。

（4）安全。高速水流的冲击会损坏流速仪的尾翼和转子部件。在仪器入水时，如果是横向下水或尾翼向着上游下水，很容易损坏尾翼部件。因此，流速仪应牢固地安装好，以防水流冲走流速仪。要保证流速仪不会碰到河底、河岸，以免损坏流速仪。要尽量防止水流中的漂浮物损坏流速仪。

9. 转子式流速仪的安装方式

转子式流速仪的安装有测杆和悬索悬挂两种方式。大部分旋桨流速仪可以采用这两种安装方式。旋杯流速仪轭架上的安装孔是扁形的，只能使用专用悬杆悬挂安装。转子式流速仪的测速范围宽，应根据实测流速大小、所用流速仪性能结构、测量地点水流状况来决定安装方式。可以利用的测流设备也是决定安装方式的主要因素。

（1）测杆安装。适用于浅水河流、渠道，在涉水测流、桥测、船测时应用。一般由人工手扶测杆测速。见图 6.20。

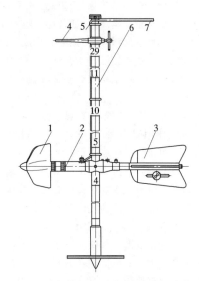

图 6.20　旋桨流速仪的测杆安装（带尾翼）
1—旋转部件；2—身架部件；3—尾翼部件；4—指针；
5—橡胶圈；6—测杆；7—导线

旋桨流速仪连同尾翼安装在测杆上有利于流速仪测速时自动对准流向，如果测杆是固定的，或者流速很低时，也可以不带尾翼，直接用流速仪的固定螺钉固定在测杆上。

测杆可以固定在水中某一基础支架上，流速仪将稳定地固定在某一位置工作。测杆也可安装在一测流设施上，控制测杆升降，安装在此测杆上的流速仪可以稳定地停在需要测速的位置上。这种可以控制升降的测杆可安装在专用测桥、缆车以及较小的缆道等多种测流装置上。

（2）转轴悬索安装。适用于深水河道，较低流速的测量。水流较深时，不能使用测杆，必须用铅鱼、悬索悬吊。流速不大时，流速仪自动对准水流的转动力矩较小，安装在转轴上可以减小流速仪的转动力矩，容易对准水流方向，见图6.21。转轴下方挂有测流铅鱼，上部与悬索相连。连接处使用绳钩，方便装卸。这种安装方式可用于船测、缆道、桥测，所用铅鱼重量较轻。

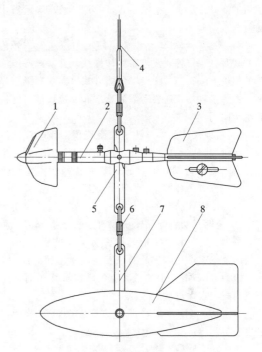

图6.22 悬杆悬索安装图
1—旋转部件；2—身架部件；3—尾翼部件；4—悬索；
5—悬杆；6—绳钩；7—连杆；8—铅鱼

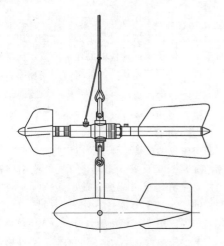

图6.21 转轴悬索安装图

（3）悬杆悬索安装。流速仪安装在专用的悬杆上，悬杆上、下端用绳钩分别与悬索和铅鱼相连，见图6.22。这种悬挂方式可以用于深水的中等流速，有些流速仪在悬杆上可以有一定的水平、垂直（俯仰）自动对准流向的转动空间，有些流速仪，如LS25-1型，没有垂直（俯仰）自动对准流向的转动空间。水平对准流向同时靠铅鱼尾翼的自动定向作用。旋杯流速仪在水平面上可以不完全对准流向，所以它的定向要求与旋桨流速仪有所不同，但悬挂方法基本一致。

这种安装方法可用于船测、缆道、桥测。所用铅鱼重量一般不会超过100kg。

（4）在测流铅鱼上的安装。在测流铅鱼的头部前上方固定有流速仪安装立柱，在此立柱上用专用接头部件安装流速仪，见图6.23。这种方法适用于高速测量，铅鱼可以很重，所用的测流铅鱼可以重达几百公斤，多用悬索悬吊。这种悬挂方式拆装流速仪很方

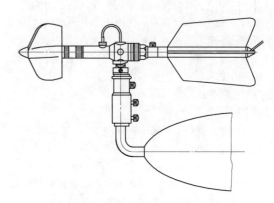

图6.23 流速仪在铅鱼头部的安装图

便，是缆道站和船测站应用最多的方式。

流速仪安装立柱也有可能在测流铅鱼的侧面，流速仪安装在专用接头上，可以在一定范围内水平、垂直转动，以对准流向。用于低速测量时要装转动较灵敏的专用接头。由于使用的铅鱼较重，尾翼也较大，测流铅鱼尾翼的自动对准水流作用是流速仪的主要定向因素。所以，流速仪也可能完全固定在测流铅鱼的立柱上和铅鱼的纵轴平行。

10. 转子式流速仪的使用

（1）安装流速仪的设施设备。

1）流速仪根据安装等方式，使用前要准备好要

使用的测杆、悬索、悬挂装置、缆道、绞车等所需用的设施。

2）流速仪信号传输设施。简单的流速仪信号传输方式是有线传输，要准备好传输线，并考虑好传输线的架设方法。用"无线"传输方式，需要水下信号发生器和接收器，还要考虑好悬索和流速仪信号连接的绝缘问题。

3）流速仪计数器。转子式流速仪工作时要计测测流历时和流速仪信号数，可以用人工计时计数，也可以自动或半自动计时计数。要准备好所需要的停表、音响或灯光计数器、自动计数器。

（2）使用前的准备。

1）流速仪的装配。转子式流速仪是拆成部件后装在仪器箱内的，使用前要按说明书要求装成整机。装机时要按要求加入规定的仪表油，所用润滑油为 8 号仪表油（GB 487）。如果流速仪较脏或较长时间不用，应先用汽油清洗干净。

2）检查和调节旋转部件的旋转轴向间隙和灵敏度。

旋转轴向间隙。旋杯流速仪的旋转轴是垂直的，它的旋轴在垂直上下方向上应该有一些间隙。旋桨流速仪的旋转轴是水平的，它的旋桨轴在水平方向上应该有一些间隙。这些间隙对保证流速仪转子的旋转灵敏度和正常工作非常重要。间隙太小，流速仪转子转动不灵敏，测出流速偏小。间隙太大，转子转动不平稳，会引起冲击，影响流速测量的准确性，也容易损坏转子的支承系统。对旋桨流速仪来讲，过大的间隙会降低旋转系统的密封性，引起水、沙的进入，使流速仪不能正常工作。

每一个流速仪都有要求的间隙值，这些要求值的实际意义也有不同。对旋杯流速仪来讲，要求的是旋轴的轴向窜动间隙，一般要求在 0.02～0.05mm 左右。对旋桨流速仪来讲，要求的是旋桨部件和固定部件（身架）之间的缝隙宽度，这宽度是固定的，一般要求在 0.3～0.4mm 左右。旋桨流速仪的旋桨轴安装好后应该有允许的前后窜动，一般为 0.03～0.05mm 左右。

一般情况下，旋杯流速仪的轴向间隙可以在野外随时调整，使用前要调到最佳值。但是，此轴向间隙往往只有百分之几毫米，且凭个人经验手感估计，一般应用者很难得到准确的间隙值。总的讲只要转动灵敏，旋杯流速仪的轴向间隙可以尽量小一些。也要避免调整中出现"顶死"现象，以免损坏支承系统。旋桨流速仪身架前部的缝隙宽度是固定的，不能在野外现场调整，使用前只作目测检查。还要用两手分别拿住旋桨和身架，检查旋桨轴的前后窜动量。

转子的旋转灵敏度检查。转子式流速仪在工作以前必须检查其旋转灵敏度，检查方法分为经验法（吹气法）、旋转试验法、阻力矩测量 3 种。

a. 经验法（吹气法）。手持流速仪，使仪器处于正常工作状态。用嘴对准旋桨桨叶某一固定处，或旋杯的某一杯口，稳定均匀地吹气，使旋桨式旋杯缓慢地转动。吹的位置要固定。根据吹气量的大小和转子转动状况，凭工作经验来判断流速仪的灵敏度。如吹气较轻、转动灵活、停止得缓慢，说明这架仪器的灵敏度较好。完整的吹气检查应该检查产生信号时的旋转灵敏度，这时的灵敏度要差一些，但不应很明显。

这种检查方法简易方便，是流速仪使用时普遍应用的方法。检查方法和判断完全依靠个人经验，定量的准确性较差。但在应用中，这是判断流速仪灵敏度的最主要、甚至是唯一的方法。

b. 旋转试验法。国际标准 ISO 2537 "转子式流速仪"规定并推荐使用这一方法。其方法是将流速仪置放于正常工作状态，转子不受气流影响。用手平稳而迅速地转动转子，使转子尽可能快地转动。然后测量转子到完全停下所需的时间 T，同时观察转子的转慢和停止过程，此过程应该是逐渐的，不应有突然转慢现象，更不应有突然停下现象。用此旋转时间 T 可以判断流速仪的旋转阻力矩。应用此方法时，要事先观测流速仪处于良好状态时，可能的最小旋转时间。国外有些流速仪可能提供最小旋转时间的参考值。测得的 T 应大于要求的最小旋转时间。

此方法多应用于旋杯流速仪。用手转动旋杯时，要注意不要产生撞击，不使旋轴径向受力，以免损坏仪器。LS68 型旋杯流速仪可以用这种方法，而旋桨式低流速仪的轴承系统容易损坏，不能快速旋转，不能用这种方法试验。为了测试准确，保证转子被转动的力矩基本一致，也可以用一架台扇吹风，然后迅速移走台扇，在转子不受任何气流影响下，测量转子的旋转时间 T。实际应用中，只要将转子转到相当快速转动就行了，不必要求一定要达到某一定值。因为旋转时间的绝大部分是转子的中低速渐停过程，高速部分的时间过程很小。

此方法可以定量测试流速仪的旋转灵敏度，也是国际标准所推荐的，但在国内应用极少。

c. 阻力矩测量。此方法比较适用于旋桨流速仪，可以用各种力矩测量方法测试旋桨的旋转阻力矩。最简单的方法是在装好的流速仪旋桨边缘上卡上一重物，此重物应该和旋桨中心轴线处于同一平面。观察此重物是否能使旋桨从静止状态起转。根据所需重物的最小重量和旋桨半径可以计算出旋桨的旋转阻力矩。对某一型号的仪器，可以根据仪器性能确定所需重物的最小重量，卡在旋桨边缘上能使旋桨转动就说明此流速仪的灵敏度符合要求。

有一些专用设备可以对旋桨流速仪的灵敏度进行测量，比较典型的是 JBM-2 型旋桨流速仪灵敏度检查仪。仪器可以直接测得各种旋桨流速仪的灵敏度。

3）流速仪的信号检查。流速仪下水前要检查其信号的产生是否正常。将流速仪用导线连到流速仪计数器，转动转子，观察信号的产生和计数器的记录显示或灯光、音响反应。如果是用"无线"测流，需在流速仪下水后进行这项检查。这项检查同时检查了计数器的工作状况和各环节的连接状况。较全面的检查应观测流速仪信号的长短，信号长度用流速仪转子的转动角度表示。如 LS25-1 型的信号长度（接触丝接触）为旋桨转约 2~3 周，LS78 型的信号长度（干簧管导通）为旋杯旋转 90~120°。信号过长或过短都不好，虽然不影响流速仪使用，但要做相应的调整，这种调整可能是修理工作。

（3）转子流速仪应用。

1）测量点流速。点流速的测量是转子式流速仪最主要的应用。应用时将流速仪安放在预定的位置，测量这一点的水流速度。水流速度不是很稳定的，希望能测到这一点的水流平均流速，因此就要有一较长测速历时，按规范执行，一般为 30~100s。计测这一历时内的流速仪信号数，计算出这一点的平均流速。

人工测量时配用停表和音响（灯光）计数器，当流速仪到达测点并开始稳定地转动后，人工观察到某一信号开始时，启动停表，开始计时和人工记数流速仪信号。到达预定测速历时（如 100s）后，再等待下一信号到达，按停钟表，记下时间历时和流速仪总信号数。

应用自动计数器时，计数器已具备此功能，只需预置测速历时后就能自动计时计数。一些信号频率高的流速仪，转子每转一转产生 1~2 个信号，人工无法计数，必须采用自动计数器。这时也可以采用定时计数方法测量流速：计数器启动后，它会在收到第一个信号后才开始计时计数，到达预定时间时（如 100s），计数器立即停止计数。

2）测量线平均流速。旋桨流速仪只感应平行于旋桨轴线的水流速度，不感应垂直于旋桨轴线的横向流速分量。如果流速仪质量较高，横向流速分量又不是很大的话，可以确认旋桨流速仪测得的流速就是正对流速仪的流速分量。

这种特性可以用来测量某一垂线或某一水层的平均流速，也常被称为积深法、积宽法测速。实际应用时，旋桨流速仪以不太快的速度在某一测流垂线上升降，或在水下一定深度的某一水层上横渡水流。在此同时记录历时和流速仪的信号数。由于流速仪的升降运动完全和流速仪轴线垂直，不影响旋桨的测速性能，积深法测速的流速数据测量较为简单。而动船法测流采用的积宽法测流中，测船带着旋桨流速仪横渡水流，流速仪不会一直与横渡方向保持垂直，所以要同时测量流速仪的方向等参数，再推算水层平均流速。

3）长期自动测量流速。转子式流速仪在水中工作，总会有一些水和泥沙进入流速仪内部，时间长了，进水进沙到一定程度，就会影响或使流速仪不能工作。这是转子式流速仪一般不能长期自动工作的主要原因。

有一些转子式流速仪的防水防沙性能特别优越，可以较长时期地在水中连续工作，可以固定在水中，长期自动测量流速，期限可以长达一个月。

11. 转子式流速仪的检查与养护

（1）流速仪检查的必要性。在每次使用流速仪之前，必须检查仪器有无污损、变形，仪器旋转是否灵活及接触丝与信号是否正常等情况。流速仪出厂前，其转速与流速的关系已进行了率定。但在使用以后，仪器的磨擦部件会日渐磨损，加上有时还会遇到漂浮物碰撞等情况，均可能使仪器的检定公式发生改变，如不及时进行检查，会影响流量成果的精度。因此，凡有条件比测的站，测站经常用流速仪均应定期与备用流速仪进行比测。

（2）流速仪比测规定。

1）常用流速仪在使用期内，应定期与备用流速仪进行比测。其比测次数，可根据流速仪的性能、使用历时的长短及使用期间流速和含沙量的大小情况而定。当流速仪实际使用 50~80h 时应比测一次。使用经验表明，在多沙河流一般测速 50h 比测一次为宜，少沙河流可掌握在实际测速 80h 比测一次为宜。此处的实际测流时间系指在野外使用的时间，例如测一次流的测流历时为 1h，则在少沙河正常情况下，一部流速仪可施测 80 次流量。

2）比测宜在水情平稳的时期和流速脉动较小、流向一致的地点进行。

3）常用与备用流速仪应在同一测点深度上同时测速，为了让两架流速仪在同一测点深度上同时测速，一般采用特制的 U 形比测架固定仪器，比测时 U 形比测架两端分别安装常用和备用流速仪，两仪器间的净距应不少于 0.5m。因为太近时，两仪器之间可能互相干扰；太远时两测点之间流速的差异将不可忽略。在比测过程中，应变换比测仪器的位置。一般情况下，比测时可在比测一半的测点后，交换两比测流速仪的位置，再比测另一半的测点，以避免产生系统误差。

4）比测点应注意不宜靠近河底、岸边或水流紊动强度较大的地点。

5）不宜将旋桨式流速仪与旋杯式流速仪进行比测。

6）每次比测应包括较大较小的流速且分配均匀的 30 个以上测点，当比测结果其偏差不超过 3%，比测条件差的不超过 5%，且系统偏差能控制在 ±1% 范围内时，常用流速仪可继续使用。超过上述偏差应停止使用，并查明原因，分析其对已测资料的影响。

7）没有条件比测的站，仪器使用 1～2 年后必须重新送仪器检验部门进行检定。当发现流速仪运转不正常或有其他问题时，应停止使用。超过检定日期 2～3 年以上的流速仪，虽未使用，亦应送检。

（3）定期检定。按国际和国内标准规定，转子式流速仪应该在使用 1 年后在检定水槽进行重新检定。对于使用很少的流速仪，可以 2 年进行 1 次重新检定。如果在 1 年内使用满 300h，也必须进行重新检定。在使用中，如果发生较大的超范围使用和使用后发现仪器有影响测速准确度的问题，也应保持原状，进行一次重新检定。

（4）流速仪的保养规定。

1）流速仪在每次使用后，应立即按仪器说明书规定的方法拆洗干净，并加仪器润滑油。

2）流速仪装入箱内时，转子部分应悬空搁置。

3）长期储藏备用的流速仪，易锈部件必须涂黄油保护。

4）仪器箱应放于干燥通风处，并应远离高温和有腐蚀性的物质。仪器箱上不应堆放重物。

5）仪器所有的零附件及工具，应随用随放回原处。

6）仪器说明和检定图表、公式等应妥善保存。

（5）清洗加油工作步骤。

1）用干毛巾擦干流速仪外表的水。如果流速仪上有泥沙或污物，先用清水洗净。

2）按要求拆开流速仪，放置于妥善位置。

3）用汽油清洗各部件，按规定要求使用 120 号或 200 号溶剂汽油进行。用两个汽油盒分装汽油，分别进行粗洗和精洗，清洗流速仪各转动部件，尤其注意清洗轴承部分。如果内部零件中有较多泥沙，也可以先用清水冲洗后，再用汽油清洗。

4）清洗后适当晾干汽油，再按要求装好流速仪。在安装过程中要按规定加注仪器油（8 号仪表油）。

5）将流速仪按规定装入仪器箱内。

（6）停表检查。测站测流使用停表时，所使用的停表应按以下要求进行检查。

1）停表在正常情况下应每年汛前检查一次。当停表受过雨淋、碰撞、剧烈振动或发现走时异常时，应及时进行检查。

2）检查时，应以每日误差小于 0.5min 带秒针的钟表为标准计时，与停表同时走动 10min，当读数差不超过 3s，可认为停表合格。使用其他计时器，应按照上述规定执行。

12. 转子式流速仪的特点

（1）优点。

1）结构简单，容易掌握。转子式流速仪基本上是一机械结构的仪器，结构比较简单。其测速原理也很易理解，使用很简便，所以很容易被使用者接受，是最普遍应用的流速测量仪器，全国有数万台流速仪在使用，是流速测量的必备仪器。

2）流速测量准确、性能可靠。转子式流速仪的测速原理准确，仪器结构简单，制造技术和质量早已成熟。流速仪出厂前都进行严格的检定（校准），保证了流速测量准确性。转子式流速仪应用机械原理测速，流速仪的机械形状稳定，保证了测速稳定性。转子式流速仪在影响流速测量准确度的每一环节上都进行了很好的控制，使得流速仪总的流速测量准确度被控制在一定范围内，几乎不存在使流速测量准确性不稳定的因素。所以，转子式流速仪被认为是在天然水流中测量流速的最标准仪器。所有新的流速测量仪器都可以通过与转子式流速仪进行比测来判断新仪器的流速测量准确性。

3）种类齐全、适用范围广。经过长期应用、发展，转子式流速仪可以应用于高、中、低流速，可以用于较高含沙量的水流，可以用各种方法安装；既可以用简单的人工计数方法测速，也可以用流速仪计数器自动测记流速。因此，几乎可以应用于所有流速测量场合。

（2）局限性。

1）不能适应流速自动测量的需要。转子式流速仪大多不能较长时期地连续工作，只测量点流速，也不能满足一个断面流量测量的需要，所以转子式流速仪基本上不能用于流速流量的自动测量。

2）受安装和悬挂设备限制，影响其使用范围。转子式流速仪必须安在需要测速的位置，才能测到流速。要将流速仪送到或装到指定位置，需要配备测船、缆道、测桥等设备，或用人工手持方法才能做到的。在有些地方或有些时候（如洪水时），要做到这一点很困难，甚至是无法做到的。往往要预先考虑用其他方法测速。

13. 转子式流速仪信号传输方式

用机械接触丝和干簧管产生信号的流速仪，其信号都是一个机械开关，应该用两根导线接出。流速仪在水下应用，计数器在水上，两根导线要从水上接到水下。在很多场合，要在缆道、绞车、较长的悬索上配挂两根导线很不方便，而且要随着测流铅鱼和流速仪一起移动、收放导线，在很多场合，这样做是非常困难的。因此，为了把流速仪信号接到水上，研究应用了多种（水上、水下）信号传输方式，主要有有线传输、无线电波传输、水体传输这几种。

在水下应用的其他水文仪器，如测深铅鱼的水面、河底信号，泥沙采样器的控制信号等也可以用同样的方法来传输。

（1）有线传输。这种传输方式与普通有线传输方式的原理一样，用两根导线传输信号。具体使用形式如下。

1）在很好的环境中，如应用测杆安装流速仪，在不太深的水中用船用绞车悬挂流速仪，可以直接用两根导线连接水下仪器和水上仪表。

2）使用铠装电缆（带芯钢丝绳）。铠装电缆的外部是负重钢丝绳，钢丝绳的线芯内部包有几根导电电线。它既能用作负重悬索，又能传输电信号。用来悬挂水文仪器下水测验时，水下仪器信号用铠装电缆的导电芯线接出水面，控制信号、电源也可输入水下。

这种方法应该是最好的方法，能使信号可靠传输，又能简化水下、水上的水文仪器。但铠装电缆较贵，导电芯线在钢丝绳的运作中较易损坏、断路或短路，损坏后需要整体更换铠装电缆。

3）有些场合，可以应用已有缆索作为两根导线。如在有拉偏索的测流缆道上，悬挂测流铅鱼的主循环索和测流铅鱼的拉偏索可以作为接上岸的两根导线，构成有线传输。

（2）无线电波传输。流速仪等水下仪器与水上计数器等接收装置不用导线连接，完全依靠空中的无线电波传输来收发流速仪等的信号。水下有水下信号发射装置，将接收到的流速仪信号调制后以无线电波方式发射。可能通过铅鱼悬索露出水面的部分来发射无线电波，也可能直接在水下发射。由岸上接收机接收，解调还原成数字信号。

这种方法的优点很明显，可以不需要中间连接线，无线电波的通信技术也很成熟。但是，如果在水下发射无线电波，无线电波在水中将很快被水体吸收，在一般的发射功率条件下，至多穿透数米水深。如果在水上发射，要从水下将某种型式的天线、馈线接出水面也很困难。

这种传输方式有极少量应用，利用铅鱼悬索（钢丝绳）作为"天线"，在岸上钢丝绳的附近接收无线信号，用于流速仪等的信号传输。

（3）水体传输。这种传输无需专用的通信导线，也可认为是一种特殊的无线传输，而且采用已有金属缆索和水体作为两根"导线"，传输多种信号。应用的金属缆索是悬挂水文仪器的悬索（钢丝绳），就是缆道、船用或桥测绞车的钢丝绳。另一导线是水体，就是测验处的水流水体。在河边水下安一金属极板，和在水中工作的水文仪器金属外壳以及测流铅鱼体通过水体构成一导电通路。在岸上将金属悬索和水下极板引线接入岸上信号接收器。水体传输测流构成示意图见图6.24。图6.24中的虚线是连接导线。

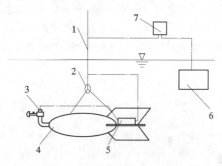

图6.24　水体传输测流示意图
1—钢丝绳；2—绝缘子；3—流速仪绝缘接线柱；
4—铅鱼；5—水下电池筒、水下信号发生器；
6—水下极板；7—信号接收器

1）水体传输安装要求如下。

a. 流速仪固定安装在铅鱼固定杆上，要保证流速仪身架外壳与铅鱼完全导通。

b. 流速仪的信号引出接线柱和水下电池筒（或水下信号发生器）一端相连，此连接线和两端接线柱的连接处用绝缘层（胶布）包裹，使它们尽量和水体绝缘。

c. 悬索钢丝绳经过一绝缘子悬吊测流铅鱼，使得钢丝绳和铅鱼绝缘。

d. 将水下电池筒或水下信号发生器的另一端用导线连接到绝缘子以上的钢丝绳，在水下电池筒或水下信号发生器的接线柱处也要用绝缘胶布包裹绝缘。

e. 在岸边水下安装金属水下极板，极板面积不能太小，应有较好的耐腐蚀性能。用导线连接到岸上接收器。

2）水体传输工作原理。水下电池筒内装有干电池，作为直流电源（也可能是一水下信号发生器）。它的一端通过钢丝绳传到岸上接收器，另一端经过流速仪的接线柱到流速仪内信号产生机构（一个"开关"）的一端，当流速仪产生信号时（"开关"导通），经过流速仪外壳和铅鱼，再经过水体到岸边的水下极板，构成一水体通路，再由水下极板连到岸上接收器。由此，构成信号传输回路。

当然悬索钢丝绳必然要进入水体，通过水体，钢丝绳和流速仪、铅鱼、水下极板、水下电池筒引线都以一定的水电阻而导通。通过上述两条回路传回岸上的信号在传输过程中不断因水体通路被衰减。为了避雷，缆道的悬索钢丝绳的岸上部分基本都以较低的接地电阻接地。使得通过钢丝绳传输的信号更是大为衰减。但是，总有一部分信号可以传到岸上接收器的输入端，如能符合接收器要求，就能收到信号。

14. 转子式流速仪计数器

一般的流速仪计数器用有线和使用水下直流电源的"无线"信号传输方式。船用和缆道测流控制台中的流速测记装置可能应用交流水下信号源传输流速仪信号。

人工测速中可以使用包括电铃在内的音响、灯光计数器、计时计数器，自动化程度高的是流速测算仪。

（1）音响、灯光计数器。早期的音响器是一个小电铃，后来使用各种半导体音响器。都用干电池供电，与流速仪用导线相连。流速仪信号导通时，音响器发出声音，其上的灯光指示发光，人工计数。由于用人工计数，辨别能力很强，对流速仪信号的导通接触质量要求不高，可以用于大部分流速仪。但是人工计数，数记速度受限制，不能超过 1 次/s 的频率。国外还有用耳机监听流速仪信号的音响，测速历时用停表计测。

音响、灯光计数器使用方便、可靠，配用停表构成最简单的测速计时计数，使用了很长年代，目前仍有使用。

这种最简单的计数器基本上都用于有线信号传输方式，不能用于自动化测速，正在被自动化程度较高的计数器代替。

（2）流速仪计数器。

1）工作原理。流速仪计数器是一个信号计数器，记录输入信号数。因信号传输方式不同，输入信号可能是开关量、直流脉冲、不同交流脉冲信号。流速仪计数器同时测记时间，并用测量的信号控制计时的开始、结束，或用计时来控制计数的开始和结束。还可能由测得的流速仪信号计算出流速，甚至流量。还可能有相应的数据显示、存储功能。

2）组成。流速仪计数器由机壳、电源、输入电路、单片机系统、显示输出、键盘等组成。

3）流速仪计数器主要技术要求如下。

a. 工作环境温度：−10～+50℃。

b. 工作环境湿度：+40℃时，不大于 95%RH。

c. 计数频率要求：0.01～100Hz。

d. 计时分辨力：0.1s。

e. 计时误差：不大于 0.1s。

f. 记录仪应具有适用于一种或多种流速仪的信号接收延时和灵敏度调节功能。延时和灵敏度调节可以是手动的，也可以是自动的。

g. 测速历时至少应具有 30s、60s、100s 及任意时间挡；记录仪应能设置、显示、存储流速仪的技术参数；应能显示测速历时、流速仪信号数和测点流速等。

6.5.5.2　声学流速仪

这类仪器利用声波在水中的传播来测量水中各点或某一剖面的水流速度。开始时使用较多的是超声波，所以也被称为超声波流速仪。现在使用的频率范围较广，多称为声学流速仪。

水文测验中常用声学多普勒原理和时差法原理制造声学流速仪。其他工业流量计中可能应用其他方法，如频差法、相位差法、波束偏移法等。

（1）声学时差法测速的工作原理。声学时差法流速仪测量断面上一个水层的平均流速。这种仪器多用于流量测量系统，直接用于流量计，一般都称为声学时差法流量计。其原理结构性能等将一起在流量计部分中进行介绍。

（2）多普勒测速的工作原理。1842 年，Christian Doppler 发现，当频率一定的振源与观察者之间相对运动时，观察者接收到来自该振源的辐射波频率会发生变化。这种由于振源和观察者之间的相对运动而产生的接收信号相对于振源频率的频移现象被称为多普勒效应。测出此频移就能测出物体的运动速度。在测量时，由测量仪器发出辐射波，再接收被测物体的反射波，测出频移，即可计算出被测物体的速度。工作原理见图 6.25。

图 6.25 所示，当固定 $I_1 I_2$，I_1 发射频率为 f_0 的辐射波，经被测体 A 反射后被 I_2 接收，由于 A 相对于 $I_1 I_2$ 运动，因此由 I_2 接收到的反射波的频率为 f'，则多普勒频移为

$$f_D = f' - f_0 = f_0 \frac{V}{C}(\cos\theta_1 + \cos\theta_2) \quad (6.26)$$

式中　f_D——多普勒频移；

　　　　C——辐射波的传播速度；

　　　　θ_1、θ_2——V 和 $I_1 A$、$I_2 A$ 连接线的夹角。

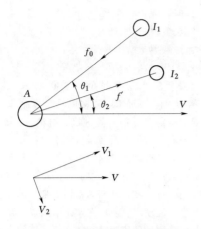

图 6.25　反射式多普勒测速原理图

I_1—振源；A—被测体；I_2—接收器；V—被测体
(A) 的运动速度；f_0—I_1 发射的频率；
f'—I_2 接收到的反射波的频率

仪器固定后，C、θ_1、θ_2、f_0 均为常数，于是可得

$$V = Cf_D / f_0 (\cos\theta_1 + \cos\theta_2) = Kf_D \quad (6.27)$$

式中　K——系数，$K = C/f_0(\cos\theta_1 + \cos\theta_2)$。

由此可知，流速 V 与 f_D 呈线性关系，这是反射式多普勒测速的基本公式。在实际使用时，往往将水中的悬浮物或小气泡作为反射体，测得其运动速度，也就认为测得了水流的速度。

大部分仪器的发射器和接收器（$I_1 I_2$）设计为同一个换能器，换能器先发射一定的声脉冲后就停止工作，等待接收这些发射的声脉冲的回波。换能器发出的测量声束有很好的方向性，声束散射角很小，接收到的回波也是沿此声束方向轴线的，也就只测量了实际流速 V 在声束方向上的流速分量 V_1（图 6.25）。如果只有一个或一对发送接收换能器，只能测量某一方向的点流速，使用时需要对准流向进行测速。

由于流速分量 V_2 与声束垂直，不会产生多普勒频移。要想测得 V_2，就要另外增设与原有声束换能器交叉一定角度的换能器，测得 2 个流速分量后合成，得到实际流速和流向。因此，多数该类仪器都配有 3～4 个发送接收换能器，可以测得其他方向的流速。图 6.26 所示为一台 3 个换能器的声学多普勒点流速仪。

要测量某一测点的流速，必须检测出这一点处的反射波。从发射声波脉冲开始，经不同时间检测接收到的反射波就是相应不同距离处测点的反射。它们的多普勒频移代表声束上各测点的流速。如只测量一点流速，可以固定接收某一 t 时间后的反射波，一般情况下，测量点流速的仪器只接收距离换能器 5～20cm

某一固定距离处的反射波，测得这一点的流速。

6.5.5.3　电波流速仪

1. 工作原理

图 6.26　声学多普勒点流速仪（ADV）

电波流速仪也是一种利用多普勒原理的测速仪器，由于这种仪器多采用微波波段的电波，所以也称为微波多普勒测速仪。前面所述的超声波多普勒流速仪，系利用超声波在水中很好的传播特性而测速，由于超声波在空气中传播时衰减很快，故不能应用于空气中较远距离的测量。而电波流速仪使用电磁波，频率可高达 10GHz，属微波波段，在空气中传播时衰减很小，可以很好地在空气中传播。因此，使用电波流速仪测量流速时，仪器不必接触水体，即可测得水面流速，属非接触式测量。

图 6.27 所示为架设在岸上的测速示意图，工作时电波流速仪发射的微波斜向射到需要测速的水面上。由于有一定斜度，所以除部分微波能量被水吸收外，一部分会折射或散射损失掉。但总有一小部分微波被水面波浪的迎波面反射回来，产生的多普勒频移信息被仪器的天线接收。测出反射信号和发射信号的频率差，就可以计算出水面流速。实际测到的是波浪的流速。如前所述，按照多普勒原理

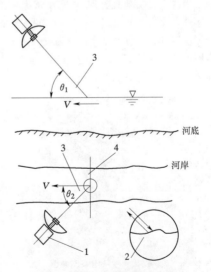

图 6.27　电波流速仪测速示意图

1—电波流速仪；2—水面波浪放大；3—θ_1、θ_2
分别为俯角、方位角；4—测流断面

$$f_D = 2f_0 \frac{V}{C} \cos\theta \qquad (6.28)$$

式中　V——水面流速（垂直于测流断面），m/s；

　　　C——电波在空气中传播速度，m/s；

　　　θ——发射波与水流方向的夹角，rad。由俯角 θ_1 和方位角 θ_2 的合成。

由式（6.28）可得

$$V = \frac{C}{2f_0\cos\theta} f_D = Kf_D \qquad (6.29)$$

式中　K——系数，$K = \dfrac{C}{2f_0\cos\theta}$。

此计算公式和超声多普勒测速的原理基本一致，只是电波流速仪的收发探头是一个，所以可用 $2\cos\theta$ 代表，测得的也只有一个垂直于测流断面的流速分量。

2. 仪器类型

（1）普通电波流速仪。这种仪器需要人工操作，每一次只能测量水面某一点的流速。测得数据有简单的存储功能，一般需人工记录。

（2）自动测记流速的电波流速仪。这类仪器能安装在某一固定点（如桥上），长期自动测记仪器对准水面处的水面流速。

（3）自动扫描式电波流速仪。有些电波流速仪可以自动测得俯角，甚至有自动扫描功能。自动扫描式产品可以在海岸上扫描几平方公里甚至几十平方公里范围内的海面测量海流分布。在河流流速测量中，国外也在试用扫描式电波流速仪，可以固定安装在岸上，也可装在直升机上进行水面流速自动测量。

3. 典型电波流速仪简介

（1）手持电波流速仪。图6.28所示为一种手持电波流速仪，自带角度改正，可手持也可安装在支架上测量，仪器具有全防水设计，可雨天中使用，可实时显示瞬时流速和平均流速、测量历时、流速方向等。其主要技术参数如下。

图6.28　手持电波流速仪

1）测速范围：0.20～18.00m/s。

2）标称测速精度：±0.03m/s。

3）计时范围：0～99.9s。

4）计时精度：0.1s。

5）波束宽度：12°。

6）微波频率：34GHz。

7）最大测程：100m。

（2）需要三脚架支撑的一种电波流速仪。图6.29所示为国内以前使用较多的一种普通电波流速仪，仪器由探测头、信号处理机、电池3部分组成。探测头上装有发射体和天线。探测头可手持或装在支架上，向水面发射微波，同时接收水面的反射波。信号处理机按照预定的设置，控制探测头发射微波，并处理接收到的反射波，计算频移，再根据俯角、方位角计算出水流速度。一般应在预定的时段中进行多次测量，以计算和显示流速平均值。仪器具有多种自校和自我判别功能。在野外测流时，仪器能自动判别反射波是否稳定和有无足够强度。如能保证测得数据的稳定，仪器才开始测量。如果反射波太弱或不稳定，不能满足测量要求，仪器会自动提示使用者，同时也不进行测速，以避免错误数据的产生。这一款仪器的主要技术指标如下。

图6.29　电波流速仪

1）测量范围：0.5～15m/s。

2）测量角度：俯角20°～60°，方位角0°～30°。

3）测量时段：10～999s任选，仪器自动测量出该时段内的平均流速。

4）测量精度：均方差±3%。

5）测量距离：流速大于3m/s时，测量距离不少于20m。

6）仪器工作频率：10GHz。

4. 电波流速仪的特点

（1）优点。电波流速仪是一种非接触式流速仪，它的最重要特点是可以不接触水体测量流速，主要用途是在桥上或岸上测量一定距离外的水面流速，因仪器不接触水体，测速时不受含沙量、漂浮物影响，也不受水质、流态等影响。具有操作安全，测量时间短、速度快等优点。电波流速仪尤其适应高速测量，而且流速越快，紊动越强，波浪越大，反射信号就越强，更有利于电波流速仪工作，所以电波流速仪很适合于洪水时流速测量。其体积较小，重量较轻，携带方便，可在岸上、桥梁上测验，也适用于巡测桥测方式。因此，在没有测船、缆道等测流设施测站或临时断面，电波流速仪也可方便地开展测验。有的电波流速仪还可以固定安装后，长期工作，自动连续测量水面流速，且测得流速数据可以自动输出。

（2）缺点。虽然电波流速仪可以代替浮标测量水流表面流速，但不能代替常规的流速仪测流。一般情况下，电波流速仪的低速测量性能不太好，流速测量范围的低速端较高，常在 0.5m/s 以上。为了得到较强的水面波浪迎波面的回波，希望能有较明显的波浪，这也是不适用于低速的原因。如果水面非常平静，流速较高时仍不会有强反射，仪器也不能正常工作。

电波流速仪测得的是水面波浪迎波面或是水面漂浮物的反射波，波浪和漂浮物的速度并不等于水面流速，其差值因各种水流和漂浮物而不同，其流速还受到风速风向的影响。波浪和漂浮物除了随水流运动外，它们自己也有运动，也会造成一些附加误差。

电波流速仪测速时要用俯角和水平角的余弦进行流速计算，这些角度都是针对声束角中轴线而言的。架设好的仪器这些角度会有 1°～2°的角度误差。电波波束会有 10°左右的波束角，斜向发射到水面上，会形成一个椭圆形的水面投影。在此投影内，任意一处的强反射都可能被电波流速仪确认为是测点流速，使测得流速所在位置有很大的不确定性，影响测速准确性。就目前的使用情况而言，电波流速仪的测速准确性低于转子式流速仪。

5. 电波流速仪的维护

（1）定期检查。电波流速仪是电子仪器，并不下水工作。平时只需要定期检查其工作状态，保证供电即可使用。

（2）比测。在野外使用电波流速仪时，往往都要用转子式流速仪同步测速，以转子式流速仪测得值为准进行比对。比测要在断面上不同点、在不同流速段进行。比测时，确定电波流速仪的测速波束照准某一水面点。在这水面点（下）用转子式流速仪测量水面流速，用电波流速仪同步测量水面流速。比测结果应不超过允许范围。

除了上述误差的原因外，还有转子式流速仪的测速位置问题。转子式流速仪测水面流速时仪器必须全部放到水下，至少在水下 10cm 以上，测得的流速和水面流速不会完全相同，加上转子式流速仪本身的误差，这些误差均会带入比测误差。

6.5.5.4 电磁流速仪

1. 工作原理

电磁流速仪是基于法拉第电磁感应定律研制而成的，可用来测量多种导电液体的流速，包括天然水在内。图 6.30 所示为测量管道和渠道断面平均流速的电磁测速原理示意图。

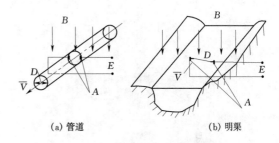

(a) 管道　　　　　　(b) 明渠

图 6.30　电磁流速仪测速原理图
A—检测电极；B—磁场；D—电极间距；E—感应
电动势；$\overline{V}$—水流平均速度

根据法拉第电磁感应原理，在与测量水流断面和磁力线相垂直的水流两边安装一对距离为 D 的检测电极。当水流流动时，水流切割磁力线产生感应电动势。此感应电动势由两个检测电极检出，其数值大小与流速成正比

$$E = KB\overline{V}D \qquad (6.30)$$

式中　E——感应电动势；
　　　D——电极间距；
　　　B——磁场强度；
　　　$\overline{V}$——水流断面平均速度；
　　　K——系数。

若已知 D 和外加磁场 B，只要测得 E，由经过率定得到的 K 就可计算出 $\overline{V}$。

2. 仪器类型

电磁流速仪可以分为测量点流速和断面平均流速的两类。

3. 测量点流速的电磁流速仪

仪器由传感器和控制测量仪组成。传感器放到需测速的测点，控制测量仪在岸上，中间用专用电缆相连接。

现在水文测验应用的电磁点流速仪直接在贴近仪器表面处产生一个人造磁场，测量感应电动势的电极就出露在此磁场内，测量此处的流速。使用仪器时，仪器应对准（或自动定向对准）流速方向。有的电磁流速仪可以测得流速、流向。

控制测量部分通过电缆传输测得两电极间的感应电动势，换算成流速流量。如果要通过线圈产生磁场，控制测量部分还有自动上电控制功能。测得值可以通过标准接口输出，用于通信传输。

图 6.31 所示为一种用于明渠水流测量的点流速仪。用测杆安装放至水中测点，测量此点流速。由于没有运动部件，此类仪器可以在浅水、低速中测速，也很少受水环境、水质影响。

图 6.31 电磁流速仪

用于海流测量的电磁流速仪常制作成球形，外圆上有 3～4 个测速点，测速点附近有人造磁场。悬吊或悬浮在水体中时，可以同时测得 3～4 个流速分量，再合成为相对于仪器本身坐标的流速矢量。将它定点放置在某一位置时，可以长期自动测量该点流速。

4. 测量河流断面流速的电磁流速仪

整个仪器可称为一测量系统，见图 6.30（b），用于河流断面流速测量时，需要产生一个很大的磁场。由于地球磁场太弱，又有方向性限制，难以实际应用。因此，需要利用人工产生磁场。在较小河流的河底或河岸上布设一大型线圈，通电产生横过水流的磁场。这样的电磁法测速不但工程量大，还要有一较大的供电系统。电极布设和测控部分也会有相应的不同要求和难度。

5. 电磁流速仪的特点

电磁流速仪测速很快，无可动部件，可以长期自动工作。测量点流速的电磁流速仪在应用要求、功能上和转子式流速仪差别不大。为了保证电磁流速仪有满意的测量结果，测量的水体必须具有足够的导电性。流速仪能正常测量的水的最小电导率，一般在 $30～100\mu S$ 以内，并且因不同的仪器而不同，也与水体流速有关。总的来说，若水流的流速较低，水体电导性又差，则电磁流速仪测量效果会变差。

传感探头表面附着的污染物可能会影响流速仪的率定基准，因为它改变了电极的传导性能。每次使用后，都要立即清洁掉探头上的淤泥和其他水污染物，

禁用润滑油。避免传感探头入水时接触到油污。

电磁流速仪可以用于需要长期测记流速的场合，仪器能自动工作。电磁流速仪与转子式流速仪类似，也需要率定。流速仪制造后，都必须进行率定试验，以确定该仪器产生的电子信号与被测水流流速和流向的关系。使用中也应定期对仪器进行测速比测，以防止漂移。如果发现比测结果已偏差到不能接受的程度，就应该重新进行全面的检定试验。

6.5.6 流向测量

6.5.6.1 流向测量的目的与意义

流向是反映水流特征的重要因素，流向即水流之方向。在水文测验中流向的意义：其一是水流的流动方向；其二是水流流动方向与测验断面之间夹角与 90° 之差（这个角度也称流向偏角），都称为流向。天然河道的水流，不但流速的大小随时随地变化着，而且流向也在不断变化。它不仅影响流量测验精度，而且在确定河道测流断面、研究水工建筑物的布置、研究河道冲淤变化、水流对堤岸的冲刷等方面，都是不可缺少的资料。

根据流量的定义，流量是指流向与测验断面垂直的水流，单位时间通过的水量。因此，水文测站实测的流量，应是通过与测验断面垂直的水流。在测验断面设置时，已注意到使河流测验断面垂直于水流的平均流向。然而，受河道形态、地形、滩地、水生植物或阻水建筑物等因素的影响，有些河流的流向时常发生变化，在整个河道内或部分垂线上水流的流向与测验断面不垂直。当流向较小时，流向的存在对流量测验精度的影响很小，可以忽略不计。否则，在流量测验时应进行流向测量，并对实测流量进行改正。实践表明当流向偏角为 10° 时，导致的测速误差已达 1.5%；当流向偏角为 25° 时，导致的测速误差已达 10%。因此，当流向偏角大于 10° 时，一般情况下需要进行流向测量，并进行流向改正。这种因测速垂线的水流方向与断面不垂直，并超过一定允许范围时，对所测流速进行的改正，或测流断面不垂直于断面平均流向，并超出一定范围对所测流量进行的改正称流向改正。

流向测量是测量水流方向的作业。当水流的方向与断面不垂直时，为获得准确的流量数值，需要进行流向测量，对实测的流速（流量）进行流向改正。在进行断面布设时或工程设计时有时需要断面平均流向，断面平均流向是指断面内各部分流量的分矢量所确定的合矢量方向。断面平均流向是在测量各点的流向后通过计算求得的。

水文测验中提及的"流向"，在未特别声明的情

况下，一般是指水平面上的流向。特殊情况下，如在研究水流内部结构，说明河床演变规律时，除测定水平流向外，还要测量"垂直流向"。流向测量大多与流速测量结合进行，同时测定起点距、水深、水位等项目。

6.5.6.2　测定流向的方法

流向测量可采用流向仪法、流向器法、系线浮标法等进行。

1. 流向仪法

应用多种原理可以制造流向仪，用于测量水下流向。使用时要将流向仪悬吊至水下测点处，测量该处流向。应用中多用流速流向仪进行测量。实际上各种声学多普勒流速仪、时差法流速测量、电磁流速仪、扫描式电波流速仪都可能同时测得流速流向，也可以归为流速流向仪一类。但通常被称为流速流向仪的是专门用来测量某点流向、流速的仪器，测量流速的可以是转子式流速仪，也可以是非转子式流速仪。

（1）流向测量原理。流向仪在水下测量流向时，仪器本身会自动对准流向。流向仪中的流向传感器都以地磁场为基准。目前应用较多的流向传感器是一能高灵敏转动的磁针，它一直保持指向北南方向，而流向仪的中轴线应该和水流流向一致。通过各种方式在水上测出水下流向仪相对于磁针（北南方向）的偏角，就测出了流向。

实际应用中，有磁感应式和电阻式等仪器，都可以在水上读出水下流向仪的流向（相对于北南磁极的方向）。电阻式流向仪输出的电阻量可以转换为数字量。较先进的流向仪中装有数字码盘，可以直接将流向数据转为数字量输出。

（2）流速流向仪的结构。流速流向仪由流速传感器、流向传感器、尾翼、悬挂装置、水上接收指示器、传输电缆等组成。

1）流速传感器。测量流速的各种方式都可以用于流速流向仪，国内使用的多是旋桨式流速仪。

2）流向传感器。流向传感器是一单独部件，一般安装在流速仪后部，双尾翼的中间。其流向传感部分有不同形式。

3）尾翼。尾翼要保证流向仪正对流向，同时还要使流向仪稳定地处于正对流向的位置。和转子式流速仪相比，流速流向仪的尾翼要稍大些，常采用双尾翼，以利稳定。

4）悬挂装置。测量流向时，依靠水流对尾翼的冲力使流速流向仪正对流向，流速小时，此冲力很小。为了使流速流向仪能灵敏地转动，需要有专门的悬挂装置，使其转动阻力很小，保证流速流向仪在规定的低速范围内能对准流向。

5）水上接收指示器。水上接收指示器用电缆与水下的流速流向仪相连，能指示或记录流向数据。

6）传输电缆。水上、水下仪器需要用电缆连接，电缆芯内导线数因仪器不同而异。

（3）典型产品介绍。以某数字式流速流向仪为例，在双尾翼的中部装有流向传感器，内有一个磁性浮子，漂浮在密封在传感器中的油液中，旋转阻力很小。在地磁场的作用下，磁性浮子的南北极能自动转动，一直定位在地磁北方向。磁浮子的磁力矩带动一光电码盘转动，使光电码盘的基准线也定位在地磁南北方向。流速流向仪正对流向时，就可以从光电码盘上得到流向的数字量输出。其主要技术指标如下。

1）测量范围：流向为 0°～360°；流速 0.1m/s～5m/s。

2）适用水深：<40m。

3）测量准确度：流向为 ±3°；流速的相对均方差不大于 1.5%。

4）使用要求：距离铁质船体不小于 1.7m。

（4）流速流向仪的应用。安装和使用方法与旋桨流速仪基本相同。但要注意以下几点。

1）流向仪要远离铁磁物体，离开铁船一定距离，不用铁质部件直接连接流向仪，以免影响磁浮子自由转动。

2）流向仪应能自由转动，旋转阻力应该很小，注意安装方式对旋转阻力的影响。

3）流速流向仪的水上、水下部分用多芯电缆连接，在水深和流速较大时，注意其连接可靠性。

2. 流向器法

流向器是根据各站的特点自行研制的器具，一般采用一管筒固定在测船上，筒内安装旋转灵活的转轴，轴的下端入水部分安装一方向舵，以指示水流方向，轴上端安有指针，与下端的方向舵平行，上下同轴转动一致，指针下面安有固定不动的度盘，通过测验人员观读指针在读盘上的位置（流向偏角），实现流向测定。也有将流向器安装在铅鱼上，通过望远镜观读流向偏角。

3. 系线浮标法

系线浮标法是把浮标系在 20～30m 长的柔软细线上，细线放入水后，浮标随水流向下游运动，待细线拉紧后，采用六分仪、水平读盘（刻有 360°分度）或量角器测算出其流向偏角。当采用量角器时，量角器上应绘有方向线，并应采用罗盘仪或照准器控制其方向，使它重合或垂直于测流断面线。应注意的是系线浮标法测量的是水面流向，当垂线上流向不一致时，测得的水面流向代表垂线平均流向会产生一定误差。

4. 浮标测量水面流向法

浮标在水面漂流时，定出浮标在水面上的不同位置，这些位置的连线就是水面流向。

6.5.6.3　流向测量的有关要求

在河道比较顺直的河流上布设的水文站，测验断面布设时已经考虑了消除流向问题，因此，流向观测并不是一项必测项目，大多数的情况下是不必测流向的，但以下情况必须测定流向。

（1）当流向偏角超过 10°时，应测量流向偏角。流向偏角变化频繁的潮流站应在每条垂线或部分代表垂线上施测每个测点流速的同时施测流向。流向偏角变化不大的潮流站可只在流向偏角超过 10°的垂线上测量流向偏角。

（2）河口潮流站应采用流向仪测量流向偏角，其余测站亦可采用流向器或系线浮标等。流向测量并应符合以下规定。

1）采用流向仪测出流向的磁方位角，并计算测出的磁方位角与测流断面垂直线的磁方位角之差。当使用直读瞬时流向仪且读数不稳定时，应连续读 3～5 次，取其平均值。

2）采用流向器施测低水水面附近的流向时，应先使流向器转轴上端的度盘与转轴垂直，当罗盘读数为零时应使其指针对准流向器度盘的 0°或 90°，流向器尾翼的尺寸应保证在低流速时，能使其随流向自由旋转。

（3）缆道站或施测流向偏角确有困难的测站，通过资料分析，当影响总流量不超过 1%时，可不施测流向偏角，但必须每年施测 1～2 次水流平面图进行检验。

（4）新设的水文站，在决定测流断面线前，先测定横断面上各垂线的流向，求横断面的合成流向，以确定测流断面线。使测流断面垂直于断面平均流向。

（5）在有斜流或流向变化较大的河流，测速的同时必须测流向，然后对实测流速加以改正，以获得垂直于过水断面的流速和流量。

（6）在海洋和湖泊上测流，一般应同时测定流向。

（7）在某些情况下，流向测量可作为一个独立的任务。如在河流上建筑桥梁，研究桥墩轴线的方位；研究建筑物对水流自然规律的影响；合理设计和布置水工建筑物；研究河道冲淤变化及河床变形等问题，也需要施测流向。

6.5.7　流量测验时其他项目的观测

1. 流量测验过程中的水位观测

测站每次测流时，应观测或摘录基本水尺自记水位。当测流断面内另设辅助水尺时，应同时观测或摘录水位，并应符合以下规定。

（1）当测流过程中水位变化平稳时，可只在测流开始和终了时各观测或摘录水位一次。

（2）平均水深大于 1m 的测站，当估计测流过程中，水位变化引起的水道断面面积的变化超过测流开始时断面面积的 5%，或平均水深小于 1m 的测站，水道断面面积的变化超过 10%时，应按能控制水位过程的要求增加观测或摘录水位的次数。

（3）当测流过程可能跨过水位过程线的峰顶或谷底时，应增加观测或摘录水位的次数。

2. 比降观测

设有比降水尺的测站，应根据设站目的观测比降水尺水位。当测流过程中水位变化平稳时，可只在测流开始观测一次；当水位变化较大时，应在测流开始和终了各观测一次。

3. 风向风力及特殊水流现象观测

在每次测流的同时，应在岸边观测和记录风向风力（速），以及测验河段附近发生的支流顶托、回水、漫滩、河岸决口、冰坝壅水等影响水位流量关系的有关情况。

潮流站采用固定测船施测时，每次开始施测垂线上第一个测点和往下测至水深最大的测点，均应加测当时的测流断面水尺水位。用一船施测多条垂线时，应在施测每条垂线的第一个测点时加测水位。当采用往返施测方法时，应在往测和返测各条垂线的第一个测点时加测水位。出现憩流时，应同时观测水位。

6.5.8　实测流量计算

实测流量计算的方法有分析法、图解法及流速等值线法等。图解法和流速等值线法只适用于多线多点的测流资料；分析法适用于各种方法的测流资料，应用最广，一般情况下流量计算均采用分析法。

6.5.8.1　分析法

分析法是计算实测流量应用最广泛的方法，可随测随算，及时检查成果，工作简便迅速。计算内容主要包括垂线的起点距、水深，测点流速、垂线平均流速，部分平均流速、部分面积、部分流量，断面面积、断面流量、断面平均流速，相应水位等。起点距、水深计算已在第四章叙述，这里仅介绍其余几项内容的计算方法。

1. 畅流期流量计算

（1）测点流速的计算。测点流速可采用转数、历时计算或从流速仪检数表上查读，也可直接采用仪器显示或记录的测点流速数值。

当测点实测流向偏角大于10°时，且各测点均有记录时，在计算垂线平均流速之前，应作偏角改正，并应按式（6.31）计算

$$v_N = v\cos\theta \qquad (6.31)$$

式中　v_N——垂直于断面的测点流速，m/s；

　　　v——实测的测点流速，m/s；

　　　θ——流向与断面垂直线的夹角。

（2）垂线平均流速的计算。

1）垂线平均流速计算公式简介。垂线平均流速等于垂线流速分布曲线所包围的面积除以水深，理论计算的"面积"是测点流速对水深的积分，然而天然河道中水深流速的函数关系十分复杂，无法从理论上求出每条垂线上准确的水深流速函数关系，实际工作中也只能测出垂线上有限的测点流速，因此无法采用理论上的积分公式计算出垂线平均流速。

假设两测点流速之间呈直线变化，将垂线流速曲线所包围的面积视为若干梯形面积之和。可按梯形面积计算出垂线平均流速。如五点法的垂线平均流速为

$$V_m = \frac{1}{H}\left(\frac{v_{0.0}+v_{0.2}}{2}\frac{2H}{10} + \frac{v_{0.2}+v_{0.6}}{2}\frac{4H}{10}\right.$$
$$\left. + \frac{v_{0.6}+v_{0.8}}{2}\frac{2H}{10} + \frac{v_{0.8}+v_{1.0}}{2}\frac{2H}{10}\right)$$

进行整理得：

$$V_m = \frac{1}{10}(v_{0.0} + 3v_{0.2} + 3v_{0.6} + 2v_{0.8} + v_{1.0})$$
$$(6.32)$$

式中　　　　V_m——垂线平均流速，m/s；

$\begin{pmatrix}v_{0.0}、& v_{0.2}、& v_{0.6}、\\ v_{0.8}、& v_{1.0}\end{pmatrix}$——垂线上水面、相对水深0.2、

0.6、0.8和河底处的测点流速，m/s；

H——水深，m。

同理，可提出不同测点法情况下的垂线平均流速计算公式。又根据大量实测资料归纳和从垂直流速分布曲线的数学推导，得出半经验公式。目前，使用的畅流期垂线平均流速计算公式主要有十一点、五点、三点、二点、一点法等。其中，一点法又有相对水深0.6一点、0.5一点、0.2一点和水面一点等。

2）畅流期当垂线上没有回流时，垂线平均流速计算公式如下。多点法计算垂线平均流速为图解法的近似计算，一般比图解法略有偏小。

十一点法

$$V_m = \frac{1}{10}(0.5v_{0.0} + v_{0.1} + v_{0.2} + v_{0.3} + v_{0.4} + v_{0.5}$$
$$+ v_{0.6} + v_{0.7} + v_{0.8} + v_{0.9} + 0.5v_{1.0}) \quad (6.33)$$

五点法

$$v_m = \frac{1}{10}(v_{0.0} + 3v_{0.2} + 3v_{0.6} + 2v_{0.8} + v_{1.0})$$
$$(6.34)$$

三点法

$$V_m = \frac{1}{3}(v_{0.2} + v_{0.6} + v_{0.8}) \qquad (6.35)$$

$$V_m = \frac{1}{4}(v_{0.2} + 2v_{0.6} + v_{0.8}) \qquad (6.36)$$

两点法

$$V_m = \frac{1}{2}(v_{0.2} + v_{0.8}) \qquad (6.37)$$

一点法

$$V_m = v_{0.6} \qquad (6.38)$$
$$V_m = kv_{0.5} \qquad (6.39)$$
$$V_m = k_2 v_{0.2} \qquad (6.40)$$
$$V_m = k_1 v_{0.0} \qquad (6.41)$$

式中　$\begin{pmatrix}v_{0.0}、& v_{0.1}、\\ \cdots、& v_{1.0}\end{pmatrix}$——对应相对水深处的测点流

速，m/s；

　　　V_m——垂线平均流速，m/s；

　k、k_1、k_2——半深、水面、0.2水深处的流速系数。

各站的流速系数，可用多点法实测资料分析确定。在水流湍急或流冰时，只测水面附近一点流速时可采用式（6.40）或式（6.41）计算垂线平均流速。

3）有回流时垂线平均流速的计算。当垂线上有回流时，回流流速应为负值，可采用图解法量算垂线平均流速。当只在个别垂线上有回流时，可直接采用分析法计算垂线平均流速。

（3）部分面积的计算。按组成"部分"划分的不同，可分为平均分割法和中间分割法两种。

1）平均分割法。目前我国规范所采用的平均分割法。它是以测速垂线为分界将过水断面划分为若干部分，相邻垂线之间的间距为部分宽，乘以相邻垂线水深的平均值，得到部分面积。

部分面积可按式（6.42）计算

$$A_i = \frac{H_{i-1} + H_i}{2}B_i \qquad (6.42)$$

式中　A_i——平均分割法计算的第i部分面积，m²；

　　　i——测速垂线或测深垂线序号，$i = 1$、2、$\cdots$、n；

H_i——第 i 条垂线的实际水深，当测深、测速非同时进行时，应采用河底高程与测速时的水位算出应用水深，m；

B_i——部分宽，m。

岸边的部分面积按三角形面积计算。

2）中间分割法。部分宽以本测速垂线与相邻测速垂线间距的一半加上与另一测速垂线间距的一半，乘以本垂线的水深，得部分面积。

$$A_i' = \frac{1}{2} H_i (B_i + B_{i+1}) \qquad (6.43)$$

式中　A_i'——中间分割法计算的第 i 测速垂线对应的部分面积，m^2；

H_i——第 i 条测速垂线的实际水深，m；

B_i、B_{i+1}——第 i 条测速垂线相邻两部分的宽度，m；

i——测速垂线或测深垂线序号，$i = 1$、2、$\cdots$、n。

岸边的部分面积按三角形面积计算。

（4）部分平均流速的计算。

1）相邻两测速垂线之间的部分平均流速的计算。相邻两测速垂线之间的部分平均流速为两垂线平均流速的算术平均值，可按式（6.44）计算

$$\overline{V}_i = \frac{1}{2}(V_{m(i-1)} + V_{mi}) \qquad (6.44)$$

式中　$\overline{V}_i$——两测速垂线间的部分平均流速，m/s，$i = 2$、3、$\cdots$、$n-1$；

$V_{m(i-1)}$、V_{mi}——相邻两测速垂线的垂线平均流速，m/s。

2）靠岸边或死水边的部分平均流速计算。岸边部分的平均流速为自岸边起第一条（最末一条）垂线平均流速乘以岸边流速系数计算。靠岸边或死水边的部分平均流速计算式为

$$\overline{V}_1 = \alpha V_{m1} \qquad (6.45)$$

$$\overline{V}_n = \alpha V_{m(n-1)} \qquad (6.46)$$

式中　α——岸边流速系数。

岸边流速系数值可根据岸边情况在表 6.11 中选用。

表 6.11　　　岸边流速系数 α 值

岸　边　情　况		α
水深均匀地变浅至零的斜坡岸边		$0.67 \sim 0.75$
陡岸边	不平整	0.8
	光滑	0.9
死水与流水交界处的死水边		0.6

注　在计算岸边或死水边部分的平均流速时，对于用深水浮标或浮杆配合流速仪在岸边或死水边垂线上所测的垂线平均流速，可采用本表。

3）岸边流速系数的分析方法。边流速系数可通过试验资料确定，也可用下面介绍的分析方法确定。下面以岸边为三角形，流速分布为直线和指数分布为例介绍岸边系数的分析方法。

a. 岸边垂线平均流速沿河宽分布为直线情况。图 6.32 所示，当测得岸边第一条垂线水深和流速，根据相似三角形关系，岸边任意点的流速和水深可表示为

$$v = \frac{x}{b_1} V_{m1}; \quad h = \frac{h_1}{b_1} x$$

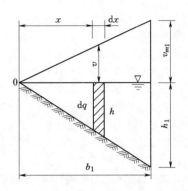

图 6.32　岸边流速直线分布流速系数计算示意图

面积 $h\,dx$ 对应的流量为

$$dq_1 = v(h\,dx) = \frac{h_1 V_{m1}}{b_1^2} x^2\,dx$$

岸边的部分流量为

$$q_1 = \int dq_1 = \frac{h_1 v_{m1}}{b_1^2} \int_0^{b_1} x^2\,dx = \frac{2}{3} V_{m1} f_1 \qquad (6.47)$$

其中

$$f_1 = \frac{1}{2} b_1 h_1$$

式中　q_1——岸边部分流量，m^3/s；

V_{m1}——距岸边第一根垂线的垂线平均流速，m/s；

f_1——岸边部分面积，m^2。

由式（6.47）得，岸边流速系数

$$\alpha = \frac{2}{3} \approx 0.67$$

b. 岸边垂线平均流速呈指数曲线分布情况。图 6.33 所示，根据曼宁公式求得

$$\frac{v}{V_{m1}} = \left(\frac{h}{h_1}\right)^{\frac{2}{3}}、v = \left(\frac{h}{h_1}\right)^{\frac{2}{3}} V_{m1}$$

同前分析可得

$$h = \frac{h_1}{b_1} x$$

并对其微分得

$$dh = \frac{h_1}{b_1} dx$$

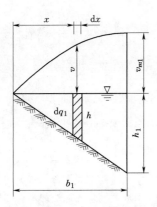

图 6.33 岸边流速曲线分布流速系数计算示意图

面积 $h\mathrm{d}x$ 对应的流量为

$$\mathrm{d}q_1 = v(h\mathrm{d}x) = V_{m1}\left(\frac{h}{h_1}\right)^{\frac{2}{3}}$$

$$\times \left(\frac{h_1}{b_1}x\right)\mathrm{d}x = \left(V_{m1}\frac{h_1}{b_1^{5/3}}\right)x^{\frac{5}{3}}\mathrm{d}x$$

岸边部分流量为

$$q_1 = \int\mathrm{d}q_1 = V_{m1}\frac{h_1}{b_1^{5/3}}\int_0^1 x^{5/3}\mathrm{d}x = \frac{3}{4}V_{m1}f_1$$

$$(6.48)$$

式中符号意义同前。

由式 (6.48) 可知, 岸边流速系数

$$\alpha = \frac{3}{4} = 0.75$$

综上分析计算知, 斜坡岸边的流速系数 $\alpha = 0.67$ ~0.75, 通常取 0.70。

(5) 部分流量的计算。

1) 平均分割法。部分流量为部分面积乘以部分平均流速, 在实际应用中部分流量可按式 (6.49) 计算

$$q_i = \overline{V}_i A_i \qquad (6.49)$$

式中符号意义同前。

为便于理解, 可表示为

$$q_i = \left(\frac{V_{m(i-1)} + V_{mi}}{2}\right)\left(\frac{H_{i-1} + H_i}{2}\right)B_i \quad (6.50)$$

式中符号意义同前。

2) 中间分割法。中间分割法部分流量的计算。它是以某一测速垂线的两相邻测速垂线宽度的两中点为分界线组成部分。其部分流量的计算公式为

$$q_i = V_{mi}A'_i \qquad (6.51)$$

为便于理解可用式 (6.52) 表示

$$q_i = V_{mi}H_i\frac{B_i + B_{i+1}}{2} \qquad (6.52)$$

式中符号意义同前。

(6) 断面面积的计算。过水断面面积为各部分面积之和, 即

$$A = \sum_{i=1}^{n} A_i \qquad (6.53)$$

式中 A——过水断面总面积, 简称断面面积, m^2。

(7) 断面流量的计算。断面流量为断面上各部分流量的代数和, 其公式为

$$Q = q_1 + q_2 + q_3 + \cdots + q_n = \sum_{i=1}^{n} q_i \quad (6.54)$$

式中 Q——断面流量 (即通过断面的总流量), m^3/s。

若断面上有回流, 回流区的垂线平均流速为负值, 可用实测或图解法求出回流边界, 计算出逆流流量, 断面流量为各部分顺逆流量的代数和。

(8) 断面平均流速计算。断面平均流速为通过断面的流量除以断面面积, 即

$$\overline{V} = Q/A \qquad (6.55)$$

式中 $\overline{V}$——断面平均流速, m/s。

(9) 畅流期采用连续测流时流量计算。在畅流期采用连续测流时, 各次断面流量可按以下方法计算。

1) 第一次断面流量, 可由第一个测次的第一条至最末一条垂线的测深测速记录算得。

2) 第二次断面流量, 可由第一个测次的第二或第三条至最末一条垂线, 以及第二个测次的第一或第二条垂线的测深测速记录算得。施测号数仍沿用前一个测次的施测号数, 但在右下角按计算流量的次序加上分号。

3) 第三次及以上的断面流量, 可采用以上方法依次计算。

4) 每一次断面流量的施测起、讫时间, 应根据选用的垂线测速记录中记载的时间确定。

(10) 分线测流法时断面流量计算。采用分线测流法时, 断面流量可按以下方法计算。

1) 根据本次在部分垂线上实测的测点流速计算相应垂线的平均流速。

2) 根据以前实测资料绘制的水位与垂线平均流速的关系曲线, 按本次观测的水位查得断面上其余垂线的垂线平均流速。

3) 根据实测和查得的垂线平均流速, 计算部分流量和断面流量。

(11) 畅流期流量计算的水位涨落率和水面比降的计算。

1) 水位涨落率应取测流期间的平均涨落率, 并可由测流终了和开始时的水位差除以测流总历时计算。涨水时应取正值, 落水时应取负值。测流过程跨过水位峰顶、谷底时, 可不计算。

2) 水面比降应按由上、下比降水尺的平均水位差除以两比降断面间的间距计算。

2. 冰期实测流量的计算

冰期实测流量的计算和畅流期基本相同，但冰期的水深定义及垂线流速计算等与畅流期不完全相同，在计算时应于注意。冰期实测流量的计算应符合以下要求。

（1）冰期垂线平均流速计算公式。冰期垂线平均流速可按以下公式计算。

六点法

$$V_m = \frac{1}{10}(v_{0.0} + 2v_{0.2} + 2v_{0.4} + 2v_{0.6} + 2v_{0.8} + v_{1.0})$$

$$(6.56)$$

三点法

$$V_m = \frac{1}{3}(v_{0.15} + v_{0.5} + v_{0.85}) \qquad (6.57)$$

两点法：公式同畅流期公式。

一点法

$$V_m = k'v_{0.5} \qquad (6.58)$$

式中　　V_m——垂线平均流速，m/s；

$v_{0.15}$、$v_{0.5}$、$v_{0.85}$——0.15、0.5、0.85 有效相对水深处的测点流速，m/s；

k'——冰期半深处的流速系数。

（2）冰期部分面积计算。冰期部分面积计算与畅流期相同，但应注意公式中的水深值，在有水浸冰的垂线上应为有效水深；在有岸冰或清沟时，盖面冰与畅流区交界处同一垂线的水深用两种数值；当计算盖面冰以下的部分面积时，应采用有效水深；当计算畅流部分的面积时，应采用实际水深。当交界处垂线上的水浸冰厚小于有效水深的 2% 时，计算相邻两部分面积可采用实际水深。

（3）断面总面积和水浸冰面积。计算冰期流量时，应将断面总面积、水浸冰面积、冰花面积与水道断面面积分别算出。当出现层冰层水或断面内有好几股水流而其水位不一致时，可不逐一计算。在有岸冰或清沟时，可分区计算。水浸冰面积可根据各测深垂线上的水浸冰厚及测深垂线的间距按式（6.59）计算，见图 6.34。

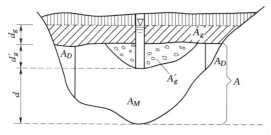

图 6.34　封冻期测流断面示意图

A—水道断面面积；A_M—流水断面面积；A_D—死水面积；A_g—水浸冰面积；A'_g—冰花面积；d_g—水浸冰厚；d'_g—冰花厚；d—有效水深

$$A_g = \frac{1}{2}d_{go}b_o + \frac{b_1}{2}(d_{go} + d_{g1}) + \frac{b_2}{2}(d_{g1} + d_{g2}) + \cdots$$

$$+ \frac{b_n}{2}[d_{g(n-1)} + d_{gn}] + \frac{b_{n+1}}{2}[d_{g(n)} + d_{g(n+1)}]$$

$$+ \frac{1}{2}d_{g(n+1)}b_{n+2} \qquad (6.59)$$

式中　　　　　A_g——水浸冰面积，m^2；

d_{g1}、d_{g2}、$\cdots$、d_{gn}——自一岸测至另一岸，水浸冰在第 1、第 2、$\cdots$、第 n 条测深垂线上的厚度，m；

d_{go}、$d_{g(n+1)}$——冰底边的水浸冰厚，m，应采用冰底边上的实测数值，当无法测定时，可借用靠冰底边最近的一个冰孔中的水浸冰厚；

b_1、b_2、$\cdots$、b_n、b_{n+1}——岸冰底边至第 1 条测深垂线、第 1、2 条测深垂线……末两条测深垂线、末 1 条测深垂线至对岸冰底边的间距，m；

b_o、b_{n+2}——两岸冰底边至水面边的间距。其中水面边的位置，可根据水位在断面图上查得。

冰花面积可参照式（6.59）计算。

3. 实测潮流量的计算

（1）大断面成果采用。断面测量资料的选择，应将各次水道断面成果，先点绘断面图，与前次大断面图进行比较，当同水位的断面面积差值在水面宽度小于 200m 时不超过 3%，或在水面宽度大于 200m 时不超过 5%，可仍照前次大断面成果采用。当超过限差时，应按该次水道断面成果及重新测量岸上部分的高程绘算新的大断面成果采用；当测出的水道断面一岸较前次淤积，另一岸被刷深时，应分左、右两部分计量面积和进行比较。

（2）垂线平均流速计算。垂线平均流速的计算应符合以下规定。

1）潮水河采用六点法、三点法或两点法施测的垂线平均流速计算公式与无潮河流相同。当采用等深点流速平均改正法施测时，往返施测的各个测点流速应取算术平均值。

2）当垂线上各个测点的流向顺逆不一致时，应取各测点流速的代数和计算垂线平均流速。

（3）部分平均流速计算。部分平均流速的计算应符合以下规定。

1）潮水河施测 3 条以上垂线时，可按无潮河流的方法计算部分平均流速。

2）当同一部分两边垂线的流向不一致时，部分平均流速应为该两垂线流速代数和的平均值。

3）岸边流速系数应通过试验确定。当左、右岸边形状不同时，应分别确定。当无试验资料时，可按岸边形状和平整情况，从表6.11中选用岸边流速系数 α 值。

（4）部分面积的计算。潮水河的部分面积宜根据大断面计算表划分若干部分，并先算出各级水位的相应部分面积和绘制成关系图表，再按测流时水位，在图表上直接查算。

（5）部分流量和断面流量。部分流量和断面流量的计算方法应符合以下规定。

1）潮水河的部分流量应为部分平均流速与部分面积的乘积。

2）潮水河施测3条以上垂线时，其断面流量应为断面上所有各部分流量的代数和。

3）当施测1～2条代表线，通过相关关系换算为断面平均流速时，可由断面平均流速乘以断面面积，确定断面流量。

（6）涨落潮潮量和净泄。涨落潮潮量的计算应以憩流出现时间为分界（图6.35）。涨潮潮量和落潮潮量可按下式计算

$$W' = \frac{1}{2}Q_1 t_1 + \frac{Q_1 + Q_2}{2}t_2 + \cdots + \frac{1}{2}Q_{n-1} t_n \tag{6.60}$$

$$W'' = \frac{1}{2}Q_1' t_1 + \frac{Q_1' + Q_2'}{2}t_2 + \cdots + \frac{1}{2}Q_{n-1}' t_n \tag{6.61}$$

式中　　W'——涨潮潮量，m^3；

Q_1、Q_2、$\cdots$、Q_{n-1}——自落潮憩流至涨潮憩流依次测得的涨潮流量，m^3/s；

W''——落潮潮量，m^3；

Q_1'、Q_2'、$\cdots$、Q_{n-1}'——自涨潮憩流至落潮流依次测得的落潮流量，m^3/s；

t_1、t_2、$\cdots$、t_n——两次施测相隔时间，s。

同一潮流期的净泄（进）量可按式（6.62）计算

$$W = W'' - W' \tag{6.62}$$

式中　W——净泄（进）量，m^3。计算结果为正时，为净泄量；计算结果为负时，即为净进量。

4. 桥上测流流量计算

在桥上测流的测站，因桥墩阻水，影响流速横向分布和有效过水断面，实际通过桥梁的流量要小于按常规流量计算方法计算的流量。一般情况下，需要进行流量改正。因此，应在流量计算前，分析计算流量

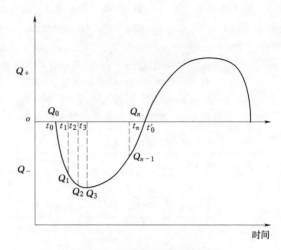

图6.35　涨落潮潮量计算示意图

t_0—落憩时刻；t_0'—涨憩时刻

改正系数。

（1）分析计算流量改正系数。

1）单次流量改正系数分析计算。为分析测桥桥墩对流量测验的影响，在测桥正式使用前，采用测桥测流的同时，应在测桥附近受桥梁影响以外的地方，选取断面用缆道、测船或涉水等方式同步进行流量测验，并用式（6.63）计算单次流量改正系数

$$k_i = Q_{C_i} / Q_{q_i} \tag{6.63}$$

式中　k_i——第 i 次流量改正系数；

Q_{C_i}——第 i 次船（缆道或涉水）测得的流量，m^3/s；

Q_{q_i}——第 i 次桥上测得的流量，m^3/s。

2）各级水位下的流量改正系数计算。通过桥上测流和其他测流方式（如测船、缆道、涉水）在桥梁影响以外的地方同步比测，收集一年以上的流量资料，比测次数不少于30次，并按式（6.64）分析计算各级水位下的流量改正系数

$$k = \frac{1}{n}\sum_{i=1}^{n} k_i \tag{6.64}$$

式中　k——某划分水位级内的流量改正系数；

k_i——相应水位级内各单次流量改正系数；

n——某划分水位级内流量比测次数。

（2）桥上测流流量计算注意事项。桥上测流流量计算除上述按畅流期流量计算的方法步骤外，还要注意以下事项。

1）每孔平均流速计算，采用对应于每桥孔的各条垂线平均流速的算术平均值；边孔部分应根据试验确定边孔流速系数，计算边孔的部分平均流速。

2）每孔水道断面面积应采用以桥墩中心线为分界点，计算每孔的各部分面积之和。

3）按畅流期方法计算的桥测流量，应乘以流量改正系数作为本站天然河道的流量成果，其计算公式为

$$Q = kQ_q \qquad (6.65)$$

式中　Q——天然河道的流量，m^3/s；

Q_q——按畅流期方法计算的桥测流量，m^3/s。

当缺乏高水试验资料时，可按每孔对应于中央位置处布置一条测速垂线，流量改正系数值参考6.12选取。

表 6.12　　　桥测流量改正系数

测流断面距桥墩以上距离/m	k 值范围
2	0.95~0.99
4	0.96~1.00

5. 流速系数的确定

测验中使用的流速系数各站可能不同，因此，各站应在有条件时开展流速系数实验确定，以便需要时使用。流速系数的确定应符合以下规定。

（1）畅流期半深流速系数，应采用五点法测速资料绘出垂线流速分布曲线。内插出 0.5 水深的流速。与垂线平均流速对比，经多次分析后确定。

（2）封冻期半深流速系数，应采用六点法或三点法测速资料分析确定。

（3）畅流期 0.2 水深的流速系数，可用本站二点法或多点法的资料分析确定。

（4）畅流期水面流速系数应由多点法测速资料或其他加测水面流速的资料分析确定，或根据实测的水面比降、河床糙率等资料分析计算。

6.5.8.2　图解法简介

图解法又称水深流速积分法，它要求多线多点的测流资料，一般供分析研究用，日常流量测验中很少采用。其计算步骤如下。

（1）计算测点流速，在斜流时应作流向改正。

（2）计算各垂线的河底高程，在方格纸上绘制断面图。

（3）绘制各测速垂线的流速分布曲线，用求积仪或数方格法量出垂线流速分布曲线与纵坐标所包围的面积 $\int_0^h v\,dh$，经比例换算后，得单宽流量（m^2/s）。单宽流量除以水深得垂线平均流速。

（4）在横断面图的上方绘制单宽流量与垂线平均流速的横向分布曲线，用求积仪或数方格法量出单宽流量的横向分布曲线与水面线所包围的面积，经比例尺换算后得断面流量。

（5）同理，用求积仪或数方格法量出河床线与水面线包围的面积，经比例尺换算后得断面面积，则断面平均流速可采用式（6.55）计算。

6.5.8.3　流速等值线法

流速等值线法又称流速面积积分法。该法是根据各垂线各测点的实测流速值，绘制断面流速分布图，即绘等流速曲线。从最大流速开始，由每条等流速曲线与水面线包围的面积，可用求积仪逐个量出，并经单位换算求得面积。以纵坐标表示流速，横坐标表示各流速曲线包围的面积，绘制流速面积曲线，这一流速面积曲线所包围的面积，即代表断面流量。可用式（6.66）表示

$$Q = \sum_{i=0}^{n} \overline{v}_i \Delta A_i \qquad (6.66)$$

式中　Q——断面流量，m^3/s；

$\overline{v}_i$——第 i 条等流速线的流速值，m/s；

ΔA_i——第 i 条等流速线对应的断面面积，m^2。

6.5.9　相应水位的计算

相应水位是在水位流量关系图上与实测流量相对应的某一瞬时水位，相应水位见图 6.36，流速仪测得的断面流量是变化中的各部分流量的合成值（或近似数值），它的相应水位是把这一合成流量当成流量变化过程中的某一瞬时流量，对应这一瞬时流量的水位就是相应水位。可按不同的水位涨落情况选取不同的计算方法。

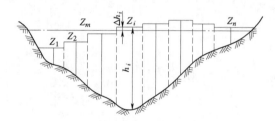

图 6.36　相应水位计算示意图

1. 算术平均法

在测流过程中水位变化引起水道断面面积的变化，当平均水深大于 1m 时不超过 5%，或平均水深小于 1m 时不超过 10%，可取测流开始和终了两次水位的算术平均值作为相应水位；当测流过程跨越水位峰顶或谷底时，应采取多次实测或摘录水位的算术平均值作为相应水位。

2. 加权平均法

（1）加权平均法公式。加权平均法也称 $b'v_m$ 加权法，测流过程中水道断面面积的变化超过上款范围时，相应水位应采用 $b'v_m$ 加权法计算，$b'v_m$ 加权法公式为

$$Z_m = \frac{b_1' v_{m1} Z_1 + b_2' v_{m2} Z_2 + \cdots + b_n' v_{mn} Z_n}{b_1' v_{m1} + b_2' v_{m2} + \cdots + b_n' v_{mn}}$$

或写为

$$Z_m = \frac{\sum\limits_{i=1}^{n} b_i' v_{mi} Z_i}{\sum\limits_{i=1}^{n} b_i' v_{mi}} \qquad (6.67)$$

式中 Z_m——相应水位，m；

b_i'——测速垂线所代表的水面宽度，m，宜采用该垂线两边两个部分宽的平均值，在岸边垂线上，宜采用水边至垂线的间距再加该垂线至下一条垂线间的一半所得之和；

v_{mi}——第 i 条垂线的平均流速，m/s；

Z_i——第 i 条垂线上测速时的基本水尺水位，m，实测或插补而得。

（2）$b' v_m$ 加权法计算的原理。设垂线平均流速与水深的 x 次方成正比，公式为

$$v_m = \varphi h^x \qquad (6.68)$$

式中 φ——流速系数；

h——水深，m。

部分流量可写成

$$q = b' h v_m = \varphi b' h^{1+x} \qquad (6.69)$$

当水位变化 ΔZ 时，水深变化为 $\Delta h (\Delta h = \Delta Z)$，部分流量相应变化为 Δq，这时

$$q + \Delta q = \varphi b' (h + \Delta h)^{1+x} \qquad (6.70)$$

式（6.70）两边同除以水位变化前的部分流量，可得到部分流量相对误差

$$S_q = \frac{q + \Delta q}{q} = \frac{\varphi b' (h + \Delta h)^{1+x}}{\varphi b' h^{1+x}}$$

进一步化简得

$$1 + \frac{\Delta q}{q} = \left(1 + \frac{\Delta h}{h}\right)^{1+x} = 1 + (1+x)\frac{\Delta h}{h}$$
$$+ \frac{x(1+x)}{2}\left(\frac{\Delta h}{h}\right)^2 + \cdots \qquad (6.71)$$

当 $\frac{\Delta h}{h}$ 甚小时，$\left(\frac{\Delta h}{h}\right)^2$ 项及以后各项可以省略，则式（6.71）可简化为

$$\frac{\Delta q}{q} = (1+x)\frac{\Delta h}{h} \qquad (6.72)$$

故有 $\qquad \Delta q = q(1+x)\frac{\Delta h}{h} \qquad (6.73)$

对于全断面来说，每个部分的 Δq_i 可写成

$$\Delta q_i = q_i(1+x)\frac{\Delta h_i}{h_i} = b_i' v_{mi} h_i (1+x)\frac{\Delta h_i}{h_i}$$
$$= b_i' v_{mi}(1+x)\Delta h_i \qquad (6.74)$$

设相应水位为 Z_m，各垂线的测时水位为 Z_i，则

$$\Delta h_i = \Delta Z_i = Z_m - Z_i \qquad (6.75)$$

要使相应水位准确，必须使相应水位的相应流量和实测流量相等，即 $\sum \Delta q_i = 0$，故

$$\sum \Delta q_i = (1+x)\sum b_i' v_{mi}(Z_m - Z_i)$$

因 x 为正值，$(1+x) \neq 0$，要使 $\sum \Delta q_i = 0$，必须有

$$\sum b_i' v_{mi}(Z_m - Z_i) = 0$$

即 $\quad \sum b_i' v_{mi} Z_m - \sum b_i' v_{mi} Z_i = 0 \qquad (6.76)$

对式（6.76）整理得

$$Z_m = \frac{\sum\limits_{i=1}^{n} b_i' v_{mi} Z_i}{\sum\limits_{i=1}^{n} b_i' v_{mi}} \qquad (6.77)$$

应指出的是式（6.77）在推导中是假定 $\frac{\Delta h}{h}$ 很小，忽略第 2 项及以后的高阶项。因此，在实际应用时，必须注意 $\frac{\Delta h}{h}$ 很小这一条件，否则将会引起较大的误差，其误差影响情况见表 6.13。

表 6.13 $\frac{\Delta h}{h}$ 值与部分流量相对误差 S_q 的关系

$\frac{\Delta h}{h}$	-1.0	-0.6	-0.4	-0.2	-0.1	0	0.1	0.2	0.4	0.6	1.0
$S_q(\%)$	$-\infty$	-100	-21.9	-3.2	-0.7	0	-0.5	-1.6	-4.9	-8.7	-16.1

3. 部分流量加权法

计算公式为

$$Z_m = \frac{\sum\limits_{i=1}^{n} q_i \overline{Z}_i}{Q} \qquad (6.78)$$

式中 q_i——部分流量，m³/s；

$\overline{Z}_i$——该部分流量的两条测速垂线测速时水位的平均值，m；

Q——断面流量，m³/s。

4. 其他方法

当采用其他方法计算的相应水位，与加权平均法相比，水位误差不超过 1cm 时，也可以采用。

当使用这种方法计算连续测流法实测流量的相应水位时，所采用的垂线平均流速、部分宽度、测时水位等数值的垂线号数和施测时间，应同计算部分流量和断面流量时所取的号数和时间一致。

6.5.10　高洪流量测验

6.5.10.1　一般规定与要求

1. 高洪流量测验的意义

洪水期高水位大流量对防汛十分重要，特别是大洪水的洪峰流量对水利工程、交通工程、防洪规划设计等影响很大，因此水文测站测好高洪流量的意义重大。然而，高洪期除水位高外，还会出现水深、流急、浪高、水位涨、落急剧，有时还会伴随高含沙量、大量的漂浮物，甚至出现漫滩、决口等情况。使流量测验十分困难，作业的危险性增大。为了保证流量测验的必需精度，必须根据各测站的特性，结合测验设施对测验方案进行优选优化。

用流速面积法测流的各种常用方法中，以流速仪法、ADCP 法等精度最高，浮标法次之，在特定的困难条件下，比降面积法也可满足一定的测流精度。因此，规划部署高洪期测流时，需首先考虑流速仪法、ADCP 法等，只有当流速仪法无条件采用时，可顺序考虑浮标法或比降面积法测流。

2. 水位级划分

(1) 频率计算。水位级划分应以频率分析计算作为基本依据。频率可按式 (6.79) 计算

$$p = \frac{m}{n+1} \times 100\% \qquad (6.79)$$

式中　　P——频率，%；

m——随机变量按大小递减顺序排列的序号；

n——随机变量的序列数，在数理统计学中称为样本容量，由于有抽样误差存在，所以，样本容量大则统计量的代表性就好，但限于经济和时间等客观条件，不可能要求样本容量过大，一般以不少于 20 为宜。

在计算时，可分别以年（汛期）瞬时最高水位、瞬时最低水位、日平均水位、汛期径流量等为随机变量，进行频率计算。

(2) 年特征值法。对一类精度的水文站，水位级的划分可采用年特征值法，并应符合以下规定。

1) 根据站各年瞬时最高水位，计算频率和绘制频率曲线，当频率为 90% 时，其对应的水位（记为 $Z_{max,90\%}$）为高水位。

2) 根据测站各年瞬时最低水位，计算频率和绘制频率曲线，当频率为 10% 时，其对应的水位（记为 $Z_{min,10\%}$）为低水位。

3) 根据测站各年日平均水位，计算频率和绘制频率曲线，当频率为 50% 时，其对应的水位（记为 $\bar{Z}_{50\%}$）为中水位。

(3) 典型年法。对二类、三类精度的水文站，水位级的划分可采用典型年法，并应符合以下规定。

1) 根据测站各年汛期总水量计算频率和绘制频率曲线，当频率为 10%、50%、90% 时，其对应的汛期径流量的相应年份，为丰、平、枯水典型年。

2) 根据三个典型年的汛期逐日最高水位计算频率和绘制频率曲线，当频率为 10%、50%、90% 时，其对应的水位（记为 $Z'_{m,10\%}$、$Z'_{m,50\%}$、$Z'_{m,90\%}$），为高、中、低水位。

(4) 测站水情特征划分。根据上述水位级划分结果，可将测站水情特征划分为高水期、中水期、低水期、枯水期等 4 个时期，见表 6.14，表中 Z 为水位。

表 6.14　　　　　　　　　　　　　　　　　测站水情特征划分表

水文站类别	高水期	中水期	低水期	枯水期
一类精度	$Z \geqslant Z_{max,90\%}$	$Z_{max,90\%} > Z \geqslant \bar{Z}_{50\%}$	$\bar{Z}_{50\%} > Z > Z_{min,10\%}$	$Z \leqslant Z_{min,10\%}$
二类、三类精度	$Z \geqslant Z'_{m,10\%}$	$Z'_{m,10\%} > Z \geqslant Z'_{m,50\%}$	$Z'_{m,50\%} > Z > Z'_{m,90\%}$	$Z \leqslant Z'_{m,90\%}$

3. 高洪流量测验要求

高洪流量测验期间应缩短测流历时，应根据高洪特点和测站技术设备条件选择测流方法，并应符合以下规定。

(1) 规划部署高洪期测流时，应优先采用流速仪法或 ADCP 法，在困难条件下，可在满足对测流必须历时和测验精度要求的规定时，选用其他测流方法。

(2) 在暴涨、暴落的中小河流上，当限于测流历时不可能采用均匀浮标时，河段水面比降较大者，可采用比降面积法。对平原水网地区的河流，比降一般较小，可采用中泓浮标法。

(3) 对暴涨、暴落且挟带大量漂浮物的洪水，可采用漂浮物浮标法或中泓漂浮物浮标法。

6.5.10.2　流速仪法高洪测流方案优选的原则与要求

1. 一般原则

对于涨、落急剧的河流，在高水位时期，往往伴

随着高流速、漂浮物多、断面冲淤较大，且不易实测等困难条件。为了保证单次流量测验的精度，测站需针对本站的困难特点对测流方案进行优选。其原则如下。

（1）应具有系统科学的特点。在确定目标，建立模型和寻优分析中，应注意问题的整体性、关联性、最优性、实用性，经过多种方案设计比较，择优选用。

（2）用数学规划寻优时，宜先作目标函数的凸性分析。当目标函数是凸函数，约束形成一个凸集时，则局部极植也是总体极值。难以用数学分析法判定凸性时，则用搜索法寻优，必须从几个初始点进行多次迭代，搜索出多个局部极值点，经比较确定最优点。

（3）数学规划问题中的等式约束的总数，必须少于独立变量的数目。

（4）高洪测流方案的优选分析应在测流方法选定之后进行。流速仪法和浮标法测流均应进行方案优选。

2. 高洪测流方案优选的基本资料分析

高洪测流方案优选，基本资料的分析应符合以下要求。

（1）确定单次测流必须历时，应将历年资料的中、高水位以上实测流速分为 2～3 级，且先对每条测速垂线的测速测点数和单个测点的测速历时统计测速实用时间，并按缆道或测船等不同设施分别统计每条垂线的辅助时间。缆道测验的辅助时间应包括流速仪在垂线上垂直位移与垂线间的水平位移时间；船测的辅助时间尚应增加锚定时间，然后按选用的测速垂线数及测速点数计算测流的必须历时。

（2）根据分析的各种单次测流历时，应分别按涨、落水面统计在不同历时时段内的水位涨（落）率和 5～10min 内的最大涨、落率。当不同的水位级内，涨（落）率有明显的变化规律时，应分为 2～3 个水位级进行统计。

3. 流速仪法测流方案优选

流速仪法测流方案优选，可在满足单次测流限制历时不小于单次测流必须历时的约束条件下，建立使单次测流误差最小的目标函数；或在满足单次测流总随机不确定度不小于允许总随机不确定度的约束条件下，建立单次测流必须历时最短的目标函数，以寻求测点测速历时，测速点数和断面垂线数之间的最佳组合方案。单次测流限制历时和单次测流允许总随机不确定度可按以下规定确定。

（1）单次测流限制历时。为控制单次测流由水位涨（落）率引起的流量误差不超过 3%，可从测站资料分析得到单次测流允许的水位变幅值后，单次测流限制历时应根据洪水涨（落）率，按式（6.80）计算

$$T_0 = \Delta Z / \frac{dz}{dt} \qquad (6.80)$$

式中　T_0——单次流量测验限制历时，s；

ΔZ——单次流量测验允许的水位变幅值，m；

$\frac{dz}{dt}$——水位涨（落）率，m/s。

（2）单次测流允许总随机不确定度。单次测流允许总随机不确定度，应根据单次测流各分项随机不确定度和《河流流量测验规范》对各类精度的水文站的测验精度要求分析确定。

在流速仪测流方案采用非线性规划问题求解中，各分项误差，应根据试验资料给出的离散型误差，拟配成曲线方程。

在各站高洪测流方案优选中，约束函数的具体条件，应根据水文站特征、资料要求、设备条件等不同而各有差异，同一水文站宜按稀遇洪水和正常年洪水情况来控制约束条件。优选方案的确定应符合以下要求。

1）非线性规划给出实数型优选方案时，应作取整处理。

2）选择方案时，在满足精度要求的条件下，宜本着经济、实用的原则，根据本站技术条件和本次水情特点，综合权衡确定优选方案。

6.5.10.3　高洪流量测验方案优选的方法

1. 建立目标函数

流速仪测流方案优选，可按下列数学模型建立目标函数和约束条件。

1）单次测流不确定度最小的目标函数

$$\min X'_Q = \left[X'^2_m + \frac{1}{m+1}(X'^2_p + X'^2_c + X'^2_e \right.$$
$$\left. + X'^2_d + X'^2_b) \right]^{\frac{1}{2}} \qquad (6.81)$$

其约束条件为：

$$T - T_0 \leqslant 0$$
$$-m + 1 \leqslant 0$$
$$-k + 1 \leqslant 0$$
$$-n + 1 \leqslant 0$$
$$-t < 0$$

其中　　　$T = mnt_1 + mt_2 + kt_3 + t_4 \qquad (6.82)$

式中　X'_Q——单次流量测验的总随机不确定度；

T——单次流量测验的总历时，s；

T_0——单次测流限制历时，s；

t_1——测点测速历时，s；

t_2——测速辅助时间，s；

t_3——测深辅助历时，s；

t_4——水平运行辅助历时，s；

m、n、k——测速垂线、垂线测速点数、测深垂线；

X'_m、X'_p、X'_c、X'_e、X'_d、X'_b——计算方法（模型）、有限测点、流速仪率定、有限测速历时、测深、测宽的随机不确定度，%。

2）单次测流历时最短的目标函数

$$\min T = mnt_1 + mt_2 + kt_3 + t_4 \qquad (6.83)$$

其约束条件为

$$X'_Q - X'_0 \leqslant 0$$
$$-m + 1 \leqslant 0$$
$$-n + 1 \leqslant 0$$
$$-t < 0$$

式中 X'_0——单次测流允许总随机不确定度，%。

2. 模型求解

求解上述模型，是一个非线性规划求解问题，需要根据所研究问题的实际情况，选取适当方法，如试算法、惩罚函数法，或进行线性化，转化为线性规划求其最优解，可参照有关运筹学或应用数学。

6.6 浮 标 法 测 流

6.6.1 概述

1. 浮标法测流简介

浮标法测流是指通过测定水中的天然或人工漂浮物随水流运动的速度，结合断面资料及浮标系数来推求流量的方法。用水面流速或其他简测方法测得的流速与断面面积乘积求得的流量称为虚流量。虚流量乘以浮标系数可得到需要的实测流量。因此，在浮标测流中要经常使用浮标系数，断面流量与虚流量的比值，或断面平均流速与用浮标法测得的水面（或中泓）平均流速的比值称浮标系数。其中，用流速仪法测得的断面流量与用水面浮标法测得的虚流量的比值称水面浮标系数；用流速仪法测得的断面流量与用中泓浮标法测得的虚流量的比值称中泓浮标系数。

2. 浮标的分类

（1）根据浮标的来源分。根据浮标的来源分为天然漂浮物浮标和人工漂浮物浮标。天然漂浮物浮标法是利用水流中的天然漂浮物作为浮标进行测验；人工漂浮物是利用专门制作和投放的浮标进行测流。

（2）根据浮标在垂线水深中的位置分。根据浮标在垂线水深中的位置，目前主要采用的人工制作的浮标又分为水面浮标、深水浮标、浮杆（也称流速杆）等3种。采用这些浮标测流又分别称为水面浮标法、深水浮标法、浮杆法（也称流速杆）。其中，水面浮标又有普通水面浮标（一般简称水面浮标）和小浮标两种。

（3）根据浮标在河流断面中的位置分。根据浮标在河流中的位置情况又分为均匀浮标法和中泓浮标法。均匀浮标法是在断面上均匀投放浮标进行测速，有效均匀浮标的数量与流速仪法测流的测速垂线大体相当。中泓浮标法是测量主流部分最大流速，借以计算流量，一般是在断面主流部分投放 3～5 个浮标，从观测结果中选取运行正常、历时最短、流速最接近的 2～3 个浮标，取其流速平均值。

3. 断面布设与选用

浮标测流需要布设上、中、下 3 个断面，一般情况下，中断面与基本断面重合。用浮标法测流时，水道断面面积正确与否，是影响流量精度的关键因素。尤其是河床冲淤变化显著的测站，浮标测量的同时应尽可能地实测断面。但在特殊情况下，如果实测断面有困难，只能借用断面计算流量，但应注意此时借用断面可能会带来较大误差，故必须注意加强分析。河床稳定的测站，可借用最近的实测断面资料。

4. 浮标测流的基本原理

在流速仪测流原理中指出，通过全断面的流量可写成

$$Q = \int_0^B \int_0^H v \, \mathrm{d}h \, \mathrm{d}b \qquad (6.84)$$

如用对数流速分布曲线方程描述垂线流速的分布，流速公式积分后可计算出垂线平均流速

$$v_m = \int_0^1 v \, \mathrm{d}\eta = \int_0^1 \left(v_{\max} + \frac{v_*}{K} \ln \eta \right) \mathrm{d}\eta = v_{\max} - \frac{\sqrt{ghS}}{K}$$

则断面流量可表示为

$$Q = \int_0^B v_m h \, \mathrm{d}b = Q_f - \frac{\sqrt{gS}}{K} \int_0^B h^{3/2} \, \mathrm{d}b \qquad (6.85)$$

其中 $Q_f = v_{\max} BH$

式中 η——由河底向上起算的相对水深，即 $\eta = y/H$；

y——垂线上某点由河底向上起算的深度，m；

H——垂线上自水面至河底的水深，m；

v_*——摩阻流速，m/s；

S——水面比降；

$v_{\max}$——最大流速，m/s；

K——卡曼常数；

B——水面宽，m；

Q_f——最大流速计算出的流量，称虚流量 m³/s；其他符号意义同前。

从式（6.85）可知，虚流量 Q_f 与断面流量 Q 存在一定关系，但由于式（6.85）的后一项定积分一般不宜求出，通常将断面流量和虚流量之间的关系用式（6.86）表示：

$$Q = K_f Q_f \qquad (6.86)$$

式中 K_f——浮标系数。

从式（6.86）可知，浮标测流的主要工作是测定虚流量和决定浮标系数。

5. 浮标法测流的主要内容

（1）投放浮标，测定浮标流经上下断面的历时，确定浮标测速。

（2）测定浮标在中断面上的位置。

（3）观测每个浮标运行期间的风向、风力（速）及其他应观测的项目。

（4）施测浮标中断面的过水面积。

（5）计算实测流量及其他有关统计数值。

（6）检查和分析测流成果。观测基本水尺、测流断面水尺、比降水尺水位。

6.6.2 浮标法测流的一般要求

1. 浮标法使用条件

浮标法测流适用于流速仪测速困难（如溜凌严重、洪水时漂浮物、涨落急剧）或超出流速仪测速范围的高流速、低流速、小水深等情况的流量测验。测站应根据所在河流的水情特点，按下列规定选用测流方法，制定测流方案。

（1）当一次测流起讫时间内，水位涨落差小于平均水深的10%（水深较小涨落急剧的河流小于20%）时，应采用均匀浮标法测流。均匀浮标法测流方案中有效浮标横向分布的控制部位，应按流速仪法测流方案的测速垂线数及其所在位置确定。多浮标测流方案中有效浮标横向分布的控制部位，应包含少浮标测流方案中有效浮标的控制部位在内。

（2）当洪水涨、落急剧，洪峰历时短暂，不能用均匀浮标法测流时，可用中泓浮标法测流。

（3）当浮标投放设备冲毁或临时发生故障，或河中漂浮物过多，投放的浮标无法识别时，可用漂浮物作为浮标测流。

（4）当测流断面内一部分断面不能用流速仪测速，另一部分断面能用流速仪测速时，可采用浮标法和流速仪法联合测流。

（5）深水浮标法和浮杆法测流，适用于低流速的流量测验。测流河段应设在无水草生长、无乱石突出、河底较平整、纵向坡度较均匀的顺直河段。

（6）小浮标法测流，宜用于水深小于0.16m时的流量测验。当小水深仅发生在测流断面内的部分区域时，可采用小浮标法和流速仪法联合测流。

（7）风速过大，对浮标运行有严重影响时，不宜采用浮标法测流。

2. 浮标要求

采用浮标法测流的测站，浮标的制作材料、形式、大小、入水深度等规格必须统一。浮标系数应经过试验分析，不同的测流方案应使用各自相应的试验浮标系数。当因故改用其他类型的浮标测速时，其浮标系数应另行试验分析。

3. 浮标系数的确定和选用

浮标系数的确定和选用应符合以下规定。

（1）根据试验资料确定的浮标系数，应按规定进行校测。校测的试验次数应不少于10次。校测结果宜用学生氏（t）检验法进行检验。当原采用的浮标系数与校测样本有显著性差异时，应重新进行浮标系数试验，并采用新的浮标系数。

（2）根据经验确定的浮标系数，应按要求进行浮标系数试验，确定本站的浮标系数。

（3）需要使用浮标法测流的新设测站，自开展测流工作之日起，应同时进行浮标系数的试验，宜在2～3年内试验确定本站的浮标系数。在未取得浮标系数试验数据之前，可借用本地区断面形状和水流条件相似、浮标类型相同的测站试验的浮标系数，或者根据测验河段的断面形状和水流条件，在以下范围内选用浮标系数。

1）一般情况下：湿润地区的大、中河流可取0.85～0.90，小河可取0.75～0.85；干旱地区的大、中河流可取0.80～0.85，小河可取0.70～0.80。

2）特殊情况下：湿润地区可取0.90～1.00，干旱地区可取0.65～0.70。

3）垂线流速梯度较小或水深较大的测验河段，宜取较大值；垂线流速梯度较大或水深较小者，宜取较小值。

（4）当测验河段或测站控制发生重大改变时，应重新进行浮标系数试验，并采用新的浮标系数。

4. 均匀浮标法单次流量测验允许误差

断面比较稳定和采用试验浮标系数的测站，均匀浮标法单次流量测验的允许误差，不应超过表6.15的规定。但对断面冲淤变化较大或采用经验浮标系数的测站，浮标法单次流量测验的允许误差，应根据实际情况加以研究确定。

表 6.15 均匀浮标法单次流量测验允许误差

指标类别 误差 /% 站类	总不确定度	系统误差
一类精度的水文站	10	−2～1
二类精度的水文站	11	−2～1
三类精度的水文站	12	−2.5～1

5. 均匀浮标法测流方案的选择

以表 6.15 的允许误差范围为控制精度，并按均匀浮标法各分量随机不确定度对均匀浮标法测流总随机不确定度的估算，分析确定有效浮标的个数。

6. 对浮标投放设备的要求

采用浮标测流的测站，宜设置浮标投放设施设备。浮标投放设备应由运行缆道和投放器构成，并符合以下规定。

（1）投放浮标的运行缆道，其平面位置应设置在浮标上断面的上游，距离的远近，应使投放的浮标在到达上断面之前能转入正常运行，其高度应在调查最高洪水位以上。

（2）浮标投放设备应构造简单、牢固、操作灵活省力，并应便于连续投放和养护维修。

（3）没有条件设置浮标投放设备的测站，可用测船、水文缆车投放浮标，或利用上游桥梁等渡河设施投放浮标。

6.6.3　浮标的制作

1. 水面浮标的制作

（1）对水面浮标的制作基本要求。

1）浮标入水部分，表面应较粗糙，不应成流线型。

2）浮标在水中漂流应能保持稳定，不致被风浪倾倒或卷入水下。

3）浮标的入水深度，不得大于水深的 1/10。浮标制作后宜放入水中试验。

4）浮标露出水面部分，应有易于识别的明显标志，在满足岸上可以清楚观察的条件下，浮标露出水面部分的受风面积尽可能小。

5）各站各次测流所用浮标的材料、形式、大小、入水深度等应与浮标系数试验时相同。

（2）制作水面浮标的材料。理论上凡能漂浮之物，都可做成水面浮标。为了节约，宜就地取材，常用的有木材、作物秸秆、竹子、塑料等材料。

（3）水面浮标的制作方法。

1）浮标可制成柱形、十字形、井字形、四面体等形状；必要时浮标下面要加系重物，以加大其入水深度和增加其稳定性。

2）河面较宽时，可在浮标上部插上颜色醒目的小旗。河面很宽或有雾，采用一般浮标难于辨别时，可制成"烟雾水面浮标"，即在浮标上部装置能冒烟的易燃物质（如松香、桐油、橡胶等）。

3）夜间测流可采用认照明浮标，即在浮标顶部装置夜光照明设备。目前一般采用以下两种装置。

a. 火光照明：用亮度较大、持续时间较久的燃料制作，如樟脑球、植物及矿物油料或其他化学燃料等。其点燃方法可采用 2：1：1 的白糖、氯酸钾、樟脑粉配制的化学燃料，投放过程中使其与 0.1～0.2mL 的硫酸混合。即可自动点燃，也可利用棉花浸柴、煤油点燃。

b. 电光照明：在风雨天气或其他不便使用火光照明的情况下采用。一般用普通干电池直接和小灯泡焊接在一起，系于浮标上部。为了防雨、防水可将干电池直接和小灯泡装入塑料瓶或气球中。

2. 深水浮标和浮杆的制作

深水浮标和浮杆的制作，应符合以下规定。

（1）深水浮标应由上、下两个浮标组成。上浮标的直径应为下浮标直径的 1/4～1/5；下浮标的比重应大于水的比重，并应使上浮标在运行中能经常漂露在水面上。

（2）浮杆应由互相套接的两部分做成，能上下滑动，根据测速垂线水深的大小调整浮杆的长度。浮杆露出水面部分应为 1～2cm，并应在水中漂流时能稳定地直立水中。

（3）深水浮标和浮杆制成后，应放入水中试验，当不合要求时，可增减下浮标和浮杆下部所系重物的重量进行调整，直至符合要求为止。

3. 小浮标的制作

小浮标的制作，可采用厚度为 1～1.5cm 的较粗糙的木板，做成直径为 3～5cm 的小圆浮标。

6.6.4　浮标测速方法

6.6.4.1　水面浮标

1. 水面浮标测速的操作步骤

（1）投放浮标。

（2）上断面工作人员监视浮标，当浮标通过上断面时，通知中断面人员开始计时。

（3）中断面工作人员监视浮标，当浮标通过中断面时，通知仪器交会人员测定浮标通过中断面的位置。

（4）下断面工作人员监视浮标，当浮标通过下断面时，通知中断面人员停止计时，并记录浮标运行的历时。

（5）所有监视人员均应注意监视浮标的运行情况，当发现浮标受阻或消失不能正常运行时，应通知有关测量人员将该浮标废弃。

2. 水面浮标的投放

（1）用均匀浮标法测流时，应在全断面均匀地投放浮标，有效浮标的控制部位宜与测流方案中所确定的部位一致。在各个已确定的控制部位附近和靠近岸边的部分均应有 1～2 个浮标；浮标的投放顺序，应自一岸顺次投放至另一岸。当水情变化急剧时，可先在中泓部分投放，再在两侧投放；当测流段内有独股水流时，应在每股水流投放有效浮标3～5个。

（2）当采用浮标法和流速仪联合测流时，浮标应投放至流速仪测流的边界以内，使两者测速区域相重叠。

（3）中泓浮标法测流是采用中泓浮标施测主流部分的最大流速，借以计算流量。一次测流中应在中泓部位投放3～5个浮标。浮标位置邻近，运行正常，最长和最短运行历时之差不超过最短历时10%的浮标应有2～3个，否则应予以舍弃，不足部分应及时补投。

（4）当采用漂浮物浮标法测流时，宜选用中泓部位目标显著且和浮标系数试验所选漂浮物类似的漂浮物3～5个测定其流速。测速的技术要求应符合中泓浮标法测流的有关规定。漂浮物的类型、大小、估计的出水高度和入水深度等，应详细注明。

3. 浮标运行历时的测记

（1）断面监视人员必须在每个浮标到达断面线时及时发出信号。

（2）计时人员应在收到浮标到达上、下断面线的信号时，及时开启和关闭秒表，正确读记浮标的运行历时，时间读数精确至0.1s。当运行历时大于100s时，可精确至1s。

4. 浮标位置的测定

浮标位置的测定是指测定浮标流经中断面时的起点距。通常采用平板仪、经纬仪或全站仪测角交会法测定，有条件时也可观读断面标志确定浮标起点距。具体测量方法详见第4章的有关内容。

仪器交会人员应在每个浮标到达中断面前，将仪器的照准线瞄准并跟踪浮标，当收到浮标到达中断面线的信号时，及时制动仪器，记录浮标的序号和测量的角度，计算出相应的起点距。

浮标位置的观测时应在每次测流交会最后一个浮标以后，将仪器照准原后视点校核一次，当判定仪器位置未发生变动时，方可结束测量工作。

5. 水道断面的测量与选用

当采用水面浮标法测流时，宜同时施测断面。当人力、设备不足，或水情变化急剧，同时施测断面确有困难时，可按以下规定选择断面。

（1）断面稳定的测站，可直接借用邻近测次的实测断面。

（2）断面冲淤变化较大的测站，可抢测冲淤变化较大部分的几条垂线水深，结合已有的实测断面资料，分析确定。

6.6.4.2 深水浮标和浮杆法

1. 测速的操作步骤

深水浮标和浮杆法测速的操作步骤与水面浮标基本相同。

2. 技术要求

（1）在测流断面上、下游用标志尺分设上、下两个等间距的标志断面。各个标志断面互相平行并垂直于水流的平均流向。上、下标志断面之间的距离，可取2～3m。

（2）测速垂线应与同水位级流速仪法测流的固定测速垂线数相同。当横向流速的变化较大，或者波动较大，固定的测速垂线不能控制横向流速的变化时，应适当增加测速垂线。每条测速垂线应在测速前实测水深。

（3）使用深水浮标测速，当水深大于0.5m时，可在相对水深0.2和0.8两处测速；当水深小于0.5m时，可在相对水深0.6处测速。测点深度的计算，应为自水面至下浮标中心的距离。当使用浮杆测速时，浮杆的入水深度应为测速垂线水深的0.9～0.95倍，并不得接触河底。

（4）使用深水浮标或浮杆测速，每个测点或每条垂线应重复施测3次，并应符合以下规定。

1）运行总历时不得少于20s，个别流速大的垂线，不得少于10s。当少于10s时，该垂线应改用流速仪测速。

2）对重复3次测速的结果，其中最长历时与最短历时之差不得超过最短历时的10%。当超过10%时，应增加施测次数，并应选用其中符合上述要求的3次测速记录作为正式结果。

6.6.4.3 小浮标法

1. 测流断面的布设

测流断面的布设，可在测流断面上、下游设立两个等间距的辅助断面，上、下断面的间距不应小于2.0m，并应与中断面平行，且距离相等。当原测流断面处的河段不适合于小浮标测流时，应另设临时测流断面。临时设立的测流断面与原测流断面之间，不得有内水分出和外水流入，并应和水流的平均流向垂直。

2. 小浮标测流要求

（1）测流时必须同时实测测流断面。

（2）浮标投放的有效个数应不少于同级水位流速仪测速垂线数，浮标的横向分布能控制断面流速的横向变化。

（3）浮标通过测流断面的位置，可用临时断面索读或皮尺直接测量。

（4）每个浮标的运行历时应大于 20s，当个别垂线的流速较大时，不得小于 10s。当多数浮标的运行历时小于 10s，而又受到水深的限制，不能用流速仪测速时，应适当增长上、下辅助断面的间距，使浮标运行历时不小于 10s。

（5）每条测速流线应重复施测两次。两次运行历时之差，不得超过最短历时的 10%。当超过 10% 时，应增加施测次数，并应选取其中两个浮标运行历时之差在 10% 以内者作为正式成果。

3. 注意事项

小浮标法适用于小流量浅水情况下的流量测验，此时往往流速也很小，浮标重量轻，如果水的深度小，风速对测速影响较大，因此在风速较大时不宜使用小浮标法。

6.6.5 浮标测流时其他项目的观测

1. 水位观测

基本水尺、测流断面水尺水位，可在测流开始和终了时各观测一次。当测流过程可能跨越峰顶或峰谷时，应在峰顶或峰谷加测水位一次，并应按均匀分布原则适当增加测次，控制洪水的变化过程。比降水位的观测按比降观测的要求实施。

2. 风向、风力（速）的观测

风向、风力（速）的观测，在每个浮标的运行期间进行。当风向、风力（速）变化较小时，可测记其平均值；当变化较大时，应测记其变化范围。当用仪器观测风向、风速时，应将仪器置放在能代表测流河段水面附近的风向、风速的地点进行观测。风向应依水流方向自右至左测记，平行于水流方向的顺风记为 0°，逆风记为 180°，垂直于水流方向来自右岸的记为 90°，来自左岸的记为 270°。当目测风力、风向时，可按《水位观测标准》（GB/T 50138—2010）的规定测记。

3. 异常情况观测

对天气现象、漂浮物、风浪、流向、死水区域及测验河段上、下游附近的漫滩、分流、河岸决口、冰坝壅塞、支流、洪水等情况，均应进行观察和记录。

6.6.6 浮标流量计算

1. 均匀浮标法实测流量的计算

计算时可采用图解分析法，具体步骤如下。

（1）测流记录的初步检查。重点检查浮标投放数目是否满足要求，水位、风向、风力等的观测记录是否齐全，如有遗漏，应及时补救。

（2）计算相应水位。

（3）计算各浮标的起点距。

（4）计算各垂线的河底高程。当实测断面时，依

据实测的水位和水深计算出各垂线的河底高程；借用断面时，依据借用测次断面成果，确定计算流量选用垂线的河底高程。

（5）计算各浮标的流速（也称虚流速）。每个浮标的流速按式（6.87）计算

$$V_{f_i} = \frac{L_f}{t_i} \qquad (6.87)$$

式中　V_{f_i}——第 i 个浮标的实测浮标流速，m/s；

　　　　L_f——浮标上、下断面间的垂直距离，m；

　　　　t_i——第 i 个浮标的运行历时，s。

（6）绘制虚流速横向分布曲线和横断面图。在水面线的上方，以纵坐标为浮标流速，横坐标为起点距，将各浮标虚流速值及对应的起点距点绘于图中，绘制浮标流速横向分布曲线（图 6.37）。对个别突出点应查明原因，属于测验错误则予舍弃，并加注明。通过各点和水边点连成平滑曲线（绘图时应结合测站特性，参考横断面图）。当测流期间风向、风力（速）变化不大时，可通过点群重心勾绘一条浮标流速横向分布曲线。当测流期间风向、风力（速）变化较大时，应适当照顾到各个浮标的点位勾绘分布曲线。勾绘浮标流速横向分布曲线时，应注意以水边或死水边界作起点和终点。

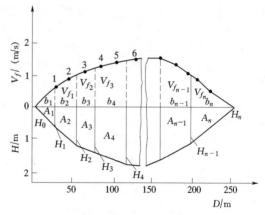

图 6.37　水面浮标测流图解分析法计算流量示意图

V_f—垂线虚流速，系分布曲线上查读值，m/s；

H_n—垂线水深，m；b_n—部分水面宽，m；

A_n—部分面积，m²；D—起点距，m

在水面线的下方，以纵坐标为水深，横坐标为起点距，绘制横断面图。该断面图可以是实测的或借用其他测次的。在冲淤变化的河流上采用浮标法计算流量，应尽可能实测断面，洪水时期确无法实测断面法的，应注意分析断面冲淤变化的规律，以便确定断面借用的时机。

（7）查读虚流速。在各个部分面积的分界线处，从浮标流速横向分布曲线上查得各条测深垂线所对应

的虚流速，并计算部分平均虚流速。两垂线间的部分平均虚流速按式（6.88）计算

$$\overline{V}_{f_i} = \frac{1}{2}(V_{f_{(i-1)}} + V_{f_i}) \qquad (6.88)$$

岸边或死水边的部分虚流速计算公式为

$$\overline{V}_{f_1} = \alpha V_{f_1} \qquad (6.89)$$

$$\overline{V}_{f_n} = \alpha V_{f_n} \qquad (6.90)$$

式中　$\overline{V}_{f_1}$——第 $i-1$ 条测深垂线和第 i 条测深垂线间的部分平均虚流速，m/s；

　　　V_{f_i}——分布曲线查读的第 i 条测深垂线对应的虚流速，m/s；

　　　α——岸边流速系数。

（8）计算部分面积。同流速仪法。

（9）计算虚流量。部分虚流量按式（6.91）计算

$$q_{f_i} = \overline{V}_{f_i} A_i \qquad (6.91)$$

式中　q_{f_i}——部分虚流量，m³/s；

　　　A_i——部分面积，m²；

　　　$\overline{V}_{f_i}$——（第 $i-1$ 条测深垂线和第 i 条测深垂线间的）部分平均虚流速，m/s。

全断面的虚流量为

$$Q_f = \sum_1^n q_{f_i} \qquad (6.92)$$

式中　Q_f——断面虚流量，m³/s。

部分平均虚流速、部分面积、部分虚流量、断面虚流量的计算方法与流速仪法测流的计算方法基本相同。差别仅是部分面积的计算是以相邻两测深垂线来划分，而不是测速垂线划分的。

（10）断面流量的计算。断面虚流量乘以浮标系数，即为断面流量，计算公式为

$$Q = K_f Q_f \qquad (6.93)$$

式中　Q——断面流量，m³/s；

　　　K_f——浮标系数。

2. 中泓浮标法实测流量计算

（1）计算水道断面面积。根据实测断面或借用断面测量结果计算，计算方法同流速仪法。

（2）计算中泓浮标虚流速。可按式（6.94）计算

$$V_{mf} = L_f / T \qquad (6.94)$$

式中　V_{mf}——中泓浮标虚流速，m/s；

　　　L_f——上、下浮标断面间距，m；

　　　T——所选 2～3 个有效浮标的平均历时，s。

（3）计算断面流量。中泓浮标法实测流量按式（6.95）计算

$$Q = K_{mf} V_{mf} A_m \qquad (6.95)$$

式中　K_{mf}——中泓浮标系数，宜采用本站试验资料分析确定；

　　　A_m——浮标中断面的水道断面面积，m²。

3. 漂浮物浮标法实测流量计算

漂浮物浮标法实测流量按式（6.96）计算

$$Q = K_{ff} \overline{V}_{ff} A_m \qquad (6.96)$$

式中　K_{ff}——漂浮物浮标系数；

　　　$\overline{V}_{ff}$——漂浮物浮标流速的算术平均值，m/s；

其余符号意义同前。

4. 浮标法、流速仪法联合测流实测流量的计算

浮标法、流速仪法联合施测流量时，实测流量应分别采用两种计算方法。一般情况下是滩地部分采用流速仪实测，按流速分析计算方法计算流量；主槽部分采用浮标测量，可采用图解分析法计算流量。将两者合并求得全断面流量。流量的计算应注意以下要求。

（1）应分别绘制出滩地部分的垂线平均流速和主槽部分的浮标流速横向分布曲线图，或滩地部分的浮标流速和主槽部分的垂线平均流速横向分布曲线图。对于滩地和主槽边界处浮标流速和垂线平均流速的横向分布曲线互相重叠的一部分，在同一起点距上两条曲线查出的流速比值，应与试验的浮标系数接近。当差值超过 10% 时，应查明原因。当能判定流速仪测流成果可靠时，可按该部分的垂线平均流速横向分布曲线，并适当修改相应部分的浮标流速横向分布曲线，使两种测流成果互相衔接。

（2）应分别按流速仪法和浮标法实测流量的计算方法，计算主槽和滩地部分的实测流量，两种部分流量之和为全断面实测流量。

5. 深水浮标实测流量的计算

深水浮标实测流量的计算，应先按各个测点的平均历时除以上、下断面间距计算测点平均流速，然后按断面流量计算方法和有关规定与流速仪法畅流期流量计算基本相同。

6. 浮杆法实测流量的计算

用浮杆法施测，应先将浮杆实测的流速换算为垂线平均流速，其垂线平均流速可按式（6.97）计算

$$V_m = K_h V_h \qquad (6.97)$$

其中　$K_h = 1 - 0.116\left(\sqrt{1 - \dfrac{h}{H}} - 0.10\right)$

式中　K_h——浮杆流速改正系数；

　　　V_h——浮杆实测流速，m/s；

　　　h——浮杆入水深度，m；

　　　H——垂线水深，m。

然后计算断面流量，计算方法和有关规定与流速

仪法畅流期流量计算基本相同。

7. 小浮标实测断面流量

小浮标实测断面流量，可由断面虚流量乘断面小浮标系数计算。每条垂线上小浮标平均流速，可由平均历时除以上、下断面间距计算。断面虚流量的计算方法，与均匀浮标法实测流量计算方法基本相同。

6.6.7 浮标系数的试验分析和确定

浮标法流量测验中，需要已知浮标系数才能计算出断面流量。由浮标法流量计算公式知，浮标系数精度直接影响流量测验的精度，因此浮标系数是决定流量测验精度的重要因素之一。影响浮标系数的因素很多，如风向、风力、浮标的形式和材料、入水深度、水流情况、河流断面形状和河床糙率等。所以浮标系数是一个多因素影响的综合参数，河流的水力因素、气候因素及浮标类型等都与浮标系数有密切关系，必须综合各类因素的影响加以选择确定，在不同的情况下选用不同的浮标系数，才能得到较准确的流量成果。

浮标系数的确定方法主要有试验法、经验法等。有条件开展比测试验的测站，应以流速仪法测流和浮标法测流进行比测试验，通过试验确定水面浮标系数。无条件比测试验的测站，可采用水位流量关系曲线法和水面流速系数法确定浮标系数。

6.6.7.1 试验法确定水面浮标系数

1. 水面浮标系数的试验

为了确定浮标系数，测站需要开展水面浮标系数试验，即同时进行流速仪法和浮标法施测流量，并分别计算两者施测的流量，流速仪法实测的流量与浮标法施测的流量之比即为浮标系数，并将实验获得的浮标系数与有关水力要素建立相关关系，以备浮标测验时查用。一般情况下，高水时浮标系数试验困难，绘制的各种浮标系数水力要素关系曲线，高水时需要外延，但关系曲线不应外延过多，否则将引起较大误差。为此，要逐年积累资料，增大比测试验的水位变幅。高水部分应包括不同水位和风向、风力（速）等情况的试验资料，试验次数应大于20次。

2. 水面浮标系数的比测试验要求

水面浮标系数的比测试验，应符合以下规定。

（1）对各种浮标法测流方案的浮标系数，应分别进行试验分析。

（2）浮标测流的时间，应放在流速仪法测流时间的中间时段。当受条件限制不能放在中间时段时，应在多次试验中的涨、落水面分别交换流速仪测流和浮标法测流的先后次序，且交换的次数宜相等。

（3）断面浮标系数的比测试验中，各有效浮标在横向上的控制部位，应和流速仪各测速垂线的布设位置彼此相应。当从多浮标、多测速垂线的比测试验资料中抽取各种有限浮标数和相应的有限测速垂线数的测验成果计算各种试验方案的浮标系数时，必须按各种试验方案所选用的有限浮标数，分别绘制浮标流速横向分布曲线查读虚流速，不得仅绘一次多浮标流速横向分布曲线图，反复查读不同抽样方案的虚流速。

（4）中泓浮标系数和漂浮物浮标系数的试验，宜按高水期流速仪法测流所选用的一种测流方案作对比试验，并可与断面浮标系数的试验结合进行。当其他时间用流速仪法测流时，遇有可供选择的漂浮物，可及时测定其流速，供作漂浮物浮标系数分析。

（5）当高水期进行浮标系数的比测试验有困难时，可采用代表垂线进行浮标系数的试验分析。试验方法和技术要求应符合以下规定。

1）根据流速仪实测流量资料，可建立1~3条代表垂线平均流速的平均值和断面平均流速的关系曲线，并选用其中一条最佳关系曲线确定代表垂线。对于不同测流方案的浮标系数，应分别确定各自的代表垂线。

2）在选用的代表垂线上，应采用流速仪施测垂线平均流速，并通过已定的关系曲线转换为断面平均流速。并应按均匀浮标法和中泓、漂浮物浮标法测流的有关规定，施测浮标流速和采用断面虚流量除以断面面积计算断面平均虚流速。采用算术平均法计算中泓、漂浮物浮标流速时，应按规定计算代表垂线法的浮标系数。

3）代表垂线法试验得出的浮标系数，应与断面浮标系数或中泓、漂浮物浮标系数的试验成果一起进行综合分析。当变化趋势与测站特性相符时，可作为正式试验数据使用。

4）高水期代表垂线位置随水位变动频繁的站，不宜采用代表垂线法试验浮标系数。

3. 采用水位流量关系曲线分析浮标系数

采用水位流量关系曲线分析浮标系数，应在流速仪实测流量范围内确定。浮标虚流量应采用实测值，断面流量应以浮标法测流的相应水位在水位与流速仪法流量测点的关系曲线上查读，并应符合以下规定。

（1）分析断面浮标系数时，应根据浮标流量测点有效浮标的控制部位，并应选用测速垂线分布与之对应的流速仪法流量测点，按不同的测流方案分类绘制不同方案的水位流量关系曲线查读断面流量。

（2）分析中泓、漂浮物浮标系数时，宜选用流速仪法在高水期的一种测流方案的流量测点绘制水位流量关系曲线查读断面流量。

（3）对于不同形式的水位流量关系曲线，应按以下规定查读断面流量。

1）水位流量关系为单一曲线的测站，应直接在曲线上查读流量。

2）水位流量关系为多条单一曲线的测站，应在与浮标测点同一时期的曲线上查读流量。

3）水位流量关系为复式绳套曲线的测站，应在与浮标测点同一洪水过程的绳套曲线上查读流量。

（4）浮标系数试验分析的资料，应分类进行整理，并应考虑空气阻力对浮标系数的影响，建立浮标系数与有关因素的关系，绘制成关系图、表以备查用。有关因素的选用，由测站根据实际情况确定。

4. 采用水面流速系数的试验资料间接确定浮标系数

（1）采用水面流速系数的试验资料间接确定浮标系数，须符合以下规定。

1）断面平均水面流速系数的试验，测速垂线的布设应结合浮标法测流方案中的有效浮标横向分布的控制部位确定。

2）中泓水面流速系数的试验，宜按高水期所选用的一种测流方案比测分析。

3）当高水期流速仪全断面测速有困难时，可采用代表垂线水面流速系数的试验方法确定水面流速系数。试验的方法和要求，应符合以下规定。

a. 应采用流速仪有水面流速测验的实测流量资料，建立 1～3 条垂线水面流速系数的平均值与断面平均水面流速系数的关系曲线，以及 1～3 条垂线平均流速的平均值与断面平均流速的关系曲线，分别选取其中一条最佳关系曲线确定其代表垂线。对于不同的测流方案，应分别确定各自的代表垂线。

b. 断面平均水面流速系数的试验，应在选定的代表垂线上，用流速仪施测垂线平均流速和水面流速，计算水面流速系数，通过关系曲线的转换，即得断面平均水面流速系数。

c. 中泓水面流速系数的试验，应采用流速仪选定的代表垂线上施测垂线平均流速，在中泓施测水面流速。应先将垂线平均流速通过关系曲线转换为断面平均流速，再计算中泓水面流速系数。

d. 代表垂线法试验得出的水面流速系数，应与断面平均水面流速系数或中泓水面流速系数的试验成果一起进行综合分析，当变化趋势特性相符时，可作为正式试验数据使用。

e. 高水期代表垂线位置随水位变动频繁的站，不宜采用代表垂线法试验水面流速系数。

（2）水面流速系数用于浮标法测流的流量计算，

应通过河槽改正系数按以下要求转换为相应的浮标系数。

1）河槽改正系数按式（6.98）计算。

$$K_w = \frac{\overline{A_f}}{A_c} \qquad (6.98)$$

$$\overline{A_f} = \frac{1}{6}(A_u + 4A_m + A_d) \qquad (6.99)$$

式中 K_w——河槽改正系数；

$\overline{A_f}$——浮标测流河段平均断面面积，m^2；

A_c——流速仪测流断面面积，m^2；

A_u——浮标上断面面积，m^2；

A_m——浮标中断面面积，m^2；

A_d——浮标下断面面积，m^2。

2）断面浮标系数按以下各式计算。

不考虑空气阻力对浮标系数的影响时

$$K_f = K_w \overline{K_0} \qquad (6.100)$$

式中 K_f——断面浮标系数；

$\overline{K_0}$——断面平均水面流速系数，系水位与断面平均水面流速系数关系曲线上查读值。

考虑空气阻力对浮标系数的影响时

$$K_f = K_w \overline{K_0}(1 + A\overline{K_v}) \qquad (6.101)$$

式中 $\overline{K_v}$——断面平均空气阻力参数；

A——浮标阻力分布系数，可借用浮标类型相同的试验数据。

3）中泓浮标系数按以下各式计算。

不考虑空气阻力对浮标系数的影响时

$$K_{mf} = K_w \overline{K_{m0}} \qquad (6.102)$$

式中 K_{mf}——中泓浮标系数；

$\overline{K_{m0}}$——中泓水面流速系数，系水位与中泓水面流速系数关系查读值。

考虑空气阻力对浮标系数的影响时

$$K_{mf} = K_w \overline{K_{m0}}(1 + A\overline{K_{mv}}) \qquad (6.103)$$

式中 $\overline{K_{mv}}$——中泓平均空气阻力参数。

5. 多沙河流浮标系数

多沙河流浮标系数的试验，应同时施测单样沙量。根据含沙量、浮标流速和浮标系数之间的关系选用浮标系数。或者建立含沙量、水面流速和水面流速系数的关系，间接确定浮标系数。

6. 小浮标系数的试验

小浮标系数实验应在流速仪测速允许最小水深或最小流速的临界水位处，选择无风或小风天气进行。并应在每条测速垂线上，同时用流速仪和小浮标分别施测其垂线平均流速和浮标流速，且应重复施测 10 次。每条垂线 10 次同时测得的垂线平均流速与浮标流速比值的算术平均值，应为垂线平均小浮标系数，全部垂线平均小浮标系数的算术平均值，应为采用的断面小浮标系数。

7. 水面浮标系数的外延

水面浮标系数的外延，应符合以下规定。

(1) 当高水部分的浮标系数基本稳定时，可顺关系曲线趋势外延 20% 查用；浮标系数尚不稳定时，可外延 10% 查用。

(2) 当浮标法测流水位超过浮标系数的允许外延幅度 10%～20% 时，应根据测站特性，经过综合比较分析，确定浮标系数。

6.6.7.2　经验法确定水面浮标系数

经验法在分析确定浮标系数时，一般采用半理论半经验公式。

1. 经验公式

$$\overline{K}_f = \overline{K}_1(1 + A\overline{K}_v) \qquad (6.104)$$

式中　$\overline{K}_f$——断面浮标系数；

　　　$\overline{K}_1$——断面平均水面流速系数；

　　　A——浮标阻力分布系数；

　　　$\overline{K}_v$——断面平均空气阻力参数。

2. $\overline{K}_1$ 的计算

根据推导分析，$\overline{K}_1$ 可采用式（6.105）计算

$$\overline{K}_1 = 1 - \frac{\beta_*}{K}\sqrt{\frac{S}{Fr_1}} \qquad (6.105)$$

式中　Fr_1——以断面平均水面流速表示的沸劳德数，

并有 $Fr_1 = \dfrac{\overline{v_0}^2}{g\overline{h}}$；

　　　β_*——断面形状参数；

　　　K——卡曼常数；

　　　S——比降；

　　　$\overline{h}$——断面平均水深，m。

断面形状参数是一个反映横断面形状规整程度的无因次参数。对称三角形断面 β_* 为 1.13，抛物线形断面 β_* 为 1.08，矩形断面 β_* 为 1.00。当横断面接近矩形断面时，β_* 接近于 1。

3. A 值的确定

A 值主要与浮标类型材质有关，有条件的测站可通过试验确定，可借用浮标类型相同测站试验资料成果分析确定。没有试验资料的测站可参考表 6.16 确定。

表 6.16　浮标类型材质与 A 值范围

浮标类型材质	A
秸秆、禾草，20cm 圆饼型，下系小石块	0.020～0.03
柱形竹筒浮标，长 20～25cm，下系小石块。出水高与水深之比 0.1～0.2	0.012～0.016

6.6.8　浮标法流量测验误差来源与控制

1. 浮标法测流的误差来源

浮标法测流的误差主要来源于以下几个方面：

(1) 浮标系数试验分析的误差。

(2) 断面测量（或借用断面）的误差。

(3) 由于水流影响，浮标分布不均匀，或有效浮标过少，导致浮标流速横向分布曲线不准。

(4) 在使用深水浮标或浮标测流的河段内，沿程水深变化较大引入的误差。

(5) 浮标流经上、下断面线时的瞄准视差，浮标流经中断面时的定位误差。

(6) 浮标运行历时的计时误差。

(7) 浮标制作的人工误差。

(8) 风向、风速对浮标运行影响造成的误差。

2. 浮标法测流误差的控制

(1) 浮标系数的试验分析资料，在高水部分应有较多的试验次数。

(2) 应执行有关测宽、测深的技术规定，并经常对测宽、测深的工具、仪器及有关设备进行检查和校正。

(3) 控制好浮标横向分布的位置，使绘制的浮标流速横向分布曲线具有较好的代表性。

(4) 采用深水浮标或浮杆法测流时，要按《河流流量测验规范》规定选择测流河段。

(5) 必须按照浮标测速的技术要求及测流使用的浮标统一定型的有关规定施测，减小测速的误差。

(6) 用精度较高的秒表计时，并经常检查，消除计时系统误差。

3. 均匀浮标法的流量测验总不确定度

均匀浮标法的流量测验总不确定度方法在第 9 章中介绍。

均匀浮标法的已定系统误差，可采用流速仪法相应测流方案的Ⅲ型误差的已定系统误差值。

各类精度的水文站应每年按高、中、低水各计算一次总不确定度和已定系统误差，并填入流量记载表中。

6.6.9　流量测验成果检查和分析

1. 单次流量测验成果检查

测站对单次流量测验成果应随时进行检查分析，当发现测验工作中有差错时，应查清原因，在现场纠正或补救。

(1) 单次流量测验成果的检查内容。单次流量测验成果的检查分析，应包括以下内容。

1) 测点流速、垂线流速、水深和起点距测量记录的检查分析。

2）流量测验成果的合理性检查分析。

3）流量测次布置的合理性检查分析。

（2）测点流速、水深和起点距测量记录的检查分析。在现场要对每一项测量和计算结果，结合测站特性、河流水情和测验现场的具体情况进行分析，按以下要求进行。

1）点绘垂线流速分布曲线图，检查分析其分布的合理性。当发现有反常现象时，应检查原因，有明显的测量错误时，必须进行复测。

2）点绘垂线平均流速或浮标流速横向分布图和水道断面图，对照检查分析垂线平均流速或浮标流速横分布的合理性。当发现有反常现象时，应检查原因，有明显的测量错误时，必须进行复测。

3）潮流站采用代表线施测时，要点绘代表线流速过程线图，检查分析流速变化过程和连续性、均匀性和合理性。

4）采用固定垂线测速的站，当受测验条件限制现场点绘分析图有困难，或因水位急剧涨落需缩短测流时间时，可在事先绘制好流速、水深测验成果对照检查表上，现场填入垂线水深、测点流速、垂线平均流速的实测成果，与相邻垂线及上一测次的实测成果对照检查。

2．流量测验成果的校核和检查

流量测验成果应在每次测流结束的当日进行流量的计算校核，并应按以下规定进行合理性检查分析。

（1）点绘水位或其他水力因素与流量、水位与面积、水位与流速关系等曲线图，检查分析其变化趋势和3个关系曲线相应关系的合理性。

（2）采用连实测流量过程线进行资料整编的测站，可点绘水位、流速、面积和流量过程线图，对照检查各要素变化过程的合理性。

（3）冰期测流，可点绘冰期流量改正系数过程线图或水浸冰厚及气温过程线图，检查冰期流量的合理性。

（4）当发现流量测点反常时，应检查分析反常的原因。对无法进行改正而具有控制性的测次，宜到现场对河段情况进行勘察，并及时增补测次验证。

3．流量测次布置合理性检查分析

在每次测流结束后将流量测点点绘在逐时水位过程线图的相应位置上。采用落差法整编推流的站应同时将流量测点点绘在落差过程线图上，结合流量测点在水位或水力因素与流量关系曲线图上分布情况，进行对照检查。当发现测次布置不能满足资料整编定线要求时，应及时增加测次，或调整下一测次的测验时机。

6.7 其他流速面积法流量测验简介

6.7.1 电波流速仪法

1．方法简介

电波流速仪法是利用电波流速仪测量水面流速，通过水面流速系数的换算达到测量河流流量的目的。在水面较宽的河流采用电波流速仪测流需要借助桥梁、水文缆车等渡河设施，在较小的河流、渠道采用电波流速仪测流，可在岸边架设仪器，无须渡河设施。测量过程中电波流速仪不直接接触水流，测量过程中不受含沙量、漂浮物影响，具有操作安全，测量时间短，速度快等特点。

电波流速仪测量的是水面流速，需要转换为断面流速。另外，采用电波流速仪测速，还需要借用或实测断面面积后，才能计算流量。

2．电波流速仪法测流注意事项

根据已有的使用经验，LD15-1型电波流速仪的俯角取值不宜小于30°和大于45°，水平角取值不宜大于45°，否则将产生大的偏差。对SVR-VP，其使用说明书中规定水平角和垂直角最佳取值为0°～45°。

两种仪器都有一定的测速范围，特别要注意的是仪器给出的最小流速分别是0.3m/s和0.5m/s；实际使用中发现在流速下限附近测量的流速往往误差很大，当水面非常平静无波浪时，甚至会出现测量错误。

6.7.2 航空摄影法

航空摄影法测流不受河宽和测量范围的限制，应用范围较广，尤其适用于人们难于到达的地方，如沼泽区、洪水淹没区、严重流冰或漂浮物多，使用流速仪极为困难的边远地区。由于它节省人力、物力，工作效率高，又保证一定精度，因此许多国家十分重视这种测流的新方法。如加拿大、日本等国从20世纪60年代初开始至今在许多河流上进行航空测流工作。前苏联在1966年就已将航空测流法正式写入规范中。我国尚未将其写入规范，仅可在特殊情况下使用。现将航空测流的方法进行简单介绍。

利用航空摄影测定水面流速，借以推算流量，其原理与浮标测流法类似。具体步骤如下。

首先根据河宽和天气情况（低层云高度）选择照片的比例，并向测验河段中投放浮标，在一定时段内对浮标摄像两次，两次摄像的时间间隔为 Δt，从两张照片上求出浮标移动的距离 L，则水面流速 $v_0 = L/\Delta t$，见图 6.38。

投放浮标时要注意沿河宽均匀分布。浮标一般采用泡沫聚氯乙烯制成，大小视照片的比例而定。例

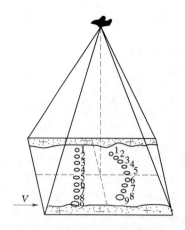

图 6.38　航测法测定水面流速示意图

如，照片比例为 1：10000，制成 0.4m×0.4m 正方形即可，在有流冰或漂浮物较多的情况下也可利用天然的流冰和漂浮物作浮标。

利用测得的水面流速计算流量时，先计算单宽虚流量，然后采用通常的断面上各部分流量代数和的方法，计算断面虚流量

$$Q_f = \sum_{i=1}^{n} \frac{1}{2}(q_{f_i} + q_{f_{i+1}})b_i \quad (6.106)$$

式中　Q_f——断面虚流量，m^3/s；

　　　　n——部分数；

　　　　b_i——第 i 部分的部分宽度，m；

q_{f_i}、$q_{f_{i+1}}$——第 i 和 $i+1$ 条垂线上的单宽虚流量，m^3/s。

其中　　　　　　　$q_{f_i} = v_{0i}h_i$ \quad (6.107)

式中　v_{0i}——i 点处水面流速，m/s；

　　　　h_i——i 点处水深，m。

断面流量为

$$Q = KQ_f \quad (6.108)$$

式中　Q——断面流量，m^3/s；

　　　　K——水面流速系数。

6.7.3　动船法

6.7.3.1　动船法测流的基本原理

1. 方法简介

动船法测流是将流速仪置于水下某一深度，并固定在测船上，测船沿着预定的与水流方向基本垂直的横断面横渡，在由一岸向另一岸不停地横渡过程中，按一定间距或一定时间采集测点数据（包括起点距、水深和流速数据），完成流量测验。在测船横渡的过程中，回声测深仪记录横断面的几何形状，连续运转的流速仪测出水流与船的合成速度，见图 6.39，图中 $C—C$ 是断面线，$\overline{v}$、v_b、v_v 是船位在 A 点时的水流速度、船速及合成速度。在断面线采集到大约 30~40 个观测点的资料后，就可以计算出流量。动船法也是国际标准（ISO/TC 113）推荐的一种流量测验方法。

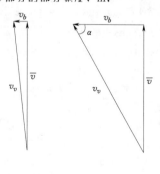

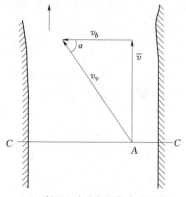

　　(a)航速很小　(b)航速较大　　　(c)断面上水流与测船合成速度

图 6.39　动船法测流示意图

2. 使用条件

动船法一般用于河宽大于 300m，水深大于 2m 的河流。采用动船法测量的河流不应存在底部逆流。在横渡时，测船应尽可能在断面线上。

3. 流速的确定

在横断面上的每一观测点记录的流速是矢量，它代表水流与船的合成速度，即水流速度与测船航速的矢量和。从图 6.39 可知，求水流速度有 3 种方法：

1）通过测量合成流速和预定航线与竖直尾翼之间的夹角，则有

$$\overline{v} = v_v \sin\alpha \quad (6.109)$$

式中　$\overline{v}$——水流速度，m/s；

　　　　v_v——流速仪实测的流速，即代表水流与船的合成速度，m/s；

　　　　α——实测的断面线（航线）与流速仪轴线之

间的夹角，（°）。它是通过固定在尾翼部件上的角度指示器显示测量的角度（竖直尾翼本身与流过尾翼的水流方向平行）。

式（6.109）给出的结果代表垂直于实际航线的流速分量，即使流向不垂直于航线，也是如此。

2）通过测量船速和预定航线和竖直尾翼之间的夹角，则有

$$\overline{v} = v_b \tan\alpha \qquad (6.110)$$

式中 v_b——实测的测船速度。

测量测船的速度可以通过测量从测点到岸上固定标志的距离，据此确定船横过的部分断面的宽度，在测距的同时记录时间。根据这些数据，可以计算出测船速度。即

$$v_b = \frac{l_i - l_{i-1}}{t_i} \qquad (6.111)$$

式中 l_i、l_{i-1}——第 i 及 $i-1$ 测点到岸上固定标志的距离；

t_i——测船横渡部分宽度所需时间；

i——测点的顺序。

3）通过测量船速和流速仪实测的流速，则有

$$\overline{v} = \sqrt{v_v^2 - v_b^2} \qquad (6.112)$$

4. 测点间距的确定

从图 6.39可以看出测点间距

$$\Delta l_b = \int v_v \cos\alpha \, dt \qquad (6.113)$$

式中 Δl_b——船沿两相邻测点之间实际航线横渡之距离，它以航线垂直与流速为前提，如果流速不垂于直航线，则对此距离应进行改正。

如果假定在组成任一增量比较短的距离内，α 基本保持不变或变动很小，则可将 α 视为常数。式（6.113）可改写成

$$\Delta l_b \approx \cos\alpha \int v_v \, dt \qquad (6.114)$$

其中

$$\int v_v \, dt = \Delta l_v \qquad (6.115)$$

式中 Δl_v——穿过两相邻测点之间水面的相对距离，它用速度指示器和计数器的输出量表示。

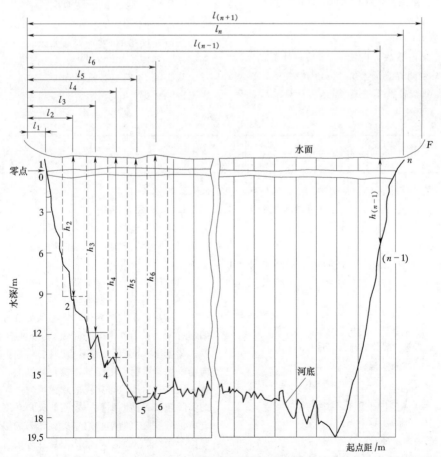

图 6.40 动船法测流断面示意图

因此，对于第 i 个相对距离而言有

$$\Delta l_{bi} \approx \Delta l_{vi} \cos\alpha_i \quad (6.116)$$

则横断面面积的总宽度为

$$B = \sum_{i=1}^{i=n} \Delta l_{bi} \approx \sum_{i=1}^{i=n} \Delta l_{vi} \cos\alpha_i \quad (6.117)$$

如果用方法 2），则各测点之间的部分宽用顺序测得的起点距之差来计算，见式（6.111）。

从图 6.40 可知，测点间距为

$$L_b = \int v_v \cos\alpha \, dt \quad (6.118)$$

式中　L_b——测船沿断面线横渡时两相邻测点的间距。

假定 α 保持不变，作为一个常数处理，则式（6.118）可改写成

$$L_b \approx \cos\alpha \int v_v \, dt$$

$$L_v = \int v_v \, dt$$

则　　　　$L_b \approx L_v \cos\alpha \quad (6.119)$

式中　L_v——水流通过两相邻测点之间的相对距离。

通过以上所述方法求出水流流速及两相邻测点的间距后，再由回声测深仪测得水深，即能计算部分流量及整个断面流量。

5. 改正系数

（1）宽度改正系数。由式（6.119）计算的 L_b，是假定速度矢量间存在着直角三角形的关系，事实上由于断面与水流往往不垂直，因此所计算的 L_b 就会使宽度有偏大或偏小的现象存在。因此，必须进行改正。在断面的宽度可以实测，若求得了各测点间计算宽度的总和以及实际宽度，则宽度改正系数可按式（6.120）计算

$$K_B = \frac{B_m}{B_C} \quad (6.120)$$

式中　K_B——宽度改正系数；
　　　B_m——实际宽度，m；
　　　B_C——计算宽度，m。

（2）流速改正系数。在动船法测流过程中，因流速仪安装在水下约 1m 的固定深处测速，所以测得的流速不是垂线的平均流速，因此必须加以改正。流速改正系数可由式（6.121）计算

$$K_v = \frac{v_m}{v} \quad (6.121)$$

式中　K_v——流速改正系数；
　　　v_m——垂线的平均流速，m/s；
　　　v——实测流速，m/s。

美国曾采用式（6.122）计算 K_v 值

$$K_v = \frac{6}{7}\left(\frac{h}{h-1}\right)^{\frac{1}{6}} \quad (6.122)$$

式中　h——水深，m。

当流速仪在 1m 水深处，流速改正系数值随水深而变化，见表 6.17。

从表 6.17 可见，水深在 4～10m 之间，流速改正系数的变化只有 3% 左右。

表 6.17　　　　　　　　　　　　　　**流 速 改 正 系 数 关 系**

水深/m	2	3	4	5	6	7	8	9	10
流速改正系数	0.96	0.92	0.90	0.89	0.88	0.88	0.88	0.87	0.87

在全世界的许多大河，包括美国 100 个河流断面（水深大于 3m）的试验表明，在水下 1.2m 处平均流速改正系数约为 0.90 左右。

6. 流量的计算

根据部分中间法，对于 i 处的任何一个部分来说，其部分流量用式（6.123）计算

$$q_i = v_i\left(\frac{l_{i+1} - l_{i-1}}{2}\right)h_i \quad (6.123)$$

式中　q_i——通过第 i 部分的部分流量，m³/s；
　　　v_i——第 i 处的速度，m³/s；
　　　l_{i+1}——从起点到后一位置的距离，m；
　　　l_{i-1}——从起点到前一位置的距离，m；
　　　h_i——第 i 处的水深，m。

7. 总流量

通过断面的总流量为各部分流量之和。

6.7.3.2　测验仪器

1. 仪器设备

专用仪器包括一台回声测深仪，一个带有指示器的尾翼，一架附有电子设备的特制流速仪和一艘为适应动船测量的测船。

（1）尾翼和角度指示器。装有指示机械的尾翼装在船首，尾翼中轴在水面以下约 1m 处。这套装置包括一根竖直的不锈钢转轴，轴的顶端装有指示器，下端装有一个长为 0.45m，高为 0.3m 的矩形铝板的尾翼。竖直尾翼能自行调整，使其与流经本身的水流方向始终保持平行。把指针连接在转轴上，使指针和尾翼一致，并对准流过尾翼的水流流向。尾翼方向和船的实际航线（横断面线）之间的夹角在度盘上由指针显示。可绕竖直转轴顶端自由旋转的圆形刻度盘，正好位于指针的下面，盘上标志点两旁刻有度数。在天然水流中，度盘上方的指针应始终指向实际航线的上

游一侧。

（2）流速仪。所采用的流速仪是一种组合旋桨型的流速仪，它附有一个便于装在尾翼前缘的特制支架。由于这种组合旋桨流速仪对流速的垂直分量的敏感程度比别种流速仪低，因此它可以使测船前后颠簸和上下颠簸而引起的误差减到最低限度。

利用一个穿过磁场周围的24个齿的齿轮使旋桨每转一圈产生24个脉冲。为了便于将每转一圈而产生的大量脉冲信号由脉冲频率转换为模拟或数字记录输出，用一个电子读出装置自动记录这些脉冲，并且将其送入频率电压转换器，然后在电表上读出这些脉冲数。

（3）速度指示器和计数器。速度指示器和计数器的主要功能之一是作为频率电压转换器来显示脉冲数。这些脉冲被插入本装置面板上有标志插孔的流速仪导线接收。要事先检定脉冲流速仪，以便于利用率定表把电表上读得的每秒脉冲数转换为实际速度。从电表上读得的任何一个瞬时值都代表流速的一个瞬时测量结果的输出值。

速度指示器和计数器除了用作脉冲频率指示器以确定流速外，它还被设计成具备在横渡航程的各个固定间距内能自动在断面上选择测点的功能。设计原理是流速仪的螺旋桨每转一圈产生24个匀距脉冲，根据流速仪检定可以确定一个脉冲相当于穿过水流（或流过流速仪的水流）的几分之一米。应用一组分频器，把电子仪器计得的这些脉冲转为产生一个音响信号时出现的脉冲数，并且在回声测深仪记录纸上自动作上记号。计数器立即自动调整，并且重复这一过程。发生音响信号可以使船员知道已到达一个测点的位置，以便他们及时从指示器上读取角度的读数和从电表上获得测量结果输出值。由电子计数器上的继电器传送到测深装置的电脉冲自动在回声测深仪的记录纸上打上记号。工作时，把计数器和回声测深仪之间的中继传输导线插入这两装置的面板上标有相应记号的插孔里，就可以在回声测深仪记录纸上标出横断面上各测点的位置，并指出测得的水深读数。

适用于各种仪器的预定间距见表6.18。

表6.18 各种仪器的预定间距

选挡	脉冲计数	距离/m
1	1024	6
2	2048	12
3	4096	24
4	8192	48
5	16384	96

（4）回声测深仪。利用回声测深仪提供的水深记录，可求出各点水深及绘制一张两浮子之间的横断面图。也可在测深仪记录图上，自动划出每个测点的垂直线记号。

2. 施测操作

用动船法测流量一般需要3名操作人员，1名船员、1名角度观测员和1名记录员。

（1）船员。在开始测量之前，船员对所选地点的情况必须非常熟悉。如果是感潮河流，船员还应熟悉潮汐周期所有相位的情况，这有助于避免测船在浅水处搁浅和损坏水中的仪器设备。开船的时候，不要急转弯，以免使流速仪导线缠绕尾翼而损坏导线。

在横渡的过程中，船员的唯一职责是驾驶船。用"斜航"法使船在行驶过程中保持在断面线上。考虑到横断面上的水流流速是变化的，所以要让船保持在断面线上，调整舵的方位比调整船速更为可信。船员通过对准彼岸的标志使船在直线上行驶。大部分的测量精度都取决于船员能否使船保持在实际航线上行驶。

（2）角度观测员。角度观测人员的职责是通过度盘上的瞄准器调准尾翼指示器的度盘，并且负责在脉冲计数器发出音响信号的同时，读取尾翼与实际航线之间的夹角。角度观测员把角度告知记录员，然后记录员把角度记录下来。如果船偏离实际航线，此时角度观测员应瞄准平行于断面标志的方向，而不是直接对准标志本身。

（3）记录员。记录员主要职责是测量之前检查速度指示器、计数器和回声测深仪等有关设备的准备工作是否完善。不仅检查设备的部件，而且要把仪器安装好。

6.7.3.3 动船法测流精度及适用范围

1. 影响动船法测流精度的主要因素

测船横渡的过程中是否能保持在预定的断面线上，是影响测流精度的关键。在整个横渡的过程中，要始终保持在断面线上是困难的，但应使测船偏离断面的次数尽可能减少，偏离的程度尽可能小。

如测船偏向上游，测得的速度就偏小。反之，偏大。假定由于偏离断面线累积的偏大或偏小的量大致相等，则偏差将大部分互为抵消。

由于计算水流速度时用 α 的正弦函数，故应尽量避免小角度，因为小角度比大角度引起流速的误差更大。最理想的角度为45°左右，即测船的航速最好与当时水流的速度大致相等。

为了减小测船偏离航线及断面不完全垂直流向等的影响，应连续往返施测数次，取其算术平均值，以此来减少测量的误差。

2. 动船法测流的适用范围

（1）动船法适用于大江大河流量测验，特别是采用流速仪测流量的传统方法有困难时，或采用传统方法费用大、测流历时过长的情况下；在无设备的边远地区的测站，以及洪水泛滥期间，测站设施被淹没或毁坏的情况下，人们不易到达的地方，使用动船法会更有效；在不稳定流河段，要求尽快测量的情况下，可采用动船法；不稳定流的河口地区，可测取连续的流量过程资料。因为动船法不需固定设备，所以它也适合巡测或水资源调查、水利查勘工作中的流量测验。

（2）传统的流量测量与动船测量的主要区别在于资料的收集方法。在传统方法中，部分断面的平均流速系用测点流速或垂线平均流速确定，而动船法是在船横渡的过程中，用置于水下一固定深处的流速仪测量部分断面宽的流速。故动船法测流具有简单、快速等特点，而且受天然条件的影响较少，比常规测流法适应更大的流速测验。

（3）国际标准中建议本法一般用于水面宽大于 300m，水深大于 2m 的河流，并将它作为一种测流的重要方法加以推荐。动船法实际也是流速面积法的一种，为提高大江大河的流量测验速度，早期得到一定应用，但随着 ADCP 的大量采用，该法逐步被 ADCP 代替，应用越来越少。

3. 动船法注意事项

（1）所选船的横渡航线应尽可能垂直于流向。其航线以设在两岸各两个清晰可见的标志为标记，岸上标志的颜色应与背景形成鲜明的对照，两标志的间距取决于航线的长度，一般是每 300m 的航程要求大约 30m 的间距。

（2）在横渡的过程中，这个距离是为了使船进入或离开航线所需，两岸水深较浅处应设置浮子，避免测船在横渡测量过程中搁浅。浮子必须置于周围水深总是大于 1m 的地方。为了不使浮子阻碍船的横渡，最好使浮子偏离航线上游 3～6m 处。

6.7.4　积宽法

6.7.4.1　积宽法测流的基本原理

积宽法测流一般是用缆道输送流速仪沿断面横渡进行流速测量的一种测流方法。它能缩短测流历时，提高工作效率，而且计算简便，便于掌握流量变化过程。大多数测站试验成果的精度都高于简测法与常测法。在水流变化较大的情况下，采用缆道积宽法测流，特别有效。因为它缩短了历时，避免了水位变化的影响，从某种意义上讲，可以提高测流精度。

积宽法的测流原理，与动船法测流原理大体相同，在计算流量的方法上略有不同，现将积宽法测流介绍如下。

1. 断面平均流速测定

流速仪安置在水下某一固定深度，由缆道沿断面方向输送仪器作匀速的航行，同时记录仪器从一岸到另一岸所需的时间和流速信号。假如航速极小，流速仪沿程的平均流速称积宽流速

$$\bar{v} = \frac{1}{T} \int_0^T v \mathrm{d}t \qquad (6.124)$$

式中　$\bar{v}$——积宽流速，m/s；

　　　T——流速仪从一岸到另一岸相应测速历时，s；

　　　v——瞬时流速，m/s。

由于流速仪是沿断面河宽 B 连续累积沿途各点的瞬时流速，故 $\bar{v}$ 又可表示为

$$\bar{v} = \frac{1}{B} \int_0^B v \mathrm{d}b = K \frac{N}{T} + C \qquad (6.125)$$

式中　　　B——积宽法施测时的河宽，m；

$K \dfrac{N}{T} + C$——流速仪检定公式，当航速很小时，可以直接使用。

实际上流速仪的航速不可能很小，因此沿断面横渡，流向垂直于断面，施测出的流速并不是水流的流速，而是流速与横向航速的合速度。

由于流速仪记录的速度是合速度 v_v 为

$$v_v = K \frac{N}{T} + C \qquad (6.126)$$

而流速仪的航速为

$$v_b = \frac{L}{T} \qquad (6.127)$$

式中　L——T 时段内流速仪航行的距离，m。

则积宽流速

$$\bar{v} = \sqrt{v_v^2 - v_b^2} = \sqrt{\left(K \frac{N}{T} + C\right)^2 - \left(\frac{L}{T}\right)^2}$$

$$(6.128)$$

式（6.128）为积宽法测流计算断面平均流速，即积宽流速的基本公式。

假设采用水面积宽法，积宽流速 $\bar{v}_积$ 为断面平均虚流速，以 $\bar{v}_0$ 表示，则

$$\bar{v}_0 = \sqrt{v_v^2 - v_b^2} \qquad (6.129)$$

式中符号 v_v、v_b 意义如前所述。

2. 断面流量计算

根据流量模的概念可得

$$Q = \int_0^B h v_m \mathrm{d}b \qquad (6.130)$$

其中　　　　　　　$v_m = \int_0^1 v \mathrm{d}\eta \qquad (6.131)$

式中 h——水深，m；

$\qquad v_m$——垂线平均流速，m/s；

$\qquad \eta$——相对水深；

其他符号意义同前。

垂线流速 v 可用椭圆公式表示，则

$v_m = \int_0^1 v\mathrm{d}\eta = \int_0^1 v_0 \sqrt{(1-P\eta^2)}\mathrm{d}\eta$，积分得

$$v_m = v_0 \sqrt{P}\left[\frac{1}{2}\sqrt{\left(\frac{1}{P}-1\right)}+\frac{1}{2P}\arcsin\sqrt{P}\right]$$

$$(6.132)$$

式中 P——垂线流速分布系数，对某一测站一般为常数；

$\qquad v_0$——水面流速。

令 $K_0 = \sqrt{P}\left[\frac{1}{2}\sqrt{\left(\frac{1}{P}-1\right)}+\frac{1}{2P}\arcsin\sqrt{P}\right]$

则 $\qquad\qquad v_m = K_0 v_0$

式中 K_0——系数。

于是式（6.130）可表示为

$$Q = \int_0^B hv_m\mathrm{d}b = K_0\int_0^B hv_0\mathrm{d}b = K_0 Q_0 \quad (6.133)$$

式中 Q_0——断面虚流量，$\mathrm{m^3/s}$。

Q_0 系由单位虚流量沿河宽积分而得，即

$$Q_0 = \int_0^B hv_0\mathrm{d}b \qquad (6.134)$$

由于水面积宽法测得的是断面平均虚流速 $\overline{v}_{0积}$，

则有 $\overline{v}_{0积} = \frac{1}{B}\int_0^B v_0\mathrm{d}b$ ，故

$$Q_0 = F\frac{1}{B}\int_0^B v_0\mathrm{d}b = \overline{h}B\overline{v}_{0积} \qquad (6.135)$$

式中 $\overline{h}$——断面平均水深。

比较式（6.134）和式（6.135）可见，当断面为矩形断面时，所求流量 Q_0 是一致的。但在非矩形断面，水深沿河宽方向有变化，用式（6.135）计算 Q_0 是偏小的。因此，用式（6.133）计算尚需引进与断面形状有关的系数 K_x，于是式（6.133）为

$$Q = K_0 K_x Q_0 = K_j Q_0 \qquad (6.136)$$

式中 K_j——积宽系数，$K_积 = K_0 K_形$，可用试验求得。

式（6.136）是积宽法测流计算断面流量的基本公式。

6.7.4.2 积宽法测流注意事项

1. 积宽系数确定

积宽系数可以通过比测试验推求，方法是采集30测次以上常用测流的断面平均流速与同时施测的积宽法断面平均流速的资料，点绘相关关系进行分析求得。30测次以上的资料应包括高、中、低水位，并均匀分布在水位变幅范围内。

积宽系数按式（6.137）计算

$$K_j = \frac{\overline{v}}{v_0} \qquad (6.137)$$

式中 $\overline{v}$——常用方法实测的断面平均流速，m/s。

也可以分别进行试验，求出 K_0 和 K_x。

则 $\qquad\qquad K_j = K_0 K_x \qquad (6.138)$

2. 岸边盲区的处理

积宽法的概念应该是从一岸边水深为零处积宽测速到另一岸边水深为零处。但由于河道两岸系斜坡，流速仪及铅鱼入水要有一定的入水深，就是在窄深河道也难做到全断面积宽测流，因此河道两侧必然有一部分不能用积宽法测流，这两部分区间称为盲区，测流时必须进行处理。

处理方法是测出积宽起点和终点的相应点流速，然后求出各种水位级的岸边流速系数的实测段（积宽测速段）平均流速按河道宽度加权求全断面的积宽平均流速，其公式为

$$\overline{v}_0 = \frac{\alpha v_{0l}B_l + v_0 B_j + \alpha_r v_{0r}B_r}{B_l + B_j + B_r} \qquad (6.139)$$

式中 α——岸边流速系数，可试验确定，一般为 $0.5\sim0.7$；

$\qquad v_{0l}$——左岸积宽起点或终点的流速，m/s；

$\qquad v_{0r}$——右岸积宽起点或终点的流速，m/s；

$\qquad v_0$——积宽的起点至终点（实测段）的积宽流速，m/s；

$\qquad B_l$、B_r——左、右两岸边未进行积宽测速的河宽，m；

$\qquad B_j$——积宽测速的实际河宽，m；

$\qquad v_0$——全断面的积宽平均流速，m/s。

试验表明，当积宽的宽度占全河道的 95% 以上时，岸边流速系数值对全断面积宽流速成果影响不大。但在复式断面的河床或水草丛生的河道，要达到95%积宽的宽度十分困难。

3. 流速仪横移速度

流速仪横移速度（称航速）的快慢与积宽测速成果的质量有密切关系。当航速越大，测速历时越短，合速度越大。在一定水流流速条件下，航速越大，所得合速度中航速所占成分越大，而积宽流速所占的成分小，易造成较大的测验误差。

使用桥测车测流时，也可使用积宽法测流。

6.7.5 积深法

积深法主要是测量垂线平均流速，测得垂线平均

流速后，其流量测算方法与流速仪法相同。我国《河流流量测验规范》没有对积深法测速做出规定，积深法测速的实际应用很少。积深法测速不是流速仪停留在某点上测速，而是流速仪沿垂线均匀升降而直接测得垂线平均流速，以减少测速历时，是简捷的测速方法，有些特殊情况下也可以采用积深法测速。由于在积深法中流速仪的工作状态与积点法不同，其垂线平均流速的计算方法为

$$V_m = \frac{1}{H} \int_0^H v \, dh \qquad (6.140)$$

式中　v——垂线上任一点（h）处的流速，m/s；

　　　V_m——垂线平均流速，m/s；

　　　H——水深，m。

设流速仪在垂线上均匀升降，则有

$$H = \omega T \qquad (6.141)$$

式中　ω——流速仪在垂线上均匀升降速率，m/s；

　　　则 $\omega dt = dh$，$H = \omega T$；

　　　T——流速仪在垂线上测速总历时，s。

将流速仪检定公式 $v = Kn + C$ 代入式，得

$$V_m = \frac{1}{H} \int_0^H (Kn + C) \, dh = \frac{K\omega}{H} \int_0^T n \, dt + \frac{\omega}{H} \int_0^T C \, dt$$

$$= K \frac{N}{T} + C \qquad (6.142)$$

式中　N——流速仪转子在垂线上的总转数。

从式（6.142）中可知，用流速仪转子在垂线上的总转数代入上式即得垂线平均流速。

积深法测得的流速是水流速度与流速仪升降速度的合成流速，它与水平线交角的正切函数为

$$\tan\alpha = \frac{\omega}{v} \qquad (6.143)$$

式中　α——积深法测得的流速（即水流速度与流速仪升降速度的合成流速）与水平线交角。

将合成流速改正还原为水流速度，应乘以改正系数 $\cos\alpha$，若不加改正将使测得流速系统偏大（$1-\cos\alpha$），几种角度使流速偏大的数据见表 6.19。从表 6.19 中可知，积深法测速时流速仪均匀升降速率越大，测得流速的改正值也越大，一般要求流速仪均匀升降速率 $\omega \leqslant 0.25v$ 为宜。

表 6.19　积深法测速时未改正的流速系统偏大值

$\tan\alpha = \frac{\omega}{v}$	1.0	0.5	0.25	0.167	0.10
α	45°	27°	14°	9.5°	6°
$\cos\alpha$	0.707	0.891	0.970	0.986	0.995
$1-\cos\alpha$	29.3%	10.9%	3.0%	1.4%	0.5%

流速仪用悬杆或悬索吊挂，仪器距河底都有一定距离（大约 0.1~0.2m 左右），所以用积深法测速时，近河底的流速未测到。如按椭圆形流速分布估算误差，从水面到 $0.9h$ 范围内，其相对误差为 +1.5%，从水面到 $0.8h$ 范围内，则相对误差达 +3.7%。由此可知，积深法测速适用于较大的水深。如允许误差为 2%，悬杆悬吊流速仪时水深应大于 1m；悬索悬吊流速仪时水深应大于 2m。

国际标准（ISO 748）要求 ω/v 不得大于 0.05，在任何情况下 ω 不得大于 0.04m/s。

从流速仪对流向反映的敏感性看，积深法测速宜采用旋桨式流速仪，而不宜用旋杯式流速仪。因后者在静水中垂直升降时，旋杯也会转动。

积深法具有测速历时短，使用方便等优点，因此世界上有不少国家都在采用。

6.7.6　声学时差法

1. 声学时差法原理

人对声音的感觉频率范围大约为 20Hz~20kHz，高于 20kHz 的频率就叫做超声波，而低于 20Hz 的频率就叫做次声波。声波的传播必须有介质，声波在常温的纯净水中的传播速度在 1400~1500m/s 之间变化，即大约有 7% 的变幅，声速取决于介质的密度和弹性。声波在水中的传播过程中，存在着传播损失、扩散损失和衰减损失。

声学时差法是采用超声波进行流量测验，早在 1955 年美国爱荷华州大学第三届水力学讨论会上，就有人提出用超声波法测量江河流速的报告。1964 年日本试制成功超声波测速装置。至今已有日、英、美、法、俄、加拿大、瑞士、荷兰、德等国采用超声波测流技术。

声学时差法是采用声学流量计进行测流，声学时差法流量计基于流速面积法流量测量原理，但其测量原理比声学多普勒测速要简单得多。声波在静水中传播时，有一恒定的速度。此传播速度会随水温、盐度、含沙量发生一些变化，但当水流状况一定时，此传播速度是一定的。顺着水流传播时，实际传播速度为声速加上水流速度；逆着水流传播时，实际传播速度为声速减去水流速度。于是，在河流上、下游两定点之间，声波顺水和逆水传播所需时间有一差别，测出这时间差别就能测得水流速度。用这种方法测量水流速度称为"时差法"。

实际应用时，只能将声学换能器装在两岸上下游处，见图 6.41。两换能器之间距离称为声程。工作时，换能器 1 向换能器 2 顺水发射声脉冲，测出顺水传过声程的传播时间，换能器 2 再向换能器 1 逆水发

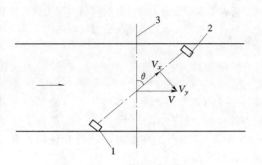

图 6.41 声学时差法测流示意图
1—换能器 1；2—换能器 2；3—测流断面

射声脉冲，测出逆水传过声程的传播时间。此水层的平均流速可用式（6.114）计算

$$\overline{V} = \frac{L}{2\cos\theta}\left(\frac{1}{t_{12}} - \frac{1}{t_{21}}\right) \quad (6.144)$$

式中 $\overline{V}$——垂直于测流断面的水层平均流速，m/s；

L——两换能器之间的距离，m；

t_{12}——两换能器之间声波顺水传输时间，s；

t_{21}——两换能器之间声波逆水传输时间，s；

θ——两换能器之间连线与断面夹角，一般为 45°。

超声波测流法有两种方法：一是在河两岸边选择合适的固定位置，安放一对换能器，测得一层流速计算出流量，称单层测流法；二是沿河岸边在不同水深，设置多对换能器，测得不同水层的平均流速进行流量计算，称为分层测流法。

声学时差法能够实现流量自动测量，适用于无人值守的测站。

2. 单层测流法

两个换能器安装在河流两边，声波传输时通过整个断面，实际传输速度受断面上这一水层所有水流速度影响。因此测得的时间差是断面上这一水层平均流速影响的结果，得到的是断面这一水层的平均流速。由此水层平均流速，可以根据实际流速资料推求整个断面平均流速。在测速的同时测量水位，由水位计算过水断面面积。在简单的情况下，可用式（6.145）计算流量。

$$Q = K\overline{V}A \quad (6.145)$$

式中 K——断面流量系数，通过断面流量系数将水层平均流速转化为断面平均流速；

A——过水断面面积，m²。

3. 分层测流法

当测验断面水位变幅大、测验断面受回水影响、断面形状不规则和垂线流速分布与理论分布差异较大等情况时，或流量测验精度要求较高时，可将水深划

分成不同的水层，每层水深处安装一对换能器，测得各层的平均流速，可提高流量测验成果质量。

图 6.42 所示为 4 对换能器安装的情况。在测得断面上各水层平均流速后，乘以对应的河宽，得到单深流量，以纵坐标为水深，横坐标为单深流量，绘制垂直流量分布图，用求积仪量出垂直流量分布曲线图的面积，即为全断面的流量。流量也可用式（6.146）计算

$$Q = \alpha \frac{1}{2}V_1 B_0 \Delta H_1 + \sum_{i=1}^{n} \frac{V_i B_i}{2}(\Delta H_i + \Delta H_{i+1}) + \frac{1}{2}V_n B_n \Delta H_{n+1} \quad (6.146)$$

式中 α——河底流速系数，可由试验确定，无试验资料时可取 0.8；

B_0、B_i——河底和第 i 个换能器对应的宽度，m；

V_i——第 i 个换能器测得的平均流速，m/s；

ΔH_i——第 i 个换能器至 $i-1$ 换能器（或河底）的水层深度，m；

ΔH_{n+1}——第 n 个换能器（最上一个）至水面的水层深度，m；

n——换能器个数。

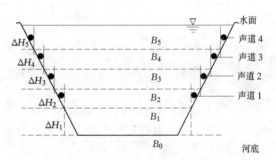

图 6.42 分层测流示意图

4. 仪器类型与结构组成

按测流中声波横跨测流断面时声波声道和信号传输方式的不同，可以分为单声道、交叉声道、响应工作方式、多层声道工作方式，还有简单的反射工作方式等。有的仪器可能只具有单一工作方式（功能），有的可以具有多种工作方式，按实际需要配置相应硬、软件后按不同工作方式进行工作。

声学时差法流量计，系统由一组（或几组）声学换能器、岸上测流控制器、信号电缆、电源组成。

声学换能器接收测流控制器的指令发射声脉冲，并将接收到的声脉冲信号传送到测流控制器。声学换能器内可能装有水位传感器，同时将测得的水位数据传送给测流控制器。

测流控制器安装在岸上，用信号电缆连接有关声学换能器，控制整个系统的工作，可以定时或按需要

发出信号，使换能器发射声脉冲进行测流。它收集声脉冲在水中的传播时间、水位数据，计算传播时间差和水层平均流速，再计算出过水断面面积和断面平均流速，从而得出流量。

信号电缆用于测流控制器和声学换能器之间的电源、信号连接。测流控制器在主岸上，有一些声学换能器在对岸，要用信号电缆跨河与测流控制器相连接。跨河架设电缆往往是很困难的，也使仪器工作受影响。但应用"响应工作方式"和"反射工作方式"时，可以不架设过河电缆。有些仪器利用无线电波传输两岸间的信号，也不需要加设过河电缆。

5. 测流工作方式

按河流情况、测流要求不同，声学时差法流量计有多种构成方式。它们分别是单声道工作方式、交叉声道工作方式、响应工作方式等。另外还有简单的"反射工作方式"和"双声程工作方式"。图 6.43 所示为声学时差法流量计的各种工作方式示意图。

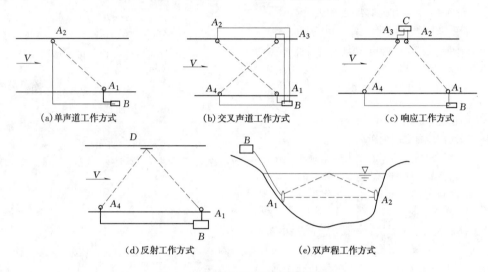

图 6.43　声学时差法流量计的工作方式
A—换能器；B—测流控制器；C—副控制器；D—反射体

单声道工作方式只在河两岸安装 A_1A_2 2 个换能器，用一个声道测量断面平均流速，是最基本的型式。工作时，A_1A_2 两个换能器用垮河电缆连接在一起，并均兼有发送接收声脉冲的功能。测得 A_1 发射 A_2 接收和 A_2 发射 A_1 接收的声脉冲传输时间，就可以计算出时差，测得平均流速。单声道工作方式只能测得垂直于过水断面的流速分量，只适用于河流流速和断面基本垂直的河段。对流向不太稳定或流向因素比较重要的测流断面，这种方式可能会达不到测流的精度要求。

交叉声道工作方式在两岸设置两个交叉的声道，安装 2 组 4 个换能器，用 2 个声道测出平均流速和主流流向。工作时，A_1A_2 声道测出 A_1A_2 连线上的流速分量，A_3A_4 声道测出 A_3A_4 连线上的流速分量。此两声道间夹角是已知的，由两流速分量可以算出平均流速和平均流向。由于声道上声脉冲的传输受整个断面上的流速流向影响，所以测量后计算得到的流速流向是断面上的平均流速和平均流向。此平均流向受流速的主要方向影响较大。交叉声道工作方式适用于流速不完全平行于河岸和流向不稳定或流向因素较重要的测流断面。

响应工作方式不需要架设跨河信号电缆，特别适用于通航河流和较大河流。主岸侧架设 A_1A_4 换能器和测流控制器，在对岸同一地点架设 A_2A_3 两个换能器，但需要一个副控制器和单独的电源。测流时，测流控制器控制 A_1 向 A_2 发送声脉冲，A_2 接收到后，将信号送到副控制器，在副控制器的控制下，A_3 立即向 A_4 发射声脉冲，A_4 接收到后，将信号通过主岸信号电缆送到测流控制器，测流控制器计算出这一方向的声波传播时间。然后，测流控制器控制 A_4 向 A_3 发射声脉冲，A_3 接收到后，在副控制器的控制下，A_2 立即向 A_1 发射声脉冲，A_1 接收收到后，测流控制器计算出这一反方向声波传播时间。计算上述两次声波传播时差，就可得到断面平均流速。这种工作方式的声道 2 次跨越断面，平均流速计算方法和上述不同。由上所述可知，所有信号传输都只在同侧岸进行，所以不需架设跨河电缆。但对岸有仪器设备，还需要电源。

反射工作方式的布置类似于响应工作方式，但在对岸只有一个简单的声波反射体，没有复杂的仪器，不用电源，更不需要用过河电缆与主岸相连。反射体将 $A_1(A_4)$ 发射的信号反射回主岸的 $A_4(A_1)$，反射信号被主岸的换能器接收，由此测得相应的时差。反射回主岸的声波信号肯定很弱，所以只能用于小河和渠道。这种方法较简单，价格也不高，但使用环境有更多的限制。

双声程工作方式实际上是某一种仪器的特殊测速功能。它的配置和单声道工作方式基本一致，但它能测到 2 个声程各自的平均流速。一个声程是 2 个换能器之间的连接直线声程，和单声道工作方式一样，但可以测得更多的流速信息分布。也有利于将仪器安装在最低水位以下时，水位变化升高后的流速流量测量。水位变化较大的中小河流可以考虑应用此方式。它能测到断面上部水体的流速，又比多层声道工作方式节约，并且较易安装。不过，测得的反射声程上的平均流速的代表性总还不如多层声道工作方式。

6. 主要技术指标

国外某种产品技术性参数如下。

(1) 测流声学频率：28～200kHz。

(2) 水中声道长度：1～1000m。

(3) 测速范围：±10m/s。

(4) 测速准确度：±2%（在声道上）；±5%（交叉声道工作方式）。

(5) 测速时间间隔：5～60min（每 5min 为一间隔）。

(6) 电源：220VAC，工作功耗 35VA，值守功耗 5VA。

频率低于 28kHz 的仪器，可以适应一定含沙量的水流和很大的河宽；可以测量正反向流速，在近似于零流速时，甚至可以测得每秒几厘米的低流速。测流控制器能连接 8 个声学换能器，组成 4 个声道，以测量较复杂的断面；可以配用其他自动水位计测量水位，并接入测流控制器，也可配用计算机接收测得的流速和水位计测得的水位进行流量计算。整个测流系统可以很方便地接入遥测系统。

7. 仪器的安装

时差法的声束横过断面，与断面线呈 45°夹角，涉及的河段长和河宽相等。如果采用不架设跨河电缆的响应工作方式，涉及的河段长为 2 倍河宽。在这样长的河段以及上下游一定范围内，应该保证较为顺直和具有稳定的流态。时差法对安装河段的要求高于其他流量测量方法，其他方法往往只对测流断面上下游一定范围的河段有所要求。

声学换能器具有固定安装螺孔，在水下一定深度的两岸河岸上建造固定桩，在桩端或桩壁上安装声学换能器。有些换能器设计为可安装在专用斜轨上，斜轨铺设在断面线上的两岸岸坡上。声学换能器可以方便地在此斜轨上移动固定到不同水层，适应不同水位时的流量测量。固定桩或斜轨都必须安装牢固，要保证安装在其上的声学换能器对准对岸相应的声学换能器，水平、垂直偏斜角度都要在仪器允差范围内。必要时可设置对换能器的保护设施，例如防撞、防淤、防人为破坏等，但应注意这些设施和仪器的安装设计都不应对水流发生较大的扰动。

8. 仪器的应用

(1) 适用范围。时差法流量计可以用于各种有一定水深的大、中、小河流，在渠道、管道上应用得更好。在天然河流上，需要较准确的流量自动测量时，应首先考虑使用这类流量计。流态紊乱，有正逆流的感潮河段也可以用此方法。

时差法流量计不适用于断面变化很大和过于宽浅的河道。河流中过于频繁的通航船只也会影响仪器的正常工作。声程上的水草会阻挡声束传播，因光合作用水草冒出的气泡也会阻挡声束传播，因此该仪器不适于水草较多的河。

(2) 比测建立流量关系。我国的流量测验规范要求，使用新仪器和新方法时，都必须用原来规定的流量测验方法进行比测。仪器安装后，在声学时差法流量计正式应用前，必须进行现场比测检定，以确保得到较准确的流量数据。比测仍以转子式流速仪测流为准，参照有关水文测验方法进行。时差法流量计在应用前，要根据比测资料建立起时差法和流速仪法测得的流速数据、流量数据之间的关系。

(3) 自动测流系统的应用。时差法流量计组成的测流系统需要和电源、通信系统连接，有时要接入外接自动水位计或将输出数据接入遥测系统。组建系统要按要求配置各种硬件及软件接口。

系统工作前应按要求设置各类参数。开始工作后，能长期自动测流、记录和传输出测得数据。

6.8　声学多普勒流速剖面仪法流量测验

6.8.1　声学多普勒流速剖面仪测流原理

1. 水平 ADCP

水平 ADCP 测速时（图 6.44），首先假定反射声波信号产生多普勒频移的水中悬浮物或气泡是和水流等速运动的。同时，假定在距仪器一定距离内两波束相应测点处的流速大小方向是相同的，并且和断面上相应测点处的流速大小方向也是相同的，即 $V_A = V_B = V_1$。ADCP 测速基于这两个假定。

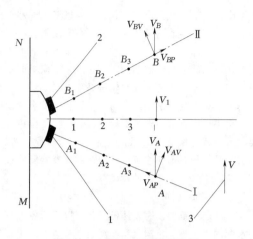

图 6.44　水平 ADCP 测速示意图
1—换能器 I；2—换能器 II；3—水流方向

工作时，探头安装在水边测流断面处。MN 是河岸线。测速时，换能器 I 发出超声波，经 t 时间后接收到 A 点的回波。根据回波的多普勒频移测得 A 点平行于超声波束 I 的流速分量 V_{AP}。同理，换能器 II 同时发出的超声波也经过 t 时间后接到 B 点的回波，根据回波的多普勒频移测得 B 点平行于超声波束 II 的流速分量 V_{BP}。波束 I、II 与断面的夹角是已知且相等的，并已假定 $V_A = V_B = V_1$ 就可由 V_{AP}、V_{BP} 计算出假定相等的 V_A、V_B、V_1 的流速流向。仪器内改变接收时间 t 的设置，就可得到断面上各点的流速流向。实际的仪器是接收 t 时间后某一微小时段内的反射波，数据处理后得到的流速是这一"单元"内的流速，最多可以有 128 个单元的流速。

2. 走航式 ADCP

走航式 ADCP 测速原理和水平 ADCP 测速原理基本一致。走航式 ADCP 安装在测船上测速，在测船的行进中，ADCP 在水平和倾斜方向上在不断变化，测船也在以不同的船速方向行进。用于走航式 ADCP 的仪器有 4 个或 3 个换能器，换能器向水下发射声波。如果测船是固定的，仪器能测到水下流速相对于仪器坐标的流速流向。如果是 4 个换能器，组成 2 组，测得相互垂直的 2 个流速分量。如果只用 3 个换能器，也可以相互组合经过换算后测得流速流向。

由于 ADCP 测量时测船在运动着，ADCP 测得的是相对于地球坐标的流速矢量和船速矢量的合成，还需要知道船速矢量，才能解算出真正的流速大小和流向。ADCP 装有河底跟踪器，向河底发射底跟踪声脉冲，若固定不动，根据河底返回信号测得多普勒频移量，可解算获得测船的运动速度和方向，进而解算出水流的速度和方向。同时，根据河底返回信号可测得

水深，结合时间的变化还可确定位置，因此在 ADCP 测量过程中，可及时获得各部分断面面积。采用这种定位的技术方法也称底跟踪技术。

ADCP 测量过程中，测船不仅自身有一定的航速度行驶方向，同时又不停地摆动晃动，因此测船上还需要安装罗经和倾斜仪。在 ADCP 测速的同时，还要利用罗经和倾斜仪不断测量方位和倾斜角。由此角度可修正计算出相对于地球坐标的流速流向。

走航式 ADCP 的测速过程比较复杂，但整个测速过程是自动化的，配接的计算机会直接得到测速和流量测量结果。

若河底有流沙或冲淤变化，采用底跟踪技术定位失效，因为测船、流速、河底 3 者相对于地球上静止物体都在运动，无法根据河底计算船速和确定测船每时刻的位置。这时需要外加 GPS 进行定位，通过 GPS 实时动态定位技术，测得测流过程中测船的速度和测船的位置。

3. 声学多普勒流量计

声学多普勒流量计英文简写为 ADFM，是将水平式 ADCP 集成于专用座底的一种流量计。其仪器主要有两种：一种 ADFM 见图 6.45，在仪器上安装 2 组向断面两侧倾斜不同角度的声学换能器，可以得到断面上两条斜向剖面线的流速分布，这样安装更有利于测得断面平均流速。仪器发出 3 组超声波束，A 组波束测量水位，B 组和 C 组波束各有两个声学发射接收器。工作结果是测得了 OC、OB 两条不对称的斜剖面线上的流速分布。根据水位计算出断面面积，进而可算得流量。另一种是较简单的 ADFM 只有一组声学换能器，只测中心垂线的流速分布，同时也测量水位。

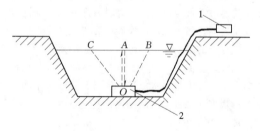

图 6.45　声学多普勒流量计（ADFM）测流示意图
1—数据采集器；2—测速传感器（包括水位传感器）

河底盲区的深度大小与仪器性能和使用频率有关，一般在 0.2～0.5m 左右。

6.8.2　声学多普勒流速剖面仪构成与主要技术参数简介

目前已有多种 ADCP 产品，每种型号的仪器组

成和技术参数不同，下面以应用较多的部分产品型号为例予以介绍。

1. 走航式 ADCP

（1）仪器构成。仪器是一整体，安装在水下。其主体是一个四声束换能器（也有的是三声束换能器），电子部件、磁通门罗盘、倾斜计、温度传感器、底跟踪固件都在此整体结构中。具有 DGPS 接口、RS-232 或 RS-422 数据通信接口。DGPS 接口用来连接 DGPS 定位系统，需要时帮助测定船位。图 6.46 是一四声束的走航式 ADCP。

图 6.46 四声束的走航式 ADCP

如用个人计算机（PC 机）或便携机运行专用软件接收处理测得的数据，即可生成测速测流结果。ADCP 和计算机用通信电缆连接。

这类走航式 ADCP 连同计算机一起装在机动测船上工作。便于在缆道上以及巡测、桥测中应用。已设计出便于携带的小浮体船，将走航式 ADCP 装在小浮体船上，小浮体船上还装有通信电台，将测得数据发送到岸上计算机，见图 6.47。

图 6.47 装有走航式 ADCP 和通信电台的浮体船

为了在浅水中应用，可采用微型的走航式 AD-CP，装在更小的浮体船上，用蓝牙无线通信与岸上计算机通信。

（2）某种常用四波束走航式 ADCP 的主要参数。

1）频率：600kHz、1200kHz。

2）测速单元数：1～128。

3）单元长度：0.5～4m（600kHz）、0.25～2m（1200kHz）。

4）最大剖面范围：100m（600kHz）、26m（1200kHz）。

5）流速量程：±5m/s（默认）、±20m/s（最大）。

6）测速准确性：±0.25%±0.25cm/s。

7）波束角：20°。

8）通信端口：RS-232、RS-422。

9）倾斜计：范围：±15°（准确度：±0.5°）。

（3）某微型走航式 ADCP 的主要技术参数。

1）频率：2MHz。

2）测速单元数：1～20。

3）单元长度：1～10cm。

4）最大剖面范围：2～4m。

5）流速量程：±7.2m/s。

6）测速准确性：±1%±0.2cm/s。

7）波束角：20°。

8）通信："蓝牙"无线通信。

2. 水平 ADCP

（1）仪器构成。仪器由水下部分（换能器）、水上的流速流量显示器组成，两者用电缆连接。水下部分包括一组测速的超声换能器和一个测量水位的超声换能器。

（2）水平 ADCP 技术指标。

1）测速范围：±6m/s。

2）测速准确度：±1%±0.5cm/s。

3）测速分辨力：0.1cm/s。

4）测速距离：500kHz 为 120m；1500kHz 为 22m；3000kHz 为 8m。

5）水位测量范围：500kHz 为 18m；1500kHz 为 10m；3000kHz 为 5m。

6）水位准确度：500kHz：±0.6cm（<6m），±0.1%（≥6m）；

1500 和 3000kHz：±0.3cm（<3m）±0.1%（≥3m）。

7）数据存储量：200000 个测量数据。

8）通信：RS-232 和 SDI-12 通信协议。

3. ADFM

（1）仪器的构成。仪器由水下部分和水上测控记录仪部分组成，用电缆连接。水下部分是测速和测水位的声学换能器。图 6.48 所示的声学多普勒流量计具有两组测速换能器的水下部分。

（2）技术指标。

1）频率：1230kHz。

2）测速单元尺寸：5～30cm。

图 6.48　声学多普勒流量计（ADFM）

3）测速剖面范围：0.2～6m。

4）测速量程：±5m/s。

5）测速准确性：±0.5%±0.3cm/s。

6）水位测量范围：0.15～9m。

7）水位量准确度：±0.5%±0.6cm。

8）流量准确度：±2%。

9）数据采集：内存 20MB，记录流速、流量、水深。

6.8.3　声学多普勒流量计的特点

1. 走航式 ADCP 的特点

（1）主要优点。走航式 ADCP 的主要优点是测流速度快，机动性强。测船横垮断面就能完成流量测量，特别适用于大江大河、河口、洪水时的流量测量；流速与断面测量一次完成，并可以得到完整的、详细的流速流向、水深、断面数据。与常规的转子式流速仪的测流相比，它能得到更完整、更多的数据；不管是应用底跟踪，还是 GPS 定位，测船定位无需定位基础设施；可用各种渡河设施施测，甚至可用遥控船进行遥测，不需专建测流设备。

（2）缺点。虽然走航式 ADCP 是一种先进的河流流量测验系统，已得到推广应用。但它在一些河流上尚不能应用。存在以下不足之处。

1）使用受水文环境的限制。在含沙量较大、流速较大的地点，使用效果不好，受影响的程度与仪器性能有关。在正式应用前，应进行在各种水文条件下的比测，最后确定能否应用。否则，测得数据可能不可靠。

2）有推移质存在，就要用 GPS 定位系统代替河底跟踪系统。

3）有盲区存在，有时影响流量测验准确性。

4）设备价格较贵，技术复杂，掌握应用较困难。

5）走航式 ADCP 的测流影响因素很多，有时测得结果并不十分稳定。

2. H - ADCP 和 ADFM 的特点

H - ADCP 和 ADFM 都能固定安装在水中，相对于走航式而言，其流量测验称定点式流量测验，它的

优点是长期自动工作，测得流速、水位从而测得流量。安装在水中的仪器体积不大，基本不影响水流，适用于中小河流和渠道的流量自动测量。仪器技术先进，自动化程度很高，功能很强，是一种较好的流量计。

它的测速能力限制了它的应用。现在实际应用中的产品最远测速距离一般都只有几十米。这使它很难用于大江大河，因为数十米水层的流速代表性毕竟有限。它只能测得仪器安装点处的一层水的局部流速分布，而水位是在不断变化的。不同水位时，这一层水的流速代表性会有变化，而经常变换仪器安装水深又极其困难。它不宜用于过浅的水中、流态紊乱和较高的含沙量的河流。

声学多普勒流量计适用于渠道、运河、断面稳定的中小河流以及管道。断面处要有适宜安装的地点。由于断面不稳定、航运、人为干扰等因素，有时会使得 H - ADCP、ADFM 的安装非常困难，在有些场合甚至是不可能的。所以，在决定应用前要特别考虑安装问题。这类仪器价格也较昂贵。

H - ADCP 只测得某一层水的局部流速分布，而且是近岸的一段，以此代表全断面平均流速，应分析其准确度，不能盲目作为断面流速使用，否则会带来较大误差。

利用 ADFM 测量流量的准确度也受上述因素影响，但它可测量 2 个斜向剖面流速，流速代表性可能优于 H - ADCP 的一层水层的局部流速。

另外，ADFM 受水面河底盲区限制。在小河、渠道中测流，此盲区影响的范围占垂线的比例较大，会降低测流准确性。

3. ADCP 测速盲区

由于声学换能器、电子技术、水声干扰等原因，声学换能器进行测量时会存在测不到信号的盲区。靠近换能器较近距离处必然有盲区，如测水位的声学仪器。声学多普勒测速仪器依靠接收的反射波测量多普勒频移，在靠近河底处也有一层测不到的盲区。比测水位、测深多一个河底"盲区"。在过于浅水区和岸边，由于存在水面河底盲区，也可能是测船不能进入，也会存在测速盲区。

水面、河底、岸边及浅滩测速盲区的存在，使 ADCP 的测速数据不完整，只能依靠经验系数或比测数据进行推算。用于流量测验时，这 3 部分流量数据也只能进行估算。

6.8.4　ADCP 测验的有关要求

1. 走航式 ADCP 流量测验的一般要求

走航式流量测验，有垂线代表法和横向水平式两

种，应根据所测断面的水深、流速和含沙量等情况选用合适频率的声学多普勒流速仪。走航式流量测验的测验断面选择、流量测次布置与流速仪法的要求基本一致。可根据需要，确定是否外接全球定位系统（GPS）、外部罗经、测深仪。外接设备的刷新频率或采样频率宜大于声学多普勒流速仪流量测验的采样频率。外接设备应按各自产品标准中规定的率定（校准）周期进行率定（校准）。

采用走航式 ADCP 进行流量测验，应符合以下要求。

（1）GPS 应能提供定位精度在亚米级以上的实时数据。

（2）外部罗经的测角分辨率应大于 1.5°。

（3）测深仪的工作频率不致对声学多普勒流速仪形成同频干扰。

（4）声学多普勒流速仪入水深度应记至 0.01m。

（5）水边距离可用标尺或电子测量装置测量。外接 GPS 时，可根据测船起点、终点位置，利用测流断面成果计算水边距离。

（6）在测验前应根据断面、可能最大流速、测船动力和测验要求设置声学多普勒流速仪参数。

（7）测流断面有底沙运动时，应采用 GPS 测量船速。

（8）若水深大，ADCP 测不到最大水深时，应配置测深仪测深。

2. 定点式 ADCP 流量测验的一般要求

定点式 ADCP 流量测验，应根据所测断面的河宽、水深、流速和含沙量等情况选用合适的声学多普勒流速仪。垂向代表线法流量测验可采用俯视式和仰视式测流两种方法。俯视测流一般将仪器安装在测船、浮标或平台上；仰视测流一般将仪器安装在河底的基座上。

（1）垂向代表线法流量测验。垂向代表线法流量测验应符合以下要求。

1）船测多线法测流，流量测次安排、测流垂线数目及垂线位置的选择，同流速仪法的要求。

2）代表线的数量、布置位置应通过试验优化确定。优化关系曲线或模型宜满足整编精度要求。

3）声学多普勒流速仪应布置在测验断面上。

4）测速频次可根据水情变化情况、模型推流的需要确定。

5）应适当安排水道断面的测量次数，以减少借用断面带来的误差。

（2）横向流量测验。横向流量测验是将声学多普勒流速仪水平安装，测量水平方向的流速分布。横向流量测验一般将仪器安装在河岸、渠道侧壁或其他建筑物侧壁上。横向流量测验应符合以下技术要求。

1）声学多普勒流速仪的安装位置应通过试验优化确定，优化关系曲线或模型宜满足整编精度要求。

2）声学多普勒流速仪的安装应使其中心轴线与测流断面平行。

3）测速频次可根据水情变化情况、模型推流的需要确定。

4）应适当安排水道断面的测量次数，以减少借用断面带来的误差。

（3）相关关系率定。根据试验资料确定的相关关系或模型必须进行校测，校测的次数应不少于 10 次。当校测点明显偏离原率定相关关系时，应及时加密校测测次，以满足重新率定相关关系。校测结果宜用统计检验法进行检验。当原相关关系与校测样本有显著性差异时，应重新进行试验并率定相关关系。

3. ADCP 操作要求

采用声学多普勒流速仪进行流量测验，操作人员需要经过培训，且达到以下要求。

（1）熟悉声学多普勒流速仪设备使用技术手册。

（2）能熟练使用厂家提供的自检程序对声学多普勒流速仪设备进行检验。

（3）能根据测验水域水文泥沙特性对声学多普勒流速仪设备的各项系统参数进行优化设置。

（4）能对流量测验成果的合理性进行检查。

（5）熟悉资料备份及存储管理。

（6）熟悉仪器的安装、拆卸，掌握常见故障的排除等。

（7）船舶驾驶员应熟悉测验断面附近水深、水流情况，能根据流速、流向等情况确定适当的航速，并根据导航系统或断面标识，保持测船沿预定断面航行。

6.8.5　声学多普勒流速仪的安装

6.8.5.1　走航式声学多普勒流速仪的安装

1. 安装支架的要求

支架应该结构简单、操作方便、升降转动灵活、安全可靠，并满足以下要求。

（1）根据所使用仪器的结构特点专门设计、定制安装支架，或直接使用仪器生产商提供的配套支架。

（2）应采用防锈、防腐蚀能力强，重量轻，强度大的非磁性材料制作。

（3）结构牢固稳定，不因水流冲击或测船航行等原因导致倾斜。

（4）需要配置仪器探头保护装置。

2. 安装在船头、船弦的一侧或穿透船体的竖井内的要求

（1）声学多普勒流速仪安装位置离船舷的距离，木质测船宜大于 0.5m，铁质测船宜大于 1.0m。

（2）仪器探头的入水深度，应根据测船航行速度、水流速度、水面波浪大小、测船吃水深、船底形状等因素综合考虑，使探头在整个测验过程中始终不会露出水面。入水后，应保证船体不会妨碍信号的发射和接收。

（3）在铁质测船竖井内安装时，应外接罗经。

3. 垂直方向和水平方向轴线要求

垂直方向，应保证仪器纵轴垂直，呈自然悬垂状态；水平方向，应使仪器探头上的方向标识箭头与船体纵轴线平行。

4. 仪器安装过程中的注意事项

应防止碰撞仪器的探头表面。仪器应安装牢固。

5. 缆线的连接

信号线、电源线正确连接后方可通电工作。

6. 外接设备的安装

（1）GPS 天线宜安装在声学多普勒流速仪正上方平面位置 1m 以内。

（2）外部罗经的安装指向应与船艏方向一致。当为磁罗经时，安装位置离船上任何铁磁性物体的距离应不小于 1.0m。

（3）测深仪换能器宜垂向安装在声学多普勒流速仪同侧，测量过程中换能器不应露出水面。

需要强调成套的走航设备，其安装必须根据产品说明书的要求进行。

6.8.5.2　定点式声学多普勒流速仪的安装

1. 固定安装

（1）安装在岸边（水平安装）。不同的仪器和用于不同的测量目的，其安装的方法不同。现以实际工作常用的水平 ADCP 的一种安装方法为例予以介绍，见图 6.49。

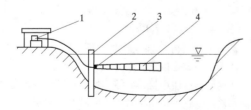

图 6.49　水平 ADCP 安装示意图

1—数据采集器；2—安装支架；3—测速传感器
（包括水位传感器）；4—测速剖面上某一测速单元

将 ADCP 固定安装在岸边，它可以自动测量仪器正对水中剖面上的流速分布。如果此剖面上的流速

可以和全断面上的平均流速建立起较固定的相关关系，就能得到断面平均流速。同时测量水位，就可以得到测流断面面积，这样就可以计算出流量。

水平式 ADCP 的测量传感器固定安装在岸边，只能测得一个水层的流速分布。要计算全断面流量，首先要建立测得的水层流速和断面流速的关系，最常用的方法是用流速仪法测量断面上相关的点流速，再和水平 ADCP 测得的水层流速资料进行分析，找出水平 ADCP 测得流速和断面流速的关系，用来计算断面平均流速。水位涨落时，固定安装点的相对水深会有变化，将影响流速关系的建立。也可将水平 ADCP 的安装深度构建成能随水位变化而调整的形式，便于得到较稳定的流速关系。

另一种流量计算方式是基于流速沿垂线分布原理，利用测得的各点流速估算垂线平均流速，再计算局部流量，得到总流量。在缺乏比测试验资料的情况下，可以使用此方法。

（2）安装在河底。ADCP 也可安装在河底基座，向水面发射超声波，测得一根垂线的流速分布。传感器通过电缆和岸上计算机相联。要从一根垂线的流速分布得到断面平均流速，仍然需要通过常规测量方法建立相关关系。同时，根据已测水位，利用建立的水位断面关系，得到断面面积信息，计算流量。

（3）安装在水面。将 ADCP 固定安装在水面附近水下的基座上，向下测量垂线流速分布。也可将 ADCP 安装在专用的固定浮标上，向下进行测速。河面较宽时，适宜用这种方法，相当于在水面上设了一个自动测速浮标站。

2. 定点式安装及基座要求

（1）安装基座的设计应方便声学多普勒流速仪的安装维护。

（2）垂向代表线法流量测验，流速仪可安装在水下基座或锚定的水面浮标上，基座应具备保持声学多普勒流速仪处于垂直状态的可调整装置。

（3）水平方式流量测验，仪器可安装在河岸、桥墩或其他建筑物侧壁上，并保证换能器处于水平状态。仪器安装的高度宜通过分析确定。

（4）采用定点方式进行流量测验，信号线、电源线的连接处应采取水密措施。

6.8.6　走航式声学多普勒流量测验

1. 准备

根据断面河床、水流、泥沙特性和测船，准备必要的外接设备。外接设备包括外部罗经、回声测深仪、GPS 等。同时声学多普勒流速仪安装使用前，应按以下要求进行检验。

（1）仪器是否有污损、变形等。

（2）供电系统输出的交、直流电压是否符合仪器标称要求。

（3）使用外部设备时，应检查相应设备运转情况是否正常。

（4）使用的电缆和插接件应逐一清点，应备有足够的备件。

2. 现场操作

（1）仪器安装完成后，检查所有电缆、电路的连接。

（2）测前对仪器进行自检，并记录自检结果。

（3）声学多普勒流速仪宜安装在非铁磁物质的测船上进行测验。对铁磁物质测船，应安装外部罗经。

（4）测验前对使用的罗经（外部罗经或内部罗经）进行校验。

（5）每次测验前，应根据现场条件按以下要求对仪器参数进行设置。

1）深度单元尺寸应不小于设备允许的下限，深度单元数不超过设备允许的上限，同时深度单元尺寸与深度单元数的乘积不应小于所测断面的最大水深。

2）每个数据组的水跟踪脉冲采样数和底跟踪脉冲采样数（或脉冲时间间隔）可根据断面宽窄、水深大小进行设置。

3）应根据断面形状、水深大小情况选择合适的工作模式。

4）盲区的设置应不小于厂商推荐的最小盲区。

5）换能器入水深度应根据实际测量值设置。

6）对水体含盐度较高的断面，应设置修正声速的盐度值。

7）配置文件应与原始数据文件储存在计算机的同一个文件目录内。

（6）数据采集前，在声学多普勒流速仪测验记载表中记录断面位置、测量日期、设备、配置文件和测量软件版本等信息。

（7）测船应沿预定断面航行，船艇不应有大幅度摆动。测船横渡速度宜接近或略小于水流速度。

（8）测量时，测船应从一岸断面下游驶入断面，在接近起点位置时，航行速度沿断面保持正常速度，直至另一岸终点，作为半测回。

（9）每半测回测量，均应记录航次、横渡方向、左/右水边距离、原始数据文件名等信息。

（10）选择合适的外推方法（常数或指数方法等），估算上、下盲区流量。

（11）正确选用岸边流速系数估算岸边流量。岸边流速系数可通过比测确定，或根据断面形状可参照表6.11选用。

（12）观测计算实测流量的相应水位。

（13）断面流量包括直接测出的部分流量、岸边流量及上下盲区流量，其总和为全断面流量。

1）流量相对稳定时，应进行两个测回断面流量测量，取均值作为实测流量值。

2）（潮）流量在短时间内变化较大时，可适当减少测回。一般宜完成一个测回，特殊情况可只测半测回，但应作出说明。

3）潮汐河段上、下盲区的插补模型宜根据测验断面典型时刻流速沿垂线分布特征，确定合理的插补模型。

4）对于河口区宽阔断面，同一断面宜采用多台仪器分多个子断面同步测验的方案。

（14）测验结束后应对测验情况及结果进行评价。

1）按软件"回放"模式对每组原始数据进行审查，保证数据的完整性、正确性以及参数设置的合理性。

2）计算实测区域占整个断面的百分率（代表测验的完整性），记录诸如湍流、涡流、逆流和仪器与铁磁物体的靠近程度等可能影响测量结果的现场因素，以此来评价流量测量的质量。

3）计算所测流量的算术平均值、每半测回流量值与平均值的偏差。如果最大偏差大于5%，应根据水情变化情况和测验过程进行分析，并按以下不同原因进行处理。

a. 属仪器安装、参数设置不当等原因，且不能进行有效校正的，则重新测验。

b. 属水情涨落变化快的，可用一个测回的实测流量计算平均值。

c. 水情平稳，且原因不能准确分析的，可增加一个测回，计算实测流量值最接近的连续2个测回的平均值。

上述方法进行处理后，如果最大偏差仍然大于5%，则采用其他仪器或方法重新测验。

3. 流量测验文件的编制和存档

走航式声学多普勒单次流量一般采用厂家提供专用程序计算，计算结束后需要编制文件和保存有关文档资料。流量测验文件名的编制应由断面名和流水号组成。相应的GPS、罗经及测深仪数据应按流量测验文件名流水号及类型编制。

（1）测量成果整理要求。

1）对流量测验成果进行初步评价。

2）系统设置、系统自检和流量测验总结文件打印，并附在现场记录表后保存。

3）计算并整理实测流量成果，内容包括相应水位、断面面积、水面宽、断面平均流速、最大测点流速、平均水深、最大水深等，并应符合以下要求。

a. 相应水位计算必须符合流速仪法的规定。

b. 断面面积、水面宽采用各测回测验值的算术平均值。

c. 断面平均流速采用各半测回的算术平均值。每半测回的断面平均流速为所测流量除以所测断面面积。

d. 最大测点流速取每半测回最大值。每半测回的最大测点流速取各深度单元流速最大值。各深度单元流速采用含有 30 个脉冲的数据组滑动平均值。

e. 平均水深采用各半测回的算术平均值。每半测回的平均水深为所测面积除以所测水面宽。

f. 最大水深值直接采用各半测回测验的水深最大值。

g. 实测流量成果按规范规定表格式样，其中测验方法填写"走航式"。

（2）测量数据审查。流量测验成果应使用声学多普勒流速仪专用流量测验记录表进行记载。在处理声学多普勒流速仪测量值时，必须仔细审查测量数据。测量数据可从以下几方面进行审查。

1）盲区设定、深度设定及其他参数设置是否正确。

2）盲区插补方法、深度单元数量是否适当。

3）有没有作底沙运动检测，是否沿断面进行施测，航速是否过快等。

4）水边距离是否进行了测量。

5）罗经是否经过标定、GPS 精度是否满足要求。

6）现场记录是否正确详细、数据存档方法是否符合要求、测回数是否满足要求。

7）在需要摘录流速流向的垂线位置上是否有数据。

8）各半测回流量测验值与平均值的最大偏差是否符合要求等。

6.8.7　定点声学多普勒流速仪流量测验

定点声学多普勒流速仪流量测验可采用船测多线法流量测验（通过测船测量多条垂线流速计算通过全断面流量），也可垂向代表线流量测验（测量一定的垂线作为代表垂线，用以推算断面流量）。

1. 船测多线法流量测验

（1）船测多线法流量测验的测速垂线数目及位置与流速仪法的有关规定相同。

（2）同一条垂线流速流向测验时间应不少于

30s，以减少水流脉动引起的误差。

（3）盲区流速可采用指数流速分布、常数流速分布或经过率定的其他流速分布进行插补。

（4）参照"走航式"的规定计算，并整理实测流量成果表。

2. 垂向代表线和横向流量测验

垂向代表线法流量测验采用的代表线数目及位置应通过比测、分析确定。流量测验相关关系的建立与使用应符合以下规定。

（1）相关关系的建立应以仪器实测流速和实测断面平均流速为依据。

（2）断面平均流速可用流速仪精测法或走航声学多普勒流速仪测量。

（3）应收集不同水位级的关系率定资料，分析各种情况下的相关关系。

（4）各种水流条件关系率定的样本数应大于 30。

（5）定线精度指标应符合水文资料整编规范的要求。

（6）选取相关关系最优的关系线推算流量。

（7）不同水情可采用不同的相关关系。

6.8.8　ADCP 测验误差来源及控制

1. 流量测验误差来源

（1）走航式流量测验误差。走航式流量测验误差主要有船速测量误差、仪器安装偏角产生的误差、流速脉动引起的流速测量误差、水深测量误差、水边距离测量误差、采用流速分布经验公式进行盲区流速插补产生的误差、仪器入水深度测量误差、仪器检定误差及水位涨落率大时相对的测流历时较长所引起的流量误差等方面。

（2）垂向代表线法流量测验误差。垂向代表线法流量测验误差主要有水深测量误差、流速脉动引起的垂线流速测量误差、实测流速与断面平均流速的关系误差、借用断面面积的误差、仪器检定误差等方面。

（3）船测多线法流量测验误差。船测多线法流量测验误差主要有水深测量误差、起点距测量误差、流速脉动引起的垂线流速测量误差、测速垂线数目不足导致的误差、仪器检定误差及水位涨落率大，相对的测流历时较长所引起的流量误差等。

2. 声学多普勒流速仪流量测验精度要求

（1）比测分析。声学多普勒流速仪在投入使用前，应与转子式流速仪法资料进行对比分析，并编写分析报告。比测分析报告应包括测验河段水文特性、测站特征等测站基本概况、试验内容与资料收集方法、使用的仪器设备情况、流量测验参数设置、误差分析、存在问题与解决办法、使用范围、使用方式方法、质量保证措施等内容。

（2）流量测验控制。流量测验中可能产生的误差，应采取措施将其消除或控制在最低限度内。对噪声引起的流速误差和流速脉动引起的流速测量误差，宜采用含30个脉冲的数据组的平均值予以减弱。通过试验分析，选取合适的垂线流速分布经验公式进行盲区流速插补。执行有关测深、测宽的技术规定，并经常对测深、测宽设备进行检查和校准。测验中使用的声学多普勒流速仪应定期进行校准。

（3）单次流量测验允许误差要求。

1）驻测站采用走航式、船测多线法流量测验，其测验精度要求与流速法的规定一致。单次流量测验允许误差指标应满足表6.20的指标要求。潮流量测验总不确定度应控制在10%～15%以内。系统误差应控制在±3%范围内。

表 6.20　单次流量测验允许误差

测站类别	水位级	总随机不确定度/%	系统误差/%
一类精度水文站	高	5	−2～1
	中	6	
	低	9	
二类精度水文站	高	6	−2～1
	中	7	
	低	10	
三类精度水文站	高	8	−2.5～1
	中	9	
	低	12	

2）采用走航式、船测多线法流量测验的巡测站和采用垂向代表线法、横向法的自动监测站，其流量测验误差可适当放宽，但误差应满足《水文巡测规范》的规定。

3. 声学多普勒流速仪检查与保养

每次流量测量结束后应对声学多普勒流速仪进行检查。根据需要及时进行系统软件升级与硬件维护，较大的硬件、软件升级须进行必要的比测。每年汛前要定期对声学多普勒流速仪进行一次全面系统的检查，包括仪器设备检修和精度检测两部分。

（1）仪器设备检修。仪器设备检修应包括探头检查、防腐蚀部件检查、电缆（信号）线检查，并应符合以下规定。

1）探头表面有附着物时，用光滑的软布蘸清水小心拭去；有明显的裂痕或较深的划痕时，应检验是否影响测验精度。

2）防腐蚀部件腐蚀严重时，应更换新的部件。

3）电缆（信号）线如有破损、漏电时，立即维修或更换。

（2）仪器精度检测内容。

1）运行声学多普勒流速仪自检软件，测试各项功能并记录，并与流速仪法比测。声学多普勒流速仪施测两个测回流量，其算术平均值作为声学多普勒流速仪测得的一次流量，将该流量与流速仪常测法测得流量相比较，结果偏差在±5%范围内时，仪器可继续使用，若超过上述偏差，应分析查明原因。

2）对需要施测流速流向的测站，应进行流速流向比测。用流速流向仪施测断面流速大小范围内的30点以上的点流速、流向，每点历时100s；用声学多普勒流速仪在相同位置定点施测流速流向，历时30s。当流速比测结果的相对系统误差在±1%以内，且随机不确定度不超过3%时，流速比测合格。当流向偏差不超过±5°时，流向比测合格。当比测条件比较差时，流速比测的相对系统误差可放宽到±1.5%以内，随机不确定度可放宽5%，流向偏差可放宽到±10°。

3）测深精度比测可采用与测深仪同步测验断面，并比较平均河底高程或平均水深。若存在系统误差，应进行校正。

（3）仪器的保养。声学多普勒流速仪每次使用后，并立即按仪器说明规定的方法，用清水冲洗仪器的换能器，供电系统按规定做好保养。仪器的电缆线应放在专用箱中且保持自然状态，不能有扭曲变形。仪器设备放在通风干燥处，并远离有腐蚀性的物质，仪器和设备上不能堆放重物。仪器所有零件工具须随用随放原处，仪器说明书和档案表应存档。野外作业时，要避免传感器长时间暴晒。

6.9　稀释法测流简介

6.9.1　方法基本原理

6.9.1.1　基本原理

稀释法也称示踪法或示踪剂稀释法等。稀释法的基本原理是选择一种适合该水流的示踪剂，在测验河段的上断面将已知一定浓度量的指示剂注入河水中，在下游取样断面测定经河水稀释后的示踪剂浓度或稀释比，由于经水流扩散充分混合后稀释的浓度与水流的流量成反比，由此可推算出流量。

稀释法测量所用的示踪剂，可分为化学示踪剂、放射性示踪剂和荧光示踪剂，化学示踪剂应用较多，因此也有人称稀释法测流为化学法测流。化学示踪剂主要有碘化钠、氯化锂、氯化钠、重铬酸钠等；放射性示踪剂主要有溴-82、氚、碘-131 铟-113 等；荧光示踪剂使用较多的是荧光染料如荧光素、若丹明 B、酸黄 7，硫化若丹明 B，匹拉宁和若丹明等。

如果在投放示踪剂之前，水流中存在一定数量的该物质，注入的示踪剂将使水中该物质的浓度增加，因此这种情况也称水中增加的示踪剂浓度为附加浓度。一般情况下只要能够确认水流中原存在的示踪物质浓度在测量过程中始终保持不变，计算流量时可不考虑先前水流中已有的示踪剂的浓度值。

6.9.1.2　分类

稀释法根据注入示踪剂的方式不同，又分为连续注入法和瞬时注入法两种。

1. 连续注入法

在选定一种浓度的合适示踪剂后，从试验开始时选定的位置向水流中以等速率注入。同时，在河段的下游，距注入点足够长，以便使注入的示踪剂在测验河段内能够充分混合的地方，测定水流中示踪剂的浓度。若水流中示踪剂的附加浓度恒定，且在测量期间河段内流量也保持恒定，如果所有注入的示踪剂都通过了取样断面，那么注入的示踪剂的量与经过取样点的示踪剂的量相等，则有

$$qc_1 = (Q+q)c_2$$

即

$$Q = q\frac{c_1 - c_2}{c_2} \qquad (6.147)$$

式中　Q——通过测验河段的流量；

　　　　c_1——上断面注入的示踪剂浓度；

　　　　q——起始时向水流中注入示踪剂的速率；

　　　　c_2——下断面测得的示踪剂浓度（稳定段）。

一般情况下，c_1 比 c_2 要大得多，从而则可以得到式（6.147）的简化式为

$$Q = q\frac{c_1}{c_2} \qquad (6.148)$$

因此，流量可以看成是由注入示踪剂的浓度和取样点测得的示踪剂的浓度比值来决定的。

2. 瞬时注入法

在选定一种合适的示踪剂以后，从试验开始选定的位置向河段中瞬时注入一定体积的示踪剂，假定其中该河段范围内测量期间的流量保持不变。

同时，在河段下游选定一个测点，并要求注入点到测点的距离足够长，以便注入的示踪剂能够充分均匀混合，同时附加示踪剂浓度已知，并确保时间足以让所有的示踪剂都通过所选的取样断面。

如果所有的示踪剂通过了取样断面，则有

$$M = Vc_1 = Q\int_{t_a}^{\infty} c_2(t)\,dt \qquad (6.149)$$

式中　M——注入的示踪剂的质量；

　　　　V——注入溶液的体积；

　　　　c_1——注入的溶液中的示踪剂浓度；

　　　　Q——河段中的流量；

　　　　$c_2(t)$——在固定点处 t 时刻的示踪剂的浓度；

　　　　t_a——第一个示踪剂分子经过取样断面的时间。

这个等式要求在取样的断面上的每个点上积分的值都相同，这种情形当且仅当注入的溶液与河道中的水完全混合才发生。

在实际情况下，从开始检测到示踪剂并经过一段时间后，在取样断面的任一点上已检测不到示踪剂的存在。这段时间定义为示踪剂通过取样断面的时间。

令

$$\bar{c_2} = \frac{1}{T_p}\int_{t_a}^{t_a+T_p} c_2(t)\,dt$$

在完全混合的前提下，$\bar{c_2}$ 在断面上任何一点的值是相等的，因此

$$Q = \frac{Vc_1}{T_p\bar{c_2}} \qquad (6.150)$$

式中　T_p——示踪剂通过取样断面的持续时间；

　　　　$\bar{c_2}$——示踪剂通过下游断面的平均浓度。

6.9.1.3　流量计算的通式

式（6.148）和式（6.150）可合写成

$$Q = kD \qquad (6.151)$$

式中　D、k——稀释因子，对于连续注入法，稀释因子 $D = c_1/c_2$，$k = q$；对于瞬时注入法，$D = c_1/\bar{c_2}$，$k = V/T_p$。

6.9.1.4　特点

稀释法测量对河道的顺直情况要求不高，河道内有乱石、壅塞、水流湍急等不能用流速仪测流情况下，稀释法显现出其优势，而且稀释法不需测量断面面积。对于大流量的测量，稀释法的费用比较高，测量所需时间比较长。但是，稀释法可以减少工作人员洪水期测验的危险性。

6.9.2　测量河段的选择

6.9.2.1　选择的原则

1. 河段

测量河段的长度不能太短，以便注入的示踪剂充分混合，测量河段的长度至少要等于与被测流量相应的混合长度。另外投源点和取样断面处的距离远，将会加大测量时间和需要更多的示踪剂。因此，选择的河段不宜太长，河道尽可能窄，速度越大水流紊动越强烈越好，河段内没有死水区，同时最好有大量涡流存在，以保证横向充分得到混合。尽量避免存在水生植物生长、有分汊、分流或加入水流的河段。

2. 取样断面

取样断面应选在较窄处，且断面处没有回流和死

水的影响。

6.9.2.2 混合条件

理论上到达取样断面前，注入河流的示踪剂溶液应与天然水流充分混合。

对于瞬时注入法，充分混合的条件是在断面上的所有点上有

$$\int_{t_a}^{\infty} c_2(t)\mathrm{d}t = 常数 \tag{6.152}$$

对于连续注入法，要求在取样断面上任一点，一定时间内测取的示踪剂浓度为常数，即

$$c_2 = \mathrm{const} \tag{6.153}$$

实际应用中为确定是否达到了混合条件，常用混合度来衡量。在河道上等距离布设若干个取样点采取水样，其中设定每个样本质量相等，可以通过以下公式计算混合度的近似值。

1. 瞬时注入法

$$x = 100\left(1 - \frac{\sum_{i=1}^{m}|A_i - \overline{A}|}{2m\overline{A}}\right) \tag{6.154}$$

其中 $A_i = \int_{t_a}^{t_a+T_p} c_{2i}(t)\mathrm{d}t$; $\overline{A} = \frac{1}{m}\sum_{i=1}^{m}A_i$

式中 x——混合度；

m——在河道上等距离布设取样点数。

2. 连续注入法

$$x = 100\left(1 - \frac{\sum_{i=1}^{m}|c_{2i} - \overline{c_2}|}{2m\overline{c_2}}\right) \tag{6.155}$$

一般情况下，要求选取的测验河段，混合度应能达到98%，才认为满足了测流所需的混合条件。

6.9.2.3 特殊情况处理

1. 存在死水区

如果测验河段有死水区存在，它们会滞留示踪剂并很缓慢地释放。在用连续注入法时，会导致浓度达到较稳定的时间加长，因此测量时间会增长。在用瞬时注入法时，测量时间也会因此而增加。同时，由于在水样的浓度达到很小而不能进行测量时，仍会有一部分不可忽略的示踪剂滞留在死水区，直到试验结束后很长一段时间才缓慢的通过取样断面，导致流量测验误差的增大。

2. 测量河段有入流

当在测量河段内存在入流量（包括支流和泉水）时，只有入流在混合断面处已得到很好的混合后，测量的流量也包括了河段中的入流量。否则，如果没有得到充分混合，将导致流量测验误差增大。

3. 测量河段有分流或渗漏

如果示踪剂在投源点和取样点之间有分流或水量渗漏的现象存在，那么将会导致测量结果误差增大。

6.9.2.4 测验河段长度估算

1. 试验法

可用一种有效的染色剂进行试验确定。在确定的投放点，短时间内向河流中投入染色剂的高浓度溶液，通过肉眼直观地看染料的扩散而确定是否存在死水区，是否存在示踪剂流失，可观察到某断面后染色剂得到了充分混合，从而得到投源点和取样断面之间的最短近距离值。

如果是连续投入的是荧光示踪剂，得到的效果会更好，因为荧光示踪剂可以考虑下游不同横断面上的浓度分布，甚至在有一个便携式的荧光计时，还可以得到靠近岸边的水域中的数据。

2. 经验法

对于冲积型河流或是运河，可以用式（6.156）来估计出混合程度达98%的混合长度

$$L = \frac{k\overline{v}\,\overline{b}^2}{0.63S^{1/2}\overline{h}^{3/2}} \tag{6.156}$$

式中 L——混合程度达98%的混合长度，m；

k——系数，在水流中间投源时取0.1，在河边投源时取0.4（k的值取决于各种投源（注入）形式和对应的混合长度值，详见表6.21）；

$\overline{v}$——河段内的平均流速，m/s；

$\overline{b}$——从投源点到取样点之间河段的平均宽度，m；

S——比降；

$\overline{h}$——投源点到取样点之间河段平均深度，m。

表6.21 不同注入法各混合度相应的 k 值

注入方式	混合度			
	80%	90%	95%	98%
中心注入	0.032	0.050	0.07	0.1
边缘注入	0.13	0.20	0.28	0.40
两点法	0.0075	0.012	0.017	0.025
三点法	0.0041	0.0063	0.0045	0.011

对于山区型河流和有很多收缩或弯曲的河段，通常情况下，混合长度的值往往比式（6.156）得出的结果要小。目前用得比较多的经验公式为

$$L = a\overline{b}Q^{1/3} \tag{6.157}$$

式中 Q——流量，m³/s；

a——系数，取值范围8~28（最常取值10）。

6.9.3 投源的持续时间和投定量的确定

6.9.3.1 投源的持续时间

1. 连续注入法

投源的持续时间必须满足取样断面上示踪剂充分混合时间。投源的持续时间一般取决于测量河段内水流的紊乱程度，并与河段长度、死水区的范围成正比，与水流的平均流速成反比。实际上，在确定混合长度的试验中，同时也可确定投源的持续时间。在试验确定取样断面的几个位置时，可以注入荧光示踪剂，使用荧光计，或是投入可见的染色剂，通过观察染色剂，从而得到的时间乘一个经验系数就可以得出示踪剂通过横断面的时间。可以绘制几条每一次投源以后示踪剂在每一个断面处出现和消失的情况曲线，进一步分析下游完全出现浓度稳定的断面，分析连续法测量示踪剂出现和消失的曲线。

2. 瞬时注入法

通过测试决定起点和在所选断面上取样所需时间。持续时间的选取必须大于用肉眼观察染料所得到的时间。考虑到各种因素，必须调整投源的持续时间以得到较满意的取样所需的持续时间。

对于给定了注入示踪剂的质量，在取样断面上的一点，在示踪剂通过的时间内所记录的浓度的平均值降低，那么投源所持续的时间就相应增加。由于浓度的平均值影响到测量本身的精确度，应尽量缩短投源时间，以减少需要投源的数量。但是在某些取样方式中，可能要求增加投源时间，从而导致示踪剂通过取样断面时间的增加，以确保满足测验精度。

6.9.3.2 示踪剂投定量确定

投放示踪剂的数量由两方面决定：其一是预先试验的结果；二是投源和取样仪器所特有的功能，即示踪剂的因素和分析方法的因素及其要测验河段流量的估计值。

1. 测验河段流量的估算

为确定投入示踪剂的数量，需要估算测量河段的流量近似值。可通过直接估计平均流速（用浮标或是天然的漂浮物）和湿周、利用附近的水工建筑（水闸，水电站等）、利用附近水文站流量插补等方法进行估算。流量估算的精度应满足

$$Q'/2 < Q < 2Q' \qquad (6.158)$$

式中 Q'——测验河段流量估算值；

Q——测验河段实际流量值。

2. 连续注入法

（1）投入示踪剂量估算。求得了测验河段的流量估计值和确定了注入历时值，以及投源所需最短时间后，再选择一个下游断面示踪剂平均浓度值（此值

必须满足精确度和灵敏度要求），则可用式（6.159）计算需投入示踪剂量

$$M = Q'T_ic_2 \qquad (6.159)$$

式中 M——投入示踪剂量；

T_i——注入历时；

c_2——下断面测得的示踪剂浓度（稳定段）。

通过式（6.159）可以推导出投源速率和注入溶液的浓度公式

$$qc_1 = Q'c_2 = M/T_i \qquad (6.160)$$

（2）注入示踪剂速率确定。注入示踪剂速率可用式（6.161）确定

$$\frac{Q'c_{2min}}{c_{1max}} < q < \frac{V_{max}}{T_i} \qquad (6.161)$$

式中 V_{max}——测量时，可以在等速率状态下投溶液的最大体积值；

c_{1max}——测量时，实际可实现的最大示踪剂浓度值；

c_{2min}——仪器能精确测量出的示踪剂最小浓度值。

（3）注入示踪剂浓度估算

$$c_1 = Q'c_2/q \qquad (6.162)$$

3. 瞬时注入法

根据已确定的待测流量估计值和示踪剂通过取样断面持续时间，同时根据分析仪器最优量程，可确定一个示踪剂通过下游断面的最优平均浓度值，则瞬时注入法投入示踪剂得估算量为

$$M = c_1V = Q'T_p\bar{c_2} \qquad (6.163)$$

考虑到计算误差，可将 M 值取得偏大一些。

6.9.4 稀释法测流程序

6.9.4.1 连续注入法测流程序

1. 配制溶液

配制的溶液应搅拌均匀，保证同质。

2. 注入溶液

注入示踪剂溶液（也称投源）时，必须在河段内选定的投源断面进行，保持等速率注入。使用的投源装置应能检测出溶液浓度的恒定性和已经注入溶液的流量。投源器在野外使用时，应该不容易损坏。对于高精度要求的试验，应在测量前和测量后对仪器进行校准。可采用以下投源装置。

（1）恒定深度器。恒定深度器结构见图6.50，要求恒定深度容器应该有足够的容量，以便能够使进入口管的溶液完全扩散和避免进水管与出水管之间有液体交换，并避免容器中出现死水区。为了保持恒定深度而设的溢水口的边缘要灵敏，保持水平和足够长度，以保证即使进水的量有小变化时也能够在出水管处的水头恒定。还应注意及时收集从容器中溢出的溶

液，以避免它们流入河道中。为了获得注入溶液的流量，可以使用一系列不同直径的管子。

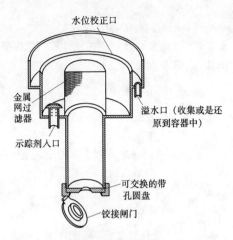

图 6.50　恒定深度器

（2）匀速水泵投源器。匀速水泵投源器见图6.51，主要有盛示踪剂容积、液面观测管、水泵、开关阀门等组成。要求水泵运行速度应保证均匀，转速便于调控，该速度可通过直接测量水泵得到，也可根据同步使用电机速度推算。

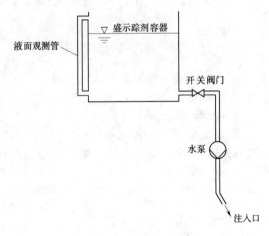

图 6.51　匀速水泵投源器

（3）马略特（Mariotte）器。马略特器结构见图6.52。通过一个密封容器来实现等速注入操作，其中密封是靠一个位于容器底部的玻璃管来实现，液体流经节流器，同时空气通过一根管子进入容器中，以保持比管子底部低的气压，液体在节流器上部保持一个确定的高度，使从容器中通过的流量保持恒定。

（4）漂浮虹吸管。漂浮虹吸管结构见图6.53，溶液从一个依靠固定于浮块的虹吸管从容器中取得，虹吸管较低一头连着一个可交换的玻璃喷嘴，容器中的溶液水头在注入过程中应保持不变。

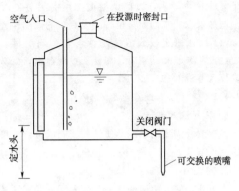

图 6.52　马略特器

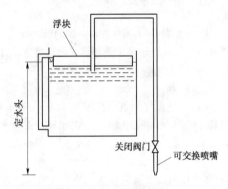

图 6.53　漂浮虹吸管

3. 投源速率的测量

投源速率的测量装置应该满足所有流量测量精度要求。可采用以下两种方式。

（1）投源装置设有自己独立的测量系统，通过测量系统实时测得投入的溶液流量。

（2）投源装置并无独立的测量系统，可通过在投源过程中实时测量溶液的质量（如将液体引入一个有刻度的容器或采用便于测定体积的水泵）求得溶液流量。

4. 取样

取样可使用采样器直接从取样断面取样，或是间接地（如从某一水泵的出水口处取样），并按照事先确定的取样时间间隔进行取样。取样过程中注意以下事项。

（1）投源前和测量结束后分别在取样断面采集2～3个水样；投源前后在投源点上游分别采集2～3个水样，以便于确定在测量期间河道中示踪剂的初始浓度是否恒定。

（2）取样断面采集水样至少应在3个测点（左岸、中间和右岸）进行，以确定溶液在全断面是否混合均匀。

（3）每个测点至少采集3个水样，每个水样间应有足够的时间间隔，以确认溶液浓度是否存在平稳区。增加采取样本的数量也可减少测验的偶然误差。

（4）为了确定投入浓度是否均匀和确定稀释因子，在投源开始和结束时，需要从投源器出口处分别采取投入溶液的样本。

6.9.4.2　瞬时注入法操作步骤

1. 配制注入溶液

确定测验需要的示踪剂质量，配制成符合浓度要求的注入溶液。

2. 确定注入溶液的体积

为了确定注入溶液的体积，可采用标准容器法或称重法等方法精确测量注入溶液的体积。

3. 注入溶液

为了缩短取样时间和减少投源使用的示踪剂，在保证精度满足要求的情况下，投源持续时间越短越好。

4. 取样

（1）取样要求。

1）在投源之前至少在取样断面采取 3 个水样，投源前后在投源点上游分别采集 3 个水样，以便于确定在测量期间河道中示踪剂的初始浓度是否恒定。

2）测取 1～2 个注入溶液的样本。

3）在取样断面上可以连续取样，也可以不连续取样。应至少在 3 个位置（左岸、中间、右岸）取样，以便确定示踪剂是否已混合均匀。取得样本容积测量误差应小于 5%。

（2）取样方法。

1）连续取样。当使用电导率法时，可以连续记录在示踪剂通过的一段时间内水的电导率。在使用荧光示踪剂或是放射性示踪剂时，也可采用连续记录法。

2）不连续取样。所取样本的数量和时间间隔必须认真选择，以便获得示踪剂到达点至示踪剂浓度最高点之间的样本，采集样本的数量不得少于 15 个。可采用等时距（时间间隔）取样，也可采用不等时距取样，取样时间次数应能准确绘制出示踪剂浓度过程线为原则。

3）等速率混合取样。最简单的方法是用连着一根软管的直径约 5mm 的玻璃吸管，将溶液导入一个有过滤器其容积足够装下所有样本的玻璃容器。

若使用的仪器不能进行上述操作，可用水泵向一个有刻度的玻璃容器注入样本，也可以用能够测定容积的水泵取样。

4）等距混合取样。取样要求同不连续取样。

6.9.5　稀释流量测验误差评估

1. 连续注入法

连续注入法测的流量的相对标准差为

$$S_Q = \sqrt{\left(\frac{s_q}{q}\right)^2 + \left(\frac{s_D}{D}\right)^2} \qquad (6.164)$$

式中　s_q——投源率（q）的标准差；

s_D——稀释系数（D）的标准差。

投源率的标准差（s_q）可以由统计回归分析得到。稀释系数的标准差为

$$s_D = \left(\frac{s_{c_1}^2 D^2}{c_1^2} + \frac{s_{c_2}^2 D^2}{c_2^2} + \frac{s_d^2 c_1^2}{c_2^2}\right)^{1/2} \qquad (6.165)$$

式中　s_{c_1}、s_{c_2}——c_1、c_2 的标准差，由重复分析计算求得；

s_d——稀释过程中的标准差，是由稀释设备的已知精度估算。

2. 瞬时注入法

瞬时注入法测得流量的相对标准差为

$$s_Q = \left(\frac{s_V^2 Q^2}{V^2} + \frac{s_{T_P}^2 Q^2}{T_P^2} + \frac{s_D^2 Q^2}{D^2}\right)^{1/2} \qquad (6.166)$$

式中　s_V——体积 V 标准差，可由用于确定 V 的容器的已知精度计算得到，也可由重复的实验室测量得；

s_{T_P}——时间 T_P 的标准差，由使用的计时设备已知精度确定；

s_D——稀释系数（D）的标准差，其确定参照连续注入法的程序进行。

6.10　水力学法测流

6.10.1　定义分类与使用条件

6.10.1.1　水力学法测流的定义与分类

1. 水力学法测流的定义

水力学法测流是指不直接测量流速和面积，而是通过测量其他水力要素，利用水力学公式计算出断面流量的一种流量测量方法，简称水力学法。水力学法包括量水建筑物法、水工建筑物法、比降面积法和末端深度法等测流方法。

2. 水力学法测流的主要方法

（1）量水建筑物法。量水建筑物法测流是指利用量水建筑物进行测定流量的作业。量水建筑物是指在明渠或天然河道上专门修建的标准型式的测量流量的水工建筑物。修建得最多的是各种类型的测流堰和测流槽。这些建筑按水力学原理设计，建筑尺寸准确，制作和施工工艺严格，因此各种参数系数稳定，测量精度高。尤其是在小流量的测定中应用较多。

量水建筑物多为标准型，各种标准型的量水建筑物都进行过大量实验，流量计算中所需的各种系数都有成熟的经验公式或图表可查算。除此而外，也可通过模型实验或现场比测试验获得。因此只要测得水流

通过量水建筑物时的水头，即可求得流量。

量水建筑主要有测流堰和测流槽两大类。

（2）水工建筑物法。河流上各种形式的水工建筑物，不但是控制与调节江河、湖泊水量的水利工程建筑物，也可用作水文测验的测流建筑物。只要合理选择有关水力学公式和参数，通过观测水位以及有关运行数据如闸门开启度等就可以求得流量。该方法比流速仪法测流简单，观测人员少，测量精度有保障，使用方便。而且容易实现遥测和便于电子计算机处理数据。

能用于流量测验的水工建筑物主要有堰、闸、坝、溢洪道、水电站、抽水站、隧洞、涵洞、管道等。

（3）比降面积法。比降面积法是通过实测或调查测验河段的水面比降、断面面积，采用水力学公式来推求流量的方法。尤其是洪水期间当其他方法不能使用时，该法有明显的优势，在洪水调查中也常用此法。

（4）末端深度法。如果平坦渠道末端槽底突然跌落，会出现自由溢流水舌和临界水深，使末端水深与流量存在单值关系，所以可利用测量的末端水深估算流量。实际上末端深度法仍是临界水深法计算流量的一种。由于末端跌坎水深处的水流极不稳定，在断面中心处测量水深的误差较大，因此此法只是一种近似计算流量的方法，其单次流量的不确定度较大。

3. 行近河槽

行近河槽（也有人称行近河道）是水流在该河槽中呈缓流状况，或弗劳德数小于 0.5，有足够顺直段长，适宜于测验要求的测流建筑物上游或邻近测流建筑物的一段河槽。在行近河槽中进行水文测验，可确保测验精度。

4. 测流建筑物

能用于流量测验的量水建筑物和水工建筑物统称为测流建筑物。

6.10.1.2 测流堰的定义与分类

1. 堰及其组成

水力学中把从顶部溢流的壅水建筑物称为堰。实际上凡是具有自由表面的水流，受局部的侧向收缩或底坎收缩而形成局部降落的急变流都可称为堰流。测流堰就是一种可以用来控制上游水位，测定河渠流量的溢流建筑物。无论是量水建筑物或是水工建筑物测流，都大量使用堰进行测流。

堰主要由堰体、堰前行近河槽、堰后消力池等部分组成，有时堰上设有闸门等设施。堰体是嵌在堰壁之间的部分，水体在堰体上流过。

描述堰的水力特性主要有堰高、堰顶高程、堰顶水头等要素，见图 6.54。堰高是堰体上缘的最低高程与堰底板或上游河床高程之差。堰顶高程是指堰体上缘最低点的高程，通常作为水头计算的零点。堰顶水头是指堰顶溢流时，堰上游水面未发生降落处的水位与堰体上缘最低点高程之差。

当水流行近堰壁时，由于受堰壁阻挡的影响，水流会向上收缩，水面逐渐下降，使过堰水流形成的舌状射流，简称水舌。当堰顶厚度很薄时，堰顶水舌的下缘向下弯曲。堰上游水面与堰顶的高差称为堰上水头。根据试验，从堰顶至水舌下缘的水平距离为 0.67 倍的堰上水头。

2. 堰的分类

（1）根据堰顶厚度与堰上水头的关系分类。根据堰顶厚度与堰上水头的关系，及其对过堰水流的影响，堰又分为薄壁堰、实用堰、宽顶堰 3 种类型，见图 6.55。

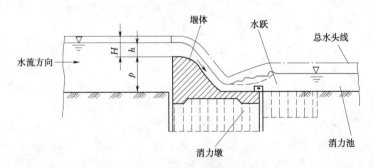

图 6.54 测流堰示意图

H—堰上总水头，也简称总水头；h—堰上水头；p—堰高

1）薄壁堰。当堰顶厚度与堰上水头的关系满足

$$L < 0.67h \qquad (6.167)$$

式中　L——堰顶厚度，m；

　　　h——堰上水头，m。

堰顶厚度的变化不致影响水舌的形状，因而也影响堰的过流能力，这种堰称为薄壁堰。

2）实用堰。当堰顶厚度与堰上水头的关系满足

$$0.67h < L < 2.5h \qquad (6.168)$$

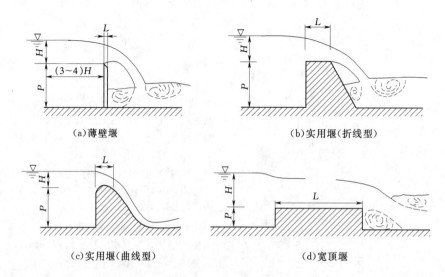

图 6.55 测流示意图

堰顶水流表面虽然仍具有薄壁堰水流表面类似的弯曲形状，但堰顶厚度的变化已影响水舌的形状，从而也影响堰的过流能力，这种堰称为实用堰，见图 6.55（b）和图 6.55（c）。

3）宽顶堰。当堰顶厚度与堰上水头的关系满足

$$2.5h < L < 10h \qquad (6.169)$$

随着堰顶厚度的增加，堰顶水流表面曲线虽仍然是逐渐下降的，但曲线在堰的进口附近已出现下凹的形状，甚至堰顶出现流线近似水平的流段，能使临界水深在堰顶发生，这种堰称为宽顶堰，见图 6.55（d）。

根据水力学定义，当堰顶厚度大于 $10h$ 时，堰顶水流的沿程水头损失不能忽略，已不属堰而属明渠流的范畴。因此，堰流计算时，只计算局部水头损失，而不必考虑沿程水头损失。

对于没有底坎的平底闸，过闸水流受闸墩、边墩或翼墙的阻碍和缩窄作用，进口附近发生水面降落，过闸水流表面近似平行。水流特征和宽顶堰水流相似，也可按宽顶堰计算。

（2）根据堰壁缺口形状分类。根据堰壁缺口形状将常用的堰又可分为矩形堰、V形堰、三角形（剖面）堰、梯形（剖面）堰、圆缘顶堰等类型。三角形堰是堰壁缺口形状为等腰三角形的堰。矩形堰是堰壁缺口形状为矩形的堰。梯形堰是堰壁缺口形状为梯形的堰。三角形剖面堰是沿水流方向上具有三角形剖面堰。

（3）根据堰下游水位的影响情况分类。当堰下游的水位较低，堰下游水位的变化不影响堰的过流能力时，称为自由出流（也称非淹没出流）；否则，当堰下游的水位较高，以致影响堰的过流能力时，称为淹没出流。

（4）根据过堰水流的收缩情况分类。根据过堰水流的收缩情况测流堰又可分为收缩堰、全宽堰两种。全宽堰是指那种堰的长度与河宽一致，无侧向水流收缩的堰。收缩堰是指堰的长度小于河宽，引起水流侧向收缩的堰。

含有两个以上不同堰型或尺寸可分级测流的堰称为复合堰。这样不同堰顶宽和剖面形状组成的测流堰种类就很多，量水建筑物测流中常用的主要有：矩形宽顶堰、V形宽顶堰、梯形宽顶堰、矩形薄壁堰、三角形薄壁堰等。

6.10.1.3 测流槽的定义与分类

1. 定义

测流槽是具有规定形状和尺寸的可用来测定流量的人工槽。实际上也可认为测流槽是具有确定的形状和尺寸，用于测量流量的人工明渠。

2. 分类

测流槽根据其喉道的长短分为长喉道槽和短喉道槽。根据形状分为矩形槽、梯形槽、U形喉道槽、巴歇尔和孙奈利槽等。其中，矩形、梯形和U形3种为长喉道槽，巴歇尔槽和孙奈利槽为短喉道槽。

喉道是测流槽一段缩小断面面积的过水通道，即测流槽内的具有最小横断面的区段。因测流槽断面面积缩小，使其上游水位抬高，而该通道流速增加，形成临界流。

6.10.1.4　各种典型量水建筑物的特点及使用条件

1. 适用范围

各种量水建筑物结构不同，水流特性不同，分别适用于不同条件下的流量测验。表 6.22 列出了各种量水建筑物的使用范围及流量测验的不确定度。

当决定使用某种类型的测流建筑物时，必须考虑其能够测得的最大和最小流量，表 6.23 给出了某些类型的测流建筑物的测流范围。可以看出测验相同的流量，采用不同的测流建筑物精度并不完全相同。为了得到大变幅和小流量测流的最佳总体精度，与矩形薄壁堰或矩形全宽堰比较，应优先选用 V 形薄壁堰。对于大变幅大流量测流，应优先选用梯形测流槽、平坦 V 形堰。

测流建筑物的用途由其测量适应的流量和精度的范围决定。在单次流量测量中的精度取决于所涉及的各种不确定度分量的估算。

一般而言，按标准建造的薄壁堰的不确定度范围为 1%~4%，长喉道测流槽和其他类型的堰为 2%~5%，短喉道测流槽及其他堰的范围为 4%~10%。偏离相应国际标准的建造、安装或使用规定，将引起更大的观测误差。

2. 适应流量情况

各种典型的量水建筑物适应流量情况详见表 6.23。

表 6.22　　　　　　　　　　　量水建筑物的适用范围和限制条件

类　型	标准	流量计算不确定度 /%	非淹没限 /%	适用范围
薄壁堰	ISO 1438—1	1~4	①	试验室、水泵测试、清水、小河、小渠道
宽顶堰 （1）矩形剖面 （2）圆缘宽顶 （3）V 形宽顶堰	ISO 3846 ISO 4374 ISO 8333	3~5	66 80 80	能很好地用于矩形河槽，若平滑的行近河槽一直延伸到堰上游 2 倍最大水头的距离，则用于非矩形河槽也可获得很好的精度。可用于小落差、大流量变幅的灌溉河渠
三角形剖面堰	ISO 4360	2~5	75	水文站和较大渠道
流线型三角剖面堰	ISO 9827	2~5		灌溉工程和较小河流
平坦 V 形堰	ISO 4377	2~5	70	大流量大变幅的河流渠道
梯形剖面堰	ISO 4362	4~8	65~85②	灌溉工程和较小河流
长喉道测流槽	ISO 4359	2~5	74	若行近槽水流条件相当均匀稳定，可用于任何形状河槽。多沙的河渠、有漂浮物、有鱼类洄游的水流、未满管流和下水道水流
巴歇尔槽和孙奈利槽	ISO 9826	4~8	60~80	若行近槽水流条件相当均匀稳定，可用于任何形状河槽。水文测站和渠道

①水舌完全通气。
②取决于几何形状。

表 6.23　　　　　　　　　　　各种量水建筑物适应流量情况

建　筑　物	D/m	P/m	b/m	m	L/m	流量/（m³/s） 最小	流量/（m³/s） 最大
测流堰							
薄壁堰、全宽堰	—	0.2	1.0	—	—	0.005	0.67
		1.0	1.0	—	—	0.005	7.70

续表

建 筑 物	D/m	P/m	b/m	m	L/m	流量/（m³/s）	
						最小	最大
薄壁堰、收缩堰	—	0.2	1.0	—	—	0.009	0.45
	—	1.0	1.0	—	—	0.009	4.90
薄壁堰、V形堰	—	—	θ=90°	—	—	0.001	1.80
圆缘宽顶堰	—	0.15	1.0	—	0.6	0.030	0.18
	—	1.0	1.0	—	5.00	0.100	3.13
矩形宽顶堰	—	0.2	1.0	—	0.8	0.030	0.26
	—	1.0	1.0	—	2.0	0.130	3.07
V形宽顶堰	—	0.30	θ=90°	—	1.50	0.002	0.45
	—	0.15	θ=150°	—	1.50	0.007	1.68
三角形剖面堰	—	0.2	1.0	—	—	0.010	1.17
	—	1.0	1.0	—	—	0.010	13.00
平坦V形堰	—	0.2	4	1∶10	—	0.014	5.00
	—	1.0	80	1∶40	—	0.055	630
测流槽							
矩形槽	—	0.0	1.0	—	2.0	0.033	1.70
梯形槽	—	0.0	1.0	5∶1	4.0	0.270	41.00
U形喉道槽	0.3	0.0	0.3	—	0.6	0.002	0.07
	1.0	0.0	1.0	—	2.0	0.019	1.40

注　D—U形喉道直径；P—堰的高度；b—测流堰或测流槽的喉道宽度；m—边坡；L—测流槽喉道或堰顶的长度。

3. 河槽的尺度与特性

河槽的形态与尺度关系到测流建筑物的选择问题。河道窄浅流量较小时可采用三角形薄壁堰，而河槽宽深，通过的流量较大时，可选用平坦V形堰；构成河床和两岸的土质不仅影响流经建筑物水流的允许水头损失，而且还影响建筑物下游的冲刷情况，必要时须采取保护措施。

4. 河流泥沙

对于有悬移质泥沙的水流，应避免使用薄壁堰，因为悬移质泥沙可能损坏或磨损堰顶的边缘。此外，行近河段的冲淤变化可能影响堰的流量率定关系。有推移质的河流，随着水流的变化，可能引起河床表面的起伏，从而会明显减小水流的速度，因而不宜采量水建筑物测流。特殊情况下，如确实需要在泥沙较大的河流上采量水建筑物测流，使用测流槽比测流堰通

常测验效果更好。

5. 河床坡度

在坡度小于0.1%和弗劳德数小于0.25时，对量水建筑物类型的选择没有限制。

坡度介于0.1%～0.4%之间和弗劳德数介于0.25～0.5之间，测流槽比测流堰测验效果更好。

坡度大于0.4%和弗劳德数大于0.5时，在有泥沙输移的情况下，标准测流堰和测流槽通常都不十分适合，测验精度会明显降低。

6.10.2　量水堰测流

6.10.2.1　量水堰设置与维护要求

1. 量水堰的分类

用于流量测验的堰包括专为流量测验而建立的堰和利用已有水工建筑物测流的堰。为了区分，前者称为测流堰或量水堰，后者称为水工建筑物堰。测流堰

是指为了开展流量测验而专门建造的各类堰，这种堰在选型上更有利于提高流量测验的精度，严格按照一定的标准形式和水力条件建造，其尺寸更加精确。一般情况下测流堰的流量测验的精度也高于水工建筑测流中"堰"流量测验精度，但其流量测验范围也要小些。量水堰中常用是薄壁堰、宽顶堰和剖面堰，很少采用实用堰。

(1) 薄壁堰。薄壁堰是常用的量水堰，多用来测定小流量。薄壁堰实际是明渠中垂直水流方向安装的具有一定形状缺口的薄壁板（堰板）。缺口的形状为三角形就称为三角（也称 V 形）堰，形状为矩形称为矩形堰，形状为梯形称为梯形堰，无缺口并与明渠宽度相同的称为等宽堰。由于堰前容易淤沙，所以薄壁堰不适用含沙量大的河流。薄壁堰通过的水流是自由和完全通气的。

薄壁堰通过的流量是堰上水头、过水面积和系数的函数，这个系数又与堰上水头、堰的几何特性、行近河槽以及水的动力特性等有关。薄壁堰应与河槽岸壁垂直竖立。堰板与岸壁和河底的交界面应不漏水，堰能经受最大流量而不致变形或损坏。

本章采用国际标准给出的流量系数，其实用的温度范围为 $5 \sim 30 \, ^\circ\!C$。在国际标准中，标准的薄壁堰一般测定流量范围在 $0.0001 \sim 1.0 \, \mathrm{m^3/s}$，薄壁堰测验精度高，但测验的流量小。

(2) 宽顶堰。在流量测验中应用较多的宽顶堰是矩形宽顶堰、V 形宽顶堰和梯形宽顶堰。

与薄壁堰相比，宽顶堰能够测得更大的流量，在国际标准中，标准的宽顶堰一般测定流量范围在 $0.002 \sim 7.7 \, \mathrm{m^3/s}$。

(3) 剖面堰。剖面堰是一种特殊的专用量水建筑物。它的堰体较长，堰顶较短，从堰体看接近宽顶堰，而从堰顶看则接近薄壁堰，因此它属特殊种堰种。国际标准中推荐有三角形剖面堰和平坦 V 形剖面堰两种。剖面堰测验流量的范围很大，既可测小流量，也可测大流量，测验流量范围 $0.014 \sim 630 \, \mathrm{m^3/s}$。

2. 量水堰河段选择与设计要求

量水堰在设立前须进行外业查勘，选择确定量水堰的堰址、行近河槽及量水堰下游河槽等。

(1) 堰址选择。在选择堰址时，要考虑以下因素。

1) 要有足够长断面规则的河槽。

2) 尽可能避开陡峻的河段。

3) 下游无潮汐、河流的汇合、闸门、拦河坝，以及其他控制有可能引起淹没流影响的情况。

4) 基础不透水，否则需要采取打桩、灌浆或其他控制渗漏的措施。

5) 河岸的稳定，或通过护岸和整治达到稳定要求的河段。

6) 行近河槽横断面均匀，行近河槽河床上应无岩石和漂砾。

7) 尽可能地避开水草生长旺盛、河槽冲刷淤积变化的河段。

(2) 行近河槽。行近河槽是指从堰向上游延伸，其距离不少于在最大水头处水舌宽度的 10 倍的那段河槽。行近河槽的水流应均匀稳定，不受干扰，而且在全断面上应尽可能有均匀的流速分布。其流速分布接近于有足够长度的平坦顺直河槽中的水流。行近河槽一般应满足以下要求。

1) 在堰建成后，建筑物的存在而改变了水流状况，在建筑物的上游可能形成淤积，从而改变行近河槽的水流条件。在建筑物设计时应考虑可能发生的淤积及其引起的水位变化。

2) 在人工渠道中，断面应均匀，渠道顺直段的长度至少为其水面宽的 10 倍。

3) 在天然河流上，断面应大致均匀，河道顺直，具有保证流速规则分布的足够长度。

4) 如果行近河槽入口处水流是通过弯道，或者通过管道或较小的断面，或成一定的角度流入，就需要一个较长的顺直行近河槽，才能得到一个规则的流速分布。

5) 在测量地点附近，相当于 10 倍最大水头的距离内，无障碍物。

6) 如行近河槽坡度较陡，则测量设备的上游可能出现驻波。如果驻波发生在测量设备的上游距离不小于最大水头的 30 倍，则可以进行水流测量，但要能证实测站存在着规则的流速分布和该断面处的弗劳德数小于 0.3。

(3) 量水堰下游。

1) 当水舌离开堰顶时，特别是在堰上水头与堰顶宽之比值较大时，需要保持水舌不通气。如果堰的设计是在淹没条件下运用，则下游渠道顺直长度至少应为实测最大水头的 8 倍。

2) 若堰设计成全部都是在非淹没条件下运行，则建筑物下游较远一点的河道状况对测验的影响甚小，则无上述要求。

3) 若由于堰的建筑而改变了水流条件，以致在紧接建筑物的下游形成浅滩，或者日后在下游进行了河流整治工程，则水位可能抬升使堰淹没出流状态。应及时清除建筑物下游淤积物。

4) 为了确定淹没比，必要时应在堰下游设置水尺。

3. 堰体建筑物安装要求

(1) 堰体建筑物应坚固、不透水、不变形、不断裂，具有抵抗洪水的能力，并能在洪水条件下不产生位移，不至于因淘刷或下游冲刷而被损坏或变形。从平面图上看，堰顶应呈一直线，并与河道水流方向垂直，而且堰的、几何形状和尺寸应符合有关标准的规定。堰槽中心线应与河渠轴线完全重合，两边呈对称布置。

(2) 要做好基础处理，保证安装质量，不致因各种原因发生倾覆、滑动、断裂、沉陷和漏水的情况。为防止可能发生的下游冲刷，可建造消能池。消能池以下的河床和岸边宜用块石护砌。

(3) 堰顶需经常保持良好的表面光洁度，堰顶上下游各最大 1/2 水头距离以内应平整光滑。现场浇筑的堰，其堰顶应采用优质水泥抹面，或用优质不腐蚀材料整饰表面。

薄壁堰的堰口宜用工厂加工的整体金属构件，或用不锈钢、低炭钢、铸铁等加工的堰板嵌于混凝土中。薄壁堰的堰顶表面光洁度应相当于滚轧金属板或刨平、砂磨并涂漆的木板的光洁度。

(4) 堰体安装后要进行竣工测量，经验收合格后方可使用。各部位尺寸的允许偏差应符合以下规定。

1) 堰顶宽的允许偏差为该宽度的 0.2%，且最大绝对值不大于 0.01m。

2) 堰顶的水平表面允许倾斜偏差为堰顶水平长度的 0.1%。

3) 堰顶长度的允许偏差为该长度的 1%。

4) 控制断面为三角形或梯形的横向坡度允许偏差为该坡度的 0.1%~0.2%。

5) 堰的上下游纵向坡度的允许偏差为该纵向坡度的 1%。

6) 堰高的允许偏差为设计堰高的 1%，且最大绝对值不应大于 0.02m。

建筑物在竣工时应进行测量，此后应进行定期测量，如果测量的尺寸与设计尺寸的偏差大于允许误差，流量应重新计算。

(5) 有关堰的勘测报告、设计任务书、工程质量检查验收报告，水头测量的仪器设备，水准测量成果以及管理操作规程等应妥善保存，建立档案以备查考。

4. 量水堰的维护

(1) 行近河槽到堰之间必须尽可能的保持清洁，不应有淤泥和草木生长，达到此项要求的范围至少应不小于 10 倍水面宽。自记水位计井及通向行近河槽的引水口也应保持清洁而无淤积物。

(2) 堰在使用期间应注意养护，防止损坏，要有有效的防淤、防腐、防变形、防冻和防裂措施。堰体建筑物本身要经常检查校测，应保持清洁，无碎石水生植物粘附，否则，应及时清洗，在清洗过程中应注意避免损坏堰顶，保持各部位尺寸的准确和表面良好的光洁度。

(3) 对水头测压管、连通管、静水井，如有污物应及时清理，并经常检查是否漏水。对使用的钩形及针形水尺，测压计、浮筒式水位计或其他用于测量水头的仪器，应定期检查以保证精度。浮筒井和与行近槽相连接的进水口及连接管道也应保持清洁，没有沉积物。

(4) 对堰顶应该定期进行侵蚀损坏的检查，侵蚀降低了基准零点，并且影响小流量的系数。当发现有明显侵蚀损坏时，金属堰顶应该取走、磨光和重新整修，如果堰顶的平均磨损超过 5mm，应该重新设置。

(5) 下游河槽应避免阻塞，因它可能使水舌淹没或抑制自由通气，改变流量系数。

5. 水位测井设置

(1) 为提高水位观测精度，堰上游尽可能设置水位测井，在测井内进行水位观测。当溢流堰设计成运用于淹没流时，需要另设置一个测井。

(2) 静水井应是竖直，有足够的高度和深度，以适应水位在全变幅内可以进行测量。井底应低于堰顶。

(3) 井与河道可由一个引水管或沟槽连通，尺寸不能太小，以保证井内的水位随河水位的涨落变化而无明显的滞后现象。引水管或连通沟槽的尺寸也不应太大，以便抑制波浪脉动的振幅。引水管的水平位置应低于堰顶高度至少 0.1m。

(4) 井、连接管或沟槽均应不透水。如果安装使用浮子式水位计，测井应有足够的深度，以不使浮筒搁浅。测井直径以使各种水位情况下在测井的周围有一定的空隙。测井还应有足够的附加深度，以容纳可能进入的泥沙，避免由于泥沙的沉积而造成浮子搁浅。设置浮筒井时，还可在静水井和行近河槽之间设置一个类似静水井大小的过渡室，使泥沙和其他固体物在那里沉淀下来，且便于沉淀物清除。

6.10.2.2　量水堰水头测量

1. 零点设置

(1) 水头测量的精度直接影响流量测验的精度。水头是相应于堰顶（矩形堰）或堰口角顶（三角堰）以上的水尺读数，水头测量精度取决于水位的观测精度和水头测量基面（或水尺零点）。因此，精确地设置水头测量装置的初始零点，以及对其定期校测，对保障流量测验精度非常重要。为此，应设置一个与堰顶高度精确一致的水准点，并永久地固定在行近河槽或静水井附近的地方。可在堰附近的适当位置设立基本水准点，水准点高程可以假定，也可以从国家统一的水准基面接测。

（2）水头零点高程必须精确测定，以保证不致产生水头计算上的系统误差。控制断面为三角形的顶点高程、水平堰顶高程要采用不同方法在不同部位上多次测量，取其平均值。为避免表面张力和水面起伏度的影响，任何堰均不得用静止水面间接推求或校测水头零点高程。

（3）堰的尺寸和水头越小，零点和水头测量设备的读数误差对测量精度的影响越大。因此，尺寸越小的测流堰，其零点高程测量精度要求越高。

（4）一般情况下，尺寸大的量水堰，零点高程应采用高于四等水准测量标准进行测量，但对与尺寸小的量水堰则要求使用精密的测微计或游尺测定。

2. 水头观测

（1）水头测量应在各类标准堰所规定的断面位置上进行。上下游水头观测，宜设置在堰的同一岸。

（2）量水堰水头测量应尽可能采用自记设备，当水头变幅小于 0.5m 或要求测记至 1mm 的小型堰，也可采用针（钩）形水位计。只有在观测精度要求不高的特殊情况下，方可设立直立式或其他形式的水尺进行人工测记。

（3）采用浮子式自记水位计时，除执行《水位观测标准》（GB/T 50138—2010）的有关规定外，应特别注意以下几点。

1）连通管的进水口应与行近河河槽正交平接，管口下边缘与槽底齐平。连通管宜水平埋设，接头处要严防渗漏，管的内壁应光滑平整，并做防护处理。

2）连通管的进水口，一般应设适合的多孔管帽，以减弱水流扰动和防止泥沙输入，但又要不致由此产生水流滞后现象。

3）静水井口缘应高于最大设计水头 0.3m，井底应低于进水管下边缘 0.3m。

4）井口大小应与观测仪器和清淤要求相适应。浮筒和平衡锤与井壁的距离不应小于 75mm，二者也应保持适当的间隔。

（4）自记设备应随时检查是否运转正常。更换自记纸时与校核水尺进行比测。同时比测的水位差不得大于 10mm。因测井内外水体密度差引起的水位差超过 10mm 时，应进行改正。

（5）在检查自记记录或人工观测水头的同时，必须注意测记水流流态，有无横比降、回流、漩涡、河槽冲淤及泥沙和漂浮物等情况。

6.10.2.3 堰流公式

1. 基本公式

下面仅以矩形堰为例推导过堰流量计算公式，其他类型堰的流量公式推导方法、过程相似，不再重复。

（1）自由出流情况下流量公式。图 6.56 所示，以通过堰顶的水平面 0—0 为基准面，并取位于测量水头处的 1—1 断面和中点位于基准面上的 2—2 断面，两断面均为缓变流断面，对上述两断面列出能量方程为

$$Z_1 + \frac{p_1}{\gamma} + \frac{\alpha_1 v_1^2}{2g} = Z_2 + \frac{p_2}{\gamma} + \frac{\alpha_2 v_2^2}{2g} + h_w$$

(6.170)

式中 Z_1、Z_2——断面 1 和断面 2 的水位，即位置势能，m；

p_1、p_2——断面 1 和断面 2 压强，N/m²；

v_1、v_2——断面 1 和断面 2 的流速，m/s；

α_1、α_2——动能校正系数；

g——重力加速度，m/s²；

γ——水的容重（也称重率），N/m³；

h_w——局部水头损失，m。

根据水力学可知：

$$h_w = \zeta \frac{v^2}{2g}$$

(6.171)

式中 ζ——堰的局部阻力系数。

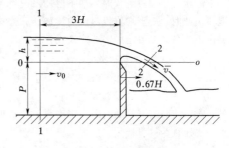

图 6.56 过堰水流示意图

式（6.170）中，$Z_1 + \frac{p_1}{\gamma} = h$，$v_1$ 采用行近流速 v_0；由于 2—2 断面位于基准面的中点，所以 $Z_2 = 0$，又因水舌上下表面均与大气接触，断面 2—2 各点的压强近似为零，即有 $p_2 \approx 0$，若取 $v_2 = v$；由水力学知，动能校正系数 α_1、α_2 相差很小，可取 $\alpha_1 = \alpha_2 = \alpha$。将以上分析结果及式（6.171）代入式（6.170）得

$$h + \frac{\alpha v_0^2}{2g} = \frac{\alpha v^2}{2g} + \zeta \frac{v^2}{2g} \quad (6.172)$$

$h + \frac{\alpha v_0^2}{2g}$ 称为堰上总水头，并令 $h + \frac{\alpha v_0^2}{2g} = H$，代入式（6.172）并整理得

$$v = \frac{1}{\sqrt{\alpha + \zeta}} \sqrt{2gH} \quad (6.173)$$

取断面 2—2 处水舌的厚度为 kH，考虑到过堰水流在断面的 2—2 处宽度，则通过堰的流量为

$$Q = kHBV = \frac{k}{\sqrt{\alpha + \zeta}} B \sqrt{2g} H^{3/2} \quad (6.174)$$

取 $C_0 = \frac{k}{\sqrt{\alpha + \zeta}}$，则式（6.174）可进一步简写为

$$Q = C_0 B \sqrt{2g} H^{3/2} \quad (6.175)$$

式中　B——过堰水流在断面的 2—2 处宽度，m；

C_0——堰流量系数，它与水舌垂向收缩程度、水舌断面的流速分布和过堰水流的水头损失等因素有关。流量系数是建筑物测流的流量公式中，表达实际流量与理论流量相联系的系数。

在使用中为了计算方便，常用堰上游实测水头来代替总水头进行堰流量计算，式（6.175）可进一步改写为

$$Q = C B \sqrt{2g} h^{3/2} \quad (6.176)$$

式中　Q——过堰流量，m^3/s；

C——包含行近流速影响在内的堰流量系数；

h——堰上游实测水头，m。

式（6.176）是堰流计算的一般形式。

（2）淹没流流量计算公式。当堰下游发生淹没水跃，且下游水位已超过堰顶时，堰下游的水位将影响堰的泄流。此时，矩形堰淹没出流的流量计算公式就是在自由出流公式基础上增加一个淹没系数，即

$$Q = C C_f B \sqrt{2g} h^{3/2} \quad (6.177)$$

式中　C_f——淹没系数，即淹没流流量与上游水头相同的自由流流量的比值。

（3）淹没流与非淹没的判别。实测堰下游水头与上游水头之比称为淹没比

$$S = h_2 / h_1 \quad (6.178)$$

式中　S——淹没比；

h_1——从堰顶起算的实测上游水头，m，即 h；

h_2——堰顶起算的下游实测水头，m。

对于不同的堰宽（L），根据观测的堰上下游水头，可绘出非淹没流的界限，见图 6.57。

当计算值即坐标点（$h_1/L, S$）落在曲线右上方时，为淹没流，若点落在曲线左下方时，为自由流。

（4）有侧向收缩情况下的流量公式。当堰上设有

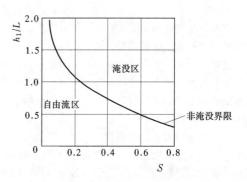

图 6.57　非淹没流的界限

闸墩、边墩或翼墙时，使过堰水流发生侧向收缩，减小了有效的溢流宽度，增大了水流阻力和水头损失，因而降低了堰的过水能力。计算公式的解决方案是在公式中增加一个侧向收缩系数。具体形式为

$$Q = C C_f \varepsilon B \sqrt{2g} h^{3/2} \quad (6.179)$$

式中　ε——侧向收缩系数。

式（6.179）可以看作堰流计算的通用公式，无收缩时，$\varepsilon = 1$，即为式（6.177）；无淹没时，$C_f = 1$，即为无淹没，有收缩情况下的流量计算公式；既无淹没也无收缩时，$\varepsilon = 1$，$C_f = 1$，即为式（6.176）。

无论是矩形堰或是其他类型的堰，在流量计算时均需要获得堰流量系数，而堰流量系数无论是 C 或 C_0 目前尚无理论计算方法，使用中须通过试验求得，也可通过经验公式求得近似值。值得注意的是矩形堰不同的形式（无论薄壁堰、实用堰、宽顶堰），其流量计算公式的基本形式却是基本相同的。但是，尽管流量公式中，堰流量系数符号相同，但其试验求得的堰流量系数值或堰流量系数的经验公式是不同的，其他类型的堰也存在相同的问题，需要特别注意。

6.10.2.4　矩形薄壁堰

1. 堰型

矩形薄壁基本形式是矩形缺口堰，见图 6.58，堰型用 b/B 参数表示，其基本堰型是 $b/B \neq 1$，当 $b/B = 1$ 时，堰宽等于测流堰断面处的河宽时，称为全宽堰（也叫做无侧收缩堰），全宽堰是基本堰型的一种极端情况。

2. 堰口要求

基本堰形是在一个铅直的薄板上设有矩形开口。堰板要平整、坚固，并垂直于岸墙和行近河槽的槽底。堰板的上游面必须光滑。

堰口顶部表面是一个水平面，在其与堰板上游面相交处形成锐缘。垂直于堰板面量测到的堰顶锐缘厚度应在 1～2mm 之间。堰口侧面是垂直的，其与堰扳上游面相交处做成锐缘。对于无侧收缩堰的极端情况，堰顶伸

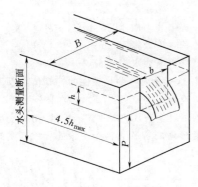

图 6.58　矩形薄壁堰（基本堰型）示意图

P—堰高；B—行近河槽宽；b—堰宽；h—堰上水头

展到河槽两岸，靠堰顶的岸墙是平面，而且光滑。

为保证堰顶上游边缘和堰口的两侧是锐缘的，要将其加工磨光，垂直于堰板的上游面，不能有刻痕毛口，不能用砂布砂纸擦平。如果堰板比堰口顶部的最大允许厚度还厚，下游口缘要作成斜面。该斜面与堰顶面的夹角不小于 45°（图 6.59）。靠近堰口的堰板最好用耐腐性的金属制作，否则，所有规定的光滑面和锐缘都要涂薄保护层。

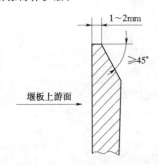

图 6.59　薄壁堰堰顶及堰口两侧示意图

3. 安装

薄壁堰安装除遵循前述量水堰安装的一般规定外，应尽可能将堰设在顺直、水平和矩形的行近河槽上。但是，如果堰口有效面积和上游河槽面积相比很小，以致行近流速可以忽略，则对河槽的形状不作要求。

如果堰宽等于堰断面处的河槽宽度（即无侧收缩堰），堰板上游的河槽两岸应是垂直的平面，互相平行而且光滑。无侧收缩堰堰顶以上的河槽两岸至少要延伸到堰板下游 0.3 倍最大水头处，以保证有完全通气的水流。

当河槽底以上的堰顶高度很小或 h/p 很大时，行近河槽底部应当光滑、平整和水平。

4. 确定水尺零点

确定矩形堰水尺零点可采用的典型方法如下。

（1）将行近河槽中的静水下降到低于堰顶的某一高度。

（2）于堰顶上游一段短距离内，在行近河槽上安装临时的钩形水尺。

（3）安装一个精密的机工水平尺，其轴线是水平的，一端放在堰顶上，另一端放在临时钩形水尺的针尖上（水尺已调整在保持水平的位置上）记录临时水尺的读数。

（4）将临时钩形水尺下降到行近河槽的水面，并记下它的读数。将固定水尺调整以测读静水井中的水位，并记录其读数。

（5）将临时水尺两个读数的计算差值，加到固定水尺的读数上，其和就是固定水尺上的水尺零点。临时钩形水尺可以很方便地安装在堰板上，图 6.60 给出了临时钩形水尺的应用步骤。

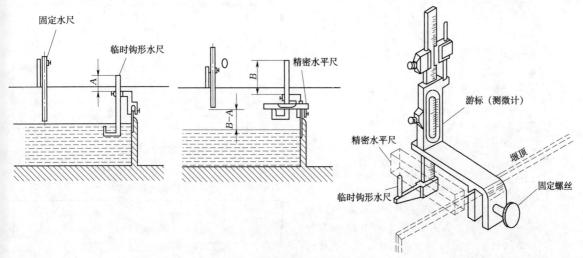

图 6.60　矩形薄壁堰水头测量示意图

5. 流量计算公式

对于矩形薄壁堰流量计算公式可分成两类：其一是基本堰型的公式（$b/B \neq 1$）；其二是无侧收缩堰的公式（$b/B = 1.0$）。

（1）基本堰型公式（$b/B \neq 1$）。

1）凯茨沃特-卡特（Kindsvater-Carter）公式

$$Q = C_e \frac{2}{3} \sqrt{2g} b_e h_e^{3/2} \qquad (6.180)$$

式中　Q——流量，m^3/s；

C_e——流量系数；

g——重力加速度，m/s^2；

b_e——有效宽度，m；

h_e——有效水头，m。

图6.61表示对一些代表性的 b/B 值，以 h/p 为函数由实验确定的 C_e 值。C_e 值也可按表6.24所列公式求得。对于 b/B 的中间值，其 C_e 值由内插确定。

流量系数 C_e 是作为两个变量的函数经实验确定的，即

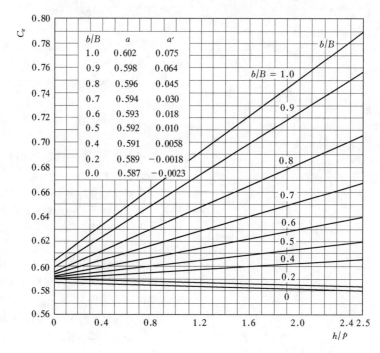

图6.61　凯茨沃特-卡特公式流量系数查算图

$$C_e = f\left(\frac{b}{B}, \frac{h}{P}\right) \qquad (6.181)$$

式中　b——测得的堰口宽度，m；

B——行近河槽宽度，m；

h——测量的水头，m；

P——堰顶高度，m。

有效宽度和水头计算公式为

$$b_e = b + K_b \qquad (6.182)$$

$$h_e = h + K_h \qquad (6.183)$$

式中　K_b、K_h——对黏滞力和表面张力的综合影响的校正值，其中 K_b 是 b/B 的函数，由实验确定，可由图6.62查得；K_h 对于严格符合规定而建的堰，该值可取常数 0.001m。

表6.24　　矩形薄壁堰流量系数表

b/B	C_e	b/B	C_e
1.0	$0.602 + 0.075h/P$	0.6	$0.593 + 0.018h/P$
0.9	$0.598 + 0.064h/P$	0.4	$0.591 + 0.0058h/P$
0.8	$0.596 + 0.045h/P$	0.2	$0.589 - 0.0018h/P$
0.7	$0.594 + 0.030h/P$	0.0	$0.587 - 0.0023h/P$

公式（6.180）使用条件见表6.25。

表6.25　　矩形薄壁凯茨沃特-卡特
公式使用条件

h/P	h /m	b /m	P /m	$(B-b)/2$ /m
$\leqslant 2.5$	$\geqslant 0.03$	$\geqslant 0.15$	$\geqslant 0.10$	$\geqslant 0.10$

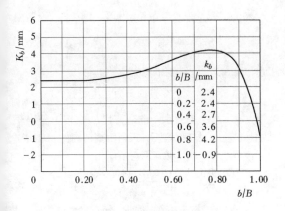

图 6.62 K_b 值查算图

2) SIA 公式

$$Q = C_e \frac{2}{3} \sqrt{2g} b h^{3/2} \quad (6.184)$$

流量系数可采用式（6.185）计算

$$C_e = \left[0.578 + 0.037 \left(\frac{b}{B} \right)^2 + \frac{0.003615 - 0.0030 \left(\frac{b}{B} \right)^2}{h + 0.0016} \right]$$

$$\times \left[1 + 0.5 \left(\frac{b}{B} \right)^4 \left(\frac{h}{h+P} \right)^2 \right] \quad (6.185)$$

公式（6.184）使用条件见表 6.26

表 6.26　矩形薄壁 SIA 公式使用条件

h/P	h/m	$\dfrac{b}{B}$	P/m
$\leqslant 1.0$	$0.025 \sim 0.8$	$\geqslant 0.3$	$\geqslant 0.30$

（2）矩形薄壁无侧收缩堰公式。矩形薄壁无侧收缩堰，即 $b/B = 1.0$，可采用以下公式计算流量。

1) 一般计算公式

$$Q = C_e \frac{2}{3} \sqrt{2g} b h_e^{\frac{3}{2}} \quad (6.186)$$

式中　C_e——流量系数；

h_e——有效水头。

式（6.186）中流量系数和有效水头的计算公式为

$$C_e = 0.602 + 0.083 h/P \quad (6.187)$$
$$h_e = h + 0.0012 \quad (6.188)$$

公式（6.186）使用条件见表 6.27。

表 6.27　矩形薄壁无侧收缩堰一般计算公式使用条件

h/P	h/m	b/m	P/m
$\leqslant 4.0$	$0.03 \sim 0.10$	$\geqslant 0.3$	$\geqslant 0.60$

2) IMFT 公式

$$Q = C_e \frac{2}{3} \sqrt{2g} b \left[h + \frac{v_0^2}{2g} \right]^{\frac{3}{2}} \quad (6.189)$$

式（6.189）中的流量系数可采用式（6.190）计算

$$C_e = 0.627 + 0.018 \left[\frac{h + \dfrac{v_a^2}{2g}}{P} \right] \quad (6.190)$$

其中　　　　　$v_a = Q/A_a \quad (6.191)$

式中　v_0——行近河槽的平均流速，m/s；

A_a——水头测量断面处的过水面积，m^2；

Q——量水堰通过的流量，m^3/s。

公式使用条件：因为 v_0 是 Q 的函数，所以必须用逐步近似法计算。实践中 IMFT 公式应满足表 6.28 要求的条件。

表 6.28　矩形薄壁无侧收缩堰 IMFT 公式使用条件

h/P	h	b	P
$\leqslant 2.5$	$\geqslant 0.03m$	$\geqslant 0.20m$	$\geqslant 0.10m$

6.10.2.5　三角形薄壁堰

1. 标准堰型

标准三角形薄壁堰是在垂直的薄板上开一个 V 形堰口，见图 6.63。堰板必须平整坚固，且垂直于槽岸和槽底，堰板的上游面应光滑。堰口的垂直平分线与河槽两岸等距。堰口表面是平面，其与堰板的上游面相交呈锐缘，垂直于堰板面所量得的堰顶表面厚度为 $1 \sim 2mm$。

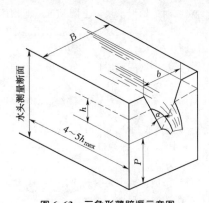

图 6.63　三角形薄壁堰示意图

P—堰高（行近河槽底距堰口顶角的高度）；

B—行近河槽宽；b—堰顶宽；

h—堰上水头；α—堰口角

2. 安装

三角形薄壁堰安装除遵循前述堰体安装的一般要求外，一般情况下，测流堰尽可能安装在顺直、水平的矩形河槽上。但是如果堰口的有效面积与上游河槽面积相比很小，以致行近流速可以忽略，则河槽的形状不是重要考虑的因素。在任何情况下，行近河槽的水流应均匀、稳定。

　　如果在最大水头处溢流水舌的顶部宽与河槽宽相比较大，则河槽两边岸墙要顺直，垂直于河槽底且互相平行。如果河槽底到堰顶的高度与最大水头相比较小，则渠底应光滑、顺直和水平。

　　3. 堰口角度的确定

　　为进行三角堰精确的水头测量，首先需要准确地测量堰口角度（堰口两边之间的夹角）。其具体方法如下。

　　（1）将两个不同直径、用千分卡尺测定过直径的精确圆盘放在堰口上，这两个圆盘的两边与堰口的两边相切。

　　（2）用千分卡尺测量两个圆盘中心之间的距离（或两个相应的边）。

　　（3）堰口角度是某个角度的两倍，后者的正弦等于两圆盘半径之差除以两圆盘中心之间的距离。

　　4. 水尺零点确定

　　确定三角堰水尺零点可以采用以下方法。

　　（1）将行近河槽中的静水位下降到堰口以下。

　　（2）在堰口上游一段短距离的行近河槽上安设临时的钩形水尺。

　　（3）用一个已知直径的（千分卡尺测量过的）圆筒，它的轴呈水平方向，圆筒的一端放在堰口上，另一端放在钩形水尺的针尖处与之平衡。圆筒顶上放一个水准器，调整钩形水尺，使圆筒呈水平状态，然后记录临时水尺的读数。

　　（4）将临时的钩形水尺，下降到行近河槽的水面并记录其读数，调整固定水尺，读静水测井中的水位并记录其读数。

　　（5）计算从圆筒底到堰口三角形顶点距离

$$Y = \left(r/\sin\frac{\alpha}{2} \right) - r \qquad (6.192)$$

式中　Y——圆筒底到堰口三角形顶点距离；

　　　　α——堰口角，即堰口的两侧边的夹角；

　　　　r——圆筒半径。

　　（6）所记录的读数中减去这个距离，其结果即为堰口顶点处的临时水尺上的读数。

　　（7）将计算所得的读数和临时水尺读数之差，加到固定水尺读数上，其总和即为固定水尺上的水尺零点。

　　5. 流量计算公式

　　三角形薄壁堰流量公式主要分两类：其一是堰口角在 20°～100°之间的公式；其二是特殊堰口角的公式（完全收缩堰）。

　　（1）20°～100°堰口角度公式（Kindsvater - Shen 公式）

$$Q = C_e \frac{8}{15} \tan\frac{\alpha}{2} \sqrt{2g}\, h_e^{5/2} \qquad (6.193)$$

式中　C_e——流量系数，m；

　　　　α——堰口角，rad；

　　　　h_e——有效水头，m。

　　流量系数是 3 个变量的函数，由实验确定

$$C_e = f\left(\frac{h}{P}, \frac{P}{B}, \alpha \right) \qquad (6.194)$$

式中　P——堰口顶角距行近河槽底的高度，m；

　　　　B——行近河槽宽度，m。

　　有效水头由式（6.195）确定

$$h_e = h + K_h \qquad (6.195)$$

式中　K_h——由实验确定的量，m。它是对黏滞力和表面张力综合影响的校正值，K_h 值与 α 之有关，其关系见图 6.66。

　　对于堰口角等于 90°的三角堰，图 6.64 给出由实验确定的流系数 C_e 值（h/P 和 P/B 值的范围很大）。在 h/P 和 P/B 值的上述范围内，式（6.195）中的 K_h 可以取定值 0.00085m。

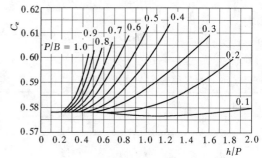

图 6.64　流量系数（$\alpha=90°$）查算图

　　虽然对于 90°的堰口角，尚缺乏足够的实验数据来确定 C_e 为 h/P 和 P/B 的函数，但是堰口面积与行近河槽面积相比显得很小时，行近流速可忽略不计，因而 h/P 和 P/B 的影响也可忽略不计。对于这种情况（即所谓完全收缩的情况），图 6.65 给出仅作为堰口角 α 的函数由实验确定的流量系数值。公式（6.193）使用条件见表 6.29。

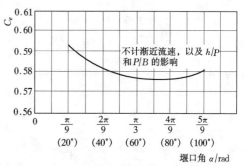

图 6.65　流量系数 C_e 与堰口角 α 的关系

表 6.29　　20°～100°堰口角度公式（Kindsvater - Shen 公式）使用条件

α	h/P		h/m	P/B		P/m
	α=90°	α 取其他值		α=90°	α 取其他值	
20°～100°	限制在图 6.64 表示的范围内	0.10～1.5	≥0.06	限制在图 6.64 所示的范围内	≤0.35	≥0.09

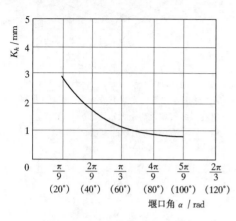

图 6.66　K_h 值与堰口角 α 的关系

表 6.30　　3 种特殊堰口角的流量系数 (C_e) 表

水头 (h) /m	流量系数 (C_e)		
	$\tan\frac{\alpha}{2}=1$	$\tan\frac{\alpha}{2}=0.5$	$\tan\frac{\alpha}{2}=0.25$
0.060	0.6032	0.6114	0.6417
0.065	0.6012	0.6098	0.6383
0.070	0.5994	0.6084	0.6352
0.075	0.5978	0.6071	0.6324
0.080	0.5964	0.6060	0.6298
0.085	0.5950	0.6050	0.6276
0.090	0.5937	0.6040	0.6256
0.100	0.5917	0.6021	0.6219
0.110	0.5898	0.6005	0.6187
0.120	0.5885	0.5989	0.6162
0.130	0.5876	0.5976	0.6139
0.140	0.5868	0.5964	0.6119
0.150	0.5861	0.5955	0.6102
0.170	0.5853	0.5938	0.6070
0.200	0.5849	0.5918	0.6037
0.250	0.5846	0.5898	0.6002
0.330	0.5850	0.5880	0.5968
0.381	0.5855	0.5872	0.5948

（2）特殊几何关系的堰口角 $\left(\tan\frac{\alpha}{2}=1,\tan\frac{\alpha}{2}=0.5,\tan\frac{\alpha}{2}=0.25\right)$ 的流量计算公式（完全侧收缩）

$$Q = C_e \frac{8}{15}\tan\frac{\alpha}{2}\sqrt{2g}h^{5/2} \qquad (6.196)$$

流量系数 (C_e) 可查表 6.30 获得。

公式使用条件：限制在 $\frac{h}{P}<0.4$，$\frac{h}{B}<0.2$，$P>0.45\text{m}$，$B>1.0\text{m}$ 和 h 在 0.06～0.38m 的条件下应用。

6.10.2.6　梯形薄壁堰

1. 堰型及尺寸

仅介绍侧收缩的梯形薄壁堰，其断面边坡特定为 1（垂直）:2.5（水平）。堰体的各部位几何尺寸关系见表 6.31，符号代表意义见图 6.67。其中 D、L 未包括安装尺寸。安装尺寸可按实际需要，增加 0.05～0.08m。

表 6.31　　梯形薄壁堰各项几何尺寸关系表　　单位：m

b	B $b+\frac{P_1}{2}$	h_{max} $\frac{1}{3}b$	P_1 $\frac{1}{3}b+0.05$	T $\frac{1}{3}b$	P	D $P+P_t$	L $B+2T$	施测流量范围 / $(10^{-3}\text{m}^3/\text{s})$
0.25	0.316	0.083	0.133	0.083	0.083	0.216	0.482	2～12
0.50	0.608	0.166	0.216	0.166	0.166	0.382	0.940	10～63
0.75	0.900	0.250	0.300	0.250	0.250	0.550	1.400	30～178
1.00	1.191	0.333	0.383	0.333	0.333	0.716	1.857	61～365
1.25	1.483	0.416	0.466	0.416	0.416	0.882	2.315	102～640
1.50	1.775	0.500	0.550	0.500	0.500	1.050	2.775	165～1009

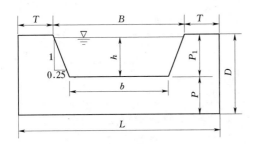

图 6.67 梯形薄壁堰几何尺寸关系图

2. 自由流流量计算

$$Q = 1.86bh^{3/2} \qquad (6.197)$$

3. 使用条件

式 (6.197) 限制在 $0.25\text{m} \leqslant b \leqslant 1.5\text{m}$，$0.083\text{m} \leqslant h \leqslant 0.5\text{m}$ 和 $0.083\text{m} \leqslant P \leqslant 0.5\text{m}$ 的范围内应用。

6.10.2.7 矩形宽顶堰

1. 堰型

锐缘矩形宽顶堰的堰顶应是一个光滑的、水平的矩形平面。无侧收缩的锐缘矩形宽顶堰的堰顶上游进口为直角，与水流方向垂直的堰顶宽度应等于设堰地点的河槽宽度。堰的上下游断面应是平滑的，与堰所在位置的河槽底和两岸呈正交的垂直面。特别是上游断面应与堰顶平面相交形成一个锐缘的直角棱。

如果堰的上游断的棱被稍微磨圆，流量系数就会显著地增大。堰的典型示意图见图 6.68。

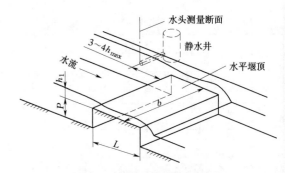

图 6.68 标准矩形宽顶堰示意图

L—沿水流方向的堰的长度；P—行近槽底以上的堰的高度；h_1—从堰顶起算的实测上游水头；$h_{\max}$—从堰顶起算的实测上游最大水头；b—垂直于水流方向堰的宽度

2. 非淹没流流量计算

（1）流量计算公式。

$$Q = \left(\frac{2}{3}\right)^{3/2} g^{1/2} bCh_1^{3/2} \qquad (6.198)$$

式中　Q——流量，m^3/s；

g——重力加速度，m/s^2；

b——垂直于水流方向堰的宽度，m；

C——流量系数；

h_1——从堰顶起算的实测上游水头，m。

（2）流量系数确定。流量系数 C 是 h_1/L 和 h_1/P 的函数，可由表 6.32 查得。

表 6.32　　　　　　　　**矩形宽顶堰非淹没流流量系数表**

h_1/P	相应于 h_1/L 的流量系数 C																	
	0.1	0.2	0.3	0.4	0.5	0.6	0.7	0.8	0.9	1.0	1.1	1.2	1.3	1.4	1.5	1.6	1.7	1.8
0.1	0.850	0.850	0.850	0.861	0.870	0.885	0.893	0.925	0.948	0.971	0.993	1.016	1.039	1.062	1.085	1.106	1.130	1.148
0.2	0.855	0.855	0.855	0.864	0.874	0.888	0.907	0.930	0.954	0.977	1.001	1.026	1.050	1.074	1.096	1.120	1.142	1.159
0.3	0.864	0.864	0.864	0.868	0.879	0.894	0.913	0.936	0.961	0.986	1.011	1.037	1.061	1.085	1.110	1.132	1.152	1.169
0.4	0.873	0.873	0.873	0.874	0.885	0.901	0.920	0.945	0.969	0.995	1.021	1.047	1.072	1.097	1.122	1.144	1.163	1.180
0.5	0.882	0.882	0.882	0.883	0.894	0.909	0.929	0.954	0.978	1.005	1.032	1.057	1.083	1.109	1.134	1.154	1.173	1.188
0.6	0.892	0.892	0.892	0.894	0.904	0.920	0.941	0.964	0.990	1.016	1.043	1.067	1.094	1.120	1.143	1.164	1.182	1.196
0.7	0.901	0.901	0.901	0.906	0.916	0.932	0.952	0.975	1.000	1.026	1.052	1.077	1.104	1.129	1.152	1.171	1.188	1.203
0.8	0.911	0.911	0.912	0.916	0.926	0.942	0.962	0.985	1.010	1.036	1.062	1.086	1.112	1.136	1.158	1.176	1.194	1.209
0.9	0.921	0.921	0.922	0.926	0.936	0.952	0.972	0.996	1.021	1.046	1.072	1.096	1.120	1.143	1.163	1.181	1.199	1.214
1.0	0.929	0.929	0.931	0.936	0.946	0.962	0.982	1.006	1.031	1.056	1.081	1.106	1.128	1.150	1.169	1.187	1.204	1.220
1.1	0.935	0.937	0.940	0.946	0.956	0.972	0.993	1.017	1.042	1.066	1.092	1.115	1.138	1.159	1.177	1.195	1.212	1.228
1.2	0.941	0.944	0.949	0.956	0.966	0.982	1.004	1.028	1.053	1.077	1.103	1.126	1.148	1.168	1.186	1.204	1.222	1.237
1.3	0.946	0.951	0.957	0.966	0.977	0.993	1.016	1.040	1.063	1.089	1.114	1.136	1.158	1.177	1.196	1.214	1.232	1.250
1.4	0.953	0.959	0.967	0.975	0.986	1.005	1.028	1.050	1.075	1.101	1.124	1.147	1.168	1.187	1.206	1.224	1.244	1.266
1.5	0.961	0.968	0.975	0.984	0.997	1.018	1.040	1.061	1.086	1.111	1.134	1.156	1.176	1.196	1.215	1.235	1.258	1.277
1.6	0.972	0.978	0.985	0.994	1.010	1.030	1.050	1.073	1.096	1.119	1.142	1.164	1.184	1.204	1.224	1.245	1.268	1.289

（3）公式使用条件。

1）为了避免表面张力和黏滞影响，要求 $h_1 \geqslant 0.06m$，$b \geqslant 0.30m$ 和 $P \geqslant 0.15m$。

2）为了不超出现有率定资料的范围，要求 $0.1 < L/P < 4.0$ 和 $0.1 < h_1/L < 1.6$。

3）为了避免水位不稳定，要求 $h_1/P < 1.6$。

6.10.2.8 V形宽顶堰

1. 堰型

V形宽顶堰具有V形的过水断面（图6.69和图6.70）。堰体斜面的上游拐角要修圆，类似于水平宽顶堰的做法，修圆的半径 R 的范围建议取 $0.2H_{max} < R < 0.4H_{max}$。为了使堰顶产生水平流，因此堰顶长度不应小于 $2H_{max}$（H_{max} 为最大总水头）。

堰顶角（α）的选择取决于最小流量所要求的精度、上下游水位具有的落差及宽度。堰顶角一般应在 $90° \sim 150°$ 范围内。

该建筑物的尺寸，没有规定其上限。表6.33给出3种典型标准V形宽顶堰的测流范围。

2. 特点

它集中了V形缺口锐缘堰和水平宽顶堰的优点，其特性如下。

（1）能以相对较高的精度测量较大范围的流量，并且对低水流量的测量灵敏度较高。

（2）测流堰顶水位在非淹没流和淹没流范围内均可使用。在非淹没流范围内，流量只取决于上游水位，只观测上游水位即可满足流量计算需要。在淹没流范围内，流量既取决于上、下游水位，因而需要观测这两个水位。

（3）当淹没比较高时，水头流量关系才受到下游水位的影响，所以这种堰适用于落差小的河道或渠道。

（4）在高水流量淹没流情况下运用时，能使壅水减到最小限度。而且在多泥沙河流也可应用，但标准V形宽顶堰不适用于陡峻的河流。

3. 流量计算

V形宽顶堰可在已满流和未满流的情况下使用，但要注意流量计算公式不同。

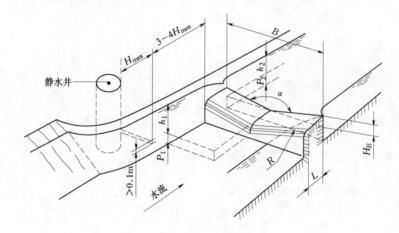

图6.69 V形宽顶堰示意图

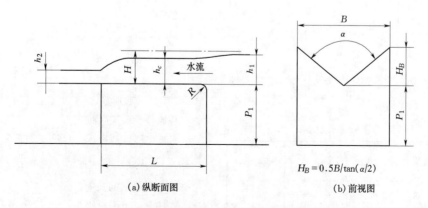

（a）纵断面图   （b）前视图

$$H_B = 0.5B/\tan(\alpha/2)$$

图6.70 V形宽顶堰堰体尺寸和水流条件的示意图

表 6.33　3 种标准 V 形宽顶堰测流范围

河床以上堰顶高度/m	堰顶与横向坡之比	宽度/m	测流范围/（m³/s）
0.2	1：10	4	0.015 ～ 5
0.5	1：20	20	0.030 ～ 180
1.0	1：40	80	0.055 ～ 630

（1）满流、未满流判别。当实测上游水头于堰最低点至斜边最高点的高度满足以下条件时，为未满流。

$$h_1 \leqslant 1.25 H_B \qquad (6.199)$$

式中　h_1——实测上游水头；

H_B——堰最低点至斜边最高点的高度，$H_B = 0.5B/\tan\left(\dfrac{\alpha}{2}\right)$。

"未满流"允许在淹没出流情况下运用。

否则，当 $h_1 > 1.25 H_B$ 时，为已满流。已满流情况下只适用于自由流。

（2）未满流流量计算。流量计算公式

$$Q = \left(\frac{4}{5}\right)^{5/2}\left(\frac{g}{2}\right)^{1/2}\tan\left(\frac{\alpha}{2}\right)C_D C_V C_f h_1^{5/2}$$
$$(6.200)$$

式中　Q——流量，m³/s；

g——重力加速度，m/s²；

α——堰顶角，（°）；

C_D——流量系数；

C_V——行近流速系数，行近流速系数是用实测水头计算流量时考虑行近流速影响的一个无量纲系数，实际是将实测水头修正为总水头的系数，行近流速系数 C_V 可从图 6.71 查取；

C_f——淹没系数，自由流时 $C_f = 1$；

h_1——实测上游水头（即 h），m。

流量系数（C_D）可根据 $\dfrac{h_1}{L}$ 和 α 值从图 6.72 中查取。

淹没系数（C_f）可根据非淹没限 $\dfrac{h_2}{h_1}$（h_2 为下游水头）从表 6.34 查得。

表 6.34　V 形宽顶堰淹没系数表

$\dfrac{h_2}{h_1}$	0.80	0.82	0.84	0.86	0.88	0.90	0.92	0.94
C_f	0.99	0.98	0.97	0.97	0.93	0.89	0.83	0.80

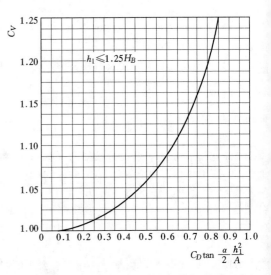

图 6.71　V 形宽顶堰行近流速系数 C_V 查算图

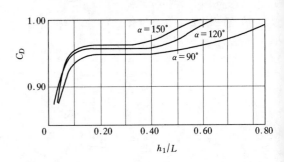

图 6.72　V 形宽顶堰流量系数 C_D 与 h_1/L 和 α 关系图

"未满流"流量计算公式使用条件：

1）水头既不能小于 $0.05L$ 和 $\left(\dfrac{0.25}{L}\right)^2$，也不能小于 0.06m。

2）水头的上限应符合 $\dfrac{h_1}{L} \leqslant 1.45$ 和 $\dfrac{H}{H_B} \leqslant 1.25$。

3）$\dfrac{h_1}{P_1}$ 的最大值应在 1.5（大顶角）至 3.0（小顶角）之间。

（3）已满流情况下流量公式

$$Q = \left(\frac{2}{3}\right)^{3/2} g^{\frac{1}{2}} B C_D C_V (h_1 - 0.5 H_B)^{1.5}$$
$$(6.201)$$

式中　B——堰顶宽，m；

其他符号意义同前。

流量系数可利用式（6.202）计算

$$C_D = \left(1 - 2\frac{\delta L}{B}\right)\left(1 - \frac{\delta L}{H}\right)^{1.5} \qquad (6.202)$$

式中　L——堰的长度，m；

H——上游总水头，m；

δ——临界断面边界位移厚度，m。一般情况下 δ 可以假定等于 0.003。

行近流速系数可用式（6.203）计算

$$C_V = \left(\frac{H - 0.5H_B}{h_1 - 0.5H_B}\right)^{1.5} \qquad (6.203)$$

已满流公式使用条件：

1) h_1 不能小于 0.06m 或 0.05L 中的任何一个。

2) h_1 不能大于图 6.71 中所指出的 h_1/L 值或者 $1.25H_B$ 中的任何一个。

3) 顶角 α 应不小于 90°。

4) h_1/p_1 的最大值在大顶角时的 $H/P_1 = 1.5$ 到小顶角时的 $H/P_1 = 3.0$ 之间变化。

5) 修圆的上游拐角半径 R 可在 $0.1L < R < 0.2L$ 范围之内。

6.10.2.9 三角形剖面堰

1. 堰型

三角形剖面堰是沿水流方向上具有三角形剖面的长底堰。由纵剖面（沿水流方向）为 1:2（垂直：水平）的上游坡面和 1:5 的下游坡面组成。两个剖面相交成水平直线堰顶，堰顶线与行近河槽中轴线正交，在堰的使用过程中，堰顶角必须保持不变。堰体可安装在矩形河槽和梯形河槽内。堰体平面和纵剖面结构见图 6.73。堰体安装除应符合前述的有关规定外，还应符合以下要求。

（1）堰顶必须坚固、耐磨、形成光滑的棱。可用不锈蚀的金属板镶嵌，也可用混凝土浇筑，再用水泥砂浆抹光。上下游坡面必须光滑平整。

（2）上游水头观测断面设置在距堰顶 $2h_{max}$ 处。下游水头观测断面设置在距堰顶 20mm 的下游面上。

（3）下游水头观测设备是与堰顶线平行设置的一排测压孔，见图 6.74。测压孔的中心间距为 75mm，直径为 10mm。孔下面用一直径为 10mm 的导管与之连通引入岸边静水井中进行观测。测压孔一般设 5～10 个，以保证静水井内的水位没有大的滞后。当堰顶宽（b）小于 2.0m 时，测压孔可设在堰顶中心的一侧，但从测压孔中心线到边墙的最近距离应大于 1.0m。

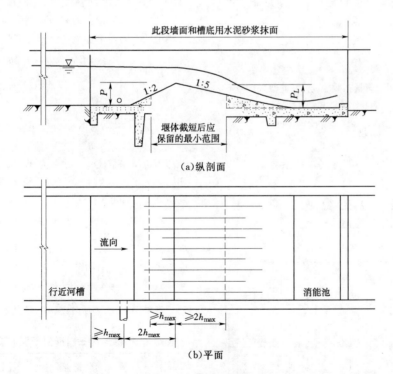

（a）纵剖面

（b）平面

图 6.73 三角形剖面堰图

2. 淹没出流和非淹没出流判别

三角形剖面堰可用于淹没出流和非淹没出流。矩形河渠上建造的三角形剖面堰，当淹没度满足

$$S = h_L/H > 0.24 \qquad (6.204)$$

为淹没出流。

梯形河渠上建造的三角形剖面堰，当淹没度满足

$$S = h_L/H > 0.2 \qquad (6.205)$$

为淹没出流。

式中 S——淹没度；

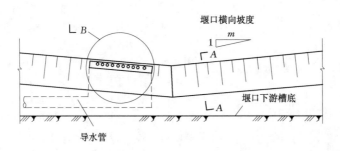

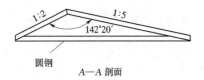

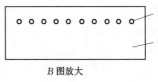

图 6.74 堰顶导水管装置图

h_L——堰下游水头，m；

H——堰上游总水头，m。

3. 流量计算

（1）矩形河槽中的三角形剖面堰。矩形河槽中的三角形剖面堰的流量计算，可采用式（6.206）

$$Q = C_D C_V C_f \sqrt{g} b h^{3/2} \qquad (6.206)$$

式中　b——堰顶宽，m；

　　　h——堰上游水头，m。

当 $h \geqslant 0.1$m 时，流量系数（C_D）可近似采用 0.633，其他情况下流量系数（C_D）可采用式（6.207）计算

$$C_D = 0.633 \left(1 - \frac{0.0003}{h}\right)^{3/2} \qquad (6.207)$$

当自由流时，$C_f = 1$，行近流速系数（C_V）可由图 6.75 直接查得。

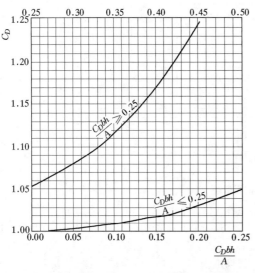

图 6.75　三角形剖面堰行近流速系数 C_V 查算图

图中 A 为上游观测水头处过水断面面积，可用下式计算

$$A = b(h + P) \qquad (6.208)$$

当淹没流时，可从图 6.76 中查得行近流速系数（C_V）和淹没系数（C_f）的合并值（$C_V C_f$）。

（2）梯形河槽中的三角形剖面堰流量计算。梯形河槽中的三角形剖面堰的流量计算公式为

$$Q = C_D C_V C_s C_f \sqrt{g} b h^{3/2} \qquad (6.209)$$

$$C_s = 1 + \frac{4 m_a h}{5 b} \qquad (6.210)$$

式中　C_s——形状系数；

　　　m_a——梯形断面边坡系数 [1（垂直）：m_a（水平）]。

当边坡系数（m_a）分别为 1.732（边坡角为 30°）和 0.577（边坡角为 60°）时，流量系数（C_D）可分别采用 0.605 和 0.615。

$C_V C_s$ 的合并值可根据 $\dfrac{C_D b h}{A}$ 和 $\dfrac{m_a h}{b}$ 值从图 6.77 中查得。其中，A 为上游观测水头处过水断面面积，应用式（6.211）计算：

$$A = (h + P)[B + m_a(h + P)] \qquad (6.211)$$

淹没系数（C_f）可根据 $\dfrac{h_L}{H}$ 值从表 6.35 中查得。

表 6.35　梯形槽三角形剖面堰淹没系数表

$\dfrac{h_L}{H}$	0.16	0.20	0.25	0.30	0.35	0.40	0.45	0.50	0.55
C_f	1.000	0.990	0.980	0.970	0.960	0.950	0.935	0.916	0.896
$\dfrac{h_L}{H}$	0.60	0.65	0.70	0.75	0.80	0.85	0.90	0.93	
C_f	0.872	0.852	0.822	0.790	0.740	0.685	0.570	0.500	

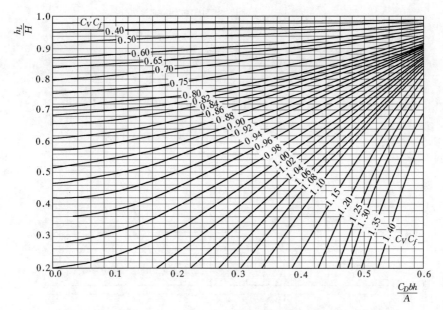

图 6.76　三角形剖面堰行近流速系数(C_V)和淹没系数(C_f)乘积($C_V C_f$)查算图

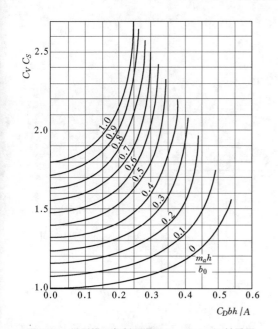

图 6.77　梯形槽三角剖面堰 $C_V C_S$—$C_D bh/A$ 关系图

（3）公式使用条件。

1）对于具有金属堰缘的堰顶，最小水头应不小于 0.03m。对于混凝土建造并用水泥砂浆抹面的堰顶，最小水头应不小于 0.06m。

2）$h/P \leqslant 3.5$，$b/h \geqslant 2.0$。

3）$P \geqslant 0.06m$，$b \geqslant 0.3m$。

6.10.2.10　平坦 V 形剖面堰

1. 堰型

平坦 V 形剖面堰是具有夹角为钝角的 V 形过水

断面的三角形剖面堰。标准的平坦 V 形剖面堰剖面呈三角形，纵剖面（沿水流方向）为 1：2（垂直：水平）的上游坡面和 1：5 的下游坡面组成。上游坡面和下游坡面均向中心线倾斜，堰顶线在平面上为一条直线，并与行近河槽中轴线正交，堰顶处横断面呈 V 形，V 形堰口的顶点在行近河槽的中轴线上，V 形堰口适应较大流量的测验，同时可以提高小流量的测验精度。平坦 V 形堰的结构见图 6.78。其设计安装除符合测流堰的一般规定外，还应符合以下要求。

（1）V 形堰口的横向坡度限于 1：10、1：20 和 1：40。

（2）上游水头测量断面与堰顶距离（L_1）应大于 3 倍上游最大水头（H_{max}），且应大于 10 倍堰口高（P_V）。当受条件限制 $L_1 < 10P_V$，且 $\frac{H}{P} > 1$ 时，应对有效流量系数按表 6.36 进行修正。

表 6.36　　有效流量系数 C_{D_e} 修正表

L_1	H/P		
	1	2	3
	流量系数增加的百分数/%		
$8P_V$	0.0	0.3	0.6
$6P_V$	0.0	0.6	0.9
$4P_V$	0.0	0.8	1.2

注　H—堰上游总水头，m；P—堰高（行近河槽至堰最低点的高度），m；P_V—堰口高，m；L_1—堰顶线至上游水头测量处之间的距离，m。

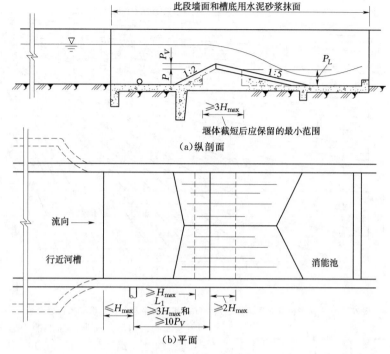

图 6.78　平面 V 形堰图

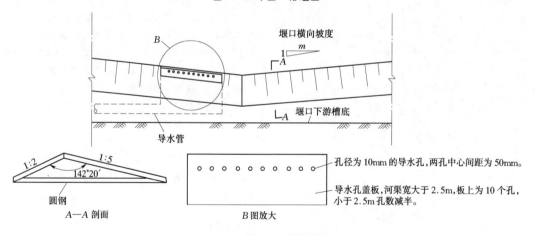

图 6.79　堰顶导水管装置图

（3）在淹没流条件下运用时，必须装配堰顶测压孔，以施测下游水头（h_L）。测压孔设置在堰顶下游坡面 20mm 处，与堰顶平行排列，由 10 个孔径为 10mm 的圆孔组成。孔中心间距为 50mm，见图 6.79。为了便于维修，可将圆孔打在活动的金属盖板上，盖板将导水管严密覆盖，底部用直径 80～120mm 圆管引入岸边静水井中。

2. 淹没出流判别

当下游有效水头（h_L）与上游有效实测水头（h_e）之比大于 0.4 时，为淹没出流。

3. 流量计算

（1）矩形河槽中的平坦 V 形堰。矩形河槽中的平坦 V 形堰流量计算公式为

$$Q = 0.8 C_D C_V C_S C_f \sqrt{g} m h^{5/2} \qquad (6.212)$$

式中　m——堰口横断面的边坡系数 [1（垂直）∶m（水平）]。

流量系数可采用式（6.213）计算

$$C_D = C_{D_e} \left(1 - \frac{K_h}{h}\right)^{5/2} \qquad (6.213)$$

式中　C_{D_e}——有效流量系数，可由表 6.37 查得；

　　　　h——上游实测水头，m；

K_h——水头改正数，可由表 6.37 查得。当实
测水头大于 0.1m 时，K_h 可忽略不计。

形状系数的选用

当 $h \leqslant P_V$ 时

$$C_S = 1$$

当 $h > P_V$ 时

$$C_S = 1 - \left(1 - \frac{P_V}{h_e}\right)^{5/2} \tag{6.214}$$

式中　h_e——上游有效水头（$h_e = h - K_h$），m；

　　　P_V——V 形堰口高，m。

其中

$$P_V = \frac{b}{2m} \tag{6.215}$$

式中　b——堰顶宽，m；

m——堰口横断面的边坡系数 [1（垂直）：m（水平）]。

非淹没流时淹没系数 $C_f = 1$。发生淹没流时淹没系数可按式（6.216）计算

$$C_f = 1.078\left[0.909 - \left(\frac{h_{L_e}}{H_e}\right)^{3/2}\right]^{0.183} \tag{6.216}$$

式中　h_{L_e}——下游有效水头（$h_{L_e} = h_L - K_h$），m；

h_L——下游实测水头，m；

H_e——上游总有效水头，m。

当上游总水头未知时，可根据 h_{L_e}/h_e 和 Y_2 值从表 6.38 中直接查出 C_f 值。

表 6.37　　　　　　　平坦 V 形堰的应用限制及流量系数表

项　目	堰的横向坡度（$1/m$）		
	$\leqslant 1/40$	$1/20$	$1/10$
$H/P_V \leqslant 1.0$			
自由出流的有效流量系数 C_{D_e}	0.625	0.620	0.615
系数的系统不确定度 X''_{C_D}	±3.0%	±3.2%	±2.9%
水头改正数 K_h/m	0.0004	0.0005	0.0008
应用限制	$P_V/P \leqslant 2.5$ $P_V/P_L \leqslant 2.5$	$P_V/P \leqslant 2.5$ $P_V/P_L \leqslant 2.5$	$P_V/P \leqslant 2.5$ $P_V/P_L \leqslant 2.5$
$H/P_V > 1.0$			
自由出流的有效流量系数 C_{D_e}	0.630	0.625	0.620
系数的系统不确定度 X''_{C_D}	±2.5%	±2.8%	±2.3%
水头改正数 K_h/m	0.0004	0.0005	0.0008
应用限制	$P_V/P \leqslant 2.5$ $P_V/P_L \leqslant 8.2$	$P_V/P \leqslant 2.5$ $P_V/P_L \leqslant 8.2$	$P_V/P \leqslant 2.5$ $P_V/P_L \leqslant 4.2$

表 6.38　　　　　　　矩形河槽中平坦 V 形堰淹没系数 C_f 查算表

h_{L_e}/h_e ＼ Y_2	0.050	0.100	0.150	0.200	0.220	0.240	0.260	0.280	0.300	0.320	0.340	0.360	0.380	0.400	0.420	0.440
0.41	0.995	0.996	0.996	0.997	0.997	0.998	0.998	0.998	0.999	0.999	1.000	1.000	1.000	1.000	1.000	1.000
0.42	0.993	0.993	0.993	0.994	0.994	0.995	0.995	0.996	0.996	0.997	0.998	0.998	0.999	1.000	1.000	1.000
0.43	0.990	0.990	0.991	0.991	0.992	0.992	0.993	0.993	0.994	0.994	0.995	0.996	0.996	0.997	0.998	1.000
0.44	0.987	0.987	0.988	0.989	0.989	0.989	0.990	0.990	0.991	0.992	0.992	0.993	0.994	0.995	0.996	0.997
0.45	0.984	0.984	0.985	0.986	0.986	0.987	0.987	0.988	0.988	0.989	0.990	0.990	0.991	0.992	0.993	0.994
0.46	0.981	0.981	0.982	0.983	0.983	0.984	0.984	0.985	0.985	0.986	0.987	0.988	0.988	0.989	0.991	0.992
0.47	0.977	0.978	0.979	0.980	0.980	0.981	0.981	0.982	0.982	0.983	0.984	0.985	0.986	0.987	0.988	0.989
0.48	0.975	0.975	0.976	0.977	0.977	0.978	0.978	0.979	0.979	0.980	0.981	0.982	0.983	0.984	0.985	0.986
0.49	0.972	0.972	0.973	0.973	0.974	0.974	0.975	0.976	0.976	0.977	0.978	0.979	0.980	0.981	0.982	0.984
0.50	0.968	0.969	0.969	0.970	0.971	0.971	0.972	0.972	0.973	0.974	0.975	0.976	0.977	0.978	0.979	0.981
0.51	0.965	0.965	0.966	0.967	0.967	0.968	0.969	0.969	0.970	0.971	0.972	0.973	0.974	0.975	0.976	0.978

续表

h_{L_e}/h_e \ Y_2	0.050	0.100	0.150	0.200	0.220	0.240	0.260	0.280	0.300	0.320	0.340	0.360	0.380	0.400	0.420	0.440
0.52	0.961	0.962	0.962	0.963	0.964	0.965	0.965	0.966	0.967	0.967	0.968	0.969	0.971	0.972	0.973	0.975
0.53	0.958	0.958	0.959	0.960	0.960	0.961	0.962	0.962	0.963	0.964	0.965	0.966	0.967	0.969	0.970	0.972
0.54	0.954	0.954	0.955	0.956	0.957	0.957	0.958	0.959	0.960	0.961	0.962	0.963	0.964	0.965	0.967	0.968
0.55	0.950	0.951	0.951	0.953	0.953	0.954	0.954	0.955	0.956	0.957	0.958	0.959	0.961	0.962	0.963	0.965
0.56	0.946	0.947	0.948	0.949	0.949	0.950	0.951	0.952	0.952	0.953	0.954	0.956	0.957	0.958	0.960	0.962
0.57	0.942	0.943	0.944	0.945	0.945	0.946	0.947	0.948	0.949	0.950	0.951	0.952	0.953	0.955	0.956	0.959
0.58	0.938	0.939	0.940	0.941	0.941	0.942	0.943	0.944	0.945	0.946	0.947	0.948	0.950	0.951	0.953	0.955
0.59	0.934	0.934	0.935	0.937	0.937	0.938	0.939	0.940	0.941	0.942	0.943	0.944	0.946	0.947	0.949	0.951
0.60	0.929	0.930	0.931	0.932	0.933	0.934	0.935	0.936	0.937	0.938	0.939	0.940	0.942	0.943	0.945	0.947
0.61	0.925	0.926	0.927	0.928	0.929	0.929	0.930	0.931	0.932	0.934	0.935	0.936	0.938	0.939	0.941	0.943
0.62	0.920	0.921	0.922	0.923	0.924	0.925	0.926	0.927	0.928	0.929	0.931	0.932	0.934	0.935	0.937	0.939
0.63	0.916	0.916	0.917	0.919	0.920	0.920	0.921	0.922	0.923	0.925	0.926	0.928	0.929	0.931	0.933	0.935
0.64	0.911	0.911	0.912	0.914	0.915	0.916	0.917	0.918	0.919	0.920	0.922	0.923	0.925	0.927	0.929	0.931
0.65	0.905	0.906	0.907	0.909	0.910	0.991	0.912	0.913	0.914	0.915	0.917	0.918	0.920	0.922	0.924	0.927
0.66	0.900	0.901	0.902	0.904	0.905	0.906	0.907	0.908	0.909	0.910	0.912	0.914	0.915	0.917	0.920	0.922
0.67	0.895	0.895	0.897	0.898	0.899	0.900	0.901	0.903	0.904	0.905	0.907	0.909	0.911	0.913	0.915	0.917
0.68	0.889	0.890	0.891	0.893	0.894	0.895	0.896	0.897	0.899	0.900	0.902	0.903	0.905	0.909	0.910	0.912
0.69	0.883	0.884	0.889	0.887	0.888	0.889	0.890	0.892	0.893	0.895	0.896	0.898	0.900	0.902	0.905	0.907
0.70	0.877	0.878	0.879	0.881	0.882	0.883	0.885	0.886	0.887	0.889	0.891	0.893	0.895	0.897	0.899	0.902
0.71	0.871	0.872	0.873	0.875	0.876	0.877	0.878	0.880	0.881	0.883	0.885	0.887	0.889	0.891	0.894	0.897
0.72	0.864	0.865	0.867	0.869	0.870	0.871	0.872	0.874	0.875	0.877	0.879	0.881	0.883	0.886	0.888	0.891
0.73	0.857	0.858	0.860	0.862	0.863	0.864	0.866	0.867	0.869	0.871	0.873	0.875	0.877	0.880	0.882	0.885
0.74	0.850	0.851	0.853	0.855	0.856	0.857	0.859	0.860	0.862	0.864	0.866	0.868	0.871	0.873	0.876	0.879
0.75	0.843	0.844	0.845	0.848	0.849	0.850	0.852	0.853	0.855	0.857	0.859	0.861	0.864	0.867	0.870	0.873
0.76	0.835	0.836	0.837	0.840	0.841	0.843	0.844	0.846	0.848	0.850	0.852	0.854	0.857	0.860	0.863	0.866
0.77	0.826	0.827	0.829	0.832	0.833	0.835	0.836	0.838	0.840	0.842	0.844	0.847	0.849	0.852	0.856	0.859
0.78	0.818	0.819	0.821	0.823	0.825	0.826	0.828	0.830	0.832	0.834	0.836	0.839	0.842	0.845	0.848	0.852
0.79	0.808	0.810	0.812	0.814	0.816	0.817	0.819	0.821	0.823	0.825	0.828	0.831	0.834	0.837	0.840	0.844
0.80	0.799	0.800	0.802	0.805	0.806	0.808	0.810	0.812	0.814	0.816	0.819	0.822	0.825	0.828	0.832	0.836
0.81	0.788	0.789	0.792	0.795	0.796	0.798	0.800	0.802	0.804	0.807	0.810	0.813	0.816	0.819	0.823	0.827
0.82	0.777	0.778	0.781	0.784	0.786	0.788	0.790	0.792	0.794	0.797	0.800	0.803	0.806	0.810	0.814	0.818
0.83	0.765	0.766	0.769	0.772	0.774	0.776	0.778	0.781	0.783	0.786	0.789	0.792	0.796	0.799	0.804	0.808
0.84	0.752	0.754	0.756	0.760	0.762	0.764	0.765	0.768	0.771	0.774	0.777	0.781	0.784	0.788	0.793	0.797
0.85	0.738	0.739	0.742	0.746	0.748	0.750	0.753	0.755	0.758	0.761	0.765	0.768	0.772	0.776	0.781	0.786
0.86	0.722	0.724	0.727	0.731	0.733	0.736	0.738	0.741	0.744	0.747	0.751	0.755	0.759	0.763	0.768	0.773

续表

Y_2 \ h_{L_e}/h_e	0.050	0.100	0.150	0.200	0.220	0.240	0.260	0.280	0.300	0.320	0.340	0.360	0.380	0.400	0.420	0.440
0.87	0.705	0.707	0.710	0.715	0.717	0.719	0.722	0.725	0.728	0.732	0.736	0.740	0.744	0.749	0.754	0.760
0.88	0.685	0.687	0.691	0.696	0.698	0.701	0.704	0.707	0.711	0.714	0.719	0.723	0.728	0.733	0.738	0.745
0.89	0.662	0.665	0.669	0.674	0.677	0.680	0.683	0.687	0.690	0.695	0.699	0.704	0.709	0.715	0.721	0.727
0.90	0.635	0.638	0.642	0.649	0.652	0.655	0.659	0.662	0.657	0.671	0.676	0.682	0.688	0.694	0.700	0.708
0.91	0.602	0.605	0.610	0.617	0.620	0.624	0.628	0.633	0.638	0.643	0.649	0.655	0.662	0.669	0.676	0.684
0.92	0.556	0.560	0.566	0.575	0.579	0.584	0.589	0.595	0.600	0.607	0.614	0.621	0.629	0.637	0.646	0.655
0.93	0.483	0.488	0.497	0.510	0.516	0.522	0.529	0.537	0.545	0.553	0.563	0.572	0.582	0.593	0.604	0.615

其中

$$Y_2 = (C_D C_S mh^2)/b(P+h) \quad (6.217)$$

行近流速系数可用式（6.218）求其近似解

$$C_v = 1 + \frac{1.25Y_1}{1 - 2.5Y_1} \quad (6.218)$$

其中

$$Y_1 = [(0.8 C_D C_S C_f mh^2)/b(h+P)]^2 \quad (6.219)$$

（2）矩形河槽中平坦 V 形堰淹没出流流量计算方法步骤。

1）查表 6.37 确定有效流量系数（C_{D_e}），并用式（6.213）计算流量系数（C_D），然后由式（6.214）计算形状系数（C_s），再用式（6.217）计算参数 Y_2。

当 $Y_2 \leqslant 0.44$ 时，查表 6.38 确定淹没系数（C_f），将其代入式（6.219）计算参数 Y_1，再将 Y_1 代入式（6.218）计算行近流速系数（C_v）。最后，将各系数值代入式（6.212）算出流量值。

2）当 $Y_2 > 0.44$，且比值 $\frac{h_{L_e}}{h_e} < 0.9$ 时，淹没系数可按表（6.39）选用。

表 6.39　　$Y_2 > 0.44$ 且比值 $\frac{h_{L_e}}{h_e} < 0.9$ 时淹没系数表

条件	$\frac{h_{L_e}}{h_e} < 0.55$	$0.55 \leqslant \frac{h_{L_e}}{h_e} < 0.70$	$0.70 \leqslant \frac{h_{L_e}}{h_e} < 0.8$	$0.85 \leqslant \frac{h_{L_e}}{h_e} < 0.90$
淹没系数（C_f）	1.00	0.90	0.80	0.75

3）根据 $\frac{h_{L_e}}{h_e}$ 值初步确定 C_f 后，代入式（6.219）算出 Y_1，将 Y_1 代入式（6.218）算出行近流速系数（C_v），再用 $H_e = C_v^{0.4} h_e$ 算出总有效水头（H_e）近似值，将 H_e 代入式（6.216）即可算出 C_f，将上述各系数值代入式（6.212）算出 Q 值。

4）当比值 $\frac{h_{L_e}}{h_e} > 0.9$，且参数 $Y_2 > 0.44$ 时，需用总水头公式，用逐步逼近法计算流量（Q）。

6.10.3 测流槽测流

6.10.3.1 测流槽设置与维护要求

1. 测流槽的类型

测流槽是一种能够产生临界水深的水槽，其测流原理和测流堰相似，也是一种常用的量水建筑物。测流槽按喉道长短可分为长喉道槽和短喉道槽。常用的长喉道槽又有矩形、梯形和 U 形 3 种；短喉道槽有巴歇尔槽和孙奈利槽 2 种。

2. 测流槽适用范围

（1）测流槽主要适用于中小河流或人工河渠施测流量，通常用于高精度连续测流的情况。

（2）长喉道槽仅限于在自由流（非淹没流）条件下应用，喉道内的流速必须通过临界流速，喉道内底高程应能使整个设计流量范围内产生非淹没流。因此，设计前应先确定下游河槽的水位流量关系，可参照河道特性用曼宁公式近似估算下游水位。

在人工河槽中，有可能估算不同流量条件下的下游水深值。例如，若河槽长度足够且坡度不变，可用阻力公式计算；或可参照下游控制特性推算。

（3）在稳定流或缓变流条件下，巴歇尔槽和孙奈利槽测流，自由流和淹没流都适用。

本章介绍的各类测流槽均适用于基本水文站、实验站和灌排渠道的流量测验。

3. 测流槽测流范围

（1）标准长喉道测流槽测流范围见表 6.40。

表 6.40　　　　　　　　　　　　　　　　　　长喉道测流槽测流范围表

测流槽类型	直径（D）/m	底坎高（P）/m	喉道宽（b）/m	坡度（m）	喉道长（L）/m	流量/（m³/s）	
						最小	最大
矩形槽	—	0.0	1.0	—	2.0	0.033	1.70
梯形槽	—	0.0	1.0	5：1	4.0	0.270	41.00
U 形槽	0.3	0.0	0.3		0.6	0.002	0.07
	1.0	0.0	1.0		2.0	0.019	1.40

（2）标准短喉道槽测流范围。巴歇尔槽喉道宽的变幅范围 0.0254～15m，甚至更大。中等尺寸的巴歇尔槽，喉道宽大约 0.15～2.5m，测流范围 0.0015～4.0m³/s。大型巴歇尔槽的喉道宽大约 3～15m，测流范围 0.75～93.0m³/s。

孙奈利出流断面的宽度 0.3～1.0m，测流范围 0.03～2.0m³/s。

4. 测流槽设计要求

（1）设计前应对河段的自然特征和水文、水力条件进行详细了解和实地勘测，以便进行建槽的可行性研究和对槽型式的选择。勘测完毕必须编写勘测报告。

（2）所选择的槽型要能实现兴建测流槽的主要目的，其技术性能要符合河段的水文水力特性。当河段条件不能全部满足测流要求时，可进行人工改造。

（3）行近河槽应有足够长度的顺直段，保证产生正常的流速分布，水流必须呈缓流状态，并满足下列要求：

1）行近槽要顺直、均匀、比降不变，行近河槽水头观测断面以上的顺直长度应不小于最大水面宽的 5～10 倍。

2）河床比降应能保证亚临界流的水流状态，弗劳德数应不大于 0.5～0.7。弗劳德数可用式（6.220）计算

$$Fr = \frac{Q_{max}}{A\sqrt{gh_{max}}} \qquad (6.220)$$

式中　Fr——弗劳德数

Q_{max}——通过断面的最大流量，m³/s；

A——河道断面面积，m²；

g——重力加速度，m/s²；

h_{max}——最大水深，m。

3）行近河槽上游进口收缩段，应对称于河槽中心线建成弧形翼墙，翼墙的曲率半径不宜小于 $2H_{max}$（最大总水头）。翼墙下游的切点与水头测量断面的距离不宜小于 H_{max}，从弧形翼墙末端到测流槽进口渐变段之间的行近河槽衬砌断面应是棱柱形的。

4）测流槽下游的扩散段，除另有具体要求者外，可采用扩散比不小于 1：3～1：4。

5）水流中没有漂浮物和悬移质的河槽内，也可适当地设置由竖直板条构成的导流板来提供良好的行近条件，但导流板至测量水头地点的距离不应小于 $10H_{max}$。

6）在某些条件下，例如行近河槽是陡坡，在测流建筑物上游可能发生水跃。如果水跃发生在上游不小于大约 $30H_{max}$ 的距离处，并证实测量断面存在着均匀流速分布，仍可采用该法测流。

5. 测流槽安装场地选择

测流槽应设置在河槽的顺直河段，避开局部障碍物、河床粗糙或不平坦河床。对预选定的安装场地的自然条件和水力特性应进行初步分析研究，以检查是否符合用测流槽进行流量测验所必需的要求（或通过建造或修整使之相符）。在选择场地时，应特别注意以下几点。

（1）要有足够长的横断面规则的顺直河段，且有适当的坡度。

（2）流速应分布均匀。

（3）避开陡峭的河槽。

（4）测流建筑物未引起上游水位升高。

（5）无下游影响条件，包括潮汐，与其他河流汇合、泄水闸、小水坝和其他会引起淹没的控制特征，如季节性杂草生长等。

（6）测流建筑物基础不透水，否则需要考虑采取打桩、灌浆或其他防渗措施。

（7）为了将最大流量和因安装测流槽而引起的回水控制在河道内，必要时可修建防洪堤。

（8）要求堤岸具有稳定性，必要时可进行天然河槽的整治和护岸。

（9）行近河槽断面是均匀的。

（10）注意风的影响。风对测流槽的水流会有一定的影响，特别是当水流宽浅而水头小，槽面宽且盛行风的风向与水流方向相垂直时，影响最大。

（11）无水草生长。

6. 测流槽安装的一般要求

（1）完整的测流设备是由行近河槽、测流槽体建

筑物和下游河道 3 部分组成的。其中任一部分都影响到测流的总精度。如槽体表面的光洁度、河槽横断面形状、河道糙率、测流建筑物上下游河道等都影响流量测验的精度。

（2）流速分布和流向对测流槽的性能可能有重要影响。

（3）测流槽一旦安装之后，基础设施的任何变化都将影响流量的测验精度。

7. 槽体建筑物安装

（1）测流槽体建筑物应该坚固，具有防渗和抗洪能力，在淘刷和下游冲刷的情况下也不致遭破坏。槽体轴线应与上游河道的水流方向相一致。

（2）槽体表面，尤其是入流段和喉道应该平滑。槽体可用混凝土建造，采用优质水泥抹成光滑面或用光滑的防腐蚀材料修整表面。在实验室内安装的测流槽，其表面光洁度应相当于滚轧金属板或刨平、砂磨并涂漆的木板。喉道棱柱形部分的光洁度非常重要，但沿纵剖面在喉道本身上、下游 $0.5h_{max}$ 距离以外可以适当放宽要求。

（3）为了减小流量的不确定度，在施工中应满足以下限差。

1）喉道底宽的限差为 0.2%，且绝对误差不大于 0.01m。

2）喉道水平表面的水平偏差不大于喉道长的 0.1%。

3）喉道垂直表面间的宽度的限差为该宽度的 0.2%；绝对误差不大于 0.01m。

4）喉道底部的纵向和横向平均坡度限差为 0.1%。

5）喉道斜面坡度的限差为 0.1%。

6）喉道长的限差为 1%。

7）喉道以上入流过渡段的偏差，不大于喉道长的 0.1%。

8）喉道以下的出流过渡段的偏差，不大于喉道长的 0.3%；

9）在其他垂直或倾斜面或曲面的偏差，不大于喉道长的 1%；衬砌行近槽的床面偏差，不大于 0.1%。

施工完毕，应对其建造物进行竣工测量，计算出各有关尺寸的平均值及标准差。各尺寸的均值可用来计算流量，而它们的标准差则用于推求流量的总不确定度。

8. 槽体建筑物下游条件要求

槽体建筑物下游的水流条件时控制尾水位十分重要，这种尾水位会影响测流槽的运行。所设计的测流槽，除了在有限的时期（如洪水期）外，正常运行条件下应不被淹没。在河流中建造测流槽会改变其水流条件，可能会引起建筑物下游的冲刷，也可能引起下游较远处河床的淤积，进而可使正常水位抬高，以至于淹没测流槽。

9. 测流槽的维护与管理

（1）测流槽在使用期间应注意养护，防止损坏，要有有效的防淤、防腐、防冻和防裂措施。要经常检查校测防止变形，保持各部位尺寸的准确和表面良好的光洁度。当发生槽底淤积或堰顶上粘有漂浮物时，应及时清洗。

（2）测流建筑物和行近河槽的维护对于保证准确的连续测量十分重要，测流槽至行近河槽必须尽可能保持清洁，没有泥沙和杂草。

（3）浮筒井和行近河槽的入口也应保持清洁和没有沉积物。喉道和测流槽的弧形进口应保持清洁和没有水藻生长。

（4）喉道和测流槽的曲面入流段应保持清洁，没有水藻生长。

（5）有关测流槽的勘测报告、设计任务书、工程质量检查验收报告，水头测量的仪器设备，水准测量成果以及管理操作规程等应妥善保存，建立档案以备查考。

10. 水头测量位置选择

（1）水头测量应在各类标准测流槽所规定的断面位置上进行。上下游水头观测，宜设置在测流槽的同一岸。

（2）槽上游水头应在收缩段上游足够远的地点进行观测，以便消除水位下降的影响，但又要充分靠近测流槽，以保证观测断面和喉道之间的能量损失可忽略不计。建议水头测量断面设置在进口渐变段前缘上游 $(3\sim4)h_{max}$ 之间的一段距离内。

11. 水头观测设备要求

（1）在要求定点测量的地方，测流槽河道上游水头可以用直立或倾斜水尺、钩形水尺、测针、悬锤式水尺或活动水尺观测。

（2）水头测量应尽可能采用自记设备，当水头变幅小于 0.5m 或要求记测至 1mm 的小型槽，也可采用针（钩）形水位计。在观测精度要求不高的情况下，可设立水尺进行人工测记。

（3）采用浮子式自记水位计时，除执行《水位观测标准》（GB/T 50138—2010）的有关规定外，应特别注意以下几点。

1）连通管的进水口应与行近河槽正交平接，管口下边缘与槽底齐平。连通管宜水平埋设，接头处要严防渗漏，管的内壁应光滑平整并做防护处理。

2）连通管的进水口，一般应设适合的多孔管帽，以减弱水流扰动和防止泥沙输入，但不能产生水流滞后现象。

3）静水井口缘应高于最大设计水头 0.3m，井底应低于进水管下边缘 0.3m。

4）井口大小应与观测仪器和清淤要求相适应。浮筒和平衡锤与井壁的距离应不小于 75mm，二者应保持适当的间隔。

5）应在测流槽附近的适当位置设立基本水准点，用来测定水头零点的高程。水准点高程可以假定，也可以从国家统一的水准基面接测。

6）水头零点高程必须精确测定，不致产生水头计算上的系统误差。槽底高程要采用不同方法在不同部位上多次测量取其平均值确定。为避免表面张力和水面起伏度的影响，任何测流槽均不得用静止水面间接推求水头零点高程。

7）自记设备应随时检查是否运转正常。更换自记纸时，应同时与校核水尺进行比测，同时比测的水位差不得大于 10mm。因测井内外水体密度差引起的水位差超过 10mm 时也要进行滞后改正。上下游水头观测的自记钟应严格对准，不得产生计时差，以确切反映瞬时上下游水位差。

8）在检查自记记录或人工观测水头的同时，必须注意测定水流流态，有无横比降、回流、漩涡、河槽冲淤及泥沙和漂浮物等情况。

12. 测井

（1）为了减少水面波动的影响，通常是在观测井中测量水头。当这样做的时，要求在行近河槽内观测水头作校核。

（2）测井应是竖直的，并且有足够的高度和深度，以便控制整个水位变化范围。自记井应有超过估算最高测量水位以上至少 0.3m 的井缘。在建议采用的水位观测位置处，测井应用管道或引水槽与行近河槽连通。

（3）测井和连通管道或引水槽应是不透水的，测井要设计得与自记水位计的浮筒相适应，要有足够的大小和深度，以便在各级水位下能在浮筒周围留出空隙。浮筒至井壁的间隙应不小于 0.075m。

（4）管道或引水槽的底部不应低于欲测的最低水位以下 0.06m，其终端应与行近河槽边界齐平并直角相交。在离连通管中心线 10 倍管道直径或引水槽宽度的距离内，行近河槽边界应该平整光滑。如果装有活动的盖板与边墙平接，管道才可与边墙斜交。活动板上钻有若干小孔，这些孔的边缘，不应修圆或磨光。

（5）为避免浮筒触及井底或泥沙沉积，测井应有

足够的深度。测井与行近河槽之间可设置一个大小和比例都与测井相似的中间井，使泥沙能沉积下来，并容易被发现和清除。

（6）连通管直径或引水槽宽度应足以使井中水位随水头涨落而无明显滞后，但在便于维修的前提下又应尽可能小一些，以利于消减由于短周期波浪产生的波动。

（7）连通管道或引水槽的大小，取决于特定的安装环境，野外水流测量通常使用 3mm 的直径。

13. 零点设置

（1）可以喉道底为基准面，设置水头观测装置零点，此后应定期校测。

（2）仪器零点直接参照喉道内底测得，测定的数据可标刻在行近河槽和观测井里。由于表面张力的影响，根据水位（不管在水流停止或刚刚开始时）进行零点校测容易发生较大误差，因此，不宜采用水面校测零点。

6.10.3.2　矩形长喉道测流槽

1. 分类

矩形喉道测流槽是由相对于行近河槽对称布置的矩形横断面的收缩建筑物组成。这是测流槽最普通的类型，也是最容易建造的一种，但它不适用于水头损失起重要作用的非矩形河槽。矩形长喉道测流槽有 3 种类型：

（1）只具有侧收缩。

（2）只具有底收缩或驼峰形。

（3）具有侧收缩和底收缩。

所选用的形式取决于各级流量的下游条件、最大流量、容许的水头损失以及河流是否挟带泥沙等因素。

2. 结构及要求

（1）一般的只有侧收缩（无底坎）和既有侧收缩又有底收缩的矩形长喉道槽，其结构安装形式见图 6.80。无底坎的测流槽可修建在含沙量较大的河道上或排污渠道上。当河渠纵坡小于 2‰ 时，宜修建既有侧收缩又有底收缩的驼峰槽，见图 6.81。

（2）矩形长喉道槽的喉道长度（L）应大于 $2.5h_{max}$。喉道内底以上的上游总水头应为下游总水头的 1.25 倍。当尾水位足够低，能够保证在任何情况下都是自由出流时，可将出口渐变段截短，但截短后的上游总水头应保证至少为下游总水头的 1.33 倍。

（3）当进口渐变段的边墙和底板采用曲线形时，边墙的曲率半径 $R_1 \geq 2(B-b)$（B 行近河槽宽，b 喉道宽），底板的曲率半径 $R_2 \geq 4P$（P 为驼峰高或坎高）。

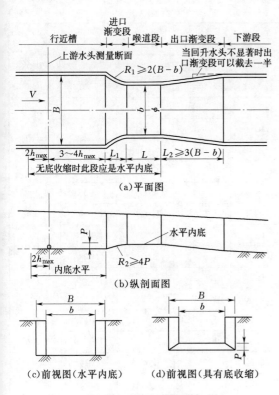

（a）平面图

（b）纵剖面图

（c）前视图（水平内底）　（d）前视图（具有底收缩）

图 6.80　矩形长喉道槽图

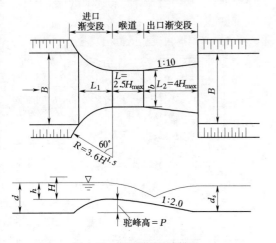

图 6.81　矩形喉道驼峰槽图

在测流槽没有驼峰（底收缩）的情况下，由进口渐变段入口至上游水头观测断面，并向上游延伸至少 2 倍最大水头范围内的内底，均应保持水平，且不能高于喉道内底。

（4）下游出口渐变段，通常可做成呈 1∶6（垂直水流方向为 1、顺水流方向为 6）扩散的竖直边墙，两岸呈对称布置，其水平长度 $L_2 \geqslant 3(B-b)$。

当下游水头回升，能使淹没度大于 80% 时，应选择有底收缩的测流槽。当喉道底槛以上的设计下游水深与上游水深之比小于 0.5 时，下游可能发生水跃，这时需采用消能措施，以防冲刷。

（5）喉道和进口渐变段的表面应是平滑的；它们可以用具有良好表面光洁度的混凝土建筑，或者用好的不会腐蚀的材料衬砌。喉道中心线应与行近河槽中心线在一直线上。

3．流量计算

$$Q = \left(\frac{2}{3}\right)^{3/2} \sqrt{g} C_D C_V b h^{3/2} \qquad (6.221)$$

式中　　Q——流量，$\mathrm{m^3/s}$；

h——实测水头，m；

C_D——流量系数；

b——喉道宽度，m；

C_V——行近流速系数，可从表 6.41 中查得。

流量系数可采用式（6.222）计算

$$C_D = \left(1 - \frac{0.006L}{b}\right)\left(1 - \frac{0.003L}{h}\right)^{3/2} \qquad (6.222)$$

式中　　L——喉道长度，m。

公式使用条件如下。

（1）$h > 0.05L$，且 $2\mathrm{m} > h \geqslant 0.05\mathrm{m}$。

（2）当行近河槽的弗劳德数超过 0.5 时，要求行近河槽与喉道面积比率也有一个限制，建议采用 $\dfrac{bh}{B(h+P)}$ 上限为 0.7。

（3）$b > 0.10\mathrm{m}$。

（4）$h/b < 3$。

（5）为保证喉道临界断面处的平行水流条件，h/L 不应超过 0.50（h_{max}/L 可最大允许达到 0.67，但系数的不确定度增加 2%）。

表 6.41　　　　矩形长喉道槽行近流速系数 (C_V) 查算表

$\dfrac{b}{B}$	$\dfrac{h}{h+P}C_D$								
	1.0	0.9	0.8	0.7	0.6	0.5	0.4	0.3	0.2
0.10	1.0022	1.0018	1.0014	1.0011	1.0008	1.0006	1.0004	1.0002	1.0001
0.15	1.0051	1.0041	1.0032	1.0025	1.0018	1.0013	1.0008	1.0005	1.0002
0.20	1.0091	1.0073	1.0058	1.0044	1.0032	1.0022	1.0014	1.0008	1.0004

续表

$\dfrac{b}{B}$	$\dfrac{h}{h+P}C_D$								
	1.0	0.9	0.8	0.7	0.6	0.5	0.4	0.3	0.2
0.25	1.0143	1.0115	1.0091	1.0069	1.0051	1.0035	1.0022	1.0013	1.0006
0.30	1.0209	1.0168	1.0132	1.00100	1.0073	1.0051	1.0032	1.0018	1.0008
0.35	1.0290	1.0232	1.0181	1.0137	1.0100	1.0069	1.0044	1.0025	1.0011
0.40	1.0386	1.0308	1.0240	1.0181	1.0132	1.0091	1.0058	1.0032	1.0014
0.45	1.0500	1.0397	1.0308	1.0232	1.0168	1.0115	1.0073	1.0041	1.0018
0.50	1.0635	1.0500	1.0386	1.0290	1.0209	1.0143	1.0091	1.0051	1.0022
0.55	1.0793	1.0620	1.0476	1.0357	1.0255	1.0175	1.0110	1.0061	1.0027
0.60	1.0980	1.0760	1.0579	1.0429	1.0308	1.0209	1.0132	1.0073	1.0032
0.65	1.1203	1.0921	1.0695	1.0513	1.0367	1.0248	1.0156	1.0086	1.0038
0.70	1.1465	1.1108	1.0829	1.0606	1.0429	1.0290	1.0181	1.0100	1.0044
0.75		1.1327	1.0980	1.0711	1.0500	1.0336	1.0209	1.0115	1.0051
0.80			1.1153	1.0829	1.0579	1.0386	1.0240	1.0132	1.0058
0.85			1.1353	1.0960	1.0664	1.0441	1.0272	1.0149	1.0065
0.90				1.1108	1.0760	1.0500	1.0308	1.0168	1.0073
0.95				1.1275	1.0864	1.0564	1.0346	1.0188	1.0082
1.00				1.1465	1.0980	1.0635	1.0386	1.0209	1.0091

6.10.3.3 梯形长喉道测流槽

梯形喉道测流槽有不同的尺寸，最佳的喉道几何尺寸（即底宽和边坡）取决于测流范围和安装测流槽的河流或渠道特性。梯形喉道测流槽一般有如图6.82所示的几何形状。如果测流槽需要通过泥沙，最好是使喉道内底与行近河槽底部同高（即低坎高 p =0）。

1. 结构

（1）梯形长喉道槽的结构形式见图 6.82。进口渐变段的边坡可做成平面或曲面。采用平面时，边墙的收缩比不应大于 1:3。采用曲面时，水流应能保持良好的流线型，曲线终点应与喉道侧墙的平面相切。

（2）出口渐变段的表面应位于每边扩大规定为 1:3 的内侧平面内。

（3）梯形长喉道槽的底宽（b_0）和边坡（m）的确定灵活性较大，设计时应根据设计要求和拟建地点的天然水位流量关系进行比较后选定最合适的断面，以保证任何情况下均为自由流。

（4）非淹没限与出口渐变段边墙的扩散比有关，小于非淹没限的均属自由出流。不同扩散比的非淹没限见表 6.42。

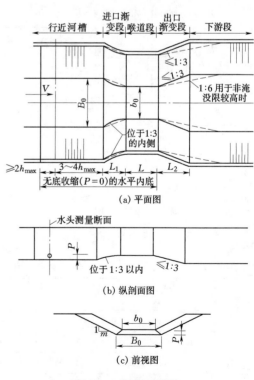

图 6.82 梯形长喉道槽

表 6.42　不同扩散比的非淹没限表

扩散比	非淹没限 $\dfrac{H_L}{H}\left(\dfrac{h_L}{h}\right)$
1:20	0.90
1:10	0.83
1:6	0.80
1:3	0.74

注　H_L—下游总水头；H—上游总水头；h—上游实测水头；h_L—下游实测水头。

2. 安装要求

（1）测流槽的安装应使喉道中心线和行近河槽中心线在同一直线上。测流槽进口呈亚临界流，测流槽的安装高程，应能使整个流量范围内都是自由出流。测流槽表面应当是平滑的混凝土、镀锌钢板或其他光滑的不腐蚀材料。喉道断面特别重要，内底应水平，呈真正棱柱形，斜墙是对称布置的平面，并同喉道内底锐交。

（2）为便于施工，进口和出口渐变段可以是平面，也可是曲面。

（3）在进口渐变段的收缩段的任何水平剖面，如果渐变段是平面，每边的收缩不应大于 1:3；如果采用曲面，应有良好的流线型，例如采用倾斜柱面、扭曲柱面或竖直轴锥面。这些表面应完全位于每边收缩规定为 1:3 的内侧（即在河槽中心线两侧）平面内，如果是曲面的，则应完全与喉道的两侧平面相切。

（4）为避免出现淹没流，喉道内底高程应能使整个设计流量范围内产生非淹没流。测流槽的尺寸应能使上游总水头适当地超过下游总水头。

3. 流量计算

流量可采用式（6.223）计算

$$Q = \left(\frac{2}{3}\right)^{3/2}\sqrt{g}\,C_D C_V C_S b_0 h^{3/2} \qquad (6.223)$$

式中　C_D——流量系数；

　　　C_V——行近流速系数；

　　　C_S——形状系数；

　　　h——实测水头，m；

　　　b_0——喉道底宽，m。

流量系数可采用式（6.224）计算

$$C_D = \left(1 - 0.006\eta\frac{L}{b_0}\right)\left(1 - 0.003\frac{L}{h}\right)^{3/2}$$
$$(6.224)$$

其中　　　　　$\eta = \sqrt{1 + m^2} - m$

式中　m——喉道边坡系数；

L——喉道长，m。

行近流速系数 C_V 可查图 6.83 确定，图中的参数 δ_* 和 A 按以下方法确定。

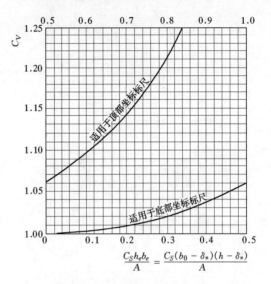

图 6.83　梯形长喉道槽流行近流速系数 C_V 查算图

边界层位移厚度（δ_*）可采用式（6.225）计算：

$$\delta_* = 0.003L \qquad (6.225)$$

水头观测断面处的过水面积（A）采用式（6.226）计算：

$$A = (h + P)[B_0 + m_a(h + P)] \qquad (6.226)$$

式中　δ_*——边界层位移厚度，m；

　　　A——水头观测断面处的过水面积，m²；

　　　m_a——水头观测断面梯形断面的边坡系数（垂直为 1，水平为 m_a）；

　　　B_0——行近河槽水头观测断面底宽，m。

形状系数 C_S 可查图 6.84 确定，图中的参数 $\dfrac{mH_{C_e}}{b_e}$ 可根据观测的临界断面总水头计算。但需注意，在 U 形测流槽中 $b = D$，用 C_u 代表 C_S。

图 6.84 中参数 H_{C_e} 为临界断面有效总水头，可由式（6.227）计算：

$$H_{C_e} = H_C - \delta_* \qquad (6.227)$$

式中　H_C——临界断面总水头，m。

$\dfrac{mH_{C_e}}{b_e}$ 也可由式（6.228）计算：

$$\frac{mH_{C_e}}{b_e} = \left(\frac{mh_e}{b_e}\right)C_v^{2/3} \qquad (6.228)$$

式中　b_e——喉道断面有效底宽，m，且有 $b_e = b_0 - 2\delta_*$；

其余符号意义同前。

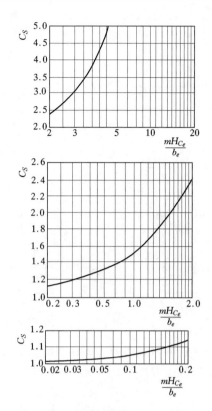

图 6.84 梯形长喉道槽形状系 C_S 查算图

4. 逼近法流量计算步骤

（1）将水头 h、喉道边坡系数 m、底宽 b_0、长度 L、坎高 P 和行近河槽水头观测处的边坡系数 m_a 及底宽 B_0 的数值列出。

（2）计算水头观测处的过水断面面积 A。

（3）用式（6.224）计算流量系数 C_D。

（4）第一次逼近。

1）假定 $C_V=1$，用式（6.228）计算比值 $\dfrac{mH_{Ce}}{b_e}$，从图 6.84 查出形状系数 C_S 的初始值 C_{S1}。

2）假定 $h_e=h$，$b_e=b_0$，计算 $C_S b_0 h/A$，查图 6.83 得 C_V 的第一次近似值 C_{V1}。

3）将 C_D、C_{S1} 和 C_{V1} 代入式（6.223）算出流量的初始值 Q_1。

（5）第二次逼近。

1）将 C_{V1} 值代入式（6.228）算出比值 $\dfrac{mH_{Ce}}{b_e}$ 查图 6.84 得 C_{S2} 值。

2）计算 $C_S b_0 h/A$，查图 6.83 得行近流速系数的第二次近似值（C_{V2}）。

3）将 C_{V2}、C_{S2} 和 C_D 值代入式（6.223）算得流量的第二次近似值（Q_2）。

（6）重复进行以上步骤，直至算得的流量与前次流量之差在允许误差范围内为止。

5. 应用限制条件

（1）在各个高程上，喉道两边墙之间的宽度应小于在同一高程上行近河槽两边墙之间的宽度，即无论在任何水平面上都应当有收缩。

（2）喉道两侧斜边墙应连续向上延伸，不能有坡度变化，延伸高度应使喉道足以容纳需要测量的最大流量。

6.10.3.4 U 形长喉道测流槽

1. 简介

内底是圆柱形而轴是水平的，其灵敏度比矩形喉道测流槽高，特别是在下部半圆柱形内的低流量范围内更加明显。

2. 非淹没流要求

喉道内底高程应能使整个设计流量范围内产生非淹没流。测流槽的尺寸应能使上游总水头适当地超过下游总水头（两者之比要大于 1.2）。

3. 结构

U 形喉道测流槽一般有如图 6.85 所示的几何形状。当行近河槽也是 U 形时，有两种基本类型。

（1）水平内底，其喉道内底不升高。

（2）升高内底高度，其喉道内底的升高高度是行近河槽与喉道径向宽度差的一半。

前者适用于挟带大量泥沙的河渠测流；后者的优点是渐变段，几何形状比较简单。

4. 安装

（1）安装要求。测流槽的安装应使喉道中心线与行近河槽中心线在同一直线上。测流槽进口呈亚临界流，测流槽的安装高程应能使整个测流范围都是自由出流。测流槽表面应是平滑的混凝土、镀锌钢板或其他光滑的不腐蚀材料。喉道断面特别重要，内底应水平，呈真正棱柱形。底部应准确地同半圆柱表面相符，两边墙应是与半圆柱轴线平行的竖直平面，两边墙之间的距离应等于喉道内底的直径。

（2）安装尺寸比例。进口渐变段的下部，如果是部分圆锥形表面或部分扭曲锥形表面构成，则该表面应形成在任何平面上至测流槽轴线的半径不大于 1:3 的收缩。进口渐变段的上部，如果是平面构成的，则每边应以不大于 1:3 收缩。如采用曲面，则应有良好流线型，例如圆弧线所形成的曲面，此面应位于图 6.85 实线所示的进口表面（由部分平面和部分圆锥面相接而成）之内侧。它们应在末端与形成喉道的表面相切。

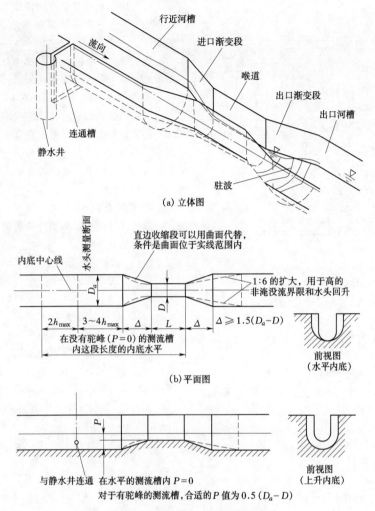

(a) 立体图

(b) 平面图

(c) 具有上升内底(驼峰)的测流槽纵断面图

图 6.85 U 形测流槽

（3）安装尺寸要求。出口渐变段的表面，应限制在 1:3 的扩大范围内。1:6 的扩大会产生很好的水头回升和较大的非淹没流界限。

5. 流量计算

流量可采用式（6.229）计算

$$Q = \left(\frac{2}{3}\right)^{3/2} \sqrt{g} C_V C_u C_D D h^{3/2} \qquad (6.229)$$

式中　　D——喉道底宽，m；

　　　　h——实测水头，m；

C_D、C_V、C_u——流量系数、行近流速系数、形状系数。

流量系数可采用式（6.230）计算

$$C_D = \left(1 - \frac{2\delta_*}{D}\right)\left(1 - \frac{\delta_*}{h}\right)^{3/2} \qquad (6.230)$$

式中　δ_*——边界层位移厚度，m。

对于具有良好表面光洁度情况下，$\delta_* = 0.003L$，上式可简化成：

$$C_D = \left(1 - \frac{0.006L}{D}\right)\left(1 - \frac{0.003L}{h}\right)^{3/2} \qquad (6.231)$$

式中　L——喉道长度，m。

形状系数 C_u 为 H_{C_e}/D_e 的函数（D_e 为 U 形喉道底部的有效直径），为计算方便，先假定 $H_{C_e} = h$（实测水头），用喉道直径（即底宽）D 代替 D_e，查图 6.86，可确定一个 C_u 值。

近流速系数 C_V 可利用式（6.232）进行逐步逼近。

$$\frac{H_{C_e}}{h_e} = C_V^{2/3} \qquad (6.232)$$

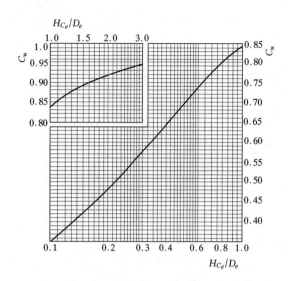

图 6.86　U 形测流槽形状系数

从实际应用来看，使 $h_e = h$ 的假定是足够准确的。因此

$$\frac{H_{C_e}}{h_e} \approx \frac{H_{C_e}}{h} \approx C_V^{2/3} \qquad (6.233)$$

流量计算采用的行近河槽面积是由给定水位下的行近河槽几何形状求得。如果行近河槽是 U 形的，水位位于半圆形底部内。

对于 $d_a < D_a/2$

$$A_a = \frac{1}{4} D_a^2 (\theta - \sin\theta \cos\theta) \qquad (6.234)$$

式中

$$\theta = \cos^{-1}\left(1 - \frac{2d_a}{D_a}\right) \qquad (6.235)$$

对于 $d_a \geqslant D_a/2$

$$A_a = \frac{\pi}{8} D_a^2 + \left(d_a - \frac{1}{2} D_a\right) D_a \qquad (6.236)$$

式中　D_a——行近河槽底宽，m；

　　　　d_a——行近河槽断面的测量水深，m。

6. 流量计算步骤

(1) 第一次近似流量计算。

1) 把 D、L、D_a 和 P 值列入表中。

2) 计算行近河槽横断面面积。如果横断面是 U 形的，用式 (6.234) 或式 (6.236) 计算。

3) 对一个给定的 h 值，假定 $H_{C_e}/D_e \approx h/D$，并从图 6.86 查得 C_u，作为第一近似值。

4) 计算 $C_u Dh/A$，并从图 6.83 查得 C_V，作为第一近似值。

5) 由式 (6.231) 算出 C_D。

6) 用上述 C_V 值，由式 (6.233) 计算 H_{C_e}。

(2) 第二次近似计算。完成第一次近似计算后，H_{C_e}、C_V 和 C_u 值需要修正。第二次近似计算进行如下。

1) 假定 $D_e \approx D$，计算 H_{C_e}/D_e，从图 6.86 查得新的 C_u 值。

2) 计算 $C_u Dh/A$，从图 6.83 查得新的 C_V 值。

3) 用式 (6.233) 计算新的 H_{C_e} 值。

重复进行上述的计算，直至求得充分精确的数值为止。当最后一次计算 H_{C_e} 与前一次计算误差满足计算需要时，即停止逐步逼近法计算，然后用式 (6.229) 算出流量。

7. 使用条件

流量计算应用限制条件除同梯形测流槽外，还应注意以下限制条件。

(1) h 的实际下限与流体性质和边界糙率影响的大小有关。建议采用下限为 0.05m 或 0.05L 其中较大者。

(2) h/L 不应超过 0.50。$H_{\max}/L$ 最大可以容许提高至 0.67，但要增加 2% 的系数不确定度。

(3) 行近河槽与喉道的面积比率最好使其在任何流量时行近河槽的弗劳德数都不超过 0.5。在流量幅度的两端和中间流量用式 (6.237) 校核：

$$Fr_a = \overline{v}_a / \sqrt{(gA_a/W_a)} \qquad (6.237)$$

(4) 在某些特殊情况下（如在行近河槽内可能会出现泥沙沉积），容许 Fr_a 增大到 0.6（因弗劳德数大时水面不平整，增大了水头测量和测流槽性能不可靠程度，所以弗劳德数增大，导致流量测验误差增加）。

(5) 对过大过小的尺寸或几何形状的其他限制如下。

1) D 应不小于 0.1m。

2) h 应不大于 2m。

3) 在各个高程上，喉道两边墙之间的宽度，应小于在同一高程上行近河槽两边墙之间的宽度，即无论在任何水面处都应当有收缩。

6.10.3.5　巴歇尔槽（Parshall flumes）

1. 组成与结构

巴歇尔槽是一种由收缩段、窄颈段及扩散段组成，剖面上具有反坡的短喉道测流槽。巴歇尔槽的横断面为矩形，由收缩的入流段、喉道段及扩散的出流段组成（图 6.87）。

全部测流装置包括行近槽、槽体建筑物和下游河道几个部分，巴歇尔槽的喉道断面为矩形。各部位的几何尺寸及符号的代表意义见图 6.87。

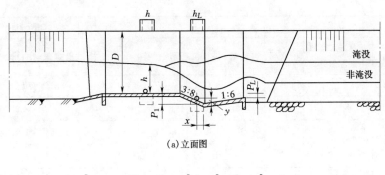

(a) 立面图

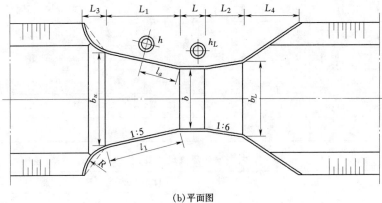

(b) 平面图

图 6.87 巴歇尔槽布置图

进口收缩段（L_1）要求底面严格水平，两侧边墙与底面垂直且与轴线成 1：5 的比值收缩。入流段底面与喉道底面的相交线称为测流槽槽顶，喉道转折处到槽顶的高度即为槽顶高度 P_1。喉道段（L）的两侧边墙互相平行，底坡向下游倾斜，坡度为 3：8。出口扩散段（L_2）的两侧翼墙与底面垂直，且与槽轴线对称，扩散比为 1：6。出口段底面向上游倾斜呈 1：6 的逆坡。进口收缩段与行近河槽及出口扩散段与下游河槽相连接处，均应建垂直翼墙（L_3 和 L_4），其夹角可做成 45°，也可做成半径为 $2h_{max}$ 的圆弧形。对喉道宽小于 0.5m 的测流槽，其翼墙也可与槽轴线成直角布置。

喉道宽（b）一般为行近河槽宽的 1/3～1/2。在有泥沙输移的情况下，槽底宜与进口收缩段齐平。如只允许在自由流状态下运行，可以适当增高进口段的底部高程。

2. 规格

巴歇尔槽包括 23 个系列，其中，标准槽 13 种，大型槽 8 种，特大型槽 2 种。在设计安装时，不能随意改变给定的标准尺寸，也不能舍零取整。其各部位尺寸见表 6.43～表 6.45。

表 6.43　　　　　　　　　　　　　标准槽各部位尺寸表　　　　　　　　　　　　单位：m

序号	喉道					进口段				出口段			翼墙高
	喉宽	喉长	下游进水管口位置坐标		槽底高	进口宽	进口长	翼墙斜长	测井到槽底距离	出口宽	出口长	槽底到逆坡顶高差	
	b	L	X	Y	P	b_u	L_1	l_1	l_a	b_L	L_2	P_L	D
1	0.152	0.305	0.05	0.075	0.115	0.40	0.610	0.620	0.415	0.39	0.61	0.08	0.60
2	0.25	0.60	0.05	0.075	0.23	0.78	1.325	1.350	0.900	0.55	0.92	0.08	0.80
3	0.30	0.60	0.05	0.075	0.23	0.84	1.350	1.380	0.920	0.60	0.92	0.08	0.95
4	0.45	0.60	0.05	0.075	0.23	1.02	1.425	1.450	0.967	0.75	0.92	0.08	0.95

序号	喉道					进口段				出口段			翼墙高
	喉宽	喉长	下游进水管口位置坐标		槽底高	进口宽	进口长	翼墙斜长	测井到槽底距离	出口宽	出口长	槽底到逆坡顶高差	翼墙高
	b	L	X	Y	P	b_u	L_1	l_1	l_a	b_L	L_2	P_L	D
5	0.60	0.60	0.05	0.075	0.23	1.20	1.500	1.530	1.020	0.90	0.92	0.08	0.95
6	0.75	0.60	0.05	0.075	0.23	1.38	1.575	1.610	1.074	1.05	0.92	0.08	0.95
7	0.90	0.60	0.05	0.075	0.23	1.56	1.650	1.680	1.121	1.20	0.92	0.08	0.95
8	1.00	0.60	0.05	0.075	0.23	1.68	1.705	1.730	1.161	1.30	0.92	0.08	1.00
9	1.20	0.60	0.05	0.075	0.23	1.92	1.800	1.840	1.227	1.50	0.92	0.08	1.00
10	1.50	0.60	0.05	0.075	0.23	2.28	1.950	1.993	1.329	1.80	0.92	0.08	1.00
11	1.80	0.60	0.05	0.075	0.23	2.64	2.100	2.140	1.427	2.10	0.92	0.08	1.00
12	2.10	0.60	0.05	0.075	0.23	3.00	2.250	2.300	1.534	2.40	0.92	0.08	1.00
13	2.40	0.60	0.05	0.075	0.23	3.36	2.400	2.453	1.636	2.70	0.92	0.08	1.00

表6.44　　　　　　　　　　　　　　大型槽各部位尺寸表　　　　　　　　　　　　　单位：m

序号	喉道					进口段			出口段			翼墙高
	b	L	X	Y	P	b_u	L_1	l_a	b_L	L_2	P_L	D
14	3.05	0.91	0.305	0.23	0.343	4.76	4.27	1.83	3.66	1.83	0.152	1.22
15	3.66	0.91	0.305	0.23	0.343	5.61	4.88	2.03	4.47	2.44	0.152	1.52
16	4.57	1.22	0.305	0.23	0.457	7.62	7.62	2.34	5.59	3.05	0.029	1.83
17	6.10	1.83	0.305	0.23	0.686	9.14	7.62	2.84	7.32	3.66	0.305	2.13
18	7.62	1.83	0.305	0.23	0.686	10.67	7.62	3.45	8.94	3.96	0.305	2.13
19	9.14	1.83	0.305	0.23	0.686	12.31	7.93	3.86	10.57	4.27	0.305	2.13
20	12.19	1.83	0.305	0.23	0.686	15.48	8.23	4.88	13.82	4.88	0.305	2.13
21	15.24	1.83	0.305	0.23	0.686	18.53	8.23	5.89	17.27	6.10	0.305	2.13

表6.45　　　　　　　　　　　　　　特大型槽各部尺寸表　　　　　　　　　　　　　单位：m

序号	喉道					进口段				出口段			翼墙高
	b	L	X	Y	P	b_u	L_1	l_1	l_a	b_L	L_2	P_L	D
23	18	2.0	0.31	0.23	0.75	22.08	10.2	6.93	10.4	20.4	7.2	0.31	2.4
24	23	2.5	0.31	0.23	0.94	22.08	12.7	8.63	12.95	26.06	9.2	0.31	2.8

各种巴歇尔槽彼此之间不是几何相似模型。对某一槽体系列而言，喉道长、槽顶高度及出流段长度均保持不变，任一标准巴歇尔槽的大小是用它的喉道宽来表示的，而其他的尺寸是喉道宽的函数，可以通过解析方法确定。图6.87（b）中所示的侧壁的长度 l_3 和 l_4 随天然或人工河道的宽度的变化而改变。为保证合适地连接到河道两岸或人工河渠两边坡，侧壁应

至少伸进河岸 0.4～0.5m 的深度。不同尺寸的巴歇尔槽的水头变化范围不同，标准槽为 0.03～0.8m，大型槽为 0.09～1.83m。

3. 安装要求

（1）上游条件。进口收缩段上游应有长度不小于 5 倍河宽的行近河槽，水流的弗劳德数（Fr）一般不应超过 0.5。测流精度要求不高时也不能超过 0.7。

（2）下游条件。在有充分水头可以利用，能保证自由出流的情况下，可不建喉道和出口扩散段，但在进口的下游应有不小于 0.2m 的跌水，且需建消能装置。

4. 水头观测

标准巴歇尔槽不同尺寸的水头变化范围，为 0.03～0.8m，大型槽为 0.09～1.83m。测验精度要求不高时，水头观测断面内可设置于入口收缩壁内侧的直立水尺观测水头 h_a。应仔细地将水尺零点调到槽顶高程，槽顶高程就是入流段下游末端处水平槽底高程；精度要求较高，使用连续记录仪器或水位传感器时，应建立静水井（测井），静水井与槽中水流相连通的长连通管的入口，位于入流断面底附近。静水井和连通管的设计应按规定的要求执行。静水井可容纳一组水尺、一台水位传感器或连续记录仪器，应将其零点精确地调到槽顶的高程。

（1）在自由流状态下，只需观测上游水头。

（2）在淹没状态下，需要同时观测上游水头和喉道断面水头（下游水头）。由于喉道中的水流非常紊乱，观测下游水头必须建立静水井。

（3）测量上游水头（h）和下流水头（h_L）的静水观测井相距不宜太远，并尽可能设置在同一个岸，便于观测。

5. 流量计算

（1）自由流和淹没流判别。在自由流状态下，巴歇尔槽中入流段的水流是亚临界流，其水深沿水流方向减小，直至在槽顶附近达到临界水深为止。越过槽顶后，喉道中的水流又是亚临界流。

当下游水头持续增大，直到淹没度（$s = h_L/h$）等于非淹没限（s_c）时，喉道出流段水流成为淹没流。当下游水头较大，淹没流状态将向上游延伸到入口断面，测流槽过水流量减小，测流槽在淹没流流态下运行，所测流量与淹没系数有关。

标准巴歇尔槽的非淹没限为 0.6～0.7，大型巴歇尔槽宜为 0.8。确定淹没状态下的流量，其淹没度应不超过 0.95，超过 0.95 时，测流槽应停止作为测流建筑物使用。

测流槽在淹没状态运行时，其优点是水头损失最小，但水面起伏大，水头测量和流量测验的精度比自由流状态下低。测流槽的尺寸应选择合理，以使其仅在洪水期处于淹没流状态下运行。

（2）标准巴歇尔槽和大型巴歇尔槽自由流流量计算。自由流状态下（$s < s_c$），巴歇尔槽流量公式的通用形式为

$$Q = C_D b h^n \qquad (6.238)$$

式中　Q——自由出流流量，m^3/s；

C_D——流量系数；

b——喉道宽，m；

h——上游断面实测水头，m；

n——与 b 有关的指数。

不同喉道宽（b）的标准槽和大型槽的自由流流量计算公式、水头应用范围和非淹没限见表 6.46 和表 6.47。

表 6.46　　　　　　　标准巴歇尔槽自由流流量公式及适用范围

序号	喉道宽（b）/m	流量计算公式 / (m^3/s)	水头范围（h）/m		流量范围（Q）/$\times 10^{-3}$（m^3/s）		非淹没限 h_L/h
			最小	最大	最小	最大	
1	0.152	$Q = 0.381 h^{1.58}$	0.03	0.45	1.5	100	0.7
2	0.25	$Q = 0.561 h^{1.513}$	0.03	0.60	3.0	250	0.7
3	0.30	$Q = 0.679 h^{1.521}$	0.03	0.75	3.5	400	0.7
4	0.45	$Q = 1.039 h^{1.537}$	0.03	0.75	4.5	630	0.7
5	0.60	$Q = 1.403 h^{1.548}$	0.05	0.75	12.5	850	0.7
6	0.75	$Q = 1.772 h^{1.557}$	0.06	0.75	25.0	1100	0.7
7	0.90	$Q = 2.147 h^{1.565}$	0.06	0.75	30.0	1250	0.7
8	1.00	$Q = 2.397 h^{1.569}$	0.06	0.80	30.0	1500	0.7
9	1.20	$Q = 2.904 h^{1.577}$	0.06	0.80	35.0	2000	0.7
10	1.50	$Q = 3.668 h^{1.586}$	0.06	0.80	45.0	2500	0.7
11	1.80	$Q = 4.440 h^{1.593}$	0.08	0.80	80.0	3000	0.7
12	2.10	$Q = 5.222 h^{1.599}$	0.08	0.80	95.0	3600	0.7
13	2.40	$Q = 6.004 h^{1.606}$	0.08	0.80	100.0	4000	0.7

表 6.47 大型巴歇尔槽自由流流量公式及适用范围

序号	喉道宽 b /m	流量计算公式 / (m³/s)	水头范围 (h) /m		流量范围 (Q) / (m³/s)		淹没度 (h_L/h)	淹没流量修正系数 (K_Q)
			最小	最大	最小	最大		
14	3.05	$Q=7.463h^{1.6}$	0.09	1.07	0.16	8.28	0.8	1.0
15	3.66	$Q=8.859h^{1.6}$	0.09	1.37	0.19	14.68	0.8	1.2
16	4.57	$Q=10.96h^{1.6}$	0.09	1.67	0.23	25.04	0.8	1.5
17	6.10	$Q=14.45h^{1.6}$	0.09	1.83	0.31	37.97	0.8	2.0
18	7.62	$Q=17.94h^{1.6}$	0.09	1.83	0.38	47.16	0.8	2.5
19	9.14	$Q=21.44h^{1.6}$	0.09	1.83	0.46	56.33	0.8	3.0
20	12.19	$Q=28.43h^{1.6}$	0.09	1.83	0.60	74.70	0.8	4.0
21	15.24	$Q=35.41h^{1.6}$	0.09	1.83	0.75	93.04	0.8	5.0

（3）标准巴歇尔槽和大型巴歇尔槽淹没流流量计算。标准巴歇尔槽和大型巴歇尔槽淹没时，流量可采用式（6.239）计算：

$$Q_f = Q - \Delta Q \qquad (6.239)$$

式中　Q_f——淹没流流量，m³/s；

　　　Q——自由出流流量，按前述给定的公式计算，m³/s；

　　　ΔQ——因淹没而减少的流量改正值，m³/s。

对于标准巴歇尔槽，ΔQ 用式（6.240）计算：

$$\Delta Q = \left\{ 0.07 \left[\frac{h}{[(1.8/s)^{1.8} - 2.45] \times 0.305} \right]^{4.57-3.14S} + 0.007s \right\} b^{0.815} \qquad (6.240)$$

式中　s——淹没度，$s = h_L/h$。

对于淹没度 s 小于 0.85 的标准槽，淹没时，流量也可用式（6.241）计算：

$$Q_f = 6.25s \sqrt{1-s} bh^{1.57} \qquad (6.241)$$

当 $s \leqslant 0.667$ 时，以 0.667 计，得到的实际是自由出流流量；当 $s > 0.667$ 时，以实际的 s 值计算得淹没流量。

对于大型巴歇尔槽，可根据淹没度（s）和上游实测水头（h），从图 6.88 上查得喉道宽度 $b=3.05$m 的改正流量 ΔQ_3 后，再按大型槽的实际喉宽从表 6.47 相应栏内查出修正系数 K_Q，将 ΔQ_3 乘以 K_Q 即得大型槽淹没流量改正值 ΔQ。

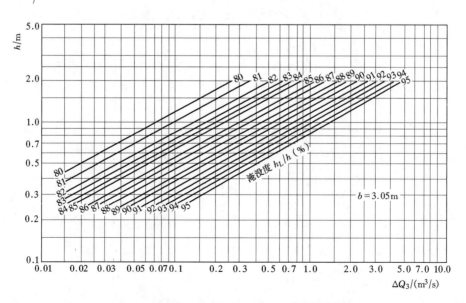

图 6.88　巴歇尔大型槽不同淹没度的改正流量查算图

（4）特大型巴歇尔槽流量计算。

1）自由出流。两种特大型槽自由出流时，流量公式及公式的应用范围见表6.48。

表 6.48　特大型槽自由流流量公式及应用范围表

序号	喉道宽 /m	流量公式	水头范围 /m		流量范围 / (m³/s)		淹没度 (h_L/h)
			最小	最大	最小	最大	
23	18	$Q = 42.106h^{1.6}$	0.20	1.828	3.21	109.8	0.65
24	23	$Q = 51.375h^{1.6}$	0.20	2.24	3.91	186.7	0.65

2）淹没出流。当 $s \geqslant 0.65$ 时按式（6.242）计算淹没出流流量 Q_f：

$$Q_f = C_f Q \tag{6.242}$$

式中　Q——自由出流流量，m^3/s；

　　　C_f——淹没系数。

$$C_f = 0.8 \left[1 - \left(\frac{h_L/h - 0.65}{0.35} \right)^2 \right]^{1/2} + 0.2 \tag{6.243}$$

6.10.3.6　孙奈利槽（Saniiri flume）

1. 组成与建造要求

（1）孙奈利水槽是一种由平底收缩入口、带落差的下游水槽及与下游水槽相连的垂直墙组成的测流槽（图6.89）。

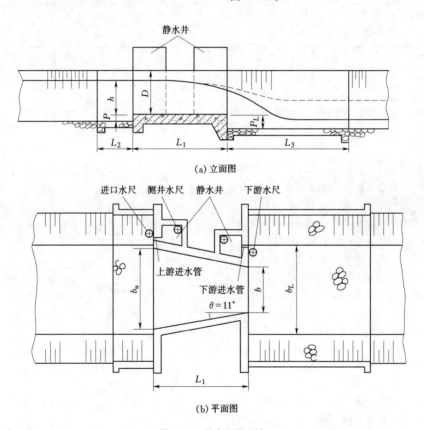

(a) 立面图

(b) 平面图

图 6.89　孙奈利量水槽

（2）孙奈利槽横断面为矩形，入流段底面水平，断面收缩，底面下游末端有一个跌坎，随后槽的横断面突然扩大［图6.89（b）］，与下游河道相连接。

（3）孙奈利槽的边壁直立，平面图上以11°的收缩角收缩，这适用于所有大小的测流槽。

（4）跌坎落差，即下游河底以上至槽底面高度，称为测流槽的底槛高（P_L）。在天然河道建造带底槛的测流槽时，有必要将底槛下游的河床及两岸衬砌一段距离 L_3。在河床坡度平缓的河道中，所要求的底槛高度可通过测流槽下游设立的静水井得到。

（5）在必要的地方，测流槽底面可以高出上游河底，形成一个高为 P 的底槛。

（6）测流槽的进、出口处，由在平面图上与槽体轴线成直角的垂直壁与两岸相连。

（7）孙奈利槽建造可用混凝土、钢筋混凝土，或是由金属板制成。

2. 水头观测

(1) 观测入流断面水头的静水井的连通管入口所在断面的位置,应与测流槽入口断面的位置相吻合。如果没有静水井,则应该在槽的入口附近设置直立水尺,水尺零点应仔细地调到槽底面的高程。

(2) 观测出口断面水头 (h_L) 的静水井的连通管入口的位置,应与测流槽出口断面相吻合。连通管入口位于槽底面的高度上。如果没有静水井,可在出口处槽壁上设置直立水尺。

(3) 在自由流状态下,只需观测入流断面水头 h (即水深)。

(4) 在淹没状态下,需要同时观测入流断面水头 h 和出口断面水头(下游水头) h_L。

(5) 不同尺寸的孙奈利槽所能观测到的水头范围在 0.1~1.1m(表 6.49)。

表 6.49　　　　　　　　　　　标准孙奈利槽尺寸和适用范围表

序号	出口宽 (b) /m	槽长 (L_1) /m	进口宽 (b_u) /m	下游堰高 (P_L) /m	边墙高度 (D) /m	下游衬砌长度 (L_3) /m	水头范围 /m		自由出流流量 /(m³/s)	
							最小	最大	最小	最大
1	0.3	0.6	0.51	0.4	0.7	1.8	0.14	0.55	0.03	0.25
2	0.4	0.8	0.68	0.5	0.8	1.8	0.14	0.60	0.04	0.40
3	0.5	1.0	0.85	0.65	0.9	2.0	0.15	0.70	0.06	0.63
4	0.6	1.2	1.02	0.80	1.0	2.5	0.20	0.85	0.10	1.00
5	0.75	1.5	1.30	1.00	1.2	3.0	0.22	1.00	0.16	1.60
6	1.0	2.0	1.70	1.20	1.3	3.0	0.24	1.10	0.25	2.50

3. 安装

孙奈利槽的槽身,仅由向下游收缩的矩形断面收缩段构成,其上下游进出口与槽轴线垂直布置,并与河流两岸的垂直翼墙连接,见图 6.89。

进口收缩段的槽底为水平面,两侧垂直边墙的收缩角 (θ) 均为 11°,在收缩段的末端,槽底与下游河槽形成跌坎 (P_L)。当要求扩大自由出流的范围时,可使槽底适当高出上游河底 (P)。此时在下游出口段 (L_3) 范围内,应对河床和两岸做必要的衬砌和防护。

槽轴线应与河槽流向一致,保证槽前水流为稳定均匀流。进口段的上游应有一段不小于 5 倍河宽的顺直行近河槽,弗劳德数 (Fr) 应不超过 0.5。

4. 规格

各种孙奈利槽彼此间按几何相似模型设计,各种尺寸是槽的出流横断面宽度的函数。各种规格的孙奈利槽各部位尺寸见表 6.49。选用时,应使河渠的平均宽度 ($\overline{B}$) 大于 $1.4b_u$ (b_u 为槽身进口底宽)。

5. 流量计算

(1) 自由流和淹没流判别。当淹没度 ($s = h_L/h$) 未达到非淹没极限 ($s_c = 0.20$) 时,为自由流,当淹没度大于非淹没极限时,为淹没流。增加底槛高度,可以扩大自由流的范围。淹没状态下的流量测量,淹没度不应超过 0.9。

(2) 自由流流量计算。自由流 ($s \leqslant 0.2$) 流量计算公式为

$$Q = C_D b \sqrt{2g}\, h^{3/2} \qquad (6.244)$$

式中　C_D——流量系数流量系数;

b——出流横断面宽度,m;

h——上游断面水头(即水深),m。

流量系数可用式 (6.245) 计算

$$C_D = 0.5 - \frac{0.109}{6.26h + 1} \qquad (6.245)$$

(3) 淹没流的流量计算。淹没流 ($s > 0.2$) 流量经验计算公式为

$$Q_f = C_f Q \qquad (6.246)$$

式中　Q_f——淹没流流量,m³/s;

Q——自由出流流量,m³/s;

C_f——淹没系数。

淹没系数可用式 (6.247) 计算

$$C_f = 1.085\left[1 - \frac{1}{11.7(1-s)+1}\right] \qquad (6.247)$$

式中　s——淹没度,$s = h_L/h$。

6.10.4　比降面积法测流

6.10.4.1　方法原理与使用条件

1. 方法原理

比降面积法是利用实测或调查测验河段的水面比降和断面面积等资料,采用水力学公式计算河段瞬时流量的一种方法,也属于流速面积法的范畴。其流量的基本公式为

$$Q = \overline{A}\,\overline{V} \tag{6.248}$$

式中　$\overline{V}$——河段平均流速，m/s，可用水力学中的曼宁公式估算，其精度取决于能面比降和糙率系数的精度；

　　　$\overline{A}$——河段平均断面面积，m^2，由借用、实测或调查获得。

2. 方法特点

该法具有经济、简便、安全、迅速的特点，能快捷地测到瞬时流量。当客观条件十分困难或常规测验设备被洪水损毁，无法采用流速仪法、浮标法等测流时，流速面积法甚至是唯一的流量测验方法。

3. 使用条件

使用比降面积法要求河段顺直，糙率有较好的规律。在有稳定边界、河床和河岸（如岩石或粘着性极强的黏土）的明渠、衬砌河道和有相对粗糙介质的河道中，采用比降面积法有相当的精度。也可以在包含有河漫滩的冲积河道或非均一横断面的河道中使用，但是在这些情况下，由于糙率（n）或谢才系数（C）的选用，可能会导致比降面积法有很大的不确定度。采用比降面积法的测站需事先安装好自记水位计等设备和分析掌握比降、糙率等因素的变化规律，以便能较准确的测算流量。

比降面积法是以断面较稳定为前提的，若断面不够稳定，每次大洪水后不宜直接采用原大断面计算流量，需实测过水断面。当发生稀遇洪水后，不仅要实测过水断面，为了解主要水力因素有无变化，还应按有关规定分析糙率变化规律。

从理论分析知，水面比降适用于恒定均匀流情况，能面比降适用于恒定渐变流情况，故反算糙度时需作流速水头项的校正。当发生分洪、溃口、溢流或断面严重冲淤时，水流条件就不符合上述水力学原则，所以分析糙率的变化规律时，要将此类不同基础的资料剔除。

比降面积法计算流量，主要是以测验河段的水流能坡变化为依据的。由于非棱柱体的河槽，带来了摩阻以外的能量损失，增加了参变因素的复杂性，当河槽为缓变收缩段时，这项损失可用经验公式估计或忽略不计，当河槽呈明显扩散，或突然扩散时，会产生一系列回流、涡旋，形成不稳定的能量损失，据水力学实验，这种损失所导致的误差较大，且难以用一定的经验公式估计。因此，比降面积法的测验河段，"可允许有缓变的收缩段，但不得有明显的扩散段，严禁有突然扩散断面"。

4. 比降面积法的适用范围

比降面积法适用以下情况。

（1）当流速仪法或水面浮标法测流确有困难的情况下（包括河床经常冲淤变化较大，但能设法取得高洪水位断面面积资料，满足推流精度要求的站），此法可用于抢测高洪水位的流量。所指困难情况如下。

1）流速仪和水面浮标测流设施发生了故障，不能继续使用。

2）水面漂浮物太多，无法采用流速仪法或水面浮标法施测。

3）水位涨落急剧，流速仪法或水面浮标法无法测到或测好高水位流量过程的转折点。或水位变化太快，引起过水面积、流量变化太大，不能保证所测得流量的精度。

（2）流量间测的站，在间测期间，可用此法测量超出间测允许水位变幅以外的洪水流量。

（3）在河床、岸壁比较稳定，水位流量关系为单一线或单纯受洪水涨落影响成绳套线，常年需要进行流量测验的站，若经过5年以上（包括近年），且有30次以上各种洪水特性的资料分析证明，其精度能满足下述规定的要求，则本法可应用在以下方面。

1）用此法计算的流量点距，与用各相应年份流速仪法和水面浮标法测得的流量所确定的水位流量关系线比较，无明显的系统偏离，并且大、中河流有75%以上的点距偏离曲线的值，在中、高水位级不超过±10%，在低水位级不超过±12%；小河站有75%以上的点距偏离曲线的值，在中、高水位级不超过±12%，在低水位级不超过±15%，则此法可与流速仪法相互间插使用。

2）用此法计算的流量点距，与用各相应年份流速仪法测得的流量所确定的水位流量关系线比较，无明显的系统偏离，并且大、中河流有75%以上的点距偏离曲线的值，在中、高水位级不超过±5%，在低水位级不超过±8%；小河站有75%以上的点距偏离曲线的值，在中、高水位级不超过±8%，在低水位级不超过±12%，则此法可作为测站一种经常的测流方法。全年中，流速仪法只在允许使用本法测流水位变幅的上、中、下部位，各校测2～3次，并作为水位流量关系定线的骨干点。

（4）高洪期断面较为稳定，水面比降较大的测验河段。当客观条件十分困难或常规测验设备被洪水损毁，无法用流速仪、浮标法测流时，在规划部署高洪测验方案过程中，可采用比降面积法测流。

（5）开展巡测、间测的测站，当洪水超出允许水位变幅以外或超出测洪能力时，可采用比降面积法测流。

（6）洪水调查河段的洪峰流量计算。

5. 比降面积法测流单次流量测验的允许误差

使用比降面积法测流的单次流量测验的允许误差，应符合表 6.50 的规定。

表 6.50　比降面积法单次流量测验允许误差

站　　类	总不确定度/%	系统误差/%
一类精度的水文站	12	1～2
二类精度的水文站	13	1～2
三类精度的水文站	14	1～2.5

6.10.4.2 测验河段的选择与布设

1. 测验河段的选择

（1）测验河段的基本要求。

1）所选河段是稳定的，泥沙冲刷或淤积没有进一步发展的趋势。

2）测验河段顺直，没有大的曲率和弯度。没有突然变化的河槽坡度。在整个河段中横断面应该均一，并且没有障碍物。植被最少并尽可能地均一。

3）整个河段中河床介质相似。

4）无论在什么情况下，河段长度应该保证上游和下游水位站水位差不应小于其不确定度的 10 倍。在每个水尺水位观测的不确定度度相似的情况下，水尺之间的距离应保证足够的水位落差，至少不少于一个水尺测量不确定度的 20 倍。

5）河段的水流没有由支流引起的重大干扰。

6）河道里的水流应该在确定的边界内流动。尽可能不要选择有河漫滩的河段。

7）河段中不应发生从亚临界流到超临界流或从超临界流到亚临界流的水流流态的改变。

8）河段不能是急剧扩张的河段。

9）河段的物理特性能够保证河段水流的滞时可以忽略。

（2）比降面积法测流的河段必须符合的条件。

1）测流的河段要求基本顺直，糙率有较好的规律。断面稳定、近岸边水流通畅，无明显的回流区和阻水建筑物。可允许有缓变的收缩段，但不得有明显的扩散段，严禁有突然扩散断面。

2）河段内的断面形状沿程变化不大，无卡口、急滩、较大的深潭或隆起（特别是断面上），水面线不宜有明显的转折点。当水面比降较大时，可按下列要求之一选择适当的河段：

a. 河段的选择必须满足测站布设中比降水尺河段选择的条件，为了保证精度，河段水面落差至少要大于 20 倍落差观测误差。

b. 在选定的河段长度内，水面落差宜等于或大于平均流速水头。

3）对影响水流结构及特征的河槽，其几何形状、河床、河岸应要求基本稳定。

4）比降上、下断面，应避开邻近河段的急弯和支流来水干扰，以及河洲分流所引起断面上出现流向分汊或斜流等现象。

5）河槽内无较高而且密集的水生植物，岸坡无影响水流畅通的成片树林和季节性的高秆作物。河段内两岸的灌木丛、水草及高秆农作物应及时清除，宜避开矶头、丁坝等河工设施。

2. 断面的布设

（1）断面布设的基本要求。比降面积法测流的河段，应布设比降上、中、下 3 个断面。中断面位于上下断面的正中间。基本断面、流速仪测流断面，尽可能与比降中断面重合。断面形状沿程变化不明显，面积沿程递增或递减变化基本均匀或受地形限制时，也可只设比降上、下断面，基本断面和测流断面，由比降上（下）断面兼。断面线应垂直流向，偏角不超过 10°。

（2）断面间距。比降上、下断面间距可按式（6.249）计算

$$L = \frac{2}{\Delta \overline{Z}^2 X_s^2}(S_m^2 + \sqrt{S_m^4 + 2\Delta \overline{Z}^2 X_s^2 S_z^2})$$

(6.249)

式中　L——比降断面间距，km；

$\Delta \overline{Z}$——河道每公里长的水面落差，mm，宜取中水位的平均值；

X_s——比降测算允许的不确定度，可取 15%；

S_m——水准测量每公里线路上的标准差，mm，视水准测量的等级而定，三等水准为 6mm，四等水准为 10mm；

S_z——比降水位观测的误差，mm，中、高水位有防浪静水设备时可按 2～5mm 计。

比降上、下断面间距除了按式（6.249）计算外，也可根据河段水面比降的大小，查表 6.51 获得。

表 6.51　　　　　　不同水面比降所需比降上、下断面间距对照表

水面比降/‰	18.5	10.2	5.7	4.2	3.3	2.8	2.5	2.2	2.0	1.8	1.7
比降上、下断面间距/m	50	100	200	300	400	500	600	700	800	900	1000

6.10.4.3 水位观测设施设备及其布设

1. 水位观测设备

水位是比降面积法重要的观测要素,比降面积法中用于计算比降的水位观测误差需要严格控制。在确定用比降面积法测流的站,在比降上、中、下断面需要设立水尺外,水尺尽可能安装防浪静水装置。同时有条件时,尽可能安装自记水位计。当设立自记水位计有困难时,观测水尺应刻划至5mm。

比降上、中、下断面自记水位计(或仅上、下两个断面设置两部仪器),应经常检查,发现问题立即检修,尽量做到3部仪器时间同步。

2. 校核水准点的设立和测量

水准点的设置是否合理和测量的精度得高低直接影响着比降计算的精度。校核水准点的设立和测量除应满足第5章相关要求外,还应符合以下规定。

(1)比降上、下断面间距较长时,上、中、下3个断面尽可能分别设立校核水准点,高程用水文三等水准测定。

(2)如设立有2个以上校核水准点,则各校核水准点,应进行连测和平差,尽可能消除由于各校核水准点间水准引测误差而产生河段落差的系统误差。

3. 水尺位置选择和设立

比降观测水尺位置选择和设立应满足以下要求。

(1)设立水尺处和邻近岸边,不应有突出的地形、地物、回流、死水。

(2)各组水尺(自记井),应尽可能设在各自的断面线上。如有特殊原因,不能设在断面线上,则由此产生比降上、下断面间落差的误差,不能大于同级水位落差的±1%。

(3)各组水尺应埋设牢固,不易受岸坡崩塌沉陷等影响。

(4)对拟确定用比降面积法测流的河段,应在比降上、中、下断面两岸设立水尺,同步观测1～2次较大洪水过程,分析两岸各级水位的一致性。

1)如各断面两岸水位无明显的系统差,则以后可只在一岸设立水尺观测水位。

2)如两岸水位虽有系统差,但有较好的关系,则以后也只在一岸观测水位,通过相关关系求得两岸应用平均水位。

3)如两岸水位关系散乱,相关线精度不能满足流量计算的要求,则应两岸长期设立水尺观测水位,推求断面应用平均水位。但其中有某一级水位,两岸无明显系统差,或有较好的关系,则这一级水位,可只在一岸设立水尺观测水位。

(5)若河段(包括比降上、下断面邻近河段)顺直,两岸边无突出的地形、地物,水流畅通,由一岸观测的水位,根据多年实测资料分析验证,糙率规律较好,计算的流量精度已达到本站采用本法测流使用目的所规定的精度,则不需经过两岸设立水尺比测,只在一岸设立水尺观测水位。

(6)比降水尺形式、刻度、具体布设、编号、零点高程测量及校测等可执行《水位观测标准》(GB/T 50138—2010)。

(7)漫滩较宽的河流,在能设法提供观测工作条件的前提下(如漫滩水不太深及采用其他措施),应尽可能在主槽与滩地交界处设立水尺,与岸边水尺同步观测1～2次洪水过程,进行分析,来决定是否需要长期这样观测下去,以及断面水位计算、糙率分析及流量计算方法等问题。

(8)水尺零点高程,要做到校测及时,确保所采用的零点高程准确。零点高程除每年汛前、汛后必须校测一次外,一般较大洪水后,对洪水涉及范围内的各支水尺,应校测一次。

6.10.4.4 水位观测与断面测量

1. 水位观测

(1)人工水位观测要求。

1)用比降面积法测流时,各断面的水位,原则上必须做到同时观测,但日内水位变化很缓慢时,也可由一人按上、下、上(或下、上、下)的次序,往返观测水位,取其首末两次的平均值记作与中间观测同一时水位。

2)比降水尺读数,一般应读至2mm,当波浪较大时,可读至5mm或1cm。

3)如水尺经防浪静水后,水面仍有浪起浪伏时,则水尺读数应取连续3个起伏的6个读数的平均值。如水位涨落非常急剧,无明显的起落波动周期,则抓紧在水面上涌浪稍缓趋平的瞬间,测记一个读数即可。

4)水位的小数位数,与水尺读数要求一致。

(2)自记水位计测量水位。安装自记水位计的测站,在各断面的自记水位计安装后,除应按规定进行比测外,在洪水过程中,特别是水位涨落急剧时,必须增加校核水尺的水位观测次数,发现自记与校核水位相差较大时,应对两者作具体分析。如属自记水位的问题,则应订正。也应考虑校核水尺读数的可靠性,尤其有浪时,应特别注意换纸时校核水位观测误差带来水位的系统差。自记水位计换纸和摘录按以下要求进行。

1)自记水位计换纸应选在水位变化平缓时进行,一般情况自记水位计换纸可与8时水位观测结合进行，如水位变化较快，则应提前或推后换纸。

2）各断面如不能做到同时换纸时，也可先后相距若干分钟分别进行，但各断面必须观测各换纸时分的水尺水位，准确地确定自记纸上的换纸时分和水位。

3）尽可能使各断面自记仪器运行时分一致，如有时差，当日内水位变化缓慢，不影响水位摘录所需精度，时差在 10min 以内可不订正，如影响摘录所需精度，则必须订正。具体以满足比降精度要求为原则。

4）自记水位视需要可摘录到 2～5mm。

（3）其他项目观测。水位观测的同时，应记录测量日期、时间、天气情况（尤其是风速和风向）、水的流向等情况。

（4）洪水痕迹调查。测站漏测洪峰，特别是无人值守的测站，洪水期自记水位计没有观测到洪水位，或在非测验断面调查计算洪峰流量时，可通过调查测量河段的洪水的痕迹，确定出洪水的水位和比降。可以调查的洪水痕迹有建筑物上的水痕、河岸堆积物、冲刷痕线、树干挂草痕线、泥线及灌木或者树木的堆积物等。

当精确的水尺水位不存在或是已被毁坏时，可通过河岸上的洪水痕迹估计出洪峰水位时的水面比降。

2．断面测量

断面测量按照第 4 章介绍的方法进行，测量除满足第 4 章相关要求外，还要满足以下要求。

（1）比降上、中、下断面的大断面和水道断面，均应测量。

（2）断面测量次数视河床断面稳定与否等情况而定，也可参考以下要求进行。

1）对于稳定河槽，即水位与面积关系点偏离多年平均水位面积关系线不超过±3%，可在每年汛前、汛后各施测一次断面；如出现特大和特殊洪水，在洪水过后应立即测量断面，如断面面积有明显变化，流量计算时应启用新的断面测量结果。

2）对于不稳定河床，即每次较大洪水断面冲淤变化超过±3%，则在每次较大洪水前、后均要及时测量断面；如河岸边坡稳定，仅中、低水位以下滩、槽有冲淤时，可只测变化部分。

3）对于每次洪水过程中，断面冲淤变化较大的河槽，当流速仪法和水面浮标法测流有困难，用本法抢测高水位的流量时，应尽可能在中、高水位级增加断面测量，以利高水位计算流量时对断面面积的分析和修正。

4）如属于调查洪水或估算洪峰流量，可只测一

次洪水痕迹以下的面积。

5）当发生稀遇洪水（如 50 年或 100 年一遇）时，应在退水后立即测量断面，并分析冲淤规律，确定插补或选用断面计算流量。

6.10.4.5　糙率的分析计算与选用

1．糙率

糙率是反映河床、岸壁形状的不规则性和表面粗糙程度的一个系数，在水流运动过程中，它直接影响沿程能量损失的大小。因此，从实测资料中来分析糙率，也应采用沿程损失反求的途径。即在恒定非均匀流条件下，要扣除局部水头损失；在非恒定流中，还应考虑加速比降的影响。此外，对于河段为复式断面（只考虑中、高水位），应划分主槽、滩地，分别分析糙率。

糙率分析计算方法原则上仅能用于较稳定的河槽。对于河槽不稳定的河流，河流阻力常受水流与河槽交互作用的影响，分析计算的糙率是近似成果，误差较大，要慎重使用。

糙率的分析有两种途径：其一是根据实测的流量、比降资料分析；其二是查用文献的经验数据。

2．糙率分析要求

糙率分析要求应满足以下要求。

（1）对有比降水位同步观测的实测流量资料，应分析其成果的测验精度及可靠性，并分析水面比降的合理性。

（2）有实测流量资料，并采用曼宁公式反算糙率时，应对水面比降作流速水头项的校正。对分洪、溃口、溢流或断面严重冲淤的测流资料，应予剔除。

（3）当滩地水面宽度占主槽水面宽度的 1/2 及以上的严重漫滩，滩地与主槽水深相差悬殊时，宜按主槽、滩地分别计算糙率。

（4）分析各级水位下不同洪水特性的糙率，应为30～50 个测点。以峰、谷及水位平稳期各测点的糙率与平均水力半径或断面平均水深或水位建立关系（建立的关系曲线称糙率曲线），并绘制非恒定流的测点，检查其分布趋势及合理性后，进行综合定线。当分布带的宽度不超过糙率不确定度的允许限时，可以定成单一线，并经过与各种情况的实测资料校验后可正式应用。

（5）糙率与水力因素的关系，每隔 1～2 年应全面检查一次。在发生稀遇洪水或断面控制发生变化后，应分析糙率规律有无变化。

（6）比降面积法用于与流速仪法相互间插和作经常性的测流方法（流速仪法校测），糙率必须根据本站 5 年以上（包括丰水年）资料分析。要求各年

分析的点子与多年综合确定的水位糙率关系线比较，无明显的系统偏离现象。具体而言，是指大、中河流，有75%以上的点距偏离曲线值，在中、高水位级不超过±5%，在低水不超过±10%；小河站，有75%以上的点距偏离曲线值，在中、高水位级不超过±8%，在低水不超过±12%。特殊洪水后，如断面形态和尺寸、河床岸壁组成、上下邻近河段内的地形、地物有较大的变化时，应分析检查糙率有无明显系统性的偏离，如有，则应重新率定糙率曲线，推流验证应用。

（7）比降面积法用于流量间测允许水位变幅外抢测洪水流量时，原则上应根据本站3～5年（包括丰水年）的资料分析糙率曲线查用。当间测水位变幅以外的高水位级无实测资料分析的糙率线段，可根据间测水位变幅内实测资料分析的糙率线，结合岸壁组成和河段其他特性延长糙率线查用。

（8）比降面积法用于流速仪法和水面浮标法测流有困难时，原则上应根据本站实测资料分析糙率曲线查用。如较高水位以上，无实测资料分析的糙率曲线，可结合岸壁组成、植物生长情况、下游控制以及河段其他特性等进行分析，延长糙率线查用。但线段延长幅度较大时（延长20%以上），糙率选用应慎重，必须报省（自治区、直辖市）或流域领导机关审查。

3. 测站基本情况收集

分析工作之前，应深入测验河段，进行查勘和测量。收集和测量河段地形图，包括邻近河段河流形势、纵断面等。现场调查河床、岸壁组成及植被生长情况，并尽可能拍摄照片，了解历年断面迁移情况。收集分析糙率所需的历年（包括近年试验）水位、面积、流量等资料，全面了解测站特性。

4. 糙率资料的选用

分析糙率时资料的选用应注意以下几点。

（1）原则上历年中凡有比降观测的资料，除预留一部分作验证流量外，其余都应参加糙率计算。但如历年资料太多，也可结合断面冲淤变化情况，每隔1～2年来选用，或在各年中选用一些具有各种洪水特性的洪水过程资料进行分析，分析时应采用瞬时观测值。分析糙率的点距，应不少于30次，且在所分析的糙率曲线上、中、下部位，分布基本均匀。

（2）一般情况下应坚持随机取样的原则，防止人为主观臆断的选取测点。但确实可证明属人为观测或包括仪器异常测量错误的点距，通过分析甄别，可以剔除。

（3）河段形态或河床组成，历年中有明显变化

（突变）的站应按突变前、后的不同时期划分时段，分别分析糙率。

（4）流量一律查用各年整编确定的水位流量关系曲线，对于受涨落率影响，水位流量关系曲成绳套线，而整编定线时，将涨落支线合并定为单一线者，分析糙率时，应根据实测流量点据，改定为绳套线查用。

（5）对稳定河槽（各年实测的水位面积关系线与历年平均线比较不超过±3%，视为稳定），可分别选用各年汛前、汛后实测的大断面资料。如有的年份，有比降水位观测资料，但未进行比降上、下大断面测量，如为满足定线需要，又必须选点参加糙率分析，则必须了解比降断面的冲淤变化是否与基本断面的冲淤变化一致，如属基本一致，则可按前、后有实测比降断面年份的资料，及基本断面冲淤变化的资料，按比例内插应用，否则不能选用。

（6）如果历年中比降观测资料不满足要求，可集中力量，观测几次较大洪水过程补充。

5. 资料检查

资料检查从以下几个方面入手。

（1）检查各组水尺设立的位置是否恰当，附近有无突出的地形、地物、回流、死水，观测的水位能否代表断面的水位。

（2）检查水尺零点高程测量情况，校测是否及时，高程是否可靠。

（3）了解各组水尺观测是否做到真正同时，如只有一人观测，又非往返进行观测，应分析考查观测各组水尺整个时距内，水位变化对所观测水位的影响程度。

（4）了解高洪水位有风浪时，对水位观测精度的影响程度。

（5）检查断面测量是否符合规范要求，并点绘各断面水位面积曲线，分析历年冲淤变化情况，必要时点绘各年大断面图比较。

（6）点绘各年各次洪水过程中，基本水位与比降上断面到比降中断面落差；基本水位与比降中断面到比降下断面落差；基本水位与比降上、下断面之间落差3根关系线，相互对照检查其间的规律性。对于水位流量关系成绳套线时，并应检查基本水位与水面比降关系相对应的情况。

（7）了解所采用的水面浮标系数及流速仪水面一点法水面系数历年是否一致，选用是否得当。水位流量关系延长是否合理。

6. 糙率计算的一般规定

糙率计算所用公式，原则上只适用于水位流量关系为单一线，或单纯受涨落率影响的站。峰顶和水流平稳期，用恒定非均匀流公式；洪水的涨水和

落水过程，用非恒定流公式。但在非恒定流中，如加速比降占水面比降的百分比值（指绝对值，下同）很小时，也可不计加速比降，具体取舍应满足以下要求。

（1）水位流量关系为单一线，不计加速比降。

（2）水位流量关系受涨落率影响成绳套线，其洪水过程中加速比降占相应水面比降的百分比最大值不超过 5% 时，加速比降可忽略不计。

（3）水位流量关系受涨落率影响成绳套线时，如涨水拐点附近前、后有一段时距，或洪水过程中其他部位有较多的加速比降占相应水面比降的百分比值 $S_w/S > 5\%$ 时（S_w 为加速比降，S 为水面比降），且若舍去加速比降不计，将会影响分析的糙率，达不到规定的精度要求，或糙率曲线线型明显改变时，则不能忽略加速比降。为考虑一个河段糙率线型各级水位的衔接，精度一致，在此情况下，$S_w/S > 5\%$ 的相邻线段（或洪水过程相邻时段），凡 $S_w/S > 1\%$ 者，均应考虑加速比降来计算糙率，只到 $S_w/S \leqslant 1\%$ 时，才可忽略加速比降不计。各分析河段，可从历年中选择 1～2 次涨落率大的，又有比降观测的洪水过程资料，进行加速比降的分析统计，以供分析糙率参考。

7. 恒定非均匀流糙率计算

（1）断面沿程收缩或扩散。河段基本顺直，仅断面沿程收缩或者是扩散引起的恒定非均匀流时，可用式（6.250）来计算糙率

$$n = \frac{\overline{A}\,\overline{R}^{2/3}}{Q_c} \sqrt{\frac{\Delta Z + (1-\xi)\alpha(V_u^2 - V_l^2)/2g}{L}}$$

$$(6.250)$$

式中　Q_c——恒定流流量（分析糙率时查整编定线的水位流量关系线），m^3/s；

　　　α——动能校正系数；

　　　V_u、V_l——比降上、下断面的平均流速，m/s；

　　　ΔZ——比降上、下断面水位差，m；

　　　L——比降上、下断面间距，m；

　　　g——重力加速度，一般取 $g=9.81$，m/s^2；

　　　ξ——断面沿程收缩或扩散水头损失系数。

$\overline{A}\,\overline{R}^{2/3}$ 的分析计算。当分析河段具有上、中、下 3 个比降断面时，过水面积沿程收缩或扩散变化不均匀（包括分析河段上至中断面河段收缩或扩散；而中至下断面河段扩散或收缩）。$\overline{A}\,\overline{R}^{2/3}$ 可用式（6.251）来计算

$$\overline{A}\,\overline{R}^{2/3} = (A_u R_u^{2/3} + 2A_m R_m^{2/3} + A_l R_l^{2/3})/4$$

$$(6.251)$$

式中　A_u、A_m、A_l——比降上、中、下断面面积，m^2；

　　　R_u、R_m、R_l——比降上、中、下断面的水力半径，m（当宽深比 $B/h \geqslant 100$ 时，也可用断面平均水深代替水力半径，但一个河段内，各断面各级水位应一致）。

当分析河段未设比降中断面，或河段内过水面积沿程递增或递减，其变化是均匀的[中断面的 $A_m R_m^{2/3}$ 与比降上、下断面平均值 $(A_u R_u^{2/3} + A_l R_l^{2/3})/2$ 相差不超过 $\pm 5\%$ 时]，$\overline{A}\,\overline{R}^{2/3}$ 可按式（6.252）来计算。即

$$\overline{A}\,\overline{R}^{2/3} = (A_u R_u^{2/3} + A_l R_l^{2/3})/2 \quad (6.252)$$

（2）中断面河段收缩。顺直河段，当比降中断面积较上、下断面均小时，出现上到中断面河段收缩，中到下断面河段扩散，如不计收缩影响，只考虑中断面至下断面河段扩散损失，则用式（6.253）来分析糙率

$$n = \frac{\overline{A}\,\overline{R}^{2/3}}{Q_c} \sqrt{\frac{\Delta Z + \alpha[(V_u^2 - V_l^2) - \xi(V_m^2 - V_l^2)]/2g}{L}}$$

$$(6.253)$$

（3）中断面河段扩散。顺直河段，当比降中断面积较上、下断面均大时，出现上到中断面河段扩散，而中到下断面河段收缩，如不计收缩影响，只考虑上断面至中断面河段扩散损失，则用式（6.254）来分析糙率。

$$n = \frac{\overline{A}\,\overline{R}^{2/3}}{Q_c} \sqrt{\frac{\Delta Z + \alpha[(V_u^2 - V_l^2) - \xi(V_u^2 - V_m^2)]/2g}{L}}$$

$$(6.254)$$

8. 非恒定流糙率计算

（1）断面沿程扩散或者是收缩。顺直河段，仅断面沿程扩散或者是收缩时，非恒定流情况下糙率可按式（6.255）计算

$$n = \frac{\overline{A}\,\overline{R}^{2/3}}{Q_m} \sqrt{\frac{1}{L}\left[\Delta Z + (1-\xi)\frac{\alpha(V_u^2 - V_l^2)}{2g}\right] - S_w}$$

$$(6.255)$$

式中　Q_m——非恒定流态下，任一瞬时的流量（分析糙率时，查读整编所定的水位流量关系线），m^3/s；

　　　S_w——加速比降（涨水取正号、退水取负号）。

（2）中断面河段收缩。顺直河段，当比降中断面面积比降上、下断面均小时，非恒定流情况下糙率可用式（6.256）计算

$$n = \frac{\overline{A}\,\overline{R}^{2/3}}{Q_m}\sqrt{\frac{1}{L}\left[\Delta Z + \frac{\alpha(V_u^2 - V_i^2)}{2g} - \frac{\alpha\xi(V_m^2 - V_i^2)}{2g}\right] - S_w} \tag{6.256}$$

（3）中断面河段扩散。顺直河段，当比降中断面面积比降上、下断面均大时，非恒定流情况下糙率可用式（6.257）计算

$$n = \frac{\overline{A}\,\overline{R}^{2/3}}{Q_m}\sqrt{\frac{1}{L}\left[\Delta Z + \frac{\alpha(V_u^2 - V_i^2)}{2g} - \frac{\alpha\xi(V_u^2 - V_m^2)}{2g}\right] - S_w} \tag{6.257}$$

（4）加速比降的计算。非恒定流情况下在糙率计算时，需要已知加速比降，其值可近似采用式（6.258）计算：

$$S_w = \frac{1}{g}\frac{\Delta V}{\Delta t} \tag{6.258}$$

如利用洪水涨、落过程中任一瞬时 t 时实测资料来分析糙率，则

$$\Delta V = V_{(t+\frac{1}{2}\Delta t)} - V_{(t-\frac{1}{2}\Delta t)} \tag{6.259}$$

式中　Δt——所取时段的长度，要能使在此时段内，流速基本成直线变化为原则，s；

$V_{(t+\frac{1}{2}\Delta t)}$——中断面 $(t+\frac{1}{2}\Delta t)$ 时的断面平均流速，m/s；

$V_{(t-\frac{1}{2}\Delta t)}$——中断面 $(t-\frac{1}{2}\Delta t)$ 时的断面平均流速，m/s。

9. 糙率关系曲线的确定

糙率关系曲线是指河段内的糙率随各级水位（或其他水力要素）变化规律的关系线。根据摘录并经甄别的基础资料计算糙率后，即可建立基本水位（或断面平均水深）与糙率的关系线。洪峰顶点、涨水面点、落水面点、低水位水流平稳期的点等宜用不同符号。各年各次洪水最好编号，以便了解各年各次洪水点子有无系统变化情况。为便于分析和较合理的确定糙率曲线，应将影响糙率大小和糙率曲线线型变化的主要因素和原因，如河床的组成，构成床表面粗糙程度，整个床坡面平整凸凹情况，以及植被的有无和种类，生长稀密、高度、季节和年际变化等，用简要的文字和数字指标，综合标注在糙率线两边相应高程部位。上述影响因素，在天然河流中，不仅在一个河段上各处不一，就是在同一断面各级水位下，往往也不一样，常形成各级水位下一种综合影响结果。此外，天然河流糙率，还要受到河段以外的邻近上、下游河段地形特征的影响。如分析河段在上、下弯曲河段中间，或下游有急弯、沙洲等情况，也都会影响分析河段各级水位糙率的量

级大小和线型变化。因此，确定糙率曲线时，应综合各方面原因，认真分析考虑。

10. 无实测资料时糙率的估算

测站如不具备通过实测资料分析糙率，可参考表6.52、表6.53估算糙率计算流量。

表6.52　以河床质颗粒的大小描述的河道粗糙系数

河床质的类型	河床质颗粒的大小 /mm	糙率（n）
砂砾	4～8	0.019～0.020
	8～20	0.020～0.022
小圆石和鹅卵石	20～60	0.022～0.027
	60～110	0.027～0.030
	110～250	0.030～0.035

表6.53　以河道类型描述的河道粗糙系数

河道类型和使用说明	糙率（n）
开挖和疏浚河道	
1. 笔直、均一、土壤边界河道	
（1）清洁、新近完工的河道	0.016～0.020
（2）清洁、经过侵蚀的河道	0.018～0.025
（3）有矮草没杂草的河道	0.022～0.033
2. 岩石边界河道	
（1）光滑、均一河道	0.025～0.040
（2）有凹口、不规则河道	0.035～0.050
天然河道	
1. 小河流（洪水水面宽小于30m）	0.025～0.033
2. 洪泛平原	
（1）草原，没有灌木	
1）矮草	0.025～0.035
2）高草	0.030～0.050
（2）耕地	
1）没有农作物	0.020～0.040
2）成熟条播作物	0.025～0.045
3）成熟大田作物	0.030～0.050
（3）灌木	
1）分散灌木、杂草丛生	0.035～0.070
2）（没有树叶的）稀疏灌木和树	0.035～0.060
3）（有树叶的）稀疏灌木和树	0.040～0.080
4）（没有树叶的）中等密集灌木	0.045～0.110
5）（有树叶的）中等密集灌木	0.070～0.160
（4）树木	
1）砍伐后有树桩没有苗芽的空地	0.030～0.050
2）同上，但是有长势茂密的苗	0.050～0.080
3）茂密树林、少许砍伐的树木，没有矮树，洪水位低于支流	0.080～0.120
4）同上，但是洪水位到达支流	0.100～0.160
5）仲夏时期长有密集的柳树	0.110～0.200

11. 误差统计和推流验证

糙率曲线确定后，应统计定线的系统误差，点距偏离曲线累积频率75％和95％的相对偏差。

选择1～2年或2～3次较大洪水完整的实测资料（不少于30个点），进行推流验证，即首先，利用糙率曲线和水位资料通过比降面积法法计算流量，然后统计它们与整编定线流量的误差（系统误差和累积频率75％、95％的相对误差）。当满足精度要求时，糙率率曲线可应用于生产实践。

6.10.4.6 流量计算方法

1. 一般规定与要求

（1）水文测站采用比降面积法测流时，应根据河段实际出现的水流运动状况，采用恒定均匀流、恒定非均匀流或非恒定流公式来计算流量。

（2）洪水峰顶和水流平稳期，用恒定非均匀流公式计算流量。棱桂河道、渠道平水期可用恒定均匀流公式。

（3）洪水的涨水和落水过程，用非恒定流公式计算流量。但在非恒定流中，如加速比降占水面比降的百分比值（指绝对值，下同）很小时，也可不计加速比降。

（4）凡拟用比降面积法测流的站，应选择历年（或近年）一些特殊洪水进行分析，研究本站日后流量计算工作中对加速比降的取舍问题。

（5）漫滩河段，应划分主槽、滩地，分别分析糙率和计算流量。

（6）河段两岸水位不一致，需取两岸平均水位作为断面水位，才能满足分析糙率和流量计算的精度要求时，则应取断面两岸水位的平均值，计算水面比降、过水面积、水力半径等来分析糙率和计算流量。如漫滩河段主槽与滩地交界处设有水尺，则主槽取主槽一岸水位与滩槽交界处水位的平均值，计算水面比降、过水面积、水力半径等来分析糙率和计算流量。滩地取滩地岸边水位与滩槽交界处水位的平均值，计算水面比降、过水面积、水力半径等来分析糙率和计算流量。如滩槽交界处未设立水尺，那么可能有两种计算方法：一是取断面两岸水位的平均值，来计算水面比降、主槽及滩地过水面积、水力半径等分析糙率和计算流量；二是主槽取主槽一岸水位，滩地取滩地岸边水位，来计算水面比降、过水面积、水力半径等分析糙率、计算流量。二者之选择，要视河段两岸地形、水流情况，由各地根据情况确定。

（7）各具体河段，不论采用哪一种公式分析糙率和计算流量，所考虑的因素、采用的方法，应严格做到往返一致。

（8）分析糙率和计算流量时，对水位、断面、流量等一些基本数据，包括断面选择等，均应认真审查，对那些人为产生的错误数据，必须剔除。

2. 水面比降计算

水面比降可采用式（6.260）计算

$$S = \frac{Z_u - Z_l}{L} \times 1000 \qquad (6.260)$$

式中 S——水面比降，‰；

Z_u——上比降断面水位，m；

Z_l——下比降断面水位，m；

L——上、下比降断面间距，m。

3. 恒定均匀流流量按公式

当河段非常规则（如棱柱河槽），比降一致，水流恒定（如平水期），水流严格符合恒定均匀流时，其流量可按式（6.261）计算

$$V = \frac{1}{n} R^{2/3} S^{1/2} \qquad (6.261)$$

$$Q_c = A \frac{R^{2/3} S^{1/2}}{n} = \overline{K} S^{1/2} \qquad (6.262)$$

式中 Q_c——比降、面积法计算的恒定均匀流流量，m^3/s；

A——断面面积，m^2。由于河段非常规则，上、中、下3个断面面积一致，可采用中断面面积；

V——断面平均流速，m/s，由于3个断面流速基本一致可采用中断面流速；

R——水力半径，m，$R = \dfrac{A}{P}$，P 为湿周，m，可用中断面值；

S——水面比降；

n——河床糙率；

$\overline{K}$——断面平均输水率，$\overline{K} = \dfrac{AR^{2/3}}{n}$。

4. 恒定非均匀流流量计算公式

（1）沿程收缩或扩散。顺直河段，仅断面沿程收缩或扩散引起的恒定非均匀流时，可用式（6.263）计算流量。

$$Q_c = \frac{\overline{K} S_c^{0.5}}{\sqrt{1 - \dfrac{(1-\xi)\alpha \overline{K}^2}{2gL}\left(\dfrac{1}{A_u^2} - \dfrac{1}{A_l^2}\right)}} \qquad (6.263)$$

式中 Q_c——比降面积法计算的恒定流流量，m^3/s；

S_c——恒定流态下的水面比降；

ξ——局部阻力系数，也称断面沿程收缩或扩散系数，河段断面收缩时，一般可

取 $\xi=0$；断面突然扩散时，$\xi=0.5\sim1.0$；逐渐扩散时，$\xi=0.3\sim0.5$；

α——动能校正系数，与断面上流速分布均匀与否有关，一般较顺直、底坡不大且断面较规则的河段，其值介于1.05～1.15之间，一般可取1.10。

对于山区河流，当底坡较大，且断面不规则、流速分布极不均匀时，α 可用式（6.264）近似计算

$$\alpha=\frac{(1+\varepsilon)^3}{(1+3\varepsilon)} \qquad (6.264)$$

其中

$$\varepsilon=\frac{V_m}{V}-1 \qquad (6.265)$$

当宽深比 $\dfrac{B}{d}\geqslant 10$ 的河道，也可用以下经验公式计算动能修正系数

$$\alpha=1+3\varepsilon^2-2\varepsilon^3 \qquad (6.266)$$

$$\varepsilon=\frac{7.83n}{R^{1/6}} \qquad (6.267)$$

式中 V_m——断面上最大点流速，m/s；

V——断面平均流速，m/s；

n——河槽糙率；

R——河槽水力半径，m。

（2）中断面河段收缩。顺直河段，当中断面过水面积小于比降上、下断面时，只考虑中断面至下断面河段扩散损失，则用式（6.268）计算流量

$$Q_c=\frac{\overline{K}S_c^{0.5}}{\sqrt{1-\dfrac{\alpha\overline{K}^2}{2gL}\left[\left(\dfrac{1}{A_u^2}-\dfrac{1}{A_l^2}\right)-\xi\left(\dfrac{1}{A_m^2}-\dfrac{1}{A_l^2}\right)\right]}}$$

$$(6.268)$$

（3）中断面河段扩散。顺直河段，当中断面过水面积大于比降上、下断面时，只考虑上断面至中断面河段扩散损失用式（6.269）计算流量

$$Q_c=\frac{\overline{K}S_c^{0.5}}{\sqrt{1-\dfrac{\alpha\overline{K}^2}{2gL}\left[\left(\dfrac{1}{A_u^2}-\dfrac{1}{A_l^2}\right)-\xi\left(\dfrac{1}{A_u^2}-\dfrac{1}{A_m^2}\right)\right]}}$$

$$(6.269)$$

5. 非恒定流流量计算公式

（1）断面沿程收缩或扩散。顺直河段，断面沿程收缩或扩散，非恒定流情况下可用式（6.270）计算流量。

$$Q_m=\frac{\overline{K}(S-S_w)^{0.5}}{\sqrt{1-\dfrac{(1-\xi)\alpha\overline{K}^2}{2gL}\left(\dfrac{1}{A_u^2}-\dfrac{1}{A_l^2}\right)}} \qquad (6.270)$$

式中 Q_m——非恒定流中任一瞬时流量，m^3/s；

S——受洪水波运动影响的实测水面比降；

S_w——加速比降。

其中

$$S_w=\frac{1}{g}\frac{\partial\overline{V}}{\partial t} \qquad (6.271)$$

式中 S_w——加速比降。非恒定水流运动为了克服重力加速度引起的惯性，在单位距离上必须转移的单位动能。涨水取正号，落水取负号。实际采用有限差公式计算

$$S_w=\frac{1}{g}\frac{\Delta\overline{V}}{\Delta t} \qquad (6.272)$$

式中 $\overline{V}$——断面平均流速，m/s；

t——时间，s；

$\Delta\overline{V}$——Δt 时间内，断面平均流速的变化量，m/s。

（2）中断面河段收缩。顺直河段，当中断面过水面积小于上、下断面时，只考虑中断面至下断面河段扩散损失，可按式（6.273）计算流量

$$Q_m=\frac{\overline{K}(S-S_w)^{0.5}}{\sqrt{1-\dfrac{\alpha\overline{K}^2}{2gL}\left[\left(\dfrac{1}{A_u^2}-\dfrac{1}{A_l^2}\right)-\xi\left(\dfrac{1}{A_m^2}-\dfrac{1}{A_l^2}\right)\right]}}$$

$$(6.273)$$

（3）中断面河段扩散。顺直河段，当中断面过水面积大于上、下断面时，只考虑上断面至中断面河段扩散损失，可用式（6.274）计算流量

$$Q_m=\frac{\overline{K}(S-S_w)^{0.5}}{\sqrt{1-\dfrac{\alpha\overline{K}^2}{2gL}\left[\left(\dfrac{1}{A_u^2}-\dfrac{1}{A_l^2}\right)-\xi\left(\dfrac{1}{A_u^2}-\dfrac{1}{A_m^2}\right)\right]}}$$

$$(6.274)$$

6. 河段平均输水率的计算

（1）断面沿程变化大时。当具有比降上、中、下断面，沿程变化不均匀时，或过水面积沿程收缩或扩散变化不均匀，包括上河段收或扩；下河段扩或收，河段平均输水率可用式（6.275）计算

$$\overline{K}=(A_uR_u^{2/3}+2A_mR_m^{2/3}+A_lR_l^{2/3})/4n \qquad (6.275)$$

式中 $\overline{K}$——河段平均输水率；

n——河段平均糙率，可以查本站分析确定的糙率曲线；

A_u、A_m、A_l——比降上、中、下断面水道断面面积，m^2；

R_u、R_m、R_l——比降上、中、下断面的水力半径，m。

若水力半径与断面平均水深一般有较好的关系，可根据一次实测断面资料计算，并建立断面平均水深与水力半径关系线，以后即可用断面平均水深查相关

线求得各断面的水力半径。当宽深比 $B/h \geqslant 100$ 时，也可用平均水深直接代替水力半径。

（2）断面沿程变化小时。当测验河段布设有上、中、下 3 个断面，断面沿程递增或递减，变化基本均匀（中断面的输水率 $\left(\frac{1}{n}A_m R^{2/3}\right)$ 与比上、下断面输水率的平均值 $\left[\frac{1}{2n}(A_u R_u^{2/3} + A_l R_l^{2/3})\right]$ 相差不超过 $\pm 5\%$），或当测验河段只布置有上、下两个比降断面时，河段平均输水率可用式（6.276）计算

$$\overline{K} = (A_u R_u^{2/3} + A_l R_l^{2/3})/2n \qquad (6.276)$$

7. 水力半径计算

（1）水力半径计算公式。在上节河段平均输水率的计算中，需要已知上、中、下断面的水力半径。任何一个断面的水力半径是该过水面积和湿周的比值

$$R = A/\chi \qquad (6.277)$$

式中　　χ——湿周，m；

　　　　A——过水面积，m^2。

（2）面积计算。其中，过水面积即横断面面积和湿周计算见图 6.90，如果用测深仪在横断面的不同地方测得的河流水深是 $d_1, d_2, d_3, \cdots, d_{n-1}$，而 $d_0 = d_n = 0$，则横断面的面积可按式（6.278）计算

$$A = \frac{1}{2}\sum_{i=1}^{n} b_i(d_{i-1} + d_i) \qquad (6.278)$$

式中　　d_i——第 i 条垂线的水深，m；

　　　　b_i——第 $i-1$ 条垂线与 i 条垂线之间的水面宽，m。

（3）湿周计算。湿周计算公式为

$$\chi = \sum_{i=1}^{n} \sqrt{b_i^2 + (d_i - d_{i-1})^2} \qquad (6.279)$$

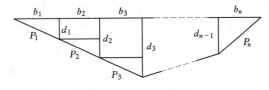

图 6.90　河流横断面示意图

6.10.5　末端深度法

6.10.5.1　基本原理与规定

1. 基本原理

末端深度法较多地用于渠道流量估算，当渠道平坦槽底突然不连续时，多数水工建筑物中都会出现自由溢流，这样的溢流形成一个控制断面，并提供估算流量的近似方法。在跌坎处的水流呈曲线型，在跌落

处或末端的水深不等于根据平行流假定原理计算得出的临界水深，然而末端水深和临界水深之比（假定是平行流情况），对受侧限的和不受侧限的每种溢流水舌来说，存在单值关系，所以根据末端深度的测量，即可估算流量。

本节介绍了在平坦的、顺直的、矩形截面的明渠上，具有垂直跌水和自由出流状态的亚临界流的估算方法。用末端实测的水深就可以估算有侧限的或无侧限的溢流水舌状态下的矩形河槽的流量。

2. 位置选择

初步勘测应包括拟建位置的自然和水力的特性，以检验它是否符合（或经改造后使之符合）用末端深度法测量所需的要求。

在选择位置和确保水流条件时应特别注意以下特点。

（1）规则断面河槽的顺直段要有足够的长度（至少为 $20h_e$，h_e 是相应于设计最大流量时水流末端深度）。

（2）通过目估或测量确认流速分布是均匀的。

（3）跌水上游水流属亚临界流。

（4）边墙和槽底尽可能平滑，至少相当于良好的水泥磨光面。

（5）河槽末端应垂直于河槽的中心线截断，超过这点以后水流应能自由跌落。

（6）在受侧限溢流水舌情况下，下游边墙要伸长一段距离，其长度不少于最大末端深度的 6 倍。在无侧限溢流水舌的情况下，边墙应在跌水处结束。

（7）溢流水舌必须充分与大气相通。

3. 一般规定

（1）末端深度法适用于在渠底水平或平缓倾斜，渠底末端有跌坎，能形成自由射流的渠道上测流。

（2）当从跌坎边缘向下游延伸的导流墙，其长度等于或大于最大末端水深的 6 倍时，射流水舌受两边侧墙限制，因而必须设置通气孔，以使水舌下部充分通气。

（3）末端深度法是近似计算流量的方法，其单宽流量的不确定度（95% 置信水平）约为 $\pm 5\%$ ～ $\pm 10\%$。

6.10.5.2　末端水深测量

1. 末端水深测量条件

末端水深测量应具备以下条件。

（1）跌坎上游的渠道应是顺直、均匀的断面，其

顺直长度至少应等于最大流量时末端水深（h_e）的 20 倍。

（2）渠底水平或其正比降不大于 1/2000。

（3）渠道水流应呈缓流状态，断面流速分布正常。

（4）边墙和渠底应用细水泥砂浆抹面，经常保持平整光滑。

2. 测量设备

末端水深的测量位置，在跌坎边缘的正中间，可用水位测针或其他感应灵敏的测量设备测量，由于水深测量位置上的微小误差可导致计算流量的较大误差，因此应严格控制水深测量误差。

6.10.5.3 流量计算

1. 流量计算通用公式

根据末端水深与临界水深之比存在单值关系的原理，直接用临界流公式计算流量。即

$$Q^2 = \frac{A_c^3}{B_c}g \tag{6.280}$$

式中　Q——流量，$\mathrm{m^3/s}$；

　　　A_c——临界断面的过水面积，$\mathrm{m^2}$；

　　　g——重力加速度，$\mathrm{m/s^2}$；

　　　B_c——临界断面的水面宽，m。

2. 矩形渠道流量计算

矩形渠道的溢流形式见图 6.91，由于末端水深与临界水深之比接近一个常数，故可用末端水深替代临界水深计算流量。

$$Q = C_D \sqrt{g}\, b h_e^{3/2} \tag{6.281}$$

式中　C_D——流量系数；

　　　b——渠道宽，m；

　　　h_e——末端水深，m。

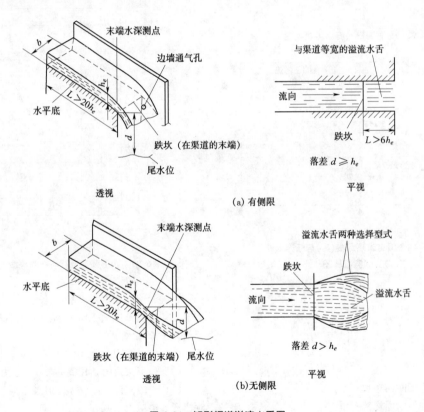

图 6.91　矩形渠道溢流水舌图

流量系数取决于渠道比降和糙率。对于射流水舌受侧限的矩形水平渠道，$C_D = 1.66$；对于不受侧限的矩形水平渠道，$C_D = 1.69$。对倾斜渠道也可采用上述值，但精度稍差。

3. 梯形渠道流量计算

梯形渠道的溢流形式见图 6.92。其末端水深与临界水深之比（h_e/d_c）是 mh_e/B_0 的函数，其中 m 和 B_0 分别为梯形断面的边坡（垂直 l：水平 m）和底宽。临界水深值（d_c）可根据已知的 m、B_0 和 h_e 值从图 6.93 中查得。得出临界水深后，可直接按式（6.280）计算流量。

梯形渠道的流量也可根据临界水深用式（6.282）计算

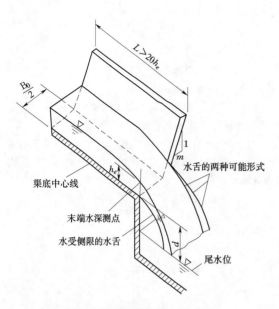

图 6.92 梯形渠道溢流水舌透视图

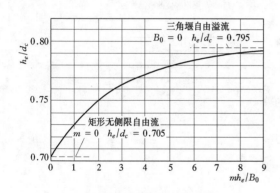

图 6.93 梯形渠道末端深度（h_e）与临界水深
（d_c）的比值查算图

$$Q = \frac{\sqrt{g/2}}{m^{3/2}}\left(\frac{B_0}{2}\right)^{5/2} \frac{\left[\dfrac{d_c^2}{\left(\dfrac{B_0}{2m}\right)^2} + \dfrac{2d_c}{\left(\dfrac{B_0}{2m}\right)}\right]^{3/2}}{\left[1 + \dfrac{d_c}{\left(\dfrac{B_0}{2m}\right)}\right]^{1/2}}$$

(6.282)

式中 m——梯形断面边坡；

B_0——梯形断面底宽，m；

d_c——临界水深，m。

4. 圆形渠道流量计算

渠道断面形状见图 6.94。在渠道断面中末端水深与临界水深之比为 0.756（即 $h_e/d_c = 0.756$）。对图 6.94 中所示的圆形渠道，可用式（6.283）计算流量

$$Q = \frac{1}{4}\sqrt{g}r^{5/2}\frac{\{2\cos^{-1}(1-\alpha) - 2(2\alpha - \alpha^2)^{1/2}(1-\alpha)\}^{3/2}}{(2\alpha - \alpha^2)^{1/4}}$$

(6.283)

式中 r——渠道半径，m；

α——临界水深与渠道半径之比，即 $\alpha = d_c/r$。

考虑到计算简便，在图 6.95 中将式（6.283）作为一个无因次图解表示出来，可以用来计算流量。

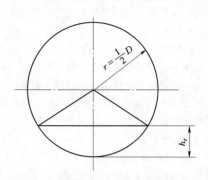

图 6.94 圆形渠道示意图

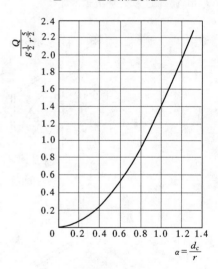

图 6.95 圆形渠道流量与临界深度关系图

5. 末端深度法使用条件

末端深度法限制在以下条件下应用。

（1）渠底到跌坎下游水面的垂直距离（d）应等于或大于末端水深（h_e）。

（2）渠道宽度（b）应大于 0.3m。

（3）梯形渠道上，比值 mh_e/B_0 应为 0.5～7.0。

（4）末端水深（h_e）对矩形渠道应大于 0.04m；对梯形渠道应大于 0.05m。

（5）在圆形渠道上，比值 h_e/r（末端水深对渠道半径的比）应处在 0.19～1.0 之间。

6.10.6 水工建筑物法测流

6.10.6.1 一般规定与要求

1. 定义与分类

堰、闸、洞（涵洞）和水电站（含电力抽水站）等水工泄水建筑物可用于流量测验。

水工建筑物的堰一般是采用实用堰和宽顶堰，实用堰又有高实用堰、低实用堰之分，宽顶堰又有有坎宽顶堰和无坎宽顶堰两种；闸可分为平板门平底闸、弧形门平底闸、平板门曲线实用堰闸、弧形门曲线实用堰闸等；洞又有短洞、长洞之分、进口设置有压短管和闸门控制的无压洞涵；按水工建筑物出流形式可分为堰流、孔流、管流；根据涵洞水流是否有与空气接触的自由水面将管流又分为有压、无压、半有压管流；根据上下游水头关系及出流是否受到下游水位的影响，水工建筑物过流又有自流、淹没流和半淹没流等。

根据堰高和上下游水头关系又有高堰和低堰之分。一般情况下，水工建筑物中堰闸测流精度较高，尤其是宽顶堰自由出流情况下流量最为稳定，测验精度最好，而实用堰最为复杂，不仅堰型多、结构复杂，而且与水流的关系也复杂，本章只能介绍部分不典型情况，更多的堰型和水流条件下的流量计算，可参考有关水力学计算手册。

由于涵洞、隧洞及管道其水力学特性相似，流量测验方法基本相同，故三者统称为洞。

这里的"洞"包含或又可称涵洞、洞涵、隧洞、隧、涵、管道、涵管等，因此本章通用洞或涵洞代称之，不再区分。

2. 用于测流的水工建筑物边界条件和水力条件要求

原则上水工建筑物均可用于流量测验，但满足如下边界条件和水力条件要求的水工建筑物测流，其测验成果质量才有保证。

（1）堰闸、无压洞、涵等过水建筑物能对水流产生垂直或平面的约束控制作用，形成水面明显的局部降落，产生一定的水头差。遇到淹没出流时，建筑物上下游的水头差一般不应小于0.05m。淹没度一般不应大于0.98。

（2）堰闸、无压洞、涵等过水建筑物的上下游进出口和底部均不能有明显影响流量系数稳定性的冲淤变化和障碍阻塞。

（3）位于河渠上的堰闸进水段，应有造成缓流条件的顺直河槽。河槽的顺直段长度不宜小于过水断面总宽的3倍。有淹没出流的堰闸，下游顺直河段长度不宜小于过水断面总宽的2倍。

3. 流量系数

水工建筑物测流的流量系数可采用现场率定、模型实验、同类综合和经验系数等方法确定，并应符合以下要求。

（1）采用水工建筑物法测流的测站，要用流速面积法按高、中、低水对流量系数进行率定。

（2）已采用水工建筑物测流的测站，要定期（3～5年）进行流量系数检验。

（3）无法取得流量系数率定资料的测站，可采用模型试验、同类综合和经验系数等方法确定流量系数。采用该法确定流量系数只能用于超标洪水、洪水调查等特殊情况下的流量计算使用，常规流量测验中不宜采用该法确定流量系数。

4. 流量测验精度

采用水工建筑物法测流的测站，流量测验精度应满足《河流流量测验规范》规定的精度要求，否则，应改用其他方法测流。

5. 考证簿填写

采用水工建筑物测流的测站，应对建筑物的型式、结构、水力特性及边界条件等作详细调查了解，搜集有关资料，编制"考证簿"，作为技术档案长期保存。如工程型式、结构、标准、水力特性及边界条件等发生变化，或上下游河槽、水准点、基面、断面、测验设施等发生变化，须及时补充修订考证簿。

6.10.6.2 测验设施布设

1. 水尺断面布设

（1）堰闸水尺断面布设。河、渠堰闸上游基本水尺断面应设在堰闸进口渐变段的上游，其距堰闸的允许距离可根据表6.54确定（其中，B 为堰闸总宽；L 为上游水尺断面与堰闸进口渐变段上游端距离，当堰闸进口无渐变段时，水尺断面距离应从堰口或闸门处算起；H_{max} 为最大水头），也可采用式（6.284）计算

$$L = \frac{h_w R^{4/3}}{n^2 \bar{v}^2} \tag{6.284}$$

式中　L ——闸上水尺与闸的允许距，m；
　　　h_w ——沿程水头损失，m；
　　　n ——河槽糙率；
　　　R ——水力半径，m；
　　　$\bar{v}$ ——断面平均流速，m/s。

表 6.54　上游基本水尺断面距堰闸距离

单位：m

堰闸总宽 B	上游水尺断面与堰闸进口渐变段上游端距离 L
<50	$(3\sim5)H_{max}$
50~100	$(5\sim8)H_{max}$
>100	$(8\sim12)H_{max}$

当堰闸上游水流受到弯道、浅滩等影响可能产生横比降时，则应在两岸同一断面线上分别设立水尺。

1）水库溢洪闸（道）上游基本水尺断面，应根据以下情况布设。

a. 当堰闸上游进水段长度满足表 6.54 的规定时，则按表 6.54 的规定设立堰闸上游水尺断面。

b. 当堰闸进口前为开阔水面（如湖泊或水库），如坝前水尺距堰闸较近（不宜超过 500m），且水流不受阻隔时，可用坝前水尺代替堰闸上游水尺。

c. 当堰闸上游虽无顺直进水段，坝前水尺距堰闸较远（超过 500m），坝前水位对堰闸出流反应不灵敏时，则应在堰闸上游进口附近、避开堰闸引起的壅水或跌水影响处，设立专门的上游水尺。

2）堰闸下游水位有独立使用价值的，应设立下游基本水尺断面。断面位置应设在堰闸下游水流平稳处，距消能设备末端的距离，应不小于消能设备距堰闸距离的 3 倍。当测流断面设在堰闸下游时，可将下游基本水尺断面与测流断面重合设立。

3）有淹没出流的堰闸，应在闸后淹没水跃区附近设立堰闸下辅助水尺。当设置有困难时，可用堰闸下游基本水尺代替观测。

4）当流速仪或走航式 ADCP 测流断面与堰闸上下游基本水尺断面相距不远时（两处水位差不大于 1cm），可用堰闸上下游基本水尺代替；如两断面相距较远，则应专门设立测流断面水尺。

（2）涵洞（管）水尺断面布设。洞上游基本水尺断面应设在进水口附近水位平稳处。有淹没出流的隧洞、涵洞，应在出水口附近水流平稳便于观测处，设立下游辅助水尺。

（3）水电站、电力抽水站水尺断面布设。

1）水电站、电力抽水站的站上（下）水尺断面，应设于建筑物进水口（出水口）附近水流平稳，便于观测的地方。

2）属于以下情况的水电站和电力抽水站，可不设站下水尺。

a. 计算水头用站上水位减喷嘴中心高程的冲击式水轮机电站。

b. 出水管口位于水面以上，用管口中心高程减站上水位计算扬程的电力抽水站。

2. 测流断面布设

为便于流量系数的现场率定和检验，应在泄水建筑物的上游或下游附近，设立可采用流速仪或走航式 ADCP 进行测验的测流断面。测流断面宜设在建筑物下游河（渠）道整齐、顺直，水流平稳的河（渠）段上。测流断面距消能设备末端的距离应不小于消能设备距堰闸距离的 5 倍。在建筑物下游无满足要求的测流断面时，可在建筑物上游的适宜位置设立测流断面，并应符合以下要求。

（1）建筑物上游应有足够长度的顺直平缓河段，

流速分布正常，处于缓流状态，顺直河段长度，一般应不小于过水断面总宽的 3 倍。当堰闸宽度小于 5m 时，顺直河段长度应不小于最大水头的 5 倍。

（2）无闸门的堰，测流断面设于堰上游水流平稳处，与堰进口的距离，应不小于水尺断面至堰的距离。高堰则应避开堰坎对断面垂线流速分布的影响。

（3）有孔流出现的堰闸，测流断面距闸的距离应满足避开闸门阻水对断面流速分布的影响。

（4）测流断面离开建筑物也不宜过远，应避免区间分流或汇入，以及河槽调节水量的影响。

3. 观测闸门开启高度设备安装

每孔闸门都应装置便于直接观读闸门开启高度的标尺。闸门开启高度观测标尺的零点，应从闸门关闭时的上边缘开始，向上刻划在闸墩壁上便于观测处，标尺应刻划至厘米，闸门上边缘应装有指针，与标尺刻划相切，对准读数，以保证观测精度。

用钢丝绳悬吊的闸门，当用钢丝绳收放长度观测闸门高度时，应注意钢丝绳在开闸和关闸中由于受力不同而产生的伸缩。特别在关闸时由于钢丝绳的松弛，造成开启高度的观测误差要进行改正。

弧形闸门的开启高度，应换算为垂直高度。用闸门开高指示器或自记仪器观测闸门开启高度时，要求指示器和自记仪至少能读到 0.005m，当水位较高，流速较大时，水文观测的误差也应小于 0.01m。并经常校正零点位置，以保证观测精度。

水库输水洞、隧洞、涵洞设置的闸门多数在洞内，难以直接观测闸门的开启高度，可用柔性好的细钢丝绳，系在闸门上，同时用适宜重量的悬锤，将细钢丝绳吊在闸门启闭机房内的定滑轮上，另在悬锤的一旁设置观测闸门开启高度的标尺，标尺应刻划到厘米。当闸门启动时，悬锤下降的距离即为闸门的开启高度。

用丝杠启闭的平板闸门，可在丝杠一侧竖立垂直标尺，在丝杠适宜部位设立固定指针，以观测闸门开启高度。

4. 其他设施布设

水位观测设备、水准点、测量标志等设施的设置与要求，与一般水文测站相同。

6. 10. 6. 3　高程、断面及建筑物尺寸测量

1. 水准点、水尺零点高程及大断面测量

水准点、水尺零点高程、大断面等测量的方法、技术要求和精度，与一般水文站相同。

2. 水工建筑物高程测量

堰顶、闸（洞）底高程，水电站、电力抽水站出水管口中心高程用四等水准测量。高程测定以后，可

根据情况，每隔5～10年复测一次，当有变动的迹象时，应随时复测、检验。

3. 基本水尺断面测量

水工建筑物上下游基本水尺断面的大断面测量次数要求如下。

（1）冲淤变化较大的河流，每年测量一次。

（2）河槽稳定的河流，其水位与面积关系点偏离曲线不超过±2％时，每3～5年测量一次。

（3）闸前后无冲淤变化以及无进水段的堰闸、隧洞、涵闸、水电站、电力抽水站等均可不进行大断面测量。

4. 建筑物过水断面测量

（1）建筑物过水断面为矩形的，宽度应进行往返精确测量，并分别测记其最高水头变幅内上、中、下3个部位的数值，当测量误差不大于±（0.01m＋0.2B‰）（B为宽度）时，取其平均值作为测量成果。

（2）建筑物过水断面为非矩形的，应实测不同高程下的断面面积，两测深垂线间的间距应不大于总宽度的4％。水深应记至0.005m，同一部位宽度测量应不少于3次，当各次测量互差不大于±（0.01m＋0.2B‰）时，取3次测量平均值作为宽度测量值。

（3）一次测定以后，如有变动的迹象，应及时行复测。

（4）建筑物其他有关尺度，如顺水流方向的堰厚、闸墩厚度、长度、闸门高度、弧形闸门的圆弧半径、支点高，消力池（坎）的长、高、宽等，一般均可采用工程竣工后经过核实的资料。当缺少这种资料时，要作实地测量，测量应精确到0.01m。第一次测量以后，只在有变动的迹象时，再行复测。

（5）第一次测量时，同一尺寸测量应不少于3次，当各次测量互差不超过±（0.01m＋0.2L‰）时（L为测量值），可取其多次测量结果的平均值，作为测量成果。

6.10.6.4 水位观测及附属项目

1. 水位观测

水工建筑物法测流时水位观测的方法采用的仪器设备与水文测站基本不相同，除按照水文测站水位观测章节中有关要求与规定执行外，还应满足以下要求。

（1）人工观测水尺时，在每次闸门开启和关闭过程中，应在开始、终止以及过程中及时加测水位，以控制水位变化过程。闸门变动终止、水位基本稳定后，再观测一次水位。

（2）淹没出流时，建筑物上下游基本水尺和闸下辅助水尺，应同步观测。

2. 水头计算

（1）实测水头计算。上游实测水头（h）用建筑物上游基本水尺水位减堰顶（闸底）高程；下游实测水头（h_L），用建筑物下游水尺观测水位减堰顶（闸底）高程求得。

（2）总水头计算。

1）基本水尺断面距建筑物较近时，总水头可按式（6.285）计算：

$$H = h + \frac{\alpha v_0^2}{2g} \tag{6.285}$$

式中　H——上游总水头，m；

　　　h——上游实测水头，m；

　　　α——动能修正系数，一般可用1.0；

　　　v_0——进口段基本水尺断面处的断面平均流速，m/s，v_0值可用实测或推求流量除以进口段水尺断面的过水断面面积求得。

2）当堰闸上游基本水尺与堰闸距离比较远，沿程水头损失达到或超过1cm时，应将实测水头加行近流速水头改正后，再减沿程损失水头作为总水头，用式（6.286）计算

$$H = h + \frac{\alpha v_0^2}{2g} - h_w \tag{6.286}$$

式中　h_w——沿程损失水头，m。

h_w用式（6.287）计算

$$h_w = \frac{n^2 L \bar{v}^2}{R^{4/3}} \tag{6.287}$$

式中　L——闸间上游水尺至堰闸的距离，m；

　　　$\bar{v}$——堰闸上游水尺至堰闸间河道断面平均流速，m/s；当堰闸上游河道顺直，河槽宽度一致时，可用上游水尺断面处的平均流速；如河宽差别较大，则用该河段上下游两个断面平均流速的平均值；

　　　n——河床糙率；

　　　R——水力半径，m。

（3）水头差（同水位差）（ΔZ）计算。用上游水头减堰闸下（或闸下游）水头求得。

3. 闸门开启高度和开启孔数观测

每次开闸、关闸及闸门有变动时，应随时测记闸门的开启高度、开启孔数、开启时间及闸孔自左至右的编号。当各闸孔闸门开启高度不一致时，应分别记载其开启高度及闸孔编号。当出现各闸孔闸门开启高度及流态不一致，以及闸门两边不等高、闸门漏水等情况时，均应在记载簿的备注栏内注明。当闸门提出水面后，不记开启高度数时，仅记"提出水面"字

样。小型闸门开启高度应测记至 0.005m,大型闸门开启高度可测记至 0.01m。

对于弧形闸门,需将闸门开启的弧形长度换算为垂直高度,作为弧形闸门的开启高度。闸门落点在堰顶时,以闸门底边距堰顶最高点的垂直距离作为闸门开启高;当闸门落点在堰顶下游时,闸门开启高度可有两种计算方法:一种是当用现场率定流量系数推求流量时,仍可用闸门落点在堰顶的开启高计算方法计算;另一种是当用经验流量系数推求流量或作流量系数综合分析时,应用闸门底边距堰面的最短距离作为闸门开启高度,事先可计算出弧形闸门开启角度与开启高度的关系图或关系表,以备查用。

用启闭机的计数器测记闸门开启高度时,应经常校正零点,由于悬吊闸门钢丝绳伸缩造成的读数误差,应及时检验校正。

6.10.6.5 流态观测与判别

水工建筑物的出流主要有堰流、孔流、管流等形式,其中,堰流、孔流又可分为自由流、淹没流和半淹没流 3 种流态,管流可分为无压流、有压流和半有压流。出流形式和流态决定着流量计算公式的形式。在选取流量计算公式之前,应进行出流形式和流态判别。

流态观测以目测为主,当遇到不易识别的流态,以及缺乏流态观测记录时,可辅以有关水力因素的观测资料进行分析计算,确定流态。流态观测应与水位观测同时进行并做记录。

1. 自由孔流和自由堰流判别

当堰闸闸门或胸墙接触水面对过闸水流起到约束作用时为孔流,闸门或胸墙不接触水面时为堰流。闸门或胸墙是否接触水面,主要由观测员目测确定。

现场未能观测记录下孔、堰流的分界或观测有误时,可根据堰闸型式和实测的闸门相对开度值进行判别,闸门相对开度是指实测的闸门开启高度与上游总水头之比(e/H),它是孔流和堰流判别的重要指标,其判别式为

$$e/H < (e/H)_C \qquad (6.288)$$

式中 $(e/H)_C$ ——孔、堰流分界的临界值;

e/H ——闸门实测相对开度;

e ——闸门开启高度,m;

H ——上游总水头,m。

当式(6.288)成立时为孔流,否则为堰流。

$(e/H)_C$ 值可按以下规定采用。

(1)平板门、弧形门宽顶堰(平底)闸的 $(e/H)_C$ 值平均为 0.65。

(2)平板门曲线实用堰、驼峰堰闸 $(e/H)_C$ 值用

$e\sqrt{2gH}$—$(e/H)_C$ 关系图(图6.96)查算。

(3)弧形门曲线实用堰闸(门底缘在堰顶)$(e/H)_C$ 值用 $e\sqrt{2gH}$—$(e/H)_C$ 关系图 6.97a 线查算。

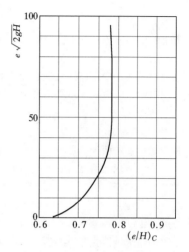

图 6.96 平板门曲线实用堰、驼峰堰闸
$e\sqrt{2gH}$—$(e/H)_C$ 关系线图

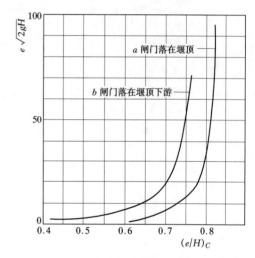

图 6.97 弧形门曲线实用堰闸
$e\sqrt{2gH}$—$(e/H)_C$ 关系线图

(4)弧形门曲线实用堰闸(门底缘落于堰顶下游)$(e/H)_C$ 值用 $e\sqrt{2gH}$—$(e/H)_C$ 关系图 6.97b 线查算。

查图时,用实测水头和闸门升高计算 $e\sqrt{2gH}$ 值,从图上查得相应的 $(e/H)_C$ 值。

2. 自由堰流与淹没堰流判别

(1)宽顶堰。宽顶堰(包括平底闸)自由出流时,水面呈两级跌落,从堰口到堰顶有一次跌落,到

堰顶下游又一次跌落。平底闸进口以下有一次跌落，出闸墩后又一次跌落。淹没堰流时，下游水头高于堰顶，堰坎下游或闸墩下游水面，无明显跌落现象。可用淹没度（S）判别，淹没度采用式（6.289）计算

$$S = h_L / H \qquad (6.289)$$

式中　S——淹没度；

$\quad h_L$——堰下实测水头，m；

$\quad H$——堰上总水头，m。

当 $S < 0.8$ 时为自由堰流，$S > 0.8$ 是为淹没堰流。

（2）实用堰。实用堰中高堰一般均为自由出流。低实用堰淹没度的变化幅度较大，直接观测判别有困难时，可以取用自由流的经验流量系数（$k'_e c$）和观测的 h_L / H 值查表 6.62 判别临界淹没点，（h_L / H）小于临界淹没点为自由流，（h_L / H）大于临界淹没点为淹没流。

3. 自由孔流与淹没孔流判别

（1）宽顶堰闸。宽顶堰闸（包括平底闸）闸下水位低于闸门底边，即闸下水头小于闸门开启高度（h_L $< e$），闸下游水头没有淹没垂直收缩断面，闸孔出流不受下游水位影响，为自由孔流。

宽顶堰闸（包括平底闸）闸下出现淹没水跃，水跃前端接触闸门，闸下水头高于闸门底边，即闸下水头大于闸门开启高度（$h_L > e$），为淹没孔流。

（2）实用堰闸和跌水壁闸。当水流过闸后水跃产生在堰壁以下，且堰下水位低于堰顶，为自由孔流。当闸下水位高于闸门底边，闸下出现淹没水跃，水跃前端接触闸门底边，为淹没孔流。

4. 半淹没孔流

半淹没孔流发生于实用堰闸和跌水壁闸。闸下水位高于堰顶，低于闸门底边，界于自由流和淹没流之间。

5. 平底平板门闸孔流与堰流流态判别

平底平板门闸孔流与堰流的流态判别，可用图 6.98 进行判别。图 6.98 中分 A、B、C、D、E 5 个区，在应用时，根据实测 e/H 和 h_L / H 值，在图 6.98 上查得纵横坐标值延线交于所在区，即为所求流态。

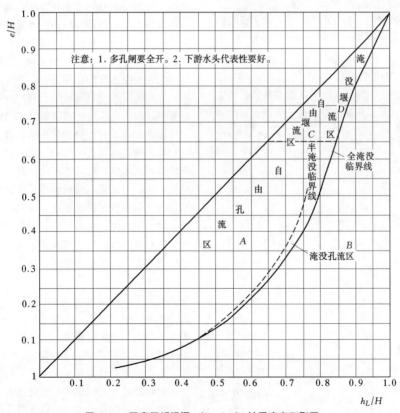

图 6.98　平底平板门闸 e/H—h_L / H 关系流态判别图

6. 涵洞（管）出流流态判别

（1）有压、半有压洞（管）出流主要观测下游洞口是否被淹没，如洞下游出口处水位高出洞顶部，洞口全部淹没即为淹没流。反之，洞下游水位低于洞顶，洞口不被淹没即为自由流。

（2）无压短管出流当 $h_L \geqslant 0.75H$ 时，即为淹没

流。（h_L 为洞下游水头，即洞口底板高程与下游水位之差）。

（3）无压长管出流均为淹没出流。

7. 涵洞（管）有无压流态判别

涵洞（管）可能会出现有压、半有压，无压等状态，可根据洞内水流的充满情况决定。洞内全部为自由水面时，为无压流。洞内全部充满水，没有自由水面，或自由水面很少时，为有压流。洞内自由水面不固定或只有部分自由水面时，为半有压流。当上游洞口露出水面时，则为无压流。当洞内闸门后的管流状况难以直接观测时，可用下列指标判别。

（1）具有各式翼墙进口。

1）隧洞横断面为矩形或接近矩形。$H/D < 1.15$（D 为洞高），为无压流；$1.15 < H/D < 1.5$，为半有压流；$H/D > 1.5$，为有压流。

2）隧洞横断面为圆形或接近圆形。$H/D < 1.10$，为无压流；$1.10 < H/D < 1.5$，为半有压流；$H/D > 1.5$，为有压流。

（2）无翼墙的进口。$H/D < 1.25$，为无压流；$1.25 < H/D < 1.5$，为半有压流；$H/D > 1.5$，为有压流。

8. 有闸门涵洞流态判别

有闸门的涵洞流态判别，包括孔流与管流的流态和有压、半有压、无压几种流态判别，应以水头和闸门开高进行判别。当涵洞底坡在 $0 \sim 0.005$，洞长与洞高之比 L/D 在 $20 \sim 50$ 的范围内时，可参考图6.99和图6.100进行流态判别。

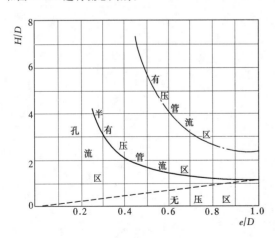

图 6.99　方形涵洞流态判别图

在使用图6.99及图6.100时，根据实测 H/D 和 e/D 的坐标位置，如交于图中半有压管流区内，当出口为平底槽，则为有压管流；当出口为跌坎无侧限洞

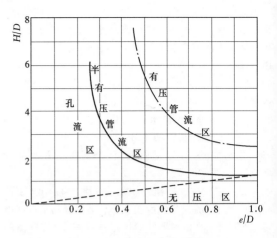

图 6.100　圆形涵洞流态判别图

口，则仍为半有压流。如坐标线交其他区域，流态即为图中所示。

6.10.6.6　流量系数确定

确定流量系数的方法有现场率定、同类型综合、模型试验和经验系数等4种方法。其中以现场率定为首选方法，有条件的测站均应开展现场率定流量系数工作。其余几种方法应用时都有限制条件。但是，有些堰闸难以达到全部现场率定的要求，例如干旱半干旱地区的大型水库的溢洪闸、大型分洪闸溢洪机遇较少，高水头溢洪的机遇很低，期间难以取得可用的现场率定成果。一旦这些闸溢洪，也只能应用模型试验的流量系数或经验流量系数推求流量。另外，有一些资料要求精度不很高的站如工程专用站、辅助站、调查站点，尚未取得现场率定的流量系数时，也可应用同类型综合流量系数或经验流量系数推求流量。有些水工建筑物开展过模型实验，其资料也可用于确定流量系数。水电站、电力抽水站和涵洞、水库输水洞等经验系数可靠性较差，这类建筑物的流量系数或效率都应现场率定，不宜用经验流量系数推求流量。

1. 现场率定

流量系数现场率定是用流速仪法实测建筑物过流流量，将实测流量代入水力学公式，并根据实测水头等水力因素，反算出流量系数。通过多次测验，分析实测流量与计算流量之间的关系，获得流量系数规律，建立流量系数与有关水力因素的相关关系。当一处工程有多种形式的泄水建筑物混合出流时，应分别逐个率定流量系数。流量系数现场率定，应符合以下要求。

（1）每一种流量系数关系线或关系式，应积累不少于30次的实测资料，均匀分布于流量系数相关因素的全变幅内。

（2）当有些建筑物由于水情和运用条件的限制，在短期内难以测得水力因素全变幅流量测次时，可以分阶段率定流量系数推求流量。每条流量系数关系线上流量测次应不少于 20 次，点据均匀分布，且控制相关水力因素的变幅不小于实测水力因素全变幅的 80%。

（3）如当年实测流量不少于 10 次，且测点均匀分布，控制实测水力因素变幅不少于 80%，可用当年率定的流量系数推求流量。

（4）现场率定流量系数关系线的实测流量点据，应在相关水力因素变幅内均匀分布密集成带状。

（5）现场率定的流量系数关系线和关系式，应在实测资料范围内应用。需要延长时，应根据系数曲线的线型特点慎重进行。

（6）流量系数关系线中上部与下部的分界，用相关水力因素变幅的百分数划分。从关系线底部零开始向上计算，占全变幅 30% 以下为关系线下部，以上的为关系线的中上部。

2. 同类型综合

进行流量系数综合时，应将各个同类型建筑物和同流态的流量系数与无量纲的水力因素建立相关关系线或关系式。当单站流量系数关系线与建立的综合关系式或关系式的偏差符合表 6.55 的规定时，综合的流量系数可以用于同类型建筑物推算流量。同类型综合同时还应满足以下要求。

表 6.55　水位流量关系合并定线允许误差表

相对误差（%） 水位级 \ 站类	一类精度的 水文站	二类精度的 水文站	三类精度的 水文站
高水位	4	6	8
中水位	5	8	10
低水位	8	12	15

（1）流量系数综合，应在单站流量系数率定的基础上进行。当受条件限制时，单条流量系数关系线的流量实测次数也不得少于 20 次，测点应均匀分布，能控制相关水力因素全变幅的 75% 以上。

（2）流量系数综合，不得少于 3 个站的实测资料。

3. 经验系数

通过对以往大量观测和试验得到的流量系数进行分析研究，得到各种相关图和经验公式，并编制成图集或表格，供缺少试验资料的测站确定流量系数时使用。应用经验流量系数应符合以下规定。

（1）用经验流量系数时，应严格按照建筑物的形式、结构、边界条件和水力特性选择规范推荐的经验公式和查算图表确定流量系数，并按规定的应用范围和限制条件使用。

（2）用经验流量系数推求低堰流量时，如进口段河槽不顺直平坦，行近流速分布不正常，应考虑堰前流态影响，可按进口流态系数进行修正。

4. 模型试验

流量系数也可通过模型试验确定，由于模型是按一定的比例制作的，其尺寸一般小于实际的水工建筑物尺寸，因此应用模型试验流量系数时，应进行模型缩尺影响的改正。

对于溢流堰，当模型雷诺数大于 35000 时，可不作改正；小于 35000 时，应借用同类型建筑物实测或试验资料进行改正。在无资料借用时，可用式（6.290）改正

$$Q = \frac{100 Q_m}{100 - (41.56 - 3.7\ln Re)} \quad (6.290)$$

式中　Q——建筑物泄流量，m^3/s；

Q_m——模型试验流量（已按模型缩尺换算成原型流量），m^3/s；

Re——模型堰顶或闸孔雷诺数。

Re 用式（6.291）计算

$$Re = \frac{Q_m}{b L_r^{3/2} \nu} \quad (6.291)$$

式中　b——原型建筑物堰口或闸孔净宽，m；

L_r——模型长度比尺；

ν——水流运动黏滞系数，m^2/s。

水流运动黏滞系数随水温而变，可取水温 20℃时，ν 为 0.000001 m^2/s。式（6.291）可写

$$Re = \frac{Q_m}{b L_r^{3/2}} \times 10^6 \quad (6.292)$$

当 Re 小于 5000 时，由于缺乏研究资料，应改为现场率定。

当应用断面模型成果，且建筑物的进水段不顺直，行近流速分布不正常，有偏流等情况时，可查进口流态系数进行修正。

5. 流量系数检测与检验

（1）流量系数检测。现场率定的流量系数关系线，在使用过程中，应每隔 5~10 年进行检测。当发现水工建筑物尺寸、形状、糙率变化时，应及时检测流量系数相关因素关系线。关系线不够稳定的，应每隔 2~5 年进行检测一次。每条流量系数关系线检测流量的次数应不少于 10 次。

（2）流量系数检验。流量系数应进行符号检验、适线检验、偏离数值检验及 t 检验等 4 种检验：

1）符号检验是检验所定流量系数关系线两侧测点数目分配的合理性。

2）适线检验是按水力因素递增次序，检验实测点偏离曲线正负符号的排列情况，借以检查定线有无明显系统偏差。做适线检验时，若变换符号次数多于不变符号次数，则免做此项检验。采用最小二乘法选配曲线方程时，必须做适线检验。

3）偏离数值检验是检验测点偏离关系线的平均偏离值（即平均相对误差）的合理性。

4）t 检验是检验适用于已经应用的流量系数的校测检验，通过校测检验判断原用的流量系数关系线的稳定程度，也可用于相邻年份或相邻时段的临时系数线是分开或合并定线的判断。

流量系数与水力因素关系线测点标准差可用式（6.293）计算

$$S_c = \left[\frac{1}{n-2} \sum_{i=1}^{n} \left(\frac{C_i - C_{c_i}}{C_{c_i}} \right)^2 \right]^{1/2} \quad (6.293)$$

式中　S_c——测点标准差（取正值）；

　　　C_i——单次实测流量系数；

　　　C_{c_i}——与 C_i 相应、从关系线上查读的流量系数；

　　　n——测点总数。

6.10.6.7　堰流流量计算

1. 自由堰流流量计算公式

（1）通用流量计算公式。

$$Q = k\varepsilon' Cnb \sqrt{2g} H^{3/2} \quad (6.294)$$

式中　Q——流量，m^3/s；

　　　k——进口流态系数，在低堰进口段流向不正时用；

　　　ε——侧收缩系数；

　　　C——堰流流量系数；

　　　g——重力加速度，m/s^2；

　　　H——总水头，m；

　　　n——过流孔数；

　　　b——堰口单孔宽，m。

（2）现场率定流量系数（包括同类综合和模型试验）的流量计算公式为

$$Q = C_0 nb \sqrt{2g} H^{3/2} \quad (6.295)$$

式中：$C_0 = k\varepsilon' C$，为含侧收缩系数和进口流态系数的流量系数。

凡是实测流量系数和无坎宽顶堰的经验流量系数均用 C_0，其值可用以下方法确定。

1）现场率定（包括模型试验）单站流量系数，可用水头作相关因素，建立水头与流量系数的关系（即 H—C_0 关系线）。在定出关系线的基础上，可建立流量系数关系式

$$C_0 = C_k H^\beta \quad (6.296)$$

式中　C_k——待定常数；

　　　β——待定指数。

2）当上式不能适应测点的分布规律，应分段建立关系线或按式（6.297）建立多项式的流量系数关系式

$$C_0 = A + BH + CH^2 + DH^3 \quad (6.297)$$

式中　A、B、C、D——待定常数。

3）用现场率定流量系数作同类型综合时，应根据不同堰型采用相对水头作相关因素，分别按以下要求建立流量系数关系线和关系式。

a. 宽顶堰用相对水头（H/δ）与流量系数建立 H/δ—c_0 关系线（图 6.101），亦可建立关系式

$$C_0 = C_k (H/\delta)^\beta \quad (6.298)$$

式中　δ——堰顶顺水流方向的厚度，m。

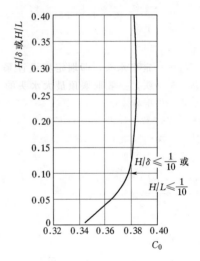

图 6.101　宽顶堰自由流 H/δ—C_0 或 H/L—C_0 关系线图

b. 无坎宽顶堰（平底闸）用相对水头（H/L）与流量系数建立 H/L—c_0 关系线（图 6.101），亦可建立关系式为

$$C_0 = C_k (H/L)^\beta \quad (6.299)$$

式中　L——闸墩长度，m。

当式（6.299）不能适应测点的分布规律时，应分段建立关系式，或建立与式（6.297）形式相同的三次四项式。

c. 低实用堰用相对水头（H/p）与流量系数建立 H/p—C_0 关系线（图 6.102）。当运行水头较低时，可建立关系式

$$C_0 = C_k (H/p)^\beta \quad (6.300)$$

式中　p——上游堰高，m。

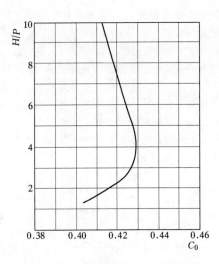

图 6.102 低实用堰 $H/P-C_0$ 关系线图

d. 高实用堰用上游水头与定型水头之比 (H/H_d) 与流量系数建立 H/H_d-C_0 关系线，亦可建立关系式

$$C_0 = C_k(H/H_d)^\beta \qquad (6.301)$$

式中　H_d——定型水头，即堰定型设计采用的水头，一般取堰顶最大水头的 $65\%\sim$ 85%，m。

高、低实用堰在运行水头比较高时，均可用相对水头 (H/H_d、H/P) 与流量系数建立与式 (6.297) 形式相同的三次四项式。

4）根据现场率定（包括同类型综合和模型试验）的流量系数推求流量应符合以下要求。

a. 各级水位应有足够的流量测点，且测次分布均匀，可以直接建立水位—流量关系线推求流量。

b. 已建立了水头与流量系数关系线的站，可从流量系数关系线上查读流量系数 C_0 值，代入流量计算公式推求流量。

（3）宽顶堰经验流量系数。

1）有坎宽顶堰经验流量系数的推求，可建立以下流量系数关系式。

a. 堰口为方角时，流量系数可用式 (6.302) 计算

$$C = 0.32 + 0.01 \times \frac{3-P/H}{0.46+0.75P/H} \qquad (6.302)$$

当 $P/H \geqslant 3.0$ 时，取 $C = 0.32$。

式中　P——上游堰高，m；

　　　H——总水头，m。

b. 堰口为圆弧或斜角时，流量系数可用式 (6.303) 计算

$$C = 0.36 + 0.01 \times \frac{3-P/H}{1.2+1.5P/H} \qquad (6.303)$$

当 $P/H \geqslant 3.0$ 时，取 $C = 0.36$。

c. 侧收缩系数可用式 (6.304) 计算

$$\varepsilon = 1 - \frac{\alpha}{\sqrt[3]{0.2+P/H}} \sqrt[4]{\frac{b}{B}}(1-b/B)$$

$$(6.304)$$

式中　B——行近宽槽，梯形断面采用半深处的宽度，m；

　　　b——堰口净宽，m；

　　　α——系数。墩头为方形，堰口边缘为方形时，$\alpha=0.19$；墩头为曲线形，堰口边缘为方形、曲线形或斜角时，$\alpha=0.10$。

式 (6.304) 的适用条件：$b/B \geqslant 0.2$，$P/H \leqslant$ 3.0。当 $b/B < 0.2$ 时，采用 $b/B = 0.2$；当 $P/H >$ 3.0 时，采用 $P/H = 3.0$。

多孔闸过流时，ε 取加权平均值

$$\varepsilon = \frac{1}{n}[\varepsilon_p(n-2)+2\varepsilon_a] \qquad (6.305)$$

式中　n——闸孔数；

　　　ε_P——中墩侧收缩系数，可用式 (6.304) 计算，取 $b/B = b(b+d)$ (d 为墩厚)；

　　　ε_a——边墩侧收缩系数，也用式 (6.304) 计算，取 $b/B = b(b+\Delta d)$ (Δd 为边墩边缘与上游引渠水边线之间的水平距离)。

2）无坎宽顶堰经验流量系数的推求，根据上游翼墙和闸墩的形状，闸孔宽 (b) 与行近槽宽 (B) 的比值等因素，可查表确定。

a. 八字形翼墙平底宽顶堰流量系数可查表 6.56。

b. 斜角形翼墙平底宽顶堰流量系数可查表 6.57。

c. 圆角形翼墙平底宽顶堰流量系数可查表 6.58。

表 6.56　八字形翼墙平底宽顶堰流量系数

b/B	cotθ				
	0	0.5	1.0	2.0	3.0
0.0	0.320	0.343	0.350	0.353	0.350
0.1	0.322	0.344	0.351	0.354	0.351
0.2	0.324	0.346	0.352	0.355	0.352
0.3	0.327	0.348	0.354	0.357	0.354
0.4	0.330	0.350	0.356	0.358	0.356
0.5	0.334	0.352	0.358	0.360	0.358
0.6	0.340	0.356	0.361	0.363	0.361
0.7	0.346	0.360	0.364	0.366	0.364
0.8	0.355	0.365	0.369	0.370	0.369
0.9	0.367	0.373	0.375	0.376	0.375
1.0	0.385	0.385	0.385	0.385	0.385

表 6.57 斜角形翼墙平底宽顶堰流量系数

b/B	a/b				
	0	0.025	0.05	0.1	≥0.2
0.0	0.320	0.335	0.340	0.345	0.350
0.1	0.322	0.337	0.341	0.346	0.351
0.2	0.324	0.338	0.343	0.348	0.352
0.3	0.327	0.341	0.345	0.349	0.354
0.4	0.330	0.343	0.347	0.351	0.356
0.5	0.334	0.346	0.350	0.354	0.358
0.6	0.340	0.350	0.354	0.357	0.361
0.7	0.346	0.355	0.358	0.361	0.364
0.8	0.355	0.362	0.364	0.366	0.369
0.9	0.367	0.371	0.372	0.374	0.375
1.0	0.385	0.385	0.385	0.385	0.385

表 6.58 圆角形翼墙平底宽顶堰流量系数

b/B	B/b						
	0	0.05	0.10	0.20	0.30	0.40	≥0.50
0.0	0.320	0.335	0.342	0.349	0.354	0.357	0.360
0.1	0.322	0.337	0.344	0.350	0.355	0.358	0.361
0.2	0.324	0.338	0.345	0.351	0.356	0.359	0.362
0.3	0.327	0.340	0.347	0.353	0.357	0.360	0.363
0.4	0.330	0.343	0.349	0.355	0.359	0.362	0.364
0.5	0.334	0.346	0.352	0.357	0.361	0.363	0.366
0.6	0.340	0.350	0.354	0.360	0.363	0.365	0.368
0.7	0.346	0.355	0.359	0.363	0.366	0.368	0.370
0.8	0.355	0.362	0.365	0.368	0.371	0.372	0.373
0.9	0.367	0.371	0.373	0.375	0.376	0.377	0.378
1.0	0.385	0.385	0.385	0.385	0.385	0.385	0.385

若为多孔闸过流，流量系数可按式（6.306）计算

$$C_0 = \frac{C_P(n-1) + C_a}{n} \qquad (6.306)$$

式中 C_P——中孔流量系数，查表时，$\frac{b}{B}$ 用 $\frac{b}{b+d}$ 代替，d 为墩厚；

C_a——边孔流量系数，查表时，$\frac{b}{B}$ 用 $b/(b+\Delta b)$ 代替，Δb 为边墩边缘与上游引渠水边线之间的水平距离。当多孔闸时，只开少数孔时，Δb 为边墩边缘与上游引渠水边线之间的水平距离。

用上述表查得的流量系数，不再计算侧收缩系数，即 $\varepsilon = 1.0$。

（4）实用堰流量系数。实用堰经验流量系数与堰型、堰的特征尺寸（标准堰为定型水头 H_d，梯形堰为堰顶宽度 δ，圆顶堰或驼峰堰为顶弧半径 R）、上、下游堰高和溢流水头有关，计算方法可依高堰和低堰来区分，高、低堰判别方法如下。

当溢流条件同时满足下式两个条件时，为高堰溢流，否则为低堰溢流。

$$\left.\begin{array}{l} \dfrac{H}{P} \leqslant \left(\dfrac{H}{P}\right)_s \\ \dfrac{H}{P_L} \leqslant \left(\dfrac{H}{P_L}\right)_s \end{array}\right\} \qquad (6.307)$$

式中 $\left(\dfrac{H}{P}\right)_s$——上游堰高界限；

$\left(\dfrac{H}{P_L}\right)_s$——下游堰高界限。

并有

$$\left(\frac{H}{P}\right)_s = 0.4\left(\frac{H}{P}\right)_c \qquad (6.308)$$

$$\left(\frac{H}{P_L}\right)_s = \left(0.2 - 0.2\frac{P_L}{P}\right)\left(\frac{H}{P}\right)_c \qquad (6.309)$$

式中 P——上游堰高，m；

P_L——下游堰高，m；

H——总水头，m；

$\left(\dfrac{H}{P}\right)_c$——临界水头比，可查表 6.59 确定。

表 6.59 WES 堰和克-奥堰临界水头比 $\left(\dfrac{H}{P}\right)_c$ 值表

P/H_d		0.1	0.2	0.3	0.4	0.5	0.6	0.8	1.0
$(H/P)_c$	WES 堰	6.9	5.2	4.4	4.0	3.7	3.5	3.3	3.2
	克-奥堰	7.1	5.4	4.7	4.2	4.0	3.7	3.4	3.2

1）高堰经验流量系数可建立以下流量系数关系式。

a. 克-奥堰（Ⅰ型）流量系数可用式（6.310）计算：

$$C = 0.385 + 0.1464\frac{H}{H_d} - 0.048\left(\frac{H}{H_d}\right)^2 + 0.0067\left(\frac{H}{H_d}\right)^3 \qquad (6.310)$$

式（6.310）适用范围：$H/H_d = 0 \sim 1.8$。

b. WES 堰（上游面直立），流量系数可用式（6.311）计算

$$C = 0.385 + 0.149\frac{H}{H_d} - 0.040\left(\frac{H}{H_d}\right)^2 + 0.004\left(\frac{H}{H_d}\right)^3 \qquad (6.311)$$

式（6.311）适用范围：$\dfrac{H}{H_d} = 0 \sim 1.8$

2）低堰经验流量系数，如克-奥堰、WES 堰

（上游面直立）堰的流量系数分别由图 6.103、图 6.104 查取。

<table>
<tr><td colspan="4">表 6.60　　　　　　　　　ξ_P 值</td></tr>
<tr><td>墩头与堰前沿的相对距离 /m</td><td>0</td><td>0.5H</td><td>1.0H</td></tr>
<tr><td>ξ_P</td><td>0.08</td><td>0.04</td><td>0.02</td></tr>
</table>

半圆形和尖形中墩：当墩头与堰前沿齐平时，ε_P 按图 6.105 的 H/H_d—ε_P 关系曲线查取（非标准堰的 ε_P 采用流量系数相当的标准堰值）。当墩头前伸于堰上游时，半圆形中墩的 $\varepsilon_P = 0.005$；尖形中墩的 $\varepsilon_P = 0$。

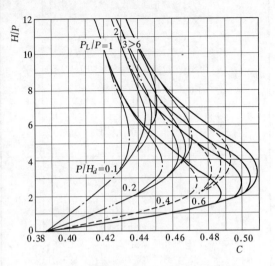

图 6.103　克-奥低堰 H/P—P/H_d—C 关系线图

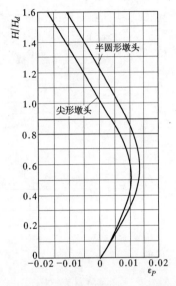

图 6.105　高实用堰 H/H_d—ε_P 关系图

1/4 圆弧边墩（多孔闸的闭孔两侧按边墩计算）的 ε_a 值按式（6.314）计算，ξ_a 按图 6.106 的 H/R—ξ_a（R 为边墩圆弧半径）关系线查取，或近似采用 $\xi_a = 0.07$。

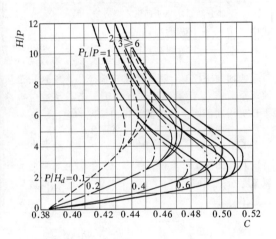

图 6.104　WES 低堰 H/P—P/H_d—C 关系线图

3）实用堰侧收缩系数可用式（6.312）计算
$$\varepsilon = 1 - 2\varepsilon_a/n - 2(n-1)\varepsilon_p/n \qquad (6.312)$$
式中　n——闸孔数；

ε_P、ε_a——中墩和边墩（翼墙）侧收缩系数，需根据堰流条件和闸墩情况采用相应的求算方法。

a. 高堰的 ε_P、ε_a 按墩头形式可分别按以下公式计算。

方形墩头
$$\varepsilon_P = \xi_P H/b \qquad (6.313)$$
ξ_P 值按表 6.60 查取。
$$\varepsilon_a = \xi_a H/b \qquad (6.314)$$
式中　$\xi_a = 0.1$

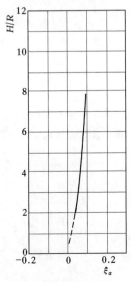

图 6.106　高实用堰 H/R—ξ_a 关系图

b. 低堰的 ε_P 值计算。低堰的 ε_P 与几何收缩 $\varepsilon[\varepsilon = b/(b+d)]$、相对下游堰高 P_L/P 和 $\frac{H}{P}\Big/\left(\frac{H}{P}\right)_c$ 有关。固定 ε、P_L/P，ε_P 与 $\frac{H}{P}\Big/\left(\frac{H}{P}\right)_c$ 关系可近似地用 3 段直线表示。3 段直线有 2 个折点：相当于 $\frac{H}{P}\Big/\left(\frac{H}{P}\right)_c$ 较小的折点为下折点；相当于 $\frac{H}{P}\Big/\left(\frac{H}{P}\right)_c$ 较大的折点为上折点；下折点以下为低水头区（应把低水头区和低堰区别开来）；上折点以上为高水头区；上、下折点之间为中水头区。上、下折点位置和低、中、高水头的 ε_p 值用以下公式计算。

下折点位置

$$\frac{H}{P}\Big/\left(\frac{H}{P}\right)_c = 0.8 \qquad (6.315)$$

上折点位置

$$\frac{H}{P}\Big/\left(\frac{H}{P}\right)_c = \left(\frac{3.25}{\varepsilon} - 3.18\right)\left\{1 - 0.00274\left[27.2(1-\varepsilon)^{0.6}\right.\right.$$
$$\left.\left. - \left(\frac{P_L}{P} - 1\right)\right]^{\frac{2.55}{1.43+0.6\lg(1-\varepsilon)}}\right\} + 0.8 \quad (6.316)$$

低水头区的 ε_P

$$\varepsilon_P = 0.0125 \frac{H}{P}\Big/\left(\frac{H}{P}\right)_c \qquad (6.317)$$

高水头区的 ε_P

$$\varepsilon_P = 0.01 - \left(\frac{0.455}{\varepsilon} - 0.445\right)\left\{1 - 0.00274\left[27.2\right.\right.$$
$$\left.\left. \times (1-\varepsilon)^{0.6} - \left(\frac{P_L}{P} - 1\right)\right]^{\frac{2.55}{1.43+0.6\lg(1-\varepsilon)}}\right\} \quad (6.318)$$

中水头区的 ε_P

$$\varepsilon_P = 0.01 - 0.14\left[\left(\frac{H}{P}\right)\Big/\left(\frac{H}{P}\right)_c - 0.8\right]$$
$$(6.319)$$

以上低堰 ε_P 的计算法适用条件为：

a) 半圆形墩头且墩头与堰前沿齐平（可近似地用于鱼嘴形墩头）。

b) $\varepsilon \geqslant 0.78$。

c) $1 \leqslant \frac{P_L}{P} \leqslant [27.2(1-\varepsilon)^{0.6} + 1]$。当 $\frac{P_L}{P} >$ $[27.2(1-\varepsilon)^{0.6} + 1]$ 时，取 $\frac{P_L}{P} = 27.2(1-\varepsilon)^{0.6} + 1$。

c. 低堰的 ε_a 值计算。根据进流条件，由表 6.61 查取线型（A、B、C），再由图 6.106 查取 ξ_a 值，用式（6.319）计算 ε_a 值。

表 6.61　　　　　　　线 型 判 别

进流条件	边墩、进口形式	线型
平顺	行近水流正面进入堰闸，而且进口边墙很平顺： （1）进口边墙为扭曲墙； （2）进口圆弧半径 $R \geqslant 0.7H$； （3）进口圆弧半径 $R \approx 0.5H$，且进口引渠底宽与闸总宽相当； （4）八字形进口，八字墙与水流方向的夹角 $\alpha < 34°$ 或 $\alpha < 45°$，而八字墙与边墩折角处用 $R \geqslant 0.17H$ 的小圆弧修圆	A
一般	行近水流正向进入堰闸，而且 （1）进口圆弧 $R = (0.15 - 0.5)H$； （2）八字墙与水流方向夹角 $\alpha \geqslant 70°$，且八字墙与边墩折角处用 $R > 0.17H$ 的小圆弧修圆； （3）半圆弧边墩伸出堰前沿长度 $L \leqslant 0.5H$	B
不平顺	行近水流正向进入堰、闸，且进口形式为直角	C

4）低实用堰和宽顶堰应用经验流量系数时，如进口段河槽不顺直，应考虑进口流态的影响，用进口流态系数 K 对流量系数进行修正。流态系数应根据进口河槽在平面上的偏流、转向情况和进流流态综合参数 $\frac{BP}{CB'H}$（B' 为包括中墩的堰口总宽；B 为进水渠宽度）查图 6.107 取得。图 6.107 中，由 3 根曲线和纵坐标分别构成 A、B、C 3 个区域，3 个区的适用条件如下：

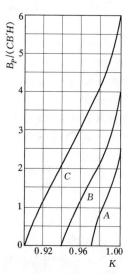

图 6.107　进口流态系数 $B_P/(CB'H)$—K 关系图

a. 进水渠顺直，进口对称或基本对称，进流平顺或较平顺，属于 A 区；

b. 进水渠短，对称进流但有横向跌流；或有偏流，主流偏角小于 30°，堰前顺直段长度小于 3 倍进水渠宽度；主流偏角大于 30°，堰前顺直段长度大于 3 倍进水渠宽度，属于 B 区；

c. 有偏流，主流偏角大于 30°，堰前顺直段长度小于 3 倍进水渠宽度，属于 C 区；

d. 在同一流区，偏角小，堰前顺直段长，水流转向平顺，K 值取大值。反之，取小值。

2. 淹没堰流流量计算

(1) 流量计算公式。淹没堰流流量计算可采用通用公式

$$Q = \sigma K \varepsilon C n b \sqrt{2g} H^{3/2} \qquad (6.320)$$

式中　σ——堰流淹没系数；

其他符号意义同前。

1) 当已知总水头时，可采用式 (6.321) 计算流量

$$Q = \sigma C_0 n b \sqrt{2g} H^{3/2} \qquad (6.321)$$

2) 当已知堰上下游水位差及堰过水断面面积时，可采用式 (6.322) 计算流量

$$Q = C_1 n b h_L \sqrt{2g \Delta Z} \qquad (6.322)$$

3) 当已知堰上下游水位差及堰下游河道过水断面面积时，可采用式 (6.323) 计算流量

$$Q = C_L A_L \sqrt{2g \Delta Z_L} \qquad (6.323)$$

式中　C_1——淹没流量系数；

h_L——堰下游实测水头，m；

ΔZ——实测堰上下游水位差，m。

C_L——用堰下游河道断面分析的流量系数；

A_L——堰下游河道过水断面面积，m²；

ΔZ_L——堰上游水位与堰下游（远距离）水位差，m。

式 (6.323) 的应用条件是：

a. 平原河道经常处于大淹没度出流的堰。

b. 下游河床稳定，与堰顶过水断面有稳定关系。

c. 适用于单孔堰，或多孔全部出流的堰。

(2) 现场率定流量系数的流量计算。

1) 当自由堰流与淹没堰流皆有现场率定资料时，用同一上游水头时的淹没出流的流量除以自由流的流量即得淹没系数 (σ) 值。用淹没度 (h_L/H) 与淹没系数 (σ) 绘制 $h_L/H - \sigma$ 关系线，见图 6.108。

据 $h_L/H - \sigma$ 关系线可以建立关系式为

$$\sigma = C_S \left\{ 1 - \left[\frac{S - \left(\dfrac{h_L}{H} \right)_C}{1 - \left(\dfrac{h_L}{H} \right)_C} \right]^2 \right\}^\alpha \qquad (6.324)$$

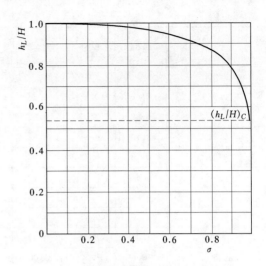

图 6.108　堰流淹没系数 $h_L/H - \sigma$ 关系线图

式中　S——淹没度，堰上游水头比，$S = h_L/H$；

C_S——待定系数；

$\left(\dfrac{h_L}{H} \right)_C$——初始淹没点，即淹没临界值；

α——待定指数，一般为 0.5。

2) 当只有淹没流率定资料时，可将淹没系数与流量系数合并处理，用式 (6.322) 计算流量系数 C_1，并建立 $\Delta Z/H - C_1$ 或 $h_L/H - C_1$ 关系线和关系式。

3) 平原河道出现大淹没度出流时，可用式 (6.323) 计算流量系数 C_L，并用下游河道中泓水深 d_L 建立 $d_L - C_L$ 关系线，亦可建立关系式为

$$C_L = C_K d_L^\alpha \qquad (6.325)$$

式中　C_K——待定常数；

d_L——堰下游河道断面中泓水深，m；

α——待定指数。

现场率定流量系数的流量计算采用分析淹没系数相应的公式。

(3) 采用经验淹没系数时流量计算。

1) 采用淹没系数查算。各种堰的经验淹没系数，可根据自由堰流的流量系数（包括侧收缩系数、进口流态系数乘积 $k\varepsilon C$）与淹没度查表 6.62 求得。

2) 流量计算。用经验流量系数推求流量时，根据自由堰流条件查得流量系数 ($k\varepsilon C$)，并根据查得淹没系数 σ 值，一并代入通用公式 (6.320) 计算流量。

6.10.6.8　孔流流量计算

1. 自由孔流

(1) 流量计算公式

表 6.62 淹没系数(σ)值表

$k\epsilon C$ h_L/H	0.36	0.38	0.40	0.42	0.44	0.46	0.48	0.50	0.52
1.00	0	0	0	0	0	0	0	0	0
0.98	0.40	0.37	0.35	0.33	0.30	0.27	0.25	0.23	0.20
0.96	0.59	0.55	0.52	0.49	0.46	0.43	0.40	0.36	0.32
0.94	0.70	0.66	0.62	0.58	0.56	0.52	0.49	0.44	0.40
0.92	0.78	0.73	0.70	0.66	0.63	0.59	0.56	0.52	0.47
0.90	0.84	0.80	0.76	0.73	0.70	0.66	0.62	0.57	0.53
0.85	0.96	0.92	0.88	0.84	0.81	0.77	0.73	0.69	0.63
0.80	1.00	0.97	0.95	0.91	0.89	0.84	0.80	0.76	0.71
0.70	1.00	1.00	0.99	0.98	0.96	0.93	0.90	0.86	0.82
0.60	1.00	1.00	1.00	0.99	0.98	0.97	0.95	0.92	0.88
0.50	1.00	1.00	1.00	1.00	0.99	0.98	0.97	0.95	0.92
0.40	1.00	1.00	1.00	1.00	1.00	0.99	0.98	0.97	0.95
0.30	1.00	1.00	1.00	1.00	1.00	1.00	0.99	0.98	0.97
0.20	1.00	1.00	1.00	1.00	1.00	1.00	1.00	1.00	0.98
0.10	1.00	1.00	1.00	1.00	1.00	1.00	1.00	1.00	0.99
0	1.00	1.00	1.00	1.00	1.00	1.00	1.00	1.00	1.00

注 当 $k\epsilon C \leqslant 0.36$ 时，均用 0.36 查 σ 值。

$$Q = \mu n b e \sqrt{2gH} \qquad (6.326)$$

式中 μ——自由孔流流量系数；

e——闸门开启高度，m；

其他符号意义同前。

（2）现场率定流量系数时其关系线和关系式的建立。

1）用闸门相对开启高度（e/H）与自由孔流流量系数建立关系线，即建立 e/H—μ 关系线（图 6.109），并可建立以下关系式

$$\mu = \mu_k (e/H)^{-\alpha} \qquad (6.327)$$

式中 μ_k——待定系数；

α——待定指数。

或 $$\mu = A + B(e/H) + C(e/H)^2 \qquad (6.328)$$

式中 A、B、C——待定常数。

2）对于弧形闸门，如实测到闸门开启变幅较大、点据较多，可用闸门相对开启高度（e/H）作相关因素，用闸门底缘切线与水平线的夹角（θ）作参变数，绘制 e/H—θ—μ 关系图（见图 6.110）。

（3）根据现场率定的流量系数推求流量。由现场率定的流量系数推求流量的方法主要有以下几种。

1）根据已建立的流量系数 e/H—μ 或 e/H—θ—μ 关系线，查读流量系数 μ 代入流量计算公式（6.326）即可推求流量。

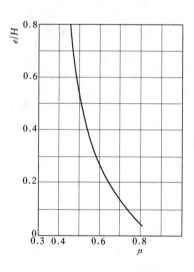

图 6.109 自由孔流 e/H—μ 关系线图

2）根据已建立的流量系数关系式（6.327）或式（6.328），代入式（6.326）推求流量。

3）绘制水位—闸门开高—流量关系线 Z—e—Q（图 6.111）或编制关系表用于推求流量。

（4）根据经验流量系数推求流量。

1）根据不同堰闸形式分别用以下公式计算流量系数。

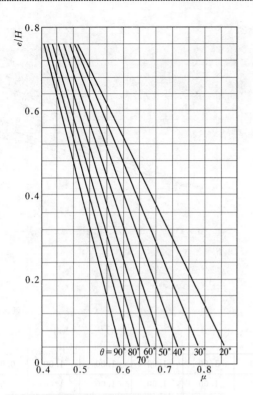

图 6.110 弧形闸门自由孔流 $e/H—\theta—\mu$ 关系线图

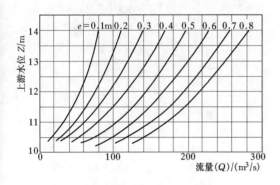

图 6.111 自由孔流 $Z—e—Q$ 关系线图

a. 平底平板门闸（下游平坡）

$$\mu = 0.454\left(\frac{e}{H}\right)^{-0.138} \tag{6.329}$$

b. 弧形门平底闸（下游平坡）

$$\mu = 1 - 0.0166\theta^{0.723} - (0.582 - 0.0371\theta^{0.547})\frac{e}{H} \tag{6.330}$$

式中 θ ——闸门底缘切线与水平线的夹角。

c. 平板门曲线形实用堰

$$\mu = 0.530\left(\frac{e}{H}\right)^{-0.120} \tag{6.331}$$

d. 弧形门曲线形实用堰闸

$$\mu = 0.531\left(\frac{e}{H}\right)^{-0.139} \tag{6.332}$$

需要注意的是，以上经验流量系数计算公式均应在 $\frac{e}{H} \geqslant 0.03$ 范围内应用。

2）流量计算。用式（6.329）～式（6.332）计算的流量系数代入式（6.326）可得到流量。

2. 淹没孔流

（1）流量计算公式。

1）以淹没流为主的流量计算公式为

$$Q = \mu_1 nbe \sqrt{2g\Delta Z} \tag{6.333}$$

式中 μ_1 ——淹没孔流流量系数。

2）自由流、淹没流均有可能出现的流量计算公式为

$$Q = \sigma \mu nbe \sqrt{2gH} \tag{6.334}$$

式中 σ ——孔流淹没系数。

（2）现场率定流量系数建立流量系数关系线和关系式。

1）用 $\frac{e}{\Delta Z}$ 或 $\frac{e}{h_L}$ 建立 $\frac{e}{\Delta Z}—\mu_1$ 或 $\frac{e}{h_L}—\mu_1$ 关系线（图 6.112 和图 6.113）和关系式。当实测资料较全，可建立 $\frac{e}{H}—\frac{\Delta Z}{H}—\mu$ 或 $\frac{e}{H}—\frac{h_L}{H}—\mu_1$ 关系线和关系式。

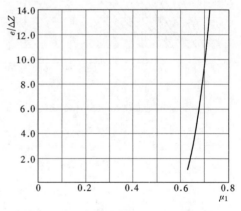

图 6.112 淹没孔流 $\frac{e}{\Delta Z}—\mu_1$ 关系线图

2）用 $\frac{e}{H}$、$\frac{h_L}{H}$ 建立 $\frac{e}{H}—\frac{h_L}{H}—\sigma\mu$ 关系线和关系式。

（3）根据现场率定和同类型综合的流量系数推求流量。推求流量的方法主要有以下 3 种。

1）根据已建立的流量系数关系线查读流量系数，代入式（6.333）计算流量。

2）也可将已建立的流量系数关系式代入式（6.333）或式（（6.334），求得流量计算公式。

3）绘制水位差—闸门开高—流量关系线，即

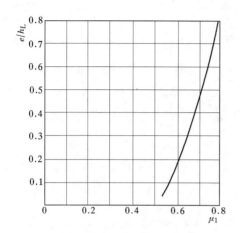

图 6.113 淹没孔流 $\frac{e}{h_L}$—μ_1 关系线图

ΔZ—e—Q 关系线（图 6.114），并编制推求流量查算表，用以查算流量。

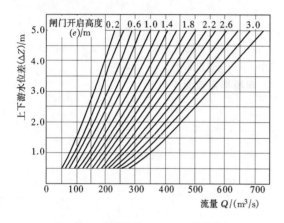

图 6.114 淹没孔流 ΔZ—e—Q 关系线图

（4）根据经验淹没系数推求流量。

1）经验淹没系数推求。用式（6.333）计算流量时，流量系数值可按式（6.335）计算：

$$\mu_1 = 0.76 \left(\frac{e}{H}\right)^{0.038} \tag{6.335}$$

应用式（6.334））计算流量时，淹没系数值可查用图 6.115。

2）用经验流量系数推算流量。

a. 应用式（6.335）计算 μ_1 值，代入（6.333）推求流量。

b. 应用式（6.329）计算自由孔流流量系数 μ 值，并根据 $\Delta \frac{Z}{H}$—$\frac{e}{H}$—σ 关系线查读淹没系数 σ 值，代入式（6.334）推求流量。

c. 也可绘制水位差—闸门开高—流量关系线，即 ΔZ—e—Q 关系线，并编制流量查算表，用以查算流量。

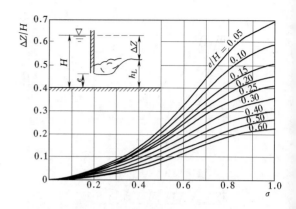

图 6.115 平底平板门闸淹没系数曲线图

6.10.6.9 隧、涵洞流量推算

1．有压、半有压自由管流

（1）流量计算公式

$$Q = \mu A \sqrt{2g(H' - \eta D)} \tag{6.336}$$

式中 μ——有压、半有压自由管流流量系数；

A——洞管过水断面面积，m^2；

H'——从洞出口处底板高程算起的上游总水头，m；

D——出口洞高或洞直径，m；

η——比势能修正系数，根据洞出口渠道情况采用以下数值：出口为与洞口等宽的矩形平底槽，$\eta = 1.0$；出口为跌坎水流顺直无侧限约束，直接流入大气中时，$\eta = 0.5$；出口为平底，并有扩散翼墙时，$\eta = 0.85$；出口为陡坡，并有扩散翼墙时，$\eta = 0.5 \sim 0.85$。

（2）现场率定流量系数建立关系线和关系式。

1）无闸门或闸门全开时，可用式（6.336）计算的流量系数与水头建立 H'—μ 关系线或关系式。

2）有闸门控制时，可用闸门开高与洞高之比 $\frac{e}{D}$ 建立 $\frac{e}{D}$—μ 关系线（图 6.116）或关系式。

（3）根据现场率定流量系数推求流量。

1）根据已建立的 H'—μ 或 $\frac{e}{D}$—μ 关系线查读流量系数，代入流量式（6.336）推求流量。

2）根据已建立的流量系数关系式，推求流量系数，代入流量计算式（6.336）计算流量。

3）绘制水位—流量关系线和流量查算表，用以查算流量。有闸门控制出流的洞，可绘制 z—e—Q 关系线。无闸门控制出流的洞，可绘制 z—Q 关系线。

（4）经验流量系数计算。无现场率定流量系数的

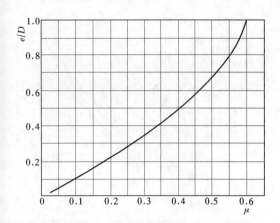

图 6.116 有压、半有压自由管流 $\dfrac{e}{D}-\mu$ 关系线图

测站，可采用式 (6.337) 计算经验流量系数。

$$\mu = \dfrac{1}{\sqrt{\alpha + \sum \xi_i \left(\dfrac{A}{A_i}\right)^2 + \sum \dfrac{2gL_i}{C_i^2 R_i}\left(\dfrac{A}{A_i}\right)^2}}$$

$$(6.337)$$

式中　A——隧（涵）洞出口断面面积，m^2；

　　　ξ_i——局部水头损失系数，包括由隧（涵）洞进口上游渐变段断面开始至洞出口断面之间的全部局部水头损失系数（不包括出口水头损失系数）；

　　　α——进口流速动能修正系数，一般取 $\alpha = 1.0$；

　　　L_i——隧（涵）洞某一段的长度，m；

　　　A_i——与 L_i 相应的断面面积，m^2；

　　　R_i——与 L_i 相应的水力半径，m；

　　　C_i——与 L_i 相应的谢才系数，$m^{0.5}/s$。

（5）根据经验流量系数计算流量。应用经验流量系数时，可根据经验流量系数关系式 (6.337) 计算出流量系数，代入流量计算式 (6.336) 推求流量。

2. 有压、半有压淹没管流

（1）流量计算公式

$$Q = \mu_1 A \sqrt{2g\Delta Z} \qquad (6.338)$$

式中　μ_1——有压、半有压淹没管流流量系数；

　　　ΔZ——洞（管）上、下游水位差，m。

（2）根据现场率定的流量系数，绘制水头差与流量系数关系线 $\Delta Z - \mu_1$ 或关系式。

（3）淹没流经验流量系数仍按自由流公式计算，但在出口水流为淹没流时，根号内第二项局部阻力系数中应加入下游渠道流速水头的影响，出口局部水头损失系数，应根据出口型式确定。

3. 无压管流

（1）界限管长。

1）管底为缓坡并接近于零时，界限管长按式 (6.339) 计算

$$L_C = (5 - 12)H \qquad (6.339)$$

式中　L_C——界限管长，m；

　　　H——进口前观测的上游水头，m。

2）管底为缓坡并接近临界坡时，L_C 为上式计算值的 1.3 倍。

（2）长短管判别。

1）管长 $L \leqslant L_C$ 为短管，$L > L_C$ 为长管。

2）当管底坡大于临界坡时，为短管。

（3）流量计算公式。

1）无压自由短管（$h_L \leqslant 0.75H$）出流

$$Q = \mu b \sqrt{2g}H^{3/2} \qquad (6.340)$$

式中　b——矩形断面洞宽，m，若洞为非矩形断面时，$b = A_c/d_c$；

　　　d_c——临界水深，m；

　　　A_c——相应临界水深的过水断面面积，m^2。

2）长管和淹没短管（$h_L \geqslant 0.75H$）出流。应用经验流量系数时，可用式 (6.341) 计算流量

$$Q = \sigma \mu b \sqrt{2g}H^{3/2} \qquad (6.341)$$

式中　σ——淹没系数。

现场率定流量系数时，可用式 (6.342) 计算流量

$$Q = \mu_1 b \sqrt{2g}H^{3/2} \qquad (6.342)$$

式中　μ_1——无压淹没管流时的流量系数。

（4）现场率定流量系数关系线的建立。无压自由管流出流用式 (6.340) 计算流量时，可建立 $H-\mu$ 关系线。长管和淹没短管出流用式 (6.342) 计算流量时，可建立 $\dfrac{h_L}{H}-\mu_1$ 关系线。

（5）经验流量系数推求方法。无压自由管流出流用式 (6.340) 计算流量时，流量系数一般采用 0.32 ~ 0.36，亦可用式 (6.343) 计算

$$\mu = \mu_0 + (0.385 - \mu_0)\left(\dfrac{A}{3A_1 - 2A}\right) \qquad (6.343)$$

式中　μ——流量系数；

　　　μ_0——与洞进口形式有关的系数；

　　　A——洞过水断面面积，m^2，非矩形断面 $A = bH$；

　　　A_1——进口前观测的上游水头 H 处的过水断面面积，m^2。

淹没短管出流用式 (6.341) 计算流量时，其中淹没系数由洞口实测下游水头 h_L 与上游水头之比 $\dfrac{h_L}{H}$ 在图 6.117 中查取，短管进口收缩断面水深 d_C 可直接取 h_L 值。长管进口收缩断面水深 d_C 计算复杂，故不采用经验淹没系数，而应用现场率定系数。

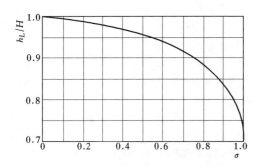

图 6.117　无压淹没管流 $\dfrac{h_L}{H}-\sigma$ 关系线图

（6）流量计算。根据现场率定流量系数或取经验系数推求流量时，应从流量系数关系线上查得流量系数值，代入相应的流量公式计算流量。自由流时可绘制 $Z—Q$ 关系线；淹没流时，可绘制 $Z—\Delta Z—Q$ 关系线，并编制流量查算表。

6.10.6.10　水电站流量推算

1. 流量计算公式

（1）多机流量计算公式

$$Q = N_S / 9.8 \bar{\eta} h \qquad (6.344)$$

式中　N_S——各机组总电功率，kW；

　　　　$\bar{\eta}$——各台机组平均效率，包括水轮机、发电机、变压器、传动装置等综合效率，以及水头损失等水轮机的效率，可参照运转特性曲线，一般有两种图形，见图 6.118 和图 6.119；

　　　　h——实测水头，m，反击式水轮机为电站上下游水位差，冲击式水轮机为水电站上游水位与喷嘴中心高程之差。

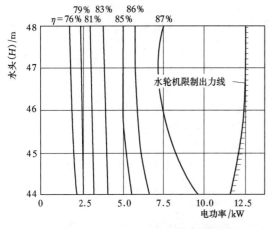

图 6.118　冲击式水轮机运转特性曲线图

如从水轮机前压力表观测压力 P 换算水头时，则改用有效水头，有效水头可用式（6.345）计算

$$H = 10P + \Delta h \qquad (6.345)$$

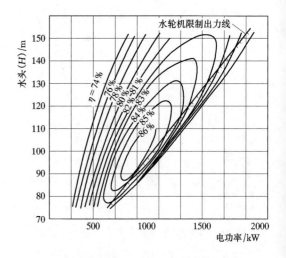

图 6.119　HL110-WJ-60 型反击式水轮机
运转特性曲线图

式中　H——有效水头，m；

　　　　P——水轮机压力表读数，m；

　　　　Δh——压力表中心至水电站下游水位的高差，m。

（2）单机流量计算公式

$$q = N / 9.8 \eta h \qquad (6.346)$$

式中　q——单机流量，$\mathrm{m^3/s}$；

　　　　N——单机电功率，kW；

　　　　η——单机综合效率。

2. 现场率定效率的推求

（1）根据实测流量、水头和电功率，用以下公式计算效率。

1）多机运转

$$\bar{\eta} = N_S / 9.8 hQ \qquad (6.347)$$

2）单机运转

$$\eta = N / 9.8 hq \qquad (6.348)$$

水电站在满负荷运行发电情况下，效率（η）值变化不大。当发电功率未达到额定功率（N_1），或与限制出力功率（N_2）相差较多时，则效率随实测发电功率与额定功率百分比（$P_1 = N/N_1$），或实测发电功率与限制功率百分比（$P_2 = N/N_2$）而变化。应该用率定的效率（η）与 N/N_1 相关，建立关系线或建立关系式为

$$\eta = K_\eta (N/N_1)^\alpha \qquad (6.349)$$

式中　K_η——待定常数；

　　　　α——指数；

　　　　N——实测单机电功率，kW；

　　　　N_1——额定电功率，kW。

对于发电水头变幅大的反击式水轮机组的大中型

水电站，可采用实测电功率与限制功率百分比（$P_2 = N/N_2$）建立关系式为

$$\eta = K_\eta (N/N_2)^\alpha \qquad (6.350)$$

式中 N_2——各级水头限制功率，kW。

在式（6.349）和式（6.350）中，当 N/N_1 和 N/N_2 达到80%以上时，关系线将出现反曲现象。此时，应重新拟合浮动多项式，或只用率定的关系线查读效率数值。

（2）根据实测流量水头和电功率率定的效率，可以绘制 N/N_1—$\bar\eta$ 或 N/N_2—$\bar\eta$ 关系线（图6.120和图6.121）。

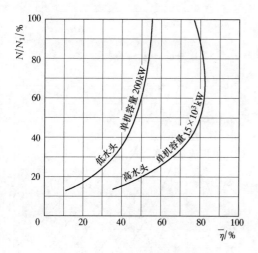

图6.120 N/N_1—$\bar\eta$ 关系线图

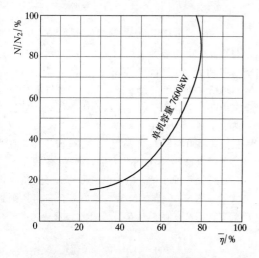

图6.121 N/N_2—$\bar\eta$ 关系线图

3. 流量推求

推求流量时先求单机流量，然后根据开机台数求得总流量。单机流量的推求方法有以下几种。

（1）绘制水头或水位—流量关系线推算流量。根据已经建立的效率关系线，以实测电功率 Ns 或 N 及 P_1（以实测电功率除以额定电功率）、P_2（以实测电功率除以限制功率）在线上查得 η 值，按公式 $qh = N/9.8\eta$ 计算各个 qh 值，点绘 N—qh 关系线（图6.122），算出各种单机电功率 N 和水头 h 值情况下的单机流量 q。绘制 h—N—q 关系线（图6.123）。根据单机电功率 N 和水头在 h—N—q 关系线上查得单机流量 q，乘以开机台数，即得总流量。

（2）根据关系式（6.349）和式（6.350）计算出效率 η，代入式（6.346）得到流量计算公式为

$$q = \frac{N_1^\alpha N^{1-\alpha}}{9.8 K_\eta h} \qquad (6.351)$$

$$q = \frac{N_2^\alpha N^{1-\alpha}}{9.8 K_\eta h} \qquad (6.352)$$

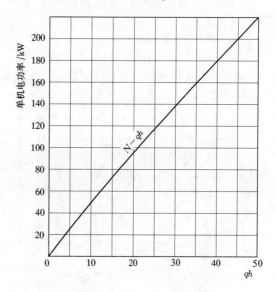

图6.122 N—qh 关系线图

（3）水电站单机出流量，主要依电功率及水头两个因素变化，因此可不用通过分析效率数值，直接用对数图解法求得推求流量关系式为

$$q = K h^{-\beta} N^\alpha \qquad (6.353)$$

式中 K——待定系数；

β、α——指数；

h——实测水头，m；

N——电功率，kW。

6.10.6.11 电力抽水站流量推算

1. 流量计算公式

（1）高、中扬程抽水站。

多机组 $\qquad Q = \eta' N_g / 9.8 h \qquad (6.354)$

单机 $\qquad q = 0.102 \eta' N / h \qquad (6.355)$

式中 η'——效率，%，即（有效电功率/耗用电功

率）×100%，包括电动机、水泵、传动系统及水管摩阻等方面的综合效率；

N_g——多机组功率，kW；

h——抽水扬程（抽水站上下水位差），m，当出水管口中心高于水面时，则以出水管中心高程与抽水池水体水位差计算扬程。

(2) 低扬程抽水站的流量计算公式

$$q = \eta_K N e^{-\varepsilon h} \qquad (6.356)$$

式中　η_K——抽水效能系数，相当于扬程为零时的每千瓦电功率的抽水流量；

ε——抽水效能随扬程增加而递减的系数；

e——自然对数底。

式（6.356）适用于扬程 0～6m 的范围。扬程为负值也有效。

2. 现场率定时效率推求

现场率定时效率可用以下方法推求。

(1) 高、中扬程抽水站，根据实测流量、扬程和电功率，用公式 $\eta' = 9.8qh/N$ 计算效率，绘制 $h-\eta'$ 关系线，见图 6.124。

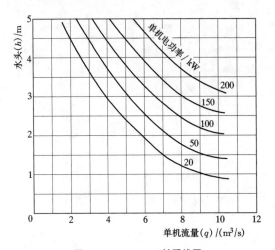

图 6.123　$h-N-q$ 关系线图

(2) 低扬程抽水站用公式 $q = \eta_K N e^{-\varepsilon h}$，移项取对数得 $\ln(q/N) - \ln\eta_K = -\varepsilon h$，用单对数纸绘制 $\ln(q/N)-h$ 关系线，即可解得 η_k 及 ε 值。

3. 流量推算

流量推算可用以下两种方法。

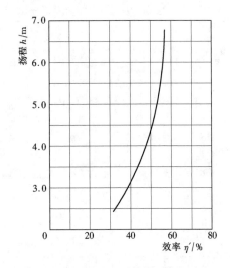

图 6.124　$h-\eta'$ 关系线图

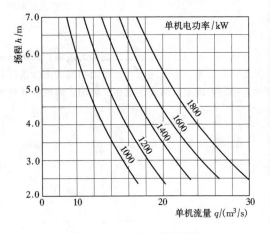

图 6.125　$h-N-q$ 关系线图

(1) 高、中扬程抽水站，从 $h-\eta'$ 关系线上查得各级扬程的效率 η' 值，计算本站单位电功率（$N=1kW$）时相应的单机流量 q 值，再计算单机电功率变化范围内若干个电功率值在各级水头下的相应单机流量，然后绘制 $h-N-q$ 关系线（图 6.125）。推求流量时，根据单机电功率 N 和扬程 h，在 $h-N-q$ 关系线上查得单机流量 q，乘以开机台数，即得总流量。

(2) 低扬程抽水站，应用已求得的 η_k 及 ε 值，代入公式 $q = \eta_k N e^{-\varepsilon h}$ 推求流量。如为多台机组，则求得单机流量后相加的总流量。

第7章 泥 沙 测 验

7.1 泥沙分类与特性

7.1.1 泥沙测验的基本概念

1. 泥沙运动

在水文学中，泥沙一般是指在河道水流作用下移动着或曾经移动的固体颗粒。水流挟带着泥沙运动，河床又由泥沙组成，两者之间的泥沙经常发生交换，这种交换引起了河床的冲淤变化。因此，研究泥沙运动对揭示河床演变的实质有重要意义。泥沙输移是河流中重要的水文现象，它对于河流的变迁有重大的影响。河流中泥沙颗粒在水流作用下的冲刷、搬运和淤积过程称为泥沙运动。冲刷是因水流挟沙能力大于河水含沙量而引起的河床下切或侧切的现象；而淤积是因水流挟沙能力小于河水含沙量而引起的泥沙落沉和河床抬高的现象。河流、水库、湖泊、海湾或其他水域在一定时段内，泥沙输入量与输出量之差有时是正，有时是负，有时为零，要了解水域不同时段的淤积冲刷情况需要进行泥沙测验。

2. 泥沙测验

泥沙测验是泛指对河流或水体中随水流运动泥沙的变化、运动、形式、数量及其演变过程的测量，以及河流或水体某一区段泥沙冲淤数量的计算，包括河流的悬移质输沙率、推移质输沙率、床沙测定以及泥沙颗粒级配的分析等。有时为了了解水库、湖泊、河道、滨海等地区内泥沙淤积或冲刷部位、形态、数量及其发展规律，还需要开展水下地形测量。泥沙测验与水下地形的测量资料成果相互补充验证，用于冲淤演变的分析研究以及工程的规划、建设和运行等工作中。

3. 河流泥沙的危害

天然河流挟带的泥沙影响着河流的发育，给河流的开发利用带来很多问题。河流中挟带的泥沙会造成河道淤塞，使河床逐年抬高，洪水位增高，容易造成河水的泛滥，河流中由于泥沙的冲刷和淤积会造成河道的游荡，严重时甚至会造成河流的改道，给河道治理带来很大的困难。泥沙与洪水会给河道两岸人们的生活、生产造成威胁或灾难。如黄河含沙量大，因下游泥沙的长期沉积形成了举世闻名的"悬河"，极易造成洪水灾害。河流挟带的大量泥沙会淤塞航道、港口与码头；泥沙进入湖泊和水库产生淤积，极有可能缩短工程寿命，降低工程的防洪、灌溉、发电能力，影响水库效益发挥；泥沙进入渠道后产生淤积，会减少渠道的输水能力，必须不定期对渠道进行清淤，增加了灌溉成本；泥沙的存在影响供水的质量，增大了供水的成本；泥沙还会加剧水力机械和水工建筑物的磨损，增加维修和工程造价的费用等。

4. 河流泥沙的利用

河流中的泥沙有弊也有利，其有利的方面如：江河水流在上中游发生冲刷，携带大量泥沙进入下游，洪水泛滥和泥沙淤积塑造了河流下游的平原；合理调用掌握泥沙在水库中淤积的时机部位和数量，可有效减少水库的渗漏，合理淤填死库容，有利于增加水头，提高发电的出力；灌溉时合理利用水流中的细颗粒泥沙进行淤积，可以实现改良土壤，增加肥力，使盐碱沙荒地变为良田；水流中含有一定的泥沙，会减少水流对河岸和河口的冲刷；泥沙在河流入海口附近海洋中的淤积，可不断地造就新的陆地面积；抽取含有泥沙的水流进行放淤，可填洼地、滩地等，达到改造陆地的目的，也可以通过放淤加固堤防，从而增强防洪能力等；泥沙可作为工程材料用于建筑堤防、土坝、道路等；粗颗粒泥沙是良好的建筑材料；泥沙还可作为工业原料用于制造砖瓦等。因此，泥沙也是一种自然资源，应科学地掌握其数量和运动变化规律，合理地开发利用，以达到兴利除害的目的。

5. 泥沙测验的意义

以上分析可知，泥沙在生产上既有消极的作用，又有积极的一面。为此，需要认识了解泥沙的特性、来源、数量及其时空变化，以便兴利除害。流域的开发和国民经济建设，需要水文工作者提供大量的径流洪水等水文资料，还需要提供可靠的泥沙测验资料。

进行流域规划，水库闸坝、防洪工程、河道治理、灌溉供水工程的设计，以及水利工程的管理运行等工作，需要掌握泥沙资料。河道水库的冲淤评估，水土保持的评价、环境状况评估以及有关的科学研究，评价自然环境的地理、土壤、气候、地形、植被等的变化指标，评价土地利用、河道的冲淤变化，研究流域产沙量、河流含沙量、输沙量和粒径组成与变化，研究泥沙的淤积同泥沙粒径组成和水流条件的关系，研究泥沙的化学性质与水质同生物的关系等，都需要泥沙资料为依据。因此，需要系统地开展泥沙测验工作，长期地进行泥沙资料的收集。

6. 泥沙测验的目的

泥沙测验一般目的就是通过系统科学的水文测验，获得悬移质泥沙的含沙量、输沙率、颗粒级配，推移质泥沙的数量和颗粒级配，床沙的颗粒级配，泥沙的密度、干容重，以及它们的变化特征等资料。

7.1.2　河流泥沙的分类

河流泥沙的分类方式很多，如可按泥沙的组成、运动形式、来源等进行分类，也可根据研究的目的，依据一定的条件进行分类。水文测验中常用到的泥沙分类有以下几种。

1. 按泥沙黏结情况分类

泥沙按黏结情况分为有黏结力和无黏结力两种。黏土和非常细的泥沙属有黏结力的泥沙，而粗颗粒泥沙属无黏结力泥沙。

2. 按泥沙粒径组成分类

泥沙颗粒分类，尚无统一标准，但不同的分类差别不大，表 7.1 是欧美及我国工程界的泥沙粒径分类标准。将泥沙按粒径组成分为黏土、粉沙、细沙、中沙、粗沙、砾石、鹅卵石等。

我国《河流泥沙颗粒分析规程》（SL 42—2010）中，将河流泥沙分为黏粒、粉沙、沙粒、砾石、卵石、漂石等 6 类，各种泥沙的粒径范围见表 7.2，本手册中今后涉及的泥沙多采用此分类标准。

表 7.1　　　　　　　　　　　　泥沙按粒径组成分类　　　　　　　　　　　单位：mm

英　国　标　准		美　国　标　准		中　国　标　准		
名称	粒径范围	名称	粒径范围	名称		粒径范围
黏土	<0.002	极细黏土	0.0002~0.0005	黏土		<0.005
细粉沙	0.002~0.006	细黏土	0.0005~0.001	粉沙		0.005~0.05
中粉沙	0.006~0.02	中黏土	0.001~0.002	沙	极细	0.05~0.10
粗粉沙	0.02~0.06	粗黏土	0.002~0.004		细	0.25~0.10
细沙	0.06~0.2	极细粉沙	0.004~0.008		中	0.5~0.25
中沙	0.2~0.6	细粉沙	0.008~0.016		粗	2~0.5
粗沙	0.6~2	中粉沙	0.016~0.031	砾石	小	4~2
细砾石	2~6	粗粉沙	0.031~0.062		中	10~4
中砾石	6~200	极细沙	0.062~0.125		大	20~10
粗砾石	200~600	细沙	0.125~0.25	卵石	小	40~20
鹅卵石	600~2000	中沙	0.25~0.5		中	60~40
		粗沙	0.5~1		大	100~60
		极粗沙	1~2		极大	200~100
		卵石	2~64	顽石	小	400~200
		漂石	64~4000		中	800~400
					大	>800

表 7.2　　　　　　　　　　　　　　　河　流　泥　沙　分　类　　　　　　　　　　　　单位：mm

泥沙分类	黏粒	粉沙	沙粒	砾石	卵石	漂石
粒径	<0.004	0.004~0.062	0.062~2.0	2.0~16.0	16.0~250.0	>250.0

3. 按泥沙的运动状态分类

天然河流中的泥沙，按其是否运动可分为静止和运动两大类，根据其运动状态可进一步分为床沙、悬移质和推移质。

（1）床沙。组成河床的泥沙称为床沙，床沙在河床表面处于相对静止的状态。

（2）悬移质。悬移质也称悬沙，是指被水流挟带，而远离床面悬浮于水中，随水流向前浮游运动的泥沙。悬移质受水流的紊动作用，悬浮于水中，并几乎以相同的速度随水流一起运动。这种泥沙在整个水体空间里自由运动，时而上升，时而下降，其运动状态具有随机性。为方便起见，一般把自河底泥沙粒径的两倍以上至水面之间运动的泥沙视为悬移质。由于水流的紊动保持悬浮，在相当长时间内这部分泥沙不和河床接触。

（3）推移质。推移质是指在河床表面，受水流拖曳力作用，沿河床以滚动、滑动、跳跃或层移形式运动的泥沙。推移质泥沙的运动特征是走走停停，时快时慢，运动速度远慢于水流；颗粒愈大，停的时间愈长，走的时间愈短，运动的速度愈慢。推移质的运动状态完全取决于当地的水流条件。推移质泥沙不断地与河床接触，尤其是跳跃的泥沙，其跳跃高度可能远远大于泥沙粒径。推移质又可划分为沙质推移质和卵石推移质两类。

天然河流中，从数量、质量及体积上说来，推移质相对较少，悬移质相对较多。一般而言，冲积平原河流携带的悬移质数量，往往为推移质的数十倍、数百倍甚至数千倍。推移质泥沙尽管其相对数量不多，但因其颗粒较粗，对水利工程的危害极大。如在解决水库淤积问题中，处理推移质泥沙的难度往往要比处理悬移质大得多。因此，对于推移质运动的观测与研究，同样非常重要。

在靠近河床附近，各种泥沙在不断地交换，悬移质和推移质之间，推移质与床沙之间，悬移质和床沙之间都在交换，悬移质和推移质很难截然分开。同时一条河流的不同河段有不同的水流条件，同一种粒径的泥沙在某一河段可能是停止不动的床沙，在另一河段可能作推移或悬移运动。在同一断面上亦因水位不同，会出现不同的运动状态，因此决定泥沙运动状态除泥沙本身的粒径外，还有水流条件。

推移质和悬移质尽管在运动形式和运动规律上不同，但它们之间无明显界线。在同一水流条件下，推移质中较细的颗粒有时可能短时间内以悬移方式运动，悬移质中较粗的颗粒也可能短时间内以推移方式运动。就同一颗粒泥沙而言，水流流速小、紊流强度弱时，它可由悬移质变成推移质；水流流速大、紊流强度大时，由推移质变成悬移质，体现出推移质与悬移质之间的互相交换。

推移质泥沙的运动范围在床面或床面附近的区域，推移质运动具有明显的间歇性，运动一阵，停一阵，运动时为推移质，静止时是床沙，即推移质与床沙之间也进行不断交换。推移质运动的速度比底层水流速度要慢。

在床面附近，悬移质和推移质、推移质和床沙之间，都在不断地交换着，正是由于这种泥沙的交换作用，使河流中的悬沙，从水面到河床其运动是连续的，含沙量在垂线上分布呈一条连续的曲线。

另外，也有人将介于悬移质泥沙与推移质之间的一种泥沙称为跃移质。跃移质泥沙也被称为临底沙。随着流速的变化，临近河底 $0.1 \sim 0.3$ m 的泥沙在流速大时成为悬移质，流速小时，沉降到河底成为推移质。由于跃移质是推移质和悬移质之间的物质，因此多数情况下把跃移质合并在推移质中，而只将河流中运动的泥沙区分为推移质和悬移质两种。

4. 按泥沙来源和在河床中、水流中的位置分类

河流泥沙按来源和在河床中的位置，可分为冲泻质和床沙质。

（1）冲泻质。冲泻质是悬移质泥沙的一部分，它由更小的泥沙颗粒组成，长期处于悬浮状态，能在河流中悬浮输移，而不沉淀，即在悬移质中粒径较细、随水流输移时不发生沉积的那部分泥沙称冲泻质。通过一个河段的冲泻质的输沙量，与水流的挟沙能力无关，只与流域内的来沙条件有关，冲泻质在河床组成中很少有，水流一般不能从当地河床取得足量补给，因而这部分泥沙又称之为非造床质。

（2）床沙质。床沙质是指在运动过程中随时与床沙交换的那一部分（悬移质和推移质）泥沙。河流中床沙质的含量与水力条件关系较密切，当流速大时，可以成为推移质和悬移质，当流速小时，沉积不动成为床沙，它在河床组成中大量存在，能经常与河床上的床沙发生置换即参与造床，故又称造床质。

（3）全沙。床沙质和冲泻质的总和，或悬移质和推移质的总和又称为全沙。

随着水力条件的不同，它们之间可以相互转化。因此，各种泥沙的划分仅以其在水流中某一瞬间状态来决定。由于有不同形式的泥沙输移，因此泥沙测验时需要采用不同的仪器和方法。

图 7.1　按泥沙运动方式分类示意图

7.1.3　泥沙的特性

泥沙的基本特性主要包括几何特性、重力特性和水力特性。对于细颗粒泥沙还有物理化学特性，对于

黏土还有生物学特性等。

7.1.3.1 泥沙的几何特性

由于泥沙颗粒的形状和大小不同，水流条件等因素决定着泥沙的运动状态，故开展泥沙测验首先要了解泥沙的运动状态，为了解泥沙的运动状态，首先要对泥沙的形状和大小有所了解认识。泥沙的几何特性是指泥沙颗粒占有空间的特性，即泥沙颗粒的形状、大小以及泥沙群体的组合特性。

1. 泥沙颗粒的形状

河流中泥沙颗粒的形状是极不规则的，大颗粒如砾石、卵石等多数情况下随水流以滚动、滑动、跳跃等形式沿床面运动，泥沙之间、泥沙与河床之间的碰撞机会多，作用力大，使其外形多呈圆球状、椭圆状，一般比较圆滑，无尖角和棱线；较细颗粒泥沙多数情况下悬浮在水流中，随水流一起运动，碰撞机会少，碰撞的作用力小，故保持原来母质分解的外形，呈不规则多角形、尖角形，棱线十分明显。可见，泥沙的形状特性是与它们在水流中的运动状密切相关的。

为了比较不同泥沙颗粒的形状，可以采用某些指标，如常用的球度系数，它是指某颗泥沙的实际表面积和与之体积相等的球体表面积之比。研究表明，球度系数相等的两颗泥沙，在水中表面力为主时，其流体动力特性大致相同。由于球度系数难以测定，而一颗多角形的泥沙颗粒总可测量其长、中、短 3 个轴，根据其 3 个轴可计算球度系数，用公式表示为

$$\varphi = \sqrt[3]{\left(\frac{b}{a}\right)^2 \frac{c}{b}} \qquad (7.1)$$

式中 φ——泥沙的球度系数；

a、b、c——泥沙的长轴、中轴和短轴，mm。

此外，还有人提出用形状系数来表示泥沙颗粒的形状，其表达式为

$$S_p = \frac{c}{\sqrt{ab}} \qquad (7.2)$$

式中 S_p——泥沙的形状系数。

2. 泥沙颗粒的粒径

天然河流中泥沙颗粒其方位的尺度的大小相差悬殊，大致上千毫米的漂石、顽石，小到不足微米的黏土。通常用泥沙粒径表示这些泥沙颗粒的大小，简称粒径。由于泥沙颗粒形状极不规则，给泥沙粒径定义和直接测量带来困难，难以精确表达泥沙的直径。因此，实际上粒径只有相对意义。为了克服泥沙颗粒形状不规则性和颗粒大小不同的特点，其测量和表示的方法也不同，在水文测验中泥沙颗粒常用以下几种指标描述。

（1）等容粒径。等容粒径是指与泥沙颗粒体积相

同的球体的直径。用公式表示为

$$d = \left(\frac{6V}{\pi}\right)^{\frac{1}{3}} \qquad (7.3)$$

式中 d——等容粒径，mm；

V——某颗粒泥沙的体积，mm³；

π——圆周率。

泥沙颗粒的质量除以泥沙颗粒的密度得到泥沙颗粒的体积，再用式（7.3）可计算出泥沙的等容粒径。

（2）平均粒径（也称三轴平均粒径）。泥沙颗粒在相互垂直的长、中、短 3 个轴方向量得长度，取其算数平均值（也称算术平均粒径），或者取其几何平均值，即为泥沙的平均粒径，用公式表示为

算术平均粒径 $\quad d = \frac{1}{3}(a + b + c) \qquad (7.4)$

几何平均粒径 $\quad d = \sqrt[3]{abc} \qquad (7.5)$

式中 a、b、c——某颗粒泥沙的长、中、短 3 个轴的长度，mm。

（3）筛析粒径。泥沙颗粒能通过最小筛孔的筛孔尺寸称为筛析粒径，筛析粒径简称筛径。

（4）沉降粒径。沉降粒径是指在同一沉降介质中，相同条件下，与给定颗粒具有同一密度和同一沉速的球体的直径。

（5）标准沉降粒径。与泥沙颗粒等容重（一般用 2.65t/m³），在水温 24℃ 的静止的蒸馏水中，不受边界影响，与单颗粒泥沙等沉速的球体的直径，称标准沉降粒径。

（6）投影粒径。与给定泥沙颗粒最稳定的平面投影图像面积相等的圆的直径，称投影粒径。

3. 泥沙的级配曲线及其特征值

河流中的泥沙是由各种数量不等、大小不同的颗粒所组成的群体，各种粒径的泥沙颗粒所含的分量也不相同，目前多采用粒径级配曲线（简称级配曲线）和粒径级配曲线上的某些特征值来描述群体泥沙的组成特性。

（1）粒径级配曲线。从群体泥沙中取出一定数量的沙样，通过泥沙颗粒分析，计算出沙样中各种不同粒径泥沙质量占总质量的百分数，在半对数纸上以横坐标表示泥沙粒径，纵坐标表示小于某粒径的泥沙在沙样中所占质量的百分数，绘制成关系曲线，见图 7.2。级配曲线不仅描述了沙样粒径大小和变化范围，而且还反映出沙样的粒径组成均匀程度。曲线较陡，表示某一粒径范围内的泥沙所占的质量较多，粒径变化范围小，沙样组成颗粒组成较均匀。反之，则表示沙样组成颗粒不均匀。由图 7.2 中的泥沙粒径级配曲线可看出：对沙样群体 a 线粗粒较多；b 线细粒较多；c 线粒径不均匀；d 线粒径均匀。

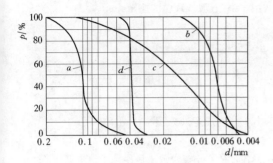

图 7.2 泥沙粒径级配曲线

（2）级配曲线上的特征值。在实际工作中，一般多以级配曲线上的一些特征值表示泥沙颗粒的特性，经常用的有中值粒径、平均粒径及均匀系数等。

1）中值粒径。中值粒径是指粗细沙质量各占一半时相应的粒径（小于和大于某粒径的沙重百分数为 50% 的粒径），即粒配曲线图中粒径坐标为 50% 时的相应粒径。中值粒径也称中数粒径，常用 d_{50} 表示。

2）泥沙颗粒级配的平均粒径。为了确切地反映沙样各种组成比例的不同，往往采用各种泥沙粒径的加权平均粒径，简称平均粒径。泥沙的平均粒径为各粒径组平均粒径以各粒径组相应沙量百分数为权重计算的平均值。对于同一个沙样，因分组数目和方式不同，求出平均粒径值也不相同。

3）均匀系数。均匀系数反映泥沙级配的均匀程度，可用式（7.6）表示

$$\phi = d_{75}/d_{25} \tag{7.6}$$

式中 ϕ——均匀系数；

d_{75}、d_{25}——泥沙粒径级配曲线上相应于 $p=75\%$、$p=25\%$ 的粒径，mm。

均匀系数愈大，说明沙样粒径愈不均匀；其值愈接近于 1，则沙样愈均匀。

7.1.3.2 重力特性

1. 泥沙的容重

泥沙的容重是指泥沙单位体积的重量，即是泥沙各个颗粒实有的重量与泥沙各个颗粒实有的体积的比值。泥沙的容重反映泥沙的重力特性。泥沙的容重也称"单位重量"、"幺重"、"重率"或"密实重率"等。工程界习惯用 t/m³（吨每立方米）为单位，国际制单位中用 N/m³（牛顿每立方米）表示。对于以 t/m³ 为单位的容重，其数值即为比重。

构成泥沙的岩石成分不同，泥沙的容重也有所不同，不同成分岩石的容重见表 7.3。一般情况下河流泥沙容重为 2.60～2.70t/m³，通常取 2.65t/m³。

表 7.3   **各种泥沙容重表**

岩石成分	长石	石英	云母	黏土	泥沙	黄土
容重/（t/m³）	2.5～2.8	2.5～2.8	2.8～3.2	2.4～2.5	2.5～2.6	2.5～2.7

2. 淤积泥沙的干容重

泥沙的干容重是指从淤积体取出的原状沙样量出其体积（包括泥沙颗粒的实体和孔隙），然后放烘箱里，经过 100～105℃ 的恒温烘干，再称出其重量，求出其重量与原状沙样体积的比值。"干容量"也称"干幺重"，其常用单位为 t/m³、kg/m³、kN/m³ 等。

因有孔隙存在，一般情况下，同类型泥沙的干容重小于其容重。泥沙干容重的大小不仅与构成泥沙的岩石成分有关，而且与泥沙沉积过程中所形成的孔隙有关。孔隙的大小又与泥沙颗粒组成、淤积时间、浸没情况和埋藏深度等因素有关。因此，泥沙干容重的变化范围远比其密实容重大的多。在实际观测中，曾经测到淤积泥沙干容重最大值超过了 2t/m³，最小值低于 0.3t/m³。泥沙干容重是研究河床发生冲淤变化，确定冲淤泥沙重量与体积关系的一个重要物理量。

淤积泥沙干容重的变化范围是随着孔隙率大小而变化的，泥沙的干容重也可由泥沙容重和孔隙率计算，即

$$\gamma' = \gamma_s(1-\varepsilon) \tag{7.7}$$

式中 γ'——淤积泥沙干容重，t/m³、kN/m³ 或 N/m³；

γ_s——泥沙容重，t/m³、kN/m³ 或 N/m³；

ε——淤积泥沙孔隙率。

显然，$(1-\varepsilon)$ 就等于单位体积内泥沙所占的体积。

3. 泥沙的密度

当泥沙容重定义中泥沙的重量用质量表示时，得到的即是泥沙的密度和泥沙的干密度。即单位体积中泥沙的质量。

实际上"容重"与"密度"的定义在理论上是有的差异源于重量与质量概念，两者在数值上相差一个常数（重力加速度数值）。按现行国家计量标准，力的基本单位是 N（牛顿），质量的基本单位是 kg（千克）。在工程应用中两者严格区分尚在过渡期，因此，本手册以后不严格区分"重量"、"质量"，两者的单位一般情况下均采用 mg、g 或 kg，也不严格区分容重和密度。

4. 重率系数

泥沙在水流中运动，其运动状态既与泥沙容重有关，又与水的容重有关，常用重率系数来表示这个相对数值

$$\alpha = (\gamma_s - \gamma)/\gamma = (\rho_s - \rho)/\rho \qquad (7.8)$$

式中　α——重率系数；

　　　γ_s、γ——泥沙和水的容重，t/m^3、kN/m^3 或 N/m^3；

　　　ρ_s、ρ——泥沙和水的密度，kg/m^3 或 g/cm^3。

一般情况下，取 $\alpha = 1.65$。

7.1.3.3　泥沙的水力特性——泥沙的沉速

1. 泥沙沉速的概念

泥沙颗粒在水中的沉降速度是泥沙的重要水力特性之一。由于泥沙的密度大于水的密度，泥沙密度减去水的密度为有效密度，在水中的泥沙颗粒受有效密度的作用而下沉。泥沙开始自然下沉的一瞬间，初速度为零，抗拒泥沙下沉的阻力也为零，这时只有有效重力起作用，泥沙颗粒的下沉具有加速度。随着下沉速度的增加，阻力也随之增大，当泥沙所受到的有效重力和阻力恰好相等时，泥沙颗粒将以匀速继续下沉。在研究泥沙的静水沉降速度时均不考虑加速度时段，而把泥沙颗粒在静止的清水中以匀速下沉时的速度，称为泥沙的沉降速度，简称泥沙的沉速。

泥沙颗粒愈粗，沉速愈大，所以可用沉速的大小来衡量泥沙的粗细。由此，沉速又称为泥沙的水力粗度。

2. 泥沙沉速基本公式

根据泥沙沉速的定义，当泥沙颗粒在水中作匀速运动时，泥沙所受的有效重力与下沉过程中的水体阻力相平衡，即

$$W = F \qquad (7.9)$$

式中　W——泥沙颗粒的有效重力，N；

　　　F——泥沙颗粒下沉时所受水流阻力，N。

泥沙颗粒的有效重力可用式（7.10）来表示

$$W = k_1 \frac{\rho_s - \rho}{6} g \pi d^3 \qquad (7.10)$$

式中　d——泥沙颗粒等容粒径，mm；

　　　ρ_s、ρ——泥沙和水的密度，kg/m^3；

　　　g——重力加速度，mm/s^2；

　　　k_1——单位换算常数。

泥沙颗粒在水中下沉时所受到的阻力比较复杂。当泥沙颗粒下沉时，在尾部将产生空隙，周围水体流过填充，因此形成了水体与颗粒间的相对运动。采用阻力公式形式可以写为

$$F = k_2 \lambda_d \frac{\pi d^2}{4} \frac{\omega \omega^2}{2} \qquad (7.11)$$

式中　ω——泥沙颗粒沉速，mm/s；

　　　λ_d——阻力系数，无因次量；

　　　k_2——单位换算常数。

进一步推导，可求得泥沙沉速的基本公式

$$\omega = \sqrt{\frac{4}{3} \frac{\rho_s - \rho}{\rho} \frac{gd}{\lambda_d}} \qquad (7.12)$$

7.1.4　河流泥沙来源

1. 土壤侵蚀

流域的水土流失或土壤侵蚀是河流泥沙的主要来源。水土流失或土壤侵蚀是影响基本生态过程的重大问题，水土流失的发生、发展与控制，与维护生态系统的良性循环关系密切，美国巴尔尼（Barney）在《公元 2000 年全球情况调查报告》中指出："在环境问题中，空气和水的污染固然十分重要，但第一位的却是土壤侵蚀，或称水土流失，解决这一问题对发展中国家更为迫切"。可见水土流失不仅是水文问题，而且是一个十分重要的环境和生态问题。

土壤侵蚀是指在地表层内，在自然力及人类生产活动的作用下，地表土壤及其母质发生的侵蚀、输移沉积的过程。它可分为自然侵蚀、人类生产活动所引起的侵蚀。一般情况下流域内地表的冲蚀是河流的泥沙主要来源。地表侵蚀的泥沙随水流移动，汇入河网形成河流泥沙。流域地表的侵蚀与气象、土壤、地貌和人类活动等密切相关。如果流域内的雨量集中，岩石风化严重，土壤结构疏松，地势陡峻，土地裸露，植被差，坡面盲目开垦，则地表侵蚀严重，造成大量水土流失，流域内河流中的泥沙含量较大。反之，则泥沙含量较小。

2. 土壤侵蚀分类

土壤侵蚀按作用力可分为水力侵蚀、重力侵蚀、风力侵蚀、洞穴侵蚀、融冻侵蚀及灌溉侵蚀等。

（1）水力侵蚀。水力侵蚀简称水蚀，是指在降水、地表径流及亚地表径流作用下，土壤或土体被分离、输移及沉积的全过程。常见的水蚀形式有面蚀和沟蚀两种。前者又包括溅蚀、片蚀和细沟侵蚀；后者又有浅沟、切沟、冲沟和河沟侵蚀等。溅蚀是雨滴击打地面，使土壤颗粒从土体表面剥离，并被雨滴带起而产生位移的过程。其溅蚀量及土粒移动情况取决于坡度、雨滴动能及打击方向、土粒间的切应力和土壤团聚状态等。片蚀是在地表面径流分散、流速低的情况下，所引起的地表土均匀流失的现象。细沟侵蚀是薄层水流沿坡面运动，并逐渐汇集成股流，将地面冲刷成细沟的过程。浅沟侵蚀主要发生在较陡的坡面上，是若干细沟袭夺兼并，汇聚了足够水量，产生了强烈拖曳力的结果。切沟侵蚀多发育在凹形斜坡，它

汇聚了细沟和浅沟丰富的来水量，具有强烈的下切作用。

（2）重力侵蚀。重力侵蚀是指地表物质因重力作用而失去平衡，产生破坏、位移和堆积的现象。重力侵蚀形式主要有滑坡、崩塌、泄溜 3 种。

（3）风蚀。风蚀是地表土壤被风力破坏、搬运和沉积的现象，它主要发生在干旱和半干旱区。在无植被保护的干燥松散的土壤上，当风速极大时，就发展成为沙尘暴或尘霾，给国民经济及人类生活带来严重的损害。它吹走表土、伤害幼苗、掩埋交通线路和村庄、污染环境，进而使土地沙化。

（4）洞穴侵蚀。洞穴侵蚀是指流水沿土体裂隙、根孔、动物穴窝下渗，发生溶蚀、潜蚀等作用，并受重力作用的影响，形成具有出口的各种洞穴的侵蚀过程。

（5）融冻侵蚀。融冻侵蚀是指融雪或解冻等产生的地表径流所形成的片蚀，并常有融冻后的薄层土成泥浆状沿斜坡流动。在相似流域自然条件下，融雪径流的含沙量远小于暴雨径流的含沙量。

（6）灌溉侵蚀。灌溉侵蚀是指水田灌溉时，由于水流扰动，常将上方水田的土粒分散悬浮随水带入下方水田，层层下泄，最后排出田外流入水网。

土壤侵蚀越来越受世界性的广泛重视和关注。全世界土壤侵蚀面积约 2500 万 km^2，占全球陆地面积的 16.8%，有 1/4～1/3 左右的耕地表土层侵蚀严重，每年约有 600 亿 t 肥沃表土被冲刷，入海泥沙约 170 亿 t。中国土壤侵蚀总量每年约 50 亿 t，入海泥沙年平均约 19.4 亿 t。因此，对河流泥沙进行监测，是治理水土流失的基础工作。

7.1.5 河流泥沙现象与泥沙运动

7.1.5.1 描述河流泥沙的一些重要物理量

流域侵蚀的泥沙会进入天然河流的水体中，含有泥沙的水流，称为浑水。浑水与清水的性质不同，对水流运动和泥沙运动都产生一定的影响。水文学中，描述侵蚀程度和浑水物理特性的常用物理量介绍如下。

1. 侵蚀模数

流域地表的侵蚀程度，常用侵蚀模数表示。侵蚀模数是指每年每平方公里的地面上被冲蚀泥沙的数量，用河流悬沙输沙量推算时又称为输沙量模数，用式（7.13）表示：

$$M = W_s/A \qquad (7.13)$$

式中　M——侵蚀模数，t/（$km^2 \cdot a$）；
　　　W_s——流域出口断面年悬沙输沙量，t/a；
　　　A——流域面积，km^2。

侵蚀模数的大小，表征流域内水土流失的平均情况，其值愈大说明流域内的侵蚀愈强，输沙量愈大。反之则小。还可以用侵蚀模数衡量和比较不同流域的输沙量大小。黄河中游黄土高原的河流流域，侵蚀模数很大，一般 $M > 1000$t/（$km^2 \cdot a$），有的局部地区甚至有 $M > 10000$t/（$km^2 \cdot a$）的情况。

2. 含沙量

为了便于分析计算河流悬挟泥沙的多少，可用含沙量来反映水流中所含泥沙的数量。通常有以下表达方法。

（1）混合比含沙量。混合比含沙量是单位体积浑水内所含泥沙的干沙质量。水文测验中多使用混合比含沙量，因此本手册今后提及的"含沙量"一词，未特别指明的均是指混合比含沙量。

$$C_s = \frac{W_s}{V_{ws}} \qquad (7.14)$$

式中　C_s——混合比含沙量，简称含沙量，常用单位为 kg/m^3；
　　　V_{ws}——浑水体积，m^3；
　　　W_s——V_{ws} 体积内的干沙质量，kg。

（2）体积比含沙量。单位体积浑水中，泥沙体积所占的百分数，称为体积比含沙量。

$$C_v = \frac{\frac{W_s}{\gamma_s}}{V_{ws}} = \frac{C_s}{\gamma_s} \qquad (7.15)$$

式中　C_v——体积比含沙量，%；
　　　γ_s——泥沙密度，kg/m^3。

（3）质量比含沙量。单位浑水体积内干沙质量占浑水质量的百分数，称为质量比含沙量。

$$C_w = \frac{\frac{W_s}{V_{ws}}}{\gamma_{ws}} = \frac{C_s}{\gamma_{ws}} \qquad (7.16)$$

式中　C_w——质量比含沙量，%；
　　　γ_{ws}——单位体积浑水质量，即浑水密度，kg/m^3。

在水文测验中含沙量是一个泛指名词，它可以是瞬时或日、月、年平均，也可以是某测点的含沙量或者垂线平均、部分及全断面平均含沙量等。

3. 输沙率

输沙率是指单位时间内通过河流某断面的泥沙重量（或质量）。根据定义，输沙率是断面流量与断面平均含沙量的乘积，即

$$Q_s = QC_s \qquad (7.17)$$

式中　Q_s——通过某一断面的输沙率，t/s 或 kg/s；
　　　Q——通过某一断面的流量，m^3/s。

4. 输沙量

在某一段时间内通过河流某一断面的泥沙总量称

为输沙量，即

$$W_s = Q_s \Delta t \qquad (7.18)$$

式中　W_s——输沙量，t 或 kg；

　　　　Δt——时段长，s。

5. 水流的挟沙能力

挟带泥沙的水流称为挟沙水流。水流挟沙能力是研究泥沙运动的一个十分重要的物理量。水流挟沙能力是指河床处于不冲不淤相对平衡时，具有一定水力因素的单位水体所能挟带悬移质的数量。由于水流所挟带冲泻质的多少与该河段的关系不大，因此有时也将在一定水流条件下河床处于冲淤平衡状态水流所能挟带的悬移质中床沙质的数量，称为水流的挟沙能力。因为水流挟沙力反映的是河床不冲不淤时的含沙量，所以也称为饱和含沙量。

7.1.5.2　河流泥沙的脉动现象

与流速脉动一样，水流中的泥沙也存在着脉动现象，而且脉动的强度更大。在水流稳定的情况下，断面内某一点的含沙量是随时在变化的，它不仅受流速脉动的影响，而且还与泥沙特性等因素有关。图 7.3 为黄河某水文站两种悬移质泥沙采样器比较试验时的实测资料，由图 7.3 后段折曲线可见用横式（属于瞬时式）采样器测得的含沙量有明显的脉动现象，变化过程呈锯齿形；而真空抽气式（属积时式）采样器，变动较小，长时间的平均值稳定在某一数值上，即均值是一个定值。

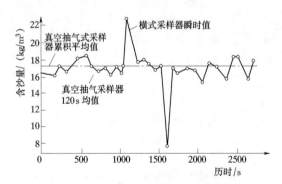

图 7.3　黄河某水文站泥沙脉动分析图

据研究，河流泥沙脉动强度与流速脉动强度及泥沙特性等因素有关，且大于流速脉动强度。泥沙脉动是影响泥沙测验资料精度的一个重要因素，在进行泥沙测验及其仪器的设计和制造时，必须充分考虑。

7.1.5.3　悬移质含沙量沿垂线的分布

河流中随水流浮游前进的悬移质，在泥沙中占主要部分，也是泥沙测验的重点。因此，了解悬移质泥沙的运动，对于做好河流泥沙的测验有重要意义。

河流泥沙的容重一般为 2.6～2.7t/m³，比水的容重大。因此，在水流中悬移质必然要受重力作用而下沉，影响泥沙的远距离输送。但泥沙在河流中除受到重力作用外，同时还受水流的紊动扩散作用，两者共同作用的结果使悬移质保持悬浮前进的运动状态。在恒定流中，对某一时段的平均情况分析可知，紊动作用沿垂向穿过某一水平面向上的流体数量，应等于向下的流体数量，否则连续定律被破坏。但水流中上下各流层中的含沙量是不同的，接近水面的小，靠近河底的大。因此，上下含沙量不均匀，等容积内向上的流体都比向下的流体挟带悬移质要多，所以它们的综合效果导致悬移质产生上浮的作用。实际上，水流的紊动作用把悬移质从高含沙区送到低含沙区，使浓度大处变小，浓度小处变大，含沙量的分布总观变得更均匀些，这种作用称为紊动扩散作用。

根据以上分析，悬移质运动是重力作用与紊动扩散作用相互作用的过程。当重力作用超过紊动扩散作用时，泥沙发生淤积。反之，若河床是可冲的，则发生冲刷。当两者作用相当，悬移质在紊动作用下，向上运动的数量与受重力作用下沉的数量大致相等，则水流中时均含沙量将保持不变，河床处于不冲不淤相对平衡状态。但实际上河床通常处于冲淤不平衡状态，而平衡状态是暂时的。重力作用的强弱与悬移粒径大小和浑水重率有关，重力作用越强，垂线下部含沙增加，沉速越大。水流垂直方向紊动强度越大，垂线含沙量梯度越大，泥沙向上紊动扩散作用越强。

悬移质沿垂线的分布规律，一般是由水面向河底逐渐增大，可用紊动扩散理论分析其分布规律。该理论的基本点是，当液体内不同部位存在某种物质的浓度差异时，则此种物质将从浓度大的一方向浓度小的一方扩散，单位时间通过单位面积的扩散量即扩散强度与浓度梯度成正比，等于浓度梯度与扩散系数的乘积。图 7.4 所示，在某一垂线的河底处为坐标原点建立坐标系，纵轴为水深，横轴为含沙量和流速，根据紊流扩散理论可推导出泥沙垂线含沙量分布公式。

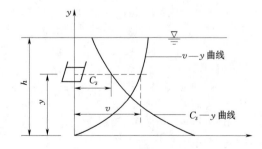

图 7.4　悬移质含沙量沿垂线的分布

$$C_s = \left(\frac{h-y}{y} \frac{a}{h-a} \right)^{\frac{\omega}{ku_*}} C_{sa} \qquad (7.19)$$

式中　C_s——水深 y 处的含沙量，kg/m³；

y——从河底算起的测点水深，m；

h——垂线水深，m；

a——河底附近某一点的水深，m；

C_{s_a}——a 处的含沙量，kg/m³；

ω——泥沙沉降速度，m/s；

k——卡门常数，其值在 $0.15\sim0.4$ 之间，且随含沙量的增大而减小；

u_*——摩阻流速，m/s。

式 (7.19) 反映出悬移质含沙量在垂线上的分布，一般规律是自水面向下呈递增趋势。

含沙量的变化梯度还随泥沙颗粒粗细的不同而不同。颗粒越粗，变化越大。颗粒越细其梯度变化越小，这是因为细颗粒泥沙在水中的表面力大，能较长时间漂浮在水中不下沉所致。由于垂线上的含沙量包含所有粒径的泥沙，故含沙量在垂线上的分布呈上小下大的曲线形态。河流的悬移质泥沙颗粒越细，含沙量的纵向分布就越均匀，否则相反。

7.1.5.4 悬移质泥沙在断面内的横向分布

悬移质含沙量沿断面的横向分布，随河道情势、横断面形状和泥沙特性而变。如河道顺直的单式断面，水深较大时，含沙量横向分布比较均匀。在复式断面上，或有分流漫滩、水深较浅、冲淤频繁的断面上，含沙量的横向分布将随流速及水深的横向变化而变。悬移质含沙量的横分布也受流速的分布影响，流速大的垂线含沙量也大，流速小的垂线含沙量也小。一般情况下，含沙量的横向变化较流速横向分布变化小，如岸边流速趋近于零，而含沙量却不趋近于零。这是由于流速等水力条件主要影响悬移质中的粗颗粒泥沙及床沙质的变化，而对悬移质中的细颗粒（冲泻质）泥沙影响不大。因此，河流的悬移质泥沙颗粒越细，含沙量的横向分布就越均匀，否则相反。

7.1.5.5 特殊泥沙现象

1. 泥石流

在一定的自然地理条件下，由于重力和强大水流的综合作用，在沟谷中发生含有大量土、砂、石块和水的固、液两相流体，叫做泥石流。按照流体物理力学特性，泥石流浆体已不属牛顿体，一般可以看成宾汉体。

泥石流可分为紊流型（稀性泥石流）及层流型（黏性泥石流）两类。前者以悬移质为主，密度一般在 $1200\sim1600$kg/m³。后者以推移质为主，密度在 $1600\sim2200$kg/m³。

2. 高含沙水流

所谓高含沙水流是指含沙量达到每立方米数百公斤乃至 1000kg 以上的水流。这种水流，含有大量泥沙，其水力特性、维持泥沙运动的机理不同于一般的挟沙水流，主要表现为以下几点。

(1) 高含沙水流其流变特性属于非牛顿体。

(2) 高含沙水流具有两种流态：一种流态是高强度的紊流，比降大，流速高，雷诺数和弗劳德数都比较大，水流涌湍，大小尺度的紊动均得到充分发展，含沙量高与这种紊动结构充分发展相适应；另一种流态是层流，高含沙水流易形成层流流动，比降小，流速低，水流十分平稳，水面平亮如镜。

(3) 高含沙水流的含沙量在垂线上分布比较均匀，随着含沙量的增大，其均匀程度更为突出。

(4) 高含沙水流的流速分布比较均匀，这与高含沙水流的含沙量增大，流速梯度减小，紊流强度均匀有关。

(5) 高含沙水流的挟沙能力特别大。对紊流来说，其挟沙力大增，由于此时浑水重率很大，泥沙颗粒沉速很小；对层流来说，此时，水沙一体参加运动，挟沙亦多。

3. 异重流

异重流是指两种或两种以上重率差异较小的流体，互相接触，密度大的流体潜入密度小的流体下面，并发生相对运动，在交界面上不会出现深入的掺混现象的液体流。

异重流的产生必须具备两个条件：一是两种流体异重；二是这异重差异不大。河流中的含沙量的差异就是形成浑水异重流的根本原因。清水与浑水之间，重率存在着微小的重力差，将导致形成流体间的压力差，从而形成异重流。异重流的一般特性表现如下。

(1) 重力作用大大减弱。由于异重流的重率比清水重率稍大，又受清水浮力作用，浑水的重力作用大大减弱，浑水有效重力仅仅是清水重率的 $1/1000\sim1/100$。

(2) 由于重力作用减低的结果，惯性作用显得十分突出。通过用弗劳德数对比同流速、同水深的清水和浑水的关系，可知浑水弗劳德数远远大于清水弗劳德数，完全可以说明浑水惯性力与重力的相对关系比一般水流大。因此，异重流在流动过程中能够比较容易地超越障碍物和爬高。

(3) 阻力作用相对突出。异重流与水力半径、底坡、阻力系数相同的一般水流相比，其流速比一般水流的流速要小得多，反映了阻力作用的相对突出。

4. 揭底冲刷现象

这种现象多发生在高含沙紊流阶段，是河床冲刷的一种突变过程。其特点是，大片沉积物从河床掀起，有的甚至露出水面，然后坍落破碎，被水流冲散带走。这样强烈冲刷，在短时间内可使河床刷深数米。

5. 浆河现象

高含沙水流在运动中，当水流条件减弱到一定程度后，会出现整个河段的浑水停滞不动的现象。这种水流突变现象，多发生在高含沙量洪水的落水过程。

6. 间歇流现象

高含沙水流具有不稳定的特点。在水流强度不大的层流阶段，容易发生浑水水力因素呈周期性变化的阵流现象和浑水流动呈现流流停停、停停流流的间歇流现象。

7.2　悬移质泥沙测验仪器及使用

7.2.1　悬移质泥沙测验仪器的分类及技术要求

7.2.1.1　悬移质泥沙测验仪器分类

悬移质泥沙测验仪器分泥沙采样器和测沙仪两大类。

1. 泥沙采样器

泥沙采样器又分为瞬时式、积时式两种。泥沙采样器取样可靠，取得的水样不仅可以计算含沙量，而且也可用于泥沙颗粒分析。泥沙采样器一般由人工操作，取得泥沙水样后，必须将采集的水样带回实验室进行处理计算后才能得到含沙量的数值。

(1) 瞬时式采样器。瞬时式采样器一般由盛样筒、阀门及控制开关构成，以其盛样筒放置形式不同，分为竖式和横两种。目前我国在河流中使用的多是横式放置，又称横式采样器。横式采样器又分拉式、锤击式和遥控横式 3 种。在水库等大水深小流速的水域测验时，有时也采用竖式设置的采样器。瞬时式采样器结构简单、工作可靠、操作方便，能在极短时间采集到泥沙水样，提高了采样速度，但因采集水样时间短，不能克服泥沙脉动的影响，所取水样代表性差。为克服这一缺陷，往往需要连续在同一测点多次取样，取用平均值作为该点的含沙量，因此劳动强度也相对较大。

(2) 积时式采样器。积时式采样器有很多种，按工作原理可分为瓶式、调压式、皮囊式；按测验方法分为选点积点式、双程积深式，单程积深式；按结构形式可分为单舱式、多舱式；按仪器重量又可分为手持式（几公斤至几十公斤重）、悬挂式（几十至近百公斤重）等多种；按控制口门开关方式分为机械控制阀门与电控阀门，电控阀门又分为有线控制与无线控制等。

2. 测沙仪

测沙仪一般具有直接测量和自记功能，可现场实时得到含沙量。根据其测量原理，测沙仪又分为光电测沙仪、超声波测沙议、振动式测沙仪、同位素测沙仪、压力式等。

为了正确地测取河流中的天然含沙水样，必须对各种采样器测沙仪的工作原理、性能有所了解，通过合理使用，以测得正确的泥沙水样和含沙量。

7.2.1.2　泥沙采样器与测沙仪的技术要求

1. 横式采样器的技术要求

(1) 仪器内壁应光洁和无锈迹。

(2) 仪器两端口门应保持瞬时同步关闭，关闭后不漏水。

(3) 仪器的容积应准确。

(4) 若仪器挂装在铅鱼上，仪器筒身纵轴应与铅鱼纵轴平行，且不受铅鱼阻水影响。

2. 调压式采样器的技术要求

(1) 仪器外形应为流线型，管嘴进水口应设置在水流扰动较小处，取样时应使仪器内的压力与仪器外的静水压力相平衡。

(2) 当河流流速小于 5m/s 和含沙量小于 30kg/m³ 时，管嘴进口流速系数在 0.9～1.1 之间的保证率应大于 75%，含沙量为 30～100kg/m³ 时，管嘴进口流速系数在 0.7～1.3 之间的保证率应大于 75%。

(3) 仪器取样容积应能适应取样方法和满足室内分析要求，可采用较长的取样历时，以减少泥沙脉动影响。

(4) 仪器应能取得接近河床床面的水样，用于宽浅河道的仪器，其进水管嘴至河床面距离应小于 0.15m。

(5) 取样时，仪器应能减少管嘴积沙影响。

(6) 仪器取样时不应发生突然灌注现象。

(7) 仪器应具备结构简单、部件牢固、安装容易、维修方便、操作方便、工作可靠，以及容器便于卸下冲洗，对水深、流速的适应范围广等特点。

3. 测沙仪的技术要求

(1) 仪器的工作曲线（或计算模型）应比较稳定，对水温、泥沙颗粒形状、颗粒组成及化学特性等的影响能自行校正，或能将误差控制在允许范围内。

(2) 在施测低含沙量时，其稳定性与可靠性不能低于积时式采样器。

(3) 能稳定连续工作 8 小时。

(4) 仪器的校测方法简便可靠，且校测频次较少。

(5) 能可靠地施测接近河床床面的含沙量。

(6) 便于携带、操作和维修。

7.2.1.3　悬移质泥沙测验仪器的操作要求

(1) 各种采样器使用前应进行检查。在测验过程中，发现问题要及时查明原因并进行处理。取样后，除更换盛样容器或现场测量容积有困难外，应在现场量记水样容积，并用清水将盛样容器冲洗干净。

（2）采用积时式采样器和积深法取样，操作应符合以下规定。

1）取样仪器应等速提放。

2）当水深不大于 10 m 时，提放速度应小于垂线平均流速的 1/5；当水深大于 10 m 时，提放速度应小于垂线平均流速的 1/3。

3）采用积深法取样时，一类站的水深应不小于 2.0 m，二类、三类站的水深应大于 1.0 m。

4）仪器处于开启状态时，不得在河底停留。

5）仪器的悬吊方式，应保证仪器进水管嘴正对流向。

6）仪器取样容积与仪器水样仓或盛样容器的容积之比应小于 0.9，发现仪器灌满时，所取水样应作废重取。

（3）采用横式采样器取样，操作应符合以下规定。

1）注意使仪器垂直时恰好到达测点位置，并及时在此位置关闭仪器。

2）在水深较大时，采用铅鱼悬挂仪器。

3）采用锤击式开关取样时，必须在仪器关闭后才能提升仪器。

4）倒水样前，应稍停片刻，防止仪器外部带水混入水样。

（4）采用普通瓶式采样器取样，操作应符合以下规定。

1）当垂线平均流速不大于 1.0m/s 时，应选用管径为 6mm 的进水管嘴。

2）当垂线平均流速大于 1.0m/s 时，应选用管径为 4mm 的进水管嘴。

3）仪器排气管嘴的管径，均应小于进水管嘴的管径。

（5）采用同位素测沙仪测沙，操作应符合以下规定。

1）仪器使用前，应精确率定工作曲线。

2）测量含沙量时，仪器探头至水面、河底的距离，均不得小于放射源的探测半径。

3）仪器在使用期间，应定期用积时式采样器对工作曲线进行校测，当前后两次校测的关系点与原工作曲线系统偏离不超过 2% 时，原工作曲线可继续使用，超过 2% 时，应重新确定工作曲线。

7.2.2　泥沙采样器

7.2.2.1　瞬时式采样器

瞬时式采样器一般情况下是采用横式，只有特殊情况下才会使用竖式。因此，以横式为例进行介绍。横式采样器按控制筒盖关闭的方式分类，又分为拉式、锤击式和遥控横式采样器。前两种方式使用很普遍，但都要人工控制，不便于缆道使用。后者可用于缆道，可以在岸上用电信号控制缆道用的横式采样器的筒盖关闭，取得水样。横式采样器按筒口形状又分为斜口和直口两种。

1. 拉式横式采样器

拉式横式采样器是装在悬杆上，用时打开筒盖，将仪器放至预定测点，操纵拉绳关闭口门的瞬时式采样器。拉式横式采样器以横向放置的金属承水筒为主体（图 7.5），仪器两端配置装有拉杆的筒盖，在筒盖与筒缘压接处有防止漏水的橡皮。在筒身中部有固定测杆的夹板，夹板中间安装有控制开启筒盖带拉绳的钩形装置。筒盖和承水筒之间装有拉紧弹簧，紧拉筒盖，使承水筒采样后不漏水。全套仪器结构简单，操作方便。

图 7.5　拉式横式采样器

拉式横式采样器的金属承水筒身口门外型有斜口式与直筒式两种。不论是斜口与直口，采样器筒盖对口门处的水样流态扰动都很大，相比之下，斜口式的扰动相对略小些。

使用拉式横式采样器前，要在两夹板之间安装适当长度的自制测杆。使用时，用手拉筒盖拉杆，打开两个筒盖，用夹板中间的钩形装置钩住筒盖拉杆的一端，使两个筒盖保持打开状态。由人工手持测杆将仪器放到预定测点后，目估测杆方位使采样器承水筒轴线与水流平行，靠人工拉绳同步关闭两端筒盖，取得水样。这种仪器只适用于浅水和含沙量较大的河流，其容积一般为 1L。

2. 锤击式横式采样器

锤击式横式采样器是将仪器固定在铅鱼上，用悬索悬吊铅鱼放至预定测点，操纵击锤关闭口门的一种瞬时式采样器。这种仪器使用时，常要在仪器下方悬挂铅鱼（图 7.6），采样器距离河底有一定距离，采不到接近河底的水样，而悬移质含沙量越接近河底越大，所以用这种仪器采集水样，测得的底沙的代表性不好，所测含沙量偏小。除此之外，在水深流速较大时，锤击不易使筒盖关闭，操作可靠性不高。

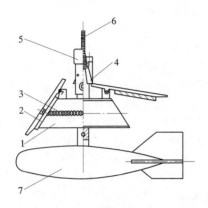

图 7.6　锤击式横式采样器结构示意图
1—水筒；2—筒盖；3—弹簧；4—控制开关的撑爪；5—铁锤；6—钢索；7—铅鱼

使用锤击式横式采样器前，要在两夹板之间的悬挂装置上安装悬索钢丝绳，钢丝绳上穿挂击锤。采样器下悬挂铅鱼，要使采样器承水筒轴线与铅鱼轴线平行，以保证采样器下水后，在铅鱼的导向下，承水筒轴线与水流平行。使用时，用手拉筒盖拉杆打开两个筒盖，用夹板中间的钩形装置钩住筒盖拉杆的一端，使两个筒盖保持打开状态。用绞车将采样器放入水，击锤留在水上，采样器到达预定测点后，放下击锤，击锤沿钢丝绳滑下，击开钩形装置，同步关闭两端筒盖，取得水样。

3. 遥控横式采样器

遥控横式采样器是在横式采样器的基础上加装了电磁驱动筒盖关闭装置，并配有水下电源、信号装置和岸上信号控制器等，见图 7.7。

水下信号装置和水上控制器应用"无线"方式通信。采样器入水时，水下信号装置发出水面信号，由此起始监测水深可以控制采样器入水深度。电磁驱动装置可以通过电磁铁的吸合动作使横式采样器的钩形装置脱开筒盖拉杆，同步关闭两端筒盖。

使用时，在铅鱼上安装水下信号装置（包括电源），按要求与缆道遥控横式采样器连好接线，将横式采样器的筒盖打开，用钩形装置钩住筒盖拉杆。

采样器入水后发出入水信号，水上控制器接收此信号，并由缆道控制台控制采样器到达预定深度的测

图 7.7　缆道遥控横式采样器

点。水上控制器发出充电命令，当水下控制器接收到水上控制器发来的充电命令后，水下控制器控制直流升压电路对采样控制电路进行充电，同时对充电状态进行检测，当充足电后，水下控制器向水上控制器发送充电结束信号。随后，若接收到关闭筒盖命令，水下控制器的采样控制电路即驱动采样器电磁线圈动作，吸合电磁铁，使钩形装置脱开筒盖拉杆，采样器筒盖关闭。筒盖关闭后，水下控制器会产生筒盖关闭信号，并向水上控制器发送采样完成信号。

4. 横式采样器的应用

横式采样器可采用安装在测杆、悬索（铅鱼）上取样。当水深小于 6m 时，采用测杆悬挂采样器取样可靠便捷，当流速很大或水深较大时，采用铅鱼悬挂仪器。采用测杆或悬索悬挂仪器取样时，应注意使仪器适当提前入水，使仪器关闭时正处在测点位置，且测杆或绳索恰处在垂直状态。

使用横式采样器需要考虑如何消除脉动影响和壁粘沙问题。在输沙率测验时，因断面内测沙点较多，脉动误差影响相互可以抵消，故每个测沙点只须取一个水样即可。在取单位水样含沙量时，采用多点一次或一点多次的方法，总取样次数应不少于 2~4 次。所谓多点一次是指在一条或数条垂线的多个测点上，每点取一个水样，然后混合在一起，作为单位水样含沙量。一点多次是指在某一固定垂线的某一测点上，连续测取多次混合成一个水样，以克服脉动影响。为了克服器壁粘沙，在现场倒出水样并量过容积后，应用清水冲洗器壁，一并注入盛样筒内。在倒样前，应稍停片刻，防止仪器外部带水混入水样。采样器采取的水样应与采样器本身容积一致，其差值一般不得超过 10%，否则应废弃重取。

5. 横式采样器的特点

横式采样器的优点是仪器的进口流速等于天然流

速，结构简单，操作方便，适用于各种情况下的逐点法或混合法取样。其缺点是不能克服泥沙的脉动影响，且在取样时，干扰天然水流，采样器关闭时口门击闭影响水流，加之器壁粘沙，使测取的含沙量系统偏小，据有关单位试验，其偏小程度为 0.41%～11.0%。

尽管横式采样器有较多缺点，现行规范已不提倡使用，但由于其使用方便、操作简单、性能稳定、维修方便、价格低廉、适应性广的优点，目前仍在普遍应用。

6. 横式采样器使用时的注意事项

横式采样器使用前应先检查有无漏水现象，发现漏水时应调节弹簧的拉紧力，检查筒盖上的密封橡皮有无破损、老化，一经发现应及时修理或更换直至不漏水，还要及时检查拉绳、击锤关闭筒盖的可靠性。

7.2.2.2　积时式采样器

1. 瓶式采样器

瓶式采样器是积时式采样器最简单的一种，有较长的使用历史。在使用过程中，逐渐发现这种仪器存在较多问题，人们在实践中认识到这种仪器不能用于水下选点法采集水样，即使采用积深法取样，也有不少问题。正是通过对瓶式采样器的改进，才确立了现在定型的积时式采样器的设计原理和结构框架。

（1）主要结构。早期的瓶式采样器用一个带塞玻璃瓶固定在测杆上，迎流向设置进水管，背流向设置排气管。因无进水控制开关，只能用双程积深法取样法（图7.8），适用于浅水。我国至今仍有很多水文站使用双程积深瓶式采样器。这种仪器虽属于积时式取样，但仪器从水面到河底，再从河底返回水面，在河底附近留时间较长，使接近河底含沙量较大的水样采集偏多，导致实测含沙量可能偏大。深水取样时，将取样瓶固定在铅鱼上方或安置在铅鱼腹腔内（图7.9）。

（2）工作原理。典型的瓶式采样器只有一根很细

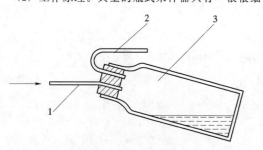

图 7.8　瓶式采样器图
1—进水管；2—排气管；3—采样瓶

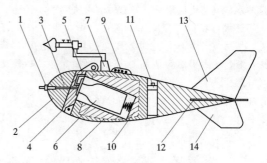

图 7.9　瓶式采样器铅鱼安装示意图
1—管嘴；2—前舱；3—进水管；4—阀座；5—排气管；
6—采样瓶；7—悬杆；8—鱼身；9—挂钣；
10—配重；11—信号源；12—横尾翼；
13—上纵尾翼；14—下纵尾翼

的进水管伸出器身外，排气管设置在器壁，如装在铅鱼鱼身内，器身呈流线型，阻力很小，流态基本不受扰动。但实际应用时，可能直接将采样瓶放入水中，加上安装采样瓶的装置，阻力加大。

瓶式采样器在仪器入水时就由进水管向瓶内进水，在进水的同时又通过排气管排出瓶内的空气，整个工作过程是瓶内空气压力和体积与测点静水压力随着水深不断变化又不断平衡的过程。正确地掌握这一过程就能采集到符合以下条件的水样。

1）流态不受扰动。

2）消除含沙量脉动影响。

3）克服取样初期水样突然灌注。

4）进口流速与天然流速保持一致。但是，由于瓶式采样器自身条件的限制，实际上难以达到理想的目的。

瓶式采样器能否采集到消除突然灌注的水样，关键在于采样瓶的器内外压力在随水深变化过程中，时刻保持瓶内体积与压力关系的平衡。根据波义耳定律，一定质量的气体，在温度不变时（含沙量测验时，可以不考虑温度变化）体积与压力的乘积是一个常数。

$$p_0 W_0 = p_1 W_1 = C \tag{7.20}$$

式中　p_0——大气压力（相当于 10.33m 水柱高压强）；

W_0——瓶内气体在大气压情况下的体积；

p_1——某一水深处压力；

W_1——某一水深处瓶内气体体积；

C——常数。

根据式（7.20）知，瓶式采样器如使用双程积深法采集水样，仪器入水后以动水压力从进水管进水，排气管排气，具有一些器内外压力自动平衡功能，但不能保持器内外压力基本平衡。不过，也不会发生明

显的水样突然灌注现象。如果用选点法取样，假设事先将进水管和排气管用塞子塞紧，放入某一水深 H 处，然后拔开塞子，这时采样瓶的器内外压力不平衡，瓶内压力仍然为 p_0，瓶外压力则为 p_1，根据波义耳定律

$$p_0 W_0 = (P_0 + H) W_1 \tag{7.21}$$

于是有

$$W_1 = p_0 W_0 / (p_0 + H) \tag{7.22}$$

突然灌注量：

$$\Delta W = W_0 - W_1 = \frac{H}{10.33 + H} W_0 \tag{7.23}$$

由此可见，突然灌注量与水深、容积有关。水深越大，容积越大，则突然灌注量也越大。

国内外一些试验资料表明，一般突然灌注在 1s 内结束，突然灌注的速度推算如下

$$v_i = \Delta W / A_n = \frac{H}{10.33 + H} \frac{W_0}{A_n} \tag{7.24}$$

式中　　v_i ——突然灌注的进口流速；

$\qquad W_0$ ——瓶子容积；

$\qquad A_n$ ——进水管截面积。

由式 (7.24) 知，水深越大，瓶子体积越大，进水管径越小，则突然灌注的进口流速值越大，突然灌注的进口流速可以达到很高的数值，并有可能超过水流的天然流速，所以瓶式采样器不适用于选点法取样。

瓶式采样器能否采集到进口流速与天然流速接近的水样，取决于仪器的提放速度和结构设计。其中采样瓶轴线与水流流向的夹角（进流角）的影响较大，根据多次试验，该角度为 20°左右时最佳。

双程积深时，提放速度可用式 (7.25) 估算

$$R_u = 2 A_n v_{cp} H / W_0 \tag{7.25}$$

式中　　R_u ——提放速度，m/s；

$\qquad A_n$ ——管嘴截面积，m^2；

$\qquad v_{cp}$ ——垂线平均流速，m/s；

$\qquad H$ ——垂线水深，m；

$\qquad W_0$ ——容器容积，m^3。

由式 (7.25) 可知，双程积深式仪器取样的提放速率与管嘴截面积、水深、流速、容器容积有关。用式 (7.25) 估算提放速率时应留有充分余量，防止容器灌满。

（3）仪器特点与使用。瓶式采样器结构简单、使用方便、工作可靠，能取得连续水样，与瞬时式采样器相比，明显地减少了泥沙脉动影响而增加了水样的代表性，但取得的水样代表性不如调压式采样器和皮囊式采样器。

瓶式采样器多用于涉水取样和测船上取样，只能用于积深法采集一个时段的水样，不能用于选点法取样。

2. 调压式采样器

由于瓶式采样器只能用双程积深法取样，不能采集到任意测点的水样，所以这种采样器与理想采样器的要求差距较大，因此很多国家都在研究较为理想的积时式采样器。

调压式采样器是在瓶式采样器的基础上，增设自动调压设备和阀门控制的一种积时式采样器。该仪器适用于缆道上同时进行测流、取沙。我国从 20 世纪 50 年代末开始试验研究调压式和皮囊式采样器（皮囊式采样器也是调压式的一种），70 年代末研制成功几种调压式采样器，到 80 年代逐步完成系列产品。

（1）调压式采样器的工作原理。调压式采样器的工作原理主要建立在波义耳定律的基础上，利用连通容器的自动调压，使采样器取样舱的器内压力和采样器所在测点处的器外静水压力基本平衡，采样时，进水口与排气孔口存在的压差应能克服水样流经进水管时的沿程阻力损失，根据伯努利方程，保持能量平衡，达到消除取样初期水样突然灌注的目的，使水样进口流速接近天然流速。

1）连通容器自动调压原理。将采样仪器内部分为两个舱，一个取样舱，一个调压舱，两舱之间用连通管或经过控制阀门互相连通。常用的方法是内层为取样舱，外层为调压舱。仪器入水时，取样舱进水孔关闭，只有调压舱下部的进水孔敞开，并以很快的速度向调压舱灌水，灌进调压舱的水聚集在调压舱下部，将调压舱上部的空气压缩，被压缩的空气经调压连通管进入取样舱，直到取样舱的舱内压力和采样器外水压力平衡后，调压舱即不再进水。

这时打开进水控制开关，采样器进水采样，因内外压力平衡，不会发生突然灌注现象。设计完善的采样器在进水采样时，会切断调压连通管，停止调压。同时，打开取样舱的排气管，排出取样舱内的多余空气。排气管的孔口高于进水管口，用此高差来克服采样水流流过进水管及控制开关的沿程、局部能量损失。

2）连通容器自动调压适用最大水深估算。连通容器自动调压适用最大水深，可根据式 (7.26) 估算

$$H_{\max} = \frac{p_0 W}{W_0 - W} \tag{7.26}$$

式中　　W_0 ——仪器取样舱与调压舱之和的总容积，m^3；

$\qquad W$ ——仪器在水深（$H_{\max}$）处调压舱的设计进水量（体积），m^3；

$\qquad p_0$ ——大气压力，m；

H_{max}——仪器最大入水深度，m。

3）进口流速系数问题。采样器进水管内的水样进口流速与天然流速之比称为进口流速系数。这个系数是衡量积时式采样器水力特性的一个重要指标。理论上进口流速系数最好等于1。虽然采用连通容器自动调压，消除了取样初期水样突然灌注，但水样进口流速仍然不可能等于天然流速。进口流速系数误差除了会导致水样中水沙分离，引起含沙量测验误差外，在我国使用水文缆道流量加权全断面混合法取样的情况下，还会引起输沙率测验误差。根据有关试验结果，进口流速 $0.5 \sim 5.0 m/s$，含沙量 $30 kg/m^3$ 条件时，进口流速系数误差应有 75% 累计频率，小于 $\pm 10\%$，即 $K = 0.9 \sim 1.1$；当含沙量为 $30 \sim 100 kg/m^3$ 时，应有 75% 累计频率误差小于 $\pm 30\%$，即 $K = 0.7 \sim 1.3$ 左右。实际上进口流速系数更容易小于1，高含沙量的 K 在 $0.7 \sim 1.2$ 的范围。

进口流速系数误差主要是由于在取样过程中，水样流入采样器时能量损失造成的。根据水力学管嘴进流伯努利方程式可得

$$v_{in} = \frac{1}{\sqrt{\frac{L}{d}\lambda + \sum \varepsilon + 1}} \sqrt{v_{na}^2 + 2g\Delta H} \qquad (7.27)$$

式中　v_{in}——采样器进口流速，m/s；

　　　v_{na}——天然流速，m/s；

　　　L——采样器进水管长度，m；

　　　d——进口管直径，m；

　　　λ——进水管本身沿程阻力系数；

　　　$\sum \varepsilon$——局部阻力系数；

　　　ΔH——补充能量水头（进水管与排气孔高差），m。

由式（7.27）知，影响积时式仪器进口流速系数的因素，除了天然流速之外，还有进水管的长度、直径、光洁度，排气孔与进水口的高差（即补充能量水头），以及排气孔的位置、形状、大小等。为了达到能量平衡，弥补沿程阻力带来的能量损失，除了适当提高进水口与排气孔高差，或采用倾斜安放进水管降低进水管出水口的方法外，也可将仪器进水管设计成锥度管，以增大进水管内的动能，但是由于锥度管不易制造，往往采用降低管嘴出水口的方法弥补这一不足。

在实际使用采样器时，用实测方法计算进口流速系数。将采样器放到某一测点，控制打开进水开关，进行采样。采样一段时间后，关上开关，停止采样。用采样器采得的水样（体积）、采样历时、进水管口径计算进水管内的水样进口流速，再用流速仪测量采样器所在处的天然流速，两者相比，即可得到进口流速系数。

（2）调压式采器的结构与组成。调压式采样器按结构分为单舱型与多舱型两个系列。单舱型只有一个取样舱，适用于单一垂线用单程积深法或多线多点全断面混合法取样；多舱型仪器由几个取样舱组成，适用于多线单程积深法取样和多点取样。

调压式采样器一般由前舱、调压舱、取样舱、控制阀门、控制舱、器身及若干附件组成。还有岸上控制部分。

1）单舱单通调压式采样器是调压式采样器早期产品，是在瓶式采样基础上改造而成的仪器，其结构见图7.10。它分为水下仪器与室内控制部分，水下仪器由前舱、电磁阀、取样舱、调压舱、控制舱、尾翼等部件组成。在前舱的前端装有进水管，由开关控制。取样舱的上部为调压舱。

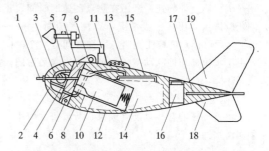

图 7.10　调压积时式采样器结构示意图
1—管嘴；2—前舱；3—电磁阀；4—进水管；5—排气管；
6—铰链；7—阀座；8—鱼身；9—挂钩；10—取样瓶；
11—倒悬杆；12—调压孔；13—挂钣；14—调压舱；
15—高压管；16—控制舱；17—横尾翼；
18—下纵尾翼；19—上纵尾翼

2）多舱型调压式采样器。多舱型调压式采样器工作原理、仪器结构与单舱型调压式采样器基本相同，适用于垂线单程积深法取样和多点取样，在水文缆道一次行车过程中可以采集多条垂线水样。水下仪器也是由前舱、电磁阀、取样舱、调压舱、控制舱等部件组成，不同的是取样舱由多个水样舱整齐排列组成，取样时由对孔电磁阀按顺序依次取样。该仪器的调压舱设在尾部，即用尾舱作调压舱。

控制部件由对孔阀与螺管式电磁铁组成，接收信号使分水盘连接不同的水样舱进水管、调压和采样。

（3）调压式采样器的使用。调压式采样器适用于水文缆道或测船，可选点法取样也可全断面混合法取样。当采用选点法取样时，在缆道或测船一次运行过程中完成预定测点的测速和采集水样任务。调压式采样器的调压结构复杂，这带来了可靠性和实用方便性问题。

速系数。

（4）调压式采样器误差分析。造成调压式采样器测量误差的因素如下。

1）调压效果影响。对连通容器自动调压，虽然力图消除突然灌注，但仍不可避免存在一个微小的压力差，其值约在 ±0.1～±0.3m 水柱高范围内，导致仪器进口流速与天然流速差异。若以器外压力为准，如果是负值，则进口流速将偏大。反之，则偏小。

2）进水口与排气口高差值不稳定的影响。这个高差是伯努利方程中补充能量损失的一个措施。由于仪器进水孔与排气孔的水平距离较长，当仪器在水下摇摆晃动时，该值随时都在改变，影响进口流速。

3）测速与取样不同步。若采用全断面混合法测流，在使用过程中，先测深，然后按流量加权需要，在相对水深测点处测速，利用在测点测速的时间，正好调压舱进水调压，一般情况下，测速历时为 60～100s，然后取样，这样在测速与取样之间有一个时间差，由于水流周期性脉动变化，可能会影响最后的计算结果。

4）水样舱放水后冲洗误差，水样舱中如有泥沙残留，将直接影响含沙量测验成果，所以每次使用后必须用清水冲洗干净。

3．皮囊式采样器

皮囊式采样器是一种无需附加调压舱，而是在初终状态将皮囊内的空气基本排除，然后仅以测点处的流速动压力水头进水，采集一定时段内悬移质泥沙水样的积时式采样器，实际上也是一种自动调压的采样器。皮囊式采样器结构简单，无须设置专门的调压装置，操作方便，可靠性高，现场可以更换取样舱，尤其是进口流速系数稳定，很快得到推广。

（1）取样容器与调压。皮囊式采样器一般采用乳胶皮囊作取样容器（也可采用塑料袋作取样容器）。皮囊所在的采样器舱与外界（水体）相通，采样器下水后，皮囊直接感应水压力。皮囊内是取样舱，皮囊外与水体直接相通的采样器舱是调压舱。在仪器入水前，将乳胶皮囊内空气排净。仪器入水后，利用柔软乳胶皮囊具有弹性变形和良好的压力传导作用的特点，使仪器能自动调节乳胶皮囊的取样容积，始终保持器内外压力平衡，不需另设调压系统，即可达到瞬时调压的目的，并能采集到进口流速接近天然流速的水样。

皮囊式采样器采用合适的柔软乳胶皮囊，则仪器测验精度只与进水管沿程阻力损失有关，而这个损失可以从器壁负压孔加速乳胶皮囊胀开得到补偿。因此，皮囊材料品质及皮囊厚度对仪器性能有明显影响。通过大量试验资料证明，乳胶皮囊的厚度应在 0.6±0.1mm 以内。

（2）结构与组成。所有皮囊式采样器均由进水管、前舱、控制阀门、皮囊取样舱及器身（中舱）、尾舱等组成。为了配合输沙率测验，仪器前方配置流速仪悬杆，器身后部安装河底信号器。

1）单程积深式皮囊采样器。仪器分前舱、中舱、尾舱 3 部分，见图 7.11。在前舱后部安装浮子阀门，在浮子阀门的中心孔内有一根乳胶短管，前端与进水管相连，后端与皮囊进水口并帽相连。采样器入水前，浮子处于下方，浮子阀门夹紧乳胶管。仪器入水，浮子浮起，松开了对乳胶管的夹紧装置，使乳胶短管通畅，开始取样进水。到达河底，河底托板抬起，也顶起浮子开关的顶板，浮子断开对乳胶管控制，乳胶管被夹紧，取样停止。在浮子开关的自动控制下，采集到单程积深水样。

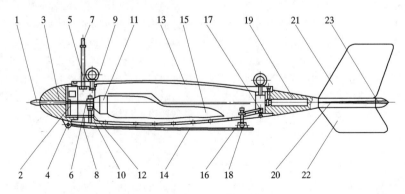

图 7.11　单程积深式皮囊采样器

1—进水管；2—前舱；3—接管；4—转轴；5—阀杆；6—短管；7—悬杆；8—顶杆；9—接口座；
10—底盘；11—接水口；12—阀杆；13—器身；14—托板；15—皮囊；16—支杆；17—转销；
18—托板转轴；19—尾舱；20—尾柱；21—上纵尾；22—下纵尾；23—尾箱

2）选点式皮囊采样器。如果用电磁阀、滑阀、夹断阀、陶瓷阀等去阀门控制进水口的开关，就成为选点式皮囊采样器。仪器可分为有线和"无线"控制两种。

（3）皮囊式采样器的使用。皮囊式采样器具有皮囊调压结构，原理简单、应用方便，可以在缆道、测船、测桥上应用。由于皮囊采样器不如横式采样器、瓶式采样器使用方便，可靠性也不如简单的横式采样器和瓶式采样器，所以尽管皮囊采样器的原理更科学合理，但仍然不易推广。

（4）皮囊采样器误差分析。皮囊采样器测验精度较高。该仪器无须设置排气孔，因此不会由于进水孔和排气孔高差变动引起水样进口流速系数不稳定而导致仪器的测量误差，但悬挂位置是否水平仍然是测量误差来源之一。因悬吊不平如头部向下，进水管尾部就向上倾斜，水样进口流速会明显偏小；如头部向上，进水管尾部就向下倾斜，水样进口流速会明显增大。所以仪器在安装时必须目测使之水平。

7.2.3 测沙仪

悬移质测沙仪一般只能用于测得水中的悬移质含沙量，可以在水中长时期工作，它们的输出数据或信号能自动转换为水中的悬移质含沙量，能够接入专用仪器、计算机、遥测终端机，并利用不同通信方式远距离传输。这样的仪器主要有光电测沙仪、超声波测沙仪、同位素测沙仪和振动测沙仪等。这些仪器处在不同的发展阶段，尚不十分完善，有各自的适用范围和特点，其主要技术参数见表7.4。

表7.4   悬移质含沙量测沙仪主要技术参数

仪器名称	测沙范围 /（kg/m³）	适应测点流速 /（m/s）	适应水深 /m
光电测沙仪（激光测沙仪）	≤10	<2	≤15
超声波测沙仪	0.5～1000.0	≤3	≤10
同位素测沙仪	0.5～1000.0	≤5	≤20
振动（管式）测沙仪	1.0～1000.0	>0.75，≤4	>0.3

7.2.3.1 光电测沙仪

1. 工作原理

平行光束通过浑浊的液体时，光线经过一段距离后光强度会有一定程度的减弱。减弱的主要原因是光线被浑浊液体内的介质吸收或反射散射偏离原来方向。将测出的光线强度与原发射光强度作比较，再根据传输距离等影响因素，就可以计算出液体的浊度。

天然水体中泥沙含量是影响水浊度的最重要因素。在很多场合，泥沙含量是决定浊度的唯一因素。如果泥沙含量和浊度之间有稳定的关系，就可以用测量浊度的方法来测得含沙量。光电测沙仪就是利用光强度衰减测量测得浊度，从而测得水中含沙量。

光线强度在水中的衰减与光程、吸收系数、含沙量、泥沙粒径、泥沙容重等因素有关。光线强度可用光通量表示，光透过介质时，其光通量的变化可以用式（7.28）估算

$$\varPhi = \varPhi_0 e^{-3KLC/2\gamma d} \qquad (7.28)$$

式中　$\varPhi$——透过介质后的光通量；

$\varPhi_0$——透过介质前的原光通量；

L——光程，光线在液体介质中通过的路程；

K——吸收系数，某种介质相对于光线的特性；

C——含沙量，水中悬移质含沙量；

d——悬移质平均粒径；

γ——悬移质密度。

对式（7.28）整理得

$$C = -\frac{2\gamma d}{3KL} \ln \frac{\varPhi}{\varPhi_0} \qquad (7.29)$$

由式（7.29）可见，只需测得光通量$\varPhi$后，由已知的$\varPhi_0$、L、γ，再根据率定所得的K和d，即可计算出含沙量。

理论上该仪器可使用各种光线，实际生产中多数使用红外光或激光。在测量实践中，也不一定完全应用上式进行计算。大量仪器还是通过实际率定来确定含沙量和测得光通量之间的关系。

2. 仪器的结构与组成

光电测沙仪由水下部分、水上部分、连接电缆和电源部分组成。水下部分是一整体结构，包括一对发射、接收光线的传感器，两传感器之间的距离为光程；水下部分也包括工作控制和光通量测量、信号转换部分，通过电缆向水上发送的是测得的光通量信号。水上部分很可能是一台个人计算机，用电缆与水下部分连接。应用随仪器配备的专用软件，用计算机向水下部分发出工作指令，接收水下测得的光通量信号，再经计算求得含沙量。计算机或配用的专用水上仪表会有数据处理和再传输的功能。通信电缆连接水上、水下部分，同时向水下部分供电。图7.12中，左图是仪器的几种不同规格的水下部分，右图是专用水上仪表。

有些是一体化的仪器，可以安装在水下自动工作、记录和传输。

3. 主要技术性能

（1）对产品的基本技术要求。对光电测沙仪的基本要求如下。

1）测沙范围：1～5kg/m³。

图 7.12　光电测沙仪

2）测点流速：<2m/s。

3）稳定性：校准关系点与工作曲线系统偏差应不大于 2%。

4）测量准确度：低含沙量时，读数误差不大于 5%。

由于光电测沙仪没有较普遍使用，所以在《河流悬移质泥沙测验规范》（GB 50159—92）中没有提到光电测沙仪。

（2）典型产品技术介绍。以某国外早期产品为例，这种产品已有少量在国内各行业也包括水文测验中试用。

1）激光波长：670nm。

2）光程：2.5、5.0cm。

3）测量参数：泥沙含量，泥沙平均直径。

4）使用范围。含沙量范围：0.1～1kg/m³（泥沙直径在 30μm 时）。

　　　　　泥沙直径范围：1.25～500μm。

　　　　　激光传输吸收范围：30%～98%。

5）测量准确度：含沙量误差为±20%（在泥沙粒径全范围内），平均粒径误差为±10%。

6）测量速率：最大为 5 次/s。

7）记录：内存或输出记录。

4. 误差分析

由于泥沙容重（密度）、泥沙直径、吸收系数都不是定值，所以测得光通量和泥沙含量并不是一个单值函数。即使能将光通量的测量误差忽略不计，泥沙容重也视为定值，仪器测得的含沙量还受到悬移质平均粒径的影响，特别是悬移质平均粒径变化较大时，仪器测量误差很大。根据外业初步实验结果，在含沙量变化较大的河流上，仪器与取样法测得含沙量相差可达到 30% 以上。但对于悬移质平均粒径变化很小的河流，仪器测得含沙量与取样法测得含沙量基本一致。所以光电测沙仪的测量精度受悬移质平均粒径影响很大，使用中需要进行率定，并要严格地限制在一定的泥沙粒径范围内。

5. 特点和应用

光电测沙仪能自动长期工作，自动测量含沙量，测量速度快，测得数据可以很方便地长期存储和自动传输，便于应用于水文自动测报系统。

由于光电测沙仪的工作原理所限，这类仪器各型产品只能应用于特定的范围内，包括含沙量、泥沙粒径等限制，光电测沙仪只能应用于低含沙量、较稳定的泥沙粒径，允许较大误差条件下使用。长期使用时，需要保持光学传感器表面的洁净，并及时比测率定。

7.2.3.2　超声波测沙仪

1. 工作原理

超声波测沙仪的工作原理和光电测沙仪的工作原理相类似，不同的是超声波测沙仪发射的是超声波。超声波在水中传播时，波的能量将不断衰减，体现在其振幅将随传播距离而有规律地减小。可以用式（7.30）表示其衰减规律

$$P_x = P_o e^{-ax} \qquad (7.30)$$

式中　P_o——超声波原振幅；

　　　P_x——超声波传输到距离声源 x 处的振幅；

　　　x——超声波传输的距离；

　　　a——超声波衰减系数。

可以认为声波衰减系数是由纯水和水中含沙量两部分衰减系数组成的。而由含沙量决定的声波衰减系数还受泥沙粒径、容重、泥沙黏性等因素影响。泥沙容重、黏性变化较小，如果粒径较稳定，或者其影响可以忽略，就可以找出泥沙含量和声波衰减的关系。这样，只需仪器测得超声波在水中传输距离后的衰减量，就可以得出水中的泥沙含量。

2. 仪器的结构与组成

这样的产品可以是一整体结构，图 7.13 所示为一种超声波测沙仪的水下部分，仪器下部有两个超声传感器，用来发射接收超声波。中部为测量仪器控制部分，控制超声传感器发射和接受接收超声波，并对传感器接收到的超声波信号进行计算处理，得到与含沙量有关的电信号，上部为仪器信号线。另外仪器还有岸上部分，可用一台计算机计算、显示、记录测量的含沙量。

图 7.13　超声波测沙仪

3. 误差分析

超声波在水中传播时，它的衰减规律见式（7.30），在率定时，其中只有一个声波衰减系数是待确定的，测得 P_x 后能较准确地得到 a 值。a 值虽然和含沙量有很大关系，但 a 值同时还与泥沙粒径、黏性、密度有较复杂的关系。如果将这些因素都假定为定值，可以由 a 推算出含沙量。事实上这些因素都在变化，衰减系数和含沙量之间的关系还受频率、声速影响，难以由 a 推算出较准确的含沙量值。实验发现，泥沙粒径的变化也是引起很大的测验误差的关键因素。

4. 特点与应用

超声波测沙仪的传感器是超声波换能器，能适应长期水下工作环境，不需要像光电测沙仪那样经常清洗。实际应用中发现这种仪器低含沙量误差更大，在高含沙量的情况下精度会好些，因此适用于高含沙量测量。由于仪器误差较大，只能用于精度要求不高情况下的含沙量测验，并需要经常用取样测得的含沙量进行比测校正。

7.2.3.3 同位素测沙仪

1. 工作原理

同位素测沙仪的工作原理和前述的超声波测沙仪相类似，同位素测沙仪利用 γ 射线通过物质时的能量衰减原理测量被测物质的密度，用于测量水中的含沙量。

放射性物质能放射出 α、β、γ 射线，γ 射线波长短，穿透能力强。它通过物质时与其他光通过物质时的衰减情况类似，衰减情况可按指数规律计算。γ 射线穿过一定厚度水体后的射线强度与原射线强度的关系，可用式（7.31）计算

$$I = I_0 e^{-RCL} \tag{7.31}$$

式中 R——γ 射线在水体中的衰减系数；

I_0——原入射 γ 射线强度；

I——透过水体后的射线强度；

L——穿过水体厚度；

C——水体的含沙量。

将式（7.31）整理后可得

$$C = -\frac{1}{RL}\ln\left(\frac{I}{I_0}\right) \tag{7.32}$$

仪器的衰减系数值可以经测试后确定，当测得 γ 射线通过水体后的强度，由已知的原入射 γ 射线强度和仪器射线穿过水体厚度，就可用上式计算出含沙量。

2. 仪器结构与组成

仪器包括放射源、γ 射线接收测定器、数据处理器、电缆等部分。水文测验中应用的仪器往往将所有部分装在一专用的铅鱼上，放射源和 γ 射线接收测定器之间是被测的流动水体。

放射源由专门部门供应和处理，使用时装入仪器或测量处的专门装置内，使用后要卸下并作特殊保管。γ 射线接收测定器也都应用放射性测定专用设备。数据处理器根据接收到的 γ 射线测量电信号强度、衰减系数、水体距离、发射 γ 射线强度，计算得出水体密度。再计算得到含沙量，并显示、记录。数据处理器可以将测得含沙量输出、供遥测传输。

对同位素测沙仪的技术要求和对光电测沙仪的要求相近。同位素测沙仪的应用范围可以更广一些，它能适应 $0.5 \sim 1000\ \mathrm{kg/m^3}$ 的含沙量范围，也能适应较大的流速。

3. 误差分析

同位素测沙仪计算公式中的衰减因素受泥沙颗粒大小、容重、黏性的影响较小，也不受 γ 射线的传播速度影响。所以此计算公式比较单一，由测得的 γ 射线强度计算得到的含沙量比前述两种方法要稳定准确得多。

国内在 20 世纪 60～90 年代有过成功的实际应用，能够达到泥沙测验的要求，意大利、匈牙利也曾在测验中使用。

4. 特点和应用

同位测沙仪可以省去水样的采取及处理工作，操作简单，测量迅速。同位素测沙仪工作性能较稳定，测量误差较小，可以在现场测得瞬时含沙量，仪器自动化程度高，测沙速度快，是一种较好的自动测沙仪器。它的测沙范围很大，使用范围也就很广。但含沙量太低时，测量误差较大；放射性同位素衰变的随机性对仪器的稳定性有一定影响；水质及泥沙矿物质含量对含沙量测验强度有一定影响；同位素测沙仪必须使用放射源，放射源对人体、环境的影响不可忽视。这些因素使得该类仪器难以推广应用。

测沙时要将仪器整体悬吊到水中预定测点处测量，也可以固定安装。

使用中最需要注意的是国家对放射源有详细、严格的管理规定。在购买、运输、保管、应用、储存、废弃、处理等所有环节上都有具体要求，必须严格执行。

尽管同位素测沙仪的相关产品比较成熟，准确度也较好。但在使用前仍需要和标准方法进行对比试验，以校核率定仪器。

7.2.3.4 振动测沙仪

1. 工作原理

振动测沙仪是一种密度传感器，其核心部分是一

根利用特种材料制成的空心振动管。它的固有振动频率随着流经振动管内水体密度的变化而变化。充满水体的振动管的固有振动频率可用式（7.33）计算

$$f = \frac{a_n}{2\pi}\sqrt{\frac{EI}{(A_s\rho_s + A\rho)L^4}} \qquad (7.33)$$

式中　　f——充满水体的振动管的固有振动频率；

　　　　a_n——振动管二端紧固梁的固有频率系数；

　　　　E——振动管材料的弹性模量；

　　　　I——振动管惯性矩；

　　　　L——振动管的有效长度；

　　　　A_s——振动管材截面积；

　　　　ρ_s——振动管材密度；

　　　　A——流经振动管内被测液体的截面积；

　　　　ρ——被测液体的密度。

仪器设计制作定型后，除水体密度外，上述各量均为定值，水体密度与振动管固有振动频率为函数关系，可以由测得的频率求得被测水体密度，从而得到含沙量。

2. 仪器的结构与组成

振动测沙仪应用的振动管是一种比较成熟的密度传感器，如果将被测水体抽引通过仪器振动管，就可以测得含沙量。但是，水文上测量含沙量时，不能过分干扰水流，必须将仪器放到测点，因此振动测沙仪由水下传感器和水上仪器两部分组成，中间用电缆连接。

水下传感器的基本结构见图 7.14。水流沿箭头方向流进、流出仪器内的振动管，在激振线圈的电磁力作用下，振动管以随含沙量变化而变化的固有频率发生振动，此振动在检振线圈内感应出同频率的振荡信号，经连接电缆，振荡信号被水上仪器接收。

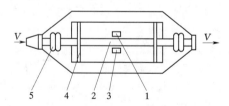

图 7.14　振动测沙仪传感器结构示意图
1—激振线圈；2—振动管；3—检振线圈；
4—固定管座；5—减振器

仪器水上部分可以是一台信号接收处理专用设备，也可以使用一台计算机。其功能是控制水下传感器的工作，接收水下传感器的信号，并处理、计算出含沙量数据。

水下传感器可以是一个单独的仪器，具有相应的耐压密封性能，它的外形应较顺直、不干扰水流，通过振动管的水流要尽量保持天然流速。这样的传感器

要能方便地安装在测流铅鱼上。也可以设计制作专门的测沙铅鱼，将传感器安装在此铅鱼内部，铅鱼前后有设计完善的进出水口，将水流导入、导出振动管。

3. 技术性能

现以较典型的一种振动测沙仪的科研成果为例，介绍其基本应用技术性能。

（1）测沙范围：$2\sim800\mathrm{kg/m^3}$。

（2）适用流速：$0.5\sim5\mathrm{m/s}$。

（3）适用水深：$0.3\sim15\mathrm{m}$。

（4）测沙准确度：$\leqslant35\ \mathrm{kg/m^3}$ 时，为 10%；$>35\mathrm{kg/m^3}$ 时，为 5%。

4. 误差分析

测得了密度后，在推求含沙量时，往往假定清水密度和沙的密度为一定值。这些假定和实际情况可能有差别，会引起振动测沙仪的误差。

在含沙量较大的变化范围内，振动管的振动周期变化并不很大，需要很准确地测得振动周期才能达到上述测沙准确度要求。温度的变化不仅影响水的密度变化，同时会导致仪器参数值发生变化，影响密度的测量精度。

振动管的振动频率受内部应力的影响，各台仪器参数均不相同。因此，应用前需要单独标定建立水体密度和振动周期的关系。

实验结果表明，振动测沙仪的测量误差受泥沙颗粒直径的影响也很大，也受仪器制作材料工艺的影响，尤其受机械制造、结构设计的影响，在生产和应用中应周密地考虑和尽可能地消除各方面因素的影响。

5. 特点和应用

振动测沙仪没有可动部件，也没有与水体接触的发送接收传感器，与水体接触的振动管只是一个水流通道，所以它能长时期自动工作。

影响仪器测沙性能和稳定性的因素较多。使用前要确定并置入泥沙密度值；实验表明，泥沙粒径大小及颗粒组成对仪器的测验精度有很大影响，长期应用时要注意定期调整，以保证测沙准确性。

振动管内腔是一细长型管道，进水口会受到漂浮物堵塞影响；当水流流速较小时，可能会在振动管内产生泥沙淤积。上述问题一旦发生，将严重影响测沙准确性。因此，这是影响振动测沙仪能否长期自动工作的主要因素。另外，由于温度对振动测沙仪测量误差影响较大，当仪器入水后不能马上进行测量，需要在水中停留一段时间，待温度稳定后方可进行测量，这也影响仪器的测量速度。

振动测沙仪一般可以安装在测流铅鱼、悬索和测

杆上使用。在使用中，为了保证其稳定性和提高测沙准确度，需要定时进行检定。一般方法是测量零含沙量，即清水的密度，调整到含沙量为零值，再将仪器投入工作；也需要和常规方法实测含沙量值进行对比，使含沙量测得值更为可靠。

7.3 悬移质泥沙测验

7.3.1 悬移质输沙率测验

7.3.1.1 测验的目的与内容

1. 测验的目的

目前的泥沙测验技术水平，还无法实时直接测得通过河流某一断面的输沙率或断面平均含沙量过程。悬移质输沙率测验的目的在于测得通过测验断面悬移质输沙率，推求出断面含沙量（简称断沙），同时测得单样含沙量，以便建立（或检验已建立的）单样含沙量和断面含沙量关系（简称单断沙关系），在单沙过程控制下，用于推求通过该断面各种时段的悬移质输沙量。

2. 测验的主要工作内容

（1）布置测速和测沙垂线，在各垂线上施测起点距和水深，在测速垂线上测流速，在测沙垂线上测量含沙量，测沙垂线应尽可能与测速垂线重合。

（2）观测水位、水面比降，如需作颗粒分析，应加测水温，并按要求取留水样。

（3）需要建立单断沙关系时，应采取相应的单样含沙量水样（简称单样）或直接测含沙量。

（4）采用浮标法测流或采用全断面混合法测输沙率时，只在测沙垂线上采取水样或测含沙量。

3. 悬移质输沙率过程的推求

在进行流量测验时，在某些测点或垂线上同时实测含沙量，通过计算可获得输沙率。由于流量和含沙量测验需要一定的时间，这样获得输沙率则是一段时间内的平均值。因为输沙率随时间变化，要直接测获连续变化过程无疑是困难的。通常是利用输沙率（或断面平均含沙量）和其他水文要素建立相关关系，由其他水文要素变化过程的资料通过相关关系求得输沙率变化过程。我国绝大部分测站的实测资料分析表明，一般断面平均含沙量与断面上有代表性的垂线或测点含沙量（即单样含沙量，简称单沙）存在着较好的相关关系。施测断面输沙率的工作量大，而施测单沙简单，因此常用施测单沙以控制河流的含沙量随时间的变化过程。其方法是首先以较精确的方法，在全年施测一定数量的断面输沙率，建立相应的单沙断沙关系，可以由实测单沙过程资料，通过相关关系推求断沙过程，进而计算出全断面的悬移质输沙率过程和各种统计特征值。因此，悬移质测验的主要内容除了

测定流量外，还必须测定水流含沙量，开展悬移质泥沙输沙率测验和单沙测验。

7.3.1.2 测验的原理与方法

1. 测验原理

在理论上，悬移质输沙率可用式（7.34）表示

$$Q_s = \int_0^B \int_0^H C_s V dh db \qquad (7.34)$$

式中　C_s、V——断面上某一测点(h,b)处的含沙量、流速，kg/m^3、m/s，两者的乘积为测点输沙率；

　　　h、b——某点的水深和起点距，m；

　　　H、B——水深和水面宽，m；

　　　Q_s——通过全断面的悬移质输沙率，kg/s。

Vdh 表示单宽 dh 水层内每秒钟通过的水流体积，$C_s Vdh$ 表示单宽 dh 水层内的输沙率，$\int_0^H C_s Vdh$ 表示单宽输沙率，由于 $C_s V$ 在断面内与水深、水面宽的函数关系不易求得，所以在测验中把通过断面沿水平面和铅垂面划分成许多小块，输沙率计算公式可用有限和的形式表示

$$Q_s = \sum_j^m \sum_{i=1}^n C_{sij} V_{ij} \Delta h_i \Delta b_j \qquad (7.35)$$

式中　C_{sij}、V_{ij}——断面上第(i,j)块的含沙量、流速，kg/m^3、m/s；

　　　Δh_i、Δb_j——断面上第(i,j)块厚度和宽度，m、m；

　　　j、i——断面上横向（沿河宽方向）、纵向（沿水流方向）的序号；

　　　m、n——断面上横向和纵向划分数。

式（7.35）表示，把过水断面沿水平和铅垂方向划分成许多小块，在每块面积上测速、测沙，$C_{sij} V_{ij} \Delta h_i \Delta b_j$ 表示通过(i,j)每块小面积上的输沙率，全断面内的各小块输沙率之和，即为断面输沙率。

2. 泥沙测验方法

常用的悬移质泥沙测验方法有两种，即直接测量法和间接测量法。

（1）直接测量法。在一个测点(i,j)上，用一台仪器直接测得瞬时悬移质输沙率。要求水流不受扰动，仪器进口流速等于或接近天然流速，则测点的时段平均悬移质输沙率可由式（7.36）表示

$$\bar{q}_{ij} = \frac{1}{t} \int_0^t \alpha q_{ij} dt \qquad (7.36)$$

式中　q_{ij}、$\bar{q}_{ij}$——测点瞬时输沙率、时段平均输沙率；

α——一个无量纲系数，随泥沙粒径、流速和仪器管嘴类型而变，是瞬时天然输沙率与测得输沙率的比值；

t——测量历时。

通过测验断面的输沙率为

$$Q_s = \sum_{j}^{m} \sum_{i=1}^{n} \overline{q}_{ij} \Delta h_i \Delta b_j \qquad (7.37)$$

（2）间接测量法。在一个测点上，分别用两台仪器同时进行时段平均含沙量和时段平均流速的测量，两者乘积得测点时段平均输沙率，则通过测验断面的输沙率为

$$Q_s = \sum_{j}^{m} \sum_{i=1}^{n} \overline{C}_{sij} \overline{V}_{ij} \Delta h_i \Delta b_j \qquad (7.38)$$

式中　$\overline{C}_{sij}$、$\overline{V}_{ij}$——断面上第 (i,j) 块（点）的实测时段平均含沙量、时段平均流速。

我国目前采用间接测量法。因直接测量法不能保证仪器进口流速等于天然流速，故不多采用。实际测验时仍采取与流量模相同的概念，将断面分割成许多平行的垂直部分块，计算每部分块的输沙率，然后累加得断面输沙率。式（7.38）中 $\overline{V}_{ij} \Delta h_i \Delta b_j$ 实际上就是部分流量，因此，间接测量法输沙率计算公式又可表示为

$$Q_s = \sum_{j=1}^{m} \overline{C}_{sj} q_j \qquad (7.39)$$

式中　$\overline{C}_{sj}$、q_j——某一部分的平均含沙量和流量，两者之积得部分块的输沙率。

7.3.1.3　泥沙站的分类与测验要求

1. 泥沙站的分类

为便于对不同类型的泥沙站作出规定，《河流悬移质泥沙测验规范》将国家基本泥沙站分为 3 类，其分类标准如下。

（1）一类站为对主要产沙区、重大工程设计及管理运用、河道治理或河床演变研究等起重要控制作用的站。

（2）二类站为一般控制站和重点区域代表站。

（3）三类站为一般区域代表站和小河站。

2. 各类站的测验项目

（1）一类站。应施测悬移质输沙率、含沙量，以及悬移质和床沙的颗粒级配，测验精度应高于二类、三类站，并进行长系列的全年观测。部分一类站根据需要，可采用直接法或间接法进行全沙输沙率测验，或进行河道断面测量。

（2）二类站。应施测悬移质输沙率和含沙量，大部分二类站应测悬移质颗粒级配，测验精度可低于一类站。

（3）三类站。应施测悬移质输沙率和含沙量，部分三类站应测悬移质颗粒级配，测验精度可低于一类、二类站。

3. 国家基本泥沙站进行悬移质泥沙巡测时的要求

（1）已建立单断沙关系的，非汛期可实行巡测，汛期应有专人驻站或采用自动测沙装置进行单样含沙量测验，测次的分布应能控制含沙量变化过程，巡测输沙率时应检查单样含沙量测验方法和校核单断沙关系。

（2）流量与输沙率关系较稳定的站，可只测输沙率，输沙率测次分布应满足资料整编要求。

4. 加权原理与精度

采用不同的悬移质输沙率测验方法测定断面平均含沙量，均必须符合部分流量加权原理和精度要求；测定悬移质泥沙断面平均颗粒级配的各种测验方法，均必须符合部分输沙率加权原理和精度要求。

7.3.1.4　悬移质输沙率及颗粒级配的测次分布

1. 悬移质输沙率的测次分布

一年内悬移质输沙率的测次，应主要分布在洪水期，并符合以下规定。

（1）采用断面平均含沙量过程线法进行资料整编时，每年测次应能控制含沙量变化的全过程，每次较大洪峰的测次不应少于 5 次，平、枯水期，一类站每月测 5～10 次。二类、三类站每月测 3～5 次。

（2）一类站历年单断沙关系线与历年综合关系线比较，其变化在 ±3% 以内时，年测次不应少于 15 次。二类、三类站作同样比较，其变化在 ±5% 以内时，年测次不应少于 10 次，年变化在 ±2% 以内时，年测次不应少于 6 次，并应均匀分布在含沙量变幅范围内。

（3）单断沙关系线随水位级或时段不同而分为两条以上关系曲线时，每年悬移质输沙率测次，一类站不应少于 25 次，二类、三类站不应少于 15 次，在关系曲线发生转折变化处，应分布测次。

（4）采用单断沙关系比例系数过程线法整编资料时，测次应均匀分布并控制比例系数的转折点，在流量和含沙量的主要转折变化处，应分布测次。

（5）采用流量输沙率关系曲线法整编资料时，年测次分布，应能控制各主要洪峰变化过程，平、枯水期，应分布少量测次。

（6）堰闸、水库站和潮流站的悬移质输沙率测次，应根据水位、含沙量变化情况及资料整编要求，分布适当测次。新设站在前三年内，应增加输沙率测次。

2. 颗粒级配的测次分布

一年内测定断面平均颗粒级配的测次，应主要分

布在洪水期，并应符合以下规定。

（1）当用断面平均颗粒级配过程线法进行资料整编时，一类、二类站，每年测次应能控制颗粒级配变化过程，每次较大洪峰测 3～5 次，汛期每月不应少于 4 次，非汛期，多沙河流每月测 2～3 次，少沙河流每月测 1～2 次。

（2）一类站历年单样颗粒级配与断面平均颗粒级配关系线（以下简称单断颗关系线）与历年综合关系线比较，粗沙部分变化在 ±2% 以内，细沙部分变化在 ±4% 以内时，每年测次不应少于 15 次；二类站作同样比较，粗沙部分变化在 ±3%，细沙部分变化在 ±6% 以内时，每年测次不应少于 10 次。

（3）单断颗关系线随水位级或不同时段分为两条以上关系曲线时，每年测次，一类站应不少于 20 次，二类站应不少于 15 次。

（4）单断颗关系点散乱或新开展颗粒级配测验的站，应相应增加测次。

（5）三类站每年在汛期的洪水时，应测 5～7 次，非汛期测 2～3 次，可不计算月、年平均颗粒级配。

7.3.1.5 悬移质输沙率测验垂线上的取样方法

1. 垂线布设

悬移质输沙率测验方法，应根据测站特性、精度要求和设备条件等情况分析确定。测沙垂线布设方法和测沙垂线数目，应由试验分析确定。在未经试验分析前，可采用单宽输沙率转折点布线法。断面内测沙垂线的布置，应根据含沙量横向分布的规律布设，一般情况下，其分布应大致均匀，中泓密，两边疏，以能控制含沙量横向变化转折，正确测定断面输沙率为原则。测沙垂线数目，一类站应不少于 10 条，二类站应不少于 7 条，三类站应不少于 3 条。断面与水流稳定的测站，测沙垂线应该随测速垂线一起固定下来。用全断面混合法测输沙率时，测沙垂线的数目和位置应按全断面混合法的要求布置。

2. 垂线取样方法与测点布设

垂线上取样的目的，在于求得垂线平均含沙量和分析研究含沙量沿垂线的分布规律，其取样方法有选点法、积深法和垂线混合法 3 种。

（1）选点法。在流量测验中，用流速仪在测速垂线各测点测定流速，进而确定垂线平均流速的方法称选点法。在泥沙测验中，通过测沙垂线上选择一点或几点逐点采集水样，同时测流速，按流量加权的原理计算垂线平均含沙量方法也称选点法。

采用选点法时，应同时施测各点流速，各种选点法的测点位置，应符合表 7.5 的规定。表中的相对水深为仪器入水深与垂线水深之比。在冰期，相对水深

应为有效相对水深。

表 7.5　各种选点法的测点位置

河流情况	方法名称	测点的相对水深位置
畅流期	五点法	水面、0.2、0.6、0.8、河底
	三点法	0.2、0.6、0.8
	二点法	0.2、0.8
	一点法	0.6
封冻期	六点法	冰底或冰花底、0.2、0.4、0.6、0.8、河底
	二点法	0.15、0.85
	一点法	0.5

（2）积深法。泥沙测验中的积深法是指用积时式悬移质采样器在测沙垂线上匀速提放，以连续采集整个垂线上的水样，经处理求得的含沙量和悬移质输沙率的方法。当不宜用选点法，且有 1m 以上水深时，可用此法。为避免采样器进口流向偏斜过大，提放速度应不超过垂线平均流速的 1/3，取样时，可单程取样，也可以双程取样，在双程取样时，下放和上提的速度可以不同，但无论用何种方法取样，采样器均不得装满。取样时应同时施测垂线平均流速。

（3）垂线混合法。在测沙垂线的有关测点上，按规定的要求分别取样，混合成一个水样，处理后的含沙量即为垂线平均含沙量。根据仪器的不同，有按取样历时比例取样混合和按容积比例取样混合两种取样方法。

1）按取样历时比例取样混合时，各种取样方法的取样位置与历时，应符合表 7.6 的规定，表中 t 为垂线总取样历时。

表 7.6　各种取样方法的取样位置与历时

取样方法	取样的相对水深位置	各点取样历时/s
五点法	水面、0.2、0.6、0.8、河底	$0.1t$、$0.3t$、$0.3t$、$0.2t$、$0.1t$
三点法	0.2、0.6、0.8	$t/3$、$t/3$、$t/3$
二点法	0.2、0.8	$0.5t$、$0.5t$

2）按容积比例取样混合时，取样方法应经试验分析确定。

测验河段为单式河槽且水深较大的站，可采用等部分水面宽全断面混合法进行悬移质输沙率测验。各垂线采用积深法取样，仪器提放速度和仪器进水管管径均应相同，并应按部分水面宽中心布线。

矩形断面用固定垂线取样的站，可采用等部分面

积全断面混合法进行悬移质输沙率测验。每条垂线应采用相同的进水管嘴、取样方法和取样历时，每条垂线所代表的部分面积应相等。

当部分面积不相等时，应按部分面积的权重系数分配各垂线的取样历时。

断面比较稳定的站，可采用等部分流量全断面混合法进行悬移质输沙率测验。各垂线水样容积及所代表的部分流量均应相等。

3. 垂线取样方法和垂线布置的允许误差

各类站用输沙率测验方法确定断面平均含沙量时，经试验分析，其垂线取样方法和垂线布置的允许误差，不应超过表 7.7 的规定。

表 7.7 垂线取样方法和垂线布置的允许误差　　　　　　　%

测站类别	垂线取样方法的相对标准差	垂线布置的相对标准差	垂线取样方法的系统误差		垂线布置的系统误差	
			全部悬沙	粗沙部分	全部悬沙	粗沙部分
一类站	6.0	2.0	±1.0	±5.0	±1.0	±2.0
二类站	8.0	3.0	±1.5	—	±1.5	—
三类站	10.0	5.0	±3.0	—	±3.0	—

一类站中的部分站和二类、三类站中有代表性的站，应进行悬移质输沙率测验方法的精度试验。

7.3.2 悬移质单样含沙量测验

7.3.2.1　单样含沙量测验的一般规定与主要工作内容

1. 单样含沙量的概念与定义

单样悬移质含沙量（简称单沙，以往也有人称单位含沙量）是断面上有代表性的垂线或测点的含沙量。

相应单样含沙量是指在一次实测悬移质输沙率过程中，与该次断面平均含沙量所对应的单样含沙量，即输沙率测验期间，同时在单沙测量位置上测得的含沙量，称为相应单样含沙量（以往也称相应单位含沙量，简称相应单沙）。由于输沙率测验不能在瞬间完成，因此相应单沙也不能用一次单沙与之适应，应视沙情变化，通过采用取多次单沙，以推求相应单沙。相应单沙质量的高低，直接影响单断沙关系。

当用单断沙关系推算断沙的测站，应作单样含沙量测验。单样含沙量测验的目的是控制含沙量随时间的变化过程，通过单断关系推求断沙，结合流量资料推算不同时期的输沙量及特征值。

2. 一般规定

测取相应单沙时，应注意以下几点。

（1）取样时机。在水情平稳时取一次；有缓慢变化时，应在输沙率测验开始、终了时各取一次；水沙变化剧烈时，应增加取样次数，并控制转折变化。

（2）取样基本要求。取样位置、方法、使用仪器类型等都应与经常性的单沙取样相同，以不失去相应单沙的代表性。兼作颗粒分析的输沙率测次，应同时观测水温。当单样与单粒取样方法相同时，可用相应单样作颗粒分析；不相同时，应另取水样作颗粒分析。

（3）单样含沙量测验方法应能使一类站单断沙关系线的比例系数在 0.95～1.05 之间，二类、三类站在 0.93～1.07 之间。

（4）单样兼作颗粒分析水样时，取样方法应满足代表断面平均颗粒级配的要求。当出现单颗比断颗显著偏粗或偏细时，应改进单样的取样方法，或另确定单颗取样方法。

3. 单样含沙量测验的主要工作内容

（1）观测基本水尺水位。观测方法与要求同水位观测。

（2）施测取样垂线的起点距。施测方法与要求同流量测验。

（3）施测或推算垂线水深。方法与要求同悬移质输沙率测验。

（4）按确定的方法取样。

（5）单样需作颗粒分析时，应加测水温。

7.3.2.2　测次和垂线布设

1. 单样含沙量的测次布设

一年内单样含沙量的测次分布，应能控制含沙量的变化过程，并符合以下规定。

（1）洪水期，每次较大洪水，一类站不应少于 8 次，二类站不应少于 5 次，三类站不应少于 3 次，洪峰重叠、水沙峰不一致或含沙量变化剧烈时，应增加测次，在含沙量变化转折处应分布测次。

（2）汛期的平水期，在水位定时观测时取样 1 次，非汛期含沙量变化平缓时，一类站可每 2～3d 取样一次，二、三类站，可每 5～10d 取样 1 次。

（3）含沙量有周期性日变化时，应经试验确定在有代表性的时间取样。

（4）堰闸、水库站应根据闸门变动和含沙量变化情况，适当分布测次，控制含沙量变化过程。

（5）潮流站应根据设站目的、要求和测验条件，确定单样含沙量测验的测次分布。

2. 垂线布设

单样含沙量测验的垂线布设应经试验确定，各站的测站特性不同，含沙量在测验断面上的分布情况不同，各站的垂线布设差异很大。常用的有一线一点，一线两点，两线、三线、甚至五线等，且每线上取一点或两点。垂线布设应符合以下规定。

(1) 断面比较稳定和主流摆动不大的站，可固定取样垂线位置，其位置应通过分析确定，当复式河槽或不同水位级含沙量横向分布有较大变化时，应按不同水位级分别确定代表线的取样位置。

(2) 断面不稳定且主流摆动的一类、二类站，应根据测站条件，按全断面混合法的规定，布设 3～5 条取样垂线，进行单样含沙量测验。

3. 垂线取样

单样含沙量测验的垂线取样方法，应与输沙率测验的垂线取样方法一致，并符合以下规定。

(1) 一类站的单样含沙量测验，不得采用一点法。

(2) 当单样兼作颗分水样不能满足精度要求时，应经试验另行确定单颗取样方法。

4. 特殊情况下的取样

特殊情况下采取单样，可按以下规定处理。

(1) 洪水、流冰及流放木材时期，不能在选定位置取样时，应离开岸边，在正常水流处取样，并加备注说明，对水边取样成果，应与断面平均含沙量建立关系。

(2) 单独设置基本水尺的分流，应作为独立断面选择取样位置。

7.3.2.3 单样含沙量停测和目测

(1) 一类站和对枯季沙量资料有需要的站，应全年施测单样含沙量。其他站枯水期连续 3 个月以上的时段输沙量小于多年平均输沙量的 3.0% 时，在该时段内，可以停测单样含沙量和输沙率，停测期间的含沙量作零统计。

(2) 当含沙量小于 0.05kg/m^3 时，可将等时距和等容积的水样，累积混合处理，作为累积期间各日的单样含沙量，累积时段不宜跨月跨年，当发现河水含沙量有显著变化时，应停止累积。

(3) 在施测含沙量时期，当河水清澈时，可改为目测，含沙量作零处理。当含沙量明显增大时，应及时恢复测验。

在洪水及平、枯时期，可用比色法、沉淀量高法、简易比重计法和简易转换法等估测方法，估测含沙量和确定加测、停测和恢复测验的时机。

7.3.2.4 单样颗粒级配的测次布设

需进行单样颗粒分析的一类、二类站，颗分测次应主要分布在洪水期，非汛期分布少量测次，控制泥沙颗粒级配的变化过程，并应符合以下规定。

(1) 洪水期，每次较大洪峰应分析 3～7 次，在流量、含沙量变化转折处应分布颗分测次。

(2) 汛期的平水期，多沙河流 5～7d 分析 1 次，少沙河流可 10d 分析 1 次。

(3) 非汛期，多沙河流 7～10d 分析 1 次，少沙河流可 15d 分析 1 次，单样采用累积水样混合处理时，用累积水样进行分析。

(4) 选作颗粒分析的输沙率测次，其相应单样，均应作颗粒分析。

(5) 三类站如无特殊要求，每年只在汛期每次洪水过程中取样分析 1～3 次。非汛期需要时分析 2～3 次。

7.3.2.5 悬移质输沙率颗粒级配和相应单样的取样方法

1. 悬移质输沙率颗粒级配的取样

(1) 采用悬移质输沙率测验水样进行颗粒分析时，应符合以下规定。

1) 采用流速仪法测流时，悬移质输沙率测验水样可兼作颗粒分析，也可在同一测沙垂线上，另取水样作颗粒分析。

2) 经试验分析确定的各种全断面混合法，可兼作输沙率颗粒级配的取样方法。

3) 未经试验分析前，全断面混合法的取样垂线数目，一类站应不少于 5 条，二类、三类站应不少于 3 条。

(2) 一类站和需要做试验的二类、三类站，每年汛期应采用五点法在 7～10 条测沙垂线上进行 2～3 次输沙率测验，每次应加测床沙和水温，均作颗粒分析。

(3) 各类站悬移质输沙率颗粒级配取样方法的精度，应经试验检验确定。断面平均各粒径级的累积沙重百分数绝对误差的不确定度应满足以下几点。

1) 一类、二类站应小于 6%，三类站应小于 9%。

2) 各类站的系统误差，粗沙部分应在 ±2.0% 以内，细沙部分应在 ±3.0% 以内。各类站的试验和资料分析，应与悬移质输沙率测验方法的精度试验结合进行。

2. 相应单样的采取

(1) 采用单断沙或单断颗关系进行资料整编的

站，在进行输沙率测验的同时，应采取相应单样。

（2）相应单样的取样方法和仪器，应与经常的单样测验相同。兼作颗粒分析的输沙率测次，应同时观测水温。当单样含沙量取样方法与单颗取样方法相同时，可用相应单样作颗粒分析；不相同时，应另取水样作颗粒分析。

（3）相应单样的取样次数，在水情平稳时取 1 次；有缓慢变化时，应在输沙率测验的开始、终了各取 1 次；水沙变化剧烈时，应增加取样次数，并控制转折变化。

7.3.3　高含沙水流条件下的泥沙测验

高含沙水流是指水流携带大量的泥沙颗粒，含沙量很大，可达到每立方米数百公斤，甚至 $1000 kg/m^3$ 以上。以至于该含沙水流在物理特性、运动特性和输沙特性等方面，不再像一般挟沙水流那样用牛顿流体进行描述，而往往属于宾汉流体。高含沙水流有两种流态：一种是高强度的紊流，发生在比降大、流速高的情况下，水流汹涌，紊动强烈，大尺度和小尺度的脉动都得到充分的发展；另一种是发生在比降小、流速低的情况下，水流十分平缓，有时水面呈现出几毫米至一二厘米的清水层，清水层下为浓稠的泥浆，水流中保持着强度低而尺度大的旋涡，既不同于一般的紊流，也不同于一般的层流（或称之为"濡流"）。高含沙水流具有水流挟沙力特别大、含沙量在断面上横向和纵向分布比较均匀的显著特征。因此，高含沙水流条件下的泥沙测验除按正常情况下的泥沙测验外，还有些特殊要求。

7.3.3.1　含沙量及颗粒级配测验要求

1. 断面平均含沙量测验

高含沙水流条件下的断面平均含沙量测验，一类站可采用全断面混合法，二类、三类站可采用主流边半深一点法或积深法。一类站经试验符合精度要求时，可采用主流边一线取样。含沙量取样方法，可兼作断面平均颗粒级配取样方法。

2. 含沙量测次布设

洪水时，含沙量测次分布应比正常情况下规定的含沙量测次相应增加 3～5 次。颗分测次，每次较大洪峰，一类站应不少于 5 次，二类、三类站应不少于 3 次。

3. 采样仪器

在高含沙量时，可用横式采样器取样，取样不必重复。采用积时式采样器时，应采用大管径的进水管嘴，对进口流速系数可不作限制，特殊情况下，也可采用其他取样器皿。

4. 泥沙颗粒级配

含沙水流常挟带粗颗粒泥沙，在测定含沙量及泥沙颗粒级配时，必须包括全部粗颗粒在内。

7.3.3.2　流变特性的测定

高含沙水流运动时，所受剪切应力与剪切速度变化关系是流变性质的两个基本参数。根据流动和变形形式不同，将物质分类为牛顿流体和非牛顿流体。清水和含沙量较低的水流为牛顿体，牛顿流体遵循牛顿流动法则，即牛顿液体的剪切速度与剪切应力之间呈直线关系，且直线经过原点。这时直线斜率的倒数表示黏度，黏度与剪切速度无关，而且是可逆过程，只要温度一定，黏度就一定。

而高含沙水流不遵循牛顿定律，因此称之为非牛顿流体，其流动现象称为非牛顿流动。对于非牛顿流体测定其黏度，作出其剪切速度随剪切应力的变化图，可得流动曲线或黏度曲线。开展这些测验工作称为流变特性的测定。流变特性的测定要满足以下要求。

（1）在高含沙河流，应根据需要选择部分重要控制站，在一定时期内，采取水样进行流变特性的测定。

（2）在每次较大洪水时，用测含沙量的取样方法，另取水样 2～3 次做流变特性试验。取样的体积或重量，应根据试验项目的需要确定。

（3）用于流变特性试验的试样应保持原样，当保持原样确有困难时，测站应在测定原样的容重和 pH 值后，将湿沙样装入塑料袋，并编号和填写递送单，送中心实验室。试样存放时间不宜超过半月。

（4）流变特性的试验可参照《河流悬移质泥沙测验规范》中高含沙水流流变特性试验方法进行。资料整理时，应排除紊流条件下的点据，并以实测雷诺数 2000 为判别值。

（5）流变特性试验资料在满足要求后，可以停测。

7.3.3.3　泥石流、"浆河"、"揭河底"等特殊现象的观测

泥石流、"浆河"、"揭河底"等特殊现象，具有突然性和短暂性的特点，平时必须作好充分准备。对发生概率较大的站，应有计划地配置现场录像或连续摄影设备。

1. 泥石流观测

有泥石流活动的地区，当测站的测验河段内发生泥石流时，应及时按以下要求进行观测。

（1）连续观测洪水过程的水位。

（2）用中泓浮标或漂浮物连续施测流速，每施测一个浮标，应同时观测一次水位并记录观测时间。

（3）在主流边用横式采样器或取样桶连续取样并记录取样时间，当在主流边取半深水样有困难时，可在岸边取样，取样时，不得剔除水样中所有的固体颗粒。

（4）有流变特性试验任务的测站，在每次泥石流过程中，应另取泥石流浆体样品 2～3 次，样品的体积或重量应满足试验要求。

2. 泥石流调查

在测站附近发生泥石流时，应及时向领导机关报告情况，并根据需要按以下要求进行调查。

（1）调查暴发泥石流前后的降水过程或时段降水量，有困难时应调查降水总量及历时。

（2）调查流域面积、河沟长度、山坡及河沟坡度，土质、植被及河床冲淤，滑坡或塌方等地质、地貌情况，估算固体物质来量，并详细记录和拍摄现场实景。

（3）在不同断面处，采取代表性的泥石流堆积物样品，仿原样搅拌后取样，送中心实验室进行含沙量、颗粒级配及有关项目的测定与分析。

（4）估算泥石流洪峰流量和总量等特征值，最后整理调查记录，编写调查报告。

3. 浆河观测

当测验河段发生"浆河"现象时，应及时按以下要求进行观测。

（1）观测从流动到停滞再流动重复发生的全过程。

（2）记录每次停滞和流动的起讫时间、相应水位、水面比降和水温。

（3）用横式采样器在主流边的垂线上测取水面、半深及河底处的样品，分别测定含沙量、颗粒级配及流变特性。

（4）浆体流动时，应测量水深和流速，计算断面泥浆流量。

（5）详细记述现场情况，并拍摄全过程实景。

4. "揭河底"观测

当测验河段发生"揭河底"现象时，应及时按以下要求进行观测。

（1）记录发生的起讫时间，用测距仪或目测发生的位置及河宽范围，观测被掀起的河床块状物露出水面的体积尺寸、向下游推进的速度、延续的历时和距离。

（2）施测水深、流速，加测水位、水面比降、单样及床沙。

（3）增加流量及颗粒分析测次，加测水温。

（4）详细记述现场情况，并拍摄全过程实景。

7.3.4 悬移质泥沙水样处理

7.3.4.1 泥沙水样处理方法及工作程序

1. 泥沙水样处理

泥沙水样（也简称水样）处理就是通一系列的工作，可直接或间接地求得水样中的干沙重量，通过量取的泥沙水样容积，计算求得含沙量的过程。

泥沙水样处理的方法很多，常用的处理方法有烘干法、过滤法、置换法等 3 种。

泥沙水样处理的工作步骤主要有量体积、沉淀浓缩、称重和计算含沙量等工序。

（1）量体积。为了避免水样蒸发、散失，一般在现场应及时量体积，体积的读数误差，不得大于水样容积的 1%，所取水样应全部参加处理，不得仅取其中的一部分。

（2）水样沉淀和浓缩。水样沉淀和浓缩是为称重（烘干法或过滤法）作准备的，水样经过一定时间的沉淀后，吸出上部清水的过程，称水样浓缩。沉淀可采用自然沉淀或加速沉淀两种。对于不作颗粒分析的水样，可加入氯化钙或明矾以加速沉淀，凝聚剂的浓度及用量应经试验确定。对于作颗粒分析的水样，不能用上述方法加速沉淀，只能采用自然沉淀。

水样经沉淀后，可用虹吸管将上部清水吸出，吸水时不得吸出底部的泥沙。

（3）处理称重。将浓缩后的水样倒入烘杯、滤纸或比重瓶中，经处理后再放入天平中称重沙量或浑水量。

（4）计算含沙量。称重后可直接或间接的求得水样中的干沙重量，可用式（7.40）计算含沙量。

$$C_s = \frac{W_s}{V} \quad (7.40)$$

式中　W_s——水样中的干沙重量，g；

　　　V——水样容积，dm³；

　　　C_s——含沙量，kg/m³。

2. 分沙器设备及其操作方法

沙样称重后，有的泥沙沙样可以丢弃，有的泥沙沙样需要留样送泥沙颗粒分析室进行泥沙颗粒分析，不同的颗粒分析方法需要的沙样不同，应按泥沙颗粒分析留样要求执行，但当沙样重量远远超过留样要求的数量时，应采用分沙器将原沙样分为若干份，取其满足要求的一份沙样送颗分室。

（1）两分式分沙器。图 7.15 所示，器高约 260mm，中部长 111mm，中部宽 50mm，两腿间隔约 160mm，宽 102mm。在中部向两边间隔排列着用薄铜皮制成的 30 个分沙槽，其他部分用不锈材料制作。

分沙时，将水样摇匀，以小股、均匀、往返地倒入分沙槽内，用清水将原盛水样容器及分沙器内冲洗干净。

图 7.15　两分式分沙器

（2）旋转式分沙器。图 7.16 所示，器高 350mm，长 360mm，宽 270mm，用有机玻璃或其他不锈材料制成。分隔漏斗数目，不宜超过 10 个。

分沙时，转动分沙器，转速宜为 110～130r/min。将摇匀的水样，匀速倒入分沙漏斗中，然后用清水将原盛水样容器及分沙器内冲洗干净。

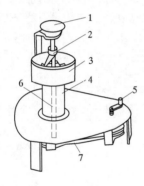

图 7.16　旋转式分沙器

1—漏斗；2—偏心管嘴；3—分隔漏斗；4—支承圆筒；
5—摇把；6—中心轴；7—传动带

7.3.4.2　悬移质水样处理的有关规定

1．泥沙室的设置要求

悬移质水样处理在泥沙室进行，为保证泥沙处理的精度和质量，泥沙室的设置应符合以下要求。

（1）室内应宽敞明亮，不受阳光直接照射。

（2）经常保持干燥，无有害气体及灰尘侵入，温度和湿度比较稳定，有泥沙颗粒分析任务时，室内应有调温设备。

（3）四周无震源，无噪声。

（4）天平应安置在专用房间里，远离门窗和热源，天平台基应稳定牢固，台身不与墙壁相连，台面应平整。

（5）烘箱应安置在干燥通风处。

（6）水样宜存放在专用房间里。

2．水样处理的最小沙重要求

水样处理的最小沙重，应符合以下规定：

（1）烘干法和过滤法所需最小沙重，应符合表 7.8 的规定。

表 7.8　烘干法、过滤法所需最小沙重

方法	天平感量/mg	最小沙重/g
烘干法	0.1	0.01
	1	0.1
	10	1.0
过滤法	0.1	0.1
	1	0.5
	10	2.0

注　天平感量是使天平指针从平衡位置偏转到刻度盘一分度所需的最大质量，所以感量也叫做"分度值"，常以"毫克"为单位，感量反映了天平的灵敏程度，感量越小，灵敏度越高。

（2）置换法所需最小沙重，应符合表 7.9 的规定。

表 7.9　　置换法所需最小沙重　　单位：g

天平感量 /mg	比重瓶容积/mL					
	50	100	200	250	500	1000
1	0.5	1.0	2.0	2.5	5.0	10.0
10	2.0	2.0	3.0	4.0	7.0	12.0

3．颗粒分析的取样沙重要求

颗粒分析的取样沙重，应符合表 7.10 的规定。

表 7.10　　颗粒分析的取样沙重要求

方法	沙样中粒径情况/mm	沙重/g	备　注
筛析法	沙样中粒径小于 2	≥50	当取样有困难时，沙重可适当减少，但应在备注中说明情况
	沙样中大于 2 颗粒占总沙重 10% 以下	≥60	
	沙样中大于 2 颗粒占总沙重 10% 以上	≥80	
	沙样中含有大于 20	>500	
用粒径计法		>0.3	
吸管法		>1.0	
消光法		>0.03	

4．量水样容积要求

（1）量水样容积，宜在取样现场进行，量容积读数误差不得大于水样容积的 1%。

（2）所取水样，应全部参加量容积。

（3）在量容积过程中，不得使水样容积和泥沙减少或增加。

5. 沉淀浓缩水样要求

（1）水样的沉淀时间应根据试验确定，并不得少于 24h，因沉淀时间不足而产生沙重损失的相对误差，一类、二类、三类站，分别不得大于 1.0%、1.5% 和 2.0%，当洪水期与平水期的细颗粒相对含量相差悬殊时，应分别试验确定沉淀时间。

（2）当细颗粒泥沙含量较多，沉淀损失超过上述规定时，应作细沙损失改正。

（3）不作颗粒分析的水样，需要时可加氯化钙或明矾液凝聚剂加速沉淀，凝聚剂的浓度及用量，应经试验确定。

（4）水样经沉淀后，可用虹吸管将上部清水吸出，吸水时不得吸出底部的泥沙。

6. 颗粒分析水样的递送要求

（1）悬移质颗粒分析，必须采用天然水样。

（2）在水样处理时，作沉淀损失或漏沙改正的沙样，在递送单中应注明该沙样处理所得的沙重和改正沙重。

（3）当泥沙数量过多需要分沙时，应先过 0.5mm 或 0.062mm 筛，再对筛下部分进行分沙，并将筛上泥沙及筛下分取的泥沙，分别装入两个水样瓶内，注明沙样总沙重、筛上沙重及筛下分沙次数。

（4）送作颗粒分析水样的容器，应采用容积适当、便于冲洗和密封的专用水样瓶。

（5）装运水样时，应防止碰撞、冰冻、漏水及有机物腐蚀，必要时可加防腐剂。

（6）水样递送单必须填写清楚，内容应包括：站名、断面、取样日期、沙样种类、测次、垂线起点距及相对水深位置、取样方法、分沙情况、沙重损失改正百分数及装入瓶号等，水样和递送单应一并寄送。

7. 分样质量要求

需采用分沙器分沙的分样质量应符合以下规定。

（1）分样容积误差应小于 10%。

（2）选粒径小于 0.062mm 的两种不同级配的沙样，分别用分沙器分取 20 个以上分样，用吸管法作颗粒分析，以各分样级配的平均值作为该种沙样的标准级配，分样小于某粒径沙重百分数的不确定度应小于 6。

7.3.4.3 沙样处理方法

沙样的处理方法很多，常用的处理方法有烘干法、过滤法、置换法等 3 种。

1. 烘干法

（1）操作步骤。将浓缩后的水样，倒入烘杯内，放入烘箱内进行烘干。冷却后，用天平称出烘杯加泥沙的重量，再减去烘杯重量，即得干沙重量。此法处理水样精度较高。采用烘干法处理水样的工作步骤包括：量水样容积；沉淀浓缩水样；将浓缩水样倒入烘杯、烘干、冷却；称沙重。

（2）沙样烘干称重。

1）烘干烘杯时，应先将烘杯洗净，放入温度为 100～110℃烘箱中烘 2h，稍后移入干燥器内冷却至室外温，再称烘杯重。

2）用少量清水将浓缩水样全部冲入烘杯，加热至无流动水时，移入烘箱，在温度为 100～110℃ 时烘干。烘干所需时间，应由试验确定。试验要求相邻两次时差 2h 的烘干沙重之差，不大于天平感量时，可采用前次时间为烘干时间。

3）烘干后的沙样，应及时移入干燥器中冷却至室温称重。

（3）溶解质改正。由于水的溶解质在烘干后也作为泥沙的一部分称重，引起一定的误差。因此，采用烘干法时，当河水中溶解质重与沙重之比，一类、二类、三类站分别大于 1.0%、1.5% 和 3.0% 时，应对溶解质的影响进行改正。改正方法如下。

1）确定溶解质含量。取已知容积的澄清河水，注入烘杯烘干后，称其沉淀物即溶解质重量，用式（7.41）计算河水溶解质含量

$$C_j = \frac{W_j}{V_w} \qquad (7.41)$$

式中　C_j——河水中溶解质含量，g/cm³；

　　　W_j——溶解质重量，g；

　　　V_w——河水体积，cm³。

2）改正溶解质。根据浓缩水样容积，求出烘杯中的溶解质改正量，则烘杯中沙重量为

$$W_s = W_{bsj} - W_b - C_j V_{nw} \qquad (7.42)$$

式中　W_s——烘杯中的干沙重，g；

　　　W_{bsj}——烘杯、泥沙、溶解质的总重量，g；

　　　W_b——烘杯重量，g；

　　　V_{nw}——浓缩水样容积，cm³。

2. 过滤法

（1）方法分类。当含沙量较大，烘杯装不下浓缩水样时，可用过滤法处理。过滤法有一般过滤、直接过滤和强制过滤 3 种。

一般过滤是将滤纸铺在漏斗或专用的过滤筛上，将浓缩水样倒在滤纸上自然过滤；直接过滤是当水样容积不大时，不经沉淀，将盛水样瓶倒置于滤纸之上，内加通气管，靠水样自重流入滤纸上过滤；强制过滤

是当含沙量很小时,特制的强制过滤器用气筒向密封的盛水样容器内打气加压,使水样迅速通过滤纸过滤。

(2)过滤法主要操作步骤。过滤法主要操作步骤有量水样容积、沉淀浓缩水样、过滤泥沙、烘干沙包(滤纸和泥沙)及称重等,称得的滤纸和泥沙重减去滤纸重,即得干沙重。过滤法按要求应进行可溶性物质含量试验和漏沙试验。

(3)过滤泥沙的操作。

1)水样经沉淀浓缩后的过滤。将已知重量的滤纸铺在漏斗或筛上,将浓缩后水样倒在滤纸上,再用少量清水将水样桶中残留泥沙全部冲于滤纸上,进行过滤。

2)水样不经沉淀浓缩直接过滤时,操作步骤如下:

a. 放好漏斗、滤纸和盛水器。

b. 在铺好滤纸的漏斗内加入适量清水。

c. 塞紧瓶口,将瓶子倒转,瓶口向下放入架子夹口内,使瓶口没入漏斗水面以下,水样即可陆续过滤。

d. 当瓶口较大时,为使出水均匀,可将瓶口加双孔瓶塞,插入塞中两根玻璃管,一根进气,一根出水。放置时,应使气管插入漏斗水面以下,见图7.17(乙)。

e. 过滤结束,取出空瓶,用清水将瓶内及瓶塞上残留的泥沙,冲洗到滤纸上。

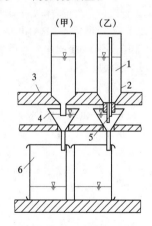

图 7.17　直接过滤示意图
1—气管;2—瓶塞;3—支架;4—漏斗;
5—液管;6—盛水容器

(4)过滤泥沙时操作要求。用滤纸过滤泥沙,应符合以下规定。

1)根据水样容积大小,采用浓缩水样或不经浓缩而直接过滤。

2)在滤沙过程中,滤纸应无破裂,滤纸内浑水面必须低于滤纸边缘。

3)过滤时,必须将水样容器内残留的泥沙用清水冲到滤纸上。

(5)沙包烘干及称重要求。

1)沙包的烘干时间,应由试验确定,并不得少于2h,当不同时期的沙重或细颗粒泥沙含量相差悬殊时,应分别试验和确定烘干时间。

2)在干燥器内存放沙包的个数,应经沙包吸湿重试验确定,沙包吸湿重与泥沙重之比,一类、二类、三类站分别应不大于1.0%、1.5%、2.0%。

(6)可溶性物质含量试验。选用滤纸,应经试验,滤纸应质地紧密、坚韧,烘干后吸湿性小和含可溶性物质少。滤纸在使用前,应按以下规定进行可溶性物质含量的试验。

1)从选用的滤纸中抽出数张进行编号,放入烘杯,在温度为100~105℃的烘箱中烘2h,稍后将烘杯加盖,移入干燥器内冷却至室温后称重,再将滤纸浸入清水中,经相当于滤沙时间后,取出烘干、冷却称重,算出平均每张滤纸浸水前、后的烘干重量,其差值即平均每张滤纸含可溶性物质的重量。

2)当一类、二类、三类站的滤纸可溶性物质重量与泥沙重之比,分别大于1.0%、1.5%、2.0%时,必须采用浸水后的烘干滤纸重。

(7)漏沙试验与改正。由于滤纸并非绝对不透沙,故需要进行滤纸的漏沙试验,每种滤纸在使用前,应按下列规定作漏沙试验,具体操作如下。

1)将过滤下来的水样,经较长时间的沉淀浓缩,吸出清水,用烘干法求得沙重,即为漏沙重。

2)根据汛期、非汛期不同沙重的多次试验结果,计算不同时期的平均漏沙重。

若一类、二类、三类站的平均漏沙重与泥沙重之比,分别大于1.0%、1.5%、2.0%时,应作漏沙改正。

3. 置换法

(1)基本原理。置换法处理水样,适用于多沙河流,能节省工序,效率较高。置换法是将浓缩后的水样,装入比重瓶内称重,量比重瓶内水温,并根据同温度下已知的瓶加清水重,已知的有关系数,可计算出泥沙重量。其原理如下。

比重瓶加浑水重量为:

$$W_{ws} = W_b + V_s\gamma_s + (V - V_s)\gamma_w \qquad (7.43)$$

因

$$W_w = W_b + V\gamma_w$$

则

$$W_{ws} - W_w = V_s(\gamma_s - \gamma_w) \qquad (7.44)$$

式(7.44)整理得

$$V_s = \frac{W_{ws} - W_w}{\gamma_s - \gamma_w} \qquad (7.45)$$

因此,沙重为

$$W_s = \frac{\gamma_r}{\gamma_s - \gamma_w}(W_{ws} - W_w) = \frac{\rho_s}{\rho_s - \rho_w}(W_{ws} - W_w)$$

$$= K(W_{ws} - W_w) \qquad (7.46)$$

式中 W_s、W_{ws}——瓶内沙重、比重瓶加混水重，g；

$\quad\quad$ W_b——比重瓶重，g；

$\quad\quad$ W_w——同温度下，比重瓶加清水重，g；

$\quad\quad$ V_s、γ_s、ρ_s——分别为干沙所占体积、干沙容重、干沙密度，cm^3、N/cm^3、N/cm^3；

$\quad\quad$ V、γ_w、ρ_w——比重瓶容积、水的容重、水的密度，cm^3、N/cm^3、N/cm^3；

$\quad\quad$ K——置换系数，$K = \dfrac{\gamma_r}{\gamma_s - \gamma_w} = \dfrac{\rho_s}{\rho_s - \rho_w}$。

式（7.46）即为用置换法求泥沙沙重的公式，公式中只需称出瓶加浑水重及量出水温，因 K、W_w 中水的容重都与水温有关，而瓶加清水重可在检定好的曲线上查得。

用置换法处理水样，需事先对比重瓶进行检定，求出各个比重瓶在不同温度下的瓶加清水重，绘制各个比重瓶的工作曲线，以备查用。

由于泥沙的磨蚀，比重瓶在使用过程中将逐渐变轻，因此每年应对比重瓶检定一次，每月要进行检查。当测定点与曲线差超过最小沙重的 2.0% 时，该比重瓶应停止使用，重新检定。

为了消除溶解质的影响，比重瓶检定时应取澄清河水进行，利用式（7.46）计算时，瓶加浑水重减去瓶加清水重，即可把溶解质的影响消除。

泥沙容重的取值是否恰当，对所求泥沙影响较大，为使所选泥沙容重符合实际，应在同时期，不同垂线的不同位置上采取水样，实测容重，取平均值作为采用的泥沙容重。

（2）主要操作步骤。采用置换法处理水样的重要工作程序有量水样容积、沉淀浓缩水样、测定比重瓶满浑水重量（以下简称瓶加浑水重）、测验浑水的温度及计算泥沙沙重量等。

（3）浑水重量及温度测定。

1）测定瓶加浑水重及浑水温度应符合以下规定：

a. 水样装入比重瓶后，瓶内不得有气泡。

b. 比重瓶内浑水应充满塞孔。

c. 称重后，应迅速测定瓶内水温。

2）测定瓶加浑水重及浑水温度应应注意以下几点：

a. 拿比重瓶时应用手指捏住瓶颈。

b. 装比重瓶时，应使水样经漏斗沿瓶壁缓慢流入瓶内。

c. 擦拭比重瓶时要又轻又快，切勿用力挤压比重瓶。

d. 不能用毛巾擦瓶塞顶部，可用手指抹去瓶塞顶水分。

e. 比重瓶内如有气泡，则应重新称重。

（4）泥沙重量计算。当称出瓶加水浑重量后，根据量出的水温查出瓶加清水重及置换系数，采用公式（7.46）即可计算出泥沙重量，置换系数根据泥沙密度可查表 7.11 获得。

表 7.11 $\qquad\qquad$ **置 换 系 数**

泥沙密度 /(g/cm³)	水 温 /℃						
	0~11.9	12.0~18.4	18.5~23.1	23.2~27.0	27.1~30.4	30.5~36.5	36.6~39.2
2.60							
2.61			1.62				
2.62							
2.63							
2.64			1.61				
2.65							
2.66			1.60				
2.67							
2.68							
2.69			1.59				
2.70							
2.71							
2.72			1.58				
2.73							
2.74							
2.75			1.57				
2.76							
2.77							
2.78			1.56				

（5）比重瓶鉴定。采用置换法测定泥沙重量，必须事先测定不同温度下比重瓶加清水重，并点绘比重瓶加清水重与温度关系曲线，这一工作过程称为比重瓶鉴定。比重瓶鉴定的方法主要有室温法和差值法。

1）室温法检定：

a. 将待检定的比重瓶洗净，注满清水（一般采用本站澄清河水），插好瓶塞，用手指抹去塞顶水分，用毛巾擦干瓶身，确认瓶内没有气泡，放入天平称瓶加清水重。

b. 拔去瓶塞，迅速测定瓶内水温（应测量瓶中心温度，准确至 0.1℃）。

c. 重复以上步骤，直至两次称重之差不大于天平感量的 2 倍时，取其平均值。

d. 将称重后的比重瓶妥为保存，室温每变化 5℃ 左右时，再按上述步骤，称瓶加清水重及测定水温，直至取得所需各级温度的全部检定资料为止。

e. 点绘比重瓶加清水重与温度关系曲线。

2）差值法检定：

a. 将待检定的比重瓶，在室温条件下连续测得一组（3～5 次）瓶加清水重及相应水温，取用平均值。

b 根据平均水温，在表 7.12 中查出与水温 4℃ 的清水重差值（若比重瓶容积不是 50mL，则表内清水重差值应乘以比重瓶实际容积与 50mL 之比值），然后用平均的瓶加清水重减去查得的清水重差值，即得水温在 4℃ 时比重瓶加清水重。

c. 用水温 4℃ 时的瓶加清水重，与某一水温时表 7.12 中相应的清水重差值相加，即得该水温时瓶加清水重。将算得的不同温度时瓶加清水重制作成关系曲线或表，以备查用。

用此法时，应注意检测比重瓶的容积，标称容积与实际容积不一致时，应采用实际容积。

（6）比重瓶检定的有关要求。比重瓶检定，每年不应少于 1 次。比重瓶在使用期间，应根据使用次数和温度变化情况，用室温法及时进行校测，并与检定图表对照，当两者相差超过表 7.13 规定的允许误差时，该比重瓶应停止使用，重新检定。

表 7.12　　　　　　　　　某一温度与 4℃ 时 50mL 比重瓶加清水重之差值　　　　　　　　单位：g

水温	0	0.1	0.2	0.3	0.4	0.5	0.6	0.7	0.8	0.9
6℃	0.0004	0.0003	0.0003	0.0002	0.0001	0.0000	−0.0001	−0.0002	−0.0003	−0.0004
7℃	−0.0005	−0.0007	−0.0008	−0.0010	−0.0011	−0.0013	−0.0015	−0.0016	−0.0018	−0.0020
8℃	−0.0022	−0.0024	−0.0026	−0.0029	−0.0031	−0.0033	−0.0036	−0.0038	−0.0041	−0.0043
9℃	−0.0046	−0.0049	−0.0052	−0.0054	−0.0057	−0.0060	−0.0064	−0.0067	−0.0070	−0.0073
10℃	−0.0077	−0.0080	−0.0084	−0.0087	−0.0091	−0.0094	−0.0098	−0.0102	−0.0106	−0.0110
11℃	−0.0114	−0.0118	−0.0122	−0.0127	−0.0131	−0.0135	−0.0140	−0.0144	−0.0149	−0.0153
12℃	−0.0158	−0.0164	−0.0167	−0.0172	−0.0177	−0.0182	−0.0187	−0.0192	−0.0198	−0.0203
13℃	−0.0208	−0.0214	−0.0219	−0.0224	−0.0230	−0.0236	−0.0241	−0.0247	−0.0253	−0.0259
14℃	−0.0265	−0.0271	−0.0277	−0.0283	−0.0289	−0.0295	−0.0301	−0.0308	−0.0314	−0.0321
15℃	−0.0327	−0.0334	−0.0340	−0.0347	−0.0354	−0.0361	−0.0367	−0.0374	−0.0381	−0.0388
16℃	−0.0396	−0.0403	−0.0410	−0.0417	−0.0424	−0.0432	−0.0439	−0.0447	−0.0454	−0.0462
17℃	−0.0470	−0.0477	−0.0485	−0.0493	−0.0501	−0.0509	−0.0517	−0.0525	−0.0533	−0.0541
18℃	−0.0549	−0.0558	−0.0566	−0.0574	−0.0583	−0.0591	−0.0600	−0.0608	−0.0617	−0.0626
19℃	−0.0635	−0.0643	−0.0652	−0.0661	−0.0670	−0.0679	−0.0688	−0.0697	−0.0707	−0.0716
20℃	−0.0725	−0.0734	−0.0744	−0.0753	−0.0763	−0.0772	−0.0782	−0.0792	−0.0801	−0.0811
21℃	−0.0821	−0.0831	−0.0841	−0.0851	−0.0861	−0.0871	−0.0881	−0.0891	−0.0901	−0.0912
22℃	−0.0922	−0.0932	−0.0943	−0.0953	−0.0964	−0.0974	−0.0985	−0.0996	−0.1006	−0.1017
23℃	−0.1028	−0.1039	−0.1050	−0.1061	−0.1072	−0.1088	−0.1094	−0.1105	−0.1116	−0.1128
24℃	−0.1139	−0.1150	−0.1162	−0.1173	−0.1185	−0.1196	−0.1208	−0.1220	−0.1231	−0.1243
25℃	−0.1255	−0.1267	−0.1279	−0.1290	−0.1302	−0.1314	−0.1327	−0.1339	−0.1351	−0.1363
26℃	−0.1376	−0.1388	−0.1400	−0.1412	−0.1425	−0.1437	−0.1450	−0.1463	−0.1475	−0.1488
27℃	−0.1501	−0.1513	−0.1526	−0.1539	−0.1552	−0.1565	−0.1578	−0.1591	−0.1604	−0.1617

续表

水温	0	0.1	0.2	0.3	0.4	0.5	0.6	0.7	0.8	0.9
28℃	−0.1631	−0.1644	−0.1657	−0.1670	−0.1684	−0.1697	−0.1711	−0.1724	−0.1738	−0.1751
29℃	−0.1765	−0.1779	−0.1792	−0.1806	−0.1820	−0.1834	−0.1848	−0.1862	−0.1876	−0.1890
30℃	−0.1904	−0.1918	−0.1932	−0.1946	−0.1961	−0.1975	−0.1989	−0.2004	−0.2018	−0.2033
31℃	−0.2047	−0.2062	−0.2076	−0.2091	−0.2106	−0.2120	−0.2135	−0.2150	−0.2165	−0.2180
32℃	−0.2195	−0.2210	−0.2225	−0.2240	−0.2255	−0.2270	−0.2285	−0.2300	−0.2316	−0.2331
33℃	−0.2346	−0.2362	−0.2377	−0.2393	−0.2408	−0.2424	−0.2439	−0.2455	−0.2471	−0.2486
34℃	−0.2502	−0.2518	−0.2534	−0.2550	−0.2566	−0.2582	−0.2598	−0.2614	−0.2630	−0.2646
35℃	−0.2662	−0.2678	−0.2695	−0.2711	−0.2727	−0.2744	−0.2760	−0.2777	−0.2793	−0.2810
36℃	−0.2826	−0.2843	−0.2859	−0.2876	−0.2893	−0.2910	−0.2927	−0.2943	−0.2960	−0.2977
37℃	−0.2994	−0.3011	−0.3028	−0.3045	−0.3062	−0.3080	−0.3097	−0.3114	−0.3131	−0.3149
38℃	−0.3166	−0.3183	−0.3201	−0.3218	−0.3236	−0.3253	−0.3271	−0.3288	−0.3306	−0.3324

表 7.13 比重瓶检定允许误差

比重瓶检定允许误差 /g　　比重瓶容积/mL　　天平感量/mg	50	100	200	250	500	1000
1	0.007	0.014	0.027	0.033	0.065	0.13
10	0.03	0.03	0.04	0.05	0.08	0.14

（7）泥沙密度的测定。采用置换法测定泥沙重量及其他泥沙分析计算中需要知道泥沙的密度，因此采用置换法处理水样的站，应在不同时期用垂线混合法取样，测定泥沙密度。具体测定的步骤如下。

1）用 100mL 比重瓶时，要求沙重为 15～20g。

2）将经沉淀浓缩后的样品，用小漏斗注入比重瓶内，瓶内浑液不宜超过比重瓶容积的 2/3。

3）将装好样品的比重瓶放在砂浴锅上（或在铁板上铺一层砂子，放在电炉上）煮沸，并不时转动比重瓶，经 15 min 后，冷却至室温。

4）用清水缓慢注入比重瓶，使水面达到适当高度，插入瓶塞，瓶内不得有气泡存在。然后用手抹去塞顶水分，用毛巾擦干瓶身，称瓶加浑水重后，拔去瓶塞，迅速测定瓶内水温。

5）将称重后的浑水，倒入已知重量的烧杯内。放在砂浴锅上蒸至无流动水后，移入烘箱，在 100～110℃ 下烘 4～8h，移入干燥器内冷却至室温后称重，准确至 0.001g。

6）每个沙样均须平行测定两次，其密度相差不得大于 0.02g，取用平均值。

泥沙密度可按式（7.47）计算

$$\rho_s = \frac{W_s \rho_w}{W_s + W_w - W_{ws}} \quad (7.47)$$

式中　ρ_s——泥沙密度，g/cm^3；

ρ_w——纯水密度，g/cm^3；

W_s——泥沙重，g；

W_{ws}——瓶加浑水重，g；

W_w——同温度下瓶加清水重，g。

7.3.4.4 水样处理误差来源及控制

1. 烘干法

用烘干法处理水样，应采取以下技术措施对误差进行控制。

（1）量水样容积的量具，必须经检验合格，观读容积时，视线应与水面齐平，读数以弯液面下缘为准。

（2）沉淀浓缩水样，必须严格按确定的沉淀时间进行，在抽吸清水时，不得吸出底部泥沙，吸具宜采用底端封闭四周开有小孔的吸管。

（3）河水溶解质影响误差，可采用减少烧杯中的清水容积或增加取样数量进行控制。

（4）控制沙样烘干后的吸湿影响误差，应使干燥器中的干燥剂经常保持良好的吸湿作用，天平箱内、外环境应保持干燥。

（5）使用天平称重，应定期进行检查校正。

2. 置换法

采用置换法处理水样时，除按规定严格操作外，还应采取以下技术措施对误差进行控制。

（1）不同时期泥沙密度变化较大的站，应根据不同时期的试验资料分别选用泥沙密度值。

（2）用河水检定比重瓶，在河水溶解含量变化较大的时期，应增加比重瓶检定次数。

（3）水样在装入比重瓶过程中，当出现气泡时，应将水样倒出重装。

（4）比重瓶在使用过程中逐渐磨损，在使用约100次后，应对比重瓶进行校测或重新检定。

3. 过滤法

采用过滤法处理水样时，除按规定严格操作外，

还应采取以下技术措施对误差进行控制。

（1）对滤纸含可溶性物质影响，可采用浸水后的滤纸重。

（2）对滤纸漏沙影响，在相对误差较大的时期，应作漏沙改正。

（3）控制沙包吸湿影响误差，应减少干燥器开启次数，或将沙包放在烘杯内烘干、加盖后移入干燥冷却。

4. 各种水样处理方法的分项允许误差，应符合表7.14的规定

表 7.14　　　　　　　　　　　　　　水样处理分项允许误差　　　　　　　　　　　　　　%

站类	处理方法	随机误差		系 统 误 差				
		量积误差	沙重误差	沉淀损失	河水溶解质	滤纸溶解质	滤纸漏沙	沙包吸湿
一类站	烘干法	0.5	1.0	−1.0	1.0	—	—	—
	置换法	0.5	2.0	−1.0	—	—	—	—
	过滤法	0.5	1.0	−1.0	—	−1.0	−1.0	−1.0
二类站	烘干法	0.5	1.0	−1.5	1.5	—	—	—
	置换法	0.5	2.0	−1.5	—	—	—	—
	过滤法	0.5	1.0	−1.5	—	−1.5	−1.5	−1.5
三类站	烘干法	0.5	1.0	−2.0	2.0	—	—	—
	置换法	0.5	2.0	−2.0	—	—	—	—
	过滤法	0.5	1.0	−2.0	—	−2.0	−2.0	−2.0

7.3.5　实测悬移质输沙率和断面平均含沙量计算

用全断面混合法采集的水样，其实测含沙量为断面平均含沙量，断面平均含沙量与对应流量之积即为实测悬移质输沙率。当采用积深法或垂线混合法取样时，经处理求得的含沙量，即为垂线平均含沙量；当采用选点法采集水样时，计算结果为测点含沙量，计算断面输沙率时，需要根据测点含沙量，用流速加权法先计算垂线平均含沙量，然后求两测沙垂线间部分平均含沙量，再与部分流量相乘，得部分输沙率，累加后得到通过断面的输沙率，通过断面的输沙率除以流量得到断面平均含沙量。

断面平均含沙量在计算方法上，又分为分析法和图解法两种，因图解法已很少使用，下面只对分析法进行介绍。

7.3.5.1　选点法取样时垂线平均含沙量的计算

1. 畅流期

畅流期垂线平均含沙量采用测点流速为权重进行计算，根据取样时测点情况，可分别采用以下不同公式计算。

1）五点法

$$C_{sm} = \frac{1}{10V_m}(C_{s0.0}V_{0.0} + 3C_{s0.2}V_{0.2} + 3C_{s0.6}V_{0.6} + 2C_{s0.8}V_{0.8} + C_{s1.0}V_{1.0}) \tag{7.48}$$

2）三点法

$$C_{sm} = \frac{C_{s0.2}V_{0.2} + C_{s0.6}V_{0.6} + C_{s0.8}V_{0.8}}{V_{0.2} + V_{0.6} + V_{0.8}} \tag{7.49}$$

3）二点法

$$C_{sm} = \frac{C_{s0.2}V_{0.2} + C_{s0.8}V_{0.8}}{V_{0.2} + V_{0.8}} \tag{7.50}$$

4）一点法

$$C_{sm} = \eta_1 C_{s0.6} \tag{7.51}$$

2. 封冻期

1）六点法。同畅流期一样，用面积包围法计算，只是多加了0.4相对水深点。

$$C_{sm} = \frac{1}{10V_m}(C_{s0.0}V_{0.0} + 2C_{s0.2}V_{0.2} + 2C_{s0.4}V_{0.4} + 2C_{s0.6}V_{0.6} + 2C_{s0.8}V_{0.8} + C_{s1.0}V_{1.0}) \tag{7.52}$$

2）二点法

$$C_{sm} = \frac{C_{s0.15}V_{0.15} + C_{s0.85}V_{0.85}}{V_{0.15} + V_{0.85}} \tag{7.53}$$

3）一点法

$$C_{sm} = \eta_2 C_{s0.5} \qquad (7.54)$$

式中　　　C_{sm}——垂线平均含沙量，kg/m^3 或 g/m^3；

$C_{s0.0}$、$C_{s0.2}$、…、$C_{s1.0}$——垂线中各取样点的含沙量，kg/m^3 或 g/m^3；

$V_{0.0}$、$V_{0.2}$、…、$V_{1.0}$、V_m——垂线中各取样点的流速、垂线平均流速，m/s；

η_1、η_2——一点法系数。应根据多点法实测资料分析确定，无试验资料时可采用1.0。

一次输沙率测验过程，采集多相应单样，可将各次单样含沙量的算术平均值作为相应单样含沙量。

7.3.5.2　断面输沙率的计算

1. 流速面积法测流时断面输沙率计算

采用选点法、垂线混合法与积深法测定垂线平均含沙量，用流速面积法测流时，断面输沙率为各部分输沙率之和，可按以下步骤计算

$$Q_s = C_{sm1}q_0 + \frac{C_{sm1}+C_{sm2}}{2}q_1 + \frac{C_{sm2}+C_{sm3}}{2}q_2$$
$$+ \cdots + \frac{C_{smn-1}+C_{smn}}{2}q_{n-1} + C_{smn}q_n \qquad (7.55)$$

式中　　　Q_s——断面输沙率，t/s 或 kg/s；

C_{sm1}、C_{sm2}、…、C_{smn}——各取样垂线的垂线平均含沙量，kg/m^3 或 g/m^3；

q_0、q_1、…、q_n——以取样垂线为分界的部分流量，m^3/s。

计算时应注意，当取样垂线间有多条测速垂线时，此时采用的"部分流量"应为两取样垂线间的各部分流量之和。

2. 浮标法测流时断面输沙率计算

采用选点法、垂线混合法与积深法测定垂线平均含沙量，使用浮标法测流时，断面输沙率和断面平均含沙量计算可按以下步骤进行。

（1）绘制虚流速横向分布曲线图。

（2）将取样垂线的起点距、水深及垂线平均含沙量，填入流量、输沙率记载计算表。

（3）在虚流速横向分布曲线上，查出各取样垂线处的虚流速并填入流量、输沙率记载计算表。

（4）按式（7.55）计算部分平均含沙量和部分虚输沙率。

（5）计算断面虚输沙率（部分虚输沙率之和），算得的断面虚输沙率，乘以断面浮标系数，得断面输沙率。

3. 全断面混合法测沙时实测输沙率计算

采用全断面混合法测沙时，水样处理后得到的含沙量即为断面平均含沙量，其实测输沙率应按式（7.56）计算

$$Q_s = Q\overline{C_s} \qquad (7.56)$$

式中　　　$\overline{C_s}$——断面平均含沙量，kg/m^3 或 g/m^3；

Q——流量，m^3/s。当取样与测流同时进行时，为实测流量；不同时进行时，则为推算的流量。

7.3.5.3　断面平均含沙量和相应单样含沙量的计算

1. 断面平均含沙量计算

流量输沙率计算后，根据断面平均含沙量的定义，断面平均含沙量的可按式（7.57）计算

$$\overline{C_s} = \frac{Q_s}{Q} \qquad (7.57)$$

式中　　　$\overline{C_s}$——断面平均含沙量，kg/m^3 或 g/m^3；

Q_s——断面输沙率，t/s 或 kg/s；

Q——断面流量，m^3/s。

具体计算采用列表法计算。

当有分流漫滩将断面分成几部分施测时，应分别计算每一部分输沙率，求其总和，再计算断面平均含沙量。

2. 相应单样含沙量计算

为了提高相应单样含沙量的精度，除了在测验时掌握含沙量变化过程，采用合理的方法取样外，还要根据具体情况采用合理的计算方法来计算相应单样含沙量。目前生产上常用的方法有算术平均法和输沙率加权法两种。

（1）算术平均法。在输沙率测验期间，含沙量变化不大时，开始和终了时刻各测1次单沙，或含沙量均匀变化实测几次单沙时，求其算术平均值作为相应单样含沙量。

（2）输沙率加权法。在输沙率测验期间，含沙量变化大，且测了多次单沙，相应单样含沙量可按式（7.58）计算

$$\overline{C_{su}} = \frac{\overline{C_s}}{K} \qquad (7.58)$$

$$K = \frac{1}{Q}\left[\frac{q_0 C_{sm1}}{C_{su1}} + \frac{q_1(C_{sm1}+C_{sm2})}{C_{su1}+C_{su2}} + \cdots \right.$$
$$\left. + \frac{q_{n-1}(C_{smn-1}+C_{smn})}{C_{sun-1}+C_{sun}} + \frac{q_n C_{smn}}{C_{sun}} \right] \qquad (7.59)$$

式中　　　$\overline{C_{su}}$——相应单样含沙量，kg/m^3 或 g/m^3；

$\overline{C_s}$——输沙率测验测得的断面平均含沙量，kg/m^3 或 g/m^3；

K——系数；

q_0、q_1、$\cdots$、q_n——各部分流量，m^3/s；

C_{sm1}、C_{sm2}、$\cdots$、C_{smn}——测输沙率时各测沙垂线的垂线平均含沙量，kg/m^3 或 g/m^3；

C_{su1}、C_{su2}、$\cdots$、C_{sun}——各垂线测沙时实测或相应的瞬时单样含沙量，kg/m^3 或 g/m^3；

Q——断面流量，m^3/s。

式（7.59）中，括号内每一项的分子是部分输沙率，分母则是部分平均单样含沙量。计算时，可按以下步骤进行。

1）根据实测单沙资料，点绘单样含沙量过程线。

2）按每条测沙垂线的实测时间，在上述过程线上查得同时的单样含沙量。

3）计算每两条测沙垂线间的平均单样含沙量。

4）求每一部分的部分输沙率与实测该部分时段平均单样含沙量之比，并求其总和，再除以总流量，即得 K 值。

5）断面平均含沙量除以 K，即得相应单样含沙量。

7.3.5.4　悬移质日平均含沙量和输沙量计算

由以上分析可知，输沙率与时间的乘积，即为该时段通过断面的输沙量，输沙率除以流量得断面平均含沙量。由于输沙率测验历史长，测验工作量大，因此测站实测输沙率次数有限，难以控制输沙率的变化过程。一般情况下不能直接采用实测输沙率进行输沙量计算，也不能根据实测输沙率计算断面平均含沙量计算出日平均含沙量。由于单沙测量工作小，测量速度快，可以通过实测单沙，通过单断关系推求断沙，推求的断沙再乘以相应的流量，可得到输沙率，用以计算输沙量。

1．单断沙关系的建立

根据实测资料计算的断面平均含沙量和相应单样含沙量，绘制单样含沙量与断面平均含沙量关系（简称单断沙关系）曲线（或两者的比例系数过程线）。分析单断沙关系点的分布类型、点带密集程度以及影响因素，对于突出偏离的测次应分析其偏离的原因，并按规定进行关系曲线检验。

2．断面含沙量推求

对于单断沙关系良好或比较稳定的测站，可采用单断沙关系曲线法，推求断面平均含沙量。

单断沙关系为单一曲线，可拟合出公式采用计算公式由单沙计算断沙；单断沙关系为多条曲线时，分别按单一线法计算断沙。

对于单断沙关系点散乱，不能达到定线要求时，但输沙率测次较多，且分布比较均匀，能控制单断沙关系变化转折点的测站，可采用比例系数（实测断沙与相应实测单沙之比）过程线法推求断沙。即参照水位流量过程，点绘比例系数过程线，以实测单沙的相应时间从比例系数过程线上求得比例系数，乘以单沙即得断沙。

3．输沙量计算

根据单沙推求的断沙乘以相应时间的瞬时流量，得出瞬时输沙率，再乘以代表时间段，可得到相应时段的输沙量。

4．日平均含沙量计算

一般情况下，日平均值的计算方法采用流量加权法，即以瞬时流量乘以相应时间的断沙，得出瞬时输沙率，再用时间加权求出日平均输沙率，而后除以日平均流量即得日平均含沙量。

7.3.6　实测成果检查与简化测验方法分析

7.3.6.1　实测成果的合理性检查

实测成果的合理性检查，应选择不同水位、不同含沙量级的五点法或七点法的输沙率测次，绘出垂线与横向的含沙量分布曲线，分析不同水沙情况下含沙量的垂线和横向变化规律。再将每次实测输沙率资料与上述分布图进行对照，发现问题，应分析原因，及时处理。

采用单断沙关系曲线的站，每次输沙率测验后，应检查单断沙关系点，如发现有特殊偏离，应分析原因，及时处理。

在水位、流量与单样含沙量或断面平均含沙量综合过程线上，比较含沙量与其他两个因素的变化趋势，检查测次分布是否恰当。发现有与综合过程线不相应的突出点时，应从取样位置、断面冲淤变化、主流摆动及水样处理等方面进行检查分析，确认原因后予以处理。

7.3.6.2　简化悬移质输沙率测验方法分析

1．简化垂线取样方法分析

（1）在水沙变化较平稳时，应收集各级水位，包括中泓、中泓边与近岸边的不少于 30 条垂线的试验资料，试验应采用七点法或五点法同时测速，各点取样两次后取其均值。一类站各点水样应分别作颗粒分析，加测水温。

（2）一类、二类站用七点法（水面、0.2、0.4、0.6、0.8、0.9、近河底）公式，三类站用五点法公式计算垂线平均含沙量作为近似真值，与三点法、二点法及各种垂线混合法比较，计算误差。一类站还应根据颗分资料计算床沙质粒径组的垂线平均含沙量近

似真值，并分析误差。七点法可按式（7.60）计算垂线平均含沙量

$$C_{smt} = [V_{0.0}C_{s0.0} + 2V_{0.2}C_{s0.2} + 2V_{0.4}C_{s0.4} + 2V_{0.6}C_{s0.6}$$
$$+ 1.5V_{0.8}C_{s0.8} + (1 - 5\eta_b)V_{0.9}C_{s0.9} + (0.5 + 5\eta_b)$$
$$\times V_b C_{sb}] / [V_{0.0} + 2V_{0.2} + 2V_{0.4} + 2V_{0.6} + 1.5V_{0.8}$$
$$+ (1 - 5\eta_b)V_{0.9} + (0.5 + 0.5\eta_b)V_b] \qquad (7.60)$$

式中　C_{smt}——垂线平均含沙量的近似真值，kg/m³、g/m³；

C_{sb}——近河底处测点含沙量，kg/m³、g/m³；

V_b——近河底处测点流速，m/s；

η_b——从河底起算的近河底测点的相对水深。

（3）采用积深法时，应收集积深法与七点法或五点法的比测资料，分析积深法的测验误差。

2. 精简垂线数目的分析

（1）精简垂线数目的分析要求。

1）在水沙变化较平稳时，应收集各级水位、各级含沙量的 30 次以上的二点法或积深法的多垂线资料。垂线数目可按表 7.15 的规定布设，每条垂线同时用二点法或一点法测速。一类站各垂线应分别作颗粒分析，加测水温。

表 7.15　　测沙试验垂线数目

河宽/m	<100	100~300	300~1000	>1000
垂线数	10~15	15~20	20~25	25~30

2）按式（7.55）与式（7.57）计算输沙率和断面平均含沙量的近似真值。然后按等部分流量的原则精简垂线数目，重新计算断面平均含沙量，计算两者的相对误差。一类站并应根据颗分资料，对床沙质部分进行同样的误差分析。各类站经分析确定的垂线数目，其允许误差应满足表 7.7 的规定。

（2）等水面宽全断面混合法精简垂线数目分析。采用等水面宽全断面混合法时，精简垂线数目的分析应按以下步骤进行。

1）按规定的垂线数目上限，按等水面宽中心布设垂线。

2）每条垂线用等速积深法取样，用两点或一点法测速，水样应分别处理。

3）一类站的各垂线水样应分别作颗粒分析，并加测水温。

4）收集 30 次以上试验资料，经审核后，计算断面平均含沙量，作为近似真值，再按等水面宽中心抽取若干条垂线，将这些垂线的取样容积和沙重分别累积求和，计算得断面平均含沙量，并与近似真值相比，计算不同取样垂线数目所产生的误差。

（3）等部分面积全断面混合法精简垂线数目分析。采用等部分面积全断面混合法时，精简垂线数目的分析应按以下步骤进行。

1）按规定的垂线数目上限，按等部分面积中心布线。

2）每条垂线用两点法等历时取样，同时测速，各点水样分别处理。

3）一类站的各点水样应分别作颗粒分析，并加测水温。

4）收集 30 次以上试验资料，经审核后计算断面平均含沙量，作为近似真值，再按等水面宽中心抽取若干条垂线，将这些垂线的取样容积和沙重分别累积求和，计算得断面平均含沙量，并与近似真值相比，计算不同垂线数目所产生的误差。

（4）等部分流量全断面混合法精简垂线数目分析。采用等部分流量全断面混合法时，精简垂线数目的分析应按以下步骤进行。

1）按规定的垂线数目上限，按等部分流量中心布设垂线。

2）每条垂线按同一取样方法采取等容积的混合水样，用二点法或一点法测速，各垂线水样分别处理。

3）一类站的各垂线水样应分别作颗粒分析，并加测水温。

4）收集 30 次以上的试验资料，经审核后，计算断面平均含沙量作为近似真值，再按等部分流量中心抽取若干条垂线，并将这些垂线平均含沙量的算术平均值作为断面平均含沙量与近似真值相比，计算不同取样垂线数目所产生的误差。

3. 有关要求

（1）一类站在分析各种全断面混合法的垂线取样方法和取样垂线数目所产生的误差时，应同时对悬移质中的床沙质部分作误差分析。

（2）当分析的误差符合表 7.7 规定时，可用分析后的垂线取样方法或取样垂线数目进行悬移质输沙率测验。

7.3.6.3　简化颗粒级配取样方法分析

一类、二类站简化颗粒级配取样方法的分析，应结合简化输沙率测验方法进行。三类站可直接采用简化方法采取颗分水样。一类、二类站按规定收集试验资料后，可用式（7.61）计算垂线平均颗粒级配作为近似真值，并与简化的取样方法计算的垂线平均颗粒级配比较，进行误差分析。

$$P_{mi} = [P_{0.0}C_{s0.0}V_{0.0} + 2P_{0.2}C_{s0.2}V_{0.2} + 2P_{0.4}C_{s0.4}V_{0.4}$$
$$+ 2P_{0.6}C_{s0.6}V_{0.6} + 1.5P_{0.8}C_{s0.8}V_{0.8} + (1 - \eta_b)$$
$$\times P_{0.9}C_{s0.9}V_{0.9} + (0.5 + 5\eta_b)P_bC_{sb}V_b]/[C_{s0.0}$$
$$\times V_{0.0} + 2C_{s0.2}V_{0.2} + 2C_{s0.4}V_{0.4} + 2C_{s0.6}V_{0.6}$$
$$+ 1.5C_{s0.8}V_{0.8} + (1 - \eta_b)C_{s0.9}V_{0.9}$$
$$+ (0.5 + 5\eta_b)C_{sb}V_b] \tag{7.61}$$

式中　　　P_{mi}——垂线平均小于某粒径沙重百分数，%；

$P_{0.0}$、$P_{0.2}$、$\cdots$、P_b——垂线中各取样点的小于某粒径沙重百分数，%；

其他符号意义同前。

一类、二类站按规定收集试验资料后，可用式 (7.62) 计算断面平均颗粒级配作为近似真值，并与精简垂线数目后重新计算的断面平均颗粒级配比较，进行误差分析。

$$\overline{P_i} = \frac{(2q_{s0} + q_{s1})P_{im1} + (q_{s1} + q_{s2})P_{im2} + \cdots + (q_{s(n-1)} + 2q_{sn})P_{imn}}{(2q_{s0} + q_{s1}) + (q_{s1} + q_{s2}) + \cdots + [q_{s(n-1)} + 2q_{sn}]}$$
$$\tag{7.62}$$

式中　　　$\overline{P_i}$——断面平均小于某粒径沙重百分数，%；

q_{s0}、q_{s1}、q_{s2}、$\cdots$、q_{sn}——以取样垂线分界的部分输沙率，kg/s，t/s；

P_{im1}、P_{im2}、$\cdots$、P_{imn}——各垂线平均小于某粒径沙重百分数，%。

简化的垂线取样方法和精简垂线数目后测得的断面平均颗粒级配的综合误差，符合断面平均各粒径级的累积沙重百分数绝对误差的不确定度：一类、二类站应小于 6%，三类站应小于 9%，各类站的系统误差，粗沙部分应在 ±2.0% 以内，细沙部分在 ±3.0% 以内时，可用分析后的垂线取样方法和取样垂线数目进行颗粒级配测验。

7.3.6.4　单样取样位置的分析

采用单断沙关系的站，取得 30 次以上的各种水沙条件下的输沙率资料后，应进行单样取样位置分析。在每年的资料整编过程中，应对单样含沙量的测验方法和取样位置进行检查、分析。

断面比较稳定，主流摆动不大的站，应选择几次能代表各级水位、各级含沙量的输沙率资料，绘制垂线平均含沙量与断面平均含沙量的比值横向分布图。在图上选择垂线平均含沙量与断面平均含沙量的比值最为集中，且等于 1 处，确定一条或两条垂线，作为单样取样位置，由此建立单断沙关系曲线，进行统计分析，一类站相对标准差不应大于 7%，二类站不应大于 10%。

断面不稳定，主流摆动大，无法固定取样垂线位置的站，应按以下方法确定单样取样位置。

(1) 在中泓处选 2~3 条垂线，采用上述方法进行误差分析。

(2) 用取样垂线不多于 5 条的全断面混合法作为单样取样方法，并按"简化悬移质输沙率测验方法的分析"中介绍的方法进行误差分析。

当单样取样断面与输沙率测验断面不一致时，应在输沙率测验的同时，在单样取样断面上选几条垂线取样，分别处理，进行误差分析。

单样含沙量测验方法，在各级水位应保持一致。如为复式河槽，需要在不同水位级采用不同测验方法和调整垂线位置时，应经资料分析确定并明确规定各种方法的使用范围。

7.3.6.5　悬移质输沙率及颗粒级配的间测分析

二类、三类站有 5~10 年以上的资料证明，实测输沙率的沙量变幅占历年变幅的 70% 以上，水位变幅占历年水位变幅的 80% 以上时，可按以下规定进行间测输沙率分析。

(1) 将历年悬移质输沙率和相应单样含沙量实测成果，按沙量级分成若干组，用各组平均值绘制历年综合单断沙关系线。

(2) 将各年单断沙关系线套绘于历年综合单断沙关系曲线图上，当各年关系线偏离综合线的最大值在 ±5% 以内时，可实行间测。

(3) 间测期间只测单样含沙量，并用历年综合关系线整编资料。

二类、三类站当有 5~10 年以上的资料证明，颗粒分析所包括的含沙量变幅占历年变幅的 80% 以上时，可按以下规定进行间测输沙率颗粒级配的分析。

(1) 将历年断颗与相应单颗颗粒分析成果，按小于某粒径沙重百分数分成若干组，用各组平均值绘制历年综合单断颗关系线。

(2) 将各年单断颗关系线套绘于历年综合单断颗关系曲线图上，当各年关系线偏离综合关系线的最大值，粗沙部分在 ±3% 以内，细沙部分在 ±6% 以内，且断颗多于或少于单颗一个粒径级的测次占总测次的 30% 以下时，可实行间测或停测。

(3) 同一河流上下游相邻两站，有 5~10 年以上的资料证明，两站各年相应月平均颗粒级配，小于粒径沙重百分数差数的不确定度：粗沙部分小于 8%，细沙部分小于 16%，且无显著的系统偏差时，可停止其中一个站的颗粒分析。

7.3.7　悬移质泥沙测验误差来源及控制

悬移质泥沙测验的误差按来源可分为单次测验的综合误差和测次分布不足的导致的误差，这些误差既有随机误差，也有系统误差。单次测验误差，主要来源于垂线布设位置、垂线取样方法、仪器性能、操作技术及水样处理等方面。

1. 单次测验误差控制

（1）除严格执行有关规定外，对取样垂线位置，应经分析确定，并经常注意含沙量横向分布和单断沙关系的变化，发现有明显变化时，应及时调整垂线位置。

（2）应选取性能优良的测沙仪器，并进行必要的比测试验。

（3）断面上游附近有较大支流加入或有可能产生河道异重流时，应适当增加垂线数目或增加垂线靠近底部的测点。

（4）因特殊困难必须在靠近水边取样时，应避开塌岸或其他非正常水流的影响，以保证水样具有一定代表性。

2. 测次分布控制

测次分布应控制含沙量的变化过程，在洪水组成复杂、水沙峰过程不一致的情况下，除根据水位转折变化加测外，必要时可用测沙仪器或简易方法估测含沙量，掌握含沙变化的转折点，并适时取样。

3. 测验方法所产生的系统误差控制

（1）一类、二类站采用按容积比例进行垂线混合时，应经试验分析检验，当误差超过允许范围时，应改进垂线取样方法。

（2）一类站的输沙率测验，除水深小于 0.75m 外，不得采用一点法。

（3）一类站用五点法测验时，其最低点位置，如无试验资料证明，可置于相对水深 0.95 处。

（4）一类站采用积深法取样时，仪器进水管嘴至河底距离，不宜超过垂线水深的 5%。

（5）当含沙量横向分布和断面发生较大变化时，应及时分析资料，调整测沙垂线位置和垂线数目。

4. 测验仪器和操作产生的系统误差控制

（1）一类站不宜采用横式采样器。

（2）当悬索偏角超过 30°时，不宜采用积深法取样。

（3）使用积时式采样器，应经常检查仪器进口流速，发现显著偏大或偏小时，应查明原因，及时处理。

（4）在各种测验设备条件下，应保证仪器能准确地放至取样位置。

（5）缆道测沙使用变通瓶式采样器时，宜用手工操作双程积深。

（6）用积时式采样器取样，应检查和清除管嘴积沙。

5. 系统误差改正

经过试验确定的水样处理的各种系统误差超过允许范围时，应进行改正。

当断面上游进行工程施工或挖沙、淘金等造成局部性泥沙现象时，应及时查清泥沙来源和影响河段范围，并将情况在记载簿及整编资料中注明。

7.4 推移质泥沙测验

7.4.1 推移质泥沙测验的目的与主要工作内容

1. 推移质泥沙测验的目的

推移质泥沙运动是河流输送泥沙的另一种基本形式，泥沙的推移质数量一般比悬移质少，但它是参与河道冲淤变化泥沙的重要组成部分。在一些山区河流中，有时推移量往往很大。由于推移质泥沙颗粒较粗，常常淤塞水库、灌渠及河道，不易冲走，对水利工程的管理运用、防洪、航运等影响很大。粗颗粒的推移质通过泄水建筑物向下游排泄时，又会引起水轮机和建筑物的严重磨损。为了研究和掌握推移质运动规律，为修建港口、保护河道、兴建水利工程、工程管理等提供依据，为验证水工物理模型与推移质理论公式提供分析资料，因此开展推移质测验具有重要意义。

2. 推移质输沙率测验的主要工作内容

推移质输沙率测验的主要工作内容有测定各垂线起点距、在各垂线上采取推移质沙样、确定推移质移运地带的边界、采取单位推移质水样、进行各项附属项目的观测（包括取样垂线的平均流速，取样处的底速、比降、水位及水深，当样品兼作颗粒分析时，还要加测水温等）、推移质水样处理、测定各垂线和泥沙颗粒级配、计算推移质输沙量等。

3. 推移质测验中存在的问题

目前，国内外推移质测验普遍存在着测验仪器不完善、测验方法不成熟的问题。同时，由于推移质运动形式极为复杂，它的泥沙脉动现象远比悬移质大得多，在不同的水力条件下，推移质颗粒变化范围很大，小至 0.01mm 的细沙，大至几百毫米的卵石，运动形式随着流速的大小不同也不断地变化。当流速小时，停顿下来成为床沙；流速较大时，又可以悬浮起来变为悬移质。所有这一切都给推移质测验带来很大困难。

4. 推移质泥沙及测站分类

（1）推移质泥沙分类。推移质泥沙按粒径大小划分为沙质、砾石和卵石 3 种。其中，粒径小于 2mm 的称为沙质推移质，2～16mm 的称为砾石推移质，大于 16mm 的称为卵石推移质。

（2）推移质泥沙测站分类。推移质泥沙测站应根据测站的重要性、推移质泥沙占全沙的比重和对测验成果的精度要求分为 3 类。各类测站的测验及资料整编应满足以下要求。

1）一类站根据实测资料可准确地推求当年推移质输沙率过程、年推移量和颗粒级配成果。

2）二类站根据多年实测资料的综合分析，可推求各年推移量和颗粒级配成果。

3）三类站根据少量测次的推移质输沙率、颗粒级配和相应水力因素资料整编实测成果。

7.4.2　推移质泥沙测验方法

推移质泥沙测验主要有器测法（采用采样器施测）、坑测法、沙波法、体积法及其他间接测定法等。

1. 器测法

器测法是指应用推移质泥沙采样器测量推移质。

推移质泥沙采样器都具有一固定宽度的口门，放到河底后，能稳定地紧贴河底。推移质泥沙通过口门进入采样器的泥沙收集器，经过一预定的时间后，提起采样器，根据采集到的推移质质量、口门宽度和采样历时，计算出断面上该点的河底（单位宽度、单位时间）的推移质输沙率。然后再根据采样器效率、断面上各测量点推移质输沙率，推求出整个断面推移质输沙率。

2. 坑测法

坑测法是在河床上设置测坑测取推移质的一种方法。

在天然河道河床上设置测坑或埋入槽型采样器以测定推移质。这是目前直接测定推移质输沙率最准确的方法，并可用来率定推移质采样器的效率系数。坑测法又有以下几种形式。

（1）卵石河床断面设置测坑。在卵石河床断面上设置若干测坑，坑沿与河床高度齐平。洪水后，测量坑内推移质淤积体积，计算推移质质量。此方法适用于洪峰历时短，悬移质含沙量小，河床为卵石的河流。

（2）沙质河床断面埋设测坑。在沙质河床断面上埋设测坑，用抽泥泵连续吸取落入坑内的推移质。此法可施测到推移质输沙率的变化过程。

（3）河槽横断面设置集沙槽。沿整个河槽横断面设置集沙槽，槽内分成若干小格，利用皮带输送装置，把槽内的推移质泥沙输送到岸上进行处理。

坑测法效率高，准确可靠，但投资大，维修困难，适用于洪峰历时短，推移量不大的小河。

3. 沙波法

沙波法是通过施测水下地形以了解沙波的尺度和运动速度，进而推求推移质输沙率。

沙质河床的推移质，常以轮廓分明的沙波形式运动，可用超声波测深仪连续观测断面各垂线水深的变化，施测历时不应小于 $20\sim25$ 个沙波通过时间，根据施测水深的变化可以确定沙波的平均移动速度和平均高度，推算单位宽度推移质输沙率。

$$q_b = \alpha \rho_s \frac{h_b L}{t} \tag{7.63}$$

式中　q_b——单位宽度推移质输沙率，$\mathrm{kg/(s \cdot m)}$；

　　　α——形状系数；

　　　ρ_s——推移质泥沙密度，$\mathrm{kg/m^3}$；

　　　h_b——沙波高度，m；

　　　L——t 时间内沙峰移动距离，m；

　　　t——两次观测时间间隔，s。

该法的优点是对推移质运动不产生干扰，不需在河床上取样，但由于沙波的发育、生长及消亡与一定水流条件有关，用沙波法一般只局限于沙垄和沙纹阶段，而无法获得全年各个不同时间的推移质泥沙，再加上公式的一些参数难以确定，如形状系数、密度等，在使用中受到很大限制。

4. 体积法

通过定期施测水库、湖泊等水域的容积，根据其容积变化计算出淤积物的体积，扣除悬移质淤积量，进而求出推移质淤积量。应用该方法时必须首先通过实测或推算求得淤积物干密度。这种方法适用于淤积物中主要是推移质的水库或湖泊。

5. 其他间接测定法

间接测定推移质的方法主要有：紊动水流法、水下摄影和水下电视、示迹法、岩性调查法、音响测量法等。这些方法都有很大的局限性，效果也不够理想，日常测验中很少采用，故不在此作详细介绍。

7.4.3　推移质泥沙测验仪器

7.4.3.1　测验仪器选择

1. 推移质采样器的技术性能要求

（1）沙质推移质采样器的口门宽和高一般应不大于 100mm，卵石推移质采样器的口门宽和高应大于床沙最大粒径，但应不大于 500mm。

（2）采样器的有效容积应大于在输沙强度较大时规定采样历时所采集的沙样容积。

（3）采样器应有足够的重量，尾翼应具有良好的导向性能，稳定地搁置在河床上。

（4）采样器口门要伏贴河床，对附近床面不产生淘刷或淤积。

（5）器身应具有良好的流线型，以减小水流阻力，仪器进口流速应与测点位置河底流速接近。口门平均进口流速系数值宜在 $0.95\sim1.15$ 之间。

（6）取样效率高，采样效率系数较稳定，样品有较好的代表性，进入器内的泥沙样品不被水流淘出。

（7）结构牢固，维修简便，操作方便灵活。

（8）便于野外操作，适用于各种水深、流速条件下使用。

2. 仪器选择

推移质采样器应根据测验河段的床沙粒径和断面的水流条件等选定。当河床组成复杂，选择一种仪器不能满足测验要求时，可选用不同的两种仪器。选用的仪器应有可供使用的原型采样效率。

3. 仪器的使用要求

（1）手持仪器采样时，应使口门正对流向平稳地轻放在床面上采样。上提时应使仪器口门首先离开床面，并保持适当的仰角将仪器提出水面。

（2）悬吊仪器采样在下放到接近河床时，应减缓下放速度，使仪器平稳地放在床面上，并适当放松悬索。采样器上提过程中不得在水中和水面附近停留。

（3）在采样过程中，当仪器受到扰动而影响采样时，应重测。

4. 仪器的检查和养护要求

（1）仪器在每年汛前和每次大沙峰后应进行全面检查。

（2）仪器在每次使用前应作检查，并经常进行养护、维修。

（3）每次检查都要注意仪器的结构、尺寸、网孔孔径、重量和悬吊方式有无变动。

5. 采样器采样效率系数的率定

采样器采样效率系数（以下简称采样效率）是指仪器测得的与河流实际的推移质输沙率之比值。通常率定效率系数的方法有两种：一种是在天然河道（或渠道）用仪器作采样试验，以标准集沙坑（坑测法）测得的推移质输沙率为标准；另一种是在人工大型水槽中用仪器（或模型）作取样试验，以坑测法测定水槽实际推移质输沙率作标准，进行比较，并计算等效系数。

两种率定方法都存在一定问题，在天然水流中测定标准推移质输沙率尚无理想的完善方法，而在水槽率定的结果又不能完全反映和代表天然河流的真实情况。同时，还因天然河道水流情况及河床地形千差万别，变化很大，在实际应用时，所率定的采样器效率系数还会因各种因素的影响而改变，对此尚有待进一步的研究解决。

7.4.3.2 采样器种类

推移质采样器按结构分为网式推移质采样器和压差推移质采样器，按用途分为卵石采样器和沙质采样器两类。

1. 网式推移质采样器

（1）刚性口门框架采样器。这种采样器有一扁平型长方体的金属框架，其一面是敞开的采样口门，其余五面用金属丝网围住，底面可以是一金属板也可以是金属网。具有纵尾翼和一定重量，使采样器能稳定地放在河底，采样口门的一面正对水流，见图7.18。

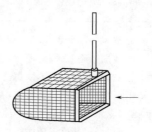

图 7.18 网式采样器

这类国外早期发展的采样器结构简单，但网底易被河底突出的石块顶托，口门难以与河底吻合，因此刚性的口门框架只能用于沙质河床。

（2）软底式采样器。这种推移质采样器的口门为矩形，前后口门宽度一致，一般在后口门装网兜收集器，贮存采样沙。采样器底部是小铁环编成的软形铁网兜，口门下框没有刚性横梁，使得口门下部的铁网兜可以自然地紧贴卵石河床。采样器后部有纵尾翼，采样器上有配重。这种推移质采样器是一种改进的网式采样器，适用于卵石推移质采样。

2. 压差式推移质采样器

（1）压差式推移质采样器的工作原理。压差式采样器适用于沙质、小砾石河床。从进口口门向后，采样器的横断面逐步扩张，后部形成负压，使流速减慢，有利于进入采样器的推移质泥沙滞留在采样器的泥沙收集器内。泥沙收集器的结构可以是底部的一些挡板，固定在出口处的网兜，或者是专门设计的收集室。

（2）压差式推移质采样器的结构。压差式推移质采样器由口门、泥沙收集器、带配重和尾翼的器身组成。

国外的采样器对口门不加控制，一直敞开。我国的一些压差式推移质采样器增加了口门开关板，对采样器内部横断面的逐步扩张也有所研究，采用一些弧形顶板等，使采样器内水流平顺，有利于采样效率的稳定。

3. 压差式、网式采样器的主要技术参数

压差式、网式采样器的主要技术参数比较，见表7.16。

表 7.16 压差式、网式推移质采样器主要技术参数

仪器名称	口门（宽×高）/cm	有效取样重量/kg	适用粒径范围/mm
压差式采样器	10、20、30	5、20、50	0.1~2.0、2~10、2~100
网式采样器	20、30、50	50、100、200	2~100、2~200、2~300

4. 部分推移质采样器介绍

（1）Y901 型沙推移质采样器。Y901 型沙推移质采样器是一种压差式沙推移质样本采集器，其特点是利用进口面积和出口面积的水动压力差，增大器口流速，使器口流速和天然流速接近，达到能采集到有代表性的天然样本的目的。其技术性能指标如下。

1）适用范围：流速不大于 3m/s、水深不大于 30m、床沙粒径不大于 2mm 的冲积性河流。

2）进口面积：100mm×100mm。

3）出口面积：200mm×90mm。

4）有效最大积沙量：15kg。

5）采样器质量：200kg。

仪器外型见图 7.19。

图 7.19 Y901 型沙推移质采样器

（2）Y64 型卵石推移质采样器。这是一种用于采集卵石推移质的专用采样器，适用于山区较大河流。其口门较大，宽为 500mm，没有口门开关。为了能较好地贴紧河床，采样器底部是一金属环编成的软兜，采样时自动"铺"在河底。由于卵石推移质可能很大，该采样器以采得推移质为主要目的，所以并未考虑其他因素，采样器也比较简单。这种推移质采样器已使用很多年，适用于高流速、较大水深的河流，可采集 10mm 以上的卵石推移质，曾采集到 300mm 以上的卵石推移质。

（3）AYT-300 型砾、卵石推移质采样器。AYT-300 型采样器是一种压差式砾、卵石推移质样本采集器，其特点是利用进口面积与出口面积的水动压力差，增大器口流速，使器口流速与天然流速接近，达

到采集天然样本的目的。其主要技术指标如下。

1）适用范围：流速不大于 5m/s、水深不大于 40m、推移质粒径 2~250mm 的卵石夹沙及砾、卵石。

2）口门宽：300mm；软底网。

3）承样袋：2mm 孔径尼龙网袋。

4）仪器尺寸：总长 1800mm、总高 438mm、器身长 900mm。

5）采样器质量：350kg。

这种采样器是用来采集粒径 2mm 以上推移质的，以填补上两种采样器的适用范围。使用软底网以贴紧河床，用尼龙网袋承集所采推移质样品。

7.4.4 推移质输沙率测验

与悬移质测验相比，推移质采样仪器尚不够完善，关于测沙垂线的布设、取样历时，测次布置等试验资料较少，测验误差的研究相对少，成熟的技术和测验经验不足，测验精度相对较低。目前在我国开展测验的测站也较少。

1. 推移质测验的主要内容

（1）测定各垂线起点距。

（2）测定各垂线的输沙率，并记录相应的施测时间。

（3）测定各垂线的泥沙颗粒级配。

（4）观测基本水尺或测验断面水尺的水位。

（5）沙质河床应观测垂线水深、垂线流速、床沙颗粒级配、悬移质含沙量和泥沙颗粒级配、水面比降等。卵石河床可根据需要进行上述有关项目的观测。

2. 推移质输沙率测次布设

推移质输沙率的测次主要布设在汛期，应能控制洪峰过程的转折变化，并尽可能与悬移质、流量、床沙测验同时进行，以便于资料的整理、比较和分析。

（1）沙质推移质（含沙砾石推移质）断面输沙率测次布置要求。

1）一类站每年测次不应少于 20 次，在各级输沙率范围内均匀布置，当出现特殊水情或沙情时，应加测次。

2）二类站应在 3~5 年内，每年测 5~7 次，在各级输沙率范围内均匀布置，并应测到相关水力因素变幅的 80%。当总测次达到 40 次时可停测。

3）三类站测 3~5 年，总测次应不少于 6 次，且分布于各级水位。

（2）卵石推移质（含砾卵石推移质）断面输沙率测次布置要求。

1）一类站采用过程控制法进行测验整编时，测次布置应能控制输沙率的变化过程。每年测 50~80

次，其中75%左右的测次应布置在各个沙峰时段。大沙峰应不少于5次，应测到最大输沙率，中沙峰应不少于3次，峰顶附近应布置测次。汛期水位平稳时5～10d测1次，枯季每月测1～2次。当采用水力因素法进行测验整编时，应在各级输沙率均匀布设测次。不同水情、沙情应有一定测次，年测次不应少于30次，当水情、沙情有特殊变化时，应适当增加测次，以满足定线要求。

2）二类站应在3～5年内，每年测7～10次，且在各级输沙率范围内均匀布置，并应测到相关水力因素变幅的80%。当总测次达到60次时可停测。

3）三类站测3～5年，总测次应不少于10次，且分布于各级水位。

用水力因素法进行测验整编的一类站，当有10年以上的测验资料，并测到相关水力因素变幅的90%，且各年输沙率与水力因素关系线同历年综合线的最大偏离不超过20%时，可按二类站要求施测。当相关水力因素超过分析资料，或因水利工程等人类活动影响，改变了原来的水沙关系时，应恢复按一类站要求施测。

3. 取样垂线布设

取样垂线应布设在有推移质的范围内，以能控制推移质输沙率横向变化，准确计算断面推移质输沙率为原则。推移质输沙率测验的基本垂线数应符合表7.17的规定，推移质取样垂线最好与悬移质输沙率取样垂线相重合。在强推移带垂线应密些，并使最大部分输沙率小于断面输沙率的30%。

当按上述方法布置的基本垂线数仍不能控制断面输沙率横向变化时，应增设垂线。

表7.17　推移质输沙率基本垂线数

推移带宽 /m	<60	50～100	100～300	300～1000	>1000
垂线数	5	5～7	7～10	10～13	>13

注　推移边界垂线不计入本表垂线数。

4. 取样历时与重复取样次数

（1）为消除推移质脉动影响，需要有足够的取样历时并应重复取样。一般情况下，推移质垂线每次取样历时可达2～5min，在部分输沙率大于平均输沙率5倍以上的强推移带，垂线应取样2次。当所取沙样超过采样器规定的容积时，可缩短取样历时，取样3次，弱推移带垂线可取样1次。

（2）一次断面推移质输沙率的测验历时不能太长。一般情况下一次断面推移质输沙率的测验历时，当沙峰过程在3d以上时，不应超过4h，沙峰过程为

1～3d时，不应超过3h；沙峰过程小于1d时，不应超过1.5h。

5. 推移质运动边界的确定

一般用试深法确定推移质运动的边界。做法是将采样器置于靠近岸边垂线的位置，若10min以上仍未取到泥沙时，则认为该垂线无推移质泥沙，然后继续向河心移动试探，直至查明推移质泥沙移动地带的边界。对卵石推移质，还可用空心钢管插入河中，俯耳听声，判明卵石推移质移动边界，该法适用于水深较浅、流速较小的河流。

6. 精密测验方法

精密测验是为了解推移质输沙率沿断面横向分布和垂线输沙率脉动规律，收集测验方法及研究和估算不确定度资料需要进行的试验性测验。需要进行精密测验的一类推移质泥沙测站，应按以下要求进行精密测验。

（1）加密垂线测验应在大、中、小各级输沙率分别进行3～5次，垂线布置应按悬移质泥沙测验垂线中泓加密的方法布设。垂线数应符合表7.18的规定。

表7.18　推移质输沙率加密测验垂线数

推移带宽 /m	<50	50～100	100～300	300～1000	>1000
垂线数	7	7～10	10～15	15～20	>20

（2）重复取样测验应选择有代表性的垂线，在大、中、小各级输沙率范围内，每级施测2～3次。卵石推移质重复取样30次，沙质推移质重复取样15次。

7. 简化测验方法

简化测验方法也称少线法。当洪水期采样受到漂浮物威胁或输沙率变化急剧时等特殊情况时，可用简化（少线）法测验，并遵守以下规定。

（1）垂线数可减少为3～8条，减少后的垂线数及布置方法应经分析确定，其允许误差应符合表7.19的规定。

表7.19　少线法测验的允许误差

垂线数	保证率为75%的允许误差/%		年推移量允许的系统差 /%	年级配允许的标准差 /%
	卵石	沙质		
5～8	±40	±20	3.0	5.0
3～4	±50	±30		8.0

（2）当布设5条以上垂线时，可直接计算推移质输沙率，否则，应与推移质输沙率建立相关关系，经

过系数换算求得推移质输沙率。

（3）简化（少线）法测验的年测次不应超过年总测次的 30%，一个大沙峰的简化（少线）法测次不应超过该沙峰总测次的 50%，且不宜连续使用。

8. 采取单样推移质输沙率

为建立单样推移质输沙率与断面推移质输沙率的相关关系，以便用较简单的方法来控制断面推移质输沙率的变化过程，可在断面靠近中泓处选取 1～2 条垂线，作为单样推移质取样垂线，这样在进行推移质测验时，同时进行单样推移质取样。

9. 沙样处理及现场测定颗粒级配

（1）卵石推移质的沙样处理及现场测定颗粒级配要求。

1）称量沙样总重量，并进行校核。

2）按规定的粒径组和分组方法，测定分组粒径并称量各组沙重。

3）当各垂线间距相等、施测历时相同时，所采集的泥沙样品可全断面混合进行颗粒分析。在部分河宽内符合上述条件时，可按部分混合分析。

4）沙样称重及野外颗粒级配测定，与"床沙颗粒级配分析及沙样处理"的规定处理相同。

（2）沙质推移质的沙样处理。当沙样少于 1000g 时，应带回室内处理。沙样大于 1000g 时，可在现场用水中称重法测定干沙重，用式（7.64）计算

$$W_s = KW'_s \tag{7.64}$$

式中　W_s——总干沙重量，kg；

　　　W'_s——泥沙在水中的重量，kg；

　　　K——换算系数，各站应通过试验确定。

现场称重后的沙样分样后送回室内分析。其他有关规定按《河流泥沙颗粒分析规程》（SL 42—2010）执行。

现场测定沙重的沙样，经过校核或分组累积重量与总重量之差符合规定者，可不保存；室内分析的沙样应保存至当年资料整编完成为止。

10. 误差来源及控制

（1）推移质断面输沙率测验的误差主要来自测验方法、采样器性能、操作技术和沙样处理等方面，必须严格予以控制。

（2）沙样处理的误差控制，应符合以下要求。

1）分取颗粒分析样品的代表性和沙重，应满足泥沙颗粒分析的要求。

2）在沙样处理过程中，应避免沙样损失或带入其他物质。

3）天平、秤、分析筛筛孔直径、卡尺等，应按规定及时进行检校。

（3）现场合理性检查应按以下规定进行。

1）卵石推移质最大粒径出现的垂线是否合理，有无刮痕、青苔等，应经检查分析后确定是否重测。

2）当输沙率较大，强推移带垂线取样有一次沙率为零时，应再测一次。

3）检查沙样分组重量之和与总重量之差，当差值超过 3% 时，应重新称重。

4）强推移带发生变动时，应分析原因，必要时进行重测。

11. 取样注意事项

（1）取样前应全面检查仪器设施等，要保证取样时仪器不发生故障，机械附件齐全。同时，应清除采样器内的泥沙或杂物，特别注意网孔，若网孔被泥沙或杂物堵塞时，必须洗刷干净。

（2）取样前应大致了解施测地区河底情况，若探到河底有岩石、陡坡、深槽等，应把测点的位置适当向前后、左右移动，使用仪器能安放于适宜的位置上。

（3）用悬索悬吊采样器时，应注意仪器是否平衡（应使尾部稍低）。若不平衡，应及时调整，一般宜使尾部略先碰着河底。

（4）为了把采样器正确地放在河底上，当接近河底时应小心缓放，并注意使其尽量减少对河底泥沙的扰动。

（5）仪器上提要均匀，不要忽快忽慢，防止猛提猛放，避免已取得的沙样被冲失，尤其是没有活门启闭的网式及软底式采样器，更应注意。

（6）施测时，如感到仪器已到达河底，应立即开动秒表，并使悬索稍松，使不因船或缆车的摆动而带动仪器在河底滑动或位置不正。在接近规定的施测历时时，就应先作准备，等时间一到，立即上提仪器。

（7）当流速很大时，为避免采样器冲向下游远，应使用拉索。

（8）为消除泥沙脉动影响，每条垂线上应有一定的取样历时（一般宜不少于 60s），并在每条垂线上重复取样 2 次以上，取其平均值。

（9）如果重复取样所得的泥沙体积相差 2～3 倍以上（脉动强度很大的，可另定标准）时，则应进行重测。在计算时应对那些偏差超过上述范围的沙样进行分析研究，如确认是测验误差，则应舍弃，并在备注栏中说明情况。

7.4.5　实测推移质输沙率的计算

1. 推移质输沙率计算的主要内容

用采样器测定推移质，其输沙率计算应包括以下内容。

（1）计算垂线单宽输沙率及断面输沙率，统计断面实测最大单宽输沙率及相应垂线位置。

（2）计算垂线及断面颗粒级配，绘制垂线及断面颗粒级配曲线。

（3）计算断面平均粒径，查出断面中值粒径及最大粒径。

（4）计算断面推移质输沙率的相应水力因素。

2. 实测垂线单宽输沙率计算

实测垂线单宽输沙率采用式（7.65）计算

$$q_{bi} = \frac{100W_{bi}}{t_i b_k} \qquad (7.65)$$

式中　q_{bi}——第 i 条垂线的实测推移质单宽输沙率，kg/（s·m）；

W_{bi}——第 i 条垂线取样的（干）沙重，kg；

t_i——第 i 条垂线的取样历时，s；

b_k——采样器口门宽度，cm。

3. 实测断面输沙率计算

实测断面推移质输沙率可采用式（7.66）计算

$$Q_b = \left(\Delta b_0 + \frac{\Delta b_1}{2}\right)q_{b1} + \frac{\Delta b_1 + \Delta b_2}{2}q_{b2}$$
$$+ \cdots + \left(\frac{\Delta b_{n-1}}{2} + \Delta b_n\right)q_{bn} \qquad (7.66)$$

式中　Q_b——实测断面推移质输沙率，kg/s；

$q_{b1}、q_{b2}、\cdots、q_{bn}$——第1条、第2条、…、第 n 条垂线的单宽输沙率，kg/（s·m）；

Δb_0——起点推移边界与第1条垂线的距离，m；

$\Delta b_1、\Delta b_2、\cdots、\Delta b_{n-1}$——第1条、第2条、…、第 $n-1$ 条垂线与其后一条垂线的距离，m；

Δb_n——终点推移边界与第 n 条垂线的距离，m。

在有可靠的采样效率系数时，实测输沙率应作修正，在采样效率系数未定时，不作修正。无论修正与否，均应在备注栏内说明。

4. 断面颗粒级配计算

推移质断面颗粒级配可按式（7.67）计算

$$P_i = \frac{1}{Q_b}\left[\left(\Delta b_0 + \frac{\Delta b_1}{2}\right)q_{b1}P_1 + \frac{\Delta b_1 + \Delta b_2}{2}q_{b2}P_2\right.$$
$$\left. + \cdots + \left(\frac{\Delta b_{n-1}}{2} + \Delta b_n\right)q_{bn}P_n\right] \qquad (7.67)$$

式中　P_i——断面的小于某粒径的沙重百分数，%；

$P_1、P_2、\cdots、P_n$——第1条，第2条，…，第 n 条垂线小于某粒径的沙重百分数，%。

5. 断面平均粒径计算

$$\overline{D} = \sum_{i=1}^{n} \overline{D}_i \Delta P_i / 100 \qquad (7.68)$$

其中　　　　　$\overline{D}_i = \sqrt{D_U D_L}$

式中　$\overline{D}$——断面平均粒径，mm；

$\overline{D}_i$——某粒径组的平均粒径，mm；

$D_U、D_L$——该粒径组的上下限粒径，mm；

n——粒径组数；

ΔP_i——某粒径组的部分沙重百分数，%。

6. 断面推移质输沙率相应水力因素的计算与推求

（1）相应水位的计算。

1）水位平稳时，推移质输沙率的相应水位应取开始和终了时刻观测值的平均值。

2）水位变化急剧时，断面推移质输沙率的相应水位，应按式（7.69）计算

$$Z_m = \frac{1}{Q_b}\left[\left(\Delta b_0 + \frac{\Delta b_1}{2}\right)q_{b1}Z_1 + \frac{\Delta b_1 + b_2}{2}q_{b2}Z_2\right.$$
$$\left. + \cdots + \left(\frac{\Delta b_{n-1}}{2} + \Delta b_n\right)q_{bn}Z_n\right] \qquad (7.69)$$

式中　Z_m——推移质输沙率相应水位，m；

$Z_1、Z_2、\cdots、Z_n$——施测第1条、第2条、…、第 n 条垂线推移质输沙率时的实测水位，m。

（2）推移质输沙率相应比降等水力要素计算。推移质输沙率相应比降应采用各垂线实测比降的算术平均值。

实测推移质输沙率相应流量、平均水深及平均流速各因素，均应以推移质输沙率相应水位分别在水位与有关因素的关系图上推求。

7. 推移质单次测验成果的合理性检查

在计算整理前应检查测次垂线布置和测验历时的合理性，发现问题应提出处理意见，对沙样编号、现场合理性检查记录及图、表，特殊现象记载、处理方法等，要全面检查，不合要求的，应及时补做。

在计算整理完成后，应按以下规定进行合理性检查。

（1）对现场合理性检查的内容应进行必要的复查。

（2）绘制垂线单宽输沙率、垂线平均流速及水深的横向分布图，用近期测次的分布图对照比较，分析垂线单宽输沙率横向变化的趋势，检查其分布的合理性。

（3）根据本站的粒径与启动流速关系，检查各垂线实测最大粒径及推移边界位置的合理性和可靠性。

（4）点绘断面输沙率与水力因素关系图，检查输沙率单次成果的合理性和可靠性。

（5）在水位过程线上及时标注推移质测次的位置，检查测次布设的合理性。采用过程线法进行测验整编的站，应及时点绘推移质输沙率过程线，结合水位过程，检查单次输沙率成果的合理性和可靠性。

7.5 床 沙 测 验

7.5.1 河床的分类及床沙测验的目的

1. 床沙的组成

床沙是指受泥沙输移影响的那一部分河床中存在的颗粒物质。床沙组成中有沙、砾石和卵石3种。床沙也有人称床沙质或河床质。

2. 河床的分类

河床类型按床沙组成划分为沙质、砾石、卵石和混合河床4种。当其中之一的含量大于80%时，河床类型就属该种河床，如沙的含量大于80%，称为沙质河床，砾石的含量大于80%，称为砾石河床等。若3种的含量都未超过80%，则称为混合河床，以含量较多的两种命名，如某河床的沙含量为65%、砾石为25%、卵石为10%，则该河床称为沙砾石床，依次类推。

3. 床沙测验的目的

采取测验断面或测验河段的床沙，进行颗粒分析，取得泥沙颗粒级配资料，供分析研究悬移质含沙量和推移质输沙率的断面横向变化。同时，床沙又是研究河床冲淤变化。研究推移质输沙量理论公式和床床糙率等的基本资料。

4. 床沙测验方法

床沙测验方法有器测法、试坑法、网格法、面块法、横断面法等。器测法主要用于床沙采样，试坑法、网格法、面块法、横断面法等主要用于无裸露的洲滩采样。

7.5.2 床沙采样仪器

7.5.2.1 床沙采样器的选择与应用

1. 床沙采样器的技术性能要求

（1）能取到天然状态下的床沙样品。

（2）有效取样容积应满足颗粒分析对样品数量的要求。

（3）用于沙质河床的采样器，应能采集到河床表面以下500mm深度内具有粒配代表性的沙样；卵石河床采样器，其取样深度应为床沙中值粒径的2倍。

（4）采样过程中，采集的样品不被水流冲走或漏失。

（5）仪器结构合理牢固，操作维修简便。

2. 床沙采样仪器的分类

（1）按采集泥沙的类型。按采集泥沙的类型，床沙采样器分为沙质、卵石和砾石采样器。

（2）按结构形式。根据结构形式又分为圆柱采样器、管式戽斗采样器、袋式戽斗采样器、横管式采样器、挖斗式采样器、芯式采样器和犁式采样器。其中芯式采样器主要有插入型采样器和自重型采样器。

（3）按采样位置。按采样器采样的位置不同，划分为床面采样器（用于河床表面采样）、芯式采样器（用于河床下一定深度采样）、表层采样器（用于河床表层、覆盖层采样）、泥浆采样器（用于河底泥浆采样）。

（4）按操作使用方式。根据操作使用情况，床沙采样器分为手持式采样器、轻型远距离操纵采样器、远距离机械操纵采样器。它们都有床面采样器和芯式采样器两类。

3. 床沙采样仪器的选用

床沙采样器应根据河床组成、测验设施设备、采样器的性能和使用范围等条件选用。

4. 床沙采样器的使用

（1）沙质床沙采样器的使用要求。

1）用拖斗式采样器取样时，牵引索上应吊装重锤，使拖拉时仪器口门伏贴河床。

2）用横管式采样器取样时，横管轴线应与水流方向一致，并应顺水流下放和提出。

3）用挖斗式采样器取样时，应平稳地接近河床，并缓慢提离床面。

4）用转轴式采样器取样时，仪器应垂直下放，当用悬索提放时，悬索偏角不得大于10°。

（2）卵石床沙采样器的使用要求。

1）犁式采样器安装时，应预置15°的仰角；下放的悬索长度，应使船体上行取样时悬索与垂直方向保持60°的偏角，犁动距离可在5～10m之间。

2）使用沉筒式采样器取样时，应使样品箱的口门逆向水流，筒底铁脚插入河床。用取样勺在筒内不同位置采取样品，上提沉筒时，样品箱的口部应向上，不使样品流失。

7.5.2.2 床沙采样器介绍

1. 手持式采样器

手持式采样器属于轻型设备，主要由一个人涉水操作。手持式采样器包括床面采样器和芯式采样器两类。

（1）手持床面采样器。手持床面采样器包括圆柱采样器、管式戽斗采样器、袋式戽斗采样器、横管式采样器。

1）圆柱采样器。圆柱采样器由一个金属圆筒组成。采样时圆筒插入河床表层，围住被采面积，凭借自身的重量抵住水流。使用挖掘工具来取出带有沙样的采样器，圆筒有助于减少沙样中的细粒受到的冲刷，采到的是扰动沙样，采集深度约为河床床面以下 0.1m。

2) 管式戽斗采样器。管式戽斗采样器由一段管子组成，管子的一端封闭，另一端斜截成切削口，在管顶安装一涉水持杆。一个带铰链的盖板装在戽斗切削口的上面，盖板用绳子开启，利用弹簧关闭，见图 7.20。将管式戽斗放入水中沿着河床推进，拉开盖板进行采样，而后立即关闭，以此减少对沙样的冲刷。采到的是扰动沙样，一次采集量达 3kg，采集深度约为河床床面以下 0.05m。

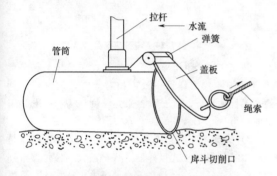

图 7.20 装有铰链盖板的管式戽斗采样器

3) 袋式戽斗采样器。袋式戽斗采样器由一个带有帆布口袋的金属圈和一根拉杆组成，拉杆与戽顶（金属圈）相连。使用时，将金属圈用力放入河床并向上游拖曳，直到口袋装满为止。当采样器提起时，袋口会自动封闭。采到的是扰动沙样，一次采集量达 3kg，采集深度约为河床床面以下 0.05m。

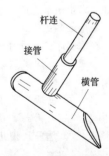

图 7.21 横管式采样器结构示意图

4) 横管式采样器。图 7.21 所示为横管式采样器，主要由手持杆、连接管和横管等组成。有时还将横管做成斜管，即横管与连接管成小于 90°，以利于在水中采集沙样。

(2) 手持芯式采样器。手持芯式采样器由人工手持操作，可以取得较深处的河床床芯。包括插入型或锤入型取样器等。插入型或锤入型取样器整套设备包括直径达 150mm 的金属或塑料取样器和边长达 0.25m 的取样盒，见图 7.22。

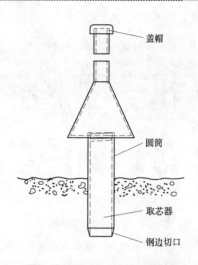

图 7.22 插入型或锤入型芯式采样器

使用时，将取样器或取样盒用力插入或锤入河床，然后掘取并提出沙样。可采用以下一种或多种方法来确保沙样采集成功。在取样器或取样盒下面插入一块板后再提出。

在沙样上面制造一个"真空"状态。可以在取样器或取样盒插入河床后，沙样上面被水充满的空间可通过旋紧盖帽来封死，这样在提出收回时就形成了一个真空。

在圆柱型取样器的圆筒底部安装一组灵活的不锈钢花瓣状薄片组成的取芯捕集器，构成一个简单的机械单向控制装置，使得沙样只能进入圆筒，不能退出，有利于沙样采集。

使用该方法，虽然颗粒总量不会受损，但沙样的组成和结构受到干扰。其最大采集深度可达 0.5m。

2. 轻型远距离操纵采样器

这些采样器既可用手操作，又可在测船上使用。它们也包括床面采样器和取芯采样器。

(1) 床面采样器。这类采样器有管式戽斗和袋式戽斗采样器、拖拉铲斗式采样器、轻型 90°闭角抓斗式采样器、轻型 180°闭角抓斗式采样器等。

1) 管式戽斗和袋式戽斗采样器。管式戽斗和袋式戽斗的构造分别与手持式仪器基本相同。不过可以大一些，杆子长些，戽斗上的拉杆可长达 4m。

在使用中，一般必须将测船抛锚停泊。

此方法采到的是扰动沙样，只适用于水深小于 4m 和流速小于 1.0m/s 的河道。

2) 拖拉铲斗式采样器。这种采样器由一个重型铲斗或一个圆筒组成，圆筒的一端带喇叭形切边，另一端是一个存样容器。拖拉绳索连接在圆筒切边端的枢轴中心点，见图 7.23。

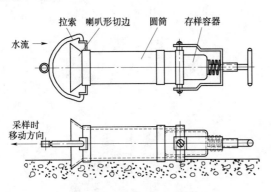

图 7.23　拖拉铲斗式采样器

使用时把设备放入河床，测船顺着水流缓慢移动而将其拖拉。一定的重量附加到拉绳上，以确保切边与河床接触。

此方法采到的是扰动沙样，一次采集量达 1kg，采集深度约深入河床 0.05m。

3）轻型 90°闭角抓斗式采样器。这种采样器和装卸沙料的起重机抓斗一样，抓斗用绞车放下河底，抓斗在到达河底前始终打开。碰到河床后，抓斗合拢，抓采床沙。

该方法采到的经常是相对不受扰动的沙样，一次采集量达 3 kg，采集深度约深入河床 0.05m。

4）轻型 180°闭角抓斗式采样器。在一个流线型平底外罩舱内，安装一个能在枢轴上转动的半圆筒抓斗和一根弹簧。当抓斗转入舱内时，弹簧绷紧。一个碰锁系统使得抓斗保持这一状态直到触及河底，绳索一松，弹簧使抓斗转动关闭，转动中挖取河床质采样。采样器重量约为 15kg。采到的是扰动沙样，一次采集量达 1kg，采集深度约达河床床面以下的 0.05m。

（2）芯式采样器。这类采样器与手持式大致相同，只是大一些、杆长些。采样器要在前后抛锚停泊的船上使用。对非黏性河床质没有扰动，但对黏性河床质会引起结构断裂。取芯器最大采集深度约为 0.5m。这种采样器很难用于流速大于 1.5m/s 的河道。

3．远距离机械操纵采样器

为了要在河床表面或某一深度处采集较多沙样，或者要在大流速（>1.5m/s）条件下采样，必须应用一些重型设备。在大小合适的船上（>5m 长）装上转臂起重机和绞车，这种设备通常使其无法在水深小于 1.2m 的河道上工作。

（1）床面采样器。

1）泊船挖掘器。泊船挖掘器是较大的袋式戽斗采样器，由一段直通的圆筒或矩形盒组成，圆筒的直径或矩形盒的边长可达 0.5m。它的一端接有一个柔韧的厚重大口袋，另一端为带有切边的喇叭开口。一根牵引杆安装在开口处，并被固定在一根牵引索上，见图 7.24。用测船牵引在河底采样，采到的是扰动沙样，一次采集量可达 0.5t，采集深度约达河床的 0.1m。

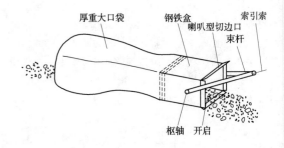

图 7.24　泊船挖掘器

2）重型 90°闭角抓斗式采样器。在结构上和轻型 90°闭角抓斗式采样器一致。相对而言，该仪器采到的是无扰动沙样。这套设备采集深度约为 0.15m，采集面积可达 0.1m²。

3）重型 180°闭角抓斗式采样器。这些采样器是轻型 180°闭角抓斗式采样器的式样放大。该仪器采到的是扰动沙样。这套设备采集深度约为 0.1m，采集面积可达 0.05m²。

（2）芯式采样器。这类采样器分为自重式采样器和自重架式采样器，使用圆形取芯管、方形取芯盒，利用重力使圆形取芯管、方形取芯盒穿入河床，有铅砣加重系统。根据主要基质的坚硬程度和需要达到的穿透深度来确定所需铅砣重量，最大可到 1.0t。一般安装取芯器帮助取样。

自重式采样器在较大测船上使用，使用时将采样器下降到距河床一定距离处，让它自由落下，穿入河床。然后，取芯器绞取床沙，采集量的多少依据取芯器和阀门下设定的"真空"量。在取回时必须垂直拉起，所以船也必须抛锚停泊。

自重架式采样器的基本构造与自重式采样器一样，只是添加了一个引导构架，它包括一个锥形垂直构架和一个环形水平构架。在采集前，构架支撑在河床上，于是可引导取芯管盒垂直地进入沉积层。

一种振动式采样器具，也有与架式采样器同样的结构，只是在取样管顶端多一个电子振动器，以便增加对沙石层的穿透力。需要一条电力控制缆将取样管联系到装在船上的电源和控制开关。在所有的采样技术中，这一方法在沙岩质和砂砾沙质河床上具有最好的穿透力。

4. 表层采样

如果有一层砂砾罩住了细小的床沙，那么就需要应用表层采样技术对这一保护层进行采样，再用常规

的采样技术采集下面的床沙。

5. 部分采样器主要性能指标及使用范围

为便于比较选用，将部分河床质采样器的主要技术参数列于表 7.20 中。

表 7.20 人工操作和轻型远距离操纵床沙采样器主要技术参数

结构和采样原理	仪器名称	适用床质	采样深度/m	样品重量/kg
床面采样器	圆柱采样器	沙质河床	0.1	1~3
	管式戽斗采样器	沙质河床	0.05	3
	袋式戽斗采样器	沙质河床	0.05	3
	挖斗式采样器	沙质河床	0.05	1~5
	横管式采样器	沙质河床	0.05	<1
芯式采样器	插入型采样器	沙质、砾石、卵石河床	< 0.5	2~5
	自重型采样器			

注 远距离机械操纵的采样器适用于各种河床，采样深度和样品重量范围较广。

7.5.3 床沙测验

7.5.3.1 取样的测次布置

1. 沙质床沙取样的测次布置要求

(1) 一类站应能控制床沙颗粒级配的变化过程，汛期一次洪水过程测 2~4 次，枯季每月测 1 次。受水利工程或其他因素影响严重的测站，应适当增加测次。

(2) 二类站每年测 5~7 次，大多数测次应分布在洪水期。

(3) 三类站设站时取样 1 次，发现河床组成有明显变化时再取样 1 次。

2. 卵石床沙取样测次布置要求

(1) 一类站每年在洪水期应用器测法测 3~5 次，在汛末卵石停止推移时测 1 次，枯季在边滩用试坑法和网格法同时取样 1 次。在收集到大、中、小洪水年的代表性资料后，可停测。

(2) 二类站设站第一年在枯水边滩用试坑法取样 1 次，以后每年汛期末用网格法取样 1 次，在收集到大、中、小洪水年的代表性资料后，可停测。

(3) 三类站设站第 1 年，在枯水边滩用试坑法取样 1 次。

(4) 各类站在停测期间发现河床组成有显著变化时，应及时恢复测验。

7.5.3.2 取样方法

1. 床沙水下取样垂线布置

(1) 床沙取样垂线应能控制床沙级配的横向变化，垂线数不应少于 5 条。

(2) 测悬移质输沙率的测站，床沙取样垂线应与悬移质取样垂线数相同，并重合。

(3) 测推移质的测站，床沙取样垂线应与推移质垂线数相同，并重合。

2. 器测法取样的样品重量要求

器测法取样的样品重量应符合表 7.21 的规定，当一次取样达不到样品重量的要求时，应重复取样。

表 7.21 器测法取样的样品重量

沙样粒配组成情况	样品重量/g
不含大于 2mm 的颗粒	50~100
粒径大于 2mm 的样品重小于样品总重的 10%	100~200
粒径大于 2mm 的样品重占样品总重的 10%~80%	200~2000
粒径大于 2mm 的样品重大于样品总重的 30% 以上	2000~20000
含有大于 100mm 的颗粒	>20000

3. 沙质洲滩取样

在沙质洲滩上取样时，可用钻管采不同深度的样品。

4. 卵石洲滩上取样

在卵石洲滩上取样可用试坑法，并满足以下技术要求。

(1) 取样地点应选在不受人为破坏和无特殊堆积形态处。

(2) 粒径分布均匀或洲滩窄小时，可取 3 个点位的样品；粒径分布不均匀或洲滩宽大时，应取 5 个点位的样品。取样位置应与高水期的推移质和悬移质泥

沙测验垂线重合。

（3）每个试坑均应揭取表层样品，下面再分 3 层取样。坑的平面尺寸及分层深度应符合表 7.22 的规定。

表 7.22　试坑平面尺寸及分层深度

D_{90} /mm	平面尺寸 /（m×m）	分层深度 /m	总深度 /m
<50	0.5×0.5	0.1	0.3
50～200	0.75×0.75	0.2	0.8
>200	1.0×1.0 或 1.5×1.5	0.3 或 0.4	0.9 或 1.2

5. 卵石洲滩上表层样品采集

卵石洲滩上表层样品的采集，可用网格法、面块法、横断面法等，并应符合以下规定。

（1）网格法的分块大小及各块间的距离应大于床沙最大颗粒的直径，取样可按以下两种方法执行。

1）用定网格法取样时，可将每个网格为 100mm×100mm，框面积为 1000mm×1000mm 的金属网格紧贴在床面上，采取每个网格交点下的单个颗粒，合成一个样品。

2）用直格法取样时，应先在河段内顺水流方向的卵石洲滩上等间距平行布设 3～5 条直线，每条直线的长度宜大于河宽。在每条直线的等距处取样，一条直线所采取的颗粒合成一个样品。

（2）用面块法取样时，应在河滩上框定一块床面，其面积应大于表层最大颗粒平面投影面积的 8倍，并将表面层涂满涂料，然后将涂有标记的颗粒取出，合成一个样品。

（3）用横断面法取样时，应在取样断面上拉一横线，拾取沿线下面的全部颗粒合成一个样品。

一个表层样品，不应少于 100 颗。一个试坑的样品重量，应在 10～100kg 之间。

7.5.4　床沙颗粒级配分析及沙样处理

沙质沙样应在现场装入容器，并记载编号，及时送分析室分析。粒径大于 8mm 的砾石、卵石样品，颗粒分析宜风干后在现场进行；粒径小于 8mm 的样品，其重量大于总重的 10％时，送室内分析，小于 10％时，只称重量，参加级配计算。

床沙样品应先称总重，再称分组重，各组的重量之和与总重的差，不得大于 3％。现场分析的沙样均不保存，室内分析的沙样，保存至当年资料整编完成即可。

对于大颗粒泥沙可选用现场尺量法，并注意满足以下要求。

（1）样品中大于 32 mm 的颗粒可用尺量。

（2）大于 64 mm 的沙样颗粒数少于 15 颗时，应逐个测量粒径。

现场筛分析适用于 8～32mm 的颗粒。当分组筛的孔径不能控制级配曲线变化时，应加密粒径级。

7.5.5　床沙资料计算

1. 垂线颗粒级配计算

在尺量法中应以各自由组的最大粒径为分组上限粒径，按分组重量计算颗粒级配，点绘级配曲线后，再查读统一粒径级的百分数。

2. 床沙平均颗粒级配计算

床沙平均颗粒级配计算可按以下方法进行。

（1）试坑法的坑平均级配，用分层重量加权计算。

（2）边滩平均级配分左、右两岸统计，用坑所代表的部分河宽加权计算。

（3）水下部分的断面平均颗粒级配用式（7.70）计算。

$$\overline{P_j} = \frac{(2b_0 + b_1)P_1 + (b_1 + b_2)P_2 + \cdots + (b_{n-1} + 2b_n)P_n}{(2b_0 + b_1) + (b_1 + b_2) + \cdots + (b_{n-1} + 2b_n)}$$
（7.70）

式中　$\overline{P_j}$——断面平均小于某粒径沙重百分数，％；

b_0、b_n——两近岸边垂线到各自岸边的距离、…、第 $n-1$ 条垂线到第 n 条垂线的距离，m；

b_1、…、b_{n-1}——第 1 条垂线到第 2 条垂线的距离，m，余类推；

P_1、…、P_n——第 1 线、…、第 n 线小于某粒径沙重的百分数，％。

特殊情况下，床沙组成复杂，可不计算断面平均颗粒级配，只整编单点成果。

（4）断面平均粒径计算可采用式（7.68）。

7.5.6　淤积物的取样方法和仪器设备

淤积物取样的目的是为了采集不受扰动的沉积物样品，用于密度测定和级配分析，其取样方法和仪器设备如下。

7.5.6.1　坑测法

用在裸露的河床或滩地，方法是在现场挖出大小适度的试坑，并将事先通过实验求出了体积质量关系的标准沙填入坑内，根据其质量，反求得到试坑的体积。再将从试坑中挖出的泥沙烘干称重，除以由上述方法求出的体积，即得样品的干密度。

7.5.6.2　取样器取样法

取样器有环刀、滚轴式、重力式钻管、旋杆式、活塞式钻管等多种，这些取样器的结构特点及使用范围见表 7.23。

表 7.23 淤积物原状取样器结构特点及使用范围

名称	结构特点和取样方法	使用范围
环刀	由环刀、环刀盖、定向筒、击锤等部组成，取样时，将环刀压入土中取样	用于出露于水面的淤物取样
滚轴式		适用于截取 0.3～0.4m 内干密度为 0.3～1.0t/m³ 的淤积物
重力式钻管	由钻管、尾舵和铅球等部件组成，总重 300kg，当钻管取样后提出床面时，能自动倒转，使样品不致漏失	可钻测 0.3～1.5m
旋杆式	由样品容器、手柄、套管、翼板、顶盖和底板组成，旋转手柄即将样品旋入容器	适用于水下未固结的软泥取样
活塞式钻管	下放钻管，当制动锤触及泥面时，制动杆抬起，使钻杆松开，于是钻管借重锤和自重作用插入泥内，然后提起钻管，管内样品借活塞所形成的真空吸力而不致漏失	可钻测 3～5m

7.5.6.3 现场直接测定法

应用放射性同位素干密度测验仪可进行现场直接测定。测验仪器设备有钻机式和轻便式两种。

1. 钻机式

全套设备由探头、钻杆、定标器和提放钻杆的钻机等部分组成。使用前，通过室内率定，求出淤积物干密度或密度与计数率的关系；使用时，将装有放射源和计数管的探头装入钻探套管内，由钻机将钻管钻入淤泥内，即可直接测出干密度。采用这种方法可以测出深层淤积物干密度或密度，但设备庞大，操作复杂，人力物力花费大，不易广泛应用。

2. 轻便型

全套设备由探头（包括加重钢柱）、电缆、定标器和起重绞车等部分组成，探头由底、中、顶三段组合而成，底段是一圆锥形的套管，管内装有放射源和闪烁探测器；中段是外径为 90mm 的钢柱体，分成 9 节，每节长 440mm，重 19kg；顶段长 2400mm。探头可根据需要加长至 5.7m，总重 200kg。使用时，用悬索悬吊探头，由安装在测船上的普通水文绞车提放，利用探头自重钻入泥层，直接测出淤积物干密度

或密度。这种设备实测资料表明，在水深为 70m 的条件下，可测出厚度为 3.0～5.5m 的淤积物密度变化。

7.6 泥沙颗粒分析

7.6.1 一般规定与要求

7.6.1.1 泥沙颗粒分析的意义及内容

泥沙颗粒级配是影响泥沙运动形式的重要因素，在水利工程的设计、管理，水库淤积部位的预测，异重流产生条件与排沙能力的分析，以及河道整治与防洪、灌溉渠道冲淤平衡与船闸航运设计和水力机械的抗磨研究工作中，都需要了解泥沙级配资料。泥沙颗粒分析，是指确定泥沙样品中各粒径组泥沙量占样品总量的百分数，并以此绘制级配曲线的操作过程。

泥沙颗粒分析工作的内容包括：悬移质、推移质及床沙的颗粒组成；在悬移质中要分析测点、垂线（混合取样）、单样含沙量及输沙率等水样颗粒级配组成和绘制颗粒级配曲线；计算并绘制断面平均颗粒级配曲线；计算断面平均粒径和平均沉速等。

7.6.1.2 泥沙颗粒分析一般规定

1. 悬移质泥沙颗分的测次布置

泥沙颗分的目的是为掌握断面的泥沙颗粒级配分布及随时间的变化过程。常规的颗粒分析是：以单样含沙量的颗分测次（单颗），了解洪峰时期泥沙颗粒级配的变化过程，并与输沙率颗分测次（断颗），建立单颗断颗关系，以便由单颗换算成断颗。输沙率颗分测次的多少，应以满足建立单颗断颗关系为原则，测次主要应分布在含沙量较大的洪水时期。

2. 泥沙颗分取样方法

悬移质输沙率测验中，同时施测流速时，颗分的取样方法与输沙率的取样方法相同，即用选点法（一点法、二点法、三点法、五点法、六点法等）、积深法、垂线混合法和全断面混合法等。输沙率测验的水样，可作为颗粒分析的水样。用选点法取样时，每点都作颗分，用测点输沙率加权求得垂线平均颗粒级配。再用部分输沙率加权，求得断面平均颗粒级配。

按规定所作的各种全断面混合法的采样方法，可为断颗的取样方法，其颗分结果即为断面平均颗粒级配。

输沙率测验中，根据需要，同一测沙垂线上可用不同的方法另取一套水样，专作颗分水样用。断颗级配仍用部分输沙率加权法求得。

7.6.1.3 取样数量及沙样处理

作颗分沙样的取样数量，应根据采用的分析方法、天平感量及粒径大小来确定，并根据最小沙重的

要求及取样时含沙量的大小，确定采取水样容积的数量。

用水分析法分析沙样时，必须使用新鲜的天然水（悬移质）或湿润沙样（推移质、床沙），除全部使用筛分析的粗沙和卵石外，不允许使用干沙分析。为此，用置换法作水样处理的测站，水样处理后留作颗分用；用过滤法烘干法处理水样的测站，可用分沙器进行分样或同时取两套水样，分别处理。颗分水样沉淀浓缩时，不得用任何化学药品加速沉淀。

水分析法必须使用蒸馏水或用离子交换树脂制取的无盐水。为避免分析时沙样成团下降，在浓缩水样中，可加入反凝剂，一般使用浓度为25%的氨水反凝，也可加入反凝效果更好其他药品，如偏磷酸钠、水玻璃等。

采取的水样静置一天，发现絮凝下沉或沉积泥沙的上部呈松散的绒絮状，说明水中有使泥沙成团下降水溶盐存在。遇到此情况，可用以下方法处理。

（1）冲洗法。将水样倒入烧杯，加热煮沸，待静止沉淀后，抽出上部清水，再用热蒸馏水冲淡、沉淀，抽去清水，如此反复进行至无水溶盐为止。

（2）过滤法。将硬质滤纸巾贴在漏斗上，将沙样倒入漏斗中，再注入热蒸馏水过滤。过滤时，应经常使漏斗内的液面高出沙样5mm，直至水溶盐过滤完毕为止。

7.6.1.4 泥沙粒径级的划分

河流泥沙颗粒分析应按分级法划分粒径级，绘制级配曲线，计算垂线、断面和月年平均颗粒级配。并进行资料整编刊印，粒径单位以毫米表示。

泥沙基本的粒径分级为：0.001、0.002、0.004、(0.005、0.007)、0.008、(0.010)、0.016、(0.025)、0.031、(0.050)、0.062、(0.10)、0.125、0.25、0.50、1.0、2.0、4.0、(5.0)、8.0、(10)、16.0、(20.0)、32、(50.0)、64、(100)、128、(200)、250、500、1000。其中加"()"的数字为以前划分曾经使用过的粒径级。当采用以上粒径级不足以控制级配曲线型式时，可由组距中值插补粒径级。

计算平均粒径的组距分为：0.001～0.002、0.002～0.004、0.004～0.008、0.008～0.031、0.031～0.045、0.045～0.062、0.062～0.088、0.088～0.125、0.125～0.25、0.25～0.35、0.35～0.50、0.50～0.70、0.70～1.0、1.0～1.5、1.5～2.0、2.0～4.0、4.0～8.0、8.0～12.0、12.0～16.0、16.0～24.0、24.0～32.0、32.0～48.0、48.0～64.0、64.0～90.0、90.0～128、128～250、250～350、350～500、500～700、700～1000。

7.6.1.5 级配曲线的绘制

（1）泥沙颗粒级配曲线，可点绘在纵坐标为对数坐标（表示粒径）、横坐标为几率坐标（表示小于某粒水沙重的百分数）的对数几率格纸上，也可点绘在纵坐标为方格（小于某粒径沙重百分数）、横坐标为对数格（粒径大小）的对数格纸上。

（2）将一沙样分析结果，按粒径为纵标，小于该粒径以下沙重占总沙重的百分数为横标，将全部分析测点点入图中，然后通过测点重心，连成光滑曲线，即颗粒级配曲线。

（3）对泥沙颗粒分析成果进行合理性检查，查读特征粒径和变自由粒径级为统一的粒径级时，应绘制颗粒级配曲线。

（4）绘制级配曲线时，应根据分析点子绘制成光滑曲线，遇有突出点或特殊线型时，应详细检查各个工序。发现错误时，应进行改正和加以说明。不同分析方法的接头部分，应按曲线趋势并通过点子中间连线。对大于2.0mm的泥沙样品，可根据分析点定线。

（5）当同时测得悬移质、推移质和床沙的颗粒级配，或悬移质颗粒分析为选点法取样时，应在同一图纸上点绘有关的级配曲线，进行对照分析。

7.6.1.6 颗粒分析的上下限

颗粒分析时，按以上划分的粒径级为界，进行分析计算，即分析沙样中小于某粒径以下沙重占总沙重百分数，从最小粒径级算起，逐渐向上，直至最大粒径为止。

颗粒分析的上限点，累积沙重百分数应在95%以上，当达不到95%以上时，应加密粒径级。级配曲线上端端点，以最大粒径或分析粒径的上一粒径级处为100%。

悬移质分析的下限点，应至0.004mm，当查不出D_{50}时，应分析至可能的最小粒径。推移质和床沙分析的下限点的累积沙重百分数应在10%%以下。

7.6.1.7 颗粒分析室的环境要求

1. 泥沙颗粒分析室的工作环境要求

（1）室内宽敞明亮，不受阳光直接照射，不受震源和噪声影响。

（2）室内能经常保持干燥、无浮尘，无有害气体及灰尘侵入，温度和湿度比较稳定。当试样保鲜和电测仪器温度要求不能满足时，应有冷储设备和室温控制设备。

2. 仪器设备和药品保管要求

（1）分析天平应安置在专用房间里，房内不应放置含有较多水分的物品和具有挥发性腐蚀性的化学药品。

（2）各种颗分仪、吸管、粒径计管、量筒等，均应放在远离门窗和热源处。

（3）振动性的仪器工具和散热设备，如电烘箱、电炉、蒸馏器、振筛机等，应放置在专用房间里。各种电器设备安装，必须符合有关规定，保证安全。

（4）凡具有毒性、腐蚀性、易燃性和其他有害性质的药品，应放置安全处，妥善保管。

（5）分析试剂，应放在专用药品柜内，并注明试剂名称、浓度和配制日期等。

（6）各种分析器皿（量筒、盛沙杯、接沙杯等）必须放在专用柜内，并依次分类编号。每次分析完后，应及时将所用器皿洗净放回原处，以备下次使用；对各种仪器设备，应经常检查，以保证正常使用。

7.6.1.8 泥沙试样制备的一般规定

（1）颗粒分析试样用量应控制在分析方法规定的范围内，当样品数量过多时，可将其分成两份或多份，并注意分析不能破坏级配代表性，取其中一份用于颗粒分析。床沙、推移质沙样中粒径大于 2mm 的部分不得分样，悬移质沙样中粒径大于 0.062mm 的部分少于 2g 时，也不得分样。

（2）颗粒分析试样必须是分散的颗粒体系，对试样进行分散处理时，不得破坏颗粒形状。

（3）悬移质沙样在浓缩处理过程中不得加入任何凝聚剂。

（4）采用沉降法分析的试样，应保持湿润，从取样到分析不应超过一个月。

7.6.1.9 泥沙备样设备及分样要求

1. 备样设备

（1）旋转式和两分式分样器适用于粒径 1mm 以下悬液沙样。两分管式适用于粒径 0.062mm 以下悬液沙样。管戳取式适用于粒径 2mm 以下的湿沙样。锥体四分器适用于粒径 2mm 以下干沙样。

（2）滚筒碾压式分散器适用于粒径 2mm 以下的干燥沙样。手持搅拌器和双管机械搅拌器，适用于悬液试样的物理分散。

（3）分样设备使用前应经质量检验，分样的体积差小于 10%，分样的颗粒级配与原沙样的颗粒级配比较，小于某粒径沙重百分数的不确定度应小于 6。

（4）各种备样设备应保持洁净、无锈迹、无腐蚀，使用前应擦洗干净。

2. 分样

分取悬液沙样时，应将被分样品搅拌均匀后以缓慢速度注入分样漏斗，并用清水将盛样桶及分样器冲洗干净。分取干（湿）沙样时，均应将被分样品充分

拌和均匀。用锥体四分器分样时，取对角两个分样合并。用管戳取法时，应在样品铺匀的平面上戳取 5 个等距位置的沙样合并。当一次分取的样品仍超出分析方法用量范围时，可继续分取，直至符合用量规定为止。

7.6.1.10 泥沙分析用水要求

（1）制备悬液试样配制反凝剂和沉降分析用水，必须使用纯水。纯水应符合以下要求。

1）清澈透明、无杂质，每升水中溶解性物质含量不超过 20mg。

2）pH 值在 6~7 之间。

3）钙、镁、氯、离子含量为零。

（2）纯水的纯度必须经过检测，对每次购置或自制的蒸馏水，用前应检测一次。用离子交换树脂制取的无盐水，每出水 20000mL 检测一次。

（3）分析用水应储存在玻璃或聚乙烯塑料容器内，加盖防尘。使用期不应超过一个月。

7.6.1.11 泥沙分析用水检测

检测主要内容有溶解性物质含量、pH 值、钙镁离子含量、氯离子含量。

1. 溶解性物质含量

取 100mL 被检水样于瓷蒸发皿中，在水浴锅上蒸发至干后，移入电热干燥箱在 100~110℃条件下干燥，再移入玻璃干燥器内冷却至室温，然后用分度值为 0.1mg 的天平精确称重。用式（7.71）计算溶解性物质含量：

$$W_m = \frac{W_{mb} - W_b}{V} \times 10^6 \qquad (7.71)$$

式中　W_m——溶解性物质含量，mg/L；

　　　W_{mb}——蒸发皿与溶解性物质共重，g；

　　　W_b——蒸发皿重，g；

　　　V——被检水样体积，mL。

2. pH 值

可用 pH 计测定。

3. 钙、镁离子含量

取 30~50mL 被检水样于三角烧瓶中，加 3~5mL 氯化铵缓冲液，再加 0.5g 铬黑指示剂，摇匀后应呈蓝色。

4. 氯离子含量

取 30~50mL 被检水样于三角烧瓶中，先用 1:4 浓度的硝酸 3mL 酸化，再加 1% 浓度的硝酸银 1mL，摇匀后 5min 内不应出现白色浑浊。

7.6.1.12 有机质处理

悬移质及淤积床沙中有机质含量，每 3 年应在汛期进行 1 次调查测定。使用沉降分析法，当样品中有

机质相对含量大于 1％时，应用 6％浓度过氧化氢予以处理。配置 6％浓度过氧化氢溶液时，取纯度为 30％的 50mL 过氧化氢（H_2O_2）与 200mL 纯水混合即可。有机质处理应按以下步骤进行。

（1）样品经沉淀后，吸出上层清水，加 30～40mL 纯水并搅匀。

（2）目估样品干沙重，按每克沙加 5mL 计算加入 6％浓度的过氧化氢溶液，用玻璃棒搅动，即出现气泡和响声，加盖静置 10min，将试样移至电炉或酒精灯上，文火加热并搅拌。

（3）待气泡和响声消失后，再加适量的过氧化氢溶液并搅拌，按第（2）款操作步骤反复进行几次，直至不再出现气泡和响声为止。

（4）将电炉温度调高，煮沸样品 2min，除去二氧化碳和余氧。

7.6.1.13　絮凝处理

（1）对粒径小于 0.062mm 的泥沙样品，用沉降分析法分析时，均应进行絮凝处理。

（2）选用反凝剂，应根据泥沙颗粒表面电化学性质而定，凡开展泥沙颗粒分析的河流、水库、湖泊，每 3 年应对汛期的悬移质泥沙及淤积床沙表面所含离子总量及氢离子相对浓度 pH 值等进行一次调查测定。

（3）选用反凝剂和确定用量，应按以下规定进行。

1）当可溶盐的值不小于 7.0 时，选用六偏磷酸钠。当 pH 值小于 7.0 时，选用氢氧化钠。

2）反凝剂用量，应为试样含可溶盐（mol/g）的 1.5～2.0 倍。无实测资料时，可每克沙加 2mL，当反凝剂用量的体积大于试样悬液体积的 2.0％时，应减少试样的沙重和重新估算反凝剂的用量。

（4）反凝剂的配制和储存，应按以下规定进行。

1）配制 $C\left[\dfrac{1}{6}(NaPO_3)_6\right] = 0.5mol/L$ 标准溶液：称 51g 六偏磷酸钠 $[(NaPO_3)_6]$，溶于纯水中，搅拌至完全溶解后，再加纯水稀释至 1000mL，储存于磨口玻璃瓶中，使用有效期不应超过 3 个月。

2）配制 $C（NaOH）= 0.5mol/L$ 标准溶液，迅速称取 20g 氢氧化钠（NaOH），加纯水搅拌溶解，冷却后，再加纯水稀释至 1000mL，储存于带皮塞的玻璃瓶中，使用有效期不应超过 3 个月。

3）使用时，先倒出适量的反凝剂于玻璃杯中，从杯中吸取需要量，剩余的舍弃。不得用吸管由试剂瓶内直接吸取。

（5）絮凝处理应按以下步骤进行。

1）用 1mm 孔径洗筛除去样品中的杂质。

2）用 0.062mm 孔径洗筛将试样分成两部分。筛上部分不作反凝处理，筛下部分如沙量过多，应进行分样。

3）将试样移入沉降分析筒内，加纯水至有效容积 2/3 处，用搅拌器强烈搅拌 2～3min，搅拌速度每分钟往返不少于 30 次。

4）按本节前述规定选用和加入反凝剂，再搅拌 2min，加纯水至规定刻度，静置 1.5h 后即可进行分析。

7.6.2　泥沙颗粒分析方法

7.6.2.1　泥沙颗粒分析方法的分类与使用范围

1. 泥沙颗粒分析方法分类

泥沙颗粒分析方法可分为直接量测法和水分析法两类。直接量测法中主要有尺量法、筛分法；水分析法中主要有沉降法和激光法。沉降法又分粒径计法、吸管法、消光法、离心沉降法等。

2. 泥沙颗粒分析方法的使用范围

由于河流泥沙粒径粒径的变化范围很大，仅用一种颗粒分析方法不能满足需要，因此泥沙颗粒分析时应根据泥沙样品的种类、粒径范围、沙重和设备条件等情况，选用一种或多种方法配合完成分析任务。不同分析方法的适用粒径范围及沙重要求见表 7.24。

表 7.24　　　　　　　　　　泥沙颗粒分析方法及适用范围

方法	仪器名称	测得粒径类型	粒径范围 /mm	沙量或浓度范围		规格条件
				沙量 /g	质量比浓度 /％	
量测法	量具	三轴平均粒径	＞64.0	—	—	0.1mm 卡尺
	分析筛	筛分粒径	2.0～64.0	—	—	圆孔粗筛，框径 200/400mm
			0.062～2.000	1.0～20.0	—	编织筛，框径 90/120mm
				3.0～50.0	—	编织筛，框径 120/200mm

续表

方法	仪器名称	测得粒径类型	粒径范围 /mm	沙量或浓度范围		规格条件
				沙量 /g	质量比浓度 /%	
沉降法	沉降粒径计	清水沉降粒径	0.062~2.0	0.05~5.0	—	管内径 40mm，管长 1300mm
			0.062~1.0	0.01~2.0	—	管内径 25mm，管长 1050mm
	吸管	混匀沉降粒径	0.002~0.062	—	0.05~2.0	量筒 1000/600mL
	光电颗分仪	混匀沉降粒径	0.002~0.062	—	0.05~0.5	
	离心沉降 颗分仪	混匀沉降粒径	0.002~0.062	—	0.05~0.5	直管式
			<0.031	—	0.5~1.0	圆盘式
激光法	激光粒度分析仪	衍射投影球体直径	2×10^{-5}~2.0	—	—	烧杯或专用器皿

3. 改变分析方法的要求

当采用新的颗粒分析方法或改变主要技术要求时，应用标准方法或标样进行检验。采用新方法或改变主要技术要求后，小于某粒径沙重百分数的系统偏差的绝对值，在级配的 90% 以上部分应小于 1，在 90% 以下部分，用重力沉降分析法时应小于 2，用离心沉降分析法时应小于 3，小于某粒径沙重百分数的随机不确定度应小于 7。

4. 水分析法原理及沉速公式的选用

水分析法在泥沙颗粒分析中大量采用，水分析法也称沉降分析法，是根据不同粒径的泥沙，在静水中的沉降速度不同，利用有关沉速公式，测定泥沙颗粒级配的一种方法。水分析法中常用的有粒径计法、吸管法和消光法等。

泥沙沉速公式按粒径的不同，有以下几种，其中，式 (7.72)、式 (7.73) 为《河流泥沙颗粒分析规程》(SL 42—2010) 要求采用的公式。

(1) 司托克斯公式。当粒径小于等于 0.062mm 时，应采用司托克斯公式

$$\omega = \frac{g(\rho_s - \rho_w)}{1800\rho_w v}D^2 \qquad (7.72)$$

式中 ω ——沉降速度，cm/s；

D ——沉降粒径，mm；

ρ_s ——泥沙密度，g/cm³；

ρ_w ——清水密度，g/cm³；

g ——重力加速度，cm/s²；

v ——水的运动黏滞系数，cm²/s。

(2) 沙玉清公式。当粒径为 0.062~2.0mm 时，应采用沙玉清的过渡区公式

$$(\lg S_a + 3.665)^2 + (\lg\varphi - 5.777)^2 = -39.00 \qquad (7.73)$$

其中 $$S_a = \frac{\omega}{g^{1/3}\left(\dfrac{\rho_s}{\rho_w} - 1\right)^{1/3} v^{1/3}}$$

$$\varphi = \frac{g^{1/3}\left(\dfrac{\rho_s}{\rho_w} - 1\right)^{1/3} D}{10 v^{2/3}}$$

式中 S_a ——沉速判数；

φ ——粒径判数。

(3) 其他公式。以往也采用过岗恰洛夫公式。

1) 岗恰洛夫第二公式适用于粒径不大于 0.1mm 的泥沙。

$$\omega = 6.77\frac{\gamma_s - \gamma_w}{\gamma_w}D + \frac{\gamma_s - \gamma_w}{1.92\gamma_w}\left(\frac{T}{26} - 1\right) \qquad (7.74)$$

2) 岗恰洛夫第三公式，适用于粒径在 0.15~1.5mm 的泥沙。

$$\omega = 33.1\sqrt{\frac{\gamma_s - \gamma_w}{10\gamma_w}D} \qquad (7.75)$$

式中 D ——球体直径，mm；

ω ——沉降速度，cm/s；

γ_w、γ_s ——分别为水和泥沙的容重，g/cm³；

T ——试验时悬液的摄氏温度，℃。

7.6.2.2 尺量法

1. 方法原理

当颗分沙样是大的卵石或砾石时，可用卡尺直接测量卵石的长、宽、高（厚）三轴的尺寸，用几何平均或算术平均法求其平均粒径

$$D_1 = (abc)^{\frac{1}{3}} \qquad (7.76)$$

$$D_2 = \frac{1}{3}(a + b + c) \qquad (7.77)$$

式中 D_1 ——泥沙颗粒的几何平均粒径，mm；

D_2 ——泥沙颗粒的算术平均粒径，mm；

a ——颗粒长轴方向的长度，mm；

b ——颗粒垂直于 a 方向的最大宽度，mm；

c——颗粒垂直于 a 和 b 方向的最大厚度，mm。

也可用等容粒径法求卵石平均粒径。等容粒径法是将与卵石体积相等的球体直径作为卵石粒径。当测出卵石体积或称出卵石的重量后，等容球体直径为

$$D_3 = \sqrt[3]{\frac{6\overline{V}}{\pi}} = \sqrt[3]{\frac{6W_s}{\pi \gamma_s}} \qquad (7.78)$$

式中　　D_3——泥沙颗粒的等容粒径，mm；

　　　　W_s——卵石重量，g；

　　　　$\overline{V}$——卵石体积，mm^3；

　　　　γ_s——卵石容重，g/mm^3。

若卵石容重稳定不变时，则等容重直径与重量有函数关系，故可将等容直径刻在相应重量的称臂位置上，即可直接测定卵石的粒径。

2. 使用尺量法的主要设备

(1) 分离筛，孔径 64mm，外框直径 400mm。

(2) 游标卡尺，分度值 0.1mm。

(3) 台秤，分度值 10g，天平分度值 1g。

3. 分析步骤与技术要求

(1) 将全部样品用 64mm 孔径筛分离，筛下部分，视沙量多少用筛分法进行分离。

(2) 筛上卵石颗粒，依粒径大小次序排列后，分成若干自由组，其中最大粒径列为第一组。

(3) 每组挑选最大一颗或两颗用游标卡尺量其三轴，求出几何平均粒径，当整个样品卵石数量少于 15 颗时，应逐颗测量。

(4) 分别称量各组沙重。

4. 实测颗粒级配计算

(1) 小于某粒径沙重百分数为

$$P_i = \frac{W_{sui} + W_{si}}{W_{su} + W_{si}} \times 100\% \qquad (7.79)$$

式中　　P_i——全样小于某粒径沙重百分数，%；

　　　　W_{si}——筛下颗粒干沙重量，g；

　　　　W_{su}——筛上干沙重量或分样的干沙重量，g；

　　　　W_{sui}——卵石部分小于某粒径的累积沙重量，g。

(2) 点绘颗粒级配曲线。根据实测粒径和累积沙重百分数点绘颗粒级配曲线，从图上摘录规定粒径级及相应的累积沙重百分数。

尺量法适用于粒径大于 64mm 推移质和床沙，分析时也可将沙样按粒径分为 64～128mm、128～250mm、250～500mm、500～1000mm 分组，也可自由分组，然后在每组中选取最大及最小卵石各一个，称重求出粒径，根据测量结果，调整各组卵石，直至认为无误为止；最后称出各组卵石重量。再按粒径从小到大累积沙重百分数（包含粒径小于 64mm 用筛分析作颗分的沙重），作为绘制粒径级配曲线的上部

资料。

7.6.2.3　筛分析法

筛分析法是利用标准筛孔确定泥沙粒径的一种方法，是将各种孔径的标准筛，按孔径"上大下小"顺序重叠放置，将沙样置于最上层筛选，用振筛机震摇，然后分别称出留在各筛上的干沙重量再到得小于各筛孔径的干沙重，再除以总沙重，即可得到小于各种粒径的沙重百分数。

1. 筛分析法的主要设备

(1) 分析筛。筛孔为标准孔径系列，圆孔粗筛，孔径为 4mm 以上各级，筛框尺寸有 200mm 和 400mm 两种。方孔编织筛，孔径为 0.062～2mm 各级，筛框尺寸有 120mm 和 200mm 两种。筛框应为硬质不变形的金属材料，网布为耐腐蚀、耐磨损和高强度铜丝编织，筛框无受压变形，框网焊接牢固，光滑无缝隙。编织筛的经纬线互相垂直、无扭曲、断丝、凹陷。

方孔编织筛使用前或使用 1～3 年后，应用投影放大仪或高倍显微镜检测 1 次。当检测孔径与标号尺寸的偏差符合要求时方可使用。

(2) 振筛机。旋转敲击型式，应附有定时控制器，运行时差为每 15min 不超过 15s。

(3) 其他设备。分度值优于 10mg 和 1mg 天平各 1 台、电热干燥箱、超声波清洗机、游标卡尺、软质毛刷、平口铲刀等。

2. 沙样准备

筛分析所用沙样的准备工作主要解决两个问题：一是所用沙样的重量不能过大，以免破坏筛的标准规格，当沙样过大时，应进行均匀分样，取其一部分进行筛分；二是估计所用细沙（小于 0.1mm）的含量，然后确定是否使用水洗法作配合分析。当粒径小于 0.1mm 的沙重百分数大于 10% 时，此细沙应过洗筛，然后用水分析法分析。否则，全部沙样用筛分析法。作筛分的泥沙必须将沙样烘干后称重。用水分析的沙样先用置换法求其沙重。泥沙试样制备应满足以下要求。

(1) 推移质和床沙样品中粒径大于 16mm 的颗粒占总重 90% 以上时，可在现场用 16mm 孔径筛进行分离，筛上颗粒全部用于分析，筛下颗粒称其重量后直接参加颗粒级配计算，可不考虑含水影响。

(2) 推移质和床沙样品中粒径大于 16mm 的颗粒少于总重的 90%，且砾石、沙粒的重量超过 3kg 时，可按以下规定处理。

1) 用 16mm 孔径筛将全部样品进行分离，筛上颗粒全部作为卵石分析试样。

2) 筛下颗粒，在现场称其湿沙重，用四分法分

取 1～3kg 装入塑料袋，防止水分损失，带回室内准确称其湿沙重，然后烘干并称其干沙重。湿沙样的含水率为

$$\alpha = \frac{W'_{su} - W_{su}}{W_{su}} \qquad (7.80)$$

筛下颗粒的干沙重为

$$W_{sl} = \frac{W'_{sl}}{1 + \alpha} \qquad (7.81)$$

筛下颗粒重与沙样总重的比值为

$$C = \frac{W_{sl}}{W_{su} + W_{sl}} \qquad (7.82)$$

式中　α——湿沙样的含水率；

　　　W'_{su}——分样的湿沙重，g；

　　　W_{su}——分样的干沙重，g；

　　　W_{sl}——筛下颗粒的干沙重，g；

　　　W'_{sl}——筛下颗粒的湿沙重，g；

　　　W_{su}——筛上颗粒的干沙重，g；

　　　C——筛下颗粒重与沙样总重的比值。

（3）推移质和床沙样品中含有粒径大于 2mm 颗粒，但样品总重不超过 3kg 时，应全部烘干后，用 2mm 孔径筛将其分离，分别称出筛上、筛下颗粒重量。筛上砾石、卵石全部参加分析。筛下沙粒如沙量过多，可分取 50g 用于筛分析。

筛下颗粒重占沙样总重的比值可采用式（7.82）计算。当上述样品总重超过 3kg 时，用 2mm 孔径筛将全部样品进行分离后，筛下部分比照前述办法处理。

（4）推移质和床沙样品中无 2mm 以上颗粒且粒径小于 0.062mm 颗粒不足总沙重的 10％时，应将样品烘干后，碾压分散，分取 50g 作筛分析试样，当粒径小于 0.062mm 颗粒超过样品总重的 10％时，应先将样品过 0.062mm 孔径的洗筛，筛上颗粒全部用筛分析，筛下部分按沉降分析法要求进行试样制备。

3. 过筛

取筛一套，按孔径大小次序重叠放置（大孔径在上，小孔径在下），将干沙倒入顶层，加盖过筛。

（1）对粒径大于 2mm 的颗粒，将圆孔粗筛依孔径（32.0mm、16.0mm、8.0mm、4.0mm）组装成套，将试样置于套筛最上层逐级过筛，直至筛下无颗粒下落为止。当样品沙量过多时，可分几次过筛，同一组的颗粒可合并称重计算。

（2）对粒径小于 2mm 的颗粒，可用孔径依次为 2.0mm、1.0mm、0.5mm、0.25mm、0.18mm、0.125mm、0.09mm、0.062mm 筛和底盘组装成套，将试样倒在套筛最上层，用软质毛刷拂平，加上顶盖；移入振筛机座上，套紧压盖板，启动振筛机，定

时振筛 15min。

4. 逐级称量沙重

（1）从最上一级筛盘中挑出最大颗粒，用游标卡尺量其三轴并称其重量，列为第一粒径组。

（2）将每个筛上的泥沙，从上到下依次倒入已编号的盛沙皿中，分别称各级沙重。小于某粒径的沙重，为该筛孔以下各级沙重之和，由小到大逐级累计，直至最大粒径。

（3）当累计总沙重与备样沙重之差超过 1％时，应重新备样分析。

5. 颗粒级配计算

（1）粒径 2mm 以上部分的小于某粒径沙重百分数，比照尺量法公式进行计算。

（2）粒径 2mm 以下部分的小于某粒径沙重百分数，无分样情况时计算公式为

$$P_i = \frac{W_{sli}}{W_{su} + W_{sl}} \qquad (7.83)$$

有分样情况时为

$$P_i = \frac{W_{slv_i}}{W_{slv}} \times 100C \qquad (7.84)$$

式中　W_{sli}——代表筛下小于某粒径的沙重，g；

　　　W_{slv}——筛下用于分析的分样沙重，g；

　　　W_{slv_i}——筛下分样中小于某粒径的沙重，g。

（3）当分析筛孔径与规定粒径级不完全一致时，可根据实测粒径和累积沙重百分数点绘颗粒级配曲线，从图上摘录规定粒径级及相应的累积沙重百分数。

筛分析法具有设备简单，操作方便，明确直观，并能反映泥沙颗粒的几何尺寸等优点。其缺点是：由于泥沙颗粒形状的不同，同体积的泥沙其过筛率是不同的，筛析率也是不同的，筛析粒径不能代表等容积球体直径；筛分析法受筛孔径固定不变的影响，不宜控制泥沙级配转折点；筛孔使用长久，容易变形，使颗分成果产生误差。

7.6.2.4　粒径计分析法

粒径计分析法也称粒径计法，该法是将沙样注入盛满水的粒径计管的水面上，利用不同粒径的泥沙有不同的沉降速度，根据其降落到粒径计管底部的时间来计算泥沙沙样的颗粒级配的一种方法。

此法属于清水体系分析法，适用于粒径为 0.062～2.0mm 的粗颗粒泥沙。

1. 主要设备

（1）粒径计。粒径计是采用规定长度和内径的玻璃管，使泥沙在管内清水中静水沉降，以测定各粒径组干沙质量占总干沙质量百分数的设备。

粒径计管根据适用粒径范围和沙重不同，可分别

选用不同规格。常用的有以下两种，其主要参数
如下。

1）管长 1300mm，内径 40mm，沉降距离
1250mm，最大粒径观读沉距 1000mm。

2）管长 1050mm，内径 25mm，沉降距离
1000mm，最大粒径观读沉距 800mm。

粒径计管下端 80～100mm 处，开始逐渐收缩至
管底口内径 8mm，管内壁光滑，管身顺直，中部弯
曲矢距小于 2mm。

粒径计管标记应用钢尺测量，油漆刻画。沉降始
线由管的下口向上量至 1250mm 和 1000mm，在始线
以上 5mm 处为盛水水面线。最大粒径终止线在始线
以下 1000mm 和 800mm 处。

粒径计管应垂直安装在稳固的分析架上，分析架
位置适中，光线明亮，避免热源影响和阳光直射。管
高和两管间距以便于注样操作为宜。

（2）注样器。由带柄玻璃短管与皮塞组成。管长
45mm，外径为 34mm 或 22mm，柄长 20～30mm。注
样器盖为一圆薄片，直径略大于注样器外径，并用细
线与管柄连接。

（3）其他设备。其他设备中要有孔径为
0.062mm 的洗筛；分度值为 1mg 的天平；量度 0～
50℃，分度值 0.5℃ 的温度表；容积 30～50mL 的接
沙杯；容积 500mL 或 2000mL 的尾样放淤杯；电热
干燥箱；玻璃干燥器；秒表和时钟等。

2. 分析试样的准备

（1）试样经过大于 1mm 孔径洗筛除去杂质后，
再经孔径 0.062mm 筛水洗过筛，将其分离为两部分，
筛上部分用本法分析。

（2）当沙重超过本法规定范围时，可用两只或多
只注样器盛装，分别进行分析，同粒径级的沙重可以
合并处理。

（3）将试样移入注样器，注入纯水至有效容积
4/5 处。

3. 分析步骤

（1）将粒径计管下端管口套上皮嘴，管内注入纯
水至水面线。

（2）为每只粒径计管配备数个接沙杯，并注
纯水。

（3）观测管内水温，准备操作时间表和计时
钟表。

（4）将注样器加上盖片，手握注样器，拇指按
住盖片，摇匀试样。在预定分析前 10s，将注样器
倒立，松开拇指，将试样移入粒径计管内，按预定
分析开始时间，迅速准时接触水面，同时开动秒表，

旋紧皮塞，观读和记录最大粒径到达"终线"的
时间。

（5）当管口旋紧皮塞后，立即拔掉下管口皮嘴，
放上第一个接沙杯。当第一组粒径沉降历时终了时，
迅速将杯移开，同时换上第二个接沙杯，如此交替进
行，直至最后一级。各粒径级按沉降时间表计算的时
间换杯。

（6）将管内余样放人尾样杯，澄清后将沉积泥沙
移入小于 0.062mm 粒径级杯内。

（7）各接沙杯澄清后，小心倾出上层清水，移入
电热干燥箱，在 100～105℃ 条件下，烘至无明显水
迹后，再继续烘干 1h。

（8）待干燥箱内温度降至 60～80℃ 后，将接沙
杯移入干燥器内，加盖冷却至室温，逐个称重，并用
式（7.85）计算各粒径组沙重

$$W_{si} = W_{sib} - W_b \qquad (7.85)$$

式中　　W_{si} ——某粒径组沙重，g；

　　　　W_{sib} ——某粒径组沙、杯总重，g；

　　　　W_b ——某杯空杯重，g。

（9）颗粒级配成果计算。粒径计分析小于某粒径
沙重百分数可参照式（7.83）进行计算。

7.6.2.5　吸管法

1. 基本原理

吸管法也称吸管分析法、移液管法。吸管法与消
光法均属于混匀体系分析法。混匀体系是将分析沙样
放入一定容积的量筒内，加分析用水至刻度，充分搅
拌均匀后的瞬间，在悬液中的任何位置上，不但含沙
量数值相同，而且所含颗粒级配组成亦相同。此时若
在悬液内任意位置上吸一定容积的悬液，测定其沙
重，则悬液的总重为

$$W_{s0} = \frac{W_s}{V_s} V = C_s V \qquad (7.86)$$

式中　　W_{s0} ——量筒内悬液的总沙重，g；

　　　　W_s ——测定的沙重，g；

　　　　V_s ——悬液内任意位置上吸一定容积的悬
液，cm³；

　　　　V ——量筒内悬液的总容积，cm³；

　　　　C_s ——量筒内悬液的全部颗粒的含沙量，
g/cm³。

在一定深度，t_1 时刻吸取一定体积的溶液，并测
定重量，其相应的小于该粒径沙重占总沙重的百分
数为

$$P_1 = \frac{W_{s1}}{V_1} \frac{V}{W_{s0}} \times 100\% \qquad (7.87)$$

式中　　V_1 —— t_1 时刻后吸取溶液容积，cm³；

　　　　W_{s1} —— t_1 时刻后测定的重量，g。

同理，可以求得小于其他粒径的沙重百分数。

为了使泥沙颗粒在量筒中能自由分散的沉降，量筒中必须加反凝剂，且悬液的浓度要适中。

吸管法适用于粒径小于 0.002～0.00621mm，且浓度为 0.1%～2.0% 的悬液沙样。

2. 吸管法的主要设备

吸管法的主要设备有吸管、量筒、搅拌器、洗筛、盛沙杯、温度计、烘箱等。

（1）吸管装置有手持式和机械式两种。吸样容积为 20mL 或 25mL 的玻璃质大肚型直管，底部封闭，进水口开在近底四周的侧壁上，有孔径为 1.0～1.5mm 的孔眼 4 个。手持吸管的装置结构见图 7.25。

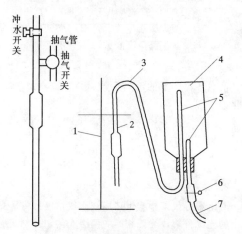

图 7.25　手持吸管装置结构图
1—仪器架；2—吸管；3—橡皮管；4—玻璃瓶；
5—玻璃管；6—弹簧夹；7—真空水泵

（2）量筒高约 450mm，容积为 600mL 或 1000mL。

（3）搅拌器可用手持搅拌器或双管机械搅拌器。

（4）其他设备有孔径 0.062mm 的洗筛、盛沙杯、温度计、烘箱等。

3. 吸管法分析步骤

（1）试样制备絮凝处理后，再静置 1.5h，开始进行吸样分析。

（2）测记悬液温度，准备好吸管、分析记录表、计时表、操作时间表等。

（3）用搅拌器在量筒近底处强烈搅拌 10s，然后再上下搅拌 1min，往复各约 30 次，使悬液中泥沙均匀分布。并注意搅拌器每次向下应触及筒底，向上不能提出水面。

（4）试样总沙重可用置换法求得，或搅拌停止后，随即在液面下 200mm 处吸代表样一次，烘干称重，以此换算总沙重。

（5）吸样的粒径级配应能控制样品的级配变化，一般为 0.031mm、0.016mm、0.008mm、0.004mm，必要时可以分析到 0.002mm，其相应的吸样深度分别为 200mm、200mm、100mm、100mm、50mm。同时备有吸样时间表，按时间吸取相应粒径的样品。

（6）吸管应垂直缓慢自量筒中央插入和取出，吸样历时为 15s，并将其等分在规定时间的前后，吸样速度应均匀吸样历时和吸样深度应掌握准确。

（7）试样容积为 1000mL 或 600mL 时，每次吸样 25mL 或 20mL，吸样量应准确，吸多了不应倒回，吸少了不应再吸，而是按实际吸样体积计算沙重。

（8）吸出试样注入相应的盛沙杯内，并用少量纯水冲洗吸管内壁，清洗液一并注入盛沙杯中。

（9）烘干和称量各盛沙杯内沙重。

（10）当试样浓度低于 0.2% 时，可采用重复吸样和合并处理的方法。

4. 颗粒级配计算

粒径大于 0.062mm 的筛上部分，小于某粒径沙重百分数可比照尺量法公式进行计算；粒径小于 0.062mm 筛下部分，小于某粒径沙重百分数为

$$P_i = \frac{W_{sl_i} - a}{W_{sl_j} - a} \times 100C \qquad (7.88)$$

式中　　W_{sl_i}——筛下部分小于某粒径的吸样沙重，g；

　　　　W_{sl_j}——筛下部分试样搅拌均匀时的吸样沙重，g；

　　　　a——吸样体积内分散剂重，g；

　　　　C——某粒径组沙重与各组总沙重的比值。

当吸样容积多于或少于预定容积时，应乘以容积改正系数。

7.6.2.6　消光法

1. 基本原理

消光法也称消光分析法，该法是利用泥沙颗粒对光的吸收散射等消光作用，连续测定泥沙浑水沉降过程中不同时间的光密度计算浑液的含沙浓度来推求泥沙颗粒级配的一种方法。消光法测量颗粒级配的原理是基于泥沙粒子时光的吸收、散射等消光作用。

当光线穿过一定厚度的浑水层时，光强度将被减弱，其减弱的程度与浑水中所含泥沙的多少及颗粒组成有关。其关系可用式（7.89）表示

$$I = I_0 e^{-kC_s L/D} \qquad (7.89)$$

式中　k——消光系数（与泥沙颗粒的几何形状、颗粒大小及光介质性质等有关）；

　　　C_s——浑水的含沙量；

　　　D、L——泥沙粒径、浑水层的厚度；

　　　I_0、I——入射光强、穿过浑水后光强（即透射光强）。

对式（7.89）推导得

$$\frac{I_0}{I} = e^{kC_s L/D}$$

再两边取对数得

$$\ln \frac{I_0}{I} = 2.3 \lg \frac{I_0}{I} = \frac{kC_s L}{D} \qquad (7.90)$$

式中　$\lg \dfrac{I_0}{I}$——消光量。当悬液厚度一定时，消光量与消光系数、浑水含沙量及泥沙粒径有关。

在混匀状态的悬液中，各不同粒径泥沙的消光作用具有近似的独立性。在分析水样中，将水样中全部粒径按粒径大小区分开来，分别求出每一种粒径在水样混匀状态下的含沙量（假设其他粒径不存在），并测出消光量，则水样中各种粒径混合在一起混匀状态下的消光量等于各种粒径分别在混匀状态下测得的消光量之和。用公式表示为

$$\lg \frac{I_0}{I} = \lg \frac{I_0}{I_1} + \lg \frac{I_0}{I_2} + \cdots + \lg \frac{I_0}{I_i} + \cdots$$

式中　　I_1、I_2、$\cdots$、I_i——水样中单纯由粒径为 D_1、D_2、$\cdots$、D_i 引起消光后的光强；

$\lg \dfrac{I_0}{I_1}$、$\lg \dfrac{I_0}{I_2}$、$\cdots$、$\lg \dfrac{I_0}{I_i}$——各种粒径单独形成的消光量。

进一步可以推出悬液中介于某两种粒径之间的含沙量与消光量之间的关系。设水样混匀后的 t_1 时刻水面一层等于 D_1 粒径的泥沙，刚刚沉到入射光线上，此时消光量为

$$\lg \frac{I_0}{I_{t1}} = \lg \frac{I_0}{I_1} + \lg \frac{I_0}{I_2} + \cdots + \lg \frac{I_0}{I_i} + \cdots$$

在 t_2 时刻，大于 D_2 的粒径皆沉到入射光线以下，D_2 的粒径则刚沉到入射光线上，其消光量为

$$\lg \frac{I_0}{I_{t2}} = \lg \frac{I_0}{I_1} + \lg \frac{I_0}{I_2} + \cdots + \lg \frac{I_0}{I_i} + \cdots$$

上面两式中：I_{t1}、I_{t2} 分别为对应粒径 D_1、D_2 消光后的光强度。设在 D_1、D_2 之间，还有许多粒径，上两式相减，并用 $I_{1,2}$ 表示粒径介于 $D_1 \sim D_2$ 之间引起消光后的光强度，则

$$\lg \frac{I_0}{I_{t1}} - \lg \frac{I_0}{I_{t2}} = \lg \frac{I_0}{I_{1,2}}$$

$\lg \dfrac{I_0}{I_{1,2}}$ 为介于 $D_1 \sim D_2$ 之间泥沙的消光量。按照公式（7.90），并考虑上式，则有

$$\lg \frac{I_0}{I_{t1}} - \lg \frac{I_0}{I_{t2}} = \frac{1}{2.3} \frac{kC_{1,2} L}{D_{1,2}}$$

因此介于 $D_1 \sim D_2$ 之间泥沙的含沙量为

$$C_{s1,2} = \frac{2.3 D_{1,2}}{kL} \left(\lg \frac{I_0}{I_{t1}} - \lg \frac{I_0}{I_{t2}} \right) \qquad (7.91)$$

同理，介于 $D_2 \sim D_3$ 之间泥沙的含沙量为

$$C_{s2,3} = \frac{2.3 D_{2,3}}{kL} \left(\lg \frac{I_0}{I_{t2}} - \lg \frac{I_0}{I_{t3}} \right)$$

由于悬液水样中总的含沙量等于各种粒径含沙量之和，则

$$C_s = C_{s1,2} + C_{s2,3} + C_{s3,4} + \cdots + C_{si,i+1} + \cdots \qquad (7.92)$$

在混匀悬液中，小于某粒径沙重的百分数，可用小于某粒径以下的各粒径组的含沙量与总含沙量之比求得，算式为

$$P_i = \frac{C_{si,i+1} + C_{si+1,i+2} + \cdots}{C_{s1,2} + C_{s2,3} + \cdots + C_{si,i+1} + C_{si+1,i+2} + \cdots}$$

$$= \frac{\sum\limits_{j=1}^{i} \dfrac{2.3 D_{j,j+1}}{kL} \left(\lg \dfrac{I_0}{I_j} - \lg \dfrac{I_0}{I_{j+1}} \right)}{\sum\limits_{i=1}^{n} \dfrac{2.3 D_{i,i+1}}{kL} \left(\lg \dfrac{I_0}{I_i} - \lg \dfrac{I_0}{I_{i+1}} \right)} \qquad (7.93)$$

设在各粒径下的消光系数 k 为常数，式（7.93）简化为

$$P_i = \frac{\sum\limits_{j=1}^{i} D_{j,j+1} \left(\lg \dfrac{I_0}{I_j} - \lg \dfrac{I_0}{I_{j+1}} \right)}{\sum\limits_{i=1}^{n} D_{i,i+1} \left(\lg \dfrac{I_0}{I_i} - \lg \dfrac{I_0}{I_{i+1}} \right)} \qquad (7.94)$$

2. 消光法光电颗分仪

光电颗分仪即根据上述原理制成，仪器将从光源发出的光线分解成光强相等的两个光路，分别照射一个内盛蒸馏水，一个内盛泥沙悬液的两个容积、尺寸、材料完全相同的玻璃沉降皿，光线透过后，分别照射在两个规格、参数相同硅光电池上，将光强转换成电压，再输入到对数差转换电路，最后输出一个与消光量相应的 μ 值（消光量 $\lg \dfrac{I_0}{I}$）。

仪器进行颗分时，光线位置稳定不动，沉降皿以适当速度匀速下降，相当于光束自下而上进行扫描（即不同级颗粒沉降后的状况），记录纸的移动速度与沉降皿的下沉速度相配合，纸纵坐标表示沉降时间，横坐标代表 μ 值。由于开始时，沉降皿包含全部泥沙，消光后的光强 I 最小，其相应的消光量最大，即 μ 值最大，以后随着大颗粒泥沙的逐渐下沉到光线以下，I 逐渐增大，消光量逐渐减小，即 μ 值渐减小。记录笔随光线的扫描，在记录纸上绘出一条 μ—t 曲线，见图 7.26。

3. 颗分计算

若光电颗分仪沉降皿的悬液高度为 10cm，泥沙颗粒沉速为 1cm/min。根据预先确定的几个特定粒径 D_1、D_2、$\cdots$，按照司托克斯公式计算出对应于各个粒径的沉降时间 t。司托克斯公式转换为

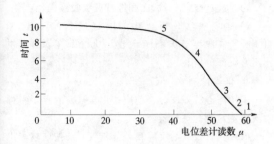

图7.26 某型光电颗分仪颗分记录曲线

$$\omega = \frac{L}{t} = \frac{r_s - r_w}{1800\mu}D^2$$

则
$$D = \sqrt{\frac{1800\mu}{r_s - r_w} \cdot \frac{L}{t}} \qquad (7.95)$$

设沉降皿以均速 V_1 下沉，水面层的泥沙到光线之间的沉距是变动的，因此 t 时的沉距应是 $(L - V_1 t_0)$，代入式（7.95）得

$$D = \sqrt{\frac{1800\mu}{r_s - r_w} \cdot \frac{L - V_1 t}{t}} \qquad (7.96)$$

当 $L=10\text{cm}$，$V_1 = 1\text{cm/s}$ 时，可求得各种粒径的沉降历时 t。

当粒径区间的划分较小时，$D_{i,i+1}$ 可用 $\frac{(D_i + D_{i+1})}{2}$ 代替，消光量用 μ 代替，则式（7.94）可写成

$$P_i = \frac{\sum\limits_{j=1}^{i} \frac{D_j + D_{j+1}}{2}(\mu_1 - \mu_{i+1})}{\sum\limits_{i=1}^{n} \frac{D_i + D_{i+1}}{2}(\mu_1 - \mu_{i+1})} \qquad (7.97)$$

4. 光电颗分仪测试

新仪器在使用前或当仪器技术参数可能发生变化时，应按以下规定对仪器进行线性测试和泥沙颗粒级配精度检测。

（1）沉沙盒透光悬液浓度与光密度线性关系的测试步骤

1）取经过 0.062mm 洗筛的适量沙样注入 1000mL 或 600mL 量筒内，按规定加入反凝剂，并加纯水至满刻度，搅拌分散。

2）用吸管吸取不同体积的浑匀样品注入沉沙盒内，加纯水至满刻度线，测记水温，并分别测定其光密度值。

3）点绘试样不同浓度与相应光密度值的关系曲线，其中的直线段即为仪器的可使用范围。

4）调试仪器专用旋钮，可以调整线性范围，但调试后，应重复以上线性测试步骤进行检查。

（2）泥沙颗粒级配精度检测步骤

1）取有代表性的泥沙样品制备吸管法试样。

2）从制备好的试样中用吸管吸出一部分。

3）用吸管法和消光法分别对以上试样进行颗粒级配测定。

4）比测结果以吸管法为准，小于某粒径级沙重百分数相差应不大于4，系统偏差应不大于2。

5. 消光法分析试样制备

消光法分析试样制备应按以下规定进行。

（1）用分样器分取符合要求的沙重。

（2）用置换法测定试样沙重。

（3）将已知沙重的试样过 0.062mm 孔径的洗筛，筛上部分用其他方法测定颗粒级配，筛下部分接入 600mL 量筒中。

（4）将量筒内的试样加入适量的反凝剂，并加纯水 300~500mL，充分搅拌分散，静置 1.5h 后作消光法分析。

6. 消光法分析的操作步骤

（1）开机预热。

（2）调试仪器。记录仪指针零点检查、走纸速度和扫描方式选择，沉降距离检查及仪器说明书要求的有关内容检查。

（3）充分搅拌量筒中制备好的样品，停止搅拌的同时，随即用吸管吸取适量试样注入沉沙盒内，加纯水至满刻度线并测记水温。

（4）搅拌沉降盒内试样使其均匀，停止搅拌的同时，沉降计时开始。

（5）在沉降过程中，根据选择的沉降扫描方式对试样进行扫描。

（6）根据选用的仪器情况，事先输入或在分析结束后填写记录曲线速度、样品来源、取样日期、分析日期和试样水温等。

7. 颗粒级配计算

（1）筛上部分可比照尺量法进行计算。

（2）筛下部分小于某粒径沙重百分数用式（7.98）计算。

$$P_i = \frac{\sum\limits_{j=1}^{i} \frac{D_j}{K_j} u_j}{\sum\limits_{j=1}^{n} \frac{D_j}{K_j} u_j} \times 100C \qquad (7.98)$$

式中 P_i——小于某粒径沙重百分数，%；

D_j——某粒径组上、下限粒径的算术平均值，mm；

u_j——某粒径组上、下限粒径相对应的光密度的差值；

K_j——消光系数，当分析下点为 0.004mm 时，消光系数可作常数处理；

C——某粒径组沙重与各组总沙重之比值；

i——测试粒径级序号；

n——序号列总长。

7.6.2.7　离心沉降法

离心沉降法主要用于粘粒为主的泥沙样品分析。

1. 方法原理

泥沙颗粒在离心场中沉降受到两个方向相反的作用力：一个是离心力，一个是阻力。在层流区可得

$$\frac{\pi}{6}(\rho_s - \rho_w)D^3 \frac{d^2 r}{dt^2} = \frac{\pi}{6}(\rho_s - \rho_w)D^3 \omega^2 r - 3\pi D\mu \frac{dr}{dt}$$

$$(7.99)$$

式中　　r——轴心至颗粒的距离；

$\dfrac{dr}{dt}$——泥沙颗粒外向运动速度；

ρ_s、ρ_w——泥沙颗粒和沉降介质的密度；

μ——沉降介质的黏度系数；

D——泥沙颗粒的当量球体直径；

ω——离心机的角速度。

当离心力和阻力相等即加速 $\dfrac{d^2 r}{dt^2} = 0$ 时，式 (7.99) 可改写为

$$\frac{dr}{dt} = \frac{(\rho_s - \rho_w)}{18\mu} D^2 \omega^2 r \qquad (7.100)$$

设直径为 D 的泥沙颗粒距离轴心 R_1 的悬液表面沉降到距轴心 R_2 处的时间为 T，对式 (7.100) 进行积分，可求得

$$D = \sqrt{\frac{18\mu \ln \dfrac{R_2}{R_1}}{(\rho_s - \rho_w)\omega^2 T}} \qquad (7.101)$$

此类仪器均与消光法原理相同，只要测得各个时刻光密度的变化曲线，即可计算得泥沙颗粒的相对含量及颗粒级配。

2. 离心沉降法的仪器设备

离心仪的结构包括光路、离心机、记录 3 个部分，而以沉沙盒的形状不同分为圆盘式和直管式两种仪器形式。

(1) 离心沉降颗粒分析仪。有清水沉降的圆盘式和浑匀沉降的直管式两种。根据层流区雷诺数的范围和泥沙样品情况，结合仪器特点。应对试样浓度的选用、沉降介质的配制、仪器转速的选定等与吸管法进行对比试验，具体确定该仪器的适宜浓度、沉降介质和仪器转速等适用技术条件。

(2) 其他设备。其他主要设备有量筒、吸管、搅拌器、天平、洗筛、温度计等。

3. 离心沉降法分析试样制备

(1) 直管式离心沉降颗粒分析仪的试样制备与消光法相同。

(2) 圆盘式离心沉降颗粒分析仪的试样制备包括以下几点。

1) 按吸管法制备试样和进行分级吸液操作。

2) 当吸管法分析至 0.031mm 或 0.004mm 时，再用吸管吸取小于 0.031mm 或 0.004mm 的试样，供作离心沉降分析。

4. 仪器检测

采用离心沉降法分析前应按以下规定对仪器特性和测得颗粒级配进行检测。

(1) 直管式离心沉降颗粒分析仪，应按前述光电颗分仪规定进行线性测试。

(2) 离心沉降分析的颗粒级配，也应按前述光电颗分仪有关规定进行检测，小于某粒径级沙重百分数的系统偏差应小于 3。

5. 操作步骤

离心沉降分析的操作步骤如下。

(1) 开机预热。

(2) 对仪器进行检查调试。

(3) 输入专用程序。

(4) 输入测试粒径的分级数、预置各粒径级。

(5) 输入试样名称、取样地点、取样日期、分析日期、试样密度、沉降介质密度和黏度等。

(6) 选择分析方式。

(7) 圆盘式离心仪，从制备好的样品中吸取适量试样进行测试；直管式离心仪，可直接将消光法或吸管法分析的试样进行离心沉降分析。

(8) 测试完毕，计算机输出各种数据和沙重分布图表等结果。

6. 颗粒级配计算

颗粒级配计算，应按以下规定进行。

(1) 浑匀沉降分析的颗粒级配按式 (7.98) 计算。

(2) 清水沉降分析的颗粒级配用式 (7.102) 计算：

$$P_i = \frac{\sum\limits_{j=1}^{i} \bar{\rho}_j \bar{\omega}_j \Delta t_j}{\sum\limits_{j=1}^{n} \bar{\rho}_j \bar{\omega}_j \Delta t_j} \times 100C \qquad (7.102)$$

式中　P_i——小于某粒径沙重百分数，%；

$\bar{\rho}_j$——时距内的泥沙平均浓度；

$\bar{\omega}_j$——时距内的泥沙平均沉速；

Δt_j——时距，s；

C——某组沙重与各组总沙重之比值。

(3) 同一样品的不同粒径级分别由不同方法测定时，应根据各颗分方法的分级沙重与总沙重的关系，将分段测定的颗粒级配合成为统一的小于某粒径沙重百分数。

7.6.2.8　激光法

1.基本原理

激光法是激光粒度分析仪法的简称。该法是利用激光粒度分析仪（也称激光粒度仪）进行泥沙颗粒分析的一种方法。激光粒度仪是根据颗粒能使激光产生散射这一物理现象测试粒度分布的。由于激光具有很好的单色性和极强的方向性，所以一束平行的激光在没有阻碍的无限空间中将会照射到很远的地方，并且在传播过程中很少有发散的现象。

散射理论表明，当光束遇到颗粒阻挡时，一部分光将发生散射现象，散射光的传播方向将与主光束的传播方向形成一个夹角（θ），夹角的大小与颗粒的大小有关，颗粒越大，产生的散射光的夹角就越小；颗粒越小，产生的散射光的夹角就越大。即小角度的散射光是由大颗粒引起的；大角度的散射光是由小颗粒引起的，散射光的强度代表该粒径颗粒的数量。这样，测量不同角度上的散射光的强度，就可以得到样品的粒度分布。

为了有效地测量不同角度上的散射光的光强，需要运用光学手段对散射光进行处理。如在光束中的适当的位置上放置一透镜，在该透镜的后焦平面上放置一组多元光电探测器，这样不同角度的散射光通过透镜就会照射到多元光电探测器上，将这些包含粒度分布信息的光信号转换成电信号，并传输到电脑中，通过专用软件对这些信号进行处理，就会准确地得到所测试样品的粒度分布。

2.激光粒度分析仪的结构与工作过程

（1）激光粒度分析仪的结构。以 Malvern 仪器公司 MS2000 型激光粒度分析仪为例，其原理结构见图 7.27。

激光粒度分析仪由主机、供样器、计算机 3 部分集成件组成。

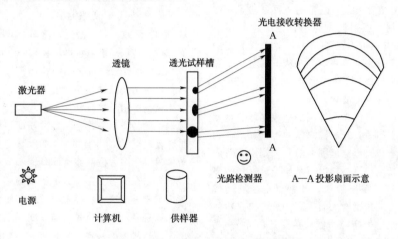

图 7.27　激光粒度分析仪原理结构示意图

主机的主要部件包括激光器（光源）、透光试样槽（样品盒）、光路光具（光学透镜等）、光信号接收与光电转换器、光路系统监控器以及电源等。

供样器集成件的作用就是将样品分散混匀，并传送到主机以便于测量。它是可选配的一个系列，有全自动的湿法和干法供样器，半自动及小样供样器等。湿法供样用液体（水）作分散剂，水泵驱动循环；干法供样用空气作分散剂，空气压缩机驱动；小样供样器也用液体（水）作分散剂，只是试样和分散剂用量都很少，适于贵重样品或小样品。

标识为 Hydro 2000G 的湿法供样器，是泥沙颗分的基本供样器，主要部件包括试样池、试样泵、螺旋桨搅拌器、超声分散器、向试样槽供样和退样的循环管路以及试样池与供、退液体分散介质（泥沙粒度分析分散介质为水）的连接管路等。其最大优势是可设置为自动测量模式（SOP）。

激光粒度分析仪外配微计算机，通过硬件、软件接口与主机、供样器集成件联结，激光粒度分析仪配置有专用软件。计算机发出指令和接收信息，监控激光粒度分析仪的工作。

MS2000 型激光粒度分析仪配置两只激光器，一只波长 $\lambda = 632.8nm$（红光），一只波长 $\lambda = 466nm$（蓝光）。因为瑞利（Lord. J. W. S. Rayleigh）散射的强度与直径的 6 次方成正比，与波长的 4 次方成反比，细颗粒的瑞利散射较弱，要提高细颗粒散射的强度，就得用小波长的光，所以蓝光适于分析很细的颗粒。仪器对激光器的稳定性要求较高。MS2000 型激光粒度分析仪的启动达稳时间为 15min。

光路在透光试样槽（样品盒）之前的部分可等效为一个傅立叶光信息变换的透镜，激光器放在焦点上，激光通过后成为平行光，平行光射入进样器将相同粒径颗粒衍射、散射的平行光聚集在焦平面的特定位置，而将不同粒径颗粒衍射、散射的非平行光聚集在焦平面的不同位置，呈规律性分布，以实现按粒径分离的颗粒分析。

从原理上说衍射光束在某个方向（此为水平方向）的衍射弥散角与光孔（阻）在该方向的线度（a）成反比关系，即有

$$a\theta = \lambda \qquad (7.103)$$

式中　　θ——衍射弥散角；

　　　　a——光孔（阻）在该方向的线度；

　　　　λ——波长。

波长确定后，颗粒的线度（a）从大到小与弥散角（θ）从小到大的变化相应，光信号接收与光电转换器的安置也应与之相应，即大 a 的颗粒的检测器可以短、少（或灵敏度低）些，小 a 的颗粒的检测器需要长、多（或灵敏度高）些。通常的一种方法是，在光路中将收集衍射、散射的投光面设计成一个扇形（实际在垂直光轴方向可不在同一平面），依投影扇面的布局设置多级条形光电检测器，并从下向上逐步加长，接收从大到小各级颗粒的衍射、散射的光信号，以适应弥散角从小到大的变化。

激光粒度分析仪考虑光电检测器接收的能流密度和节省仪器整体空间后，光电检测器的布置和器件选择相当复杂。一般在扇形宽范围由前向、侧向、背向三维多元固体硅光电检测器群组、暗场光学标线和多元自动快速光路准直系统组成。其特点是非均匀排列，检测器灵敏度随角度增大而提高；对落出主检测器的小粒子散射光，用副检测器使接受角由 $40°$ 提高到 $135°$，从而实现了全量程直接测量各种真实粒径，分辨率大为提高的目标。

设计光信号接收与光电转换器时，为了提高颗粒粒径分析的分辨率，光电检测器的级数应多些，但每个光电检测器的信号强度又不能小。研究认为，在 $0.02\sim2000\mu m$ 粒径范围，按激光粒度分析仪的模型，布置约 50 级光电检测器是合适的。

光电检测器通过接口外接计算机，由计算机接收并处理数据信号。

MS2000 型激光粒度分析仪适于分析 $0.020\sim2000\mu m$ 的颗粒。透光试样槽是一个透光的中空薄槽，其与光路正交方向的槽宽约 $3000\mu m$，大于 $2000\mu m$ 的颗粒一般不能进入透光试样槽，实际试样中若有大于 $2000\mu m$ 的颗粒，应先进行筛分析，将大于 $2000\mu m$ 的颗粒分出。透光试样槽与光路正交方向的槽宽制做得很窄，也是为了避免颗粒层叠而产生多次散射。

（2）激光粒度分析仪的工作过程。激光粒度分析仪工作的大致过程是：激光器发出的单色光，经光路变换为平面波的平行光，射向光路中间的透光试样槽（样品盒），分散在介质中的大小不同颗粒遇光发生不同角度的衍射、散射，衍射、散射产生的光投向布置在不同方向的分立的光信息接收与光电转换器，光电转换器将衍射、散射转换的信息传给微计算机进行处理，转化成粒子的分布信息。

对湿法供样器，透光试样槽外接供样器循环系统，循环系统输送分散在液体分散剂中的颗粒在透光试样槽循环。在设定的分析时间内，一个颗粒可多次循环通过进样器，加之激光器和光信号接收与光电转换器可以每秒千多次的频率发射和接受，因此同一颗粒可很多次的得到测量分析。

激光粒度分析仪的测量成果可由计算机输出，通常用颗粒粒径体积丰度级配频率分布图与颗粒粒径体积丰度级配频率分布数表来表达。

3. 粒径分析成果描述

（1）颗粒粒径。激光粒度分析仪测出的是颗粒迎光方位的特征尺度（投影粒径），并由此代表特征球径 D。由于许多颗粒和同一颗粒的不同方位态在激光粒度分析仪透光试样槽中的复杂分布与不停运动，加之频率极高的信号采样快照，使得光信号接收与光电转换器中的各光电检测器，在分析时段收到的是一个窄带特征尺度 D 的混合平均。这与实际测量不规则大颗粒体时常用多方位的线度平均表征其体积当量等效径的方法在概念上是一致的，也与筛分法的多状态过筛情况相近。这一粒径常被看作与颗粒体积当量等效的球体直径，并用公式 $V = \pi D^3/6$ 计算颗粒体积。

（2）样本颗粒群颗粒粒径级配的表达。激光粒度分析仪测量成果以样本颗粒群中颗粒粒径级的丰度级配度量，通常用某粒径级的颗粒体积占样本总体积的比例频率描述，表达为某粒径级体积占样本颗粒群体积的百分数或小于某粒径部分体积占样本颗粒群体积的百分数。与水文泥沙界通常用某粒径级的颗粒质量占样本总质量的比例的描述相比，在物质（泥沙）密度确定时是一致的。事实上，对具体区域和一般工程，总是将泥沙密度取确定值的。

在计算机处理后，粒径丰度级配频率分布可用颗粒粒径为横坐标，以分级颗粒粒径体积（质量）占样本体积（质量）的比例（百分数）为纵坐标的坐标系中的分布曲线描述，称为颗粒粒径体积（质量）频率分布图；也可以颗粒粒径为横坐标，以小于（大于）某粒径体积（质量）占样本体积（质量）的比例（百分数）为纵坐标的坐标系中的曲线描述，称为颗粒粒径体积（质量）累积频率分布图。由累积频率分

布图可查读 d_{50}、d_{15}、d_{85}、d_{90}、d_{10} 等特征粒径。

4. 仪器设备及要求

(1) 激光法使用的仪器为激光粒度分析仪,基本设备应有光学测量系统、样品分散进测系统、计算机(含软件),以及备样配样辅助设备。

(2) 光学测量系统应符合以下要求。

1) 高稳定的激光器,精密的光路,便于清洗的样品检测窗。

2) 测量机构可调整光闪烁检测频率。

3) 灵敏可靠一致性良好的光信号感测组件,信号感测(快照)频率应与光闪烁检测频率相同且同步。

4) 重复性和准确性误差不超过仪器限定值。

5) 光学测量系统与样品分散循环系统应方便对接,后者的运转不干扰前者的测量。

6) 光学测量系统与计算机信号传输良好。

7) 整体结构稳固并便于维护维修。

(3) 样品分散循环系统应符合以下要求。

1) 配备速度可调的搅拌器和循环泵、强度可调的超声波分散器,其单件或组合件应牢固且运转灵活。

2) 配备样品分散循环系统与测量检测窗连通的管路。

3) 配备贮样容器或容量 500/600/1000mL 的烧杯。

4) 配备与计算机连接的控制机构。

5) 便于清洗、维护与维修。

(4) 计算机及软件应符合以下要求。

1) 计算机的配置应能满足仪器操控和粒度分析专用软件运行的要求。

2) 粒度分析专用软件和通用软件之间信息交换顺畅。

3) 粒度分析专用软件应具有即时显示检测进程信息,提供问询的对话窗口,有设计描述成果和用户报告等功能。

(5) 仪器使用标准粒子进行自校准频次应符合以下要求。

1) 新购仪器和校准周期的对应日。

2) 仪器在运行过程中,检测数据有可疑现象发生时。

3) 仪器出现较大故障维修后。

4) 仪器脱离了分析室的直接控制及返回后。

(6) 新购仪器应对仪器泵速和搅动速度、超声分散时间和强度、检测数据采集时间、遮光度(检测浓度)、颗粒物质折射率和吸收率、分散剂(水)折射率等参数进行率定,率定参数可存记引用。测试泥沙的参数率定方法步骤宜符合以下要求。

1) 选取具有代表性且特征组成稳定的泥沙样品细($D_{50} \leqslant 0.025\text{mm}$)、中($0.025\text{mm} < D_{50} < 0.050\text{mm}$)、粗($D_{50} \geqslant 0.050\text{mm}$)各 3 个;

2) 确定对测量结果产生影响的参数 N_1,N_2,$\cdots$,N_i;

3) 对某一个泥沙样品,率定参数 N_1 时,将其余 $i-1$ 个参数,分别固定在仪器厂商提供的经验值上,对参数 N_1 在允许取值范围内分成若干档进行测量,获取一系列级配数据。在同一坐标系套绘这些系列数据的级配曲线,选取曲线基本重合且小于某粒径沙量百分数的互差不大于 2 所对应的参数档范围作为这个参数的合适值范围。

4) 率定参数 N_2 时,将已经率定完成的 N_1 在合适取值范围内取中值,其余 $i-2$ 个参数分别固定在仪器厂商提供的经验值上,按照上述操作完成率定过程,选取参数 N_2 的合适取值范围。剩余参数的率定依照此方法确定。

5. 分析步骤

激光法分析步骤可按以下规定进行:

(1) 开机顺序和预热时间应按仪器要求进行。

(2) 对仪器进行运行状态检查。

(3) 设计运行进程和组织成果文档。

(4) 设备(或调整)率定的参数值。

(5) 输入样品名称、来源,室内温度、湿度等相关信息。

(6) 往贮样容器加入符合规定的分散介质(水),并对其进行背景测量,观察进程和结果,若背景值偏大,应按要求进行光路校准或光路清洁或更换高质量的分散介质(水)。

(7) 将一次抽取的有充分代表性的样品完全加入贮样容器中,应保证加入 1~3 次达到遮光度要求的范围(粗沙样的遮光度取正常范围上限,细沙样的遮光度取正常范围下限),然后进入实际测量。

(8) 可重复测量 3 次,观察成果数据与图形,级配曲线吻合良好即作为分析结果,差异较大时应及时查找原因,采取排除气泡、杂质,超声分散或重新取样分析等措施,直至数据一致。

(9) 储存(自动储存)测量结果,完成一个样品的粒度检测。

(10) 清洁系统,去除粒子残留,为下次粒度检测做好准备。

(11) 某样品组粒度分析完毕,应将数据按要求输出并备份。

(12) 工作完成或告一段落,按仪器要求顺序关机。

7.6.3　泥沙颗分资料的整理

泥沙颗分资料整理的主内容是推求悬移质、推移质和床沙的断面平均颗粒级配、断面平均粒径和断面平均沉速。其整理计算方法介绍如下。

7.6.3.1　颗分资料的整理一般规定

1. 资料的整理主要内容

悬移质、推移质和床沙等泥沙样品颗粒级配测定后,应及时进行资料计算、整理,其内容包括以下几点。

(1) 计算悬移质垂线平均颗粒级配。

(2) 计算悬移质、推移质、床沙断面平均颗粒级配。

(3) 点绘悬移质、推移质、床沙断面平均颗粒级配曲线。

(4) 计算悬移质、推移质、床沙断面平均粒径。

2. 资料计算整理要求

(1) 资料计算和绘制颗粒级配曲线,应进行一校、二校及审核。

(2) 对颗粒分析原始数据,不得任意改动,需要改动时,必须在备注栏内注明原因。

(3) 对错误数字以斜线划去,不得涂改擦拭,改正的数字写在右上角,划掉的数字应能辨认。

(4) 资料计算和级配曲线的点绘,应方法正确、规格统一、数字无误、字迹清楚。

(5) 应用计算机与手算比较,平均粒径的第三位有效数字允许相差±2,其他项目的数值应完全相同。

7.6.3.2　颗粒分析成果检查

1. 颗粒分析记录表的检查主要内容

(1) 测站、断面、取样日期、沙样种类及施测号数等项目填写是否齐全无误,分析时限是否符合规定。

(2) 分析试样的沙重是否符合要求。各分级沙重称量方法的检查应包括比重瓶校正曲线、置换法沙重、空杯重、天平检定记录等。

(3) 计算方法及有效数字检查,应包括自动记录曲线的走纸速度、线性、计算选点、计算机程序、打印结果等。

(4) 最大粒径有无不合理现象等。

2. 颗粒级配曲线的检查内容

(1) 站名、沙样种类、取样日期、颗粒分析方法等有无错填漏填。

(2) 曲线是否连续光滑,舍点是否合理,不同颗粒分析方法接头处理是否符合要求。

(3) 级配曲线两分析点之间的直线距离是否符合规定。

3. 对颗粒分析取样方法和选样方面的检查内容

(1) 测次分布的合理性与代表性。

(2) 悬移质、推移质、床沙的垂线级配变化是否合理。

(3) 单颗代表性和单断关系稳定性的检查等。

7.6.3.3　悬移质垂线平均颗粒级配的计算

1. 积深法

积深法样品的颗粒级配即为垂线平均颗粒级配。

2. 用选点法

用选点法(六点法、五点法、三点法、二点法)测速取样作颗粒分析时,应按下列公式计算垂线平均颗粒级配。

(1) 畅流期。五点法、三点法、二点法可用于畅流期,其计算公式分别如下。

1) 五点法

$$P_{mi} = \frac{(P_{0.0}C_{s0.0}V_{0.0} + 3P_{0.2}C_{s0.2}V_{0.2} + 3P_{0.6}C_{s0.6}V_{0.6} + 2P_{0.8}C_{s0.8}V_{0.8} + P_{1.0}C_{s1.0}V_{1.0})}{(C_{s0.0}V_{0.0} + 3C_{s0.2}V_{0.2} + 3C_{s0.6}V_{0.6} + 2C_{s0.8}V_{0.8} + C_{s1.0}V_{1.0})} \tag{7.104}$$

2) 三点法

$$P_{mj} = \frac{P_{0.2}C_{s0.2}V_{0.2} + P_{0.6}C_{s0.6}V_{0.6} + P_{0.8}C_{s0.8}V_{0.8}}{C_{s0.2}V_{0.2} + C_{s0.6}V_{0.6} + C_{s0.8}V_{0.8}} \tag{7.105}$$

3) 二点法

$$P_{mj} = \frac{P_{0.2}C_{s0.2}V_{0.2} + P_{0.8}C_{s0.8}V_{0.8}}{C_{s0.2}V_{0.2} + C_{s0.8}V_{0.8}} \tag{7.106}$$

(2) 封冻。封冻期可采用六点法和二点法。其计算公式如下:

1) 六点法

$$P_{mi} = \frac{(P_{0.0}C_{s0.0}V_{0.0} + 2P_{0.2}C_{s0.2}V_{0.2} + 2P_{0.4}C_{s0.4}V_{0.4} + 2P_{0.6}C_{s0.6}V_{0.6} + 2P_{0.8}C_{s0.8}V_{0.8} + P_{1.0}C_{s1.0}V_{1.0})}{(C_{s0.0}V_{0.0} + 2C_{s0.2}V_{0.2} + 2C_{s0.4}V_{0.4} + 2C_{s0.6}V_{0.6} + 2C_{s0.8}V_{0.8} + C_{s1.0}V_{1.0})}$$

$$\tag{7.107}$$

2) 二点法

$$P_{mj} = \frac{P_{0.15}C_{s0.15}V_{0.15} + P_{0.85}C_{s0.85}V_{0.85}}{C_{s0.15}V_{0.15} + C_{s0.85}V_{0.85}}$$

$$(7.108)$$

式中　P_{mj} ——垂线平均小于某粒径沙重百分数，%；

$P_{0.0}$、……、$P_{1.0}$ ——相对水深或有效相对水深处的测点小于某粒径沙重百分数，%；

$C_{s0.0}$、……、$C_{s1.0}$ ——相对水深或有效相对水深处的测点含沙量，kg/m³；

$V_{0.0}$、……、$V_{1.0}$ ——相对水深或有效相对水深处的测点流速，m/s。

3. 垂线混合法

垂线混合法水样作颗粒分析时，其成果即为垂线平均颗粒级配。

7.6.3.4　断面平均颗粒级配的计算

1. 悬移质断面平均颗粒级配计算

(1) 积深法、选点法、垂线混合法取样。悬移质用积深法、选点法、垂线混合法取样作颗粒分析者，断面平均颗粒级配应按下式计算

$$\overline{P}_i = \frac{(2q_{s0} + q_{s1})P_{m1j} + (q_{s1} + q_{s2})P_{m2j} + \cdots + [q_{s(n-1)} + 2q_{sn}]P_{mnj}}{(2q_{s0} + q_{s1}) + (q_{s1} + q_{s2}) + \cdots + [q_{s(n-1)} + 2q_{sn}]}$$

$$(7.109)$$

式中　$\overline{P}_j$ ——断面平均小于某粒径沙重百分数，%；

q_{s0}、q_{s1}、……、q_{sn} ——以取样垂线分界的部分输沙率，kg/s；

P_{m1j}、P_{m2j}、……、P_{mnj} ——各取样垂线平均小于某粒径沙重百分数，%。

(2) 全断面混合法。全断面混合法取样作颗粒分析，其成果即为断面平均颗粒级配。

(3) 特殊取样情况。当按等部分流量布线且取样容积相等时，可采用分层混合水样作颗粒分析。测点含沙量采用分层混合水样实测值，测点流速采用资料分析所得的概化相对流速垂线分布曲线查读值，按式 (7.104) 计算，即为断面平均颗粒级配。

2. 推移质断面平均颗粒级配计算

$$\overline{P}_j = \frac{(b_0 + b_1)q_{b1}P_{1j} + (b_1 + b_2)q_{b2}P_{2j} + \cdots + (b_{n-1} + b_n)q_{bn}P_{nj}}{(b_0 + b_1)q_{b1} + (b_1 + b_2)q_{b2} + \cdots + (b_{n-1} + b_n)q_{bn}}$$

$$(7.110)$$

式中　$\overline{P}_j$ ——断面平均小于某粒径沙重百分数，%；

q_{b1}、q_{b2}、……、q_{bn} ——各取样垂线的单宽输沙率，g/(s·m)；

b_1、b_2、……、b_{n-1} ——各取样垂线间的距离，m；

b_0、b_n ——两近岸边垂线与推移质移动带边界的间距，m；

P_{1j}、P_{2j}、……、P_{nj} ——各取样垂线平均小于某粒径沙重百分数，%。

3. 床沙断面平均颗粒级配计算

$$\overline{P}_j = \frac{(2b_0 + b_1)P_{1j} + (b_1 + b_2)P_{2j} + \cdots + (b_{n-1} + 2b_n)P_{nj}}{(2b_0 + b_1) + (b_1 + b_2) + \cdots + (b_{n-1} + 2b_n)}$$

$$(7.111)$$

式中　$\overline{P}_j$ ——断面平均小于某粒径沙重百分数，%；

b_1、b_2、……、b_{n-1} ——各取样垂线间的距离，m；

P_{1j}、P_{2j}、……、P_{nj} ——各取样垂线的小于某粒径沙重百分数，%；

b_0、b_n ——两近岸边垂线至水边的间距，m。

对于河床组成复杂的断面，不计算全断面床沙的平均颗粒级配，可根据河床组成不同将断面划分为若干区间，分别计算各区间床沙的平均颗粒级配，划分区间的方法是粒径小于 2mm 为沙质，粒径在 2~16mm 之间为砾石，粒径大于 16mm 为卵石，无泥沙覆盖的为基岩。

7.6.3.5　断面平均粒径及平均沉速的计算

1. 断面平均粒径计算

悬移质、推移质、床沙的断面平均粒径，应根据规定的粒径级用沙重百分数加权计算，最末一组的平均粒径，按级配下限粒径的 1/2 计算。平均粒径的计算公式为

$$\overline{D} = \frac{\sum \Delta P_i D_i}{100}$$

$$(7.112)$$

式中　$\overline{D}$ ——断面平均粒径，mm；

ΔP_i ——某组沙重百分数，%；

D_i ——某组平均粒径，mm，$D_i = \sqrt{D_u D_L}$；

D_u、D_L ——某组上、下限粒径，mm。

2. 悬移质断面平均沉速计算

悬移质断面平均沉速应根据实际需要进行计算，其计算公式为

$$\overline{\omega} = \frac{\sum \Delta P_i \omega_i}{100}$$

$$(7.113)$$

$$\omega_i = \sqrt{\omega_u \omega_L}$$

式中　$\overline{\omega}$ ——断面平均沉速，cm/s；

ΔP_i ——某组沙重百分数，%；

ω_i ——某组平均沉速，cm/s；

ω_u、ω_L ——某组上、下限粒径的沉速，cm/s。

7.6.4 泥沙颗粒分析的质量检验与不确定度的估算

7.6.4.1 一般规定

(1) 泥沙颗粒分析应进行质量检验,并将各主要工作环节上的误差和综合误差控制在允许范围内。

(2) 各类泥沙的断面平均颗粒级配的误差来源于取样方法、样品制备和颗粒级配测定等 3 个主要工作环节。对样品制备和颗粒级配测定要进行质量检验与不确定度的估算。

(3) 泥沙颗粒级配的随机误差,应以小于某粒径沙重百分数的不确定度(为 2 倍标准差)表示,对通过检验分析确定的系统偏差,超过允许范围时,应进行改正。

(4) 泥沙颗粒分析的各项质量检验次数,应根据分析沙样的多少和影响质量因素的特点等情况,每 3 年进行 1~3 次。

7.6.4.2 颗粒分析的质量检验

1. 用分样器分样和用搅拌器搅拌混匀的质量检验

(1) 分样质量检验。对粒径小于 1mm 的湿沙样和粒径大于 0.062mm 的干沙样,各用两种不同级配的沙样,用分样器分取 20 个以上试样,分别用吸管法、筛析法作粒分析,计算每个试样的颗粒级配,以各试样级配平均值作为该种沙样级配的标准值,计算分样标准差。小于某粒径沙重百分数的不确定度湿沙样应小于 6,干沙样应小于 8。

(2) 搅拌混匀质量检验。选粒径小于 0.062mm 的两种不同级配的沙样,分别按试样制备规定步骤,在完成每次搅拌之后,在悬液面下 200mm 吸样,每种沙样重复操作。吸取 20 个以上试样分别用吸管法作颗粒分析,计算每个试样的颗粒级配,用与上款相同的方法,计算每种沙样的标准级配和标准差。小于某粒径沙重百分数的不确定度应小于 5。

2. 泥沙样品经絮凝处理后的质量检验

(1) 选粒径小于 0.062mm 的两种不同颗粒级配的沙样,根据沙样含可溶盐的实际情况选用反凝剂和确定用量,进行颗粒分析,将测得的颗粒级配与该沙样的标准级配比较,计算各粒径级的相对偏差。小于某粒径沙重百分数的系统不确定度应小于 2。

(2) 沙样标准级配的确定方法:取每种沙样沙重约 3g 于容量瓶中,加纯水约 200mL 摇匀,然后放在离心机上使泥沙加速沉降至皿底,细心吸出清水,再将沙样加纯水 200mL 摇匀,再经沉淀,吸出清水,如此反复淋洗直至无水溶盐为止,然后用吸管法分

析,作为该沙样的标准级配。

3. 筛析法分析成果质量检验

筛析法分析成果,可用下列方法进行质量检验,小于某粒径沙重百分数的系统不确定度应小于 2。

(1) 标样检验法。从粒径大于 0.062mm 以上不同大小的玻璃球样品中,每次取出约 15g,用标准筛分析,将留于不同筛号内的玻璃球,分别倒入相应编号的皿内,然后从各皿内取出所需重量的玻璃球,配置成已知级配组成的标准试样,用试验筛对标准试样按常规法分析,以标样级配检验其分析精度。

(2) 显微镜及投影仪检验法。用粒径大于 0.062mm 的泥沙样品,用实验筛按常规法分析,然后用显微镜或投影仪对该样品再进行颗粒分析,所得级配作为标准值,两者进行比较,分析常规的筛析法精度是否符合要求。

4. 粒径计法分析成果质量检验

粒径计法分析成果,可用单颗沉降分析法制备标准样,进行质量检验,小于某粒径沙重百分数的系统不确定度应小于 2。具体作法可按以下规定进行。

(1) 将适用粒径范围的沙样风干后,取约 15g,放在筛级稠密的标准筛上过筛,并将各级筛中泥沙颗粒分别倒入有编号的皿内烘干称重,每个皿中泥沙用四分法分取出约 100 颗,代表各皿泥沙样品。

(2) 将每个皿中取出的代表样品,用单颗沉降法测定沉速并测水温,根据实测的泥沙密度,按规定的沉速公式计算单颗沉降粒径。

(3) 各组单颗粒径按从小到大顺序排列,用下式计算小于某粒径沙重百分数,并绘制级配曲线。

$$P_i = \frac{\sum_{j=1}^{i} D_j^3}{\sum_{j=1}^{n} D_j^3} \times 100C \tag{7.114}$$

式中 P_i——某组泥沙样品中的小于 D_i 沙重百分数,%;

   D_j——某组泥沙样品由小到大顺序中的第 j 颗泥沙粒径;

   C——某组沙重与各组总沙重之比值。

将各组中同级的小于某粒径沙重累加起来,重新计算整个沙样小于某粒径沙重百分数,作为该沙样的标准级配。

(4) 按所需沙重配制成已知级配试样,再用粒径计法分析,将经过改正后的粒径计分析成果与标准级配比较,分析粒径计法精度是否符合要求。

5. 消光法及离心沉降法分析成果质量检验

消光法及离心沉降法分析成果,应按下列规定用

吸管法进行质量检验,小于某粒径沙重百分数的系统不确定度消光法应小于2,离心沉降法应小于3。

(1) 同一种沙样,用消光法或离心沉降法与吸管法进行比测,以吸管法分析成果为标准进行比较。

(2) 比测沙样,应主要来自日常作颗粒分析的试样,并使试样在含沙量及颗粒级变化方面具有代表性。

(3) 吸管法分析,应由操作技术熟练的人员担任,分析时应注意水温变化,当水温变化较大时,应用分段平均温度计算沉降粒径。

6. 吸管法和消光法分析的成果质量"盲样"检验要求

对不同颗分操作人员采用吸管法和消光法分析的成果质量进行"盲样"检验时,应符合以下规定。

(1) 制备盲样的标准级配。

1) 选择本地区两个不同沙型的湿沙样,经0.062mm孔径筛水洗过筛后,筛下沙样用分样器分成若干份,每份沙重约5g。

2) "盲样"的标准级配由吸管法分析确定。挑选吸管法分析操作技术熟练的人员1人或2人,每人从每种沙型的分样样品中任意抽出3份,并进行絮凝处理后,再进行吸管法分析。

3) 1人分析时,3份样品的颗粒级配之间相互比较,小于某粒径沙重百分数的差值应小于4,2人分析时,各自分析得的平均颗粒级配相比,小于某粒径沙重百分数的差值应小于3。

4) 每种沙样分析符合上述要求时,以各次分析的平均级配作为"盲样"的标准级配。

(2) 颗分操作人员用"盲样"分析时,每种沙样每人应分析2份。不同分析方法应符合以下精度要求。

1) 用吸管法分析时,两份分析成果比较,小于某粒径沙重百分数相差应小于4,两份级配的平均值与标准级配比较,小于某粒径沙重百分数相差应小于5。

2) 用消光法分析时,两份分析成果比较,小于某粒径沙重百分数相差应小于5,两份级配的平均值与标准级配比较,小于某粒径沙重百分数相差应小于6。

7.6.4.3 断面平均颗粒级配总不确定度估算

1. 颗粒分析各分项误差控制

各类测站对颗粒分析各分项误差,应按表7.25的要求进行控制。

表7.25 各分项随机与系统不确定度控制指标

%

站类	取样方法			试样制备		颗粒级配测定	
	X_q	X'_{q1}	X'_{q2}	X_x	X'_x	X_c	X'_c
一类站	6	2	3	6	2	10	2
二、三类站	9	2	3	9	3	12	3

注 表中的 X、X' 分别表示随机与系统不确定度;X'_{q1}、X'_{q2}分别表示悬移质粗沙和细沙部分的系统不确定度,均以小于某粒径沙重百分数的绝对值表示。

2. 断面平均颗粒级配总不确定度估算

断面平均颗粒级配总不确定度可按下列各式估算

(1) 随机不确定度

$$X = \pm \left[X_q^2 + X_x^2 + X_c^2 \right]^{\frac{1}{2}} \qquad (7.115)$$

(2) 系统不确定度

$$X' = \pm \left[X'^2_q + X''^2_x + X'^2_c \right]^{\frac{1}{2}} \qquad (7.116)$$

(3) 总不确定度

$$X_{pd} = \pm \left[X^2 + X'^2 \right]^{\frac{1}{2}} \qquad (7.117)$$

式中 X_q、X_x、X_c ——取样方法、试样制备、颗粒级配测定引起的随机不确定度,%;

X'_q、X'_x、X'_c ——取样方法、试样制备、颗粒级配测定引起的系统不确定度,%。

第8章　降水和蒸发观测

8.1　降水观测的一般要求

8.1.1　降水观测的历史与方法

1. 降水观测的简史

降水是重要的天气现象，是水文循环的重要环节，是气象、水文观测的重要内容，无论气象部门，还是水文、农业、林业、交通等部门都开展降水观测。我国是世界上对降水等天气现象观测最早的国家之一，我国气象科学源远流长，早在远古时期就有许多关于观天测侯的传说。

我国最早有文字记载的气象观测方面原始资料是殷商时代的甲骨文。殷墟甲骨文卜辞中不但有各种天文、气象、物象等观测文字，还有天气预测和实况的记载。商代人们对于风雨、阴晴、霾雪、虹霞等天气变化已十分关注，关于天晴或天雨的甲骨卜辞比比皆是，如有的甲骨卜辞记载有："壬申雪；止雨酉昼；乙卯雹；乙酉大雨"等，表明了当时人们已记载雨雪的起止日期，已能对降雨从量上进行区分，如"大雨"、"多雨"、"足雨"、"小雨"、"无雨"等。从考古学家对出土的殷墟卜辞研究表明：公元前1217年我国已有连续10天的天气预测及实况记录。

秦代在《田律》中规定"稼已生后而雨，亦辄言雨多少，所利顷数"，汉代有"自立春至立夏，尽立秋，郡国上雨泽"的降雨报告制度。

盛唐时期，国泰民安，气象观测技术也有较大的进步。唐太宗时期的科学家李淳风所著的《观象玩占》一书中，曾详细介绍了当时观测风的方法："凡侯风必於高平远畅之地，立五丈竿。以鸡羽八两为葆，属竿上。侯风吹葆平直，则占。"这里指出测风的场地要求，同时也说明了风观测器的构造。

宋代的科技和学术文化成就辉煌，在天文、气象方面的发明和学术文献也非常多。其中突出的有南宋秦九韶在《数书九章》首创天池测雨、竹器验雪等测量降雨量和降雪量的测算方法。

1841年起开始使用标准雨量器观测降雨。至1949年，国内的降水观测，除少量进口仪器外，只用人工观测雨量器测量时段降水量。

1949年后，开始应用虹吸式雨量计，且很快普及应用。20世纪80年代开始，使用翻斗式雨量计。

近年来光学雨量计、浮子式雨量计、雷达测雨系统等开始应用。

目前，我国的雪量观测大都是人工进行，还很少使用雪量自动观测仪器。用于水面蒸发量的人工观测仪器有E601型、E601B型蒸发器和20cm口径蒸发器。应用玻璃钢制造的E601B型水面蒸发器已成为水文、气象部门统一使用的标准水面蒸发器。20cm口径蒸发器用于冰期蒸发量观测。

在E601B型蒸发器基础上生产的自动蒸发器已开始应用于生产中。

2. 降水观测的方法

测定降水量和降水强度的方法，有使用各种雨量器（计）、雪量计、量雪测具等测量的直接测定方法，以及使用雷达、卫星云图估算的遥感间接测定等方法。使用雨量器（计）测量降水，雨量站网必需有一定的空间密度、观测频次并及时传递资料。而雷达测雨具有覆盖面积大的优点，其有效半径一般为200多公里，可提供一定区域上降雨量和降雨时空分布的资料。20世纪70年代以来，天气雷达观测的降水资料已在很多国家的洪水预报警报和水资源管理上发挥了重要作用。

气象卫星观测以其瞬时观测范围大，资料传递迅速的优点胜于雷达观测。20世纪70年代初期曾根据卫星云图照片并与天气雷达资料相比照，估计长历时和短历时降雨量，之后，欧洲和美洲的一些国家，对卫星云图可见光波段的反射辐射和红外波段的辐射强度进行数字化，利用增强显示的数字化云图估算降雨量取得了一定的成效，估算的降雨量精度明显提高。

本手册只介绍降水的直接测定方法。

8.1.2　降水的定义与分类

1. 降水

降水是大气中的水汽凝结后以液态水或固态水降落到地面的现象。降水是重要的气象要素，同时也是重要的水文要素。降水是地表水和地下水的来源，是水文循环的重要环节。

2. 降水量与降水强度

一定时段内从大气中降落到地面的液体降水与固体（经融化后）降水，在无渗透、蒸发、流失情况下积聚的水层深度，称为该地该时段内的降水量，单位为毫米（mm）。单位时间内的降水量称为降水强度，常用单位是毫米/日（mm/d）、毫米/小时（mm/h）。目前，世界上记录的最大日降水量为 1870mm（出现于 1952 年 3 月 15～16 日印度洋的留尼汪岛西劳斯）。我国观测到的最大 24 小时降水量为 1749mm（出现于 1996 年 7 月 31 日～8 月 1 日台湾省嘉义县阿里山）。

3. 降水的分类

根据不同的物理特征，降水可分为液态降水和固态降水。液态降水又有雨、雾、露等，固态降水包括雪、雹、霜、冰粒、冰针等降水物。实际降水过程中有时也会出现液态固态混合的（如雨夹雪）降水形式。

降水除用降水量的数值表示外，也常根据其强度进行分类。通常情况下，对降雨的分类方法是按降雨强度的大小，将降雨分为：小雨、中雨、大雨、暴雨、大暴雨和特大暴雨 6 种（表 8.1）。同样，雪的大小也按降水强度分类，降雪可分为小雪、中雪和大雪和暴雪等几个等级（表 8.2）。

表 8.1 各类雨的降水量标准 单位：mm

种类	24h 降水量	12h 降水量
小雨	<10.0	<5.0
中雨	10.0～24.9	5.0～14.9
大雨	25.0～49.9	15.0～29.9
暴雨	50.0～99.9	30.0～69.9
大暴雨	100.0～249.0	70.0～139.9
特大暴雨	≥250.0	≥140.0

表 8.2 各类雪的降水量标准 单位：mm

种类	小雪	中雪	大雪	暴雪
24h 降水量	<2.5	2.5～4.9	5.0～9.9	
12h 降水量	<1.0	1.0～2.9	3.0～5.9	≥5.0

另外，气象部门在天气预报中除采用上述降水量标准外，还有一些不同的描述用语，例如，"零星小雨"指降水时间很短，降水量不超过 0.1mm。"有时有小雨"意即天气阴沉，有时会有短时降水出现。"阵雨"指的是在夏季降水开始和终止时很突然，一阵大，一阵小，雨量较大。"雷阵雨"则是指下阵雨时伴着雷鸣电闪。

8.1.3 降水量观测的目的与作用

1. 降水观测

降水观测是按统一的标准对各个降水量站点的降水量、降水量强度等进行系统的观测，并按规定的方法进行整理计算，获得各站点的降水资料。

水文测验中降水量观测项目，主要有测记降水的类型和降雨、降雪、降雹的水量。一般情况下，单纯的雾、露、霜可不测记（有水面蒸发任务的测站除外）。必要时，部分站还要测记雪深、冰雹直径、初霜和终霜日期等特殊观测项目。

2. 降水量观测目的

开展降水量观测，目的是要系统地观测和收集降水资料，并将实时观测的降水资料及时送至有关部门，直接为防汛抗旱、水资源管理等服务。通过长期的观测，可以分析测站的降水在时间上的规律，通过流域内降水观测站网，可分析研究降水在地区上的分布规律，以满足工业、农业、生产、军事和国民经济建设的需要。

3. 降水量观测的作用

降水是地表水和地下水水资源的来源，了解流域水资源状况，必须有足够的降水资料；农业、林业、牧业、交通运输、军事等需要掌握降水资料，研究降水规律，并需要及时了解实时的降水情况；水利、交通、城市、工矿建设中常需要降水资料推求径流和设计洪水、设计枯水；根据降水资料可做出径流和洪水预报，增长预见期，为防洪抗旱和水资源调度管理服务；降水资料也是水资源分析评价中的重要资料，一个地区的降水规律，是其生态环境重要标志，对经济发展有重要作用。

8.1.4 降水观测的一般要求

1. 观测记录精度要求

降水量的计量单位是毫米（mm），其观测记载的最小量（以下简称记录精度），应符合以下规定。

（1）需要控制雨日地区分布变化的雨量站必须记至 0.1mm。

（2）蒸发站的降水量观测记录精度必须与蒸发观测的记录精度相匹配。

（3）不需要雨日资料的雨量站，可记至 0.2mm。

（4）多年平均降水量大于 800mm 的地区，可记至 0.5mm；多年平均降水量大于 400mm，小于 800mm 地区，如果汛期雨强特别大，且降水量占全年 60% 以上，亦可记至 0.5mm。

（5）多年平均降水量大于 800mm 地区，也可记至 1mm。

2. 仪器选用

雨量站选用的仪器，其分辨力不应低于该站规定的记录精度，在观测记录和资料整理中，不能因采用估读或进舍的办法降低精度，而应和仪器的分辨力一致。

　　3. 观测时间

　　降水量的观测时间以北京时间为准（不随夏时制改变）。记起止时间者，观测时间记至分；不记起止时间者，记至小时。每日降水以北京时间 8 时为日分界，即从昨日 8 时至今日 8 时的降水为昨日降水量。观测员观测所用的钟表或手机的走时误差每 24h 不超过 2min，并应每日定时利用有关权威部门授时（北京时间）进行校正。

8.1.5　降水量观测场地

8.1.5.1　场地查勘

　　降水量观测场地的查勘工作应组织有经验的技术人员进行，查勘前应了解设站目的，收集设站地区自然地理环境、交通和通讯等资料，并结合地形图确定查勘范围，做好查勘设站的各项准备工作。

　　1. 观测场地的环境要求

　　（1）降水量观测误差受风的影响最大。因此，观测场地应避开强风区，其周围要空旷、平坦、无突变地形、高大树木和建筑物，不受烟尘的影响。以保证在该场地上观测的降水量能代表水平地面上的水深。

　　（2）观测场不能完全避开建筑物、树木等障碍物的影响时，要求雨量器（计）离开障碍物边缘的距离，至少为障碍物顶部与仪器口高差的 2 倍。以保证在降水倾斜下落时，四周地形或物体不致影响降水落入观测仪器内。

　　（3）在山区，观测场不宜设在陡坡上、峡谷内和风口处，要选择相对平坦的场地，使承雨器口至山顶的仰角不大于 30°。

　　（4）难以找到符合上述要求的观测场时，可设置杆式雨量器（计）。杆式雨量器（计）应设置在当地雨期常年盛行风向的障碍物的侧风区，杆位离开障碍物边缘的距离，至少为障碍物高度的 1.5 倍。在多风的高山、出山口、近海岸地区的雨量站，不宜设置杆式雨量器（计）。

　　（5）原有观测场地如受各种建筑物影响已经不符合要求时，应重新选择。

　　（6）在城镇、人口稠密等地区设置的专用雨量站，观测场选择条件可适当放宽。

　　2. 观测场地查勘

　　（1）查勘范围。观测场地查勘范围为 2～3km²。

　　（2）主要查勘内容。观测场地主要查勘内容如下。

　　1）地形、地貌特征，障碍物分布情况，河流、湖泊、水工程的分布情况，地形高差及其平均高程。

　　2）森林、草地和农作物分布情况。

　　3）气候特征、降水和气温的年内变化及其地区分布，初终霜、雪和结冰融冰的大致日期，常年风向风力及狂风暴雨、冰雹等情况。

　　4）测站所处流域、乡镇、村庄名称及交通、邮政、通信条件等。

8.1.5.2　降水量观测场地设置

　　1. 一般要求与设置原则

　　降水观测场地常与蒸发、气温等地面气象观测场合并使用，可能有多个观测项目的仪器安置在同一场地，因此观测场地的选择要综合考虑各种观测项目的需要。一般说来，测站的地址应选在能代表其周围大部分地区天气、气候特点的地方，并且尽量避免小范围和局部环境的影响，同时应当选在当地最多风向的上风方，不要选在山谷、洼地、陡坡、绝壁上。观测场要求四周平坦空旷并能代表周围的地形，观测场附近不应有任何物体。孤立、不高的个别障碍物离观测场的距离，至少要在障碍物高度的 3 倍以上；宽大、密集、成片的障碍物，距离要在障碍物高度的 10 倍以上。观测场周围 10m 范围内不能种植高秆作物，以保证气流畅通。测站的房屋一般应建在观测场的北面。另外，测站建成之后，要长期稳定，不要轻易搬迁。

　　2. 风速对降水量观测的影响

　　影响降水量观测值准确性的因素很多，其中风的影响最大。气流在运动过程中，遇较大障碍物后流线变形，在障碍物的迎风面流线会向上抬升，流线密度增加，形成增压区，风速加大，而背风面则形成负压区，风速减小，并有涡旋乱流。雨滴或雪片降落时，呈分散的质点运动形式，在有风的情况下，雨滴或雪片降落迹线随风速风向的改变而改变，使处于障碍物周围的雨量器（计）测得的降水量，比实际降落到水平地面上的降水量偏大或偏小。为了尽量减小风的影响，观测场应设置在比较开阔地带，并避开强风区。

　　为研究障碍物引起风场变形的影响，对观测场距四周不同类型障碍物的最小距离，许多国家进行了大量的野外试验研究工作。前苏联、美国进行了风洞试验，研究障碍物阻碍气流运动，流线变形产生雨雪落迹线偏移引起的降水量观测误差的物理机制。我国也开展了大量试验，试验结果表明：对孤立的房屋，在迎风面，距房屋边墙为房高的 3～4 倍时，风速基本不受影响，风向仰角小于 4.5°；离边墙距离为房高的 2 倍时，风速减小最大达 15%，最大仰角为 6°；离边墙距离为房高的 1 倍时，风速减小最大达 50%，最大仰角为 15.7°。距离障碍物越近，气流辐合抬升作用越强，到房檐附近，风向仰角可达 30°。房顶中心处风速增大达 15%，风向仰角达 23°，形成增压区。在背风面，气流流线受房屋的影响很大，成为俯仰角交错的乱流区，最大仰角达80°，最大俯角达50°，离边墙距离为房高的4倍时，气流流线尚未恢复正常。侧风面的影响范围小于迎风面。

为尽量避开建筑物、树木等障碍物的影响，观测场离开障碍物的距离，各国都有严格规定。世界气象组织（WMO）要求孤立物体离开观测仪器距离应不小于其高度的4倍。多数国家规定：器口到障碍物顶部的仰角不大于15°（其距离相当于障碍物高度的3.7倍）。我国气象部门规定：观测场边缘与四周孤立障碍物的距离至少是障碍物高度的3倍以上，距离成排障碍物至少是障碍物高度的10倍以上，观测场

四周10m以内不得种植高秆作物。

3. 置房顶雨量计引起的误差

20世纪70年代以来，由于多种原因的影响，部分地区有些雨量站把雨量器（计）设置房顶上。我国曾对部分站点进行了房顶雨量器（承雨器口高于地面3.7～11.3m）与地面雨量器的比测试验，比测结果表明：房顶雨量器（计）比地面雨量器（计）的观测成果系统偏小，具体见表8.3（表中误差包括用皮管引水的湿润损失），且偏小值随器口离地面高度的增加而增大，随房屋高低和型式及其环境条件的不同而有较大的差异，唯有少数设在避风区的山区站，由于常年风速小，房顶仪器观测误差不大。

表8.3 房顶雨量器观测误差统计表

项 目		房顶类型	房顶雨量器口高度/m	站数	相对误差/%		
					平均	最大	最小
日雨量	<5mm	平顶	3.7～11.3	24	−11.8	−30.9	−1.8
		坡顶	4.5～9.2	12	−15.0	−21.3	−4.0
	≥5mm	平顶	3.7～11.3	24	−5.7	−11.7	−1.0
		坡顶	4.5～9.2	12	−9.5	−13.4	−1.9
	不分级	平顶	4.0～10.2	15	−4.7	−9.1	−1.7
		坡顶	4.5～9.2	3	−2.5	−4.1	−1.2
月雨量		平顶	4.0～11.3	22	−5.5	−14.1	−1.1
		坡顶	4.5～9.2	14	−8.7	−17.3	−2.3
年雨量		平顶	4.0～11.3	11	−5.6	−10.5	−1.1
		坡顶	4.5～9.2	10	−8.2	−15.8	−2.2

房顶雨量器测雪偏差更大，日降雪量平均偏小54.7%，最大偏小94%，月降雪量平均偏小49.4%。因此，应尽量避免将雨量计设在房顶上。

4. 观测场地栏栅

观测场地栏栅对观测场地和仪器起保护作用。用标准的木板或竹片设置观测场栏栅还可兼起防风作用。WMO《水文实践指南》第一卷有关降水量观测场的论述指出：承雨器口高于地平面安装的观测仪器周围，应尽可能以附近整齐的、高度一致的树林、灌木对风加以防护。因此，有条件的地区，可利用灌木防护观测场。

观测场地设置后，不允许任何单位和个人侵占或破坏。观测员和巡测指导人员应经常检查维护，以《中华人民共和国水法》第四十一条为依据，保护测站场地和设施。当观测场四周保护区内出现影响降水量观测精度的树木、房屋及其他障碍物时，应及时与有关部门联系，或报告上级主管部门，根据国家有关

法规进行处理。

5. 雨量观测场设置的具体要求

（1）除试验和比测需要外，一般情况下，观测场最多设置两套不同观测设备。

（2）当雨量观测场内仅设1台雨量器（计）时，其标准场地面积应按4m×4m设置；要同时放置雨量器和自记雨量计时，其标准场地面积应按4m×6m设置。

（3）若因试验和比测需要，雨量器（计）上加防风圈测雪及设置测雪板或设置地面雨量器（计）的雨量站，应根据需要或根据SD265《水面蒸发观测规范》的规定加大观测场面积。

（4）观测场地应平整，地面种草或作物，其高度不宜超过20cm。场地四周设置栏栅防护，场内铺设观测人行小路。栏栅条的疏密以不阻滞空气流通又能削弱通过观测场的风力为准，在多雪地区还应考虑在近地面不致形成雪堆。有条件的地区，可利用灌木防

护。栏栅或灌木的高度一般为 1.2～1.5m，常年保持一定的高度。杆式雨量器（计）可在其周围半径为 1.0m 的范围内设置栏栅防护。

（5）观测场内有多种或多个仪器时，仪器安装的原则为：保持距离，互不影响；北高南低，东西成行；靠近小路，便于观测。

6．雨量观测场的平面布置

（1）观测场内的仪器布置应使仪器相互不影响观测为原则，场内的小路及门的设置方向要便于进行观测工作，一般观测场地布置见图 8.1。

（2）水面蒸发站的降水量观测仪器按水面蒸发测的要求布置。

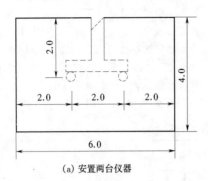
（a）安置两台仪器

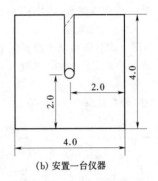
（b）安置一台仪器

图 8.1　降水量观测场平面布置图（单位：m）

（3）观测场地周围有障碍物时，应测量障碍物所在的方位、高度及其边缘至仪器的距离，在山区应测量仪器口至山顶的仰角。

7．雨量观测场地的保护

（1）降水量观测场地及其仪器设备等是水文测验的基本设施，根据《中华人民共和国水法》应受保护，任何单位和个人不得侵占。

（2）在观测场四周按规定的障碍物距仪器最小限制距离内，属于保护范围，不得兴建建筑物，不得栽种树木和高秆作物。

（3）应保持观测场内平整、清洁，经常清除杂物杂草。对有可能积水的场地，在场地周围开挖窄浅排水沟，以防止场内积水。

（4）场地栏栅应保持完整、牢固，定期油漆，有废损时应及时更换。

8．雨量站考证簿的编制

（1）考证簿是雨量站最基本的技术档案，是使用降水量资料必需的考证资料，在查勘设站任务完成后即应编制。以后如有变动，应将变动情况及时填入考证簿。

（2）考证簿内容包括：测站沿革，观测场地的自然地理环境，平面图，观测仪器，委托观测员的姓名、住址、通信和交通等。

（3）考证簿编制一式四份（或三份）纸质和电子文档，分别存本站（委托雨量站可不保存考证簿）、指导站、地区（市）水文领导部门，省（自治区、直辖市）或流域水文领导机关。

（4）公历逢五年份，应全面考证雨量站情况，修订考证簿；公历逢零年份也可重新进行考证。雨量站考证内容有变化或迁移时，应随即补充或另行建立考证簿。

8.2　降水观测仪器

8.2.1　仪器分类与适用范围

8.2.1.1　降水量观测仪器分类

1．按观测对象分

降水量观测仪器主要指观测液体降水的雨量计（器）和观测以雪为主的固态降水的雪量计。可以同时观测降雨和降雪的降水观测仪器称为雨雪量计。测定液体降水量的仪器有雨量器和雨量计两种。

2．按传感原理分

降水量观测仪器按传感原理分类，可分为直接量（雨量器）、液柱测量（主要为虹吸式，少数为浮子式）、翻斗测量（单层翻斗与多层翻斗）等传统仪器，还有采用新技术的光学雨量计、超声波雨量计和雷达雨量计等。

3．按记录周期分

降水量观测仪器按记录周期分类，可分为日记和长期自记。

8.2.1.2　常用降水量观测仪器的适用范围

1．雨量器

适用于驻守观测的雨量站。

2．虹吸式自记雨量计

适用于驻守观测液态降水量。

3．翻斗式自记雨量计

适用于雨量遥测站和一般自记雨量站。记录周期有日记和长期自记两种：

（1）日记型。适用于驻守观测液态降水量。

（2）长期自记型。适用于驻守或无人驻守的雨量站观测液态降水量，特别适用于边远偏僻地区无人驻守的雨量站观测液态降水量。

8.2.2 雨量器（雨量筒）

1.工作原理与结构组成

雨量器（筒）是最简单的观测降水量的仪器，它由雨量筒与量杯（量雨筒）组成（图8.2）。雨量筒用来承接降水物，它包括承水器（承雪口）、储水筒、漏斗、筒盖、储水瓶等组成。我国采用直径为20cm的正圆形承水器，其口缘镶有内直外斜刀刃形的铜圈，以防雨滴溅失和筒口变形。承水器有两种：一种是带漏斗的承雨器，另一种是不带漏斗的承雪器。外筒内放储水瓶，以收集降水量。量杯为一特制的有刻度的专用量雨筒，量杯刻画为100分度，每1分度等于雨量筒内水深0.1mm。

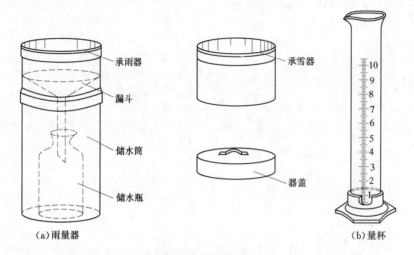

图8.2 雨量器及量杯

(a)雨量器 承雨器 漏斗 储水筒 储水瓶

(b)量杯 承雪器 器盖

专用量杯直径40mm，截面积是承雨器口截面积的1/25，承雨器接得1mm的降雨水量在量杯内高25mm，量杯壁上的刻度高将实际降雨量放大了25倍。量杯内的刻度是降雨量的直接读数，可以读到0.1mm降雨量。量雨器口直径的精确度要求较高，应为$\Phi 200+0.600$mm，雨量器中与雨水直接接触的零件表面，应光滑，尽量少吸附雨水。

2.雨量器（筒）的安装与应用

雨量器应安装在地面上，器口高度0.7m。雨量器（计）离开周围障碍物边缘的距离至少为障碍物顶部与仪器口高差的2倍。如果难以避免周围障碍物影响，可以将雨量器（计）安装在高杆上（即为杆式雨量器），杆高不超过4m。

仪器应安装牢固，保证承雨口水平。实际测雨时，按观测时段规定，定时用配用的量杯量测储水器中承接的雨水量，即为时段雨量。

用于测雪时，应将承雨器、漏斗、储水器拆除，在储水筒上套接承雪器，直接承接降雪、降雹。然后将储水筒带回室内，自然融化后测量降水量。也可以加入定量热水帮助雪、雹融化，再计量。如果未及改装，可待承雨器内积雪融化，连同储水器内已化成水的水量一起计量，得到降雪量。

3.雨量器的特性

雨量器只是承接降水量，需要人工用专用量杯计测水量，受到观测时段的限制，不能获得详细的降水强度。

雨量器承雨口的尺寸形状稳定，如果人员操作熟练、认真，观测的降水量不会产生较大误差，如果各测量环节能得到很好的控制，测量值比其他自动雨量计还要准确可靠。因此，常将它所测得的雨量值，作为与其他安装在同一地点的雨量计进行比测的依据。

但值得注意的是，用口径不大的承雨口承接雨水，收集到的雨水量会受地形、风力风向、降雨不均匀性、仪器安装高度等因素的影响。在同一观测场内的几台雨量器会承接到有差异的降水量，不能简单地认为它们应该测得一致的降水量。

影响雨量器测量准确性的因素有承雨器口径误差，雨水被承雨器和漏斗附着损失，量杯制造精度，人工读数操作等方面的影响，影响观测精度较大的因素是风力、风向。

风的影响对降雪量观测更大。

在不可避免有较大自然风影响的地点，应使用专门制作的F-86型防风圈。将防风圈安装在200mm直径以下的立柱上，雨量器（计）安装在立柱顶端的防风圈中心。

由于只观测时段雨量，时段内已收集雨水量的蒸发也是产生误差的因素。

另外，地面雨量器也有少量应用。地面雨量器的结构和 20cm 口径雨量器（筒）基本一致，也是一种简单的观测降水量的仪器。其整体类似一个大口径雨量筒，也由承水器、储水瓶和外筒组成。但承水器口径可以达到 618mm，外筒完全埋在地下，承水器口略高出地面，储水瓶在地下的外筒内承接承水器流下的雨水，再用量杯计量计算雨量。

8.2.3 虹吸式雨量计

8.2.3.1 虹吸式雨量计的结构与性能

1. 结构与组成

虹吸式雨量计主要由承水部分、虹吸部分和自记部分等组成，见图 8.3。

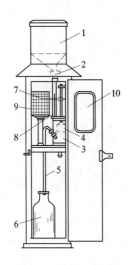

图 8.3 虹吸式自记雨量计
1—承雨器；2—小漏斗；3—浮子室；4—浮子；
5—虹吸管；6—储水器；7—记录笔；
8—笔档；9—自记钟；10—观测窗

承水部分由一个内径为 $\phi200mm$ 的承水器口和大、小漏斗组成。虹吸部分包括浮子室、浮子、虹吸管等。自记部分主要由自记钟、记录纸、记录笔及相应的传动部件组成。

虹吸式雨量计的记录是利用浮子室水位上升，引起虹吸现象发生，排空浮子室内降水，使记录笔下降，从而反复记录降雨量。

2. 技术指标

（1）承水口内径为 $\phi200_0^{+0.60}mm$，刃口角度为 45°～50°。

（2）连续降水强度记录范围为 0.01～4mm/min。

（3）记录纸分度范围为 0.1～10mm。

（4）记录误差为 ±0.05mm。

（5）零点和虹吸点的不稳定性，不得超过 0.1mm 降水量；虹吸时间不得超过 14s。

8.2.3.2 虹吸雨量计的工作原理

虹吸式雨量计使用历史悠久，是我国目前使用最普遍的雨量自记仪器。其特点是测量精度较高，性能也较稳定。但由于其原理的限制，不便于将降雨量转换成可供处理的电信号输出，不便于用于自动化记录和遥测系统，客观上限制了它的发展。

虹吸式雨量计是利用虹吸原理对雨量进行连续测量，降雨由承水器收集，经大、小漏斗和进水管进入浮子室，持续的降水引起浮子室内水位升高，浮子室内的浮子亦因受浮力作用而随之升高，并带动浮子杆上的记录笔在记录纸上运动，作出相应记录。当降雨量累计达 10mm 时，浮子室内水位恰好到达虹吸管头处，启动虹吸，浮子室内的雨水从虹吸管流出，排空浮子室内降水。在虹吸过程中，浮子随浮子室内的水位下降而下降，虹吸结束时，浮子降落到起始位置。若继续降雨，则浮子室中浮子重新升高，再虹吸排水，从而保持循环工作。雨量计中的自记钟通过传动机构带动记录纸筒旋转，从而使记录笔在记录纸上作出相应的时间记录。根据记录曲线，可以判断降水的起迄时间、降雨强度和降雨量。

8.2.3.3 虹吸式雨量计的安装

虹吸式雨量计的安装地点和安装基本要求与雨量器相同，具体操作步骤如下。

（1）对虹吸雨量计的整体安装，并安装钟筒、虹吸管、记录笔等部件。

（2）自记纸卷在钟筒上，将钟筒放置在钟轴上，此时应检查钟筒下的转动小齿轮与钟轴固定齿轮是否相衔接，检查钟筒安置是否垂直。

（3）将虹吸管的短弯曲端插入浮子室的出水口内，并用连接器密封固紧。

（4）向笔尖注入自记墨水，并使笔尖接触纸面，对准时间并消除齿轮间隙。

（5）用清水缓慢倒入承水器至虹吸作用发生后停止倒水，虹吸溢流停止后，笔尖应停留在零线上。若有偏离，应予以调整。

（6）虹吸作用应在 10mm 时开始，若未达到或超过 10mm 线，需旋松虹吸管联结器，把虹吸管上移或下降，直到符合要求。

（7）虹吸溢流时间不应超过 14s，否则要检查其原因，清洗虹吸管。

8.2.3.4 安装注意事项

虹吸式雨量计的安装工作十分重要，不正确的安装往往会加大仪器的测量误差，需引起特别注意，具体注意事项如下。

（1）虹吸式雨量计承雨器口、浮子室截面和自记钟必须保持水平，否则会影响记录的正确性，产生计时误差等。例如当浮子室向左侧倾斜时，导致虹吸管与垂直方向角度增大，使虹吸作用提前发生。反之，虹吸作用将推迟发生。故在虹吸式雨量计安装时，一定要检查各部件的相互水平、垂直情况，不可忽视。

（2）虹吸管安装高度应有严格要求，即虹吸前无滴流，虹吸过程中水柱不中断，并无水气混杂倒流及残留气泡、液柱现象发生。

（3）正确安装自记钟，消除齿轮间隙。

（4）仪器安装完成后，其雨量记录有以下特点。

1）无雨时，自记纸上画水平线。

2）有雨量时，自记纸画平滑的上升曲线。

3）虹吸时，自记纸画自上而下的垂直线。

8.2.3.5　虹吸雨量计的特点

虹吸式雨量计是我国应用时期最长、应用最普遍的自记雨量计。它是长期批量生产的产品，所以产品性能可靠，测量准确性也较好。

它能记录一天的降雨过程，不能用于无人值守的站点。有些国家的水文站基本无人值守，故基本不用虹吸式雨量计。它不能用于自动化记录和传输，也就不能用于自动化系统和长期自记。

8.2.3.6　误差来源分析

虹吸式雨量计从其原理上来分析，其误差有以下几部分组成。

1. 仪器的起始误差

仪器安装在野外，在初始干燥情况下，若降水开始，先由仪器器口汇集，通过管道、进入漏斗，最终进入浮子室。进水管道、仪器集水面、进水漏斗等处的残留水珠，都无法在仪器中得到计量，造成仪器系统偏差，即测量值总是小于真值。一般讲，其值是一个定值，与降水量、降雨强度基本无关，并可由实验测得，称为湿润误差。虹吸式雨量计的湿润误差通常小于翻斗式雨量计的湿润误差。

2. 浮子室内径误差引起的计量误差

如前所述，浮子室的内容与仪器承雨器口的内径有一个确定的理论比例值。从而每 0.1mm 的降雨进入浮子室后，能使浮子上升 1 个记录纸的最小分度值。事实上由于浮子室加工中存在误差，不可能完全达到理论上的要求，所以当浮子室直径偏大时，将使雨量记录结果偏小。反之亦然。

3. 零点不稳定引起的计量误差

由于制造工艺造成零件尺寸的离散性，浮子的大

小、形状、传动系统的摩擦力等方面的差异，使每次虹吸结束后，浮子杆上的记录笔不可能绝对归零，产生零点误差。零点误差可正可负，是随机误差。

4. 记录纸误差引起的测量误差

记录纸印刷刻度的误差，以及记录纸受环境温度、湿度变化引起伸缩变形而产生的误差也是随机误差。

5. 虹吸过程引起的误差

在仪器虹吸过程中，若还在降雨，则承水器仍然向浮子室进水。这部分水亦随虹吸过程排出，而造成雨量计量值比实际降雨量小，使测量结果偏小。其相对误差可用式（8.1）计算：

$$\delta_4 = \frac{H-(H+Pt)}{H+Pt} = \frac{-Pt}{H+Pt} \qquad (8.1)$$

式中　δ_4——虹吸过程引起的雨量计量值相对误差，%；

H——虹吸一次的降雨量计量值，mm；

P——虹吸中的平均雨强，mm/min；

t——虹吸时间，min。

当处于极限工作状态时，即 $H=10mm$，$P=4mm/min$，$t=14s=0.233min$，代入式（8.1），即得：$\delta_4=-8.5\%$。

由此可见，虽然出现极限情况很少，但该误差值是非常大的，是虹吸式雨量计计量误差的主要部分，该误差使记录结果偏小。在最后进行资料整编时，通常要进行虹吸订正，予以消除。

6. 承水器环口直径误差引起的误差

器口尺寸直接控制了仪器承受雨量的面积，是决定仪器精度的因素之一。

7. 浮子室内雨水蒸发形成的误差

雨停时，浮子室内承接的雨水已被记录在记录纸上。随后，较长时间不下雨，尽管浮子室并不是敞口的，但其中的存水还是会蒸发，使下次的降雨量记录偏小。此误差可以通过仔细判读从记录纸上发现。

由于虹吸式雨量计的虹吸误差是最主要的误差，该误差使测量结果偏小，所以在规定器口尺寸中，与翻斗式雨量计一样，同样规定其为 $\Phi200^{+0.60}$ mm，其目的也是希望抵消一部分仪器的起始误差与虹吸误差，从而提高仪器的整体测量精度。

在中、小雨强时，虹吸式雨量计的测量准确性较好，可达 99.5%。这是因为雨强小，虹吸误差小的原因。在雨量很小时，虹吸式雨量计可以测出 0.1mm 雨量。小雨量时，浮子室的反应同样很灵敏。10mm 以下雨量时，不产生虹吸，准确性很好。

8.2.3.7　虹吸式雨量计的维护与调试

1. 仪器维护

（1）要经常保持仪器的承水器清洁，防止树叶、

尘土及其他杂物堵塞进水漏斗，还要防止承水器口变形。仪器的虹吸管很容易脏污，脏污的虹吸管会影响虹吸排水时间，要及时清洗。清洗方法：取下虹吸管用肥皂水洗涤后再用清水漂洗，洗清后装上仪器进行虹吸试验，应注意在排水过程中笔尖在自记纸上所画的线条是否垂直，如还有偏斜，必须找出原因加以纠正。

（2）浮子直杆与储水筒顶盖的接触处应保持清洁，无锈蚀，以减少摩擦。

（3）在雨季，每月要对仪器进行 1～2 次人工雨量测试，如有较大误差应找出原因，及时进行检修。

（4）在冬季初次结冰前，应把储水筒内的水排尽，以防浮子冰裂，并在承水器上加盖保护。结冰期不宜使用。

2. 仪器调试

应该定时检查雨量计，对其记录部分进行调整、测试。即调笔尖零位，调虹吸点，复测容量，自计钟调整。

（1）笔尖零位调试。在承水器内徐徐注入清水，至虹吸时停止，待虹吸排水完毕后，调节笔杆使笔尖指在记录纸的"0"线上，如有微量偏差，可调节笔杆微调机构来消除。

（2）虹吸点调试。零点调好后，再将以雨量杯定量的 10mm 清水缓缓注入承水器，当笔尖快达自记纸上 10mm 线附近时，须减慢注水速度。虹吸应在清水注完时发生，如过早虹吸应将虹吸管拉高，如不起虹吸应将虹吸管放低。虹吸调整好后应紧固虹吸管的紧固螺套。

（3）容量调整。雨量计的容量就是虹吸一次的排水量，容量调整就是调整雨量计的测量精度，它是在累计 10mm 降水量时的雨量计精度，在虹吸调整后再进行容量调整。调整方法如下：向储水筒倒入雨量杯内 10mm 降水量的清水，笔尖上升的距离在自记纸上应正好相当于 10mm 降水量，其误差不应大于 ±0.05mm（即 0.5 小格），如容量超差不大，允许调节导板位置去消除超差，如果超差大于 ±1mm，则应检查分析原因。

1）量筒是否标准，10mm 的水是否是 314.16mL。

2）储水筒内径是否超差。

用雨量杯计量降水的正确方法是用拇指和食指夹持量杯上端，使量杯自由下垂，观测水面时，眼睛要求与水同一高度，以水面最低处为标准。

（4）自计钟调试。雨量计自记钟在一天内走时快慢应不超过 5min，如有超差则应进行调整。调整方法：取下记录筒，推开记录筒上的快慢调节孔的防尘片，将自记钟上的快慢针稍稍拨动，如走时太快应将

慢针拨向"一"的方面，太慢则拨向"＋"的方面。

8.2.4　翻斗式雨量计

翻斗式雨量计可用于雨量数据自动收集记录、远传、水文自动测报系统。我国的翻斗式雨量计在 20 世纪 70 年代开始研制，目前已在水文、气象等部门广泛应用。

1. 仪器类型

翻斗式雨量计的类型分为单（层）翻斗雨量计、双（层）翻斗雨量计和三层翻斗雨量计。

2. 仪器的结构与组成

翻斗雨量计由筒身、底座、内部翻斗结构三大部分组成。筒身由具有规定直径、高度的圆形外壳及承雨口组成。筒身和内部结构都安装在底座上，底座支承整个仪器，并可安装在地面基座上。我国使用较多的是雨量分辨力为 0.2mm、0.5mm、1mm 的单翻斗雨量传感器，以及雨量分辨力为 0.1mm 的双层翻斗雨量计。水文自动测报系统应用较多的 DY1090A 型遥测雨量传感器，其内部结构见图 8.4。

降水进入筒身上部承雨口，首先经过防虫网，过滤清除污物，然后进入翻斗。翻斗一般由金属或塑料制成，支承在刚玉轴承上。翻斗下方左右各有一个定位螺钉，调节其高度，可改变翻斗倾斜角度，从而改变翻斗每一次的翻转水量。翻斗上部装有磁钢，翻斗在翻转过程中，磁钢与干簧管发生相对运动，从而使干簧管接点状态改变，可作为电信号输出。仪器内部装有圆水泡，依靠 3 个底脚螺丝调平，可使圆水泡居中，表示仪器已呈水平状态，使翻斗处于正常工作位置。

翻斗雨量计的输出是干簧管簧片的机械接触通断状态，接出两根连接线形成开关量输出。一次干簧管通断信号代表一次翻斗翻转，就代表一个分辨力的雨量。相应的记录器和数据处理设备接收处理此开关信号。翻斗雨量计传感器本身无需电源。但作为整体雨量计使用时要产生、处理、接收信号，记录或传输雨量信号，就必须要有电源。翻斗雨量传感器配以相应的雨量显示记录器，组成自记雨量计或远传雨量计。

3. 翻斗式雨量计的工作原理

翻斗雨量计的计量装置是雨量翻斗。由于雨量计量要求不同，在高分辨力、高准确度要求时，可以采用两层翻斗来计量。大部分翻斗雨量计都是单翻斗的，只有雨量分辨力为 0.1mm 时，因为要控制雨量计量误差，才采用双翻斗形式。

单翻斗雨量计工作原理示意图见图 8.5。在雨量筒身内有一组翻斗结构进行雨量计量。雨量翻斗是一种机械双稳态机构，由于机械平衡和定位作用，它只能处于两种倾斜状态，见图 8.5 中实线和虚线位置。

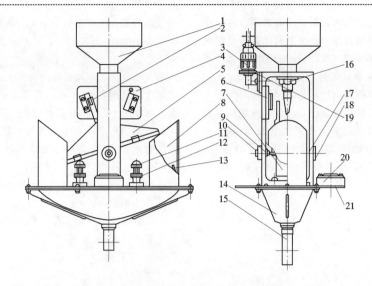

图8.4 DY1090A型遥测雨量传感器内部结构

1—进水漏斗；2—磁钢；3—支架；4—舌簧板；5—翻斗支部件；6—干簧管；7—翻斗；
8—挡水墙；9—后轴套；10—后轴套螺母；11—调节螺钉；12—紧定螺母；13—
挡水片；14—大漏斗；15—排水管；16—漏斗螺母；17—翻斗轴；
18—前轴套；19—五芯插座；20—圆水泡；21—底板支部件

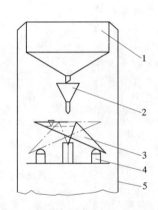

图8.5 单翻斗雨量计工作原理示意图

1—承雨口；2—进水漏斗；3—翻斗；
4—调节螺钉；5—雨量筒身

降雨由承雨口进入雨量计，通过进水漏斗流入翻斗的某一侧斗内。当流入雨水量到一要求值时，水的重量以及其重心位置使得整个翻斗失去原有平衡状态，向一侧翻转。翻斗翻转后，被调节螺钉挡住，停在虚线位置。这时一侧斗内雨水倒出翻斗，另一侧空斗位于进水漏斗下方，承接雨水，继续进行计量。当这一空斗中流入雨水量到一要求值时，翻斗又翻转，这一计量过程连续进行，完成了对连续降雨的计量过程。一般在翻斗上安装一永磁磁钢，在固定支架上安装一高灵敏度的干簧管。在翻斗翻转过程中，此磁钢随之运动，在运动过程的中间接近支架上的干簧管，随即离

开。使干簧管内的触点产生一次接触断开过程，达到一次翻转产生一个讯号的目的。将翻斗翻转水量调节成要求值，如0.2mm、0.5mm、1.0mm雨量（在承雨口径为200mm时，分别为6.28mL、15.7mL、31.4mL水量），则每一信号代表0.2mm、0.5mm或1.0mm降雨。

图8.6是一典型的翻斗式雨量计，其外形如图左所示，图右是翻斗计量部分。

图8.6 翻斗式雨量计

翻斗雨量计的信号产生方式基本是利用干簧管和磁钢配合的方式，也常被称为磁敏开关。干簧管和磁钢配合产生信号的方式见"转子式流速仪"中的"转子式流速仪的信号产生机构"部分。

单翻斗雨量计比较简单，但它会有较明显的翻斗翻转误差。翻斗在翻转过程中，虽然时间是极其短促的，但总需要一定的时间。在翻转的前半部分，即翻斗从开始翻转到翻斗中间隔板越过中心线的 Δt 时间内，进水漏斗仍然向翻斗内注水。降雨强度越大，注入的水量也越大。降雨强度越小，注入水量越少。翻斗翻转时，进入水量已达到计量要求（如 0.5mm 雨量时为 15.7mL）。这部分翻转过程中注入的雨量，就会产生随着降雨强度不同而不同的计量误差，见图 8.7。

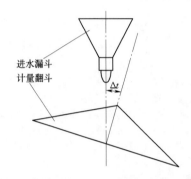

图 8.7   翻斗翻转误差产生原因分析示意图

对翻斗的计量误差，可用某型单翻斗雨量计的雨强—误差关系图来表示，见图 8.8。

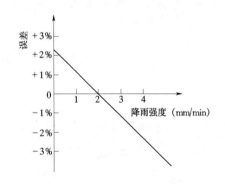

图 8.8   单翻斗雨量计雨强—误差关系

根据定义

$$E_b = \frac{V_t - V_p}{V_p} \qquad (8.2)$$

式中 E_b——翻斗计量误差，%；

V_t——翻斗理论上翻转水量，mL；

V_p——翻斗实际上翻转水量，mL。

从图 8.8 可见，雨强与计量误差呈线性关系，当雨强较大时，翻斗翻转期间注入水量较多，导致仪器自身排水量大于仪器记录值，测量误差为负，使测量结果偏小。反之当雨强很小时，翻斗翻转期间几乎无降水注入，导致仪器记录值大于仪器自身排水量，测

量误差为正，使测量结果偏大。调整合理的仪器，当雨强在 2mm/min 左右时，其测量精度最高，误差接近于零。

自然降雨的降雨强度变化很大，我国雨量计标准要求适用范围在 4mm/min 以内。这种单翻斗雨量计误差会在 ±2.5% 左右的范围内变化。如果分辨力要求高，准确度范围还会大些。所以，对 0.1mm 分辨力的翻斗雨量计，单翻斗方式不能在 0～4mm/min 的降雨强度范围内达到 ±4% 的误差要求。我国雨量标准规定了这准确度要求，要做到这一点，就可能采用双翻斗雨量计。

双翻斗雨量计的工作原理示意见图 8.9。

双翻斗式雨量传感器分成上下两层，上层为过渡翻斗，下层为计量翻斗。计量翻斗上装有磁钢，用来吸合干簧管，输出通断信号。过渡翻斗翻转时所需的降雨量一般小于计量翻斗翻转水量。而计量翻斗翻转水量应等于额定的仪器分辨力。降水到一定量后，过渡翻斗发生翻转，降雨通过节流管全部流入计量翻斗。节流管的作用是控制一定的雨水通过速度（雨强），这是设置双翻斗的主要目的。此时计量翻斗并不翻转，降雨继续

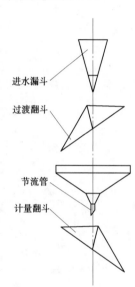

图 8.9   双翻斗雨量计工作原理示意图

注入仪器，过渡翻斗发生第二次翻转，降雨再次通过节流管流入计量翻斗。在流入过程中，计量翻斗发生了翻转，从而输出接点通断信号。在计量翻斗翻转过程中，仍然有降水从节流管注入计量翻斗，计量翻斗在翻转期间始终有一个基本恒定的由节流管形状决定的"雨强"注入计量翻斗内。这个"雨强"一般控制在 4mm/min。这样使计量翻斗翻转水量与外界实际雨强基本无关，从而消除了单翻斗雨量计的翻斗翻转误差来源。

可以在计量翻斗上安装磁钢，吸合支架上的干簧管，产生翻斗翻转信号。也可在计量翻斗下再装一层计数翻斗。成为三层翻斗雨量计。计数翻斗受计量翻斗某侧翻斗下流水量的冲击和水的重量而翻转，虽然计数翻斗的计量准确度并不高，但它的翻转和计量翻斗的翻转是完全同步的。计数翻斗上装有磁钢，翻转

时使支架上的干簧管导通，产生雨量信号。这样的结构使计量翻斗避免了磁钢和干簧管吸力影响，准确度有所提高，也更为稳定。能有保证地使 0.1mm 翻斗雨量计的雨量准确度达到±4%（0～4mm/min 时）。

三层翻斗使结构过于复杂，只有在 0.1mm 分辨力时才有可能使用。

4. 技术性能

（1）使用环境条件：工作环境温度 0～50℃，工作环境湿度 40℃（凝露）时 95%RH。

（2）承雨口：直径 $\phi 200_0^{+0.60}$mm，承雨口刃口角度 40°～45°，必须用坚实、耐蚀的材料制作。进入承雨口的雨水不能反溅出承雨口外。

（3）雨量分辨力：有 0.1mm、0.2mm、0.5mm、1.0mm4 种。

（4）适用降雨强度范围：0～4mm/min。

（5）翻斗计量误差：−4%～+4%。

（6）传感器输出方式：一般为开关量，可采用干簧管、水银开关或其他发讯元件。

（7）接点容量：采用接点通断信号输出的翻斗雨量计，接点应能承受 12V、50mA 的电流。接点输出绝缘电阻不小于 1MΩ，接点接触电阻不大于 10Ω。接点寿命不小于 5×105 次（当电流为 50mA，电压为 12V 时）。

（8）雨量传感器应有良好的室外工作环境适应能力，便于安装使用。有良好的防堵、防虫、防尘应对措施。

（9）整个雨量传感器应该用防腐蚀、耐用材料制作。

5. 翻斗雨量计的安装和应用

（1）安装。翻斗雨量计的底座上有 3 个均匀分布的底脚。一般安装基座上要有 3 个 M8 的底脚螺丝，穿入 3 个底脚的 $\phi 10$ 孔中，用螺帽垫圈固定。初步安装后，要用底脚螺丝上的螺帽垫圈调整，使雨量计的承雨器口呈水平状态；调整时要借助于水平尺，然后去掉连接承雨口的雨量筒身，观察内部翻斗支架上的圆水泡；利用内部翻斗支架的调平螺丝将圆水泡调平，保证翻斗部件处于水平正常工作状态，以确保翻斗的计量精度。

为了保证仪器的运输安全，翻斗可能是单独包装的，或者人为固定住翻斗，以避免翻斗在运输中受损。开箱后，用户应按产品说明书要求进行安装。安装好的翻斗应翻转灵活，轴向间隙符合要求。翻斗翻转时，应有相应接点通断输出。可用万用表欧姆挡进行检查。

翻斗是直接决定仪器计量精度的关键零件，严禁被油污沾染。目前制造翻斗的材料有金属或工程塑料两种。

一般仪器在出厂前均进行了人工模拟降水调试，为防止仪器在运输过程中定位螺钉的松动，用户可对仪器用人工模拟降水方法进行复核。以 4mm/min 雨强向仪器注水，接取仪器自身排水量，用前述公式计算误差。若结果不超过仪器测量允许误差范围，则该仪器可判为合格。否则，需重新进行人工注水调整。

翻斗雨量计有两根信号线（单信号输出时）接入遥测终端机。为了避免雷电、干扰影响和安全需要，通常所需信号线都应该穿入金属管埋地铺设，不能在空中架设。

（2）应用。翻斗雨量计可以长期自动工作，按照上述方法安装好后，就可以自动工作了。仪器输出的是机械接触信号，需用两根导线接出。如果不是接入专用记录器，所应用的记录显示或数传仪器应保证通过雨量计信号触点（干簧管）的电压、电流符合要求。

6. 仪器的特点

翻斗式雨量传感器是雨量自动测量的首选仪器，它具有以下优点。

（1）结构简单，易于使用。工作原理简单直观，很容易理解掌握使用，也便于推广。

（2）性能稳定，满足规范要求。它的技术性能能满足水情自动测报系统对遥测雨量计的要求。只需一些简单的维护，翻斗雨量计就能较稳定地长期工作。

（3）信号输出简单，适合自动化、数字化处理。

（4）价格低廉，易于维护。

（5）因结构上的原因，这类传感器的可动部件翻斗必须和雨水接触，整个仪器更是暴露在风雨之中，夹带尘土的雨水，或是沙尘影响，都会影响翻斗式雨量计的正常工作，或是降低其雨量测量准确性。另外，在需要应用 0.1mm 分辨力测量雨量时，单翻斗式雨量计往往在准确度和降雨强度上难以满足要求。如采用双翻斗雨量计又增加了仪器复杂性，降低了可靠性。

7. 仪器误差来源

从原理上分析翻斗式雨量计，误差由以下几部分组成。

（1）仪器的起始误差。在初始干燥情况下，若降水开始，在翻斗未翻转之前，翻斗内的降水、进水漏斗及管道、仪器集水面等处残留水珠、水膜，都无法在仪器中得到计量。翻斗翻转以后，翻斗内的降水虽然参加了计量，但进水漏斗、管道、仪器集水面等处残留水珠、水膜仍然无法得到反映。降雨停止时，残留在翻斗内的水量也无法得到反映，造成仪器系统偏差。这一误差称起始误差，它的存在总是测量值小于真值。

起始误差又可分为两部分：其一是湿润误差，即管道、进水漏斗、仪器集水面等处残留水珠、水膜，导致降水并不立即进入翻斗计量，湿润误差一般是一个定值，可由实验测得；其二是分辨力误差，即残留在翻斗内未计量的降水导致的误差，其最大值为仪器的分辨力，也是一个定值。

（2）仪器的翻斗计量误差。此误差的形成见"单翻斗雨量计工作原理"部分。

（3）仪器的器口尺寸误差。器口尺寸在雨量计中比较重要，器口直接控制了仪器承受雨量的面积，同样是决定仪器精度的因素之一。可参阅虹吸雨量计相关部分。

另外，如将雨量仪器的器口尺寸扩大，使得同一降雨量时，进入雨量计承雨口的雨水量增加，有利于降低器口尺寸误差的影响，气象部门已有承雨器口径为 $\phi 220mm$ 的翻斗雨量计。

8. 翻斗式雨量计的维护检测（校准）

（1）维护。使用中最重要的维护是防尘和防堵。要定期检查雨量计所有雨水通道是否通畅。从承雨口的滤网、管嘴、漏斗进水通道，到翻斗排水后的流出通路。看各处有无堵塞和尘污。使用中要定期清洁仪器，尤其是翻斗，更要注意清洗尘土和油污。要定期检查翻斗的翻转灵敏度和讯号的正常产生，包括信号是否从信号线正常传输到记录器或遥测终端机。

要求定期用人工注水方法检查翻斗计量精度。如果有明显偏差，要按说明书要求调整翻斗翻转位置。

（2）翻斗式雨量计的检测（校准）。雨量计检定是使用雨量检定设备，将大、中、小 3 种不同降雨强度（0.5mm/min、2mm/min、4mm/min）的降雨量，模拟成相对稳定的水流量，用导管注入翻斗部分的漏斗，水流入翻斗使翻斗翻转。按规定的翻斗翻转数，计量翻斗翻转排出的总水量，再计算翻斗计量误差。一般讲，一次测试可以计测 10mm 雨量。也就是说对雨量分辨力为 0.2mm、0.5mm、1mm 的雨量计，分别计量 50 斗、20 斗、10 斗的翻斗排出水量。排出水量要计量到 0.5g（或 0.5mL）。翻斗计量误差应该都在 $-4\%\sim+4\%$ 之间。

野外检测翻斗式雨量计多采用人工给水检定法。用 10mm 的雨量量筒盛相当于 10mm 降雨量的清水。模拟降雨强度为 2mm/min 的降雨，缓慢、均匀地注入翻斗上部的漏斗（2mm/min 的降雨强度相当于 5min 内倒完 10mm 雨量筒内的水量）。注入总水量应

能使被测雨量计的翻斗翻转 100 次。相应于 0.2mm、0.5mm、1.0mm 分辨力的雨量计，注入 $0.2mm\times 100mm$、$0.5mm\times 100mm$、$1mm\times 100mm$ 的雨量，即相当于 20mm、50mm、100mm 降雨量的水量。如果翻斗翻转总数为 100 ± 4 次，即为合格。此方法关键是人工倒水很难掌握均匀，更不易符合降雨强度要求。如果倒水时快时慢，尤其是超出 4mm/min 时，就会形成较大计量误差。要熟练掌握倒水速度才能测得较为正确的结果。如果需要，也可用此方法进行不同降雨强度的测试。

模拟降水试验的目的即是通过滴水试验，验证或重新确立图 8.8 直线在图中的合适位置，使仪器在 0~4mm/min 雨强范围时，其计量误差均在规定的误差范围之内。当实验结果误差超出要求时，用户可以通过调节翻斗左右调节螺钉的高低，改变图 8.8 直线在图中的上下位置。当同时升高左右调节螺钉时，直线将上移。相反，同时降低左右调节螺钉时，直线将下移。

调整左右调节螺钉时，应注意使两侧翻斗的翻转水量基本一致，尽量同步调高或调低左右调节螺钉。

8.2.5　其他类型雨量计简介

除前述的虹吸式雨量计、翻斗式雨量计，浮子式雨量计、容栅式雨量计、触点式雨量计、光学雨量计等雨量计在水文上也有少量使用。

8.2.5.1　浮子式雨量计

浮子式雨量计是将承雨口收集到的雨水全部汇集到浮子室，再用一浮子感测浮子室内的雨水水面位置，转化为降雨量。这种计测方式没有翻斗翻转计量误差，对降雨强度的反应不敏感，避免了翻斗雨量计的弱点。由于浮子室内一般只能积存 10mm 雨量，到达 10mm 雨量时要排空存水，故排空所需历时中的降雨也会造成类似于翻斗翻转（也是在排水）历时中降雨造成的误差。在应用中，要采取措施减少或消除此误差。

1. 工作原理

浮子式雨量计从外型上看和其他雨量筒相似。但其计量部分是一个浮子式水位测量系统及排水和进水控制部分。其原理示意见图 8.10。

从图 8.10 可看出，降雨从承雨口通过滤网及承雨口管嘴进入进水开关器件，然后进入浮子室。浮子室是个圆柱形容器，其横截面积与承雨口横截面积呈确定的比例关系。一定的降雨量进入浮子室后被转换放大成相应倍数的水面（水位）升高。用浮子感应此水位变化，带动编码器旋转，通过相应信号线输出水位编码值，就能知道水位值，也就是降雨量。

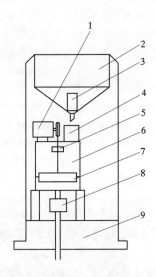

图8.10 浮子式雨量传感器示意图
1—水位编码器；2—承雨口；3—滤网；4—进水
开关部件；5—平衡锤；6—浮子室；7—浮筒；
8—排水控制部件；9—底座

浮子室在测得一定量的降雨后必须全部排空，再对重新流入的雨水进行计量。因此，要在浮子室上下进出水处，分别安装进水开关和排水控制部分。排水

控制部分的工作原理是当浮子室内的雨水水位上升到额定高度时，编码器及仪器控制部分测得此数值后会发出讯号，打开排水控制阀（同时关闭进水阀），雨水自流排出。经一定时间或排空后，排水控制阀又关闭，进水阀打开，浮子室继续计测降雨。而控制部分会将这次排水的时间、水量（恒定值）记录下，同时又使以后的降水从编码器新的起点（排水后，浮子已降回零点）开始计测。这样反复运行就达到长期自记雨量的目的。

2. 仪器结构与组成

仪器一般由雨量传感器、控制部分、电源3部分组成。

雨量传感器筒身包括承雨口、底座、浮子室、人工排水排沙机构、信号线输出接口等。

控制部分是以CPU为核心的电路。其功能是接收编码器信号，测得水位并转化为降雨量；按预设程序控制进水、排水电磁阀的工作，并可进行数据存储、显示；与遥测终端机连接等。

电源一般是蓄电池，也可与遥测站其他设备共用电源。

3. 主要技术性能

某产品技术指标见表8.4。

表8.4　　　　　　　　某产品浮子式雨量计技术指标

| 浮子室排水量/mm | 雨量分辨力/mm | 适用雨强/(mm/min) | 误差（仪器浮子室排水量为50mm） | | 输出信号 | | 通信接口 | 电磁阀排水时间/s |
			雨量不大于50mm	雨量大于50mm	雨量数据	降雨起始信号		
50、100	0.1	0.01～10	≤±0.5mm	≤±1%	9～12位格雷码	干簧管触点通断	RS232或RS485接口	25（50mm雨量）

4. 特点

浮子式雨量计的优点是克服了翻斗式雨量计的弱点。单从设计上讲，可以达到0.1mm的分辨力，它能适应各种降雨强度。雨量计量误差和降雨强度没有关系。

但它结构复杂，包括了翻斗雨量计和浮子式水位计两部分，还有自动控制的降雨进入和排水控制器。结构复杂不但使价格增高，而且可靠性降低，使用调试不便。

5. 误差来源

浮子式雨量计计量误差包括水位测量误差、承雨口和浮子室尺寸误差、起始误差、排水时降雨降差等。

（1）水位测量误差。这个误差和浮子式水位计的

误差属同一类型，可参阅水位计部分。

（2）承雨口和浮子室尺寸误差。它们的影响和翻斗式雨量计、虹吸雨量计类似。

（3）起始误差。和翻斗雨量计的误差基本相似，同样存在。

（4）排水时的降雨误差。一般都有补偿处理，可以忽略这项误差。

（5）其他误差。增设了浮子室，会产生一些附加误差。

8.2.5.2　容栅式雨量计简介

1. 工作原理

容栅式雨量计也称为电容栅式雨量计，其基本原理是使用容栅传感器对承接的雨水进行计测。容栅传感器是一种先进的线位移传感器，是在光栅、磁栅后

发展起来的新型位移传感器，它利用高精度的电容测量技术测得因位移而改变的电容，从而测得位移量。它的准确度很高，在量程为 10～20cm 时，一般产品很容易达到 0.03mm 的准确度，能满足 0.1mm 雨量计的要求。

2. 仪器结构与组成

容栅式雨量计的主要结构和浮子式雨量传感器类似。主要不同在于后者是用浮子式水位编码器测量浮子室内承接的雨水水位，而容栅式雨量计是在浮子上装一感应尺，此感应尺随浮子升降，用一容栅传感器感应测量感应尺的高度，也就是浮子和浮子室内雨水水面位置。测量时，容栅传感器并不和感应尺接触，也就没有阻力。在浮子室上下也设有进水、排水阀门，进排水过程和浮子式雨量传感器相同。由控制部分进行运行控制和接收测得数据。与浮子式雨量计类似，需要蓄电池供电。

3. 技术性能

典型产品的技术指标如下。

(1) 承雨口直径：$\phi 200^{+0.6}_{0}$mm，要求刃口角 45°。

(2) 雨量准确度：±0.2mm（≤10mm 降雨时）；±2%（≥10mm 降雨时）。

(3) 适用降雨强度范围：0～5mm/min。

(4) 工作环境：0～60℃。

(5) 电源：12V，静态功耗 0.006W。

(6) 输出：RS232。

4. 误差来源

用容栅式传感器代替水位编码器，基本消除了浮子上浮阻力，提高了测量准确度。特别是与浮子式比较，容栅式雨量计的雨量计量准确度要高一些。首先，容栅式位移测量本身的准确度就很高，可以达到0.01mm；另外，它没有水位编码器和浮子系统中的悬索和平衡锤影响；排水时，进水阀门关闭，降雨被存储在承雨口中，所以也不会产生雨量总量误差。其他误差组成和浮子式水位传感器相同。

5. 仪器特点

容栅式雨量计的结构复杂，但它有较高的准确度，也不受降雨强度影响。

8.2.5.3　光学雨量计

光学雨量计是一种较复杂的间接感测式雨量计。国外在机场、高速公路等已大量采用。但目前国内使用较少。

1. 工作原理

光学雨量计并不承接雨水，它一般使用红外光直接测量降水水滴（测雪时是雪粒）的分布密度、大小，从而测知降水量。仪器上有相距数十厘米的两个光学探头，它们发送和接收红外光线，雨滴的衍散射效应引起光的闪烁，闪烁光的光谱分析与单位时间内通过光路的降雨强度有关，由此可以测得降雨强度以及雨量。

2. 仪器的结构与组成

图 8.11 是一种光学雨量计的照片。仪器的传感部分是一整体，主要由两个相距数十厘米相互正对着的光学探头，以及相应的控制测量部分和电源组成。它的输出是一标准接口，一般就直接接入 PC 系统。利用计算机直接控制操作，接收数据。

图 8.11　光学雨量计

3. 技术性能

某光学雨量计基本性能如下。

(1) 适用降雨强度：0.002～8.3mm/min。

(2) 累计雨量：0.001～999.999mm。

(3) 雨量准确度：±5%。

(4) 工作环境：-40～+50℃。

(5) 输出接口：RS232。

(6) 传输距离：15m。

(7) 供电：12V，420mA（值守），500～800mA（最大）。

4. 安装要求

光学雨量计安装在一专用支架顶端，或用专用接头接在专门架设的支架上端，有一定的高度要求，类似于高杆雨量计安装，对周围也有类似于雨量观测场的无遮挡要求。

信号电缆接入接收装置或计算机系统，电缆的安装要符合较高的防雷防干扰要求，要较远距离传输信号时，应处理好传输要求。

5. 仪器特点

光学雨量计的雨量测量误差较大，但可适应的降雨强度范围大，大部分兼有测雪的功能，具有全天候测雨、测雪功能，因此，它能在高低温的工作环境中工作，扩大了它的使用范围。

8.2.5.4 称重式雨量计

1. 工作原理

称重式雨量计采用称重法测量原理，雨量计用一定直径的承雨口承接降水，承接的降水留在雨量计内的盛水容器中，雨量计内有精确的自动称重机构，不断地自动称量承接的降水重量，从而得到降水量和降水强度。测得数据可以自动记录，并自动传输。

2. 仪器组成

称重式雨量计由承雨筒、智能传感器、数据采集器、显示器、通信接口、供电、排水等组成。

3. 技术性能

某种型号仪器的技术指标如下。

(1) 雨量计承雨口内径：$\phi200\pm0.6mm$。

(2) 雨量计分辨力：0.1mm。

(3) 降雨强度测量范围：0～10mm/min。

(4) 测量误差：≤2%。

(5) 雨量计工作电压：DC8～24V。

4. 仪器特点

只要自动称重机构准确性够高，且很稳定，称重式雨量计将不受降水强度影响。加上加热装置，可以测量降雪。一般认为，称重式雨量计比传统的翻斗式雨量计准确度高，可测量任何类型的降水，甚至可高精度地计量出雨水的蒸发量。

由于雨量计内盛水容器的容积有限，要连续测量，就需要配备自动排水系统。此排水系统可能是倒虹吸式的，也可以是自动阀门控制的。

仪器工作时需要供电，可用太阳能和蓄电池供电。

8.2.6 雨雪量计

我国的雪量观测大多是由人工进行的，人工观测降雪量可以用雨量器进行，见雨量器部分。也有部分测站使用雨雪量自动测量仪器观测降雪量。

雨雪量计以加热式、不冻液式、压力式、光学式为主要类型。单纯的雪量计有称重式、雪深测量式等。

8.2.6.1 加热式雨雪量计

1. 工作原理

加热式雨雪量计的主要结构与翻斗式雨量计基本相同，只是增加了电加热器、测温传感器和温度控制开关等。电加热器分管状和片状两类，现在普遍应用专门制作的电加热片。在承雨口锥形底的下部和雨量筒内侧安放加热片，也可能安装在翻斗支架和底座上。当温度降到一定值时，温控开关接通加热器，保证降雪融化，融化后的雪水流入翻斗部分，计测出降雪量。

当温度高于一定值时，温控开关切断加热器电源。加热器不工作时，工作过程完全和翻斗雨量计一样。

2. 仪器的结构与组成

电加热式雨雪量计是一整体结构，外观上和普通雨量筒一样。内部增加了电加热系统，包括加热器、温度传感器和温控开关。为了防止加热失控，设有过热保护装置，在内部温度过高时，强行断电。为了保温、防止散热，在雨量筒内侧布设有保温层。

3. 技术性能

(1) 工作环境：≤25℃。

(2) 温控开关控温误差：±2℃。

(3) 加热功率：300～500W（220V交流电）。

其他主要指标和翻斗式雨量计相同。

4. 误差来源

从原理上讲，电加热式雨雪量计的测量误差和翻斗雨量计是相同的。在气温过低时，降雪有可能不完全融化，会产生误差。另外加热过程也会增大蒸发损失，也会产生误差。

5. 特点

电加热式雨雪量计结构简单，易于使用。缺点是有较大的功耗，需要使用220V交流电源。有些地方电力供应难以满足，就不能使用。在很低气温、降雪强度较大以及风力很大的情况下，要保证完全融雪十分困难。因此，电加热式雨雪量计一般不在−25℃以下的气温中使用。

8.2.6.2 不冻液式雨雪量计

1. 工作原理

不冻液式雨雪量计工作原理，见图8.12。

仪器外形呈圆筒状，下半部就是一台翻斗雨量计，上半部的承雨口部分改为不冻液融雪机构。这部分是溢流机构，内部加有一定深度的不冻液体。一般的不冻液是乙二醇、甲醇的混合物，可能加有少量亚硝酸钠或硝酸钠。这种混合液体的冰点在−40℃以下。它的容重略小于水，且有溶化雪的作用。降雪由承雨口进入融雪桶，落入不冻液，被融溶后与不冻液

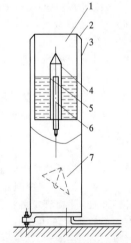

图 8.12 不冻液式雨雪量计原理图

1—融雪桶；2—环口；3—桶身；4—中心管；5—通气管；6—溢流管；7—翻斗

混合，使液面升高。此混合液体从溢流管口中溢入，注入翻斗，经翻斗计量测得雪水当量。

2. 仪器的结构与组成

一般的不冻液式雨雪量计由翻斗雨量计和附加设备组成，附加设备主要包括冻液融雪装置和不冻液定量补充设施。测雪时装在翻斗雨量计承雨口上，夏季可拆下此机构作为翻斗雨量计测雨。

3. 技术要求

某产品的技术指标如下。

(1) 承雨（雪）口径：$\phi 200^{+0.6}_{+0.0}$mm。

(2) 分辨力：0.1mm、0.2mm（由翻斗而定）。

(3) 一次测雪范围：≥100mm。

(4) 最低工作温度：−25℃。

(5) 不冻液冰点：<−40℃。

考虑到不冻液的蒸发不可避免，为了不致因蒸发而液面降得过低，设计有自动补液装置，定期定时自动向融雪桶内补入定量不冻液。

4. 误差来源

这种雨雪量计误差主要有以下几个方面。

(1) 不冻液的挥发。即使在不冻液上加上油封，挥发量仍会有 1mm/月左右。

(2) 温度影响。不冻液随温度变化也会热胀冷缩。液面的抬升会造成溢流，下降后会减少降雪时的溢流。100mm 高的不冻液，每 10℃ 的变化会有 0.6mm 的高度改变。

(3) 表面张力。不冻液也有表面张力，中心管和溢流管口径都不大，表面张力影响明显，液面上升产生的最大误差可能达 0.4mm。

(4) 不冻液容重。不冻液容重和水的容重存在差别，不冻液容重为 0.93～0.96，造成翻斗计量误差可达 1% 左右。

除上述误差外，翻斗雨量计固有误差仍存在。

5. 特点

这类仪器不需加热设施，不耗用交流电。但它的计量误差较大，要定期配制更换不冻液，带来使用上的不便。

6. 安装要求

大部分安装要求和翻斗式雨量计相同。冬季装上融雪装置（桶），将配制好的不冻液倒入融雪桶，估计使液面与溢流管口相平。再倒入防挥发油，使浮在液面上的油层厚约 5mm。这时溢流管会产生溢流，溢出部分不冻液。不冻液中甲醇等有剧毒，须妥善保管使用。

8.2.6.3 压力式雨雪量计

1. 工作原理

压力式雨雪量计的主体是一个内部盛有相当高度

不冻液的雨（雪）量筒，在不冻液下部设置一压力传感器。降雪进入不冻液后，液面升高，压力传感器测得的压力升高，可以换算成液面高度，测得降雪量。工作原理和压力水位计相同，连接压力传感器的控制器记录显示降雪量。

2. 仪器结构与组成

该仪器包括较高的融雪桶、控制器、电源 3 部分。融雪桶内盛有一定深度的不冻液，底部装有灵敏的压力传感器。此外，还可能装有电动搅拌器。当下雪较多，气温较低时，搅拌器开动，可以帮助雪液混融。控制器测量压力，显示记录降水量，还控制搅拌器工作。

3. 技术性能

压力式雨雪量计可以在很低气温的环境中工作。可以在 −40℃ 或更低温度中工作。

它测量的是总降水量，测量误差主要取决于压力传感器的性能，也受不冻液比重、挥发影响。温度变化对不冻液和压力传感器会有影响，导致误差产生。

8.2.7 雨量计的比测

新应用的雨量计安装好后，经过规定的雨量计量准确度检查，可开始用以测雨。有时需要进行比测。

1. 互比法

由于降雨量的真值未知，有时也采用两台雨量计进行比测，以发现系统误差。但两台雨量计安装在观测场不同地点，由于天然降雨本身的不均匀，再受风、地形和雨量计形状影响，进入两个雨量计的降雨可能会有差别，导致测得值不同。同时，两台雨量计都有自己的允许误差。不同雨量计产生误差的原因是不一样，随机性较大。因此，采用两台雨量计比测要注意分析进入的降雨不同和仪器本身允许误差（有关分析方法可见第 9 章内容）。

2. 注水法

可参阅翻斗雨量计的检定部分。其原理是用人工在规定的降雨强度下，模拟注入雨量计定量的水体（相当于一定的降雨深度）。将此注入降雨深度和被测雨量计测得降雨量进行比较。以注入降雨深度为真值计算雨量计测量误差。

注水法模拟降雨比较真实。测量得到的误差值也比较全面，包括了仪器雨水流道各部分在开始被注入水量湿润过程中，对水体的截留误差。还包括了部分雨量计的分辨力误差。例如翻斗式雨量计可能存在的最后未翻转翻斗中的水量截留误差。湿润误差也可以用预先进行的注水操作来消除。也可以在翻斗刚翻转时结束注水，以此方法消除有些分辨力误差。

注水法适用大部分雨量计的比测检定。

3. 排水量法

排水量法是只向承雨口内以恒定降雨强度模拟注水，不计量注入水量。但在仪器工作的同时，收集雨量计经计量后排出的水量。以此作为降雨真值，计算雨量计的测量误差。此方法主要用于测量雨量计的计量误差，翻斗式雨量计检验多使用此法，所以翻斗式雨量计的雨量计量误差都加以说明是"以仪器排水量为准"。此法，可以在室内进行，也可以在野外实际工作中进行。雨量计在野外正常工作时，按规定应该收集雨量计排出水量，以便进行计量检测。

8.2.8 降水观测仪器安装

8.2.8.1 仪器的基本技术要求

1. 承雨器口

(1) 雨量器和自记雨量计的承雨器口内径采用200mm，允许误差为0.6mm。

(2) 承雨器口应呈内直外斜的刀刃形，刃口锐角40°～45°。为防止锈蚀和变形，承雨器口宜采用铜或铝合金制成，内壁光滑无砂眼。承雨器口面应与器身中心轴线相垂直，与雨量器储水筒底面或自记雨量计外壳底面相平行。

2. 量杯

专用量雨杯的总刻度为10.5mm，其最小刻度与雨量站的观测记录精度一致，最小起始刻线应等于1/2记录精度。

3. 雨量观测误差

(1) 误差计算。仪器在野外使用过程中，记录水量和自身排水量的量测误差，可用式（8.3）计算

$$E_S = \frac{W_t - W_d}{W_d} \qquad (8.3)$$

式中 E_S ——雨量计仪器测量，%；

  W_t ——仪器记录水量，mm；

  W_d ——仪器排水量（自然虹吸量、翻斗翻倒水量、浮子式累计水量），mm。

(2) 误差要求。雨量观测误差一般采用相对误差表示，但对较小的降水，可用绝对误差表示。仪器的分辨力不同，对其量测误差的要求亦不一样，具体要求如下。

1) 分辨力为0.1mm、0.2mm的仪器，其量测误差要求是排水量小于等于10mm时，量测误差宜不超过0.2mm，最大不得超过0.4mm；排水量大于10mm时，量测误差宜不超过2%，最大不得超过4%。

2) 仪器分辨力为0.5mm的仪器，排水量不大于12.5mm时，量测误差不得超过0.5mm；排水量大于12.5mm时，量测误差不得超过4%。

3) 仪器分辨力为1mm的仪器，排水量不大于25mm时，量测误差不得超过1mm；排水量大于25mm时，量测误差不得超过4%。

4. 时间记录误差

自记雨量计运行过程中的时间记录误差：机械钟的日误差不超过5min；石英钟的日误差不超过1min，月误差不超过5min。

5. 其他要求

(1) 自记雨量计的传感器记录器必须计量精确，能灵敏地、连续不断地反映降水过程和降水起止时间，其量测精度可采用人工室内滴定注入水量后的仪器排水量，检验仪器的量测精度。

(2) 采用记录笔记录的仪器要求划线应清晰、无断线现象，划线宽度不超过0.3mm，记录笔的调零微调机构应方便、可靠，复零位误差不超过仪器分辨力的1/2。

(3) 有线或无线遥测雨量计，除配有记录器外，宜同时配备数字显示装置（简称计数器），收集显示时段累积降水量，满足及时掌握雨情和报汛的需要，记录器记录与计数器显示值之差，在一次满量程范围内允许差一个分辨力。

(4) 有线或无线遥测自记雨量计和长期自记雨量计，均应配备储水器承接传感器的排水量，用以检查和订正仪器量测误差。如仪器发生故障，记录失真，则以储水器内水量作为该时段降水量。储水器可置于仪器内部或放在仪器外部，并加引水管和防护设备。

(5) 用于采集降水量信息数据的固态存储器，应具备以下要求：

1) 采集信号数与输入信号数之差在1‰以内。

2) 时间分辨力不大于5min。

3) 为适应长期连续工作，仪器应有显示工作情况是否正常的指示装置。

8.2.8.2 仪器安装

1. 仪器安装高度

(1) 雨量器（计）的安装高度，以承雨器口在水平状态下至观测场地面的距离计。

(2) 雨量器的安装高度为0.7m；自记雨量计的安装高度为0.7m或1.2m；杆式雨量器（计）的安装高度宜不超过4m，否则必须安装防风圈。

(3) 黄河流域及其以北地区、青海、甘肃及新疆、西藏等省（自治区），凡多年平均年降水量大于50mm，且多年平均年降雪量占年降水量达10%以上的雨量站，在降雪期间，用于观测降雪量的雨量器（计）器口的安装高度，一般为2.0m，积雪深的地区，也可适当提高，但不应超过3.0m，并在器口安装防风圈。

（4）地面雨量器（计）的承雨口略高于地面，它观测的降水量，可评价不同安装高度雨量器（计）观测的降水量，各地可规划少数雨量站（一般选在水面蒸发站），安装地面雨量器（计）。

（5）雨量器（计）承雨器口的安装高度选定后，不得随意变动，以保持历年降水量观测高度的一致性和降水记录的可比性。

2. 仪器安装要求

（1）新仪器安装前应检查确认仪器各部件完整无损及传感器记录器反应灵敏度正常后才能进行安装，暂时不用的仪器备件应妥善保管。

（2）雨量器和机械传动的自记雨量计，均固定安置于埋入土中的圆形木柱或混凝土基柱上，基柱埋入土中的深度应能保证仪器安置牢固，即使在暴风雨中也不发生抖动或倾斜。基柱顶部应平整，承雨器口必须保持水平。

（3）安置雨量器的基柱可配特制的带圆环的铁架，套住雨量器。铁架脚用螺钉或螺栓固定在基柱上，以维护仪器安置位置不变，便于观测时替换雨量筒。

（4）累积雨量器安置在木制或铁制的支架上，支架脚应牢固埋入土中，并用固定在支架顶部的圆环铁架套住累积雨量器，在降雪期间器口应安装防风圈。

（5）安装自记雨量计，用 3 颗螺钉将仪器底座固定在混凝土基柱上，承雨口应水平，对有筒门的仪器外壳，其朝向应背对本地常见风向。部分仪器可加装 3 根钢丝拉紧仪器，绳脚与仪器底座的距离一般为拉高的 1/2，对有水平工作要求的仪器应调节水准泡至水平。承雨器口安装高度大于 2m 时，钢丝与地面的夹角在 60° 左右。

（6）传感器与显示记录器间用电缆传输信号的仪器，显示记录器应安装在稳固的桌面上；电缆长度应尽可能短，宜加套保护管后埋地敷设，若架空铺设，应有防雷措施；插头插座间应密封，且安装牢固。使用交流电的仪器，应同时配备直流备用电源，以保证记录的连续性。

（7）采用固态存储的显示记录器，安装时在正确连接电源后，应根据仪器说明书的要求，正确设置各项参数后，再进行人工注水试验，并符合要求。试验完毕，应清除试验数据。

（8）雨雪量计的安装，应针对不同仪器的工作原理，妥善处理电源、不冻液等安全隐患，注意安全防范。

（9）翻斗式遥测雨量计的传感器安装在观测场，记录器（包括计数器）安装在观测室内稳固的桌面上，要便于工作，避免震动。连接传感器和记录器（计数器）的电缆，应安装牢固可靠，加屏蔽保护，配防雷设备，使其不受自然和人为的破坏。接电缆线之前，应先接上稳压电源。为保证记录的连续性，在有交流电源地区应同时接上交流和直流电源。

（10）雨量器（计）的安装高度在 2～3m 时，可配置一小梯凳，以便观测。但观测时小梯凳不要靠紧立柱，以免柱子倾斜。

（11）仪器安装完毕后，应用水平尺复核，检查承水器口是否水平。用测尺检查安装高度是否符合规定要求，用五等水准引测观测场地地面高程。

3. 防风圈的安装使用

（1）安装防风圈的作用。风对固态降水的影响比液态降水大得多，根据国内外试验，在器口未加任何防护的情况下，仪器捕获的降雪量比实际平均偏小 10%～50%，最大可达 100%。为获得较为准确的降雪量资料，除了尽可能地将观测场选在受风影响小的地方外，还要安装防风圈。

承雨器口安装高度不大于 1.2m 的仪器，器口未安装防风圈观测的月、年降水量误差较小，在月、年降水量观测误差不超过 3% 的条件下，考虑节省人力、物力，可不安装防风圈，但黄河流域及其以北地区、青海、甘肃、新疆、西藏等省（自治区），凡多年平均年降水量大于 50mm，且多年平均年降雪量占年降水量达 10% 以上的雨量站，观测降雪量的雨量器（计）器口应安装防风圈。其他多雪地区包括东北部的大、小兴安岭、长白山区、松嫩平原及三江平原、新疆大部和青藏高原，这些地区降雪期长，大部分在 150d 以上，长江、黄河上游部分地区全年都可降雪，如雨量器不加屏蔽（防风圈等），其捕雪量偏小可达 50% 以上，为了提高降雪量的观测精度，防止积雪和风吹雪的影响，上述多雪地区器口安装高度为 2m，并加防风圈，积雪很深的地区还可适当提高。其余地区可用器口高于地面 0.7m 不带防风圈的雨量器或累积雨量器测雪。我国西北、东北和华北多雪地区，20 世纪 50 年代曾在雨量器（计）口安装苏式防风圈。

我国南方四川、浙江等省以地面雨量器（计）为标准，对器口加和不加防风圈的雨量器（计）进行对比观测试验，其结果表明：器口安装防风圈后能使液态降水观测值系统偏小的误差减小 50% 左右，即在器口安装防风圈能明显提高液态降水的观测精度。

（2）不同类型的防风圈比测情况。近百年来，世界许多国家都在研究削减器口风力影响的防风圈，主要采用的防风圈形式有前苏联的特立奇耶夫式（Tretyakov），加拿大的尼夫式（Nipher），美国的奥尔特式（Alter）等。WMO1985 年在"固态降水对比观测计划"中，根据前苏联、美国等国的经验，提出器口安装高度为 2m 带苏式（Tretyakov）防风圈外加双层防风栅栏的雨量计，作为评价其他型式防风圈效应的标准。中国科学院兰州冰川冻土研究所，1986 年在乌鲁木齐河源天山设立两个试验站，根据观测资料分析，加苏式防风圈的仪器比不带防风圈的仪器，可提高降雪捕捉率 14.2%～26.5%。

四川青龙雨量站和安徽蚌埠水文站选用 5 种类型的防风圈进行对比观测，研究结果表明：苏式和 F-86 型均能削弱器口周围风力，降低器口气流的辐合作用，有良好的防风效应。F-86 型防风圈是在苏式基础上加以改进，经比测试验其防积雪、防溅水性能优于苏式，造型、结构合理。

（3）雨量观测规范规定采用的防风圈。我国现行《降水量观测规范》（SL 21—2006）规定采用 F-86 型防风圈。F-86 型防风圈的结构、应用详见《降水量观测规范》（SL 21—2006）。

8.2.9 仪器的检查和维护保养
8.2.9.1 仪器的检查
1. 新安装仪器

新安装在观测场的仪器，必须按照仪器使用说明书认真检查仪器各部件安装是否正确，并按以下要求检查仪器运转是否正常。

（1）分别以每分钟大约 0.5mm、2mm、4mm 的模拟降水强度向承雨器注入清水，检查记录器记录和计数器显示值，并与排水量比较，其量测误差是否在允许范围内，注水量应大于 30～50mm，满足连续记录 3～5 个量程。

（2）分别检查交流、直流电源供电时仪器各部件运转是否正常。

（3）经过运转检查和调试合格的仪器，经试用 7d 左右，证明仪器各部件性能合乎要求和运转正常后，才能正式投入使用。

（4）在试用期内，检查自记钟或计时机构的走时误差和记录器的时间误差是否符合规定。

（5）对停止使用的自记雨量计，在恢复使用前应按照上述要求进行注水运行试验检查。

2. 在用仪器

（1）每年用分度值不大于 0.05mm 的游标卡尺测量观测场内各个仪器的承雨器口直径 1～2 次，检查时，应从均匀分布的 3 个不同方向测量器口直径，都应符合规定。

（2）每年用水准器或水平尺检查承雨器口面是否水平 1～2 次。

（3）不要轻易拧动翻斗雨量计的翻斗定位螺钉，但如雨量计各项正常，只有翻斗计量误差不符合要求时，可检查调整翻斗基点。具体方法见"翻斗式雨量计"部分。

（4）宜每年对虹吸式自记雨量计进行一次器差检查，徐徐向承雨器注水，当产生虹吸时立即停止，待记录笔落到零线后，用量雨杯量取 10mm 清水分 10 次向承雨器注水，每次注入 1mm，记录每次加水后自记笔的记录值，重复试验五遍，将试验结果以累计加水量为纵坐标，相应记录值为横坐标，点绘相关图。若相关线通过原点，且与坐标轴成 45° 的直线，则无器差。否则，应求出器差，对记录值进行器差订正。

（5）凡检查出不合格的仪器，都应及时调整维修或换用新仪器。

8.2.9.2 仪器的维护保养
（1）注意保护仪器，防止碰撞，保持器身稳定，器口水平无变形。无人驻守的雨量站应对仪器采取特殊安全防护措施。

（2）保护仪器内外清洁，每月在无雨时细心按仪器说明书要求清洗仪器内外尘土 1 次，随时清除承雨器中的树叶、昆虫等杂物，保持传感器承雨汇流畅通，反应灵敏，计算准确。

（3）多风沙地区在无雨或少雨季节，将承雨器加盖，但要注意在降雨前及时将盖打开。

（4）在结冰期间，自记雨量计停止使用时，应将仪器内积水排空，全面检查养护仪器，器口加盖，并用塑料布包扎器身，也可将仪器取回室内保存。

（5）在每次换纸、取观测数据或巡回检查时，均应进行长期自记雨量计的检查和维护工作。

（6）每次对仪器进行调试或检查都要详细记录，以备查考。

8.3 降水量观测

8.3.1 雨量器观测降水量
8.3.1.1 观测时段规定
1. 段次划分

用雨量器观测降水量，可采用定时分段观测，时段次及相应时间见表 8.5。

2. 观测段次采用原则

各雨量站的降水量观测段次，一般少雨季节采用 1 段次或 2 段次，遇暴雨时应随时增加观测段次；多雨季节应选用自记雨量计观测降水量，否则应选择 4 段或更多段次观测。

3. 降水起止时间测记

规定观测降水起止时间的雨量站，除了按规定时段观测降水量外，还应加测降水起止时间，并统计1次降水量。当降水中间有间歇时，若间歇时间大于15min，间歇前后作为两次降水进行观测记载；若间歇时间不大于15min，则作为一次降水进行观测记载。

表 8.5　　　降水量分段次观测时刻表

段次	每日观测时刻
1	8：00
2	20：00、8：00
4	14：00、20：00、2：00、8：00
8	11：00、14：00、17：00、20：00、23：00、2：00、5：00、8：00
12	10：00、12：00、14：00、16：00、18：00、20：00、22：00、24：00、2：00、4：00、6：00、8：00
24	从本日9：00至次日8：00，每小时观测1次

8.3.1.2　液态降水量观测

（1）观测员应在规定的观测时间之前携带备用储水器到观测场，在观测时间若有降雨，则取出储水筒内的储水器，放入备用储水器，然后到室内用量雨杯测记降水量。如降水很小或已停止，可携带量雨杯到观测场测记降水量。

（2）为减少蒸发损失，无论是否观测降水起止时间的雨量站，应在降水停止后及时观测降水量，并记录在"降水量观测记载簿"中与降雨停止时相应的时段降水量栏。

（3）使用量雨杯，应使量雨杯处于铅直状态，读数时视线与水面凹面最低处平齐，观读至量雨杯的最小刻度，并立即记录，然后校对读数1次。降水量很大时，可分数次量取，并分别记在备用纸上，然后累加得其总量并记录。

（4）用累积雨量器观测液态降水量，应按以下规定进行。

1）按月累积观测，即每月1日8：00观测1次，作为上月的月降水量。

2）预先向储水筒加水，注满底部锥体部分，然后注入防蒸发油，油层深度为5～10mm，水和油的注入量，均应用量雨杯精确量测，并记在观测记载簿的备注栏。

8.3.1.3　固态降水量观测

1. 用雨量器观测固态降水量

（1）在降雪或雹时，应取去雨量器的漏斗和储水器，或换成承雪器，用储水筒承接雪或雹，在规定的

观测时间以备用储水筒替换，并将换下来的储水筒加盖带回室内。

（2）待取回室内的储水筒内的雪或雹融化后（禁止用火烤），倒入量雨杯量测。

（3）取定量温水加入储水筒融化雪或雹，用量雨杯量测出总量，减去加入的温水量，即得雪或雹量。

（4）配有感量不大于1g台秤的测站，可用称重法。称重前应将附着在筒外的降水物和泥土等清除干净。

2. 用累积雨量器观测降雪量

（1）交通特别困难时可跨月累积观测。

（2）预先向储水筒注入一定量的防冻液和防蒸发油，防冻液和防蒸发油的选择及其注入量由试验确定。

（3）累积降雪量的量测方法如下。

1）拧开仪器底部的泄水阀，将储水桶内水量放入量雨杯量测。

2）用刻度精确的直尺量测从承雨器口到储水筒内水面的垂直距离，与器口至储水筒锥体以上部分的高度相减，即得储水筒内的水深，然后在仪器安装后测定的储水筒水深与容积关系线上查得水量，即换算为降水量。

8.3.1.4　特殊项目观测

1. 雹、霜、雾、露等观测

如遇固态降水物或测记雾、露、霜时，应记录降水物符号。降水物符号记于降水量数值的右侧，单纯降雨和无人驻守雨量站不注记降水物符号。不同的降水采用下列降水物符号表示：

＊——雪；

●＊——有雨，也有雪；

▲＊——有雹，也有雪；

▲——雹或雨夹雹；

⊔——霜（规定记载初、终霜日期或规定观测霜量的雨量站用）；

≡——雾（规定测雾量的雨量站用）；

⋒——露（规定观测露量的雨量站用）。

2. 雪深观测

（1）当观测场四周视野地面被雪覆盖超过50%时，要测记雪深。

（2）可在观测场安置面积为1m×1m的测雪板进行雪深测量，亦可在观测场附近选择一块平坦、开阔地面，于入冬前平整好，并做上标志作为测记雪深的场地。

（3）每次测量雪深须分别测3点，求其平均值作为该次测量的值，记至厘米（cm）。在测雪板上观

测，3点相距0.5m；在附近场地上观测，3点相距5~10m，且每次测点位置应不重复。

（4）为了将雪深正确折算成降水量，当雪深超过5cm时，可用体积法或称重法测量与雪深相应的雪压（记至0.1g/cm²）。同时，注意观测降雪形态，作为建立雪深和雪压关系的参数。未测雪压者，可将雪深与同期用雨量器观测的降雪量建立关系（亦应考虑降雪形态），必要时也可乘0.1系数将雪深折算成降水量。

（5）雪深、雪压或雪深折算系数均记在与固态降水量观测时间相应的备注栏，也可列表单独记载。

（6）雪深和雪压都只观测当日或连续数日降雪的新积雪。

（7）一日或连续数日降雪停止后，应将测雪板上或测记雪深场地上的积雪清除。冬季降雪量很大且在冬季不消融的地区，可采用压实并平整场地上积雪的办法测新雪深。

3．冰雹直径观测

遇降较大冰雹时，应选测几颗能代表为数最多的冰雹粒径作为平均直径，并挑选测量最大冰雹直径。每颗被测冰雹的直径，为3个不同方向直径的平均值，记至毫米（mm），注在降水量观测记载簿与降雹时间相应的备注栏。

4．降水强度观测

仅使用雨量器观测降水量的测站，需要取得暴雨强度资料时，在暴雨期间，可根据降水强度变化，主动增加观测次数，并将加测降水的起止时间和降水量记入观测记载簿。

5．其他天气状况观测

必要时应测记初、终霜期和沙尘暴等天气状况。

8.3.1.5 观测注意事项

（1）每日观测时，注意检查雨量器是否受碰撞变形，检查漏斗有无裂纹，储水筒是否漏水。

（2）暴雨时，采取加测的办法，防止降水溢出储水器。如已溢流，应同时更换储水筒，并量测筒内降水量。

（3）如遇特大暴雨灾害，无法进行正常观测工作时，应尽可能及时进行暴雨调查，调查估算值记入降水量观测记载簿的备注栏，并加文字说明。

（4）观测记录一律用硬质铅笔记载，字体要求工整、清晰、正确，不得任意涂改或擦拭，如当场发现有测记错误需要更正时，应在原记录数字上画一横线，（使原记录值仍能清楚地认出），再在原记录值上方记入正确数字。

（5）每次观测后，储水筒和量雨杯内不应有积水。

8.3.2 虹吸式自记雨量计观测降水量

1．观测时间

每日8：00观测1次，有降水之日应在20：00巡视仪器运行情况，暴雨时适当增加巡视次数，以便及时发现和排除故障，防止漏记降雨过程。

2．观测程序

（1）观测前的准备。在记录纸正面填写观测日期和月份，背面印上降水量观测记录统计表。洗净量雨杯和备用储水器。

（2）每日8：00整时，立即对着记录笔尖所在位置，在记录纸零线上画一短垂线，作为检查自记钟快慢的时间记号。

（3）用笔挡将自记笔拨离纸面，换装记录纸。给笔尖加墨水，拨回笔挡对时，对准记录笔开始记录时间，画时间记号。有降雨之日，应在20：00巡视仪器时，划注20：00记录笔尖所在位置的时间记号。

（4）换纸时无雨或仅降小雨，应在换纸前，慢慢注入一定量清水，使其发生人工虹吸，检查注入量与记录量之差是否在±0.05mm以内，虹吸历时是否小于14s，虹吸作用是否正常，检查或调整合格后才能换纸。

（5）自然虹吸水量观测。

1）观测时，若有自然虹吸水量，应更换储水器，然后用量雨杯量测储水器内降水，并记载在该日降水量观测记录统计表中。

2）暴雨时，估计降雨量有可能溢出储水器时，应及时用备用储水器更换，并测记储水器内降雨量。

3．更换记录纸

（1）换装在钟筒上的记录纸，其底边必须与钟筒下缘对齐，纸面平整，纸头纸尾的纵横坐标衔接。

（2）连续无雨或降雨量小于5mm之日，一般不换纸，可在8：00观测时，向承雨器注入清水，使笔尖升高至整毫米处开始记录，但每张记录纸连续使用日数一般不超过5日，并应在各日记录线的末端注明日期。每月一日必须换纸，以便按月装订。降水量记录发生自然虹吸之日，应换纸。

（3）8：00换纸时，若遇大雨，可等到雨小或雨停时换纸。若记录笔尖已到达记录纸末端，雨强还是很大，则应拨开笔挡，转动钟筒，转动笔尖越过压纸条，将笔尖对准纵坐标线继续记录，待雨强小时才换纸。

4．更换仪器

虹吸式自记雨量计有以下情况之一者，应改用雨量器观测降水量。

（1）少雨季节和固态降水期。

（2）当自记雨量计发生故障不能迅速排除时，用雨量器观测降水量，可根据雨量大小选择观测段次。

（3）需要同时用雨量器进行对比观测时，可按两段次观测。

5. 雨量记录的检查

（1）正常的虹吸式雨量计的雨量记录线应是累积记录到 10mm 时即发生虹吸（允许误差 ±0.05mm），虹吸终止点恰好落到记录纸的零线上，虹吸线与纵坐标线平行，记录线粗细适当、清晰、连续光滑无跳动现象，无雨时必须呈水平线。

（2）每日时间误差应满足：机械钟不大于 5min/d，石英晶体钟不大于 1min/d。

若检查出不正常的记录线或时间超差，应分析查找故障原因，并进行排除。

6. 观测注意事项

（1）每日 8：00 观测（或其他换纸时间）对准北京时间开始记录时，应先顺时针后逆时针方向旋转自记钟筒，以避免钟筒的输出齿轮和钟筒支撑杆上的固定齿轮的配合产生间隙，给走时带来误差。

（2）降雨过程中巡视仪器时，如发现虹吸不正常，在 10mm 处出现平头或波动线，即将笔尖拨离纸面，用手握住笔架部件向下压，迫使仪器发生虹吸，虹吸终止后，使笔尖对准时间和零线的交点继续记录，待雨停后才对仪器进行检查和调整。

（3）经常用酒精洗涤自记笔尖，使墨水流畅。

（4）自记纸应平放在干燥清洁的橱柜中保存。

（5）不能使用潮湿、脏污或纸边发毛的记录纸。

（6）量雨杯和备用储水器应保持干燥清洁。

8.3.3　翻斗式自记雨量计观测降水量

8.3.3.1　自记周期的选择

1. 划线模拟记录

使用划线模拟记录时，自记周期可选用 1 日、1 个月或 3 个月。每日观测的雨量站，可用日记式；低山丘陵、平原地区、人口稠密、交通方便的雨量站，以及不计雨日的委托雨量站和实行间测或巡测的水文站、水位站的降水量观测宜选用 1 个月；对高山偏僻、人烟稀少、交通极不方便地区的雨量站，宜选用 3 个月。

2. 固态存储记录

使用固态存储记录时，自记周期一般可选 3 个月、6 个月或 1 年，由测站条件和系统配置而定。若存储记录数据可以采用无线或有线传输方式远程读取，则不严格受自记周期限制。

8.3.3.2　观测（换纸）时间

（1）每日的观测（换纸）时间及要求与虹吸式自记雨量计相同。

（2）用长期自记记录方式观测的观测（换纸）时间，可选在自记周期末 1～3d 内无雨时进行。

（3）为了便于巡测工作安排，指导站可按巡测路线，逐站安排日期。

（4）考虑两个周期始末记录的衔接、连续，一般不允许任意改变观测（换纸）日期，以免引起资料混乱。

8.3.3.3　观测方法

1. 划线模拟记录观测方法

（1）每日观测。

1）观测前在记录纸正面填写观测日期和月份，背面印上降水量观测记录统计表。

2）到观测场巡视传感器工作是否正常，若有自然排水量，应更换储水器，然后用量雨杯量测储水器内降水，并记载在该日降水量观测记录统计表中。暴雨时应及时更换储水器，以免降水溢出。

3）连续无雨或降雨量小于 5mm 之日，一般不换纸，可在 8：00 观测时，向承雨器注入清水，使笔尖升高至整毫米处开始记录，但每张记录纸连续使用天数一般不超过 5d，并应在各日记录线的末端注明日期。每月 1 日必须换纸，以便按月装订。

4）换纸时若无雨，可按动底板上的回零按钮，使笔尖调至零线上，然后换纸。

5）有必要对记录器和计数器对比观测时，有降水之日，应在 8：00 读记计数器上显示的日降水量，然后按动按钮，将计数器字盘上显示的 5 个数字全部回复到零。如只为报汛需要，则按报汛要求时段读记，每次观读后，应将计数器全部复零。

6）其他操作方法与虹吸式雨量计相同。

（2）长期自记观测。

1）换纸前先对时，对准记录笔位在记录纸零线上划注时间记号线，注记年、月、日、时分和时差。

2）按仪器说明书要求更换记录纸、记录笔和石英钟电池。

2. 固态存储记录观测方法

（1）完成安装和检查的仪器，在正式投入使用前，清除以前存储的试验数据，对固态存储器进行必要的设置和初始化。设置的内容有站号、日期、时钟、仪器分辨力、采样间隔、通信方式、通信波特率等，应根据现场情况选择。其中采样间隔一般设置为 5min，需要时也可设置为 1min，对时误差应小于 60s。

（2）仪器经过 1 个自记周期，读取降水量数据后，均要对仪器重新进行功能检查。复核初始化设置是否正确，清除已被读出的数据，重新开始下一个自记周期的运行。

（3）安装在水文自动测报系统中的长期自记雨量计，若采用按中心站随机指令或终端定时进行数据传输时，应结合测站的巡视维护安排，定期检查仪器工作情况。

（4）对读取的降水量数据，必须仔细确认已准确读到并已可靠存储，方可清除仪器中降水量数据。

8.3.3.4 雨量记录的检查

1. 划线模拟记录的检查

（1）正常翻斗式雨量计的记录笔跳动 100 次，即上升到 10mm（分辨力为 0.2mm 者为 20mm），同步齿轮履带推条与记录笔脱开，靠笔架滑动套管自身重力，记录笔快速下落到记录纸的零线上，下降线与纵坐标线平行。记录笔无漏跳、连跳或一次跳两小格的现象，呈 0.1mm（或 0.2mm）一个阶梯形或连续（雨强大时）的清晰迹线，无雨时必须呈水平线。

（2）记录笔每跳一次满量程，允许有土 1 次误差，即记录笔跳动 99 次或 101 次，与推条脱开，视为正常。

（3）对每日观测的记录器记录的降水量与自然排水量的差值，应符合仪器质量要求。

（4）记录时间日误差应满足以下条件：机械钟小于 5min/d，石英晶体钟小于 1min/d。

（5）如查出与上述 4 款要求不符之处，应分析查找故障原因，并进行排除。

2. 固态存储记录的检查

按操作说明介绍方法，读取显示的存储记录数据，检查雨量和时间记录情况。

8.3.3.5 观测注意事项

（1）要保持翻斗内壁清洁无油污，翻斗内如有赃物，可用水冲洗，禁止用手或其他物体抹拭。

（2）要保持基点长期不变，调节翻斗容量的两对调节定位螺钉的锁紧螺帽应拧紧。观测检查时，如发现任何一只有松动现象，应注水检查仪器基点是否正确。

（3）定期检查干电池电压，如电压低于允许值，应更换全部电池，以保证仪器正常工作。

8.3.4 降水量资料整理

8.3.4.1 一般规定与要求

1. 整理主要工作内容

（1）审核原始记录，若自记记录的时间误差和降水量误差超过规定时，分别进行时间订正和降水量订正，有故障时进行故障期的降水量处理。

（2）检查降水量记载表，检查降水记载是否完整齐全，降水物符号是否正确，记录精确度是否满足规定。

（3）统计日、月降水量，在规定期内，按月编制降水量摘录表。用自记记录整理者，在自记记录线上统计和注记按规定摘录期间的时段降水量。

（4）用计算机整编的雨量站，根据电算整编的规定，进行降水量数据加工整理。

（5）测站同时有固态存储器记录和其他形式记录时，如固态存储器记录无故障，则以固态存储器记录为准，固态存储器记录的降水量资料应直接进入计算机整编。

（6）指导站应按月或按长期自记周期进行合理性检查，具体内容如下。

1）对照检查指导区域内各雨量站日、月、年降水量、暴雨期的时段降水量以及不正常的记录线。

2）同时有蒸发观测的站应与蒸发量进行对照检查。

3）同时用雨量器与自记雨量计进行对比观测的雨量站，相互校对检查。

（7）按月装订人工观测记载簿和日记型记录纸，降水稀少季节，也可数月合并装订。长期记录纸，按每一自记周期逐日折叠，用厚纸板夹夹住，时段始末之日分别贴在厚纸板夹上。

（8）编写降水量资料整理说明。

2. 规定与要求

（1）兼用地面雨量器（计）观测的降水量资料，应同时进行整理。

（2）资料整理必须坚持随测、随算、随整理、随分析，以便及时发现观测中的差错和不合理记录，及时进行处理、改正，并备注说明。

（3）对逐日测记仪器的记录资料，于每日 8：00 观测后，随即进行昨日 8：00 至今日 8：00 的资料整理，月初完成上月的资料整理。对长期自记雨量计或累积雨量器的观测记录，在每次观测更换记录纸或固态存储器后，随即进行资料整理，或将固态存储器的数据进行存盘处理。

（4）各项整理计算分析工作，必须坚持一算两校，即委托雨量站完成原始记录资料的校正、故障处理和说明，以及统计日、月降水量，并于每月上旬将降水量观测记载簿或记录纸复印或抄录备份，以免丢失，同时将原用挂号邮寄指导站，由指导站进行一校、二校及合理性检查。独立完成资料整理有困难的委托雨量站，由指导站协助进行。

（5）降水量观测记载簿、记录纸及整理成果表中的各项目应填写齐全，不得遗漏，不做记载的项目，一般任其空白。资料如有缺测、插补、可疑、改正、不全或合并时，应加注统一规定的整编符号。

（6）各项资料必须保持表面整洁，字迹工整清晰、数据正确，如有影响降水量资料精度或其他特殊情况，应在备注栏说明。

3. 雨量器观测记载资料的整理

（1）有降水之日于 8：00 观测完毕后，立即检查观测记载是否正确、齐全。如检查发现问题，按要求及时进行处理。

（2）计算日降水量，当某日内任一时段观测的降水量注有降水物或降水整编符号时，则该日降水量也注相应符号。

（3）每月初统计填制上月观测记载表的月统计栏各项。

8.3.4.2　虹吸式自记雨量计记录资料的整理

1. 检查计算

有降水之日于 8：00 观测更换记录纸和量测自然虹吸量或排水量后，立刻检查核算记录雨量误差和计时误差，若超差应进行订正，然后计算日降水量和摘录时段雨量，月末进行月降水量统计。

2. 时间订正

（1）一日内使用机械钟的记录时间误差超过 10min，且对时段雨量有影响时，须进行时间订正。如时差影响暴雨极值和日降水量者，时间误差超过 5min，即进行时间订正。

（2）订正方法：以 20：00、8：00 观测注记的时间记号为依据，当记号与自记纸上的相应纵坐标不重合时，算出时差，以两记号间的时间数（以小时为单位）除两记号间的时差（以分钟为单位），得每小时的时差数，然后用累积分配的方法订正于需摘录的整点时间上，并用铅笔划出订正后的正点纵坐标线。

3. 雨量订正

（1）虹吸量订正。

1）当自然虹吸雨量大于记录量，且按每次虹吸平均差值达到 0.2mm，或一日内自然虹吸量累积差值大于记录量达 2.0mm 时，应进行虹吸订正。订正方法是将自然虹吸量与相应记录的累积降水量之差值平均（或者按降水强度大小）分配在每次自然虹吸时的降水量内。

2）自然虹吸雨量不应小于记录量，否则应分析偏小的原因。若偏小不多，可能是蒸发或湿润损失；若偏小较多，应检查储水器是否漏水，或仪器有其他故障等。

（2）虹吸记录线倾斜订正。虹吸记录线倾斜值达到 5min 时，需要进行倾斜订正，订正方法如下。

1）以放纸时笔尖所在位置为起点，画平行于横坐标的直线，作为基准线。

2）通过基准线上正点时间各点，作平行于虹吸线的直线，作为"纵坐标订正线"。基准线起点位置在零线的，有右斜和左斜两种情况，分别见图 8.13、图 8.14，图中的 *bc* 线为虹吸线，虚线 *fe* 为纵坐标订正线；起点位置不在零线的，见图 8.15。

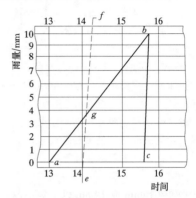

图 8.13　虹吸线倾斜订正示意图
（起点位置在零线，右斜）

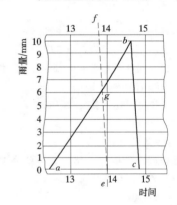

图 8.14　虹吸线倾斜订正示意图
（起点位置在零线，左斜）

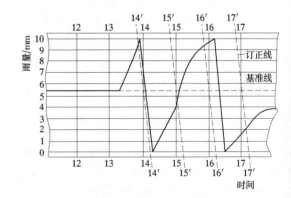

图 8.15　虹吸线倾斜订正示意图
（起点位置不在零线）

3）纵坐标订正线与记录线交点的纵坐标雨量，即为所求之值。如在图 8.13 中要摘录 14：00 正确的雨量读数，则通过基准线（即以放笔时笔尖所在位置为起点，所画的平行于横坐标的直线）14：00 坐标点，作一直线 ef 平行于虹吸线 bc，交记录线 ab 于 g 点，g 点纵坐标读数（图中 g 点为 3.5mm）即为 14：00 订正后的雨量读数。其他时间的订正值依此类推。

如果遇到虹吸倾斜和时钟快慢同时存在，则先在基准线上作时钟快慢订正（即时间订正），再通过订正后的正确时间，作虹吸倾斜线的平行线（即纵坐标订正线），再求订正后的雨量值，见图 8.15。

（3）按储水器收集的降水量订正。凡记录线出现下列情况者，以储水器收集的降水量为准进行订正。

1）记录线在 10mm 处呈水平线并带有波浪状，则此时段记录雨量比实际降水量偏小。

2）记录笔到 10mm 或 10mm 以上等一段时间后才虹吸，记录线呈平顶状，则从开始平顶处顺趋势延长至与虹吸线上部延长部分相交为止，延长部分的降水量不应大于按储水器水量算得的订正值。

3）大雨时，记录笔不能很快回到零位，致使一次虹吸时间过长。

（4）按实际记录查算降水量。以下记录线虽不正常，但可按实际记录线查算降水量。

1）虹吸时记录笔不能降至零线，中途上升。

2）记录笔不到 10mm 就发生虹吸。

3）记录线低于零线或高于 10mm 部分。

4）记录笔跳动上升，记录线呈台阶形，可通过中心绘一条光滑曲线作为正式记录。

（5）器差订正。使用有器差的虹吸式自记雨量计观测时，其记录应进行器差订正。

4．填制日降水量观测记录统计表

虹吸式自记雨量计降水量观测记录统计表见表 8.6。每日观测后，将测得的自然虹吸水量填入表 8.6（1）栏，然后根据记录纸查算表中各项数值。如不需进行虹吸量订正，则第（4）栏数值即作为该日降水量。

5．降水量摘录

经过订正后，将要摘录的各时段雨量填记在自记纸相应的时段与记录线的交点附近，如某时段降水量为雹或雪时应加注雹或雪的符号。

8.3.4.3 翻斗式自记雨量计记录资料的整理

对于固态存储记录的雨量资料，因已是数字记录，可直接采用专用（配用）资料整编程序进行整理。以下规定主要使用于划线模拟记录的雨量记录资料整理。

1．每日观测雨量记录的整理

（1）检查计算。当记录降水量与自然排水量之差达 ±2% 且达 ±0.2mm，或记录日降水量与自然排水量之差达 ±2.0mm，应进行记录量订正。记录量超差，但计数误差在允许范围以内时，可用计数器显示的时段和日降水量数值。

（2）时间订正。如用机械钟，则同虹吸式。

（3）雨量订正。翻斗式雨量计的量测误差随降水强度而变化，有条件的站，可进行试验，建立量测误差与降水强度的关系，作为记录雨量超差时，判断订正时段的依据之一。无试验依据的站，订正方法如下。

1）一日内降水强度变化不大，则将差值按小时平均分配到降水时段内，但订正值不足一个分辨力的小时不予订正，而将订正值累积订正到达一个分辨力的小时内。

2）一日内降水强度相差悬殊，一般将差值订正到降水强度大的时段内。

3）若根据降水期间巡视记录能认定偏差出现时段，则只订正该时段内雨量。

（4）填制日降水量观测记录统计表。翻斗式自记雨量计降水量观测记录统计表见表 8.7。每日 8：00 观测后，将量测到的自然排水量填入表 8.7 第（1）栏，然后根据记录纸依序查算表中各项数值，但计数器累计的日降水量，只在记录器发生故障时填入，否则任其空白。

表 8.6　　年　月　日 8：00 至　日 8：00
降水量观测记录统计表

(1)	自然虹吸水量（储水器内水量）/mm
(2)	自记纸上查得的未虹吸水量/mm
(3)	自记纸上查得的底水量/mm
(4)	自记纸上查得的日降水量/mm
(5)	虹吸订正量＝（1）＋（2）－（3）－（4）
(6)	虹吸订正后的日降雨量＝（4）＋（5）
(7)	时钟误差　8：00～20：00____分；20：00～8：00____分
备注	

表 8.7　　年　月　日 8：00 至　日 8：00
降水量观测记录统计表

(1)	自然排水量（储水器内水量）/mm
(2)	记录纸上查得的日降水量/mm
(3)	计数器累计的日降水量/mm
(4)	订正量＝（1）－（2）或（1）－（3）
(5)	日降雨量/mm
(6)	时钟误差　8：00～20：00____分；20：00～8：00____分
备注	

若需计数器和记录器记录值进行比较时，将计数器显示的日降水量（或时段显示量的累计值）填入，并计算出相应的订正量。根据本条 1 款规定，若需要订正时，则（1）栏自然排水量为该日降水量。若不需进行记录量订正，第（2）栏［或第（3）栏］数值，即作为该日降水量。

若记录器或计数器出现故障，表中有关各栏记缺测符号，并加备注说明。

（5）降水量摘录。翻斗式自记雨量计降水量摘录同虹吸式自记雨量计。

2. 长期自记记录资料的整理

（1）检查计算。在每个自记周期末观测后，立即检查记录是否连续正常，计算计时误差。若超差，应进行时间订正，然后计算日降水量、摘录时段雨量。统计自记周期内各月降水量。如条件许可，在每场暴雨后应检查记录是否正常，如发现异常，应及时处理，并记录处理时间，以保证后续记录正常。

（2）时间订正。

1）当计时误差达到或超过每月 10min，且对日、月雨量有影响时，进行时间订正。当计时出现故障时，不进行时间订正。

2）订正方法以自记周期内日数除周期内时差（以分钟为单位）得每日的时差数，然后从周期开始逐日累计时差达 5min 之日，即将累计值订正于该日8：00 处，从该日起每日时间订正 5min，并继续累计时差，至逐日累计值达 10min 之日起，每日时间订正10min，依此类推，直到将自记周期内的时差分配完毕为止。对于划线模拟记录，在记录纸上用铅笔画出订正后的每日 8：00 纵坐标线；在需作降水量摘录期间或影响暴雨极值摘录时，时间订正达 5min 之日，应逐时画出订正后的纵坐标线。对于固态存储器记录，可用电算程序订正。

（3）日降水量统计和时段降水量摘录。

1）划线模拟记录的日降水量统计：有降水量记录之日，将统计的日降水量注记于该日 8 时降水量坐标零线附近。

2）划线模拟记录的时段降水量摘录同虹吸式自记雨量计。

8.4　蒸发观测概述

8.4.1　蒸发概念与水面蒸发观测

1. 蒸发的概念与定义

水面蒸发是液体表面发生的汽化现象。通常情况下，流域或区域陆面的实际蒸发量是指地表处于自然湿润状态时来自土壤和植物蒸发的水总量。潜在蒸散量是指在给定气候条件下，覆盖整个地面且供水充分的成片植被蒸发的最大水量的能力。因此，它包括在给定地区、给定时间间隔内的土壤蒸发和植被蒸腾，以深度表示。

蒸腾是指植被的水分以水蒸气的形式传输进入大气中的过程。

由定义可知，无论是实际蒸发或是潜在蒸散量都难以准确的观测获得，因此在科学研究和实际工程中，多采用观测的水面蒸发量，以满足开展科学研究或工程应用。水面蒸发量也称蒸发率，其定义为单位时间内从单位（水）表面面积蒸发的水量，通常表示为单位时间内从全部（水）面积上所蒸发的液态水的相当深度。单位时间一般为 1d，水量用深度表示，单位为 mm，也可用 cm 表示。根据仪器的精密程度，通常测量的准确度为 0.10mm。

2. 水面蒸发观测的目的和意义

水面蒸发是水循环过程中的一个重要环节，是水量平衡三大要素之一，是水文学研究中的一个重要课题。它是水库、湖泊等水体水量损失的主要部分，也是研究陆面蒸发的基本参证资料。蒸发在水资源评价、产流计算、水平衡计算、洪水预报、旱情分析、水资源利用等方面都有重要作用。水利水电工程和用水量较大的工矿企业规划设计和管理，也都需要水面蒸发资料。

随着国民经济的不断发展，水资源的开发、利用急剧增长，供需矛盾日益尖锐。这就要求更精确地进行水资源的评价。水面蒸发观测工作，可为探索水体的水面蒸发及蒸发能力在不同地区和时间上的变化规律，以满足国民经济各部门的需要，为水资源的开发利用服务。

测量自由水面和地表的蒸发以及植被的蒸腾，对于水文模拟、水文气象学及农业的研究是非常重要的，例如，水库及排灌系统的设计和运行中都需要这些资料。

3. 观测蒸散发的主要方法

观测蒸散发的主要方法是器测法。观测水面蒸发主要应用蒸发器、大型蒸发池；冰雪蒸发用蒸发皿观测；观测土壤蒸散发使用蒸散器（蒸渗器）、土壤蒸发器。还有观测潜水蒸发的潜水蒸发器；要求不高的蒸发观测可以使用蒸发表。

8.4.2　陆上水面蒸发场的设置和维护

1. 蒸发观测的场地要求

（1）场地大小应根据各站的观测项目和仪器情况而定。设有气象辅助项目的场地应不小于 16m（东西向）×20m（南北向）；没有气象辅助项目的场地应不小于 12m×12m。

（2）为保护场内仪器设备，场地四周应设高约1.2m的围栅，并在北面安设小门。为减少围栅对场内气流的影响，围栅尽量用钢筋或铁纱网制作。

（3）为保护场地自然状态，场内应铺设 0.3～0.5m 宽的小路。进场时只准在路上行走。

（4）除沼泽地区外，为避免场内产生积水而影响观测，应有必要的排水措施。

（5）在风沙严重的地区，可在风沙的主要来路上设置拦沙障。拦沙障可用秫秸等做成矮篱笆或栽植矮小灌木丛。拦沙障应注意不影响场地气流畅通，其高度和距离应符合观测场地环境的要求。

2. 仪器安置

仪器的安置应以相互之间不受影响和观测方便为原则。其具体要求见图 8.16。

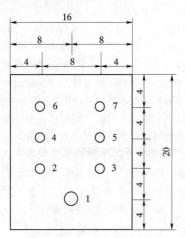

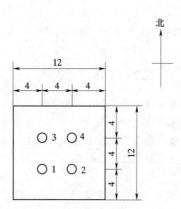

(a) 设有气象辅助项目的场地　　　　(b) 未设气象辅助项目的场地

图 8.16　陆上水面蒸发场仪器布设图（单位：m）

1—E601B 型蒸发器；2—校核雨量器；3—20cm 口径蒸发皿；4—自记雨量计或雨量器；

5—风速仪（表）；6、7—百叶箱

（1）高的仪器安置在北面，低的仪器顺次安置在南面。

（2）仪器之间距离，南北向不小于 3m，东西向不小于 4m，与围栅距离不小于 3m。

3. 陆上水面蒸发场的维护

（1）必须经常保持场地清洁，及时清除树叶、纸屑等垃圾，清除或剪短场内杂草，草高不超过 20cm。不准在场内存放无关物件和晾晒东西，以及种植其他农作物。

（2）经常保持围栅完整、牢固。发现有损坏时，应及时修整。

（3）在暴雨季节，必须经常疏通排水沟，防止场地积水。在冬季有积雪的地区，一般应保持积雪的自然状态。

（4）经常检查场内仪器设备安装是否牢固，是否保持垂直或水平状态。发现问题应及时整修。

（5）设有风障的站，应经常检修风障。

4. 蒸发场考证资料的编制

（1）编制的目的。环境条件的差异和变动，对所观测的蒸发资料的代表性影响极大。水面蒸发场的考证资料，是对影响蒸发量的自然地理和人类活动情况的记载。它是确定蒸发资料的代表性、正确使用蒸发资料的重要参证。

（2）蒸发场考证资料的编制和修订。蒸发场设置后，均需编制考证资料，并将蒸发场说明表及平面图列入考证簿。当场地迁移，或四周地物发生显著变化，观测项目调整，蒸发器型号改变时，均应补充和修订考证资料。

5. 考证簿编制

（1）测站沿革。

1）建场、停测、恢复、迁移日期，场地四周地物及仪器变动发生年月。

2）站名和主要的蒸发器型式及领导机关。

（2）测站地形、地质、气象等资料。

1）场地高程。

2）场地附近地形起伏状况及走向。

3）附近土质，地下水及植被情况。

4）附近自然水体的分布情况。

5）水源及水质情况。

6）气象特征，包括各种风向频率及平均风速，年平均及最高、最低气温、年平均水汽压力差或湿度、结冰情况等。

（7）其他特殊地形、地貌，如温泉、地热、沼泽等。

（3）测定场地四周的障碍物。观测场地四周障碍物除观察记录其组成、密实程度等有关情况外，需要对其实测，并计算出障碍物的遮挡率。障碍物的测定，可用经纬仪进行。以蒸发器为圆心，以磁北方向为零度，以地面高度为零，测出每一障碍物的方位角及高度、距离，记录每一障碍物的名称和折实系数。

（4）障碍物遮挡率的计算。场地周围某一障碍物遮挡率可用式（8.4）计算：

$$\Delta Z = \frac{H}{L} BC \qquad (8.4)$$

式中　ΔZ——场地周围某一障碍物遮挡率，%；

H——障碍物高度，m；

L——障碍物与蒸发器的水平距离，障碍物各点与蒸发器的距离是不等的，应取平均值，m；

B——障碍物两侧方位角之差占整个圆（360°）的百分数，%；

C——折实系数，以小数计，取小数点后两位。

折实系数指障碍物的实际遮挡面积与障碍物整体面积之比。如一般建筑物均无孔隙，其折实系数为1，而各种树木、篱笆等往往有一定孔隙，其折实系统就小于1。可根据障碍物的空隙率或实际情况进行估算。

场地四周各障碍物遮挡率之和，即为场地总的遮挡率，可用式（8.5）计算：

$$Z = \sum_{i=1}^{n} \frac{H_i}{L_i} B_i C_i \qquad (8.5)$$

式中　Z——观测场地总的遮挡率；

i——第 i 个障碍物；

n——障碍物总数。

当场地四周全部被高度与距离之比为1的密实障碍物所包围时，其遮挡率为100%。

当各风向的频率不同时，为了能够真实地反映障碍物对场内蒸发条件的影响程度。可应先按8个方位计算遮挡率，然后用风向频率加权计算场地总的遮挡率。

（5）绘制水面蒸发场平面图。可通过实测绘制出水面蒸发场平面图，绘出场地的围栅，各种仪器和四周障碍物的平面位置。图中各仪器及障碍物的右侧注上编号，在图的空白处说明各编号的名称和高度。图的比例尺以 1∶500 为宜。

8.5　蒸 发 观 测 仪 器

8.5.1　蒸发观测仪器简介

天然水体的水面蒸发量可以通过器测法进行观测，器测法得到的蒸发量要通过与代表天然水体的蒸发量进行折算，才能得到天然水体的蒸发量。

用于水面蒸发量人工观测的仪器主要有 E601 型蒸发器和 20cm 口径蒸发器两种（20cm 口径蒸发器一般称为蒸发皿）。一些自动蒸发观测仪器都是在 E601B 的基础上增加设备制成的。水面蒸发观测规范规定了 E601 的结构，原标准中规定的 E601 用钢板制作。后经改进，这种仪器多用玻璃钢（玻璃纤维增强树脂）制造，隔热性能优于金属，强度、耐腐蚀性也优于金属。它可以长期应用，耐冻裂。E601B 型水面蒸发器的性能优于用钢板制作的 E601 型。作为更新换代产品，国内试验证明它的折算系数稳定、性能优越。E601B 型水面蒸发器已成为水文、气象部门统一使用的标准水面蒸发器。因此，重点介绍 E601B 型水面蒸发器和 20cm 口径蒸发皿。

8.5.1.1　E601B 型水面蒸发器

1. 工作原理

测定蒸发桶内的水位变化量，得到仪器的蒸发量。以蒸发桶内小水体为蒸发观测样本，通过折算系数，推算出自然界天然水体的水面蒸发量。

E601B 应用水位测针人工观读蒸发桶内的水位，再由降雨量、溢出量推算出蒸发量。因此，观察蒸发的同时，需要观测降雨量、溢出量，还要观测直接影响水面蒸发的气温、湿度、水温、风等气象和水文要素。

2. 组成

E601B 型蒸发器主要由蒸发桶、水圈、测针和溢流桶 4 个部分组成。在无暴雨地区，可不设溢流桶。

（1）蒸发桶。蒸发桶是该仪器的主体部分。该部件是用玻璃钢材料加工制造，具有防腐、抗冻、隔热的优越性能。蒸发桶桶身上部为圆柱形，器口直径为（618±2）mm，高 600mm，下部为一锥形底，蒸发桶口缘为里直外斜的刃形，斜面为 40°～50°，桶体内部光滑、洁白。桶内壁装有测针插座，测针轴杆上装有静水器，观测时起静水防风浪作用。在离桶口处嵌有溢流管，以排泄蒸发桶内因降雨过多而溢出的水量。蒸发桶内壁刻有红色水面线，指示在向蒸发桶内加水或取水后应保持的水面液位，刻线距离器口 7.5cm。

（2）水圈。水圈部件是装置在蒸发桶外围的套环，其作用是减少蒸发桶内外溅水和沿地面脏物对蒸发桶内污染的影响，削弱太阳直射，降低地面温度，减少蒸发桶内水体和地面的热交换。水圈共4只，呈弧形，壁上开有溢流孔。

（3）测针。测针部件是本仪器的量测装置，测针安装在蒸发桶插座上，测针尖伸进静水器内，音响器用导线和测针连接。测针的结构主要由测微螺杆借助于置紧螺丝固定于上端的游标刻度盘上，测杆安装在测针的螺丝套中，测杆上刻有分辨率为mm的刻度，总量程为70mm。旋动刻度盘带动测微螺杆旋转，测微螺杆带动测杆在螺丝套中作轴向移动，使测杆下端的针尖接触水面。音响器安装在塑料盒中，连接导线，一端接音响器输入插孔，另一端分别接入一测针支杆顶端孔和电极片，电极片放入水中。

（4）溢流桶。溢流桶是一面积为300cm^{2}的金属圆柱桶，用于积存因暴雨超过蒸发桶规定液位的多余降雨量，即蒸发桶溢出的水量。

3. 技术指标

（1）蒸发桶。

1）口径：（618±2）mm。

2）圆柱体高度600mm；锥体高度87mm；器壁厚度6mm；整个器高693mm。

3）器口：1cm×10cm（厚×宽），器口呈40°～50°里直向斜型刃口。

4）标准水面标志线距器口为（75±2）mm。

5）溢流孔底距器口60mm，内径为15mm。

（2）水圈。

1）槽宽：200mm。

2）内腔深：137mm。

（3）溢流桶。

1）内径：（196±1）mm（器口面积为300cm^2）。

2）器深：400mm。

（4）量测装置（ZHD型电测针）。

1）测针量程：70mm。

2）测杆最小刻度：1mm。

3）分辨率：0.1mm。

4）电测针音响器电源：DC3V。

4. E601B型水面蒸发器的安装

（1）E601B水面蒸发器一般是安装在陆蒸发观测场，也可以安装在水面漂浮蒸发场（图8.17）。

（2）E601B型蒸发器的埋设具体要求如下。

1）蒸发器口缘高出地面30.0cm，并保持水平。埋设时可用水准仪检验，器口高差应小于0.2cm。

2）水圈应紧靠蒸发桶，蒸发桶的外壁与水圈内壁的间隙应小于0.5cm。水圈的排水孔底和蒸发桶的溢流孔底，应在同一水平面上。

3）蒸发器四周设一宽50.0cm（包括防坍墙在

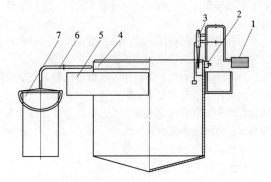

图 8.17 标准水面蒸发器（E601B型）结构图
1—音响器；2—插座；3—测针；4—标准蒸发桶；
5—水圈；6—橡皮管；7—溢流桶

内）、高22.5cm的土圈。土圈外层的防坍墙用砖顺向平摆干砌而成。在土圈的北面留一小于40.0cm的观测缺口。蒸发桶的测针座应位于观测缺口处。

（3）埋设仪器时应力求少扰动原土，坑壁与桶壁的间隙用原土回填捣实。溢流桶应设在土圈外带盖的套箱内，用胶管将蒸发桶上的溢流嘴与溢流桶相接。安装时，必须注意防止蒸发桶外的雨水顺着胶管表面流入溢流桶。

（4）为满足冰期观测一次蒸发总量的需要，在稳定封冻期，蒸发桶外需设套桶。套桶的内径稍大于蒸发桶的外径，两桶器壁间隙应小于0.5cm。套桶的高度应稍小于蒸发桶。使其套在蒸发桶口缘加厚部分的下面，两桶底恰好接触。为防止两桶间隙的空气与外界直接对流，应在套筒口加橡胶垫圈或用麻、棉塞紧。为观测方便，需在口缘4个方向设起吊用的铁环。

5. E601B水面蒸发器的使用

（1）将测针插入插座，使测针底座紧贴插座平面。

（2）将连线插入音响器插孔中，另一端两接线分别插入支架杆插孔和放入水中。

（3）打开音响器开关，将针尖调离水面，将静水器调好上下、左右位置，待静水器中水面平静后，旋动刻度盘使测针尖慢慢下降，听到音响后将针尖升离水面，再下降接触水面，听到音响，测得一水面数据。将测针旋转90°左右，重复上述方法，测得第二个水面数据，每次应读至0.1mm。如果两个数据一致，或差值小于0.2mm，可取其均值作为观测值。

6. E601B水面蒸发器观测水面蒸发误差来源

（1）水位测针的制造误差。通过严格精细的制作水位测针，这种误差一般可以控制在0.1mm以内。

（2）仪器测量误差。测针安装在测针插座上时，必须保证测针呈垂直状态。如果测针插座歪斜，或安装不当，测针呈倾斜状态，测得数据会产生测量误差。

（3）人为观测误差。包括测针尖是否刚接触水面就停止旋进，也包括读数是否正确。

（4）环境影响带来的误差。降雨量观测和溢流量计量都会产生误差，特别是阴雨天蒸发量小，真正观测量有时会被这些误差掩盖，甚至出现计算的蒸发量为负值。雨水溅进溅出、污物进入蒸发桶、鸟类饮水等因素也会对观测值产生误差。

8.5.1.2　20cm 口径蒸发皿

20cm 口径蒸发皿也称为蒸发器，主要用于冰期蒸发观测。

1. 工作原理

工作原理和 E601B 型水面蒸发器相同，也是用一小水体的蒸发量来推求天然水体蒸发量。只是水体更小，其口径只有 20cm，器深 10cm。它主要用于观测冰期蒸发，应用时，器内水体呈冰冻状态，用称重法推算蒸发量。

2. 蒸发皿的组成

仪器的主体是一壁厚 0.5mm 的金属圆形器皿，内径 20cm，高约 10cm，测壁上有一倒水嘴，上部可装防鸟栅，见图 8.18。

图 8.18　20cm 口径蒸发皿

3. 蒸发皿的安装

在场内预定的位置上，埋设一直径为 20cm 的圆木柱，柱顶四周安装一铁质圈架，将蒸发皿安放其中。蒸发皿口缘应保持水平，距地面高度为 70.0cm，木柱的入土部分应涂刷沥青防腐。木柱地上部分和铁质圈架均应涂刷白漆。

4. 蒸发皿的使用

20cm 口蒸发皿主要是在结冰期使用，在蒸发皿内用雨量筒注入 20mm 深的清水，放置在柱顶铁质圈架内，冰期蒸发器内水呈冰冻状态，定时段取下，用称重法测量蒸发量。称重的台秤要能测出 0.1mm 的蒸发量。观测后将蒸发器的水量补足到 20mm 深的

原始量。

5. 蒸发皿的特性

20cm 口径仪器结构简单，曾经较大规模地应用过。由于它的水体太小，安装在空中，受风、太阳影响较大。测得蒸发量的代表性较差，所以不能用于非冰期的蒸发观测。它的抗冻性好，便于称重观测，主要用于冰期观测蒸发。

8.5.1.3　自动蒸发器

1. 分类

自动蒸发器在 E601B 型蒸发器的蒸发桶内安装自动化"水位计"实现蒸发自动观测。但蒸发器的水位测量精度和分辨力要求都高于一般水位计。为了保证蒸发桶内水面满足蒸发观测要求，自动蒸发器还设有向蒸发桶内补水的设备。

测量水位有很多方法，据此可以设计成多种型号的自动蒸发器。目前应用的主要有补水式自动蒸发器和浮子式自动蒸发器、超声波自记蒸发器等。

2. 补水式自动蒸发器

（1）仪器结构与组成。自动蒸发器由蒸发桶、补水装置、控制部分、电源组成。蒸发桶为标准的 E601B 蒸发器。

（2）工作原理。蒸发使蒸发桶内的水面下降，当下降一个预定值时，补水式自动蒸发器会自动向蒸发桶内补入一定水量，使蒸发桶内水面上升到原来高度。记录下补水时间和补水量，就完成了蒸发自动测量。

当发生降雨时，需要人工修正。

（3）技术性能。典型产品的技术指标如下。

1）蒸发桶器口直径：618±2mm。

2）储水桶容积：≥90000mL（相当于 300mm 蒸发量）。

3）蒸发量分辨力：0.5mm。

4）补水准确度：±3%。

5）一次补水时间：≤20s。

6）输出：脉冲信号，每一脉冲代表 0.5mm 蒸发量。

7）工作环境：0～50℃，95%RH。

3. 浮子式自动蒸发器

（1）仪器构成。浮子式自动蒸发器主要有高分辨力的精密浮子水位计、自动补水机构、控制部分、记录装置、电源等构成。蒸发桶也是采用标准 E601B 蒸发器。

（2）工作原理。蒸发桶作为一个水体，用连通管将桶内水体与一个小的"静水井"相连，用高精度、高分辨力的浮子式水位计测量此"静水井"内的水

位，也就测得了蒸发桶内水面的变化。再辅以自动向蒸发桶补水和自动处理降雨影响的功能，就实现了自动蒸发测量。实际应用时，此"静水井"就是仪器内部的浮子室。

（3）主要技术指标。国内某产品为例介绍该类产品的技术指标如下。

1）蒸发量测量范围：0～100mm。

2）蒸发分辨力：0.1mm。

3）测量准确度：±0.3mm。

4）工作环境：−10～＋70℃，95％RH。

4. 超声波自记蒸发器

应用超声波测量水位的原理来测量蒸发器或大型蒸发池内水面高度，也可以由此测得蒸发量。不过，这种水位测量必须非常准确。

8.5.2 蒸发器的选用和对比观测要求

1. 蒸发器的选用

（1）水面蒸发观测的标准仪器是改进后的 E601B 型（以下简称 E601B 型）蒸发器。凡属国家基本站网的站，都必须采用这种标准蒸发器进行观测。

（2）在稳定封冻期较长的地区，蒸发器的采用，原则上仍以 E601B 型蒸发器为主，但若满足下列条件，经省（自治区、直辖市）流域水文领导机关审批，也可选用其他型号的蒸发器。

1）以 E601B 型蒸发器为准，选用的蒸发器，观测冰期一次蒸发总量，与标准蒸发器相比，冰期一次蒸发总量偏差不超过±10％。

2）在类似气候区，至少有一个站进行比测。

3）新、旧仪器有 3 年以上的比测资料。

在此时期内，日（或旬）蒸发量，可采用 20cm 口径蒸发皿观测。

2. 蒸发器的同步观测

凡新改用 E601B 型蒸发器的站，都必须执行新、旧蒸发器同步观测 1 年以上。当相关关系复杂时，同步观测期应适当延长，以求得两器的折算关系。比测期间两种仪器资料，同时刊印。

8.5.3 蒸发器的维护

1. E601B 型蒸发器的维护

（1）E601B 型蒸发器每年至少进行一次渗漏检验。不冻地区可在年底蒸发量较小时进行。封冻地区可在解冻后进行。在平时（特别是结冰期）也应注意观察有无渗漏现象。如发现某一时段蒸发量明显偏大，而又没有其他原因时，应挖出仪器检查。如有渗漏现象，应立即更换备用蒸发器，并查明或分析开始渗漏日期。根据渗漏强度决定资料的修正或取舍，并在记载簿中注明。

（2）要特别注意保护测针座不受碰撞和挤压。如发现测针座遭碰撞时，应在记载簿中注明日期和变动程度。

（3）测针每次使用后（特别是雨天）均应用软布擦干放入盒内，拿到室内存放。还应注意检查音响器中的电池是否腐烂，线路是否完好。

（4）经常检查蒸发器的埋设情况，发现蒸发器下沉倾斜、水圈位置不准、防坍墙破坏等情况时，应及时修整。

（5）经常检查器壁油漆是否剥落、生锈。一经发现，应及时更换蒸发器，将已锈的蒸发器除锈和重新油漆后备用。

2. 20cm 口径蒸发皿的维护

（1）经常检查蒸发皿是否完好，有无裂痕或口缘变形。发现问题应及时修理。

（2）经常保持皿体洁净，每月用洗涤剂彻底洗刷一次，以保持皿体原有色泽。

（3）经常检查放置蒸发皿的木柱和圈架是否牢固，并及时修整。

8.5.4 大型漂浮蒸发池

大型漂浮蒸发池也有水面和陆地两种。大型水面漂浮蒸发池的水面积很大，一般都在 20m² 以上，漂浮在水库湖泊的水面上，观测其水面蒸发。由于是漂浮在天然水体中，观测到的蒸发量对水体的代表很好，常用来确定其他蒸发器的折算系数和科学研究之用。

也有建在陆地上的大型蒸发池，水面积一般也在 20m² 以上，见图 8.19，其观测的蒸发量由于代表性好，主要用于蒸发研究之用。

图 8.19　陆上大型蒸发池

8.6　蒸发量观测和计算

8.6.1　非冰期水面蒸发的观测

8.6.1.1　观测时间和次数

1. 正常情况下观测时间和次数

水面蒸发量于每日 8 时观测 1 次。辅助气象项目于每日 8：00、14：00、20：00 观测 3 次。雨量观测应在蒸发观测的同时进行。炎热干燥的日子，应在降水停止后立即进行观测。

2. 特殊情况下观测时间和次数

有以下情况的应进行加测或改变观测时间。

（1）为避免暴雨对观测蒸发量的影响，预计要降暴雨时，应在降暴雨前加测蒸发器内水面高度，并检查溢流装置是否正常。如无溢流设施，则应从蒸发器内汲出一定水量，并测记汲出水量和汲水后的水面高度。如加测后 2h 内仍未降雨，则应在实际开始降雨时再加测一次水面高度。如未预计到降暴雨，降雨前未加测，则应在降雨开始时立即加测一次水面高度。降雨停止或转为小雨时，应立即加测器内水面高度，并测记降水量和溢流水量。

（2）遇大暴雨时，估计降水量已接近充满溢流桶时，应加测溢流水量。

（3）若观测正点时正在降暴雨，蒸发量的测记可推迟到雨止或转为小雨时进行。但辅助项目和降水量仍按时进行观测。

8.6.1.2　观测程序

在每次观测前，必须巡视观测场，检查仪器设备。如发现不正常情况，应在观测之前予以解决。若某一仪器不能在观测前恢复正常状态，则须立即更换仪器，并将情况记在观测记载簿内。在没有备用仪器更换时，除尽可能采取临时补救措施外，还应尽快报告上级机关。

1. 有辅助项目的陆上水面蒸发场的观测程序

（1）在正点前 20min，巡视观测场，检查所用仪器，尤其要注意检查湿球温度表球部的湿润状态。发现问题及时处理，以保证正常观测。

（2）正点前 10min，将风速表安装于风速表支架上，并将水温表置于蒸发器内。

（3）正点前 3～5min，测读蒸发器内水温，接着测定蒸发器水面高度和溢流水量，并在需要加（汲）水时进行加（汲）水，测记加（汲）水后的水面高度。

（4）正点测记干、湿球及最高、最低温度，毛发湿度表读数，换温、湿自记纸。

（5）观测蒸发量的同时测记降水量。

（6）降水观测后进行风速测记。无降水时，可在温、湿度观测后立即进行。当 14：00、20：00 只进行辅助项目观测时，可按上述程序适当调整。但仍需提前 20min 进行观测场巡视。

2. 没有辅助项目的陆上水面蒸发场的观测程序

在正点前 10min 到达蒸发场，检查仪器设备是否正常，正点测记蒸发量。随后测记降水量和溢流水量。

各站的观测程序，可根据本站的观测项目和人员情况，适当调整。一个站的观测程序一经确定，不宜改变。

8.6.1.3　观测方法与要求

1. E601B 型蒸发器的观测

（1）将测针插到测针座的插孔内，使测针底盘紧靠测针座表面，将音响器的极片放入蒸发器的水中。先把针尖调离水面，将静水器调到恰好露出水面，如遇较大的风，应将静水器上的盖板盖上。待静水器水面平静后，即可旋转测针顶部的刻度圆盘，使测针向下移动。当听到讯号后，将刻度圆盘向反向慢慢转动，直至音响停止后再向正向缓慢旋转刻度盘，第二次听到讯号后立即停止转动并读数。每次观测应测两次。在第一次测读后，应将测针旋转 90°～180° 再读第二次。要求读至 0.1mm，两次读数差不大于 0.2mm，即可取其平均值。否则应即检查测针座是否水平，待调平后重新进行两次读数。

（2）在测记水面高度后，应目测针尖或水面标志线露出或没入水面是否超过 1.0cm。超过时应向桶内加水或汲水，使水面与针尖（或水面标志线）齐平。每次调整水面后，都应按上述要求测读调整后的水面高度两次，并记入记载簿中，作为次日计算蒸发量的起点。

如器内有污物或小动物时，应在测记蒸发量后捞出，然后再进行加水或汲水，并将情况记于附注栏。

（3）风沙严重地区，风沙量对蒸发量影响明显时，可设置与蒸发器同口径、同高度的集沙器，收集沙量，然后进行订正。

（4）遇降雨溢流时，应测记溢流量。溢流量可用台秤称重，量杯量读或量尺测读。但经折算成与 E601B 型蒸发器相应的毫米数，其精度应满足 0.1mm 的要求。

2. 观测用水要求

（1）蒸发器的用水应取用能代表当地自然水体的水。水质一般要求为淡水。如当地的水源含有盐碱，为符合当地水体的水质情况，亦可使用。在取用地表水有困难的地区，可使用能供饮用的井水。当用水含有泥沙或其他杂质时，应待沉淀后使用。

（2）蒸发器中的水，要经常保持清洁，应随时捞取漂浮物，发现器内水体变色、有味或器壁上出现苔藓时，即应换水。换水应在观测后进行，换水后应测记水面高度。换入的水体水温应与换前的水温相近。为此，换水前 1～2d 就应将水盛放在场内的备用盛水器内。

（3）水圈内的水，也要大体保持清洁。

8.6.2 冰期水（冰）面蒸发观测

8.6.2.1 冰期蒸发量观测的基本要求

1. 观测时间和次序

冰期蒸发量及气象辅助项目的观测时间、次序，一般情况下均可按非冰期的规定执行。

2. 冰期较短地区蒸发量观测

凡结冰期很短，蒸发器内间歇地出现几次结有零星冰体或冰盖的站，整个冰期仍用 E601B 型蒸发器，按非冰期的要求进行观测。结有冰盖的几天可停止逐日观测，待冰盖融化后，观测这几天的总量。停止观测期间应记合并符号，但不应跨月、跨年。当月初或年初蒸发器内结有冰盖时，应沿着器壁将冰盖敲离，使之呈自由漂浮状后，仍按非冰期的要求，测定自由水面高度。

3. 稳定封冻期较长地区蒸发观测

稳定封冻期较长的地区，可根据不同的结冰情况，按以下规定执行。

（1）在结冰初期和融冰后期，8：00 观测时，蒸发器的冰体处于自由漂浮状态，则不论多少，均用 E601B 型蒸发器，按非冰期的要求，用测针测读器内自由水面高度的方法测定蒸发量。

（2）当 8：00 器内结有完整冰盖或部分冰层连接在器壁上，午后冰层融化或融至脱离器壁呈自由漂浮状态的时候，可将观测时间推迟至 14：00，仍用 E601B 型蒸发器，按非冰期的要求进行观测。当进入间歇地出现全日封冻时，则可在封冻的日子不观测，待解冻日观测几天的合并量，直至不再解冻进入稳定封冻期为止。

（3）从进入稳定封冻期，一直到春季冰层融化脱离器壁的期间，每省（自治区、直辖市）可根据不同的气候区，选一部分代表站，采取适当的防冻措施，用 E601B 型蒸发器，观测冰期蒸发总量，同时用 20cm 蒸发皿观测日（或旬）蒸发量，以便确定折算系数和时程分配。其他测站在此期间则只用 20cm 蒸发皿观测，其折算系数依据代表站资料确定。所以，代表站的数量应以满足确定折算系数的需要为原则。

为年际分配上的方便，E601B 型蒸发器应在年底用称重法（或测针）观测一次。称重时可用普通台秤进行。称重前，台秤应进行检验，误差以不超过 1.0mm 为准。

为便于资料的衔接，20cm 口径蒸发皿必须提前于历年最早出现蒸发器封冻月份的第 1 日就开始观测，并延至历年最晚解冻月份的月末为止。这样，

秋、春各有一段时间需同时观测 E601B 和 20cm 口径蒸发皿。在同时观测期间，两者的观测时间应取得一致。

（4）由于气温突变，在稳定封冻期 E601B 型蒸发器出现融冰现象，并使冰层脱离器壁而漂浮时，则应立即用测针测读自由水面高度的方法，加测蒸发量。

（5）结冰期要记冰期符号，以"B"表示，并统计每年初终冰日期。初、终冰日均以 8：00 为准。

8.6.2.2 观测方法和要求

1. E601B 型蒸发器观测方法和要求

（1）进入冰期后，即将 E601B 型蒸发器布设于套桶内进行观测。在春季，进入融冰期后，即可将套桶去掉，按非冰期的布设方法和观测要求，进行观测。

（2）不稳定封冻期用测针测读蒸发量时，蒸发器内的冰体必须全部处于自由漂浮状。如有部分冰体联结在器壁上，则应轻轻敲离器壁后方可测读。

（3）封冻期一次总量系用封冻前最后一次和解冻后第一次蒸发器自由水面高度相减而得。整个封冻期，只要不出现冰层融化脱离器壁的情况，就不再进行蒸发量测读，但必须做好蒸发器的防冻。防冻裂可采取钻孔抽水减压的方法。结冰初期钻孔时，可适量抽水，抽水的目的是在冰层下预留一定空隙，以备冰厚增长所产生的体积膨胀。抽水量应视两次钻孔期间冰层增长的厚度而定。每次钻孔抽水时，都要注意防止器内的水喷出器外。每次钻孔和抽水的时间及抽出水量，都必须记入记载簿。如在钻孔时发生水喷出器外的情况，应在附注栏内详细说明，并应估计喷出的水量。

2. 20cm 口径蒸发皿的观测方法和要求

（1）20cm 口径蒸发皿的蒸发量可用专用台秤测定。如无专用台秤，也可用其他台秤，但其感量必须满足测至 0.1mm 的要求。

台秤应在使用前进行 1 次检验，以后每月检验 1 次。检验时，先将台秤放平，并调好零点，接着用雨量杯量取 20mm 清水放入蒸发皿内，置于台秤上称重，比较量杯读数与称重结果是否一致，接着再向皿内加 0.1mm 清水，看其感量是否达到 0.1mm。发现问题应进行修理和重新检定。

（2）蒸发皿的原状水量为 20mm，每次观测后应补足 20mm，补入的水温应接近零度。

（3）如皿内冰面有沙尘，应用干毛刷扫净后再称重。如有沙尘冻入冰层，须在称重后用水将沙尘洗去后再补足 20mm 水量。

（4）每旬应换水一次。换水前一天应用备用蒸发皿加上 20mm 清水加盖后置于观测场内。待第二天原皿观测后，将备用皿补足 20mm 清水替换原蒸发皿。

3. 封冻期降雪量的处理

各类蒸发器在封冻期降雪时，只要器内干燥，应在降雪停止后立即扫净器内积雪。以后再有吹雪落入，也应随时扫除，计算时不作订正。如冰面潮湿或降雨夹雪时，应防止器内积雪过满，甚至与器外积雪连成一片的情况出现。要求及时取出积雪，记录取雪时间和雪量，并适当清除器内积雪，防止周围积雪刮入器内。进行雪量订正时，须把取出雪量减去。不论是扫雪还是取出雪量，均应在附注中说明。

8.6.3　蒸发观测资料的计算和整理

8.6.3.1　一般要求

1. 原始记录的填写要求

（1）从原始记录到各项统计、分析图表，都必须保证数据、符号正确，内容完整。凡在观测中因特殊原因造成数据不准或可能不准的和在整理分析中发现有问题而又无法改正的数据，应加可疑符号，并在附注栏说明情况。各项计算和统计应按有关规定进行，防止出现方法错误。严格坚持一算二校制度，保证成果无误。

（2）各原始记载及统计表（簿）的有关项目（包括封面、封里）必须填全。

（3）各项资料应保持清洁，数字、符号、文字要书写工整清晰。原始记载一律用硬质铅笔。记错时，应划去重写。不得涂、擦、刮、贴或重新抄录。由于某种原因（如落水、污损）造成资料难以长期保存而必须抄录时，除认真做好二校外，还必须保存原始件。

2. 资料整理时间要求

为及时发现观测中的错误和不合理现象，资料整理具体要求如下。

（1）蒸发量应在现场观测后及时计算出来，并与前几天的蒸发量对照是否合理。当发现特大或特小的不合理现象时，应分析其原因，并在加（汲）水前立即重测或加注说明。

（2）辅助气象项目的观测资料应在当天完成计算，并将数据点绘在逐日综合过程线上，检查各要素与蒸发量的变化是否合理，发现问题应及时处理。

（3）全月资料，应于下月上旬完成计算、填表、绘图及合理性检查和订正插补工作，并编写该月的资料说明。

（4）全年资料，应于次年 1 月完成全部整理任务

（E601B 型蒸发器封冻期一次蒸发总量资料，可于封冻结束后补整）。

8.6.3.2　逐日资料的整理

蒸发量和辅助气象项目均以 8：00 为日分界。前一日 8：00 至当日 8：00 观测的蒸发量，应为前一日的蒸发量。因特殊情况，延至 14：00 观测的日蒸发量，取前后两日两次观测值的差值，作为日蒸发量。

1. 日蒸发量的计算

（1）正常情况下日蒸发量计算

$$E = P + (h_1 - h_2) \quad (8.6)$$

式中　　E——日蒸发量，mm；

P——日降水量，mm；

h_1、h_2——上次和本次的蒸发器内水面高度，mm。

在降雨时，如发生溢流，则应从降水量中扣除溢流水量。未设置溢流桶，在暴雨前从蒸发器中汲出水量时，则应从降水量中减去取出水量。

（2）暴雨前、后加测的日蒸发量计算。当暴雨时段不跨日，可分段（即暴雨前、雨后和降雨时段）计算蒸发量相加而得。其中暴雨时段的蒸发量应接近于零。如不合理时，可按零处理，取雨前、雨后两时段之和为日蒸发量。

当暴雨时段跨日时，则视暴雨时段的蒸发量是否合理。如合理，可根据前、后日各占历时长短及风速、湿度等情况予以适当分配；如暴雨时段的量不合理，则作零处理，把降雨前后的蒸发量，直接作为前、后日蒸发量。

（3）封冻期蒸发量的计算。封冻期采用 E601B 型蒸发器时，蒸发量的计算，可视不同情况，按以下方法进行：

1）用测针观测一次总量时，可按式（8.7）计算

$$E_t = h_1 - h_2 + \sum h_i - \sum h_0 + \sum P \quad (8.7)$$

式中　　E_t——封冻期一次蒸发总量，mm；

h_1、h_2——封冻前最后一次和解冻后第一次的蒸发器自由水面高度，如封冻期间出现融冰而加测时，则分段计算时段蒸发量，mm；

$\sum h_i$、$\sum h_0$——整个封冻期（或相应时段）各次加入、取出水量之和，mm；

$\sum P$——整个封冻期（或相应时段）的降水量之和，如进行了扫雪，则相应场次的降雪量不作统计；如从蒸发器中取出一定雪量，则应从降雪量中减去取出雪量，mm。

2）称重法观测一次总量时，可按式（8.8）计算

$$E_t = \frac{W_1 - W_2}{300} + \sum P \quad (8.8)$$

式中　W_1、W_2——封冻（结冰）时段始、末，称得的蒸发器及器内冰（水）的总重量，g；

300——蒸发器内每 1mm 水深的重量，g/mm；

$\sum P$——整个封冻期（或相应时段内）的降水（雪）量之和，如进行了扫雪，则相应场次的雪量不予统计，如从蒸发器中取出一定雪量，则应从降雪量中减去取出雪量，mm。

（4）20cm 口径蒸发皿观测日蒸发量计算。采用 20cm 口径蒸发皿观测的一日蒸发量，可按式（8.9）计算：

$$E = \frac{W_1 - W_2}{31.4} + P \qquad (8.9)$$

式中　E——日蒸发量，mm；

W_1、W_2——上次和本次称得蒸发皿及皿内冰（水）的总重量，g；

P——日累计降水（雪）量，mm；

31.4——蒸发皿中每 1mm 水深的重量，g/mm。

2．风沙量的计算和订正

由集沙器中收集到的一日或时段风沙量，均应烘干后称出其重量，然后按式（8.10）将沙重折算成毫米数：

$$h_s = \frac{W_s}{800} \qquad (8.10)$$

式中　h_s——风沙订正量，mm；

W_s——沙重，g。

计算所得的风沙订正量，应加在蒸发量上。如测得的是时段风沙量，则应根据各日风速的大小、地面干燥程度等，采取均匀或权重分配法，将分配量分别加到各日蒸发量中。

如分配量小于 0.05mm，则可几日订正 0.1mm，但实际订正量之和应与总的风沙量相等。

3．辅助气象项目日平均值计算

（1）各项读数的订正。

1）各种温度表读数的订正。各种温度表读数的订正值，应从仪器差订正表或检定证中摘取。订正时必须注意正负号，当订正值与读数的符号相同时，则两数相加，符号不变；符号相反时，则两数绝对值相减，其符号以绝对值大的数为准。

2）温、湿自记值订正。可根据各定时观测的温度表订正后的值。湿度根据干、湿球订正后的温度查得的相对湿度值与自记值的差值用直线内插法求得。冬季用湿度计作正式记录时，应用订正图法（见《地面气象观测规范》（QXT 45—2007））进行订正。

3）温、湿自记时间订正。只在一日的时差大于 10min 时应作时间订正。可用正点观测时所作的时间记号，重新等分时间线。

4）风速订正，应从所附的检定曲线上直接查得。

（2）水汽压、饱和水汽压、水汽压差的计算。5m 高的水汽压、相对湿度、蒸发器水面的饱和水汽压可从《气象常用表》中查取。查取时需用气压。如本站不观测气压时，可借用邻近气象站的气压资料。如借用站与本站高程差大于 40m 时，还需进行气压的高差订正，用订正后的气压进行查算。气压订正可用拉普拉斯气压高度差近似公式进行。

$$\Delta P = \left(e^{-0.03415 \frac{\Delta h}{273 + t_1}} - 1 \right) P_1 \qquad (8.11)$$

式中　ΔP——气压高差订正值，10^2 Pa；

P_1——借用站的气压，10^2 Pa；

Δh——两站高程差，m；

t_1——借用站的月平均气温，℃；

e——自然对数底，取 2.72。

水汽压差是以水面饱和水汽压减去 1.5m 处的水汽压而得。

4．各项日平均值的计算

（1）各项辅助气象项目，若观测站备有自记仪器，其日平均值的计算方法，用加权平均或仪器说明书建议的方法计算。

（2）每天只观测 8：00、14：00、20：00 三次，且无自记仪器的站，其气温、水温、水汽压、饱和水汽压的日平均值为 8：00、14：00、20：00 和次日 8：00观测值之和除以 4。例如，日平均水汽压

$$\bar{e} = \frac{1}{4}(e_8 + e_{14} + e_{20} + e_{n8}) \qquad (8.12)$$

式中　$\bar{e}$——日平均值；

e_8、e_{14}、e_{20}——当日 8：00、14：00、20：00 观测值；

e_{n8}——次日 8：00 观测值。

（3）若气温有最低气温资料，则日平均值按式（8.13）计算

$$\bar{t} = \frac{1}{4}\left[\frac{1}{2}(t_{min} + t_{n8}) + t_8 + t_{14} + t_{20} \right] \qquad (8.13)$$

式中　$\bar{t}$——日平均气温，℃；

t_8、t_{14}、t_{20}——当日 8：00、14：00、20：00 气温观测值，℃；

t_{min}——日最低气温值，℃；

t_{n8}——次日 8：00 气温观测值，℃。

8.6.3.3　逐月资料的整理

蒸发资料应坚持逐月在站整理，但北方地区蒸发

器封冻期一次总量的成果，可在解冻后整理。

1. 综合过程线的绘制

（1）综合过程线每月一张，按月绘制。图中应绘蒸发量、降水量、水汽压差、气温、风速等日量或平均值。如果有几种蒸发器同时观测，应合绘于一张图中。没有辅助项目的站，可绘蒸发量、降水量过程，有岸上气温和目估风力的站，将岸上气温、目估风力绘上。

（2）过程线用普通坐标纸绘制。纵坐标为各要素，横坐标为时间。蒸发量和降水量以同一坐标为零点，柱状表示，蒸发向上，降水向下。不同类型蒸发器的蒸发量和降水量用同一零点，同一比例尺，不同图例绘制。

2. 资料合理性检查

（1）通过有关图表检查。

1）用本站综合过程线，对照检查其变化是否合理，有否突大突小现象，各要素起伏是否正常。特别注意不同蒸发器、雨量器的观测值是否合理。

2）绘蒸发量和水汽压差的比值与风速相关图或气温与蒸发量相关图。检查其点据分布是否合理。

3）在条件许可时，可利用邻站的有关图表进行合理性检查。上述各种图表要有机地结合起来运用，看各种图表所暴露的问题是否一致，有无矛盾，初步确定有问题的数据。检查时还须利用历年的有关图表。

（2）问题处理。对不合理的观测值，原因确切的应予订正或利用上述图表进行插补，并加注说明。原因不明的，不作订正，在资料中说明。

3. 缺测资料的插补

由于某种原因造成资料残缺时，可用上述图表分析后插补，但必须慎重。因为影响蒸发的因素复杂，必须采用多种手段进行，互相校对，使插补值合理。

4. 进行旬、月统计，编制资料说明

经合理性检查、资料订正和插补后，即可进行旬、月统计。缺测不能插补的，旬、月值均应加括号。如能判定所缺的资料确实不影响最大值、最小值时，其最大值、最小值不加括号。

全月资料整理完成后，应编制本月的资料说明，其内容如下。

（1）观测中存在的问题及情况（包括有关仪器、观测方法及场地状况等各方面）。

（2）通过资料整理分析发现的问题及处理情况。

（3）整理后的成果，准确度的说明。

5. 冰期资料的整理

（1）冰期用 E601B 型蒸发器观测一次总量的站资料的整理。

1）确定折算系数。应检查降雪量的订正是否正确，蒸发器是否冻裂渗水，封冻前和解冻后读数是否用同一测针，测针座是否变动等。肯定无差错后，根据 E601B 一次总量的起止时间，计算出 20cm 口径蒸发皿同期的蒸发总量，用两者的总量，计算出 20cm 口径蒸发皿的折算系数，进一步与历年或相邻站的折算系数对照，看其是否合理。

2）计算 E601B 逐月蒸发量：E601B 逐月蒸发量，用 20cm 口径蒸发皿的月总量，乘以上述折算系数插补。E601B 型一次总量的开始和结束不在月初、月末时，开始和结束月份，可先插补时段量，加上 E601B 型实测的逐日值，即为月量。其月量均不加插补符号。在附注中予以说明，不作月最大最小统计。年统计照常进行，不加插补号和括号，但最小日蒸发量应加括号。

E601B 一次总量及起止时间，填入解冰年份的 E601B 型逐日蒸发量表的附注栏内。与 E601B 同期观测的 20cm 蒸发皿资料仅供分列插补，不单独刊印。

（2）冰期只用 20cm 蒸发皿观测的站资料的整理。首先根据代表站 E601B 的资料，确定 20cm 蒸发皿资料的折算系数，然后将折算成的 E601B 逐月资料刊入年鉴，其具体计算、插补、统计方法同上。

（3）说明编写。年鉴总的资料中，应将 E601B 型冰期逐月蒸发量的插补方法及精度加以说明，说明中应写出折算公式。

8.6.4　其他辅助项目的观测简介

1. 空气的温度和湿度

设有气象辅助项目的蒸发站，一般只须进行 8：00、14：00、20：00 三次温度和湿度的定时观测。如有需要，也可观测日最高、最低气温。配有温、湿计的站，也可作气温和相对湿度的连续记录。

2. 地面风的观测

一般水文测站可只进行风速的观测，如有需要，可同时进行风向观测。风速、风向观测一般可用 DEM6 型轻便风向风速表进行，每日 8：00、14：00、20：00 观测三次。

当风向风速表（计）发生故障而又无备用仪器时，可用目测法进行风向风力的观测。DEM6 型轻便风向风速表是用于测量风向和风速的仪器。它由风向仪（包括风向标、方向盘和制动小套）、风速表（包括护架、旋杯和风速主机）和手柄 3 部分组成。

观测风向时，将方位盘的制动小套向右转一角度，使方位盘按地磁子午线的方向稳定下来，注视风向标约 2min，记录其摆动范围的中间位置。

观测风速时，应待旋杯转约 0.5min 证明运转正常后，按下风速钮，风速指针开始转动，1min 后指针自动停止，即可读出风速示值，记入读数栏内。根据读数从该仪器的订正曲线查出风速，记入订正后栏内。

观测完毕，务必将方位盘制动小套向左转一角度，固定好方位盘。不观测风向的站，可将风向仪部分卸下。

3. 蒸发器内水温

水温是决定水分子活跃程度的主要因素，是计算水面饱和水汽压和水汽压力差的主要数据。水温以摄氏度（℃）计，准确至 0.1℃。蒸发器水面以下 0.01m 处的水温，每日 8：00、14：00、20：00 观测 3 次。可用漂浮水温表观测。

非封冻期观测时，应在观测前 10min 将整个漂浮水温表在蒸发器的水圈内预湿（即将漂浮水温表浸入水圈后取出，待不再滴水滴的状态）后放入蒸发器内。

蒸发量观测前 2～3min 进行测读，并记入记载簿。读数后轻轻从蒸发器中取出，防止搅动器内水面，提出水面后，应待不滴水滴时再拿出。读数要求与干球温度表相同。

若封冻期需要观测冰面温度，观测时，须在冰面钻深 2～3cm 的小冰坑，将温度表球部放到小坑内，使其球部中心位于冰面以下 0.01m，表身呈 45°倾斜，然后将钻孔的碎冰屑回填球部四周的空隙，并轻轻捣实。表身一端支一小木杆，使其稳定在冰面上。埋后 10min 即可进行测读。在封冻初期和末期，当下午气温升高出现冰面融化现象的时期，每次观测后须将温度表取出，待次日观测前再行埋设。当稳定封冻期，冰面不再融化时，可将温度表较长时期地固定在冰面上。

4. 露和叶片湿润程度的测量

露是水汽在地面及近地面物体上凝结而成的小水珠。露的生成主要是在夜间，虽然其量不大且随地点不同而变化，但在干燥地区也很重要。在非常干燥的地区，凝露的量可能与降水的量相当。植物叶片暴露在由露、雾和降水形成的液体水分中，对于植物病害、昆虫活动以及作物收割和加工处理等起着重要的作用。

为了评价露在水文学方面的作用，区别露的形成是很重要的。露主要有以下 3 种形成方式。

（1）由于大气中的水分向下输送，而在冷却的物体表面凝结成的露，称为"降露"。

（2）从土壤和植物蒸发的水汽在冷却的物体表面凝结成的露，称为"蒸馏露"。

（3）由叶片渗出的水所凝结成的露，称为"吐水露"。

这 3 种形式的露可同时作用并形成观测的露。但只有第一种对地表面提供了外加的水，而第三种通常造成水的净损失。在规定时间内，在给定的表面上所生成的露，通常以 kg/m^2 或以露厚（mm）为单位表示。露量的测量应尽可能准确到 0.1mm。

露量与凝露表面的特性（如辐射性质、大小和方位）有着紧密的关系。可以通过安置一块有着已知特性或标准特性的自然的或人工的平板或表面，通过称重或目测或采用对其他量（如导电率）的测量等来估算露量。

一些仪器被用于直接测量露的发生、露量、叶片湿润的持续时间和露的持续时间。露的持续时间记录器，既可采用一种以自身变化来显示或记录湿润期的元件，也可采用一种测量自然叶面或人工叶面因存在雨、雪、湿雾、露等水分而引起的导电率变化的电测元件。露的称量器可以将那些以降水形式或露的形式凝聚的水分称量并记录。大多数称量仪器能提供连续的迹线，通过识别迹线形式可以判别是由雾、露所凝聚的水分，还是由雨水所形成的水分。利用降露本身测量净露量的唯一可靠方法是用很灵敏的蒸渗仪进行测量。

5. 雾降水的测量

雾由在地面以上的悬浮在大气中的微小水滴组成的云状物。雾滴的直径大约在 1～40μm，下降速度从小于 1cm/s 到接近 5cm/s。事实上，雾滴的下降速度很慢，以至于微风就可以让水滴作近似的水平运动。在雾形成的时候，水平能见度一般低于 5km，当温度与露点之差超过 2℃时很少能观测到雾。

从水文学观点上看，在高海拔的森林地区经常会有雾，其原因是位于山体表面上的云的平流，在这种地区如果只单独考虑降水，就会严重低估此流域内的降水量。近年来，已认识到雾是高地地域的水源和湿沉降通道，从而对测量方法和测量单位标准化提出了要求。

最广泛使用的测雾仪器由安置在雨量器顶部中央的一个垂直的金属丝网圆筒组成，圆筒完全暴露在自由流动的空气中。圆筒直径为 10cm，高 22cm，网格大小为 0.2cm×0.2cm（Grunow，1960）。充满水分的空气中的水滴沉积在丝网上并滴入雨量器的集水器，然后如同测量降雨一样进行测量或记录。这类仪器的缺点是尺度小，对于植物缺乏代表性，丝网的小开口内会积水，降水直接进入雨量器会混淆对雾沉降的测量。另外，在有风的情况下，把雾降水的计算简单地看成是用雾集水器中的水量减去标准雨量器中的雨量，就会导致错误的结果。

第9章 水文测验误差分析

9.1 误差的概念与分类

9.1.1 误差研究的目的意义

1. 误差的基本概念与研究的目的意义

水文科学是从测量开始的，对自然界所发生的量变现象的研究，常常需要借助于各种各样的实验与测量来完成。测量是人们认识事物和获得物理量特性及几何特征数据的手段，测量是用量具、仪器来测定客观物体的尺寸、角度、几何形状、表面相互位置或用仪表测定各种物理量等作业过程的总称。由于受认识能力和科学水平的限制，测量和实验得到的数值和它本身的客观真值并非完全一致，这种矛盾在数值上的表现即为误差。

一个完整的测量过程有测量对象、测量手段（包括测量仪器和测量方法）、测量结果、测量单位、测量条件等。一个完整的测量结果不仅包括测得值数量的大小，而且还要包括测量误差的大小。在国内外的诸多论著中，基本上都将测量误差定义为测量值与被测量真值之差。测量结果是测量所得到的被测量值，它包括示值、未修正测量结果、已修正测量结果以及若干次测量的平均值等，在测量结果的完整表述中，应包括测量不确定度和有关影响量的值。测量结果是由测量所得到的被测量值及其测量误差或不确定度的合称。也就是说，测量误差是测量结果的重要组成部分。

在科学研究和实际生产中，通常需要对测量误差进行分析，认识其产生、传播规律，通过进行分类检验找出误差的性质、存在的位置和数量的大小等，并通过采取有效的措施实现对测量误差进行控制，使其限制在一定范围内，并需要知道所获得数值误差的性质及大小（范围）。一个没有标明误差的测量数值，人们无法放心地使用，有时甚至是一个没有用的数据。因此，一个科学的测量结果不仅要给出观测值的大小，同时要给出其误差范围。研究影响测量误差的各种影响因素及测量误差的内在规律，对带有误差的测量资料进行必要的数学处理，并评定其精确度等，是水文测验工作中的又一项重要工作。

2. 测量误差的必然性

人们经过长期的观察和研究，已证实误差的产生有必然性，即测量结果都具有误差，误差自始至终存在于一切科学实验和测量过程中，测量与误差同时存在。因此，在测量过程中，始终存在着对测量误差的控制与处理。

对自然界事物的认识总是要通过科学实验、观测、测量或观察等手段得以实现，只要有测量活动，无论是被测对象或是测量环境的变化、测量仪器设备，还是观测者的技术水平、习惯、分辨能力等，都会对观测结果产生或多或少的影响，必然导致误差的出现。因此，测量误差必然伴随着测量实践同时出现，并存在于测量结果中。

3. 测量误差的普遍性

测量误差存在的普遍性可以从认识论理论来看待，人类对客观事物的认识，总是由浅到深，由低级到高级逐步发展的，因为认识是一个过程，在一定时期内人们的认识具有不完整性，总是带有局限性。因此，从严格意义上讲，大多数情况下测量总是受当时的技术水平、仪器性能、认识水平的限制，不能够完全准确地反映客观事物的存在，所以，可以肯定地说任何测量都有测量误差，测量过程的各个环节，如观测、计算、数据处理都会产生误差，测量得到的一切成果中都存在有误差。

一方面由于测量的仪器、工具不可能十分精确，受测量者的技术水平、感官等限制，都会带来测量误差。另一方面，测量的客观条件永远是一个永恒运动变化着的客观世界，即使在严格的实验室内对一个看似静止的物体进行的测量，其测量条件仍然是运动变化着的。因此，任何实际的测量都会同时产生误差，任何测量值都含有误差，只是不同的人员采用不同测量器具，在不同的测量条件下，采用不同的测量方案，获得的测量值误差的性质大小可能不同，使测量结果的精度各异而已。

从测量的方法上讲，测定的特征是指将该被测值与单位表示的已知值相比较。河川水文测验，有两个明显的特点：其一是"动态测量"，即观测的水文要素大多是随时间不停的运动变化，难以进行重复观测；其二是大多为"间接测量"，也就是说，大多数具体的水文物理量不是通过它同标准值比较而获得的，而是通过对与其有着从属联系的其他变量的测量获得。

从这一点可知，不仅测量值的获得过程有误差存在，而且在测量信息的转换过程中同样会产生误差。

从认识过程的辩证法看，对一事物进行测量的过程是对该事物认识过程中的一个环节，随着测量技术的不断提高，带动了认识水平的提高；不断提高的认识水平使我们逐渐地更接近真值，但不能无穷地接近它。测量的结果总是偏离被测量数值的真值，尽管这个真值有时是未知的。

4. 水文测量的误差及其研究

研究影响测量误差的各种因素及测量误差的内在规律，对带有误差的测量资料进行必要的数学处理，并评定其精确度等，是水文测验工作的基本内容之一，同时也是对水文基本资料进行分析、加工处理，以及再生成新的成果之前必须进行的又一项重要工作。由于测量误差的必然存在，为获得正确的测量结果，就要求每次测量都要认真分析测量误差产生的原因，根据测量误差的性质、大小、传递关系等，改进测量方法，提高测量的技术水平，做到观测前制定科学合理的观测方案，实施测量过程中作好测量误差控制，测量后对测量成果要进行科学的数据处理，可提高和改善测量成果的质量。

研究水文观测误差的目的是认识了解误差产生的原因，观测数据中误差的大小、存在的方式、传播规律、误差的性质及对获得的数据使用的影响程度。通过对误差的认识，达到合理科学地使用水文资料；在对水文观测误差认识的基础上，研究误差处理的理论和方法，推动水文测验学的发展；设法控制和削弱误差的影响，提高水文观测成果的质量；根据对水文观测误差的性质、产生的原因、条件、影响因素等认识和理解，实现对误差的控制，使部分误差在其观测过程中得到有效的控制，例如，在实时的数据处理中加以削弱，或在长历时大范围内进行平差予以消除；在对水文观测误差的认识基础上，研究误差处理的理论和方法，推动水文测验学的发展。总之，通过对误差的认识了解，解决生产中水文测验方案的科学优化问题，制定经济合理的观测方案。

人们所进行的实验与测量，目的在于研究自然界中所发生的量变现象，借以认识我们周围变化着的客观过程，从而能动地认识客观世界。但误差却常常会歪曲这些客观现象，影响对客观事物的认识，要正确认识不以人们意志为转移的客观规律，有效地利用它为人类服务，就必须分析实验和测量过程中误差产生的原因和性质，采取必要措施，以消除、抵偿和减弱测量误差，从而正确地认识客观现象，揭示掌握客观规律。

任何观测成果都要求有一定的精度标准，精度决定了测量成果的质量。为确保观测质量必须认识测量误差的存在、发生、传播和对观测成果的影响程度。因此，水文测验误差的研究是水文测验工作的主要内容，是确保获得准确可靠成果的必备工作。科学技术的不断发展进步，促进了各种观测仪器设备精度的提高，推动着实验和测量工作不断地向前发展。同样，误差理论的发展进步，也有待于一切从事科学实验和测量工作者不断地探索研究和发展推进。同时，水文科学的发展、水利科学的进步，也要求水文测量误差理论的同步发展。水文测验仅仅提供一系列的测量数据资料，已不能满足现代水利发展的需要，迫切要求水文误差理论的发展进步，以支撑水文科学的发展和现代水利的进程。

一个物理量不同的研究目的，对其误差（或精度）的要求是不同的。误差研究不追求将误差控制到趋于零或达到最小程度，但要达到满足使用的要求。有些情况下，水文测量的误差无法继续减小，但需要知道不同情况下，不同水文变量误差的大小，只有通过水文误差理论的研究，才能切实了解水文观测误差的大小、范围、性质、特点，才能把测量误差控制在满足需要的程度内，才能确定水文资料使用范围和使用条件，才能提高水文资料使用的科学价值。测量误差理论一般不仅是研究测量是否有误差，而是要研究其误差存在的性质、数量的大小、传播方式、控制和削弱措施等。

合理、经济和优化理论的观点要求正确科学地组织水文观测，进行水文科学实验，为此，需要误差理论的指导，以帮助正确地组织实验和测量方案，选择合适的仪器设备及合理的测量方法，确保以经济的方式获得最佳有效的观测结果。

水文学研究和实践中，人们通过观测获得到大量的基本资料，通过对水文数据资料的分析、加工、处理可获得需要的各种水文水资源信息，正确的水文水资源信息会有助于人们的科学决策，人们期望得到正确完整的信息。而误差的存在会产生伪信息，影响和干扰对可用信息的加工处理提取，甚至会导致出现错误信息和结论。因此，水文测量误差的控制与处理，是获得正确水文信息的前提，也是水文水资源信息技术的一个分支、一个研究重点。随着科学技术的发展和人类认识水平的提高，对水文现象研究的越来越深入，对水文规律的认识也在不断地提高，水文测量误差的存在将会混淆对水文现象认识，阻碍对水文规律的进一步揭示和深刻认识。

由于误差存在的必然性和普遍性，人们必须深入研究测量过程中误差的产生原因，以及减少、削弱、控制误差的手段和方法，提高测量的技术水平；必须研究测量成果的误差大小、不确定度、可信度，以正确合理地使用测量成果；流域水资源的管理利用水平的提高，迫切需要提高水资源的监测精度，给出实测水资源量的不确定度。因此，有必要深入研究各种水文测量误差来源、性质、大小、传播及处理方法，以减少、消除或控制误差；研究水文数据正确处理与合理评价水文测量成果的方法与技术途径；合理选择测量仪器设备，进行科学合理的测量方案优化设计，提高水文综合测量技术，提高水文观测的优化方案技术途径，从最小二乘法平差理论出发，对长历时大尺度空间测量的数据或不同精度的多源测量资料数据进行处理，是水文测量生产实践和理论发展的迫切需要，通过理论研究将会对水文测验学中水文数据的处理起到推动作用。

　　水文学中根据质量守恒原理建立水量平衡方程，研究各类水文问题，是普遍的广泛应用的方法。但实际应用中，实测水文数据很少能满足水量平衡方程的要求，其原因就是观测误差所致。因此，为了推动水文科学的发展，要更加细致深入的开展研究，就必须知道观测误差的性质大小和更加有效的处理方法。因此，水文测量误差的研究，不仅是一个工程问题，也是一个科学层面的问题。通过误差的研究，达到对水文现象、本质、规律的深刻认识，有着重要的不可代替的作用和意义。

　　另外，诸如河段的水量的水量不平衡问题、测验误差控制和测验方案的优化问题、站网规划与优化问题等都需要进行误差研究为基础。

9.1.2　测量的概念与分类

1. 常用的"测量"概念

　　测量是认识事物的科学手段，测量的目的是认识了解事物。对自然界所发生的量变现象的研究，常常需要借助于各种各样的实验与测量来完成，只有通过测量获得客观事物之间的定量知识，逻辑推理理论分析研究才成为可能。

　　测量是人们借助仪器设备或器具通过观测、量测、试验等手段，获得被测对象量值的一个作业过程；它是通过物理实验，把一个量（被测量）和作为比较的另一个量（标准值）相比较的操作过程。不同专业对测量的称谓不同，如在化学实验室的各种测量称为化学试验；在机械、计量部门对器件、设备、仪器的测量称检验、检定、量测或测量；在海洋、大地、水利工程、土木工程中的各种量测、测定、放样等工作一般称测量；在水文学中对不同水文要素"量测"的称谓也有差异，如对水位、降水的测量称观

测，流量、泥沙的测量称测验或监测，水质的分析化验测定用监测，高程、断面面积的测定工作称测量。

　　观测多强调对自然现象进行观察与测定。测验是用一定的标准、仪器和方法进行检验测量。水文测验常简称测验，早期在我国称为"水事测量"（目前台湾仍采用水文测量），它是指从水文站网布设到收集、整编水文资料的测量过程，狭义的水文测验也常指量测水文要素所进行的全部作业，这种狭义的水文测验也称水文监测。水文勘测是指在流域上进行水文要素的观测或调查，收集有关水文资料的全部查勘和测量作业。

　　可见测量一词的含义涵盖面更广，本章中采用的"测量"是水文各要素观测、量测、测验、监测、勘测和采集等的总称，对测量的成果数据也称测量数据或观测数据，简称测量值（实测值）或观测值。

2. 测量方法的分类

　　（1）根据测量对象和对结果精度分。根据测量对象和对结果精度要求，可以把测量分为工程测量和实验室测量两大类。

　　工程测量又根据测量的对象、使用的仪器和测量方案等不同，又有不同的分类和称谓。不同工程测量的环境条件常受到各种限制，对测量结果的精度要求差异也很大，大多数工程测量一般常注重误差上限，即通过规定限差保证测量精度。

　　实验室测量常要求严格的环境条件、精密的仪器和严格的规程方案，对测量结果一般要求也较精密。泥沙水样的处理、泥沙颗粒分析等属于实验室测量的范畴。

　　（2）根据取得测量结果的方法分。根据取得测量结果的方法不同，测量可分为直接测量和间接测量两类。

　　直接测量是将被测对象的量值与标准量值相比较，或用预先按标准校准好的测量仪器对被测量直接进行测量获得被测量值的大小。间接测量是通过被测量与直接测得量之间的函数关系，经过计算间接获得被测量的大小。水文测验中既有直接测量（如水位测），又有间接测量（如流量测验）。

　　（3）根据被测对象的存在状态分。根据被测对象的存在状态不同，测量可分为静态测量和动态测量两类。

　　静态测量是指在测量过程中被测量（被测对象）相对固定不变（如果有变化，其变化也相对较小或变化非常缓慢，其变化量不构成对测量结果的影响），在测量过程中可不考虑时间因素，常可进行多次重复测量。动态测量是指被测量（被测对象）在测量过程

中发生的变化是显著的、不可忽略的，动态测量需要考虑时间因素对被测量的影响。水文测验中水位、流量、泥沙等属动态测量，而水准点的引测、水尺校测则属于静态测量。

（4）根据测量条件分。根据测量条件的不同，测量可分为等精度测量和不等精度测量。

被测量在相同的测量条件下进行重复测量，获得的每个测量数据具有相同的信赖程度，这种测量称为等精度测量。否则在测量过程中测量条件发生了变化，使测量数据的信赖程度不同，则称为不等精度测量。

9.1.3 测量误差的分类

1. 按误差的来源分

对一个物理量不同的研究目的，对其测量误差的控制要求是不同的。测量误差产生的原因很多，按其来源可分为以下 6 个方面。

（1）模型（也称方法）。测量中选用不同的测量方法、计算模型，以及采用的近似计算公式等都会产生误差。为了使测量更有效可行，常常需要将问题简化，需要采用近似的数学模型和近似的计算方法，由此造成其近似解与精确解之间的误差称模型误差（也称为方法误差，截断误差是其一种）。如需要瞬时取样测量，而实际上取样时间不为零；流量测验中需要瞬时获得一个断面的流量数值，但实际测量过程需要一定时间；积分计算简化为有限的数值计算等产生的误差都属于模型或方法误差。

（2）测量仪器设备。由于受技术、材料、制造工艺水平等影响，测量仪器本身带有误差，即使在标准环境下进行测量，仪器设备仍然会产生误差，这种误差称仪器固有误差。在自然环境下进行测量，仪器设备的工作原理、制造、安装、调整、刻画及环境条件等方面都可能导致测量结果出现误差，这种误差也称仪器误差。仪器设备呈现出的误差是其本身的固有误差和受环境影响后产生的附加误差的综合反映。

（3）观测者。由于测量人员的工作责任感、技术水平、技能程度、生理感官、心理素质、测量习惯、反应速度、分辨能力等差异会引起测量误差。这种误差也可进一步分为视差、观测误差、估读误差、读数误差等，这类误差是观测者导致的，也称人为差。

（4）自然环境。由于测量所处的环境条件包括温度、湿度、气压、风速、加速度、地心引力、震动、亮度、透明度、空气中的灰尘、电磁波、流体的波动、流动等外界因素变化，也会引起测量误差，这种误差称为环境误差。测量仪器在超出检验时的标准环境下工作所产生的测量误差，较标准环境下的仪器误差增大，这种增加的误差也是环境误差。

（5）被测对象。被测对象的质量大小、形状大小、规则程度、形态、物理性质、稳定性、界面的清晰程度、运动速度及各种物理参数的变化等都可能会引起测量误差。

（6）数据处理。取得测量数值后一般都要经过测量数据的计算、整理、整编等数据处理过程才能得到供使用的成果资料，这个过程也会产生误差，如有效数字的取舍误差，使用各种常数（如物理常数、系数常数）的近似值产生的误差。

2. 按误差的性质分

测量误差按性质可分为以下 3 类。

（1）粗差。这是由某些突发性的异常因素造成的误差，称为粗差（也称伪误差）。如由于测量人员的粗心大意或仪器故障所造成的测错、读错、记错、算错等差错都属于粗差。粗差是比在正常测量条件下可能出现的最大误差还要大的误差，因此也有学者将粗差称为"大量级误差"或"离群误差"。它是一种不该有的失误导致的差错，应采取检测（变更仪器或程序）和验算（按另一途径计算）等方式及时发现并纠正。提交的测量结果中不允许存在粗差。

（2）系统误差。由于测量条件中某些特定因素的系统性影响而产生的误差称为系统误差。同等测量条件下的一系列观测中，系统误差的大小和符号常固定不变或有一定规律，或仅呈系统性的变化。系统误差对测量结果的影响具有累计性，水文资料成果的系统误差对资料成果的影响很大，系统误差的大小直接影响资料的使用价值。系统误差对测量成果质量的影响是特别显著的，所以应尽量消除或减弱系统误差的影响。

（3）偶然误差。由测量条件中各种随机因素的偶然性影响而产生的误差称为偶然误差，也称随机误差。偶然误差的出现，就单个而言，无论数值和符号，都无规律性，而对于误差的总体，却存在一定的统计规律。偶然误差具有对称性、有界性、单峰性、抵偿性、独立性等性质。一般情况下，偶然误差符合正态分布规律，因此，偶然误差研究的理论依据是正态分布理论。

整个自然界在永不停止地运动着，即使看来相同的测量条件，实际上各处也在不停地、无规则地变化着，这种不断的偶然性变化，就是引起偶然误差的随机因素。在一切测量中，偶然误差是不可避免的。

自然界中大量观测值的偶然误差都服从正态分布。有些测量尤其是其测量次数很少时，测量误差的分布尚不十分清楚的情况下，也常用正态分布代替。

只要其测量的误差符合（近似符合）偶然误差的前 4 个特征，即与正态分布的条件基本一致，一般可用正态分布处理。当然，用正态分布处理测量偶然误差也有一定的近似性。主要体现在测量次数有限，将偶然误差看成连续的随机变量，在实际测量中要求偶然误差出现的概率与其绝对值成反比，在误差处理前要求系统已全部误差消除等条件不能完全满足，因此，用正态分布处理测量中的偶然误差也只能是近似的概括。

3. 按误差的表示形式和用途分

测量误差按表示形式和用途又分为绝对误差、相对误差、平均误差、均方误差、极限误差、限差（允许误差）等，这些误差的定义计算将在以下各节中讨论。

9.2　测量误差的表示

9.2.1　关于测量"值"的有关概念

1. 真值

反映被测物理量所具有的客观、真实、绝对准确的数值，称为被测物理量的真值。国际标准化组织定义的真值为：与给定的特定量定义一致的量值。真值是按该量的定义在某一时刻和某一位置或状态下，某量的效应体现出的客观值，也就是被测量所具有的客观真实大小。可以看出真值是理想的概念的量值，因此，真值也称为理论真值或定义值。

由于自然界中的一切事物都是在不停地发展变化着，作为测量对象的任何一个量也不例外，它的真正大小也是随时变化的，固定的量如此，运动的量更是如此。所以，一个量的真值，只能是指该量在观测瞬间或变化极微的一定时间段内的确切大小。按照这一观点，一个量的真值是客观存在的，但是由于观测误差的不可避免，依靠观测所得到的值，只能是某些量一定意义下的估值。虽然真值是定义的，但又是客观存在的，一般情况下真值无法通过测量获得，观测获得的是真值的近似值。只有在一些特殊情况下可以获得真值。以上分析知，真值可进一步分为以下几种。

（1）理论真值。理论真值即通过理论分析获得的可知真值。如同一个量的自身之差为零；自身之比为 1；平面三角形的三内角之和为 180°；当对同一个量观测两次，两次观测值的差值（又称较差）是差值的真误差等都是客观理论真值。

（2）约定真值。用约定的办法确定的真值，一般是由国际计量大会决议所确定的值。

（3）近似真值。各种估计值是被测量的近似真值。测量的目的就是求得这种估计值。

（4）相对真值。高等级测量的误差与低一级测量误差相比，小于 1/5 时，在使用中常认为前者是后者的相对真值。可见相对真值非定义的真值，而是应用的真值。

2. 测得值（观测值）

利用各种仪器设备进行测量、实验直接获得或经过必要计算而得到的量值称测得值，也称观测值、实测值。由于测量过程中普遍存在误差，所以测得值是被测量真值的近似真值。一般情况下通过测量不能获得真值，只能获得观测值。

3. 估计值

由于受观测者感觉器官的鉴别能力，测量仪器精密、灵敏程度，外界自然条件的多样性及其变化，被测物体本身的性质、结构和清晰状况等，都直接影响观测质量，使观测结果不可避免地带有或大或小的误差。一般将直接与观测有关的人、仪器、自然环境及被测对象这四个因素合称为测量条件。显然，测量条件好，产生的误差小；测量条件差，产生的误差大；测量条件相同，误差的量级应该相同。测量条件相同的观测，称为等精度观测。与真值对应，凡以一定的精确程度反映这一量大小的数值，统称之为此量的估计值（包括测得值、试验值、标称值、近似计算值等），又简称估值。一个量的观测值或平差值，都是该量的估值。

通过测量获得的观测值是一个估计值，由观测值通过不同的数据处理方法可进一步得到更接近真值、更有效的估计值。在无法获得真值的情况下，常用估计值代替真值参加计算。对某一物理量测量的结果就是要获得这个量可靠的有效的合理的估计值，这个估计值应是观测值的数学期望，即

$$\hat{L} = E(L) \tag{9.1}$$

式中　$\hat{L}$——物理量 L（观测值）的估计值；

$E(L)$——物理量 L（观测值）的数学期望。

4. 平均值

平均值是一组观测值的平均数值。常用的平均值有算术平均值和加权平均值。对一组测量来讲，均值被认为是更接近真值的，因此，在处理测量数据时常用物理量的平均值代替其真值。

（1）算术平均。在相同条件下，对某量进行的一组 n 次测量的值之和，再除以测量次数 n 所得的值，即为算术平均值。用公式表示为：

$$\bar{L} = \frac{1}{n} \sum_{i=1}^{n} L_i \tag{9.2}$$

式中　$\bar{L}$——算术平均值；

n——重复测量次数；

L_i——第 i 次测得值，$i=1，2，\cdots，n$。

（2）加权平均值。将各次观测值乘以相应求和后，再除以权的总和得到的平均值，即为加权平均值。在测量条件不均等的情况下进行观测，观测结果平均数的大小不仅取决于每次观测值的大小，而且还与每个观测值所占的比重也称权数或权重有关。

$$\overline{L} = \frac{\sum\limits_{i=1}^{n} p_i L_i}{\sum\limits_{i=1}^{n} p_i} \qquad (9.3)$$

式中　p_i——被测量第 $i(i=1，2，\cdots，n)$ 次测得值 L_i 对应的权。

其实，在测量条件相同情况下，每一个测量值的权都相同的情况下，加权平均值就等于算术平均值。在可重复相同条件下，对被测量进行了多次测量，被测量真值的最佳估计值是其算术平均值。

9.2.2　误差的表示方法

常用的误差表示（也是衡量观测值的精度标准）方法主要有以下几种。

9.2.2.1　绝对误差

绝对误差也称真误差，是指观测值与真值之差，即相对于真值的误差称为绝对误差。

1. 绝对误差的理论公式

一个量的真值、观测值、绝对误差存在以下关系：

$$\Delta = L - \widetilde{L} \qquad (9.4)$$

式中　Δ——绝对误差；

$\widetilde{L}$——某个量的真值；

L——某个量的观测值。

只有在一些特殊情况下，真值有可能预知，如平面三角形三内角之和为 $180°$；同一值自身之差为零，自身之比为 1 等。因此，这种情况下只要有观测值，就可求得绝对误差。

2. 绝对误差使用公式

通常情况下真值是未知的，绝对误差也无法获得。为了求得观测量的绝对误差，常用测量结果可靠、有效、合理的估计值，这个估计值在实际应用中通常用期望值，即用期望值代替其真值参加计算，则有

$$\Delta = L - E(L) \qquad (9.5)$$

式中　$E(L)$——观测值 L 的数学期望，实际计算中，多采用平均值。

3. 观测值的数学期望

由于测量存在随机误差，这个随机误差可看作是随机变量，则每一个观测值，可看作是某一定值与一个随机变量之和。如果对某一水文量重复观测多次，这一系列观测值可认为是离散型随机变量，观测值与其对应出现概率之积的和，即为该观测值的数学期望，用公式表示为

$$E(L) = \sum_{i=1}^{n} L_i p_i \qquad (9.6)$$

式中　L_i——某一水文量第 i 次观测值；

p_i——与 L_i 对应的概率；

n——观测次数。

可见观测值的数学期望值是反映观测值平均取值的大小，它是简单算术平均的一种推广，类似加权平均。

9.2.2.2　相对误差

在很多情况下，仅仅知道观测量中的绝对误差大小，还不能完全表达观测精度的好坏。例如，测量了两段距离，一段为 1000m，另一段为 50m。其中误差均为 $\pm 0.2m$，尽管中误差一样，但这两段距离中单位长度的观测精度显然是不相同的，前者的精度高于后者。因此，有必要引入相对误差来衡量精度的标准。相对误差定义为观测值的绝对误差与其真值之比。即

$$E = \frac{\Delta}{\widetilde{L}} \qquad (9.7)$$

式中　E——相对中误差；

Δ——观测值的绝对误差；

$\widetilde{L}$——观测量的真值。

因真值常常未知，绝对误差有时难以求得。实际应用中，多采用测量值的残余误差与其估计值之比作为相对误差，即

$$E = \frac{v}{\hat{L}} \qquad (9.8)$$

式中　v——观测值的残余误差，是绝对误差的估计值；

$\hat{L}$——观测量的估值。

由以上讨论可知，测量的"估计值"有多个，但在实际计算中又多使用观测值和平均值作为估计值，来计算相对误差。

9.2.2.3　相对中误差

一个观测量的中误差与其估计值之比，称这一量的相对中误差（或相对标准差）。

$$S = \frac{m}{\hat{L}} \qquad (9.9)$$

式中　S——相对中误差；

$\hat{L}$——观测量的估值；

m——观测值的中误差。

在实际计算时，一般情况下，式（9.9）中的估计值也多用观测值的平均值。相对误差和相对中误差一般用于长度、面积、体积、流量等物理量测量中，角度测量、水位观测一般不采用相对误差。因为角度误差的大小主要是观测两个方向引起的，它并不依赖角度大小而变化。水位的观测误差主要与波浪起伏、水尺刻度、观测人员等观测条件有关，而与水位高低没有直接关系。

相对误差、相对中误差是无名数，水文测验常用百分数表示。

9.2.2.4　方差

描述随机变量离散度的特征值是方差。数理统计中将随机变量与其数学期望之差平方的数学期望定义为随机变量的方差，对于离散型随机变量的方差计算公式为

$$D(L) = E\{[L - E(L)]^2\} \quad (9.10)$$

对于连续型随机变量则为

$$D(L) = \int_{-\infty}^{+\infty} [L - E(L)]^2 f(L) \mathrm{d}L \quad (9.11)$$

式中　L——随机变量；

$D(L)$——随机变量的方差；

$f(L)$——随机变量的概率密度函数。

由定义可以看出，随机变量的全部取值越密集于其数学期望附近，则方差值越小；反之，方差值越大。可见方差反映的是随机变量总体的离散程度，又称总体方差或理论方差。在测量问题中，当仅有偶然误差存在时，观测值的数学期望就是真值，故方差的大小正反映了总体观测结果靠近真值的程度。方差小，观测精度高；方差大，观测精度低。测量条件一定时，误差有确定的分布，方差为定值。

在式（9.10）中，代入 $\Delta = L - E(L)$ 可得

$$D(L) = E(\Delta^2) \quad (9.12)$$

由方差定义，对于绝对误差的方差有

$$D(\Delta) = E\{[\Delta - E(\Delta)]^2\} = E(\Delta^2) \quad (9.13)$$

以上两式表明，观测值（L）及其偶然真误差（Δ）具有相同的方差，此方差即偶然真误差之平方的数学期望。

正态分布函数中，常用符号 σ 的平方表示随机变量的方差。于是式（9.12）及式（9.13）用 σ^2 表示，可写成

$$\sigma^2 = E(\Delta^2) \quad (9.14)$$

上述是方差的理论值和理论计算公式，定义严

密，计算准确，但在实际工程中难以获得偶然真误差，因此很少应用。

9.2.2.5　均方差

均方差是方差的算术平方根，均方差可与随机变量的量纲一致，计算公式为

$$\sigma = \sqrt{E(\Delta^2)} \quad (9.15)$$

式中　σ——均方差。

9.2.2.6　中误差

由上述介绍知，计算均方差必须已知随机变量的取值总体或真误差的概率密度函数，实际工作中一般情况下是做不到的，而测量次数也只能是有限的。因此，工程应用中只能依据有限次观测的结果去计算方差的估计值，并以其算术平方根作为均方差的估计值，称之为中误差。在相同测量条件下（认为各误差出现的概率相同）的一组真误差平方中数的平方根（或平方和的平均数的平方根），即为中误差，也称均方根差、标准偏差或标准误差（简称标准差）。在实际应用中，通常采用式（9.16）计算

$$m = \pm \sqrt{\frac{\sum_{i=1}^{n} \Delta_i^2}{n}} \quad (9.16)$$

式中　m——中误差；

n——真误差 Δ_i 的个数。"$\pm$"是习惯上添加的，以下各式中的"$\pm$"将省略。

在真值未知的情况下，真误差也无法获得，通常采用贝塞尔公式计算中误差

$$m = \sqrt{\frac{\sum_{i=1}^{n} v_i^2}{n-1}} \quad (9.17)$$

式中　v_i——第 i 个观测值的残余误差，是第 i 个真误差的估计值。

$$v_i = L_i - \hat{L} \quad (9.18)$$

式中　L_i——第 i 个观测值。

均方差与中误差从定义上是有区别的，由以上定义可知，均方差是个理论值，不易求得，与样本（或观测次数）无关。而中误差是均方差的估计值，是个近似值，可通过实测数据统计计算，因此，中误差还受到样本（或观测次数）的影响。在实际工程应用中有人也称中误差为均方差，将中误差的平方称为方差，这是不严密的。

9.2.2.7　平均误差

一定测量条件下的真误差绝对值的数学期望，称为平均误差。以 θ 代表平均误差，则

$$\theta = E(|\Delta|) = \int_{-\infty}^{+\infty} x f(x) \mathrm{d}x \quad (9.19)$$

式中 θ——平均误差的理论值。

实用中，以其估计值 t 来代替

$$t = \frac{1}{n}\sum_{i=1}^{n}|\Delta_i| \tag{9.20}$$

估计值 t 仍称为平均误差，误差个数 n 愈大，此统计值就愈能代表理论值，当 $n \to \infty$ 时，$t = \theta$。依上述定义，平均误差的大小同样反映了误差分布的离散程度，可以证明

$$\theta = \sqrt{\frac{2}{\pi}}\,\sigma \tag{9.21}$$

即同一测量条件下平均误差的理论值 θ 与均方差 σ 存在固定的函数关系，以相应估值代换之，则有平均误差与中误差理论上的关系为

$$t = 0.7979m \tag{9.22}$$

9.2.2.8 或然误差

若有一正数 C，使得在一定测量条件下的误差总体中，绝对值大于和小于此数值的两部分误差出现的概率相等，则称此数值为或然误差，即

$$\int_{-c}^{c} f(\Delta)\mathrm{d}\Delta = \frac{1}{2} \tag{9.23}$$

可以证明或然误差理论值 C 与均方差的关系为

$$C = 0.6745\sigma \tag{9.24}$$

式中 C——或然误差。

9.2.2.9 极限误差

极限误差亦称"最大误差"。常取均方误差的 3 倍值作为极限误差，若误差超过这个值应视为过失误差。

从偶然误差性质知道，在一定测量条件下，偶然误差的大小不会超出一定的界限，超出此界限的误差出现的概率接近零。故在实际工作中，常依一定的测量条件规定适当数值，使在这种测量条件下出现的误差，绝大多数不会超出此数值，超出此数值，则认为出现了异常，其相应的观测结果应予废弃。这一限制数值，即被称作极限误差。极限误差应依据测量条件而定，测量条件好，极限误差应规定得小；测量条件差，极限误差应规定得大。在实际测量工作中，通常以标志测量条件的中误差的整倍数作为极限误差。

由概率论知，当方差（σ^2）一定（即测量条件一定）时，服从正态分布的偶然误差值，出现于区间（$-\sigma$，σ）、（-2σ，2σ）及（-3σ，3σ）之外的概率，分别是 0.317、0.0455 和 0.0027。近似地以中误差 m 代替均方差 σ，大于 $3m$ 的误差出现是小概率事件。在观测数目有限的情况下，通常就认为绝对值大于 $3m$ 的误差是不应该出现的，所以一般取 3 倍中误差作为极限误差。

即

$$\Delta_{\max} = 3m \tag{9.25}$$

式中 $\Delta_{\max}$——极限误差。

9.2.2.10 限差

在一定观测条件下规定的测量误差的限值称限差，限差又称容许误差、允许误差。由于服从正态分布的随机变量相对于其均值的偏差大于 2～3 倍标准差（可用其估值中误差代替）的概率仅有 4.55%～0.27%，通常以测量值中误差的规定值或预期值的 2～3 倍作为其限差，以此判定有无粗差存在和检核测量成果的质量，并决定取舍。

在要求严格时，也可采用 $2m$ 作为限差。在我国现行作业中，以 2 倍中误差为限差的较为普遍，即

$$\Delta_t = 2m \tag{9.26}$$

式中 Δ_t——限差。

在作业过程中，当测量值的测量误差，超过限差时，该结果作废，重新测量。以往的水文测验规范中多把限差称为"允许误差"，即测验过程中允许出现的最大误差。

9.2.2.11 均方误差

精确度的衡量指标为均方误差，其定义为

$$MSE(L) = E(L - \tilde{L})^2 \tag{9.27}$$

有人将均方差与均方误差混淆使用，实际上只有当 $\tilde{L} = E(L)$ 时，即观测值不含粗差和系统误差时，均方误差才等于方差。

将式（9.27）展开，并考虑到 $E\{[L - E(L)][E(L) - \tilde{L}]\} = [E(L) - E(L)][E(L - \tilde{L})] = 0$

则可推导出

$$MSE(L) = \sigma^2 + [E(L) - \tilde{L}]^2 \tag{9.28}$$

即均方误差等于方差，加上数学期望与真值之差的平方。

9.2.2.12 不确定度

水文测验国际标准中，用不确定度表示水文测验成果的质量。测量数据的不确定度从广义上讲也是误差的一种表示方法。具体内容将在下面有关章节详细介绍。

9.2.2.13 观测向量的精度指标——协方差阵

观测向量的精度指标为协方差，其协方差阵为

$$D_{LL} = E\{[L - E(L)]^{\mathrm{T}}[L - E(L)]\}$$

$$= \begin{bmatrix} \sigma_{L_1}^2 & \sigma_{L_1 L_2} & \cdots & \sigma_{L_1 L_n} \\ \sigma_{L_2 L_1} & \sigma_{L_2}^2 & \cdots & \sigma_{L_2 L_n} \\ \vdots & \vdots & & \vdots \\ \sigma_{L_n L_1} & \sigma_{L_n L_2} & \cdots & \sigma_{L_n}^2 \end{bmatrix} \tag{9.29}$$

式中 L——观测向量，且 $L = [L_1 L_2 \cdots L_n]^{\mathrm{T}}$；

$E(L)$——观测向量的期望，且 $E(L) = [E(L_1) E(L_2) \cdots E(L_n)]^{\mathrm{T}}$；

D_{LL}——观测向量的协方差。协方差阵不仅给出了各观测值的方差，而且还给出了观测值之间的协方差，即误差的相关程度。

9.2.3　测量结果的评定指标

在对物理量进行测量后，应对测量结果做出正确的、合理的评定与表述，在给出最后结果时，不仅要给出被测物理量的最佳估计值，还要对测量结果的质量予以定量的说明，指出其具有一定置信水平的测量值对真值的取值范围，以确定测量成果的可信程度。目前，对测量结果评定的指标主要有误差、精度、不确定度。

9.2.3.1　误差

观测值之中含有误差，因此，可以直接采用误差的大小评定测量结果的质量。上述误差只要能够求出，均可用于评定测量结果的质量，但由于观测量的物理意义不同，误差的采用也有区别，如流量、含沙量、水深、宽度等物理量多采用相对误差（多用相对中误差）；而高程、水位只能采用绝对误差（多用中误差）。

9.2.3.2　精度

评定测量结果的传统方法，通常是用精度进行评定。一般意义上讲精度与误差是反义词，误差小，其精度高，两者有相反的意义。精度也多指误差分布的密集或离散程度。精度一词又有以下几个意义。"精度"指测量结果的准确程度，也称准确度；一般情况下人们所说的精度又是指随机误差分布的密集或离散程度，用它描述测量水平的高低和测量结果的不确定程度；"精度"反映观测结果与真值接近程度，是指一个量的重复观测值之间彼此接近或一致的程度，即观测结果与其数学期望接近的程度，如果重复观测结果都很接近，则这组观测值精度高，否则就称精度低；习惯上人们又称相对误差为精度。可见精度一词语义很广。

若要进一步深入研究和控制误差，提高测量精度，仅谈精度一词是不够的，且其概念模糊。如果测量结果的相对误差为 1‰，但是，这个误差是随机误差部分或是系统误差部分，或者是两者合成的误差，从含义模糊的"精度"一词上得不到明确的反映。目前，不同学科中关于"误差"或"精度"的定义较混乱，常常出现同一词表示不同含义，同一含义拥有不同的词（名称）。

1. 精密度

精密度是表示测量成果中随机误差大小的程度，也可指重复测量所得结果相互接近的程度，即表示在相同的测量条件下，同一方法对某一量测量多次时，测得值的一致程度，或分布的密集程度，也可表示测量的重复性。它反映了随机误差的大小，测量的精密度高，是指测量数据比较集中，重复性好，各次测量结果分布密集，随机误差较小。因此，精密度反映了随机误差对测量成果的影响。

一般情况下人们所说述的"精度"一词多指精密度。对于测量仪器来讲，一般认为可用测量仪器的最小测量单位确定该仪器的精密度。

2. 准确度

准确度表示测量结果与被测量真值之间的偏离程度。即准确度反映系统误差和粗差的大小，由于粗差只有在极少数情况下才出现。因此，准确度多表示系统误差的大小。

测量的准确度高，是指测量数据的平均值偏离真值较小，测量结果与真值接近的程度好，测量结果的系统误差较小。因此，准确度反映的是系统误差对测量影响的大小。测量的系统误差大，则准确度差，也有人称准确度为正确度。

由于可知的系统误差可以修正，因此准确度一般表示仪器误差的大小。测量仪器和测量方法一经选定，测量的准确度就确定了。用同一台仪器对同一物理量进行多次测量，只能确定其重复性的好坏，而不能确定其准确度。

3. 精确度

精确度是综合反映系统误差与随机误差的大小程度，精确度是精密度和准确度的合成，是综合评定测量结果的重复性与接近真值的程度的，是指观测结果与其真值的接近程度，包括观测结果与其数学期望接近程度和数学期望与其真值的偏差。因此，精确度反映了偶然误差和系统误差联合影响的程度。也有人称精确度为可靠度。当不存在系统误差时，精确度就是精密度，精确度是一个全面衡量观测质量的指标。测量的精确度高，是指测量数据比较集中在真值附近，即测量的系统误差和随机误差都比较小。

精密度高，不一定准确度高。反之，准确度高，不也一定精密度高。而精确度高就是精密度和准确度都高。三者的进一步的解释可用图 9.1 说明，若图中十字线交点为真值，每点表示一次观测值，则图 9.1（a）表示精密度高准确度高；图 9.1（b）表示精密度高，准确度低；图 9.1（c）表示精密度低，准确度高。

4. 测量精度与测量条件

观测质量与误差的分布状况有着直接的关系，它们都取决于测量条件。测量条件好，误差分布的离散度小，观测质量高，测量精度就高；测量条件差，则相反。同等测量条件下，误差分布的离散度相同，此时所获得的测量结果，应视为有同等质量，即等精

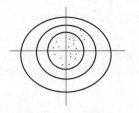
(a) 精密度高，准确度高

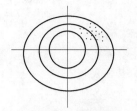
(b) 精密度高，准确度低

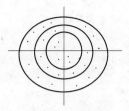
(c) 精密度低，准确度高

图 9.1 精度示意图

度。给出确定的数值，用以表示一定测量条件下测量结果的质量，即为精度评定。只有了解误差的总体分布，才能得出反映这一测量条件下观测精度的真实数据，这在实际工作中是不可能做到的。现实可行的只能是通过对有限观测误差的统计，即通过样本统计，得出代表一定测量条件下，观测精度的估计数值，所以精度评定工作又称精度估计。

9.2.3.3 不确定度

不确定度的概念和具体意义将在下节详述。

9.2.4 不确定度

关于测量的不确定度，国内外早就有人使用，只是因为对其概念和计算没有形成统一规定，处于混乱状态，无法进行交流。为了解决这一问题，1980 年国际计量局召集了 11 个国家标准实验室的专家进行合作研究，首先提出了《实验不确定度的规定建议书》，经过进一步研究后，又于 1993 年提出了"测量不确定度表示指南"，建议用不确定度（uncertainty）取代误差（error）来表示实验结果，现在国际上已开始广泛使用不确定度。

水文测验国际标准（ISO/TC 113）中，测验误差常用不确定度表示。测量不确定度是测量结果所含有的一个参数，用以表示测量值的分散性和可信赖程度。测量数据的不确定度从广义上讲也是一种误差，它包含偶然误差、系统误差和粗差，甚至包含数值上、概念上的不完整性、模糊性等，也包括可度量和不可度量的误差。

9.2.4.1 不确定度概念的延伸

不确定度的一般概念是指测量结果的正确性的可疑程度。用于表示测量结果可能出现的具有一定置信水平的误差范围的量。不确定度也可理解为是指"对测量结果的正确性或准确度的可疑程度"，它包含了测量结果的测量精度和置信度两个概念，因此，它比单纯的误差概念更全面、更广泛。

（1）不确定度的大小反映了测量结果可信赖的程度。不确定度小，表明测量更接近真值，可信程度高。

（2）不确定度的产生原因不仅涉及测量仪器、测量装置、测量方法、环境和观测者，还包括测量对象的影响，即涉及整个测量系统。

（3）不确定度的数值一般包含几个分量。

9.2.4.2 不确定度的分类

不确定度又分为标准不确定度和扩展不确定度。以标准差表示的测量不确定度称为标准不确定度。标准不确定度又分为 A 类不确定度、B 类不确定度和合成不确定度。A 类不确定度是多次重复测量，用统计方法估算的不确定度分量；B 类则是不能用统计方法估算的其他不确定度分量。

9.2.4.3 不确定度 A 类分量的计算

1. 当测量次数较多时（测量次数 $n > 10$）

按照国际计量局发布的"实验不确定度的规定建议书"规定，用标准差来表征 A 类分量的数值。在可重复条件下对被测量进行了多次测量，被测量真值的最佳估计值是取多次独立测量值的算术平均值

$$\bar{x} = \frac{1}{n} \sum_{i=1}^{n} x_i \qquad (9.30)$$

式中 n——重复测量次数；

x_i——被测量（x）第 i 次测得值，$i = 1, 2, \cdots, n$。

有限次测量的标准差

$$m_x = \sqrt{\frac{\sum_{i=1}^{n} (x_i - \bar{x})^2}{n-1}} \qquad (9.31)$$

所得到的标准差指这个条件下测量系列中任一次结果的标准差，可以理解为这个测量系列中的测量结果虽各不同，但其标准差相等。

有限次测量平均值的标准差

$$m_{\bar{x}} = \frac{m_x}{\sqrt{n}} \qquad (9.32)$$

式中 m_x——有限次（n 次）测量的标准差；

$m_{\bar{x}}$——有限次（n 次）测量平均值的标准差。

计量学中将有限次测量平均值的标准差，认为就是测量结果的 A 类标准不确定度，即

$$u_A = m_{\bar{x}} \qquad (9.33)$$

式中 u_A——测量结果的 A 类标准不确定度。

2. 当测量次数较少时

在许多情况下，测量次数不大于 10 时，以算术平均值的标准差作为 A 类分量，仍以正态分布作测量结果表示，则将出现较大偏差（偏小），从而夸大了测量的精度。这时，测量结果服从 t 分布（又称

Student 分布），用 t 分布来表示平均值的误差更为合理。A 类分量不确定度为标准差乘以因子 t_P 即：

$$u_A = t_P m_{\bar{x}} \qquad (9.34)$$

式中 t_P——与置信概率和测量次数有关的因子，可有表 9.1 查出，表中的 n 为测量次数，P 为置信水平对应的概率。

表 9.1 t_P 因 子 表

测量次数 n	2	3	4	5	6	7	8	9	10	20	30	∞
$P=0.683$	1.84	1.32	1.20	1.14	1.11	1.09	1.08	1.07	1.06	1.03	1.01	1
$P=0.95$	12.7	4.30	3.18	2.78	2.57	2.45	2.36	2.31	2.26	2.09	2.05	1.96

9.2.4.4 B 类不确定度的估算

B 类不确定度不能用统计方法确定，如能确定其分布规律，可按各自分布规律处理。一般情况下，可根据经验或有关信息（以往的检测数据，有关的技术资料，检定、检验证书，说明书等）估计出 B 类分量近似标准差。实际计算中，多采用测量的极限误差与已知的或假定的测量误差的统计分布规律所对应的分布因子之商来确定近似标准差，即

$$u_B = \frac{\Delta_{\max}}{k_b} \qquad (9.35)$$

式中 u_B——B 类不确定度的近似标准差；

$\Delta_{\max}$——非统计不确定度相应的估计极限误差值（简称误差限）；

k_b——统计分布规律所对应的分布因子。

$\Delta_{\max}$ 之值有时也取为仪器的允许误差（检定规程或有关技术文件规定的计量器具所允许的极限值），或根据实际情况估计。如钢卷尺说明书上给出，在量程 1m 内，其最大误差为 0.5mm；在量程 $1\sim2$m 内其最大误差为 1.0mm。又如用电子秒表测得某单摆的振动周期为 2.5s，电子秒表的准确度级别高于 10^{-5}，则仪器对应的误差限 $\Delta_{\max} < 2.5 \times 10^{-5}$ s。但是，由于实验者在计时开始和计时结束时都会有 0.1 ~0.2s 左右的误差，所以估计周期的测量误差限为 0.2s。

分布因子 k_b 取决于测量值的分布规律，表 9.2 为常用分布的 k_b 值。

表 9.2 常用分布的 k_b 值

分布类别	$P/\%$	k_b
矩形	100	$\sqrt{3}$
正态	99.73	3
三角形	100	$\sqrt{6}$
梯形 $\beta= 0.71$	100	2

特殊情况下，因条件限制只能取得单次观测值时（这在水文观测中经常发生），其误差分布可认为是矩形的。如使用者估计单次观测值的误差极限值在 $\pm E$ 之间，则矩形分布的标准差为 $E/\sqrt{3}$。当置信水平为 95% 时，其不确定度可取为 $\pm 2E/\sqrt{3}$。

9.2.4.5 扩展不确定度

扩展不确定度也称延伸不确定度或范围不确定度，是用标准差的倍数表示的合成不确定度，即合成不确定度乘以对应于某一置信概率（P）的置信因子（也称为包含因子）称为扩展不确定度。用公式表示为

$$U_P = k_P u_c(x) \qquad (9.36)$$

式中 U_P——某一置信概率（P）的扩展不确定度；

k_P——对应于某一置信概率（P）的置信因子；

$u_c(x)$——测量值 x 的合成不确定度。

k_P 不仅与置信概率有关，而且还与 x 的分布有关，一般情况下，数据处理中多以不确定度分布服从正态分布理论为依据。这主要是由于大多数情况下，不确定度分布确实服从正态分布，且目前正态分布的研究最完善。应注意的是有些情况下，其他分布也有使用。

实验测量值落到给定量值区间的概率称为置信概率，对应的区间称为置信区间。一般来说，测量值（x）落在区间 $\bar{x} - u_c(x)$ 至 $\bar{x} + u_c(x)$ 的概率大约只有 68.3%。扩展置信区间，可以提高置信概率。一般情况下，置信概率多取 95% 和 99%，对于 x 服从正态分布，对应的 k_P 值分别是 2 和 3。

当 x 服从均匀分布时，置信概率 95% 和 99%，对应的 k_P 值分别是 1.65 和 1.71。

9.2.4.6 合成不确定度（也称总不确定度）的计算

当测量结果是由若干个量的值求得时，按其各量的方差和协方差计算的不确定度称为合成不确定度。

1. 直接测量合成不确定度计算

对于受多个误差影响的直接测量值，可能存在多个不确定度，若不确定度彼此相互独立，协方差为零，其合成不确定度可用式（9.37）计算

$$u_C = \sqrt{\sum_{i=1}^{n} u_{Ai}^2 + \sum_{j=1}^{k} u_{Bj}^2} \qquad (9.37)$$

式中　u_C——直接测量的合成不确定度；

　　　n、k——A 类不确定度和 B 不确定度的项数；

　　　u_{Ai}——第 i 个 A 类不确定度；

　　　u_{Bj}——第 j 个 B 类不确定度。

2. 间接测量合成不确定度计算

被测量 $Y = f(X_1, X_2, \cdots, X_N)$ 估计值的标准不确定度，由相应输入量 X_1，X_2，…，X_N 的标准不确定度适当合成求得，当全部输入量 X_i 彼此独立或不相关时，输出量的合成不确定度为

$$u_c(y) = \sqrt{\sum_{i=1}^{N} \left(\frac{\partial f}{\partial x_i} \right)^2 u^2(x_i)} \qquad (9.38)$$

式中　$u_c(y)$——被测量 y 的合成不确定度；

　　　$u(x_i)$——x_i 的 A 类或 B 类不确定度。

9.2.4.7　不确定度与误差的关系

有以上分析知，不确定度是在误差理论的基础上发展起来的。不确定度和误差既是两个不同的概念，又是相互联系的。

1. 区别

（1）定义上的区别。按定义，误差表示数轴上的一个点，不确定度表示数轴上的一个区间。

（2）评价方法上的区别。误差按系统、随机进行评价，不确定度按 A 类、B 类评价。

（3）概念上的区别。误差是一个理想化的概念，理想的分为系统误差与随机误差，系统误差与随机误差经常是难以区分准确的，根据传统的误差定义，由于真值是未知的，则误差也常常是未知的，是不可能准确求得的。因此，一般无法准确表示测量结果的误差。

不确定度更客观使用，特别是它分为 A 类、B 类，便于严格区分，能够更准确地用于测量结果的表示。

2. 相互关系

误差和不确定度都可用于描述测量结果"精度"或测量结果的不完备性。不确定度则是表示由于误差的存在而对被测量值不能确定的程度，反映了可能存在的误差分布范围，表征被测量的真值所处的量值范围的评定。

误差和不确定度都是由测量过程的不完善引起的，不确定度概念和体系是在现代误差理论的基础上

建立和发展起来的，在估算不确定度时，用到了描述误差分布的一些特征量，因此两者不是割裂的，是统一的。

不确定度的引入并不意味着要放弃使用误差。实际上，误差仍可用于定性描述理论和概念的场合；不确定度则用于给出具体数值或进行定量运算、分析的场合。

A 类标准不确定度就是随机误差的标准差，随机误差按一定置信概率表示时，在数值上等于置信概率相同的扩展随机不确定度。因此，可以认为不确定度是带有置信水平（置信概率）的误差，是一种特殊误差，应用中，两者在具体计算时可相互转化，表示的概念也基本一致。可见标准差（单倍中误差）是误差和不确定转换的纽带。

9.2.4.8　水文测验中不确定计算

1. 通用公式

水文测验中（除水位、高程外）多使用相对扩展不确定度，一般习惯上也简称不确定度。观测值的相对中误差转换为不确定度需要乘以置信系数，用公式可表示为

$$X = Z_a S \qquad (9.39)$$

式中　X——观测值的不确定度，%；

　　　S——观测值相对中误差，%；

　　　Z_a——相应于一定置信水平的置信系数。

当不确定度采用正态误差分布中相应于一定置信水平的置信系数与相对均方差之积表达时，若观测次数足够多，则系数 Z_a 一般取 2，对应置信概率为 95%。实际计算中，若计算中误差时观测次数并非很多时，则系数应增大（如观测次数 $n=6$ 时，系数 Z_a 应取 2.6；$n=8$ 时，系数系数 Z_a 应取 2.4；$n=10$ 时，系数 Z_a 应取 2.3；$n=15$ 时，系数 Z_a 应取 2.1），即用表 9.1 中的 t_P 代之。

特殊情况下水文测验中如水位、高程不用相对不确定度表示。观测值的中误差转换为不确定度仍需要乘以系数，用公式可表示为

$$E = Z_a m \qquad (9.40)$$

式中　E——观测值的不确定度，m；

　　　m——观测值的标准差，m。

2. 误差的描述

水文测验国际标准和我国规范中，随机误差一般采用置信水平为 95% 的随机不确定度描述（在数值上等于 2 倍标准差），即 $X = 2S$，在数值上随机不确不确定度，恰好等于限差，因此，可以认为水文测验成果的不确定度，就是限差或允许误差。即误差大于不确定度者，就是大于限差，应舍弃重测。这样也和

一般仪器给出的限差形式上是一致的。

未定系统误差，采用置信水平为 95% 的系统不确定度描述（在数值上等于 2 倍系统误差）。

不确定度的数值即可用以百分数表示（相对不确定），也可用实际量值表述。

随机误差用中误差表示，测量方法和测量条件一定，测量结果的中误差也就确定了，在正态分布情况下，可以用累积 68.3%、75%、90%、95.4%、99.7% 的测量值的误差不超过某一限制值来表示测量成果的质量，这些百分数对应的限制值就是 1 倍中误差、1.15 倍中误差、1.645 倍中误差、2 倍中误差和 3 倍中误差。因此，也可理解为置信概率（P）为 68.3%、75%、90%、95.4%、99.7% 的随机扩展不确定度，是 1 倍中误差、1.15 倍中误差、1.645 倍中误差、2 倍中误差和 3 倍中误差。

水文测验中未特别说明情况下，是将 2 倍中误差随机扩展不确定度简称为随机不确定度。而绝对值大于 2 倍中误差的偶然误差出现的概率为 4.6%，这已经是很低的小概率事件，因此，可作为限差值。

以往测验规范多用误差表示，现行规范多用不确定度表示，以上分析知，测量成果用带置信区间（置信水平、置信概率）的偶然误差与用不确定表示在意义上和使用上是一致的。只要计算出测量结果中误差，可以给出各种表示结果。但由于水文测验国际标准和国家计量标准中均采用了不确定度，因此，测验规范中也采用不确定度，但在使用和概念上并不需要严格区分"误差"、不确定度。

9.2.4.9　仪器标称误差

（1）允许误差。仪器测量所能达到的精度是仪器重要的一个质量指标，一般情况下，随仪器出厂的技术手册上会给出该仪器的误差，有的标称为精度，但一般未说明是不确定度或是何种误差。一般情况下，正规厂家标称的这个误差多是指允许误差，可认为是限差或不确定度。

（2）精度等级。有些电子仪器（仪表）测量的精度不仅和绝对误差有关，而且和仪器的测量范围有关，常用精度等级来表示。精度等级多是最大相对百分误差去掉正负号和百分号（%）。按国家统一规定划分的等级有 0.05、0.02、0.1、0.2、1、5 等。数字越小，说明仪表精度越高，测量误差越小。在实际应用过程中，要根据测量的实际情况来选择仪器的量程和精度，精度等级小的仪器，不一定有最好的测量效果，还要选用合适的量程。

（3）其他标称误差。除了允许误差和国家统一规定的等级仪器标称误差外，还有如下几种误差标注方法

1）显示值 ±X，表示在当前显示值的最低位上，有 X 个字的误差。若显示值为 Y，其相对误差为 $X/Y \times 100\%$。

2）显示值的 X%，表示当前显示值的 X% 为当前的误差。若显示值为 Y，误差值为 $\pm X\% \times Y$。

3）分段量程标定，仪器在不同的测量区间内，采用不同的误差标定方法，例如在测量含沙量 $1 \sim 10 \text{kg/m}^3$ 时，误差为 10%，$10 \sim 100 \text{kg/m}^3$ 时，误差为 8%，大于 100kg/m^3 时，误差为 5%，就是分段标定方法。

4）数学公式标定，给出仪器的误差计算公式 $F(X)$，根据仪表当前的测量结果 Y 和其他相关条件带入公式，计算出当前误差 $F(Y)$。

由上面介绍知，针对不同的测量值，不同的误差标定方法，对结果的实际测量精度是不同的。选择仪器时，要针对测量情况和使用仪器在测量点的允许误差具体分析，根据具体情况选择合适的仪器和量程，才能最大限度的减少测量的误差。

9.2.5　三种误差的关系

在真值已知的情况下，或用某一有效的估计值代替真值参加计算，有时也称观测量真值，观测值对应的真误差为

$$\Delta_i = L_i - \tilde{L}_i \qquad (9.41)$$

写成向量形式

$$\boldsymbol{\Delta} = \boldsymbol{L} - \tilde{\boldsymbol{L}} \qquad (9.42)$$

式中　L_i——观测值；

　　　$\tilde{L}_i$——观测量的真值；

　　　Δ_i——观测值对应的真误差；

　　　$\boldsymbol{L}$——观测值向量，$\boldsymbol{L} = [L_1 L_2 \cdots L_n]^T$；

　　　$\tilde{\boldsymbol{L}}$——真值向量，$\tilde{\boldsymbol{L}} = [\tilde{L}_1 \tilde{L}_2 \cdots \tilde{L}_n]^T$；

　　　$\boldsymbol{\Delta}$——真误差向量；$\boldsymbol{\Delta} = [\Delta_1 \Delta_2 \cdots \Delta_n]^T$。

观测误差包括系统误差、粗误差、偶然误差 3 种成分，其关系用向量表示，则为

$$\boldsymbol{\Delta} = \boldsymbol{\Delta}_g + \boldsymbol{\Delta}_s + \boldsymbol{\Delta}_r \qquad (9.43)$$

式中　$\boldsymbol{\Delta}$——观测误差向量；

　　　$\boldsymbol{\Delta}_g$——粗误差向量；

　　　$\boldsymbol{\Delta}_s$——系统误差向量；

　　　$\boldsymbol{\Delta}_r$——偶然误差向量。

测量结果的粗差向量中，只有极少数分量是非零元素，其余分量均为零元素；系统误差向量中，通常所有的分量都是非零元素；偶然误差向量中，大多情况下为非零元素。

粗差一般情况下远远大于系统误差，但粗差与偶然误差常是难以区分。这是因为偶然误差大多数情况

下服从正态分布（偶然误差的性质决定），因此，理论上偶然误差也有极大值，有时这种偶然误差极大值与粗差是难以区分的。虽然偶然误差与系统误差的定义有非常明确的差异，实际问题中两者也是难以区分的，并且在一定条件下是可以相互转化的。即在一定条件下是系统误差，而在另一种条件下又可能是偶然误差，反之亦然。如水准测量误差，在某一段可能是系统误差，但就整个测线来看，这种误差又变成偶然误差。

从数理统计学来看，观测就是抽样。一组观测值，就是从所研究的总体中抽出的一个随机样本。在测量中，把总体设想为观测量全部可能值的无限的、连续的集合。显然，从无限大的总体中抽出一个观测值，不会影响随后抽出的观测值的概率。因此直接观测值之间，通常被看作是随机独立的。

9.3 误差的传播

9.3.1 误差传播定律

在实际测量中，一些未知量是直接观测求得的，如距离、水深等，它们的各种误差可以用上述方法进行统计计算。而有些未知量常常不能直接测定，而是要通过由观测值所组成的函数计算得到的，如河流中的流量是通过测深、测宽、测速计算而获得。因此，计算所得函数值的精确与否，主要取决于作为自变量的观测值的质量高低。一般地说，自变量带有的误差，必然依一定规律传播给函数值。所以对求得的函数值，也有个精度估计的问题。即具有一定中误差的自变量计算所得的函数值，也应具有一定的中误差。观测量的中误差与其函数的中误差之间的关系式，叫做误差传播定律。

由于中误差的平方是方差的估值，所以中误差的传播关系依从于方差的传播关系。

设有函数
$$z = f(x_1, x_2, \cdots, x_n) \tag{9.44}$$
式中 x_1、x_2、$\cdots$、x_n——独立的直接观测值；
　　　z——间接计算值。

为推求方差及中误差的传递关系，首先求出真误差的关系式。上式中独立的直接观测值（自变量）误差引起的间接计算值（函数）的误差可表示为
$$z + \Delta_z = f(x_1 + \Delta_1, x_2 + \Delta_2, \cdots, x_n + \Delta_n)$$
式中 Δ_i——对应自变量 x_i 的真误差，$i=1, 2, \cdots, n$；
　　　Δ_z——由自变量真误差引起的函数 z 的真误差。

当 Δ_i 数值很小时，将上式用泰勒公式展开，并

仅取其一次项得：
$$z + \Delta_z = f(x_1, x_2, \cdots, x_n) + \left(\frac{\partial f}{\partial x_1}\right)_0 \Delta_1 + \left(\frac{\partial f}{\partial x_2}\right)_0 \Delta_2 + \cdots + \left(\frac{\partial f}{\partial x_n}\right)_0 \Delta_n$$
则有
$$\Delta_z = \left(\frac{\partial f}{\partial x_1}\right)_0 \Delta_1 + \left(\frac{\partial f}{\partial x_2}\right)_0 \Delta_2 + \cdots + \left(\frac{\partial f}{\partial x_n}\right)_0 \Delta_n \tag{9.45}$$
式中 $\left(\frac{\partial f}{\partial x_i}\right)_0$——$x_i$ 取给定值处函数对 x_i 的偏导数，$i=1, 2, \cdots, n$。

若取 $\boldsymbol{X} = \begin{bmatrix} x_1 \\ x_2 \\ \vdots \\ x_n \end{bmatrix}$ $\boldsymbol{\Delta} = \begin{bmatrix} x_1 - E(x_1) \\ x_2 - E(x_2) \\ \vdots \\ x_n - E(x_n) \end{bmatrix} = \begin{bmatrix} \Delta_1 \\ \Delta_2 \\ \vdots \\ \Delta_n \end{bmatrix}$

$$\boldsymbol{K} = \begin{bmatrix} \left(\frac{\partial f}{\partial X_1}\right)_0 \\ \left(\frac{\partial f}{\partial X_2}\right)_0 \\ \vdots \\ \left(\frac{\partial f}{\partial X_n}\right)_0 \end{bmatrix} = \begin{bmatrix} k_1 \\ k_2 \\ \vdots \\ k_n \end{bmatrix}$$

则式（9.45）用矩阵表示可写成
$$\Delta_z = \boldsymbol{K}^{\mathrm{T}} \boldsymbol{\Delta} \tag{9.46}$$
将上式取平方，再取数学期望：
$$\sigma_z^2 = \boldsymbol{K}^{\mathrm{T}} E(\boldsymbol{\Delta}\boldsymbol{\Delta}^{\mathrm{T}}) \boldsymbol{K} \tag{9.47}$$
其中：$E(\boldsymbol{\Delta}\boldsymbol{\Delta}^{\mathrm{T}}) = E\left\{ \begin{bmatrix} \Delta_1 \\ \Delta_2 \\ \vdots \\ \Delta_n \end{bmatrix} (\Delta_1 \Delta_2 \cdots \Delta_n) \right\}$

$$= \begin{bmatrix} \sigma_1^2 & \sigma_{12} & \cdots & \sigma_{1n} \\ \sigma_{21} & \sigma_2^2 & \cdots & \sigma_{2n} \\ \vdots & \vdots & \vdots & \vdots \\ \sigma_{n1} & \sigma_{n2} & \cdots & \sigma_n^2 \end{bmatrix}$$

此式即向量 $\boldsymbol{X}$ 的协方差阵。该式表示函数的方差与自变量的协方差阵之间的关系式。一般称式（9.47）为方差传播定律。若将协方差阵 $E(\boldsymbol{\Delta}\boldsymbol{\Delta}^{\mathrm{T}})$，代之以估值矩阵则得
$$m_z^2 = \boldsymbol{K}^{\mathrm{T}} \boldsymbol{M} \boldsymbol{K} \tag{9.48}$$
式中 $\boldsymbol{M}$——协方差阵的估值矩阵。

$$\boldsymbol{M} = \begin{bmatrix} m_1^2 & m_{12} & \cdots & m_{1n} \\ m_{21} & m_2^2 & \cdots & m_{2n} \\ \vdots & \vdots & \vdots & \vdots \\ m_{n1} & m_{n2} & \cdots & m_n^2 \end{bmatrix}$$

式（9.48）是一般形式的误差传播定律，尤其是当自变量之间相互不独立时，误差的传播需用该式

计算。

当自变量 x_1，x_2，…，x_n 相互独立时，$\sigma_{ij} = E(\Delta_i \Delta_j) = E(\Delta_i)E(\Delta_j) = 0$，则有

$$m_z^2 = \sum_{i=1}^{n} \left(\frac{\partial f}{\partial x_i}\right)_0^2 m_i^2 \tag{9.49}$$

式中　m_z——函数的中误差；

　　　m_i——自变量 x_i 的中误差。

式（9.49）为变量相互独立时的方差或误差传播定律。

9.3.2　误差传播定律在水文测验中的应用

当变量独立时，几种特殊情况的误差传播定律具体应用如下。

1. 倍数函数关系

设有倍数函数 $Z = kx$，其中误差的传播关系为

$$m_z = km_x \tag{9.50}$$

式中　k——倍数（常数）。

2. 线性函数关系

设有线性函数 $Z = \sum_{i=1}^{n} k_i x_i$，其中误差的传播关系为

$$m_z^2 = \sum_{i=1}^{n} k_i^2 m_i^2 \tag{9.51}$$

求均值的函数可看作是特殊的线性函数，即均值 $\bar{x} = \frac{1}{n}\sum_{i=1}^{n} x_i$ 的误差，将 $k_i = \frac{1}{n}$ 代入式（9.51）并整理得

$$m_{\bar{x}} = \frac{m_x}{\sqrt{n}} \tag{9.52}$$

式中　$m_{\bar{x}}$——算术平均均值的中误差；

　　　m_x——每个观测值 x_i 的中误差，这里假设为等精度观测，即每个观测值 x_i 的中误差相等。

3. 积函数关系

这种函数关系在水文测验中的典型事例是部分流量计算，其误差传递关系可推导如下。

部分流量 $q = bhv$，求偏导得：$\frac{\partial q}{\partial b} = vh$，$\frac{\partial q}{\partial h} = bv$，$\frac{\partial q}{\partial v} = bh$。将求导结果代入式（9.49），并化简得

$$m_q^2 = (bhv)^2\left(\frac{m_b^2}{b^2} + \frac{m_h^2}{h^2} + \frac{m_v^2}{v^2}\right) \tag{9.53}$$

以相对误差表示，则有

$$S_q = \sqrt{S_b^2 + S_h^2 + S_v^2} \tag{9.54}$$

式中　q、b、h、v——部分流量、宽度、深度、流速；

　　　m_q、m_b、m_h、m_v——部分流量、宽度、深度、流速对应的中误差；

　　　S_q、S_b、S_h、S_v——部分流量、宽度、深度、流速对应的相对中误差。

4. 商函数关系

这种函数关系在水文测验中的典型事例是断面平均含沙量、浮标流速等计算，其相对误差计算式可推导如下。

对断面平均含沙量公式 $C_c = Q_s/Q$，求导得：$\frac{\partial C_c}{\partial Q_s} = \frac{1}{Q}$，$\frac{\partial C_c}{\partial Q} = -\frac{Q_s}{Q^2}$。将求导结果代入式（9.49），并化简得

$$m_c^2 = \left(\frac{Q_s}{Q}\right)^2\left(\frac{m_{Q_s}^2}{Q_s^2} + \frac{m_Q^2}{Q^2}\right)$$

以相对误差表示，则有

$$S_c = \sqrt{S_Q^2 + S_{Q_S}^2} \tag{9.55}$$

式中　m_c、m_Q、m_{Q_S}——断面平均含沙量、流量、输沙率的中误差；

　　　S_c、S_Q、S_{Q_S}——断面平均含沙量、流量、输沙率的相对中误差。

同理，浮标流速的计算公式 $V_f = \frac{L_f}{t}$ 得：

$$m_v^2 = \left(\frac{L_f}{t}\right)^2\left(\frac{m_{L_f}^2}{L_f^2} + \frac{m_t^2}{t^2}\right)$$

$$S_v = \sqrt{S_{L_f}^2 + S_t^2} \tag{9.56}$$

式中　m_v、m_{L_f}、m_t——浮标流速、浮标上下浮标断面间距、浮标测速历时测量的中误差；

　　　S_v、S_{L_f}、S_t——浮标流速、浮标上下浮标断面间距、浮标测速历时测量的相对中误差。

5. 和差函数关系

设 $Z = x_1 \pm x_2 \pm \cdots \pm x_n$，其中误差传播关系为

$$m_z^2 = \sum_{i=1}^{n} m_i^2 \tag{9.57}$$

在水文测验中典型的应用为有部分流量求总流量，若将 x_1、x_2、…分别用 q_1、q_2、…（q_i 为部分流量）代替，取总流量 $Q = \sum_{i=1}^{n} q_i$，因 $\frac{\partial f}{\partial q} = 1$，则 $m_Q^2 = \sum_{i=1}^{n} m_{q_i}^2$，若各部分流量及相对误差均相等，即有：

$$S_{q1} = S_{q2} = \cdots = S_q, \quad q_1 = q_2 = \cdots = \frac{Q}{n}$$

则有相对误差公式为

$$S_Q = \frac{1}{Q}\sqrt{\sum_{i=1}^{n}\left(\frac{Q}{n}S_q\right)^2} = \frac{S_q}{\sqrt{n}} \tag{9.58}$$

另外，测量因素对结果量有影响，但不能用解析式表达时，可采用平方和结构求目标量相对误差之

方差。

6. 由较差求测量误差

许多水文要素观测中，由于是动态测量，不便通过重复测量去估计测量误差。但可通过科学的设计，同时对某一动态量进行平行观测，并根据平行观测值，统计计算测量误差。

设有两个变量，有 n 对观测值 L_{1i}，$L_{2i}(i=1,2,\cdots,n)$，若变量 L_1、L_2 的观测值的中误差相同。各对观测值的较差为

$$d_i = L_{1i} - L_{2i} \tag{9.59}$$

式中 d_i——第 i 对观测值的较差，为真误差。

根据误差传播关系有

$$m_d = \sqrt{2m^2} \tag{9.60}$$

式中 m_d——较差的中误差；

m——变量 L_1、L_2 的观测值的中误差。

而 m_d 可根据式（9.17）直接计算获得

$$m_d = \sqrt{\frac{\sum_{i=1}^{n} d_i^2}{n-1}} \tag{9.61}$$

式中 n——平行观测（比测）次数，一般要求不少于 30 次。

应注意的是有些仪器要求在不同的水流条件下进行比测，且每种水流条件下比测次数不少于 30 次。

变量 L_1、L_2 的观测值的中误差则为

$$m = \sqrt{\frac{\sum_{i=1}^{n} d_i^2}{2(n-1)}} \tag{9.62}$$

如连续两次用横式采样器进行采样，计算采样器误差；两次连续测量水深，计算水深测量误差；同断面采用两套相同的设备同时进行流量测验，以确定单次流量测验的误差等，均可采用较差求其测量中误差。

7. 由较差分析比测仪器的中误差

（1）忽略系统误差。水文测验中，常用已知中误差的仪器（测验方法）与新仪器（或测验方法）进行比测试验，以确定新仪器是否可以投入应用，当用两种仪器开展比测 n 次试验后，可用式（9.61）计算出较差的中误差 m_d。根据式（9.59）表示的函数关系，由误差传播关系可得

$$m_d = \sqrt{m_1^2 + m_2^2} \tag{9.63}$$

式中 m_d——较差的中误差；

m_1、m_2——比测试验仪器和被比测仪器的中误差。

若 m_1 是比测试验仪器（一般是常用仪器）的中误差，其值已知，较差的中误差已用式（9.61）计算得到，则带入式（9.63），可计算出新仪器（被比测

的仪器）m_2 的中误差，若其值满足规范要求则可投入使用。

（2）顾及系统误差。上述计算忽略了仪器的系统误差，若仪器可能存在系统误差，则应用式（9.64）、式（9.65）分别计算较差的平均值和较差的中误差。

$$\bar{d} = \frac{1}{n} \sum_{i=1}^{n} d_i \tag{9.64}$$

式中 $\bar{d}_i$——较差平均值，可认为是比测试验仪器的系统误差和被比测仪器的系统误差之差。

$$m_d = \sqrt{\frac{\sum_{i=1}^{n} (d_i - \bar{d}_i)^2}{n-1}} \tag{9.65}$$

比测中测量条件相同，唯一不同的是测量仪器，即不同测量仪器有不同的中误差。由于外业比测条件可能比较简陋，用于比测试验仪器的中误差也可能较大，因此，外业比测一般不能用于鉴定新仪器中误差，即准确计算出新仪器的中误差，但可通过计算，判定新仪器中误差是否超过限差，特别是比测计算结果可以发现新仪器是否存在较大系统误差。因此，比测试验中，即使用于比测试验仪器的精度低于新仪器，仍可达到比测实验目的，当然，用于比测的仪器中误差越小，计算的被比测仪器中误差越准确。

对于仪器使用一段时间后，其性能可能发生变化，也可采用上述方法进行比测，分析计算其中误差是否超过限差。

另外，新的测验方法在推广使用前，也应与常规方法进行比测，同样可采用上述比测方法，分析计算新方法的中误差是否超过限差。

9.4 测量误差的处理

9.4.1 系统误差的处理

9.4.1.1 系统误差的来源及性质

1. 系统误差的来源

对于一定的测量条件和作业程序，系统误差在数值上服从一定的函数规律。测量条件中能引起系统误差的因素有很多，如由于观测者的习惯，误以为目标偏于某一侧为恰好，使观测成果带有的系统误差，是观测者的影响所致；仪器本身的不精确，使测量结果带有系统误差，属于仪器误差；测量环境如风向、风力、温度、湿度、大气折光、水流紊动、流速的分布等因素，也都可能引起系统误差；测量原理方法、计算模型的不完善，也会产生系统误差。

2. 系统误差的性质

系统误差的处理是测量技术中长期存在的棘手问

题之一。因为它既有系统性，又有随机性，很难实现从环境上完全找到系统性原因，并加以排除。但系统误差较偶然误差有一定的规律，便于采取措施予以控制。系统误差的变化有一定的规律，如误差的大小或符号上表现出系统性，或在某一观测条件下按一定的规律变化。其变化可以归结为某一个因素或某几个因素的函数，这种函数一般可用解析公式、曲线或数表表示。正是系统误差的规律性，使系统误差对于观测值的影响具有累积作用，它的存在对观测成果质量的影响也特别显著。为了获得正确的测量结果，在测量方案的设计、测量过程、测量数据处理过程中，都必须注意消除和减弱系统误差。根据研究的问题不同，对系统误差的要求各异。一般情况下要求系统误差的控制达到其残余误差小于（至多等于）偶然误差的量级，使其处于次要地位。

3. 系统误差的分类

系统误差按其变化规律的不同可分为恒定系统误差（又称常系统误差）和可变系统误差。恒定系统误差又可分为恒正系统误差和恒负系统误差；可变系统误差包括线性系统误差、周期系统误差和复杂系统误差等。

9.4.1.2　系统误差的消除

系统误差控制和消除的技术途径和方法主要有：测量方案设计时选择科学合理观测方案，消除产生系统误差的因素，或使系统误差相互抵消，不致带入测量结果；在测量过程中制定严格的操作规程，避免一些不良习惯和作业方法引起系统误差；测量结果中可采用加入修正值消除系统误差；采取更加精密的仪器设备减小系统误差；在数据处理时设法予以削弱或消除。系统误差在不同的具体问题中表现不同，应依具体问题采取有效的控制措施。一般情况应注意采取如下措施控制和削弱系统误差。

1. 恒定系统误差的消除

（1）异号法。改变测量中的某些条件，如测量的方向（往返测量）等，使两种条件下测量结果中系统误差的符号相反，取两种条件下测量结果的平均值作为测量成果，这样通过取平均的方法达到削弱系统误差。

（2）交换法。交换法本质上也是异号法，但其形式是将测量中的某些被测物的位置等相互交换，使产生系统误差的原因对测量的结果起反作用，从而抵消了系统误差。

（3）代替法。保持测量条件不变，用某一已知量值替换被测量再作测量，以达到消除系统误差的目的。

2. 可变系统误差的消除

（1）线性系统误差。对于线性系统误差可采用等

时距重复测量法予以消除。许多随时间变化的误差，在很短的时间内可认为是线性变化的，采用相同的时间间隔，反复对标准量和被测量重复进行测量，相同时间间隔内的系统误差可认为相等，以此估计被测量值，可消除随时间变化的线性系统误差。

（2）周期性系统误差。对周期性系统误差有效的消除方法是采用半周期偶数测量。因相隔半周期进行测量时，获得的两个测量值的误差大小相等，而符号相反，因此，测量时每隔半个周期进行一次测量，并进行偶次测量（成对测量），取其测得值的均值作为测量结果，可实现对周期系统误差的消除。半周期偶数测量法广泛用于测角测量。

3. 改变方案对比观测法

在测量对象不变的情况下，采用逐一改变测量方案、测量仪器、测量人员、计算模型等进行测量，对比分析测量结果可发现系统误差的存在。测量对象为动态变量时，可采用不同测验方案，同时进行施测的方法发现系统误差。

4. 实验分析法

对于计算模型、测量方案等引起的系统误差，常可以通过一定的试验和理论分析的方法发现系统误差的存在，并在测量过程中通过作业规定、限差等措施控制误系统差。在水文测量中这种方法使用较多。

9.4.2　偶然误差的处理

系统误差、偶然误差和粗差大多数情况下是不能完全分开的，但根据其产生原因、误差的性质是可以分开进行研究和处理的。偶然误差的处理主要是采用最小二乘法。最小二乘原理是处理偶然误差的科学、有力的工具，然而，最小二乘原理也只能处理偶然误差，因此在利用最小二乘原理处理偶然误差前，应首先消除数据中的系统误差和粗差。

9.4.2.1　偶然误差的概率特性

偶然误差是各种测量研究的重要内容和水文测验误差研究的重点，因此下面专门讨论偶然误差的特性。

1. 偶然误差的统计性质

偶然误差是由无数偶然因素影响所致，因而每个偶然误差的数值大小和符号的正负都是偶然的。然而，反映在个别事物上的偶然性，在大量同类事物统计分析中则会呈现一定的规律。例如在射击中，由许多随机因素的影响，每发射一弹命中靶心的上、下、左、右都有可能，但当射击次数足够多时，弹着点就会呈现明显规律，越靠近靶心越密；越远离靶心越稀疏；差不多依靶心为对称。偶然误差具有与之类似的规律。一般总认为偶然误差是服从正态分布的。对于

这一点，概率论中的中心极限定理给出了理论上的证明。中心极限定理指出：若随机变量 y 是众多随机变量 $x_i(i=1、2、\cdots、n)$ 之和，如果各 x 相互独立，且对 y 之影响均匀的小，则当 n 很大时，随机变量 y 趋于服从正态分布。偶然误差可看是这一类型的随机变量。

2. 偶然误差的一般规律

（1）在一定测量条件下，偶然误差的数值不超出一定限值，或者说超出一定限值的误差出现的概率为零。

（2）绝对值小的误差比绝对值大的误差出现的概率大。

（3）绝对值相等的正负误差出现的概率相同。

上述偶然误差的 3 个概率特性，简称偶然误差三特征。这 3 个特性，可简要概括为：界限性、聚中性和对称性，它们充分提现了表面上似乎并无规律性的偶然误差的内在规律。掌握这一规律并加以运用，在水文测验的研究中是很重要的。

偶然误差第一特性表明，在一定的测量条件下，偶然误差的数值是有一定范围的。因此，有可能根据测量条件来确定误差的界限。显然，测量条件愈好，可能出现的最大偶然误差愈小；反之，则愈大。

偶然误差第二特性表明，偶然误差愈接近 0，其分布愈密，测量条件越好，此特性也越相对明显和突出。

偶然误差第三个特性表明，正负偶然误差的分布对称于 0，故其密度函数必为偶函数，于是得偶然误差的数学期望为

$$E(\Delta)=\int_{-\infty}^{\infty}\Delta f(\Delta)\mathrm{d}\Delta=0 \qquad (9.66)$$

这说明，偶然误差有相互抵消性，当误差个数足够多时，其算数平均值趋于 0，即

$$\lim_{n\to\infty}\frac{\sum_{i=1}^{n}\Delta_i}{n}=0 \qquad (9.67)$$

式（9.67）与式（9.66）在含意上是一样的，由此又知偶然误差的分布，即以其数学期望为对称中心，此中心常称作离散中心或扩散中心。

3. 偶然误差的计算

对式（9.4）取数学期望得

$$\widetilde{L}=E(L) \qquad (9.68)$$

式中　$\widetilde{L}$——一个量的真值；

　　$E(L)$——观测值（L）的数学期望。

式（9.68）表明，一个量仅含偶然误差的观测值的数学期望，就是这一量的真值。此即为真值的统计学定义。

将式（9.68）代入式（9.4），则得偶然误差的表达式

$$\Delta=L-E(L) \qquad (9.69)$$

此式是依照统计学观点对偶然误差（真误差）的计算，由此可知观测值 L 与它所带有的偶然误差 Δ 具有类型一致的分布。且可看出，Δ 就是 L 的中心化随机变量。

4. 偶然误差与中误差的关系

根据大量研究可以证明，偶然误差服从正态分布，标准正态分布的函数概率密度可表示为

$$f(\Delta)=\frac{1}{\sqrt{2\pi}\sigma}\mathrm{e}^{-\frac{\Delta^2}{2\sigma^2}} \qquad (9.70)$$

式中　σ——偶然误差的中误差（也称标准差）。

由中误差的定义可知，它是代表一组同精度观测误差平方的平均值的平方根，中误差愈小，即表示在该组观测中，绝对值较小的误差愈多。按正态分布表查得，在大量同精度观测的一组误差中，误差落在 $(-\sigma+\sigma)$、$(-2\sigma+2\sigma)$、$(-3\sigma+3\sigma)$、$(-1.645\sigma+1.645\sigma)$、$(-1.15\sigma+1.15\sigma)$ 和 $(-0.6745\sigma+0.6745\sigma)$ 的概率分别为

$$\left. \begin{aligned} &P(-\sigma<\Delta<+\sigma)\approx 68.3\% \\ &P(-2\sigma<\Delta<+2\sigma)\approx 95.4\% \\ &P(-3\sigma<\Delta<+3\sigma)\approx 99.7\% \\ &P(-1.645\sigma<\Delta<+1.645\sigma)\approx 90.0\% \\ &P(-1.15\sigma<\Delta<+1.15\sigma)\approx 75.0\% \\ &P(-0.6745\sigma<\Delta<+0.6745\sigma)\approx 50.0\% \end{aligned} \right\}$$

$$(9.71)$$

式（9.71）反映了中误差与真误差间的概率关系。在正态分布情况下，偶然误差的绝对值小于 1 倍中误差、小于 2 倍中误差、小于 3 倍中误差、小于 1.645 倍中误差、小于 1.15 倍中误差，出现的概率分别为 68.3%、95.4%、99.7%、90%、75%。

也可理解为绝对值大于中误差的偶然误差，其出现的概率为 31.7%；而绝对值大于 2 倍中误差的偶然误差出现的概率为 4.6%；特别是绝对值大于 3 倍中误差的偶然误差出现的概率仅有 0.3%，这已经是概率接近于零的小概率事件，或者说实际上这几乎不可能发生的事件。

过去水文测验曾采用过 75% 的规定，如累计 75% 以上的测点与关系线偏离误差不超过某一限度，即要求落在 1.15σ 范围内的点据不少于 75%，由以上分析可知，这和用单倍中误差指标，国际标准推荐的以置信水平为 95% 的随机不确定度指标，性质是一致的，核心还是中误差指标，只是规定偶然误差的区间不同（置信水平不同），因此，对应的百分数也不同。

9.4.2.2　最小二乘原理

为检验测量结果的精度，提高测量结果的可靠

性，有效的方法是进行多余观测。对存在一定函数关系的几个量进行测量，如有多余观测，常会出现矛盾（不符）现象，通过多余观测可以揭示误差的存在。多余观测虽然可揭示误差的存在，但观测量之间存在的矛盾，使测量结果无法使用。因此，应根据一定的原则，对各观测值进行合理的调整，即分别给以适当改正数，使矛盾消除，从而求出一组最可靠的结果，这项工作就叫做平差。平差工作所依据的原则，就是最小二乘原理。

最小二乘法是数据处理与误差估计的有力数学工具，对于一切从事工程和科学研究进行的直接测量和间接测量的数据说来，需要消除矛盾、估计精度，最小二乘法在目前所有数学工具中几乎是最有效的。因此，它成为测量数据处理中异常活跃的、应用最广泛的工具之一。

最小二乘法虽是一个数据处理的好方法，但它不能解决粗差和系统误差的计算方法，因此，决不能进行粗糙的测量，指望在数据处理时采用最小二乘法帮助消除粗差和系统误差。未消除的系统误差，通常需要另作误差分析、实验测定与估计。若个别系统误差正负号不同，在一定程度上随机化了，当然，这类误差同样也类似于随机误差，在用最小二乘法求解中也会得到一定程度的减弱。最小二乘法只处理偶然误差，它要求在使用此方法前应首先对系统误差和粗差进行处理。

最小二乘法在大地测量、工程测量、天文测量、科学实验等学科的数据处理中大量采用，水文学科中也有应用，如相关分析、回归分析等计算中都利用了最小二乘原理。大量的水文误差问题计算，水文数据的处理，也可以应用最小二乘法。

设某观测量有多个观测值，平差时每个观测值对应有一个改正数，用最小二乘原理进行平差，就是要求这些观测值的相应改正数满足

$$\sum_{i=1}^{n} v_i^2 = \min \tag{9.72}$$

当各观测值的可信赖程度有所不同时，则应满足

$$\sum_{i=1}^{n} p_i v_i^2 = \min \tag{9.73}$$

式中　　n——观测值的容量，即观测值个数；

$\quad\quad v_i$——第 i 个观测值对应改正数；

$\quad\quad p_i$——第 i 个观测值可信赖程度的系数，称之为第 i 个观测值的权。

从数理统计学观点看，平差实质上是参数估计的一种手段。因平差是依最小二乘原理进行的，故未知数的平差值也称为最小二乘估值，这种参数估计就称为最小二乘估计。最小二乘法可认为是最或然法（也称最大似然法）的一种特殊情况，限于估计正态的母体均值。因此，经平差计算所得观测值的改正数，也称为最或然改正数，经平差后所得有关量的大小，称为平差值，也叫最或然值，这是平差结果的概率意义。

如能通过观测，求得仅含偶然误差的观测值的数学期望，此数学期望就是被观测量的真值。但是，这在实际上是办不到的，因为它意味着在一定时间段内要进行无穷无尽的连续观测。现实是只能是根据有限次观测所得结果，求出与真值较为接近的估计值（也叫最或然值）。这也正是数理统计学中利用子样推断母体的参数估计问题。

最小二乘原理中，通常假定观测值中仅含有偶然误差。

9.4.2.3　最小二乘模型

1. 直接平差模型及其解

设某量的不等精度观测值 L_1、L_2、$\cdots$、L_n，其相应的权为 p_1、p_2、$\cdots$、p_n，该量的最或然值为 x，则有该观测量的误差为

$$\left. \begin{aligned} v_1 &= x - L_1, \quad p_1 \\ v_2 &= x - L_2, \quad p_2 \\ &\vdots \quad\quad\quad \vdots \\ v_n &= x - L_n, \quad p_n \end{aligned} \right\} \tag{9.74}$$

上式两端平方并乘以相应权得：

$$\left. \begin{aligned} p_1 v_1 v_1 &= p_1 (x - L_1)^2 \\ p_2 v_2 v_2 &= p_2 (x - L_2)^2 \\ &\vdots \\ p_n v_n v_n &= p_n (x - L_n)^2 \end{aligned} \right\} \tag{9.75}$$

相加得

$$\sum_{i=1}^{n} p_i v_i v_i = p_1 (x - L_1)^2 + p_2 (x - L_2)^2 + \cdots + p_n (x - L_n)^2 \tag{9.76}$$

根据最小二乘法原理，当 $\sum_{i=1}^{n} p_i v_i v_i = \min$ 时，x 是最或然值。在式（9.76）中 x 是未知数，$\sum_{i=1}^{n} p_i v_i v_i$ 是 x 的函数。要求 $\sum_{i=1}^{n} p_i v_i v_i = \min$，其对应 x 的一阶导数应等于零，即

$$\frac{\partial \sum_{i=1}^{n} p_i v_i v_i}{\partial x} = 2p_1 (x - L_1) + 2p_2 (x - L_2) + \cdots + 2p_n (x - L_n) = 0$$

经整理后为

$$x = \frac{p_1 L_1 + p_2 L_2 + \cdots + p_n L_n}{p_1 + p_2 + \cdots + p_n} = \frac{\sum\limits_{i=1}^{n} p_i L_i}{\sum\limits_{i=1}^{n} p_i} \tag{9.77}$$

式（9.77）为根据一列不等精度观测值求最或然值公式，即加权平均值公式。当进行等精度观测时，即 $p_i = 1(i = 1,2,\cdots,n)$，则 $\sum p_i = n$，有 $x = \overline{L} = \dfrac{\sum\limits_{i=1}^{n} L_i}{n}$，即从二乘原理推出的等精度观测的均值是观测值的最或然值。

2. 最或然值中误差计算

将式（9.77）展开为以下的形式：

$$x = \frac{p_1}{\sum p_i}L_1 + \frac{p_2}{\sum p_i}L_2 + \cdots + \frac{p_n}{\sum p_i}L_n \quad (9.78)$$

这个式子是线性函数的形式。若观测值 L_1、L_2、$\cdots$、L_n 的中误差分别为 m_1、m_2、$\cdots$、m_n，则最或然值的中误差关系式为

$$m_x^2 = \frac{p_1^2}{\left[\sum p_i\right]^2}m_1^2 + \frac{p_2^2}{\left[\sum p_i\right]^2}m_2^2 + \cdots + \frac{p_n^2}{\left[\sum p_i\right]^2}m_n^2 \quad (9.79)$$

若引入单位权中误差 m_0，则有

$$m_1^2 = \frac{m_0^2}{p_1}, \ m_2^2 = \frac{m_0^2}{p_2}, \ \cdots, \ m_n^2 = \frac{m_0^2}{p_n}$$

将上式代入式（9.79），并整理得

$$m_x = \frac{m_0}{\sqrt{\sum\limits_{i=1}^{n} p_i}} \quad (9.80)$$

此即表示，根据单位权中误差可求得最或然值中误差。进一步推导可得出单位权中误差的计算式为

$$m_0 = \sqrt{\frac{\sum\limits_{i=1}^{n} p_i v_i v_i}{n-1}} \quad (9.81)$$

9.4.2.4 参数平差模型及其解算

1. 平差模型的建立

常用的平差分为条件平差法和参数平差法两种。条件平差法是选取全部观测量的最或然值作为平差时的未知数，由于有多余观测，这些未知数之间必然存在一定的条件，根据具体平差问题的条件，列出相互独立的条件方程，依据最小二乘原理求出满足条件方程的最或然值。对于具体平差问题而言，特别是复杂的问题较难充分找出相互独立的条件方程，因此目前条件平差应用不多。

参数平差法是通过选定 t 个独立参数，将每个观测量分别表达成这 t 个参数的函数，建立函数模型，按最小二乘原理，用求自由极值的方法解出参数的最或然值，从而求得各观测量的平差值。因为平差的未知数是参数而不是直接观测值，直接观测值的最或然值要通过参数解出，因此这种方法称为参数平差法或间接平差法。

条件平差与参数平差虽然形式不同，但依据的都是最小二乘原理，二者的平差结果相同。而其他类型的平差方法，也不过是条件平差和参数平差方法的演变，所以本章主要讨论参数平差。

设一组观测值为 $L_i(i = 1,2,\cdots,n)$，相应的最或然值改正数为 $v_i(i = 1,2,\cdots,n)$，假设独立未知参数有 t 个，即 $x_i(i = 1,2,\cdots,t)$，对于这样的问题，以观测量最或然值为函数与 t 个独立未知参数（自变量）组成函数式

$$L_i + v_i = f_i(x_1, x_2, \cdots, x_t, d_i) \quad (i = 1,2,\cdots,n) \quad (9.82)$$

移项得

$$v_i = f_i(x_1, x_2, \cdots, x_t, d_i) - L_i \quad (9.83)$$

式中 d_i——理论常数，可由具体平差问题确定。

此即误差方程，其个数等于观测值的个数，而每一个误差方程式中，只能有一个观测值和一个相应的改正数。

根据误差方程式，按最小二乘原理就可以求出独立的未知参数（简称未知参数）的最或然值。设有 n 个不等精度观测值，其未知参数有 t 个，以观测量最或然值作为函数式的函数，以 t 个未知参数作为函数式的自变量，它们组成一般的线性关系式为

$$\left. \begin{array}{l} L_1 + v_1 = a_1 x_1 + b_1 x_2 + \cdots + t_1 x_t + d_1 \quad p_1 \\ L_2 + v_2 = a_2 x_1 + b_2 x_2 + \cdots + t_2 x_t + d_2 \quad p_2 \\ \qquad\qquad\qquad\vdots \qquad\qquad\qquad\quad \vdots \\ L_n + v_n = a_n x_1 + b_n x_2 + \cdots + t_n x_t + d_n \quad p_n \end{array} \right\} \quad (9.84)$$

令：$l_i = d_i - L_i$，则线性误差方程式的纯量形式为

$$\left. \begin{array}{l} v_1 = a_1 x_1 + b_1 x_2 + \cdots + t_1 x_t + l_1 \quad p_1 \\ v_2 = a_2 x_1 + b_2 x_2 + \cdots + t_2 x_t + l_2 \quad p_2 \\ \qquad\qquad\qquad\vdots \qquad\qquad\qquad \vdots \\ v_n = a_n x_1 + b_n x_2 + \cdots + t_n x_t + l_n \quad p_n \end{array} \right\} \quad (9.85)$$

写成矩阵形式为

$$\boldsymbol{V} = \boldsymbol{AX} + \boldsymbol{l} \quad (9.86)$$

其中：$\boldsymbol{V} = \begin{bmatrix} v_1 \\ v_2 \\ \vdots \\ v_n \end{bmatrix} \quad \boldsymbol{A} = \begin{bmatrix} a_1 & \cdots & t_1 \\ a_2 & \cdots & t_2 \\ \vdots & & \vdots \\ a_n & \cdots & t_n \end{bmatrix}$

$\boldsymbol{X} = \begin{bmatrix} x_1 \\ x_2 \\ \vdots \\ x_t \end{bmatrix} \quad \boldsymbol{l} = \begin{bmatrix} l_1 \\ l_2 \\ \vdots \\ l_n \end{bmatrix} = \begin{bmatrix} d_1 - L_1 \\ d_2 - L_2 \\ \vdots \\ d_n - L_2 \end{bmatrix}$

式中 $\boldsymbol{V}$——观测值与估值之差的向量，也是观测值向量的相应的改正数向量；

X——未知参数向量；

A——未知参数的系数向量；

l——方程的已知部分组成的向量。

基本数学模型式（9.85）或式（9.86），通常称作为误差方程或观测方程，l 是方程式中的已知部分，也称为方程的自由项。

2. 参数平差模型的解

据最小二乘原理求参数向量 X 的解，使之满足

$$V^{\mathrm{T}}PV = \min \qquad (9.87)$$

为使参数向量的解满足式（9.87），将 $V^{\mathrm{T}}PV$ 对 X 求导数，并令其为零，则有：

$$\frac{\mathrm{d}(V^{\mathrm{T}}PV)}{\mathrm{d}X} = V^{\mathrm{T}}\frac{\mathrm{d}PV}{\mathrm{d}X} + (PV)^{\mathrm{T}}\frac{\mathrm{d}V}{\mathrm{d}X} = 0$$

即

$$V^{\mathrm{T}}P\frac{\mathrm{d}V}{\mathrm{d}X} + V^{\mathrm{T}}P\frac{\mathrm{d}V}{\mathrm{d}X} = 0 \qquad (9.88)$$

由误差方程式（9.86）可求得：$\dfrac{\mathrm{d}V}{\mathrm{d}X}=A$，代入式（9.88）并整理得

$$A^{\mathrm{T}}PV = 0 \qquad (9.89)$$

将式（9.86）代入式（9.89），得

$$A^{\mathrm{T}}PAX + A^{\mathrm{T}}Pl = 0 \qquad (9.90)$$

若设 $A^{\mathrm{T}}PA=N$，$A^{\mathrm{T}}Pl=U$，则式（9.90）变为：

$$NX + U = 0 \qquad (9.91)$$

式（9.90）和式（9.91）常被称为法方程。式中 N 称为法方程的系数阵，U 称为法方程的自由项向量。当 N 为非奇异阵时，其逆阵存在，求得解向量 X 得

$$X = -N^{-1}U \qquad (9.92)$$

将 X 代入式（9.86），即可求出改正数向量 V，进而求出各个观测值的最或然值。

3. 权及最或然值的中误差

（1）关于权。在相同的测量条件下进行测量，获得的测量结果为等精度观测，等精度观测值在进行误差处理时应同等对待。在测量过程中测量条件有差异，就会产生不等精度的观测。在一列不等精度的观测值中，测量精度不同，对测量结果的可信赖程度也应不同。观测质量好观测精度高，其可靠程度就高一些，用以表示其可靠程度的数值就应该大一些。反之，观测质量差一些，观测精度就低一些，其可靠程度就小一些，用以表示其可靠程度的数值就应该小一些。表示观测值可信赖程度的这个数值称为权。

最小二乘法中的权与中误差，都是反映测量条件好坏的参数，也是表示观测值精度的数值，可见权与中误差有共性。然而中误差是评定观测值精度的绝对数值，中误差具有绝对性，其数值是唯一的。权则是表示各观测值彼此间可信赖度的相对数值，这是权与中误差的不同点。权与中误差的不同还反映在权与精度成正比，中误差与精度成反比。一组观测值测定后，即观测精度已经确定，亦即观测值中误差的数值已经确定。权具有相对性，它们的数值可以改变，但它们之间的比值保持不变。中误差同时带有正负号，而权总为正值。

在一列不等精度的观测值之中，其中误差愈小者，则其质量愈高，其权也愈大。所以，根据中误差以确定其相应的权是非常适当的。其关系式为

$$p_i = \frac{\lambda}{m_i^2} \quad (i = 1,2,\cdots,n) \qquad (9.93)$$

式中　p_i——第 i 个观测值对应的权；

λ——比例数，其数值是任意的，但必须大于零。

由定义和式（9.93）可以看出，权与相应的中误差的平方成反比，当比例常数 λ 确定后，观测量的中误差小，其权大，反之，其权小。

（2）单位权中误差。在式（9.93）中，如果 $\lambda = m_i^2$，则 $p_i=1$，那么这个为一个单位的权称单位权，与这个单位权相应的中误差称为单位权中误差。单位权中误差若用 m_0^2 表示，将其代入式（9.93）中则有

$$m_i^2 = \frac{m_0^2}{p_i} \text{ 或 } p_i = \frac{m_0^2}{m_i^2} \quad (i = 1,2,\cdots,n)$$
$$\qquad (9.94)$$

在实际计算中，求权之前必须先确定单位权中误差。对于相关的观测量，平差时所需要的不仅是其单个的权，而且，还需要知道其权矩阵。权矩阵与观测值的方差及协方差阵有以下关系

$$P = \sigma_0^2 \sum{}^{-1} = \sigma_0^2 \begin{bmatrix} \sigma_1^2 & \sigma_{12} & \cdots & \sigma_{1n} \\ \sigma_{21} & \sigma_2^2 & \cdots & \sigma_{2n} \\ \vdots & \vdots & \vdots & \vdots \\ \sigma_{n1} & \sigma_{n2} & \cdots & \sigma_n^2 \end{bmatrix}^{-1} \qquad (9.95)$$

式中　P——权矩阵；

σ_0^2——单位权方差；

$\sum$——观测值的协方差阵，并有 $\sum = E(\Delta\Delta^{\mathrm{T}})$。

因为方差和协方差在平差之前是未知的，其估计值也是平差后才能得到，而权矩阵又需要在平差之前确定，因此，需要针对具体的观测对象，研究平差之前确定单位权中误差和定权的方法。

（3）单位权方差。单位权方差理论公式的推导，根据定义，单位权方差与权的关系为

$$P = \sigma_0^2 \sum{}^{-1} \qquad (9.96)$$

式（9.96）两端右乘 $\sum = E(\Delta\Delta^{\mathrm{T}})$ 得

$$\sigma_0^2 I = PE(\Delta\Delta^{\mathrm{T}}) \qquad (9.97)$$

对上式两端分别取矩阵的迹，并整理得：

$$\sigma_0^2 = \frac{E(\Delta P \Delta^{\mathrm{T}})}{n} \tag{9.98}$$

因为一般情况下真误差无法获得，实际不能利用式（9.98）求单位权方差。但平差得到了误差向量 $\boldsymbol{V}$，如何利用误差向量估计单位权方差或单位权中误差，进而估计平差量的中误差。为寻求以最或然误差向量 $\boldsymbol{V}$ 以求真误差向量，并计算单位权中误差，首先应找出 $\boldsymbol{V}$ 与 $\boldsymbol{\Delta}$ 的关系式。经过一系列的推导可得即：

$$\sigma_0^2 = \frac{E(\boldsymbol{V}^{\mathrm{T}} \boldsymbol{P} \boldsymbol{V})}{n-t} \tag{9.99}$$

式（9.99）即以最或然误差向量表示的单位权方差公式。

根据中误差与方差的关系，单位权中误差的无偏计算公式为

$$m_0^2 = \frac{(\boldsymbol{V}^{\mathrm{T}} \boldsymbol{P} \boldsymbol{V})}{n-t} \tag{9.100}$$

（4）最或然值的中误差。由式（9.92）可推导出：$\boldsymbol{X} = -\boldsymbol{N}^{-1} \boldsymbol{A}^{\mathrm{T}} \boldsymbol{P} \boldsymbol{l}$，根据误差传播定律有

$$\sum\nolimits_x = \boldsymbol{N}^{-1} \boldsymbol{A}^{\mathrm{T}} \boldsymbol{P} \sum\nolimits_l \boldsymbol{P} \boldsymbol{A} \boldsymbol{N}^{-1} \tag{9.101}$$

将 $\sum_l = \sigma_0^2 \boldsymbol{P}^{-1}$ 代入上式整理得

$$\sum\nolimits_x = \sigma_0^2 \boldsymbol{N}^{-1} \tag{9.102}$$

若取 $\boldsymbol{Q}_X = \boldsymbol{N}^{-1} = \begin{bmatrix} Q_{11} & Q_{12} & \cdots & Q_{1t} \\ Q_{21} & Q_{22} & \cdots & Q_{2t} \\ \vdots & \vdots & \vdots & \vdots \\ Q_{t1} & Q_{t2} & \cdots & Q_{tt} \end{bmatrix}$，并称为

未知参数的权系数阵，则所求未知参数最或然值的中误差为

$$m_{xi} = m_0 \sqrt{Q_{ii}} \tag{9.103}$$

式中　$\sum_x$——最或然值向量 $\boldsymbol{X}$ 的协方差阵；

　　　　Q_{ii}——$\boldsymbol{Q}_x$ 的主对角线相应元素。

9.4.3　粗差检验方法

粗差主要是由失误或错误引起的，在测量中出现粗差的概率虽很小，但如果不予以发现和剔除含有粗差的数据，会对测量结果产生严重影响。大量的统计数据表明，水文观测数据中经常存在着粗差，无论采用人工观测或自动化观测，由于粗差的存在，影响资料的精度和可靠性问题一直是一个值得深入研究的问题。最小二乘法解决的是偶然误差问题，若观测中混有数据粗差，在采用最小二乘法处理数据之前，需要对观测值的可靠性进行有效的检验。由于测量数据是一切资料分析工作的基础，其可靠性备受重视。在实际工作中，测量数据的可靠性检验贯穿整个资料的使用分析过程，即在数据采集、处理、使用阶段都要进行测量数据的粗差检验。

如果一系列观测值中混有粗差，必然会歪曲观测结果，这时若能将该值剔除不用，就一定会使观测结果更符合客观情况。另一种情况下，一组正确测得值的分散性，本来客观地反映了某测量条件下进行测量的随机波动特性，但是若为了得到精密度更好的结果，而人为地丢掉一些误差较大但不属于异常值的测得值，则这样得到的所谓分散很小，虚假精密度很高的结果。因为，同样条件下再次测量或实验时，超过该误差指标的测得值必然会再次正常地出现，所以怎样正确地剔除"异常值"，是测量中经常碰到的问题。

9.4.3.1　粗差的物理检验判别法

在测量过程中，因读错、记错、仪器故障、测量条件突变引起的粗差，应及时从技术、物理关系、几何条件、逻辑关系等方面找出产生异常值的原因，这是发现和剔除粗误差的首要方法。在数据处理阶段的粗差检验主要是检查观测值中的相对较小的粗差以及数据传输过程中产生的新的粗差。

1. 几何条件检核

该方法在断面测量和地形测量中应用较多，如水准测量和三角高程测量中，一般要形成一定的几何图形（如三角形、四边形、闭合环线等），由观测量组成的几何图形必须满足一定的几何条件，如三角形的内角和应等于 180°，水准环线的高差之和应等于零等。一些明显的粗差和错误可在野外进行的几何条件检核中检验出来。测量数据若发现含有粗差，应予剔除，对于已剔除的测量值应及时组织重测或补测。

2. 逻辑检验

该方法的基本出发点是根据观测量的逻辑关系确定检验规则。如监测仪器一般都有一个明确的量测范围，因此，任何观测值都必须在其量测范围之内，如果观测值超出仪器的量测范围，则推定观测值存在粗差；另外被监测物理量的观测值一般应有一个逻辑合理范围，当观测值超出其逻辑合理范围时，亦认为观测值含有粗差。当认为观测值含有粗差时，应判该次观测值无效，并重新观测；如随水位升高，水面宽、水深、流速、流量增大；又如，流速测验过程中，正常情况下自水面向下流速逐渐减小，含沙量逐渐增大，若水面以下相对水深 0.2、0.6、0.8 等处的流速含沙量符合这一规律，则认为满足逻辑检验，否则可认为不满足逻辑检验，应重新测量或查找原因。

3. 包括域检验

这种方法是把观测值与环境量形成包括域，将以前的观测值系列与其对应的环境量系列（如水位、气温等）组成笛卡儿坐标系，并用图形表示出来，形成

散点图，最后将最外围的点相连，形成包括域的观测值一般是经过检验的，认为其不包含粗差。对于需要检验的观测值，也采用上述方法标示在该坐标系中，若某点落在包括域内，则认为该观测值正常，否则，认为观测值异常，应进行进一步的分析。

4. 时空分布检验法

这种方法主要是对正常、突变值、趋势性及异常情况进行识别。通过该方法的检验，可以检查观测量分布规律的合理性，并可识别这些突变值、趋势值和异常值所发生的时间、部位以及环境因素。检验的主要依据是根据各观测量的观测值与前一次观测值、相同环境（如水位、温度等）的前一次测值、特征值（如最大值、最小值）进行比较，以及绘制某水文要素的等值线、过程线，以检查观测量分布规律的合理性，从中识别突变值、趋势值及异常值的时间、部位及环境因素。

5. 模型检验法

大多数水文变量经多年测量后，可得到一系列观测值，据此可建立某水文变量的预报数学模型。目前常用的数学模型有统计模型、确定性模型和混合模型，由于各种模型的建立方法有一定的差异，其预报效果亦不相同，三类预报模型中以统计模型使用最为普遍。当观测值与预报值之差大于某一置信水平下给定的限差时，认为观测值异常，观测值异常可能是存在粗差，因此，应立即对异常值进行跟踪测量。

9.4.3.2　粗差的统计检验判别法

1. 粗差统计检验判别法的基本原理

粗差的物理检验判别法是发现和剔除粗误差的首选方法，但有时物理检验判别法也会失效，无法判定哪一个测得值是异常值，这时可采用统计学方法进行判别。统计法是给定一置信概率，并确定一个相应的置信限，凡超过这个界限的误差，就认为它不属于随机误差范畴，而是粗差，并予以剔除。常用粗差检验判别的统计方法主要有以下几种。

（1）拉依达准则（又称 3σ 准测）。设对某量等权独立测量，根据测得值算出平均值及残余误差，并按贝塞尔公式算出观测值的标准偏差，如果某个测得值 x_i 的残余误差 $v_i(1 \leq i \leq n)$ 满足式（9.104）

$$| v_i | = | x_i - \bar{x} | > 3\hat{\sigma} \qquad (9.104)$$

式中　$\hat{\sigma}$——σ 的估计值，可用式（9.17）计算的 m 值代之。

则认为 x_i 是含有粗误差的异常观测量应于剔除。对于正态分布，真误差落在 $\pm 3\sigma$ 内的概率为 99.73%，即误差大于 $\pm 3\sigma$ 的概率是 0.27%，属于小

概率事件。因此，如果某观测值计算结果，满足式（9.104），则认为该测量值（x_i）包含粗差，应剔除。

拉依达准则应用在测量次数 n 较大时是比较好的方法，原理简单，使用方便。但是，当 n 不大于 10 时，即使存在粗大误差也不能发现。例如，$n = 10$ 时，则有

$$3\hat{\sigma} = (v_1^2 + \cdots + v_{10}^2)^{\frac{1}{2}} \geq v_i, \ (1 \leq i \leq 10)$$

这就意味着即使有粗误差也无法发现，拉依达准则的"弃真"概率随观测次数 n 的增大而减小，最后稳定于 0.3%。

（2）肖维勒准则（chauvenet）。在 n 次测量中取不可能发生的个数为 1/2，对正态分布而言，误差不可能出现的概率为

$$P = 1 - \frac{1}{\sqrt{2\pi}} \int_{-\omega_n}^{\omega_n} \exp\left(-\frac{x^2}{2}\right) \mathrm{d}x = \frac{1}{2n}$$

$$(9.105)$$

根据标准正态函数的定义，则有

$$\omega_n = \frac{1}{2}\left(1 - \frac{1}{2n}\right) + 0.5 = 1 - 1/(4n)$$

$$(9.106)$$

由标准正态函数表，根据等式右端的已知值可求出 ω_n。如单个测得值 x_i 的残余误差 $| v_i |$ 满足

$$| v_i | > \omega_n \hat{\sigma} \qquad (9.107)$$

则应剔除异常值 x_i。肖维勒准则改善了拉依达准则，$\omega_{50} = 2.58$，恰好是对 99% 置信概率时的置信因子。并且当 n 小时，ω_n 也变小，总保持着可剔除的概率，而不会出现当 n 小于 10 时，方法失效。但该方法在理论上也有缺点，即当 $n \to \infty$，$\omega_n \to \infty$，说明 n 很大时，有异常值也不能发现。然而，测量次数还不会大到那种程度，所以，肖维勒准则具有很高应用价值。

（3）格拉布斯（Grubbs）准则。这个准则是根据顺序统计量的某种分布规律进行的一种粗差判断的准则。设有 n 个测得值，依大小次序排列为 $x_1 \leq x_2 \leq \cdots \leq x_n$，假设待判别的可疑得值是 x_n，引进以下符号

$$s^2 = \frac{1}{n}\sum_{i=1}^{n}(x_i - \bar{x})^2 \quad \bar{x} = \frac{1}{n}\sum_{i=1}^{n}x_i$$

$$\bar{x}_n = \frac{1}{n-1}\sum_{i=1}^{n-1}x_i \quad s_n^2 = \frac{1}{n-1}\sum_{i=1}^{n-1}(x_i - \bar{x}_n)^2$$

因为 s_n^2 和 s^2 都是测得值的函数，故比值 s_n^2/s^2 的概率密度可求，对应地，$(x_n - \bar{x})/s$ 的概率密度可求，设其为 $p = (x)$，则有

$$p\left\{\frac{x_n - \bar{x}}{s} < \lambda'(a, n)\right\} = 1 - a$$

所以

$$|v_a| > \lambda'(a,n)s = \lambda'(a,n)\sqrt{\frac{n-1}{n}}\hat{\sigma} = \lambda(a,n)\hat{\sigma}$$
$$(9.108)$$

式中 $\lambda(a,n)$ 值可查有关表求得。当满足式 (9.108) 认为是异常值,应剔除。在仅有一个异常值时,该方法发现的功效较高。

2. 粗差的统计检验判别法在生产中的应用实例

测站水文要素观测、计算水位流量关系发生了剧烈变化、报汛、信息传递等都有可能产生粗差。如当水位流量关系变化剧烈,又不能及时实测流量时,仍采用水位推求流量报汛就可能导出现较大的差错,这些差错应属于粗差,可以利用粗差理论予以发现和剔除,虽然分布在河流上下游的测站之间的实测水文要素,一般情况下存在着较好的相关关系,同时上下游测站流量出现粗差的概率可看作是独立事件。根据实际资料统计分析,若测站平均情况出现粗差的概率为 0.05%。那么上下游两个测站同时出现粗差的概率为 0.0025%,如果考虑到粗差的数量级正负符号等因素,上下游站同时出现量级相同的粗差的几率非常小,因此,可以利用上下游的实时水情信息及时发现和剔除粗差。

若上下游两站相应流量之间有较好的相关关系,则根据观测的历史资料可以建立以下经验方程

$$Q_L = K(Q_U + q_i) - D \qquad (9.109)$$

式中 Q_L、Q_U——下游、上游水文站的流量;

q_i——上下游站区间加入水量和引出水量之和;

K、D——反映上下游水文站流量相关的系数和常数。

由于上下游站实测的流量都存在误差,根据实测验资料建立的经验方程 (9.109) 也存在有误差,测量值与方程计算值之差为

$$v_i = Q_i - K(Q_{i上} - Q_{i区}) + D \qquad (9.110)$$

根据历史观测值可计算出中误差为

$$\sigma_Q = \sqrt{\frac{\sum_i^n v_i^2}{n-1}} \qquad (9.111)$$

当某时刻,实测到 Q_i 与用式 (9.109) 计算得到 $Q_{i下}$ 之间有

$$v_i > 3\sigma_Q \qquad (9.112)$$

则可判断为该实测流量或计算流量存在粗差。这时虽完成了粗差发现,但无法定位为本站或是上游站出现的粗差。一般情况下,要认真检查测验的各个环节及时分析相关曲线,进一步完成粗误差的定位。

9.5 水位观测误差

9.5.1 采用水尺观测

9.5.1.1 误差来源

采用水尺观测水位时,水位可表示为

$$Z = Z_z + Z_g \qquad (9.113)$$

式中 Z_z——水尺零点高程,m;

Z_g——水尺读数,m。

可见采用水尺观测水位时,其误差来源主要有水尺零点高程测量误差、水尺刻画误差、估读误差和水尺观读误差。水尺零点高程测量误差和水尺刻画误差表现为系统误差,估读误差和水尺观读误差可认为主要为偶然误差。对上述 4 项误差,可看作相互独立的误差。若求得这 4 项误差各自的中误差,取其 2 倍即为各自的不确定度。水位观测综合不确定度应由水尺零点高程测量系统不确定度、水尺刻画系统不确定度、水尺估读误差随机不确定度和水尺观读随机不确定度合成。一般情况下,天然河道中水尺观读误差最大,是水位观测误差控制的重点。另外水位观测误差,只能采用绝对误差,而不能采用相对误差,因此,不确定度也不采用相对不确定度。

9.5.1.2 各项误差和不确定度估算

1. 水尺零点高程不确定度

根据测定水尺零点高程所采用的水准测量等级及线路长度,可确定其标准差,并可按式 (9.114) 估算不确定度

$$E''_{z_1} = 10^{-3} m\sqrt{L} \qquad (9.114)$$

式中 E''_{z_1}——水尺零点高程系统不确定度,m;

m——水准测量 1km 路线往返测量允许误差,mm(四等 $m=20$mm,三等 $m=12$mm);

L——往返测量(或左右路线测段)路线平均长度,km。

正常情况下水尺零点高程误差由测量引起,但要注意特殊情况下,水尺收到漂浮物碰撞、结冰上拔等引起的水尺零点高程改变,会引起较大的误差(粗差)。这种误差需要通过及时校测水尺零点高程消除。

2. 水尺刻画不确定度

水尺刻画既有偶然误差,也有系统误差。其中偶然误差较小,可忽略不计;系统误差可按水尺长度的 1‰ 估算,当水尺长度为 1.0m 时,水尺刻画系统误差为 1.0mm,则其系统不确定度为 0.002m。

3. 水尺估读不确定度

水尺估读误差主要是随机误差,一般取水尺最小刻画的 1/2,我国水尺刻画最小值为 10mm,正常情

况下估读中误差可取 5mm，则水尺估读的随机不确定度为 0.01m。

4. 水尺观读不确定度

水尺观读误差属于随机误差，该误差受到流向、波浪、风等自然因素和观测者等诸多影响因素。因各站条件不同，差别也较大。一般需要开展试验才能估算本站该项误差的大小。试验应分无波浪、一般波浪和较大波浪 3 种情况进行，在水位基本无变化的 5～20min 内连续观读水尺 30 次以上。取平均值作为真值，与各次观测值计算随机误差，然后按下述方法估算水尺观读的随机不确定度。

（1）经过观读试验后，按式（9.115）估算水尺观读标准差

$$m_{Z_4} = \sqrt{\frac{\sum_{i=1}^{n}(Z_i - \overline{Z})^2}{n-1}} \qquad (9.115)$$

式中　m_{Z_4}——水尺观读标准差，m；

　　　Z_i——第 i 次水尺读数，m；

　　　$\overline{Z}$——n 次水尺读数平均值，m；

　　　n——观读试验次数。

（2）取置信水平 95%，水尺观读的随机不确定度用式（9.116）计算

$$E'_{Z_4} = 2m_{Z_4} \qquad (9.116)$$

式中　E'_{Z_4}——水尺观读不确定度，m。

（3）当观读次数 N 少于 30 次时，应按学生氏 t 分布求得水尺观读随机不确定度

$$E'_{Z_4} = tm_{Z_4} \qquad (9.117)$$

（4）当观测水位时，若水尺读数为 n' 次，并取观读值的平均值作为水位值，则水尺观读随机不确定度可用式（9.118）计算

$$\overline{E}'_{Z_4} = \frac{E'_{Z_4}}{\sqrt{n'}} \qquad (9.118)$$

式中　$\overline{E}'_{Z_4}$——n' 次平均值的水尺观读随机不确定度，m；

　　　n'——一次水位观测过程中水尺观读次数。

9.5.1.3　水位观测的合成不确定度

（1）水位观测随机不确定度

$$E'_Z = \sqrt{E'^2_{Z_3} + E'^2_{Z_4}} \qquad (9.119)$$

式中　E'_Z——水位观测随机不确定度，m；

　　　E'_{Z_3}——水尺估读的随机不确定度，m。

（2）水位观测系统不确定度

$$E''_Z = \sqrt{E''^2_{Z_1} + E''^2_{Z_2}} \qquad (9.120)$$

式中　E''_Z——水位观测系统不确定度，m；

　　　E''_{Z_2}——水尺刻画的系统不确定度，m。

（3）水位观测综合不确定度

$$E_Z = \sqrt{E'^2_Z + E''^2_Z} \qquad (9.121)$$

9.5.1.4　水位差的不确定度

水位差为上下游观测水位之差。其综合不确定度可按式（9.122）估算：

$$E_{\Delta Z} = \sqrt{E^2_{Z_u} + E^2_{Z_L}} \qquad (9.122)$$

式中　$E_{\Delta Z}$——水位差的综合不确定度，m；

　　　E_{Z_u}——上游水位综合不确定度，m；

　　　E_{Z_L}——下游水位综合不确定度，m。

E_{Z_u}、E_{Z_L} 可参照式（9.114）～式（9.121）计算。

9.5.1.5　闸门开启高度不确定度

闸门开启高度综合不确定度按式（9.123）估算

$$E_e = \sqrt{E'^2_{e_1} + E''^2_{e_2}} \qquad (9.123)$$

式中　E'_{e_1}——闸门开启高度观读随机不确定度，m；可根据实际观测情况确定，一般0.01～0.02m 之间；

　　　E''_{e_2}——闸门开启高度零点测量的系统不确定度，m；可参照水尺零点高程的系统不确定度的计算方法估算。

上述水位观测不确定度主要适用天然河流和大型渠道，对于测流堰和测流槽的水位观测不确定度误差可参照上述方法分析，但水尺刻画误差、水尺零点高程误差、水尺观读误差等要远小于天然河道，因此，测流堰和测流槽实际计算的不确定度要远小于天然河道。

9.5.2　采用仪器观测

自记水位计的误差主要来自仪器误差、零点设置（初始值）误差。

9.5.2.1　根据对比试验误差估算

当采用人工观测与自记仪器观测值对比，并修正仪器观测值时，自动观测仪器观测误差也可采用人工观测与仪器观测对比试验的方法估计。

1. 系统不确定度

系统不确定度计算公式为

$$\mu = \frac{1}{n}\sum_{i=1}^{n}(Z_{yi} - Z_i) \qquad (9.124)$$

$$E''_Z = 2\mu \qquad (9.125)$$

式中　μ——自记水位计测量的系统误差，m；

　　　E''_Z——自记水位计测量系统不确定度，m；

　　　Z_{yi}——自记水位计测量的水位，m，$i = 1$，2，$\cdots$，n；

　　　Z_i——人工观测水位，m，$i=1$，2，$\cdots$，n；

　　　n——对比观测次数。

2. 随机不确定度

随机不确定度计算公式为

$$m_z = \sqrt{\frac{\sum_{i=1}^{n}(Z_{yi} - Z_i - \mu)^2}{n-1}} \qquad (9.126)$$

$$E'_Z = 2m_Z \qquad (9.127)$$

式中 m_z——自记水位计测量标准差，m；

E'_Z——自记水位计测量的随机不确定度，m。

3. 自记水位计测量测量的综合不确定度可按式 (9.128) 计算

$$E_Z = \sqrt{E'^2_z + E'^2_z} \qquad (9.128)$$

事实上，采用上述公式估算自记仪器的不确定度中，既包含仪器测量的不确定度，也包含人工观测水位的不确定度，只有人工观测水位的不确定度控制在很小的情况下才能用式 (9.128) 估算。

9.5.2.2 根据仪器标定误差估算

1. 估算公式

自记水位计测量的综合不确定度可采用式 (9.129) 估算：

$$E_Z = \sqrt{E'^2_z + E''^2_{z_1} + E''^2_{z_2}} \qquad (9.129)$$

式中 E_Z——自记水位计测量的综合不确定度，m；

E'_Z——自记水位计标称的随机不确定度，m；

E''_{z_2}——自记水位计测量系统不确定度，m；

E''_{z_1}——水尺零点高程系统不确定度，或水位校对引起的系统不确定度，m。

2. 仪器随机不确定度

(1) 自记水位计的随机误差要求。我国水位仪器标准对随机误差要求如下：

1) 10m 水位变化内，1 级、2 级、3 级准确度的浮子式水位计的最大允许水位误差（可认为是限差，或不确定度下同）分别是 ±0.3cm、±1.0cm、±2.0cm；

2) 10m 水位变化内，1 级、2 级准确度的超声波水位计的最大允许水位误差分别是 2.0cm、3.0cm；

3) 压力式水位计的一般规定是在其水位测量范围内，最大允许水位测量误差为 ±0.5‰、±1.0‰、±2.0‰、±3.0‰ 几种。

(2) 自记水位计随机不确定度取值。大部分水位计说明书上都会有标称水位测量误差，内容包括水位变幅（如 10m）、水位误差（如 ±2.0cm 或 ±2.0‰等表达形式），由于一般水位计没有用置信水平和不确定度概念表示其水位误差，难以直接确定其不确定度。标称的最大允许误差一般是置信概率 95% 的不确定度，即对应于某一置信概率 (P) 的置信因子 k_p = 2，但也不排除个别仪器采用置信因子 $k_p = 3$，置信概率是 99.7%，使用中应注意甄别。

对已清楚标明置信概率的仪器，其误差值按标定取用。未标明置信概率，仅标定最大允许误差、水位误差、误差范围等方式表示的误差值，基本上可以视置信概率为 95%。

由于自记水位计标称的允许测量误差是在室内水位测试台上进行检测的，是"室内测定的保证率（%）"，外业测量中实际误差有可能会比标称的大。

3. 仪器系统不确定度

如上所述，自记水位计的系统不确定度差，可以用多次人工观测水尺水位和仪器测量的水位数据计算系统误差得到，但在计算中要考虑以下因素。

当水位计安装在静水井内，而人工观测的是井外水尺水位时，静水井内和井外水位可能不同。水位变化较快、波浪大、含沙量高时会出现井内外系统误差。

在水位观测仪器的技术说明中，多未给出系统误差。一般认为自记水位计的恒定系统误差是可以通过仪器的设置消除的。但由于仪器安装、测量条件变化等，仍可能会产生系统误差，这些系统误差一般有一定的变化规律，如环境温度变化形成的水位测量误差，包括热伸缩效应对水位悬索长度影响、对声波传播速度的影响、对一些元器件性能的影响等产生的系统误差，具体分析时都有一定的规律可循。

4. 水位计校对引起的系统不确定度

自记水位计校对引起的系统不确定度或水尺零点高程系统不确定度，是自记水位计的水位基准值未对准而产生的误差。水位计的基准值是将人工观测水尺水位和水位计测得水位进行比较，将水位计的水位测量值进行重新设置，并与人工观测值一致。这样，人工观测的误差就会成为仪器的系统误差，因此，对比校测水位计时，应选在波浪小、水位稳定的情况下，尽可能地减少人工观测误差。

5. 其他误差

另外，当采用测井安装自记水位计时还会存在水位变率引起的测井滞后误差以及测井内外水体密度差引起的误差。

9.6 流量测验误差

9.6.1 流速面积法单次流量测验误差

9.6.1.1 误差的分类与来源

1. 流量测验误差分类

流量测验可能存在随机误差、未定系统误差、已定系统误差和伪误差。已定系统误差，须进行修正，含有伪误差的测量成果必须剔除。因此，今后的分析研究主要针对随机误差和系统误差（即未定系统误差）。

2. 单次流量测验误差来源

由流量计算公式和流量测验的步骤可看出，当采用流速仪法测流，并用平均分割法计算流量时，其误差主要来自以下 6 个方面：

（1）测深误差。

（2）测宽误差。

（3）流速仪检定误差即仪器误差。

（4）由测点有限测速历时和流速脉动导致的误差。

（5）由测速垂线上测点数目不足导致的垂线平均流速计算误差。

（6）由测速垂线数目不足导致的部分平均流速计算误差。

测深误差和测宽误差由观读的随机误差和仪器本身所造成的未定系统误差组成。流速仪检定误差由检定的随机误差和仪器本身在测量中所造成的未定系统误差组成。测点有限测速历时与流速脉动导致的误差（Ⅰ型误差），主要为随机误差。由测速垂线测点数目不足导致的误差（Ⅱ型误差）以及由测速垂线数目不足导致的误差（Ⅲ型误差）由随机误差和系统误差组成，一般情况下，其系统误差较小。

3. 单次流量误差试验

流速仪法单次流量测验各分量误差（不确定度）主要是依据流量测验误差试验确定。一般情况下，是在同类型地区选取试验站，误差实验在试验站进行，然后将按误差类别和影响它的主要测站特性，采用流量测验误差分类综合方法，建立各分量误差的地区经验公式或相关图，以便其他测站使用。开展误差试验时应注意满足以下要求。

（1）一般情况下，流量测验误差试验应在流量测验误差试验站进行。流量测验误差试验应在划分的高、中、低水位之间，分涨、落水面均匀布置试验测次，并应在水流较稳定的条件下进行。

（2）在进行流速仪法流量测验误差试验前，应收集试验河段水道地形图、大断面图及已有的流速横向和纵向分布的资料。

（3）试验仪器应专门配置，每次试验前后应对使用的仪器进行检查；在一个阶段的试验结束后，应对流速仪进行检定。在试验过程中应观察和记载自然环境、仪器状况和人为因素等方面所发生的异常情况或其他影响试验的情况。

（4）流速仪法流量测验误差试验期间，水位变幅应符合以下规定。

1）对一类精度的水文站，水位变幅不应超过 0.1m。

2）对二类、三类精度的水文站，水位变幅不应超过 0.3m。

（5）当水情变化急剧难以满足水位变幅要求时，可适当减少测量的重复次数或测点数或测速垂线数，在测验河段的几何特征和水力特征基本稳定的条件下，可将不同时间在水位相同或接近的条件下所做的试验，作为同时间、同水位条件下的重复试验处理。

9.6.1.2 单次流量测验不确定度计算

1. 单次流量测验不确定度计算公式

流速面积法计算通过实测断面流量的公式为

$$Q_m = \sum_{i=1}^{m} b_i \, \overline{d}_i \, \overline{v}_i \qquad (9.130)$$

式中 Q_m——实测断面流量，m^3/s；

m——测速垂线数；

b_i——第 i 部分流量的宽度，m；

$\overline{d}_i$——第 i 部分流量的平均水深，m；

$\overline{v}_i$——第 i 部分流量的平均流速，m/s。

当测速垂线数 $m \to \infty$ 时，实测流量 $Q_m \to Q$（通过断面的流量真值），实际上由于测量历时和测验工作量的限制，测速垂线数不可能是无穷多，因此，实测流量（Q_m）不可能等于真值（Q），需要对实测流量进行改正后才能表示断面通过的流量

$$Q = F_m Q_m \qquad (9.131)$$

式中 Q——通过断面的流量真值，m^3/s；

Q_m——断面通过的实测流量，m^3/s；

F_m——流量改正因数。

若各项误差都采用随机不确定度表示，由误差传播定律可得

$$X_Q^2 = X_{F_m}^2 + X_{Q_m}^2 \qquad (9.132)$$

式中 X_Q——通过断面流量不确定度，%；

X_{F_m}——流量改正因数不确定度，%，以后简化为 X_m；

X_{Q_m}——实测断面流量不确定度，%。

再根据式（9.130）及误差传播定律可得

$$X_{Q_m}^2 = \frac{\sum\limits_{i=1}^{m} [q_i^2 (X_{bi}^2 + X_{di}^2 + X_{vi}^2)]}{\left(\sum\limits_{i=1}^{m} q_i \right)^2} \qquad (9.133)$$

将式（9.133）代入式（9.132），则通过断面流量的相对不确定度可表示为

$$X_Q^2 = X_m^2 + \frac{\sum\limits_{i=1}^{m} [q_i^2 (X_{bi}^2 + X_{di}^2 + X_{vi}^2)]}{\left(\sum\limits_{i=1}^{m} q_i \right)^2}$$

$$(9.134)$$

式中 q_i——第 i 部分流量，m^3/s；

X_{bi}——第 i 部分宽测量随机不确定度,%;

X_{di}——第 i 条垂线水深测验随机不确定度,%;

X_{vi}——第 i 条垂线的垂线流速测验随机不确定度,%。

2. 流速测量不确定度

根据流速的测定过程,第 i 条垂线流速的不确定度可表示为

$$X_{vi}^2 = X_{ci}^2 + X_{ei}^2 + X_{pi}^2 \qquad (9.135)$$

式中　X_{ci}——仪器引起的不确定度,%;

X_{ei}——由垂线水流脉动引起的不确定度,%;

X_{pi}——计算规则及测点数不足引起的不确定度,%。

3. 单次流量测验总随机不确定度

当各部分流量都相等(即等流量布线),并且各部分流量内各项源误差分别取相等值,考虑到式(9.135),式(9.134)并用随机不确定表示,可简化为

$$X_Q'^2 = X_m'^2 + \frac{1}{m}(X_b'^2 + X_d'^2 + X_c'^2 + X_e'^2 + X_p'^2)$$
$$(9.136)$$

式中　X_Q'——单次流量测验总随机不确定度,%;

X_m'——测速垂线数目不足导致的(误差)随机不确定度,也称Ⅲ型随机不确定度,%;

X_b'——测宽随机不确定度,%;

X_d'——测深随机不确定度,%;

X_c'——流速仪率定随机不确定度,%;

X_e——流速脉动和测点有限测速历时不足导致的随机不确定度,也称Ⅰ型随机不确定度,%;

X_p'——测速垂线流速计算规则和测速垂线上测点数目不足引起的不确定度,也称Ⅱ型随机不确定度,%。

4. 单次流量测验总系统不确定度

单次流量测验系统不确定度度主要有测宽、测深和测速仪器引起的系统不确定度。可按式(9.137)估算

$$X_Q'' = \pm \sqrt{X_b''^2 + X_d''^2 + X_c''^2} \qquad (9.137)$$

式中　X_Q''——单次流量测验总系统不确定度,%;

X_b''——测宽系统不确定度,%;

X_d''——测深系统不确定度,%;

X_c''——流速仪检定系统不确定度,%。

5. 单次流量测验总不确定度

流速仪法流量测验总不确定度由流量测验总随机不确定度和总系统不确定度组成。单次流量测验总不确定度可按式(9.138)估算

$$X_Q = \pm \sqrt{X_Q'^2 + X_Q''^2} \qquad (9.138)$$

式中　X_Q——单次流量测验总不确定度,%。

实际上流量测验中除上述误差外,以下几个因素也会产生误差,流速仪静水检定、水流特性、仪器的悬吊工具及方式、流向与斜流程度、垂向运动、水流的紊流程度和计算(保留位数)、流量计算方法等。因此,按上述公式计算的流量测验总不确定度只是误差来源的主要方面。

9.6.1.3 各项误差的分析计算

1. 起点距测量误差

采用缆道、交会、标志索等测量起点距的测站,测量误差可用高精度仪器与常用的方法仪器对比分析确定,直接使用测量仪器确定起点距的,其测距误差可根据仪器标称误差分析确定。我国现行《河流流量测验规范》规定测宽随机不确定度应不大于2%;测宽系统不确定度应不大于0.5%。

在国际标准《明渠水流测量—流速面积法》(ISO 748)中要求,距离的测量在0与100m之间时,测量距离的相对误差为0.3%,250m距离的相对误差为0.5%。当采用电子设备测量距离时,除0.1~0.2m的固定误差之外,必须考虑误差按照距离的百分数表示的部分,但各种仪器的固定误差与百分误差异很大,计算中应根据各自使用仪器说明书确定。

2. 测深误差

测深误差很大程度上与河床组成和测验仪器设备有关,如果测深杆、测深锤或者回声测深仪测验,较好的河床条件下可能产生1%左右的误差。测深误差可通过试验确定,也可根据我国相关规范规定的允许测深误差(表9.3)进行分析。

表9.3　流速仪法测流测深允许误差

水深 /m	测深随机不确定度/%			测深系统不确定度/%
	悬索	测深杆	测深仪	
<0.8	—	3	—	0.5
0.8~6	2	2	1.5	
>6	1	1	1.1	

3. 流速仪误差

外业测验多使用旋杯式和旋桨式这两种流速仪,流速仪应在检定槽中精密地检定,在流速仪适用范围内,当流速不小于0.5m/s时,流速仪检定随机不确定度应不大于1%,流速仪检定系统不确定应不大于0.5%。

但研究结果表明,上述误差是在正常情况下的误

差，如果流速较小，误差可能增大，如有的研究结果
表明当流速为 0.2m/s 时，相对标准差达 4.9%；当
流速为 2.5m/s 时，相对标准差减少到 0.44%。

4. Ⅰ型误差

(1) 试验要求。Ⅰ型误差一般需要测站开展试验
确定，河道中由于水流紊动，瞬时测点流速会有脉动
现象，这种脉动可认为是一个随机过程。在一个有限
测速历时内，测定某一点的平均流速，将是该点平均
流速真值的近似值。当测速历时增加时，脉动对平均
流速测量的影响变小。为了解流速脉动误差大小，可
进行流速脉动误差试验。流速仪法的Ⅰ型误差试验应
在测流断面内，选在具有代表性的 3 条以上的垂线上
进行，并取 2~3 个测点，在高、中、低水位级分别
作长历时连续测速。在测量中应每隔一个较短的时段
观测一个流速（我国规范没有明确给出这个"每隔一
个较短的时段"长，国际标准中要求每隔 10s 读取一
个流速数值），使测得的等时段时均流速数不小于
100 个。每条垂线的Ⅰ型误差试验应符合表 9.4 的
规定。

表 9.4　　　　　Ⅰ型误差试验要求

项目 站类	每水位级 试验测次 /次	垂线上测点 相对水深		测点测 速历时 /s
		二点法	三点法	
一类精度站		0.2 0.8	0.2 0.6 0.8	≥2000
二类精度站	>1			≥1000
三类精度站				≥1000

(2) 误差计算。

1) 计算某次测量（测点）的平均流速

$$\overline{V} = \frac{1}{N} \sum_{i=1}^{N} V_i \qquad (9.139)$$

式中　$\overline{V}$——原始测量系列（N 个）的平均流速（即
　　　　　Nt_0 时段内的平均流速，也可由总历时
　　　　　和总转数直接求得），m/s；

　　　　V_i——原始测量系列中第 i 个 t_0 时段观测的平
　　　　　均流速，m/s；

　　　　N——原始测量系列观测时段总数（即样本
　　　　　容量）；

　　　　i——原始测量系列中，观测的时段数（即 t_0
　　　　　的序号），$i = 1、2、3、\cdots、N$。

2) 计算原始测量时段的标准差

$$S(t_0) = \sqrt{\frac{1}{N-1} \sum_{i=1}^{N} \left(\frac{V_i - \overline{V}}{\overline{V}} \right)^2} \qquad (9.140)$$

式中　t_0——原始测量时段（一般情况下，t_0 可取
　　　　　10），s；

　　　$S(t_0)$——原始测量时段平均流速的（相对）标准
　　　　　差，%；即流速脉动（Ⅰ型误差）的相
　　　　　对标准差。

3) nt_0 时段长平均流速的（相对）标准差计算

原始实验系列流速的测量时段 t_0 很短（如 10s），
其测量流速的相对标准差较大，而实际的流速测量中
通常采用的时段长为 nt_0（如 60s、100s 等，这里 n
为 6 或 10），因此需要根据实验资料，分析计算 nt_0
时段流速的（相对）标准差。通常可采用以下两种
方法。

方法一，首先计算 nt_0 时段的平均流速，然后
与总时段（Nt_0 时段）的平均流速直接计算标准
差，即

$$\overline{V}_{nt_0, j} = \frac{1}{n} \sum_{i=1}^{n} V_{(j-1)n+i} \qquad (9.141)$$

$$S(nt_0) = \sqrt{\frac{1}{M-1} \sum_{j=1}^{M} \left(\frac{\overline{V}_{nt_0, j} - \overline{V}}{\overline{V}} \right)^2} \qquad (9.142)$$

式中　$\overline{V}_{nt_0, j}$——nt_0 时段长，第 j 个平均流速，m/s；

　　　　j——时段长 nt_0 的平均流速系列中，时段
　　　　　数的序号，$j = 1、2、3、\cdots、M$；

　　　　nt_0——新合成的平均流速时段长（如 60s、
　　　　　100s 等），s；

　　　　i——计算 nt_0 时段平均流速时的序号，i
　　　　　$= 1、2、3、\cdots、n$；

　　　$S(nt_0)$——nt_0 时段长平均流速的（相对）标准
　　　　　差，%，即 nt_0 时段长平均流速脉动
　　　　　（Ⅰ型误差）的相对标准差；

　　　　M——时段长 nt_0 平均流速系列总时段数
　　　　　（即该平均流速的样本容量）。且有

$$M = \text{int} \left(\frac{N}{n} \right) \qquad (9.143)$$

式中　int——取整。

方法二，根据 $S(t_0)$ 计算 $S(nt_0)$。由于 t_0 时段
很短，原始测量系列中观测的平均流速 V_i 彼此之间
可能存在着相关，根据误差传播定律，可推导出 nt_0
时段长平均流速的（相对）标准差和原始测量时段平
均流速的（相对）标准差之间有如下关系

$$S(nt_0) = \sqrt{\frac{S^2(t_0)}{n} \left[1 + 2 \sum_{k=1}^{n-1} \left(1 - \frac{k}{n} \right) \hat{\rho}(k) \right]}$$

$$(9.144)$$

式中　k——时段位移；

　　　$\hat{\rho}(k)$——时段位移为 k 的原始测量系列的自相关
　　　　　函数。可采用式 (9.145) 计算

$$\hat{\rho}(k) = \frac{N-1}{N-k} \frac{\sum_{i=1}^{N-k}(V_i - \overline{V})(V_{i+k} - \overline{V})}{\sum_{i=1}^{N}(V_i - \overline{V})^2}$$

$$(9.145)$$

式中 V_i——原始测量系列中第 i 个 t_0 时段观测的平均流速，m/s；

V_{i+k}——原始测量系列中第 $i+k$ 个 t_0 时段观测的平均流速，m/s；

$\overline{V}$——原始测量系列（N 个）的平均流速（即 Nt_0 时段内的平均流速），m/s；

N——原始测量系列观测时段总数（即样本容量）。

在式（9.144）和式（9.145）计算中，而 $k=0$、1、2、…、$n-1$，要求 N 较大，n 要远远小于 N。一般情况下可取 $n = \frac{1}{10}N \sim \frac{1}{4}N$。

4）垂线的I型相对标准差计算。上述公式述计算的 nt_0 时段长平均流速的（相对）标准差，即I型误差的相对标准差，属测点相对标准差，在分别计算各测点（如 0.2、0.6、0.8 等）I型误差的相对标准差后，可按采用式（9.146）估算垂线的I型相对标准差

$$S_l^2(nt_0) = \frac{1}{n_p}\sum_{p=1}^{n_p}d_p^2 S_p^2(nt_0) \quad (9.146)$$

式中 $S_l(nt_0)$——测点测速历时为 nt_0 的第 l 条垂线的I型相对标准差，%；

n_p——第 l 条垂线上实测流速的测点数；

p——垂线上测点序号；

d_p——确定垂线平均流速时测点流速的权系数；

$S_p(nt_0)$——垂线上第 p 个测点的测速历时为 nt_0 的I型误差的相对标准差。

5）断面的I型相对标准差计算。一般情况下，只需计算垂线的I型相对标准差，并转换为随机不确定度代入式（9.136）即可。如有需要计算全断面的I型相对标准差，可采用式（9.147）

$$S_e^2(nt_0) = \frac{1}{m^2}\sum_{l=1}^{m}S_l^2(nt_0) \quad (9.147)$$

式中 $S_e(nt_0)$——测点测速历时为 nt_0，断面布设 m 条测速垂线时，断面的I型相对标准差，%；

m——断面测速垂线数；

l——断面上测速垂线序号，$l=1$、2、…、m。

（3）关于流速脉动与I型误差，已得出以下结论。

1）一般说来，流速脉动遵循正态（高斯）分布。

2）流速脉动的程度与水深有关，测点流速标准差的绝对值随水深的增加而增加。

3）测点流速I型误差的相对标准差，随水深的增加而迅速增加。

（4）对单次流量测验I型误差要求。单次流量测验I型误差应满足表9.5的规定。表中的 X_e' 是指I型随机不确定度。

表 9.5 流速仪法测流测I型误差允许误差

站 类	计算规则 X_e'/% 历时/s 水位级	一点法			二点法			三点法		
		100	60	30	100	60	30	100	60	30
一、二、三类精度的水文站	高	7	8	9	5	6	7	4	5	6
	中	8	9	12	6	7	9	4.5	5.5	
	低	10	12	16	7.5	9	11	6	7	10

注 X_e' 为I型随机不确定度。

5. II型误差

（1）试验要求。为确定该误差的大小，可开展流速仪法的II型误差试验。II型误差试验应根据已有的流速分布资料，选取中泓处的垂线和其他有代表性的垂线5条以上作为试验垂线，在高、中、低水位级分别进行试验。在每条垂线上的每次试验应符合表9.6的规定。

（2）误差计算。我国规范规定采用点11点（国际标准是采用10点）资料计算垂线平均流速，得到各点平均流速真值的近似值。再按不同的测点数计算垂线平均流速，则流速仪法的II型误差可按以下步骤计算。

1）分别用用一点法、二点法、三点法、五点法和十一点法，计算实验垂线的平均流速（按照第6章垂线流速计算方法）。

表9.6 Ⅱ 型 误 差 试 验 要 求

站　类	每水位级试验测次	一次试验水位变幅/m	单条垂线上测点数	重复施测流速次数	测点流速历时/s
一类精度站	>2	≤0.1	11	10	100～60
二、三类精度站		≤0.3			

2）计算由于计算规则造成抽样的系统误差可采用式（9.148）计算

$$\mu_{\text{II},j} = \frac{1}{I}\sum_{i=1}^{I}\left(\frac{\overline{V}_{i,j} - \overline{V}_{i,11}}{\overline{V}_{i,11}}\right) \qquad (9.148)$$

3）计算由于计算规则造成的抽样随机误差可采用式（9.149）计算：

$$S_{\text{II},j} = \sqrt{\frac{1}{I-1}\sum_{i=1}^{I}\left(\frac{\overline{V}_{i,j} - \overline{V}_{i,11}}{\overline{V}_{i,11}} - \mu_{\text{II},j}\right)^2} \qquad (9.149)$$

式中　I——测速实验总垂线数；

j——计算垂线平均流速采用的测点数，j 可取 1、2、3、5 等；

$\overline{V}_{i,j}$——第 i 条实验垂线，采用 j 点法计算的平均流速，m/s；

$\overline{V}_{i,11}$——第 i 条实验垂线，11 点法计算的平均流速，m/s；

$\mu_{\text{II},j}$——采用 j（j 可取 1、2、3、5）点法计算平均流速，导致的相对系统误差，%；

$S_{\text{II},j}$——采用 j（j 可取 1、2、3、5）点法计算平均流速，导致随机误差的相对标准差，%。

（3）特殊情况。当二类、三类精度的水文站不能满足表9.6的规定时，可采用垂线上测5点，每点测速历时50～30s，在每条垂线上重复施测8次。其误差参照十一点法误差计算公式计算。

（4）流量测验规范对Ⅱ型误差要求。规范要求单次流量测验Ⅱ型误差应满足表9.7的规定。表中 X'_P 为Ⅱ型随机不确定度，$\hat{\mu}_s$ 为系统误差，$\left[\frac{1}{n_{11}}\right]$ 为十一点法断面概化垂线流速分布形式参数度。

6. Ⅲ型误差

（1）试验要求。为了研究测速垂线的多少对实测流量造成的随机误差，可进行加密测速垂线测流试验（Ⅲ型误差试验）。试验应在高、中、低水位级开展。由于每次试验历时较长，在大洪水期进行试验困难较大，试验应选在流量平稳时期进行。当水位变幅能满足要求时，应按表9.8的规定进行误差试验。

表9.7 流速仪法测流测Ⅱ型误差允许误差

站　类		一类精度的水文站						二、三类精度的水文站					
	计算规则	一点法		二点法		三点法		一点法		二点法		三点法	
误差/%	误差项	X'_P	$\hat{\mu}_s$	X'_P	$\hat{\mu}_s$	X'_P	$\hat{\mu}_s$	X'_P	$\hat{\mu}_s$	X'_P	$\hat{\mu}_s$	X'_P	$\hat{\mu}_s$
水位级													
高		4.2	0.9～1	3.2	0.7～1	2.4	0.5	5.9	1.0	4.7	0.7～1.0	4.0	0.5～0.7
中		4.5	1.0	3.5	0.9～1	2.8	0.7	6.1	1.0	4.8	1.0	4.3	0.8～0.9
低		4.8	1.0	3.6	1.0	3.0	0.8～1.0	6.2	1.0	4.9	1.0	4.4	1.0

注　X'_P 为Ⅱ型随机不确定度；$\hat{\mu}_s$ 为系统误差，其值可正可负。

表9.8 Ⅲ 型 误 差 试 验 要 求

试　验　要　求		垂线平均流速施测方法		测点测速历时/s	
水面宽/m	布设最少测速垂线数目	二点法	三点法	一类精度站	二、三类精度站
50≤B≤1200	50～60	0.2、0.8	0.2、0.6、0.8	100～60	60～30
25≤B<50	30～50				
B<25	>25				

注　表中 B 为水面宽；当 B>1200m 时，每增加 20～30m，增布一条垂线。

（2）误差计算。利用试验的多线多点资料计算出较精确的断面流量，然后对各次较精确流量逐渐减少测速垂线数目，计算由于测速垂线减少引起的流量误差。当收集 30 次以上试验资料后，可采用式（9.150）计算测速垂线减少所引起的误差

$$\mu_{\mathrm{III},i} = \frac{1}{K} \sum_{j=1}^{K} \frac{Q_{ji} - Q_{jm}}{Q_{jm}} \qquad (9.150)$$

$$S_{\mathrm{III},i} = \sqrt{\frac{1}{K-1} \sum_{j=1}^{K} \left(\frac{Q_{ji}}{Q_{jm}} - \mu_{\mathrm{III},i}\right)^2} \qquad (9.151)$$

式中　　Q_{jm}——第 j 次试验多条（m 条）测速垂线计算的流量，m^3/s；

Q_{ji}——第 j 次试验测速垂线减少为 i 条时计算的流量，m^3/s；

K——III 型误差试验总次数；

$\mu_{\mathrm{III},i}$——测速垂线减少为 i 时，引起的相对系统误差，%；

$S_{\mathrm{III},i}$——测速垂线减少为 i 条时，引起的相对随机误差（标准差），%。

（3）以往的研究成果结论。

1）从有限垂线数算出的流量成果系统地偏小。

2）根据等距离准则选择的垂线导致的结果，比使用"部分流量相等"准则所得结果稍好一点，但其差别很小。

3）对于大河流（$Q > 120\,m^3/s$），横向流速分布的内插影响误差的程度大于河床剖面的内插影响误差的程度；对于小河（$Q < 120\,m^3/s$），河床剖面的内插影响误差的程度比横向流速分布的内插影响误差的程度大得多。

4）在断面中的垂线位置和垂线数是决定总流量测验误差大小的关键因素。

5）当测定流量时，使用连续测深获得剖面（如回声测深记录）资料，代替只在测速垂线上的测深，能够减少流量测验误差。

因此，国际标准中建议一次实测流量至少使用 20 条垂线，以 25 条垂线进行测量将提高可靠性，但是以 15 根垂线进行测量，有引起较大误差的危险。

（4）我国流量测验规范对单次流量测验 III 型误差要求。规范要求单次流量测验 III 型随机误差、III 型系统误差应满足表 9.9 的规定。

表 9.9　　　　　　　　　　　Ⅲ 型 允 许 误 差

站　类	断面测速垂线数目	允 许 误 差 %					
		高　水		中　水		低　水	
		X'_{III}	μ_{III}	X'_{III}	μ_{III}	X'_{III}	μ_{III}
一类精度水文站	5	5.2	−2.1	6.1	−2.4	8.8	−3.5
	10	3.3	−1.3	4.3	−1.7	5.6	−2.2
	15	2.5	−1.0	3.5	−1.4	4.3	−1.7
	20	2.1	−0.8	3.0	−1.2	3.6	−1.4
二类精度水文站	5	6.0	−2.4	7.0	−2.8	9.0	−3.6
	10	3.8	−1.5	4.9	−2.0	5.7	−2.3
	15	2.9	−1.2	4.0	−1.6	4.4	−1.8
	20	2.4	−1.0	3.5	−1.4	3.7	−1.5
三类精度水文站	5	7.0	−2.8	8.5	−3.4	10.3	−4.1
	10	4.4	−1.8	5.6	−2.2	6.5	−2.6
	15	3.4	−1.4	4.4	−1.8	5.0	−2.0
	20	2.8	−1.1	3.7	−1.5	4.1	−1.6

注　表中 X'_{III} 为置信水平 95% 的 III 型随机不确定度；μ_{III} 为 III 型相对系统误差。

7. 流速仪法流量测验各分量不确定度的采用

流速仪法流量测验各分量不确定度的采用应符合以下规定。

（1）流量测验误差试验站，应采用本站误差试验值。

（2）非流量测验误差试验站，应采用本部门或本地区的地区综合误差。

（3）无地区综合误差数据的测站，可参考表 9.3、表 9.5、表 9.7、表 9.9 所列值选用。当测站实际情况与各表误差的规定范围不符时，其误差的取值宜按规定范围的上、下限值分析确定。

（4）当发现表 9.3、表 9.5、表 9.7、表 9.9 中给

出的误差与测站特性不符合时，应根据本地区流量测验误差试验资料及时分析研究，提出研究成果，作为更新数据的依据。

8. 单次流量测验误差的要求

国际标准《明渠水流测量——流速面积法总误差研究》（ISO/TR 7178—1983）认为，流速面积法单次流量测验合格的标准是其标准差为 $2\% \sim 3\%$，即不确定度为 $4\% \sim 6\%$。我国相关规范要求，按一类精度测站、二类精度测站、三类精度测站的高中低水同时考虑设站目的，对流量测验误差分别作出了要求，详见表 9.10。

表 9.10　　　　　　　　　　　　　　单次流量测验 Ⅲ 型系统误差

站类	水位级	允许误差（%）							
		基本资料收集		工程水文分析计算		防汛抗旱		水资源配置	
		X'	μ	X'	μ	X'	μ	X'	μ
一类精度水文站	高	5	$-1.5 \sim 1.0$	6	$-1.5 \sim 1.0$	5	$-1.5 \sim 1.0$	5	$-1.5 \sim 1.0$
	中	6	$-2.0 \sim 1.0$	7	$-2.0 \sim 1.0$	6	$-2.0 \sim 1.0$	6	$-2.0 \sim 1.0$
	低	9	$-2.5 \sim 1.0$	9	$-2.5 \sim 1.0$	8	$-2.5 \sim 1.0$	7	$-2.5 \sim 1.0$
二类精度水文站	高	6	$-2.0 \sim 1.0$	7	$-2.0 \sim 1.0$	6	$-2.0 \sim 1.0$	6	$-2.0 \sim 1.0$
	中	7	$-2.5 \sim 1.0$	8	$-2.5 \sim 1.0$	7	$-2.5 \sim 1.0$	7	$-2.5 \sim 1.0$
	低	10	$-3.0 \sim 1.0$	10	$-3.0 \sim 1.0$	9	$-3.0 \sim 1.0$	8	$-3.0 \sim 1.0$
三类精度水文站	高	8	$-2.5 \sim 1.0$	9	$-2.5 \sim 1.0$	8	$-2.5 \sim 1.0$	7	$-2.5 \sim 1.0$
	中	9	$-3.0 \sim 1.0$	10	$-3.0 \sim 1.0$	9	$-3.0 \sim 1.0$	8	$-3.0 \sim 1.0$
	低	12	$-3.5 \sim 1.0$	12	$-3.5 \sim 1.0$	11	$-3.5 \sim 1.0$	10	$-3.5 \sim 1.0$

注　X'—置信水平为 95% 总随机不确定度；μ—系统误差。

9.6.2　浮标法流量测验误差

9.6.2.1　不确定度的来源

浮标法流量测验的不确定度其来源可通过该法流量计算式分析

$$Q = K_f \sum_{i=1}^{m} (L / \overline{T}) b_i (d_{i-1} + d_i)/2 \quad (9.152)$$

式中　Q——浮标法计算的总流量，m^3/s；

m——部分断面数；

b_i——断面第 i 部分的宽度，m；

d_i——断面第 i 条垂线的深度，m；

L——上下游断面之间的距离，m；

$\overline{T}$——浮标通过上下游断面距离的平均时间，s；

K_f——浮标流速系数。

由式（9.152）可知，浮标测验流量的总不确定度主要由以下不确定度组成。

（1）宽度测量不确定度。

（2）水深测量不确定度。

（3）浮标流速不确定度。

（4）浮标流速系数不确定度。

（5）由断面部分数量（垂线数量）的限制引起的不确定度。

（6）断面测量与浮标测流不同步引起的不确

定度。

9.6.2.2　各单项不确定度分析

1. 宽度和水深不确定度

分析方法同流速仪法。

2. 浮标流速不确定度

该不确定度由以下两部分组成。

（1）浮标通过上下游断面路径的不确定度。观测浮标流经上、下断面间距允许不确定度为 1.5%。

（2）浮标通过上下游断面时间的不确定度。浮标运行历时的允许不确定度为 1.5%。

3. 浮标流速系数不确定度。

浮标流速系数不确定度可是由流速仪与浮标同时比测试验，在按规定收集大量的浮标系数的试验资料基础上，采用数理统计方法估算。浮标系数允许随机不确定度应按表 9.11 规定执行。

表 9.11　　　　浮标系数允许随机不确定度

断面分布数	5	10	15	20
不确定度/%	7	6	5	4.6

4. 由垂线数量的限制引起的不确定度

分析方法同流速仪法。

5. 由断面测量与浮标测流不同步引起的不确定度

由断面测量与浮标测流不同步引起的不确定度与

河床稳定情况有关，当河床冲淤变化大时，该项不确定度可能较大，可根据测站大量实测资料采用统计分析方法估算。插补借用断面的不确定度，对于河床比较稳定的水文站，可取 4%～6%。

9.6.2.3 浮标测流的总不确定度

1. 总随机不确定度

$$X'_Q = \left[X'^2_m + X'^2_{kf} + X'^2_{af} + \left(\frac{1}{m+1} \right)(X'^2_b + X'^2_d) \right.$$
$$\left. + (X'^2_L + X'^2_T) \right]^{\frac{1}{2}} \qquad (9.153)$$

式中　X'_Q——浮标测流的总随机不确定度，%；

　　　X'_m——垂线数量的限制引起的不确定度，%；

　　　X'_{kf}——浮标流速系数不确定度，%；

　　　X'_{af}——断面测量与浮标测流不同步引起的不确定度，%；

　　X'_b、X'_d——宽度和水深测量不确定度，%；

　　　X'_L——浮标通过上下游断面路径的不确定度，%；

　　　X'_T——浮标通过上下游断面时间的不确定度，%；

　　　m——部分断面数。

2. 总系统不确定度

$$X''_Q = \left[(X''^2_b + X''^2_d)/2 \right]^{\frac{1}{2}} \qquad (9.154)$$

式中　X''_b、X''_d——测深、测宽的系统不确定度，%。

3. 总不确定度

$$X_Q = (X'^2_Q + X''^2_Q)^{\frac{1}{2}} \qquad (9.155)$$

9.6.3 测流堰流量测验误差

9.6.3.1 薄壁堰流量测验误差

1. 流量计算公式

薄壁堰流量计算的公式可进一步概化为：

矩形堰

$$Q_r = J_r \left[C_e \sqrt{g} b_e h_e^{3/2} \right] \qquad (9.156)$$

三角堰

$$Q_t = J_t \left[C_e \sqrt{g} \tan \frac{\alpha}{2} h_e^{5/2} \right] \qquad (9.157)$$

其中

$$b_e = b + K_b \qquad (9.158)$$

$$h_e = h + K_h \qquad (9.159)$$

式中　J_r、J_t——常数，只取决于堰的形式，不涉及到误差；

　　　C_e——流量系数；

　　b、b_e——实测堰宽、有效宽度，m；

　　h、h_e——实测水头、有效水头，m；

　　K_b、K_h——校正值，由实验确定，是对黏滞力和表面张力的综合影响的校正值。

2. 误差来源

由流量计算公式可知，薄壁堰流量测验误差来源为流量系数（C_e）、建筑物的尺寸测量（矩形堰为测量宽度、三角形堰为堰口角度）、实测水头、校正值 K_b 和 K_h、重力加速度。

3. 单项不确定估计

（1）系数的不确定度。流量计算公式中的 C_e、K_b 和 K_h 值是通过实验室模型试验得出的，虽然这些实验做得很精细，且多次重复读数，保证了足够的精度，但当这些系数用在其他类似设备测量时，由于设备表面光洁度变化、设备的装配、近似条件以及模型与现场建筑物之间的比尺效应等因素还会引起误差。这些系数数值一旦选定，将会固定使用，多数情况下，C_e、K_b 和 K_h 值产生的误差表现为系统误差。一般说来，流量系数的系统误差比其他系统误差更大些。

对于那些不用有效水头和有效宽度概念的流量公式，C_e、b_e 和 h_e 可由 C、b 和 h 取代，则无 K_b 和 K_h 因素带来的误差。

根据以往的经验，完全依照标准规定建造和安装的薄壁堰，其流量系数的不确定度如下。

1）矩形薄壁堰，根据其 h/p 确定：①当 h/p 值小于 1.0 时不大于 1.5%；②当 h/p 值在 1.0～1.5 之间时不大于 2%；③当 h/p 在 1.5～2.5 之间时不大于 3%。

2）三角形薄壁堰，其流量系数的不确定度将不大于 1.0%。

3）参照国际标准中给出的 K_b 和 K_h，其不确定度为 0.3mm，可见这两个因素对流量测量不确定度的影响较弱。

（2）水头测量的不确定度。水头测量不仅取决于设备和技术，而且还取决于水位的变化（例如在静水井或有波浪的水流中），还与测量次数有关。水头测量误差包括水尺刻划或仪器灵敏度、观测者、风、水流波浪因素引起的误差等，该项误差既有偶然误差，也有系统误差。该项不确定度的分析与估算方法和水位观测的不确定基本相同。

对于有效水头的不确定度可采用式（9.160）计算

$$X_{he} = \frac{\sqrt{e_h^2 + e_{h_0}^2 + e_{k_h}^2}}{h_e} \qquad (9.160)$$

式中　X_{he}——有效水头的不确定度，%；

　　　e_h——测量水头的不确定度，mm（或 m）；

　　　e_{h_0}——水尺零点测量的不确定度，mm（或 m）；

　　　e_{k_h}——水头改正系数的不确定度，mm（或 m）；

h_e——有效水头测量值，mm（或 m）。

（3）宽度（或角度）测量的不确定度。宽度或角度的测定包括固定尺寸和距离的测定，而误差取决于所采用的设备、方法、测量条件及观测者等因素。宽度（或角度）测量的产生的误差既有偶然误差，也有系统误差。

宽度的随机不确定度

$$X_{b_e} = \frac{\sqrt{e_b^2 + e_{k_b}^2}}{\bar{b}} \qquad (9.161)$$

式中　X_{b_e}——有效宽度的不确定度，%；

　　　e_b——测量宽度的不确定度，mm（或 m）；

　　　e_{k_b}——宽度改正系数的不确定度，mm（或 m）；

　　　$\bar{b}$——宽度多次测量的平均宽，mm（或 m）。

（4）$\tan\frac{a}{2}$ 的不确定度。$\tan\frac{a}{2}$ 的不确定度取决于所采用的测量方法。例如：$\tan\frac{a}{2}$ 可以用堰口顶宽的 1/2 和堰口的垂直高度的商来确定。则 $\tan\frac{a}{2}$ 的不确定度，可采用式（9.162）计算

$$X_{\tan\frac{a}{2}} = \sqrt{\left(\frac{e_{h_t}}{h_t}\right)^2 + \left(\frac{e_{b_t}}{b_t}\right)^2} \qquad (9.162)$$

式中　b_t——堰口顶宽，mm（或 m）；

　　　h_t——堰口的垂直高度，mm（或 m）；

　　　e_{b_t}、e_{h_t}——b_t、h_t 的测量不确定度，mm（或 m）。

对于那些不包含有效水头和有效宽度的流量计算公式，上述公式中的 e_{k_b} 和 e_{b_e} 应取为零。

（5）重力加速度的不确定度。关于重力加速度（g）误差在其他堰槽测验中也涉及，先讨论如下：重力加速度误差因地而异，但变化较小。国际上是将纬度 45°的海平面的重力加速度（$g = 9.80665\text{m/s}^2$）作为重力加速度的标准值。在一般情况下，计算中可以取 $g = 9.80\text{m/s}^2$。理论分析及精确实验都表明，重力加速度值随纬度增高略有增大，如赤道附近、北京、莫斯科、北极地区的重力加速度分别为 9.780m/s²、9.801m/s²、9.816m/s²、9.832m/s²，可见重力加速度在赤道与北极之间最大相差 0.53%，因此，重力加速度的变化只在实验室要求很高的情况下才予考虑。该项误差属系统误差，一般重力加速度的不确定度小于 0.5%，在流量测验中常可以忽略。

4. 总不确定度计算

（1）随机不确定度。

矩形堰

$$X'_{Q_r} = \pm \sqrt{X'^2_{C_e} + X'^2_{b_e} + 1.5^2 X'^2_{h_e}} \qquad (9.163)$$

三角形堰

$$X'_{Q_t} = \sqrt{X'^2_{C_e} + X'^2_{\tan\frac{a}{2}} + 2.5^2 X'^2_{h_e}} \qquad (9.164)$$

式中　X'_{Q_r}、X'_{Q_t}——矩形堰、三角形堰流量计算值的随机不确定度，%；

　　　X'_{C_e}——流量系数的随机不确定度，%；

　　　X'_{b_e}——矩形堰有效宽度的随机不确定度，%；

　　　$X'_{\tan\frac{a}{2}}$——三角形堰堰口角度的随机不确定度，%；

　　　X'_{h_e}——有效水头的随机不确定度，%。

（2）系统不确定度。

矩形堰流量的系统不确定度可由式（9.165）计算

$$X''_{Q_r} = \pm \sqrt{X''^2_{C_e} + X''^2_{b_e} + 1.5^2 X''^2_{h_e}} \qquad (9.165)$$

三角形堰流量的系统不确定度可由式（9.166）计算

$$X''_{Q_t} = \pm \sqrt{X''^2_{C_e} + X''^2_{\tan\frac{a}{2}} + 2.5^2 X''^2_{h_e}} \qquad (9.166)$$

式中　X''_{C_e}——流量系数的系统不确定度，%；

　　　X''_{b_e}——矩形堰有效宽度的系统不确定度，%；

　　　X''_{h_e}——有效水头的系统不确定度，%；

　　　$X''_{\tan\frac{a}{2}}$——三角形堰堰口角度的系统不确定度，%。

（3）总不确定度。

总不确定度由随机不确定度和系统的不确定度合成，矩形堰、三角形薄壁堰均可用式（9.167）计算

$$X_Q = \sqrt{X'^2_Q + X''^2_Q} \qquad (9.167)$$

9.6.3.2　宽顶堰流量测的验误差

1. 流量计算通用公式

宽顶堰单次流量计算可用式（9.168）表示：

$$Q = J\sqrt{g}C_V C_D C_S C_f b^\gamma h^\beta \qquad (9.168)$$

式中　J——不带误差的数字常数；

　　C_V、C_D——行近流速系数、流量系数；

　　C_S、C_f——形状系数、淹没系数；

　　b、h——实测堰顶宽度、实测水头，m；

　　γ、β——指数；

　　g——重力加速度，m/s²。

2. 流量误差来源

由式（9.168）知，宽顶测流堰测流的总不确定度来源于以下几个方面。

（1）测流堰的施工、安装标准引起的不确定度。

（2）流量系数的不确定度。

（3）行近流速系数的不确定度。

（4）淹没流系数的不确定度。

（5）测流堰尺寸测量的不确定度（宽度或堰顶角 θ）。

(6) 零点设置的不确定度。

(7) 水头测量的不确定度。

(8) 重力加速度引起的不确定度。

其中，第（1）、第（2）、第（3）、第（4）项基本反映在流行近流速系数（C_V）、形状系数（C_S）、流量系数（C_D）及淹没流系数（C_f）中，第（5）项反映在宽度（b）测量误差中，第（6）、第（7）项基本反映在水头（h）测量误差中，第（8）项重力加速度虽然因地而异，但变化很小，其不确定度也可忽略不计。

3. 测量不确定度估算

（1）堰尺寸测量的不确定度。

1）堰顶宽度测量的不确定度。测流堰尺寸测量的不确定度（主要是宽度 b 或直径 D）与施工的精度有关，并取决于测量仪器可能达到的精度和量测次数，可采用式（9.169）估算

$$X_b = 2 \frac{E_{\bar{b}}}{\bar{b}} \qquad (9.169)$$

式中　X_b——堰顶宽度的不确定度，%；

　　　$E_{\bar{b}}$——平均堰顶宽度（$\bar{b}$）的量测中误差，m；

　　　$\bar{b}$——多次测量计算的平均堰顶宽，m。

在低水头运用时，需考虑表面张力和黏滞力影响来，并计算有效宽度（b_e），则 b_e 的不确定度（X_{b_e}）为

$$X_{b_e} = \pm \sqrt{(X_b)^2 + (X_{K_b})^2} \qquad (9.170)$$

式中　X_{b_e}——有效宽度（b_e）的不确定度，%；

　　　X_{K_b}——K_b 的不确定度，%；

　　　K_b——考虑表面张力和黏滞力综合影响的改正值。

K_b 的不确定度（X_{K_b}）可用式（9.171）计算

$$X_{K_b} = 2 \frac{E_{K_b}}{b} \qquad (9.171)$$

式中　E_{K_b}——K_b 的估算中误差，m。

2）堰口角的不确定度。对于 V 形宽顶堰堰顶角（θ）是建筑物尺寸的主要量度，其不确定度将取决于建造水平和所采用的测量方法。当堰口角是用不同部位堰口宽的 1/2（b_t）和相应的垂直高度（h_t）的商来确定时，则 $\tan \frac{\theta}{2}$ 的不确定度（$X_{\tan\frac{\theta}{2}}$）为

$$X_{\tan\frac{\theta}{2}} = \pm \sqrt{(X_{ht})^2 + (X_{bt})^2} \qquad (9.172)$$

式中　X_{bt}、X_{ht}——堰口宽的 1/2（b_t）和相应的垂直高度（h_t）的不确定度，%。

可用式（9.173）、式（9.174）计算

$$X_{ht} = 2 \frac{E_{ht}}{h_t} \qquad (9.173)$$

$$X_{bt} = 2 \frac{E_{bt}}{b_t} \qquad (9.174)$$

式中　b_t、h_t——堰口宽的 1/2 和相应的垂直高度，m；

　　　E_{bt}、E_{ht}——堰口宽的 1/2 和相应的垂直高度观测的中误差，m。

（2）实测水头的不确定度。实测水头的不确定度取决于许多因素，可采用式（9.175）估算

$$X_h = \sqrt{(X_{h_s})^2 + (X_{h_0})^2 + (X_{h_i})^2 + (X_{K_h})^2} \qquad (9.175)$$

式中　X_{h_s}——水头读数产生的不确定度，%；

　　　X_{h_0}——水头测量零点产生的不确定度，%；

　　　X_{h_i}——仪器运行或水尺刻划产生的不确定度，%；

　　　X_{K_h}——当应用有效水头时，考虑表面张力和黏滞力影响产生的不确定度，%；

　　　X_h——实测水头（h）的不确定度，当流量计算式用有效水头（h_e）表达时，X_h 以 X_{h_e} 计。

4. 系数不确定度估算

（1）矩形宽顶堰。

1）流量系数。对于在技术熟练和严格按规程操作施工情况安装的堰，流量系数的系统不确定度可由式（9.176）估算

$$X_c'' = 1.5 + (h_1/p)^2 \qquad (9.176)$$

式中　X_c''——矩形宽顶堰流量系数的系统不确定度，%；

　　　h_1——从堰顶起算的实测上游水头，m；

　　　p——堰高，m。

随机不确定度，根据以往对流量系数的研究经验，其随机不确定度可以取 $X_c' = 1\%$。

2）行近流速系数的不确定度。行近流速系数的不确定度很小，可忽略不计。

3）淹没流系数的不确定度。影响淹没流系数不确定度的主要因素有：在实验室内测定淹没流系数与上下游水头关系的不确定度；上游有水头测量的不确定度；下游水头测量的不确定度等。

（2）V 形宽顶堰。

1）流量系数的不确定度。流量系数的系统不确定度可以用式（9.177）计算

$$X_c'' = 2.0 + 0.15 L/h_1 \qquad (9.177)$$

随机不确定度，一般情况下，可取为 $X_c' = 0.5\%$。

2）行近流速系数的不确定度。它随着水头测量断面的变化而变化。在定期维护行近槽的情况下，行近流速系数的不确定度可以忽略。

3）淹没流系数的不确定度。分析方法同矩形宽顶堰。

行近流速系数、流量系数和淹没系数的不确定度是单次流量总不确定度的主要来源。本节给出的上述系数值的不确定度，仅适用于符合本书要求建造的标准堰。

流量系的不确定度与弗汝德数（Fr）有关，上述给出的各个标准堰的流量系数不确定度，只适用于 $Fr \leqslant 0.5$ 的条件。当 Fr 在 $0.5 \sim 0.6$ 之间时，应增加 $\pm 2\%$ 的不确定度。

5. 单次流量总不确定度的估算

（1）流量的随机不确定度

$$X'_Q = \sqrt{(X'_{C_D})^2 + (X'_{C_V})^2 + (X'_{C_f})^2 + (\gamma X'_b)^2 + \beta^2 X'^2_h + \psi X'^2_m}$$

（9.178）

式中　X'_{C_D}——流量系数的随机不确定数，%；

　　　X'_{C_V}——行近流速系数的随机不确定数，%；

　　　X'_{C_f}——淹没系数的随机不确定数，%，对于非淹没流为 0；

　　　X'_b——宽度测量的随机不确定度，%；

　　　X'_h——水头测量的随机不确定度，%；

　　　X'_m——边坡 m 的随机不确定度，%；

　　　γ、β、ψ——取决于测流堰几何形状的系数。

式（9.178）中，在矩形测流堰的简单情况下，$\gamma = 1$，$\beta = 1.5$ 和 $\psi = 0$（假定两边墙完全是竖直的）；对于堰口角为 θ 的三角形堰，$\gamma = 0$，X_h 用 $X_{\tan\frac{\theta}{2}}$ 代替，$\beta = 2.5$，$\psi = 0$；对于梯形断面堰，γ、ψ、β，其数值与参数 $\left(\dfrac{mh}{b}\right)$ 有关，见表 9.12。

表 9.12　　不同 $\dfrac{mh}{b}$ 值的 γ、ψ、β 查读表

$\dfrac{mh}{b}$	γ	ψ	β
0.01	0.99	0.01	1.51
0.03	0.97	0.03	1.53
0.10	0.93	0.07	1.57
0.20	0.88	0.12	1.62
0.50	0.73	0.27	1.77
1.00	0.57	0.43	1.93
2.0	0.41	0.59	2.01
5.0	0.20	0.80	2.30
10.0	0.11	0.89	2.39
20.0	0.06	0.94	2.44
50.0	0.02	0.98	2.48
100.0	0.01	0.99	2.49

（2）流量的系统不确定度。流量的系统不确定度可由式（9.179）计算

$$X''_Q = \sqrt{X''^2_{C_D} + X''^2_{C_V} + X''^2_{C_f} + \gamma^2 X''^2_b + \beta^2 X''^2_h + \psi X''_m}$$

（9.179）

式中　X''_Q——单次流量测验的系统不确定度，%；

　　　X''_{C_D}——流量系数的系统不确定数，%；

　　　X''_{C_V}——行近流速系数的系统不确定数，%；

　　　X''_{C_f}——淹没系数的系统不确定数，%。对于非淹没流为 0；

　　　X''_b——宽度的系统不确定数，%；

　　　X''_h——水头测量的系统不确定度，%；

　　　X''_m——边坡（m）的系统不确定数，%。

（3）流量的总不确定度。随机不确定度和系统不确定度可用式（9.180）加以综合

$$X_Q = \sqrt{X'^2_Q + X''^2_Q}$$　　　（9.180）

式中　X_Q——单次流量的总不确定度，%；

　　　X'_Q——总随机不确定度，%；

　　　X''_Q——总系统不确定度，%。

9.6.4　测流槽流量测验的误差

1. 测流槽流量测验的通用公式

$$Q = JC_D C_V C_u C_f b^\gamma \sqrt{g}\ h^n$$　　　（9.181）

式中　Q——流量，m³/s；

　　　J——常数，取决于堰的形式，不涉及误差；

　　　C_D——是流量系数；

　　　C_V——行近流速系数；

　　　C_f——淹没校正系数；

　　　C_u——过水断面的形状系数；

　　　b——测流槽宽，m；

　　　h——入流断面水头，m；

　　　γ、n——指数。

2. 误流量差来源

由式（9.181）知，流量测验的不确定度主要取决于以下几个方面。

（1）测流槽的施工标准和表面光洁度。

（2）流量系数公式的不确定度。

（3）行近流速系数的不确定度。

（4）安装条件的影响。

（5）零点设置的不确定度。

（6）水头测量的不确定度。

（7）测流槽几何形状测量的不确定度。

（8）淹没校正系数的不确定度。

（9）重力加速度的影响。

其中，第（1）、第（2）、第（3）、第（4）项基

本反映在相应测流槽行近流速系数 C_V 或流量系数 C_D 中，第（5）、第（6）项基本反映在相应水头测量误差中，第（7）项反映在形状系数 C_u 和宽度测量中，第（8）项反映在淹没校正系数 C_σ 中。

3. 各项系数值的不确定度估算

（1）行近流速系数（C_V）、流量系数（C_D）和淹没系数（C_f）的不确定度是单次流量总不确定度的主要来源。本书引用的各系数值是由理论研究和实验结果分析求得的。由于实验资料与理论推算值的偏差，致使给出的流量系数、行近流速系数、淹没校正系数、过水断面的形状系值都存在不确定度，只要严格按照使用条件，这些系数的不确定度可按给出的建议范围估算。

（2）对于矩形、梯形、U 形测流槽，若施工技术熟练，仔细认真，在正常情况下，C_D 和 C_V 接近 1 时，系数的不确定度有可能达到 1%。系数的不确定度的计算可由式（9.182）估算：

$$X_C = 1 + 20(C_V - C_D) \qquad (9.182)$$

式中 X_C——系数的不确定度。

（3）按规定要求设置的各种巴歇尔槽和孙奈利槽，流量系数不确定度一般认为是系统不确定度，对于巴歇尔槽在 2%～4%，对于孙奈利槽约为 3%。

（4）本书给出的上述系数值的不确定度，适用于标准槽。当野外安装和运用条件不完全符合标准槽要求时，应增大其不确定度。

（5）流量系数的不确定度与弗汝德数（Fr）有关，给出的各个标准槽的流量系数不确定度，只适用于 $Fr \leqslant 0.5$ 的条件。当 Fr 在 0.5～0.6 之间时，应增加 ±2% 的不确定度。

4. 测流槽尺寸测量的不确定度

测流槽尺寸主要是宽度（b）或直径（D），其测量的不确定度与施工的精度、测量仪器设备的精度和量测次数有关。如宽度（或直径，下同）的不确定度可用式（9.183）计算

$$X_{\bar{b}} = 2 \times \frac{E_{\bar{b}}}{\bar{b}} \qquad (9.183)$$

式中 $X_{\bar{b}}$——喉道宽的不确定度，%；

$E_{\bar{b}}$——喉道宽多次测量平均的量测中误差，m；

$\bar{b}$——喉道宽多次测量的平均值，m。

在低水头运用时，需考虑表面张力和黏滞力影响来，并计算有效宽度，效宽度的不确定度为

$$X_{b_e} = \sqrt{(X_b)^2 + (X_{K_b})^2} \qquad (9.184)$$

$$b_e = b + K_b \qquad (9.185)$$

式中 b_e——有效宽度，m；

X_{b_e}——b_e 的不确定度，%；

K_b——考虑表面张力和黏滞力综合影响的改正值。

其中

$$X_{K_b} = 2 \times \frac{E_{K_b}}{b} \qquad (9.186)$$

式中 E_{K_b}——K_b 估算中的误差，%。

5. 实测水头的不确定度

影响实测水头的因素较多，可由各单项来源的不确定度的估计来确定，例如水尺零点的不确定度、测量灵敏度、指标机械的齿轮间隙、一组观测值的均值的剩余偶然不确定度等。实测水头的不确定度是各个单项不确定度平方和的平方根，其计算式为

$$X_h = \sqrt{(X_{h_s})^2 + (X_{h_0})^2 + (X_{h_i})^2 + (X_{K_h})^2}$$

$$(9.187)$$

式中 X_{h_s}——水头读数产生的不确定度，%；

X_{h_0}——水头测量零点产生的不确定度，%；

X_{h_i}——仪器运行或水尺刻划产生的不确定度，%；

X_{K_h}——当应用有效水头时，考虑表面张力和黏滞力影响产生的不确定度，%。

上述各分量的不确定度都应以 95% 置信水平计算。

6. 流量不确定度

单次流量不确定度可表达为

$$X = \sqrt{(X_C^2 + \gamma^2 X_b^2 + n^2 X_h^2 + \psi X_m^2 + \lambda^2 X_f^2)}$$

$$(9.188)$$

式中 X_C——是流量系数和行近流速系数（$C_V C_D$）的不确定度，%；

X_b——喉道宽（b）或 U 形喉道测流槽直径（D）的不确定度，%；

X_h——入流断面水头（h）测量的不确定度，%；

X_m——边坡（m）的不确定度，%；

X_f——淹没校正系数（C_f）的不确定度，%；

λ——淹没流或自由（非淹没）流系数，当出现淹没流时，$\lambda=1$，非淹没流 $\lambda=0$；

γ、ψ、n——断面的喉道底宽（b）、边坡（m）和实测水头（h）在流量计算式中的方次，取决于测流槽几何形状的形状系数。

矩形喉道测流槽情况下，$\gamma=1$，$\psi=0$，$n=1.5$。

对于 U 形喉道测流槽，$\psi=0$（假定两边墙完全

是竖直的），γ 和 n 取决于 H_c/b，见图 9.2（在应用这些曲线过程中，可以采用近似值 $H_c \approx h$）。

对于巴歇尔，$\gamma = 1$，自由流情况下，$\psi = 0$，n 与采用的计算公式有关；对于孙奈利 $\gamma = 1$，$\psi = 0$，$n = 1.5$。

对于梯形喉道测流槽 γ 和 ψ 取决于 mH_c/b，$n = 1.5$。

对于梯形喉道测流槽 γ、ψ、β 分别为梯形断面的喉道底宽（b），边坡（m）和实测水头（h）在流量计算式中的方次，其数值与参数 $\left(\dfrac{mh}{b}\right)$ 有关，可由表 9.13 及图 9.2 查得。

表 9.13　　不同 $\dfrac{mh}{b}$ 值的 γ、ψ 和 β 查读表

$\dfrac{mh}{b}$	γ	ψ	β
0.01	0.99	0.01	1.51
0.03	0.97	0.03	1.53
0.10	0.93	0.07	1.57
0.20	0.88	0.12	1.62
0.50	0.73	0.27	1.77
1.00	0.57	0.43	1.93
2.0	0.41	0.59	2.01
5.0	0.20	0.80	2.30
10.0	0.11	0.89	2.39
20.0	0.06	0.94	2.44
50.0	0.02	0.98	2.48
100.0	0.01	0.99	2.49

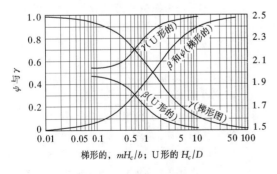

图 9.2　γ、β 和 ψ 查算图

7. 流量的随机不确定度表示

流量的随机不确定度可用式（9.189）计算

$$X'_Q = \sqrt{X_C'^2 + \gamma^2 X_b'^2 + n^2 X_h'^2 + \psi^2 X_m'^2 + \lambda^2 X_f'^2}$$

(9.189)

式中　X'_Q——流量的随机不确定度，%；

X'_C——系数的随机不确定数，%；

X'_b——宽度测量的随机不确定度，%；

X'_h——实测水头的随机不确定度，%；

X'_m——边坡测量的随机不确定度，%；

X'_f——淹没校正系数的随机不确定度，%。

8. 流量的系统不确定度表示

流量的系统不确定度可由式（9.190）计算

$$X''_Q = \pm \sqrt{X_C''^2 + \gamma^2 X_b''^2 + n^2 X_h''^2 + \psi^2 X_m''^2 + \lambda^2 X_f''^2}$$

(9.190)

式中　X''_Q——流量的系统不确定度，%；

X''_C——流量系数的系统不确定度，%；

X''_b——宽度测量的系统不确定度，%；

X''_h——实测水头的系统不确定度，%；

X''_m——边坡测量的系统不确定度，%；

X''_f——淹没校正系数的系统不确定度，%。

9. 流量测验总不确定度

随机不确定度和系统不确定度可用式（9.191）加以综合

$$X_Q = \sqrt{X_Q'^2 + X_Q''^2}$$

(9.191)

9.6.5　水工建筑物法流量测验的误差

1. 水工建筑物测流的流量计算通用公式

$$Q = JCbeH^\beta$$

(9.192)

式中　Q——流量，$\mathrm{m^3/s}$；

J——含 $\sqrt{2g}$ 常数项，其误差可忽略不计；

C——流量系数；

b——建筑物过水断面净宽或圆洞半径，m，如水电站、电力抽水站不用过水断面宽资料时，此项等于 1；

e——闸门开启高度，m，堰、管出流无闸门时，此项等于 1；水电站、电力抽水站此项为电功率 N 值，淹没堰流用水头差公式时，此项为下游水头；

H——水头、水头差、扬程，m；

β——H 项的指数。

2. 误差来源

从流量计算的通用公式可知，水工建筑物测流的误差主要来自以下几个方面。

建筑物尺寸的测量误差、闸门开启高度观测误差、水位（包括水头、水头差、扬程）观测误差、流量系数误差、水电站和电力抽水站还有电功率查读误差、效率误差等。

（1）建筑物尺寸测量误差包括过水断面宽度、洞管直径、堰高等项的测量误差。

（2）闸门开启高度观测误差，应包括开高读数误差、标尺刻划误差、闸底零点高程测量误差；弧形闸门开启弧线换算为垂直开高的误差。

（3）水尺观测水位的误差来源有水尺零点高程测量误差、水尺刻划误差和水尺读数误差。

（4）流量系数的影响因素较多，误差来源复杂，主要有以下误差。

1）现场率定流量系数的误差来源有用流速仪测流的测验误差、水头观测误差、堰闸宽度测量误差、闸门开高观测误差等。在水电站、电力抽水站，还有电功率读数误差。流速仪测量的单次流量随机误差，按照现行规范进行估算。其他各项水力因素的观测误差均可按 9.6.3 节规定的方法进行估算，当应用现场率定的流量系数关系线或关系式查算流量系数时，其误差应小于单次实测的流量系数的误差，宜采用流量系数定线误差分析流量误差。

2）采用模型试验的流量系数和经验流量系数的误差，主要取决于所用流量系数是否符合原建筑物的实际情况，可根据应用现场率定流量系数成果与模型流量系数和经验流量系数进行比较予以估算。

3. 单项不确定度估算

（1）水位观测不确定度。水位观测的不确定度计算方法同 9.5.1 节。

（2）水头观测不确定度。水头随机不确定度可按式（9.193）估算

$$E'_H = E'_{Z_3} = 2\sqrt{\frac{\sum_{i=1}^{N}(Z_i - \overline{Z})^2}{N-1}} \qquad (9.193)$$

水头系统不确定度可按式（9.194）估算

$$E''_H = \sqrt{E''^2_{Z_1} + E''^2_{Z_2}} \qquad (9.194)$$

水头综合不确定度可按式（9.198）估算

$$E_H = \sqrt{E'^2_H + E''^2_H} = \sqrt{E'^2_{Z_1} + E''^2_{Z_2} + E'^2_{Z_3}} \qquad (9.195)$$

式（9.193）、式（9.194）、式（9.195）中符号意义同 9.5.1 节。

水头综合相对不确定度按式（9.199）估算

$$X_H = \frac{E_H}{H} \qquad (9.196)$$

式中 X_H——水头综合相对不确定度，%；
       H——水头观测值，m。

（3）水位差不确定度。水位差的不确定度计算方法参照 9.5.1 节。

水位差综合相对不确定度按式（9.197）估算

$$X_{\Delta z} = \frac{E_{\Delta Z}}{\Delta Z} \qquad (9.197)$$

式中 $X_{\Delta Z}$——水位差综合相对不确定度，%；
       ΔZ——水位差，m。

（4）闸门开启高度的不确定度。闸门开启高度综合不确定度可按式（9.198）估算

$$E_e = \sqrt{E'^2_{e_1} + E''^2_{e_2}} \qquad (9.198)$$

式中 E_e——闸门开启高度观读综合不确定度（采用 2 倍中误差），m；
       E'_{e_1}——闸门开启高度观读随机不确定度，m，可根据实际观测情况确定（此值应采用中误差的 2 倍），一般在 $0.01 \sim 0.02$m 之间；
       E''_{e_2}——闸门开启高度零点测量的系统不确定度，m，可参照水尺零点高程的系统不确定度的计算方法估算。

闸门开高的相对不确定度可用式（9.199）估算

$$X_e = \frac{E_e}{e} \qquad (9.199)$$

式中 X_e——闸门开高的相对不确定度，%；
       e——闸门开启高度，m。

（5）堰宽、洞径测量的不确定度。堰宽、洞径测量时，应往返多次精确测量。其测量的随机误差规范要求，互差不得超过 $\pm$（0.01m＋0.2b‰），其中，b 为建筑物的尺寸（如堰宽、洞径等），其测量的系统不确定度可以忽略。因为，建筑物尺寸一旦确定，该测量误差在流量计算中就反映为流量的系统误差。建筑物尺寸测量的不确定度可用式（9.200）计算

$$X_b = \frac{0.01}{b} + 0.2\% \qquad (9.200)$$

（6）关系线查算的流量系数随机不确定度。用水力因素与流量系数建立的关系线或关系式查算的流量系数，随机相对不确定度可按式（9.201）估算

$$X'_C = tS_C \left[\frac{1}{N} + \frac{(\ln y_i - \overline{\ln y})^2}{\sum_{i=1}^{N}(\ln y_i - \overline{\ln y})^2} \right]^{1/2}$$

$$(9.201)$$

式中 X'_C——流量系数随机相对不确定度，%；
       N——观测次数；
       y_i——与流量系数对应的相关因素值；
       $\overline{\ln y}$——y_i 的算术平均值，相关因素可以分级分组计算其平均值；
       S_C——实测流量系数值对关系线的标准差，计算方法参见 6.9.8 流量系数节中，流量系数的检测与检验有关内容；
       t——在 95% 置信水平上对于 N 次测量的学生氏 t 值，测次与 t 值关系见表 9.14。

表 9.14　　　　　　　　　　　95％置信的学生氏 t 值表

N	2	3	6	7	10	15	20	30	60	无穷大
t	12.7	4.3	2.6	2.4	2.3	2.1	2.1	2.0	2.0	1.96

流量系数关系线有明显转折时，可在转折处分段计算其不确定度。

（7）现场率定流量系数的相对不确定度。

$$X''_C = \left[X''^2_Q + X''^2_b + X''^2_e + \left(\frac{1}{2} X''_H \right)^2 \right]^{1/2}$$

$$(9.202)$$

式中　X''_C——流量系数系统不确定度，％；

　　　X''_Q——实测流量系统不确定度，％；

　　　X''_b——闸孔宽系统不确定度，％；

　　　X''_e——闸门开高系统不确定度，％；

　　　X''_H——水头观测的系统不确定度，％。

4. 单次流量总不确定度估算

单次流量总不确定度可按式（9.203）估算

$$X_Q = \left[X^2_C + X^2_b + X^2_e + (\beta X_H)^2 \right]^{1/2} \quad (9.203)$$

式中　X_Q——一次流量推算值总不确定度，％；

　　　X_C——流量系数总不确定度，％；

　　　X_b——b 的总不确定度，例如过水断面宽、洞管半径等，％；

　　　X_e——表闸门开高的总不确定度，％，无闸门时此项为 1；

　　　X_H——H 的总不确定度，代表水头、水头差、扬程等，％；

　　　β——流量计算公式中 H 的指数。

9.6.6　比降面积法流量测验误差

1. 误差的分类

比降面积法流量测验误差可分为随机误差、系统误差、伪误差。随机误差按正态分布，采用置信水平为 95％的随机不确定度描述。系统误差采用置信水平不低于 95％的系统不确定度描述。含有伪误差的测量成果必须剔除，不确定度的数值应以百分数表示。

2. 误差来源

根据比降面积法均匀河段流量计算公式

$$Q = A \frac{R^{2/3} S^{1/2}}{n} = \frac{A^{5/3} S^{1/2}}{P^{2/3} n} \quad (9.204)$$

式中　Q——流量，m^3/s；

　　　A——断面面积，m^2；

　　　R——水力半径，m；

　　　S——比降，‰ 或 ‱；

　　　n——河床糙率；

　　　P——湿周，m。

可知，流量的误差来源包括断面测量的误差、水力半径计算的误差、比降水位观测和比降计算的误差、糙率取用的误差等几个方面。

3. 各水力要素不确定度估算

各项水力要素的不确定可以通过试验分析计算。缺乏实验资料的测站，根据以往的实验资料，各项水力要素的不确定度可按以下方法估计。

（1）面积的随机不确定度按 2.8％估计，系统不确定度按 0.7％估计。如果是借用断面，且河流冲淤变化大，其误差要远大于此值。

（2）水力半径的随机不确定度按 3.4％估计，系统不确定度按 0.86％估计。

（3）比降的不确定度分为比降水位观测和比降断面间距测量的不确定度。水位不确定度又分为水尺零点高程测量不确定度、水尺刻划的不确定度、水尺观读的不确定度等，如使用自记水位计时，相应为仪器安装高程测量不确定度、仪器自记分划的不确定度、仪器时钟的不确定度等。比降水位观测的不确定度还应分为水流无波浪、一般波浪和较大波浪 3 种情况。

（4）糙率的不确定度分为糙率计算和定线、选用的不确定度。糙率计算的不确定度涉及流量、面积、湿周、比降等因素，糙率取用的不确定度取决于糙率与水位（或其他水力因素）关系线定线的不确定度，无资料时可按 10％估计。

4. 流量的不确定度计算

（1）总随机不确定度。比降面积法总随机不确定度可按式（9.205）计算

$$X'_Q = \left(\frac{25}{9} X'^2_A + \frac{1}{4} X'^2_S + \frac{4}{9} X'^2_P + X'^2_n \right)^{1/2}$$

$$(9.205)$$

式中　X'_Q——比降面积法流量的总随机不确定度，％；

　　　X'_A——断面面积的随机不确定度，％；

　　　X'_S——水面比降的随机不确定度，％；

　　　X'_P——湿周的随机不确定度，％；

　　　X'_n——糙率的随机不确定度，％。

（2）总系统不确定度。比降面积法总系统不确定度按式（9.206）计算

$$X''_Q = \sqrt{ \frac{25}{9} X''^2_A + \frac{1}{4} X''^2_S } \quad (9.206)$$

式中　X''_Q——比降面积法总系统不确定度，％；

X''_A——断面面积的系统不确定度，%；

X''_S——比降的系统不确定度，%。

（3）总不确定度。比降面积法测验流量总不确定度按式（9.207）计算

$$X_Q = \sqrt{X'^2_Q + X''^2_Q} \qquad (9.207)$$

式中 X_Q——流量总不确定度，%；

X'_Q——比降面积法测流的总随机不确定度，%；

X''_Q——比降面积法测流的总系统不确定度，%。

9.7 悬移质泥沙测验误差

9.7.1 单次悬移质泥沙测验不确定度计算方法

通过断面的实测总输沙率计算公式为

$$Q_{sm} = \sum_{i=1}^{m} q_{si} = \sum_{i=1}^{m} b_i h_i \bar{v}_i \bar{c}_i \qquad (9.208)$$

式中 Q_{sm}——实测输沙率，kg/s；

m——含沙量取样垂线数；

b_i——第 i 部分流量的宽度，m；

h_i——第 i 部分流量的平均水深，m；

$\bar{c}_i$——第 i 部分流量对应的平均含沙量，kg/m³；

$\bar{v}_i$——第 i 部分流量的平均流速，m/s。

当含沙量取样垂线数 $m \to \infty$ 时，有实测的输沙率 $Q_{sm} \to Q_s$（通过断面的真实输沙率），实际上含沙量取样垂线数不可能太多；实测的输沙率不能无限接近通过断面的真实输沙率，因此，实测的输沙率需要被改正，取

$$Q_s = F_m Q_{sm} \qquad (9.209)$$

式中 Q_s——断面通过的真实输沙率，kg/s；

Q_{sm}——实测输沙率，kg/s；

F_m——实输沙率改正因素。

由误差传播定律，并仿照上节流量所述方法，可推导出断面单次输沙率测验的不确定度为

$$X^2_{Q_s} = X^2_m + X^2_{Q_{sm}} \qquad (9.210)$$

式中 X_{Q_s}——断面通过的真实输沙率的不确定度，%；

X_m——实测输沙率改正因素不确定度，%；

$X_{Q_{sm}}$——实测输沙率不确定度，%。

对式（9.213）进一步推导，并整理得

$$X^2_{Q_s} = X^2_m + \frac{\sum_{i=1}^{m} [q^2_{si}(X^2_{bi} + X^2_{di} + X^2_{vi} + X^2_{ci})]}{\left(\sum_{i=1}^{m} q_{si}\right)^2}$$

$$(9.211)$$

式中 X_{bi}——第 i 部分宽度测量随机不确定度，%；

X_{di}——第 i 条垂线水深测验随机不确定度，%；

X_{vi}——第 i 部分平均流速测验随机不确定度，%；

q_{si}——第 i 部分输沙率，kg/s；

X_{ci}——第 i 部分平均含沙量测验随机不确定度，%。

垂线含沙量的误差是由垂线取样方法和计算规则导致的误差，泥沙脉动引起的误差，仪器误差、水样处理引起的误差，其不确定度可用式（9.212）表示

$$X^2_{ci} = X^2_I + X^2_{II} + X^2_g + X^2_{cL} \qquad (9.212)$$

式中 X_I——泥沙脉动引起的不确定度，%；

X_{II}——取样方法和计算规则引起的不确定度，%；

X_g——采样仪器引起的不确定度，%；

X_{cL}——实验室泥沙处理的不确定度，%。

当各部分输沙率都相等，并且各部分的各项源误差分别取相等值，同时考虑式（9.212）将式（9.211）式进一步简化，可得单次输沙率测验随机不确定度为

$$X'^2_{Q_s} = X^2_m + \frac{1}{m}(X'^2_b + X'^2_d + X'^2_c + X'^2_e + X'^2_p + X'^2_I + X'^2_{II} + X'^2_g + X'^2_{cL}) \qquad (9.213)$$

式中 X'_{Q_s}——单次输沙率的随机不确定度，%；

X'_b、X'_d、X'_c——意义同式（9.136）；

X'_e、X'_p、X'_m——流速脉动、有限垂线测点及计算规则导致的随机不确定度，%。

9.7.2 悬移质泥沙单次测验误差的来源

由以上推导可知，悬移质泥沙测验的误差主要除了具有与流量测验相同的误差外，还来源于泥沙取样仪器、水样处理、取样历时、垂线上取样方法以及断面内测沙垂线数目的多少等因素，其误差包含有随机误差和系统误差两种。因不确定度在数值上等于 2 倍的标准差。所以，欲求不确定度，必先求出各个项目的标准差。

9.7.3 分项不确定度的估算及控制指标

1. 与流量测验有关的误差

主要有测宽、测深、流速仪、流速脉动、流速垂线测点数等误差，其来源、性质与分析计算方法，均与流速面积法单次流量测验误差相同。

2. $C_S I$ 型误差

$C_S I$ 型误差是垂线上测点有限取样历时引起的含沙量脉动误差。该误差通过实验确定，其实验有两种方法，其一是采用含沙量测量仪或积时式采样器，

在同一测点采取不同历时的含沙量，用短历时测得的含沙量和长历时测得含沙量对比分析，计算偶然误差，计算方法与步骤和流速脉动误差相似，可参照其流速脉动误差部分的计算公式；其二是在含沙量相对平稳的时期，采多组瞬时含沙量，每组连续取多个瞬时含沙量，计算每组多个瞬时含沙量的平均值，并分别与各个瞬时含沙量计算相对误差，并计算其标准差。具体操作中，可在不同水位与含沙量级，在中泓、中泓边和近岸边不同位置选取测沙垂线，并收集各种条件下的30组以上资料。各种条件下的偶然误差的相对标准差采用式（9.214）计算

$$S_{\mathrm{I}} = \sqrt{\frac{\sum_{i=1}^{n_1}\left(\frac{C_{si}}{C_{st}}-1\right)^2}{(n_1-1)}} \qquad (9.214)$$

式中　　S_{I}——$C_S\mathrm{I}$ 型误差偶然误差的相对标准差，%；

C_{si}——每试验组中第 i 个测点含沙量，kg/m³ 或 g/m³；

C_{st}——每试验组以算术平均值计算的测点含沙量的近似真值，kg/m³ 或 g/m³；

n_1——每组的取样个数。

当垂线平均含沙量采用选点法计算时，垂线的 $C_S\mathrm{I}$ 型误差可按式（9.215）计算：

$$S_{\mathrm{I}(V)} = \sqrt{\sum_{k=1}^{P} W_k^2 S_{\mathrm{I}}^2} \qquad (9.215)$$

式中　　$S_{\mathrm{I}(V)}$——按一定历时取样的垂线的 $C_S\mathrm{I}$ 型相对标准差，%；

P——垂线测点数；

W_k——测点含沙量的权重系数。

3. $C_S\mathrm{II}$ 型误差

$C_S\mathrm{II}$ 型误差为垂线上有限的取样点数和计算规则所引起的垂线平均含沙量的误差。为分析该项误差，需要开展 $C_S\mathrm{II}$ 型误差试验。可选多点法取样，计算得各个测点含沙量，用不同测点数垂线平均含沙量和多点计算垂线平均含沙量的近似值。在计算 $C_S\mathrm{II}$ 型误差时，计算公式为

$$E_{\mathrm{II}(i,j)} = \frac{C_{sn(i,j)}}{C_{snj}} - 1 \qquad (9.216)$$

$$\bar{\mu}_{\mathrm{II}(i)} = \frac{1}{I}\sum_{j=1}^{I} E_{\mathrm{II}(i,j)} \qquad (9.217)$$

$$S_{\mathrm{II}} = \sqrt{\frac{1}{I-1}\sum_{j=1}^{I}\left[E_{\mathrm{II}(i,j)} - \bar{\mu}_{\mathrm{II}(i)}\right]^2} \qquad (9.218)$$

式中　　$E_{\mathrm{II}(i,j)}$——某试验组第 j 条垂线，按 i 个测点计算的垂线平均含沙量的 $C_S\mathrm{II}$ 型相

对误差；

$C_{sn(i,j)}$——某试验组第 j 条垂线，按 i 个测点计算的垂线平均含沙量，kg/m³ 或 g/m³；

C_{smj}——第 j 条垂线多点计算的垂线平均含沙量，kg/m³ 或 g/m³；

$\bar{\mu}_{\mathrm{II}(i)}$——按 i 个测点计算的垂线平均含沙量的 $C_S\mathrm{II}$ 型误差平均值，即相对系统误差；

I——试验垂线数；

S_{II}——按 i 个测点计算的垂线平均含沙量的 $C_S\mathrm{II}$ 型误差的相对标准差，%。

4. $C_S\mathrm{III}$ 型误差

$C_S\mathrm{III}$ 型误差为由垂线数目和计算规则所引起的断面平均含沙量的误差。在进行 $C_S\mathrm{III}$ 型误差计算时进行多垂线试验，并用多垂线试验资料计算断面平均含沙量的近似真值，再用 m 条垂线计算断面平均含沙量，则 $C_S\mathrm{III}$ 型误差计算公式为

$$E_{\mathrm{III}(i,m)} = \frac{\bar{C}_{s(i,m)}}{\bar{C}_{sti}} - 1 \qquad (9.219)$$

$$\bar{\mu}_{\mathrm{III}} = \frac{1}{I} E_{\mathrm{III}(i,m)} \qquad (9.220)$$

$$S_{\mathrm{III}} = \sqrt{\frac{1}{I-1}\sum_{i=1}^{I}\left[E_{\mathrm{III}(i,m)} - \bar{\mu}_{\mathrm{III}}\right]^2} \qquad (9.221)$$

式中　　$E_{\mathrm{III}(i,m)}$——第 i 次试验，按 m 条垂线计算的断面平均含沙量的 $C_S\mathrm{III}$ 型相对误差；

$\bar{C}_{s(i,m)}$——第 i 次试验，按 m 条垂线计算的断面平均含沙量，kg/m³ 或 g/m³；

$\bar{C}_{sti}$——第 i 次试验，按多垂线计算的断面平均含沙量，kg/m³ 或 g/m³；

$\bar{\mu}_{\mathrm{III}}$——按 m 条垂线计算的断面平均含沙量的 $C_S\mathrm{III}$ 型误差平均值，即相对系统误差；

I——试验组数；

S_{III}——按 m 条垂线计算的断面平均含沙量的 $C_S\mathrm{III}$ 型误差的相对标准差。

5. 其他分项不确定度

采样仪器的不确定度和实验室泥沙处理的不确定度参考表 9.15 确定，其中，X' 为随机不确定度，X'' 为系统误差。

9.7.4　随机不确定度和系统误差的估算

1. 悬移质断面输沙率测验的总随机不确定度

悬移质断面输沙率测验的总随机不确定度，可按式（9.213）计算，也可按下列各式分步计算。

表9.15　　　　　　　　　　　　各分项不确定度控制指标　　　　　　　　　　　　%

站　类	仪器		水样处理		C_S I 型	C_S II 型			C_S III 型	
	X'	X''	X'	X''	X'	X'	X''	X'	X''
一类站	10	±2.0	4.2	−4.0	$\dfrac{6.6}{\sqrt{n}}$	12	±2.0	4.0	±2.0
二类站	16	±3.0	4.2	−6.0		16	±3.0	6.0	±3.0
三类站	20	±6.0	4.2	−8.0		20	±6.0	10.0	±6.0

注　表中 n 为垂线上含沙量测点数。

（1）计算断面平均含沙量测验的总随机不确定度

$$X'_{C_S} = \left[X'^2_{\text{III}} + \frac{1}{m}(X'^2_{\text{I}} + X'^2_g + X'^2_{cL} + X'^2_{\text{II}}) \right]^{1/2}$$

$$(9.222)$$

式中　　　X'_{C_S}——一次断面平均含沙量测验的总随机不确定度，%；

X'_{I}、X'_{II}、X'_{III}——垂线的 C_S I 型、C_S II 型与 C_S III 型误差的随机不确定度，%；

X'_g、X'_{cL}——仪器与水样处理的随机不确定度，%；

m——垂线数目。

（2）计算流量测验的随机不确定度，方法同流速仪法。

（3）悬移质断面输沙率测验的总随机不能确定度

$$X'_{Q_S} = (X'^2_{C_S} + X'^2_Q)^{1/2} \qquad (9.223)$$

式中　X'_Q——一次流量测验的随机不确定度，%；

X'_{Q_S}——一次悬移质断面输沙率测验的总随机不能确定度，%。

2. 悬移质断面输沙率测验的总系统不确定度

$$X''_{Q_S} = \sqrt{ X''^2_b + X''^2_d + X''^2_c + X''_{\text{I}} + X''_{\text{II}} + X''_{\text{III}} + X''_g + X''_{cL} }$$

$$(9.224)$$

式中　　　X''_{Q_S}——悬移质断面输沙率测验的总系统不确定度，%；

X''_b、X''_d、X''_c——测宽、测深、流速仪检定系统不确定度，%，同流速仪法流量测验误差分析，%；

X''_{I}、X''_{II}、X''_{III}——C_S I 型、C_S II 型与 C_S III 型误差的系统不确定度，%；

X''_g、X''_{cL}——仪器与水样处理的系统不确定度，%。

9.7.5　单次输沙率测验的总不确定度

单次输沙率测验的总不确定度由总随机不确定度和总系统不确定度组成，可按式（9.225）估算

$$X_{Q_s} = \pm \sqrt{ X'^2_{Q_s} + X''^2_{Q_s} } \qquad (9.225)$$

9.8　降水观测误差

9.8.1　误差来源

用雨量器（计）观测降水量，由于受观测场环境、气候、仪器性能、安装方式和人为因素等影响，使降水量观测值存在系统误差和随机误差。降水量观测值可表示为

$$p = p_m + \Delta p \qquad (9.226)$$

式中　p——降水量真值，mm；

p_m——降水量观测值，mm；

Δp——降水量观测误差，mm。

其中：

$$\Delta p = \Delta p_a + \Delta p_w + \Delta p_e + \Delta p_s + \Delta p_b + \Delta p_g + \Delta p_d + \Delta p_r$$

$$(9.227)$$

式中　Δp_a——风力误差，mm；

Δp_w——湿润误差，mm；

Δp_e——蒸发误差，mm；

Δp_s——溅水误差，mm；

Δp_b——积雪漂移误差，mm；

Δp_g——仪器误差，mm；

Δp_d——沉沙误差，mm；

Δp_r——测记误差，mm。

9.8.2　降水量观测误差的组成

一般情况下，降水观测误差主要来自8个方面，根据误差传播关系，降水量观测值的中误差可表示为

$$m_p^2 = m_a^2 + m_w^2 + m_e^2 + m_s^2 + m_b^2 + m_g^2 + m_d^2 + m_r^2$$

$$(9.228)$$

式中，m_p、m_a、m_w、m_e、m_s、m_b、m_g、m_d、m_r 分别为降水量观测误差、风力误差、湿润误差、蒸发误差、溅水误差、积雪漂移误差、仪器误差、沉沙误差和测记的中误差，mm。

9.8.3　各项误差形成原因分析与控制

（1）风力误差（又称空气动力损失）。在观测场环境符合降水量观测要求的条件下，风力误差主要是因安装的雨量器（计）高出地面，在有风时阻碍空气流动，引起风速场变形，在仪器口形成涡流和上升气

流，使仪器口上方风速增大，降水迹线偏离，导致仪器承接的降水量系统偏小。根据研究，风力误差的大小与风速、仪器口安装高度成增函数关系，与雨滴大小成减函数关系，与降水的性质有关，降雪的值大于降雨。

风力误差是系统误差，是降水量观测系统误差的主要来源，如不加控制，此误差可导致年降雨量偏小 2%～10%，降雪量偏小 10%～50%。应按要求将年降雨量的动力损失控制在 3% 以内。为了控制风力误差，应注意以下各项。

1）观测场地周围有障碍物阻碍气流运动，会致使降水量观测值偏大或偏小，且误差很难确定，故应重视场地查勘，使勘选的观测场地环境符合规范要求。如能在森林、果园内的空旷区或灌木丛中建立观测场，则能削弱风的影响。

2）为了减少动力损失，雨量器（计）安装高度越低越好。地面雨量器（计）的观测值，近似降水量真值，将器口离地面高度控制在 0.7～1.2m 以内，可以将年降水量观测误差控制在 3% 以内。特殊情况下安装器口高度不超过 3.0m 的杆式雨量器（计），亦能使年降水量误差控制在 3% 以内。

3）用于观测降雪量的雨量器（计），必要时应安装防风圈。

4）不允许将雨量器（计）安装在房顶上观测降水量，因其观测值比实际降水量偏小很多，一般可使年降水量平均偏小 10% 左右。

（2）湿润误差（又称湿润损失）。在干燥情况下，降水开始时，雨量器（计）有关构件要沾带一些降水，使观测的降水量系统偏小。此项误差大小与仪器结构、观测操作方法、风速、空气湿度和气温有关。

每次降水量的湿润损失，一般为 0.05～0.03mm，一年累积的湿润损失量可使年降水量偏小 2% 左右；降小雨次数多的干旱地区，湿润误差可导致年降水量偏小达 10% 左右。应尽可能地将湿润误差控制在 1%～2% 以内。可采取的具体措施如下。

1）提高雨量器（计）各雨水通道、储水器和量雨杯的光洁度，保持仪器各部件洁净、无油污、杂物，以减少器壁黏滞水量。

2）预知即将降水之前，用少许清水细心湿润雨量器（计）各部件，抵偿湿润损失。但必须注意，不让储水器、浮子室、翻斗等因湿润仪器而积水。

（3）蒸发误差（又称蒸发损失）。汇集降水的储水器或雨计的浮子室、翻斗内的降水量，当降水停止后，会因蒸发作用而损失。蒸发误差与风速、气温、空气温度以及仪器封闭性能有关。蒸发误差导致降水量观测系统偏小，属系统误差。

如不加控制，蒸发损失量可占年降水量的 1%～4%，故应按以下要求将蒸发误差控制在 1%～2% 以内。

1）用小口径的储水器承接雨水。

2）向储水器或浮子室注入防蒸发油，防止雨水蒸发。

3）每次降水停止后，及时观测储水器承接的降水量。

4）尽量提高仪器各接水部件的密封性能。

（4）溅水误差。较大雨滴降落到地面上，可溅起 0.3～0.4m 高，并形成一层雨雾随风流动，部分雨雾可降入地面雨量器，正好落在器口边缘的雨滴及降落在防风圈上的雨滴，也可能溅入器口。溅水误差与雨滴和风力大小成正比例函数关系。

溅水误差导致降水量偏大，地面雨量器的溅水误差可使年降水量偏大 0.5%～1.0%。控制溅水误差主要措施有以下几项。

1）在防风圈叶片上部加防溅设施。

2）在地面雨量器周围大于 0.5m 范围内，加网格防止溅水。

3）在观测场内种植草皮等。

（5）积雪漂移误差。有积雪地区，风常常将积雪吹起漂入承雪器口，造成伪降雪，致使降雪量观测值偏大。根据雨量站所在地区的积雪深度和风力大小，将器口安装高度提高至 2～3m，可基本避免该项误差的影响。

（6）仪器误差。由于仪器分辨率或来源于仪器调试不合格、仪器口安装不平、仪器受碰撞变形等引起的偶然误差（如果这些问题得不到及时纠正，就成为系统误差），属于人为误差，应力求避免。可通过选用合格仪器，精心安装调试，经常校正仪器，减少仪器误差值。

（7）沉沙误差。在有风沙天气的地区，由于泥沙在仪器的沉淀会导致降水量偏大，在西北风沙严重，降水偏少的在地区，沉沙误差可使观测的降水量偏大 15%～30%。削弱此项误差的方法是在未降水日加盖仪器盖；翻斗的容积不易太小；降水前清洗仪器。

（8）测记误差。由于观测人员的视差，以及错读错记、操作不当和其他事故造成的偶然误差，一般通过训练，提高观测人员的操作水平和责任心，可减少至忽略不计。

降水量观测值的各项误差中，第（8）项和第（6）项中大部分属于随机误差，具有抵偿性，由观测人员严格执行有关技术规定，这两项随机误差对月、年降雨量的影响可忽略不计。第（4）、第（5）和第（7）项为正系统误差，地域性很强，应根据本地的具体情况予以控制。第（1）、第（2）、第（3）项为负系统误差，且量值较大，是雨量观测值系统偏小的主要误差来源，是误差控制的重点。即降水观测的主要误差为由动力损失、湿润损失、蒸发损失组成的系统误差。在这3项误差得不到控制的条件下，会导致降水量的值系统偏小。

9.9 相关关系定线误差

在水文测验中，经常需要使用相关分析方法，建立各种相关关系线，建立的方法除用数学模型加以描述外，还大量应用直观的依点据直接绘制的相关线，在定线时也会存在一定的误差，为此，现以常用的水位流量关系为例讨论定线误差问题。

9.9.1 水位流量关系建立

1. 水位流量关系建立原理

水位流量关系是水文站两个最重要水文要素之间的相关关系，建立水位流量关系也称为水位流量关系率定。建立水位流量关系的基础是测验河段有一定的测站控制，这种测站控制可能是断面控制、河槽控制或是两者都起作用的综合测站控制。

（1）断面控制情况下的水位流量关系。测站在断面控制的作用下，其流量可利用堰流公式计算，基本的堰流公式形式可表示为

$$Q = C_D B H^{1.5} \tag{9.229}$$

式中　Q——流量，m^3/s；

　　　C_D——流量系数，可能包括几个因子；

　　　B——断面宽度，m；

　　　H——水头，m。

（2）河槽控制情况下的水位流量关系。测站控制如果是河槽控制，其控制河段的水位流量关系可由曼宁公式表示

$$Q = \frac{1}{n} A R^{2/3} S_f^{1/2} \tag{9.230}$$

式中　A——断面面积，m^2；

　　　R——水力半径，m；

　　　S_f——摩阻比降；

　　　n——河槽糙率。

上述公式通常适用于河道为渐变流的和均匀流，对于非均匀流，则应用圣维南不稳定流公式，但这些公式在确定水位流量关系中很少应用，故不作叙述。

无论是水头、面积还是水力半径等，都与水位有单值的函数关系，因此，在单一测站控制下，水位流量关系应为单一的函数关系，绘制成图形就是单一的关系线。

（3）组合控制的水位流量关系。有些测站的控制条件比较复杂，有时处在综合测站控制下，如高低水受两个断面控制作用，也可能是低水受断面控制和中、高水受河槽控制作用的组合。这种情况下，测站的水位流量关系可能是几条关系曲线，称为组合控制率定曲线，有时称为复合控制率定曲线。

2. 关系建立的目的与方法

设立测站的主要目的是通过观测获得河流的水位、流量资料。为此，需要进行水位观测和进行流量测验，水位观测方便快捷，而流量测验需要一定的时间、条件和花费一定的人力物力。在某些情况下，甚至无法正常开展流量测验。因此，测站一般情况下需要建立水位和流量相关关系，利用水位流量关系，通过水位资料求得流量资料。

水位和流量之间的关系通过绘制实测的流量值与相应水位观测值来确定，它可以用手工在图纸上绘制或者应用计算机绘图技术完成。绘图比尺有两种类型可供选择，即算术比例尺或对数比例尺，我国多用普通的算术比例尺，而美国多用对数比例尺，无论哪种比例尺，通常都是将水位作为纵坐标，流量作为横坐标。

3. 算术比例尺绘图

根据实测资料绘制水位流量关系曲线所选择的比例尺，应能细分得准确读出规定的有效数字，并应包括测站预期发生全部水位流量变幅。比例尺的选择应使其绘制的曲线不至过陡或过于平坦，曲线的斜度应掌握在30°～50°之间为宜。如果水位或流量变幅很大，可将关系曲线分段绘成两个或更多部分，或将低水、中水或高水分别单独绘制曲线，特别是当水位流量关系曲线下部读数误差超过2.5%的部分，需要另绘放大图，以便读取满足精度需要的数据。但要注意当将它们绘在同一坐标系内时，这些单独的曲线应能形成一条平滑的连续的合成曲线。水位流量关系曲线应绘出上年末与下年初各测的3～5点，以确保年头年尾流量的衔接。

正常情况下，并不单独绘制水位流量关系，而是以同一水位为纵坐标，自左至右依次以流量、面积、流速为横坐标，分别点绘其实测值于坐标纸上，同时绘制出水位流量、水位面积、水位流速3条关系曲线。这样绘制的3条曲线，可互相参考、验证和进行合理性检查。且选定适当比例尺使水位流量、水位面积、水位流速关系曲线，分别与横坐标大致成45°、60°、60°交角，并使3条曲线互不相交。

算术比例尺的方格纸应使用方便且易于读取，这种比例尺比与对数比例尺相比，有其独特的优点，观读方便，且在水位或流量为零值时仍然能绘出。但算

术比例尺绘制的水位流量关系，大部分情况下是中间下凹的曲线，有些部位曲率很大，难以准确绘制，特别是流量测验次数较少，定线十分困难。

4. 对数比例尺绘图

大多数水位流量关系通过使用对数图纸可很好地进行图解分析。为了便于对数比例尺绘制，需要将水位转化为控制高程以上的水深，即用水位减去零流量时的水位。这样对于仅受某一种测站控制的测站，水位流量关系可绘制成直线。由于关系线是直线，即使实测流量次数较少情况下，也能方便定线。直线的斜率与控制（断面或河槽）类型有关，可为正确确定曲线的线段提供有价值的资料。对于天然河流由断面控制的对数关系线，其斜率大多数是2或再大一点，根据这一特性，通过在对数图纸上简单的绘制流量水深的关系，能很容易地识别断面控制条件的存在与否。对于河槽控制，关系曲线的斜率通常在1.5和2之间。

以上讨论适用于规则形状（如梯形、抛物线形等）的控制断面。当断面形状发生显著变化时，关系曲线的斜率将会有变化。同样当由断面控制变为河槽控制时，对数关系将显示斜率的变化。关系线上这些变化部分称为过渡段。通过以上分析，对数关系可分析出测站控制情况及变化，这些认识能帮助关系曲线外延时减少误差。

5. 绘制基本要求

无论是算术比例尺还是对数比例尺，绘制的关系线应通过实测点群中心，不应有系统偏离，应满足相应定线精度要求，满足水位流量关系的检验。可目估曲线过点群中心定线，也可采用最小二乘法进行定线。

9.9.2 关系线误差及不确定度计算

理论上水位流量存在着一定的函数关系，但由于测量误差的存在，计算模型的代表性及测站控制的变化、河道比降变化、冲淤变化等因素影响，由实际测验确定的水位流量关系，并非严格的函数关系，而是一种相关关系，绘制的关系曲线不能通过全部实测点，大部分实测点分布于关系线两侧。实测点距关系线越近，说明关系线误差越小，关系线的精度越高，质量越好。为分析水位流量关系误差，对于稳定的水位流量关系曲线、临时曲线法的主要曲线及经单值化处理的单一线等，均应计算关系点对关系线的标准差和随机不确定度。

1. 定线的标准差计算

实测点与关系曲线偏差情况，常用定线的标准差来衡量，其计算公式为

$$S_e = \left[\frac{1}{n-2} \sum_{i=1}^{n} \left(\frac{Q_i - Q_{ci}}{Q_{ci}} \right)^2 \right]^{\frac{1}{2}} \quad (9.231)$$

或

$$S_e = \left[\frac{1}{n-2} \sum_{i=1}^{n} (\ln Q_i - \ln Q_{ci})^2 \right]^{\frac{1}{2}} \quad (9.232)$$

式中 S_e——定线的标准差，m^3/s；

Q_i——第 i 次实测流量（作为单值化处理的单一线中第 i 次校正流量或校正流量因素），m^3/s；

Q_{ci}——第 i 次实测流量（Q_i）相应的曲线上的流量（或作为单值化处理的单一线中，第 i 次校正流量或校正流量因素相应的曲线上的校正流量或校正流量因素），m^3/s；

n——测点总数。

2. 随机不确定度

随机不确定度可按式（9.233）计算

$$X'_Q = 2S_e \quad (9.233)$$

式中 X'_Q——置信水平为95%的随机不确定度，%。

3. 系统误差

当实测关系点据与关系线无明显示系统偏离时，测点与关系曲线的系统误差可采用测点对关系线相对误差的均值，其计算公式为

$$\mu = \frac{1}{n} \sum_{i=1}^{n} \frac{Q_i - Q_{ci}}{Q_{ci}} \quad (9.234)$$

4. 系统不确定度

系统不确定度可按式（9.235）计算

$$X''_Q = 2\mu \quad (9.235)$$

式中 μ——系统误差；

X''_Q——置信水平为95%的系统不确定度，%。

9.9.3 水位流量（泥沙）关系的定线误差要求

对于流速面积法水位流量关系定线及允许合并线的误差指标应符合以下规定。

（1）采用单一曲线法、临时曲线法或水力因素法定线时，流速仪法测流定线的误差应满足表9.16的规定。

表9.16 水位流量关系定线误差指标表

站 类	定线方法	定线误差指标	
		系统误差/%	随机不确定度/%
一类精度的水文站	单一曲线法	1	8
	水力因素法	2	10
二类精度的水文站	单一曲线法	1	10
	水力因素法	2	12
三类精度的水文站	单一曲线法	2	11
	水力因素法	3	15

（2）采用水面浮标法测流定线的随机不确定度可增大 2%～4%。

（3）用比降面积法测流的水位流量关系定线的误差指标可参照水力因素法。

（4）巡测站定线随机不确定度可增大 2%。

（5）多条单一曲线相互间最大偏离不超过表 9.16 误差指标时，可合并定线，合并定线后测点对关系曲线的定线误差应符合表 9.17 要求。

（6）堰闸（潮流站）站、水力发电站和电力抽水站（以电功作参数的水头）的定线误差应符合表 9.18 的规定。

表 9.17 水位流量关系合并定线误差指标表

相对误差 站类 /% 水位级	一类精度 的水文站	二类精度 的水文站	三类精度 的水文站
高水	4	6	8
中水	5	8	10
低水	8	12	15

（7）悬移质泥沙关系曲线法各种线型的定线误差应符合表 9.19 的规定。

表 9.18　　　　　堰闸潮流站水力因素关系定线误差指标表

站 类	定线方法	定线精度 指标	站 类			附注
			一类精度的 水文站	二类精度的 水文站	三类精度的 水文站	
堰闸、涵管、 隧洞站	水力因素与流量或流 量系数	随机不确定度	10	14	18	上部可 适当严些
		系统误差	2	2	3	
潮流 （含感潮）站	合轴相关定潮汐要素 一潮推流全潮要素相关	随机不确定度	10	16	20	
		系统误差	2	3	3	

表 9.19　悬移质泥沙关系曲线法定线误差指标表

站 类	定线方法	定线误差指标	
		系统误差/%	不确定度/%
一类精度的 水文站	单一线法	2	18
	多线法	3	20
二类精度的 水文站	单一线法	3	20
	多线法	4	24
三类精度的 水文站	各种曲线	3	28

悬移质单断颗关系曲线法单一线法定线的随机不确定度，应控制在 18% 范围内，多线法按单一线的定线要求分别定线，定线的不确定度指标同单一线法。

9.9.4 水位流量关系的检验

1. 检验的目的

对于一组实测水位流量点据，绘制了水位流量关系线后，需要对关系线是否合理给出科学的判别，当增测了新的数据后，原关系线是否仍然成立；如需要修改，又如何进行。这些问题需要通过对关系线的检验来完成。这些工作都需要借助统计学中的假设检验来完成，一般情况下，需要开展符号检验、适线检验、偏离数值检验和 t（学生氏）检验等 4 种检验。

符号检验是检验所定水位流量关系曲线两侧测点的数目均衡分布的合理性，若两测点较均衡的分布在关系线两侧，正差值与负差值的个数应大致各占一半，否则分布不合理。适线检验是检验测点按水位序列偏离关系曲线正负符号的排序情况。偏离数值检验是检验测点与关系线间的平均偏离数值情况。t（学生氏）检验是检验原定水位流量关系曲线有没有发生变化，从而判别继续使用还是重新确定水位流量关系曲线。

这些检验都是对随机变量来作的假设检验，即先作一定的假设，通过样本资料来检验这个假定是否成立。若计算量的值小于临界值，则认为接受假设，即所定水位流量关系曲线是合理的；反之，拒绝假设，应对水位流量关系曲线进行修订。

2. 开展检验的要求

（1）当上述符号、适线和偏离 3 种检验结果均接受原假设时，应认为定线正确；若 3 种检验（或其中 1～2 种检验）结果拒绝原假设，则应分析原因，对原定线适当修改，修改后重作检验，待合格后方可使用。

（2）关系曲线为单一曲线、使用时间较长的临时曲线及经单值化处理的单一线，且测点在 10 个以上者，应做符号检验、适线检验和偏离检验。

（3）在开展符号检验时，如水位变幅大，各级水位都有足够实测点，可以按高水中水、低分 2 级进行检验。

（4）流量间测，且校测资料大于 5 次时，为判断原定曲线能否继续使用，或判断相邻年份相邻时段是否分别定线，均应进行 t（学生氏）检验。

（5）上述 4 种检验确定的临界值大小与显著性水平的高低有关，因此需要对显著性水平事先作出约定，水位流量检验中显著性水平 α 值的选用，应符合以下规定。

1）符号检验显著性水平 α 可取 0.25。

2）适线检验显著性水平 α 可取 0.05 或 0.1。

3）偏离数值显著性水平 α 可取 0.10 或 0.20。

4）t（学生氏）检验显著性水平 α 可取 0.05。

3. 符号检验

（1）进行符号检验时，应分别统计测点偏离曲线的正、负号个数，（偏离值为零者，作为正负号测点各半分配，但得与适线检验中的"＋"、"－"的个数合并起来考虑）按式（9.236）计算统计量

$$u = \frac{|k - np| - 0.5}{\sqrt{npq}} \qquad (9.236)$$

式中　u——统计量；

　　　n——测点总数；

　　　k——正号或负号个数；

　　　p、q——正负号的理论概率值，各为 0.5。

（2）根据确定的显著性水平 α，查表9.20 得统计量的临界值。

表 9.20　　　　临界值 $u_{1-\frac{\alpha}{2}}$、$u_{1-\alpha}$

显著性水平 α	0.05	0.10	0.25
置信水平 $1-\alpha$	0.95	0.90	0.75
$u_{1-\frac{\alpha}{2}}$	1.96	1.64	1.15
$u_{1-\alpha}$	1.64	1.28	—

（3）计算的统计量与查表所得的临界值比较，如满足

$$u < u_{1-\frac{\alpha}{2}} \qquad (9.237)$$

则认为合理，接受假，即通过检验，设否则应拒绝原假设。

4. 适线检验

（1）进行适线检验时，应按测点水位由低至高排列顺序，从第 2 点开始统计偏离正负符号变换，变换符号记 1，否则记 0。

（2）统计 1 的次数，按式（9.238）计算统计量

$$u = \frac{(n-1)p - k - 0.5}{\sqrt{(n-1)pq}} \qquad (9.238)$$

式中　u——统计量；

　　　n——测点总数；

　　　k——变换符号次数，$k < 0.5(n-1)$ 时作检验，否则，不作此检验；

　　　p、q——变换、不变换符号的理论概率，各为 0.5。

（3）根据确定的显著性水平 α，查表9.20 得统计量的临界值。

（4）计算的统计量与查表所得的临界值比较，如满足

$$u < u_{1-\alpha} \qquad (9.239)$$

则认为合理，接受假，即通过检验，设否则应拒绝原假设。

5. 偏离数值检验

（1）进行偏离数值检验时，按式（9.240）、式（9.241）分别计算 t 值、$S_{\bar{p}}$ 值。

$$t = \frac{\bar{p}}{S_{\bar{p}}} \qquad (9.240)$$

$$S_{\bar{p}} = \frac{S}{\sqrt{n}} = \sqrt{\sum_{i=1}^{n}(p_i - \bar{p})^2 / [n(n-1)]} \qquad (9.241)$$

式中　t——统计量；

　　　$\bar{p}$——平均相对偏离值；

　　　$S_{\bar{p}}$——$\bar{p}$ 的标准差；

　　　S——p 的标准差；

　　　p_i——测点与关系曲线的相对偏离值；

　　　n——测点总数。

（2）根据确定的显著性水平 α，查表9.21 得统计量的临界值 $t_{1-\frac{\alpha}{2}}$。

表 9.21　　　　临界值 $t_{1-\frac{\alpha}{2}}$

α ＼ k	6	8	10	15	20	30	60	∞
0.05	2.45	2.31	2.23	2.13	2.09	2.04	2.00	1.96
0.10	1.94	1.86	1.81	1.75	1.73	1.70	1.67	1.65
0.20	1.44	1.40	1.37	1.34	1.33	1.31	1.30	1.28
0.30	1.13	1.11	1.09	1.07	1.06	1.06	1.05	1.04

注　k 为自由度，对于偏离数值检验，取 $k = n-1$（n 为测点总数）；对于 t（学生氏）检验，取 $k = n_1 + n_2 - 2$（n_1、n_2 分别为第一、第二组测点总数）。

（3）计算的统计量与查表所得的临界值，如

满足

$$|t| < t_{1-\frac{\alpha}{2}} \qquad (9.242)$$

则认为合理，接受假，即通过检验，设否则应拒绝原假设。

6. t 检验时

（1）进行 t（学生氏）检验时，应按式（9.243）、式（9.244）分别计算统计量 t 值、S 值；

$$t = \frac{|\,\overline{x}_1 - \overline{x}_2\,| - |\mu_1 - \mu_2|}{S\sqrt{\dfrac{1}{n_1} - \dfrac{1}{n_2}}} \qquad (9.243)$$

$$S = \sqrt{\left[\sum_{i=1}^{n_1}(x_{1i} - \overline{x}_1)^2 + \sum_{i=1}^{n_2}(x_{2i} - \overline{x}_2)^2\right] \Big/ (n_1 + n_2 - 2)} \qquad (9.244)$$

式中　t——统计量；

x_{1i}——第一组测点（用于校测检验时，为原用确定水位流量关系曲线的流量测点）对关系曲线的相对偏离值；

x_{2i}——第二组测点，（用于校测检验时，为校测的流量测点）对上述同一关系曲线的相对偏离值；

$\overline{x}_1$、$\overline{x}_2$——第一组、第二组平均相对偏离值；

μ_1、μ_2——第一组、第二组样本总体均值；

n_1、n_2——第一组、第二组测点总数；

　　S——第一组、第二组测点综合标准差。

（2）根据确定的显著性水平 α，查表 9.21 得统计量的临界值 $t_{1-\frac{\alpha}{2}}$；

（3）计算的统计量 t 值与查表所得的临界值比较，如满足

$$|t| < t_{1-\frac{\alpha}{2}} \qquad (9.245)$$

则认为通过检验，原曲线仍可使用，不需另行定线。否则，拒绝原假设，需要重新定线。

9.10　有效数字及其运算

9.10.1　有效数字的意义

观测值有误差，数据的记载、计算过程也会产生误差。为了得到准确的测量成果，不仅要准确地测量，而且还要正确地记录和运算。那么，测量时如何读取数据，测得的数据如何进行运算，才能既方便又具有合理的准确度，就是有效数字及其运算所要讨论的问题。

1. 仪器的读数规则

在使用仪器工具读取待测量的数值时，所读取的数字的准确程度直接受仪器本身的精度——最小刻度的限制。为了获得较好的测量结果，在读取数值时，通常的作法是首先读出能够从仪器上直接读出的准确

数字，对余下部分再进行估计读数。即将读数过程分为直读和估读。例如，用一个刻划为毫米的米尺测量物体的长度，物体的长度在 74～75mm 之间。那么首先直读，可以直接读出的部分——准确数字应为 74mm；然后估读，估计余下部分约为 0.5mm；物体的长度即为 74.5mm。测量结果中，74mm 为可靠数字，0.5mm 为估读的存疑数字。

2. 有效数字的定义

测量中所指有效数字与数学上研究的数含义不同，数学上的数只表示大小，在测量中有效数字则不仅表示量的大小，而且反映了所用仪器的误差情况。如数学中 $8.35 = 8.350 = 8.3500$，而测量中 $8.35 \neq 8.350 \neq 8.3500$。通常把通过直读获得的准确数字叫做可靠数字，把通过估读得到的那部分数字叫做存疑数字，把测量结果中能够反映被测量大小的带有一位存疑数字的全部数字，称为有效数字。即有效数字是指在实际能够测量到数字的有实际意义的数字，包括最后一位估计的，不确定的数字。

3. 有效数字与不确定度的关系

有效数字的末位是估读数字，存在不确定性。有效数字在一定程度上反映了测量值的不确定度（或误差限值）。测量值的有效数字位数越多，测量的相对不确定度越小；有效数字位数越少，相对不确定度就越大。可见，有效数字也可粗略反映测量结果的不确定度。

9.10.2　有效位数

有效数字的位数简称有效位数，如果近似值的误差限是某一数位的半个单位，从该位起向左到最前面第一个非零数字共有 n 位，就说有 n 位有效位数（或 n 位有效数字）。对没有小数位且以若干个零结尾的数值，从非零数字最左一位向右数得到的位数减去无效零（即仅为定位用的零）的个数，就是有效位数。数字右边若有多个零，这些零是无效零或是有效零，若脱离实际问题判断并非易事。有效数字的位数与被测量的大小和仪器的精密度有关。

1. 没有小数位的有效位数判别

（1）没有零结尾的整数，有效位数即其位数，如 32 为 2 位有效数字。

（2）对没有小数位，以若干个零结尾的数值，仅从数据无法判断有效位数（有效数字），即以"0"结尾的整数，有效数字的位数不定。如 32000 可能是 5 位，也可能是 4 位、3 位或 2 位有效数字。因此，此类应采用科学技术法，如 32×10^5、3200×10^5，其有效位数是确定的，分别是 2 位和 4 位。

2. 有小数位的有效位数判别

从非零数字最左一位向右数而得到的位数，就是

有效位数。如 1.008、0.0381、0.0080 有效位数分别是 4 位、3 位和 2 位。第一个数字中的"0"全部是有效数字；第二个数字的中的"0"非有效数字，只起定位作用；第三个数字中的"0"部分是有效数字，部分不是有效数字，即前三个"0"不是有效数字，后一个是有效数字。

3. 单位与有效数字的位数

单位的变换不能改变有效数字的位数，但是，如果单位选取不当，书写得不科学，可能会导致有效数字位数无法判断。测量中要求尽量使用科学计数法表示数据。如 100.2m 可记为 0.1002km。但应注意若用 cm 和 mm 作单位时，数学上可记为 10020cm 和 100200mm，但却使有效数字的位数变模糊，无法判断，这样使测量数据的有关精度信息丢失。这种情况下，采用科学计数法书写就不会产生上述问题。

9.10.3　有效数字的运算规则

一般来讲，有效数字的运算过程中，有很多规则。为了应用方便，本着实用的原则加以选择，将其归纳整理如下。

1. 一般规则

（1）可靠数字之间运算的结果为可靠数字。

（2）可靠数字与存疑数字，存疑数字与存疑数字之间运算的结果为存疑数字。

（3）测量数据一般只保留一位存疑数字。

（4）运算结果的有效数字位数不应由数学或物理常数来确定，数学与物理常数的有效数字位数，一般应取比测量数据中有效位数或小数点后位数最少者多一位。

2. 具体规则

（1）和或差的有效数字。和或差的有效数字的保留，应以小数点后位数最少的数据为根据（即决定于绝对误差最大的那个数据）。例如：$0.0121+25.64+1.05782=26.70992$，应以 25.64 为依据，即：原式等于 26.71。小数点后位数的多少反映了测量绝对误差的大小，小数点后具有相同位数的数字，其绝对误差的大小也相同。而且，绝对误差的大小仅与小数部分有关，而与有效数字位数无关。所以，在加减运算中，原始数据的绝对误差，决定了计算结果的绝对误差大小，计算结果的绝对误差必然受到绝对误差最大的那个原始数据的制约，并与之处在同一水平上。

（2）乘除法的有效数字。乘除运算后的有效数字的位数与参与运算的数字中有效数字位数最少的相同。因有效位数最少的那个数字相对误差最大，所得结果的位数取决于相对误差最大的那个数字。

（3）乘方与开方后的有效数字。乘方与开方后的有效数字位数与被乘方和被开方之数的有效数字的位数相同。

（4）对数运算。在进行对数运算中，真数有效数字的位数与对数的尾数的位数相同，而与首数无关。因首数是供定位用的，不是有效数字。

9.10.4　进舍规则与进舍误差

1. 进舍规则

记录和计算结果要按有效数字的计算规则保留适当位数，舍去多余数字。数字进舍规则为"四舍六入，五后有数进，否则奇进偶舍"。具体要求如下。

（1）拟舍弃数字的最左一位数字小于 5 时，则舍去，即保留的各位数字不变。

（2）拟舍弃数字的最左一位数字大于 5 时，则进 1，即保留的末位数字加 1。

（3）拟舍弃数字的最左一位数字是 5，而其后跟有并非全部为 0 的数字时，则进 1，即保留的末位数字加 1；拟舍弃数字的最左一位数字是 5，而右面无数字或皆为 0 时，若所保留的末位数字为奇数则进 1，为偶数则舍弃（0 作偶数看待）。

（4）一个数字确定要取舍时，只能取舍一次，获得结果，而不应按上述规则连续取舍。例如：32.4546，确定要取两位有效数字时，其正确值为 32。而不能连续取舍为 32.455、32.46、32.5，最后两位有效数字取为 33。

2. 进舍误差

观测时需要进舍，计算时每一步运算均有可能需要进舍，由于有数字进舍而引起的误差叫进舍误差（也称舍入误差、收舍误差、凑整误差）。外野观测的结果多是经过进舍的数字，内业计算时也时常不断地进行进舍。因此，进舍误差最终影响测验成果的质量。按上述规则进行进舍引起的误差均有以下特点。

（1）进舍误差的绝对值不会超出一定的界限。最大进舍误差为末位数的 0.5 个单位。

（2）界限内每个误差出现的概率相同。

（3）进舍误差为正负的概率也相同（均为 0.5）。

由概率论知，有上述特性的概率，其分布是均匀分布。经过计算可知，进舍误差均方差是

$$\sigma = 0.5/\sqrt{3} \approx 0.289$$

3. 有效数字记录与运算的注意事项

（1）一般记录保留一位可疑数字。

（2）尽可能采用科学计数法计数。

（3）运算中，采用先按进舍规则进舍，后计算。

第10章 冰情观测

在高纬度或高海拔地区河流受冬季气候寒冷影响，河流常会结冰封冻，河道中产生一系列冰情现象。河流结冰期水流与畅流期有着显著不同，凌汛等一系列特殊水流现象给河道治理、凌汛期防汛、水资源利用、交通运输等带来很大困难。冰情观测是为了掌握河流结冰情况，了解冰凌的变化规律，为探索和分析冰期水文现象及规律提供必要的资料，为水利工程建设、交通运输、凌汛防御、水资源管理等提供水文信息服务。

10.1 河流冰情及观测方法

10.1.1 河流冰情概述

冰情是指冬季河流或水库湖泊等水体随气象、水力条件等因素的变化而发生一系列复杂的结冰、封冻和解冻现象的总称。有冰情存在的时段称为冰期，河流冰期一般分为结冰、封冻和解冻3个阶段。

1. 结冰

当河水体温度低于0℃时，水由液态凝聚为固体状态的现象称为结冰。

(1) 结冰过程。河流冻结过程包括薄冰、岸冰、水内冰的形成和流冰等过程。河流结冰是在动水中结冰，与湖泊结冰不同。湖水结冰仅限于水体表面，深层水体仍保持高于0℃的温度；河流由于水流的紊乱混合作用，水体失热几乎是整个水体同时进行，所以河流不仅在水的表面形成薄冰和岸冰，而且在水内、河底形成水内冰。

(2) 薄冰。薄冰是河水温度冷却至0℃时，水面形成冰晶。结冰一般在岸边开始，特别是在水流缓慢的河湾处及静水边，在水面最初形成薄而透明的微冰或冰凇。这种水面最初形成的微冰和冰凇也称出生冰。微冰是多在岸边出现的透明易碎的薄冰。冰凇是漂浮于水面成细针状或极薄片状的冰晶，在流动中常聚集成松散的小片或小团。

(3) 岸冰。随着气温继续下降，初生在岸边的薄冰发展为牢固冰带称为岸冰，因形成的时间和条件不同，岸冰又分为初生岸冰、固定岸冰、冲积岸冰、再生岸冰和残余岸冰几种形式。

(4) 水内冰。发生岸冰的同时，河水内存在低于零度的过冷却水，便在过冷却水的任何部位产生冰晶体，结成多孔而不透明的海绵状冰团，称为水内冰。

(5) 流冰。流冰（又称流凌，流动的冰称为凌）是冰块或兼有少量冰凇、薄冰、冰花等随水流流动的现象。流冰花是指冰花随水流流动的现象。冰花是浮于水面或水中的水内冰、棉冰和冰屑等。

(6) 结冰期。从秋末出现结冰现象开始至河段结成封冻的冰层之日为止，为结冰期。

2. 封冻

河段内出现冰盖，且敞露水面面积小于河段总面积的20%时称为封冻。封冻开始出现的日期，称为封冻日期。

(1) 封冻过程。河流封冻前一般先发生流冰及流冰花，由于发生流冰及流冰花时有疏、有密，故以疏密度来表示其流冰的数量。疏密度是指河段上流冰或流冰花的面积与河段总面积的比值，疏密度的划分以0～1.0表示。疏密度随气温、河宽、流速、地形、风向、风力而变，一般与气温变化相应；流冰期同一河段内在河面宽敞处，疏密度小；在河面窄狭处，疏密度大。顺直河段流速缓慢时，流冰或流冰花在河面上分布均匀。

当气温不断下降，由于岸冰的增长，流冰疏密度的加大，在易发生冰块和冰花阻塞处（河弯、狭窄段、桥墩和浅滩等），流冰排泄不畅，凌块受阻，互相冻结，形成冰盖，出现封冻。封冻与河段的地理位置、地形条件、河流流向、水力及气象因素等有关。

(2) 封冻期。河段封冻形成冰层至冰层融裂、开始流冰之日为止称为封冻期。

(3) 平封与立封。封冻依冰盖表面特征，分为平封和立封两种类型。在顺直河段且流速缓慢时，冰块与冰花团平缓排列于被阻地点的上游，与岸冰相互冻结而导致的封冻，称为平封，平封封冻冰面较平整；如被阻地点的流速较大，受水流或风力作用，流冰互冲击叠加堆积，发生冻结而导致的封冻，称为立封。

(4) 冰塞。封冻初期，有些仍敞露的自由水面称清沟。清沟与冷空气接触，不断产生过冷却水和冰晶体，成为下游冰花的来源。当封冻冰层下有足够数量的冰花时，河道内有大量冰花和细碎冰聚集，阻塞部分水道断面造成水位壅高的现象称冰塞。

(5) 连底冻。冰盖形成后，随着气温的降低，冰盖会在冰下不断地增厚，有时也可以从冰面发生增厚，冰厚增长一般与负累积气温值有较好的线性关系。在中、小河流上，冰盖增厚直至河底，形成从水面到河底全断面冻结成冰的现象称连底冻。

3. 解冻

解冻是由于热力、水力作用而使冰层解体。从春季流冰开始至全部融冰之日为止称为解冻期，解冻的具体指标是在可见范围内已没有固定盖面冰层，敞露水面上、下游贯通，或河心融冰面积已大于河段总面积的 20%。河流解冻亦称为开河，开河依其特征分为文开河、武开河与半文半武开河 3 种形式。

(1) 文开河。开河主要是热力作用的结果，由于气温逐渐回升，河流在与大气热交换中得到的热量逐渐增加，在水力辅助作用下，如冰下水流对冰底的冲刷、地面水量的补给等，开始出现河心冰融化，岸冰消融，最后导致开河。文开河水势平稳，水位流量无急剧变化。

(2) 武开河。开河时主要靠水力作用，由于气温突然回升，在封冻冰层尚未解体的情况下，大量径流汇入河流，水位上涨，冰层被迫破裂，造成情势猛烈的开河。

(3) 半文半武开河。有些河流的开河过程往往是在封冻冰层解体后又遇水位上涨，加速冰层融裂，开成流冰导致开河，这种开河称为半文半武开河。

4. 影响河流冰情变化的主要因素

影响河流冰情变化的主要因素为热力、动力、河道特征 3 个方面。

(1) 热力因素。水体得热和失热现象的变化决定着河流结冰封冻和解冻的变化。太阳直接辐射和散射辐射，地下水加入的热量，水流运动产生的热量等使水体得热。水面或冰面的逆辐射使水体失去热量。某些气象因素使水体得热或失热，如蒸发时失热，凝结时得热；降雪时失热，降雨时得热；大气与水流的热交换，河床与水流的热交换等也是水体的热量发生变化。对于一个河段，单位时间内水体总热量的变化，可根据水体热量平衡方程式进行计算。一般情况下，在成冰阶段，水流为失热过程，在融冰阶段，水流为得热过程。

(2) 动力因素。主要包括水位、流量、流速、风向、风速及波浪等。在封冻期，同样的热力条件下，如果流量大、流速快、顺流方向的风速大，则水流的输冰能力强，冰块很难静止下来，可能推迟封冻日期，甚至导致不封冻；反之，则容易封冻。在融冰期，同样的热力条件下，如果流量大、流速快、水位涨落变化大、顺流方向的风力强，则容易形成"武开

河"；反之，则容易形成"文开河"。

(3) 河道特征。主要包括地理位置、河流走向及河道边界条件等。在同样的热力和动力条件下，有些河段先封冻，有些河段后封冻，有些河段容易形成冰塞、冰坝，有些河段则不容易形成冰塞、冰坝。一般来说，在陡弯、多弯处及浅滩处，先开始封冻，解冻时也容易形成冰坝。

10.1.2　冰情现象和观测要求

1. 岸冰

岸冰观测的目的主要是为河流封冻过程、冰期流量资料整编及封冻预报提供依据。岸冰的观测范围可在测站测流断面上下游一定距离内的河段两岸进行。岸冰观测包括其生成、发展、消失过程，对影响岸冰消失的因素如气温、水温、流速等也应进行观测。岸冰观测的次数以能掌握影响岸冰各因素的特征来决定。

岸冰观测资料整理后，应对岸冰资料进行分析研究。着重研究岸冰对封冻特性的影响，气温、流量、流速、水深等对岸冰的形成、厚度等影响及开河时岸冰的变化情况。分析时可绘制累积负气温与岸冰增长关系图，固定断面岸冰、水深、流速横向分布图，以及流速与岸冰增宽速度关系图等帮助分析。

2. 水内冰

水内冰是冰期的主要冰情现象，观测研究水内冰的目的在于掌握其成因、发展过程及特性等方面的资料，有助于冰期测验工作，为水力发电、水资源利用等服务。

水内冰形状为海绵状多孔而不透明的冰体。

秋季结冰期主要冰情特征是水内冰，其形成的主要条件是敞露的水面过冷却在水流紊动作用下，产生结晶核和形成冰团。

观测内容主要是水内冰、河底冰、冰花量等。要求测得其初生、发展和消失过程。

对水内冰产生的条件和在断面上的分布特征（横向、垂直分布），结晶状态以及透明度、夹杂物，河底冰的上浮情况，冰花量及结冰量等进行观测。

3. 冰塞

由于大量的冰花堆积于河段盖面冰底下，堵塞了部分过水断面，造成了水流不畅及上游水位壅高，形成冰塞。

冰塞壅水对城镇、工矿及水工建筑物均有危害，冰塞对测站水位流量关系也有影响，所以对冰塞的形成过程应予以注意。

冰塞的形成，取决于上游冰花来量和河段特定的水力条件所造成的冰花堆积。在气温稳定转负后，河

道开始流冰花，冰塞一般发生在水面比降转折的河段和弯道、清沟下游处，水库末端由于回水影响，也易发生冰塞。

对冰塞的观测，主要是测定冰塞的位置、形状、冰量、特性等。冰塞位置易发生在上述情况的地点及历年产生过冰塞的地点，故观测河段应有适当的长度。为研究冰花堆积情况及分布形状、演变规律，在冰塞河段应布置足够的测量断面和测点，断面间距不应过长，以满足研究冰花演变规律为度。测次应根据冰塞演变情况而定。对冰塞形成条件的研究，应着重于气象及水力条件，特别是水力条件的影响，如比降变化、弯道、断面变化、流速变化等。

4. 冰坝

流冰期冰块流至河道狭窄、急弯或浅滩处大量堆积，阻塞整个河流断面，形成一座冰块堆成的堤坝，由于冰块不断堆积，横跨河流断面，上游水位显著抬高，这一现象称为冰坝。

冰坝是河道上显著的冰情现象，对河道两岸堤防、水利工程施工、运行具有严重危害。冰坝由头部和尾部两部分组成，头部大多是多层冰堆积组成并向两岸伸长，尾部大多是单层冰组成，一般不向两岸伸展。对冰坝的观测，应包括冰坝全部组成的上下游河段。

冰坝河段的观测项目主要有水位和冰情目测、冰坝体积测定及冰坝平面图、纵横断面图等。水位观测目的是为了用水位来分析冰坝的形成、生长、破裂到消失的过程，一般以水位变化为主。因冰坝纵断面在头部变化较剧烈，观测次数也应多些。

在水位观测同时，要进行冰坝河段冰情目测。结合冰情目测，在整个冰坝形成前后和发展过程及消失过程中，取有代表性的阶段绘制冰情图。冰坝体积测算可用经纬仪或免棱镜全站仪在冰坝上下游较高的基点上进行施测，然后再估算。

5. 清沟

封冻期间河流中未冻结的狭长水沟，称为清沟。它是封冻河段上因受地形、气象、水力等因素的影响敞露而不封冻的特殊冰情现象。

当出现清沟时，应测定清沟位置，应测记出现日期位置尺寸及类别，测记清沟面积，施测清沟水深及清沟边缘水面流速，观测清沟内出现的冰凇、冰花流动和冰花下潜等现象。清沟位置可用断面控制法及极坐标法施测。流速、水深等可用小船、投浮标或缆道进行施测。

其余冰情现象，可参见表10.1中所示各项内容。

10.2　冰情目测与冰情图测绘

10.2.1　冰情目测

1. 目测的目的与目测范围

冰情目测是为了系统地了解冰情的变化。河流冰情目测应在测站基本水尺断面及其附近可见范围内进行。湖泊和水库的冰情目测应在湖内和库内的水尺断面及其附近范围内进行。

目测应选择适宜的并有足够长度的河段，使观测的冰情能有良好的代表性。选择河段长度，小河不小于200m，较宽河流则宜为1000～2000m。

冰情目测时，在已选范围内水尺附近的河岸上，选择较高的地点作为冰情观测的基点，基点应满足观测方便，可以清楚地看到全河段的冰情全貌，如一处的基点不能满足要求，可选2～3处。

2. 观测时间和观测内容

在河流出现冰情现象的时期内，一般情况下，每次观测水位时，同时进行冰情目测，并观测气温、风向风速和天气状况等情况；当冰情发生显著变化时，应增加测次。

在指定的测站上当冰情出现时，应进行全面观测，可参照表10.1冰情目测项目表所列出的观测内容进行观测。

一般测站可根据需要只观测主要冰情现象，如初生冰、岸冰、流冰花、流冰、封冻、连底冻、冰上流水、融冰、冰层浮起、冰滑动、流冰堆积、冰塞、冰坝、解冻、终冰日期等，也可根据需要参考表10.1选取部分冰情目测项目。

表 10.1　　　　　　　　　　　　　　冰情目测项目表

序号	名称	测记符号	绘制冰情图符号	定义和解释	附注
1	初生冰	l	l l l l l l l	在水面最初形成的冰。包括微冰、冰凇两种	无符号者，用文字记载，下同
2	岸冰	‖		沿河岸冻结的冰带，其一侧固结于岸边，另一侧浮于水面。因形成的时间和条件不同，可分为初生岸冰、固定岸冰、冲积岸冰、再生岸冰、残余岸冰几种形式	

序号	名称	测记符号	绘制冰情图符号	定义和解释	附注
3	水内冰			在水面以下任何部位存在的冰	
4	流冰花	＊		冰花随水流动的现象。其主要成份是浮在水面流动的水内冰、棉冰、冰珠、薄冰等	测记符号含中度流冰花或全面流冰花，疏密度不小于 0.4
5	稀疏流冰花	＊	＊　＊　＊	浮在水面流动的水内冰、棉冰、冰珠、薄冰等	疏密度不大于 0.3
6	冰凇或微冰			冰凇是漂浮在水面成细针状或极薄片的冰晶，多集聚成松散易碎的一团；微冰是河岸边结成的零碎的薄而透明的冰	
7	稀疏流冰	○	○　○　○	以流动的冰块为主，并有少量冰凇等	疏密度不大于 0.3
8	流冰	●	◐ ◐ ◑（中度）　● ● ●（密集）	以流动着的冰块为主，并有少量冰凇，冰花等	测记符号含中度流冰，疏密度不小于 0.4、密集流冰
9	封冻	▮		有固定的横跨断面的盖面冰层，敞露水面面积小于河段总面积的 20%	
10	冰礁			固着在河底并露出水面的冰体	
11	冰桥			上下游均为敞露水面，中间为横跨河面的固定冰盖	
12	连底冻			从水面到河底全断面冻结成冰的现象	
13	封冻冰缘			较长河段的敞露水面与封冻冰盖或滞浮冰层的边界	
14	清沟			封冻期间河流中未冻结的狭长水沟，依其形成条件可分为初生清沟和再生清沟两种	
15	冰塞	△	△	封冻冰盖下面因大量冰花聚积，堵塞了部分水道断面造成上游水位壅高的现象	
16	冰堆		◗◖ ◗◖	流动冰块或冰花在局部相互挤压，纵横交错堆积冻结在一起而形成的高出平整封冻冰盖表面的局部冰体	
17	冰上覆雪		○○○○ ○○○	封冻冰盖表面覆盖的积雪	
18	悬冰			悬于水面以上的封冻冰盖	
19	冰缝		✕	封冻冰盖上的缝隙	
20	冰脊		⟩—⟨	在封冻冰盖表面隆起的垄状冰带	
21	冰丘			在封冻冰盖表面鼓起的锥形或椭圆形冰包	
22	冰变色			在融冰过程中封冻冰盖表面颜色发生变化的现象	

续表

序号	名称	测记符号	绘制冰情图符号	定义和解释	附注
23	冰上冒水		⊥	从封冻冰盖的缝隙或孔洞等处向上冒水的现象	
24	融冰	‖		封冻冰盖上发生明显融化，出现积水或面积大小不等敞露水面。依其形成位置分为岸边融冰与河心融冰两种	
25	冰上有水		‒ ‒	冰面上存有大面积水的现象	
26	冰上流水	‖	→	封冻冰面上发生流水现象	
27	层冰层水		→	冰层中夹有水层的现象	
28	冰层塌陷			封冻冰盖出现向河心方向的凹陷或折落的现象	
29	冰层浮起	‖		封冻冰盖脱离两岸整片地浮于水面的现象	
30	冰滑动	＋		整片或被分裂的封冻冰层顺流滑动一段距离后，又停滞不动的现象	
31	解冻			测验河段内已没有冰盖，或敞露水面上、下游贯通，其面积已超过河段总面积的 20%	解冻亦称开河，依其特征分为文开河、武开河与半文半武开河 3 种形式
32	流冰堆积			冰块或冰花团在流动中受阻滞而堆积于局部河段的现象	
33	冰坝	▲	▲	冰块横跨断面堆积抬高水位现象	
34	残冰堆积		◮	开河后冰块堆积于河岸或浅滩的现象	
35	柱状冰			冰体结构呈竖丝状	
36	终冰日期			解冻后河道上冰情现象最后消失的日期	
37	岸边融冰	‖		封冻冰层自岸边融化，并出现敞露水面的现象	

3. 目测的程序

冰情目测在水位观测前或后进行，应由面到点，先远后近，先岸边后河中，一般顺序如下。

(1) 登临冰情观测点，综览河段冰情概况。

(2) 在岸边观测岸冰宽，了解有无水内冰、冰凇、冰花等现象。

(3) 发生特殊冰情（如冰坝，冰塞等现象）时，到特殊冰情地点观察并了解其构成情况。

(4) 随时将目测和了解到的情况，记入记载簿，冰情复杂不易用文字说明时，可绘制草图，必要时可对冰情摄影摄像。

4. 观测要求

(1) 冰情变化缓慢。变化缓慢的冰情现象，其观测应满足以下要求。

1) 初生冰、水内冰、封冻、连底冻、冰层浮起、解冻、终冰日期等，应记载发生日期，其中，封冻、解冻还应说明其类别。

2) 封冻冰缘、悬冰、冰上冒水等，应记载发生日期与位置。

3) 冰礁、冰桥、冰堆、冰上覆雪、冰缝、冰脊、冰丘、冰变色、融冰、冰上有水、冰上流水、层冰层水、冰层塌陷、冰滑动、流冰堆积、残冰堆积等，应测记发生日期、位置和尺寸或范围。

4）岸冰、清沟，应测记出现日期、位置、尺寸及类别。

（2）流冰、流冰花的观测。

1）测记流冰或流冰花的疏密度及其变化。

2）测记最大流冰块的尺寸与流速。

3）观测冰花团的种类。

（3）冰塞的观测。

1）测记冰塞形成的位置、发生与消失的时间及大致过程。

2）对于持续时间较长的冰塞，应查明冰花聚积的大致范围。

3）测取受冰塞现象影响的水位变化过程。

4）了解冰塞壅水、冰花堵塞引起的灾害情况。

（4）冰坝的观测。

1）测记冰坝形成、溃决及其持续时间内发生明显变化的时间及大致过程。

2）测记冰坝的位置，估测其尺寸。

3）测取受冰坝演变影响的水位变化过程。

4）测绘冰坝时的冰情图或进行冰情摄影摄像。

5）了解冰坝引起的灾害情况，如冰坝壅水、冰坝溃决洪水灾害，以及冰凌上岸、滩地行凌等毁坏建筑物与农田的一些情况。

10.2.2　冰情图测绘

1. 一般要求

在冰情现象复杂不易用文字表达时应进行冰情图测绘，测绘次数应满足以下要求。

（1）封冻的河流在整个冰期应不少于 3 次。

（2）无稳定封冻期的河流整个冰期宜为 2～4 次。

（3）在稳定封冻之前有封而复解现象发生或出现冰塞、冰坝等现象时，应增加测次。

（4）当冰情图测绘河段地形复杂或需要测绘冰情的河段较长时，可用地面摄影、航空摄影或机载雷达等测绘冰情图。

（5）当发生严重冰坝现象或需要了解大范围冰情时，可利用航测或卫星遥感信息获得的资料绘制冰情图。

（6）用普通相机进行冰情地面摄影，应满足以下要求。

1）拍摄冰情照片时，相机距水面高度应不小于当时水面或冰面宽的 1/30。

2）摄影时应填写拍照卡片，记载日期、编号、拍摄位置等，并附以主要冰情说明。

2. 冰情图测绘河段的确定和断面布设要求

（1）选择的河段应有代表性，并宜与河段冰厚测量的河段一致。

（2）测绘河段长度宜为当时河宽的 5 倍，河宽小于 200m 的应不短于 300m，河宽大于 200m 的，可适当缩短河段长度，但应不短于 1000m。

（3）应在测绘河段内布设 5～10 个断面，并设置断面标志。

3. 测绘程序

（1）测绘冰情图的底图应采用近期河道地形图，其比例尺应使图上河宽不小于 3cm，并应将各断面标志标于图上。

（2）测绘冰情图应首先确定冰情重点地段，从重点地段开始依次在各断面测定各种冰情现象的位置，用实线和虚线在冰情底图上分别勾绘界限明显和不明显的冰情现象界限，用规定的冰情符号填绘冰情。

（3）冰情图测绘后应及时进行室内整理，整理应按以下要求进行。

1）对照前几次测绘的冰情图检查冰情变化是否合理，不合理时应分析修正或重新补测。

2）在图上空白处用文字说明冰情演变的过程，注明施测编号、测绘时间、水位、天气状况、风向风力、气温等。

10.3　冰　厚　测　量

10.3.1　固定点冰厚测量

冰厚测量分固定点冰厚测量和河段冰厚测量。固定点冰厚测量的目的，是为了系统了解某点冰厚的变化过程。冰厚测量的断面应在两岸设置固定标志，引测高程和施测横断面。

1. 测量地点的选择

测量冰厚的地点，应能代表河段的一般情况，并符合以下要求。

（1）离开清沟、岸边、浅滩及河上冬季道路有足够的距离。

（2）不受泉水、工业废水或污水汇入排泄的影响。

（3）尽可能避开有特殊冰情的地点，如冰堆、冰坝、冰上冒水等。

（4）应避开下游回水或上游电站泄流影响。

（5）所选地点尽量与基本水尺断面相结合。

2. 冰孔布设

（1）有稳定封冻期的大中河流、湖泊、水库进行冰厚测量，应在同一断面上布设两孔，一孔在河心（湖心、库心）或中泓处，另一孔在离岸边（距水面 5～10m）处。

（2）较小河流固定点冰厚测量可仅在中泓一处进行。

（3）仅发生岸冰的河段或无稳定封冻期的测站

只测岸边冰厚。

（4）使用冰钻的测站每次测量宜换用新孔，新孔应位于原测量冰孔附近1m范围内，冰面上天然状态应未被破坏的地方。

3．测量的时间与测次

（1）冰厚测量工作一般从河段封冻后，且在冰上行走无危险时开始，至解冻时停止。一般在每月1日、6日、11日、16日、21日、26日进行观测。封冻初期及解冻前冰厚变化较快的时期，可每日观测一次。冰层较厚的稳定封冻期（冰厚大于70cm），可只在每月1日、11日、21日观测。

（2）在连底冻时期内应停止冰厚观测。

（3）固定点冰厚测量应与当日时水位观测结合进行。

4．测验工具

冰厚测验需要使用的工具较多，但主要工具是凿孔工具和量冰尺两类。

（1）凿孔工具。凿孔工具有冰穿、冰钻两类。冰穿一般为锥型，冰钻有曲柄式（图10.1）、双人式（图10.2）、电动式等。

图 10.1 曲柄冰钻示意图

双人式冰钻使用时，先把钻身插入转轴，用销子固定好（转轴位置高低可用销子调整），使冰钻垂直于测点上进行钻孔。冰层较厚时，凿孔过程中，可将冰钻取出，用掏冰勺清理冰孔中的冰沫。

电动式冰钻是借助电动机或汽油机带动冰钻钻孔，效率较高。

（2）量冰尺。量冰尺有普通量冰尺和固定量冰尺，普通量冰尺设备简单，适用于各种情况，但每次测量都要开凿冰孔。

1）普通量冰尺。普通量冰尺主要有L形（图10.3）、钩形（图10.4）、山形（图10.5）、杆形（图10.6）。直尺下端有横钩（L）形、斜钩（钩形）、山形横钩（山形），直尺零点与钩顶端同高，量冰尺还附有门形尺架。杆形量冰尺，为金属板条制成，下端有一支杆，支杆处即直尺之零点，支杆用弹簧连接。

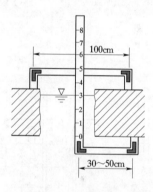

图 10.3 L 形量冰尺

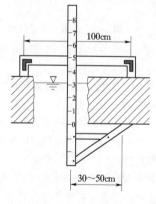

图 10.4 钩形量冰尺

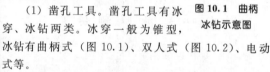

图 10.2 双人冰钻示意图
1—钻头；2—销子；3—销子孔；4—冰钻架；
5—扶手；6—调节螺丝；7—齿轮；
8—摇把；9—掏冰勺

2）固定量冰尺见图10.7，设备较为复杂，但不必在每次测量时都开凿冰孔，且测得资料前后连续，适用于水较深、没有冰花或冰花稀少及封冻期较长的测站。

（3）量冰花尺。量冰花尺有折叠和不能折叠两种。折叠式见图10.8，适用于冰钻开凿的冰孔和有结

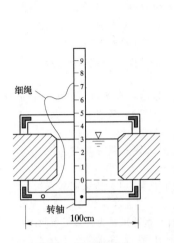

图 10.5　山形量冰尺

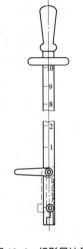

图 10.6　杆形量冰尺

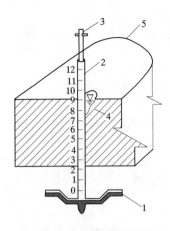

图 10.7　热烫式固定量冰尺

1—弓形尺；2—薄铁管；3—铁筒；
4—测水侵冰厚的小坑；5—冰面

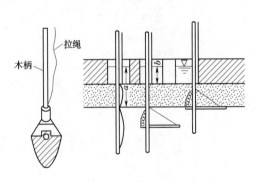

图 10.8　折叠式量冰花尺

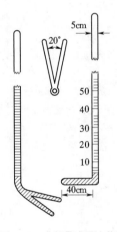

图 10.9　非折叠式量冰花尺

实冰花时使用。非折叠式见图 10.9，适用于冰穿开凿的冰孔和冰花不结实的河流。

（4）超声波冰厚仪。超声波冰厚仪用超声波测量冰厚，其测量原理和超声波测深、测水位一样。测量时，不需要打冰洞，仪器紧贴冰面，传播超声波的介质是冰，冰底和其下的另一种介质构成反射面，可以直接得到冰厚数据。

超声波冰厚仪其优点是自动测量冰厚，测量速度快。

使用超声波冰厚仪时，超声波换能器必须紧贴冰面。但是，天然冰面不会很平滑，如不能紧贴冰面，会影响测量准确性。

冰很厚时，冰内不会很均匀，还有杂质、孔隙，影响测量冰厚，严重时会产生错误。冰底很不平或有冰花堆积时，测量结果存在代表性问题。

5．单点冰厚测量内容与程序

在冰上凿孔测量冰厚应按以下程序进行。

（1）量取冰上雪深。

（2）开凿冰孔。

（3）量取冰花厚。

（4）量取水浸冰厚和冰厚。

（5）测量水深。

（6）观测气温。

6．测量冰上雪深的方法

用普通尺在距冰孔 2～3m 范围内，垂直测量未受扰动的雪深 3～4 点，读取雪面截于尺上的读数并取其平均值。测量雪深后，在冰上观察可见范围内冰层表面的特征（如平整，不平整，有否冰堆等）。

7．测量冰厚

（1）用普通冰尺测量。测量时使测尺下部读数为零处紧贴冰底，在顺水流和垂直水流的方向，分别读取尺身垂直时冰面和水面截于尺上的读数。前者为冰厚，后者为水浸冰厚。应取顺水流和垂直水流两个方向的平均值作为测量结果,并应符合以下规定。

1)量冰尺的横钩与直尺垂直,且横钩长度不应小于30cm。

2)当冰孔冒水淹没冰面时,应等待水面静止后,测量水浸冰厚和冰厚,如果水面在1h内尚未静止,可只测量冰厚。

3)当冰盖悬于水面以上时,以冰孔中水面至冰底的距离作为水浸冰厚且取负值。

4)当层冰层水中的水层厚度大于上、下两层冰厚之和的10%时,应分别测量上层冰厚、水层厚和下层冰厚。

当冰下有冰花时,应先测冰花厚,然后量冰厚。

(2)用固定量冰尺测量。固定量冰尺由量冰尺与铁管组成。量冰尺杆子为内径5cm的薄铁管,下端封闭,镶一支弓形尺,上端加盖以防雪片、污物等落入,铁管外径较量冰尺铁管内径略小,下端焊实,封冻后将量冰尺冻结在冰层上,平时加盖,测量时将铁筒插在铁管内,在铁管内注入热水,使铁管周围冰融化。再将一些热水倒在铁管一侧冰面上,使冰融化少许,形成一个小坑,亦可用冰穿凿出一个小坑。提出量冰尺,使弓形尺触及冰底,读取两个方向的冰厚,在小坑处读水浸冰厚。

(3)冰厚测量记至0.01m。

8. 测量冰下冰花厚方法

打开冰孔后,观察到冰层底下有冰花时,可使用量冰尺或冰花尺穿过冰花层,再轻轻上提至感觉有物时,扶直量冰尺或冰花尺,读取水面截于尺上的读数,以此读数减水浸冰厚即冰花厚,测取顺水流与垂直水流两个方向的读数,取平均值,并记录冰花现象,如"稀少","流动","密集"等。

9. 冰厚资料的整理

固定点冰厚资料的整理应包括以下内容。

(1)编制冰厚及冰情要素摘录表中的冰厚、冰上雪深、岸上气温部分。

(2)绘制冰厚、冰上雪深、冰花厚、水位、水温、气温和累积负气温过程线,进行单站合理性检查。

(3)指定的测站应分析冰厚计算公式的系数

10.3.2 河段冰厚测量

河段冰厚测量可分为一般测站范围内和专用长河段两种。

在测站范围内进行冰厚测量的目的在于了解河段内封冻冰层的变化规律及封冻特征,如冰厚的形成过程及其对测站水位流量关系的影响,冰厚随气象、水力因素的变化情况等,也可为冰凌预报、冰上运输、冰情分析提供资料。

1. 河段冰厚测量内容

河段冰厚测量的主要内容有测量河段内各点冰上雪深、冰花厚、水浸冰厚、冰厚和水深,确定冰花分布界限,目测冰情并绘制冰情图,接测各断面的水面高程和冰面边起点距等。

2. 测量范围

(1)测量范围与目测冰情的范围基本相同。河段冰厚测量的范围应包括河流的顺直段、弯道、深槽、浅滩,以及平封、立封等情况。测量结果应使计算的河段平均冰厚、单位河长冰体积有足够的代表性。

(2)河段冰厚测量的河段长度应为当时冰面宽的3～5倍。

3. 断面及冰孔布设

(1)断面及冰孔数应能控制沿河长及横向冰厚变化情况。一般在河道纵坡转折处、弯道、清沟、急滩等处多布设断面,顺直河段少布设断面,断面数一般不应少于5个。

(2)每个断面可布设3～10个冰孔,当以冰底边计算的水面宽大于25m时,每个断面的冰孔数不应少于5个;当以冰底边计算的水面宽小于25m时,每个断面的冰孔数不应少于3个;当断面内有分流岔沟时,应分别按独立断面布设冰孔。具体断面数和断面上的孔数要求参见表10.2。

(3)在冰厚、冰下冰花厚变化复杂时,断面、冰孔数目应适当增加,在冰厚变化均匀或施测困难时,冰孔数可适当减少。

表 10.2 断面、冰孔数目录

枯水河面宽 B/m	冰厚测量的最短河段长度 /m	最少断面数	每个断面冰孔数	备 注
$B>100$	5B	10	7～10	在很宽(如大于500m)的河流上,测量长度可按规定适当减少
$100>B>25$	300～500	10	>5	
$B<25$	300	>5	>3	

4. 冰孔位置的选定

断面及冰孔布设方案确定后，应确定冰孔具体位置，并注意符合以下要求。

(1) 岸边冰孔应选在向河心侧冰底边附近，其余冰孔在中间大致均匀分布。

(2) 冰孔位置应离开冰堆和冰礁。

(3) 如断面上有较大清沟，应在清沟上、下两端另设辅助断面，设置冰孔。

(4) 在一个冬季内进行几次测量时，各次冰孔位置宜大致相同。

5. 测量方法

(1) 在每个选定的断面上，按要求设置冰孔位置后，测出冰孔在断面上的起点距。

(2) 凿开冰孔，测量各冰孔的冰厚、冰上雪深、冰下冰花厚、水浸冰厚及水深。测量应由下游断面逐渐向上游断面进行，如发现冰厚及冰花变化复杂，可根据情况增加辅助断面，以掌握其变化趋势。同一冰孔的开凿和测量应在 1d 内完成，河段冰厚测量应在 1~2d 内完成。

(3) 测定冰厚时还要测定冰下冰花界限，其方法是在有冰花的冰孔与无冰花冰孔中间加打冰孔，这样逐渐摸清冰花界限。当有、无冰花两个冰孔的距离不大于 1/20~1/10 河宽时，就可用两个冰孔的中间位置作为冰花界限。

6. 测次

河段冰厚测量的测次应符合以下规定。

(1) 封冻期不足 2 个月的测站每年可只在冰盖最厚时测量 1 次。封冻期在 2 个月以上的测站，每年可在封冻初期冰上行走无危险时测量 1 次，在冰盖最厚时测量 1 次。

(2) 河段冰厚测量可在设站初期的 2~3 个冬季内连续进行，以后冰盖形成条件历年大体相同的，可每隔 10 年测量 1 次；冰盖形成条件历年不同的，可每隔 3~5 年测量 1 次。但在突出严寒、温暖、多雪、少雪等特殊年份应加测。

7. 资料整理及分析

(1) 绘制冰厚平面图。冰厚平面图包括冰情图、横断面图及纵断面图。绘制冰情图时，横断面图一般与冰情图绘在一起，可在断面线以下或在断面线的延长线上绘制。

纵断面图上包括水面高程、断面平均冰面高程和冰底高程、中泓河底高程、最低冰花底高程等，绘制时根据各断面的平均冰厚、平均水浸冰厚、最大水深、最大冰花厚等资料进行绘制。

(2) 资料分析。

1) 冰厚的增长和消减与气象、水力因素的关系。冰厚的变化与水温、气温有关，特别与气温关系密切。在气温一定的条件下，则与流速、冰下冰花、冰上雪深等因素有关。一般流速愈大，河段封冻冰层愈薄，反之则厚。冰下冰花集结引起冰层下流速的减缓，引起冰厚增长。

2) 冰厚沿河长的变化与地形、支流汇入、地下水补给等有关。

3) 特殊冰情对冰厚的影响。

4) 分析经常测量冰厚地点的代表性。可取每一断面中泓附近 1/3 河宽范围内 1~3 个冰孔的冰厚算术平均值，作为全河段中泓平均冰厚与经常测量地点冰厚作比较，如偏离不超过 15%~20%，则经常测量地点是可用的，否则要迁移。

进行资料分析时，可绘制各因素与冰厚关系图以说明情况。

10.4　冰流量测验

冰花和冰块的流量测验，称为冰流量测验。冰流量测验的目的，是为了解河流中流动的冰花、冰块的数量及其流速，以分析对工程可能造成的影响或为河道冰情研究等工作提供可靠资料。

10.4.1　测验河段的选择及断面布设

1. 测验河段的选择

冰流量测验宜在流量测验河段上进行，应设置上、中、下 3 个断面，要求冰流量测验河段顺直，水流平稳，河宽大体一致，岸冰间敞露水面宽也应大体一致；避开急滩、卡口、弯道等易形成冰凌堵塞或冰凌在盖面冰下流动等不正常的河段。

2. 断面布设

当用固定断面进行冰流量测验时，应设置中断面及上、下断面，且最好与浮标测流断面重合。上、下断面间距应不小于最大冰速的 20 倍，且不小于 20m。为了测定冰块流经中断面的位置，同流量测验一样应设置基线或高程基点。

10.4.2　测验的内容

冰流量测验包括实测冰流量和经常观测冰流量的主要要素。两者结合，才能推出逐日冰流量。

(1) 实测冰流量的内容有测量敞露河面宽，测量流冰或流冰花的疏密度，冰块或冰花团的流速、厚度、冰花的密度，同时观测水位与河段冰情。

(2) 经常观测的冰流量要素一般是疏密度。

10.4.3　冰流量测验方法

冰流量测验可分为简测法和精测法两种。简测法采用目估法测定疏密度，测速时不测起点距。精测法采用统计法测定疏密度，测速的同时测定冰块流经中断面的起点距。对冰流量测验精度要求较低的测站，可以使用简测法。对冰流量测验精度要求较高的测站，应以精测法为主，简测法为辅。简测法适用于冰流量微小或冰流量变化迅速，1d 内测次很多，且人力有困难的情况下。

10.4.4 冰流量测验时间和测次

冰流量测验在冬初流冰开始至封冻，春季解冻至流冰终了的整个时段内进行。

冰流量的测次，以能在流冰疏密度观测的配合下，掌握冰流量的变化过程，正确推求逐日的及整个流冰期的总冰流量为度。测次应合理地分布在各个时期，并包括各种不同疏密度的情况，其具体要求如下。

（1）稀疏流冰（疏密度在 0.3 以下）时，每 2～3d 测 1 次。

（2）中度流冰（疏密度在 0.4～0.6 时），可每日测 1～2 次。

（3）全面流冰（疏密度在 0.7 以上）、阵性流冰或流冰疏密度变化急剧时，可适当加密测次。在春季刚开始解冻时流冰变化很快，测次也应适当增加。

10.4.5 冰流量施测步骤

（1）测量敞露水面宽。

（2）测量流冰或流冰花团的疏密度。

（3）测量流冰块或冰花团的流速（冰速）。

（4）测量流冰块或冰花团的厚度与冰花团密度。

（5）观测水位与河段冰情。

（6）计算冰流量。

10.4.6 敞露河面宽的测量

敞露河面宽是指两岸固定岸冰间敞露的自由水面宽度，敞露河面宽的测量可用直接量距法、平面交会法、断面索法等方法测量。具体测量的方法步骤与畅流期起点距测量基本相同。

日平均敞露水面宽以各测次实测值用算术平均法计算，无测次之日，可用内插法计算。

10.4.7 流冰或流冰花团疏密度测量

流冰疏密度的测量是冰流量测验中的一项重要而经常的工作，犹如水位和单沙一样，是推求冰流量的重要因素。测量疏密度常用的方法有目估法、统计法和摄影法 3 种。

1. 目估法

目估法适用于流冰疏密度过程观测与简测法施测冰流量时的疏密度观测。观测时应站在冰情观测基点上，综览全河段，估计流冰块或冰花团面积与敞露河面积的比数。如果流冰仅在部分河宽处成一带状，或

者全河面各个部分疏度相差很大，则可先将敞露河面宽分成几部分，分别测估各部分的疏密度，再用各部分河宽加权算得平均密度。

2. 统计法

精测法施测冰流量时应用统计法。使用统计法时应先测定断面上各垂线的流冰疏密度，再求出断面平均疏密度。垂线疏密度可用经纬仪施测，或用垂索目测。垂线布设应符合以下规定：①根据流冰块或冰花团的分布情况大致均匀布设；②流冰范围的边缘、流冰密集和流速较大之处应布设垂线；③断面上垂线数目应不少于表 10.3 的规定。

表 10.3   统计法测量疏密度的最少垂线数

河面宽/m	<50	50～100	100～300	>300
垂线数	3	3～6	6～8	8～10

（1）经纬仪施测。在中断面上，根据当时流冰块或流冰花的疏密分布情况，选定施测垂线。安装好经纬仪或全站仪，然后开始统计流冰疏密度。

统计垂线上的流冰疏密度可采用以下两种方法：

1）按一定时距，统计流冰出现次数。一般取 200s 为一个观测时段，每 2s 为一个单位时间。一人看镜，一人用秒表掌握时间并记录。观测开始时，由记录人员报"开始"，看镜者即在经纬仪十字丝上观察冰的情况，每 2s 结束的瞬间，记时者呼"到"，看镜者在十字丝上发现有冰即应声"有"，记录者立即在记录本上画一个记号，无冰通过，看镜者继续观测，记录不作记载，这样继续至 200s 为止（如用计数器作记录并采用 2s 一响的计时钟，一人就可施测）。冰的出现次数与总次数 100 之比，即为疏密度。

2）按秒表累计时间统计流冰。此法的特点在于统计流冰通过断面的累计时间以求得疏密度。用一只累计秒表与一只普通秒表，在观测开始时，开动普通秒表，并从经纬仪望远镜内观察，当有流冰块或冰花团开始接触十字丝交点时，开动累计秒表，等冰块离开十字丝交点时，停止累计秒表，这样观测到 200s 时，两只秒表同时停止。累计秒表读数与普通秒表读数之比即为疏密度。在冰块很大而其流速很小时，该垂线施测的总历时，应以连续测得 5～7 个冰块为准，不受 200s 的限制。

（2）用垂索目测。测时选若干垂线，在断面索上拴带有重物的绳索。自断面上游或下游目测，或用望远镜观察冰块及冰花团通过垂索下的情况。统计疏密度的方法同经纬仪法，此法用于河宽小于 30m 时，如用望远镜观察，则范围适当扩大。

3. 摄影法

用摄影法测量疏密度时，照相机距水面高度应不小于河的 1/10 宽，拍摄时应将河面流冰情况及上、中、下各断面的标志拍摄下来，计算疏密度时应进行投影校正。

4. 流冰疏密度过程观测

在冰流量测量的整个时期，同时进行流冰疏密度的观测，其测次应能控制流冰变化过程为度，一般要求如下。

(1) 疏密度变化不大时，每日 8 时、20 时各观测一次。

(2) 流冰很密变化较大时，每日观测 4～8 次。

(3) 阵性流冰时应加密测次。春季解冻流冰猛烈时，根据情况每若干分钟至 1h 观测 1 次。

(4) 每日各测次应尽量使时段相等，以便于计算日平均疏密度。

(5) 观测疏密度时，应加测敞露水面宽和流冰块或冰花团厚度。

(6) 对于阵性流冰，应测起讫时间及其疏密度，并应在此期间加测 1～3 次。

5. 日平均流冰疏密度计算

(1) 整日流冰而疏密度观测两次的用算术平均法计算。

(2) 整日流冰而疏密度观测 4 次以上的，用面积包围法计算。

(3) 阵性流冰时用式 (10.1) 计算

$$\bar{\eta} = \eta_t \frac{t}{24} \qquad (10.1)$$

式中　t ——阵性流冰的总小时数；

　　　η_t ——t 小时内平均疏密度。如果疏密度变化平缓，只观测 2～3 次可用算术平均法计算；如果疏密度变化剧烈且，观测 4 次以上用面积包围法计算。

10.4.8　冰块或冰花团流速测量

冰块或冰花流速的测量方法与水面浮标测流相同，即以冰块或冰花团作为浮标，测得流经上下断面历时和断面间距，计算冰速。每次测若干点，各测点应在流冰范围内大致均匀分布。断面上最少有效测点可参考表 10.4。

表 10.4　　　冰速测量最少测点数

河面宽/m	<50	50～100	100～300	>300
有效测点数	5	5～6	6～8	8～10

用精测法施测冰流量测冰速时，可采用断面控制法或时间控制法测定流冰块或冰花团流速。用简测法

施测冰流量测冰速时，应测定流冰块或冰花团通过上、下断面历时，当需目估各部分疏密度时，应分别测定相应部分的冰速。

10.4.9　流冰块或冰花厚度与冰花团密度测量

1. 流冰块厚度的测量

流动冰块厚度测量一般是在岸上进行。用量冰尺量取流经岸边冰块的厚度。每次测量 5～10 冰块，所测冰块应大小兼有，取其均值为冰块厚度，也可按大小冰块的比例，用加权平均法计算平均冰块厚，可用式 (10.2) 计算

$$\bar{h}_{sg} = \sum_{i=1}^{n} v_i h_i / \sum_{i=1}^{n} v_i \qquad (10.2)$$

式中　$\bar{h}_{sg}$ ——流冰块平均厚度；

　　　v_i ——测量的第 i 冰块体积；

　　　h_i ——测量的第 i 冰块厚度；

　　　n ——测量冰块总数。

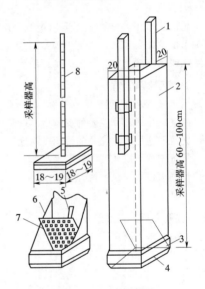

图 10.10　冰花采样器

1—木把；2—器身；3—铰链；4—钉；5—弹簧；
6—阀门；7—小孔；8—平底尺

2. 冰花团厚度及冰密度测量

(1) 测量冰花厚度及冰花密度，可用冰花采样器 (图 10.10) 垂直插入冰花团，水及冰花即将阀门顶开进入采样器内，当器身下端到冰花以下 0.3m 时，即将筒提起，阀门因弹簧力而关闭，冰花留在阀门上。

(2) 采样后将平底尺从采样器上端放入，量取花厚度，用秤称得冰花重，并观察冰花颗粒组成及大小，记入记载表。

(3) 每次测验时，在断面上选 3～5 条垂线，每

条取样垂线至少取 3 个冰样。用统计法或摄影法测疏密度时,取样垂线应尽量与测疏密度垂线相同。如没有过河设备或流冰很密,不能行船至达河心时,可在岸边采取冰样,但数目应适当增多。冰花团很薄时,可将几个冰样合并称重,求平均密度。

(4)计算冰花密度

$$\gamma_{sg} = \frac{W_{sg}}{Ah_{sg}} \qquad (10.3)$$

式中　γ_{sg}——冰花密度,kg/m³;

　　　W_{sg}——冰花重量,kg;

　　　A——采样器截面积,m²;

　　　h_{sg}——冰花厚,m。

(5)平均冰花团厚度和冰花密度用算术平均法计算。

10.4.10　冰流量的计算

1. 用简测法施测的计算方法和步骤

(1)计算敞露河面宽、冰速、冰花密度。

(2)计算冰块或冰花团的厚度、平均冰速、平均冰花密度,皆以各点实测数值,用算术平均法计算。

(3)计算冰流量。

2. 简测法施测冰流量计算公式

(1)当河段内流冰全部为流冰块或全部为流冰花时,冰流量用式(10.4)计算

$$Q_g = \beta B \overline{v}_g \overline{d}_g \overline{\eta} \qquad (10.4)$$

式中　Q_g——冰流量,m³/s;

　　　B——敞露河面宽,m;

　　　$\overline{v}_g$——平均冰速,m/s;

　　　$\overline{d}_g$——平均冰块厚或折实冰花厚,m;

　　　$\overline{\eta}$——平均流冰疏密度;

　　　β——冰花折算系数,为平均冰花团密度与冰密度之比。

(2)当河段内流冰为冰块和冰花团混合流动,并已分别观测流冰块和流冰花疏密度时,可分别计算冰块流量和冰花流量,再求总冰流量。

(3)采用分部观测疏密度和冰速时,冰流量用式(10.5)计算

$$Q_g = \overline{d}_g \sum_{i}^{n} b_i \overline{v}_{gi} \overline{\eta}_i \qquad (10.5)$$

式中　b_i、$\overline{v}_{gi}$、$\overline{\eta}_i$——部分宽、部分平均冰速、部分平均疏密度;

　　　n——部分数。

(4)用简测法分部观测疏密度和冰速时,断面平均疏密度和断面平均冰速计算可采用下列公式

$$\overline{\eta} = \frac{1}{B} \sum_{i}^{n} b_i \eta_i \qquad (10.6)$$

$$\overline{v}_g = \frac{Q_g}{B \overline{d}_g \overline{\eta}} \qquad (10.7)$$

3. 用精测法的计算方法和步骤

(1)用前面的方法计算敞露河面宽、各测点冰速及起点距、各测点疏密度及起点距、冰块或冰花团的平均厚度、平均冰花容重与折算系数。

(2)绘制疏密度及冰速分布曲线,通过各冰速测点重心,连一平滑曲线为冰速分布曲线。疏密度则根据实测点连成折线。

(3)根据实测疏密度测点的起点距,在冰速分布曲线上,查取相应冰速。

(4)计算部分单厚冰流量

$$q_{ui} = \frac{1}{2}(v_{gi} \eta_i + v_{gi+1} \eta_{i+1}) b_i \qquad (10.8)$$

式中　q_{ui}——第 i 部分单厚冰流量,m³/(s·m);

　　　η_i、η_{i+1}——测点的实测疏密度;

　　v_{gi}、v_{gi+1}——相应测点冰速,m/s;

　　　b_i——两实测疏密度测点间部分河宽,m。

(5)计算总单厚冰流量

$$Q_u = \sum_{i=1}^{n-1} q_{ui} \qquad (10.9)$$

(6)计算冰流量

$$Q_g = \beta \overline{d}_g Q_u \qquad (10.10)$$

(7)计算相应的平均疏密度

$$\overline{\eta} = \frac{1}{2B} \sum_{i=1}^{n-1} (\eta_i + \eta_{i+1}) b_i \qquad (10.11)$$

(8)计算平均冰速

$$\overline{v}_g = \frac{Q_u}{B\eta} \qquad (10.12)$$

10.4.11　冰流量资料的整理

(1)编制实测冰流量成果表。

(2)绘制日平均气温、水温、流冰疏密度、流冰块或冰花团厚度和日平均水位过程线,并进行对照分析。

(3)推算日平均冰流量,编制相应的逐日表,计算流冰总量。

(4)进行单站合理性检查。

10.4.12　日平均冰流量推求

推求日平均冰流量可采用冰流量与相关因素关系曲线法、冰流量因素过程线法和单位冰流量过程线法等方法。冰流量与相关因素关系曲线法是推求日平均冰流量的基本方法。

1. 冰流量与相关因素关系曲线法

采用冰流量与相关因素关系曲线法推求日平均冰流量,应按照以下要求进行。

(1)根据不同情况选择相关因素绘制关系曲线。

1）当实测冰流量与疏密度关系密切时，应用实测冰流量与疏密度绘制关系曲线。

2）当敞露水面宽变化较大，影响实测冰流量与流冰疏密度相关关系时，可用敞露水面宽作参数绘制实测冰流量与疏密度关系曲线，或绘制实测单宽冰流量与疏密度关系曲线。

3）当冰厚变化较大，影响实测冰流量与疏密度相关关系时，可用冰厚作参数绘制实测冰流量与疏密度关系曲线，或绘制实测单厚冰流量与疏密度关系曲线。

（2）冰流量变化甚大时，宜将流冰期分段，分别绘制不同的关系曲线。

（3）绘制的冰流量与相关因素关系曲线，应满足关系点分布均匀，且 75% 以上关系点偏离曲线不超过 20%。

（4）当一日内相关因素变化不大，且观测时距基本相等时，可用相关因素日均值直接从曲线查日平均冰流量。否则，应用各实测相关因素推出相应实测冰流量，用面积包围法计算日平均冰流量。

2. 冰流量要素过程线法

当冰流量测次少，或冰流量与相关因素的关系不够密切，但有冰流量要素过程观测资料时，可采用冰流量要素过程线法推求日平均冰流量。具体步骤如下。

（1）绘制实测冰流量要素混合过程线。

（2）当冰流量变化不剧烈或为连续流冰时，可用各要素日均值直接计算日平均冰流量。

（3）当冰情变化剧烈或为阵性流冰时，应先从混合过程线查变化控制点各要素值求瞬时冰流量，再用面积包围法计算日平均冰流量。

3. 单位冰流量过程线法

当冰流量测次较多基本控制流冰过程，且冰流量要素观测仅有疏密度时，可采用单位冰流量过程线法推求日平均冰流量。

采用此法应先绘制单位冰流量过程线，再按以下要求计算日平均冰流量。

（1）当一日内冰流量变化不大，可用日平均疏密度与日单位冰流量推求日平均冰流量。

（2）当一日内冰流量变化较大，应先算瞬时冰流量，再用面积包围法计算日平均冰流量。

10.4.13 冰流量单站合理性检查

冰流量单站合理性检查应包括以下内容。

（1）用冰流量与相关因素关系曲线法的测站，应进行历年关系曲线对照检查线型的合理性。

（2）将推出的日平均冰流量绘于各因素混合过程线图上，检查冰流量变化是否合理。

10.5 水 内 冰 观 测

10.5.1 水内冰观测河段要求

（1）河段比较顺直，水流稳定，无回水现象。

（2）不受泉水、工业废水和污水汇入的影响。

（3）避开易形成冰堆、冰塞和冰坝等地点。

（4）封冻后应选择在有清沟的河段内。

10.5.2 观测时间

应从水温降至 1～2℃ 时开始，至春季融冰水温升至 1℃ 时停止。如遇气温骤降，水温又降至 1℃ 以下时，应继续观测。观测期间，在每日日落前将冰网放入河中，在次日日出前取出冰网观测。在白天形成水内冰的地区，应在白天加测。封冻后无清沟或清沟消失，应停止观测。

10.5.3 观测工具

水内冰观测的主要工具是冰网。冰网分大、小两种规格。大型冰网直径为 30cm，高 10cm。小型冰网直径为 15cm，高 5cm。网眼均为 2mm×2mm。测站各时期所用冰网规格应保持一致。

10.5.4 固定点水内冰观测

1. 观测地点

（1）固定点水内冰观测地点应在基本水尺断面附近选择岸边和河心两处。在河心处观测有困难的，可只在岸边观测。岸边垂线应离开冰边缘 1～2m。

（2）垂线水深大于 1m 时，应在 0.2、0.5 相对水深和河底布置测点，垂线水深小于 1m 时可只在河底一点观测。

2. 固定点水内冰基本项目观测

固定点水内冰基本项目观测应包括以下内容。

（1）施测水深和流速。水深和流速变化较大时，应在每次放、取冰网时施测；水深和流速变化不大时，可 2～3d 施测 1 次。

（2）在放、取冰网时观测水位和冰情。

（3）称水内冰重量。称重仪器最小刻度不大于 5g。当水内冰中所含泥沙重量大于水内冰重量的 2% 时，应扣除泥沙重量。

（4）测量冰网上水内冰厚度，记至 0.5cm。

（5）观察水内冰形状、颜色和硬度。

3. 水内冰附属项目的观测

水内冰附属项目应在放取冰网时观测，观测包括以下内容。

（1）气温。应使用自记温度计观测。

（2）风向风速。

（3）天气状况、云量和能见度。

（4）水温。

10.5.5 水内冰专门观测

1. 水内冰专门观测的主要内容

水内冰专门观测的主要内容包括分布观测、日变化观测、清沟内水内冰观测、冰花观测和底冰观测等。

2. 水内冰分布观测的测线、测点布设

（1）纵向分布观测沿河长布设的垂线不得少于3条。

（2）横向分布观测可在观测河段内选择有代表性的1~3个断面，每个断面上应布设3~5条垂线。

（3）垂线分布观测可在固定点观测断面上选择1~3条垂线进行，水深小于3m时，垂线上布设3个测点，水深大于3m时，垂线上布设5个测点。

3. 水内冰观测次数

水内冰日变化观测应在水内冰结冰旺盛时期进行2~3次，每次可用积时法或分段法连续观测3~5d。

4. 清沟内水内冰和冰花观测

清沟内水内冰和冰花观测应包括以下内容。

（1）测定清沟位置。

（2）水内冰观测。应在清沟的中部和下部布设中、下断面，在中断面布设1~3条垂线，在下断面布设3~5条垂线。

（3）施测清沟边缘水面流速，观测清沟内出现的冰凇、冰花流动和冰花下潜等现象的变化过程。

5. 底冰观测

（1）河段内应布设3~5个断面，每个断面布设3~5条垂线。

（2）在流冰期或封冻后出现的清沟内，每日或数日观测一次底冰厚度。

10.5.6 水内冰资料的整理

水内冰资料的整理应包括以下内容。

（1）绘制测验河段平面图，在图上标绘出水内冰观测地点。

（2）编制实测水内冰成果表。

（3）编写水内冰观测技术报告。水内冰观测技术报告应主要叙述水内冰观测期间测验河段内冰情变化、水内冰结构和分布特征。

10.6 冰塞冰坝观测

10.6.1 冰塞观测

冰塞是封冻冰盖下面因大量冰花聚积，堵塞了部分水道断面造成上游水位壅高的现象。在冰塞现象严重的河流上，可选择经常发生冰塞现象的河段进行冰塞的专门观测。冰塞的专门观测应分别在冰花聚积段、下潜段及辅助断面上进行。

1. 观测断面布设

在进行冰塞专门观测之前应布设观测断面和测绘冰花聚积段河道地形图。观测断面的布设应满足以下要求。

（1）冰花聚积段宜布设5~10个观测断面，断面应选在河段有明显收缩、扩散和坡降变化等处。

（2）冰花下潜段观测断面的布设，应满足冰花流量测验或清沟内水内冰观测的要求。

（3）在冰花聚积段有桥梁、水工建筑物地点、受冰塞壅水影响的居民区和厂矿区等应布设辅助断面。

（4）断面选定后应设置固定标志，联测各标志点高程，并将冰花聚积段断面标志标绘于河道地形图上。

2. 冰塞观测主要内容

（1）冰情目测与冰情图测绘。

（2）冰花流量测验或清沟内水内冰观测。

（3）测定冰塞位置范围及体积。

（4）观测水位。

（5）测记灾情。

3. 观测时机与测次

（1）当河流出现冰情现象时，应分别在冰花聚积段、下潜段进行冰情目测与冰情图测绘，聚积段至冰塞完全消失时停止，下潜段至该段完全封冻时停止。

（2）自冰花聚积段开始形成冰盖至冰花下潜段完全封冻的时期内，应在冰花下潜段进行冰花流量测验或清沟内水内冰观测。

（3）冰塞的位置、范围及体积，应在冰塞时期内通过河段冰厚测量确定；河段冰厚测量的河段长度应为冰花聚积段全长。

（4）当冰塞稳定但持续时间不足1个月，可在冰塞体最大时施测1次。

（5）当冰塞有缓慢移动或持续时间超过1个月，应根据冰塞变化情况施测2~3次。

4. 水位观测

（1）冰情目测时期应在冰花聚积段、下潜段各选一个断面，进行水位观测。按冰情目测、冰情图测绘、冰花流量测验及清沟内水内冰观测的相应要求布置测次。

（2）自冰塞形成至完全消失的期间，应在所有观测断面进行水位观测。测次应满足测取河水涨落与受冰塞演变影响的水位变化过程和推求冰塞壅水水面线的要求。

10.6.2 冰坝观测

冰坝是在河流的浅滩、卡口或弯道等处，横跨断面并显著壅高水位的冰块堆积体。在冰坝现象发生较为频繁的河流上，可选择经常形成冰坝的河段进行专门观测。在进行冰坝的专门观测之前，应确定观测河段长度、布设观测断面和测绘河段地形图。

1. 河段与布设断面

（1）河段长度不小于已发生冰坝最大长度的 1.5 倍，已发生冰坝最大长度通过冰坝调查资料分析确定。

（2）观测河段内有分流、浅滩、急弯等地段的观测断面布设间距，中等河流应不大于 200m，大河应不大于 500m。其余地段的观测断面布设间距，中等河流应不大于 1000m，大河应不大于 2000m。

（3）受冰坝壅水和冰坝溃决洪水影响的范围内，应在重要居民区、厂矿区布设辅助断面。

（4）各断面应设置固定标志并进行标志点位置与高程测量。在观测河段内应选部分断面设置供摄影照片分析的标志，并将观测河段内所有断面标志标绘于河段地形图上。

2. 冰坝观测内容

河流冰坝观测主要包括以下内容。

（1）河段冰厚测量。

（2）冰情目测与冰情图测绘。

（3）测定冰坝位置尺寸。

（4）冰流量测验。

（5）冰质和冰孔隙率测验。

（6）水位观测。

（7）估测冰坝体积与冰坝过水能力。

（8）灾情测记。

3. 观测要求

（1）在冰盖厚度最大时应以整个观测河段为测量长度，进行河段冰厚测量。

（2）自水情、冰情有明显变化开始至冰坝完全消失为止，应在观测河段进行冰情目测与冰情图测绘。

（3）冰坝位置与尺寸的测定一般采用直接观测法。当观测河段地形复杂或冰坝长度很大时，应进行航空摄影或收集卫星遥感信息资料，用航测照片或卫星照片确定冰坝位置和尺寸。

（4）当观测河段有流冰现象出现时应在河段的最上、最下游断面和河段内选 2~3 断面，用简测法分段进行冰流量测验。

（5）进行冰坝与冰孔隙率测验应按以下要求采取冰样。

1）自水情、冰情有明显变化至冰坝形成之前，应在观测河段内选 1~2 个测点，每 3~5d 取 1 次冰样。

2）冰坝形成后，应在冰坝头部、尾部各选 1 个取样地点；当冰坝下游为尚未解冻的冰盖时，应在冰盖上增加一个取样地点。取样应每 2~4d 进行 1 次。

（6）水位观测要求如下：

1）在观测河段内选 1~2 个断面与冰情目测项目同时进行水位观测。按冰情目测与冰情图测绘的要求布置测次；

2）自冰坝开始形成至溃决消失，应在观测河段内所有断面和冰坝上游辅助断面进行水位观测。测次应满足测取受冰坝壅水影响的水位变化过程和推求冰坝壅水水面线的要求。

3）在冰坝下游辅助断面，自冰坝开始溃决至冰坝洪水影响消失为止，进行水位观测，测次应满足测取冰坝溃决洪水水位的变化过程。

4）当冰坝头部处在观测河段下游致使冰坝下无观测断面时，应在冰坝头部前缘下增设临时断面进行水位观测。

（7）冰坝的体积可采用直接测量法、间接估测法和冰量平衡法估测。

（8）冰坝过水能力的测算应在冰坝开始形成、持续期间和溃决前，选择冰坝上、下游同时水位作为代表水位，冰坝现象消失后通过水文调查或借用资料方法推求。

（9）当冰坝壅水和冰坝溃决洪水形成灾害时，应测记灾情。

（10）根据观测整理成果与灾情测记编写技术报告，报告应主要叙述冰塞、冰坝的形成地点、尺寸、演变过程、影响范围及形成的灾害等内容。

第11章　水文调查与水文巡测

11.1　水文调查的内容与方法

11.1.1　水文调查的目的和意义

水文调查是为了弥补基本水文站网定位观测的不足，扩大资料收集范围，或其他特定目的而进行的收集水文资料工作。水文测站定位观测工作是观测各种水文要素、收集各种水文资料的主要途径。由于定位观测有时间和空间的局限性，提供的资料在某些方面不能完全满足生产和科研的要求。因此，需要通过水文调查来弥补定位观测的不足，增强资料的完整性和系列的一致性，以便更大限度地提高资料的使用价值，更好地为水利事业和其他国民经济建设服务。

我国水文事业起步较晚，最早的水文测站也只有100余年历史，水文站网不够完善。多数河流水文观测资料的系列较短，用这些短系列的水文资料去分析水文现象的变化规律，其代表性不能满足水文分析计算的要求。如稀遇暴雨洪水是规划设计的宝贵资料，但这种暴雨洪水，有的发生在设立水文站之前；有的出现在无水文站的地区或河流上；有的虽出现在已经设站的河流上，但由于测洪能力有限或其他原因未能测得完整的资料。出现这些情况都应进行暴雨、洪水调查，以展延水文资料系列的长度，这项工作称为暴雨、洪水调查。另外，由于大规模的修建水利设施，以及农林牧措施等人类活动的影响，改变了流域的下垫面条件，径流的形成过程也随之发生变化，大量的工业和生活用水改变了江河的自然径流规律，使水文站定位观测获得的水文资料的一致性遭到了破坏。只有通过水文调查，搜集流域内水利工程的蓄、引、排水量及工业、农业耗水量和生活用水量等资料，弄清水利工程对径流的影响程度，才能对水文资料进行还原计算，将水文站定位观测和流域水文调查结合起来分析水文规律，以满足科学研究、流域规划、工程管理和水资源调度管理等需要。

总之，凡是水文站定位观测没有搜集到的水文资料，都可以通过水文调查加以补充。所以水文调查也是水文测验工作的一个重要组成部分，是掌握水文情势，搜集水文资料的重要手段，应有计划、有组织地开展。

在水文调查中应普遍开展暴雨、洪水和枯水调查，其他项目可根据需要只在中小河流上进行。

11.1.2　水文调查的主要内容

（1）流域基本情况调查。即基本站上游集水区内流域基本情况调查。

（2）水量调查。即基本站受水工程影响程度达到中等影响时，对河川径流进行还原水量调查和水量平衡调查。

（3）暴雨和洪水调查。即基本站设站初期进行历史暴雨、洪水调查，或超过一定标准的当年暴雨、洪水调查。

（4）其他专项水文调查。即为了专门目的收集某专项水文资料需要开展的调查。如，枯水调查、泉水调查、沙量调查、泥石流调查、堰塞湖调查、水旱灾害调查等。

11.1.3　调查的一般要求

（1）基本站开展水量调查时，在山丘区要求基本站和辅助站实测年水量的代数和占天然年径流量的85%以上。

（2）在平原区要求基本站和辅助站实测进出年水量之和分别占总进出水量的70%以上，其余水量采用面上调查方法解决。

（3）水文调查资料的可靠程度按可靠、较可靠和供参考三级评定。

（4）辅助站单次流量测验精度流量定线和间测允许误差指标，可参照有关水文测验规范三类精度的水文站的有关规定执行。

（5）调查时可根据需要，在符合规范前提下，对调查内容和方法做必要的调整或补充。

（6）水文调查原始资料应按原文献文物和访问获得的年、月、日时间记录，计算成果的年份采用公元制，日期采用阳历制，时制采用北京时间，历时资料涉及的原朝代和阴历时间应在括号内注明。

（7）水文调查野外工作完成后，应编写单项或综合调查报告，并将调查报告和基本资料编号归档，收集的水文资料也应纳入水文数据库管理。

11.1.4　调查方法

水文调查的基本方法主要有以下几种。

（1）野外调查。对于一般的水利工程、分洪、决口、溃堤、洼地等，可进行野外查勘、实地测量等推算搜集资料，也可通过走访当地群众了解收集水文资料。

（2）设立辅助站（建立委托观测点）。有些调节水量较大的水库、堰闸、引水口、退水口等水利工程，可设立辅助站，或建立委托观测点，采用定点观测水位和工程运行情况，据以推算水量。

（3）巡测。对于有些观测地点，可根据交通和测量要素的特点，采用定期巡测的方法测得水文资料。

（4）搜集汇交。根据水文条例等法规的要求，对水利工程管理部门及有关专用测站观测的水位、降水量、流量、引水量、引沙量、退水量等水文资料及闸门启闭情况、发电量等工程运行记录进行搜集汇交。

11.2　流域基本情况调查

基本站在设站初期应全面开展流域基本情况调查，以后对较大变化部分应及时做补充调查，调查方法以收集现有资料为主；受自然或人类活动影响，流域内发了生重要水事件或水文情势发生了重大变化时，也应及时进行补充调查，核实有关情况。

11.2.1　调查内容

流域基本情况调查包括以下内容。

（1）河网水系情况，主要河流和其他水体各项几何特征值。

（2）地势、地貌、土壤、植被、地质及水文地质水土流失等资料。

（3）水库、堰、闸、水电站、抽水站、渠道、蓄洪区、跨流域引水、水土保持等各项水工程的名称、位置、数量、规模和建成时间等。

（4）区域经济发展概况、水资源概况、农业、工业、生活、生态用水资料。

（5）各类水文、气象站（含历史的和现有）位置和设站（含撤销或停测）时间，各项水文、气象要素的月年均值和极值。

（6）历史上发生的较大洪灾、旱灾、涝灾和凌灾的时间、范围、主要地段和受灾损失情况等。

（7）基本站附近国家和有关部门设置的水准点位置、等级与校测高程情况等。

（8）水质污染及污染源（点和非点）状况。

11.2.2　受人类活动影响情况的调查

流域内修建水库、灌溉工程或地下水开采等人类活动影响，使水文情势和水环境发生了显著变化时，可进行以下定性调查。

（1）由于灌溉、过量抽取地下水引起的地下水位变化、地面下沉及海水入侵的调查。

（2）修建水库发生的库岸坍塌调查［参照《水库水文泥沙观测规范》（SL 339—2006）］。

（3）修建水库引起的坝下游河床发生冲刷和库区发生淤积调查。

（4）水库区库岸地下水调节水量调查。

（5）河流改道原因及影响调查。

（6）其他水环境变化调查，其中包括荒漠化、盐碱化、沼泽化等。

11.3　水　量　调　查

11.3.1　一般要求与规定

1. 水量调查的主要内容

水量调查包括以下内容。

（1）调查流域界限、集水面积明显变化情况。

（2）设立辅助站，观测影响河川径流的主要分项水量。

（3）面上调查分项水量的各项指标变动情况。

（4）开展典型调查或典型试验。

（5）水量调查成果的可靠程度评定。

2. 调节水量和耗损水量调查

（1）对影响河川径流的调节水量和耗损水量，应分项进行水量调查。

（2）对主要分项水量应重点调查，对次要的分项水量可粗略调查。

（3）对影响甚微的分项水量可免予调查。

（4）对于受大量客水影响，即分项水量远大于当地河川径流量的调水区，分项水量仍应进行调查。

3. 面上水量调查

（1）调查收集有径流资料以来的蓄引、提水量及其相应的有关指标变化情况，有困难时可调查收集丰、平、枯典型年情况。

（2）收集基本资料应与分项水量相配套。

（3）收集的资料宜便于换算成调查区的成果。

（4）基本资料应力求翔实，重要的要现场核实并审查其合理性，凡发现资料数据不一致应与资料来源单位共同复核订正。

4. 水量调查等级划分

按现行规范规定，水量调查等级划分为两级，其指标及调查要求见表11.1。

5. 辅助站设立

调查区内具有下列情况之一者，应设立辅助站。

（1）未设立基本站或专用站的大型水库、大型引水工程。

（2）蓄水工程控制集水面积占调查区集水面积10%以上的单一中小型水库。

（3）频率为95%的枯水年（或典型枯水年）年总引水量与同频率枯水年（或典型枯水年）河川年径流量之比，大于5%的单一中小型引水工程（引水用

表 11.1 　　　　　　　　　　　　水 量 调 查 等 级 表

等 级			一 级	二 级
受水工程影响程度			显著影响	中等影响
指标	$\dfrac{\sum a'}{A}$（蓄水工程）		$50\%\sim80\%$	$15\%\sim50\%$
	$\dfrac{\sum W_y}{R_k}$（引水工程）		$>50\%$	$10\%\sim50\%$
	$\dfrac{\sum a'}{A}>\dfrac{\sum W_y}{R_k}$ 用 $k_1=\dfrac{\sum a'}{A}+\dfrac{\sum W_y}{R_k}$（受蓄水、引水工程混合影响，以蓄水工程为主）		k_1 在 $50\%\sim80\%$	k_1 在 $15\%\sim50\%$
	$\dfrac{\sum a'}{A}\leqslant\dfrac{\sum W_y}{R_k}$ 用 $k_2=\dfrac{\sum V}{R}+\dfrac{\sum W_y}{R_k}$（受蓄水、引水工程混合影响，以引水工程为主）		$k_2>50\%$	k_2 在 $10\%\sim50\%$
调查要求			（1）设立辅助站观测并开展面上水量调查；（2）基本站、辅助站实测年水量，应满足规范要求；（3）成果应满足推算全年、分月或主要调节期、非主要调节期各分项水量	（1）同第一级；（2）同第一级；（3）成果应满足，推算全年各分项水量

注 1. 表中符号含义及有关说明如下：

$\sum a'$—蓄水工程集水面积修正值（修正方法如下：当 $\dfrac{\sum a}{A}>\dfrac{\sum V}{R}$ 时，$\sum a'=\dfrac{\sum V}{R}A$；当 $\dfrac{\sum a}{A}\leqslant\dfrac{\sum V}{R}$ 时，$\sum a'=\sum a$）；

$\sum a$—调查区内各蓄水工程总集水面积（当水库上游有水库时，下游水库只计算区间集水面积）；

$\sum W_y$—频率为95%枯水年或典型枯水年年总引水量；

$\sum V$—调查区内各蓄水工程有效库容之和；

R_k—频率为95%枯水年或典型枯水年河川年径流量；

R—调查区内多年平均河川年径流量；

A—调查区集水面积。

2. 引水工程不含跨流域引水工程。

3. 干旱、半干旱地区可参考上述指标要求执行，R_k 的频率可适当放宽。

4. 多泥沙河流，宜用指标 $\dfrac{\sum V}{R}$ 代替 $\dfrac{\sum a'}{A}$。

后仍大部分排放回测站断面以上除外）。

（4）单一跨流域引水工程，使调查区引入或引出水量与频率为95%的枯水年河川年径流量之比大于3%者。

（5）对小水库群，可用抽样选代表库设辅助站，观测可根据来水、库坝型式、管理运用方式、蓄水、用水等综合反映拦蓄能力（有效库容与水库集水面积比）和供水能力（有效库容与灌溉面积比）较大的作代表库进行抽样测算，抽样容量宜为5%~10%。

11.3.2 分项水量调查与计算

进行用水量调查前，应查清调查区内的取用地表水的水源地、用水区域和回归水三者的相对位置关系，以判别应调查的水量。

11.3.2.1 灌溉水量

1. 灌溉水量平衡方程

灌溉水量分为灌溉引水量、灌溉耗水量、灌溉水综合回归水量（含灌溉水渠系田间下渗回归量、田渠弃水量），灌溉水量平衡式为

$$W_y=W_h+W_g \qquad (11.1)$$

式中　W_y——灌溉引水量，万 m³；

　　　W_h——灌溉耗水量，万 m³；

　　　W_g——灌溉水综合回归水量，万 m³。

2. 灌溉引水量计算

（1）灌溉引水量可通过设立辅助站实测灌溉期引水量，也可采用面上调查形式进行估算。

（2）有实测灌溉引水量资料或有率定的推流曲线时，可直接计算出灌溉期引水量。

（3）有灌溉定额和实灌面积资料时，用式（11.2）计算

$$W_y = AM_m \quad 或 \quad W_y = \eta_1^{-1}AM_j \quad (11.2)$$

式中　A——全年实灌面积，万亩；

　　　M_m——灌区综合毛灌溉定额，$m^3/$（亩·a）；

　　　M_j——田间综合净灌溉定额，$m^3/$（亩·a）。

　　　η_1——渠系水有效利用系数，渠系水有效利用系数是末级固定渠道放出的总水量与渠首引进的总水量的比值，可利用式（11.3）计算

$$\eta_1 = \eta_g\eta_z\eta_d\eta_n \quad (11.3)$$

式中　η_g——干渠水有效利用系数；

　　　η_z——支渠水有效利用系数；

　　　η_d——斗渠水有效利用系数；

　　　η_n——农渠水有效利用系数。

灌溉定额与实灌面积是灌溉水量计算中两项基本资料，对其统计数字应进行审定。在审定中注意以下事项。

1）可采用面平均降水量系列、净灌溉定额系列分别排频，以划定丰、平、枯不同典型年的降水量及相应的净灌溉定额。

2）收集按行政区的实灌面积（不包括临时的水浇地面积），可选用水量比、面积比、动力比等方法，时段实灌面积可根据年实灌面积、复种指数分析确定。

3）若收集的为有效灌溉面积、保灌面积等，可通过抽样调查，分析出修正系数（计算实灌面积与统计实灌面积之比）换算为实灌面积。

（4）有灌溉试验资料和时段实灌面积资料时，用式（11.4）计算

$$W_y = 0.6667(E - \beta P)A\eta_2^{-1} \quad (11.4)$$

式中　E——作物需水量，对于水稻田则为田间耗水量，mm；

　　　β——雨量有效利用系数；

　　　P——降水量，mm；

　　　η_2——渠系、田间灌溉水有效利用系数。

（5）当小型水电站过水流量为灌溉引水流量时，用式（11.5）计算

$$Q_D = P/(9.8\eta_D\Delta Z) \quad (11.5)$$

式中　Q_D——水电站过机流量，m^3/s；

　　　P——水电站有效功率，kW；

　　　η_D——水电站效率系数，一般在 0.65～0.85；

　　　ΔZ——水电站上下游水位差，m。

（6）有灌溉泵站资料时，用式（11.6）计算

$$Q_B = \eta_B P/(9.8h) \quad (11.6)$$

式中　Q_B——泵站过机流量，m^3/s；

　　　P——泵站功率，kW；

　　　η_B——泵站效率系数，无实验资料时可选用 0.6；

　　　h——泵站扬程，m。

（7）有水费资料时，用式（11.7）计算

$$W_y = B/G \quad (11.7)$$

式中　B——水费金额，元；

　　　G——水费单价，元/万 m^3。

3. 灌溉耗水量计算

灌溉耗水量可选用以下方法之一计算。

（1）有调查灌溉引水量和灌溉退水量，或只有调查引水量资料时，用式（11.8）计算

$$W_h = \begin{cases} W_y - W_g \\ (1 - \varphi_1)W_y \\ \eta_1(1 - \varphi_3)W_y + W_{\Delta E} \end{cases} \quad (11.8)$$

式中　W_h——灌溉耗水量，万 m^3；

　　　W_y——灌溉引水量，万 m^3；

　　　W_g——灌溉水综合回归水量，万 m^3；

　　　φ_1——灌溉回归系数，即渠系田间下渗回归水量与田渠弃水量之和同总引灌水量之比；

　　　φ_3——田间回归系数，即田间下渗回归水量同引入田间净灌水量之比；

　　　$W_{\Delta E}$——渠系引水输水过程增加的蒸发损失量，$10^4 m$。

（2）根据调查的灌溉用水定额和实灌面积资料，分以下几种情况计算灌溉耗水量。

1）有灌溉用水定额资料，灌溉耗水量用式（11.9）计算

$$W_h = \begin{cases} \eta_1(1 - \varphi_3)M_m A + W_{\Delta E} \\ (1 - \varphi_3)M_j A + W_{\Delta E} \end{cases} \quad (11.9)$$

式中　W_h——灌溉耗水量，万 m^3；

　　　M_j——田间综合净灌溉定额，$m^3/$（亩·a）；

　　　M_m——灌区综合毛灌溉定额亩年，$m^3/$（亩·a）；

　　　A——全年实灌面积，万亩。

2）若有资料分析证明，田间灌溉回归水量与渠系增加的蒸发损失量两者能大体抵消时，灌溉耗水量可简化为式（11.10）

$$W_h = \begin{cases} \eta_1 W_y \\ \eta_1 M_m A \\ M_j A \end{cases} \quad (11.10)$$

3）分灌溉季节计算灌溉耗水量用式（11.11）计算

$$W_h = \begin{cases} \sum_{i=1}^{t} m_i n_i A_i \\ \overline{m} N A \end{cases} \qquad (11.11)$$

式中 m_i——季节净灌水定额，m³/（亩·次）；

n_i——季节灌水次数，次；

A_i——季节实灌面积，万亩；

i、t——季节序号、季节数；

$\overline{m}$——平均综合净灌水定额，m³/（亩·次）；

N——全年总灌水次数，次。

（3）对于湿润半湿润地区，调查灌区灌排水规则、实测面积、灌区逐日降水量、水面蒸发量、渗漏量及有关系数等，可采用模拟计算灌溉耗水量，计算公式为

$$P_t + C_t + I_t + S_t = E_{\tau t} + Y_t + F_t + S_{t+1}$$
$$(11.12)$$

式中 P_t——第 t 日降水量，mm；

C_t——第 t 日地下水补给量，mm；

I_t——第 t 日灌水量，mm；

S_t、S_{t+1}——第 t 日、第 $t+1$ 日开始时蓄水量，稻田为蓄水深，旱田为耕作层土壤含水量，mm；

$E_{\tau t}$——第 t 日蒸散发量，mm；

Y_t——第 t 日产流深，即排水深，mm；

F_t——第 t 日渗漏量，mm；稻田日渗漏量一般在 $1 \sim 5$mm 之间，可根据稻田土质、地下水位、稻田水深、田间工程措施等因素确定，旱田（水地）可不考虑。

稻田第 t 日蒸散发量可用式（11.13）计算：

$$E_{\tau t} = a E_{0t} \qquad (11.13)$$

式中 E_{0t}——第 t 日水面蒸发器观测的蒸发量，mm。

旱田第 t 日蒸散发量可用式（11.14）计算

$$E_{\tau t} = \begin{cases} E_{0t} & \text{当} \quad S_t + P_t + C_t > S_M； \\ E_{0t} \dfrac{S_t}{S_M} & \text{当} \quad S_t + P_t + C_t \leqslant S_M； \end{cases}$$
$$(11.14)$$

式中 S_M——田间持水量，mm。

模型的基本结构和有关参数的确定，应结构各地实际情况决定取舍。

输入灌溉期逐日降水量、水面蒸发量、蒸散发系数、地下水补给量、渗漏量、田间持水量等资料，根据水量平衡方程式及灌排水规则，可用计算机进行模拟计算，输出灌溉期逐日灌水深和产流深过程，模拟计算的表达式如下：

1）稻田

$S_t + P_t - E_{\tau t} - F_t < S_x$ 时

$$\begin{cases} I_t = S_s - S_t - P_t + E_{\tau t} + F_t \\ y_t = 0 \end{cases} \qquad (11.15)$$

当 $S_t + P_t - E_{\tau t} - F_t > S_s$ 时

$$\begin{cases} I_t = 0 \\ y_t = P_t + S_t - E_{\tau t} - F_t - S_s \end{cases} \qquad (11.16)$$

当 $S_x \leqslant S_t + P_t - E_{\tau t} - F_t \leqslant S_s$ 时

$$\begin{cases} I_t = 0 \\ y_t = 0 \\ S_{t+1} = S_t + P_t - E_{\tau t} - F_t \end{cases} \qquad (11.17)$$

式中 S_s、S_x——稻田适宜蓄水深上、下限。

2）旱田

当 $S_t + P_t + C_t - E_{\tau t} \leqslant S_M$ 且 $S_t + P_t + C_t < S'_x$ 时

$$\begin{cases} I_t = S'_s - S_t - P_t - C_t + E_{\tau t} \\ y_t = 0 \end{cases} \qquad (11.18)$$

当 $S_t + P_t + C_t - E_{\tau t} > S_M$ 时

$$\begin{cases} I_t = 0 \\ y_t = S_t + P_t + C_t - E_{\tau t} - S_M \end{cases} \qquad (11.19)$$

当 $S_t + P_t + C_t - E_{\tau t} \leqslant S_M$ 且 $S_t + P_t + C_t \geqslant S'_x$ 时

$$\begin{cases} I_t = 0 \\ y_t = 0 \\ S_{t+1} = S_t + P_t + C_t - E_{\tau t} \end{cases} \qquad (11.20)$$

式中 S'_s、S'_x——旱田适宜土壤含水量上、下限。

有了灌溉期逐日净灌水过程，乘以实灌面积，再扣除灌溉回归量即为灌溉期耗水量。

4. 灌溉综合回归水量估算

在农田灌溉中，流经渠系和田间的地表水流和地下水渗流回流到下游沟渠或河道中的灌溉余水，称灌溉综合回归水量。灌溉水综合回归水量可选用调查灌溉引水量和灌溉回归系数、调查灌溉引水量和灌溉耗水量、调查灌溉定额、实灌面积和渠系水有效利用系数等资料分别采用不同公式计算。

（1）有引水量和灌溉回归系数资料时，用式（11.21）计算

$$W_g = \varphi_1 W_y \qquad (11.21)$$

（2）有引水量和灌溉耗水量资料时，用式（11.22）计算

$$W_g = W_y - W_h \qquad (11.22)$$

（3）有灌溉定额和实灌面积资料时，用式（11.23）计算

$$W_g = \varphi_1 A M_m \quad \text{或} \quad W_g = \varphi_1 \eta_1^{-1} A M_j$$
$$(11.23)$$

式中 η_1——渠系水有效利用系数（也称渠系水利用系数）。

为计算灌溉回归系数，需要选择回归过程试验区，开展回归过程试验。回归过程试验区应符合以下

条件：具备土地平整、面积适宜、灌水均匀；灌排工程配套、边界清楚、进出水量易于控制；土壤地质条件、灌水习惯、灌溉制度、管理水平等应具有代表性；交通便利。

取得回归过程试验资料后，灌溉回归系数用式（11.24）计算

$$\varphi_1 = (W_0 - W_{0h} \pm \Delta W)/W_y \qquad (11.24)$$

式中　W_0——出口断面水量，万 m^3；

W_{0h}——出口断面雨洪水量，万 m^3，无雨期用割取河川基流量代替；

ΔW——试验区蓄水变量，万 m^3，蓄水增加为正，蓄水减少为负；

W_y——总灌溉引水量，万 m^3。

11.3.2.2　工业及生活水量

工业及生活水量分为引水量、耗水量、综合排放水量。工业及生活水量变化较大时应逐年调查；当逐年变化基本稳定时，可 1～3 年调查 1 次，未调查年份可借用上一年调查成果有关指标。对于引水源、引水口门、引水量、用水区域或排水系统等其中一项发生变化的年份，应重新调查或补充调查。

工业及生活引水量直接取用引水量观测资料或面上调查的引水量汇总资料。

1.工业及生活耗水量计算

工业及生活耗水量可选用调查工业及生活引水量及排水量，或调查工业及生活用水定额、工业产值、人口数和重复利用系数等进行计算。

（1）根据调查引排水量资料计算。有调查引排水量资料时，可用式（11.25）计算

$$W_{Gh} = \begin{cases} W_y - W_p \\ (1 - \varphi_A)W_y \end{cases} \qquad (11.25)$$

式中　W_{Gh}——工业及生活耗水量，万 m^3；

W_y——工业及生活引水量，万 m^3；

W_p——工业及生活排放水量，万 m^3；

φ_A——工业及生活用水排放系数。

（2）根据定额计算。有用水定额、工业产值、人口等有关统计资料时，可用式（11.26）计算

$$W_{Gh} = k(1 - \xi)mD - W_p \qquad (11.26)$$

式中　m——用水定额，工业用水定额：m^3/（万元·a），火电用水定额：m^3/（万 kW·a），生活用水定额：m^3/（人·d）；

D——工业产值，万元；火电装机，万 kW；人口数，万人；

ξ——工业用水重复利用系数，生活用水取零；

k——单位换算系数。

2.引排水量观测与调查

（1）对主要引水口、排水口可设立辅助站，观测引（提）水量、排水量。

（2）向自来水公司、自备水源单位收集引（提）地表水量资料。

（3）调查排放口（含河道、渠道、闸门、管道等）排入河道的地点及排放水量。当工业排放水、农业灌溉回归水、内涝排水混杂时，应调查其比例分配数。

（4）调查污水处理厂收集和排放水量。

3.工业及生活综合排放水量计算

（1）根据调查排水口的日（或旬、月）水量，直接计算排水量。

（2）根据调查的引水量和排放系数资料，用式（11.27）计算

$$W_p = \varphi_p W_y \qquad (11.27)$$

根据调查的工业与生活引水量及耗水量资料计算。

11.3.2.3　地下水开采量与人工回灌量

1.有关规定与要求

在我国北方地下水开采地区，地下水开采量与人工回灌量要根据其对河川径流效应来确定应调查的分项水量，各分项水量调查规定如下。

（1）调查地下水开采量，应按深层、浅层地下水分别统计开动泵（机）台数、单泵（机）出水量、泵（机）抽水时数等。若开采井多而分布广，可进行抽样调查。

（2）当浅层地下水与河川径流有直接补排关系时，应调查地下水埋深及潜水蒸发临界埋深。地下水埋深较浅的平原开采区，当开采前后地下水埋深大于潜水蒸发临界埋深时，调查开采耗水量作为还原水量。当开采前后地下水埋深小于潜水蒸发临界埋深时，调查开采耗水量及开采前后的地下水埋深，用开采耗水量再扣除开采前后潜水蒸发的减少量作为还原水量。

（3）对于河水补给丰沛的开采区（透河区），除调查开采量外，应对开采比较集中的河段开展河水补给地下水系数试验，确定透河区开采量中还原给河川径流的百分比。

（4）开采深层地下水用于工农业及生活时，可调查开采利用后回归、排放到河道的水量作为还原水量。

（5）浅层地下水专门性人工回灌量，应作为水源区或回灌区河川径流的还原量。如果回灌区与回灌水源地在同一调查区内，人工回灌量与引水量对河川径

流总量有相互补偿效应，可不做还原水量调查。如果跨流域或跨调查区引水进行专门性人工回灌，对水源区应调查引水量作为还原水量，对回灌区应调查人工回灌量。

(6) 深层地下水专门性人工回灌量，对水源区应调查引水量作为还原水量，对回灌区不调查人工回灌量。

2. 地下水开采量

(1) 对河水补给丰沛的开采区进行河水补给地下水系数的试验，来确定浅层地下水开采量中应还原河川径流的百分数。试验区应选在浅层地下水排泄量以地下水开采量为主体的河段。

(2) 河水补给地下水系数的计算内容包括：地下水总补给量计算，包括降雨入渗补给量、河水渗漏补给量、地下水侧向径流补给量、灌溉渗漏补给量（含渠系和田间）；统计浅层地下水开采量；用总补给量除河水渗漏补给量，得河水补给地下水系数。

(3) 降雨入渗补给量用式 (11.28) 计算

$$W_1 = 0.1 a \overline{P} A \qquad (11.28)$$

式中　W_1——降雨入渗补给量，万 m^3；

　　　$\overline{P}$——试验区面积平均降水量，mm；

　　　a——降水入渗补给系数；

　　　A——试验区面积，km^2。

(4) 河水渗漏补给量用式 (11.29) 计算

$$W_2 = (1 - \lambda) L (W_u - W_L) / l \qquad (11.29)$$

式中　W_2——河水渗漏补给量，万 m^3；

　W_u、W_L——试验区河段上、下断面实测水量，若在试验河段内引用河水量，应将其量还原，万 m^3；

　　　λ——试验河段间水面蒸发量（含两岸浸润带蒸发量）占该河段水量减量的百分数；

　　　L——试验区河段长度，km（或 m）；

　　　l——上、下测流断面间距离，km（或 m）。

(5) 地下水侧向径流补给量用式 (11.30) 计算

$$W_3 = \sum \overline{k}\, \overline{S}\, \overline{H}\, \overline{B} \qquad (11.30)$$

式中　W_3——地下水侧向径流补给量，万 m^3；

　　　$\overline{k}$——含水层平均渗透系数，m/d；

　　　$\overline{S}$——地下水平均水力坡度；

　　　$\overline{H}$——含水层平均厚度，m；

　　　$\overline{B}$——控制断面平均宽度，m。

(6) 灌溉渗漏补给量

$$W_4 = \gamma W_y + \beta \eta_1 W_y \qquad (11.31)$$

式中　W_4——灌溉渗漏补给量，万 m^3；

　　　γ——渠系渗漏补给系数，可通过试验观测或分析确定；

　　　β——田间灌溉入渗补给系数，可根据不同土质、地下水埋深、不同灌水定额时的试验资料确定，亦可采用降水前土壤含水量低，降水量大致相当于灌水定额情况下的次降水入渗补给系数近似地代替。

11.3.2.4　蓄水量（蓄水变量）

大型蓄水工程的蓄水量，一般需进行专门的测量和计算。而大量中小型水库、堰、闸等蓄水工程的蓄水量需要通过调查获得。蓄水量调查包括某级水位对应的蓄水量、蓄水变量、水面蒸发、渗漏量等内容。

1. 蓄水量调查的一般规定与要求

(1) 小水库群代表库观测或调查项目应包括库水位、库容曲线、水库集水面积、水库灌溉面积等。

(2) 为确定时段蓄水变量应观测时段初、末蓄水工程蓄水区代表水位，当蓄水区基本站水位代表性不足时，应增设辅助水位站。

(3) 对于少沙河流库容曲线多年稳定，可常年使用静库容曲线。对于多沙河流，当泥沙淤积量占总库容 10% 时，应修正库容曲线。

(4) 中型及以上水库库容曲线应采用地形法或断面法进行实测。

(5) 小型水库和堰闸蓄水区库容曲线可采用纵横断面简易测算。

(6) 小水库群蓄水变量调查，可选用面积比法、库容比法、蓄（放）水量不均曲线法等，推算调查区内小水库群时段蓄水变量。

(7) 在我国北方蒸发能力较强的地区，增加的蓄水水面积占调查区面积的 1% 以上时，应予调查蓄水水面蒸发增损水量。

(8) 当蓄水工程渗漏量未回归到基本站断面，且渗漏水量占调查区年径流量 2% 以上时，应进行蓄水工程渗漏水量调查。

(9) 干旱、半干旱地区，当调查区内水平梯田面积占调查区总面积 3% 以上时，应进行水平梯田拦蓄地面径流量的调查。

2. 蓄水量计算

蓄水工程蓄水量是某时刻的水位对应的蓄水量（库容），蓄水工程时段蓄水变量为蓄水区时段终止与开始时蓄水量的差值。

(1) 有水位库容关系时蓄水量推算。蓄水工程有水位库容关系曲线时，可直接采用关系曲线根据观测的水位推算蓄水量和蓄水变量。

(2) 地形法计算蓄水量。当蓄水工程无水位库容关系，但有蓄水区地形图时，也可采用地形法测算库

容曲线，建立水位库容关系。根据蓄水区不同水位级要求，在蓄水区地形图上量算面积，可用式（11.32）计算库容

$$V = \frac{1}{3} \sum_{i=1}^{n} \left[\Delta Z_i (A_i + A_{i+1} + A_i^{\frac{1}{2}} A_{i+1}^{\frac{1}{2}}) \right]$$

$$(11.32)$$

式中　V——某水位级相应的蓄水容积，万 m^3；

ΔZ_i——相应地形等高线间高差，m；

A_i——相邻地形等高线间包围的面积，万 m^2；

i、n——地形等高线序号、线数。

（3）断面法计算蓄水量。当蓄水工程无水位库容关系也无地形资料时，可采用断面法测算库容曲线，建立水位库容关系。断面布设应能控制回水范围，反映库岸的转折变化。断面布设不少于 7 条。断面布设方向，应近似地垂直于地形等高线的走向。若有较大支沟，可在垂直支沟方向另行布置断面。断面测深垂线的布设，应通视良好并能控制地形转折点。

先计算每个断面的各级水位相应的断面面积，再用下式计算相邻两断面第 i 级水位相应的部分容积 ΔV_i：

$$\Delta V_i = \frac{L_i}{3} (A_{i1} + A_{i2} + A_{i1}^{\frac{1}{2}} A_{i2}^{\frac{1}{2}}) \quad (11.33)$$

式中　L_i——断面间距，m；

A_{i1}、A_{i2}——第 i 级水位相应的两相邻断面面积，m^2。

第 i 级水位相应的部分容积之和即为第 i 级水位相应的容积，依此类推可得到蓄水区各级水位相应的容积。

（4）采用简易方法计算蓄水量。首先采用简易方法计算水位库容关系，进而推算蓄水量。

1）采用纵横断面简易测算库容曲线。施测从坝址向上游沿河谷中心的纵断面（测至与坝顶相同的高度）和坝址处河道横断面（垂直于河道流向），绘出纵断面图和坝址处横断面图，然后在纵横断面图上，从河底高程向上，每隔 1.0m（或 0.5m）摘录同一级高程相应的坝址处上游侧水面宽及坝址以上回水长度，各级水位（z_i）的水面面积，用式（11.34）计算

$$A_i = K_1 B_i L_i \quad (11.34)$$

式中　A_i——第 i 级水位相应的水面面积，m^2；

B_i——第 i 级水位相应的坝址处上游侧水面宽，m；

L_i——第 i 级水位相应的坝址以上回水长度，m；

K_1——库区水面形状系数。蓄水区水面形状类似正方形或长方形取 1.0；若蓄水区有较多支流，而坝址处较窄，水面形状类

似扇形或灯泡形取 1.6；介于之间取 1.0～1.6。

绘制水位与面积曲线，在水位面积曲线上，从河底高程开始向上每隔 1.0m（或 0.5m）摘录水位及相应面积，计算各水位差之间的相应部分容积，而后累加即得各级水位的相应容积。

2）对无资料的小水库，可只施测坝址处的水深、水面宽、坝址至回水末端的水面长度，用式（11.35）估算蓄水容积

$$V = K_2 B d L_k \quad (11.35)$$

式中　K_2——库区河谷断面形状系数，河谷呈 V 形取 0.17，呈 U 形取 0.25；

d——坝址处的水深，m；

B——坝址处的水面宽，m；

L_k——坝址至回水末端的水面长度，m。

3）对堰闸蓄水区可施测堰闸前及回水末端河道断面、堰闸前至回水末端（或上一级拦河建筑物）距离，用式（11.36）计算堰闸蓄水容积

$$V = \frac{1}{2} (A_1 + A_2) L_y \quad (11.36)$$

式中　A_1——回水末端或上一级拦河建筑物河道断面面积，m^2；

A_2——堰闸前河道断面面积，m^2；

L_y——堰闸前至回水末端（或上一级拦河建筑物）距离，m。

4）推算调查区内小水库群时段蓄水变量，可采用面积比法、库容比法。

面积比法：

$$\Delta W = \sum_{j=1}^{k} \left(\frac{A_j}{\sum\limits_{i=1}^{n} A_i} \sum_{i=1}^{n} \Delta W_i \right) \quad (11.37)$$

式中　ΔW——调查区内小水库群时段蓄水变量，万 m^3；

ΔW_i——调查区内同一供水能力分级中，单个代表库实测时段蓄水变量，万 m^3；

A_j——调查区内同一供水能力分级中，小水库群的集水面积，km^2，或灌溉面积，万亩，代表库实测时段蓄水变量为正值时用集水面积，为负值时用灌溉面积；

A_i——调查区内同一供水能力分级中，单个代表库的集水面积，km^2，或灌溉面积，万亩，取用集水面积或灌溉面积，同 A_j；

i、n——同一供水能力分级中，代表库序号及个数；

j、k——供水能力分级序号及分级数。

库容比法：

$$\Delta W = \sum_{j=1}^{k} \left(\frac{V_j}{\sum\limits_{i=1}^{n} V_i} \sum_{i=1}^{n} \Delta W_i \right) \qquad (11.38)$$

式中　V_j——调查区内同一供水能力分级中，小水库群的总有效库容，万 m^3；

　　　V_i——调查区内同一供水能力分级中，单个代表库的有效库容，万 m^3。

3. 水面蒸发损失水量

蓄水工程水面的蒸发损失水量可采用式（11.39）估算

$$W_{\Delta E} = \frac{1}{10}(kE_0 - E_L)A \qquad (11.39)$$

式中　$W_{\Delta E}$——蓄水水面面积扩大而净增加的蒸发损失量，万 m^3；

　　　k——水面蒸发折算系数；

　　　E_0——水面蒸发器蒸发观测值，mm；

　　　E_L——陆面蒸发量，mm。采用地区经验公式计算，无经验公式时，可近似用本站或邻近相似集水区内降水径流差值代替；

　　　A——增加的蓄水水面面积，km^2。用时段平均水位从水位面积曲线上查得。当小水库群没有水位面积曲线时，可采用抽样选代表库测算时段平均蓄水面积，再借用库容比法推算小水库群的时段平均蓄水水面积。

4. 渗漏水量

蓄水工程渗漏量主要有坝身渗漏、坝基渗漏和蓄水区渗漏量3种。坝下反滤沟有实测流量资料时，可直接作为坝身渗漏量。

当计算时段内没有降水，用水库进出库水量平衡资料估算水库渗漏量可按式（11.40）估算

$$W_{ko} = W_I - W_o - \Delta W - W_E \qquad (11.40)$$

式中　W_{ko}——水库渗漏量，万 m^3；

　　　W_I——计算时段内入库水量，万 m^3；

　　　W_o——计算时段内出库水量，含反滤沟实测坝身渗漏量，万 m^3；

　　　ΔW——计算时段内水库蓄水变量，万 m^3；

　　　W_E——计算时段内库面蒸发量，万 m^3。

根据水库各级水位观测的进出库水量平衡资料，估算各级库水位的渗漏量，绘制水库水位与渗漏流量关系曲线。用水库逐月平均水位，从关系曲线上查得逐月平均渗漏流量。

5. 水平梯田拦蓄地面径流量

调查全年水平梯田总面积及其平均有效系数，按式（11.41）估算水平梯田拦蓄量

$$W_t = 0.6667\varepsilon_1\varepsilon_2 Ay \qquad (11.41)$$

式中　W_t——水平梯田全年拦蓄量，万 m^3；

　　　ε_1——水平梯田面积有效系数；

　　　ε_2——水平梯田拦蓄效益系数，可通过开展典型试验确定；

　　　A——全年水平梯田总面积，万亩；

　　　y——地面年径流深，mm；可在全年实测径流过程线上，割除基流求得。

11.3.2.5　溃坝、决口和分洪水量

水库溃坝、河道决口、河道分洪等水量影响河川径流的月年还原水量及当地水资源量，该部分水量应根据其与调查区位置关系确定调查要求。

1. 还原水量调查

在调查区内发生水库溃坝、河道决口、河道分洪时，应调查水库溃坝水量、河道决口水量与回归水量、蓄洪区的调蓄变量。当河道决口或分洪后，造成调查区内淹没面积较大、历时较长，可不调查河道决口水量与回归水量，而调查淹没面积，估算淹没区蒸发增损水量作为还原水量。若有跨流域或调查区分水情况，除调查跨流域或调查区的水库溃坝水量、河道决口水量、河道分洪水量外，还应调查分水去向，还原水量应按跨流域或调查区分水处理。

2. 调查点的选择与调查项目

水库溃坝、河道决口调查点的选择与调查项目，按以下情况确定。

（1）当水库溃坝、河道决口口门比较规则时，调查点可选在水库溃坝处或河道决口处，调查决口口门位置、宽度、水位、水深及其相应持续时间，用水力学公式计算决口流量及其过程。

（2）当水库溃坝、河道决口后，水流经过的上游河段无分流，且河道顺直又无严重冲淤变化，调查点可选在顺直河段处。

（3）调查水库溃坝、河道决口时该河段洪水水面线的痕迹，实测其比降、最大水深，调查水流持续时间，有无分流和水流加入。

（4）影像资料调查。当发生水库溃坝、河道决口、河道分洪，应及时组织力量，深入现场设立调查点进行调查，调查其原因、发生时间，并对主要水文实况摄影或录像，收集有关记录溃坝、决口、分洪的影像资料。

（5）在常年分洪河道、常年蓄洪区应设立辅助站，收集或测算水位容积曲线，以估算时段洪水量和时段

调蓄变量。在临时分洪河道、临时蓄洪区设立调查点，调查估算分洪期河道分洪水量、蓄洪区总蓄水量。

11.3.2.6　分项水量调查成果的合理性检查

1. 单项指标检查

灌溉定额、灌溉耗水定额、实灌面积、灌溉水有效利用系数、回归系数等单项指标是合理性检查的重点。可点绘不同作物灌溉耗水量分布图，对照相同作物需水量分布图，或对照邻近试验站田间蒸腾量资料，平均或最大耗水定额不应大于田间蒸腾量，实灌面积应小于耕地面积，井渠兼灌地区井灌与渠灌面积总和不应大于耕地面积，老灌区、小灌区的渠系水有效利用系数宜大于新灌区、大灌区的渠系水有效利用系数。灌区回归系数、灌溉回归系数、田间回归系数，应有递降的趋势等。

2. 大数匡算检查

检查灌溉耗水量的合理性，可利用容易取得的有效灌溉面积、平均综合灌溉定额、回归系数、蓄水、引水资料进行大数匡算。

也可利用蓄水工程的有效库容乘以平均复蓄系数，再乘以耗水系数进行大数匡算检查。当流域蓄引提水量资料比较完整，可将蓄引提总水量打一折扣，其数量应与灌溉净耗水量接近，这个折扣就是耗水系数。

3. 统计检验

水量调查的目的之一，是河川径流量的还原计算。因此，调查后还原的河川径流量是否符合该径流原来系列的统计规律，也可作为少量调查成果合理性检查的手段段之一。可采用 t 检验法和概率误差检验法。

（1）t 检验法。检验受水工程影响经过还原后河川径流系列与不受水工程影响前的实测河川径流系列，是否存在显著性差异，检验两者是否同属于一个总体。

（2）概率误差检验法。水文上通常用年、月降雨径流关系的概率误差，来检验受水工程影响经过还原后年、月河川径流系列与不受水工程影响前的实测年、月河川径流系列，是否在合格范围以内。

4. 上下游、干支流及区间水量平衡检查

对流域内各单站（或区间）调查的总还原水量和控制站实测水量，应进行上下游、干支流水量平衡检查，逐站逐年逐月实测水量、调节水量、耗损水量应逐项列表检查，还原后区间水量若出现负值，应查明原因，必要时应复查改算。中小河流降雨径流关系，还原后应比还原前点带关系更集中，相关系数提高。闭合流域河川径流深，山丘区应大于丘陵区，丘陵区大于平原，上游大于中下游，区间介于上下游之间。

5. 年际间、地区间综合检查

选择本流域或邻近流域典型调查区，点绘面平均降水量、干旱指数、灌溉耗水定额、灌溉耗水量占当地天然径流量百分数、径流系数等年际间综合过程线，检查是否存在以下规律：灌溉耗水量占当地径流量百分数、灌溉耗水定额应与干旱指数过程线变化相仿，而与面平均降水量过程线变化相反；灌溉耗水量占当地天然径流量百分数年际变化总的趋势应该是渐增的，对于水利化程度发展稳定的地区，渐增趋势不够显著，而对于水利化发展迅速的地区，渐增趋势比较显著。可把邻近站或调查区分稻田、旱田（水地），分不同年代的灌溉耗水定额（平均、最大）、灌溉耗水量占当地天然径流量的百分数、灌溉面积占集水面积的百分数，进行年际间、地区间综合检查。

6. 采用其他径流还原计算途径相互印证

河川径流还原计算的其他方法有产流模型法、水热平衡法、流域蒸发差值法、降雨径流多元回归分析法等，可选用其中1～2种方法，来印证分项调查还原法的成果。河川径流还原计算的其他方法，可参照部颁标准《水利水电工程水文计算规范》（SL 278—2002）进行。

11.3.3　水量调查成果可靠程度评定

对分项水量调查成果要进行可靠程度评定，评定的标准可参照表11.2。

表11.2　　　　分项水量调查成果可靠程度评定表

项　目	等　级		
	可　靠	较　可　靠	供　参　考
辅助站实测分项年水量之和占该分项年总水量的百分数	山丘区大于70%，平原区大于60%	山丘区50%～70%，平原区40%～60%	山丘区小于50%，平原区小于40%
计算方法	方法正确，高水延长不超过30%，低水延长不超过10%	方法基本正确，高水延长不超过40%，低水延长不超过15%	方法不够完善，数据大部分是估计值
成果合理性检查	合理	基本合理	定性合理

11.3.4 辅助站测验

辅助站应设置在对分项水量起控制作用的河（或渠）段上，应尽量利用堰闸、渠道、水电站、泵站及桥梁等水工建筑物测流。

1. 测验断面及设施布置

（1）基面可使用测站或假定基面，并在第一次使用后进行冻结，冻结基面宜与工程管理部门使用的基面一致。

（2）有条件时应按要求设立水准点，或使用工程管理部门的水准点。当无条件时，可埋设混凝土桩或大石块等简易水准点。

（3）测验断面布设及其他设施布设，可参照第3章有关规定执行。

2. 普通测量和水位观测有关要求

可参照第4章和第5章有关规定执行。

3. 断面测量

（1）利用水工建筑物测流的测站，在设站初期应测量建筑物水道断面。

（2）设立在河（或渠）道上的水道断面，当水位面积点子偏离历年曲线在5%以内时，每3～5年年测量大断面1次；在5%～10%范围时，每年至少测量水道断面1次；在10%以上时，年内应适当增加测次。

4. 流量测验

（1）利用水工建筑物测流，可采用流速仪法率定流量系数推流，也可采用第6章水工建筑物测流中规定的有关流量系数推流。

（2）在河（渠）段进行流量测验，尽量采用流速仪法；用流速仪法测流有困难时，可采用浮标法或比降面积法；流量较小时，可采用堰槽法测流。

（3）流量测次应能满足点绘水位流量关系曲线或率定流量系数的需要，流量测次可按以下要求布置。

1）设在河（渠）道上的辅助站水位流量关系稳定时，每年流量可测7～12次，并分布于各级水位。如果水位流量关系复杂，难以单值化处理，应增加测流次数。

2）利用水工建筑物测流的辅助站，每年流量测次应不少于7次，并分布于各级水力因素。当出现淹没孔流、淹没堰流时，建筑物上下游的水头差经常小于0.05m，或淹没度经常大于0.98m时，应按河道站的要求布设流量测次。

5. 流量间测要求

（1）收集3年以上资料时，实测水位变幅已控制历年水位变幅70%以上，每年的水位流量关系曲线（或其他水力因素与流量关系）与历年关系曲线之间或各相邻年份曲线的最大偏离，若高水部分不超过8%，中水部分不超过10%，低水部分不超过15%，在实测资料范围内可进行间测。

（2）凡流量实行间测的站，可停测2～3年校测1年，停测期间用综合水位流量关系曲线或综合流量系数曲线推流。校测年份实测流量测次一般应不少于10次，测次应均匀分布于各级水位或各级水力因素，如当年测次不足10次，校测时间可延至次年。校测流量关系曲线与综合曲线进行比较，其偏离度中上部不超过5%，下部不超过7%，可用原综合曲线推流，否则应对原综合曲线进行修正。

11.3.5 河川径流还原计算和水量平衡计算

11.3.5.1 河川径流量还原计算

1. 还原计算的目的意义

随着大量水利工程的修建，工业、农业和生活等用水量的增加，改变了河川径流的天然状况，使得断面实测径流不能真实反映天然径流状况，要想得到正确的水资源量就必须对河川径流进行还原计算，以保持径流系列的一致性。因此，需要利用调查的水量，将调查区实测水量还原为天然水量或河川天然径流量。

河川径流还原计算是将受水工程措施影响的实测年水量系列，还原为不受水工程影响的天然河川年径流系列。当逐年还原水量资料比较完整时，应进行逐年还原计算。当逐年还原水量资料调查有困难时，可按受水工程措施影响程度的不同时期，分别选丰、平、枯典型年进行河川径流还原计算。

2. 调查区河川径流还原计算

河川径流还原可采用式（11.42）进行计算

$$W_T = W_s + \sum_{i=1}^{n} W_i \qquad (11.42)$$

式中　W_T——调查区天然水量，即调查区还原后河川径流量；

　　　W_s——调查区实测水量；

　　　W_i——单项还原水量，即各分项水量详见表11.3；

　　　i、n——分项水量的序号、总项数。

各分项水量之间有时为重复水量，在水量还原计算时必须避免某分项水量重复加入，并检查各分项还原水量的正负号（加入为负，引出为正）。

3. 计算时段选取

（1）河川径流还原计算可逐年进行，当逐年还原有困难时，可选丰、平、枯典型年进行。

（2）辅助站观测分项水量的计算时段，可采用次、日、旬或月，开展面上分项水量调查时，根据实际需要可选择月、调节期或全年为计算时段。

11.3.5.2 水量平衡计算

1. 水量平衡计算公式

对于受大量客水影响的调水平衡区以及水库或湖泊

平衡区，通过实测和调查，全面收集了平衡区的进出水量和平衡区的蓄水量变化量，已形成了平衡条件时，可进行水量平衡计算，以检查各项实测和调查水量的精度。

表 11.3   水工程措施影响河川径流的诸分项水量表

工程类型	分项水量	对河川径流效应
引排工程	耗水量（灌溉、工业、生活、生态等）	减水
	回归水量（灌溉）、排放水量（工业、生活）	增水
	跨流域（调查区）引排水量	流进为增水，流出为减水
	深层地下水开采利用后的回归、排放水量	增水
	深层地下水专门性人工回灌量	水源区为减水，回灌区为不增水不减水
	浅层地下水开采量	减水①
	浅层地下水专门性人工回灌量	水源区为减水，回灌区为增水①
拦蓄工程	蓄水工程蓄水变量	蓄水增加为减水，蓄水减少为增水
	蓄水水面蒸发增损水量	减水
	蓄水工程渗漏水量	减水
	水平梯田拦蓄地面径流量	减水
	溃坝水量	增水②
	河道决口水量	减水
	河道分洪水量	减水

① 指浅层地下水与河川径流有直接补排关系时，对河川径流的效应。
② 指水库调节周期大于分项水量计算时段时，对河川径流的效应。

受大量客水影响的调水平衡区以及水库或湖泊平衡区，在闭合条件下进行时段水量平衡检查，计算公式为

$$W_I + W_J = W_O + \sum_{i=1}^{n} W_i \qquad (11.43)$$

式中 W_I——平衡区实测总进水量；

W_J——平衡区的河川径流量；

W_O——平衡区实测总出水量。

2. 计算时段选择

计算时段可根据需要选择月、调节期或全年。

3. 水量平衡检查

对平衡区进行时段水量平衡检查可按以下要求进行。

（1）$\sum_{i=1}^{n} W_i$ 为扣除重复水量后各分项水量的代数和，应重点抓住主要分项水量。

（2）平衡区的河川径流量，分水面和陆面两部分，可分别计算水面产（亏）水量与陆面径流量而后代数和。陆面径流量可移用相似流域同步径流深进行估算。

（3）水面产亏水量按式（11.44）计算

$$W_J = \frac{1}{10}(P - kE_0)A \qquad (11.44)$$

式中 W_J——库面或湖面时段产（亏）水量，万 m^3；

P——库面或湖面时段降水量，mm；

k——水面蒸发折算系数；

E_0——水面蒸发器观测的蒸发值，mm；

A——库面或湖面水面面积，km^2。

（4）当平衡区时段水量出现时显不平衡时，可从河川径流估算、各分项水量调查资料误差、各分项水量重复计算水量，调查区是否闭合，地下水渗漏损失及补给量等方面分析，查明原因，进行定量改算。

11.4 暴雨调查

特大暴雨在进行暴雨系列统计分析中有着重要的地位，但往往因历史或技术原因，缺漏测特大暴雨，因此暴雨调查就成为掌握特大暴雨信息重要手段。它与洪水调查工作是相辅相成的，暴雨调查分为历史暴雨调查、近期发生的暴雨调查和当年暴雨调查。由于历史暴雨时隔已久，难以调查到确切数量。一般可通过历史文献记载描述资料，当地群众对当时雨势、地面坑塘积水、露天器皿接水等情况的回忆，并结合历史洪水的调查资料，分析估算暴雨量及其过程或者确定暴雨的量级。对当年或近期暴雨调查、雨量及其过程可以调查得详细准确些，如雨量、雨强、历时、降雨过程、地区分布及降雨成因等。调查一般从暴雨中心开始，逐渐向周围地区扩散。对暴雨中心雨量的确定，应作多处调查，进行分析论证，并确定其可靠程度。

11.4.1 暴雨调查分类

根据暴雨发生时间可分为历史暴雨调查、近期发生的暴雨调查和当年暴雨调查；根据调查的形式又分为点暴雨调查和面暴雨调查。

11.4.2 暴雨调查方法与主要内容

（1）确定各调查点的不同历时最大暴雨量，若有困难时，可根据近期发生的实测暴雨资料和调查情况相比较，估算暴雨量级。

（2）暴雨的起讫时间、强度和时程分配。

（3）调查确定暴雨的中心、走向、分布和大于某一量级的笼罩面积。

（4）分析天气现象和暴雨成因。

（5）调查暴雨对生产和民用设施的破坏和损失情况。

（6）必要时可在暴雨中心附近的小河流上进行洪水调查，反推估算暴雨量。

（7）对历史暴雨或局地暴雨，若无实测降水观测资料，可根据群众院内的水桶、水缸或其他承雨器皿承接雨量情况，分析估算降水量，并注意承雨器的形状、位置，是否有漫溢、渗漏，降水前是否盛水等情况。

（8）调查暴雨量应通过综合分析确定。

（9）调查暴雨的重现期，可根据老年人的亲身经历和传闻，历史文献文物的考证和相应中小河流洪水的重现期等分析比较确定。

（10）评定调查暴雨量的可靠程度。

11.4.3 暴雨调查要求

暴雨调查应符合以下规定。

（1）全面收集水文、气象和其他部门有关的雨量观测资料。

（2）暴雨调查点的数量和位置（包括国家雨量站网在内）应能满足绘制出暴雨等值线。

（3）每个暴雨调查点宜调查两个以上的暴雨数据。

（4）暴雨量估算的器皿，应露天空旷不受地形地物影响，准确量算器内水体体积和器口面积，并应扣除器内原有积水、物品和外水加入量，估算漫溢、渗漏和取水量。

（5）暴雨中心的调查记录，应与邻近国家站网和地方雨量站实测记录对照分析。

（6）当雨量站网密度较稀，且分布又不均匀时，应进行以下暴雨调查。

1）点暴雨（含不同历时和次暴雨量）超过100年一遇。

2）基本站洪水超过50年一遇的相应面暴雨。

11.4.4 暴雨调查资料成果整理和合理性检查

暴雨调查资料成果的整理和合理性检查包括以下内容。

（1）填制各调查点暴雨量表。

（2）绘制暴雨量等值线图。

（3）绘制暴雨量、面积和深度关系图。

（4）填制暴雨调查点与邻近站实测暴雨成果对照表，检查其合理性。

（5）分析中小河流断面实测或调查洪水总量与相应暴雨总量，检查其合理性。

（6）对北方平原地下水埋深较大地区，分析暴雨对地下水的补给量及水量转换，检查其合理性。

11.4.5 调查点暴雨量可靠程度评定

调查点暴雨量可靠程度评定，按表11.4规定进行。

表 11.4　　　　调查点暴雨量可靠程度评定表

项　目	等　　　　级		
	可　靠	较 可 靠	供 参 考
指认人印象和水痕情况	亲眼所见，水痕位置清楚具体	亲眼所见，水痕位置不够清楚具体	听别人说，或记忆模糊，水痕模糊不清
承雨器位置	障碍物边缘距器口的距离，大于其高差的2倍	障碍物边缘距器口的距离，为其高差的1～2倍	障碍物的边缘距器口的距离，小于其高差的1倍
雨前承雨器内情况	空着或有其他物品，但能准确量算其体积	有其他物品，量算的体积较准确	有其他物品，具体积数量记忆不清
雨期承雨器漫溢渗漏情况	无	无	有

11.5　洪　水　调　查

11.5.1 洪水调查分类与调查步骤

1. 洪水调查分类

根据洪水调查点分固定点洪水调查和非固定点洪

水调查；根据洪水发生时间分当年洪水调查和历史洪水调查；根据洪水发生地点又分为河道洪水调查和溃坝、决口和分洪水调查等。

2. 河道洪水调查

基本站具有以下情况之一的，当年宜进行洪水调查：

(1) 发生的洪水在历史洪水中排前三位者。

(2) 发生超过 50 年一遇洪水。

(3) 漏测实测系列的最大洪水。

(4) 河堤决口、分洪滞洪影响洪峰和洪量。

3. 溃坝洪水调查

(1) 中型以上水库溃坝，当年宜进行溃坝洪水调查。

(2) 小型水库溃坝造成人员、财产严重损失的，应在洪水过后，进行洪水调查。

4. 其他洪水调查

在无基本站的河流或河段，可根据需要进行洪水调查。

5. 洪水调查步骤

(1) 根据调查任务、人员等情况制定调查计划。

(2) 收集调查河段的地形图、河道纵剖面图、水位流量关系曲线、比降、糙率、水准点等有关资料。

(3) 准备必要的仪器工具，如水准仪、全站仪、照相机、皮尺等。

(4) 进行河道查勘，了解河道的顺直、断面、滩地、支流加入、分流的情况，寻找洪水痕迹。

(5) 走访当地群众，了解洪水发生时间，指认洪水痕迹，做出洪水痕迹标记。

(6) 选定调查河段。

(7) 开展洪水调查测量，如测量洪水水位、横断断面、比降等。

(8) 计算洪峰流量和洪水总量。

(9) 编写调查报告。

11.5.2　河道洪水调查

11.5.2.1　一般规定与要求

1. 河道洪水调查主要内容

河道洪水调查主要包括以下内容。

(1) 洪水发生的年、月、日。

(2) 最高洪水位的痕迹和洪水涨落变化。

(3) 发生洪水时河道及断面内的河床组成，滩地被覆情况及冲淤变化。

(4) 洪水痕迹高程、纵横断面、河道简易地形或平面图测量。

(5) 洪水的地区来源及组成情况。

(6) 降水历时、强度变化、笼罩面积和降水量。

(7) 有关文献、文物关于洪水记载的考证及影像照片。

(8) 洪峰流量及洪水总量的推算和分析。

(9) 排定全部洪水（包括实测值）的大小顺位。

2. 调查前资料收集

调查前宜收集以下资料。

(1) 流域水系图，有关基本站历年最高洪水位，最大洪峰流量的出现时间，水面比降，糙率，历年大断面及水位流量关系曲线等。

(2) 各类查勘报告，水文调查报告，历史水旱灾情报告，以及历史文献、地方志等。

(3) 流域内实测及调查大暴雨资料。

(4) 调查河段的地形图，纵横断面资料，水准点位置、高程变动情况等。

(5) 调查河段历年行洪条件，水流变化情况，河道的改道、疏浚、裁弯、筑堤、开渠、堆渣、漫滩、分流、死水，河道上游修桥、建坝、跨流域引水、溃坝、决口等情况。

(6) 调查断面的冲淤变化情况。

(7) 流域内的湖泊、水库、沼泽、洼地和溶洞情况，水工程和水保措施情况等。

3. 调查河段的选定

调查河段应选取相距一定距离的两处河段，分别进行测量分析计算，以便相互校核，提高洪水调查的可靠性。调查河段的选定应符合以下规定。

(1) 符合调查目的和要求，有足够数量和可靠的洪水痕迹，在条件允许时，应尽量选择靠近基本站测验河段和居民点。

(2) 河段较顺直，断面较规整，河段内各处断面现状及大小基本一致。

(3) 河床较稳定，控制条件较好，无壅水、回水、分流串沟、较大支流汇入和分流等。

(4) 避免有修堤、筑坝、建桥、滑坡、塌岸等。

(5) 避免行洪水流从缓流到急流，或从急流到缓流的流态变化影响，避免河段有急剧扩散现象。

4. 历史洪水发生时间调查

(1) 收集历史文献文物，民间的谚语、传说等。

(2) 群众回忆并结合各类自然灾害、战争、家庭和个人的生产及生活重要事件等。

(3) 干支流、上下游和邻近河流的洪水发生日期对照。

5. 洪水痕迹的调查与确定

(1) 洪水痕迹可在如庙宇、桥梁、城墙、堤防等筑物上寻找，也可在悬崖、礁石、古树等上寻找。

(2) 洪水痕迹的调查，应注意走访居住时间长的居民，了解洪水发生时同时发生的重要事件，以便联想回忆。

(3) 尽可能地寻找室内、洞穴或围墙内平静的洪水痕迹，注意不应将浪头冲击的最高处误为洪水水位。

(4) 洪水痕迹应明显、固定、可靠和具有代表性，群众指认后现场核实，分析判断后确定。

（5）采用比降—面积法推流时，不得少于 2 个洪痕点；采用水面曲线法推流时，至少要有 3 个以上洪痕点。洪水痕迹之间的距离应适中，两洪水痕迹之间的距离过长，由于支流的加入、断面或比降的急剧变化，会导致水面坡降变化曲折，不满足均匀流的计算条件；两洪水痕迹之间的距离过短，测量误差对比降的影响增大。

（6）遇有弯道，应在两岸调查足够的洪痕点，正常情况下，洪水痕迹最好在两岸同时进行调查。

（7）应注意区分不同时间的洪水痕迹。

（8）洪痕点确定后采用红色油漆标记，并注明洪水发生时间、调查机关和调查时间，重要洪水痕迹可刻写在岩石或坚固的建筑物上，必要时可设置永久标志物。

（9）根据现场调查的可靠程度，确定调查的洪水痕迹可靠等级（一般按可靠、较可靠或仅供参考三级划分）。

6. 洪水调查测量

洪水调查测量，可按第 4 章介绍的方法及有关规定进行，并要求如下：

（1）重要洪痕高程，按四等水准测量；其他洪痕采用五等水准测量。

（2）被采用的洪痕点处，均应施测大断面（横断面）。调查河段内实测横断面的数量和位置，以控制断面形状沿河长的变化为原则。

（3）测量调查河段河道纵断面，并同时实测水面线，当两岸高程不等时，两岸水面线均应实测。

（4）绘制河底中泓纵剖面图，并注明洪痕水面线和测时水面线。

（5）调查河段应进行简易地形测量，并注明各洪痕位置。

（6）对洪水痕迹的位置，河槽、河段平面情况应摄影或摄像。

（7）弯道河段的断面平均洪水位计算可选用以下方法。

1）取两岸洪水位均值。

2）按下式计算

$$Z_m = Z \pm \frac{\Delta Z}{2} \qquad (11.45)$$

$$\Delta Z = \frac{v^2 B}{g\rho} \qquad (11.46)$$

式中　Z_m——断面平均洪水位，m；

　　　　Z——凸岸或凹岸洪水位，m；

　　　　ΔZ——超高水位，凹凸岸水位差，m；

　　　　v——断面平均流速，m/s；

　　　　B——水面宽，m；

　　　　ρ——弯道中心线的曲率半径，m；可用凹凸岸曲率半径均值代表；

　　　　g——重力加速度，m/s²。

7. 洪水过程调查

条件允许时可进行洪水过程调查。单峰洪水过程可调查起涨、峰顶、落平、涨落腰 5 个点。

8. 洪水痕迹可靠程度评定

洪水痕迹可靠程度评定，按表 11.5 规定进行。

表 11.5　　　　　　　　　　　　　**洪水痕迹可靠程度评定表**

项　　目	等　　级		
	可　　靠	较 可 靠	供 参 考
指认人的印象和旁证情况	亲身所见，印象深刻，所讲情况逼真，旁证确凿	亲身所见，印象较深刻，所讲情况较逼真，旁证材料较少	听传说，或印象不深，所述情况不够具体，缺乏旁证
标志物和洪痕情况	标志物固定，洪痕位置具体或有明显的洪痕	标志物变化不大，洪痕位置较具体	标志物已有较大的变化，洪痕位置模糊不具体
估计误差范围/m	＜0.2	0.2～0.5	0.5～1.0

11.5.2.2　洪峰流量计算

1. 洪峰流量推算方法选用

（1）调查洪峰流量的计算主要有水位流量关系法、比降面积法、水面曲线法、水力学公式法和模型试验法等方法。计算时应根据洪痕调查结果及河段水力特性，合理选用。

（2）调查河段附近有基本站，区间无较大支流加入，而又有条件将调查洪痕移置到基本站断面时，可用水位流量关系曲线高水延长推算。

（3）调查河段顺直、洪痕点较多、河床稳定时，可用比降面积法推算。

（4）调查河段较长，洪痕点分散，沿程河底坡降和横断面有变化，水面线较曲折（不能用洪痕迹直接连线求得），可用水面曲线法推算。

（5）调查河段下游有急滩、卡口、堰闸等良好控制断面时，可用相应的水力学公式推算。

（6）当特大洪水的洪痕可靠，估算要求较高时，可设立临时测流断面测流，或采用模型试验的方法推算。

2. 水位流量关系法

若调查河段靠近水文站，计算断面与水文站之间无较大支流加入或水流分出，可将调查洪痕移置到基本站断面，利用该站实测的水位流量关系对高水延长，以求得调查洪水的洪峰流量。水位流量关系的高水延长要慎重，否则就会有较大的误差。

3. 比降面积法

采用比降面积法推算洪峰流量时，河道糙率应先选用附近河段的实测值，或相似河段的实测值，有困难时可选用省级或流域部门编制的糙率表。

（1）均匀顺直河段洪峰流量的计算。在均匀顺直河段上，各个断面的过水面积变化不大，各个断面的流速水头变化也不大，可以用水面比降代替能面比降。假定洪峰流量的初值为

$$Q_m = K S^{1/2} \tag{11.47}$$

$$K = \frac{1}{n} A R^{2/3} \tag{11.48}$$

式中　　Q_m——洪峰流量，m^3/s；

　　　　S——水面比降；

　　　　A——过水断面面积，m^2；

　　　　R——水力半径，m；

　　　　K——输水率（也称输水系数、输水因数、流量模数）；

　　　　n——河床糙率。

对一个河段，根据两断面间水面线为直线，面积和水力半径可取上、下断面的平均值。则

$$Q_m = \overline{K} S^{1/2} \tag{11.49}$$

$$\overline{K} = \frac{1}{n} \overline{A}\, \overline{R}^{2/3} \tag{11.50}$$

或

$$\overline{K} = \frac{K_u + K_L}{2} \tag{11.51}$$

其中，$\overline{A}$、$\overline{R}$ 计算公式为

$$\overline{A} = \frac{A_u + A_L}{2} \tag{11.52}$$

$$\overline{R} = \frac{R_u + R_L}{2} \tag{11.53}$$

式中　　K_u、K_L、$\overline{K}$——河段上、下断面及平均输水率；

　　　　A_u、A_L、$\overline{A}$——河段上、下断面及平均断面面积，m^2；

　　　　R_u、R_L、$\overline{R}$——河段上、下断面及平均水力半径，m。

（2）非均直河段不考虑扩散损失时洪峰流量的计算。若河段各断面水力要素变化较大时，则需考虑流速水头的变化。此时上述公式中的水面比降（S）应以能面比降（S_e）代替，其计算公式为

$$S_e = \frac{h_f}{L} = \frac{\Delta Z + \frac{v_u^2}{2g} - \frac{v_L^2}{2g}}{L} \tag{11.54}$$

$$Q_m = \overline{K} S_e^{1/2} = \overline{K} \sqrt{\frac{\Delta Z + \frac{v_u^2}{2g} - \frac{v_L^2}{2g}}{L}} \tag{11.55}$$

式中　　S_e——能面比降；

　　　　$\overline{K}$——平均输水率，m；

　　　　L——上、下两断面间的距离，m；

　　　　ΔZ——两断面间的水面落差，m；

　　　　h_f——两断面间的沿程水头损失，m；

　　　　v_u、v_L——上、下断面的平均流速，m/s；

　　　　g——重力加速度，m/s^2。

（3）扩散损失时洪峰流量的计算。若河道的过水断面系向下游明显增大，则尚须考虑由于水流扩散所产生的水头损失。考虑扩散损失时洪峰流量的计算公式为

$$Q_m = \overline{K} \sqrt{\frac{\Delta Z + (1 - \xi)\left(\frac{v_u^2}{2g} - \frac{v_L^2}{2g}\right)}{L}} \tag{11.56}$$

式中　　ξ——断面扩散系数，其值为 $0 \sim 1.0$。若 $v_u < v_L$，$\xi = 0$；若 $v_u > v_L$，ξ 一般可取 0.5。

4. 水面曲线法

（1）方法原理与计算公式。如果调查河段较长，由于比降、糙率及横断面的变化，河段内洪水水面曲线多曲线，调查的多个痕迹不能连成直线，则可选用水面曲线法计算洪峰流量。水面曲线法所依据的计算公式与比降面积法基本相同。该法的基本原理是水流在沿流线运动过程中，总能量守恒，可对河段内各调查断面水流动能、位能（势能）、能量损失列出能量方程。即对河段写出伯努利方程并整理得

$$Z_u = Z_L + \frac{1}{2}\left(\frac{Q_m^2}{K_u^2} + \frac{Q_m^2}{K_L^2}\right)L - (1 - \xi)\left(\frac{v_u^2}{2g} - \frac{v_L^2}{2g}\right) \tag{11.57}$$

式中　　Z_u、Z_L——上、下断面的水位，m；

　　　　其他符号意义同前。

（2）计算方法。式（11.57）是一个隐函数关系式，无法直接计算，只能用试算法求解。即先假定一个流量值，根据所选定的各河段糙率值，自下游一个已知洪水水面高程的断面起，向上游逐段推算水面线，直到调查河段的最上游断面。然后检查计算的水面线与各个洪痕点的符合程度。如大部分基本符合，则表明假定的流量是正确的。否则，重新假定试算，直至大部分点基本符合为止。此时对应的流量值即为所求值。

（3）计算步骤。

1）从河道地形图和纵断面图上，选取洪痕点、

地形转折变化或河底坡降的转折点处，绘制各横断面图，根据断面图计算并绘制各断面水位与面积关系曲线。

2）选定各断面处的河道糙率，可采用式（11.48）计算流量模数，绘制各断面水位和流量模数关系曲线。

3）以水面比降代替河底比降，用式（11.47）计算假定洪峰流量的初值。

4）由下游断面起向上游断面逐段推算水面曲线，水位按式（11.57）计算。自下游一个已知洪水水位（根据已知关系曲线可推出流速、输水率）的断面起，向上游断面计算水位。由于方程（11.57）的右边含有未知数（上断面水位）的隐函数，故仍需采用试算法，即假定一个上断面水位，可查得上断面输水率，并由假定的流量值求其流速，代入式（11.57）便又可得上一断面水位。若计算值与假定值相等，即为所求。否则重新假定试算，直至两者相等，则该分段计算完毕，再转入下一分段的计算。

5）如果推算的水面线与大部分洪痕点拟合，则假定洪峰流量的初值即为所求值。否则重新假定计算，直至相符为止。为避免过多的试算，也可用图解法进行。

5. 水力学公式法

（1）利用堰坝推算流量。当河道内有堰坝时，可根据堰坝上下游的洪水痕迹推算洪峰流量，具体方法步骤见本书第6章水力学法流量测验的有关内容。

（2）利用急滩推算洪峰流量。有急滩的河段，在急滩处河底坡降急剧发生变化，河段底坡的转折处会使水流发生临界水流，此时水位流量关系相对稳定，只要知道临界流发生断面的水深（称临界水深）和面积，即可采用临界流流量计算公式推算洪峰流量。发生临界流的断面其断面水流的能量出现最小值，则有

$$\frac{dE_k}{dh} = \frac{d\left(Z_k + h_k + \frac{v_k^2}{2g}\right)}{dh} = 0 \quad (11.58)$$

式中　Z_k——临界断面处的水位，m；

　　　h_k——临界断面处水深，m；

　　　v_k——临界断面处水流的流速，m/s；

　　　E_k——临界断面处水流的能量，m。

进一步推导并整理可得

$$Q_m = A_k \sqrt{\frac{gA_k}{\alpha B_k}} \quad (11.59)$$

式中　A_k——临界断面处水流的过水断面面积，m²；

　　　B_k——临界断面处水流的水面宽，m；

　　　α——动能校正系数，渐变水流常取 1.05～1.10。

采用式（11.59）前需要判别控制断面是否发生临界流，其判别式为

$$S_u < S_k < S_L \quad (11.60)$$

式中　S_u、S_L——"临界"断面上、下的河床比降；

　　　S_k——河床临界比降，可用式（11.61）计算

$$S_k = \frac{n^2 Q^2}{A_k^2 R_k^{4/3}} \quad (11.61)$$

式中　A_k——临界水流处的过水断面面积，m²；

　　　R_k——临界水流处的水力半径，m；

　　　n——河床糙率；

　　　Q——流量，m³/s。可用其他方法估算。

（3）利用卡口推算洪峰流量。在桥孔、闸或河道断面束窄形成卡口，由于水流流速增大，使水面突然降低，形成河段上下游水位落差，可用式（11.62）推算洪峰流量

$$Q_m = A_L \sqrt{\frac{2g(Z_u - Z_L)}{\left(1 - \frac{A_L^2}{A_u^2}\right) + \frac{2gLA_L^2}{K_u K_L}}} \quad (11.62)$$

式中　K_u、K_L——上、下断面的输水率；

　　　A_u、A_L——上、下断面面积，m²

　　　Z_u、Z_L——上、下断面水位，m；

　　　L——上、下断面间距，m。

对于较窄的桥孔，上式计算所得流量还应乘以侧收缩系数，其值一般取用 0.85～0.95，也可采用式（11.63）计算

$$\varepsilon = 1 - \beta \frac{H}{H + B} \quad (11.63)$$

式中　ε——侧收缩系数；

　　　β——桥（闸）墩或边墩首部形状的影响系数（矩形、半圆、尖头流线型闸墩，可分别取 0.2、0.11、0.06；单孔、边孔均取 0.2）；

　　　H——计入行近流速的水头，m；

　　　B——桥（闸）孔宽，m。

6. 河床糙率选用

上述流量计算中，大多情况下需要用到糙率这一重要参数，其值对计算成果的影响很大，应慎重分析确定。

（1）当调查河段有实测水文资料时，可由该站实测流量和比降资料，用曼宁公式反求糙率值，点绘实测的水位与糙率关系，并加以适当延长，以求得高水时的糙率值。

（2）在没有实测水文资料的河段，糙率值可参考上下游或邻近河流上河床情况相似的水文站的资料确定，也可根据主槽及滩地特征，查阅天然河道糙率表

确定。

11.5.2.3　溃坝、决口和分洪洪水调查

1. 溃坝洪水调查的主要内容

（1）水库概况调查。

（2）溃坝前库内水情调查，包括水位涨落变化过程、溃前最高水位和相应蓄水量、入库流量及泄流设施运用情况。

（3）溃坝过程调查，包括溃坝发生时间、相应的库水位和蓄水量、泄水设施运用情况、溃坝断面的变化、库水位下降过程及库容腾空时间等。

（4）决口断面的测量和调查。

（5）调查溃坝后下游洪峰沿程变化、洪水走向、积水深度、淹没范围及沿程决口情况等。

（6）对下游造成的损失调查。

（7）溃坝洪峰和洪量的估算。

2. 河堤决口调查的主要内容

（1）决口的位置和数量。

（2）决口的原因（漫溃、漏溃、浸溃），口门扩展过程。

（3）决口发生时间和相应河道水位。

（4）决口前后水情变化和决口断面冲刷变化情况。

（5）决口断面测量和断面图绘制。

（6）堤内外地面高程，分洪水量的去向。

（7）决口后造成的损失。

（8）决口洪量的估算。

3. 分洪滞洪调查内容

（1）人工扒口无建筑物控制的调查与河堤决口调查相同。

（2）有建筑物控制的应调查闸门开高及孔数、分洪滞洪起讫时间及河道水位的变化过程，滞洪区蓄水情况，洪水开始退入河道及其水位变化过程等。

（3）分洪滞洪区造成的损失。

（4）估算分洪滞洪洪量。

4. 溃坝洪峰流量推算

超标洪水或大地震等情况，有可能造成水库溃坝；地震造成的堰塞湖随着水量的聚集也可能导致溃坝；在干涸河道中堆积土、矿渣或其他废弃物，发生暴雨时水量迅速聚集也可能导致溃坝发生。溃坝分为瞬时全部溃决、横向部分溃决、坝长和坝高均为部分溃决 3 种类型，当发生溃坝时瞬时最大流量可根据河槽形状、水深、口门宽度等，可用表 11.6 给出的公式计算。

表 11.6　　　　　　　　　　　溃坝洪峰流量公式表

溃坝类型	应 用 条 件	公 式
瞬时全部溃决	矩形河槽，$\dfrac{h}{H_0} \leqslant 0.138$	$Q = 0.296Bg^{1/2}H_0^{3/2}$
	二次抛物线河槽，$\dfrac{h}{H_0} \leqslant 0.175$	$Q = 0.23Bg^{1/2}H_0^{3/2}$
	等腰三角形河槽，$\dfrac{h}{H_0} \leqslant 0.199$	$Q = 0.181Bg^{1/2}H_0^{3/2}$
横向部分溃决	矩形河槽，$\dfrac{h}{H_0} \leqslant 0.138$	$Q = 0.296b\left(\dfrac{B}{b}\right)^{1/4}g^{1/2}H_0^{3/2}$
	二次抛物线河槽，$\dfrac{h}{H_0} \leqslant 0.175$	$Q = 0.23b\left(\dfrac{B}{b}\right)^{1/4}g^{1/2}H_0^{3/2}$
	等腰三角形河槽，$\dfrac{h}{H_0} \leqslant 0.199$	$Q = 0.181b\left(\dfrac{B}{b}\right)^{1/4}g^{1/2}H_0^{3/2}$
坝长和坝高均为部分溃决	$1.0 \leqslant \left(\dfrac{B}{b}\dfrac{H_0}{H_0-dh}\right) \leqslant 20$	$Q = 0.296bg^{1/2}(H-dh)^{3/2} \times \left(\dfrac{B}{b}\dfrac{H_0}{H_0-dh}\right)^{0.28}$

注　h 为坝下游恒定流水深，m；B 为大坝全部溃决平均宽度，m；b 为大坝部分溃决平均宽度，m；H_0 为溃坝前坝址上游最大水深，m；dh 为溃坝后坝体残留高度，m。

5. 分洪、滞洪、决口洪峰流量计算

分洪、滞洪、决口等处洪痕，采用堰闸流量公式推算洪峰流量时，按水工建筑物测流的有关章节规定进行。当决口口门的横断面与河道水流平行时，堰流公式前应乘以堰侧收缩系数，其值一般取用 0.80～0.90。

11.5.2.4　历史洪水考证

1. 资料收集内容

对大河的历史洪水应进行考证，其他河流的历史洪水可根据需要而定。历史洪水考证的资料收集内容主要有宫廷档案、实录、史书，水利河道专著，地方志，历史水文气象记录，古建筑物附近保留碑文、刻

记、地区性的历史档案等。

2. 资料摘录要求

资料摘录按以下要求进行。

（1）摘录范围应大于调查区，包括上下游和相邻流域的州县。

（2）除摘录有关雨情、水情和灾情记载外，尚需摘录与洪水有关的城镇、古建筑物的变迁，河道的变化等。

（3）摘录资料的来源、出处、版本、编纂年代应详细注明，对原词句、年号、地名等应保留原文。

（4）资料整理一律按历史编年的顺序进行。

3. 资料审查内容

历史考证资料的审查包括以下内容。

（1）不同版本记载，不同资料来源的对比甄别。

（2）行政区划、地名的考证。

（3）古建筑物几经重建、改建或已毁的变迁考证。

（4）流域内地势地貌、植被、开荒、水土流失等变化的考证。

（5）流域内水工程的兴建或毁坏的考证。

（6）河流的决口、改道、分流、冲淤、漫滩和输水能力的考证。

（7）调查时段的计量单位考证和换算。

4. 重现期估计

对洪峰流量、洪水总量的量级及重现期进行分析，当定量分析有困难时，可定性将洪水分为四级，即非常洪水、特大洪水、大洪水和一般洪水。按洪水的大小或量级顺序排列，估计其重现期。

11.5.2.5 固定点洪水调查

固定点洪水调查是指在事先选定的河段或断面，每年只进行一次洪水最高水位和最大流量的调查。

1. 设施布设

由于选取了规定的测验河段或断面，可在选定的调查点布设部分测验设施。其设施布设可参照以下要求执行。

（1）设立水尺断面，用比降面积法推流时应设立上下比降水尺断面，并设立中高水位水尺或固定标志桩（杆），断面两岸应设立标志桩，也可利用基岩固定物予以标明。

（2）设立较牢固的水准点，水准点位置应设在最高洪水位以上，采用测站或假定基面并冻结。

（3）不设立自记水位计的调查点，应设立洪峰水尺。

2. 水位观测

（1）每次较大洪水的最高水位均应进行观测，并记录相应时间。

（2）设置比降水尺断面时，应观测峰顶附近的水面比降。

（3）设置水位标志桩（杆）的固定调查点，每次涨水的最高水位应记下刻度和相应时间，以便日后测量其高程。

（4）未设立水尺或标志桩（杆）的固定调查点，应将当年最高洪痕刻在牢固的基岩和建筑物上，并至少有上、中、下断面3个洪痕点。

3. 断面测量

洪峰水尺断面和比降断面均应进行大断面测量，测次要求与辅助站相同。

4. 流量测验

可采用比降面积法或调查估算流量，条件允许时可采用简易方法进行流量测验。

11.5.2.6 洪水总量和洪水过程线的推求

1. 洪水总量推求

（1）当有实测流量时，洪水总量的估算，可直接计算洪量或根据峰量关系估算；或借用邻近相似河流资料用水文比拟法估算；也可根据雨量和水情，判断洪水类型估算。

（2）溃坝洪量估算可用库容曲线，根据溃坝前水位和溃坝后水位查相应库容差，加溃坝期上游来水量估算。无库容曲线时，可用地形法、断面法等测算库容曲线。

（3）估算决口和分洪滞洪洪量，无实测资料时可调查淹没面积和水深进行估算。

2. 洪水过程线的推求

根据调查到的洪水涨落情况，绘制洪水过程线。如果能调查到洪水涨落过程中的其他水位及时间，则使过程线更为精确。洪水过程线包围的面积即为洪水总量。

对于历史洪水，洪水过程线及洪量的推求比较困难。洪量可采用峰量相关法等方法估算。

11.5.2.7 洪水调查成果的整理

调查、测量成果及计算图表，都应经过校核和分析论证等工作，以保证计算精度和成果的可靠性。对计算的洪峰流量、洪水总量应尽可能与上下游、干支流的洪水作对照检查，进行合理性分析，对成果作出可靠程度的评价。

1. 洪水调查成果的整理

洪水调查成果的整理包括以下内容。

（1）调查河段平面图。

（2）调查河段纵断面图。

（3）洪痕横断面图。

（4）洪痕及洪水情况调查表。

（5）洪峰流量计算成果表。

（6）洪水调查整编情况说明表。

2. 洪水调查成果的合理性检查

洪水调查成果应进行以下合理性检查。

（1）洪痕水位的代表性和洪痕水面线分析，检查洪痕突出偏高和偏低产生的原因。

（2）与邻近地区水系上下游、干支流的洪峰流量，洪水总量进行对照，是否相应。

（3）编制同次暴雨洪峰模系数分布图，对照暴雨分布，检查上下游和区间洪峰模系数的合理性。

（4）建立同频率洪峰流量与流域面积关系进行分析。

（5）建立流域产汇流模型或上下游洪峰或洪量相关关系，检查成果的合理性。

3. 洪峰流量可靠程度评定

洪峰流量成果应尽可能采用几种方法推算，对各种计算成果应综合分析，合理选定，当几种方法计算的洪峰流量可靠程度相同时，可取算术平均值作为计算成果。洪峰流量可靠程度评定随计算方法不同而异，比降面积法可按表 11.7 规定进行。

表 11.7　　　　　　　　洪峰流量可靠程度评定表（比降面积法）

项　目	等　级		
	可　靠	较 可 靠	供 参 考
洪痕水位	洪痕可靠，代表性好	洪痕较可靠，代表性较好，水面线是依据较可靠点绘制	洪水位是由水面线延长而得，或依据参考点绘制
推流河段和断面情况	顺直河段较长，断面较规整，河床较稳定	河段尚顺直，断面尚规整，河床冲淤变化不大	河段有弯曲，断面不够规整，冲淤变化较大，或断面变化难于确定
糙率选定	由实测资料选定糙率，数据合理	由选定相似河段实测糙率，数据基本合理	根据经验选定糙率，精度较差
洪水水面线	根据数量多、代表性好的洪痕确定，经分析比降合理	根据数量较多、代表性较好的洪痕确定，经分析比降合理	根据数量较少、代表性较差的洪痕确定，经分析比降基本合理
成果合理性检查	合理	基本合理，存在问题较少	定性合理，无大的矛盾

11.6　其他专项调查

11.6.1　枯水调查

1. 调查主要内容

枯水调查分当年枯水调查和历史枯水调查，当河流发生历年某时段最低、次低水位，或最小、次最小流量时，应进行当年枯水调查。历史枯水调查可按需要进行。枯水调查包括以下内容。

（1）当河流有水流时，调查其枯水的起、止时间，枯水期水位流量的变化情况，最低水位、流量及出现时间等。

（2）当河流断流或干涸时，调查其断流或干涸起、止时间，断流或干涸天数、次数，各次断流的间隔时间和水流变化情况。

（3）调查流域旱灾面积，灾害程度，工农业因干旱减产和人畜饮水受影响情况，地下水位下降及井水干涸情况。

（4）当调查河段上游受水工程有中等影响以上时，调查其上游枯水期灌溉水量、工业和生活用水量、跨流域引水量和蓄水工程蓄水变量。

（5）搜集枯水开始前的前期流域降雨量，枯水期降雨量，枯水期天气系统和成因等资料。

2. 调查河段选择

枯水调查河段的选择应符合以下规定。

（1）满足调查目的。

（2）选在河道顺直、河槽稳定、水流集中处，如有石梁、急滩、卡口、弯道时，应选在其上游的附近。

（3）调查河段尽量靠近居民点。

3. 当年枯水调查

当年枯水调查方法如下。

（1）应在枯水发生后立即进行。

（2）调查人员应到实地了解流域河道特性，深入细致地访问当地群众，搜集与枯水有关的各种资料。

（3）当河流有水流时，应对其水位、流量进行测量，并调查其水量的来源。

（4）对重要的枯水痕迹可进行测量、摄影或录像。

4. 历史枯水调查

历史枯水调查可通过搜集历史文献、文物中关于枯水、旱灾的描述，枯水位刻痕用历史上发生的重大事件，群众中最易记忆的事件，或由调查的旱灾比较判断，分析枯水发生的时间，枯水最低水位或最小流量，河水断流情况等。

5. 枯水流量推算

枯水流量的推算方法如下。

（1）调查河段有实测水位流量资料时，可用实测水位流量关系曲线低水延长法、上下游流量相关法、流量退水曲线法推算枯水流量。

（2）调查河段没有实测水位流量资料时，可用水文比拟法、降雨径流模型法，推算枯水流量；或根据调查流域的旱灾情况，按相似流域的相应枯水年估算枯水流量。

（3）调查河段上游受水工程有中等影响以上时，可对其调查枯水流量进行还原计算。

6. 枯水流量的合理性检查

枯水流量的合理性检查可用以下方法进行。

（1）上、下游，干、支流，邻近站的同期枯水量或枯水流量模数对照。

（2）用降雨径流模型推算枯水流量与调查枯水量对照。

7. 枯水调查成果可靠程度评定

枯水调查成果可靠程度评定按表 11.8 的规定进行。

表 11.8 枯水调查成果可靠程度评定表

项　　目	等　　级		
	可　靠	较　可　靠	供　参　考
资料情况	资料来源真实可靠，并有部分实测枯水流量，论据清楚	资料基本可靠，枯水流量均为间接推算	枯水流量为估算，资料粗糙
计算方法	用实测水位流量资料进行低水延长，上、下游流量相关，流量退水曲线延长方法计算，其延长部分不超过总变幅的 $\pm 15\%$	用实测水位流量资料进行低水延长，上、下游流量相关，流量退水曲线延长方法计算，其延长部分不超过总变幅的 $\pm 25\%$；用降雨径流模型法、水文比拟法计算	用枯水相似流域法估算
成果合理性检查	合理	基本合理	定性合理

11.6.2 平原水网区水量调查

平原水网区地面平坦，河网密布，致使水流相互串通，基本站网无法全部控制水量。必要时可设立辅助站观测，并在定位观测的同时，需要进行面上水量巡测和水文调查，根据调查测量结果解决水账不清的问题。

1. 时段水量平衡

（1）时段水量平衡方程。当不考虑地下径流交换量时，平原水网区的时段水量平衡式为

$$P = E_\tau + W_o - W_i + W_m - W_c \quad (11.64)$$

式中　P——降水总量，m^3；

　　　E_τ——蒸散发总量，m^3；

　　　W_o——总出水量，m^3；

　　　W_i——总进水量，m^3；

W_m、W_c——时段末、初水平衡区的蓄水量，m^3。

（2）各要素计算方法。

1）降水总量，根据点降水量资料，计算面平均降水量，面平均降水量乘以面积。

2）蒸散发总量，当下垫面由水面、稻田、旱田（水地）3 种类型组成，用式（11.65）计算

$$E_\tau = E_o(ka_1 + \alpha a_2 + \beta a_3) \quad (11.65)$$

式中　E_o——水面蒸发器观测值，mm；

　　α、β——稻田、旱田（水地）蒸散发系数，可根据试验站资料分析确定；

　a_1、a_2、a_3——水面、稻田、旱田（水地）面积。

3）总进（出）水量，可由巡测线上基本站、辅助站和面上调查水量资料计算。

4）水平衡区调蓄量，地表调蓄量用湖泊、河网容积曲线查算，没有容积曲线，可粗略地用水面面积乘以时段水位增（减）量，估算时段湖泊、河网调蓄量。地下调蓄量以地下库容变量代替。

2. 平原水网区辅助站测验设施布设

平原水网区各类辅助站可根据测验要求，布设如下测验设施。

（1）单独定线推流的辅助水文站应设立水位观测设备，其中堰闸、抽水站、水电站，还应设置堰闸（站）上、下水尺。

（2）区域代表片内的配套雨量站应有一定数量的自记雨量计观测。

（3）辅助地下水观测井的井深应能观测到最低地下水位。

（4）巡测区的各类辅助站的水准基面应与巡测区的基本站一致。

3. 巡测调查内容

（1）通过巡测方式对巡测线路沿线进（出）水的堰闸、排灌抽水站及河道口门变化情况的调查。调查内容包括建筑物整治的时间、规模、主要技术指标、引排水范围和能力，以及毁坏情况等。

（2）冬春水工程修建基本结束后，组织进行野外调查和测量，并对暴雨、洪水期间发生的决口、分流情况进行调查。调查后，针对进（出）水口门的增减情况，调整巡测线路及增减辅助站。

4. 区域代表片调查

区域代表片应收集县乡有关统计图表，开机封圩记录为主，辅以必要的野外测量。对逐年调查资料，应整理成文字和必要的图表归档，分析人类活动对本区水文要素的影响。区域代表片应调查以下内容。

（1）区域代表片的基本情况及测区范围、分水线、总面积等。

（2）测区内河流情况、引水范围、田间工程布局和规格、水面面积和不同水位下的蓄水容积。

（3）土壤、植被、各种农作物逐年的布局，分项面积及其权重。

（4）测区内各项水工程设施的规模和控制运用情况，包括圩垸区的抽排动力、封圩抽排时间、排涝模数等。

11.6.3　泉水调查

1. 泉水调查内容

（1）根据对主要补给区的查勘，判别泉水类型。

（2）大泉和主要泉群设立辅助站或调查点观测调查泉水量。

（3）对泉水量动态变化调查。

（4）泉水水质调查化验。

2. 泉水出露点高程确定

可通过连通实验了解泉水补给区情况，调查补给区的平均高程，测量泉水出露点高程，调查确定泉水上升或下降情况。

3. 泉流量测验

对出露大泉和主要泉群观测平水、最大、最小流量。可采用流速仪法、量水建筑物法或体积法施测，全年测次宜在 10 次左右，以能估算出全年及分月泉水量。

4. 时段泉水量计算

对河流水下较大泉水量或从河底漏走的水量，当枯季区间地表水量可忽略不计，下断面流量超过上断面流量±20％时，应在该河段上下游设立辅助站。在枯季尽可能在上下游断面同步施测流量，用式（11.66）估算时段泉水量或漏水量

$$W_{o(i)} = W_L - W_u \qquad (11.66)$$

式中　$W_{o(i)}$——河段泉水补给水量或河段漏失水量，泉水补给为正，漏失为负，m^3；

　　　W_L——下断面实测水量，m^3；

　　　W_u——上断面实测水量，m^3。

对出露大泉、主要泉群或河流水下较大泉水流量的施测，应配合对当地群众的调查访问，定量描述泉水的年内变化和断流情况。

5. 枯季泉水流量衰减分析

选择枯季无降水或降水很小的期间，用下列衰减方程对枯季泉水流量进行衰减分析

$$Q_t = Q_0 e^{-\alpha t} \qquad (11.67)$$

式中　Q_t——衰减开始后第 t 天的泉水流量，m^3/s；

　　　Q_0——衰减开始时的初始（$t=0$）泉水流量，m^3/s；

　　　e——自然对数的底；

　　　α——衰减指数，为衰减延续天数的倒数。

当整个衰减期内衰减指数为变量，可在整个衰减期内划分几个亚衰减期，对不同亚衰减期取用各自的衰减系数 α。

6. 泉水水质调查

泉水水质调查除进行常规的水质化验外，对有开发价值的泉水应增加水质化验项目，如作为医疗用水，增加对泉水矿物成分、放射性等项目的化验。

11.6.4　岩溶地区水文调查

1. 调查内容

（1）流域闭合程度。

（2）控制断面以上实际地表集水面积。

（3）本流域与外流域的交换水量。

（4）各主要暗河段的过水能力（可建立进口积水深与出流量的关系进行估算）。

（5）改变河川径流系列一致性的影响量。

（6）本项调查主要适用于岩溶比较发育的地区。在相邻流域间年交换水量超过多年平均河川年径流量10％的中小河流上进行，或者在地形图上量算的集水面积与实际地表集水面积相差在 10％以上的中小河

流上进行。

2. 流域时段水量平衡计算

岩溶地区流域之间存在水量交换时，流域时段水量平衡式为

$$P = E_L + R + (W_m - W_c) + (R_O - R_I)$$

$$(11.68)$$

式中　P——本流域降水总量；

E_L——本流域陆面蒸发总量；

R——本流域与外流域无水量交换或盈亏平衡时径流量；

W_m、W_c——本流域在时段末、初的蓄水量；

R_I——外流域经地下暗河补给本流域的径流量；

R_O——本流域经地下暗河补给外流域径流量。

当 $R_I = R_O = 0$ 时，称为闭合流域。

3. 流域闭合程度判别

流域闭合程度可用流域闭合度、径流系数、枯水模数以及分析地下径流等方法进行比较判别。流域闭合程度判别应符合以下要求。

（1）参证站应是有较长径流系列资料的闭合流域，与调查站相似且有一定同步资料。

（2）采用水文比拟法，若相似流域为非闭合时，应将非闭合流域换算为闭合流域。

（3）径流系数、枯水模数、地下径流深等因素地区上对照，一般用闭合流域与非闭合流域有关因素对比，去判别流域盈亏情况。对比时，应注意区分由于受降水、下垫面影响与受流域闭合程度影响，而造成上述有关因素的差别。

4. 面积成果可靠程度评定

根据地表集水面积量算、调查访问、查阅有关地质和水文地质资料、水质化验和连通试验等，确定河流的实际地表集水面积。

实际地表集水面积成果可靠程度评定，可按表11.9规定进行。

5. 交换水量调查成果可靠程度评定

本流域与外流域交换水量，可调查估算多年平均年交换水量，在有条件的流域也可估算逐年年交换水量。交换水量调查成果可靠程度评定，按表11.10规定进行。

表 11.9　　　　　　　　　**实际地表集水面积成果可靠程度评定表**

项　　目	等　　级		
	可　靠	较　可　靠	供　参　考
地表集水面积量算	采用大于5万分之一地形图	采用10万~20万分之一地形图	采用无等高线地图或小于50万分之一地形图
连通试验	大小水时均有试验资料	大水时有试验资料	小水时有试验资料
旁证	水质、水温等旁证资料齐全	有部分旁证资料	旁证资料少
成果合理性检查	年径流与邻近闭合流域年径流对照，规律一致	年径流与邻近闭合流域年径流对照，规律基本一致	年径流与邻近闭合流域年径流对照，定性合理

表 11.10　　　　　　　　　**交换水量调查成果可靠程度评定表**

项　　目	等　　级		
	可　靠	较　可　靠	供　参　考
估算方法	逐年估算年交换水量	两种方法估算多年平均年交换水量	一种方法估算多年平均年交换水量
参证站选择	相似	基本相似	部分相似
水量平衡检查	逐年面上年水量平衡	多年平均面上年水量平衡	多年平均面上年水量基本平衡

6. 其他水量调查

因修建水库、城镇工矿供水、矿山坑道排水、地震和山洪等因素对河川径流系列影响显著时，应作影响量调查。

11.6.5　沙量调查

11.6.5.1　沙量调查要求

（1）年输沙模数大于 $2500 t/km^2$ 或对河流沙量有较大影响的地区应进行沙量调查。

（2）对众多较小的引水输沙工程和淤积量，在群体总影响沙量超过调查区产（输）沙量5%以上时，应归类抽样调查，抽样容量1/50～1/20。抽样点要相对稳定，必须变更抽样点时，应处理好资料的延续换算。

（3）沙量调查的计量单位采用质量单位体系，以吨（t）计，原始调查为体积计量，可通过测量淤积物密度换算为质量计量。

（4）沙量调查的计算时段一般为年。调查数据为多年累积值或跨年度值时，应作年际分配。年际分配的方法根据工程性质和具体情况确定。若被调查的年沙量与年引水量、年降（暴）雨量、年输沙率或输沙模数等关系密切时，可建立经验关系确定相应年度的产（输）沙量。

11.6.5.2 沙量调查内容

（1）灌溉引水，工业和城市生活用水，跨流域输水及溃坝、决口、分洪等水流挟带沙量。

（2）水库、湖泊、淤地坝、洪泛区等淤积沙量。

（3）水保措施、开矿筑路、河岸坍塌、沟谷风沙堆积等沙量。

11.6.5.3 引水输沙工程沙量调查

1. 引水输沙工程和淤积量的调查等级划分

引水输沙工程和淤积量的调查等级划分，指标及调查要求见表11.11。

表 11.11　　沙量调查等级表

等　级		一　级	二　级
对沙量影响程度		显著影响	中等影响
指标	$\dfrac{W_d}{W}$（引水输沙工程）	$>10\%$	$5\%\sim10\%$
	$\dfrac{A_d}{A}$（淤积量）	$>15\%$	$5\%\sim15\%$
调查要求		应调查	调查

注　W_d 为单个引水工程的年输沙量；W 为调查区的年产输沙量；A_d 为单个水库（或淤地坝）控制流域面积；A 为调查区的总面积。

2. 引水输沙工程观测和计算

（1）引水输沙工程的渠首若设立了辅助站，在开展水、引沙量观测时，可按以下要求进行观测和计算。

1）悬移质泥沙测验次数应能控制含沙量变化过程。

2）单样水样含沙量应能代表断面平均含沙量，换算系数宜在0.8～1.2之间。

3）悬移质含沙量的测定可采用比色法、沉淀量高法、比重计法、简易置换法或具有一定精度的其他方法。

4）渠首年引出（入）沙量可用式（11.69）计算：

$$W_{qs} = 86.4 \sum_{i=1}^{n} C_{si} Q_i \qquad (11.69)$$

式中　W_{qs}——渠首年引出（入）沙量，t；

C_{si}——第 i 日的断面平均含沙量，$\mathrm{kg/m^3}$；

Q_i——第 i 日的断面平均流量，$\mathrm{m^3/s}$；

n——渠首引退水天数。

（2）若渠首未观测含沙量，可借用渠首附近被引水河流在引水期的实测含沙量资料，用式（11.70）计算年引水输沙量

$$W_{qs} = 10^{-3} k \overline{C}_s W_y \qquad (11.70)$$

式中　W_{qs}——渠首年引出沙量，t；

W_y——渠首年引水量，$\mathrm{m^3}$；

$\overline{C}_s$——借用渠首被引水河流附近水文站同步期的平均含沙量，$\mathrm{kg/m^3}$；

k——含沙量的折算系数，即渠首实际断面平均含沙量与 $\overline{C}_s$ 的比值，其值由试验确定，通常 $k<1$，无试验资料时可取 $k=1$。

11.6.5.4 水库淤积量调查

1. 淤积量测次

水库、淤地坝的淤积量可通过测量获得，测次可按以下规定进行。

（1）淤积量为显著的，或年淤积量超过总库容5%时，2～3年测一次，宜于汛前或汛后水位较低时期施测。

（2）淤积量为中等的，5～10年施测一次。

（3）当水库、淤地坝被淤满，可停止施测。

2. 淤积量测算方法选择

淤积量的测算方法可选择以下方法。

（1）大、中型水库，可选用地形法、断面法。

（2）有原始库容曲线的水库、淤地坝，可选用平均淤积高程法、校正因数法、相应高程法。

（3）无原始库容曲线的水库、淤地坝可采用面积外延法。

（4）小型水库、淤地坝可选用概化公式法或部分表面面积法。

（5）用水库进、出输沙量差推算淤积量。

3. 平均淤积高程法计算淤积量

（1）从坝前到淤积末端，以控制淤积体平面变化为原则，按相邻间距小于淤积总长度的1/6～1/10布设 $k+1$ 个断面，测量断面间的间距。在每一断面布设 $m+1$ 个能控制断面起伏的测点，测量各测点高程和测点间水平距离。

（2）计算各断面的平均高程和淤积面的平均高程

$$\overline{Z}_i = \frac{1}{B_i} \sum_{j=1}^{m} (Z_j + Z_{j+1}) \Delta B_j \qquad (11.71)$$

$$\overline{Z} = \frac{1}{2L}\sum_{i=1}^{n}(\overline{Z}_i + \overline{Z}_{i+1})\Delta L_i \qquad (11.72)$$

上两式中　$\overline{Z}$——库区淤积面的平均高程，m；

$\overline{Z}_i$——库区第 i 断面的平均高程，m；

$\overline{Z}_j$——库区第 i 断面第 j 测点的高程，m；

ΔB_j——第 i 断面上相邻测点间的距离，m；

B_i——第 i 断面的宽度，m；

L——从坝前到淤积末端的长度，m；

ΔL_i——第 i 断面和第 $i+1$ 断面的间距，m；

m、n——第 i 断面测测点数、淤积测量布设的断面数。

（3）在原始库容曲线上查读与淤积面的平均高程相应的库容，即为水库的累积淤积量（体积）。

4. 校正因数法计算淤积量

（1）按平均淤积高程法求出淤积面平均高程和相应淤积库容。

（2）计算概化的坝前淤积断面相对平均高程。

$$Z_0 = 2\overline{Z} - Z_m \qquad (11.73)$$

式中　Z_0——概化的坝前淤积断面相对平均高程，m；

Z_m——淤积末端的断面的平均高程，m。

（3）在原始库容曲线上摘录若干个水位、库容值，绘制其对数值关系线，并求其斜率，计算断面形状指数。

$$m = \Delta \lg V/\Delta \lg Z \qquad (11.74)$$

$$n = \frac{1}{m-2} \qquad (11.75)$$

式中　Z——水位，m；

V——Z 对应的库容，m³；

m——水位、库容值对数值关系线的斜率；

n——断面形状指数。

（4）计算库容校正因数

$$K = \frac{Z_m}{Z_0}\left(\frac{Z_0}{\overline{Z}}\right)^{2+\frac{1}{n}} \qquad (11.76)$$

（5）累积淤积体积计算

$$V_{kz} = KV \qquad (11.77)$$

式中　K——库容校正因数；

V_{kz}——累积淤积体积，m³。

5. 相应高程法

（1）按校正因数法求出 Z_0、Z_m 和 n。

（2）计算相应高程

$$Z_y = Z_0^{\frac{1+n}{2+2n}} Z_m^{\frac{n}{1+2n}} \qquad (11.78)$$

式中　Z_y——相应高程，m。

（3）在原始库容曲线上查得相应高程对应的库容，即为累积淤积体积。

11.6.5.5 分洪、决口、溃坝沙量的调查和计算

（1）分洪、决口、溃坝沙量测算可通过口门实测含沙量，或借用分洪、决口、溃坝所在河流水文测站实测的含沙量与分洪、决口、溃坝流量进行计算。

（2）洪水漫滩淤积量可通过测量平均淤积厚和淤积面积，求两者乘积的方法求得。

11.6.5.6 其他产沙量调查

河岸坍塌产沙、流域风沙堆积、工程建设抛弃沙石、水保措施拦沙及毁坏产沙等，可酌情选用适当方法开展沙量调查。

11.6.5.7 分项沙量调查成果可靠程度评定与调查区沙量平衡检查

（1）分项沙量调查成果可靠程度评定，按表 11.12 规定进行。

表 11.12　　分项沙量调查成果可靠程度评定表

项　目	等　　级		
	可　靠	较　可　靠	供　参　考
水量调查资料的可靠程度	可靠	较可靠	供参考
沙量测算方法	方法正确	方法基本正确	方法不够完善
实测年沙量占年总沙量的百分数	>60%	40%～60%	<40%
成果合理性检查	合理	基本合理	定性合理

（2）调查区沙量平衡情况，可用式（11.79）进行检查

$$W_s = W_{sc} + \sum_{i=1}^{n} W_{si} \qquad (11.79)$$

式中　W_s——调查区产（输）沙量，t；

W_{sc}——调查区实测产输沙量，t；

W_{si}——分项调查沙量，t；其中引水引沙量、淤积拦蓄沙量、外流域引水引沙量等取正值，外流域在本调查区退水沙量等取负值；

i、n——分项调查沙量的序号、总项数。

11.7 水文调查报告的编写

11.7.1 水文调查报告编写的一般要求

（1）水文调查野外工作完成后，应编写单项或综合调查报告。

（2）水文调查综合报告以一年为单元编写，单项水文调查报告可以一年或多年调查成果合并编写。

（3）单项水文调查报告可分流域基本情况、水量、暴雨、洪水、枯水、固定点洪水、平原水网区水量、泉水、岩溶地区水文、沙量等。

（4）水文调查报告应一式多份，分别报送有关主管和委托部门。

（5）基本资料应注册编号存档，并连同水文调查报告存入水文数据库，也可刊印专册。流域基本情况调查可与测站考证簿合并编制。

11.7.2 水文调查报告的主要内容

（1）任务来源及调查人员组成，包括调查的缘由、项目、时间、区域、调查主持人、参加人员及所属单位。

（2）调查区概况，包括自然地理、流域水文特征及水工程概况，设立辅助站的河段概况，行政区划概况等。

（3）采用和参考的主要技术文献及调查方案，包括调查中所采用的技术标准，调查方案的确定。

（4）使用的主要仪器设备，包括水文测验和测绘时采用的主要仪器、型号、规格等。

（5）有关资料的收集和考证，包括收集了解调查区在调查前后的有关论证、旁证资料，查阅有关的历史文献文物资料。

（6）调查整编成果，包括有关附表、附图和现场照片。

（7）合理性检查，应采用多种途径对比分析其合理性，及对部分数据修改的说明。

（8）成果审查和评价，包括主持成果审查的单位、人员、级别，评定资料可靠程度等级，确定主要调查成果的采用值。

（9）资料处理，说明基本资料存放地点、单位和方式等。

11.8 水文巡测与间测要求

11.8.1 水文巡测的目的意义

水文巡测即水文巡回测验。发达国家水文测验方式均已巡测为主，很少有驻测。但我国一直延续过去习惯，各类水文站仍以驻测方式为主，但随着技术进步、交通条件、测验条件的改善，自动化仪器设备的配置，我国的水文测验方式正在逐步过渡为巡测、驻测、间测、委托观测等多种形式并存的测验模式。水文间测为停测几年测一年。巡测和间测是重要的测验方式。开展巡测可以提高工效，减少测验人员的数量，大量减少测站的基础设施数量，节省人力、财力、物力，因而创造了增设辅助站和调查点的条件，可以扩大水文资料收集范围和增强水文资料的完整性。间测可以把节省下来的人力、财力、物力转移到其他需要开展观测的站点或开展更多的水文调查，可有效地扩大水文资料收集范围和数量。

11.8.2 测验部署

水文巡测的测验部署，应根据巡测区的自然地理条件、河流水文特征、已有水文站布局和测站特性，按以下要求进行。

（1）根据收集、分析水文资料的不同要求和技术条件，确定巡测、间测或水文调查。

（2）分析确定测验项目、测次、测验方法和巡测方案。

（3）在扩大水文资料收集范围和增强水文资料的完整性需要时，可设立辅助站和调查点。

（4）开展巡测的测站，应开展下列水文调查：

1）水文站在设站的初期，应对测区内进行流域基本情况调查，并建立调查档案，以后各年根据流域上的变化作补充调查。

2）对测区内当年未测到的大洪水、大暴雨和新设测站的历史洪水应组织调查。

3）当测区内的水文站径流观测受到水工程中等以上程度影响时，应根据生产需要对影响河川径流的水量进行调查。

4）根据生产单位委托进行专项水文水资源调查，可包括区域水资源调查与评价、枯水调查、平原水网区水量调查、泉水调查、岩溶地区水文调查、固定点洪水调查、溃坝洪水调查和沙量调查等。

11.8.3 基本情况调查

基本情况调查是水文巡测的基本内容，是开展水文巡测，进行测验部署时首要开展的工作。巡测区在天然条件下和水工程影响条件下的自然地理、流域基本情况资料、测站水文基础资料等也需要通过基本情况调查收集。

巡测区内测站的基本情况调查，应包括以下内容。

（1）河流、湖泊、水库的水文特征和测站特性。

（2）水文要素的季节性变化和水质状况。

（3）水位流量关系形式、流量与输沙率关系特性。

（4）各有关水文站、辅助站和调查点间在不同时期不同水文情势下的相互关系。

（5）调查巡测区内的水工程建设规划，已建水工程的布局、规模与调度运用情况，以及水资源开发利用和管理上需要解决的水文问题，并应对水工程给水文测验带来的影响进行分析。

（6）在平原水网和人类经济活动影响程度较高的地区，应对本测区水域的水量平衡、巡测线路以及辅助站和调查点的设立作专项调查。

11.8.4　巡测条件与要求

水文站实行巡测的可行性，与测站特性、水位流量关系的形式、交通通信条件以及巡测方案等有关，因此对新设站或现有水文站是否有条件实行巡测，应根据其测站的条件，按规定的内容进行分析论证后确定。

1. 流量巡测的条件

各类精度的水文站符合以下条件之一者，流量测验可实行巡测。

（1）水位流量关系呈单一曲线，流量定线可达到规范的允许误差，且不需要施测洪峰流量和洪水流量过程。

（2）实行间测的测站，在停测期间实行检测者。

（3）低枯水、冰期水位流量关系比较稳定，或流量变化平缓，采用巡测资料推算流量年总量的误差符合规定。

（4）枯水期采用定期测流者。

（5）水位流量关系不呈单一曲线的测站，当距离巡测基地较近，交通、通信方便，能按水情变化及时施测流量者。

2. 现有水文站实行巡测前应开展的分析论证工作

现有水文站实行巡测前，应按以下规定进行分析论证。

（1）测站控制条件及其转移。

（2）水位流量关系线的变化规律与处理方法。

（3）可能达到的测验精度与巡测允许误差的关系。

（4）现有交通、通信条件、测验仪器设备状况。

（5）巡测路线的优化。

（6）分析选择巡测时机。

3. 新设水文站实行巡测要求

新设的实行巡测的水文站，应遵守"先详后简"的原则，积累详测资料后，并按上述要求分析论证后，再综合其他巡测条件，纳入巡测规划，实行巡测。

4. 实行巡测的水文站水位流量关系线延长要求

实行巡测的水文站，应根据河流水文特性和测站特征多测高水，或根据需要多测低枯水，对于水位流量关系曲线的延长，高水部分一般不宜超过当年实测流量所占水位变幅的30%，干旱区不宜超过40%，

低水部分不超10%。

5. 水文间测

水文测站资料经分析证明两水文要素如水位流量间历年关系稳定，或其变化在允许误差范围内，对其中一要素如流量停测一段时间后再行施测，这种测停相间的测验方法称为水文间测，一般情况下是停测几年测一年。

各类精度的水文站，有10年以上资料，经分析论证实测流量的水位变幅已控制历年（包括大水、枯水年份）水位变幅80%以上，历年水位流量关系或其他水力因素与流量的关系，符合以下条件之一者可实行间测。

（1）每年的水位流量关系曲线与历年综合关系曲线之间的最大偏离，不超过规定的允许误差范围者，可实行停2～3年测一年。

（2）各相邻年份的曲线之间的最大偏离，不超过规定的允许误差范围者，可停一年测一年，或实行检测。

（3）在年水位变幅的部分范围内，当水位流量关系是单一线，并符合所规定的条件时可在一年的部分水位级内实行间测。

（4）复杂的水位流量关系通过单值化处理，达到规定的条件者。

（5）枯水期流量变化不大，多年枯水总量占年总量5%以下，且这一时期不需要施测流量过程者。

（6）潮流站当有多年资料证明潮汐要素与潮流量关系比较稳定者。

（7）堰闸测流的流量系数多年稳定，且不超过规定的允许误差范围者。

6. 水文巡测调查报告

水文巡测调查应编制专项水文勘测报告，并应包括以下基本项目。

（1）本测区内进行水文水资源分析计算所需要的水量调查。

（2）当年未测到的大洪水和大暴雨的调查与勘测。

（3）当年发生的特枯水调查。

（4）现有水工程变化对水文测验的影响程度的调查。

11.9　流量巡测

11.9.1　流量测验方案部署

11.9.1.1　流量测验次数和测验精度

1. 流量测验次数布置

流量测验次数的布置，应符合以下规定。

（1）实行巡测的水文站，应根据精简测次前后由

水位流量关系推算各种时段量误差后，选择和安排测次，每年可测 7～15 次。

（2）实行间测的水文站，间测期间的施测年份每年可测 7～15 次，检测年份可每年施测不少于 3 次。

（3）水位流量呈单一线的测站，流量测验次数根据精简分析成果，可参考表 11.13 确定。

表 11.13　　　　　　　　单一线流量测验次数选择允许误差表

测次数 \ 不确定度 /% \ 时段量	洪峰流量	一次洪水总量	汛期洪水总量	年总量
7	6.0	3.5	3.5	3.0
10	5.0	3.0	3.0	2.5
15	4.0	1.5	1.5	1.0

注　本表是巡测规范规定的偶然误差（未含系统误差，系统误差规定为不大于 1%）。本表的规定较严格，应用中可根据实际情况适当掌握。

2. 测验精度要求

实行巡测和间测的水文站，单次流量测流方案和精度，均应根据测站的精度类别，按照现行河流流量测验规范及现行行业标准的规定执行。

11.9.1.2　巡测方案

巡测方案的部署应符合以下规定。

（1）结合巡测区内各水文站、辅助站和调查点的水文特征，按高、中、低水，汛期与枯水期等进行综合比较分析确定巡测方案。

（2）可按区域巡测、沿线路巡测，常年巡测和季节性巡测等方案部署，不同的巡测方案应分别控制好各水文站、辅助站和调查点的关键测次。

（3）对巡测区各水文站、辅助站和调查点历年峰现时间，结合不测洪峰和测洪峰以及当年水情变化等不同情况，分析测流时机和巡测路线。

（4）根据测站控制的变化情况及水工程设施的影响，及时调整巡测方案。

11.9.1.3　间测站流量测验规定

实行间测的水文站，流量测验应符合以下规定。

（1）停 2～5 年测 1 年的停测年份，可用历年综合水位流量关系或其他水力因素间的关系推流。

（2）停 1 年测 1 年的停测年份，可采用前 1 年水位流量关系曲线推流。

（3）实行检测者，检测点应分布于高、中、低各级水位，应用较高精度的测验方案，每次检测成果都要检查是否超出规定的允许误差范围。当不超出允许误差范围时，可继续实行检测，并可采用综合关系线推流。当超出允许误差范围时，应在现场即时分析，属测验失误，应复测；属测站控制条件发生变化，应增加巡测次数，采用当年实测成果定线推流，并应于次年恢复正常测流。当间测期间，发生稀遇洪水，或发现水工程措施等人类活动对测站控制条件有明显影响时，应恢复正常测流。

11.9.2　巡测站的测验设备与流量测验方法选择

1. 水位、雨量观测设施设备要求

巡测区内的水位、雨量等定位观测项目，应采用具有自动、长期自记功能的观测设备。

2. 流量测验设施设备要求

实行巡测的水文站，流量测验设施设备应符合以下规定。

（1）新设的实行巡测的水文站或巡测断面，应设置测流基本设施，并应配备各种活动式的测流设备。

（2）采用巡测车、巡测船巡测流量的水文站，可只设置基本测流设施。

（3）可因地制宜选择水工建筑物、桥涵、修建量水建筑物或人工控制断面测流。

（4）巡测仪器设备、车辆、通信设备等，一般按巡测队配置，必要时也可配置到测站。

（5）辅助站及调查点，应设置断面标志桩、水准点或临时水准点等简易设施。

3. 流量测验方法选择

实行巡测的水文站应根据河道特征、测站特性、测流允许误差等情况，选择流量测验方法，并应符合以下规定。

（1）常规测流、率定或校测其他测流方法，都应采用流速仪法。

（2）当流速仪测流困难或超过流速仪测速范围时，可采用电波流速仪浮标法。

（3）当超出流速仪法和浮标法的测洪能力，高水断面较稳定，且测验河段的水力条件符合河流流量测验规范规定时，可采用比降面积法。

（4）测区内有已建水工建筑物，可采用水工建筑物测流。

（5）在中小河流上，地质及地形条件适宜，可修建量水建筑物或人工控制断面，采用堰槽法测流。

（6）对于其他测流方法（时差法、ADCP 等），经过率定并检验其测流精度后，可在同等精度的常规测流方法的使用范围内采用。

（7）实行检测（指在间测期间，对两水文要素稳定关系，所进行的检验测验）的水文站应采用流速仪法或 ADCP 法测流。

11.9.3 巡测站的水位流量关系定线要求

1. 一般规定

（1）巡测区各水文站应按不同精度类别，分水位级进行各项误差分析。实行巡测或间测的允许误差指标，应根据各项误差分析结果进行综合分析确定。

（2）水位流量关系线间的并线误差、流量间测的水位流量关系线偏离误差、各种时段总量的误差和系统误差均以相对误差表示。

（3）分析实行巡测的各项误差所需资料，应符合以下规定。

1）应有 7 年以上连续的资料系列，并宜包括高、中、低水年和不同水情资料。

2）在各水位级内用于计算误差的样本不宜少于30 个。

（4）定线方法、步骤、误差分析方法与约定，均与其他流量测验方法相同。

2. 水位流量关系定线允许误差指标

（1）水位流量关系点据密集，分布呈带状，并无明显偏离，系统误差一类精度的水文站不大于 1%，二类、三类精度的水文站不大于 2%，且实测点据与关系线间的定线误差不大于表 11.14 允许误差指标者，可定单一线。需要说明的是表 11.14 中指标为流速仪法测流的定线允许误差；浮标法测流的定线误差可增大 1%～3%；比降面积法的定线允许误差可增大 3%～5%。

（2）水位流量关系点据散乱，用单值化方法处理后可分布呈带状，系统误差符合上述单一线定线误差要求，且单值化处理的关系点据与单值化关系线间的定线误差不大于表 11.15 允许误差指标，可定单值化关系线。

（3）不能进行单值化处理的非单一水位流量关系线，但在一段时期内或受同一影响因素影响的关系点据密集呈带状，且符合下列条件之一者，可分影响因素定成多条单一线。

1）系统误差符合实测点据对关系线的定线误差，满足上述单一线定线误差要求，实测关系点据对关系线的定线误差不大于表 11.14 允许误差指标，且线与线间的过渡有较合理的推流方法。

2）系统误差符合实测点据对关系线的定线误差，满足上述单一线定线误差要求，线与线间的过渡有较合理的推流方法，且各种时段总量误差小于表 11.16 允许误差指标。

表 11.14　　　　　　　　单一线法定线允许误差指标

不确定度 /% 站类 水位级	一类精度的水文站	二类精度的水文站	三类精度的水文站
高水	8.0	10.0	12.0
中水	10.0	12.0	14.0

表 11.15　　　　　　　　单值化关系线定线允许误差指标

不确定度 /% 站类 水位级	一类精度的水文站	二类精度的水文站	三类精度的水文站
高水	9.0～11.0	11.0～12.0	13.0～14.0
中水	11.0～12.0	13.0～14.0	15.0～16.0

表 11.16　　　　　　　　时段总量允许误差指标

不确定度 /% 站类 时段量	一类精度的水文站	二类精度的水文站	三类精度的水文站
年总量	2.0	3.0	5.0
汛期总量	2.5	3.5	6.0
一次洪水总量	3.0	6.0	8.0

(4) 巡测站年总量相对误差符合表 11.16 规定，低枯水期按单一线或合并定单一线，推流的低枯水总量与非单一线或多线推流的低枯水总量的相对误差，符合表 11.17 允许误差指标的规定者，低枯水期可定单一线或合并定线。当低枯水期流量变化平稳或呈规律性变化时，推流可采用流量过程线法或退水曲线法。

(5) 采用水工建筑物测流的水文站和感潮河流的水文站，水力因素与流量或流量系数的关系点据密集呈带状，无明显系统偏离，且关系点据与关系线间的偏离不大于表 11.18 允许误差指标者，可定一条或一簇关系线。

表 11.17 低枯水期允许误差指标 %

相对误差 / 年总水量相对误差 W枯/W年	0.5	1.0	1.5	2.0	2.5	3.0	3.5	4.0	4.5	5.0
2	25.0									
3	16.7	33.3								
4	12.5	25.0	37.5							
5	10.0	20.0	30.0	40.0						
6	8.3	16.7	25.0	33.3	41.7					
7	7.1	14.3	21.4	28.6	35.5	42.6				
8	6.2	12.5	18.7	25.0	31.2	37.5	43.8			
9	5.6	11.1	16.7	22.2	27.8	33.3	38.9	44.4		
10	5.0	10.0	15.0	20.0	25.0	30.0	35.0	40.0	45.0	
11	4.5	9.1	13.6	18.1	22.7	27.3	31.8	36.4	40.9	45.5
12	4.2	8.3	12.5	16.7	20.8	25.0	29.2	33.3	37.5	41.7
13	3.8	7.7	11.5	15.4	19.2	23.1	26.9	30.8	34.6	38.5
14	3.6	7.1	10.7	14.3	17.9	21.4	25.0	28.6	32.1	35.7
15	3.3	6.7	10.0	13.3	16.7	20.0	23.3	26.7	30.0	33.3
16	3.1	6.3	9.4	12.5	15.6	18.8	21.9	25.0	28.1	31.3
17	2.9	5.9	8.8	11.8	14.7	17.6	20.6	23.5	26.5	29.4
18	2.8	5.6	8.3	11.1	13.9	16.7	19.4	22.2	25.0	27.8
19	2.6	5.3	7.9	10.5	13.2	15.8	18.4	21.1	23.7	26.3
20	2.5	5.0	7.5	10.0	12.5	15.0	17.5	20.0	22.5	25.0

注 表内未列数值可近似内插，$W_枯$ 为低枯水总量，$W_年$ 为年总量。

表 11.18 水力因素与流量或流量系数相关定线允许误差指标

不确定度 /% 关系线部位	一类精度的水文站	二类精度的水文站	三类精度的水文站
上中部	8.0	14.0	18.0
下 部	14.0	18.0	26.0

注 相关定线的实测关系点据应不少于个 30 个；小开启度、小水头、小水位差及受冲淤影响时，关系点较散乱者，定线允许误差可作适当放宽。

(6) 受变动河床影响和干旱地区实行巡测的水文站，水位流量关系的定线方法与定线允许误差指标，可根据测站特性，参照上述有关规定分析研究确定，其允许误差指标可适当放宽。

(7) 采用上述规定的水文资料分析，证明实测流量的水位变幅已控制历年水位变幅80%以上，历年水位流量关系线或其他水力因素与流量或流量系数的关系线都呈单一线，当年关系线与综合关系线或各相邻年份关系线间，最大偏离不大于表 11.19 允许误差者，可实行间测。

表 11.19　　　　　　　流量间测关系曲线偏离允许误差指标

不确定度 /% 站类 水位级	一类精度的水文站	二类精度的水文站	三类精度的水文站
高水	3.0	5.0	8.0
中水	5.0	8.0	10.0
低水	10.0	12.0	15.0

3. 水位流量关系统计检验

水位流量关系应进行符号检验、适线检验、数值偏离检验。实行间测的水文站或对多条单一线进行合并定线的水文站应进行学生氏检验。

4. 桥测问题

巡测站流量测验采用桥测较普遍，采用桥上测流的测站其断面布设、测流方案、流量计算等方法与要求，可参见第 3 章、第 6 章有关内容。

11.10　泥 沙 巡 测

11.10.1　一般规定

(1) 国家基本泥沙站，应施测悬移质输沙率和含沙量。对推移质、床沙和泥沙颗粒级配等测验任务，依据《河流悬移质泥沙测验规范》的测站分类要求和实际需要确定。

(2) 实行巡测的泥沙站，应根据测站条件和流量测验方案，采用全年巡测、非汛期巡测、汛期驻测等方式进行泥沙测验。

(3) 采用单断沙关系的单一线法整编资料的站，输沙率测验符合《河流悬移质泥沙测验规范》间测条件，或流量已实行间测时，输沙率可实行间测。间测期间可只测单样含沙量，并可采用历年综合关系线整编资料。

(4) 实行泥沙巡测的站，应采用历年的降水、流量及悬移质输沙率等实测资料，或有效的物理成因参数，进行流量输沙率关系分析，建立较稳定的经验关系。

(5) 采用单断沙关系、流量输沙率关系或其他关系法整编资料的站，其定线允许误差应符合表 11.20 要求。

(6) 需要进行泥沙颗粒分析的三类站，在每年汛期洪水时应取样分析 5～7 次，非汛期时应分析 2～3 次，可不计算月年平均颗粒级配。在取得 10 年以上具有丰、平、枯水年的资料后，可停止分析。

表 11.20　　　各种关系曲线法定线允许误差指标　　　%

测站类别	中、高沙部分的不确定度	低沙部分的不确定度
一类站	16.0	24.0
二类站	18.0	27.0
三类站	20.0	32.0

11.10.2　悬移质巡测

1. 非汛期悬移质测验

(1) 实行巡测的二类、三类泥沙站，当每年枯水期连续 3 个月以上的时段输沙量，小于多年平均年输沙量的 3% 时，在该时段内可停测泥沙，停测期间的含沙量作零处理。停测期间含沙量有显著变化时，应恢复观测。

(2) 当流量已实行定期巡测，并应用流量过程线法整编资料时，悬移质输沙率测验可与流量测验结合进行，并可采用断面平均含沙量过程线法整编资料。

(3) 当流量已实行巡测，并采用水位流量关系线法整编资料时，悬移质输沙率测验可与流量测验结合进行，并用流量输沙率关系线法整编资料。

(4) 非汛期悬移质输沙率测次分布及资料整编方法，应经历史资料分析确定。精简后的测次分布及资料整编成果与当年未精简测次的整编成果比较，非汛期输沙量的相对误差，不应超过年输沙量的 3%，与当年非汛期输沙量比较，其允许误差，应符合表 11.21 要求。

2. 汛期悬移质测验

(1) 流量已实行巡测的有人值守站，悬移质测验可按以下规定进行。

1) 采用断沙过程线法整编资料时，可采用适合本站条件的全断面混合法进行输沙率测验，测次分布应控制含沙量变化过程。

2) 采用单断沙关系线法整编资料时，单沙测次分

表 11.21　　非汛期输沙量允许误差指标　　%

非汛期输沙量占年输沙量百分数	相对误差
10.0	30.0
15.0	20.0
20.0	15.0

布应控制含沙量变化过程。输沙率测次分布，可结合流量测验进行，在含沙量有较大变化时，可采用全断面混合法增加输沙率测次。

3）采用单断沙关系比例系数过程线法整编资料时，测次应均匀分布，在流量和含沙量的主要转折变化处，应分布测次。

4）经资料分析采用流量输沙率关系线法整编资料的站，可不测单沙，在施测流量时应结合施测输沙率。

（2）流量已实行巡测的无人值守站，悬移质输沙率测验可结合流量测验进行，并可采用流量输沙率关系线法整编资料。在有实测含沙量资料时，可采用其他方法整编资料。

11.10.3　悬移质巡测仪器和方法

（1）有人值守的泥沙站，应根据河流水沙特性、精度要求和测站条件等情况，选用第 7 章中规定的有关仪器进行悬移质测验。

（2）无人值守的泥沙站，可根据实际情况选用自动取样仪器，或自记式的测沙仪器。但应注意有一定数量的人工采样观测值与自记仪器观测值同步，以便分析校正系数。

（3）对无人值守的三类站，可采用一组不带铅鱼的普通瓶式采样器，自动采集洪水涨坡及峰顶水样，根据水位自记记录，确定各个水样的取样时间。洪水落坡的含沙量变化过程，可根据资料分析得到的经验关系确定。

（4）采用自动抽式采样器，在洪水过程中应能自动抽取若干个水样，并分别自动储存。

（5）采用自记式的测沙仪器，必须进行率定。

11.10.4　悬移质巡测方法

（1）实行巡测的泥沙站，其垂线上的取样方法，可采用两点法或两点等取样历时的垂线混合法，水深不足时，可采用 0.6 一点法，水深大于 1m 时，可采用积深法。高含沙站的垂线取样方法，不作强制限制，可采用更加灵活的方法。

（2）悬移质输沙率测验，可采用适合本站条件的全断面混合法。取样垂线数目，应经资料分析确定，但一般不应少于 3 条。高含沙量水流，可采用主流边一线取样。

（3）特殊困难条件下采集单样，可在近岸边正常水流处测深和取样，但应经资料分析并应与断沙建立关系。

（4）泥沙巡测时的水样处理，多沙河流测站可采用简易置换法在现场处理水样。少沙河流测站可采用快速沉淀法或强迫过滤装置，在现场浓缩或过滤水样，也可将水样带回巡测基地处理。

参 考 文 献

[1] 王锦生，等．水文测验手册．2版．北京：水利电力出版社，1983.

[2] 张留柱，等．水文测验学．郑州：黄河水利出版社，2003.

[3] SL 34—92 水文站网规划技术导则．北京：水利电力出版社，1992.

[4] 马秀峰，等．布设流量站网的直线原则与区域原则的研究．水文，1985（4）.

[5] 马秀峰，等．雨量场的统计特性和雨量站网密度估算．水文，1992（4）.

[6] 水利部水文司．中国水文志．北京：中国水利水电出版社，1997.

[7] 胡风彬．水文站网规划．南京：河海大学出版社，1993.

[8] 谢悦波．水信息技术．北京：中国水利水电出版社，2009.

[9] SL 384—2007 水位观测平台技术标准．北京：中国水利水电出版社，2007.

[10] SL 276—2002 水文基础设施建设及技术装备标准．北京：中国水利水电出版社，2011.

[11] SL 415—2007 水文基础设施及技术装备管理规定．北京：中国水利水电出版社，2010.

[12] SL 257—2000 水道测量规范．北京：中国水利水电出版社，2000.

[13] 王铁生，等，测绘学基础．郑州：黄河水利出版社，2008.

[14] 贾清亮．测量学．郑州：黄河水利出版社，2001.

[15] 章书寿，等．测量学教程．3版．北京：测绘出版社，2006.

[16] 张慕良，等．水利工程测量．3版．北京：中国水利水电出版社，2000.

[17] 覃辉等．土木工程测量．上海：同济大学出版社，2004.

[18] 潘正风，杨正尧，等．数字测图原理与方法．武汉：武汉大学出版社，2005.

[19] 宁津生，陈俊勇，等．测绘学概论．武汉：武汉大学出版社，2005.

[20] 华锡生，田林亚．测量学．南京：河海大学出版社，2001.

[21] 武汉大学测绘学院测量平差学科组．误差理论与测量平差基础．武汉：武汉大学出版社，2003.

[22] GB/T 50138—2010 水位观测标准．北京：中国计划出版社，2010.

[23] GB 50179—93 河流流量测验规范．北京：水利电力出版社，1993.

[24] SL 337—2006 声学多普勒流量测验规范．北京：中国水利水电出版社，2006.

[25] SL 339—2006 水库水文泥沙观测规范．北京：中国水利水电出版社，2006.

[26] SL 360—2006 地下水监测建设技术规范．北京：中国水利水电出版社，2010.

[27] SL 338—2006 水文测船测验规范．北京：中国水利水电出版社，2006.

[28] SL 443—2009 水文缆道测验规范．北京：中国水利水电出版社，2009.

[29] SL 195—97 水文巡测规范．北京：中国水利水电出版社，1997.

[30] SD 185—86 动船法流量测验规范．北京：水利电力出版社，1986.

[31] SD 174—85 比降—面积法测流规范．北京：水利电力出版社，1986.

[32] SL 196—97 水文调查规范．北京：中国水利水电出版社，1997.

[33] SL 21—2006 降水量观测规范．北京：中国水利水电出版社，2006.

[34] SD 265—88 水面蒸发观测规范．北京：水利电力出版社，1988.

[35] SL 247—1999 水文资料整编规范．北京：中国水利水电出版社，1999.

[36] SL 460—2009 水文年鉴汇编刊印规范．北京：中国水利水电出版社，2010.

[37] SL 42—2010 河流泥沙颗粒分析规程．北京：中国水利水电出版社，2010.

[38] GB 50159—92 河流悬移质泥沙测验规范．北京：水利电力出版社，1992.

[39] SL 43—92 河流推移质泥沙及床沙测验规程．北京：水利电力出版社，1992.

[40] ISO标准手册明渠水流测量．北京：中国标准出版社，1985.

[41] SL 59—93 河流冰清观测规范．北京：水利电力出版社，1993.

[42] 中国气象局．地面气象观测规范：第10部分 蒸发观测（QX/T 54—2007）．北京：气象出版社，2003.

[43] SL 383—2007 河道演变勘测调查规范．北京：中国水利水电出版社，2007.

[44] GB 50026—2007 工程测量规范．北京：中国计划出版社，2008.

[45] GB/T 50095—98 水文基本术语和符号标准．北京：中国计划出版社，1999.

[46] SL 58—93 水文普通测量规范．北京：中国水利水电出版社，1994.

[47] Guide to Hydrological Practices. Data Acquisition and Processing. 陈道弘译. 北京：水利电力出版社，1987.

[48] S. E. Rantz. Measurement of Water Discharge. USGS，1982.

[49] 水利部长江水利委员会水文局. 流量测验译文集. 北京：科学技术出版社，1992.

[50] 肖明耀. 误差理论与应用. 北京：计量出版社，1985.

[51] 长江流域规划办公室水文局. 水文测验误差研究文集. 贵阳：贵州人民出版社，1984.

[52] 武汉大学测绘学院、测量平差学科组. 误差理论与测量平差基础. 武汉：武汉大学出版社，2003.

[53] 周江文. 误差理论. 北京：测绘出版社，1979.

[54] 李德仁，袁修孝. 误差处理与可靠性理论. 武汉：武汉大学出版社，2002.

[55] 杨意诚. 高洪测验精度研究，水文测验误差研究文集. 北京：学术期刊出版社，1987.

[56] 长江流域规划办公室. 水文测验误差研究文集. 北京：学术期刊出版社，1987.

[57] 水利部水文局. 江河泥沙测量文集. 郑州：黄河水利出版社，2000.

[58] 李德仁. 误差处理和靠性理论. 北京：测绘出版社，1988.

[59] 张国益，等. 对误差理论中真值的理解和认识. 计量技术，2000（1）.

[60] 周江文. 系统误差的数学处理. 测绘工程，1999（2）.

[61] 李兆南. 流量测验中的系统误差. 人民黄河，1985（5）.

[62] 李炜. 水力计算手册. 2 版. 北京：中国水利水电出版社，2007.

[63] 牛占. 河流流量与悬沙测验误差评估体系. 水利学报，1999（9）.

[64] 钱学伟. 利用实验资料计算 II 型误差的研究. 水文，2004（1）.

[65] 钱学伟. 水文测验误差分析与评估. 北京：中国水利水电出版社，2010.

[66] 庄楚强，吴亚森. 应用数理统计基础. 广州：华南理工大学出版社，2000.

[67] 刘光文. 泛论水文计算误差. 水文，1992（1）、（2）.

[68] 熊贵枢，等. 黄河下游输沙及冲淤量测验资料误差分析 // 第二届国际河流泥沙会议论文集. 北京：水利电力出版社，1983.

[69] 张留柱，等. 输沙量差法计算河道冲淤量的误差问题分析. 人民黄河，2005（3）.

[70] 张留柱，等. 应用最小二成法原理对径流资料处理的初探. 水文，2001（5）.

[71] 林祚顶，姚永熙. 水文现代化与水文新技术. 北京：中国水利水电出版社，2008.

[72] 华东水利学院. 水力学. 2 版. 北京：科学技术出版社，1984.

[73] 姚永熙，等. 水文仪器与水利水文自动化. 南京：河海大学出版社，2001.

[74] SL 537—2011 水工建筑物与堰槽测流规范. 北京：中国水利水电出版社，2011.

[75] 张留柱. 水文测量误差研究. 河海大学博士论文，2005.

[76] 张建云，唐镇松，姚永熙. 水文自动化测报系统应用技术. 北京：中国水利水电出版社，2005.

[77] 中国气象局. 地面气象观测规范：地面观测规范第 8 部分　降水观测 QX/T 52—2007. 北京：气象出版社，2003.

[78] 水利部水文局. 水文测验国际标准译文集（ISO - TC113）. 2005.

[79] Hydrometry—Velocity‐area methods using current‐meters—Collection and processing of data for determination of uncertainties in flow measurement（ISO 1088Third edition 2007），Published in Switzerland.

[80] Hydrometry—Measurement of liquid flow in open channels—Part 2：Determination of the stage‐discharge relationship（ISO 1100 2Third edition 2010），Published in Switzerland.

ABSTRACT

The manual is a professional and comprehensive reference book covering all the basic hydrometric elements, such as hydrologic network planning, reconnaissance and setting hydrologic station, Cross section and topographic survey, stage observation, discharge measurement, sediment measurement, precipitation and evaporation observation, Hydrometric error analysis, ice regime observation, hydrologic investigation, and tour gauging etc. It also covers all the fundamental principles of hydrometric measurements, technique methods, hydrometric establishments, equipment application, observation project, operation skill, parameters and formula, data processing, analysis and examination, caution items. This manual is based on all the recent hydrologic research results, current civil hydrologic standard and policy, and international technical code. This manual provides advanced,. systematical and practical guidance on hydrometry.

This manual designed for hydrometric surveyor in the field, engineer and engineering technician of water resource, teacher and student in university.